精品实例教程丛书

中文版 AutoCAD 2014 实例教程

李红萍　主　编

张永新　副主编

清华大学出版社

北　京

内 容 简 介

本书系统全面地讲解了 AutoCAD 2014 的基本功能及其在建筑和机械工程绘图中的具体应用。全书共 15 章，分别介绍了 AutoCAD 2014 的工作界面、文件管理、命令调用等入门知识和基本操作；AutoCAD 二维图形的绘制和编辑，以及精确绘图工具、图层与显示、文字与表格、尺寸标注、块与设计中心、图形打印输出等功能；三维曲面、三维网格和三维实体的绘制与编辑等内容；最后通过具体工程实例，讲解了 AutoCAD 在建筑和机械设计中的具体应用方法。

本书附带的 DVD 多媒体教学光盘提供了本书实例涉及的所有素材、结果文件及语音视频教学。

本书具有很强的针对性和实用性，结构严谨、案例丰富(共 200 多个)，既可作为大中专院校相关专业以及 CAD 培训机构的教材，也可作为从事 CAD 工作的工程技术人员的自学指导书。

图书在版编目(CIP)数据

中文版 AutoCAD 2014 实例教程/李红萍主编. --北京：清华大学出版社，2015
(精品实例教程丛书)
ISBN 978-7-302-35524-3

Ⅰ. ①中…　Ⅱ. ①李…　Ⅲ. ①AutoCAD 软件—教材　Ⅳ. ①TP391.72

中国版本图书馆 CIP 数据核字(2014)第 032469 号

责任编辑：秦　甲
封面设计：杨玉兰
责任校对：李玉萍
责任印制：李红英

出版发行：清华大学出版社
　网　　址：http://www.tup.com.cn，http://www.wqbook.com
　地　　址：北京清华大学学研大厦 A 座　　**邮　　编**：100084
　社 总 机：010-62770175　　**邮　　购**：010-62786544
　投稿与读者服务：010-62776969，c-service@tup.tsinghua.edu.cn
　质 量 反 馈：010-62772015，zhiliang@tup.tsinghua.edu.cn
　课 件 下 载：http://www.tup.com.cn，010-62791865
印 刷 者：清华大学印刷厂
装 订 者：三河市溧源装订厂
经　　销：全国新华书店
开　　本：185mm×260mm　　**印　张**：33.5　　**字　　数**：813 千字
(附光盘 1 张)
版　　次：2015 年 1 月第 1 版　　**印　　次**：2015 年 1 月第1 次印刷
印　　数：1～3000
定　　价：59.00 元

产品编号：054203-01

前 言

关于 AutoCAD 2014

AutoCAD 是 Autodesk 公司开发的计算机辅助绘图和设计软件，被广泛应用于机械、建筑、电子、航天、石油化工、土木工程、冶金、气象、纺织、轻工业等领域。在中国，AutoCAD 已成为工程设计领域应用最广泛的计算机辅助设计软件之一。

AutoCAD 2014 是 AutoCAD 公司开发的 AutoCAD 最新版本。与以前的版本相比较，AutoCAD 2014 具有更完善的绘图界面和设计环境，它在性能和功能方面都有较大的增强，同时保证与低版本完全兼容。

本书内容

本书是一本中文版 AutoCAD 2014 的案例教程。全书结合 166 个知识小案例+54 个跟踪实例+11 个综合实例，让读者在绘图实践中轻松掌握 AutoCAD 2014 的基本操作和技术精髓。全书共分为 15 章，各章概述如下。

- 第 1 章：主要介绍 AutoCAD 2014 的基本功能和入门知识，包括 AutoCAD 概述、基本文件操作、绘图环境设置等内容。
- 第 2 章：主要介绍 AutoCAD 2014 基本操作，包括命令调用方法、坐标系统及坐标点的输入、视图操作等。
- 第 3 章：主要介绍简单二维图形的绘制，包括点、直线、射线、构造线、圆、椭圆、多边形、矩形等。
- 第 4 章：主要介绍复杂二维图形的绘制，包括多段线、样条曲线、多线、面域、图案填充等内容。
- 第 5 章：主要介绍辅助精确绘图工具的用法，包括正交、栅格、对象追踪、对象约束等功能。
- 第 6 章：介绍图层和图层特性的设置，以及对象特性的修改等内容。
- 第 7 章：介绍了二维图形编辑的方法，包括对象的选择、图形修整、移动和拉伸、倒角和圆角、夹点编辑、图形复制等内容。
- 第 8 章：介绍了文字与表格的创建和编辑等功能。
- 第 9 章：介绍了为图形添加注释的方法，包括尺寸标注样式的设置、各类尺寸标注的用途及操作、尺寸标注的编辑、多重引线标注的使用方法。
- 第 10 章：介绍块的使用，以及用 AutoCAD 设计中心插入各种对象的方法和技巧。
- 第 11 章：介绍图形输出、布局的创建和管理方法，以及图形的打印功能。
- 第 12 章：介绍 AutoCAD 2014 三维绘图的基础知识，以及三维曲面和网格的创建方法。

- 第 13 章：介绍在 AutoCAD 2014 中创建三维实例模型的方法，以及拉伸、旋转、扫掠、放样等常用建模工具的使用方法。最后介绍了三维实体编辑和渲染的方法。
- 第 14 章：分别讲解了 AutoCAD 在建筑和机械设计中的具体应用，以提高读者综合运用 AutoCAD 进行工程绘图的技能。
- 第 15 章：通过具体工程实例，讲解了 AutoCAD 在建筑和机械设计中的应用方法。

本书特色

(1) 零点起步，轻松入门。本书内容讲解循序渐进、通俗易懂、易于入手，每个重要的知识点都采用实例讲解，读者可以边学边练，通过实际操作理解各种功能的实际应用。

(2) 实战演练，逐步精通。本书安排了行业中大量经典的实例，每个章节都有实例示范来提升读者的实战经验。实例串起多个知识点，以提高读者的应用水平和让读者快步迈向高手的行列。

(3) 多媒体教学，身临其境。附赠光盘内容丰富超值，不仅有实例的素材文件和结果文件，还有由专业领域的工程师录制的全程同步语音视频教学，让读者仿佛亲临课堂，工程师“手把手”带领读者完成行业实例，让读者的学习之旅轻松而愉快。

(4) 以一抵四，物超所值。学习一门知识，通常需要购买一本教程来入门，掌握相关知识和应用技巧；需要一本实例书来提高，把所学的知识应用到实际当中；需要一本手册书来参考，在学习和工作中随时查阅；还要有多媒体光盘来辅助练习。本书集合了以上所有功能，为读者带来了更多的便利。

本书作者

本书由李红萍任主编、张永新任副主编，具体参加图书编写和资料整理的还有：陈运炳、申玉秀、陈志民、李红艺、李红术、陈云香、陈文香、陈军云、彭斌全、林小群、刘清平、钟睦、刘里锋、朱海涛、廖博、喻文明、易盛、陈晶、张绍华、黄柯、何凯、黄华、陈文轶、杨少波、杨芳、刘有良等。

由于作者水平有限，书中错误、疏漏之处在所难免。在感谢您选择本书的同时，也希望您能够把对本书的意见和建议告诉我们，E-mail:lushanbook@gmail.com。

编　者

目　录

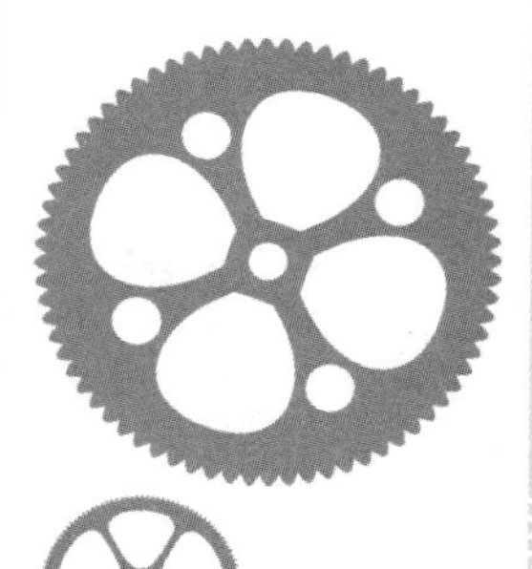

第1章

AutoCAD 2014 入门

本章导读

AutoCAD 是由美国 Autodesk 公司开发的通用计算机辅助设计软件。在深入学习 AutoCAD 绘图软件之前，本章首先介绍 AutoCAD 2014 的概述、用户界面、基本文件操作和绘图环境设置等基本知识，使读者对 AutoCAD 及其操作方式有一个全面的了解和认识，为熟练掌握该软件打下坚实的基础。

学习目标

- 了解 AutoCAD 软件的基本功能和应用范围。
- 了解 AutoCAD 的用户界面构成，掌握工作空间的切换方法。
- 掌握 AutoCAD 文件的新建、打开、保存等操作方法。
- 掌握 AutoCAD 的图形界限、绘图单位、背景颜色等环境设置操作。

1.1 AutoCAD 概述

AutoCAD 是美国 Autodesk 公司首次于 1982 年开发的自动计算机辅助设计软件，用于二维绘图、详细绘制、设计文档和基本三维设计，现已成为国际上广为流行的绘图工具。经过多年的发展，最新版本的 AutoCAD 2014 于 2013 年 5 月正式面市，本书的内容即是基于该最新版本编写的。

1.1.1 什么是 AutoCAD

AutoCAD 的全称是 Auto Computer Aided Design，即计算机辅助设计，作为一款通用的计算机辅助设计软件，它可以帮助用户在统一的环境下灵活完成概念和细节设计，并在一个环境下创作、管理和分享设计作品，所以十分适合广大普通用户使用。AutoCAD 是目前世界上应用最广的 CAD 软件，市场占有率居世界第一。该软件具有如下特点。

- 具有完善的图形绘制功能。
- 具有强大的图形编辑功能。
- 可以采用多种方式进行二次开发或用户定制。
- 可以进行多种图形格式的转换，具有较强的数据交换能力。
- 支持多种硬件设备。
- 支持多种操作平台。
- 具有通用性和易用性，适用于各类用户。

与以往版本相比，AutoCAD 2014 又增添了许多强大的功能，从而使 AutoCAD 系统更加完善。虽然 AutoCAD 本身的功能集已足以协助用户完成各种设计工作，但用户还可以通过 AutoCAD 的脚本语言——Auto Lisp 进行二次开发，将 AutoCAD 改造成为满足各专业领域的专用设计工具，包括建筑、机械、电子、室内装潢以及航空航天等工程设计领域。

1.1.2 AutoCAD 的基本功能

作为以 CAD 技术为内核的软件，AutoCAD 具备了 CAD 技术能够实现的所有基本功能。作为一个通用的计算机辅助设计平台，AutoCAD 拥有强大的人机交互能力和简便的操作方法，其主要功能如下。

1. 绘图功能

AutoCAD 的【绘图】菜单和【绘图】工具栏中包含了丰富的绘图命令，使用这些命令可以绘制直线、圆、椭圆、圆弧、曲线、矩形、正多边形等基本的二维图形，还可以通过拉伸、旋转、放样、扫掠等操作，使二维图形生成三维实体等，如图 1-1 和图 1-2 所示。

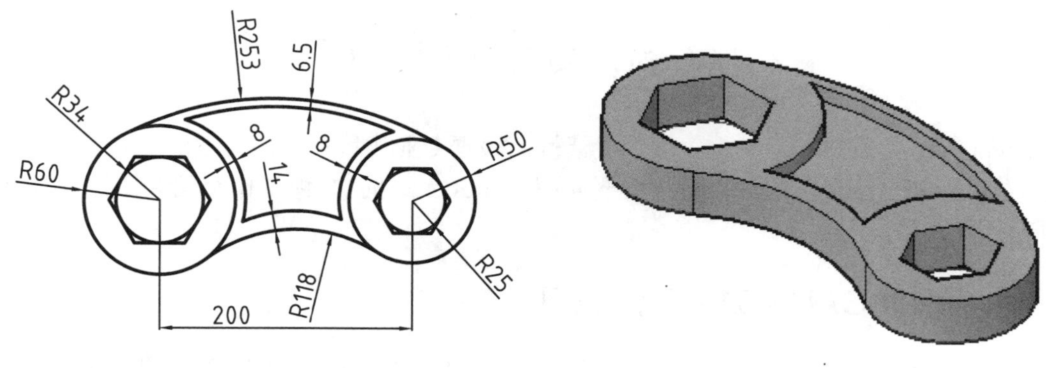

图 1-1　二维图形　　　　图 1-2　三维实体

2. 精确定位功能

AutoCAD 提供了坐标输入、对象捕捉、极轴追踪、栅格等功能，能够精确地捕捉点的位置，创建出具有精确坐标与精确形状的图形对象。这是 AutoCAD 与 Windows 画图程序、Photoshop、CorelDRAW 等平面绘图软件相比的优势所在。

3. 编辑和修改功能

AutoCAD 提供了平移、复制、旋转、阵列、修剪等修改命令，使用这些命令可以修改和编辑绘制的基本图形，从而创建出更复杂的图形。

4. 图形输入和输出功能

AutoCAD 支持将多种类型的文件导入 AutoCAD 中，将图形中的信息转化为 AutoCAD 图形对象，或者转化为一个单一的块对象，这使得 AutoCAD 的灵活性大大增强。

图形输出主要包括屏幕显示、打印以及保存至 Autodesk 360 等几种形式。AutoCAD 可以将图形输出为图元文件、位图文件、平版印刷文件、AutoCAD 块和 3D Studio 文件等。

5. 三维造型功能

AutoCAD 提供的高级建模扩展模块(Advanced Modeling Extension，AME)可支持创建基本三维模型、布尔运算、三维编辑和非常强大的渲染功能，可以根据不同的需要提供多种显示设置以及完整的材质贴图和灯光设备，进而渲染出逼真的产品效果。

6. 二次开发功能

AutoCAD 自带的 AutoLISP 语言可以让用户自行定义新命令和开发新功能。通过 DXF、IGES 等图形数据接口，可以实现 AutoCAD 和其他系统的集成。此外，AutoCAD 提供了与其他高级编程语言的接口，具有很强的开放性。

1.2 AutoCAD 2014 用户界面

AutoCAD 的用户界面具有很强的灵活性，根据专业领域和绘图习惯的不同，用户可以设置适合自己的用户界面。本节主要介绍 AutoCAD 的 4 种工作空间和绘图的操作界面。

1.2.1 AutoCAD 2014 工作空间

根据不同的绘图要求，AutoCAD 提供了 4 种工作空间：AutoCAD 经典、草图与注释、三维基础和三维建模。首次启动 AutoCAD 2014 时，系统默认的工作空间为草图与注释空间。

1. AutoCAD 2014 的经典空间

AutoCAD 2014 经典空间与 AutoCAD 的传统界面比较相似，其界面主要有应用程序按钮、快速访问工具栏、菜单栏、工具栏、文本窗口与命令行、状态栏等元素，如图 1-3 所示。

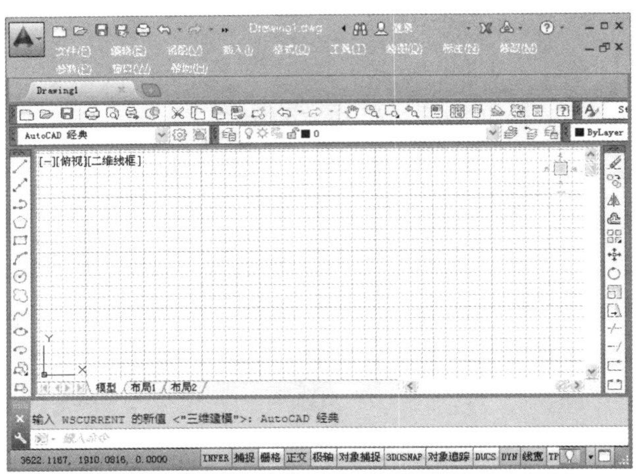

图 1-3 经典空间

2. 草图与注释空间

与 AutoCAD 经典空间相比，草图与注释空间用功能区选项卡代替了经典的工具栏。其界面主要由应用程序按钮、功能区选项板、快速访问工具栏、绘图区、命令行窗口和状态栏等元素组成，如图 1-4 所示。

3. 三维基础空间

三维基础空间侧重于基本三维模型的创建，如图 1-5 所示。其功能区提供了各种常用的三维建模、布尔运算以及三维编辑工具按钮。

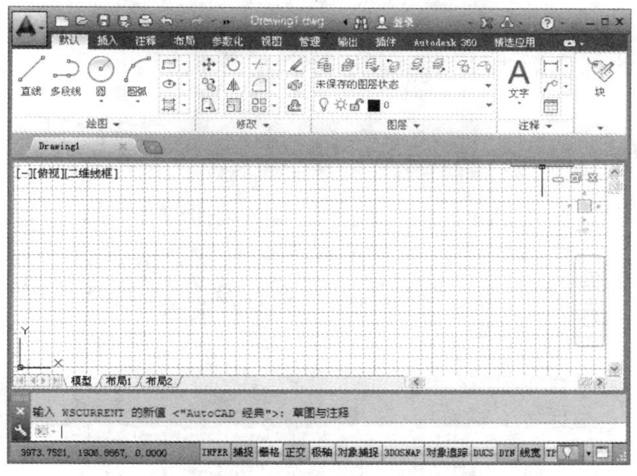

图 1-4　草图与注释空间

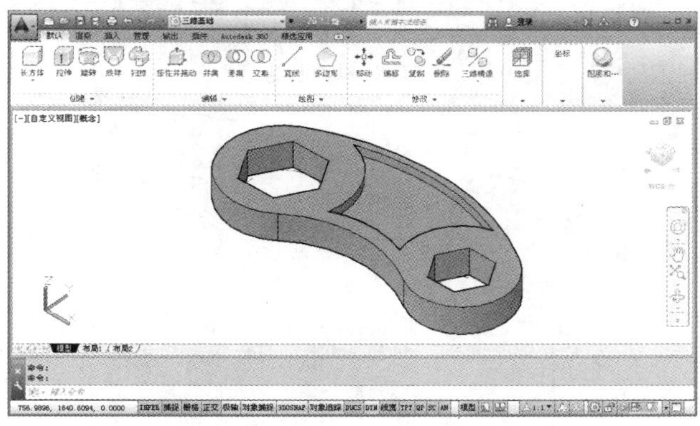

图 1-5　三维基础空间

4. 三维建模空间

三维建模空间主要用于复杂三维模型的创建、修改和渲染，其功能区包含了【实体】、【曲面】、【网络】和【渲染】等选项卡，如图 1-6 所示。由于包含更全面的修改和编辑命令，因而其功能区工具按钮排列更为密集。

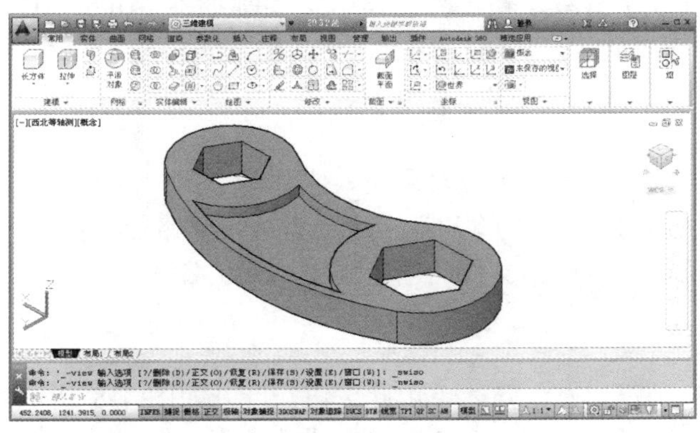

图 1-6　三维建模空间

AutoCAD 2014 的工作空间可以在绘图过程中随时进行切换，切换工作空间的方法请见本章“1.4.1 设置工作空间”一节。

1.2.2 AutoCAD 2014 操作界面

AutoCAD 的操作界面是 AutoCAD 显示、编辑图形的区域。一个完整的 AutoCAD 操作界面如图 1-7 所示，包括标题栏、菜单栏、工具栏、快速访问工具栏、交互信息工具栏、功能区、绘图区、十字光标、坐标系、命令行窗口、状态栏、布局标签、滚动条、状态托盘等。

图 1-7 AutoCAD 2014 操作界面

提示

图 1-7 所示为草图与注释工作空间，某些部分在 AutoCAD 默认状态下不显示，需要用户自行调用。

1. 标题栏

标题栏位于 AutoCAD 窗口的顶部中央，它显示了用户当前打开的图形文件的信息。如果打开的是计算机中保存的图形文件，则显示其完整路径；如果是新建但未保存的文件，则只显示其名称。系统根据文件的创建顺序，默认名称为 Drawing1、Drawing2 等。

2. 应用程序按钮

应用程序按钮位于窗口左上角，单击此按钮，展开如图 1-8 所示的选项面板。面板中包含了文档的新建、打开和保存等命令。单击【选项】按钮，系统弹出【选项】对话框，

如图 1-9 所示，AutoCAD 的大部分系统选项均在此对话框中进行设置。

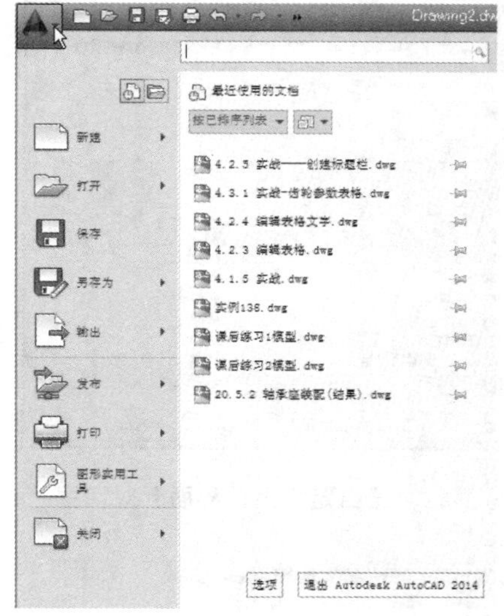

图 1-8　应用程序按钮的展开面板

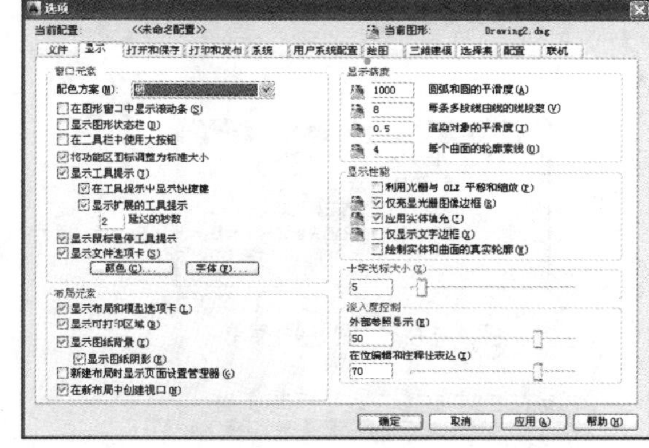

图 1-9　【选项】对话框

3. 快速访问工具栏

快速访问工具栏位于应用程序按钮右侧，它包含了文档操作的常用 7 个快捷按钮，依次为【新建】、【打开】、【保存】、【另存为】、【打印】、【重做】和【放弃】，如图 1-10 所示。

图 1-10　快速访问工具栏

用户可以自定义快速访问工具栏，添加或删除所需的工具按钮。下面以实例进行演示操作的方法。

【案例 1–1】：自定义快速访问工具栏

01　在快速访问工具栏上任意位置右击，系统弹出快捷菜单，如图 1-11 所示。选择【自定义快速访问工具栏】命令，系统弹出【自定义用户界面】对话框，如图 1-12 所示。

02　展开对话框中的过滤器列表，如图 1-13 所示，选择【编辑】选项，该类别下的命令列表如图 1-14 所示。

03　在命令列表中选择【删除】选项，按住左键即可将其拖到快速访问工具栏中，如图 1-15 所示。

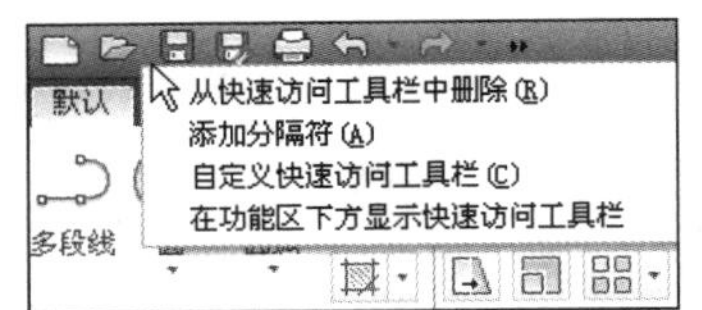

图 1-11　右键快捷菜单

图 1-12　【自定义用户界面】对话框

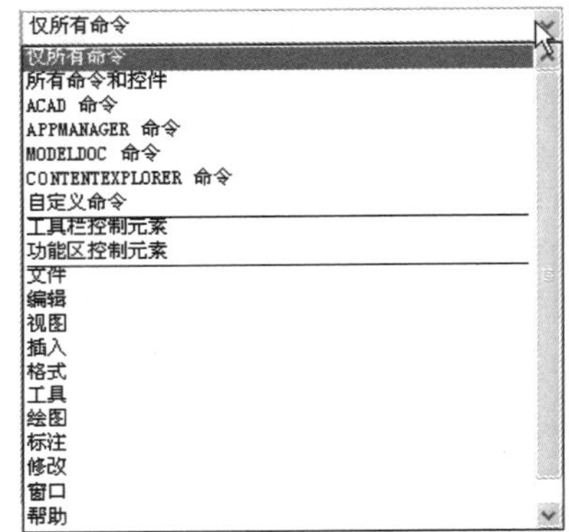

图 1-13　过滤器

图 1-14　【编辑】类别下的命令

图 1-15　添加【删除】按钮后的快速访问工具栏

4. 菜单栏

菜单栏位于标题栏的下方，与其他 Windows 程序一样，AutoCAD 的菜单栏也是下拉式的，某些菜单命令还包含了子菜单。AutoCAD 2014 的默认菜单栏有如下菜单项目。

- 文件：用于管理图形文件，例如新建、打开、保存、另存为、输出、打印和发布等。
- 编辑：用于对文件图形进行常规编辑，例如剪切、复制、粘贴、清除、链接、查找等。
- 视图：用于管理 AutoCAD 的操作界面，例如缩放、平移、动态观察、相机、视口、三维视图、消隐和渲染等。
- 插入：用于在当前 AutoCAD 绘图状态下插入所需的图块或其他格式的文件，例如 PDF 参考底图、字段等。

- 格式：用于设置与绘图环境有关的参数，例如图层、颜色、线型、线宽、文字样式、标注样式、表格样式、点样式、厚度和图形界限等。
- 工具：用于设置一些绘图的辅助工具，例如选项板、工具栏、命令行、查询和向导等。
- 绘图：提供绘制二维图形和三维模型的所有命令，例如直线、圆、矩形、正多边形、圆环、边界和面域等。
- 标注：提供对图形进行尺寸标注时所需的命令，例如线性标注、半径标注、直径标注、角度标注等。
- 修改：提供修改图形时所需的命令，例如删除、复制、镜像、偏移、阵列、修剪、倒角和圆角等。
- 参数：提供对图形约束时所需的命令，例如几何约束、动态约束、标注约束和删除约束等。
- 窗口：用于在多文档状态时设置各个文档的屏幕，例如层叠、水平平铺和垂直平铺等。
- 帮助：提供使用 AutoCAD 2014 所需的帮助信息。

AutoCAD 2014 只有在 AutoCAD 经典空间才默认显示菜单栏，在其他工作空间默认不显示菜单栏，但用户可以在其他工作空间调用菜单栏。单击工作空间名称后的展开箭头，展开选项列表如图 1-16 所示，选择【显示菜单栏】命令，即可显示菜单栏。

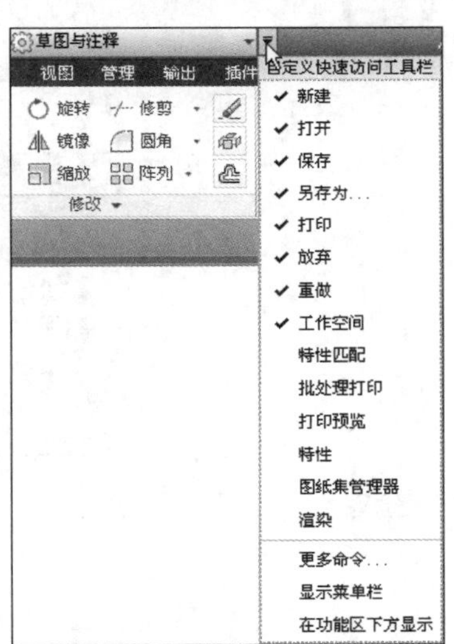

图 1-16　展开选项列表

5. 功能区

功能区是一种智能的人机交互界面，它用于显示与绘图任务相关的按钮和控件，在草图与注释和三维建模空间中的主要命令都集中在功能区，使用起来比菜单栏更方便。功能区由多个选项卡组成，每个选项卡中又包含多个面板，不同的面板上对应不同类别的命令按钮，如图 1-17 所示。

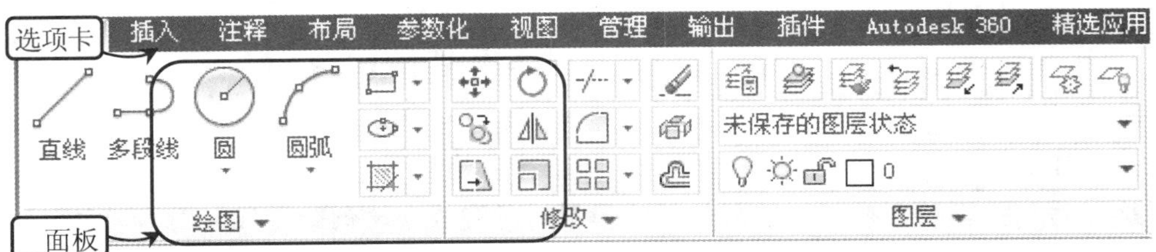

图 1-17 【默认】选项卡下的各面板

注意

某些面板标题旁边含有展开箭头，单击该箭头可以展开该面板，显示出更多的按钮，本书中将这种展开面板称为滑出面板。图 1-18 所示为【绘图】面板的滑出面板。

6. 工具栏

工具栏是一组按钮图标工具的集合，每个图标都形象地显示出了该工具的作用，AutoCAD 2014 提供了 50 余种已命名的工具栏。在草图与注释空间和三维建模空间，由于主要使用功能区的命令按钮，一般不使用工具栏，工具栏默认处于隐藏状态，但可以使用以下方法调用工具栏。

- 菜单栏：选择【工具】|【工具栏】| AutoCAD 命令，在展开的子菜单中选择要显示的工具栏，如图 1-19 所示。
- 在已显示的工具栏上右击，弹出工具栏选项菜单，从中选择要显示的工具栏。

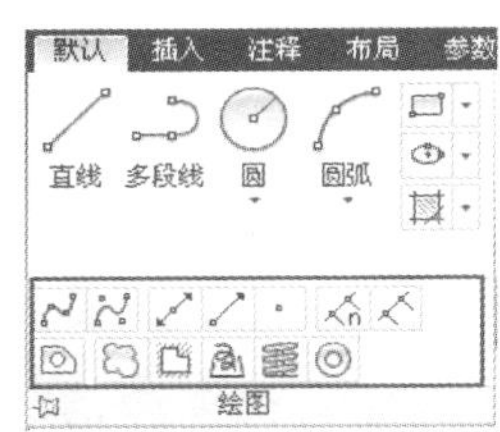

图 1-18 【绘图】面板的滑出面板

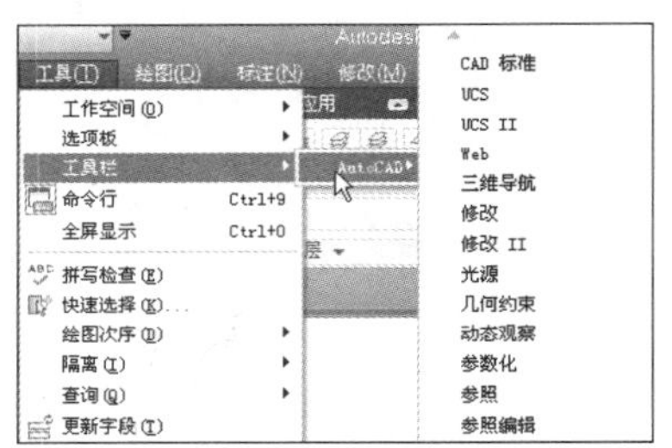

图 1-19 通过菜单命令显示工具栏

7. 标签栏

在草图与注释工作空间中，标签栏位于功能区的下方，由【文件选项卡】标签和加号按钮组成。AutoCAD 2014 的标签栏和一般网页浏览器中的标签栏作用相同，每一个新建或打开的图形文件都会在标签栏上显示一个文件标签，单击某个标签，即可切换至相应的图形文件。单击文件标签右侧的“×”按钮，可以快速关闭该标签文件，从而方便了多图形文件的管理，如图 1-20 所示。

单击【文件选项卡】右侧的“+”按钮，可以快速新建图形文件。在标签栏空白处右击，系统会弹出一个快捷菜单，该菜单各命令的含义如下。

- 新建：单击【新建】按钮，新建空白文件。
- 打开：单击【打开】按钮，打开已有文件。

- 全部保存：保存所有标签栏中显示的文件。
- 全部关闭：关闭标签栏中显示的所有文件，但不会关闭 AutoCAD 2014 软件。

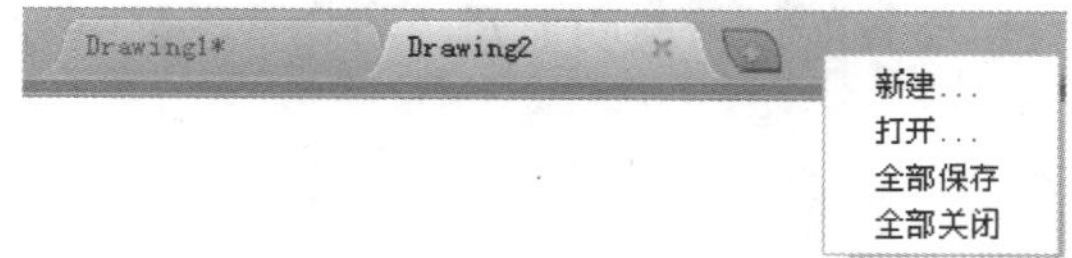

图 1-20　标签栏

8. 绘图区

绘图区是用户绘图的操作和显示区域，如图 1-21 所示。绘图区实际上是无限大的，用户可以通过缩放、平移等命令来观察绘图区的图形。有时为了增大绘图空间，可以根据需要关闭其他选项卡，例如工具栏、选项板等。

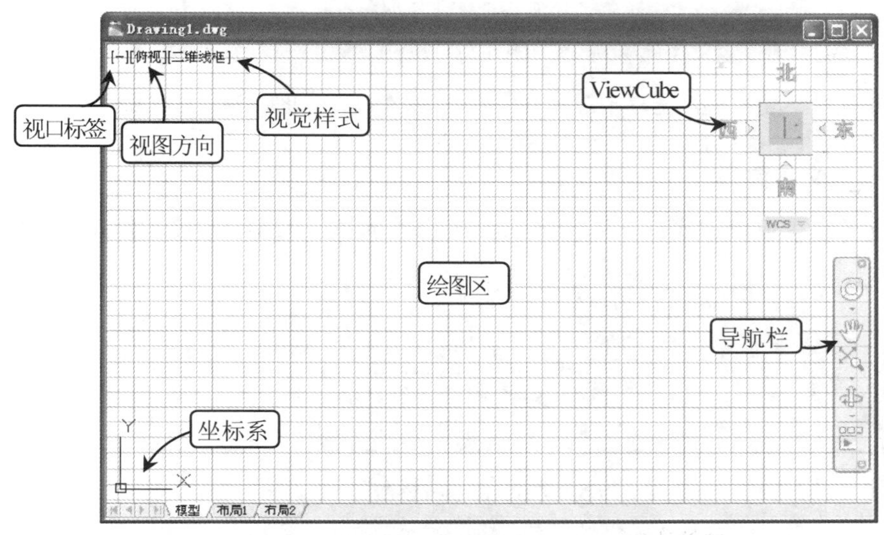

图 1-21　绘图区

绘图区左上角有 3 个显示标签，显示当前模型的状态。单击各标签可以打开对应的快捷菜单，分别控制视口布局、视图方向和视觉样式，如图 1-22 所示。

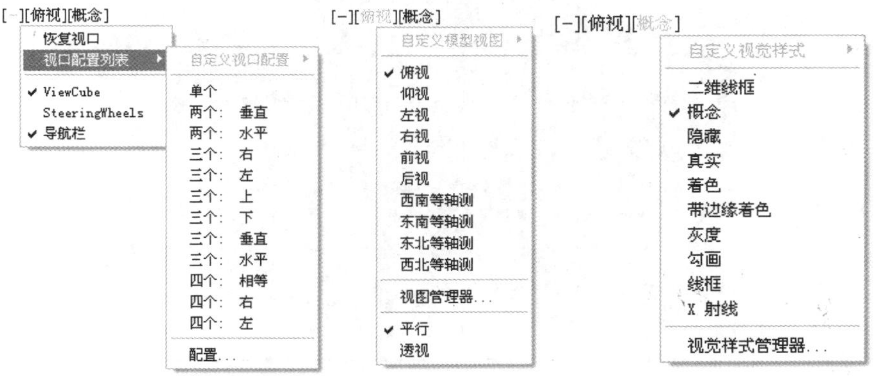

图 1-22　功能标签菜单

绘图区右上角为 ViewCube 工具，如图 1-23 所示，该工具以立方体的各个面和顶点直观地控制视图的方向，一般用于三维建模。

绘图区右侧为导航栏，该导航栏呈透明显示，将指针移动到导航栏上可以显示出导航按钮，如图 1-24 所示。

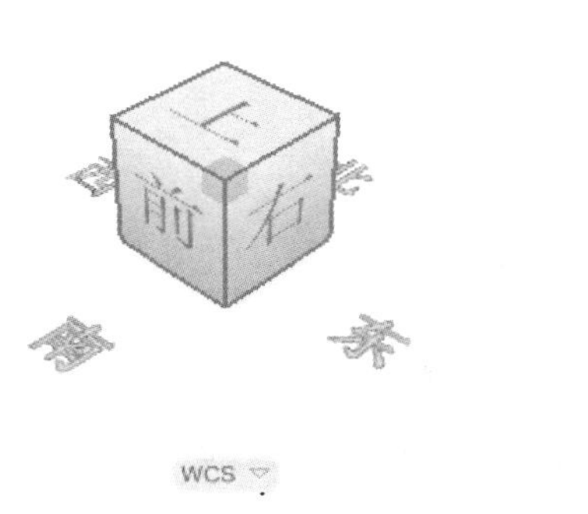

图 1-23　ViewCube 工具

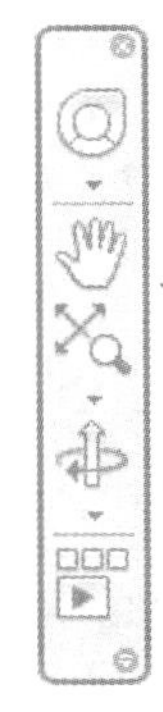

图 1-24　导航栏

9. 命令行与文本窗口

命令行位于绘图窗口的底部，用于输入命令和显示 AutoCAD 的提示信息，如图 1-25 所示。

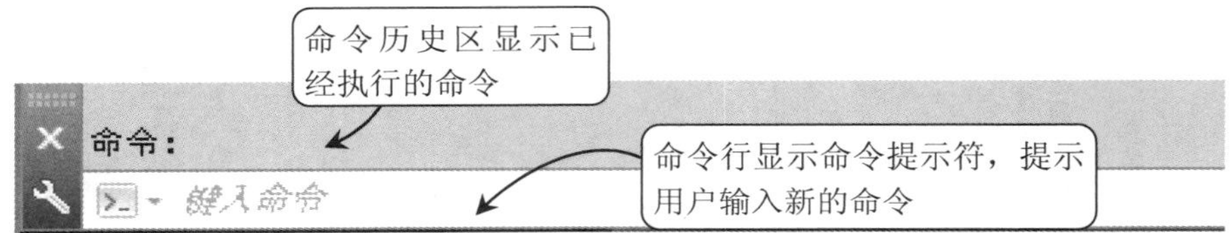

图 1-25　命令行窗口

AutoCAD 文本窗口的作用和命令窗口的作用一样，它记录了打开该文档后的所有命令操作，相当于放大后的命令行窗口，如图 1-26 所示。

```
AutoCAD 文本窗口 - Drawing1.dwg
编辑(E)
命令: _find 正在重生成模型。

命令:
命令:
命令: _options
命令: 指定对角点或 [栏选(F)/圈围(WP)/圈交(CP)]:
命令:
自动保存到 C:\Documents and Settings\Administrator\local settings\temp\Drawin

命令:
命令: 指定对角点或 [栏选(F)/圈围(WP)/圈交(CP)]:
命令: 指定对角点或 [栏选(F)/圈围(WP)/圈交(CP)]:
命令: '_setvar
输入变量名或 [?] <WSCURRENT>: SubObjSelectionMode

输入 SUBOBJSELECTIONMODE 的新值 <0>: 2
命令:
自动保存到 C:\Documents and Settings\Administrator\local settings\temp\Drawin

命令:
命令: 指定对角点或 [栏选(F)/圈围(WP)/圈交(CP)]:
命令: *取消*

命令: |
```

图 1-26　文本窗口

文本窗口在默认界面中没有直接显示，需要通过命令调用。调用文本窗口的方法有以下两种。

- 菜单栏：选择【视图】|【显示】|【文本窗口】命令。
- 快捷键：按 F2 键。

在 AutoCAD 2014 中，系统会在用户输入命令时自动判断与输入字母相关的命令，显示可供选择的命令列表，如图 1-27 所示，用户可以按键盘上的方向键或使用鼠标进行选择，这种智能功能极大地减少了用户使用快捷命令的记忆负担。

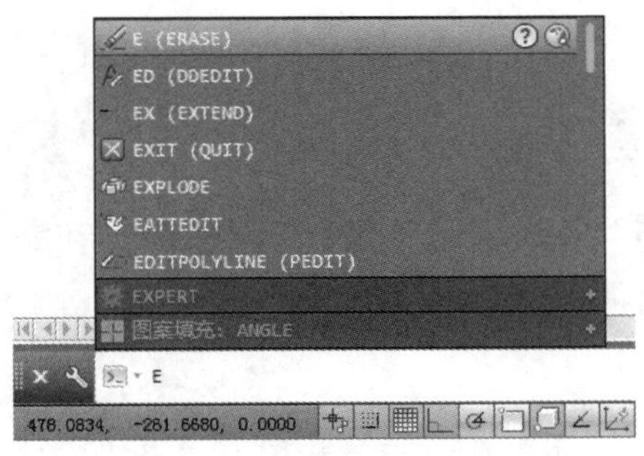

图 1-27　命令行自动完成功能

注意

输入命令之后，必须按 Enter(回车)键确认，本书的命令行操作统一用“↙”符号表示按 Enter 键。

10. 状态栏

状态栏位于窗口的底部，如图 1-28 所示，它显示了 AutoCAD 的辅助绘图工具和当前的绘图状态，主要由以下 5 部分组成。

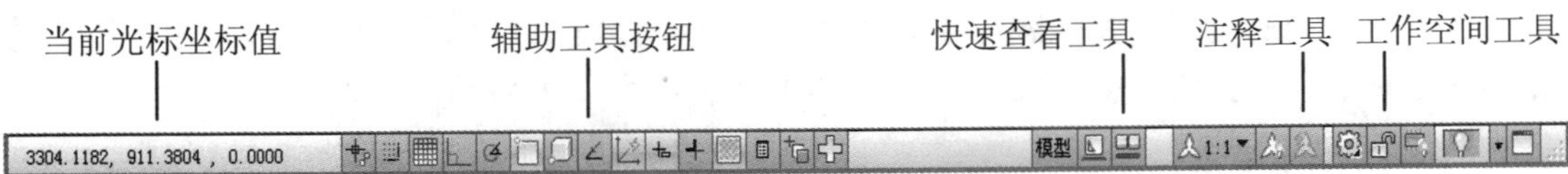

图 1-28　状态栏

- 坐标值：光标坐标值显示了绘图区中光标的位置。移动光标，坐标值也会随之变化。
- 绘图辅助工具：主要用于控制绘图的性能，其中包括推断约束、捕捉模式、栅格显示、正交模式、极轴追踪、对象捕捉、三维对象捕捉、对象捕捉追踪、允许/禁止动态 UCS、动态输入、显示/隐藏线宽、显示/隐藏透明度、快捷特性和选择循环等工具。
- 快速查看工具：用于预览打开的图形，或者预览图形的模型和布局空间。图形将以缩略图形式显示在窗口的底部，单击某一缩略图可切换到该图形或空间。
- 注释工具：用于显示缩放注释的若干工具，对于模型空间和布局空间，将显示不同的注释工具。当图形状态栏打开后，该注释工具不再显示在状态栏，而是显示在绘图区的底部。

- 工作空间工具：用于切换 AutoCAD 2014 的工作空间，以及对工作空间进行自定义设置等操作。

1.3 基本文件操作

基本文件管理是软件操作的基础，它包含文件的新建、打开、保存和另存为等操作管理。

1.3.1 启动和退出程序

要使用 AutoCAD 进行绘图，首先必须启动该软件。在完成绘制之后，应保存文件并退出该软件，以节省系统资源。

1. 启动软件

在正确安装 AutoCAD 2014 软件之后，程序会自动在 Windows 桌面上建立 AutoCAD 2014 的快捷方式图标。通过快捷方式启动 AutoCAD 2014 的方法有以下两种。

- 双击桌面上的快捷图标，可以快速启动 AutoCAD 2014 软件，如图 1-29 所示。
- 右击快捷图标，在弹出的快捷菜单中选择【打开】命令，如图 1-30 所示。

图 1-29 方法一

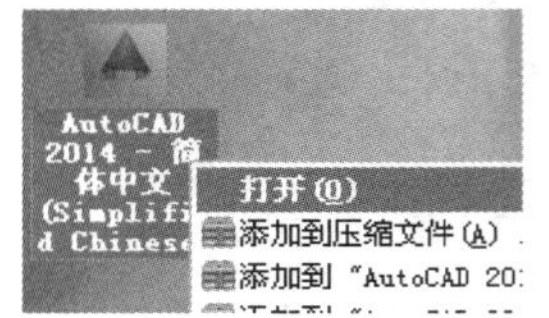

图 1-30 方法二

此外，还可以通过 Windows【开始】菜单启动软件：展开【开始】|【程序】|Autodesk 菜单，选择【AutoCAD 2014-简体中文】命令即可启动该软件。

2. 退出软件

在完成图形的绘制和编辑后，可以退出 AutoCAD 2014，具体方法如下。

- 标题栏：单击标题栏上的【关闭】按钮×。
- 菜单栏：选择【文件】|【退出】命令。
- 命令行：在命令行输入 QUIT/EXIT 并按 Enter 键。
- 快捷键：按快捷键 Alt+F4 或 Ctrl+Q。
- 应用程序按钮：单击应用程序按钮，在弹出的列表中单击【关闭】按钮。

提示

若在退出 AutoCAD 2014 之前未进行文件的保存，系统会弹出如图 1-31 所示的提示对话框。提示使用者在退出软件之前是否保存当前的绘图文件。单击【是】按钮，同时可以进行文件的保存；单击【否】按钮，将不对之前的操作进行保存而退出；单击【取消】按钮，将返回到操作界面，不执行退出软件的操作。

如果文件是新建的，则在保存时会弹出【图形另存为】对话框，如图 1-32 所示，可以在【文件名】下拉列表框中输入新的文件名或默认文件名，选择保存路径后单击【保存】按钮即可。

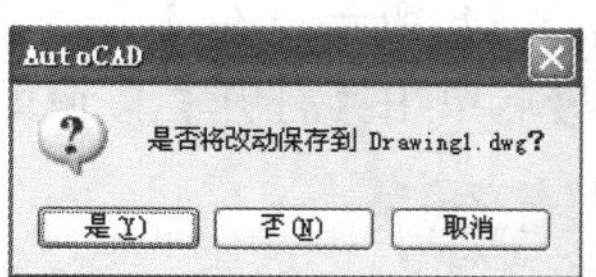

图 1-31　退出提示对话框

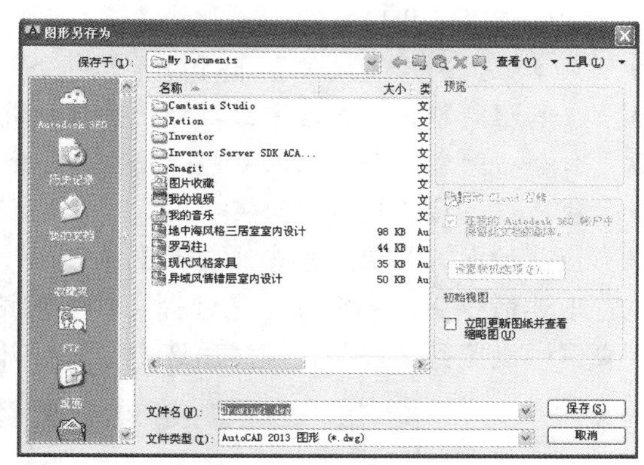

图 1-32　【图形另存为】对话框

1.3.2　新建文件

启动 AutoCAD 2014 后，系统将自动新建一个名为“Drawing1.dwg”的图形文件，该图形文件默认以 acadiso.dwt 为样板创建。用户也可以根据需要自行新建文件。

新建文件有以下几种方法。

- 菜单栏：选择【文件】|【新建】命令。
- 工具栏：单击【标准】工具栏上的【新建】按钮 。
- 命令行：在命令行输入 NEW 并按 Enter 键。
- 快捷键：按快捷键 Ctrl+N。
- 快速访问工具栏：单击【新建】按钮 。

执行以上任意一种操作，系统弹出【选择样板】对话框，如图 1-33 所示。选择绘图样板之后，单击【打开】按钮，即可新建文件并进入绘图界面。

图 1-33　【选择样板】对话框

1.3.3 打开文件

在使用 AutoCAD 2014 进行图形编辑时，常需要对图形文件进行查看或编辑，这时就需要打开相应的图形文件。

打开文件有以下几种方法。

- 菜单栏：选择【文件】|【打开】命令。
- 工具栏：单击【标准】工具栏上的【打开】按钮 。
- 命令行：在命令行输入 OPEN 并按 Enter 键。
- 快捷键：按快捷键 Ctrl+O。
- 快速访问工具栏：单击【打开】按钮 。

执行上述命令后，系统弹出【选择文件】对话框，如图 1-34 所示，在【查找范围】下拉列表框中浏览到文件路径，然后选中需要打开的文件，最后单击【打开】按钮即可。

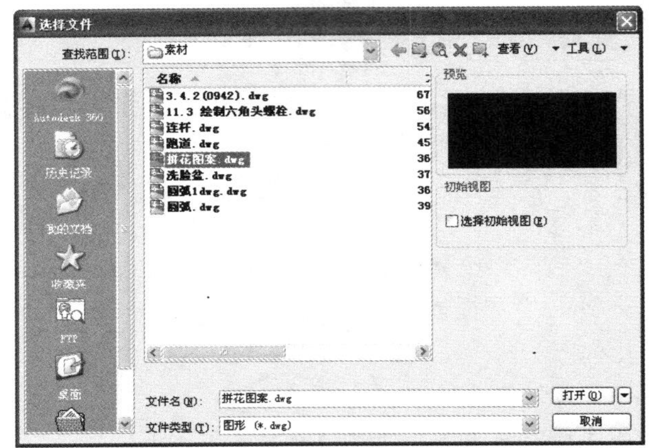

图 1-34 【选择文件】对话框

1.3.4 保存文件

保存文件就是将新绘制或编辑过的文件保存在计算机中，以便再次使用。也可以在绘制图形的过程中随时对图形进行保存，避免意外情况导致文件丢失。

保存文件有以下几种方法。

- 菜单栏：选择【文件】|【保存】命令。
- 工具栏：单击【标准】工具栏中的【保存】按钮 。
- 命令行：在命令行输入 SAVE 并按 Enter 键。
- 快捷键：按快捷键 Ctrl+S。
- 快速访问工具栏：单击【保存】按钮 。

执行上述命令后，若文件是第一次保存，则会弹出【图形另存为】对话框，如图 1-35 所示。在【保存于】下拉列表框中设置文件的保存路径，在【文件名】下拉列表框中输入文件的名称，最后单击【保存】按钮即可。若文件不是第一次保存，则系统弹出提示对话框，如图 1-36 所示，单击【是】按钮将保存文件的修改。

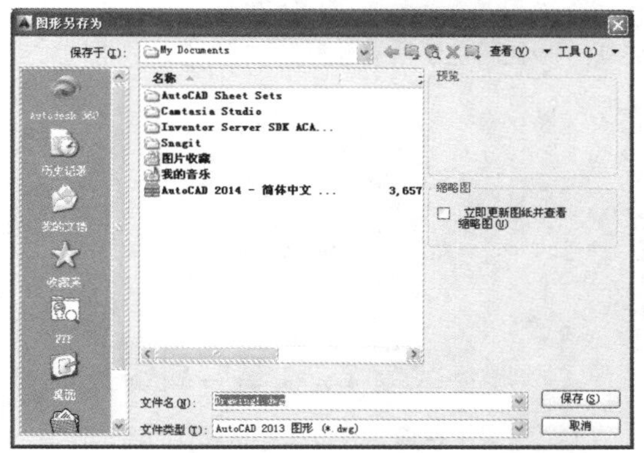

图 1-35 【图形另存为】对话框

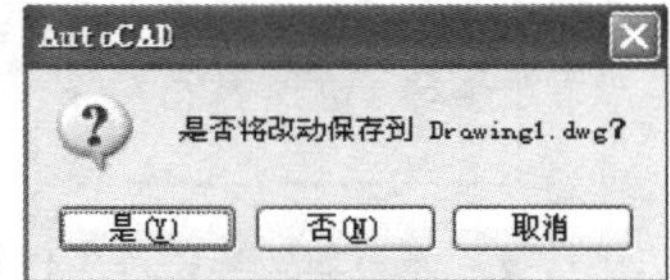

图 1-36 提示对话框

1.3.5 另存文件

另存是将当前文件重新设置保存路径或保存名称，从而创建新的文件，这样不会对打开的原文件产生影响。

另存文件有以下几种方法。

- 菜单栏：选择【文件】|【另存为】命令。
- 命令行：在命令行输入 SAVEAS 并按 Enter 键。
- 快捷键：按快捷键 Ctrl+Shift+S。
- 快速访问工具栏：单击【另存为】按钮。

执行上述命令后，系统弹出【图形另存为】对话框，在其中重新设置保存路径或文件名，然后单击【保存】按钮。

1.4 设置绘图环境

本节先介绍了工作空间、图形界限、绘图单位等重要的绘图环境参数的设置，这些设置直接影响到绘图的结果，因此十分重要。然后介绍了光标大小、绘图区颜色、鼠标右键功能等，这些设置对绘图结果没有影响，却能满足用户的个性化绘图需求，提高绘图的效率。

1.4.1 设置工作空间

1. 使用标准工作空间

用户可以根据绘图的需要选择相应的工作空间，切换工作空间的方法如下。

- 菜单栏：选择【工具】|【工作空间】命令，然后在子菜单中选择工作空间。
- 工具栏：展开快速访问工具栏上的工作空间列表，如图 1-37 所示，然后选择工作空间。
- 命令行：在命令行输入 WSCURRENT 或 WSC 并按 Enter 键，然后输入工作空间的名称。

- 状态栏：单击【切换工作空间】按钮，如图 1-38 所示。

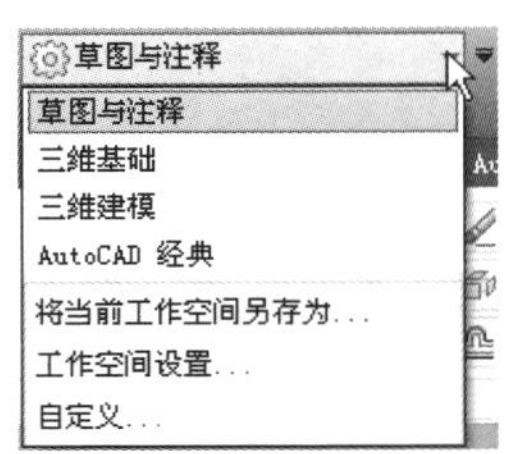

图 1-37　通过菜单栏选择工作空间

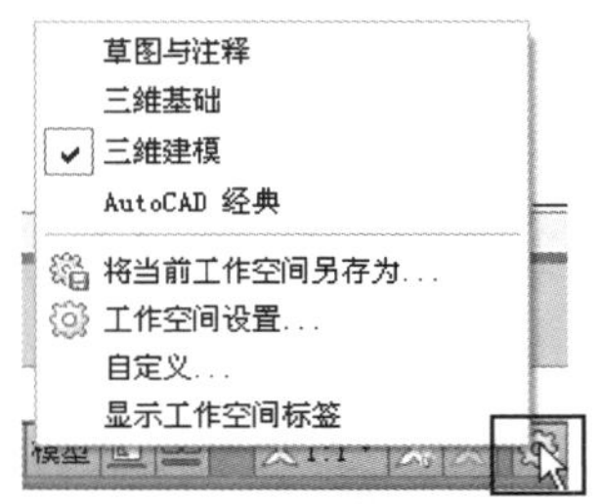

图 1-38　通过按钮选择工作空间

【案例 1-2】：切换工作空间

01 双击桌面上的 AutoCAD 2014 快捷图标，启动软件。软件启动之后，系统默认进入草图与注释空间。

02 单击工作空间名称后的展开箭头，展开选项列表，如图 1-39 所示，选择【三维建模】命令，完成工作空间的切换。

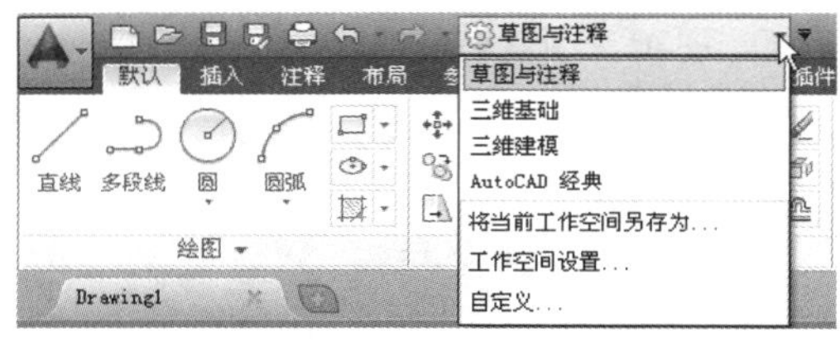

图 1-39　工作空间选项

退出 AutoCAD 软件之后，再次启动该软件时，系统默认进入上一次设置的工作空间。

2. 自定义工作空间

除了使用系统提供的标准工作空间外，用户还可以自定义工作空间，使工作空间中包含所需的菜单、工具栏、面板等界面元素。下面以实例演示来自定义工作空间的方法。

【案例 1-3】：自定义工作空间

01 展开工作空间列表，将当前工作空间切换到草图与注释空间。

02 单击快速访问工具栏后的展开箭头，展开选项如图 1-40 所示，选择【显示菜单栏】命令，显示菜单栏。

03 再次展开工作空间列表，选择【将当前工作空间另存为】命令，系统弹出【保存工作空间】对话框，如图 1-41 所示。

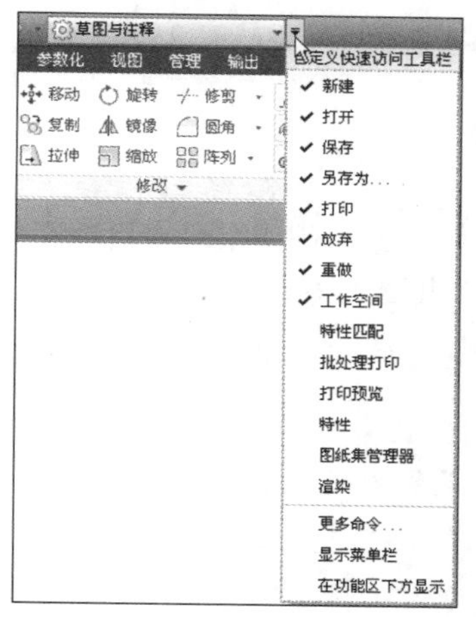

图 1-40　箭头展开选项

图 1-41　【保存工作空间】对话框

04 在【名称】下拉列表框中输入工作空间名称“含菜单的草图与注释”，然后单击【保存】按钮，当前的工作空间将被保存。

05 保存的工作空间显示在工作空间列表中，如图 1-42 所示。

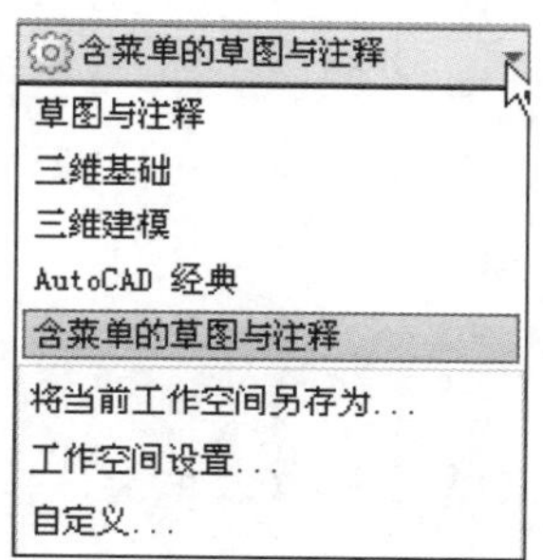

图 1-42　新建的工作空间

1.4.2　设置图形界限

AutoCAD 的绘图区域是无限大的，用户可以绘制任意大小的图形，但由于现实中使用的图纸均有特定的尺寸，为了使绘制的图形符合纸张大小，需要设置一定的图形界限。

设置绘图界限的方法有以下两种。

- 菜单栏：选择【格式】|【图形界限】命令。
- 命令行：在命令行输入 LIMITS 并按 Enter 键。

通过以上任一种方法执行图形界限命令后，在命令行输入图形界限的两个角点坐标，即可定义图形界限。下面以实例演示其操作过程。

【案例 1-4】：设置 A4 图纸绘图界限

01 单击快速访问工具栏中的【新建】按钮，新建文件。

02 选择【格式】|【图形界限】命令，设置图形界限，命令行操作如下：

```
命令: '_limits                                          //调用【图形界限】命令
重新设置模型空间界限:
指定左下角点或 [开(ON)/关(OFF)] <0.0,0.0>: 0,0↙        //指定坐标原点为图形界限左下角点
指定右上角点<420.0,297.0>: 297,210↙                    //指定右上角点
```

提示

此时若选择 ON 选项，则绘图时图形不能超出图形界限，若超出系统不予显示，选择 OFF 选项时准予超出界限图形。

03 右击状态栏上的【栅格】按钮，在弹出的快捷菜单中选择【设置】命令，或在命令行输入 SE 并按 Enter 键，系统弹出【草图设置】对话框，在【捕捉和栅格】选项卡中，取消选中【显示超出界限的栅格】复选框，如图 1-43 所示。

04 单击【确定】按钮，设置的图形界限以栅格的范围显示，如图 1-44 所示。

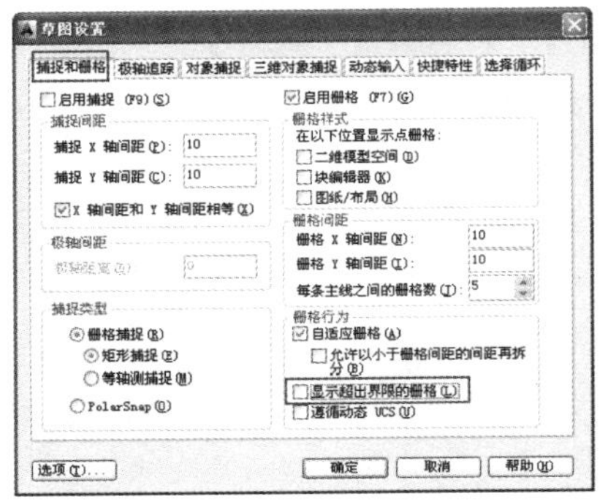

图 1-43 【草图设置】对话框

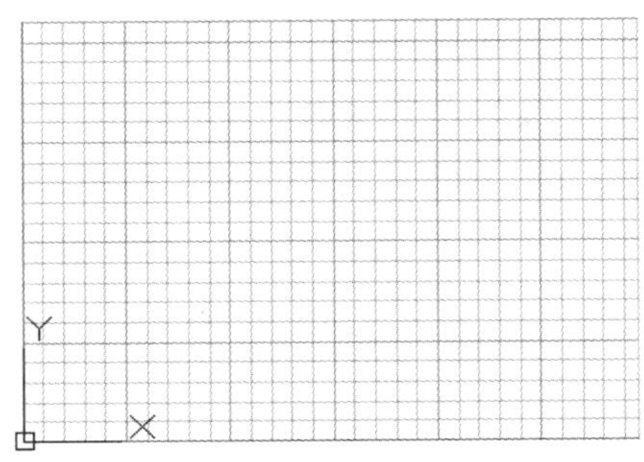

图 1-44 以栅格范围显示绘图界限

05 将设置的图形界限(A4 图纸范围)放大至全屏显示，如图 1-45 所示，命令行操作如下：

```
命令: zoom↙                                    //调用视图缩放命令
指定窗口的角点，输入比例因子 (nX 或 nXP)，或者
[全部(A)/中心(C)/动态(D)/范围(E)/上一个(P)/比例(S)/窗口(W)/对象(O)] <实时>: A
                                               //激活"全部(A)"选项
正在重生成模型。
```

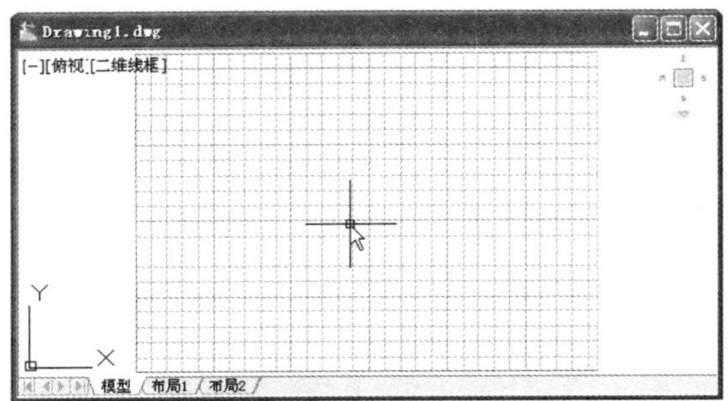

图 1-45 布满整个窗口的栅格

在设置图形界限之前，需要激活状态栏中的【栅格】按钮，只有启用该功能才能看到图形界限的效果。栅格所显示的区域即是设置的图形界限区域。

1.4.3　设置绘图单位

由于不同国家和地区有不同的惯用长度单位，为了避免图纸交流中的混乱，绘制的图形必须设置确定的单位。为了方便不同领域的辅助设计，AutoCAD 的工作单位是可以进行修改的。设置绘图单位有以下两种方法。

- 菜单栏：选择【格式】|【单位】命令。
- 命令行：在命令行输入 UNITS/UN 并按 Enter 键。

执行以上任意一种命令，系统弹出【图形单位】对话框，如图 1-46 所示。在该对话框中，可为图形设置长度、精度、角度的单位值，以及从 AutoCAD 设计中心中插入图块或外部参照时的缩放单位。其中各选项的含义如下。

- 【长度】：用于设置长度单位的类型和精度。
- 【角度】：用于控制角度单位的类型和精度。【顺时针】复选框用于控制角度增角量的正负方向。如选中此选项，则表示按顺时针旋转的角度为正方向，未选中则表示按逆时针旋转的角度为正方向。
- 【插入时的缩放单位】：用于选中插入图块时的单位，也是当前绘图环境的尺寸单位。
- 【光源】：用于指定光源强度的单位
- 【方向】：用于设置角度方向。单击该按钮，将弹出【方向控制】对话框，如图 1-47 所示，以控制角度的起点和测量方向。默认的起点角度为 0°，方向正东。在其中可以设置基准角度，即设置 0° 角。例如将基准角度设为“北”，则绘图时的 0° 实际上在 90° 方向上。如果选中【其他】单选按钮，则可以单击【拾取角度】按钮，切换到图形窗口中，通过拾取两个点来确定基准角度 0° 的方向。

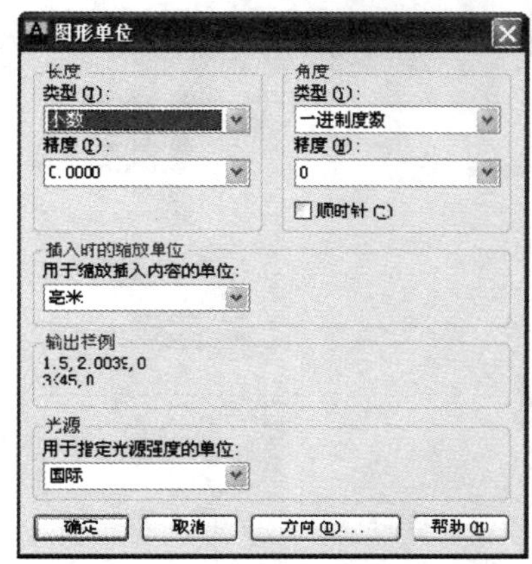

图 1-46　【图形单位】对话框

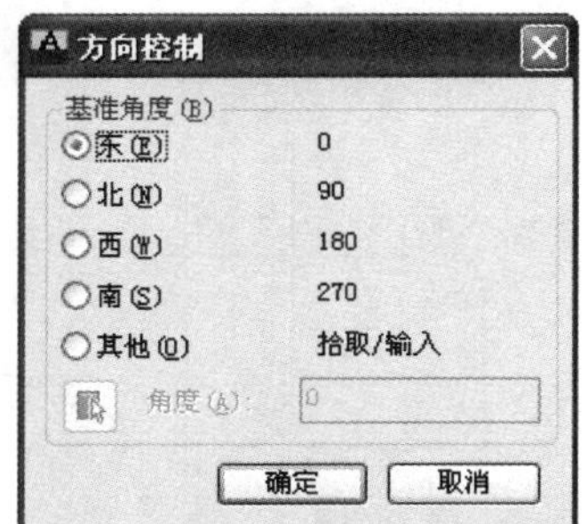

图 1-47　【方向控制】对话框

提示

毫米(mm)是国内工程绘图领域最常用的绘图单位，AutoCAD 默认的绘图单位也是毫米(mm)，所以有时可以省略绘图单位设置这一步骤。

1.4.4 设置十字光标和靶框大小

光标是绘图区十字形显示的位置标记，显示了当前指针在坐标中的位置，十字光标的两条线与当前用户坐标系的 x、y 轴分别平行。

靶框是十字光标中心的正方形方框，在执行绘图命令之后，靶框用于捕捉对象。如图 1-48 所示，在靶框内的特殊点将被捕捉。

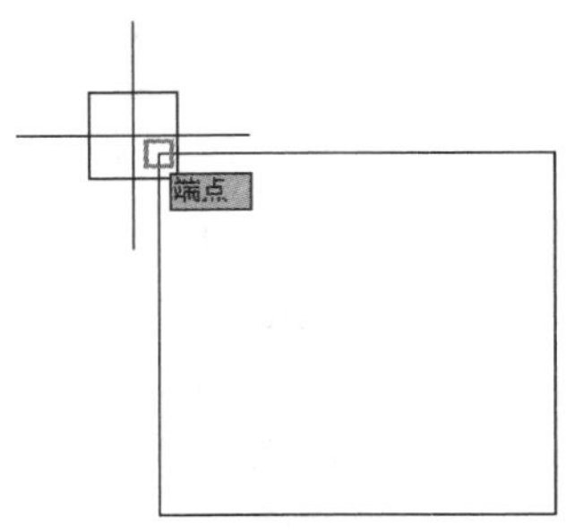

图 1-48　靶框的捕捉

用户可以设置符合自己习惯的光标和靶框大小，下面以实例演示操作方法。

【案例 1-5】：设置十字光标大小

01 将十字光标移动到坐标系附近，如图 1-49 所示，此大小为系统默认的十字光标大小。

02 在命令行输入 OP 并按 Enter 键，系统弹出【选项】对话框，在【显示】选项卡中调整十字光标大小为 15，如图 1-50 所示。

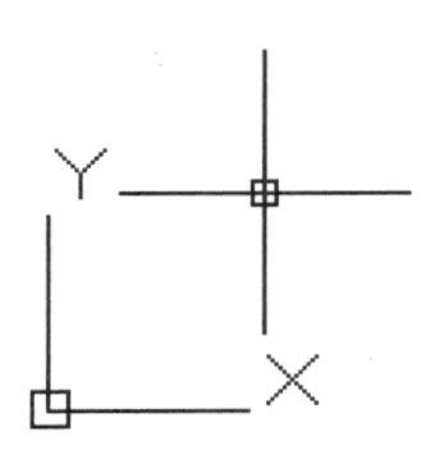

图 1-49　十字光标的默认大小

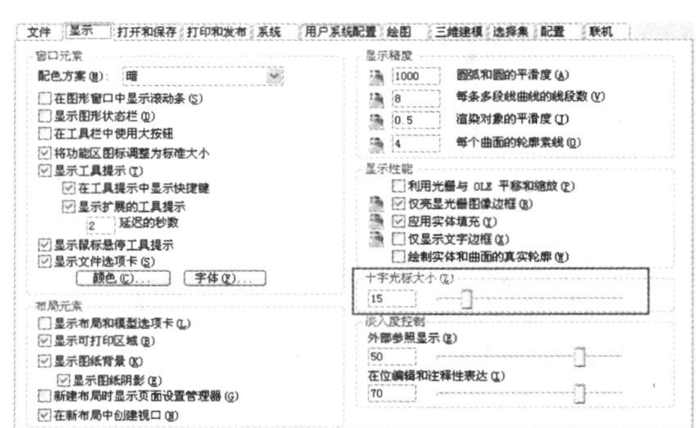

图 1-50　设置十字光标大小

03 在【选项】对话框中切换到【绘图】选项卡，选中【显示自动捕捉靶框】复选框，然后设置靶框的大小，如图 1-51 所示。

04 在绘图区查看十字光标的大小，如图 1-52 所示。

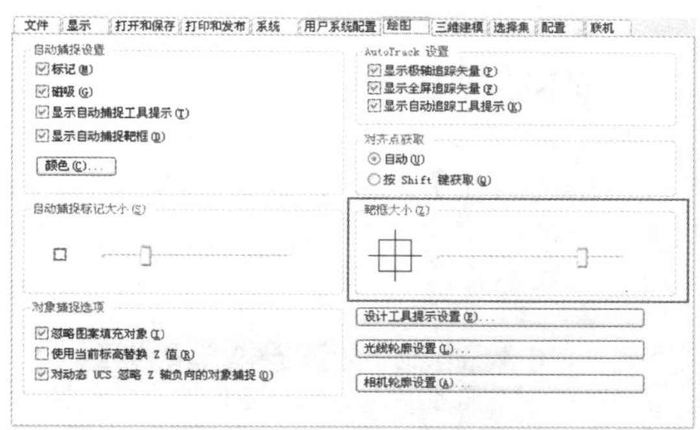

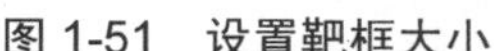
图 1-51　设置靶框大小

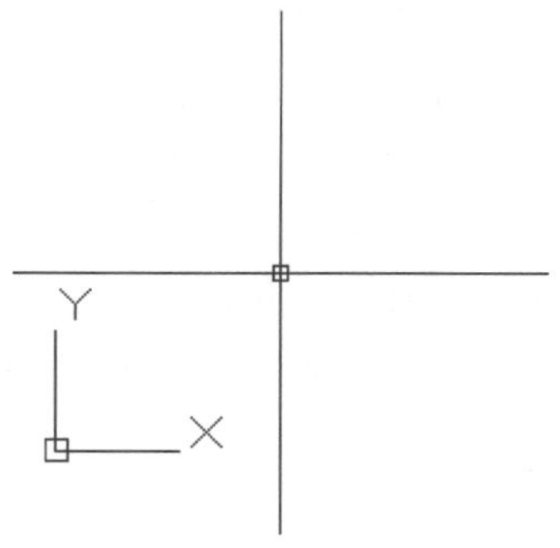

图 1-52　调整大小后的十字光标

1.4.5 设置绘图区背景颜色

系统默认的绘图区背景颜色为黑色，用户可根据视觉习惯更改背景颜色。

注意

当背景为黑色时，系统图层上的黑色线条在绘图区显示为白色。

【案例 1-6】：更改背景颜色为白色

01 选择【工具】|【选项】命令，或在命令行输入 OP 并按 Enter 键，系统弹出【选项】对话框，在【显示】选项卡中单击【颜色】按钮，系统弹出【图形窗口颜色】对话框，如图 1-53 所示。

02 在【上下文】列表框中选择【二维模型空间】选项，在【界面元素】列表框中选择【统一背景】选项，然后在【颜色】下拉列表框中选择【白】选项，如图 1-54 所示。

03 单击【图形窗口颜色】对话框上【应用并关闭】按钮，完成背景颜色的修改。

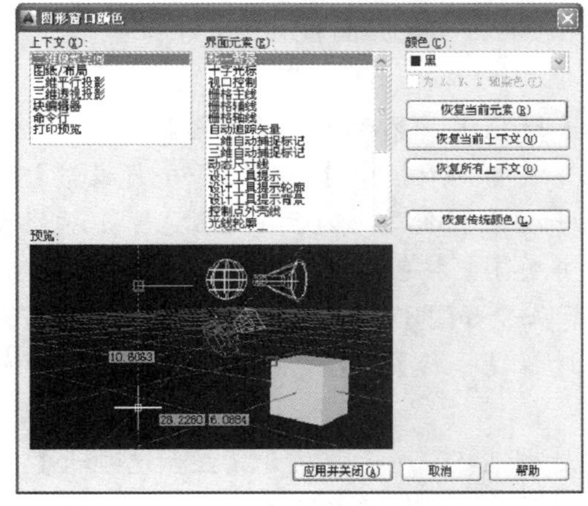

图 1-53　【图形窗口颜色】对话框

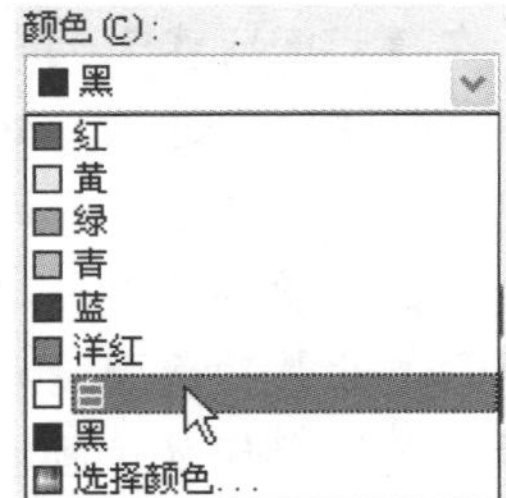

图 1-54　颜色选项

1.4.6 设置鼠标功能

在 AutoCAD 中，鼠标动作有特定的含义，例如左键双击对象将执行编辑，单击鼠标右键将展开快捷菜单。用户可以自主设置鼠标动作的含义。打开【选项】对话框，切换到【用户系统配置】选项卡，在【Windows 标准操作】选项组中设置鼠标动作，如图 1-55 所示。单击【自定义右键单击】按钮，系统弹出【自定义右键单击】对话框，如图 1-56 所示，可根据需要设置右键单击的含义。

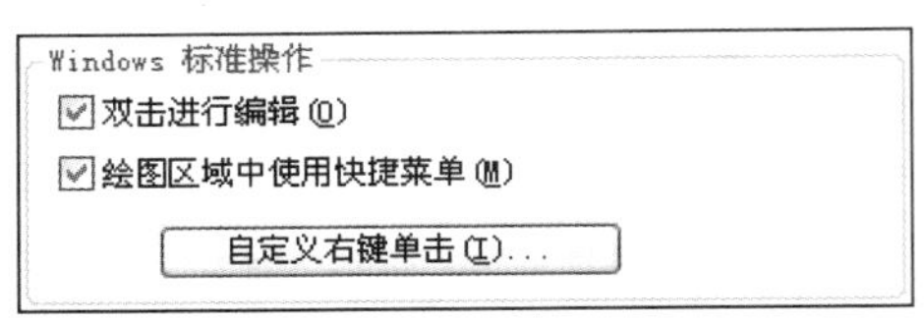

图 1-55 【Windows 标准操作】选项组

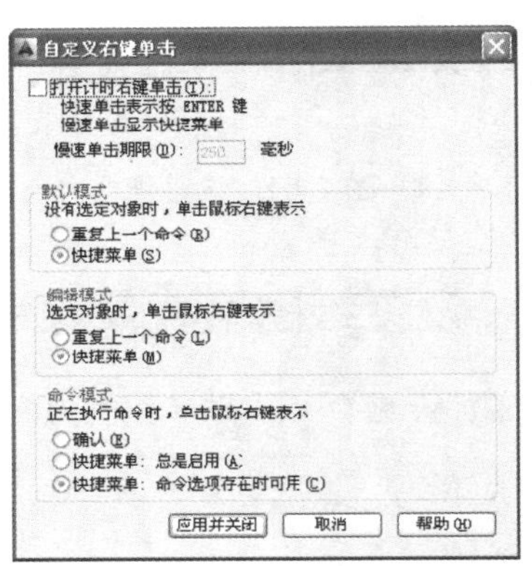

图 1-56 【自定义右键单击】对话框

1.5 综 合 实 例

本实例通过自定义 AutoCAD 的操作界面，新建一个工作空间，并将该文件保存为一个 AutoCAD 模板文件。

01 双击桌面上的 AutoCAD 2014 快捷图标，启动软件。

02 展开快速访问工具栏上的【工作空间】列表，选择【三维建模】选项。

03 单击窗口左上角 AutoCAD 应用程序按钮，其展开面板如图 1-57 所示。单击【选项】按钮，系统弹出【选项】对话框。

04 在【选项】对话框中切换到【显示】选项卡，然后单击【颜色】按钮，系统弹出【图形窗口颜色】对话框，在【上下文】列表框中选择【三维平行投影】选项，在【界面元素】列表框中选择【统一背景】选项，然后在【颜色】下拉列表框中选择【白】选项，然后单击【应用并关闭】按钮，关闭对话框。

05 单击 ViewCube 工具右下角的展开箭头，如图 1-58 所示，在展开菜单中选择【透视】选项。然后再次展开该菜单，选择【平行】选项，将投影方式更改为平行投影，背景颜色即更新为白色。

06 在选项卡任意位置右击，展开菜单如图 1-59 所示。展开【显示选项卡】下的子菜单，然后取消选中 Autodesk 360 选项卡，Autodesk 360 即从选项卡中消失，如图 1-60 所示。

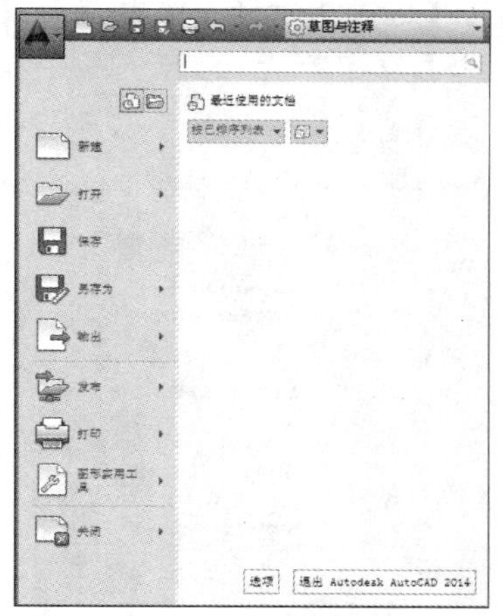

图 1-57　应用程序按钮的展开面板

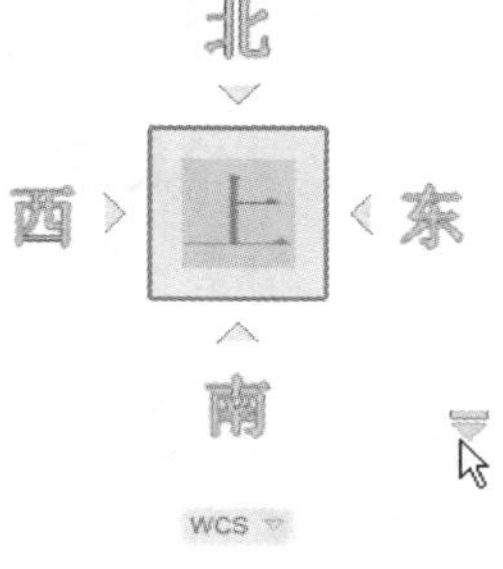

图 1-58　单击 ViewCube 展开箭头

图 1-59　选项卡上的右键菜单

图 1-60　删除 Autodesk 360 选项卡

07 切换到【曲面】选项卡，然后在选项卡标题上右击，依次展开菜单，如图 1-61 所示，在子菜单中取消选中【分析】选项，将【分析】面板从【曲面】选项卡中移除。

08 单击快速访问工具栏后的展开箭头，如图 1-62 所示。在命令选项中选择【特性匹配】选项，【特性匹配】工具按钮即添加到快速访问工具栏中，如图 1-63 所示。

图 1-61　选项卡上的右键菜单

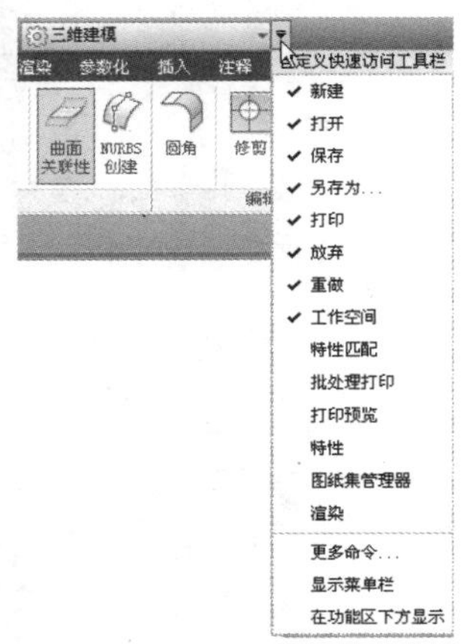

图 1-62　快速访问工具栏的展开选项

09 在命令行输入 OP 并按 Enter 键，系统弹出【选项】对话框，切换到【三维建模】选项卡，在【动态输入】选项组中选中【为指针输入显示 Z 字段】复选框，如图 1-64 所示。

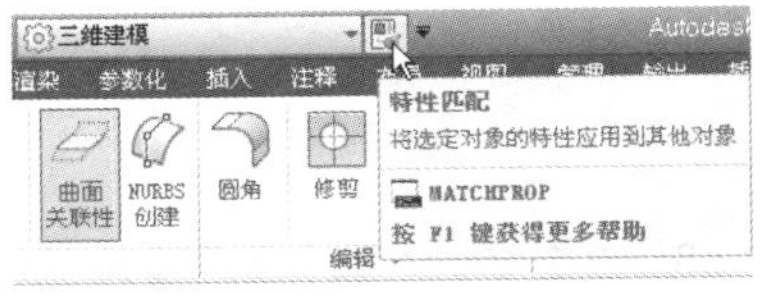

图 1-63　添加的命令按钮

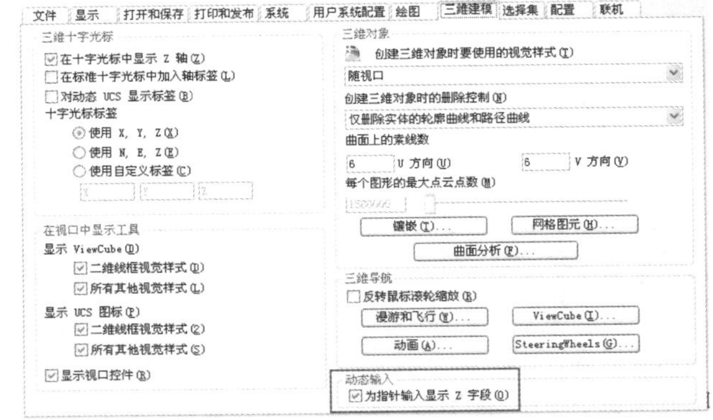

图 1-64　设置动态输入参数

提示

系统默认在三维建模中，只显示 X 和 Y 两个坐标的动态输入，如图 1-65 所示，这样在输入空间坐标时只能由命令行输入。选中【为指针输入显示 Z 字段】复选框之后，将显示全部 3 个坐标的动态输入，可直接在动态输入中输入空间坐标，如图 1-66 所示。

图 1-65　2 个坐标的动态输入　　　图 1-66　3 个坐标的动态输入

10 单击状态栏上的【栅格显示】按钮，或按 F7 键，将栅格打开。然后单击 ViewCube 工具“上”平面的东南角点，如图 1-67 所示，将视图方向调整到东南等轴测方向。

11 展开工作空间列表，选择【将当前工作空间另存为】命令，在弹出的【保存工作空间】对话框中输入保存名称，如图 1-68 所示，单击【保存】按钮保存工作空间。

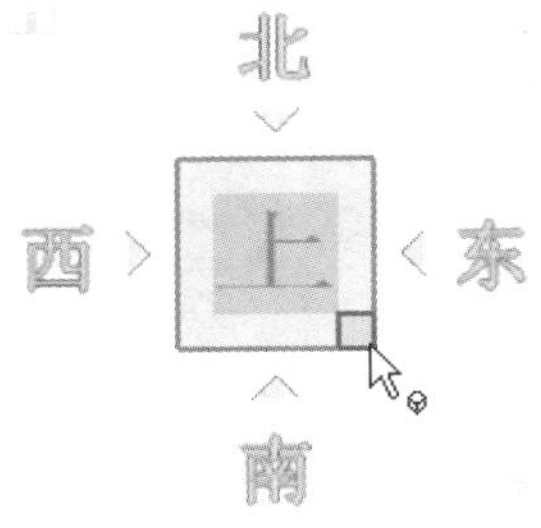

图 1-67　调整视图方向

图 1-68　【保存工作空间】对话框

12 单击快速访问工具栏上的【保存】按钮，系统弹出【另存为】对话框，在【文件类型】下拉列表框中选择“AutoCAD 图形样板(*.dwt)”选项，系统自动浏览到默认的样板文件路径，然后输入文件名称为“自定义 3D”，单击【保存】按钮，系统弹出【样板选项】对话框，如图 1-69 所示，单击【确定】按钮完成保存。

13 单击文件标签页上的【关闭】按钮，如图 1-70 所示，关闭文件。关闭文件之后，系统回到 AutoCAD 初始界面，如图 1-71 所示。

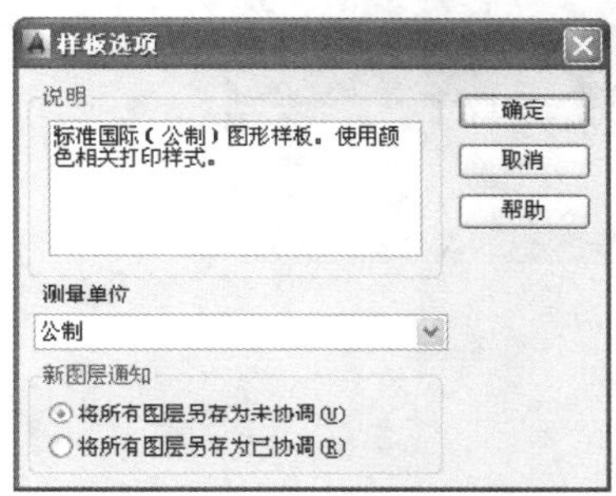

图 1-69 【样板选项】对话框

图 1-70 关闭文件

图 1-71 AutoCAD 初始界面

14 在 Auto 初始界面上，单击快速访问工具栏上的【新建】按钮，系统弹出【选择样板】对话框，选择“自定义 3D”样板，单击【打开】按钮，即新建文件，进入绘图界面。

1.6 思考与练习

一、选择题

1. AutoCAD 图形文件和模板文件的后缀名分别是(　　)。

   A. DWG 和 PRT　　B. DWG 和 DWT

   C. DWT 和 PRT　　D.

2. 按下快捷键(　　)可以快速打开 AutoCAD 文本窗口。

   A. F1　　B. F2　　C. F3　　D. F4

3. 在“三维基础”工作空间中，【按住并拖动】按钮位于(　　)面板。

A. 创建　　B. 编辑　　C. 绘图　　D. 修改

二、操作题

1. 在草图与注释空间中显示菜单栏，并调用【绘图】和【修改】工具栏，如图 1-72 所示。

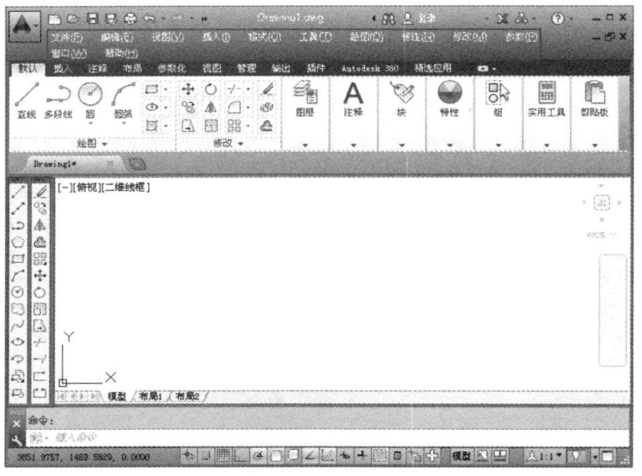

图 1-72　调出菜单栏和工具栏

2. 在三维建模空间中将视图调整到东北等轴测视角，如图 1-73 所示，然后将此工作空间保存为自定义工作空间。

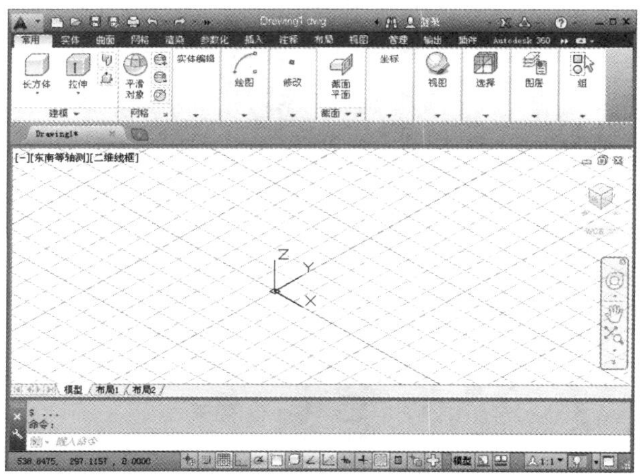

图 1-73　切换到东北等轴测视角

第 2 章

AutoCAD 2014 基本操作

本章导读

本章介绍 AutoCAD 的基础操作，包括命令的执行方法、坐标的输入和视图基本操作，这些操作在 AutoCAD 制图过程中将频繁使用。

学习目标

- 掌握 AutoCAD 命令的各种执行方式，包括菜单方式、工具按钮方式、命令行方式。
- 了解 WCS 和 UCS 两种坐标系的区别，掌握 AutoCAD 中坐标的输入方式，包括笛卡儿坐标和极坐标，掌握相对坐标的输入格式。
- 掌握 AutoCAD 视图的基本操作，包括平移、缩放、视图命名等，掌握用菜单、按钮和鼠标实现视图操作的方法。

2.1 使用 AutoCAD 命令

AutoCAD 调用命令的方式非常灵活，可以通过功能区、工具栏、命令行等多种方式实现。在命令执行过程中，用户也可以随时中止、恢复和重复某个命令。

2.1.1 执行命令

AutoCAD 执行命令的方法有以下 5 种。

- 通过功能区执行命令：AutoCAD 2014 的功能区分门别类地列出了绝大多数常用的工具按钮，例如在功能区单击【默认】选项卡上的【矩形】按钮，在绘图区内即可绘制矩形，如图 2-1 所示。
- 通过工具栏执行命令：AutoCAD 经典工作空间以工具栏的形式显示常用的工具按钮，单击【工具栏】上的工具按钮即可执行相关的命令，如图 2-2 所示。

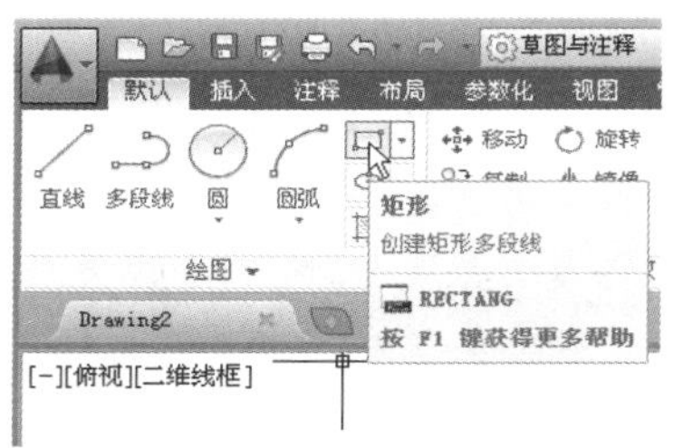

图 2-1　通过功能区执行命令

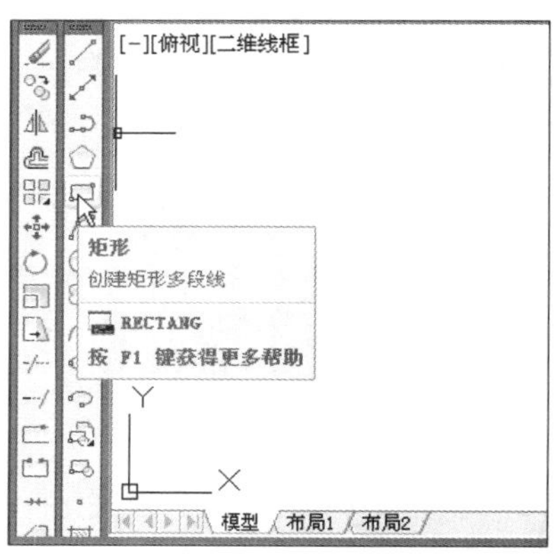

图 2-2　通过工具栏执行命令

- 通过菜单栏执行命令：在 AutoCAD 经典工作空间中也可使用菜单栏调用命令，如要绘制矩形，可以选择【绘图】|【矩形】命令，即可在绘图区根据提示绘制矩形，如图 2-3 所示。
- 通过键盘输入执行命令：在 AutoCAD 的所有工作空间中，都可以在命令行内输入对应的命令字符，然后按 Enter 键来执行该命令。例如在命令行中输入 REC 并按 Enter 键，即可在绘图区绘制矩形，如图 2-4 所示。
- 通过快捷键执行命令：AutoCAD 2014 还可以使用一些快捷键执行部分命令，如使用快捷键 Ctrl+N 新建文件，快捷键 Alt+F4 关闭程序等。此外，AutoCAD 2014 也赋予了键盘上功能键对应的快捷功能，如 F2 键为开启文本窗口。

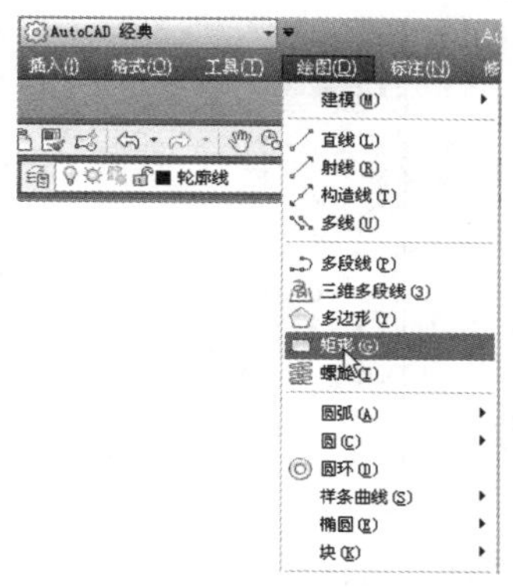

图 2-3　通过菜单栏执行命令

图 2-4　通过命令行执行命令

2.1.2　退出正在执行的命令

在绘图过程中，如果激活某一命令后，在操作完成之前要提前终止该命令有以下两种方法。

- 快捷键：按 Esc 键。
- 快捷菜单：在绘图区域右击，在系统弹出的快捷菜单中选择【取消】命令。

2.1.3　重复使用命令

在绘图过程中，有时需要重复执行同一个命令，如果每次都重新输入或选择该命令，会使绘图效率大大降低。常用的重复执行命令的方法如下。

- 快捷键：按 Enter 键或按空格键重复使用上一个命令。
- 命令行：在命令行中输入 MULTIPLE/MUL 并按 Enter 键。
- 快捷菜单：在命令行中右击，在弹出的快捷菜单中选择【最近使用命令】下需要重复的命令，可重复调用上一个使用的命令。

2.1.4　撤销和重做

在绘图过程中如果操作失误，此时就需要撤销操作。AutoCAD 中有以下 4 种撤销方法。

- 菜单栏：选择【编辑】|【放弃】命令。
- 命令行：在命令行中输入 Undo/U 并按 Enter 键。
- 快捷键：按快捷键 Ctrl+Z。
- 快速访问工具栏：单击快速访问工具栏中的【放弃】按钮。

技巧

如果要一次性撤销之前的多个操作，可以单击【放弃】按钮后的展开按钮，展开操作的历史记录如图 2-5 所示。该记录按照操作的先后，由下往上排列，移动指针选择要撤销的最近几个操作，如图 2-6 所示，单击即可撤销这些操作。

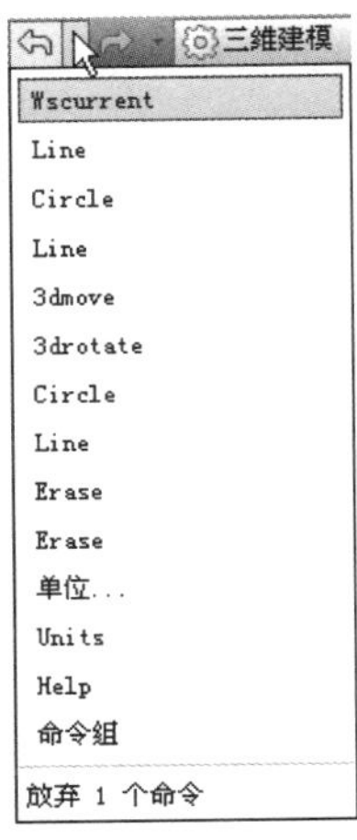

图 2-5　命令操作历史记录

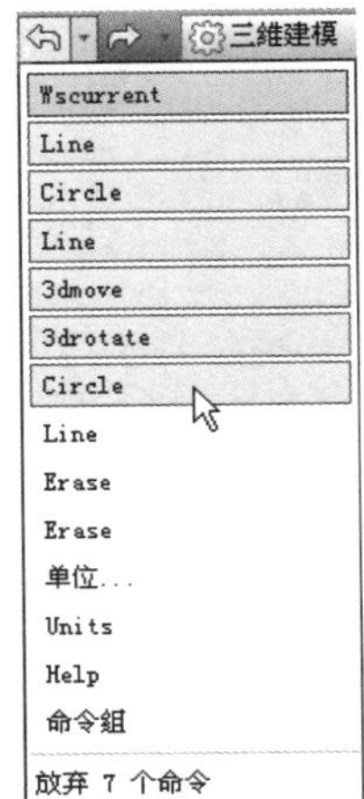

图 2-6　选择要撤销的最近几个命令

执行撤销之后，也可以重做被撤销的操作，重做的前提是在撤销操作之后，还没有进行下一步新的操作。执行重做的方法如下。

- 菜单栏：选择【编辑】|【重做】命令。
- 命令行：在命令行中输入 REDO 并按 Enter 键。
- 快捷键：按快捷键 Ctrl+Y。
- 快速访问工具栏：单击快速访问工具栏中的【重做】按钮。

提示

注意【重做】按钮和【重复】命令是不同的，前者是重新执行被撤销的操作，后者是再次执行上一次执行的命令。

2.1.5　透明命令

通常情况下，AutoCAD 命令是按顺序执行的，即一条命令执行结束后，再执行下一条命令。透明命令是在运行某一命令的过程中可以插入执行的命令，例如画直线的过程中，绘制了直线的起点，第二点的位置超出了当前绘图区的范围，就可以使用视图缩放命令 ZOOM 将视图缩小，然后继续绘制该直线。能透明执行的命令通常是一些可以查询、改变图形设置或绘图工具的命令，如 GRID、SNAP、OSNAP、ZOOM 等命令。绘图、修改类命令不能被透明使用，例如在画圆时想透明地执行画线命令是不可行的。

执行透明命令的方法如下。

- 在执行某一命令的过程中，直接通过菜单栏或工具按钮调用该命令。
- 在执行某一命令的过程中，在命令行输入单引号，然后输入该命令字符并按 Enter 键执行该命令。

2.1.6　按键定义

丰富的快捷键功能是 AutoCAD 的一大特点，用户可以修改系统默认的快捷键，或者

创建自定义的快捷键。例如【重做】命令默认的快捷键是 Ctrl+Y，在键盘上这两个键因距离太远而操作不方便，此时可以将其设置为 Shift+1。

选择【工具】|【自定义】|【界面】命令，系统弹出【自定义用户界面】对话框，如图 2-7 所示。在左上角的列表框中选择【键盘快捷键】选项，如图 2-8 所示。然后在右上角【快捷方式】列表中找到要定义的命令，双击其对应的主键值，如图 2-9 所示，删除原值并按下要定义的键，即可修改快捷命令。也可选中该命令后，在右下角的【访问】信息中修改其按键，如图 2-10 所示。需要注意的是：按键定义不能与其他命令重复，否则系统弹出提示信息，如图 2-11 所示。

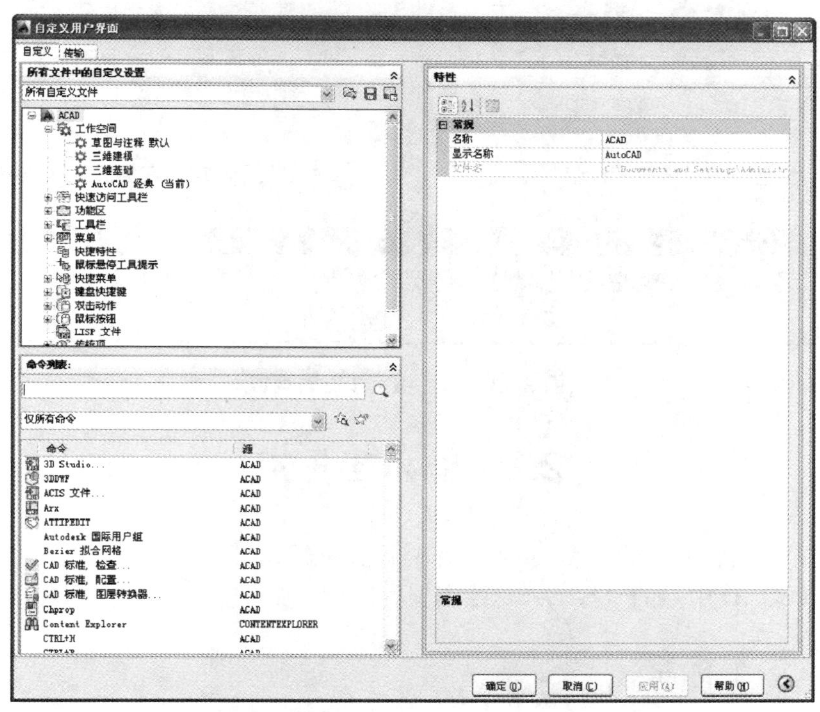

图 2-7　【自定义用户界面】对话框

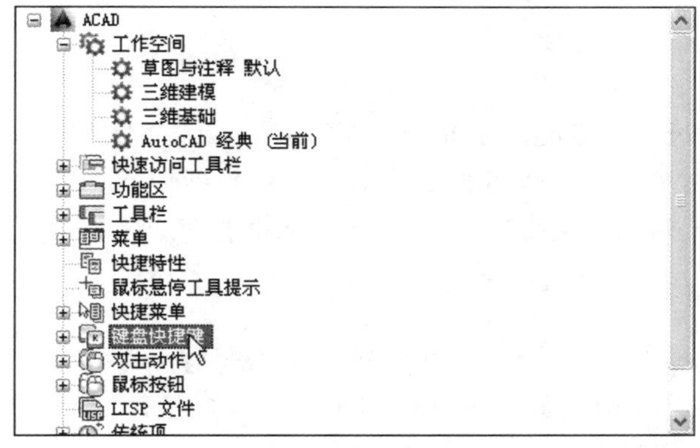

图 2-8　选择【键盘快捷键】选项

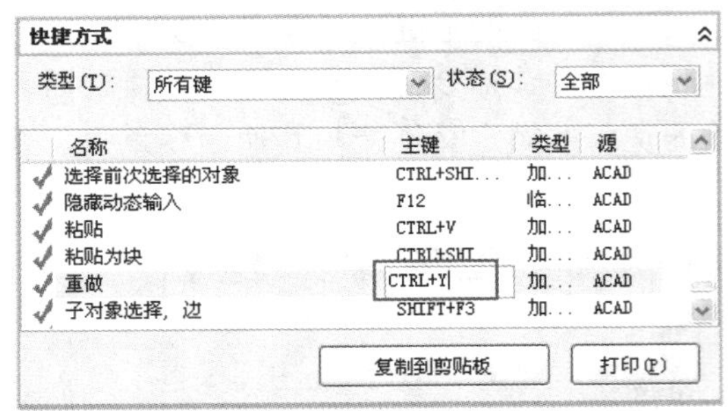

图 2-9　修改主键值

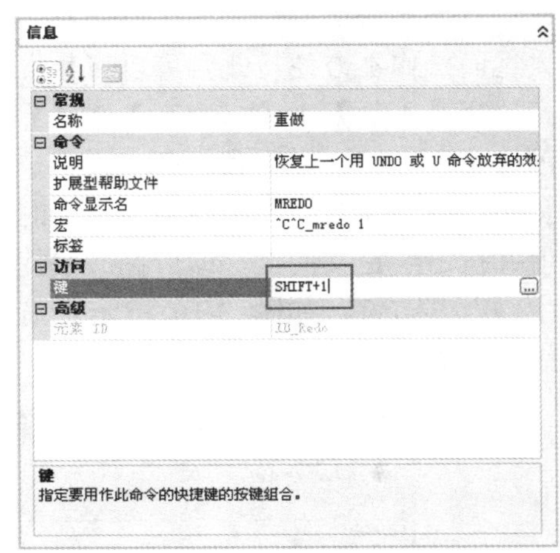

图 2-10　在信息栏修改按键

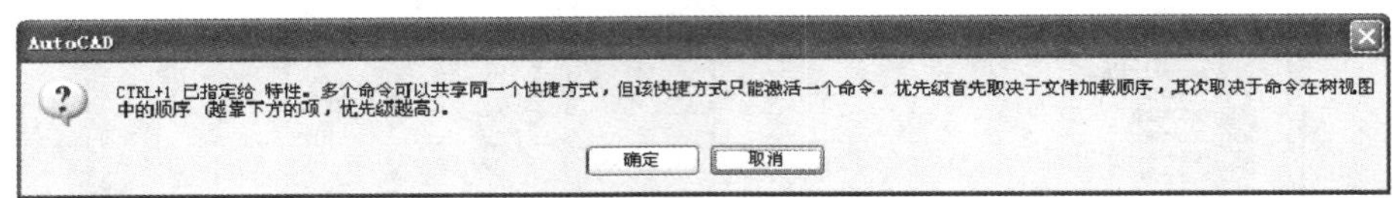

图 2-11　重复指定按键的警告

2.2　输入坐标点

和一般的绘图软件不同，AutoCAD 作为计算机辅助设计软件强调的是绘图的精度和效率。在 AutoCAD 中点的坐标输入是绘图精度的重要保证。

2.2.1　认识坐标系

确定一点的坐标必须有确定的坐标系，AutoCAD 的坐标系分为世界坐标系(WCS)和用户坐标系(UCS)两种。

1. 世界坐标系统

世界坐标系(World Coordinate System，WCS)是 AutoCAD 的默认坐标系，该坐标系永远固定在某个位置。WCS 由 3 个相互垂直并相交的坐标轴 X、Y、Z 组成，如图 2-12 所示。Z 轴正方向垂直于屏幕，指向用户，世界坐标轴的交汇处显示方形标记。

2. 用户坐标系统

当使用固定的坐标系不易定位时，用户可自主修改坐标系的原点位置和坐标方向，即新建用户坐标系(User Coordinate System，UCS)。用户创建的坐标系原点处没有方框显示，如图 2-13 所示。

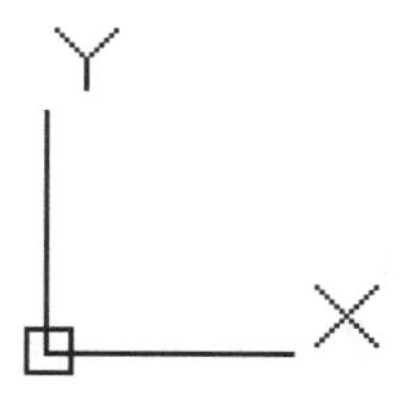

图 2-12　世界坐标系统图标

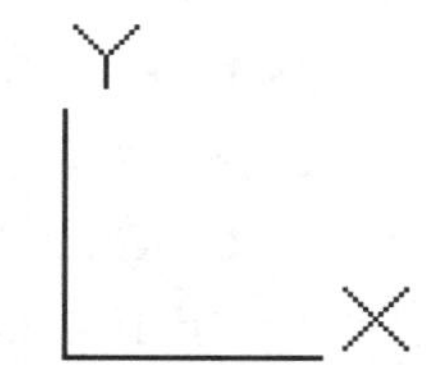

图 2-13　用户坐标系统图标

2.2.2　定义用户坐标系统

1. 新建 UCS

启动【新建 UCS】命令的方式有以下几种。

- 菜单栏：选择【工具】|【新建 UCS】命令。
- 工具栏：单击 UCS 工具栏中的 UCS 按钮。
- 命令行：在命令行输入 UCS 并按 Enter 键。

执行以上任意一种操作，命令行提示如下：

```
当前 UCS 名称：*世界*
指定 UCS 的原点或 [面(F)/命名(NA)/对象(OB)/上一个(P)/视图(V)/世界(W)/X/Y/Z/Z 轴
(ZA)] <世界>:
```

命令行中各选项的含义如下。

- 面：用于对齐用户坐标系与实体对象的指定面。
- 命名：该选项包含 3 个子选项，其中【恢复】选项是恢复到之前保存的某个 UCS，【保存】选项是为当前 UCS 命名并保存，【删除】选项是删除某个已保存的 UCS。
- 对象：用于根据用户选取的对象快速简单地创建用户坐标系，使对象位于新的 XY 平面，X 轴和 Y 轴的方向取决于用户选择的对象类型。这个选项不能用于三维实体、三维多段线、三维网格、视口、多线、面域、样条曲线、椭圆、射线、参照线、引线和多行文字等对象。
- 上一个：把当前用户坐标系恢复到上次使用的坐标系。
- 视图：用于以垂直于观察方向(平行于屏幕)的平面，创建新的坐标系时，UCS 原点保持不变。
- 世界：恢复当前用户坐标到世界坐标。世界坐标是默认用户坐标系，不能重新定义。
- X/Y/Z：用于旋转当前的 UCS 轴来创建新的 UCS。在命令行提示下输入正或负的角度以旋转 UCS，而该轴的正方向则是用右手定则来确定的。
- Z 轴：用特定的 Z 轴正半轴定义 UCS。此时，用户必须选择两点，第一点作为新坐标系的原点，第二点则决定 Z 轴的正方向，此时，XY 平面垂直于新的 Z 轴。

2. 命名 UCS

用户创建的坐标系在切换到新坐标系之后将消失，只有对创建的坐标系命名，才可将坐标系保存在模型中，方便再次调用。

执行【命名 UCS】命令的方式如下。

- 菜单栏：选择【工具】|【命名 UCS】命令。
- 工具栏：单击 UCS II 工具栏中的【命名 UCS】按钮。

执行上述任意一种操作，系统弹出 UCS 对话框，如图 2-14 所示。其中【未命名】项目是当前的 UCS，在该项目上右击，弹出快捷菜单，如图 2-15 所示，选择【重命名】命令即可为该 UCS 命名。

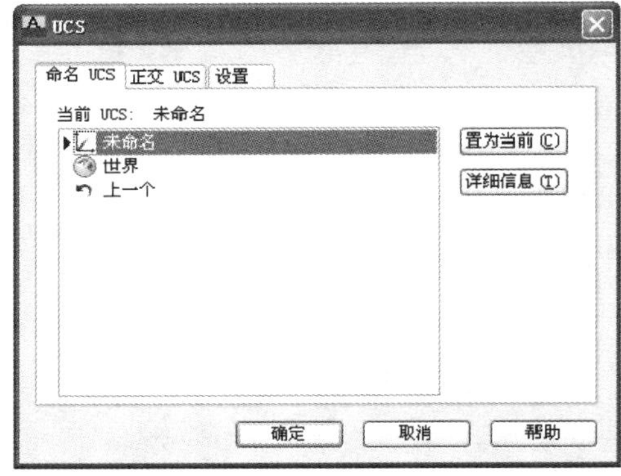

图 2-14 UCS 对话框

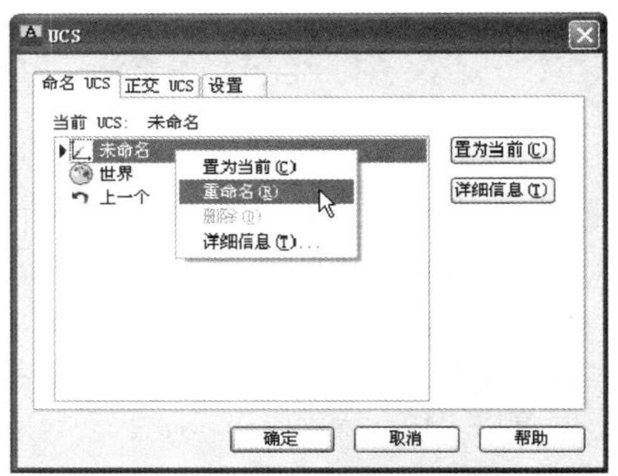

图 2-15 选择【重命名】命令

所有命名的 UCS 将保存在 UCS 列表中，如图 2-16 所示。在列表框中选择需要使用的 UCS，单击【置为当前】按钮，便可将其设置为当前坐标系。单击【详细信息】按钮，在弹出的【UCS 详细信息】对话框中可查看坐标系的详细信息，如图 2-17 所示。

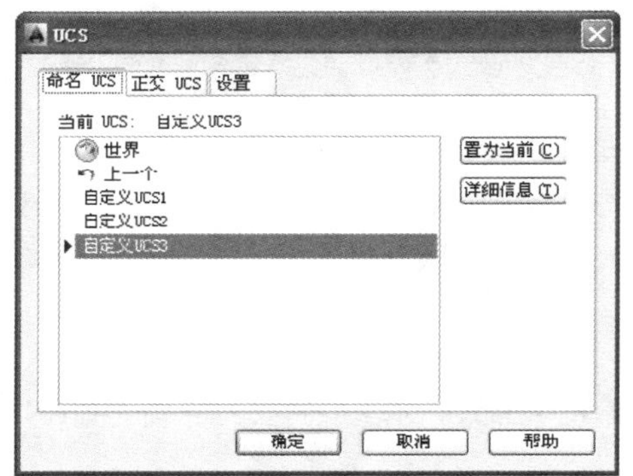

图 2-16 命名的 UCS 列表

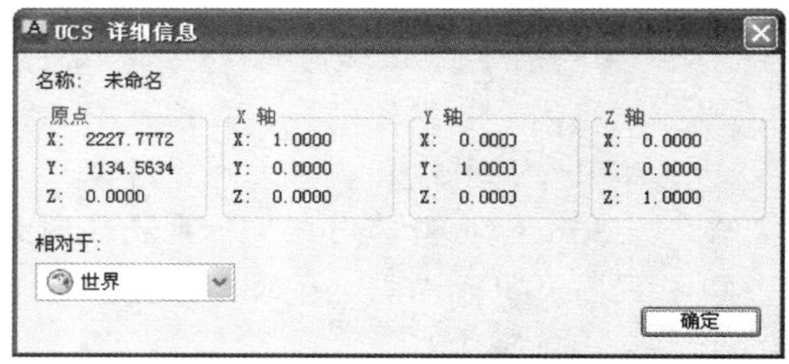

图 2-17 【UCS 详细信息】对话框

3. 使用正交 UCS

正交 UCS 是 6 个标准正交方向的坐标系。选择【工具】|【命名 UCS】命令，弹出 UCS 对话框，切换到【正交 UCS】选项卡，如图 2-18 所示，选择某一个正交方向，然后单击【置为当前】按钮，即可以使用该正交 UCS。

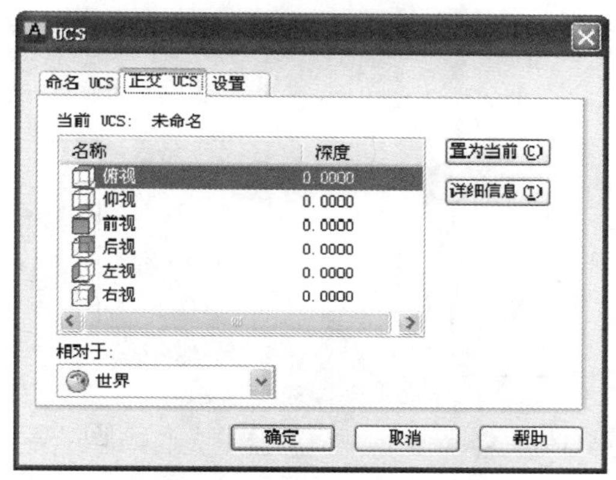

图 2-18　【正交 UCS】选项卡

4. 设置 UCS

选择【工具】|【命名 UCS】命令，弹出 UCS 对话框，切换到【设置】选项卡，如图 2-19 所示，从中可设置 UCS 图标的显示状态。另外，选择【视图】|【显示】|【UCS 图标】命令，系统弹出【UCS 图标】对话框，如图 2-20 所示，可设置 UCS 图标的样式、大小等显示效果。

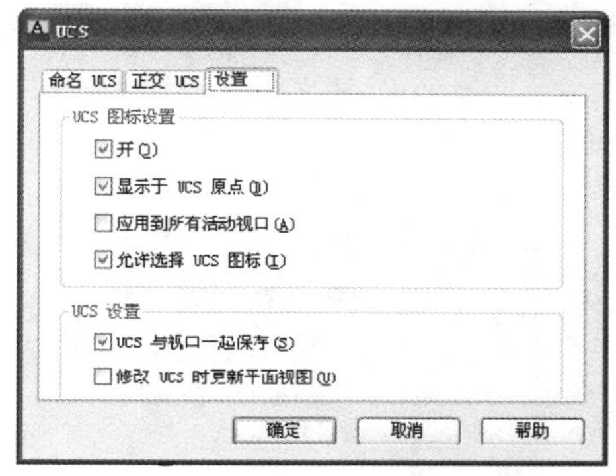

图 2-19　【设置】选项卡

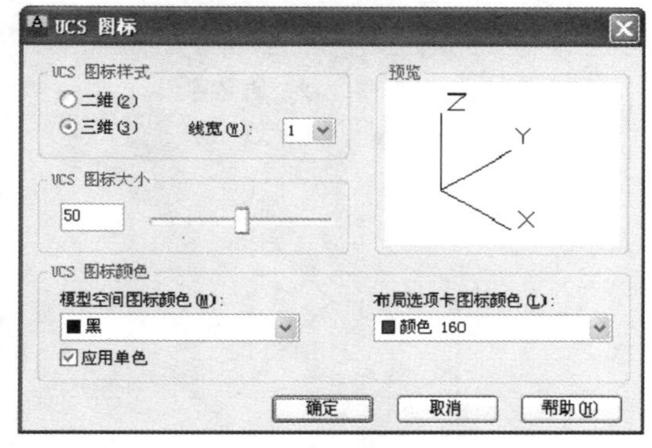

图 2-20　【UCS 图标】对话框

【案例 2-1】：创建用户坐标系

01　打开素材文件“第 2 章/案例 2-1 创建用户坐标系.dwg”，素材图形如图 2-21 所示。

02　在命令行输入 UCS 并按 Enter 键，新建用户坐标系，如图 2-22 所示。命令行操作如下：

```
命令: UCS↙                         //调用 UCS 命令
当前 UCS 名称: *世界*
指定 UCS 的原点或 [面(F)/命名(NA)/对象(OB)/上一个(P)/视图(V)/世界(W)/X/Y/Z/Z 轴(ZA)] <世界>: 15,30↙         //输入新的原点坐标
指定 X 轴上的点或<接受>:↙          //按 Enter 键不修改坐标轴的方向，完成 UCS 的创建
```

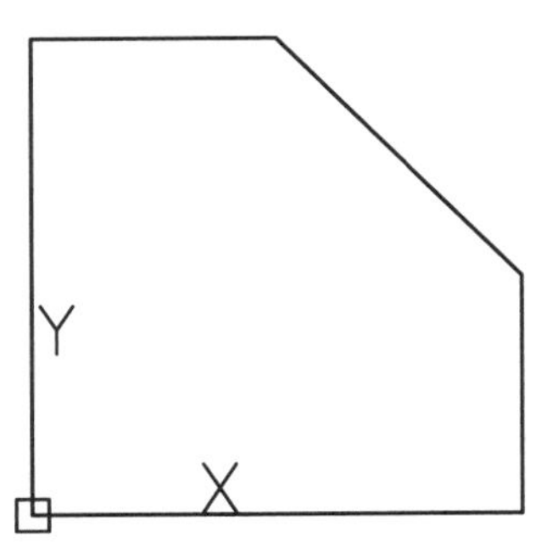

图 2-21　素材图形

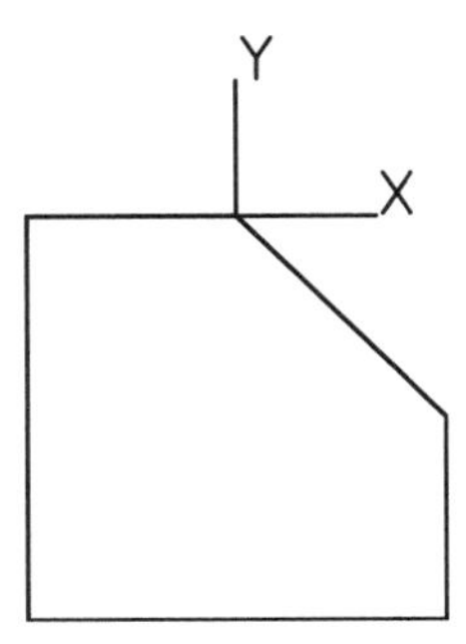

图 2-22　新建的 UCS

03 再次执行 UCS 命令，新建用户坐标系，将上一坐标系绕 Z 轴旋转-45°，如图 2-23 所示。命令行操作如下：

```
命令：UCS↙                                          //调用 UCS 命令
当前 UCS 名称：*没有名称*
指定 UCS 的原点或 [面(F)/命名(NA)/对象(OB)/上一个(P)/视图(V)/世界
(W)/X/Y/Z/Z 轴(ZA)] <世界>：Z↙                      //选择绕 Z 轴旋转坐标系
指定绕 Z 轴的旋转角度<90>：-45↙                      //输入旋转角度，完成 UCS 的创建
```

04 在绘图区选中创建的 UCS 并右击，弹出快捷菜单，如图 2-24 所示，选择【命名 UCS】|【保存】命令，然后在命令行进行如下操作：

```
输入保存当前 UCS 的名称或 [?]：平行于斜边↙    //输入坐标系的保存名称，完成保存
```

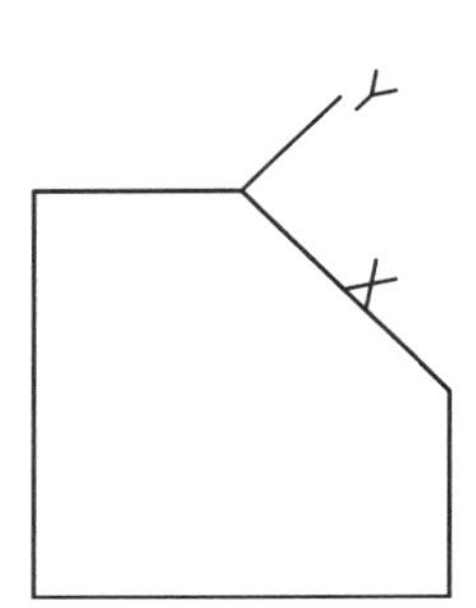

图 2-23　旋转新建 UCS

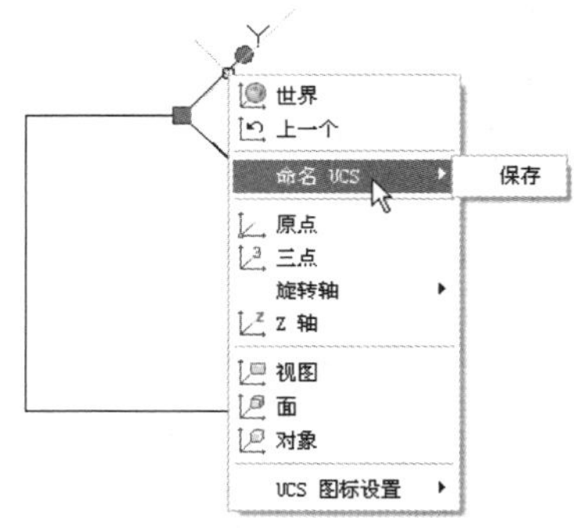

图 2-24　右键菜单

05 选择【工具】|【新建 UCS】|【世界】命令，将坐标系恢复到世界坐标系的位置。

提示

用户创建的坐标系如果不命名保存，在新建 UCS 之后原 UCS 将被清除，例如本例中图 2-22 中的 UCS。对于命名的 UCS，系统将其保留，例如本例中图 2-23 中的 UCS，即使之后创建了其他的 UCS，该 UCS 仍然保留，随时可再次使用。

2.2.3 平面直角坐标绘图

由一个原点和两条通过原点的相互垂直的坐标轴构成的坐标系称为直角坐标系，又称笛卡儿坐标系，如图 2-25 所示。习惯上，定义水平方向的坐标轴为 X 轴，水平向右为正方向；竖直方向的坐标轴为 Y 轴，竖直向上为正方向；两轴的交点为坐标原点。平面上任何一点 P 都可以由对应的 x 坐标和 y 坐标唯一确定，如图 2-25 所示中，P 点的直角坐标为(3,4)。

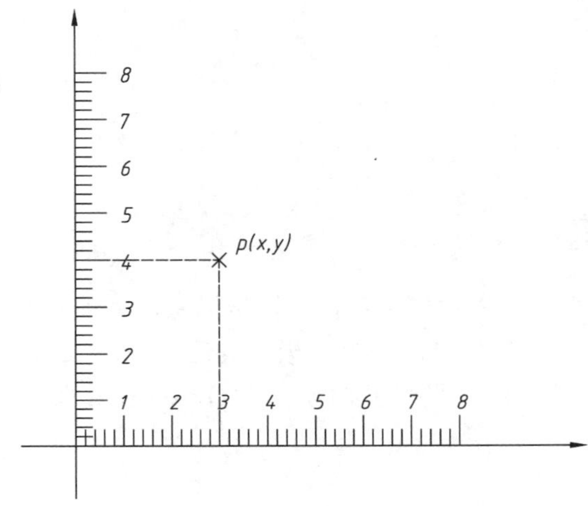

图 2-25 直角坐标系

提示

AutoCAD 只能识别英文标点符号，所以在输入坐标时，中间的逗号必须是英文标点，其他的符号也必须为英文符号。

【案例 2-2】：绘制三角形

01 打开素材文件“第 2 章/案例 2-2 绘制三角形.dwg”，文件中绘制了坐标刻度，如图 2-26 所示。

02 在【默认】选项卡中，单击【绘图】面板上的【直线】按钮，绘制一个三角形，如图 2-27 所示。命令行操作如下：

```
命令: _line                                  //调用【直线】命令
指定第一个点: 5,5                            //输入直线的起点坐标，确定点 1
指定下一点或 [放弃(U)]: -5,-5                //输入直线的终点坐标，确定点 2
指定下一点或 [放弃(U)]: -8,8                 //输入下一直线的终点坐标，确定点 3
指定下一点或 [闭合(C)/放弃(U)]: C            //选择【闭合】选项，封闭图形
```

以上操作命令选项中“闭合 C”表示直线组最后形成首尾相接的形状，“放弃 U”表示撤销绘制上一直线的操作。

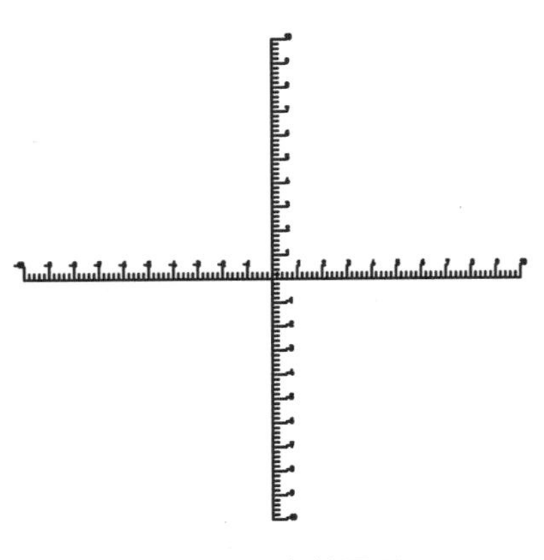

图 2-26　素材图形

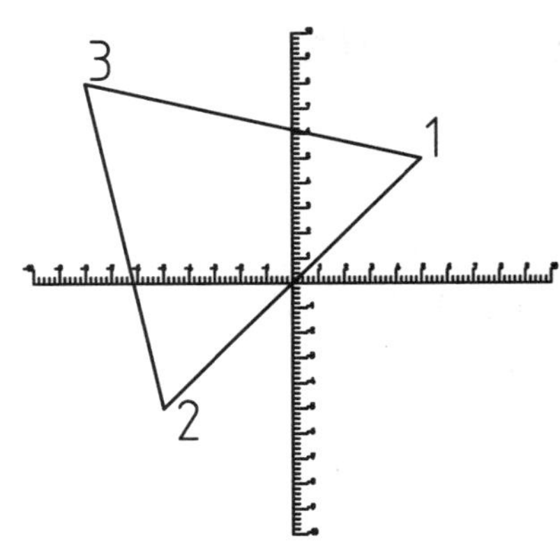

图 2-27　绘制的三角形

2.2.4　极坐标绘图

由一个极点和一根极轴构成的坐标系称为极坐标系，极轴的方向水平向右，如图 2-28 所示。平面上任何一点 P，都可以由该点到极点的连线长度 L 和连线与极轴的夹角α(极角，逆时针方向为正)来定义，即用一对坐标值(L<α)来定义一个点，其中“<”表示角度。

1. 绝对极坐标

在 AutoCAD 中的极坐标极点为坐标原点(0,0)，例如某点的极坐标为(15<30)，表示该点到原点的距离为 15，与 X 轴的夹角为 30°，这种以原点为极点的坐标称为绝对极坐标。

2. 相对极坐标

除了绝对极坐标，用户还可以在极坐标前输入“@”，表示输入相对极坐标，相对极坐标是以上一个直线端点为极点的坐标。例如图 2-29 所示的图形中，在绘制直线 AB 时，在 A 点已经定义的前提下，B 点的坐标可以输入其绝对极坐标(L1<a1)，也可以输入 B 点相对于 A 点的相对极坐标(@L2<a2)。

【案例 2-3】：绘制粗糙度符号

单击【绘图】面板上的【直线】按钮，绘制粗糙度符号，如图 2-30 所示。命令行操作如下：

```
命令: _line
指定第一个点: 20<60↙                              //输入极坐标定义点 1
指定下一点或 [放弃(U)]: 0,0↙                      //输入极坐标定义点 2
指定下一点或 [放弃(U)]: 10<120↙                   //输入极坐标定义点 3
指定下一点或 [闭合(C)/放弃(U)]: 10<60↙            //输入极坐标定义点 4
指定下一点或 [闭合(C)/放弃(U)]:↙                  //按 Enter 键退出直线命令
```

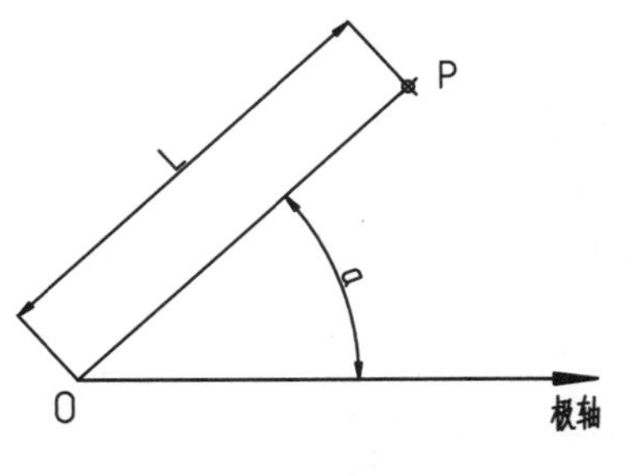

图 2-28　极坐标系

图 2-29　绝对极坐标与相对极坐标

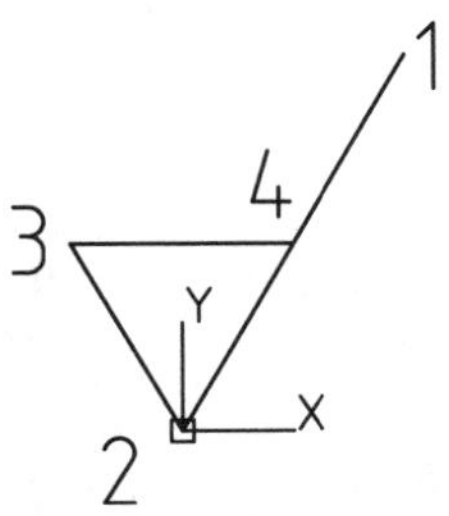

图 2-30　粗糙度符号

2.2.5 实例——绘制建筑外轮廓

01 在【默认】选项卡中，单击【绘图】面板上的【直线】按钮，使用输入坐标的方法绘制屋顶，如图 2-31 所示。命令行操作如下：

```
命令: LINE
指定第一个点: 0,0
指定下一点或 [放弃(U)]: 8,0
指定下一点或 [放弃(U)]: @27<30
指定下一点或 [闭合(C)/放弃(U)]: @27<-30
指定下一点或 [闭合(C)/放弃(U)]: @8,0
指定下一点或 [闭合(C)/放弃(U)]: @36<150
指定下一点或 [闭合(C)/放弃(U)]: C↙
```

02 按 Enter 键重复【直线】命令，以绝对坐标(8,0)为起点，绘制建筑物的下体部分，绘制后的建筑物外轮廓如图 2-32 所示。

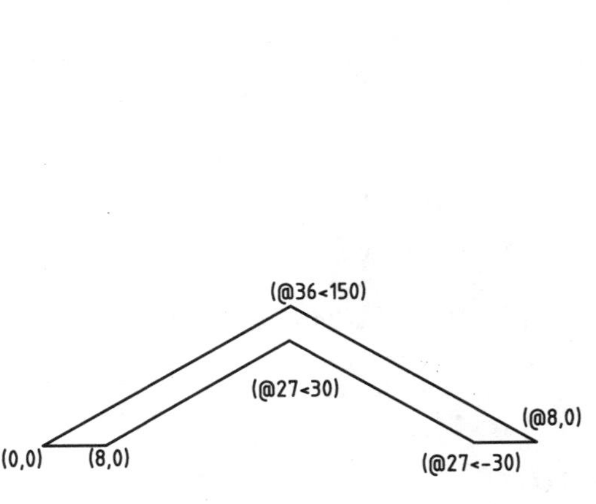

图 2-31　绘制屋顶

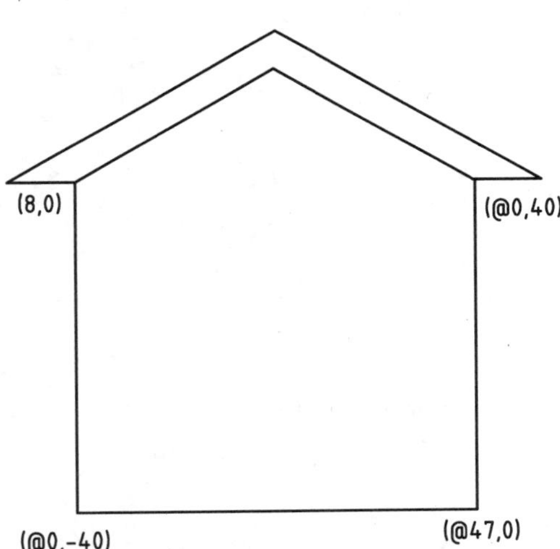

图 2-32　建筑物外轮廓

2.3 AutoCAD 的视图操作

在绘图过程中，为了更好地观察和绘制图形，通常需要对视图进行平移、缩放、重生成等操作。本节将详细介绍 AutoCAD 视图的操作方法。

2.3.1 视图缩放

视图缩放命令可以调整当前视图大小，既能观察较大的图形范围，又能观察图形的细部而不改变图形的实际大小。

技巧

双击鼠标中键可快速将视图缩放到图形的位置，当图形在屏幕外某个位置时，可以双击鼠标中键将其显示在屏幕内。

调用视图缩放命令有以下几种方法。

- 菜单栏：选择【视图】|【缩放】命令，如图 2-33 所示。
- 工具栏：在【缩放】工具栏中单击相关缩放按钮，如图 2-34 所示。
- 命令行：在命令行输入 ZOOM 或 Z 并按 Enter 键。

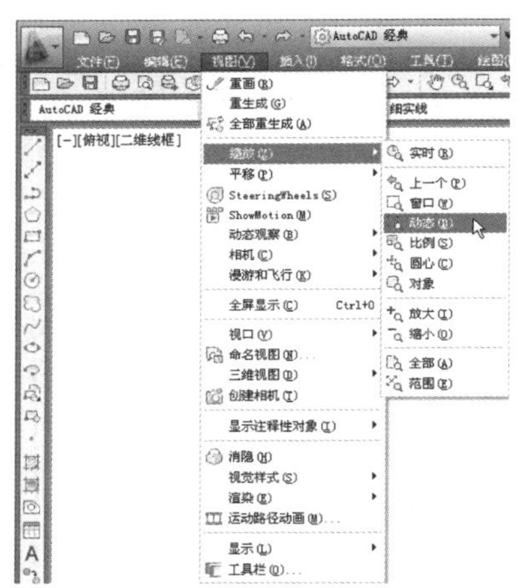

图 2-33　选择【缩放】命令

图 2-34　缩放按钮

执行缩放命令后，命令行提示如下：

```
命令: zoom
指定窗口的角点，输入比例因子 (nX 或 nXP)，或者
[全部(A)/中心(C)/动态(D)/范围(E)/上一个(P)/比例(S)/窗口(W)/对象(O)] <实时>:
```

各缩放按钮的含义介绍如下。

1. 全部缩放

该缩放用于在当前视口中显示整个模型空间界限范围内的所有图形对象，如图 2-35

所示。

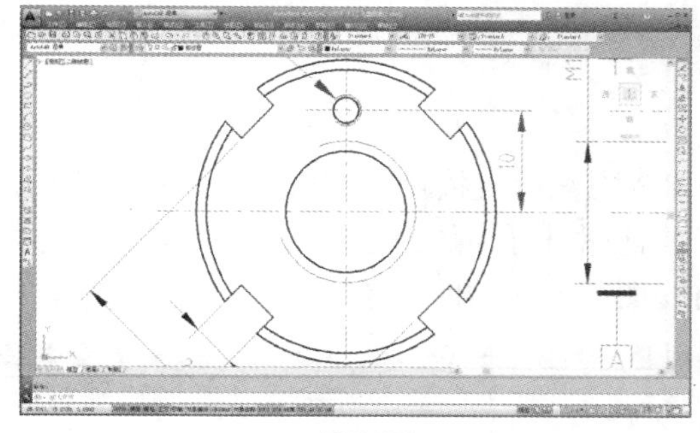

原视图　　　　缩放后的视图

图 2-35　全部缩放的效果

2. 中心缩放

该缩放以指定点为中心点，整个图形按照指定的缩放比例缩放，缩放点成为新视图的中心点。使用中心缩放命令行提示如下：

```
指定中心点：                              //指定一点作为新视图的显示中心点
输入比例或高度<当前值>：                  //输入比例或高度
```

【当前值】为当前视图的纵向高度。若输入的高度值比当前值小，则视图将放大；若输入的高度值比当前值大，则视图将缩小。其缩放系数等于“当前窗口高度/输入高度”的比值。也可以直接输入缩放系数，或缩放系数后附加字符 X 或 XP。在数值后加 X，表示相对于当前视图进行缩放；在数值后加 XP，表示相对于图纸空间单位进行缩放。

3. 动态缩放

该缩放用于对图形进行动态缩放。选择该选项后，绘图区将显示一个带中心标记的黑色方框，如图 2-36 所示。拖动鼠标移动方框到要缩放的位置，单击调整大小，最后按 Enter 键即可将方框内的图形最大化显示，如图 2-37 所示。

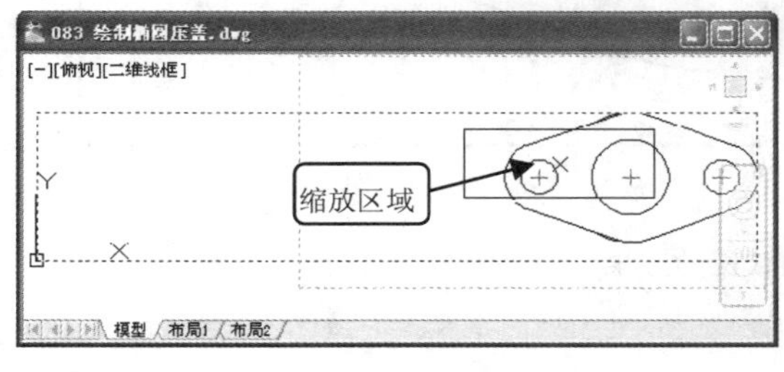

图 2-36　缩放范围方框

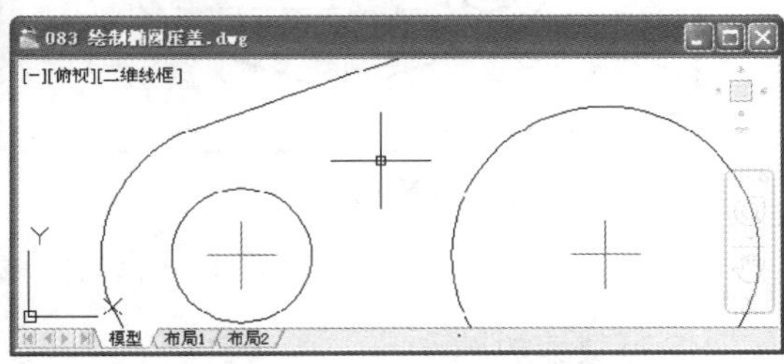

图 2-37　缩放的效果

4. 范围缩放

该缩放使所有图形对象最大化显示，充满整个视口。视图包含已关闭图层上的对象，但不包含冻结图层上的对象。

5. 缩放上一个

该缩放将恢复到前一个视图显示的图形状态。

6. 比例缩放

该缩放按输入的比例值进行缩放。有 3 种输入方法：直接输入数值，表示相对于图形界限进行缩放；在数值后加 X，表示相对于当前视图进行缩放；在数值后加 XP，表示相对于图纸空间单位进行缩放。图 2-38 所示为将视图缩放 2 倍的效果。

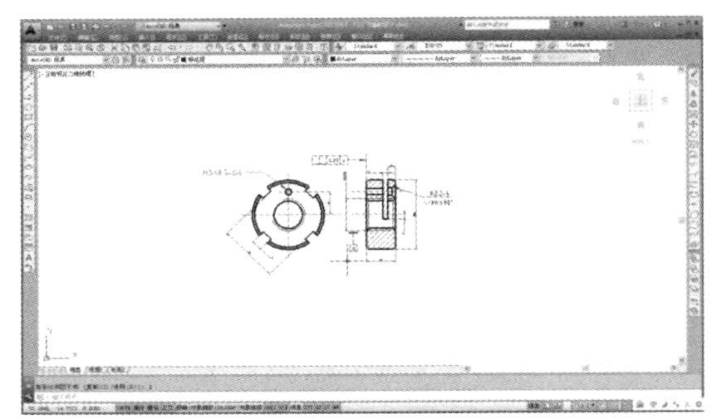

缩放前

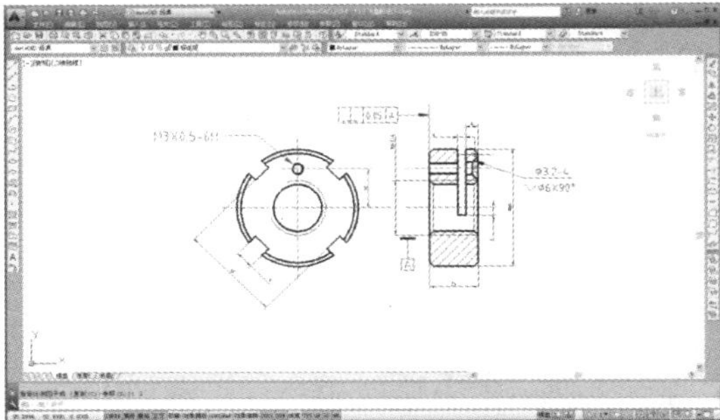

缩放后

图 2-38　比例缩放效果

7. 窗口缩放

该缩放可以将矩形窗口内选择的图形充满当前视窗。

选择该选项后，由鼠标指定两个对角点，这两个角点确定了一个矩形框窗口，系统将矩形框窗口内的图形放大至整个屏幕，如图 2-39 所示。

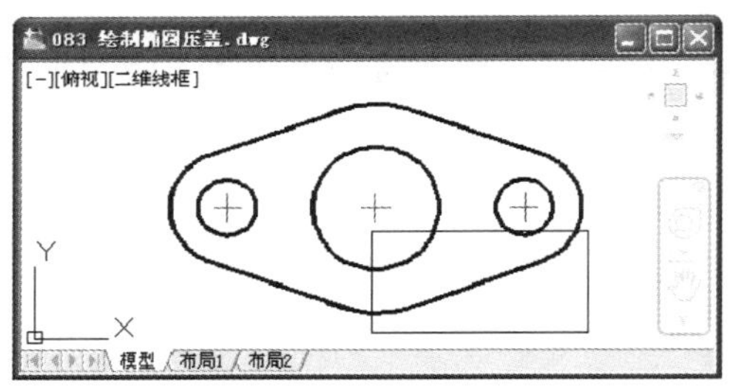

缩放前

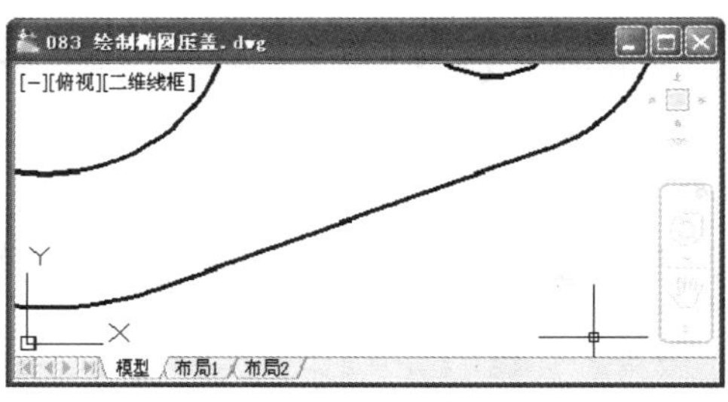

缩放后

图 2-39　窗口缩放效果

8. 对象缩放

该缩放将选择的图形对象最大限度地显示在屏幕上。图 2-40 所示为选择对象缩放前后对比效果。

9. 实时缩放

该缩放为默认选项。执行缩放命令后直接按 Enter 键即可使用该选项。在屏幕上会出现一个形状的光标，按住鼠标左键不放向上或向下移动，即可实现图形的放大或缩小。

10. 放大

选择该缩放，视图中的实体显示将比当前视图大一倍。

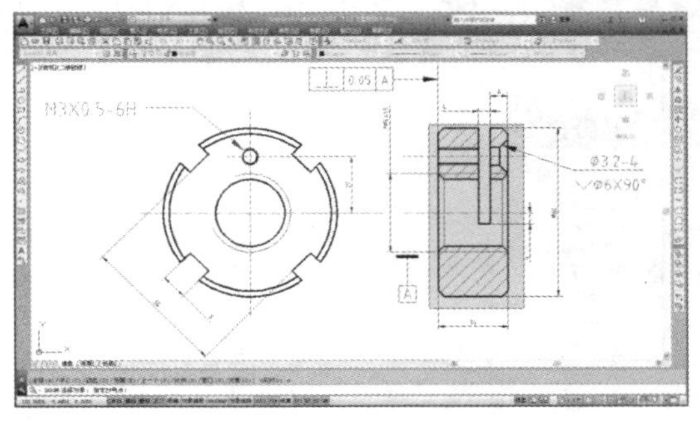

缩放前　　　　缩放后

图 2-40　对象缩放效果

11. 缩小

选择该缩放，视图中的实体显示将比当前视图小一半。

技巧

滚动鼠标滚轮，可以快速地实时缩放视图。

2.3.2 视图平移

视图平移即不改变视图的大小和角度，在屏幕内移动视图以便观察图形其他的组成部分，如图 2-41 所示。图形显示不完全，就可以使用视图平移观察其他部分图形。

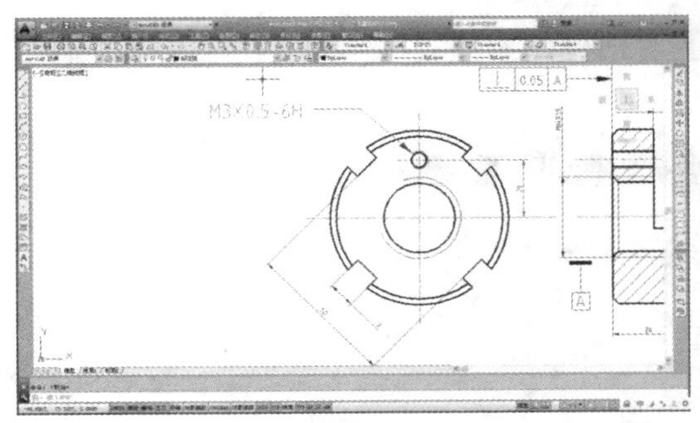

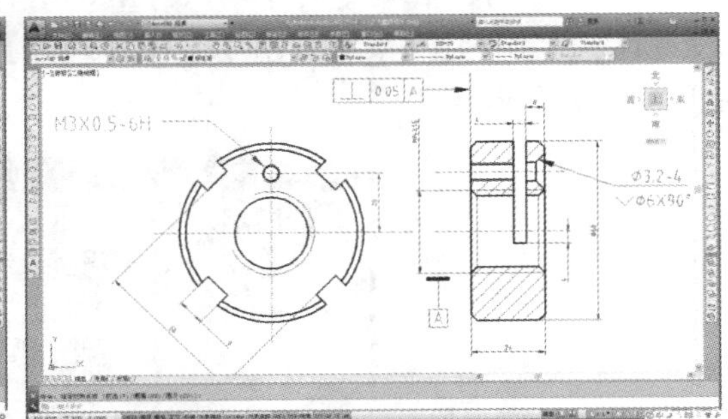

平移前　　　　平移后

图 2-41　视图平移效果

平移视图的命令主要有以下 3 种调用方法。

- 菜单栏：选择【视图】|【平移】命令，然后在弹出的子菜单中选择相应的命令。
- 工具栏：单击【标准】工具栏上的【实时平移】按钮。
- 命令行：在命令行输入 PAN/P 并按 Enter 键。

选择【视图】|【平移】命令，展开子菜单，如图 2-42 所示，其中包含如下平移命令。

- 实时：光标形状变为手型，按住鼠标左键拖动可以平移视图。
- 点：通过指定平移起始点和目标点的方式进行平移。
- 左、右、上、下：4 个平移命令表示将图形分别向左、右、上、下方向平移一段距离。

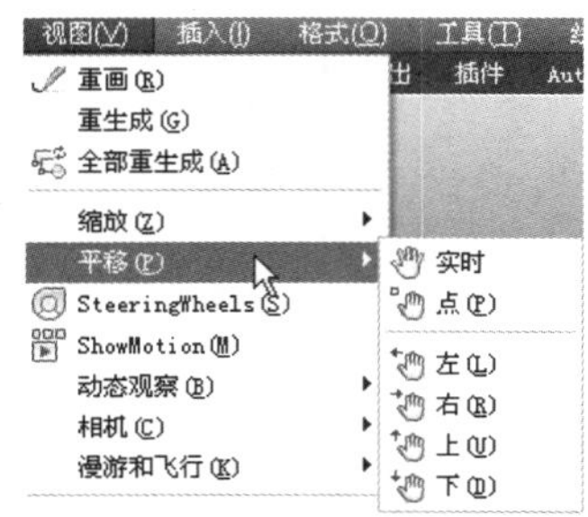

图 2-42　平移的子菜单

技巧

按住鼠标滚轮拖动，可以快速进行视图平移。

2.3.3　命名视图

命名视图是指将某些视图命名并保存，供以后随时调用，一般在三维建模中使用。

调用【命名视图】命令的方法有以下几种。

- 菜单栏：选择【视图】|【命名视图】命令。
- 工具栏：单击【视图】工具栏中的【命名视图】按钮。
- 命令行：在命令行中输入 VIEW/V 并按 Enter 键。

执行该命令后，系统弹出【视图管理器】对话框，如图 2-43 所示，可以在其中进行视图的命名和保存。

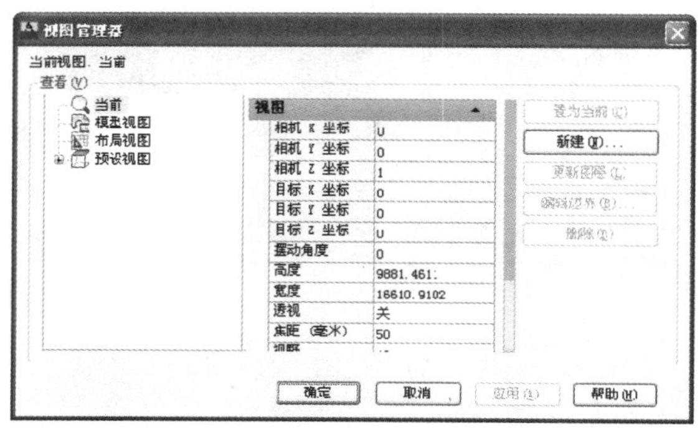

图 2-43　【视图管理器】对话框

【案例 2-4】：保存视图

01　打开素材文件“第 2 章/案例 2-4 保存视图.dwg”，素材模型当前视图方向如图 2-44 所示。

02 单击 ViewCube 的“上”平面，将视图调整到俯视的方向，然后单击 ViewCube 右上角的旋转箭头，如图 2-45 所示，将视图的方向调整到如图 2-46 所示的方向。

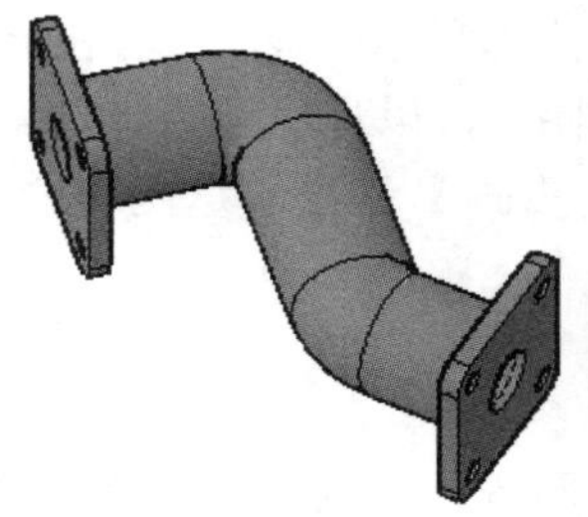

图 2-44　素材模型

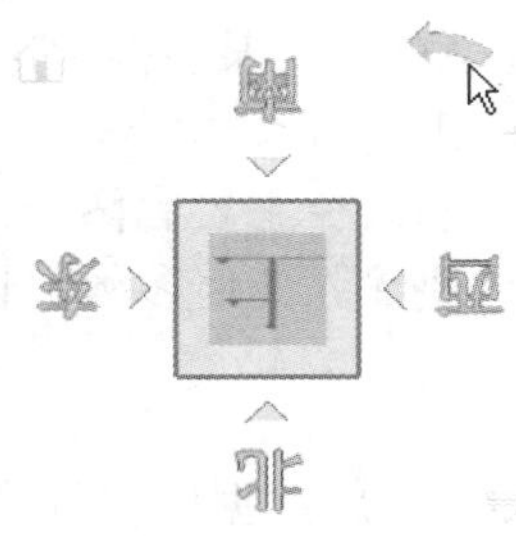

图 2-45　旋转视图方向

03 单击【视图】面板上的【三维导航】列表，如图 2-47 所示，在展开选项中选择【视图管理器】选项，系统弹出【视图管理器】对话框，单击对话框上的【新建】按钮，系统弹出【新建视图/快照特性】对话框，如图 2-48 所示。

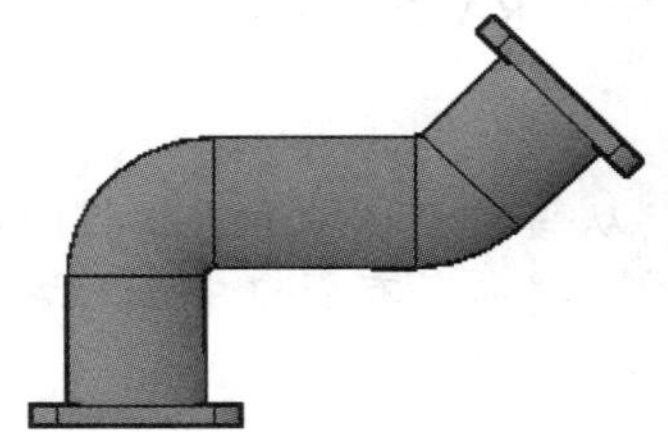

图 2-46　调整后的视图方向

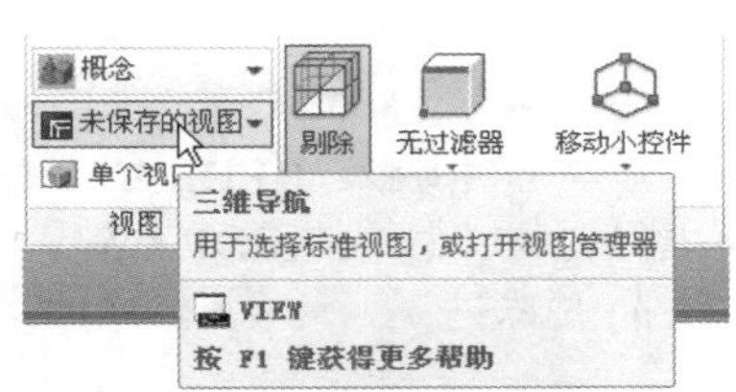

图 2-47　三维导航列表

04 在对话框的【视图名称】文本框中输入“自定义视图 1”，然后单击【确定】按钮，完成视图命名，返回【视图管理器】对话框，创建的自定义视图在【查看】列表框中列出，如图 2-49 所示。

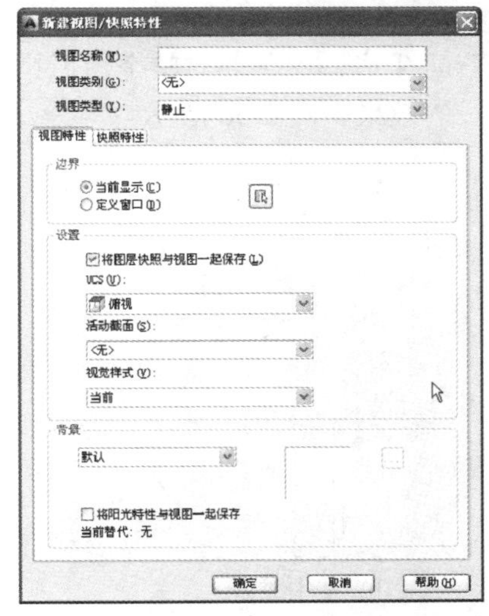

图 2-48　【新建视图/快照特性】对话框

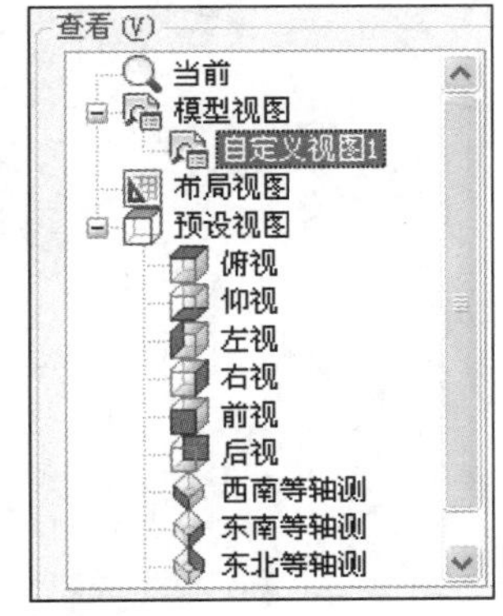

图 2-49　保存的自定义视图

2.3.4 刷新视图

在 AutoCAD 中，某些操作完成后，其效果往往不会立即显示出来，或者在屏幕上留下绘图的痕迹与标记。因此，需要通过刷新视图重新生成当前图形，以观察到最新的编辑效果。

视图刷新的命令主要有两个：【重生成】命令和【重画】命令。这两个命令都是自动完成的，不需要输入任何参数，也没有可选选项。

1. 重画

AutoCAD 常用数据库以浮点数据的形式储存图形对象的信息，浮点格式精度高，但计算时间长。AutoCAD 重生成对象时，需要把浮点数值转换为适当的屏幕坐标。因此对于复杂图形，重新生成需要花很长的时间。为此软件提供了【重画】这种速度较快的刷新命令。重画只刷新屏幕显示，因而生成图形的速度更快。

执行【重画】命令有以下两种方法。

- 菜单栏：选择【视图】|【重画】命令。
- 命令行：在命令行输入 REDRAWALL/RADRAW/RA 并按 Enter 键。

> 注意
>
> 在命令行中输入 REDRAW 并按 Enter 键，将从当前视口中删除编辑命令留下来的点标记；而输入 REDRAWWALL 并按 Enter 键，将从所有视口中删除编辑命令留下来的点标记。

2. 重生成

【重生成】命令不仅重新计算当前视图中所有对象的屏幕坐标，并重新生成整个图形，还重新建立图形数据库索引，从而优化显示和对象选择的性能。

执行该命令的方法有以下两种。

- 菜单栏：选择【视图】|【重生成】命令。
- 命令行：在命令行输入 REGEN/RE 并按 Enter 键。

【重生成】命令仅对当前视图范围内的图形执行重生成，如果要对整个图形执行重生成，可选择【视图】|【全部重生成】命令。重生成的效果如图 2-50 所示。

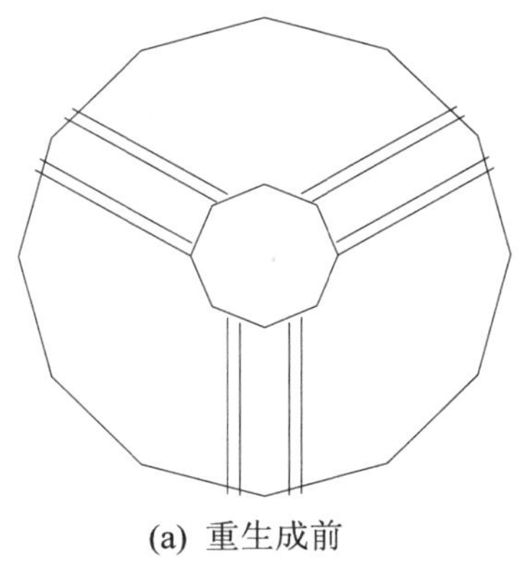

(a) 重生成前

(b) 重生成后

图 2-50　重生成前后的效果

在进行复杂的图形处理时，应该充分考虑到【重画】和【重生成】命令的不同工作机制，合理使用。【重画】命令耗时比较短时，可以经常使用刷新。每隔一段较长的时间，或【重画】命令无效时，可以使用一次【重生成】命令，以更新后台数据库。

2.3.5　设置弧形对象显示

对于弧线和曲线对象，显示分辨率会直接影响其显示效果，过低会显示锯齿状，过高会影响软件的运行速度。因此，应根据计算机硬件的配置情况进行设定。

【案例 2-5】：设置弧形对象分辨率

01 打开“第 2 章/案例 2-5 圆弧的分辨率.dwg”素材文件，如图 2-51 所示。

02 在命令行输入 VIEWRES 并按 Enter 键，降低圆的分辨率，效果如图 2-52 所示。命令行操作如下：

```
命令: VIEWRES↙                                          //调用【弧形对象分辨率】命令
是否需要快速缩放？[是(Y)/否(N)] <Y>:↙                    //激活“是(Y)”选项
输入圆的缩放百分比 (1-20000) <1000>:↙                   //输入圆的缩放百分比
正在重生成模型。
```

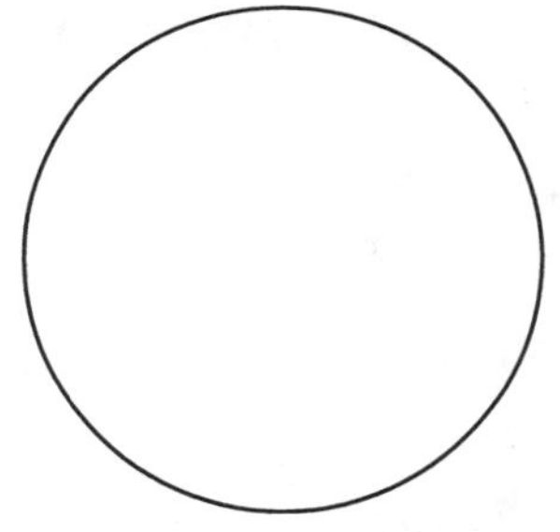

图 2-51　素材文件

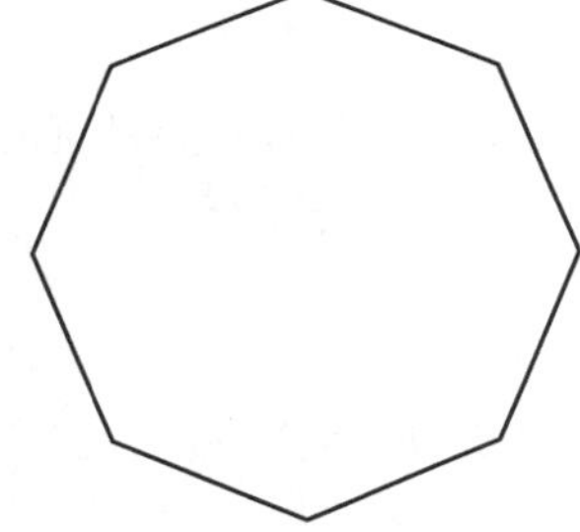

图 2-52　降低分辨率的圆

03 重复 VIEWRES 命令，将缩放百分比设置为 2000，恢复圆的光滑显示。

2.4　综 合 实 例

本实例综合运用本章所学知识绘制一个简易的微波炉示意图。

01 双击桌面上的 AutoCAD 2014 快捷图标，启动软件。在快速访问工具栏上的【工作空间】下拉列表框中选择【草图与注释】选项。

02 按快捷键 CTRL+N，系统弹出【选择样板】对话框，如图 2-53 所示，选择“acad.dwt”文件模板，然后单击【打开】按钮进入绘图界面。

03 单击【绘图】面板上的【直线】按钮，激活【直线】命令，绘制电器的外轮廓，如图 2-54 所示。命令操作如下：

```
命令: LINE↙                                  //调用直线命令
指定第一个点: 0,0↙                           //输入坐标定义第 1 点
指定下一点或 [放弃(U)]: 0,80↙                //输入坐标定义第 2 点
```

```
指定下一点或 [放弃(U)]: 100,80↙                    //输入坐标定义第 3 点
指定下一点或 [闭合(C)/放弃(U)]: 100,0↙             //输入坐标定义第 4 点
指定下一点或 [闭合(C)/放弃(U)]: C↙                 //选择闭合轮廓
```

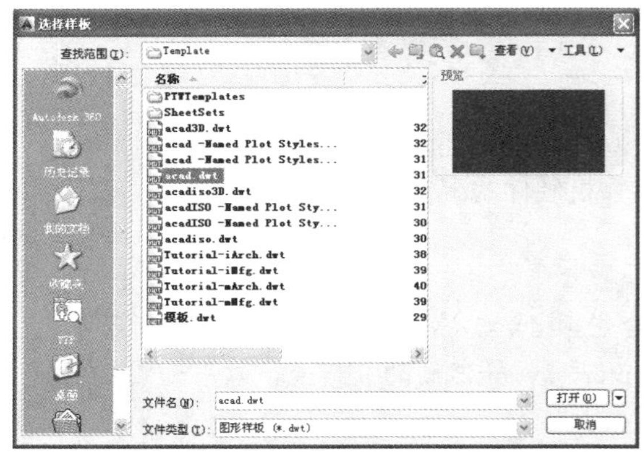

图 2-53 【选择样板】对话框

图 2-54 绘制外轮廓

04 绘制的轮廓没有在屏幕范围内，通过【缩放】命令将图形缩放到屏幕范围。命令行操作如下：

```
命令: Z↙                                          //调用【视图缩放】命令
ZOOM
指定窗口的角点，输入比例因子 (nX 或 nXP)，或者
[全部(A)/中心(C)/动态(D)/范围(E)/上一个(P)/比例(S)/窗口(W)/对象(O)] <实时>: A↙
                                                  //选择【全部】选项，完成缩放
```

05 在命令行输入 L 并按 Enter 键，激活【直线】命令，绘制中间的玻璃门，如图 2-55 所示。命令行操作如下：

```
命令: L↙                                          //调用直线命令
指定第一个点: 20,20↙                              //输入绝对坐标定义点 5
指定下一点或 [放弃(U)]: @0,40↙                    //输入相对坐标定义点 6
指定下一点或 [放弃(U)]: @60,0↙                    //输入相对坐标定义点 7
指定下一点或 [闭合(C)/放弃(U)]: @0,-40↙           //输入相对坐标定义点 8
指定下一点或 [闭合(C)/放弃(U)]: C↙                //选择闭合图形
```

06 按 Enter 键重复【直线】命令，绘制玻璃的斜线示意，如图 2-56 所示。命令行操作如下：

```
命令: _line                                       //调用直线命令
指定第一个点: 23,36↙                              //输入绝对直角坐标，定义点 9
指定下一点或 [放弃(U)]: @20<60↙                   //输入相对极坐标，定义点 10
指定下一点或 [放弃(U)]:↙                          //按 Enter 键结束直线
↙                                                 //按 Enter 键重复【直线】命令
命令: LINE
指定第一个点: 27,26↙
指定下一点或 [放弃(U)]: @35<60↙
指定下一点或 [放弃(U)]:↙
↙
命令:LINE
```

```
指定第一个点: 40,24↙
指定下一点或 [放弃(U)]: @30<60↙
指定下一点或 [放弃(U)]:↙
↙
命令:LINE
指定第一个点: 66,33↙
指定下一点或 [放弃(U)]: @25<60↙
指定下一点或 [放弃(U)]:↙
```

07 单击【绘图】面板上的【圆】按钮，绘制电器的开关，如图 2-57 所示。命令行操作如下:

```
命令: _circle                                      //调用【圆】命令
指定圆的圆心或 [三点(3P)/两点(2P)/切点、切点、半径(T)]: 90,10↙
                                                   //输入圆心的绝对坐标
指定圆的半径或 [直径(D)]: 5↙                        //输入圆的半径，完成第一个圆
↙                                                  //按 Enter 键重复【圆】命令
命令: CIRCLE
指定圆的圆心或 [三点(3P)/两点(2P)/切点、切点、半径(T)]: 90,25↙
指定圆的半径或 [直径(D)] <5.0000>: 5↙
```

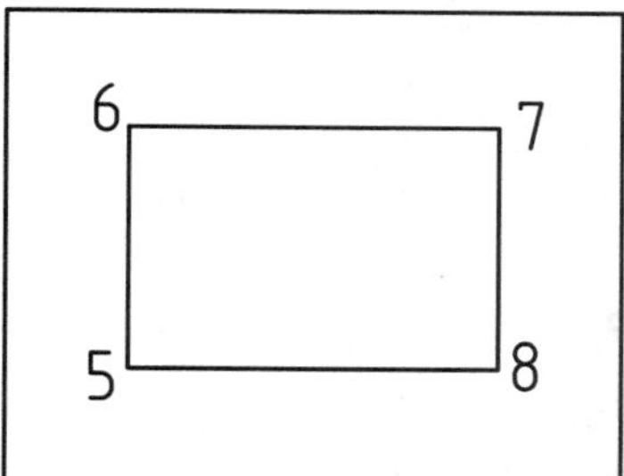

图 2-55　绘制矩形玻璃门

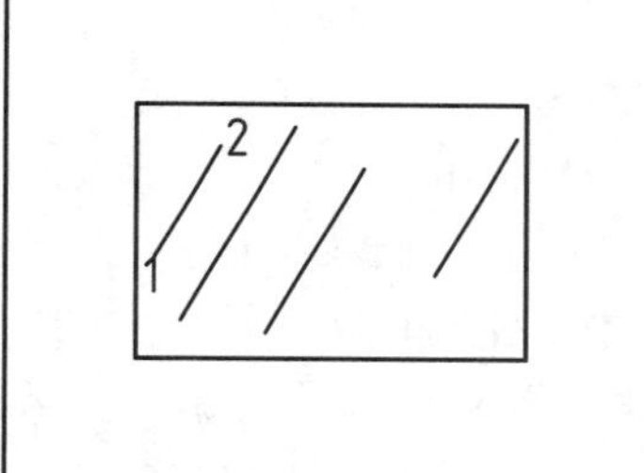

图 2-56　绘制玻璃示意

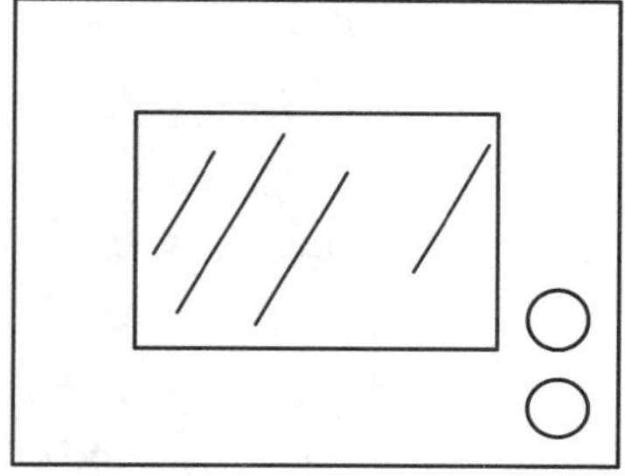
图 2-57　绘制开关

08 在命令行输入 UCS 并按 Enter 键，新建坐标系，如图 2-58 所示。命令行操作如下:

```
命令: UCS↙                                         //调用 UCS 命令，新建用户坐标系
当前 UCS 名称: *世界*
指定 UCS 的原点或 [面(F)/命名(NA)/对象(OB)/上一个(P)/视图(V)/世界
(W)/X/Y/Z/Z 轴(ZA)] <世界>: 90,10↙                 //输入新坐标系的原点坐标
指定 X 轴上的点或<接受>:↙                           //按 Enter 键接受坐标系
```

09 单击【绘图】面板上的【直线】按钮，绘制旋钮直线，如图 2-59 所示。命令行操作如下:

```
命令: _line
指定第一个点: 5<225↙                                //输入绝对极坐标定义点 1
指定下一点或 [放弃(U)]: 5<45↙                       //输入绝对极坐标定义点 2
指定下一点或 [放弃(U)]:↙                            //按 Enter 键结束直线
```

10 再次调用 UCS 命令，将坐标系恢复到世界坐标系的位置。命令行操作如下:

```
命令: UCS↙                                         //调用 UCS 命令，新建坐标系
```

```
当前 UCS 名称: *没有名称*
指定 UCS 的原点或 [面(F)/命名(NA)/对象(OB)/上一个(P)/视图(V)/世界(W)/X/Y/Z/Z 轴(ZA)] <世界>: W↙          //选择【世界】选项，将坐标系还原
```

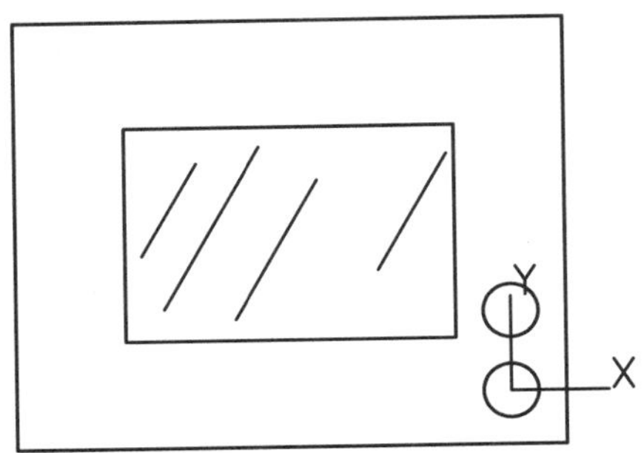

图 2-58　新建的坐标系

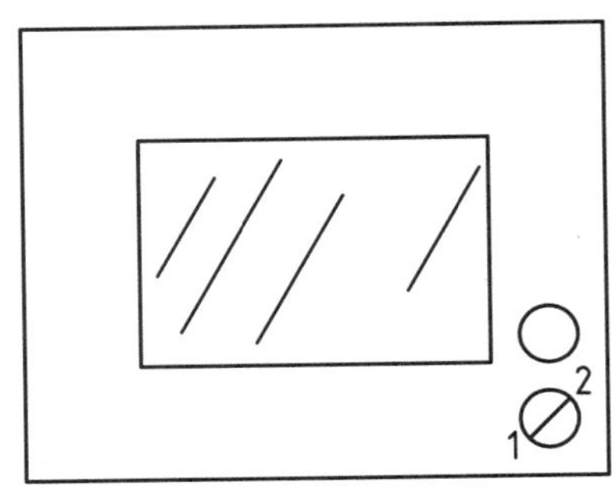

图 2-59　绘制旋钮

2.5　思考与练习

一、选择题

1. 使用快捷键(　　)可打开图形。

   A. Ctrl+O　　B. Ctrl+N　　C. Ctrl+S　　D. Ctrl+C

2. 图 2-60 所示的 A 点相对于 B 点的极坐标是(　　)。

   A. @182<40　　B. @284<-40　　C. @182<50　　D. @284<130

3. 对如图 2-61 所示的视图，执行以下(　　)操作不能够看到全部图形。

   A. 滚动鼠标中键　　B. 【视图】|【重画】命令

   C. 【视图】|【缩放】|【全部】命令　　D. 双击鼠标中键

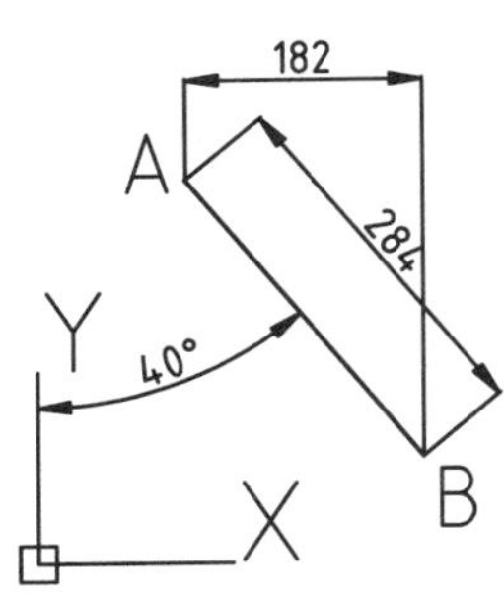

图 2-60　选择题 2 图

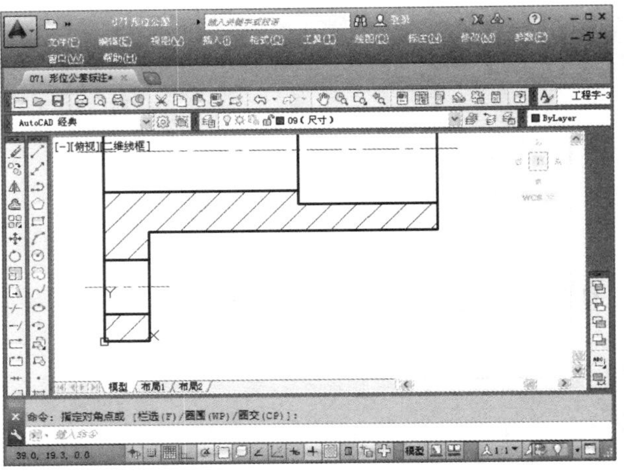

图 2-61　选择题 3 图

4. 打开视图管理器的命令是(　　)。

   A. UCS　　B. PAN　　C. V　　D. RA

二、操作题

1. 打开素材文件“第 2 章/练习 1.dwg”，在图形上新建 UCS，如图 2-62 所示，然后将该 UCS 命名并保存。

2. 使用相对直角坐标绘制如图 2-63 所示的轮廓。

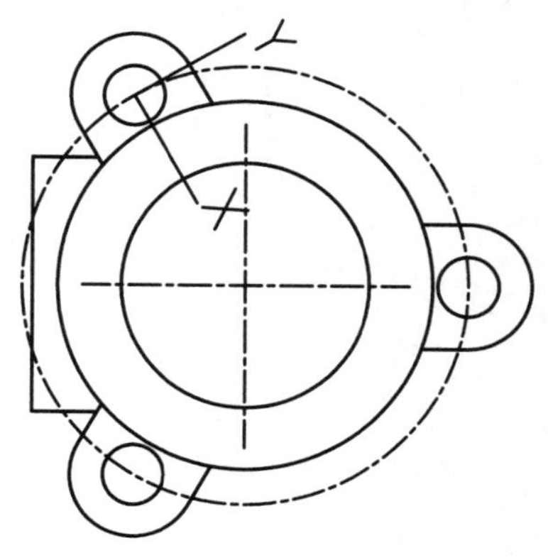

图 2-62　操作题 1 图

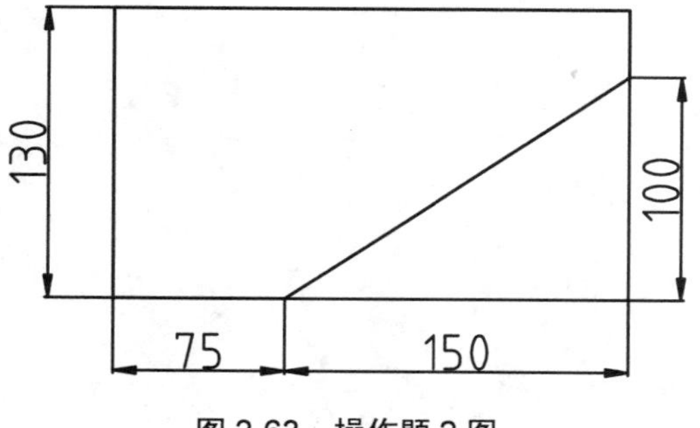

图 2-63　操作题 2 图

第3章

简单二维图形的绘制

本章导读

任何一个复杂的图形，都是由点、直线、圆弧、多边形等简单的二维图形组合而成的，这些简单二维图形对象是AutoCAD绘图的基础。

学习目标

- 掌握点的绘制方法，掌握点样式的设置和两种等分点的绘制方法。
- 掌握直线的绘制方法，掌握射线、构造线的绘制方法，能够在不同角度绘制射线和构造线。
- 掌握圆和圆弧的绘制方法，特别是根据不同的已知条件绘制圆和圆弧。掌握椭圆和椭圆弧的绘制方法，了解椭圆在等轴测图中的作用。
- 掌握矩形和多边形的绘制方法，掌握圆角和倒角矩形的绘制方法，了解内切圆和外接圆两种多边形的定义方式。

3.1 绘制点对象

点是在平面或空间中占据一个坐标的抽象对象，一般用于其他对象的定位，还可用于等分图形对象。

3.1.1 设置点样式

点是一种理论的几何对象，它没有大小和长度。AutoCAD 默认点的显示效果为一个黑色圆点标记，在屏幕上很难看清。为了突出显示点的位置，可以为点设置多种不同的标记符号，这种标记符号称为点样式，AutoCAD 根据制图需要提供了 20 种点样式。

调用【点样式】命令的方法如下。

- 菜单栏：选择【格式】|【点样式】命令。
- 功能区：在【默认】选项卡中，展开【实用工具】滑出面板，单击【点样式】按钮。
- 命令行：在命令行输入 DDPTYPE 并按 Enter 键。

执行该命令后，系统弹出图 3-1 所示的【点样式】对话框。该对话框中第一行第二个样式是空白，该样式可作为不可见标记使用，但在对象捕捉时仍然可以捕捉到。在对话框中除了可以选择不同的点样式，还可以修改点标记的显示大小(见图 3-2)。点大小有以下两种定义方法。

- 相对于屏幕：点的大小按其占屏幕大小的百分比来定义，这样在缩放图形时，点的大小不会随之变化。
- 绝对单位：点的大小按绘图的单位来定义，相当于一个图形对象，这样在缩放图形时，点的显示尺寸也会随之缩放。

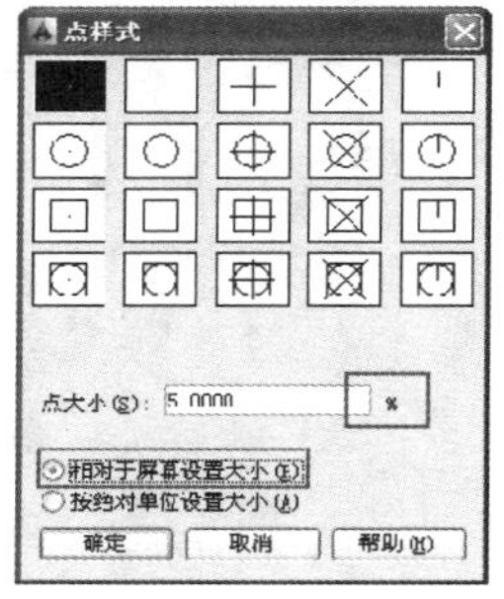

图 3-1 【点样式】对话框

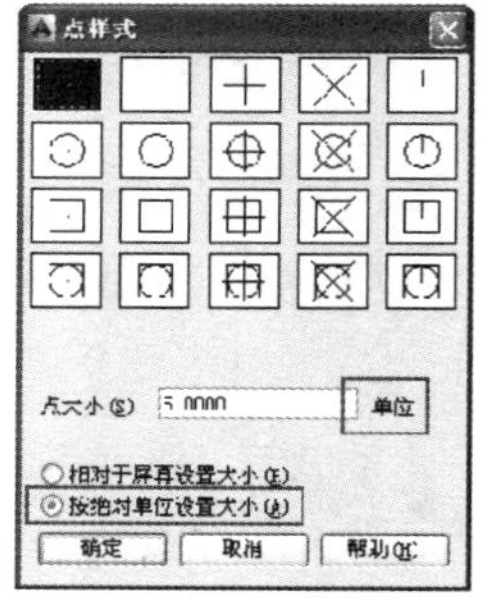

图 3-2 设置点样式

3.1.2 绘制点

点的绘制分为单点绘制和多点绘制，绘制单点就是执行一次命令只能绘制一个点。

调用【单点】命令的方法如下。

- 菜单栏：选择【绘图】|【点】|【单点】命令。

- 命令行：在命令行输入 POINT/PO 并按 Enter 键。

执行【单点】命令之后，在命令行输入点的坐标，或者在绘图区单击即可定义该点。

使用【多点】命令可以连续绘制多个点，调用【多点】命令的方法如下。

- 菜单栏：选择【绘图】|【点】|【多点】命令。
- 工具栏：单击【绘图】工具栏上的【多点】按钮。
- 功能区：在【默认】选项卡中，展开【绘图】滑出面板，单击【多点】按钮

执行【多点】命令后，在命令行逐一输入点的坐标，或者在绘图区连续单击，即可创建多个点，按 Esc 键即可结束命令。

3.1.3　绘制等分点

等分点是在直线、圆弧等对象上生成距离相等的一系列点，而并非将对象分割。绘制等分点的方法有两种：定数等分点和定距等分点。

1. 定数等分点

定数等分点是在对象上按一定数目生成距离相等的多个点。定数等分需要输入等分的总段数，系统会自动计算每段的长度。

调用【定数等分】命令的方法如下。

- 菜单栏：选择【绘图】|【点】|【定数等分】命令。
- 功能区：在【默认】选项卡，单击【绘图】滑出面板上的【定数等分】按钮。
- 命令行：在命令行输入 DIVIDE/DIV 并按 Enter 键。

2. 定距等分点

绘制定距等分点就是将指定对象按长度进行等分。

调用【定距等分】命令的方法如下。

- 菜单栏：选择【绘图】|【点】|【定距等分】命令。
- 功能区：在【默认】选项卡，单击【绘图】滑出面板上的【定距等分】按钮。
- 命令行：在命令行输入 MEASURE/ME 并按 Enter 键。

3.1.4　实例——绘制五角星

上面我们已经学习了如何绘制点，现在运用等分点来绘制一个五角星。

01 单击【绘图】面板上的【圆】按钮，绘制一个半径为 15 的圆，如图 3-3 所示。命令行操作如下：

```
命令：_circle                                          //调用【圆】命令
指定圆的圆心或 [三点(3P)/两点(2P)/切点、切点、半径(T)]：0,0↙ //输入圆心坐标
指定圆的半径或 [直径(D)] <15.0000>：15↙                  //输入半径值，完成绘圆
```

02 展开【实用工具】滑出面板，单击【点样式】按钮，弹出【点样式】对话框，选择点样式☒，如图 3-4 所示，单击【确定】按钮完成设置。

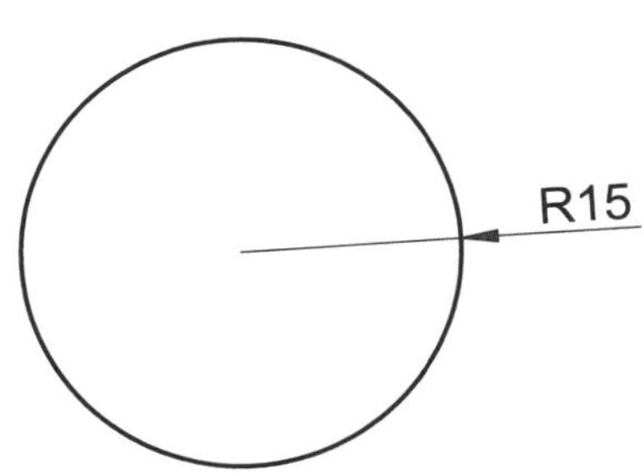

图 3-3　绘制半径为 R15 的圆

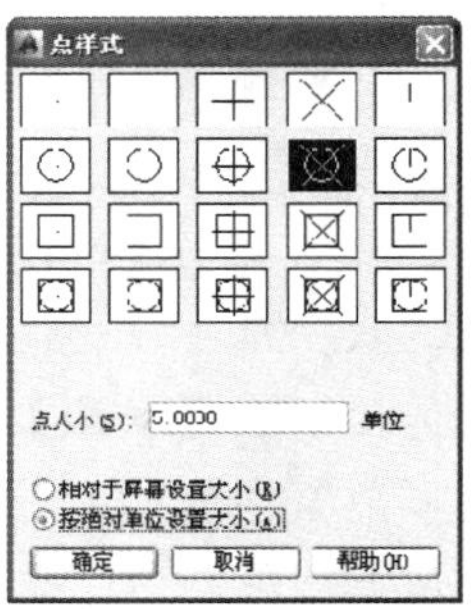

图 3-4　选择点样式

03 单击【绘图】滑出面板上的【定数等分】按钮，在圆上创建 5 个等分点，如图 3-5 所示。命令行操作如下：

```
命令: _divide                                //调用【定数等分】命令
选择要定数等分的对象:                        //单击绘制的圆
输入线段数目或 [块(B)]: 5↙                   //输入圆的等分段数，完成等分点
```

04 单击【绘图】面板上的【多段线】按钮，连接圆上 5 个等分点，如图 3-6 所示。命令行操作如下：

```
命令: _pline↙                                //单击【多段线】按钮
指定起点:                                    //捕捉并单击点 1
指定下一个点或 [圆弧(A)/半宽(H)/长度(L)/放弃(U)/宽度(W)]:
                                             //捕捉并单击点 3
指定下一点或 [圆弧(A)/闭合(C)/半宽(H)/长度(L)/放弃(U)/宽度(W)]:
                                             //捕捉并单击点 5
指定下一点或 [圆弧(A)/闭合(C)/半宽(H)/长度(L)/放弃(U)/宽度(W)]:
                                             //捕捉并单击点 2
指定下一点或 [圆弧(A)/闭合(C)/半宽(H)/长度(L)/放弃(U)/宽度(W)]:
                                             //捕捉并单击点 4
指定下一点或 [圆弧(A)/闭合(C)/半宽(H)/长度(L)/放弃(U)/宽度(W)]:C↙
                                             //选择【闭合】选项，完成多段线
```

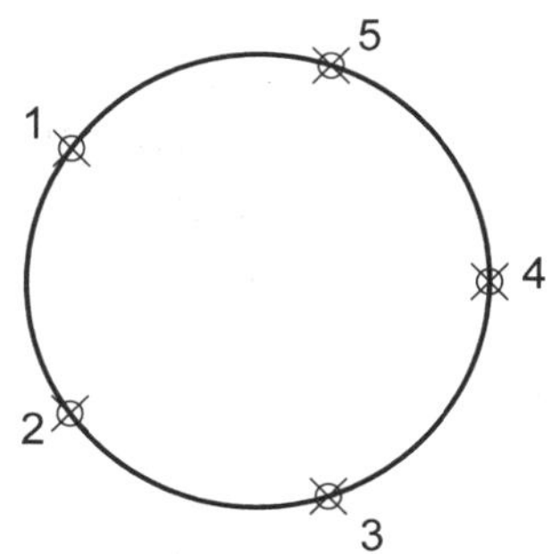

图 3-5　定数等分圆

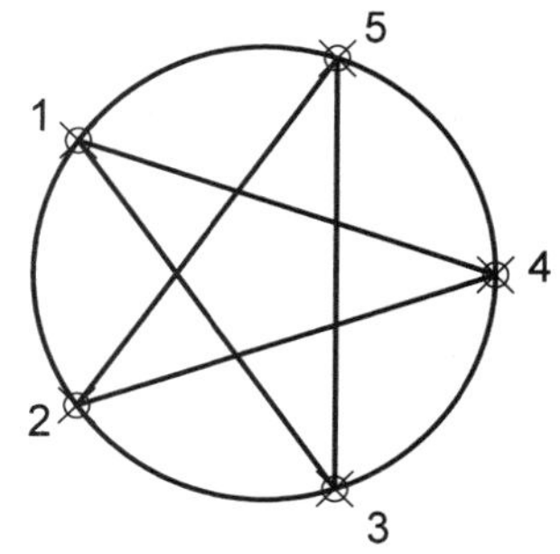

图 3-6　连接圆上各等分点

05 选中绘制的圆，按 Delete 键将其删除。

06 再次打开【点样式】对话框，设置点样式为默认样式，五角星的最终效果如图 3-7 所示。

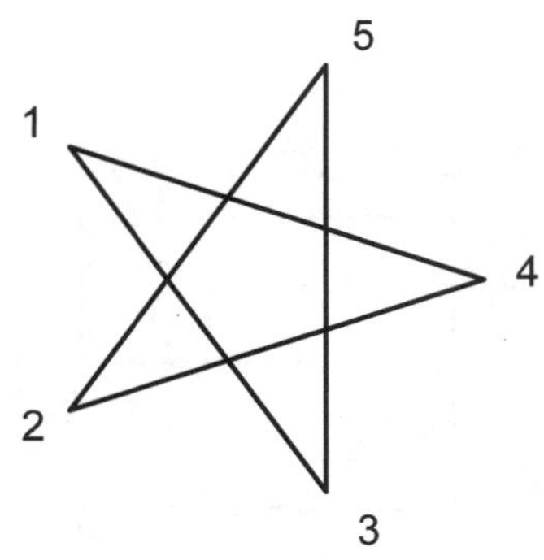

图 3-7　五角星

3.2　绘制直线对象

所有平直方向的定位或轮廓都是由直线对象来完成的，直线对象可以分为直线、射线、构造线、多段线、多线等。

3.2.1　直线

两点确定一条直线，直线对象的绘制通过确定直线的起点和终点来完成。

调用【直线】命令的方法如下。

- 菜单栏：选择【绘图】|【直线】命令。
- 工具栏：单击【绘图】工具栏上的【直线】按钮。
- 功能区：在【默认】选项卡中，单击【绘图】面板上的【直线】按钮。
- 命令行：在命令行输入 LINE/L 并按 Enter 键。

【案例 3-1】：绘制垫片

单击【绘图】面板上的【直线】按钮，绘制垫片，如图 3-8 所示。命令行操作如下：

```
命令: LINE↙                                  //调用直线命令
指定第一个点:                                 //在任意位置单击一点为直线起点
指定下一点或 [放弃(U)]: 10↙                  //向右水平方向移动鼠标，输入距离
指定下一点或 [放弃(U)]: 10↙                  //向下竖直方向移动鼠标，输入距离
指定下一点或 [闭合(C)/放弃(U)]: 15↙          //向右水平方向移动鼠标，输入距离
指定下一点或 [闭合(C)/放弃(U)]: 10↙          //向上竖直方向移动鼠标，输入距离
指定下一点或 [闭合(C)/放弃(U)]: 10↙          //向右水平方向移动鼠标，输入距离
指定下一点或 [闭合(C)/放弃(U)]: 20↙          //向下竖直方向移动鼠标，输入距离
指定下一点或 [闭合(C)/放弃(U)]: 35↙          //向左水平方向移动鼠标，输入距离
指定下一点或 [闭合(C)/放弃(U)]: c↙           //选择闭合选项
```

执行【直线】命令时，命令行中两个选项的含义介绍如下。

- 闭合(C)：连接绘图过程中的第一点和最后一点的直线段。必须是在一次执行命令的过程中的起点和最后一点，如果绘制一段直线后终止了【直线】命令，再次执行【直线】命令时将重新定义起点。

- 放弃(U)：结束【直线】命令。

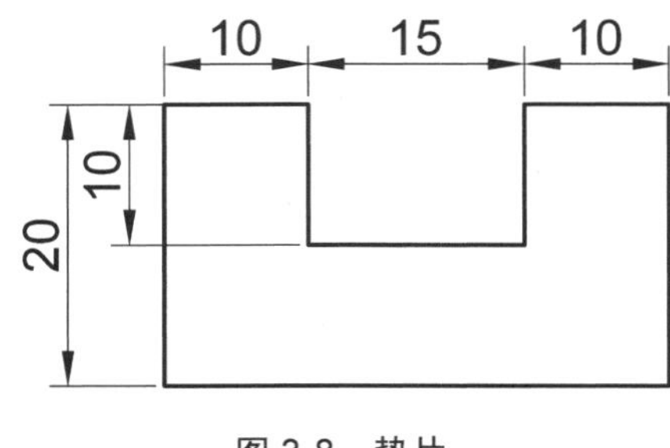

图 3-8　垫片

3.2.2 射线

射线是一端固定而另一端无限延伸的直线，它只有起点和方向，没有终点，主要用于辅助定位。

调用【射线】命令的方法如下。

- 菜单栏：选择【绘图】|【射线】命令。
- 功能区：在【默认】选项卡，单击【绘图】滑出面板上的【射线】按钮。
- 命令行：在命令行输入 RAY 并按 Enter 键。

【案例 3-2】：绘制角平分线

01 打开素材文件“第 3 章/案例 3-2 绘制角平分线.dwg”，如图 3-9 所示。

02 单击【绘图】滑出面板上的【射线】按钮，绘制三角形的角平分线，如图 3-10 所示。命令行操作如下：

```
命令: _ray                  //单击【射线】按钮
指定起点:                   //捕捉到点 1 并单击
指定通过点:                 //捕捉到线 23 的中点并单击，完成第一条射线
指定通过点:↙                //系统默认以点 1 为起点继续绘制射线，按 Enter 键退出
```

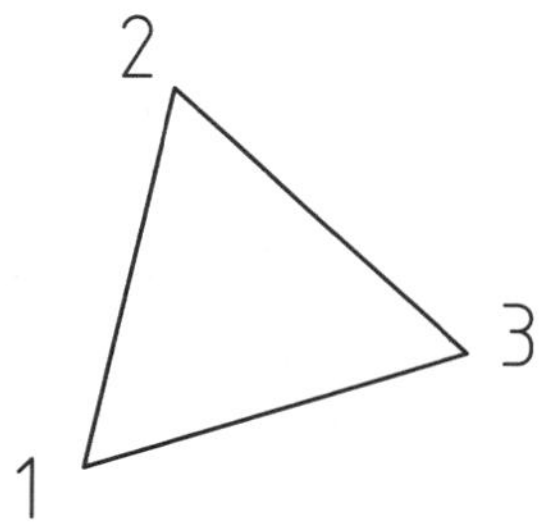

图 3-9　素材文件

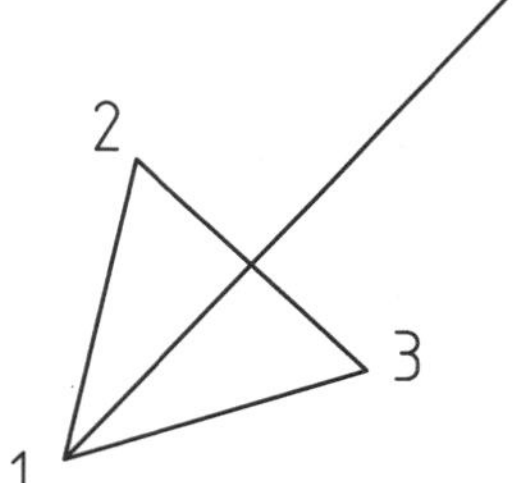

图 3-10　绘制的射线

3.2.3 构造线

构造线是可以两端无线延伸的直线，它没有起点和终点，主要用于绘制辅助线和修建边界，经常在建筑设计中作为辅助线使用，也在机械设计中作为轴线使用。

调用【构造线】的方法如下。

- 菜单栏：选择【绘图】|【构造线】命令。
- 工具栏：单击【绘图】工具栏上的【构造线】按钮。
- 功能区：在【默认】选项卡中，单击【绘图】滑出面板上的【构造线】按钮。
- 命令行：在命令行输入 XKINE/XL 并按 Enter 键。

【案例 3-3】：绘制构造线

绘制图 3-11 所示的构造线。

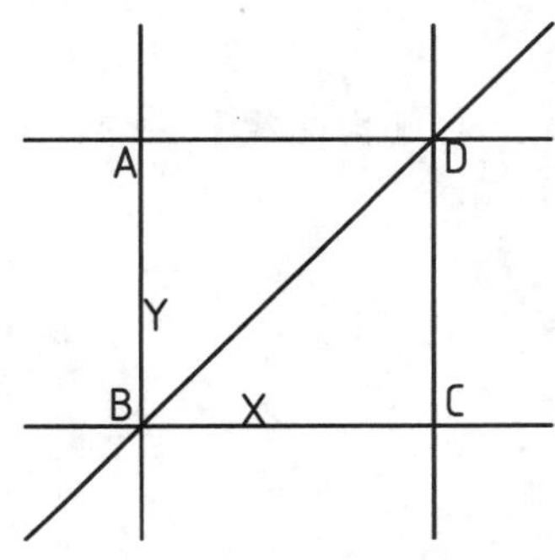

图 3-11　绘制的构造线

01 单击【绘图】滑出面板上的【构造线】按钮，绘制竖直构造线 AB 和 CD。命令行操作如下：

```
命令: XLINE↙                                          //调用【构造线】命令
指定点或 [水平(H)/垂直(V)/角度(A)/二等分(B)/偏移(O)]:V↙  //选择绘制垂直构造线
指定通过点:0,0↙                                       //指定通过原点，完成 AB 线的绘制
指定通过点: 300,0↙                                    //指定通过点，完成 CD 线的绘制
指定通过点:↙                                          //按 Enter 键结束【构造线】命令
```

02 重复执行【构造线】命令，绘制水平构造线 AD 和 BC。命令行操作如下：

```
命令: XLINE↙                                          //调用【构造线】命令
指定点或 [水平(H)/垂直(V)/角度(A)/二等分(B)/偏移(O)]:H↙ //选择绘制水平构造线
指定通过点:0,0↙                                       //指定通过原点，完成 BC 线的绘制
指定通过点: 0,300↙                                    //指定通过点，完成 AD 线的绘制
指定通过点:↙                                          //按 Enter 键结束【构造线】命令
```

03 重复执行【构造线】命令，绘制倾斜构造线 BD。命令行操作如下：

```
命令: XLINE↙                                          //调用【构造线】命令
指定点或 [水平(H)/垂直(V)/角度(A)/二等分(B)/偏移(O)]: A↙  //选择绘制倾斜构造线
输入构造线的角度 (0) 或 [参照(R)]:  45↙                 //输入构造线角度
指定通过点: 0,0↙                                      //指定通过点，完成 BD 线的绘制
指定通过点:↙                                          //按 Enter 键结束【构造线】命令
```

命令行中各选项的含义如下。

- 水平(H)：创建水平的构造线。

- 垂直(V)：创建垂直的构造线。
- 角度(A)：可以选择一条参照线，再指定构造线与该线之间的角度。
- 二等分(B)：可以创建二等分指定角的构造线，此时必须指定等分角度的顶点，然后指定该角的两边。
- 偏移(O)：可创建平行于指定线的构造线，此时必须指定偏移距离、基线和构造线位于基线的哪一侧。

3.2.4 实例——绘制标高符号

标高符号用途非常广泛，主要用于建筑和机械行业等领域。下面我们应用直线对象绘制一个标准的标高符号。

01 单击【绘图】滑出面板上的【构造线】按钮，绘制 4 条构造线，如图 3-12 所示。命令行操作如下：

```
命令: xline↙                                        //调用构造线命令
指定点或 [水平(H)/垂直(V)/角度(A)/二等分(B)/偏移(O)]:H↙  //选择绘制水平构造线
指定通过点: 0,0↙                                     //以原点为通过点，完成第一条水平构造线
指定通过点: 0,3↙                                     //输入坐标，完成第二条水平构造线
指定通过点:↙                                         //按 Enter 键结束命令
↙                                                    //按 Enter 键重复【构造线】命令
命令: xline
指定点或 [水平(H)/垂直(V)/角度(A)/二等分(B)/偏移(O)]:V↙  //选择绘制竖直构造线
指定通过点:0,0↙                                      //以原点为通过点，完成第一条竖直构造线
指定通过点:10,0↙                                     //输入坐标，完成第二条竖直构造线
指定通过点: ↙                                        //按 Enter 键结束命令
```

02 单击【绘图】滑出面板上的【射线】按钮，绘制两条夹角为 90° 的射线，如图 3-13 所示。命令行操作如下：

```
命令: RAY↙                                          //调用射线命令
指定起点:0,0↙                                        //捕捉中心线交点
指定通过点:1,1↙                                      //输入坐标，创建 45° 方向射线
指定通过点:-1,1↙                                     //输入坐标，创建 135° 方向射线
指定通过点:↙                                         //结束命令
```

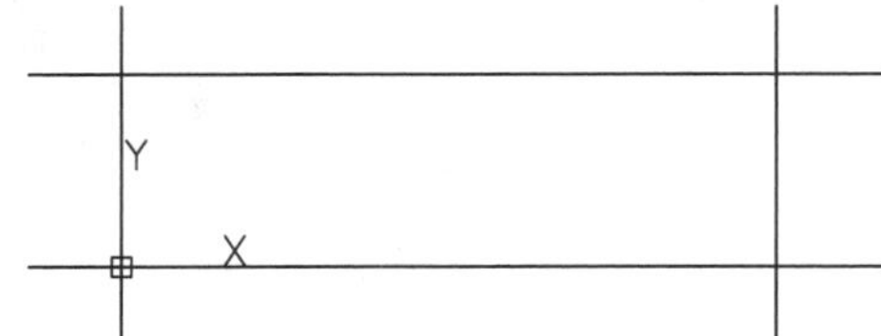

图 3-12 绘制构造线

图 3-13 绘制射线

03 单击【绘图】面板上的【直线】按钮，绘制标高外轮廓，如图 3-14 所示。命令行操作如下。

```
命令: LINE↙                                         //调用直线命令
指定第一个点:                                        //捕捉并单击交点 1
指定下一点或 [放弃(U)]:                              //捕捉并单击交点 3
```

```
指定下一点或 [放弃(U)]:                    //捕捉并单击交点 4
指定下一点或 [闭合(C)/放弃(U)]:            //捕捉并单击交点 2
指定下一点或 [闭合(C)/放弃(U)]:↙          //结束命令
```

04 删除绘制的构造线和射线，最终结果如图 3-15 所示。

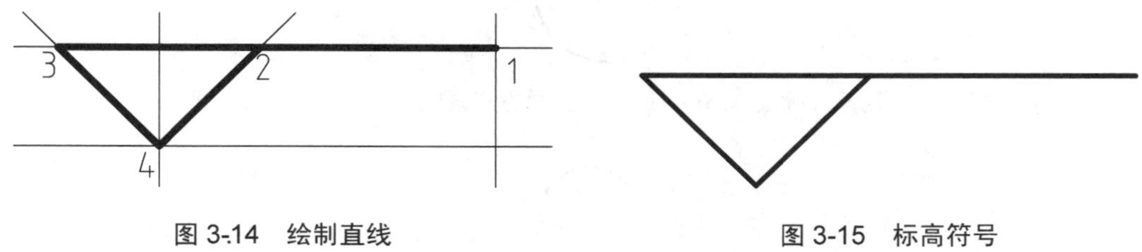

图 3-14　绘制直线　　　图 3-15　标高符号

3.3　绘制圆类对象

圆类对象一般用于绘制孔、轴和轮廓的圆滑过渡。本节讲解的圆类对象包括圆、圆弧、圆环、椭圆和椭圆弧。

3.3.1　圆

圆是工程制图中常见的基本图形对象，常用于柱、孔、轴类等零件。调用【圆】命令的方法如下。

- 菜单栏：选择【绘图】|【圆】命令，在子菜单中选择一种绘圆方式，如图 3-16 所示。
- 工具栏：单击【绘图】工具栏上的【圆】按钮⊙。
- 功能区：在【默认】选项卡中，单击【绘图】面板上的【圆】按钮⊙。
- 命令行：在命令行中输入 CIRCLE/C 并按 Enter 键。

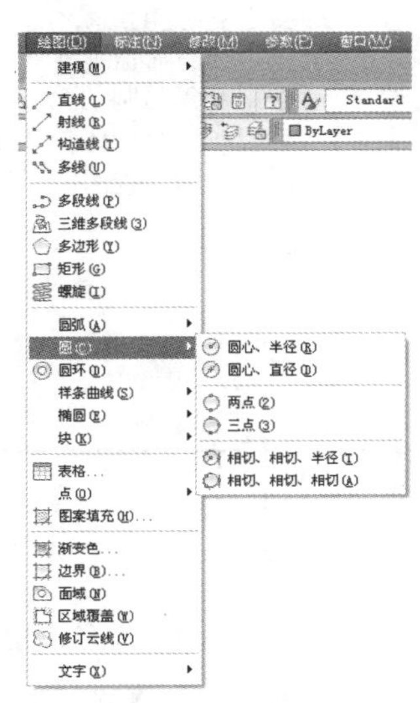

图 3-16　【圆】命令的子菜单

AutoCAD 提供了以下 6 种不同的绘制圆的方式。

- 圆心、半径：用圆心和半径方式绘制圆。
- 圆心、直径：用圆心和直径方式绘制圆。
- 两点：通过两个点绘制圆，系统会提示指定圆直径的第一端点和第二端点。
- 三点：通过 3 个点绘制圆，系统会提示指定第一点、第二点和第三点。
- 相切、相切、半径：选择两个相切的对象并输入半径值来绘制圆，系统会提示指定圆的第一切线和第二切线上的点及圆的半径。
- 相切、相切、相切：选择 3 个相切的对象绘制圆，系统会提示指定圆的第一切线和第二切线上以及第三切线上的点。

6 种绘制圆的方式如图 3-17 所示。

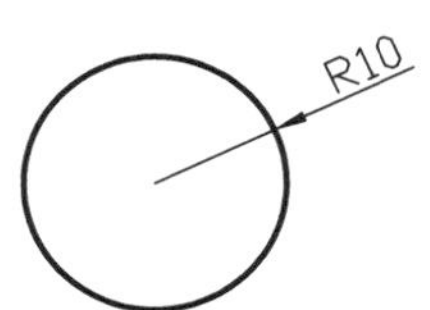

(a) 以圆心、半径方式画圆

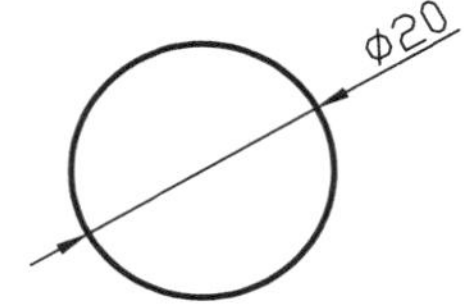

(b) 以圆心、直径方式画圆

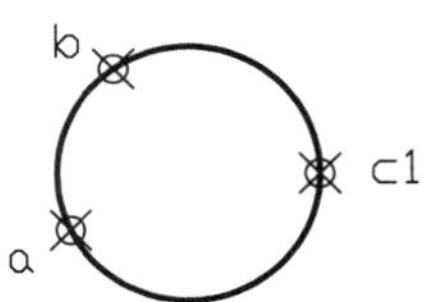

(c) 三点画圆

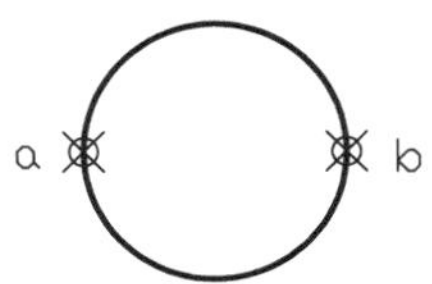

(d) 两点画圆

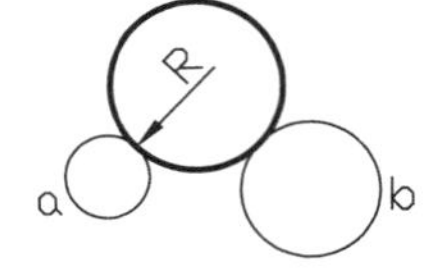

(e) 相切、相切、半径画圆

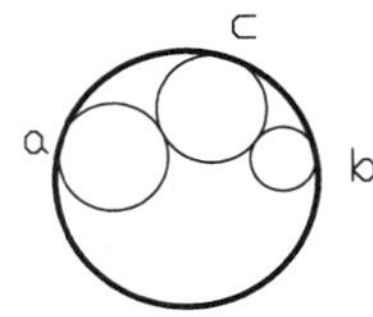

(f) 相切、相切、相切画圆

图 3-17　6 种绘制圆的方式

【案例 3-4】：绘制五环

01 单击【绘图】滑出面板上的【构造线】按钮，绘制相互垂直的两条构造线，如图 3-18 所示。

02 单击【绘图】面板上的【圆】按钮，绘制第一个圆，如图 3-20 所示。命令行操作如下：

```
命令: CIRCLE↙                                              //调用【圆】命令
指定圆的圆心或 [三点(3P)/两点(2P)/切点、切点、半径(T)]: T↙   //选择绘制圆的方式
指定对象与圆的第一个切点://在 oa 之间任意一点单击
指定对象与圆的第二个切点://在 ob 之间任意一点单击
指定圆的半径<20.0000>: 20↙                                 //输入半径，完成圆的绘制
```

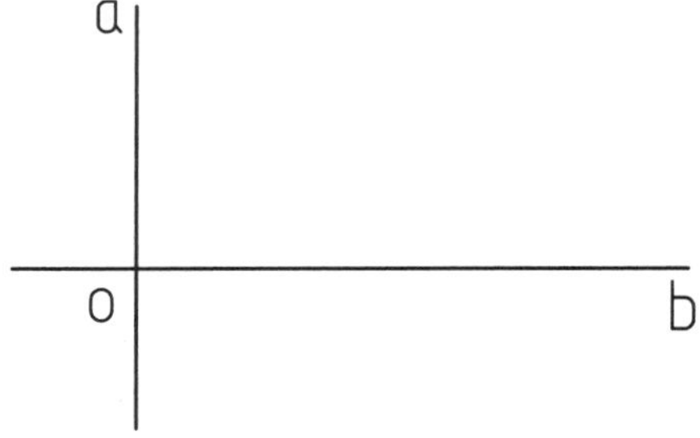

图 3-18　绘制构造线

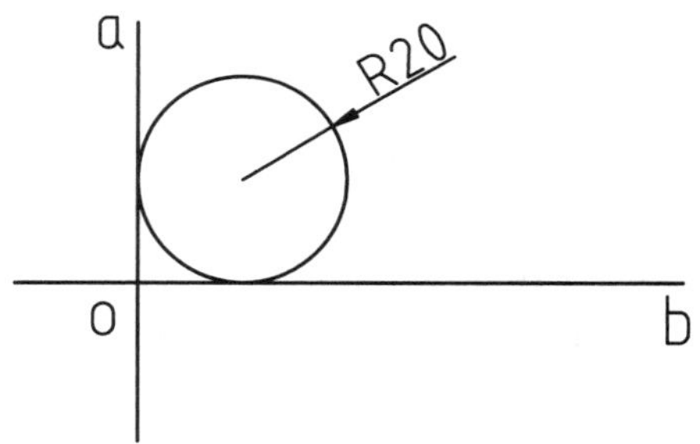

图 3-19　绘制第一个圆

03 重复【圆】命令，使用“切点、切点、半径”方式绘制另外 3 个圆，如图 3-20 所示。

04 运用“相切、相切、相切”方式绘制第 5 个圆，然后删除多余的线条，得到最终结果，如图 3-21 所示。

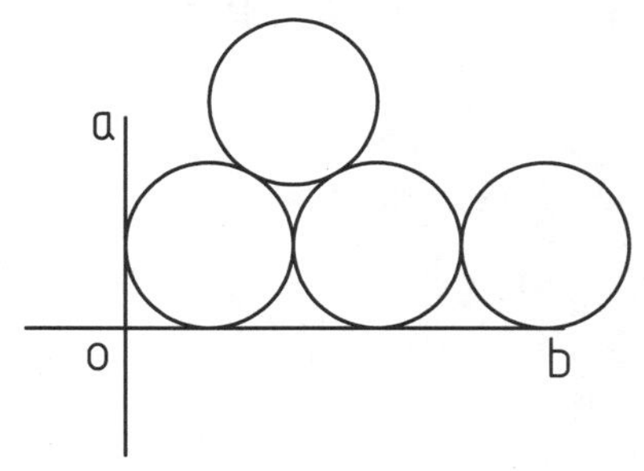

图 3-20　绘制另外 3 个圆

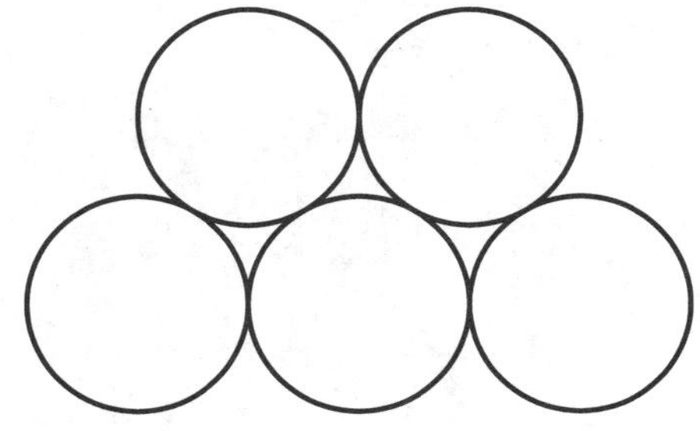

图 3-21　绘制的五环

3.3.2 圆弧

圆弧是圆周的一部分，在工程制图中，许多构件的外轮廓都是由圆弧构成的。

调用【圆弧】命令的方法如下。

- 菜单栏：选择【绘图】|【圆弧】命令，在子菜单中选择一种绘制圆弧的方式，如图 3-22 所示。
- 工具栏：单击【绘图】工具栏上的【圆弧】按钮。
- 功能区：在【默认】选项卡中，单击【绘图】面板上的【圆弧】按钮。
- 命令行：在命令行输入 ARC/A 并按 Enter 键。

AutoCAD 提供了以下 11 种绘制圆弧的方法，用户可根据已知的几何参数选择合适的圆弧方式。

- 三点：通过指定圆弧上的三点绘制圆弧，需要指定圆弧的起点、通过的第二点和端点，如图 3-23 所示。
- 起点、圆心、端点：通过指定圆弧的起点、圆心、端点绘制圆弧。
- 起点、圆心、角度：通过指定圆弧的起点、圆心、包含角绘制圆弧。执行此命令时会出现【指定包含角】的提示，系统默认正值的角度沿逆时针方向，负值的角度沿顺时针方向。
- 起点、圆心、长度：通过指定圆弧的起点、圆心、弦长绘制圆弧。另外在命令行提示的【指定弦长】提示信息下，如果所输入的为负值，则该值的绝对值将作为对应整圆的空缺部分圆弧的弦长。
- 起点、端点、角度：通过指定圆弧的起点、端点、包含角绘制圆弧，如图 3-24 所示。
- 起点、端点、方向：通过指定圆弧的起点、端点和圆弧的起点切向绘制圆弧，如图 3-25 所示。
- 起点、端点、半径：通过指定圆弧的起点、端点和圆弧半径绘制圆弧，如图 3-26 所示。
- 圆心、起点、端点：以圆弧的圆心、起点、端点方式绘制圆弧。
- 圆心、起点、角度：以圆弧的圆心、起点、圆心角方式绘制圆弧。
- 圆心、起点、长度：以圆弧的圆心、起点、弦长方式绘制圆弧。

- 连续：是以上一段线条(直线、圆弧等)的端点作为圆弧的起点绘制圆弧，如图 3-27 所示。

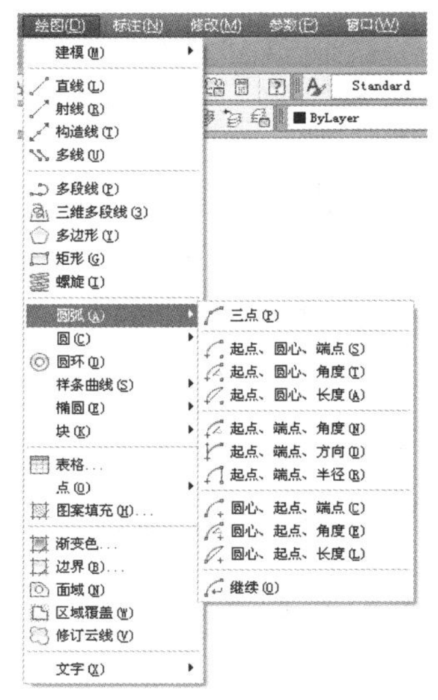

图 3-22 【圆弧】命令子菜单

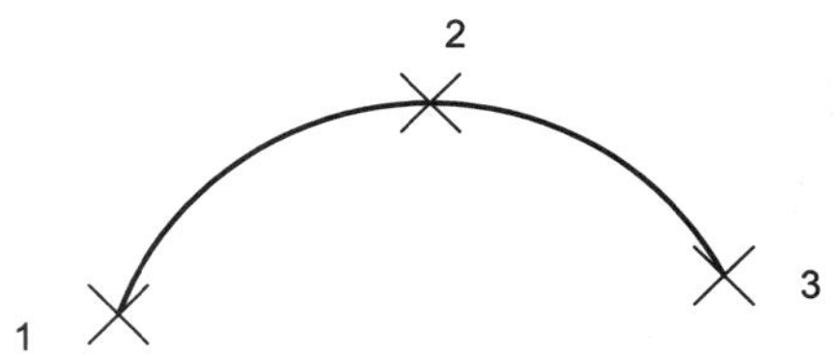

图 3-23 三点画弧

图 3-24 起点、端点、角度画弧

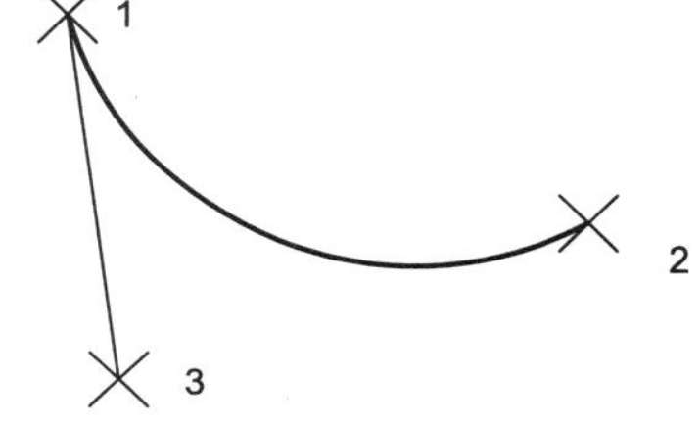

图 3-25 起点、端点、方向画弧

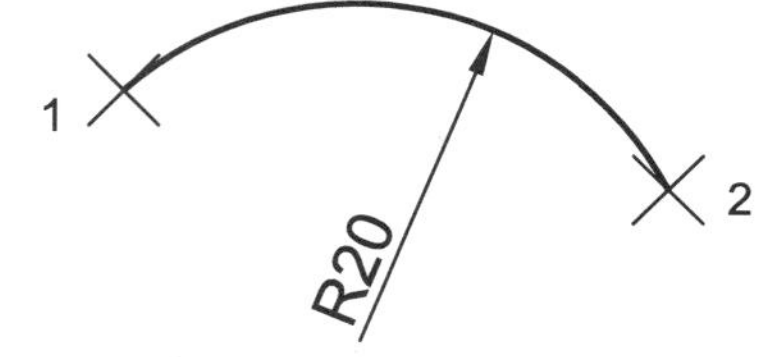

图 3-26 起点、圆心、半径画弧

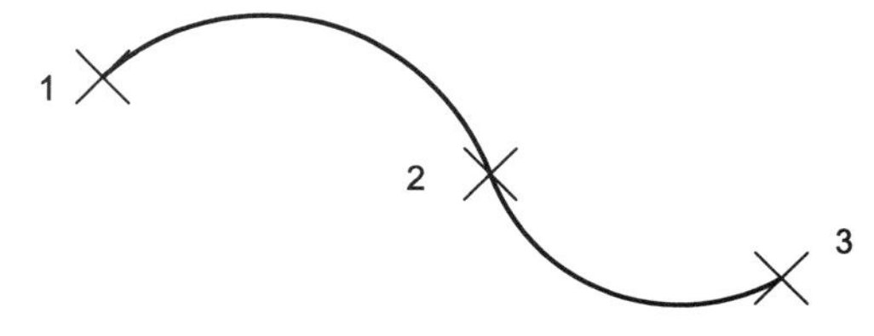

图 3-27 连续画弧

注意

系统默认以逆时针方向为正方向，绘制圆弧也是沿逆时针方向绘制。如果输入的是正值角度，圆弧绕圆心沿逆时针方向绘制，负值则相反。

3.3.3 实例——绘制太极标志

01 单击【绘图】滑出面板上的【构造线】按钮，绘制两条相互垂直的中心线。

02 单击【绘图】面板上的【圆】按钮，绘制一个半径为 50 的圆，如图 3-28 所示。

03 单击【绘图】面板上的【圆弧】按钮，绘制圆弧，如图 3-29 所示。命令行操作如下：

```
命令：ARC↙                                          //调用【圆弧】命令
圆弧创建方向：逆时针(按住 Ctrl 键可切换方向)。        //系统默认为逆时针方向
指定圆弧的起点或 [圆心(C)]:                          //捕捉交点 a 作为圆弧起点
指定圆弧的第二个点或 [圆心(C)/端点(E)]:E↙            //选择定义圆弧端点
指定圆弧的端点:                                      //捕捉交点 b 作为圆弧端点
指定圆弧的圆心或 [角度(A)/方向(D)/半径(R)]:A↙        //选择角度选项
指定包含角: 180↙                                  //指定圆弧的包含角，完成第一段圆弧
↙                                                 //按 Enter 键重复圆弧命令
命令: arc
圆弧创建方向：逆时针(按住 Ctrl 键可切换方向)。
指定圆弧的起点或 [圆心(C)]:↙        //按 Enter 键，系统将以上一段圆弧的端点为起点
指定圆弧的端点:                     //捕捉交点 c，完成第二段圆弧
```

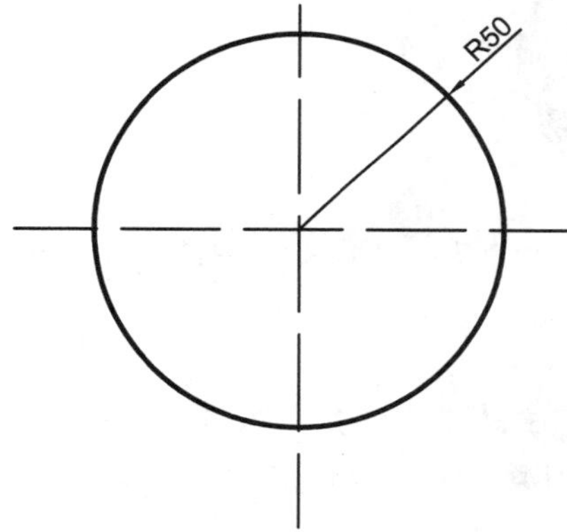

图 3-28　绘制半径为 50 的圆

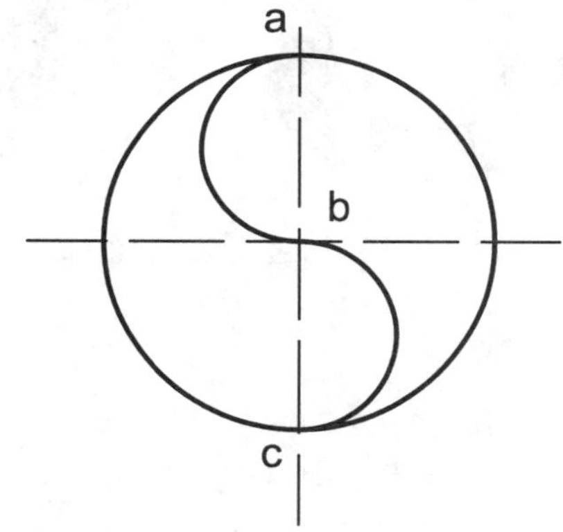

图 3-29　绘制圆弧

04 单击【绘图】面板上的【圆】按钮，捕捉到两段圆弧的圆心，绘制两个半径为 5 的圆，如图 3-30 所示。

05 选择绘制的构造线，按 Delete 键将其删除，得到的最终结果如图 3-31 所示。

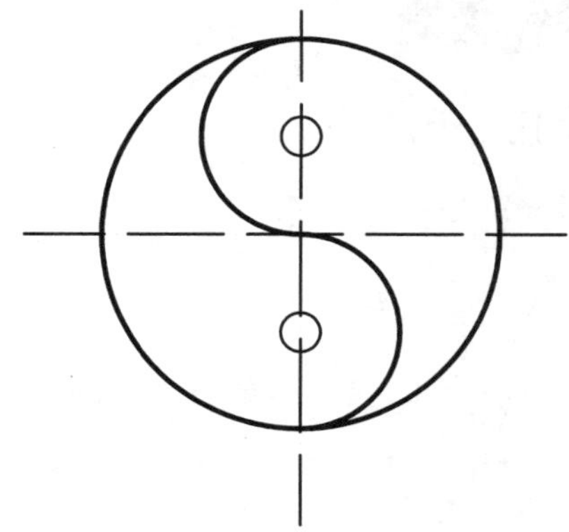

图 3-30　绘制半径为 5 的圆

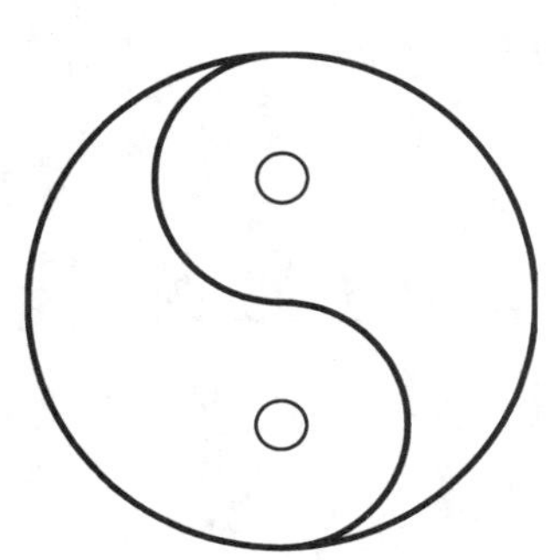

图 3-31　完成的太极标志

3.3.4 圆环

圆环是由同一圆心、不同直径的两个同心圆组成的，在工程制图中常用于表示孔、接线片和机座等。

调用【圆环】命令的方法如下。

- 菜单栏：选择【绘图】|【圆环】命令。
- 功能区：在【默认】选项卡中，单击【绘图】滑出面板上的【圆环】按钮◎。
- 命令行：在命令行输入 DONUT/DO 并按 Enter 键。

在 AutoCAD 中圆环的样式由内径和外径控制：正常圆环的内径小于外径，且内径不为 0，如图 3-32 所示；如果圆环的内径为 0，则圆环为黑色填充的圆，如图 3-33 所示；如果圆环的内径与外径相等，则圆环就是一个普通圆，如图 3-34 所示。

图 3-32　内径为 10，外径为 20

图 3-33　内径为 20，外径为 20

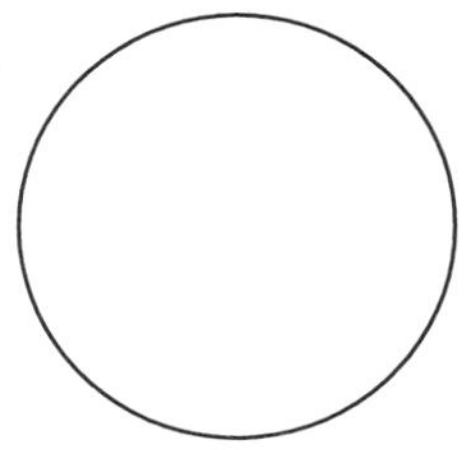

图 3-34　内径为 0，外径为 20

注意

系统中的内部命令 FILLMODE 可以控制图案填充、二维实体多段线线宽的填充模式，值为 1 时填充对象，值为 0 时不填充对象。也可以使用 FILL 命令控制填充，图 3-35 所示为使用 FILL 命令控制填充的效果。

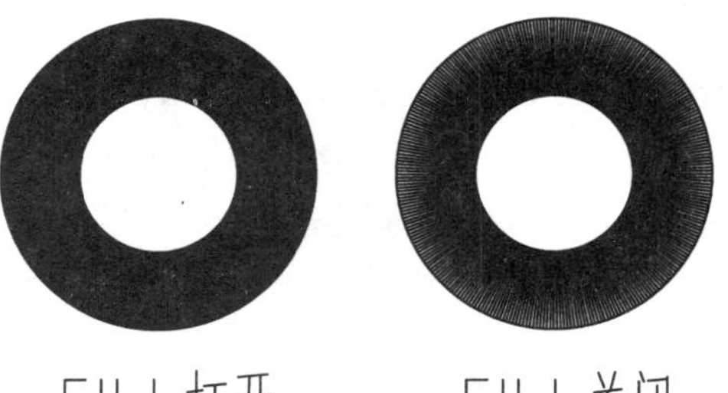

图 3-35　圆环的两种填充模式

3.3.5 椭圆与椭圆弧

椭圆是到两定点(焦点)的距离之和为定值的所有点的集合，在自然界中椭圆也是常见的图形，例如行星运动轨迹。在建筑制图中椭圆可以构造出许多装饰图案，在机械制图中一般用椭圆来绘制轴测图上的圆。

1. 绘制椭圆

椭圆的大小由定义其长度和宽度的两条轴决定，较长的轴称为长轴(其一半称为长半轴)，较短的轴称为短轴(其一半称为短半轴)，如图 3-36 所示。

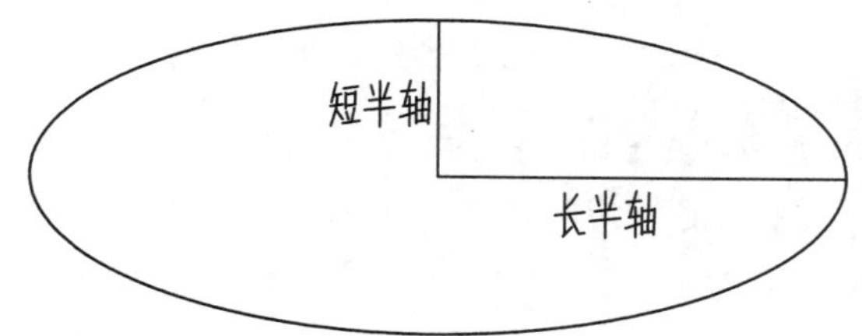

图 3-36　椭圆的长短轴

调用【椭圆】命令的方法如下。

- 菜单栏：选择【绘图】|【椭圆】命令。
- 工具栏：单击【绘图】工具栏上的【椭圆】按钮。
- 功能区：在【默认】选项卡中，单击【绘图】面板上的【圆心】按钮或【轴端点】按钮。
- 命令行：在命令行输入 ELLIPSE/EL 并按 Enter 键。

功能区中两种绘制【椭圆】命令的含义如下。

- 圆心：通过指定椭圆的中心点、一条轴的端点和另一条轴的半轴长度绘制椭圆。
- 轴、端点：通过指定椭圆一条轴的两个端点和另一条轴的半轴长度绘制椭圆。

【案例 3-5】：绘制某汽车标志

绘制如图 3-37 所示的汽车标志。

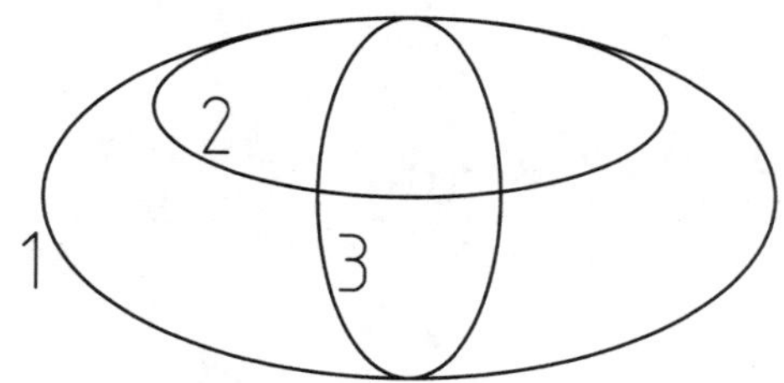

图 3-37　绘制汽车标志

01 单击【绘图】面板上的【圆心】按钮，绘制椭圆 1。命令行操作如下：

```
命令：_ellipse↙
指定椭圆的轴端点或 [圆弧(A)/中心点(C)]: _c                //中心点方式绘制椭圆
指定椭圆的中心点：0,0↙                                     //以原点为椭圆中心
指定轴的端点：100,0↙                                       //输入轴端点的坐标
指定另一条半轴长度或 [旋转(R)]: 50↙                        //输入另一半轴长度
```

02 单击【绘图】面板上的【轴端点】按钮，绘制椭圆 2。命令行操作如下：

```
命令：_ellipse↙
指定椭圆的轴端点或 [圆弧(A)/中心点(C)]: 0,50↙              //输入轴的第一个端点坐标
```

```
指定轴的另一个端点: 0,0↙                         //输入轴的第二个端点坐标
指定另一条半轴长度或 [旋转(R)]: 70↙              //输入另一条轴的长度
```

03 重复【轴端点】方式绘制椭圆 3，命令行操作如下：

```
命令: _ellipse↙
指定椭圆的轴端点或 [圆弧(A)/中心点(C)]: 0,50↙
指定轴的另一个端点: 0,-50↙
指定另一条半轴长度或 [旋转(R)]: 25↙
```

命令行中各选项的含义如下。

- 圆弧：选择绘制椭圆弧。
- 中心点：先指定椭圆的中心点，再指定两条半轴的方法绘制椭圆。
- 旋转：由椭圆的第一个轴定义一个圆，假想将该圆绕轴旋转一定角度，在屏幕上的投影即定义了要绘制的椭圆。旋转角度范围为 0～89.4°，输入 0 则定义为一个圆。输入的角度值越大，椭圆的长、短轴之比就越大。

2. 椭圆弧

椭圆弧是椭圆的一部分，因此绘制椭圆弧需要确定其所在的椭圆，然后确定椭圆弧的起点和终点的角度。

调用【椭圆弧】命令的方法如下。

- 菜单栏：选择【绘图】|【椭圆弧】命令。
- 工具栏：单击【绘图】工具栏上的【椭圆弧】按钮。
- 功能区：在【默认】选项卡中，单击【绘图】面板中的【椭圆弧】按钮。

【案例 3-6】：绘制椭圆弧

单击【绘图】面板上的【椭圆弧】按钮，绘制椭圆弧，如图 3-38 所示。命令行操作如下：

```
命令: _ellipse↙
指定椭圆的轴端点或 [圆弧(A)/中心点(C)]: _a         //调用【椭圆弧】命令
指定椭圆弧的轴端点或 [中心点(C)]: c↙               //以中心点定义椭圆
指定椭圆弧的中心点:                                 //捕捉到构造线交点定义中心点
指定轴的端点:                                       //捕捉到水平方向任意一点确定轴的端点
指定另一条半轴长度或 [旋转(R)]:                     //捕捉到竖直方向任意一点定义另一条
轴端点
指定起点角度或 [参数(P)]: 20↙                       //指定椭圆弧的起始角度
指定端点角度或 [参数(P)/包含角度(I)]: -110↙         //指定椭圆弧的终止角度
```

命令行中各选项介绍如下。

- 参数(P)：可通过矢量参数方程式方式创建椭圆弧。
- 包含角度(I)：以起始位置到终止位置的包含角度定义椭圆弧范围，代替终止位置的绝对角度值。

注意

以起始、终止角度绘制椭圆弧时，角度是指与椭圆长轴的夹角，而不是与用户坐标系 X 轴之间的夹角。

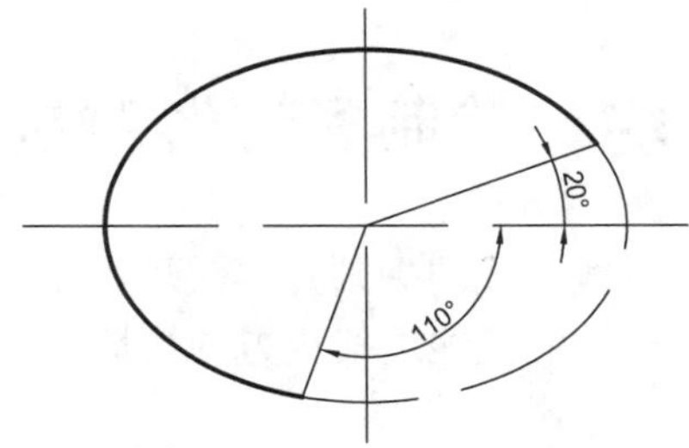

图 3-38　绘制椭圆弧

3.3.6 实例——绘制洗脸盆示意图

洗脸盆是室内设计常用的图形，下面绘制一个简单的示意图。

01 绘制中心线。调用【构造线】命令绘制两条相互垂直的中心线。

02 绘制外轮廓。调用【椭圆】命令，捕捉中心线交点为中心，绘制一个长轴长80、短轴长 65 的椭圆，如图 3-39 所示。

03 绘制椭圆弧。调用【椭圆弧】命令，捕捉中心线交点为中心，绘制一个长轴长70、短轴长 56 的椭圆弧，如图 3-40 所示。

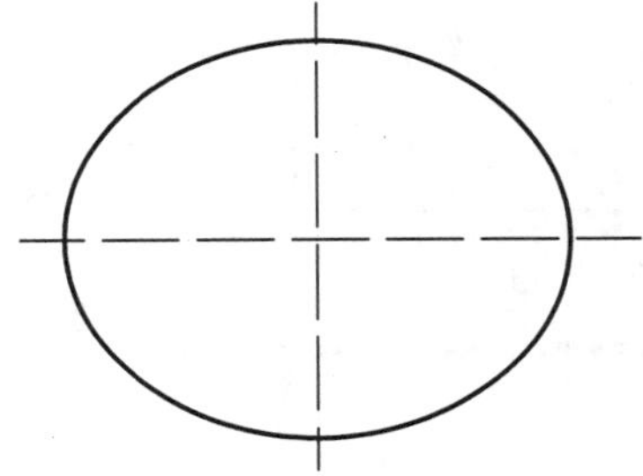

图 3-39　绘制椭圆

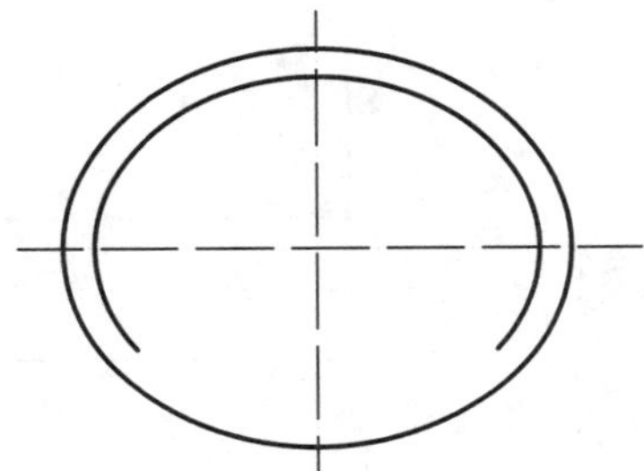

图 3-40　绘制椭圆弧

04 绘制圆弧。在【绘图】面板上单击【圆弧】按钮下的展开箭头，选择【起点、端点、半径】命令，以椭圆弧的端点为起点和终点，绘制一个半径为 200 的圆弧，如图 3-41 所示。

05 绘制水龙头安装孔。调用【圆】命令绘制两个半径为 5 的圆孔，最终结果如图 3-42 所示。

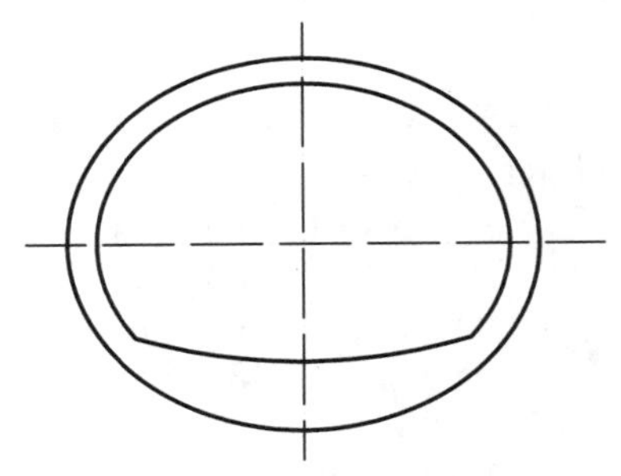

图 3-41　绘制圆弧

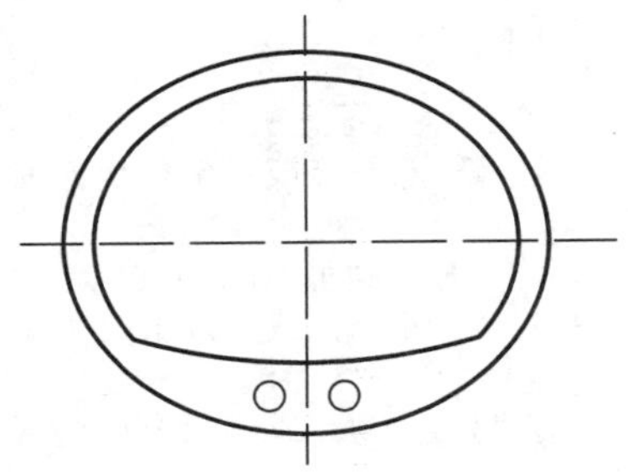

图 3-42　洗脸盆示意图

3.4 绘制多边形对象

矩形和正多边形都是具有直线边线的规则几何图形，在 AutoCAD 中，直接调用【矩形】和【多边形】命令要比逐一绘制直线边线更方便快捷。

3.4.1 矩形

矩形就是通常所指的长方形，由两个对角点确定。

调用【矩形】命令的方法如下。

- 菜单栏：选择【绘图】|【矩形】命令。
- 工具栏：单击【绘图】工具栏上的【矩形】按钮。
- 功能区：在【默认】选项卡中，单击【绘图】面板上的【矩形】按钮。
- 命令行：在命令行输入 RECTANG/REC 并按 Enter 键。

AutoCAD 的【矩形】命令不仅能够绘制常规矩形，还可以为其设置倒角、圆角以及宽度和厚度值，生成不同类型的边线和边角效果，如图 3-43 所示。

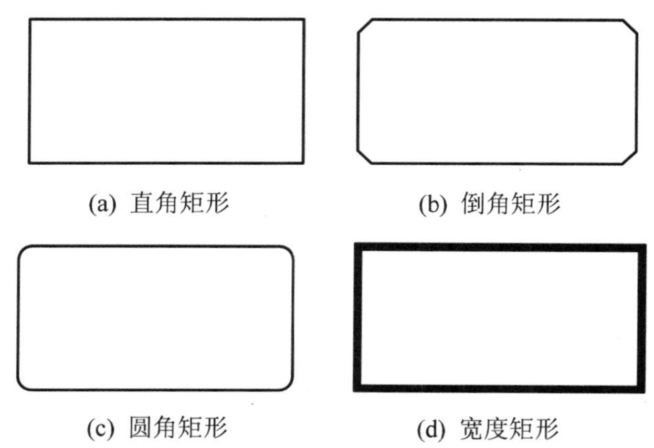

图 3-43 不同的矩形效果

【案例 3-7】：绘制圆角垫片

01 单击【绘图】面板上的【矩形】按钮，绘制矩形，如图 3-44 所示。命令行操作如下：

```
命令: _rectang↙
指定第一个角点或 [倒角(C)/标高(E)/圆角(F)/厚度(T)/宽度(W)]: F↙
                                        //选择【圆角】选项
指定矩形的圆角半径<0.0000>: 12↙          //设置矩形圆角半径
指定第一个角点或 [倒角(C)/标高(E)/圆角(F)/厚度(T)/宽度(W)]: 0,0↙
                                        //输入矩形第一个角点坐标
指定另一个角点或 [面积(A)/尺寸(D)/旋转(R)]: 120,70↙
                                        //输入第二个角点坐标，完成矩形
```

02 重复【矩形】命令，绘制内部矩形，如图 3-45 所示。命令行操作如下：

```
命令： _rectang↙
指定第一个角点或 [倒角(C)/标高(E)/圆角(F)/厚度(T)/宽度(W)]:F↙
                                                     //选择【圆角】选项
指定矩形的圆角半径<12.0000>: 0↙                       //设置圆角半径为 0
指定第一个角点或 [倒角(C)/标高(E)/圆角(F)/厚度(T)/宽度(W)]:12,12↙
                                                     //指定第一个角点坐标
指定另一个角点或 [面积(A)/尺寸(D)/旋转(R)]: D↙         //选择【尺寸】选项
指定矩形的长度<10.0000>:96↙                           //设置矩形长度
指定矩形的宽度<10.0000>:46↙                           //设置矩形宽度
指定另一个角点或 [面积(A)/尺寸(D)/旋转(R)]:
                              //在上一个角点的右上方任意一点单击，确定矩形的方向
```

 提示

在创建了倒角或圆角矩形之后，系统默认下一次绘制矩形按同样的参数绘制倒角或圆角矩形，如果不需要圆角或倒角，须先将倒角或圆角恢复到 0 长度。

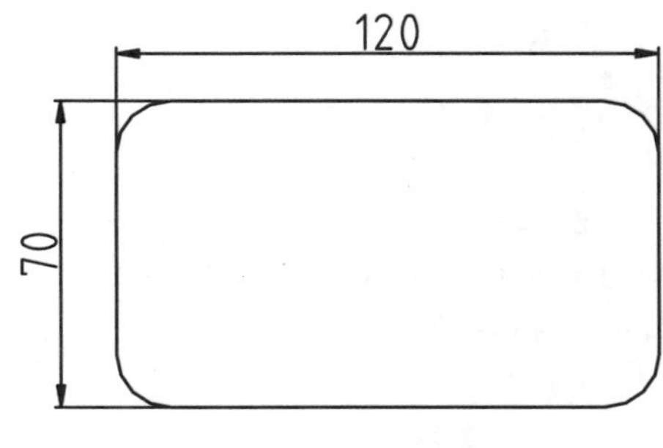

图 3-44　绘制圆角矩形

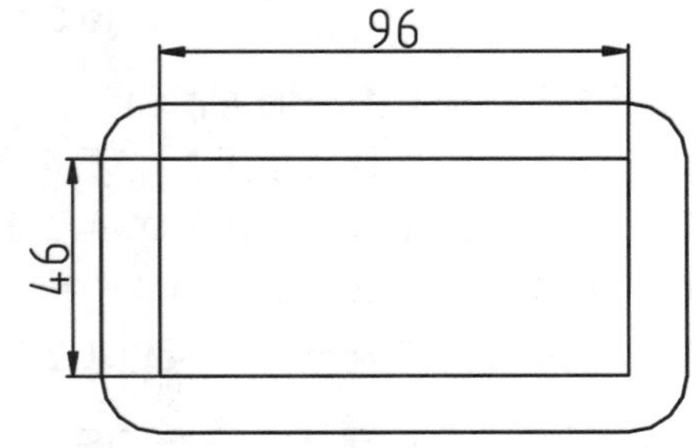

图 3-45　绘制内部矩形

执行矩形命令时，命令行各选项的含义如下。

- 倒角(C)：设定矩形的倒角距离。
- 标高(E)：指定矩形的标高。
- 圆角(F)：指定矩形的圆角半径。
- 厚度(T)：指定矩形的厚度，使用厚度将生成空间的长方体框线，如图 3-46 所示。

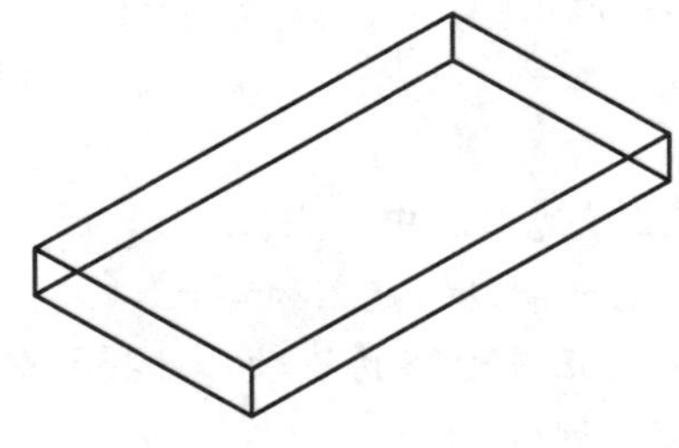

图 3-46　厚度矩形

- 宽度(W)：为要绘制的矩形指定多段线的宽度。
- 面积(H)：确定矩形面积绘制矩形。
- 尺寸(D)：输入矩形的长度和宽度绘制矩形。

- 旋转(R)：指定绘制矩形的旋转角度。

提示

AutoCAD 中绘制的矩形是一条封闭的多段线，使用【分解】命令，可以将其分解为单独直线(如果是圆角矩形，还会分解出圆弧)。

3.4.2 正多边形

由 3 条或 3 条以上长度相等且首尾相接的直线段组成的图形称为正多边形。图 3-47 所示为各种各样的正多边形，多边形的边数范围在 3～1024 之间。

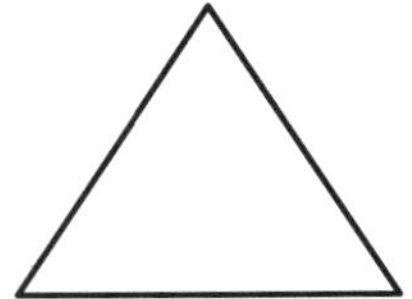

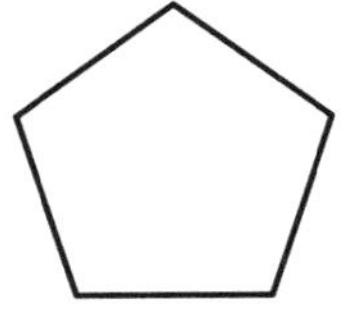
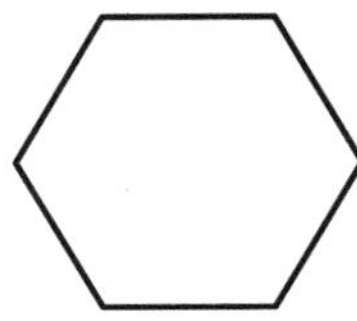
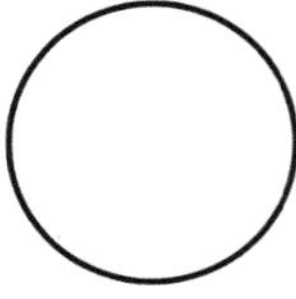

图 3-47　各种正多边形

调用【多边形】命令的方法如下。

- 菜单栏：选择【绘图】|【多边形】命令。
- 工具栏：单击【绘图】工具栏上的【多边形】按钮⬠。
- 功能区：在【默认】选项卡中，单击【绘图】面板上的【多边形】按钮⬠。
- 命令行：在命令行输入 POLYGON/POL 并按 Enter 键。

【案例 3-8】：绘制螺母俯视图

01 打开素材文件“第 3 章/案例 3-8 绘制螺母俯视图.dwg”，如图 3-48 所示。

02 单击【绘图】面板上的【多边形】按钮，绘制螺母外轮廓，如图 3-49 所示。命令行操作如下：

```
命令: polygon↙                                    //调用【正多边形】命令
输入侧面数<4>:6↙                                  //设置多边形的边数
指定正多边形的中心点或 [边(E)]:                    //捕捉中心线的交点定义中心点
输入选项 [内接于圆(I)/外切于圆(C)] <I>: C↙         //选择【外切于圆】选项
指定圆的半径: 15↙                                  //输入内切圆半径，完成多边形绘制
```

命令行各选项的含义如下。

- 中心点：指定一点为正多边形的中心点。
- 边(E)：确定边数和其中一条边的起点和终点。
- 内接于圆(L)：通过输入正多边形的边数、外接圆的圆心和半径绘制正多边形。正多边形的所有顶点都在此圆周上。
- 外切于圆(C)：通过输入正多边形的边数、内切圆的圆心和半径绘制正多边形。内切圆的半径也为正多边形中心点到各边中点的距离。

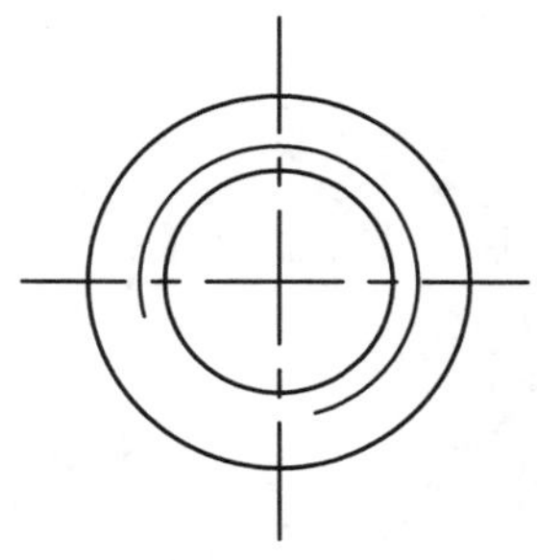

图 3-48　素材图形

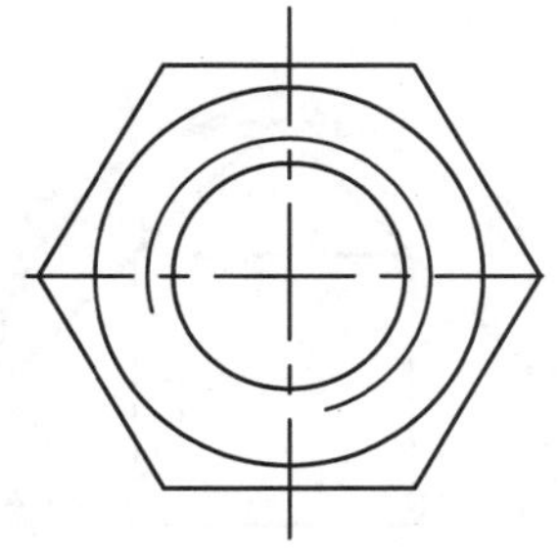

图 3-49　绘制完成的多边形

3.4.3 实例——绘制拼花图案

01 在【默认】选项卡中，单击【绘图】面板上的【正多边形】按钮，绘制一个正七边形，如图 3-50 所示。命令行操作如下：

```
命令: polygon ↙                                          //调入正多边形命令
输入侧面数<6>:7↙                                         //输入边数
指定正多边形的中心点或 [边(E)]:                             //在绘图区域单击任意一点
输入选项 [内接于圆(I)/外切于圆(C)] <I>: C↙                  //选择【外切于圆】选项
指定圆的半径: 50↙                                         //输入圆心半径值
```

02 单击【绘图】面板上的【圆】按钮，绘制正七边形的内切圆，如图 3-51 所示。命令行操作如下：

```
命令: CIRCLE↙                                                  //调用【圆】命令
指定圆的圆心或 [三点(3P)/两点(2P)/切点、切点、半径(T)]: 3P↙    //选择【三点】选项
指定圆上的第一个点:                                              //捕捉任意一条边的中点
指定圆上的第二个点:                                              //捕捉另一条边的中点
指定圆上的第三个点:                                              //捕捉第三条边的中点
```

03 再次单击【正多边形】按钮，以圆心为多边形中心，使用【外接圆】选项，捕捉到 a 点定义外接圆半径，绘制正四边形，如图 3-52 所示。

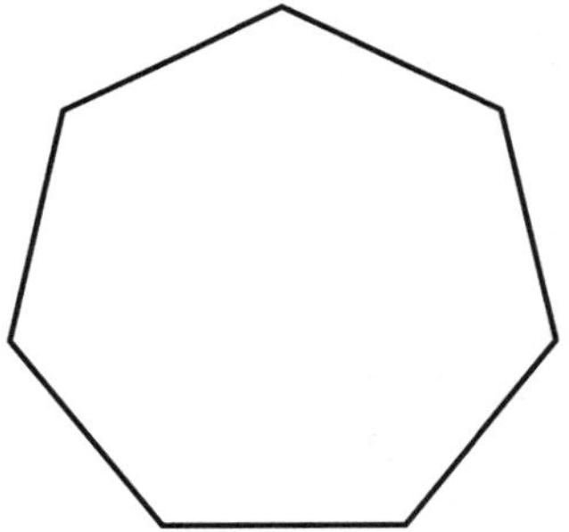

图 3-50　绘制正七边形

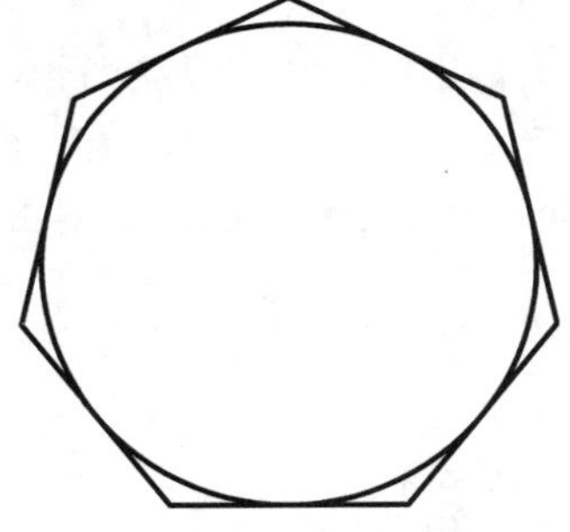

图 3-51　绘制内切圆

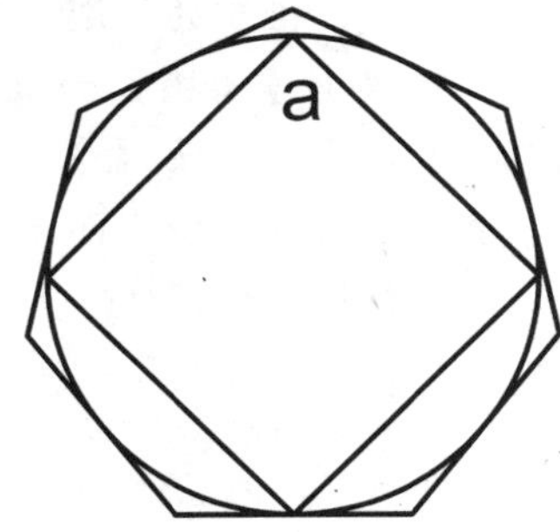

图 3-52　绘制正四边形

04 重复【正多边形】命令，以圆心为正四边形的中心，使用【外接圆】选项，捕捉到上一个正四边形边线中点定义外接圆半径，绘制正四边形，如图 3-53 所示。

05 在【绘图】面板上单击【圆】按钮下的展开箭头，选择【相切、相切、相切】命

令，绘制内切于正四边形的 4 个圆，如图 3-54 所示。

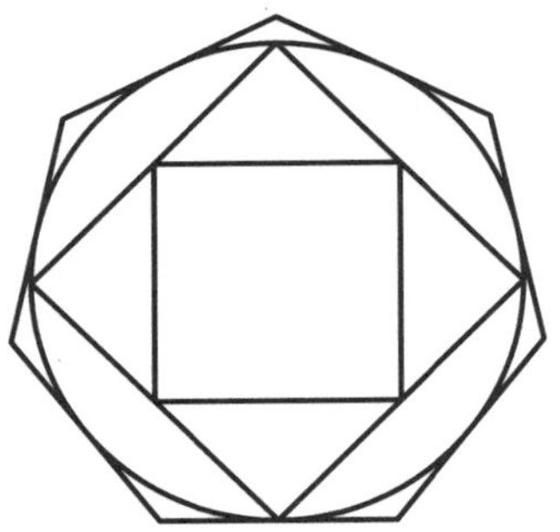

图 3-53　绘制第二个正四边形

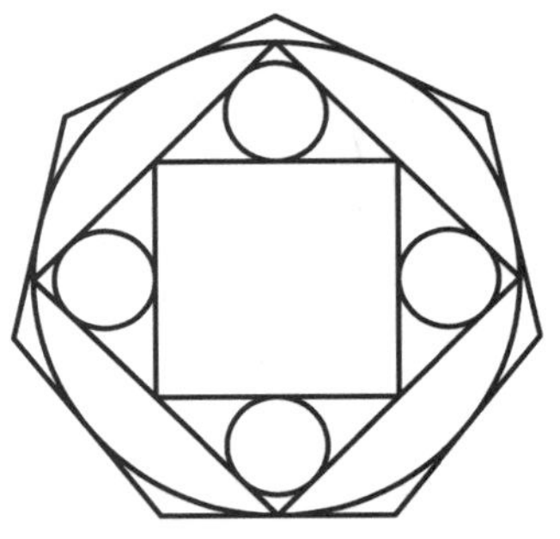

图 3-54　绘制圆

3.5 综合实例

本节绘制图 3-55 所示的内六角头螺栓，综合演练了构造线、射线、直线、圆、多边形等基本图形的绘制方法。

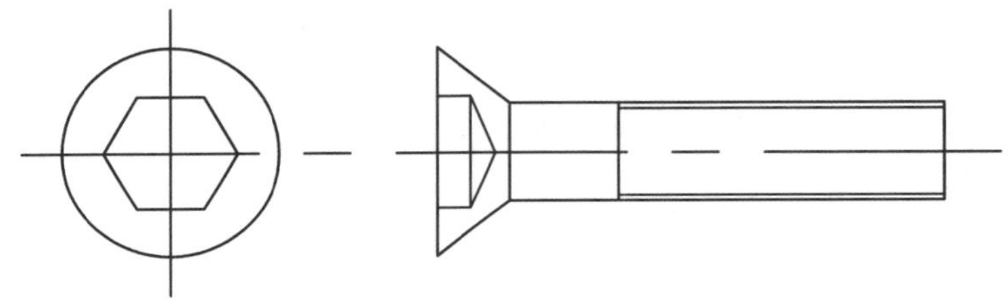

图 3-55　内六角头螺栓

01 新建 AutoCAD 文件，单击【绘图】滑出面板上的【构造线】按钮，在命令行选择【垂直】选项，然后在绘图区任意一点单击绘制一条竖直构造线。重复【构造线】命令，选择【水平】选项，然后在绘图区任意一点单击绘制一条水平构造线。绘制的构造线如图 3-56 所示。

02 单击【绘图】面板上的【圆】按钮，捕捉到构造线交点作为圆心，绘制半径为 15 的圆，如图 3-57 所示。

03 单击【绘图】面板上的【多边形】按钮，绘制正六边形，如图 3-58 所示。命令行操作如下：

```
命令：_polygon↙                                    //调用【多边形】命令
输入侧面数 <4>：6↙                                 //输入多边形边数
指定正多边形的中心点或 [边(E)]：                   //捕捉构造线交点
输入选项 [内接于圆(I)/外切于圆(C)] <C>：C↙         //选择由内切圆定义多边形大小
指定圆的半径：8↙        //捕捉到竖直方向，如图 3-59 所示，然后输入多边形内切圆半径
```

04 单击【绘图】面板上的【圆】按钮，以构造线交点为圆心，绘制半径为 7 和 6.2 的两个同心圆，如图 3-60 所示。

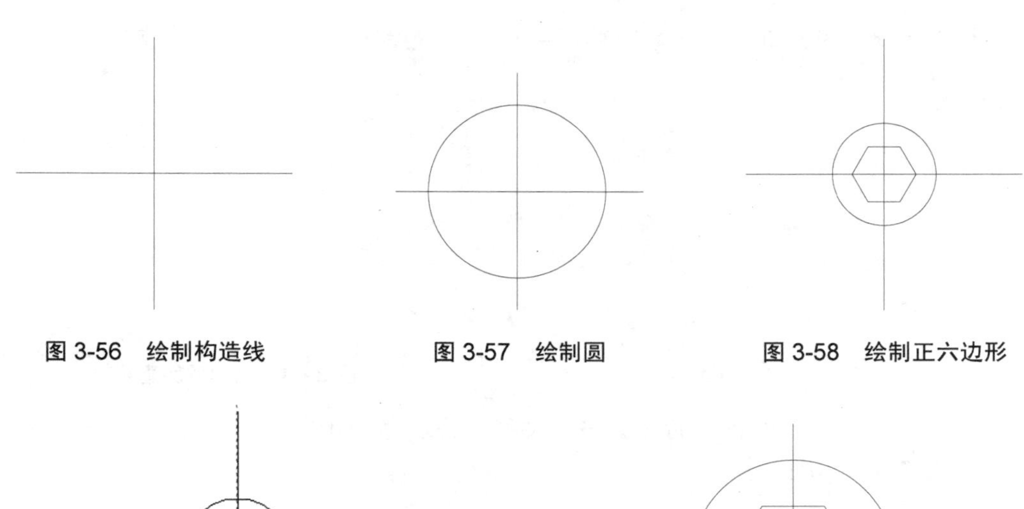

图 3-56　绘制构造线　　图 3-57　绘制圆　　图 3-58　绘制正六边形

图 3-59　捕捉到竖直方向　　图 3-60　绘制两个同心圆

05 单击【绘图】滑出面板上的【射线】按钮，分别以 3 个圆的象限点为起点，水平向右引出射线，如图 3-61 所示。

06 单击【绘图】面板上的【直线】按钮，以最上面一条射线上的任意一点为起点，向下绘制竖直直线，如图 3-62 所示。

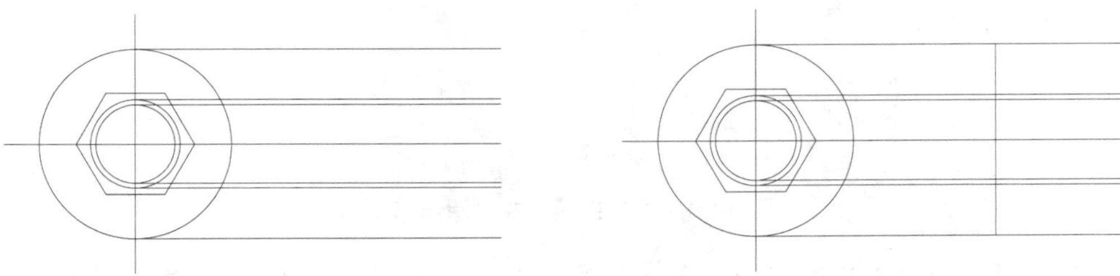

图 3-61　绘制水平射线　　图 3-62　绘制竖直直线

07 单击【修改】面板上的【偏移】按钮，将竖直直线向右偏移 10 个单位，如图 3-63 所示。命令行操作如下：

```
命令: _offset↙                                          //调用【偏移】命令
当前设置: 删除源=否  图层=源  OFFSETGAPTYPE=0
指定偏移距离或 [通过(T)/删除(E)/图层(L)] <通过>: 10↙      //输入偏移距离
选择要偏移的对象，或 [退出(E)/放弃(U)] <退出>:              //选择绘制的竖直直线
指定要偏移的那一侧上的点，或 [退出(E)/多个(M)/放弃(U)] <退出>:
                                                    //在所选直线右侧单击，完成偏移
选择要偏移的对象，或 [退出(E)/放弃(U)] <退出>: *取消*       //按 Esc 键退出命令
```

08 单击【绘图】面板上的【直线】按钮，连接直线的交点，绘制倾斜直线，如图 3-64 所示。

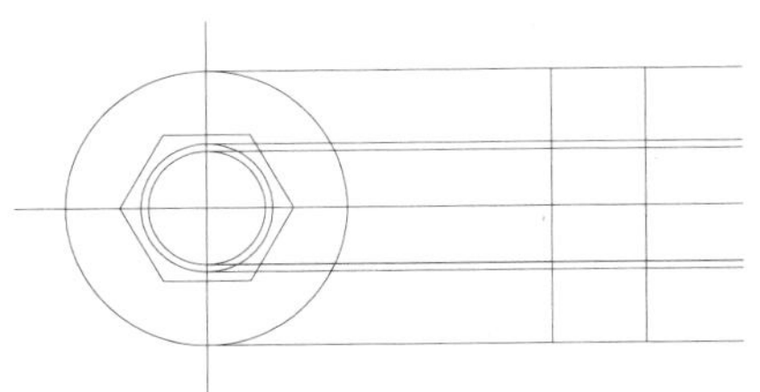

图 3-63　偏移竖直直线

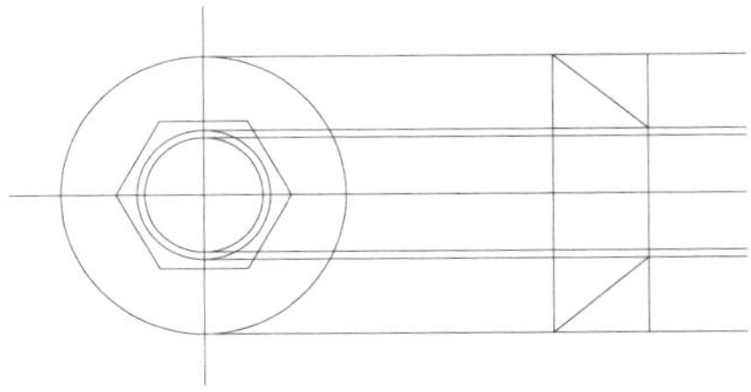

图 3-64　绘制倾斜直线

09 单击【修改】面板上的【偏移】按钮，将右侧竖直直线向右偏移 15 和 60，如图 3-65 所示。

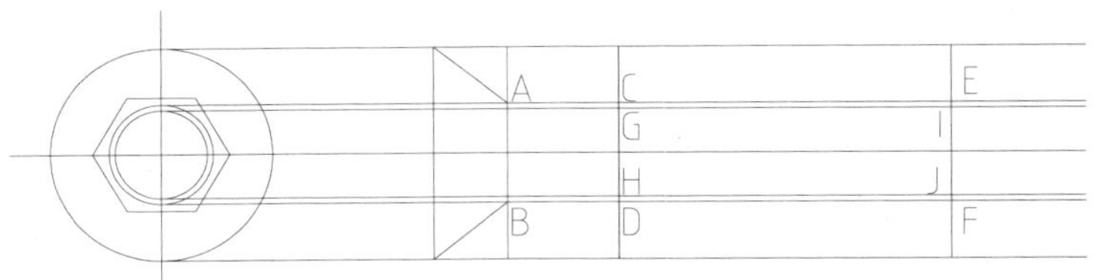

图 3-65　偏移竖直直线

10 单击【绘图】面板上的【直线】按钮，在 A 和 B、C 和 D、E 和 F 之间绘制直线，然后删除 3 条偏移出的竖直直线，如图 3-66 所示。

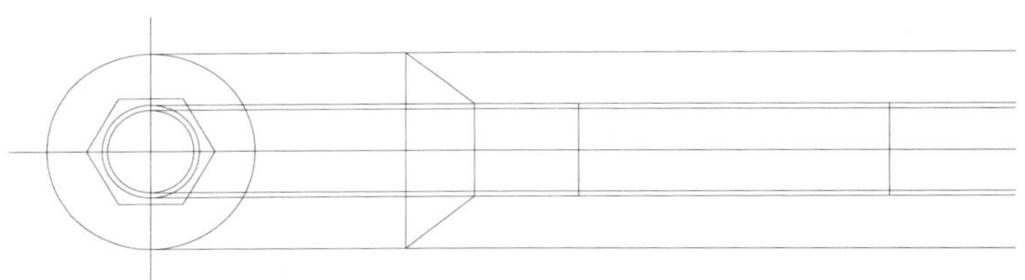

图 3-66　绘制连接线并删除偏移直线

11 单击【绘图】面板上的【直线】按钮，在 A 和 E、B 和 F、G 和 I、H 和 J 之间绘制直线，然后删除所有的水平射线以及内侧两个圆，如图 3-67 所示。

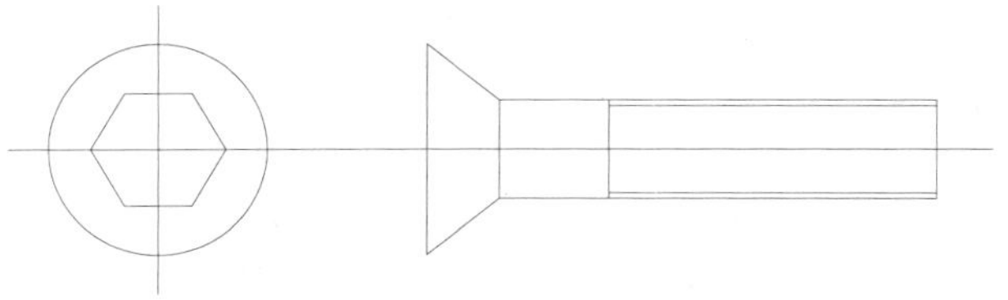

图 3-67　绘制连接线并删除水平射线及内侧两个圆

12 单击【修改】面板上的【偏移】按钮，将左视图左侧竖直边线向右偏移 8，如图 3-68 所示。

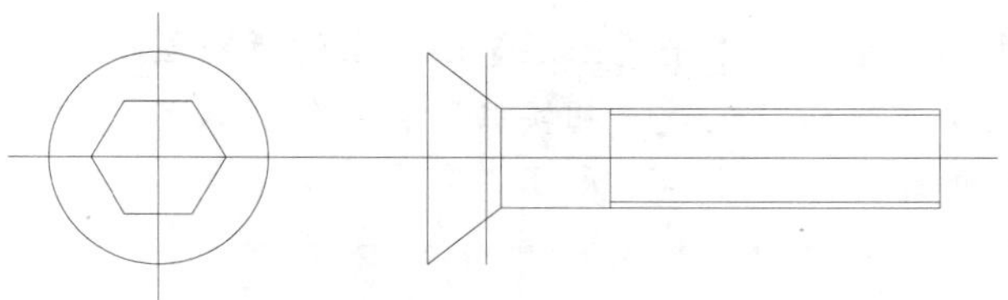

图 3-68　偏移直线

13 单击【绘图】面板上的【直线】按钮，由多边形顶点向右引出追踪线，直至与左视图边线相交，如图 3-69 所示，在此位置单击确定直线端点，然后输入相对坐标(@4.6,0)作为终点，完成第一段直线。捕捉到偏移线与水平中心线交点完成第二段直线，如图 3-70 所示。

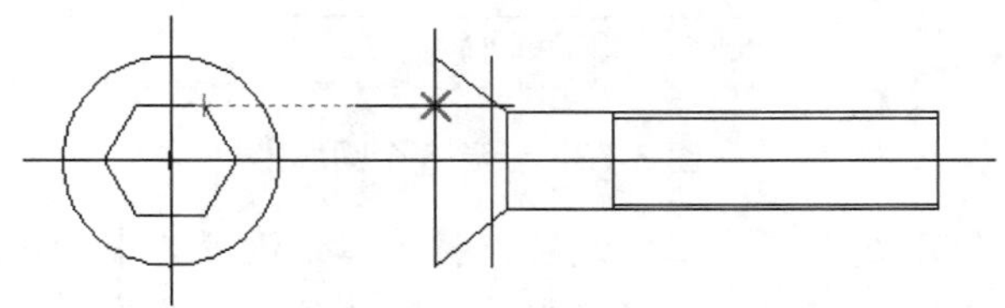

图 3-69　定义直线起点

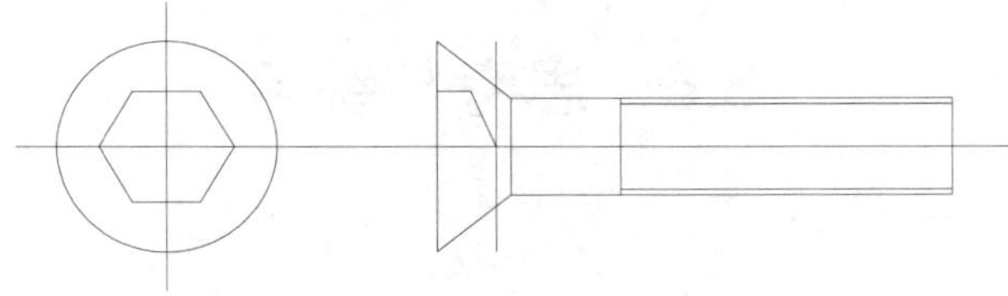

图 3-70　绘制两段直线

14 与上一步同样的方法，绘制对称侧的两段直线，如图 3-71 所示。

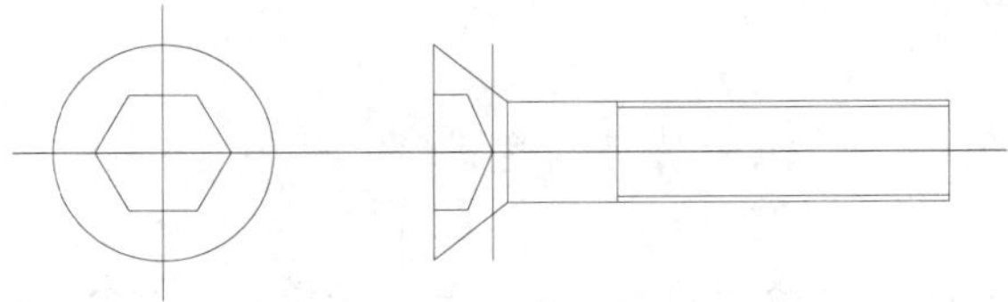

图 3-71　绘制对称侧的直线

15 单击【绘图】面板上的【直线】按钮，绘制锥孔的连接线，然后删除偏移线，如图 3-72 所示。

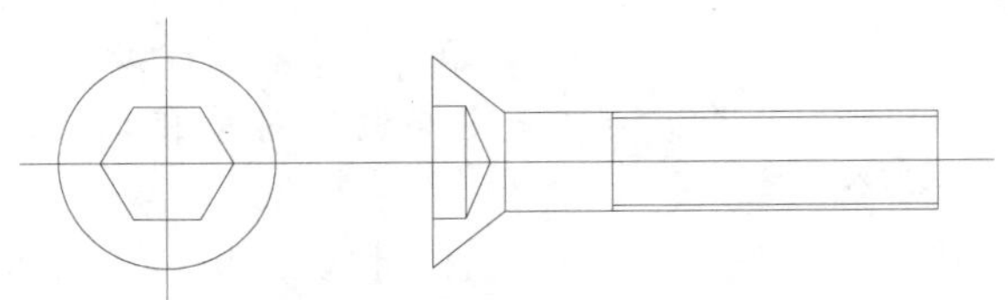

图 3-72　绘制连接直线

16 在【默认】选项卡中，单击【图层】面板上的【图层特性】按钮，弹出【图形特性管理器】选项板，创建“粗实线”、“细实线”、“中心线”、“虚线”和“标注”5 个图层，如图 3-73 所示。

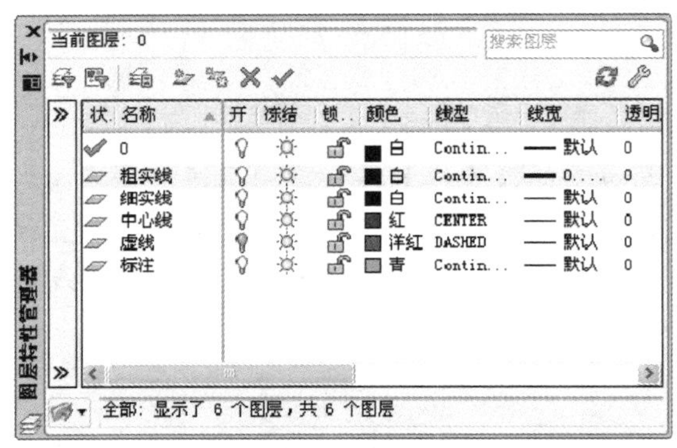

图 3-73 新建 5 个图层

17 将螺栓的外轮廓线设置为粗实线层，将中心线设置为中心线层，将左视图中的螺纹小径线设置为细实线层，将左视图锥孔线条设置为虚线层，完成内六角头螺钉的绘制。

3.6 思考与练习

一、选择题

1. 绘制正多边形时，不能使用(　　)方式来执行命令。

   A. 选择菜单命令　　B. 单击功能按钮

   C. 按下快捷键　　D. 在命令行中输入命令

2. 绘制射线的命令为(　　)。

   A. ray　　B. line　　C. xline　　D. Pline

3. 以下方法除了(　　)，其他皆可创建圆形。

   A. 2P　　B. 3P　　C. 4P　　D. 圆心、半径

4. 使用 POLYGON 命令绘制的正六边形中，包含(　　)个图元。

   A. 1　　B. 6　　C. 不确定　　D. 2

5. 在 AutoCAD 中，可以使用【矩形】命令绘制多种图形，以下答案中最恰当的是(　　)。

   A. 圆角矩形　　B. 倒角矩形

   C. 有厚度的矩形　　D. 以上答案全正确

6. 如果要指定某个值为半径，绘制一个与两个对象相切的圆，应选择【绘图】|【圆】菜单中的(　　)子命令。

   A. 圆心、半径　　B. 相切、相切、相切

   C. 三点　　D. 相切、相切、半径

二、操作题

1. 绘制如图 3-74 所示的轴承座主视图形。
2. 绘制如图 3-75 所示的连杆构件。

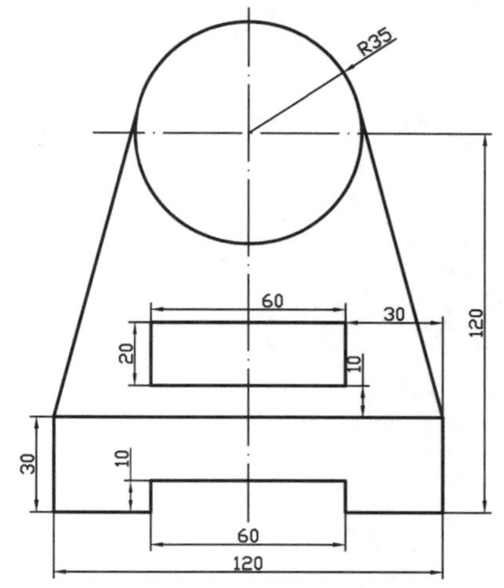

图 3-74　轴承座主视图

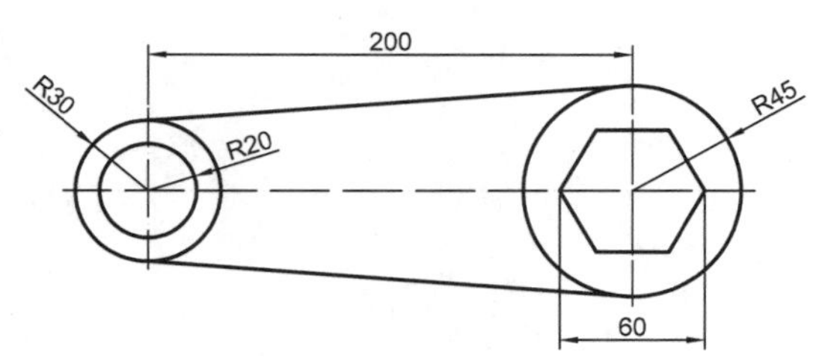

图 3-75　连杆

3. 绘制如图 3-76 所示的基座零件，所有圆弧由【圆弧】命令创建。
4. 绘制如图 3-77 所示的坐便器平面图。

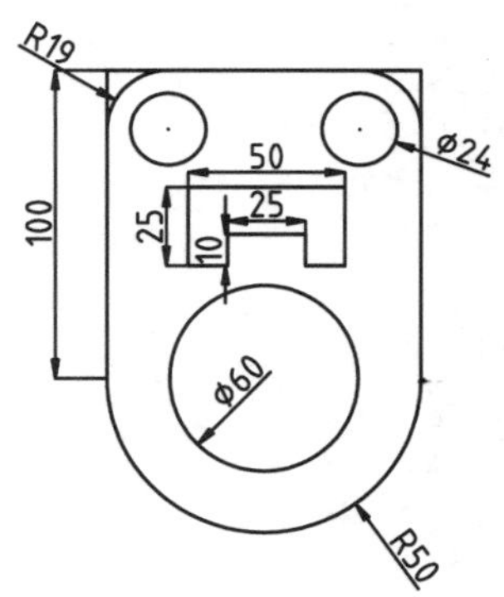

图 3-76　基座俯视图

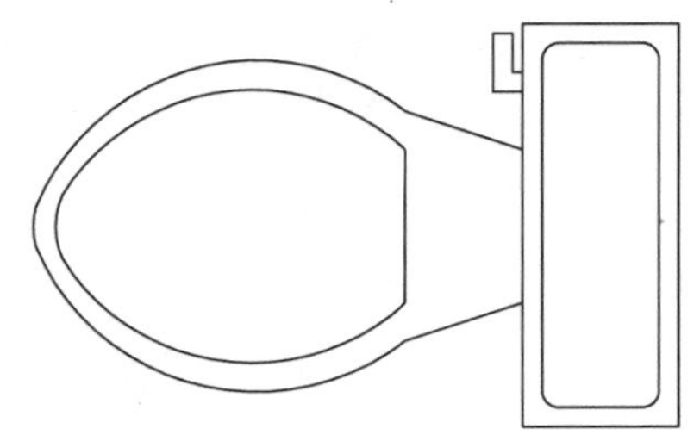

图 3-77　坐便器

第 4 章

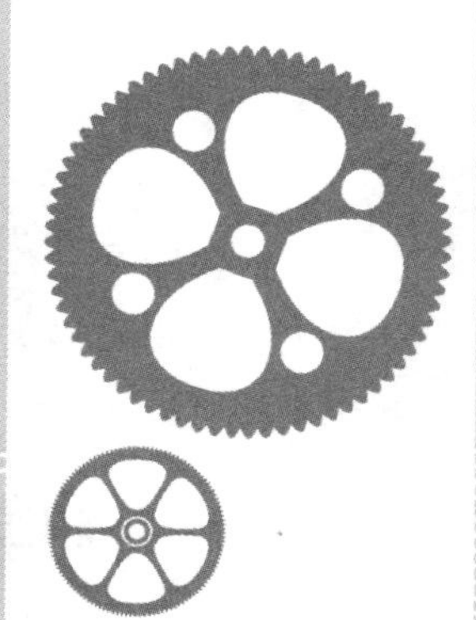

复杂二维图形的绘制

本章导读

本章讲解复杂二维对象的绘制，包括多段线、样条曲线、多线、面域和图案填充等，这些对象常用于绘制复杂或不规则图形。

学习目标

- 掌握多段线的绘制方法，重点是直线和圆弧方式的切换和多段线线宽的设置。
- 掌握样条曲线的绘制方法和修改方法，了解控制点样条曲线和拟合点样条曲线的区别。
- 掌握多线样式的设置方法和多线的绘制方法，掌握多线的编辑方法。
- 掌握面域的创建方法，能够灵活运用布尔运算创建复杂面域。
- 掌握图案填充的操作方法，了解各填充参数对填充效果的影响。

4.1 多 段 线

多段线又称多义线，是 AutoCAD 中常用的一类复合图形对象。使用【多段线】命令可以生成由若干条直线和曲线首尾连接形成的复合线。

4.1.1 绘制多段线

使用【直线】命令也能绘制首尾相连的多段线条，但两者有如下不同。

首先，使用【多段线】命令绘制的图形是一个整体，单击时会选择整个图形，不能分别选择编辑，如图 4-1 所示。而使用【直线】命令绘制的图形的各线段是彼此独立的不同图形对象，可以分别选择编辑各个线段，如图 4-2 所示。

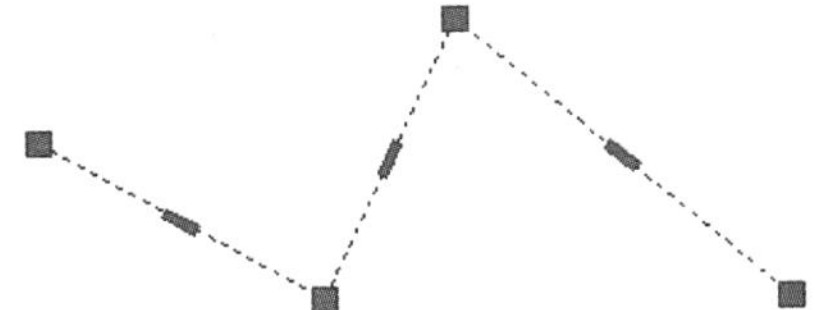

图 4-1 使用【多段线】命令绘制的图形

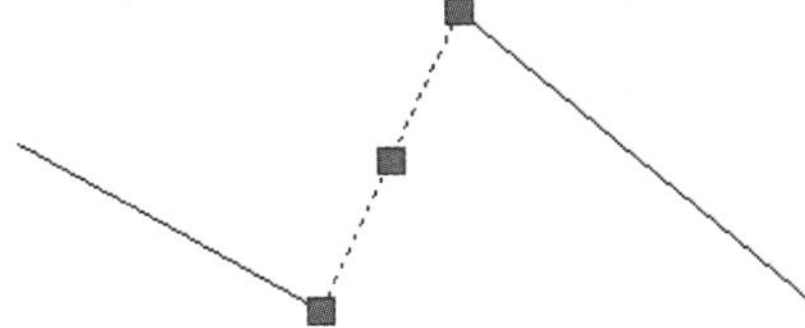

图 4-2 使用【直线】命令绘制的图形

其次，使用【直线】命令绘制的直线只有唯一的线宽值；而多段线可以设置渐变的线宽值，也就是说同一线段的不同位置可以具有不同的线宽值。

第三，在三维建模过程中，由【直线】命令生成的闭合多边形是一个线框模型，沿法线拉伸只能生成表面模型；而调用【多段线】命令生成的闭合多边形却是一个表面模型，沿法线方向拉伸可以生成实体模型。

调用【多段线】命令的方式如下。

- 菜单栏：选择【绘图】|【多段线】命令。
- 工具栏：单击【绘图】工具栏上的【多段线】按钮。
- 功能区：在【默认】选项卡中，单击【绘图】面板上的【多段线】按钮。
- 命令行：在命令行输入 PLINE/PL 并按 Enter 键。

组成多段线的线段可以是直线，也可以是圆弧，两者可以联用。需要绘制直线时，选择【直线】选项；而绘制圆弧时，可选择【圆弧】选项。绘制圆弧时，该圆弧自动与上一段直线(或圆弧)相切，因此只需确定圆弧的终点即可。

【案例 4-1】：绘制跑道

单击【绘图】面板上的【多段线】按钮，绘制如图 4-3 所示的跑道图形。命令行操作如下：

```
命令：_pline↙                                        //调用【多段线】命令
指定起点：                                           //在绘图区域任意位置单击确定 A 点
当前线宽为 0.0000
指定下一个点或[圆弧(A)/半宽(H)/长度(L)/放弃(U)/宽度(W)]:@25,0↙
                                                     //输入 B 点相对坐标
```

```
指定下一点或[圆弧(A)/闭合(C)/半宽(H)/长度(L)/放弃(U)/宽度(W)]:A↙
                                        //选择【圆弧】备选项
指定圆弧的端点或[角度(A)/圆心(CE)/闭合(CL)/方向(D)/半宽(H)/直线(L)/半径(R)/
第二个点(S)/放弃(U)/宽度(W)]: @0,-26↙      //输入端点的相对坐标
指定圆弧的端点或[角度(A)/圆心(CE)/闭合(CL)/方向(D)/半宽(H)/直线(L)/半径(R)/
第二个点(S)/放弃(U)/宽度(W)]: L↙           //选择【直线】选项
指定下一点或 [圆弧(A)/闭合(C)/半宽(H)/长度(L)/放弃(U)/宽度(W)]: @-25,0↙
                                        //输入 D 点相对坐标
指定下一点或 [圆弧(A)/闭合(C)/半宽(H)/长度(L)/放弃(U)/宽度(W)]:A↙
                                        //选择【圆弧】选项
指定圆弧的端点或[角度(A)/圆心(CE)/闭合(CL)/方向(D)/半宽(H)/直线(L)/半径(R)/
第二个点(S)/放弃(U)/宽度(W)]: CL↙          //选择 CL 选项，闭合图形
```

4.1.2　设置多段线线宽

多段线的线宽可以自由设置，不仅可以为不同的线段设置不同的线宽，而且可以在同一线段的内部设置渐变的线宽。

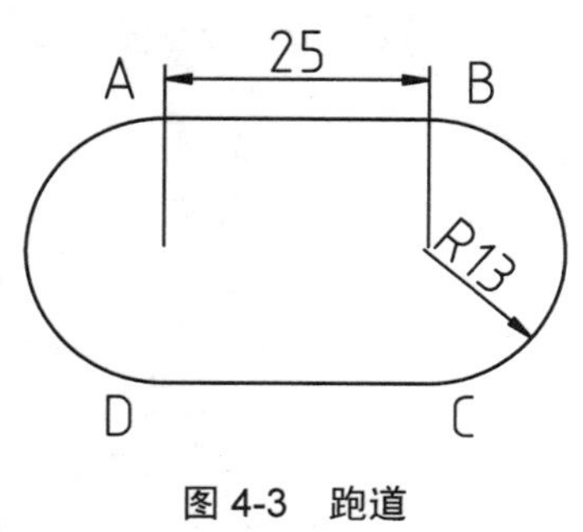

图 4-3　跑道

设置多段线的线宽需在命令行中选择【半宽】或【宽度】选项，半宽为宽度值的一半。设置线宽时，先输入线段起点的线宽，再输入线段终点的线宽。如果起点和终点的线宽相等，那么线段的宽度是均匀的；如果起点和终点的线宽不相等，那么将产生由起点线宽到终点线宽的渐变。正是由于多段线具有渐变线宽特性，一般使用【多段线】命令来绘制箭头。箭头是工程制图中的常用图形，国家标准规定的箭头样式如图 4-4 所示。

【案例 4-2】：绘制标准箭头

单击【绘图】面板上的【多段线】按钮，绘制长度为 200、倾斜角度为 45° 的箭头，如图 4-5 所示。命令行操作如下：

```
命令: PLINE↙                        //调用【多段线】命令
指定起点: ↙                         //在绘图区域合适位置拾取一点确定起点 A
当前线宽为 0.0000
指定下一个点或[圆弧(A)/半宽(H)/长度(L)/放弃(U)/宽度(w)]: W↙
                                    //选择【宽度】选项，准备设置 AB 段线宽
指定起点宽度<0.0000>: 1↙            //输入 AB 段起点宽度值 1
指定端点宽度<1.0000>: ↙             //按 Enter 键选取默认值 1 为 AB 终点宽度，AB 段宽度均匀
指定下一个点或[圆弧(A)/半宽(H)/长度(L)/放弃(U)/宽度(W)]: @160<45↙
                                    //输入 B 点相对极坐标，绘制 AB
指定下一点或[圆弧(A)/闭合(C)/半宽(H)/长度(L)/放弃(U)/宽度(W)]: W↙
                                    //选择【宽度】选项，准备设置 BC 段线宽
指定起点宽度<1.0000>: 10↙           //设置箭头尾端 B 点宽度值为 10
指定端点宽度<10.0000>: 0↙           //设置箭头端 C 点宽度值为 0，BC 段宽度将产生渐变
指定下一点或[圆弧(A)/闭合(C)/半宽(H)/长度(L)/放弃(U)/宽度(W)]: @40<45↙
                                    //输入 C 点相对极坐标
```

```
指定下一点或[圆弧(A)/闭合(C)/半宽(H)/长度(L)/放弃(U)/宽度(W)]: ↙
                                        //按 Enter 键结束命令
```

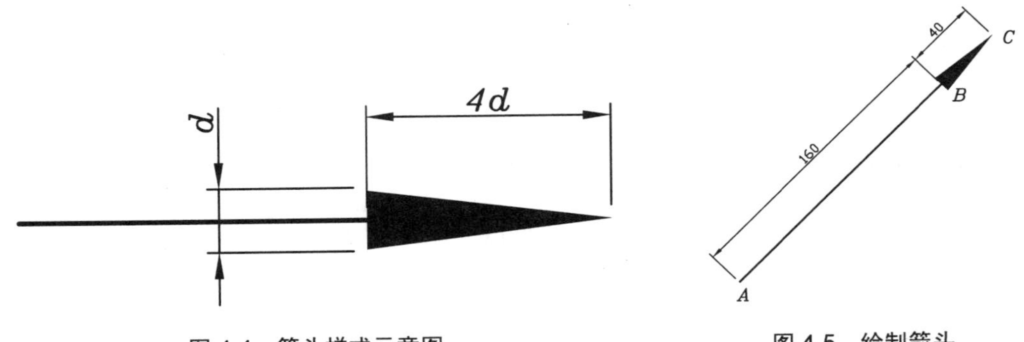

图 4-4 箭头样式示意图　　图 4-5 绘制箭头

4.1.3 实例——绘制足球场

01 在【默认】选项卡中，单击【绘图】面板上的【多段线】按钮，绘制如图 4-6 所示的环形跑道图形。

02 在【默认】选项卡中，单击【绘图】面板上的【直线】按钮，利用对象捕捉功能绘制足球场三条分区线，如图 4-7 所示。

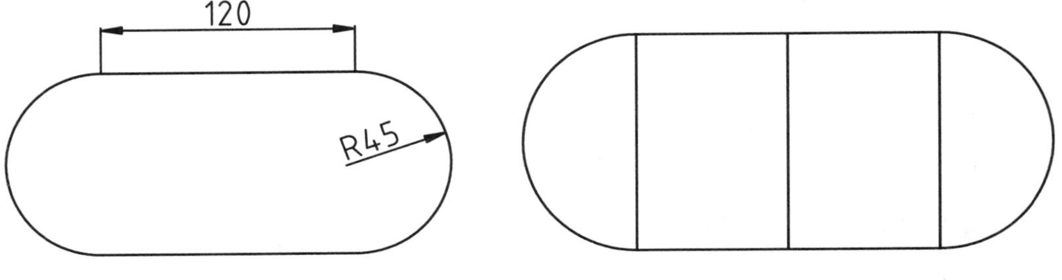

图 4-6 绘制环形跑道　　图 4-7 绘制球场

03 再次单击【多段线】按钮，绘制球门区和罚球区边界，如图 4-8 所示。

04 单击【绘图】面板上的【圆】按钮，绘制球场中圈，然后单击【绘图】面板上的【起点，端点，半径】按钮，绘制守门员发球区，效果如图 4-9 所示。

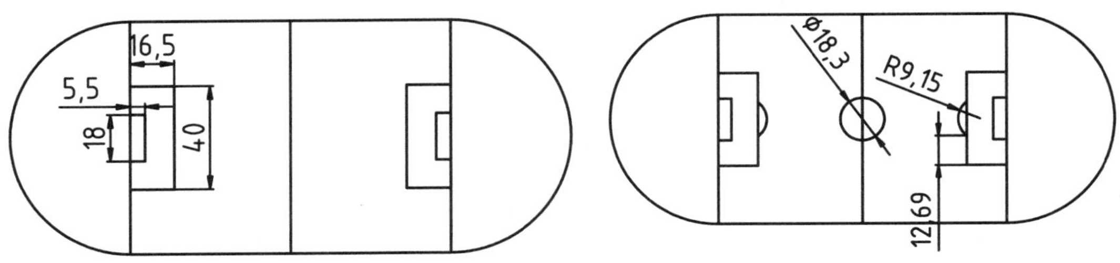

图 4-8 绘制球门区和罚球区　　图 4-9 完成的球场

4.2 样 条 曲 线

样条曲线是经过或接近一系列给定点的平滑曲线，它能够自由编辑，以及控制曲线与点的拟合程度。在景观设计中，常用来绘制水体、流线形的园路及模纹等；在建筑制图中，常用来表示剖面符号等图形；在机械产品设计领域则常用来表示某些产品的轮廓线或剖切线。

4.2.1 绘制样条曲线

样条曲线可分为拟合点样条曲线和控制点样条曲线两种，拟合点样条曲线的拟合点与曲线重合，如图 4-10 所示；控制点样条曲线是通过曲线外的控制点控制曲线的形状，如图 4-11 所示。

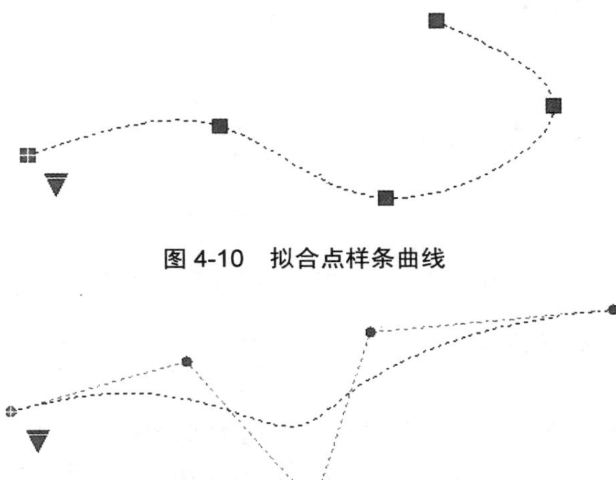

图 4-10　拟合点样条曲线

图 4-11　控制点样条曲线

调用【样条曲线】命令的方法如下。

- 菜单栏：选择【绘图】|【样条曲线】命令，然后在子菜单中选择【拟合点】或【控制点】命令。
- 工具栏：单击【绘图】工具栏上的【样条曲线】按钮。
- 功能区：在【默认】选项卡中，单击【绘图】滑出面板上的【拟合点】按钮或【控制点】按钮。
- 命令行：在命令行输入 SPLINE/SPL 并按 Enter 键。

调用该命令，命令行提示如下：

```
命令: _spline
当前设置: 方式=拟合节点=弦
指定第一个点或 [方式(M)/节点(K)/对象(O)]:
输入下一个点或 [起点切向(T)/公差(L)]:
```

命令行各选项的含义如下。

- 方式(M)：是使用拟合点还是使用控制点来创建样条曲线。
- 节点(K)：指定节点参数，它是一种计算方法，用来确定样条曲线中连续拟合点之间的零部件曲线如何过渡。
- 对象(O)：将样条曲线拟合多段线转换为等价的样条曲线。样条曲线拟合多段线是指使用 PEDIT 命令中的“样条曲线”选项，将普通多段线转换成样条曲线的对象。
- 起点切向(T)：定义样条曲线的起点和结束点的切线方向。
- 公差(L)：定义曲线的偏差值。值越大，离控制点越远，反之则越近。

4.2.2 实例——绘制花瓶

01 单击【绘图】工具栏上的【样条曲线】按钮，绘制样条曲线，如图 4-12 所示。命令操作如下：

```
命令: _spline↙                                          //调用【样条曲线】命令
当前设置: 方式=拟合节点=弦
指定第一个点或 [方式(M)/节点(K)/对象(O)]: -130,0↙         //输入第一个点的坐标
输入下一个点或 [起点切向(T)/公差(L)]: -215,97↙            //输入第二个点的坐标
输入下一个点或 [端点相切(T)/公差(L)/放弃(U)]: -163,215↙ //输入第三个点的坐标
输入下一个点或 [端点相切(T)/公差(L)/放弃(U)/闭合(C)]: -39,477↙
                                                         //输入第四个点的坐标
输入下一个点或 [端点相切(T)/公差(L)/放弃(U)/闭合(C)]: -70,765↙
                                                         //输入第五个点的坐标
输入下一个点或 [端点相切(T)/公差(L)/放弃(U)/闭合(C)]:↙
                                             //按 Enter 键完成坐标的输入
```

02 重复调用【样条曲线】命令，用同样的方法绘制另一半瓶柱，各点坐标分别为(130,0)、(215,97)、(163,215)、(39,47)、(70,765)，结果如图 4-13 所示。

图 4-12 花瓶轮廓曲线　　　　图 4-13 花瓶另一条轮廓曲线

03 单击【绘图】工具栏上的【直线】按钮，绘制两条直线，其坐标分别为(−130,0)、(130,0)、(−70,765)和(70,765)，结果如图 4-14 所示。

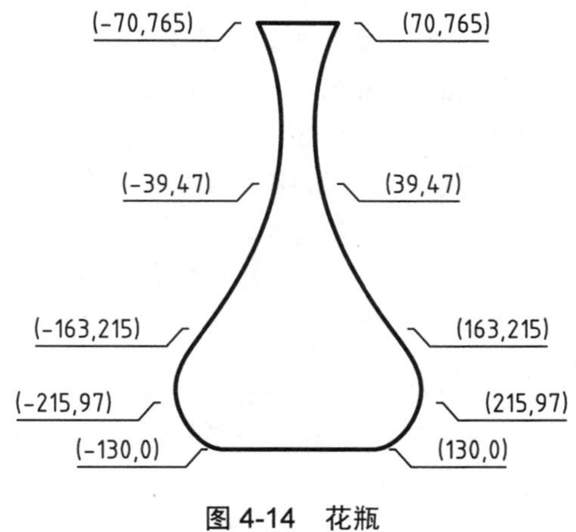

图 4-14　花瓶

4.3　多　　线

多线由多条平行线组合而成，平行线之间的距离可以随意设置，能极大地提高绘图效率。【多线】命令一般用于绘制建筑墙体与电子线路图等。

4.3.1　绘制多线

调用【多线】命令的方法如下。

- 菜单栏：选择【绘图】|【多线】命令。
- 命令行：在命令行输入 MLINE/ ML 并按 Enter 键。

【多线】命令与【直线】命令的用法完全一致，都是通过定义两端点来绘制线条。执行【多线】命令后，命令行提示如下：

```
命令: _mline
当前设置: 对正 = 上，比例 = 20.00，样式 = STANDARD
指定起点或 [对正(J)/比例(S)/样式(ST)]:
```

命令行各选项的含义如下。

- 对正(J)：设置绘制多线时相对于输入点的偏移位置。该选项有“上”、“无”和“下”3 个选项，“上”表示多线上端的线与光标重合；“无”表示多线的中心线与光标重合；“下”表示多线底端的线重合到光标，如图 4-15 所示。

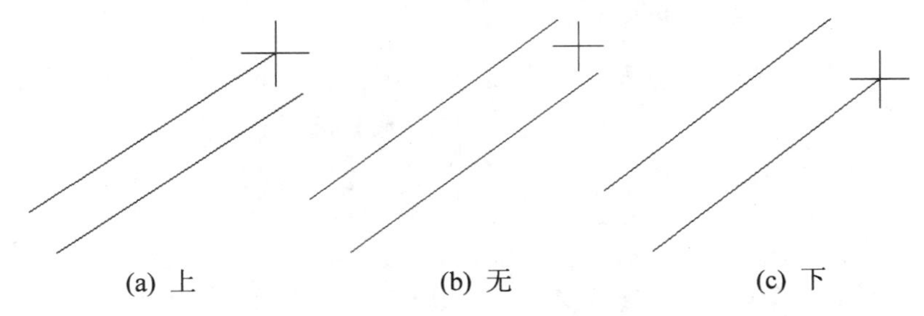

图 4-15　不同对正方式效果

- 比例(S)：设置多线样式中平行多线的宽度比例。如绘制墙线时，我们在设置多线样式时，将其偏移宽度(即墙线厚度)设为 240，若再设置比例为 2，则绘制出来的多线，其平行线间的间隔为 480。
- 样式(ST)：设置绘制多线时使用的样式，默认的多线样式为 STANDARD，选择该选项后，可以在提示信息“输入多线样式名或[?]”后面输入已定义的样式名。输入“? ”则会列出当前图形中所有的多线样式。

4.3.2 定义多线样式

在系统的默认多线样式中指定了多线的平行线数量和间距，如果要使用更多的平行线或其他的间距，就需要设置多线样式。

调用【多线样式】命令的方法如下。

- 菜单栏：选择【格式】|【多线样式】命令。
- 命令行：在命令行输入 MLSTYLE 并按 Enter 键。

【案例 4-3】：新建多线样式

01 选择【格式】|【多线样式】命令，系统弹出【多线样式】对话框，如图 4-16 所示。单击【新建】按钮，系统弹出【创建新的多线样式】对话框，如图 4-17 所示，输入新样式名称“墙体”。

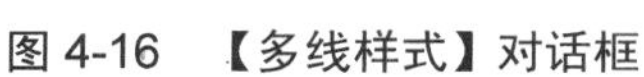
图 4-16 【多线样式】对话框

图 4-17 【创建新的多线样式】对话框

02 单击【继续】按钮，系统弹出【新建多线样式：墙体】对话框，选中【直线】中的【起点】与【端点】复选框。在【图元】选项区域中设置【偏移】为 120 与 −120，如图 4-18 所示。

技巧

在设置【图元】时，需要先选择要设置的图元，才能激活下面的设置选项。

03 单击【确定】按钮，关闭【新建多线样式：墙体】对话框。返回【多线样式】对话框，创建的【墙体】样式在【样式】列表框中列出，如图 4-19 所示。单击【置为当前】按钮，将此样式应用到当前。

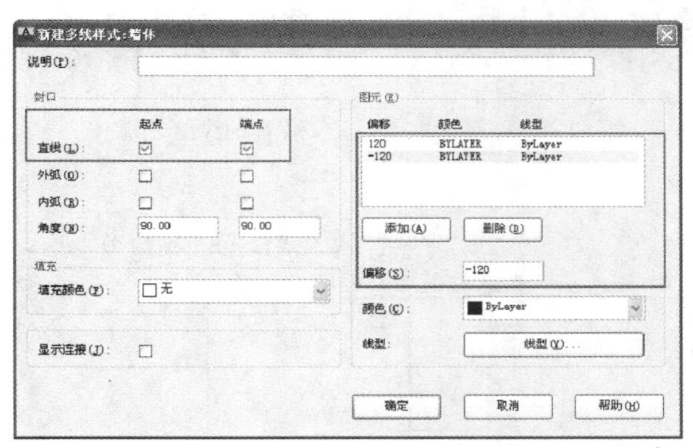

图 4-18　【新建多线样式：墙体】对话框

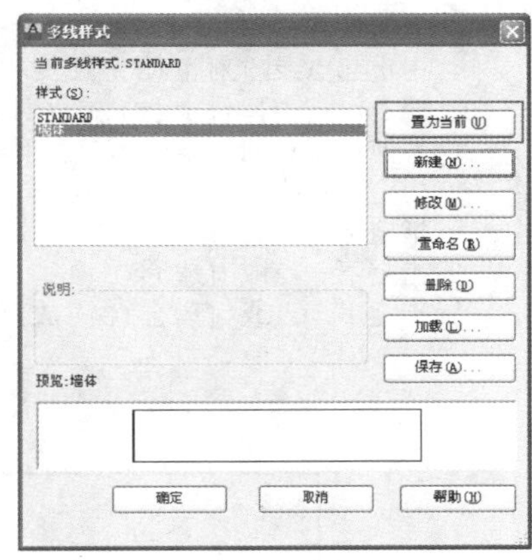

图 4-19　创建的【墙体】多线样式

【新建多线样式：墙体】对话框中各选项的含义如下。

- 封口：设置多线的平行线段之间两端封口的样式。各封口样式如图 4-20 所示。
- 填充：设置封闭的多线内的填充颜色，选择【无】选项，表示无填充。
- 显示连接：显示或隐藏每条多线线段顶点处的连接。
- 图元：构成多线的第一条直线，通过单击【添加】按钮可以添加多线构成元素，也可以通过单击【删除】按钮删除这些元素。
- 偏移：设置多线元素相对于中线的偏移距离，正值表示向上偏移，负值表示向下偏移。
- 颜色：设置组成多线元素的直线线条颜色。
- 线型：设置组成多线元素的直线线条线型。

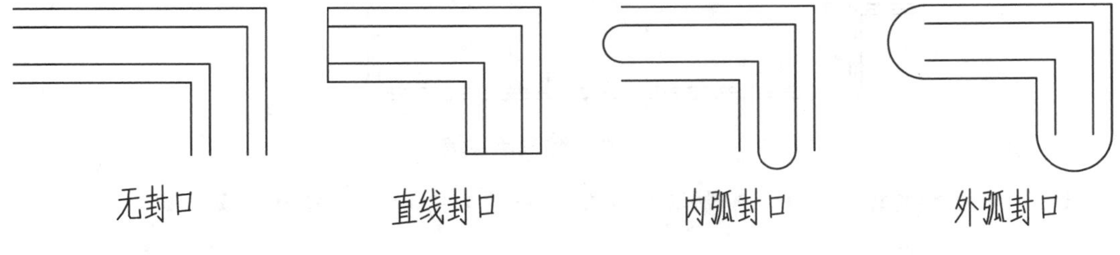

图 4-20　多线的封口样式

4.3.3　实例——绘制墙体

01 单击快速访问工具栏上的【打开】按钮，打开“第 4 章\4.3.3.dwg”素材文件，如图 4-21 所示。

02 在命令行输入 ML 并按 Enter 键，激活【多线】命令，使用前面设置的多线样式，沿着轴线绘制承重墙，如图 4-22 所示。命令行操作如下：

```
命令: _mline↙                                          //调用【多线】命令
当前设置: 对正 = 上, 比例 = 20.00, 样式 = 墙体
指定起点或 [对正(J)/比例(S)/样式(ST)]:  S↙              //激活【比例(S)】选项
输入多线比例<20.00>:  1↙                                //输入多线比例
当前设置: 对正 = 上, 比例 = 1.00, 样式 = 墙体
指定起点或 [对正(J)/比例(S)/样式(ST)]:  J↙              //激活【对正(J)】选项
输入对正类型 [上(T)/无(Z)/下(B)] <上>:  Z↙             //激活【无(Z)】选项
当前设置: 对正 = 无, 比例 = 1.00, 样式 = 墙体
指定起点或 [对正(J)/比例(S)/样式(ST)]:                   //沿着轴线绘制墙体
指定下一点:
指定下一点或 [放弃(U)]:
指定下一点或 [闭合(C)/放弃(U)]: ↙                       //按 Enter 键结束绘制
```

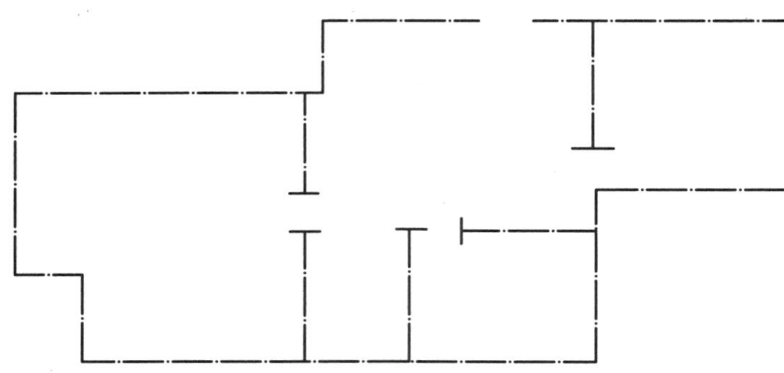

图 4-21　素材文件

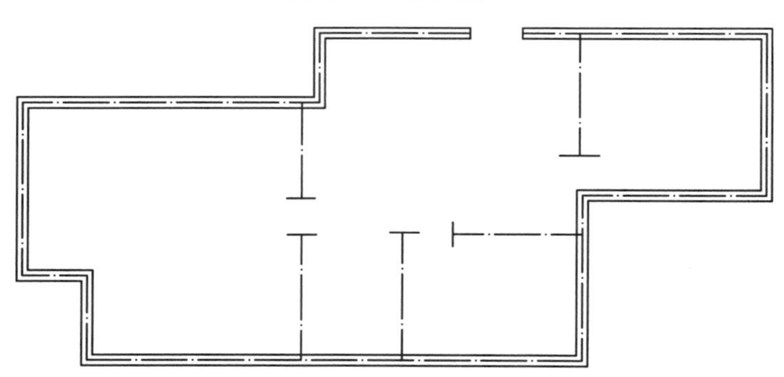

图 4-22　绘制承重墙

03 按空格键重复命令，绘制非承重墙，如图 4-23 所示。命令行操作如下：

```
命令:  MLINE↙                                          //调用【多线】命令
当前设置: 对正 = 无, 比例 = 1.00, 样式 = 墙体
指定起点或 [对正(J)/比例(S)/样式(ST)]:  S↙              //激活【比例(S)】选项
输入多线比例<1.00>:  0.5↙                               //输入多线比例
当前设置: 对正 = 无, 比例 = 0.50, 样式 = 墙体
指定起点或 [对正(J)/比例(S)/样式(ST)]:
指定下一点:                                             //沿着轴线绘制墙体
指定下一点或 [放弃(U)]: ↙                               //按 Enter 键结束绘制
```

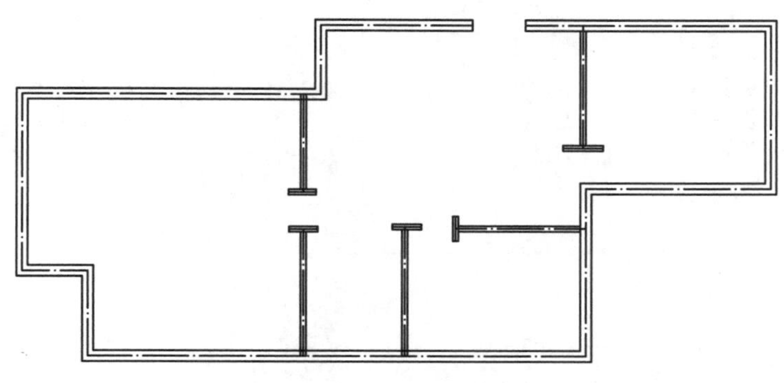

图 4-23　绘制非承重墙

4.3.4　编辑多线

在 AutoCAD 中编辑多线有两种途径：一是使用多线编辑工具，二是使用【分解】命令将多线分解为普通直线，再进行编辑。

调用【多线编辑】命令的方法有以下两种。

- 菜单栏：选择【修改】|【对象】|【多线】命令。
- 命令行：在命令行输入 MLEDIT 并按 Enter 键。

执行以上任意一种操作，系统弹出【多线编辑工具】对话框，如图 4-24 所示。该对话框共有 4 列 12 种多线编辑工具：第一列编辑交叉的多线，第二列编辑 T 形相接的多线，第三列编辑角点和顶点，第四列编辑多线的中断或接合。选择一种编辑方式，然后选择要编辑的多线即可。

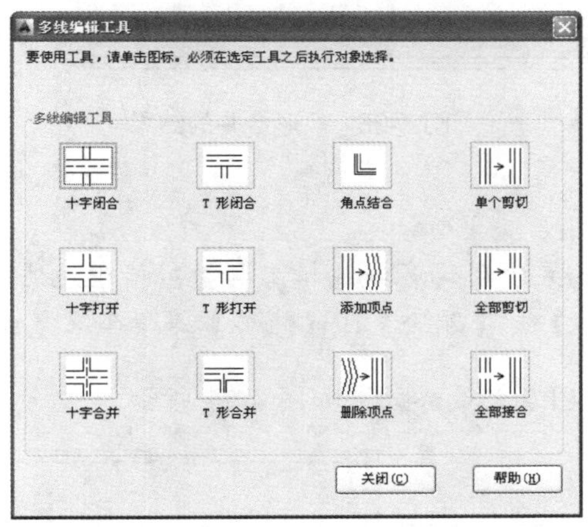

图 4-24　【多线编辑工具】对话框

【案例 4-4】：编辑墙体

01 单击快速访问工具栏上的【打开】按钮，打开如图 4-23 所示的图形。

02 选择【修改】|【对象】|【多线】命令，系统弹出【多线编辑工具】对话框，选择【T 形合并】选项。系统自动返回到绘图区域，编辑墙体结合部位，如图 4-25 所示。命令行操作如下：

```
命令：MLEDIT↙
选择第一条多线：                                    //选择承重墙起点的多线
选择第二条多线：                                    //选择承重墙终点的多线
选择第一条多线或 [放弃(U)]：↙                      //按 Enter 键结束编辑
```

图 4-25　角点结合

03 按空格键重复【多线编辑】命令，编辑其余的墙体交接处，如图 4-26 所示。

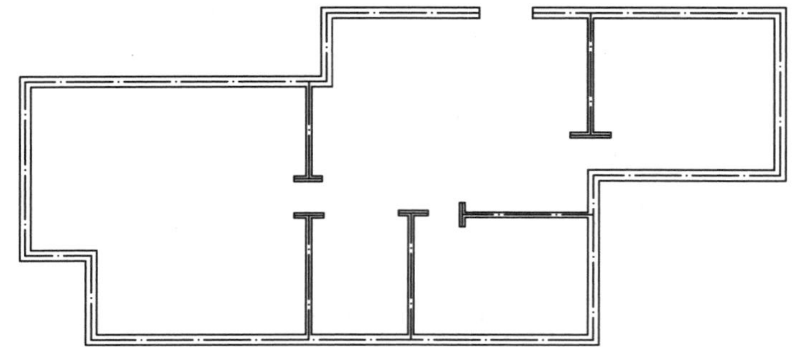

图 4-26　T 形合并的结果

技巧

在编辑多线时，如果使用【多线编辑工具】对话框无法编辑得到所需的效果，这时就需要利用【分解】、【删除】、【修剪】等命令来完成编辑。

04 隐藏【中心线】图层，最终效果如图 4-27 所示。

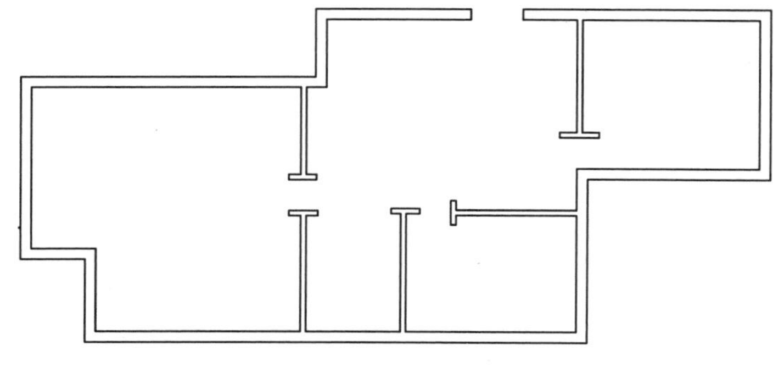

图 4-27　最终效果

4.4 面　　域

面域是具有封闭边界的二维平面区域，它是一个面对象，内部可以包含孔特征。在三维建模中，面域常用作构建实体的特征截面。

4.4.1 创建面域

创建面域之前，需要准备一个封闭的二维轮廓。

调用【面域】命令的方法如下。

- 菜单栏：选择【绘图】|【面域】命令。
- 工具栏：单击【绘图】工具栏上的【面域】按钮。
- 功能区：在【默认】选项卡中，单击【绘图】滑出面板上的【面域】按钮。
- 命令行：在命令行输入 REGION/REG 并按 Enter 键。

执行【面域】命令后，选择一个或多个用于转换为面域的封闭图形，系统会根据选择的边界自动创建面域，并报告创建的面域数量。

4.4.2 面域的布尔运算

布尔运算是将数学中的集合运算扩展到实体对象的一种操作方式，有【并集】、【差集】、【交集】3 种运算方式。

1. 并集

利用【并集】命令可以合并两个面域，即创建两个面域的合集。

调用【并集】命令的方法如下。

- 菜单栏：单击【修改】|【实体编辑】|【并集】命令。
- 工具栏：单击【实体编辑】工具栏上的【并集】按钮。
- 命令行：在命令行输入 UNION/UNI 并按 Enter 键。

【案例 4-5】：面域并集

对如图 4-28 所示的 3 个面域求并集，结果如图 4-29 所示。命令行操作如下：

```
命令：UNION↙                                    //调用【并集】命令
选择对象：找到 1 个                              //选择一个椭圆面域
选择对象：找到 1 个，总计 2 个                   //选择另一个椭圆面域
选择对象：找到 1 个，总计 3 个                   //选择圆形面域
选择对象：↙                                      //按 Enter 键完成并集操作
```

2. 差集

差集就是从一个面域中减去另一个面域。

调用【差集】命令的方法如下。

- 菜单栏：选择【修改】|【实体编辑】|【差集】命令。

- 工具栏：单击【实体编辑】工具栏上的【差集】按钮。
- 命令行：在命令行输入 SUBTRACT/SU 并按 Enter 键。

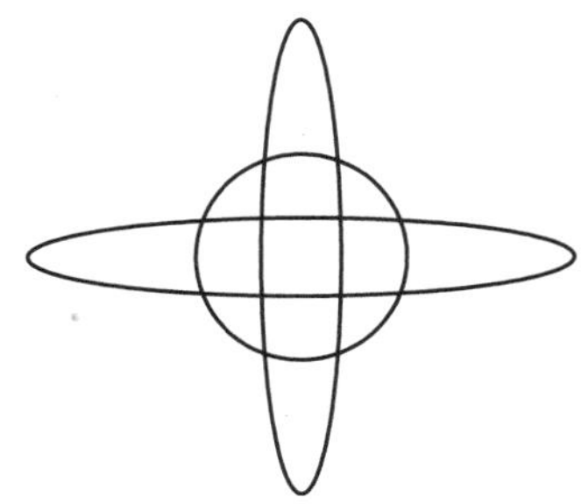
图 4-28　并集之前的面域

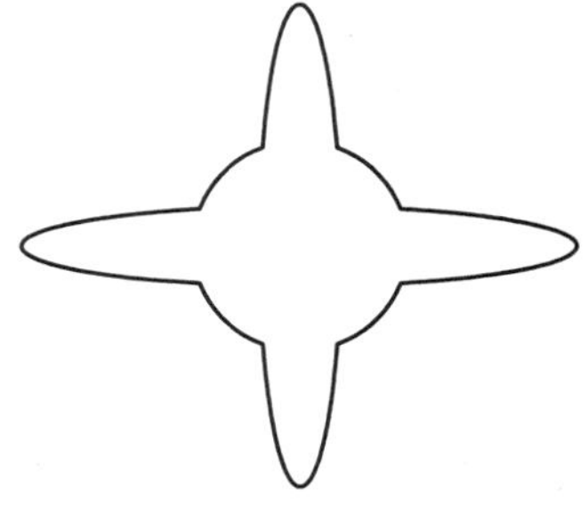
图 4-29　并集之后的面域

【案例 4-6】：面域差集

对如图 4-30 所示的面域求差集，结果如图 4-31 所示。命令行操作如下：

```
命令：SUBTRACT↙                              //调用【差集】命令
选择要从中减去的实体、曲面和面域...

选择对象：找到 1 个                          //选择大圆面域作为被减的对象
选择对象：↙                                  //按 Enter 键结束选择
选择要减去的实体、曲面和面域...
选择对象：找到 1 个
选择对象：找到 1 个，总计 2 个
选择对象：找到 1 个，总计 3 个
选择对象：找到 1 个，总计 4 个              //依次选择 4 个小圆面域作为要减去的对象
选择对象：↙                                  //按 Enter 键结束选择，完成差集
```

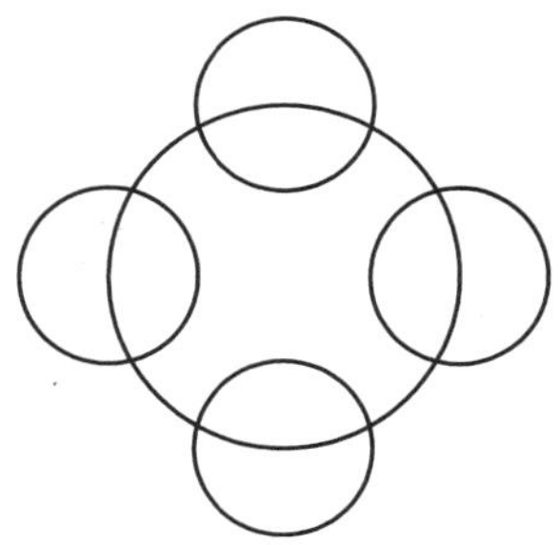
图 4-30　差集之前的面域

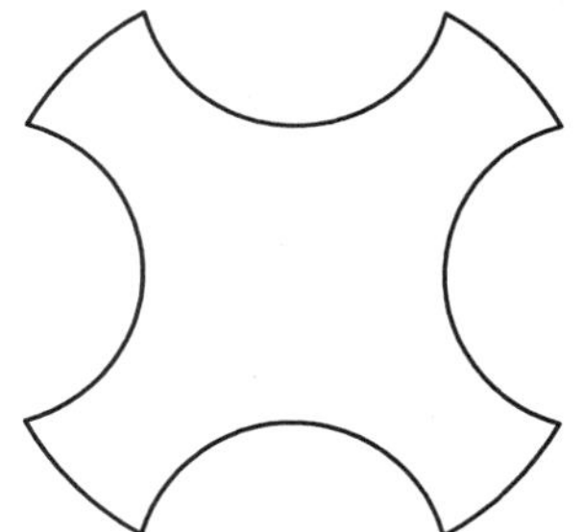
图 4-31　差集之后的面域

3. 交集

交集是求出两个(或多个)面域的公共部分，并将原面域删除。

调用【交集】命令的方法如下。

- 菜单栏：选择【修改】|【实体编辑】|【交集】命令。
- 工具栏：单击【实体编辑】工具栏上的【交集】按钮。
- 命令行：在命令行输入 INTERSECT/IN 并按 Enter 键。

执行【交集】命令后，依次选取多个相交面域，按 Enter 键或右击完成交集，如图 4-32 所示。

图 4-32　交集后的面域

4.4.3　实例——绘制棘轮

本实例主要利用【交集】命令来绘制棘轮。

01 单击【绘图】面板上的【圆】按钮，绘制 3 个半径分别为 15、25、40 的同心圆，如图 4-33 所示。

02 选择【格式】|【点样式】命令，弹出【点样式】对话框，选择形状点样式，单击【确定】按钮完成设置，如图 4-34 所示。

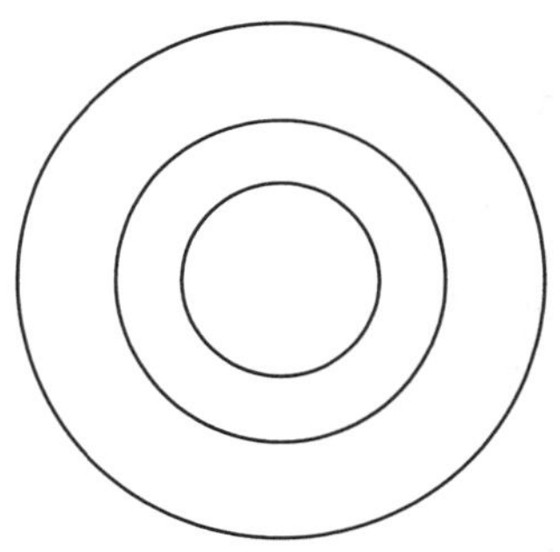

图 4-33　绘制同心圆

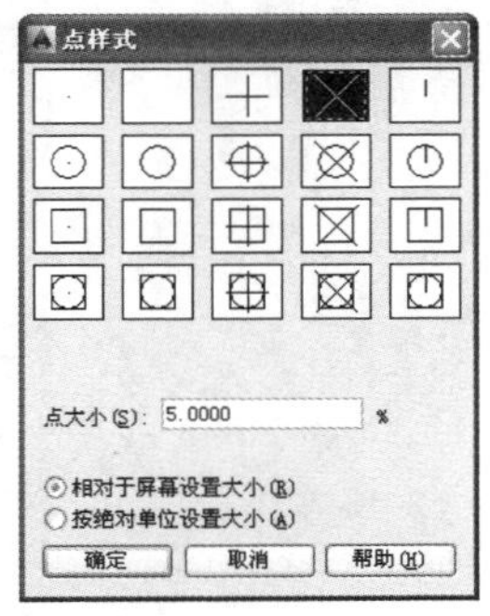

图 4-34　【点样式】对话框

03 单击【绘图】滑出面板上的【定数等分】按钮，选择半径为 40 的圆，将其等分为 12 段，如图 4-35 所示。

04 按照同样方法将半径为 25 的圆等分为 12 段，如图 4-36 所示。

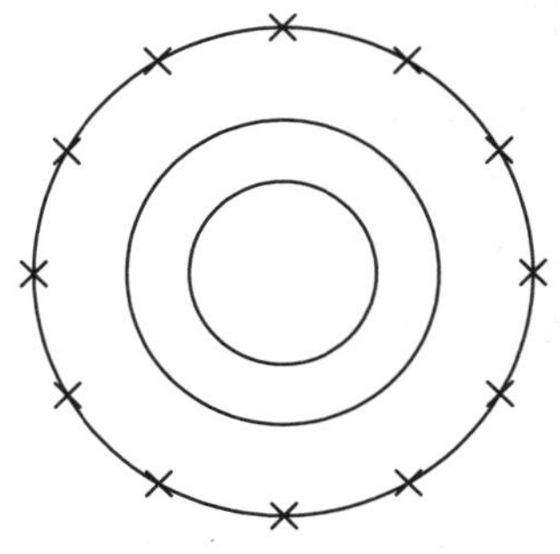

图 4-35　定数等分圆(1)

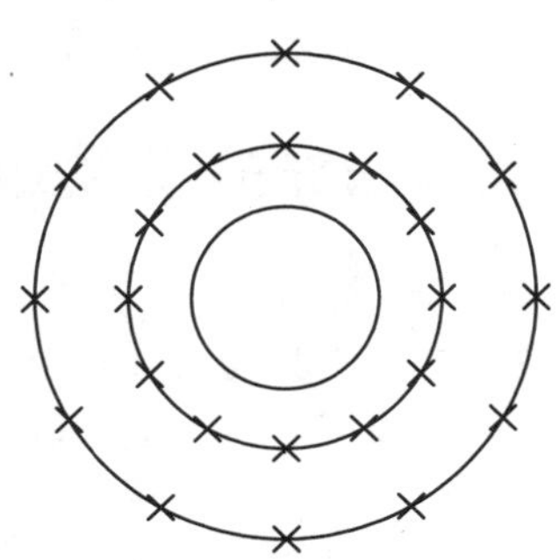

图 4-36　定数等分圆(2)

05 调用【直线】命令捕捉连接各等分点，如图 4-37 所示。

06 再次打开【点样式】对话框，将点样式设置为空白样式，效果如图 4-38 所示。

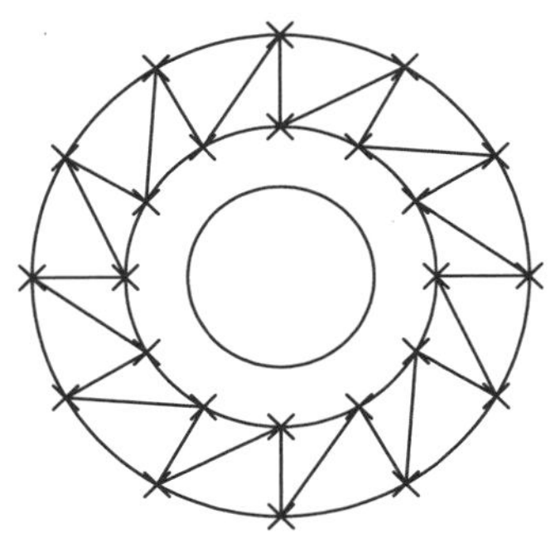

图 4-37　绘制连接线段

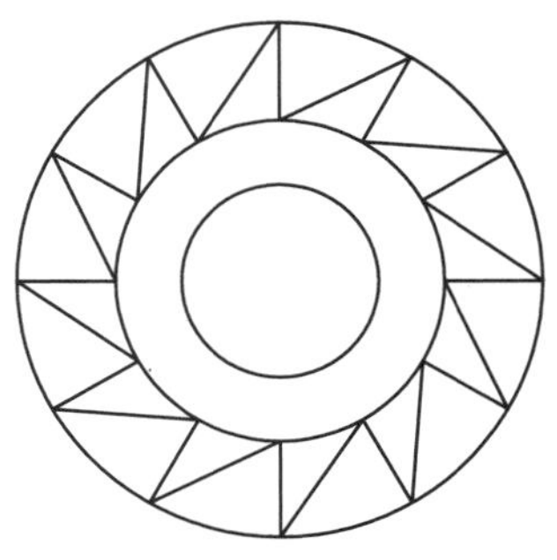

图 4-38　还原点样式

07 单击【绘图】滑出面板上的【面域】按钮，分别选择半径为 40、25、15 的圆以及所有的直线。

08 在命令行输入 IN 并按 Enter 键，激活【交集】命令，选择外圆面域与齿形面域后按 Enter 键，得到如图 4-39 所示的棘轮。

图 4-39　绘制完成的棘轮

4.5　图 案 填 充

图案填充是指用某种图案充满图形中指定的区域，在工程设计中经常使用图案填充表示机械和建筑剖面，或者建筑规划图中的林地、草坪图例等。

4.5.1　图案填充的基本操作

AutoCAD 中提供了多种标准的填充图案和渐变样式，还可根据需要自定义图案和渐变样式。通过填充工具还可以控制图案的疏密、剖面线条及倾斜角度。

调用【图案填充】命令的方法如下。

- 菜单栏：选择【绘图】|【图案填充】命令。
- 工具栏：单击【绘图】工具栏上的【图案填充】按钮。
- 功能区：在【默认】选项卡中，单击【绘图】面板上的【图案填充】按钮。

- 命令行：在命令行输入 BHATCH/H 并按 Enter 键。

在草图与注释工作空间调用【图案填充】命令之后，系统弹出【图案填充创建】选项卡，如图 4-40 所示。

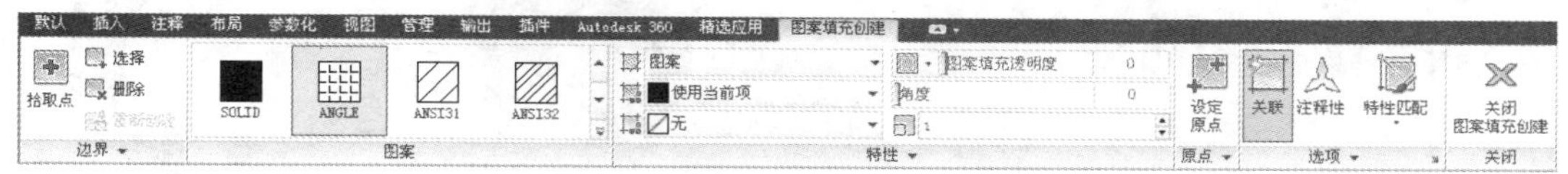

图 4-40　【图案填充创建】选项卡

【图案填充创建】选项卡中各面板说明如下。

1. 边界

该面板主要用于设置图案填充的边界，也可通过对边界的删除或重新创建等操作修改填充区域。该面板上各按钮的含义如下。

- 拾取点：单击该按钮，将切换至绘图区，在需要填充的区域内单击，程序自动搜索周围边界进行图案填充。
- 选择：单击该按钮，可在绘图区中选择组成所有填充区域的边界。
- 删除：删除边界是重新定义边界的一种方法，单击此按钮可以取消系统自动选取或用户选取的边界，从而形成新的填充区域。

2. 图案

该面板如图 4-41 所示，用于设置填充图案和颜色等。面板左侧是图案选项，右侧包含两个翻页箭头和一个展开箭头，单击展开箭头可以展开更多选项，如图 4-42 所示。

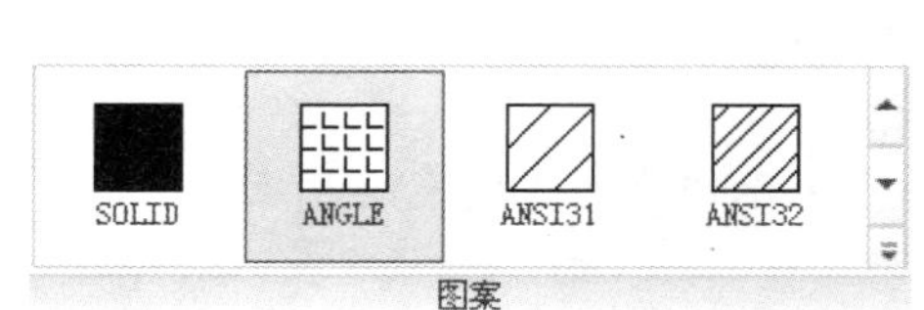

图 4-41　【图案】面板

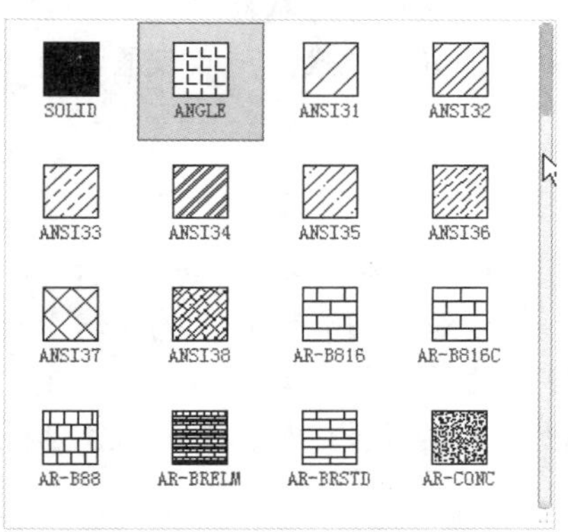

图 4-42　展开图案选项

3. 特性

该面板展开后如图 4-43 所示，主要用于设置图案的填充类型、填充比例和填充角度等特性。面板各选项的含义如下。

- 图案填充类型：可选择填充实体、图案或渐变色，渐变色填充效果如图 4-44 所示。
- 图案填充颜色：设置图案填充的颜色，系统默认为使用当前项，即由当前激活图层的颜色决定。

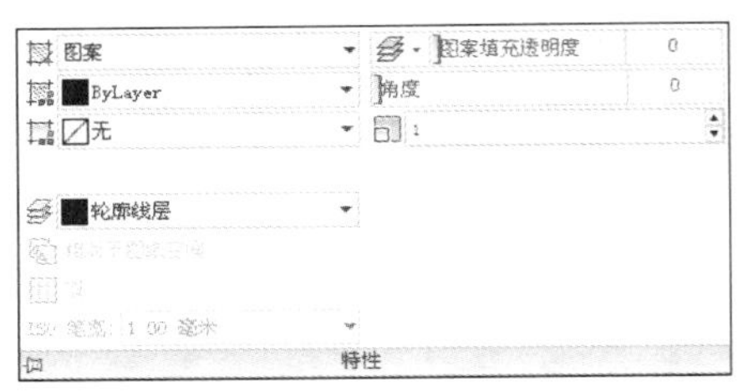

图 4-43 【特性】面板

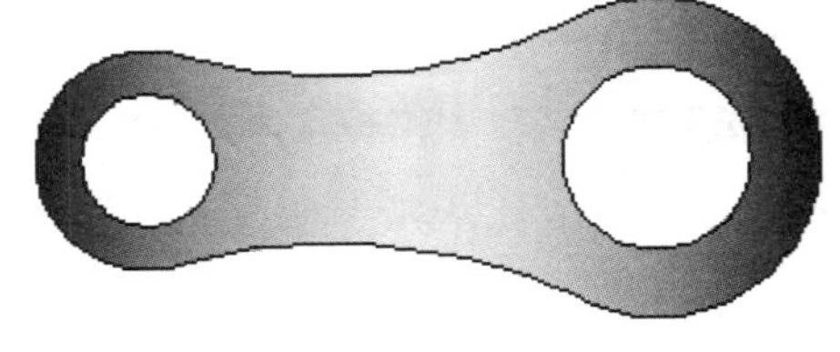

图 4-44 渐变色填充效果

- 背景色：在图案填充的同时，给填充区域添加一种背景颜色。
- 图案填充透明度：设置填充线的透明度，透明度越高填充效果越不明显，如图 4-45 所示。

(a) 低透明度

(b) 高透明度

图 4-45 透明度对填充效果的影响

- 角度：设置图案填充相对当前 UCS 的 X 轴角度。
- 填充图案比例：设置图案填充的比例，即将填充图案按一定比例缩放，所以比例越大填充越稀疏。
- 图层替代：用于设置填充线所在的图层。如果不设置，系统默认应用当前激活图层。

4. 原点

该面板展开后如图 4-46 所示，用于设置填充图案生成的起始位置，因为许多图案填充时，需要对齐填充边界上的某一个点。该面板包含以下按钮。

- 【设定原点】：由用户自定义图案填充原点。
- 【使用当前原点】：使用当前 UCS 的原点(0,0)作为图案填充的原点。

5. 选项

该面板展开后如图 4-47 所示，用于设置图案填充的一些附属功能。该面板包含以下选项。

- 关联：用于控制填充图案与边界“关联”或“非关联”。关联图案填充随边界的变化而自动更新，非关联图案则不会随边界的变化自动更新。
- 创建独立的图案填充：选择该复选框，则可以创建独立的图案填充，它不随边界的修改而更新图案填充。
- 绘图次序：主要为图案填充或填充指定绘图顺序。
- 继承特性：使用选定对象的图案填充特性对指定边界进行填充。

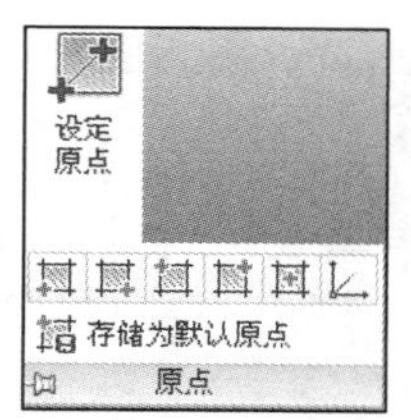

图 4-46　【原点】面板

图 4-47　【选项】面板

- 孤岛检测：孤岛是指位于填充区域内的嵌套区域。“普通孤岛检测”表示从最外层的外边界向内边界填充，第一层填充，第二层不填充，第三层填充，第四层不填充，如此交替进行，直到选定边界被填充完毕为止；“外部孤岛检测”表示只填充从最外层边界向内到第一层边界之间的区域；“忽略孤岛检测”表示忽略内边界，全部填充最外层边界的内部。各种孤岛检测的填充效果如图 4-48 所示。
- 当允许将近似闭合的区域识别为闭合区域时，设置识别的最大间隙。默认值为 0，表示不允许近似闭合。

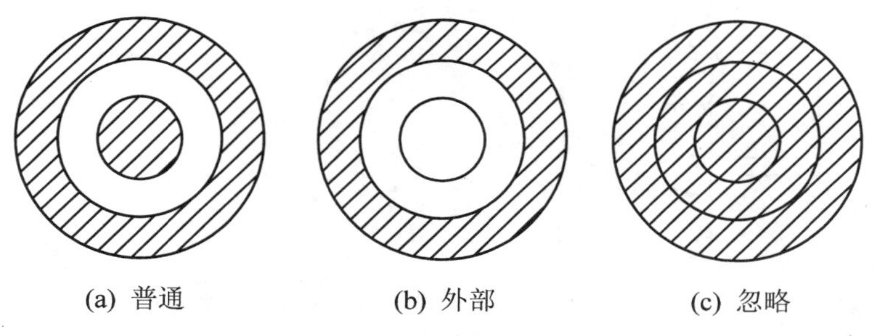

(a) 普通　　(b) 外部　　(c) 忽略

图 4-48　孤岛的填充方式

6. 关闭

单击面板上的【关闭图案填充创建】按钮，可退出图案填充。也可按 Esc 键代替此按钮操作。

在 AutoCAD 经典工作空间调用【图案填充】命令，系统不弹出选项卡，而是弹出【图案填充和渐变色】对话框，如图 4-49 所示。单击该对话框右下角的【更多选项】按钮，展开如图 4-50 所示的对话框，显示出更多选项。对话框中的选项含义与【图案填充创建】选项卡基本相同，不再赘述。

【案例 4–7】：填充法兰零件图

01　打开“第 4 章\4.5.1 阀盖.dwg”素材图形，如图 4-51 所示。

02　在【默认】选项卡中，单击【绘图】面板上的【图案填充】按钮，系统弹出【图案填充创建】选项卡，在【图案】面板中选择 ANSI31 图案，单击【边界】面板上的【选择对象】按钮，然后分别单击 a、b、c 和 d 区域内任意一点，确定填充区域。

03　单击【关闭图案填充创建】按钮，完成图案填充，结果如图 4-52 所示。

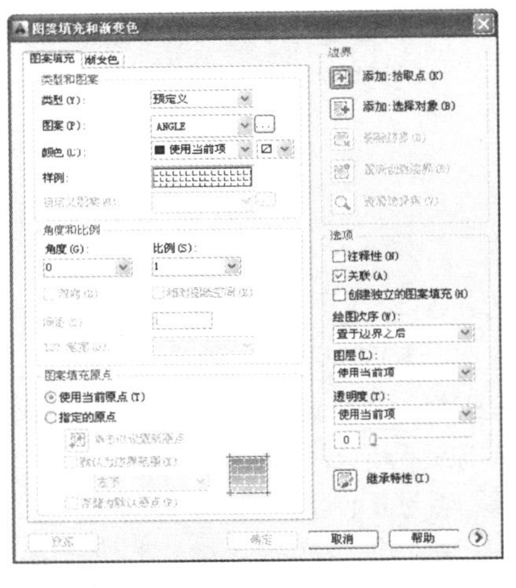

图 4-49 【图案填充和渐变色】对话框

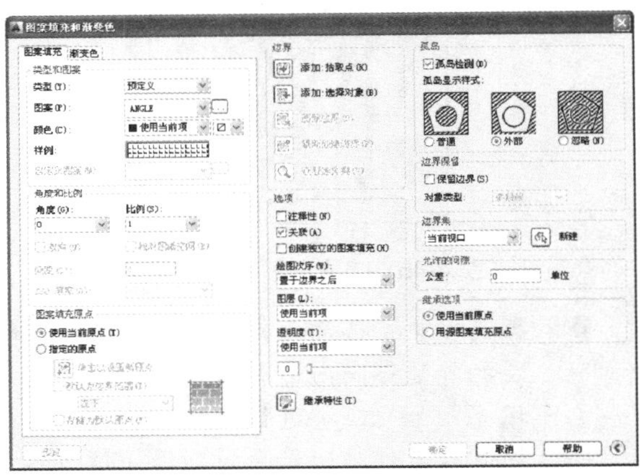

图 4-50 展开后的【图案填充和渐变色】对话框

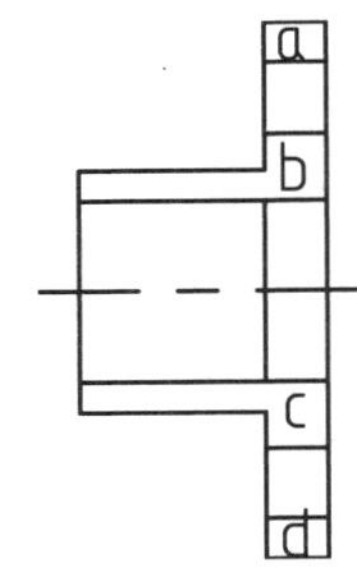

图 4-51 选取边界

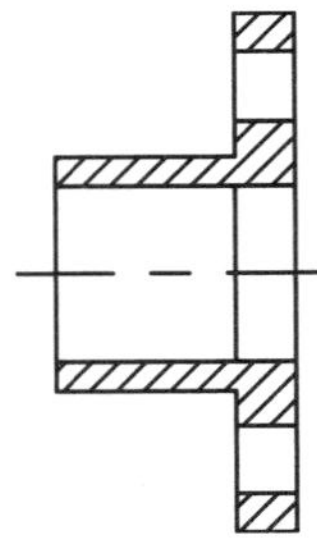

图 4-52 填充结果

4.5.2 编辑填充的图案

在为图形填充了图案后，如果对填充效果不满意，还可以通过【编辑图案填充】命令对其进行编辑。可编辑内容包括填充比例、旋转角度和填充图案等。AutoCAD 2014 增强了图案填充的编辑功能，可以同时选择并编辑多个图案填充对象。

调用【编辑图案填充】命令主要有以下 3 种方法。

- 菜单栏：选择【修改】|【对象】|【图案填充】命令。
- 功能区：在【默认】选项卡中，单击【修改】面板上的【编辑图案填充】按钮。
- 命令行：在命令行输入 HATCHEDIT 并按 Enter 键。

调用该命令后，先选择图案填充对象，系统弹出【图案填充编辑】对话框，如图 4-53 所示。该对话框中的参数与【图案填充和渐变色】对话框中的参数一致，修改参数即可修改图案填充效果。

1. 设置图案填充比例

填充比例对图案填充的效果影响很大，过大的比例显示不出填充效果，太小的比例又会使填充显示为黑色区域。下面以实例演示修改填充比例的方法和效果。

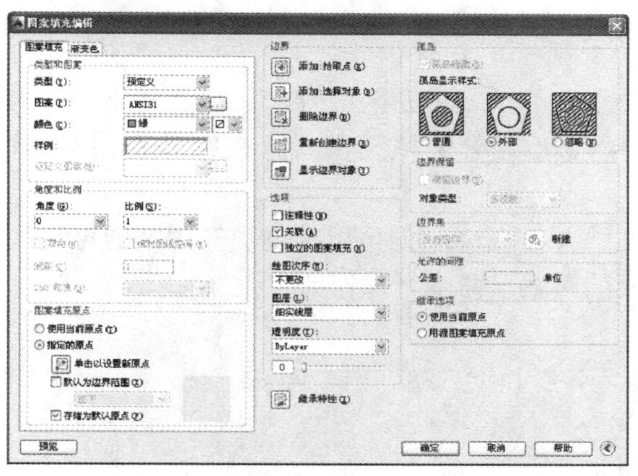

图 4-53　【图案填充编辑】对话框

【案例 4-8】：设置拼花的图案填充比例

01 打开“第 4 章\4.5.2 拼花.dwg”素材图形，如图 4-54 所示。

02 在【默认】选项卡中，单击【修改】面板上的【编辑图案填充】按钮，选择矩形边框填充图案，系统弹出【图案填充编辑】对话框，设置【比例】为 0.5。

03 单击【确定】按钮，修改填充比例后的效果如图 4-55 所示。

图 4-54　素材图形

图 4-55　修改填充比例的效果

2. 分解图案

填充的图案是一个特殊的图块，无论填充的形状多么复杂，它都是一个整体，因此不能直接修改编辑其中的某个元素，如图 4-56 所示。选择【修改】|【分解】命令将其分解，分解后填充图案不再是单一的对象，而是一组图案，如图 4-57 所示，可以对部分填充内容单独编辑。

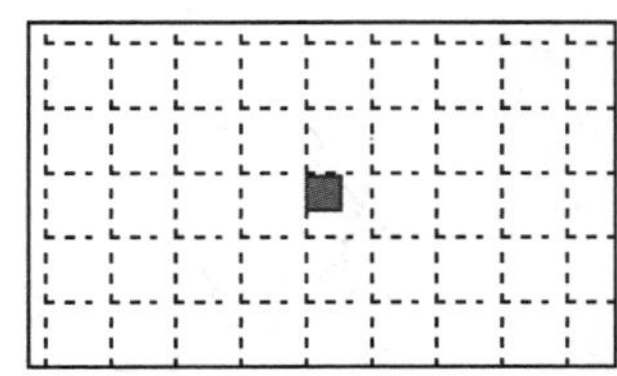

图 4-56　分解前的图案显示

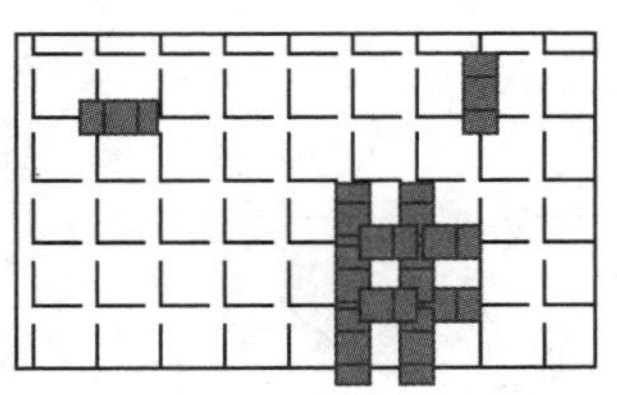

图 4-57　分解后的图案显示

3. 设置图案的可见性

当图形中包含大量复杂的图案填充区域时，往往需要花较长的时间来等待填充图形的生成。此时可以通过【关闭/打开】填充模式来控制填充图案的可见性，从而提高显示速度。

在命令行输入 FILL 并按 Enter 键可以控制填充图案的可见性。调用该命令后需要重生成视图才可关闭填充的图案。命令行操作如下：

```
命令: FILL
输入模式 [开(ON)/关(OFF)] <开>:                    //输入选项
```

4. 指定填充原点

在施工过程中，需要根据施工图的设计进行实际操作。在填充如地板砖这种类型的材料时，为了节约成本，需要定义填充原点。如图 4-58 所示的矩形区域，采用同样的填充图案和填充比例，由于定义了不同的填充原点，填充效果也不相同。

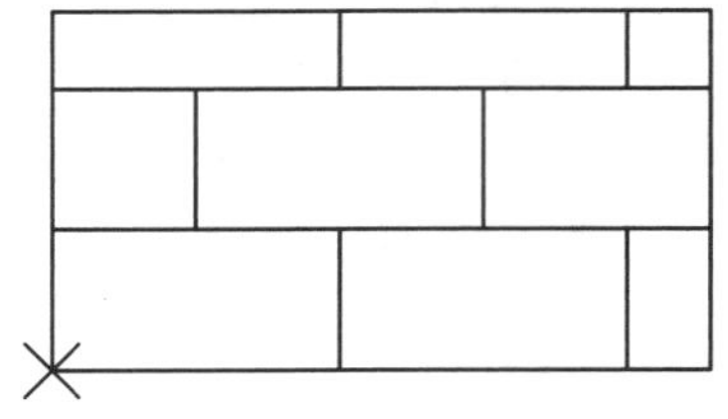
(a) 填充原点在左下角点

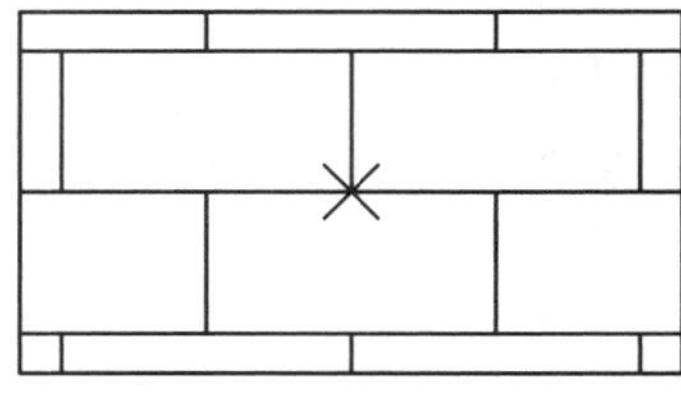
(b) 填充原点在中心点

图 4-58　填充原点对填充效果的影响

编辑填充图案的填充原点，除了在【图案填充编辑】对话框中完成，还可以直接在屏幕上拖动指针进行修改。下面以实例演示操作方法。

【案例 4-9】：修改填充原点

01 打开“第 4 章/案例 4-9 修改填充原点.dwg”素材文件，素材图形如图 4-59 所示。

02 单击圆内的填充图案，然后将指针移动到填充中心并停留片刻，弹出快捷菜单，如图 4-60 所示。

03 选择【原点】命令，然后拖动指针即可自由定义原点位置，在合适的位置单击定义新原点，效果如图 4-61 所示。

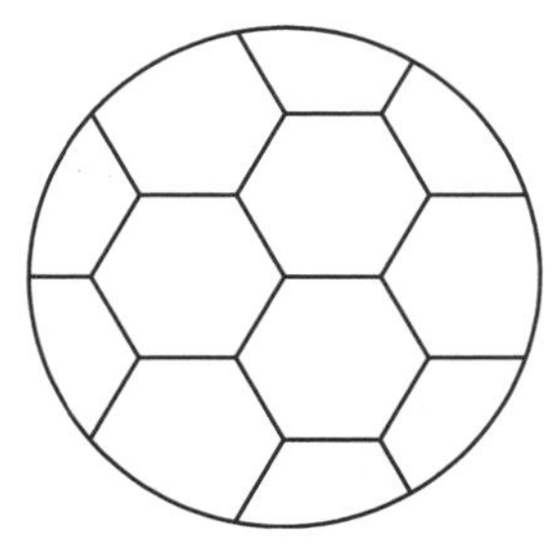
图 4-59　素材图形

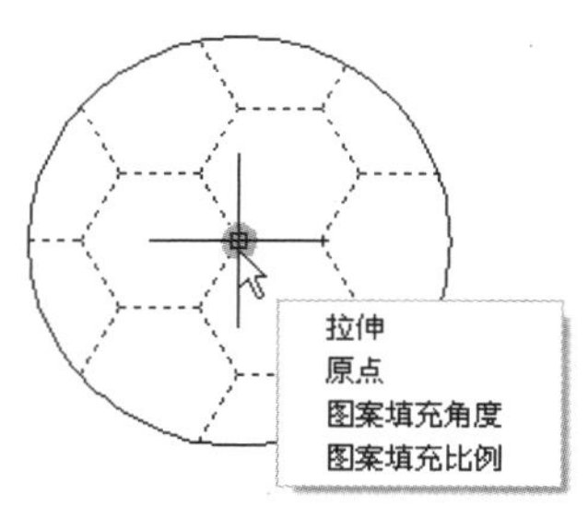

图 4-60　快捷菜单

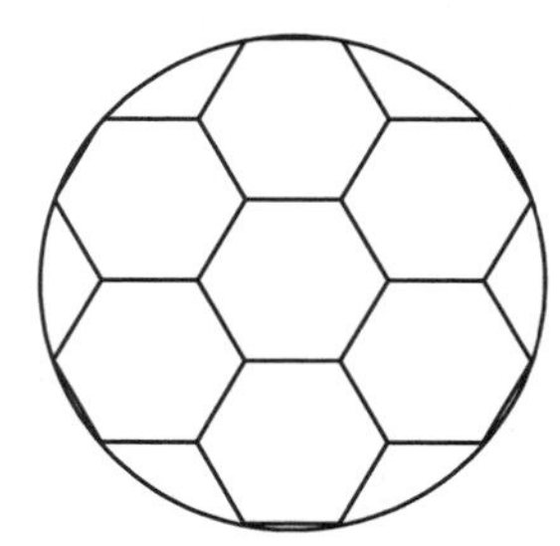
图 4-61　修改填充原点的效果

4.5.3　实例——绘制花园布局图

01 单击【绘图】面板上的【矩形】按钮，绘制一个长度为 2800、宽度为 1600 的矩形，如图 4-62 所示。

02 单击【绘图】面板上的【圆】按钮，以坐标(1214,938)为原点，以 430 和 300 为半径，绘制两个同心圆，如图 4-63 所示。

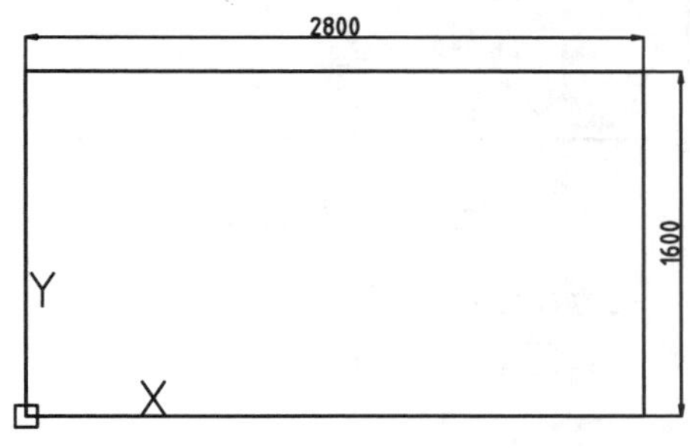

图 4-62　绘制矩形

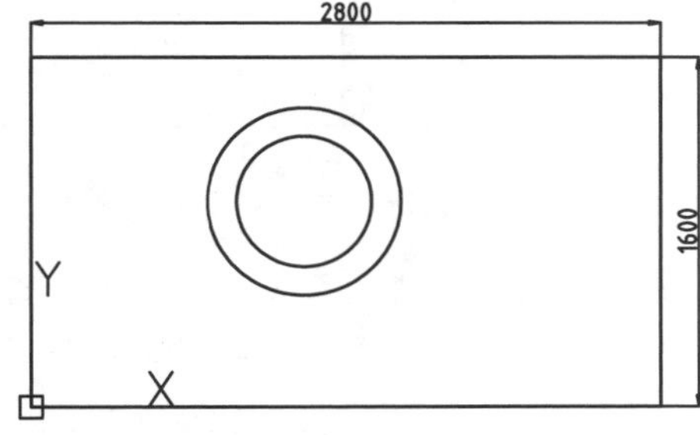

图 4-63　绘制两个圆

03 选择【格式】|【多线样式】命令，新建一个名称为“人行道”的多线样式，设置多线的两端封口为直线封口，并将“人行道”多线设为当前样式。

04 选择【绘图】|【多线】命令，在命令行设置多线的比例为 100，对正方式为“无”，在矩形内绘制多线，如图 4-64 所示，各多线的起点坐标已标出。

05 在命令行输入 X 并按 Enter 键，激活【分解】命令，将绘制的 4 条多线分解。

06 单击【绘图】滑出面板上的【面域】按钮，选择 4 条多线轮廓和 2 个圆形轮廓，创建 6 个面域。

07 在命令行输入 UNI，激活【并集】命令，将 4 个多线轮廓面域和大圆面域合并，合并效果如图 4-65 所示。

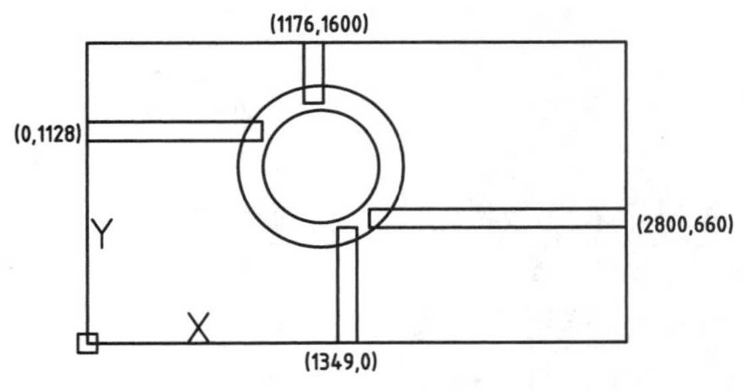

图 4-64　绘制多线

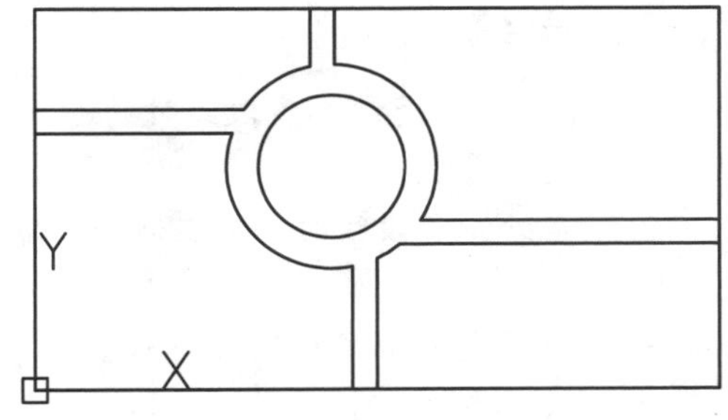

图 4-65　面域的并集

08 在命令行输入 SUB 并按 Enter 键，激活【差集】命令，选择多线和圆的并集面域为被减的对象，选择小圆面域为减去的对象，完成差集操作。

09 单击【绘图】面板上的【图案填充】按钮，系统弹出【图案填充创建】选项卡，在【图案】面板中选择填充图案为 GRAVEL，然后在人行道面域内任意一点单击，生成填充预览，设置填充比例为 6，填充效果如图 4-66 所示。

10 单击【绘图】滑出面板上的【样条曲线拟合】按钮，绘制一条封闭的样条曲线作为水池的轮廓，如图 4-67 所示。

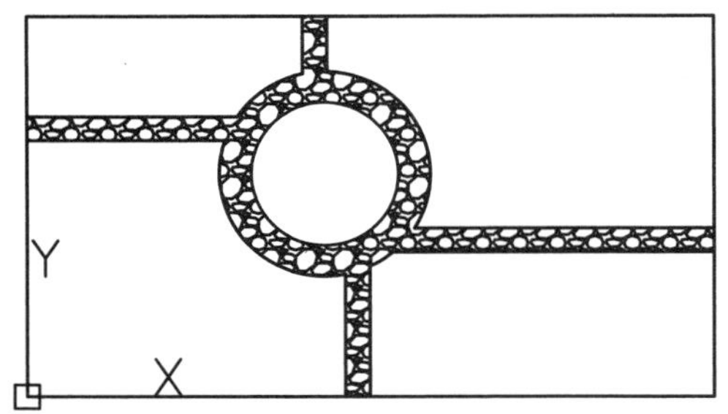

图 4-66 人行道的图案填充效果

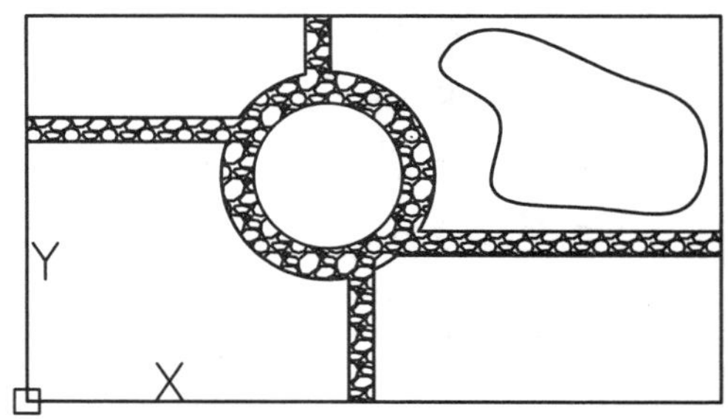

图 4-67 绘制水池

11 再次调用【图案填充】命令，选择图案样式为“GRASS”，填充比例为 3，然后单击人行道和水池之外的各区域，填充效果如图 4-68 所示。

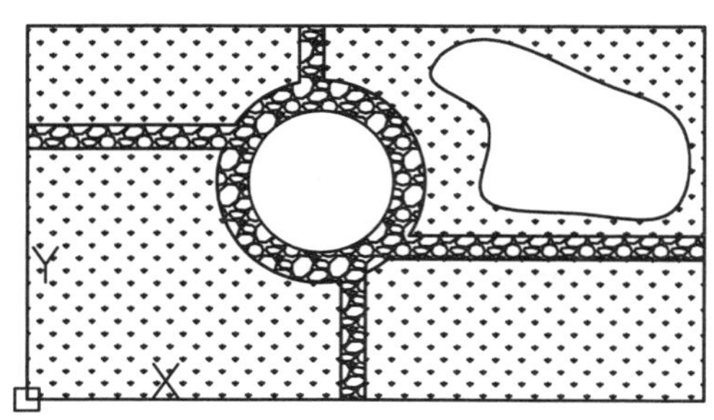

图 4-68 草坪的图案填充效果

4.6 思考与练习

一、选择题

1. (　　)不是绘制多段线时的选项。
   A. 圆弧　　B. 圆心　　C. 半宽　　D. 宽度
2. 在绘制多段线时，当在命令行输入 A 时，表示切换到(　　)绘制方式。
   A. 圆弧　　B. 角度　　C. 直线　　D. 直径
3. 激活样条曲线的某一个拟合点，下列(　　)命令不在快捷菜单中。
   A. 移动拟合点　　B. 拉伸拟合点
   C. 删除拟合点　　D. 添加拟合点
4. 以下选项中，只有(　　)不是 AutoCAD 提供的填充类型。
   A. 预定义　　B. 用户定义　　C. 系统定义　　D. 自定义
5. 通过【角度】与(　　)选项，可以自定义调整图案的角度与图案中元素的距离。
   A. 比例　　B. 间距　　C. 类型　　D. 绘图次序
6. 当角度值为(　　)时，实际使用的填充图案与【图案填充和渐变色】对话框上显

示的图像的对齐方式一致。

A. 90　　B. 0　　C. 270　　D. 180

二、操作题

1. 打开习题素材，如图 4-69 所示，为其填充 ANSI38 图案，设置适当的填充比例，填充效果如图 4-70 所示。

图 4-69　操作题 1 素材

图 4-70　操作题 1 完成效果

2. 利用【多线】和【多线编辑】命令，绘制如图 4-71 所示的墙体，墙体宽度统一为 200。

3. 综合运用直线、样条曲线、图案填充等命令，绘制如图 4-72 所示的螺杆断裂视图。

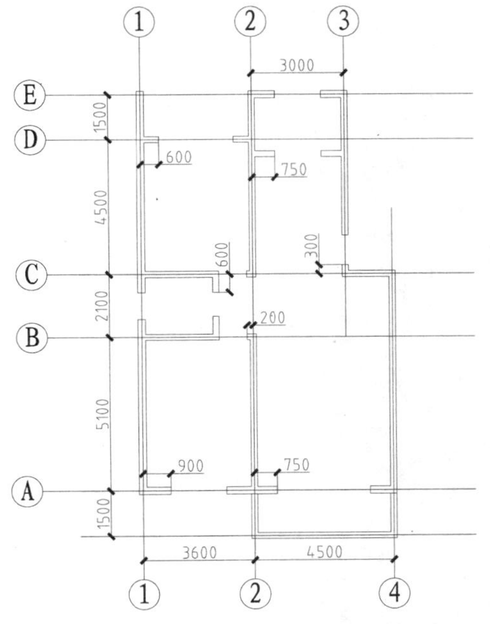

图 4-71　绘制墙体

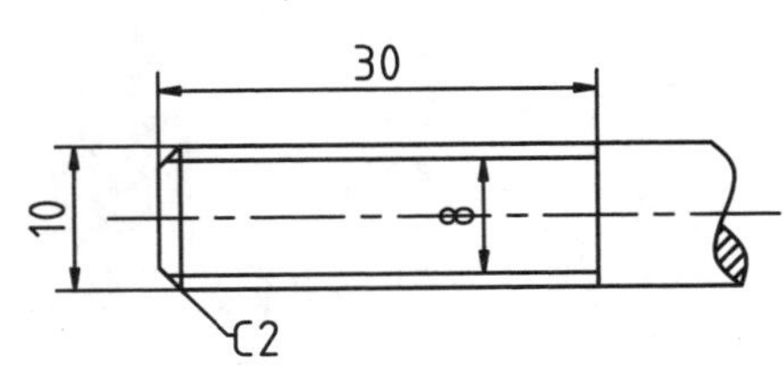

图 4-72　绘制螺杆

第5章

精确绘制图形

本章导读

在使用 AutoCAD 软件绘图时，利用鼠标定位虽然方便快捷，但并不能快速而准确地定位图形，甚至有可能会有很多偏差，精度不高。为此，AutoCAD 提供了一些绘图辅助工具，如捕捉、栅格、正交，极轴追踪等。利用这些辅助工具，可以在不输入坐标的情况下精确绘制图形，提高绘图速度。

学习目标

- 掌握正交模式、栅格模式和捕捉模式的开关方法，了解这 3 种模式在绘图中的作用。
- 掌握对象捕捉模式的开关及对象捕捉的设置。掌握临时捕捉的特点和方法，了解三维捕捉的作用。
- 掌握极轴追踪的开关、增量角设置，掌握对象捕捉追踪的方法。
- 了解各类几何约束和尺寸约束的含义，掌握约束的添加、显示和隐藏、删除等操作方法。

5.1 图形精确定位

AutoCAD 中图形的精确定位包含两个方面，一是点的精确定位，通过栅格和捕捉功能保证；二是直线的水平和竖直的定位，通过正交模式保证。

5.1.1 正交模式

无论是机械制图还是建筑制图，有相当一部分直线是水平或垂直的。AutoCAD 提供的正交开关能够方便地控制直线为水平或竖直。

打开或关闭正交开关的方法如下。

- 快捷键：按 F8 键可以切换正交开、关模式。
- 状态栏：单击【正交】按钮。

正交开关打开后，系统将限定直线为水平或竖直，如图 5-1 所示。更方便的是，由于正交功能已经限制了直线方向，所以要绘制一定长度的直线时，只需直接输入长度值，而不再需要输入完整的相对坐标。

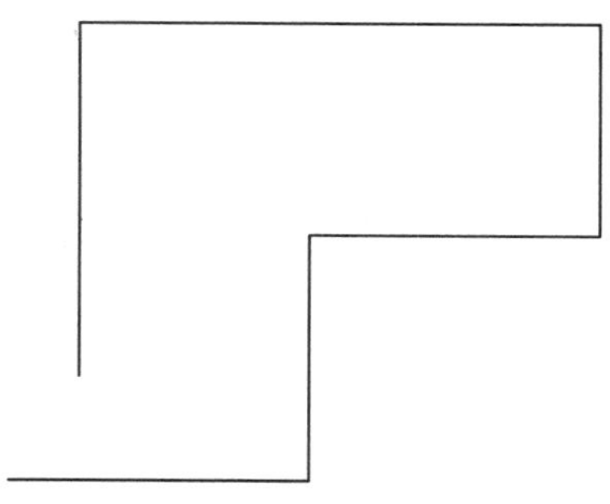

图 5-1　正交模式绘制直线

5.1.2 栅格显示

栅格的作用如同传统纸面制图中使用的坐标纸，按照相等的间距在屏幕上设置了栅格点，绘图时可以通过栅格数量来确定距离，从而达到精确绘图的目的。栅格不是图形的一部分，打印时不会被输出。

控制栅格是否显示的方法如下。

- 快捷键：按 F7 键，可以在开、关状态之间切换。
- 状态栏：单击状态栏上【栅格】按钮。

选择【工具】|【草图设置】命令，在弹出的【草图设置】对话框中选择“捕捉和栅格”选项卡，如图 5-2 所示。选中或取消选中【启用栅格】复选框，可以控制显示或隐藏栅格。在【栅格间距】选项区域中，可以设置栅格点在 X 轴方向(水平)和 Y 轴方向(垂直)上的距离。此外，在命令行输入 GRID 并按 Enter 键，也可以控制栅格的间距和栅格的显示。

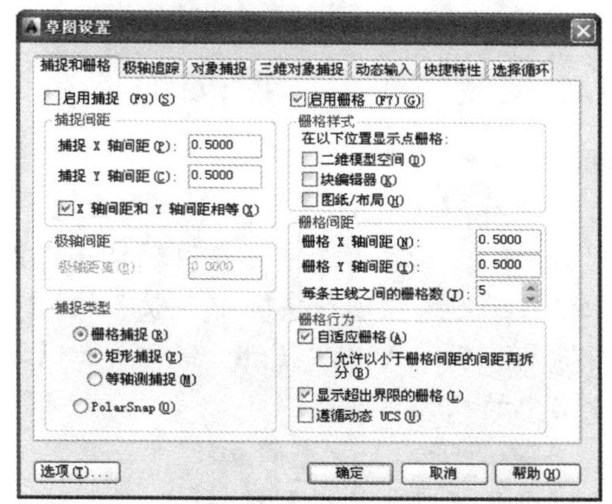

图 5-2　【捕捉和栅格】选项卡

5.1.3　捕捉模式

捕捉功能可以控制光标移动的距离，打开捕捉之后，光标只能定位到栅格的交点位置。打开和关闭捕捉功能的方法如下。

- 快捷键：按 F9 键，可以在开、关状态间切换。
- 状态栏：单击状态栏中的【捕捉】按钮。

5.2　对象捕捉

使用对象捕捉可以精确定位现有图形对象的特征点，如直线的中心点、圆心等。

前面章节已经讲过，输入点的位置参数有两种方法。

- 用键盘输入点的空间坐标(绝对坐标后相对坐标)。
- 用鼠标在屏幕上单击，直接确定的坐标。

第一种方法可以定量地输入点的位置参数。而第二种方法是凭借自己的肉眼观察在屏幕上点击，不能精确定位。尤其是在大视图比例的情况下，计算机屏幕上的微小差别代表了实际情况的巨大差距。

为此，AutoCAD 提供了对象捕捉功能。在对象捕捉开关打开的情况下，将光标移动到某些特征点(如直线端点、圆心、两直线交点、垂直)等附件时，系统能够自动捕捉到这些点的位置。对象捕捉的实质是对图形对象特征点的捕捉。

对象捕捉生效需要具备两个条件。

- 对象捕捉必须打开。
- 必须是在命令行提示输入点的位置时，例如画直线时提示输入端点，复制时提示输入基点等。

如果命令行并没有提示输入点的位置，例如“命令：”提示待输入状态，或者删除命令中提示选择对象时，对象捕捉就不会生效。因此，对象捕捉实际上是通过捕捉特征点的位置来代替命令行输入特征点的坐标。

5.2.1 开启对象捕捉

开启和关闭对象捕捉有以下 4 种方法。

- 菜单栏：选择【工具】|【草图设置】命令，弹出【草图设置】对话框。选择“对象捕捉”选项卡，选中或取消选中【启用对象捕捉】复选框，也可以打开或关闭对象捕捉，但这种操作太烦琐，实际中一般不使用。
- 命令行：在命令行输入 OSNAP 并按 Enter 键，弹出【草图设置】对话框。其他操作与在菜单栏开启中的操作相同。
- 快捷键：按 F3 键，可以在开、关状态间切换。
- 状态栏：单击状态栏中的【对象捕捉】按钮□。

5.2.2 对象捕捉设置

在使用对象捕捉之前，需要设置捕捉的特殊点类型，根据绘图的需要设置捕捉对象，这样能够快速准确地定位目标点。右击状态栏上的【对象捕捉】按钮□，如图 5-3 所示，在弹出的快捷菜单中选择【设置】命令，系统弹出【草图设置】对话框，如图 5-4 所示。

图 5-3 选择【设置】命令

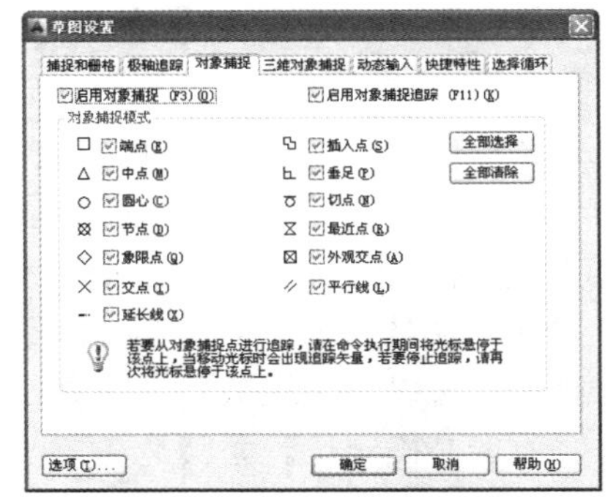

图 5-4 【对象捕捉】选项卡

该对话框共列出了 13 种对象捕捉点和对应的捕捉标记，选中的选项即是要捕捉的特殊点。各对象捕捉点的含义如下。

- 端点：捕捉直线或是曲线的端点。
- 中点：捕捉直线或是弧段的中心点。
- 圆心：捕捉圆、椭圆或弧的中心点。
- 节点：捕捉用 POINT 命令绘制的点对象。
- 象限点：捕捉位于圆、椭圆或是弧段上 0°、90°、180° 和 270° 处的点。
- 交点：捕捉两条直线或是弧段的交点。
- 延长线：捕捉直线延长线路径上的点。
- 插入点：捕捉图块、标注对象或外部参照的插入点。

- 垂足：捕捉从已知点到已知直线的垂线的垂足。
- 切点：捕捉圆、弧段及其他曲线的切点。
- 最近点：捕捉处在直线、弧段、椭圆或样条曲线上，而且距离光标最近的特征点。
- 外观交点：在三维视图中，从某个角度观察两个对象可能相交，但实际并不一定相交，可以使用【外观交点】功能捕捉对象在外观上相交的点。
- 平行：选定路径上的一点，使通过该点的直线与已知直线平行。

【案例 5-1】：设置“切点”捕捉模式

01 右击状态栏的【对象捕捉】按钮□，在弹出的快捷菜单中选择【设置】命令，如图 5-3 所示。

02 弹出【草图设置】对话框，在【对象捕捉】选项卡中选中【交点】复选框，如图 5-5 所示。单击【确定】按钮，即可完成【切点】捕捉模式的设置。

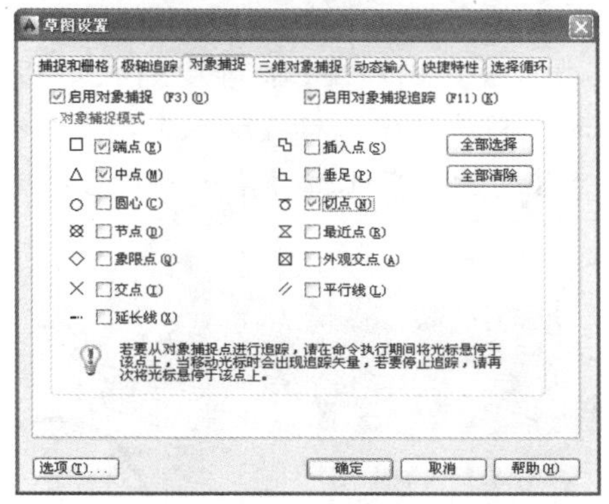

图 5-5　【对象捕捉】选项卡

5.2.3　临时捕捉

临时捕捉是一种一次性的捕捉模式，这种捕捉模式不是自动的，当用户需要临时捕捉某个特征点时，需要在捕捉之前手工设置需要捕捉的特征点，然后进行对象捕捉。这种捕捉不能反复使用，再次使用捕捉需重新选择捕捉类型。

在命令行提示输入点的坐标时，如果要使用临时捕捉模式，按住 Shift 键然后右击，系统弹出捕捉命令，如图 5-6 所示，可以在其中选择需要的捕捉类型。

此外，也可以直接执行捕捉对象的快捷命令来选择捕捉模式。例如在绘图过程中，输入并执行 MID 快捷命令将临时捕捉图形的中点，输入 PER 将临时捕捉垂足点。AutoCAD 常用对象捕捉模式及快捷命令如表 5-1 所示。

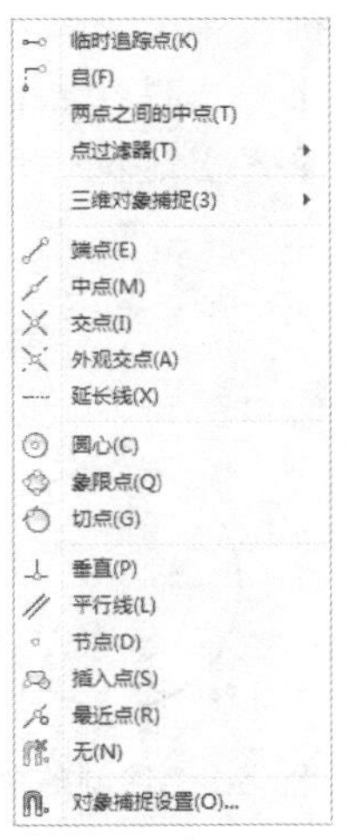

图 5-6　临时捕捉菜单

表 5-1　常用对象捕捉模式及快捷命令

捕捉模式	快捷命令	捕捉模式	快捷命令	捕捉模式	快捷命令
临时追踪点	TT	节点	NOD	切点	TAN
两点之间的中点	MTP	象限点	QUA	最近点	NEA
捕捉自	FRO	交点	INT	外观交点	APP
端点	ENDP	延长线	EXT	平行	PAR
中点	MID	插入点	INS	无	NON
圆心	CEN	垂足	PER	对象捕捉设置	OSNAP

【案例 5-2】：临时捕捉绘图

01 打开“第 5 章/案例 5-2 临时捕捉绘图.dwg”素材文件，素材图形如图 5-7 所示。

02 单击【绘图】面板上的【直线】按钮，命令行提示指定直线的起点。按住 Shift 键然后右击，在临时捕捉选项中选择【切点】，然后将指针移到大圆上，出现切点捕捉标记，如图 5-8 所示，在此位置单击确定直线第一点。

图 5-7　素材图形　　　　图 5-8　切点捕捉标记

03 确定第一点之后，临时捕捉失效。再次选择【切点】临时捕捉，将指针移到小圆上，出现切点捕捉标记时单击，完成公切线绘制，如图 5-9 所示。

04 重复上述操作，绘制另外一条公切线，如图 5-10 所示。

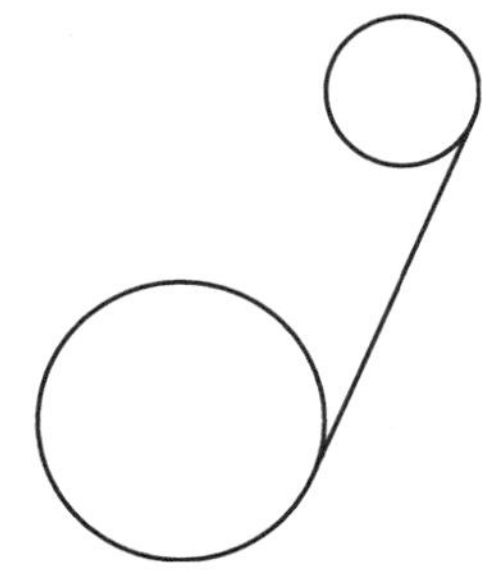

图 5-9　绘制的第一条公切线

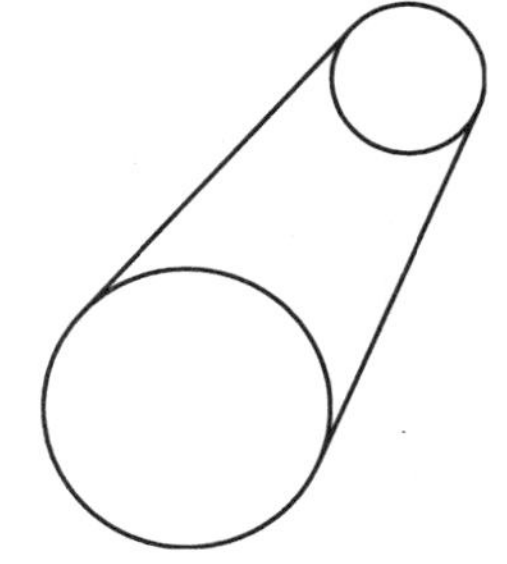

图 5-10　绘制的两条公切线

5.2.4　三维捕捉

【三维捕捉】是建立在三维绘图基础上的一种捕捉功能，其作用是捕捉到三维对象上的特殊点，例如边线中点、三维中心点等。

【三维捕捉】功能的开、关切换有以下两种方法。

- 快捷键：按 F4 键切换开、关状态。
- 状态栏：单击状态栏上的【三维捕捉】按钮。

将鼠标移动到【三维捕捉】按钮上并右击，在弹出的快捷菜单中选择【设置】命令，如图 5-11 所示。系统弹出【草图设置】对话框，选中需要的选项即可，如图 5-12 所示。

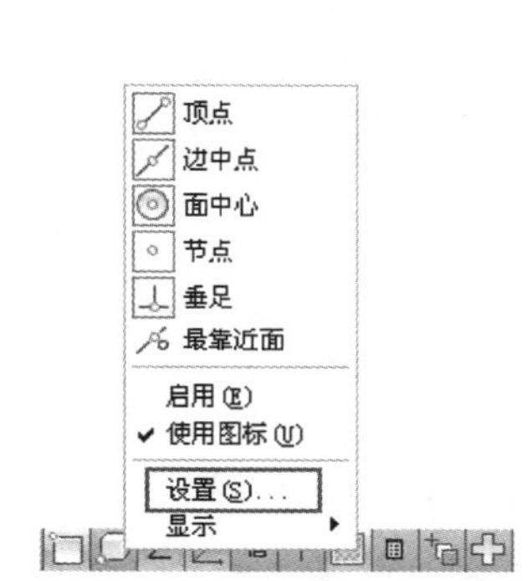

图 5-11　快捷菜单

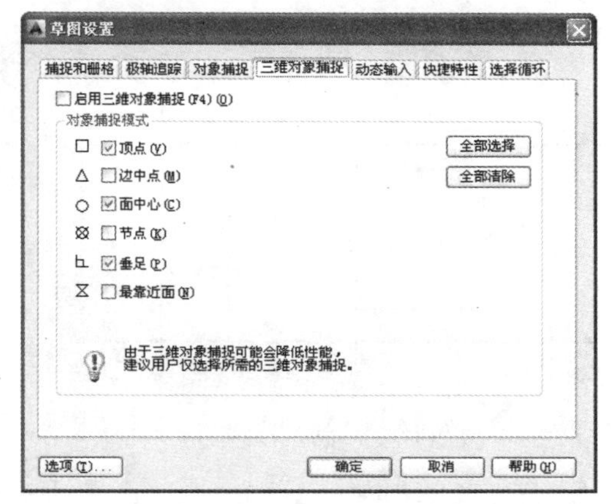

图 5-12　【草图设置】对话框

对话框中共列出 6 种三维捕捉模式和对应的捕捉标记，各选项含义如下。

- 顶点：捕捉到三维对象的最近顶点。
- 边中点：捕捉到面边的中点。
- 面中心：捕捉到面的中心。
- 节点：捕捉到样条曲线上的节点。
- 垂足：捕捉到垂直于面的点。
- 最靠近面：捕捉到最靠近三维对象面的点。

5.2.5　实例——绘制轴承座俯视图

01 打开“第 5 章\5.2.5 绘制轴承座.dwg”素材文件，如图 5-13 所示。

02 在命令行输入 DS 并按 Enter 键，弹出【草图设置】对话框，在【对象捕捉】选项卡中选中【端点】复选框，如图 5-14 所示。单击【确定】按钮，完成捕捉设置。

03 单击【绘图】面板上的【直线】按钮，然后依次捕捉竖直直线的两端点绘制连接线，如图 5-15 所示。

04 再次打开【草图设置】对话框，在【对象捕捉】选项卡中选中【中点】复选框。然后执行【直线】命令，分别捕捉两侧边的中点绘制中心线，如图 5-16 所示。

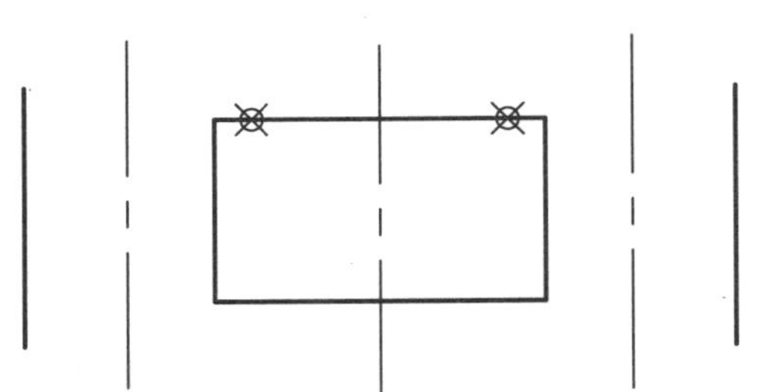

图 5-13　素材图形

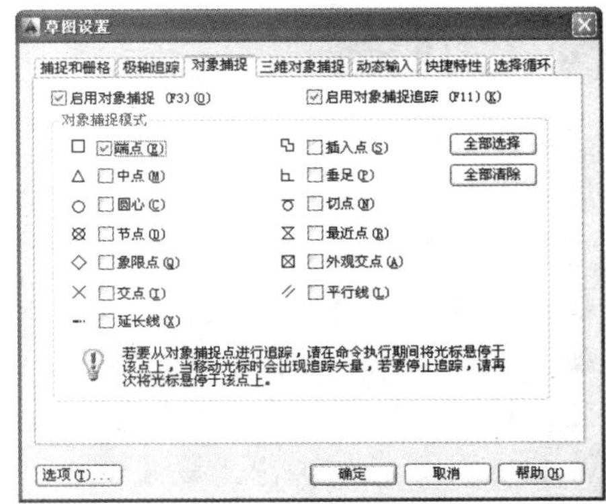

图 5-14　【对象捕捉】选项卡

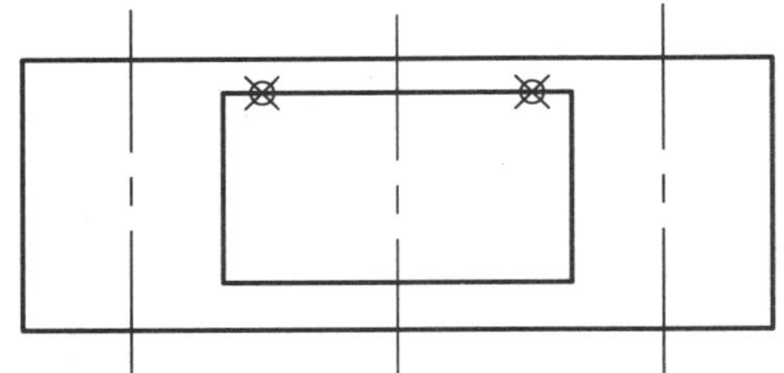

图 5-15　绘制连接线

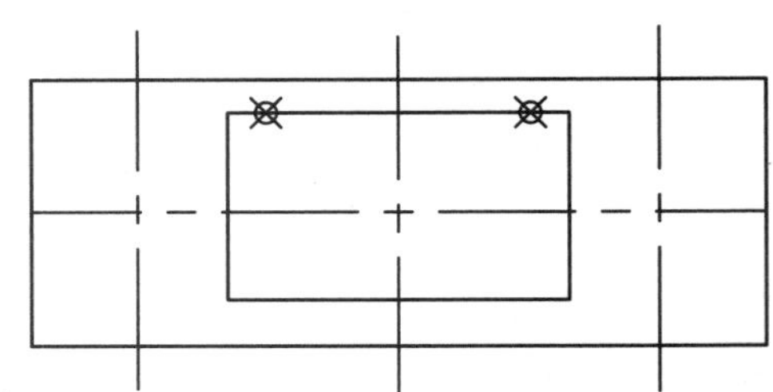

图 5-16　绘制中心线

05 打开【草图设置】对话框，在【对象捕捉】选项卡中选中【交点】复选框。单击【绘图】面板上的【圆】按钮，捕捉左端的中心线交点，绘制一个半径为 6.5 的圆，然后重复【圆】命令绘制一个半径为 12 的同心圆。使用同样的方法绘制右端同心圆，如图 5-17 所示。

06 打开【草图设置】对话框，在【对象捕捉】选项卡中选中【节点】和【垂足】复选框。捕捉左端的一个单点作为直线起点，如图 5-18 所示。然后捕捉到直线上的垂足，如图 5-19 所示，在此位置单击确定直线终点。使用同样的方法绘制右边的虚线，最终结果如图 5-20 所示。

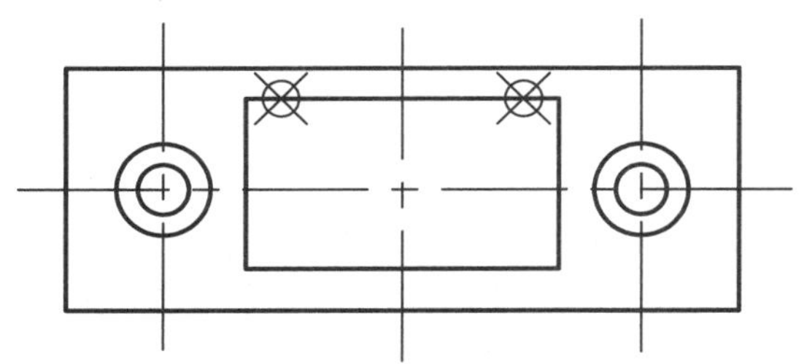

图 5-17　绘制同心圆

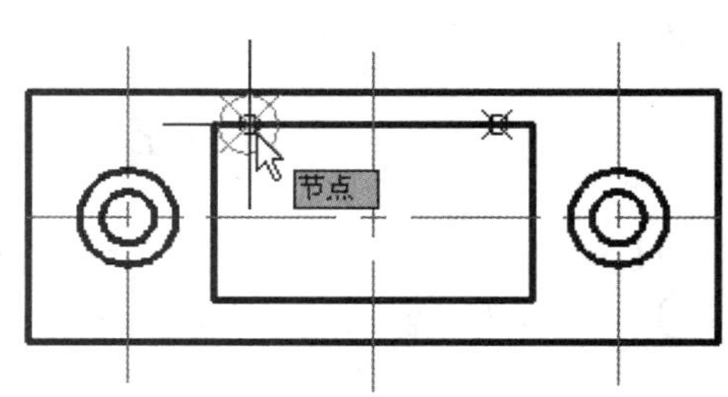

图 5-18　捕捉到节点

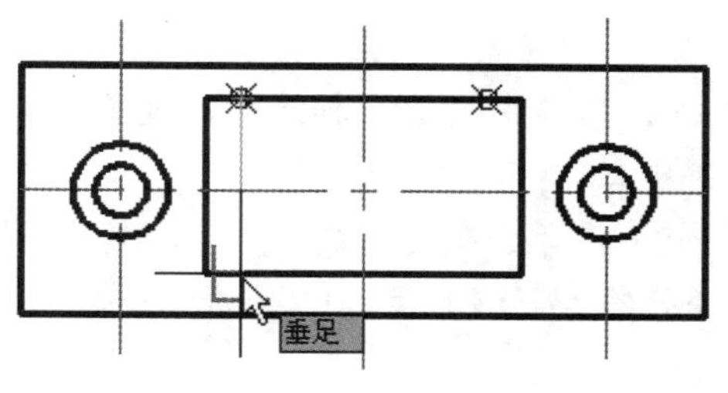
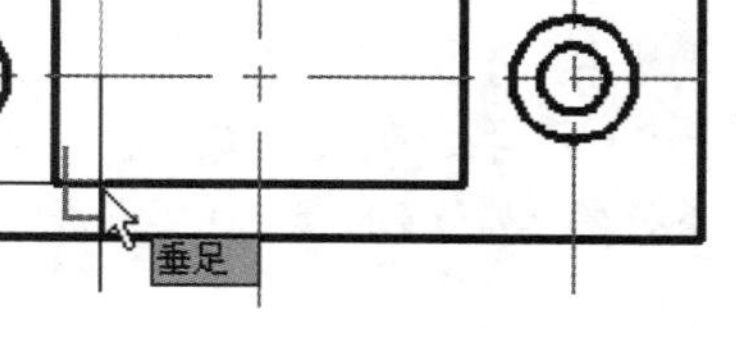

图 5-19　捕捉到垂足

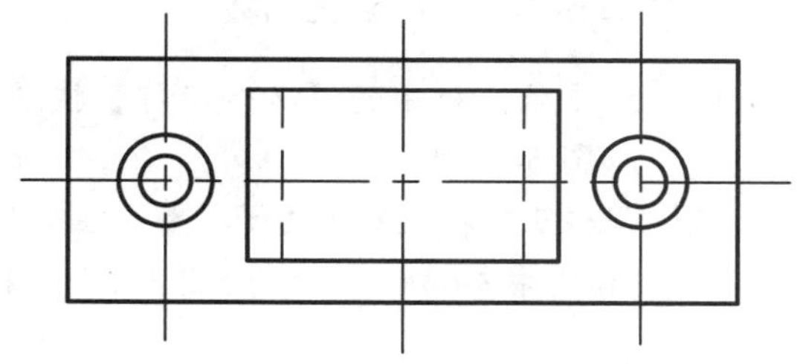

图 5-20　完成的零件图

5.3 对 象 追 踪

有时绘图不需要捕捉到某个点，但需要将绘图点与某个点对齐，这时就要使用对象追踪。对象追踪包括极轴追踪和对象捕捉追踪两种模式。

5.3.1 极轴追踪

【极轴追踪】功能实际上是极坐标的一个应用。使用极轴追踪绘制直线时，捕捉到一定的极轴方向即确定了极角，然后输入直线的长度即确定了极半径，因此和正交绘制直线一样，极轴追踪绘制直线一般使用长度输入确定直线的第二点，代替坐标输入。

【极轴追踪】功能的开、关切换有以下两种方法。

- 快捷键：按 F10 键切换开、关状态。
- 状态栏：单击状态栏上的【极轴追踪】按钮。

将鼠标移动到状态栏上的【极轴追踪】按钮上并右击，如图 5-21 所示，在弹出的快捷菜单中选择【设置】命令，系统弹出【草图设置】对话框，在【极轴追踪】选项卡中可设置极轴追踪的开关和增量角等，如图 5-22 所示。

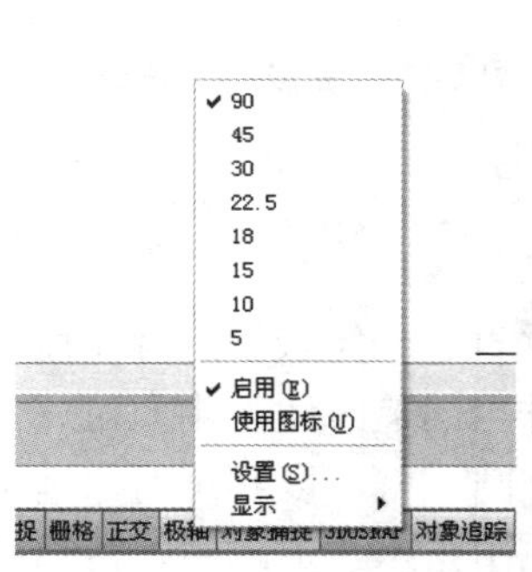

图 5-21　选择【设置】命令

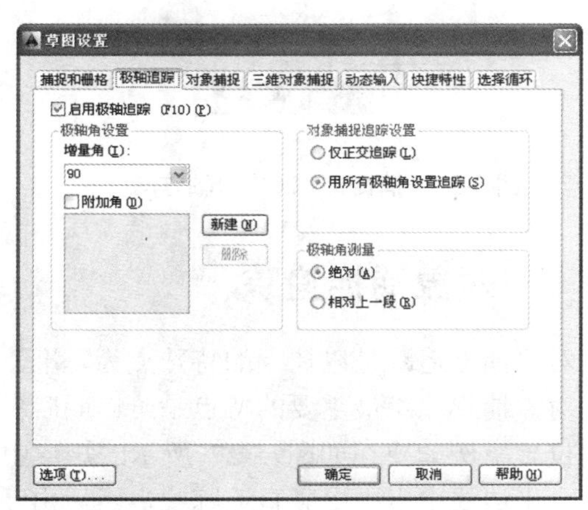

图 5-22　【极轴追踪】选项卡

【案例 5-3】：绘制三角板

01 右击状态栏中的【极轴追踪】按钮，在弹出菜单中设置极轴追踪角度为 30°，如图 5-23 所示。

02 保证正交模式处于关闭状态，在绘图区任意一点单击确定直线第一点，然后捕捉到 300° 极轴方向，如图 5-24 所示，在命令行输入直线长度 50，完成第一段直线。

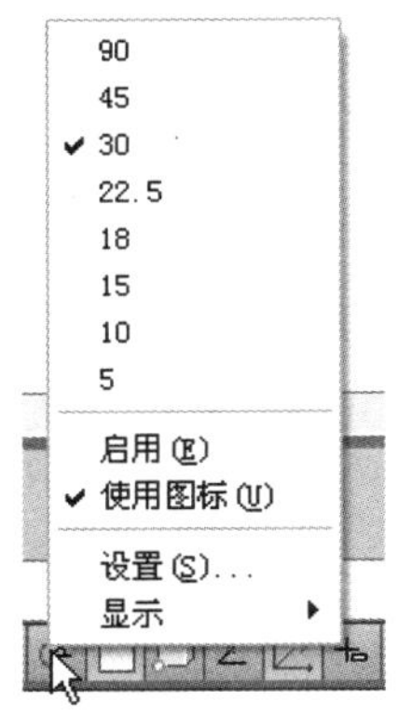

图 5-23　设置极轴追踪的角度

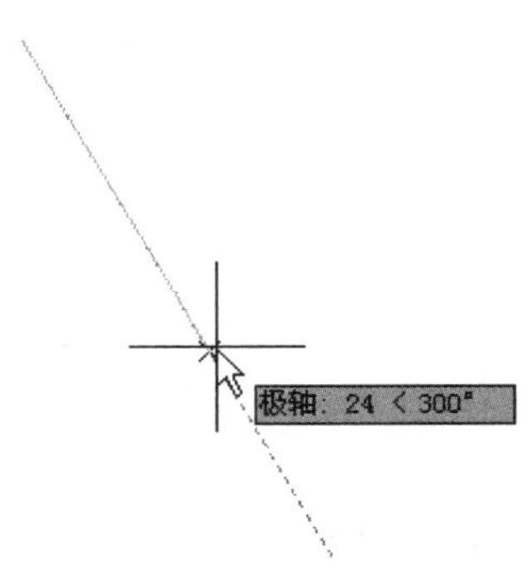

图 5-24　捕捉到 300° 极轴方向

03 捕捉到 180° 极轴方向，如图 5-25 所示，然后输入直线长度 25，完成第二段直线。

04 在命令行选择【闭合(C)】选项，完成三角板的绘制。三角板尺寸如图 5-26 所示。

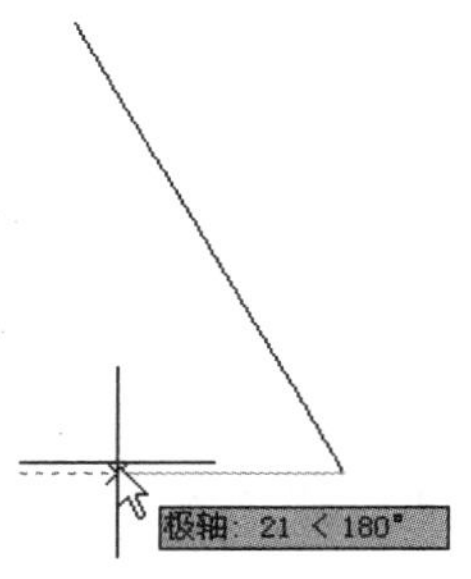

图 5-25　捕捉到 180° 极轴方向

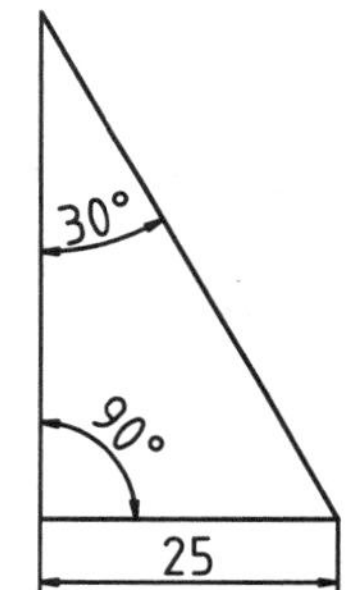

图 5-26　完成的三角板

5.3.2 对象捕捉追踪

对象捕捉追踪是以捕捉的特殊点为基准，向水平、垂直、一定极轴追踪角度引出追踪线。对象捕捉追踪最重要的特点是可以同时保持多个特殊点的追踪线，由此可确定更为特殊的位置。例如要在如图 5-27 所示的矩形中心绘制一个圆，就可以利用对象捕捉追踪，先由水平边线中点引出竖直追踪线，然后由竖直边线中点引出水平追踪线，两追踪线的交点即矩形中心，如图 5-28 所示。

【对象捕捉追踪】应与【对象捕捉】功能配合使用，且使用【对象捕捉追踪】功能之前，需要先设置对象捕捉模式。

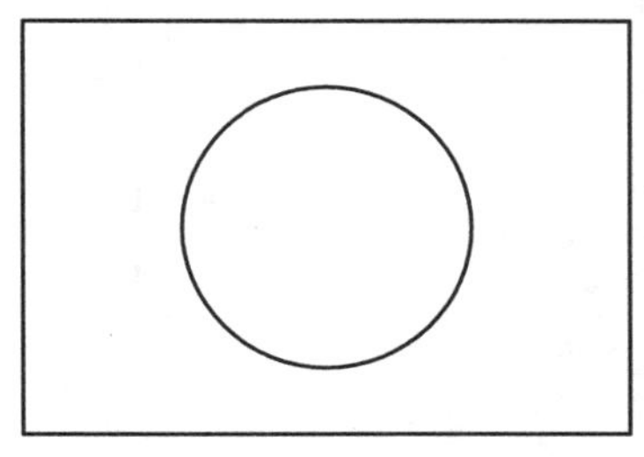

图 5-27　矩形中心绘圆

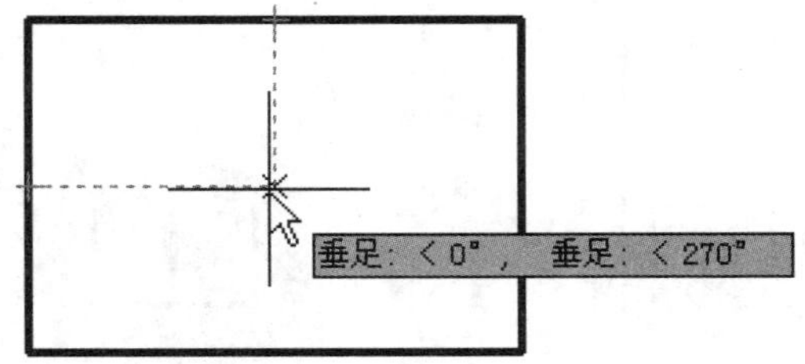

图 5-28　两条对象捕捉追踪线

【对象捕捉追踪】功能的开、关切换有以下两种方法。

- 快捷键：按 F11 键切换开、关状态。
- 状态栏：单击状态栏上的【对象捕捉追踪】按钮。

【案例 5-4】：绘制铅笔

01 右击状态栏上的【极轴追踪】按钮，在弹出菜单中设置极轴追踪增量角为 30°，如图 5-29 所示。

02 单击状态栏上的【对象捕捉追踪】按钮，开启【对象捕捉追踪】功能。

03 单击状态栏上的【对象捕捉】按钮，开启【对象捕捉】功能。

04 单击【绘图】面板上的【矩形】按钮，绘制一个长度为 10、宽度为 100 的矩形，如图 5-30 所示。

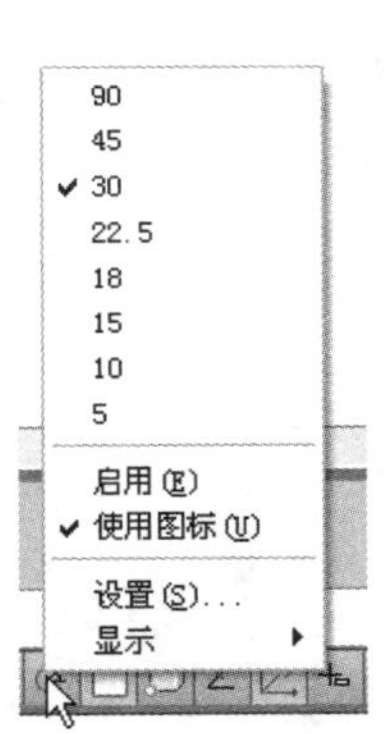

图 5-29　设置【增量角】为 30°

图 5-30　绘制矩形

05 单击【绘图】面板上的【直线】按钮，利用对象捕捉捕捉两条水平边线的中点，绘制一条直线，如图 5-31 所示。

06 重复【直线】命令，单击矩形左下角为起点，然后由竖直中心线的端点向下引出追踪线，直至同时出现竖直追踪线与 300° 极轴追踪线，如图 5-32 所示。在此位置单击确定笔尖，最后捕捉矩形右下角，完成铅笔的绘制，如图 5-33 所示。

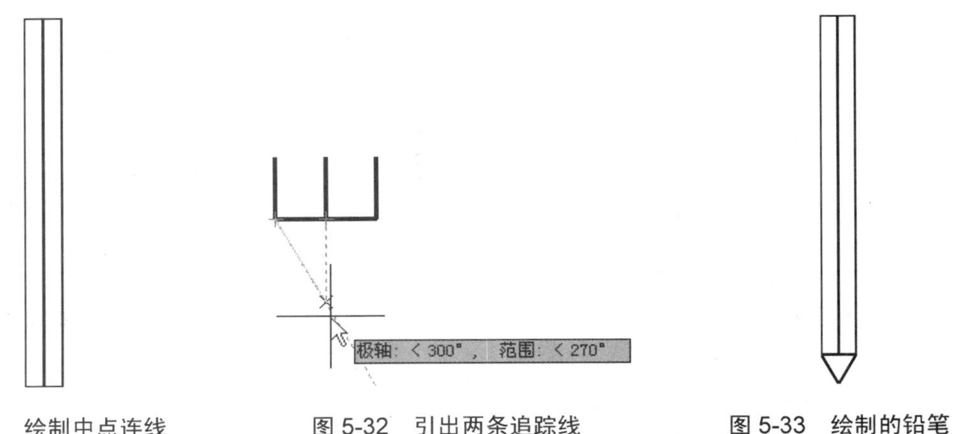

图 5-31　绘制中点连线　　图 5-32　引出两条追踪线　　图 5-33　绘制的铅笔

5.3.3 实例——绘制斜二测正方体

斜二测图是一种三维模型的轴测投影表示方法，绘制轴测图的过程中需要使用一定角度的极轴追踪。

01 单击快速访问工具栏上的【新建】按钮，新建空白文件。

02 单击【绘图】面板上的【直线】按钮，开启【正交】模式，绘制一个边长为 50 的正方形，如图 5-34 所示。

03 单击状态栏上的相关按钮，开启【对象捕捉追踪】功能和【对象捕捉】功能。

04 右击状态栏上的【极轴追踪】按钮，在快捷菜单中设置极轴追踪增量角为 45°。

05 单击【绘图】面板上的【直线】按钮，单击正方形右上角点作为直线起点，然后捕捉到 45° 极轴方向，如图 5-35 所示；输入长度为 25 完成第一段直线，接着捕捉到 270° 极轴方向，输入长度为 50 完成第二段直线；最后捕捉到正方形右下角点完成第三段直线，如图 5-36 所示。

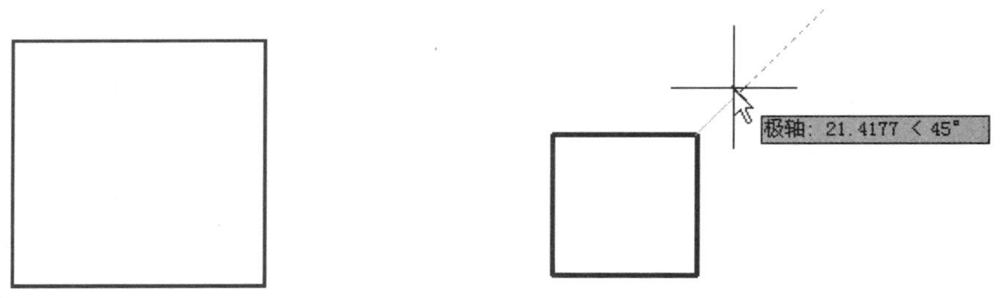

图 5-34　绘制正方形　　图 5-35　捕捉到 45° 极轴方向

06 重复【直线】命令，单击正方形左上角点作为直线起点，先引出 45° 极轴追踪线，然后捕捉到直线的端点并引出 180° 追踪线，如图 5-37 所示。在两追踪线的交点位置单击完成第一段直线，最后单击直线端点完成绘制，如图 5-38 所示。

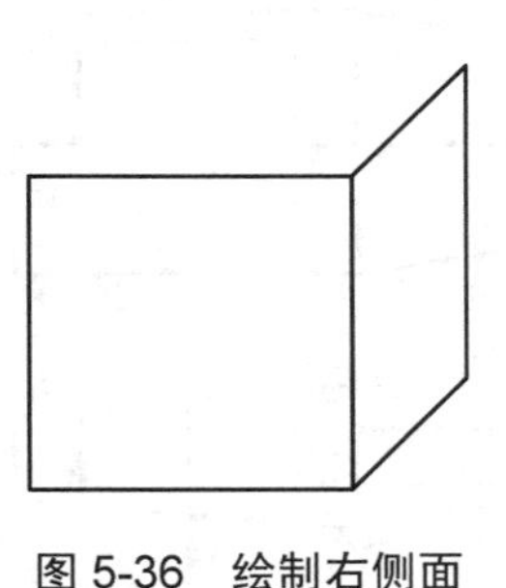
图 5-36　绘制右侧面

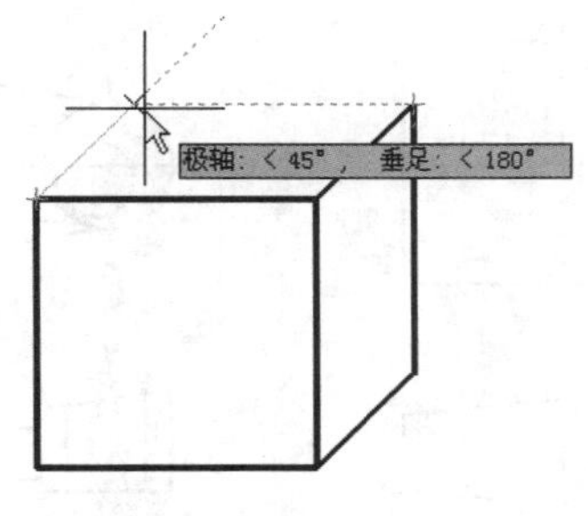

图 5-37　引出两条追踪线

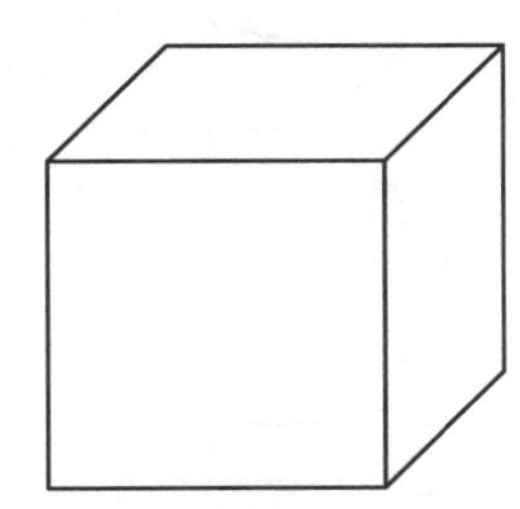
图 5-38　完成的斜二测正方体

5.4 对象约束

常用的对象约束有几何约束和尺寸约束两种，其中几何约束用于控制对象的位置关系。尺寸约束用于控制对象的距离、长度、角度和半径值。

5.4.1 建立几何约束

几何约束用来约束图形对象之间的位置关系。几何约束类型包括重合、共线、平行、垂直、同心、相切、相等、对称、水平和竖直等。

1. 重合约束

重合约束用于约束两点使其重合，或约束一个点使其位于曲线(或曲线的延长线)上。可以使对象上的约束点与某个对象重合，也可以使其与另一对象上的约束点重合。

调用【重合】约束命令的常用方法有以下几种。

- 菜单栏：选择【参数】|【几何约束】|【重合】命令。
- 工具栏：单击【参数化】工具栏上的【重合】按钮。
- 功能区：在【参数化】选项卡中，单击【几何】面板上的【重合】按钮。
- 命令行：在命令行输入 GCCOINCIDENT 命令并按 Enter 键。

【案例 5-5】：重合约束

01 打开“第 5 章\案例 5-5 重合约束.dwg”素材文件，如图 5-39 所示。

02 在【参数化】选项卡中，单击【几何】面板上的【重合】按钮，使线 AB 和线 CD 在 A 点重合，如图 5-40 所示。命令行操作如下：

```
命令: _GcCoincident↙                            //调用【重合】约束命令
选择第一个点或 [对象(O)/自动约束(A)] <对象>:      //捕捉并单击 A 点
选择第二个点或 [对象(O)] <对象>:                  //捕捉并单击 C 点，完成约束
```

技巧

在执行【几何约束】命令时，先选择基准约束对象，再选择需要被约束的对象，这样可使基准对象保持不变。

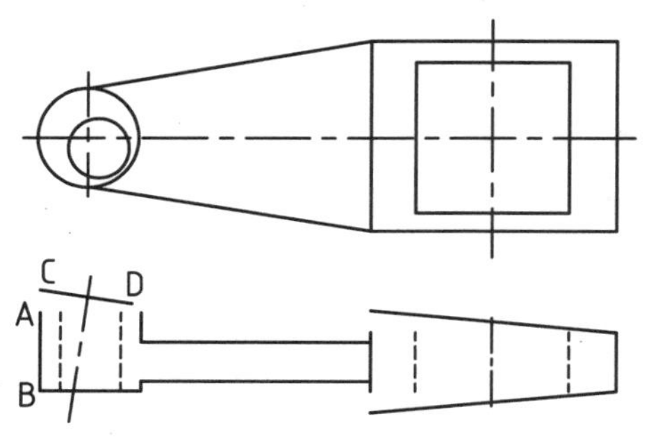

图 5-39　素材图形

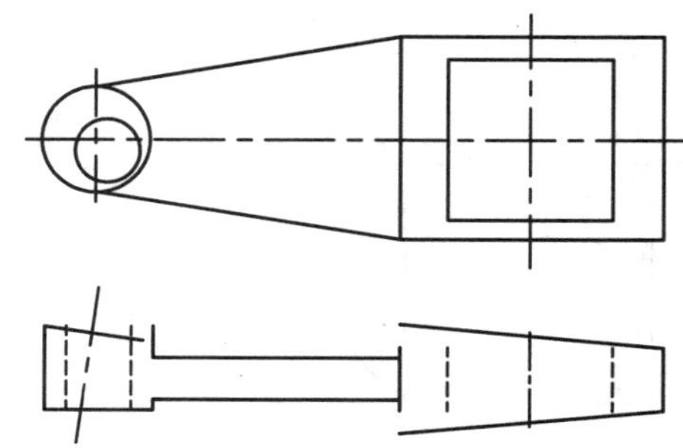

图 5-40　重合约束的效果

2. 垂直约束

垂直约束使选定的直线彼此垂直，垂直约束应用在两个直线对象之间。

调用【垂直】约束命令的常用方法有以下几种。

- 菜单栏：选择【参数】|【几何约束】|【垂直】命令。
- 工具栏：单击【参数化】工具上的【垂直】按钮。
- 功能区：在【参数化】选项卡中，单击【几何】面板上的【垂直】按钮。
- 命令行：在命令行输入 GCPERPENDICULAR 并按 Enter 键。

【案例 5-6】：垂直约束

01 打开“第 5 章/案例 5-6 垂直约束.dwg”素材文件，如图 5-41 所示。

02 在【参数化】选项卡中，单击【几何】面板上的【垂直】按钮，使直线 L1 和 L2 相互垂直，如图 5-42 所示。命令行操作如下：

```
命令: _GcPerpendicular↙                //调用【垂直】约束命令
选择第一个对象:                         //选择直线 L1
选择第二个对象:                         //选择直线 L2
```

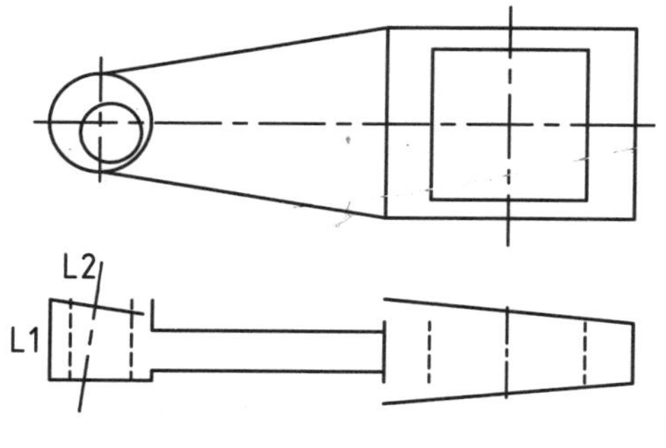

图 5-41　素材文件

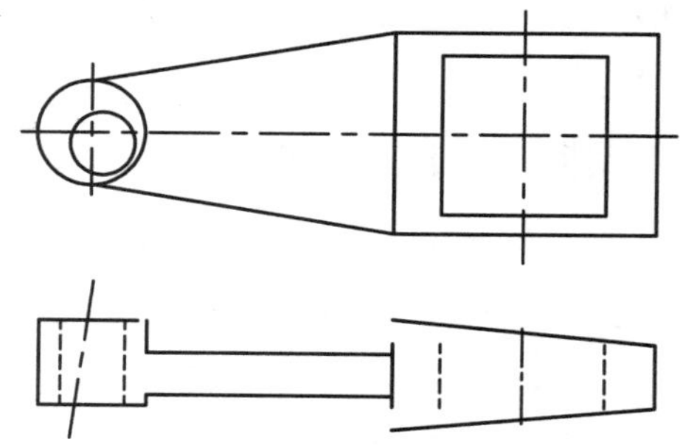

图 5-42　垂直约束的效果

3. 共线约束

共线约束是控制两条或多条直线到同一直线方向。

调用【共线】约束命令的常用方法有以下几种。

- 菜单栏：选择【参数】|【几何约束】|【共线】命令。
- 工具栏：单击【参数化】工具栏上的【共线】按钮。
- 功能区：在【参数化】选项卡中，单击【几何】面板上的【共线】按钮。
- 命令行：在命令行输入 GEOMCONSTRAINT 并按 Enter 键。

【案例 5-7】：共线约束

01 打开“第 5 章/案例 5-7 共线约束.dwg”素材文件，如图 5-43 所示。

02 在【参数化】选项卡中，单击【几何】面板上的【共线】按钮，使两条直线共线，如图 5-44 所示。命令行操作如下：

```
命令： _GcCollinear↙                         //调用【共线】约束命令
选择第一个对象或 [多个(M)]:                   //选择直线 L3
选择第二个对象:                               //选择直线 L4
```

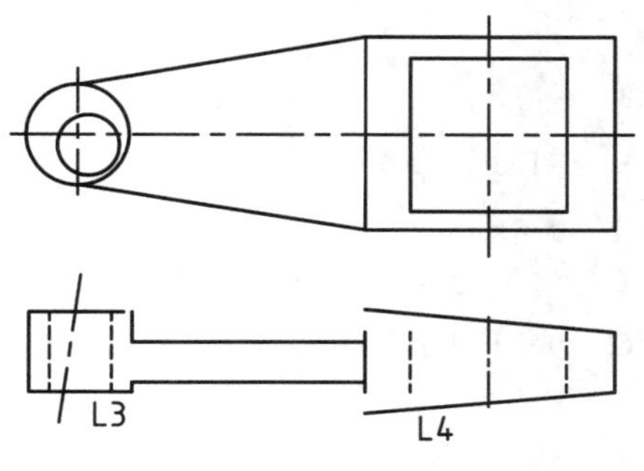

图 5-43　素材文件

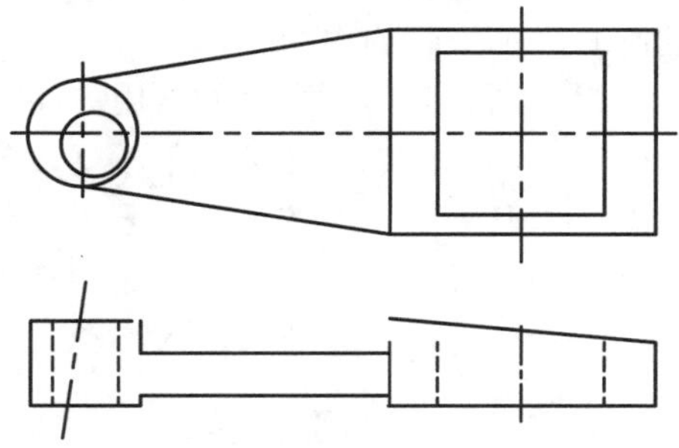

图 5-44　共线约束的效果

4. 相等约束

相等约束是将选定圆弧和圆约束到半径相等，或将选定直线约束到长度相等。

调用【相等】约束命令的常用方法有如下几种。

- 菜单栏：选择【参数】|【几何约束】|【相等】命令。
- 工具栏：单击【参数化】工具栏上的【相等】按钮。
- 功能区：在【参数化】选项卡中，单击【几何】面板上的【相等】按钮。
- 命令行：在命令行输入 GCEQUAL 并按 Enter 键。

【案例 5-8】：相等约束

01 打开“第 5 章/案例 5-8 相等约束.dwg”素材文件，如图 5-45 所示。

02 在【参数化】选项板中，单击【几何】面板上的【相等】按钮，约束直线 L2 和 L3 相等，如图 5-46 所示。命令行操作如下：

```
命令： _GcEqual↙                             //调用【相等】约束命令
选择第一个对象或 [多个(M)]:                   //选择 L3 直线
选择第二个对象:                               //选择 L2 直线
```

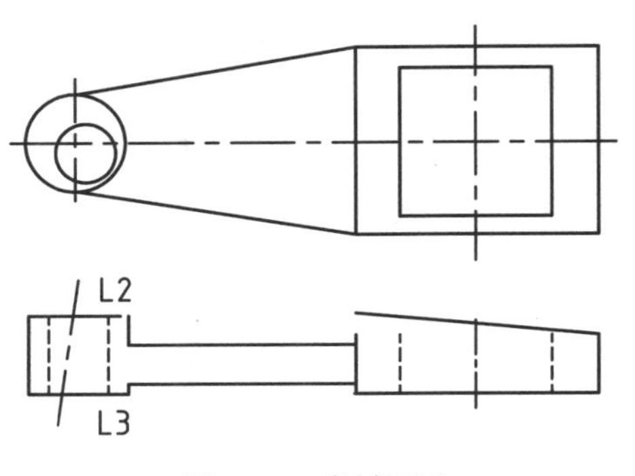

图 5-45　素材图形

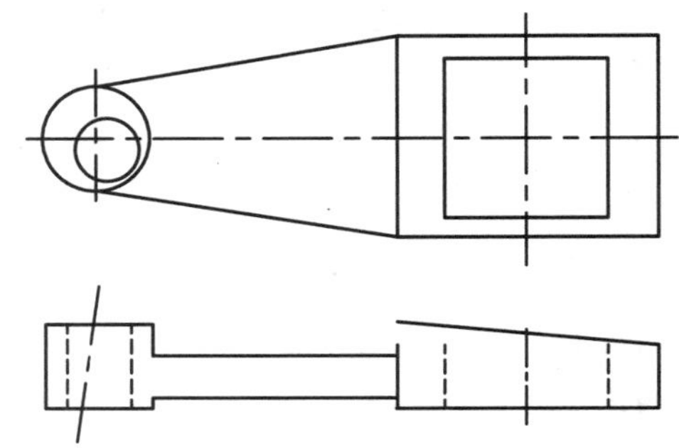

图 5-46　相等约束的效果

5. 同心约束

同心约束是将两个圆弧、圆或椭圆约束到同一个中心点，效果相当于为圆弧和另一圆弧的圆心添加重合约束。

调用【同心】约束命令的常用方法有以下几种。

- 菜单栏：选择【参数】|【几何约束】|【同心】命令。
- 工具栏：单击【参数化】工具栏上的【同心】按钮。
- 功能区：在【参数化】选项卡中，单击【几何】面板上的【同心】按钮。
- 命令行：在命令行输入 GCCONCENTRIC 并按 Enter 键。

【案例 5-9】：同心约束

01 打开“第 5 章/案例 5-9 同心约束.dwg”素材文件，如图 5-47 所示。

02 在【参数化】选项卡中，单击【几何】面板上的【同心】按钮，约束两圆同心，如图 5-48 所示。命令行操作如下：

```
命令: _GcConcentric↙                    //调用【同心】约束命令
选择第一个对象:                          //选择圆 C1
选择第二个对象:                          //选择圆 C2
```

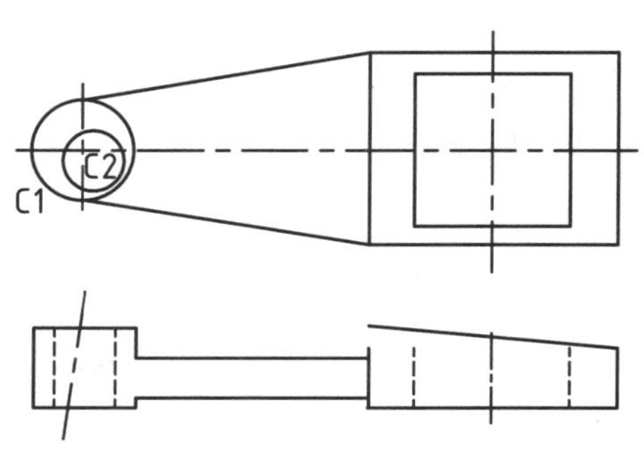

图 5-47　素材文件

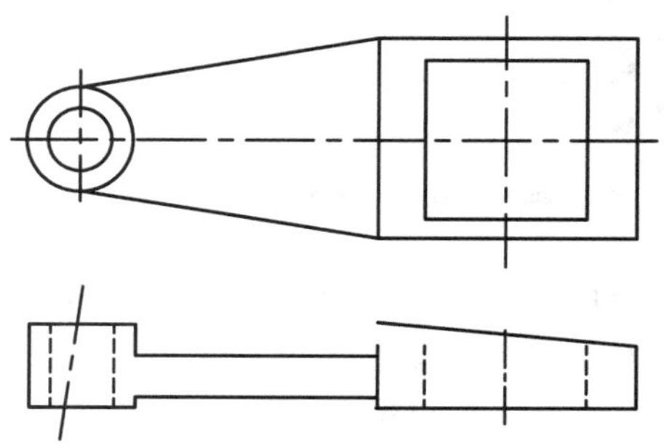

图 5-48　同心约束的结果

6. 竖直约束

竖直约束是使直线或点与当前坐标系 Y 轴平行。

调用【竖直】约束命令的常用方法有以下几种。

- 菜单栏：选择【参数】|【几何约束】|【竖直】命令。
- 工具栏：单击【参数化】工具栏上的【竖直】按钮。
- 功能区：在【参数化】选项卡中，单击【几何】面板上的【竖直】按钮。
- 命令行：在命令行输入 GCVERTICAL 命令并按 Enter 键。

【案例 5-10】：竖直约束

01 打开“第 5 章/案例 5-10 竖直约束.dwg”素材文件，如图 5-49 所示。

02 在【参数化】选项板单击【几何】面板上的【竖直】按钮，使中心线调整到竖直位置，如图 5-50 所示。命令行操作如下：

```
命令：_GcVertical↙                                //调用【竖直】约束命令
选择对象或 [两点(2P)] <两点>:                       //选择中心线 L5
```

提示

在添加水平或竖直约束时，单击直线的位置会影响直线的调整效果。本例中需要单击直线上半部分的位置。

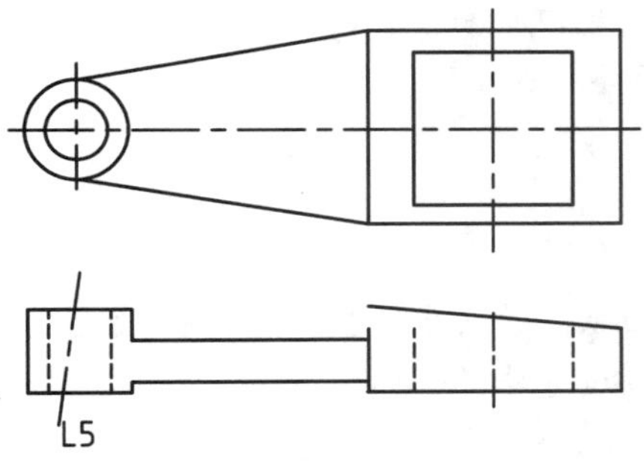

图 5-49　素材文件

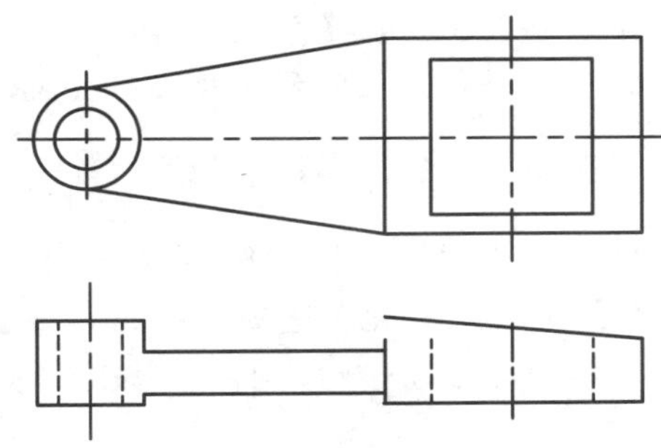

图 5-50　竖直约束的效果

7. 水平约束

水平约束是使直线或点与当前坐标系的 X 轴平行。

调用【水平】约束命令的常用方法有以下几种。

- 菜单栏：选择【参数】|【几何约束】|【水平】命令。
- 工具栏：单击【参数化】工具栏上的【水平】按钮。
- 功能区：在【参数化】选项卡中，单击【几何】面板上的【水平】按钮。
- 命令行：在命令行输入 GCHORIZONTAL 并按 Enter 键。

【案例 5-11】：水平约束

01 打开“第 5 章/案例 5-11 水平约束.dwg”素材文件，如图 5-51 所示。

02 在【参数化】选项卡中，单击【几何】面板上的【水平】按钮，使直线 L6 调整到水平位置，如图 5-52 所示。命令行操作如下：

```
命令: _GcHorizontal↙                         //调用【水平】约束命令
选择对象或 [两点(2P)] <两点>:                 //在直线 L6 右半部分单击
```

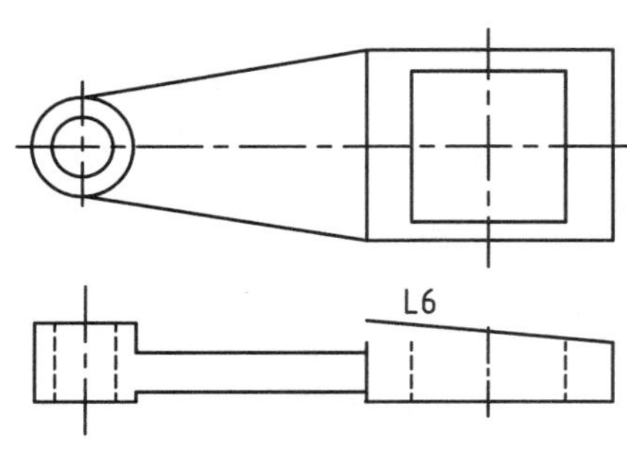

图 5-51　素材文件

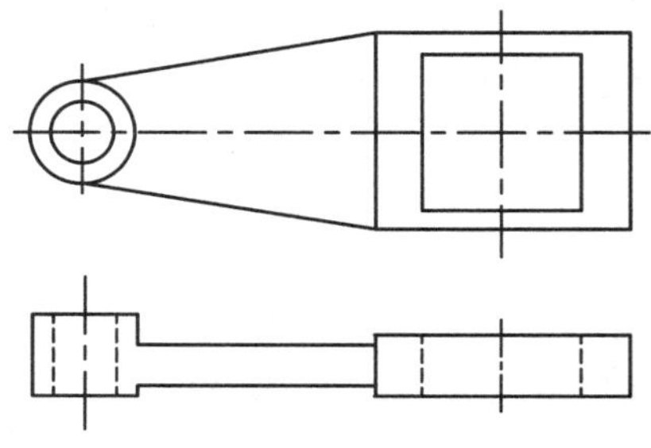

图 5-52　水平约束的效果

8. 平行约束

平行约束的作用是控制两条直线彼此平行。

调用【平行】约束命令的常用方法有以下几种。

- 菜单栏：选择【参数】|【几何约束】|【平行】命令。
- 工具栏：单击【参数化】工具栏上的【平行】按钮⫽。
- 功能区：在【参数化】选项卡中，单击【几何】面板上的【平行】按钮⫽。
- 命令行：在命令行输入 GCPARALLEL 并按 Enter 键。

【案例 5-12】：平行约束

01 打开“第 5 章/案例 5-12 平行约束.dwg”素材文件，如图 5-53 所示。

02 在【参数化】选项卡中，单击【几何】面板上的【平行】按钮⫽，使直线 L7 与中心辅助线相互平行，如图 5-54 所示。命令行操作如下：

```
命令: _GcParallel↙                           //调用【平行】约束命令
选择第一个对象:                                //选择中心辅助线
选择第二个对象:                                //选择直线 L7
```

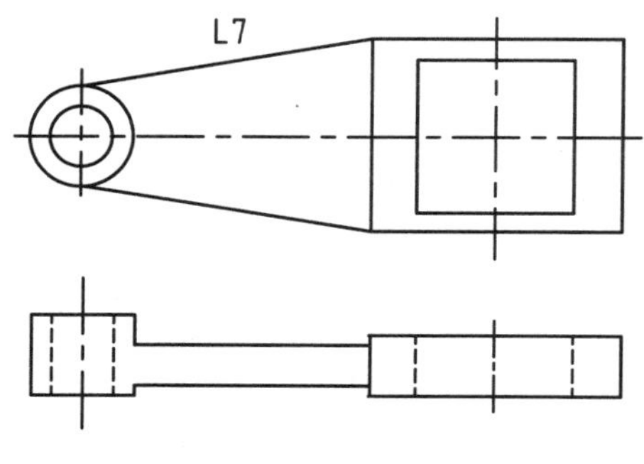

图 5-53　素材文件

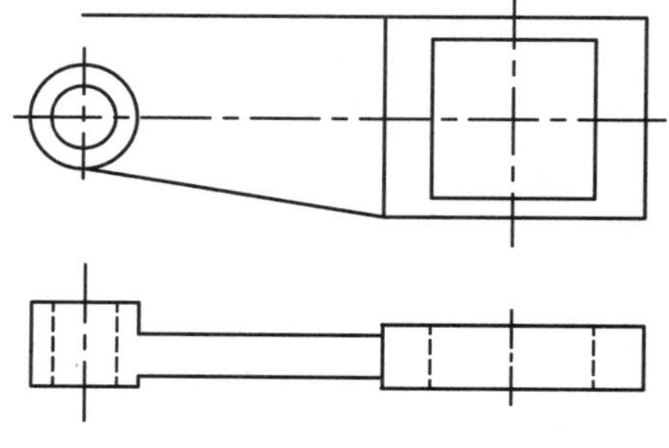

图 5-54　平行约束的效果

9. 相切约束

相切约束是使直线和圆弧、圆弧和圆弧处于相切的位置，但单独的相切约束不能控制

切点的精确位置。

调用【相切】约束命令的常用方法有以下几种。

- 菜单栏：选择【参数】|【几何约束】|【相切】命令。
- 工具栏：单击【参数化】工具栏上的【相切】按钮。
- 功能区：在【参数化】选项卡中，单击【几何】面板上的【相切】按钮。
- 命令行：在命令行输入 GCTANGENT 并按 Enter 键。

【案例 5-13】：相切约束

01 打开“第 5 章/案例 5-13 相切约束.dwg”素材文件，如图 5-55 所示。

02 在【参数化】选项卡中，单击【几何】面板上的【相切】按钮，将直线 L7 约束到与圆相切，如图 5-56 所示。命令行操作如下：

```
命令: _GcTangent                                  //调用【相切】约束命令
选择第一个对象:                                    //选择圆 C1
选择第二个对象:                                    //选择直线 L7
```

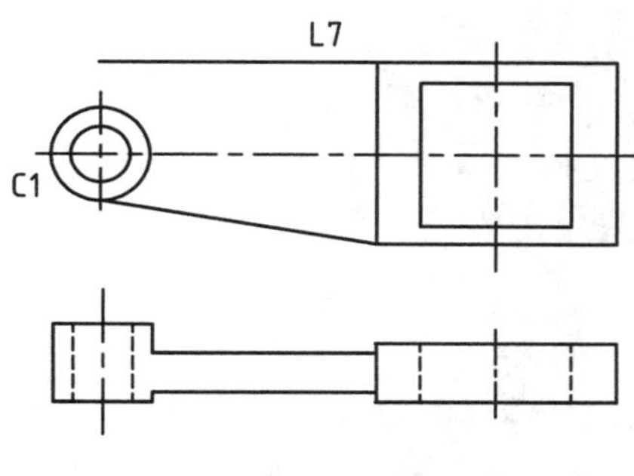

图 5-55　素材文件

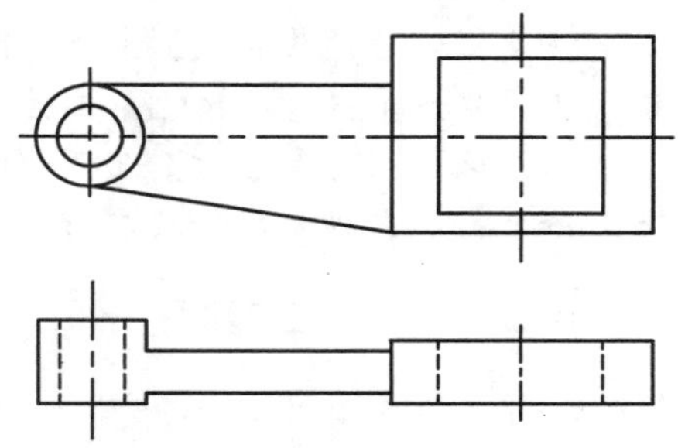

图 5-56　相切约束的效果

10. 对称约束

对称约束是使选定的两个对象相对于选定直线对称。

调用【对称】约束命令的常用方法有以下几种。

- 菜单栏：选择【参数】|【几何约束】|【对称】命令。
- 工具栏：单击【参数化】工具栏上的【对称】按钮。
- 功能区：在【参数化】选项卡中，单击【几何】面板上的【对称】按钮。
- 命令行：在命令行输入 GCSYMMETRIC 并按 Enter 键。

【案例 5-14】：对称约束

01 打开“第 5 章/案例 5-14 对称约束.dwg”素材文件，如图 5-57 所示。

02 在【参数化】选项板中，单击【几何】面板上的【对称】按钮，将直线 L8 约束到与直线 L7 对称，如图 5-58 所示。命令行操作如下：

```
命令: _GcSymmetric                                //调用【对称】约束命令
选择第一个对象或 [两点(2P)] <两点>:               //选择直线 L7
选择第二个对象:                                    //选择虚线 L8
选择对称直线:                                      //选择水平中心线
```

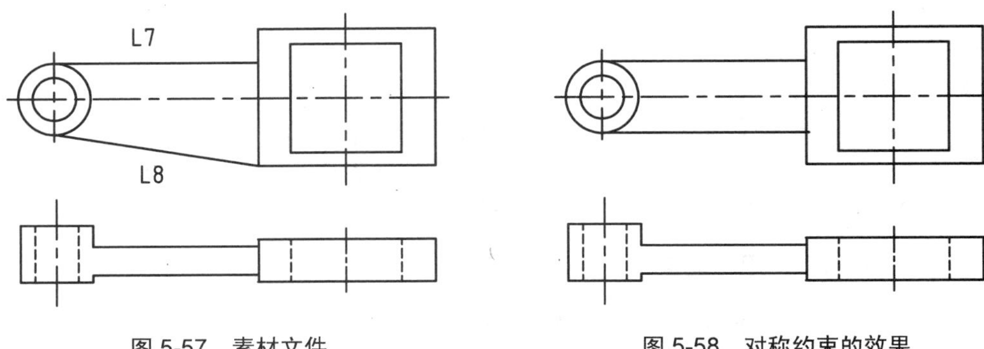

图 5-57　素材文件　　　图 5-58　对称约束的效果

11. 固定约束

在添加约束之前，为了防止某些对象产生不必要的移动，可以添加固定约束。添加固定约束之后，该对象将保持不变。

调用【固定】约束命令的常用方法有以下几种。

- 菜单栏：选择【参数】|【几何约束】|【固定】命令。
- 工具栏：单击【参数化】工具栏上的【固定】按钮。
- 功能区：在【参数化】选项卡中，单击【几何】面板上的【固定】按钮。
- 命令行：在命令行输入 GCFIX 并按 Enter 键。

【案例 5-15】：固定约束

01 打开“第 5 章/案例 5-15 固定约束.dwg”素材文件，如图 5-59 所示。

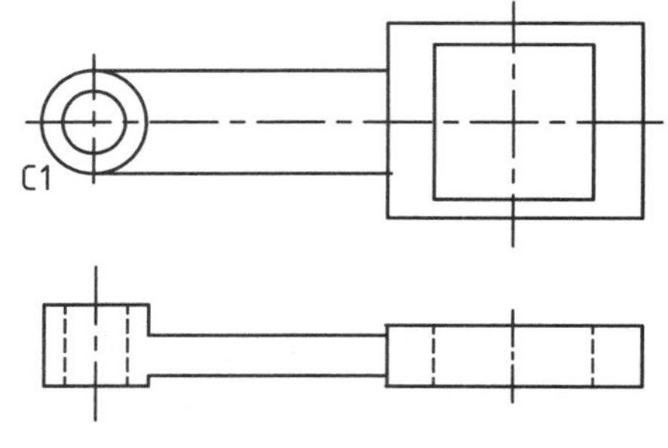

图 5-59　素材文件

02 在【参数化】选项卡中，单击【几何】面板上的【固定】按钮，将圆 C1 固定。命令行操作如下：

```
命令: _GcFix                              //调用【固定】约束命令
选择点或 [对象(O)] <对象>:↙               //按 Enter 键使用默认选项
选择对象:                                 //选择圆 C1
```

12. 平滑约束

平滑约束是控制样条曲线与其他样条曲线、直线、圆弧或多段线保持连续性，如图 5-60 所示。

调用【平滑】约束命令的常用方法有以下几种。

- 菜单栏：选择【参数】|【几何约束】|【平滑】命令。
- 工具栏：单击【参数化】工具栏上的【平滑】按钮。
- 功能区：在【参数化】选项卡中，单击【几何】面板上的【平滑】按钮。
- 命令行：在命令行输入 GCSMOOTH 并按 Enter 键。

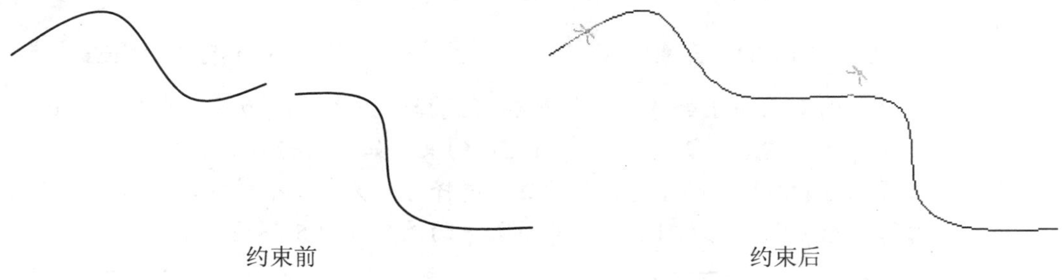

图 5-60　平滑约束的效果

5.4.2　实例——几何约束连杆

01 绘制连杆的大致轮廓，如图 5-61 所示。

02 在【参数化】选项卡中，单击【几何】面板上的【重合】按钮，先选择圆 C1 的圆心，如图 5-62 所示，然后选择中心线的端点，如图 5-63 所示，为两者添加同心约束，效果如图 5-64 所示。

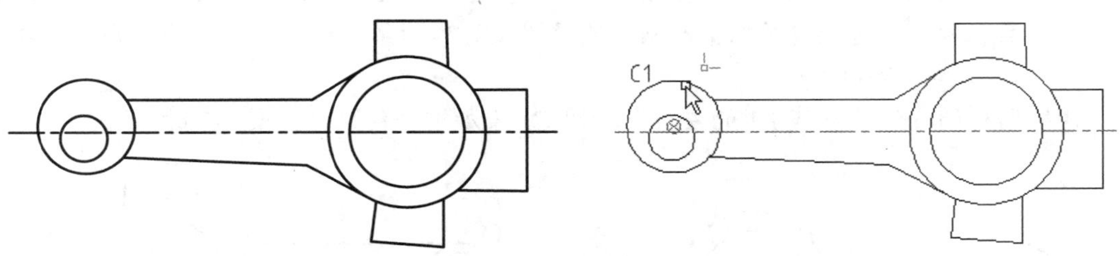

图 5-61　绘制连杆轮廓　　图 5-62　选择圆心

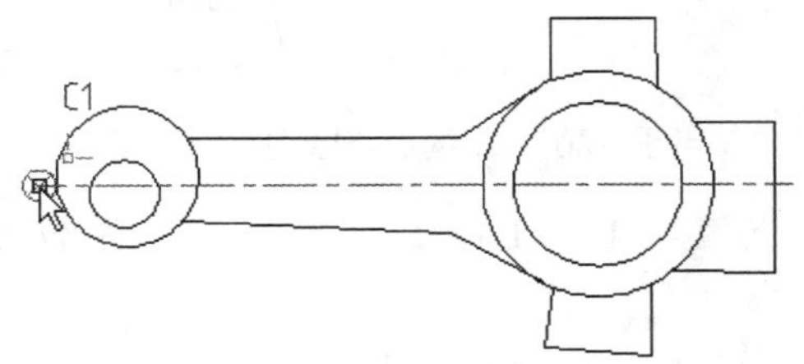

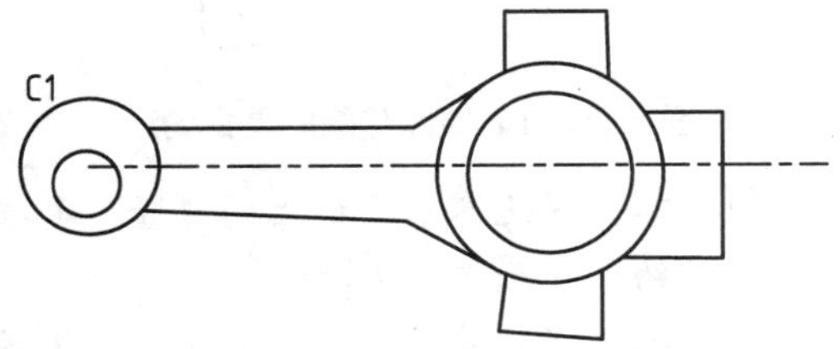

图 5-63　选择中心线端点　　图 5-64　重合约束的效果

03 用同样的方法，为其他圆和中心线端点添加重合约束，效果如图 5-65 所示。

04 选中中心线，编辑夹点修改其长度，如图 5-66 所示。

05 单击【几何】面板上的【水平】按钮，选择中心线，为其添加水平约束。

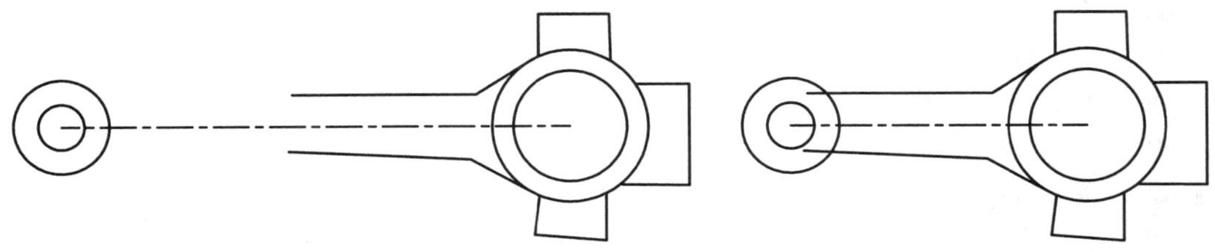

图 5-65　其他圆的重合约束效果　　　　图 5-66　调整中心线长度

06 单击【几何】面板上的【平行】按钮，选择水平中心线为第一个对象，选择线 L1 为第二个对象，为两者添加平行几何约束，如图 5-67 所示。

07 单击【几何】面板上的【对称】按钮，选择 L1 为第一个对象，选择 L2 为第二个对象，选择中心线为对称线，对称约束的效果如图 5-68 所示。

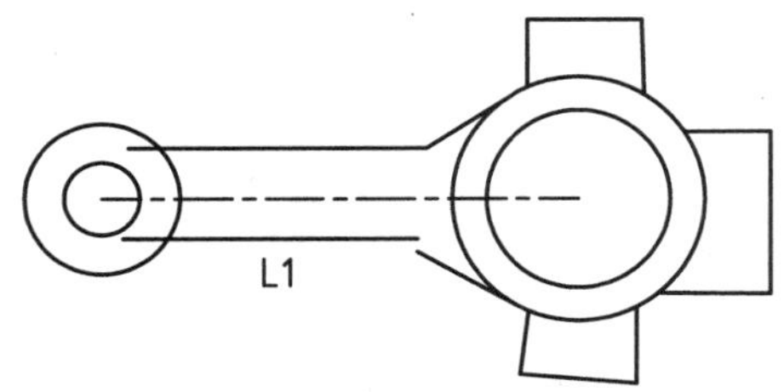

图 5-67　L1 与中心线的平行约束

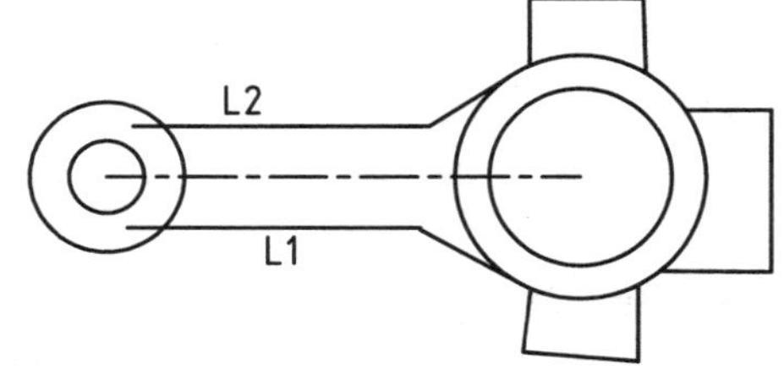

图 5-68　L1 和 L2 的对称约束

08 单击【几何】面板上的【重合】按钮，选择直线 L2 的左端点为第一个对象，然后在命令行选择【对象】选项，选择圆 C1 作为第二个对象，为两者添加重合约束，如图 5-69 所示。

09 同样的方法为直线 L1 的左端点和圆 C1 添加重合约束，如图 5-70 所示。

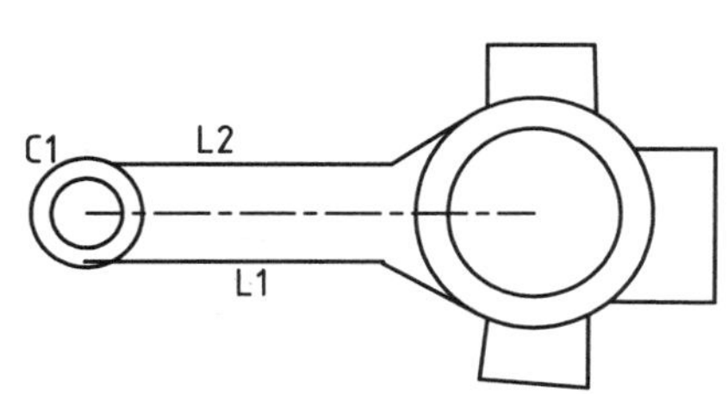

图 5-69　L2 端点与圆的重合约束

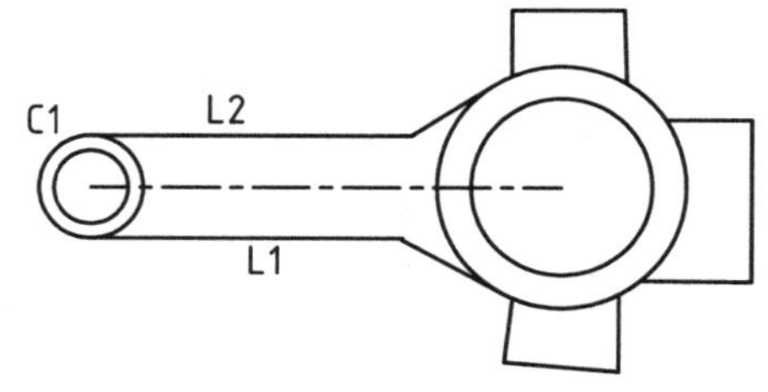

图 5-70　L1 端点与圆的重合约束

10 单击【几何】面板上的【竖直】按钮，为直线 L3、L4、L5、L6 和 L7 添加竖直约束，如图 5-71 所示。

11 单击【几何】面板上的【水平】按钮，为直线 L8、L9、L10 和 L11 添加水平约束，如图 5-72 所示。

12 单击【几何】面板上的【对称】按钮，选择直线 L9 和 L10 为两个对称对象，选择水平中心线为对称直线，添加对称约束的结果如图 5-73 所示。

13 用同样的方法，为 L8 和 L11 两直线关于水平直线添加对称约束，如图 5-74 所示。

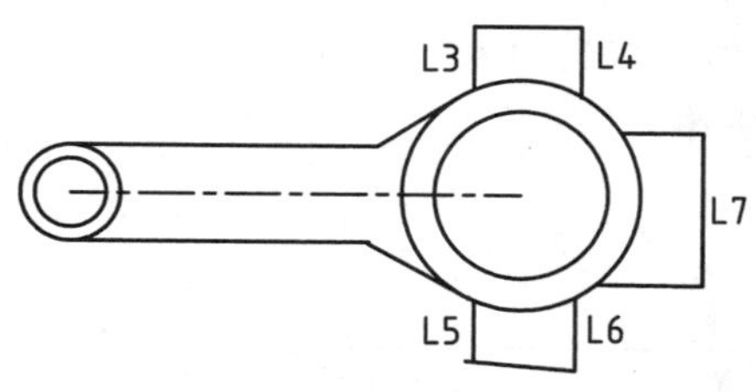

图 5-71　为直线添加竖直约束

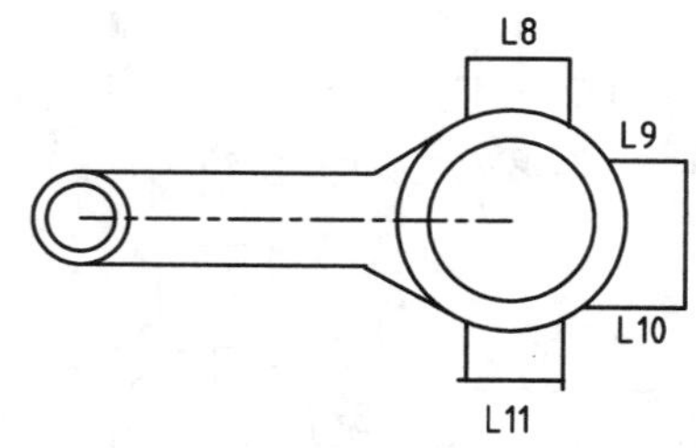

图 5-72　为直线添加水平约束

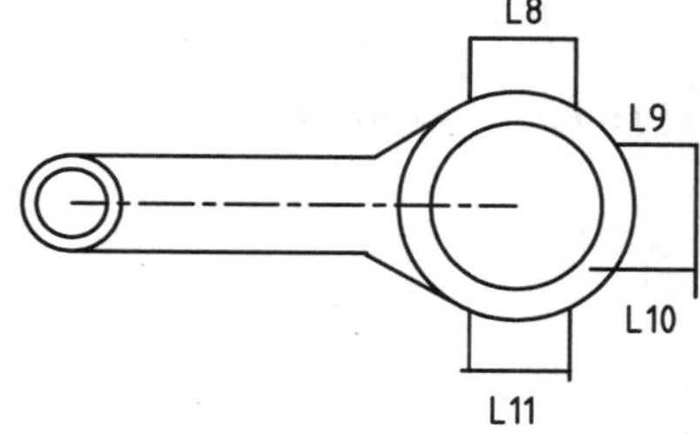

图 5-73　为 L9 和 L10 添加对称约束

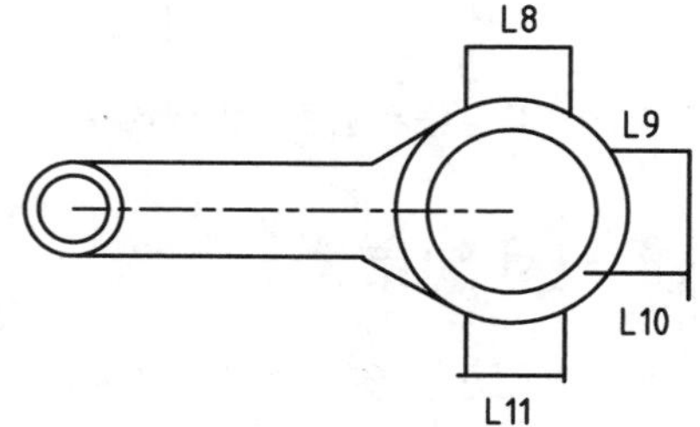

图 5-74　为 L8 和 L11 添加对称约束

14 单击【几何】面板上的【共线】按钮，选择 L3 和 L5 为约束对象。

15 重复【共线】约束命令，选择 L4 和 L6 为共线对象，约束效果如图 5-75 所示。

16 绘制一条经过右侧圆心的竖直中心线，如图 5-76 所示。

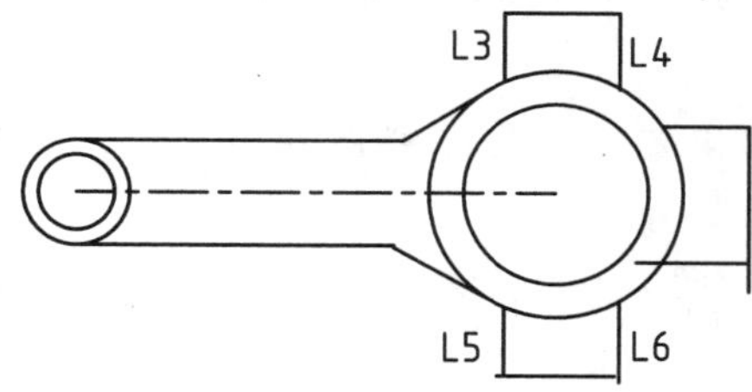

图 5-75　为直线添加共线约束

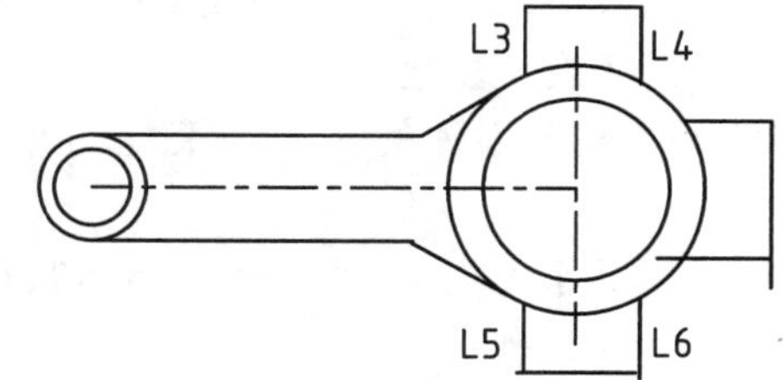

图 5-76　绘制竖直中心线

17 单击【几何】面板上的【对称】按钮，选择 L3 和 L4 为约束对象，选择竖直中心线为对称线，对称约束的结果如图 5-77 所示。

18 单击【几何】面板上的【相等】按钮，选择 L1 和 L2 为约束对象，约束的效果如图 5-78 所示。

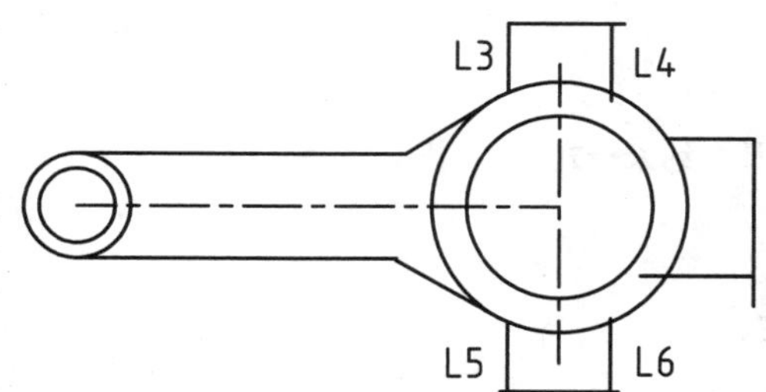

图 5-77　为 L3 和 L4 添加对称约束

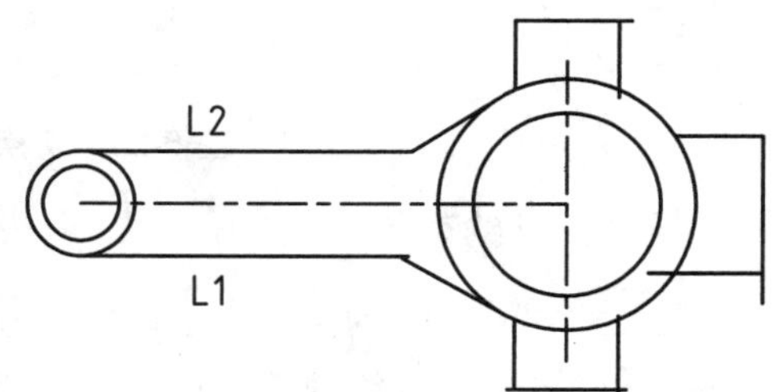

图 5-78　为 L1 和 L2 添加相等约束

19 单击【几何】面板上的【相切】按钮，选择 L12 和圆 C3 为约束对象，添加相切约束。用同样的方法为直线 L13 和圆 C3 添加相切约束，如图 5-79 所示。

20 为各端点添加重合约束，连杆的最终效果如图 5-80 所示。

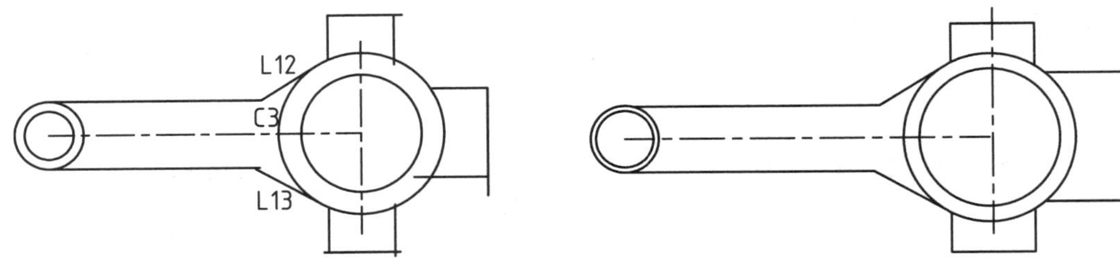

图 5-79　为直线和圆添加相切约束　　　图 5-80　为各端点添加重合约束

5.4.3 尺寸约束

尺寸约束用于控制二维对象的大小、角度以及两点之间的距离，改变尺寸约束将驱动对象发生相应变化。尺寸约束类型包括对齐约束、水平约束、竖直约束、半径约束、直径约束以及角度约束等。

尺寸约束分为两种：动态约束和注释性约束。

- 动态约束：标注外观由固定的预定义标注样式决定，不能修改也不能打印。缩放过程中约束保持一样大小。
- 注释性约束：标注外观由当前标注样式控制，可以修改也可以打印。缩放过程中约束会发生变化。

默认情况下添加的尺寸约束是动态约束，如果要修改为注释性约束，有以下两种方法。

- 设置系统变量 CCONSTRAINTFORM，其值为 0 代表动态约束；将其改为 1，则是注释性约束。
- 在【参数化】选项卡中，展开【标注】滑出面板，单击【注释性约束模式】按钮，切换到注释性约束，如图 5-81 所示。

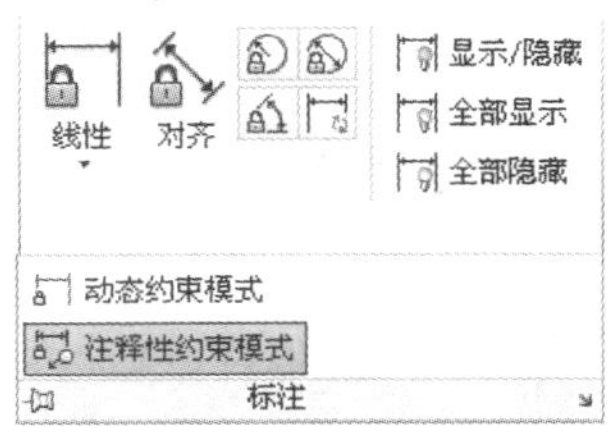

图 5-81　切换到注释性约束模式

1. 竖直尺寸约束

竖直尺寸约束用于约束两点之间的竖直距离。

调用【竖直】尺寸约束的常用方法有以下几种。

- 菜单栏：选择【参数】|【标注约束】|【竖直】命令。

- 工具栏：单击【参数化】工具栏上的【竖直】按钮。
- 功能区：在【参数化】选项卡中，单击【标注】面板上的【竖直】按钮。
- 命令行：在命令行输入 DCVERTICAL 并按 Enter 键。

【案例 5-16】：添加竖直尺寸约束

01 打开“第 5 章\案例 5-16 尺寸约束.dwg”素材文件，如图 5-82 所示。

02 在【参数化】选项卡中，单击【标注】面板上的【竖直】按钮，为圆 C1 的圆心至底边添加竖直距离约束。命令行操作如下：

```
命令: _DcVertical                          //调用【竖直】约束命令
指定第一个约束点或 [对象(O)] <对象>:        //捕捉圆 C1 的圆心
指定第二个约束点:                           //捕捉直线 L1 左侧端点
指定尺寸线位置:                             //拖动尺寸线，在合适位置单击放置尺寸线
标注文字 = 18.12                            //该尺寸的当前值
```

03 清除尺寸文本框，然后输入数值 20，按 Enter 键确认。尺寸约束效果如图 5-83 所示。

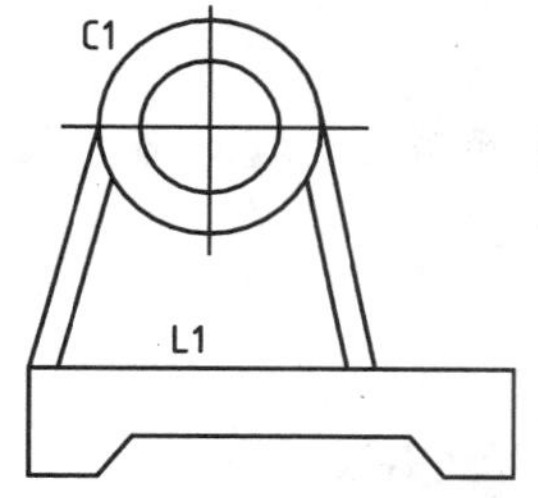

图 5-82　素材图形

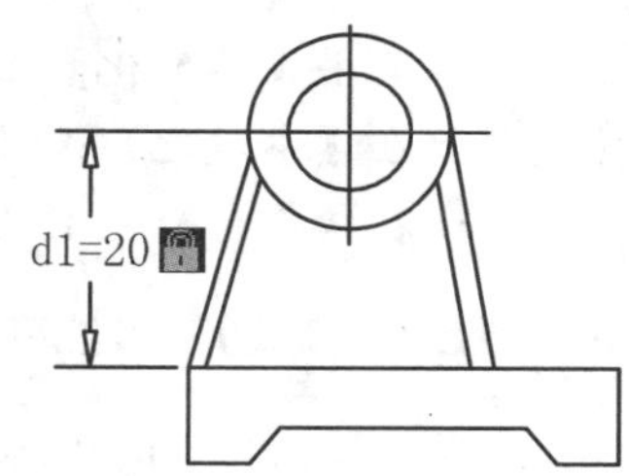

图 5-83　竖直约束

2. 水平尺寸约束

水平尺寸约束用于约束两点之间的水平距离。

调用【水平】尺寸约束命令的常用方法有以下几种。

- 菜单栏：选择【参数】|【标注约束】|【水平】命令。
- 工具栏：单击【参数化】工具栏中的【水平】按钮。
- 功能区：在【参数化】选项卡中，单击【标注】面板中的【水平】按钮。
- 命令行：在命令行输入 DCHORIZONTAL 并按 Enter 键。

【案例 5-17】：添加水平约束

01 打开“第 5 章/案例 5-17 添加尺寸约束.dwg”素材文件。

02 在【参数化】选项卡中，单击【标注】面板上的【水平】按钮，对底座宽度进行水平尺寸约束。命令行操作如下：

```
命令: _DcHorizontal                        //调用【水平】约束命令
指定第一个约束点或 [对象(O)] <对象>:        //捕捉直线 L2 下端点
指定第二个约束点:                           //捕捉直线 L3 下端点
指定尺寸线位置:                             //指定尺寸线位置
标注文字 = 35
```

03 在文本框中输入文字 32，最终效果如图 5-84 所示。

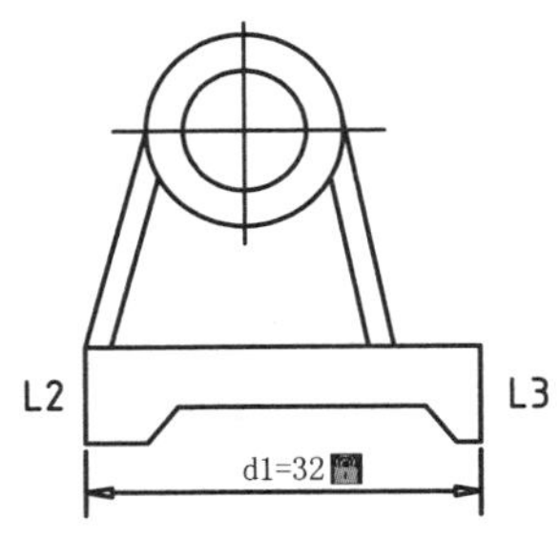

图 5-84 水平约束

3. 对齐尺寸约束

对齐尺寸约束用于约束两点或两直线之间的距离，可以约束水平距离、竖直尺寸或倾斜尺寸。

调用【对齐】尺寸约束的常用方法有以下几种。

- 菜单栏：选择【参数】|【标注约束】|【对齐】命令。
- 工具栏：单击【参数化】工具栏上的【对齐】按钮。
- 功能区：在【参数化】选项卡中，单击【标注】面板上的【对齐】按钮。
- 命令行：在命令行输入 DCALIGNED 并按 Enter 键。

【案例 5-18】：添加对齐约束

01 打开“第 5 章/案例 5-18 添加尺寸约束.dwg”素材文件。

02 在【参数化】选项卡中，单击【标注】面板上的【对齐】按钮，约束两平行直线 L4 和 L5 的距离。命令行操作如下：

```
命令：_DcAligned                                            //调用【对齐】约束命令
指定第一个约束点或 [对象(O)/点和直线(P)/两条直线(2L)] <对象>: 2L↙
                                                            //选择标注两条直线
选择第一条直线:                                              //选择直线 L4
选择第二条直线，以使其平行:                                    //选择直线 L5
指定尺寸线位置:                                              //指定尺寸线位置
标注文字 = 2
```

03 在文本框中输入数值 3，最终效果如图 5-85 所示。

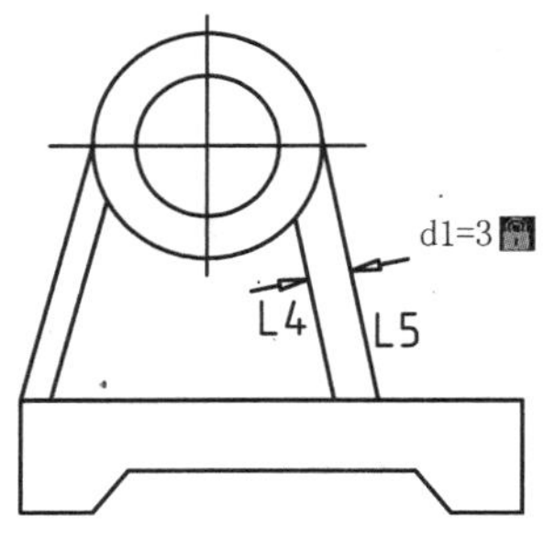

图 5-85 对齐约束

4. 半径约束

半径约束用于约束圆或圆弧的半径。

调用【半径】约束命令的常用方法有以下几种。

- 菜单栏：选择【参数】|【标注约束】|【半径】命令。
- 工具栏：单击【参数化】工具栏上的【半径】按钮。
- 功能区：在【参数化】选项卡中，单击【标注】面板上的【半径】按钮。
- 命令行：在命令行输入 DCRADIUS 并按 Enter 键。

【案例 5-19】：添加半径约束

01 打开“第 5 章/案例 5-19 添加尺寸约束.dwg”素材文件。

02 在【参数化】选项卡中，单击【标注】面板上的【半径】按钮，约束圆 C2 的半径尺寸。命令行操作如下：

```
命令：_DcRadius↙                    //调用【半径】约束命令
选择圆弧或圆：                       //选择圆 C2
标注文字 = 5
指定尺寸线位置：                     //指定尺寸线位置
```

03 在文本框中输入半径值 7，最终效果如图 5-86 所示。

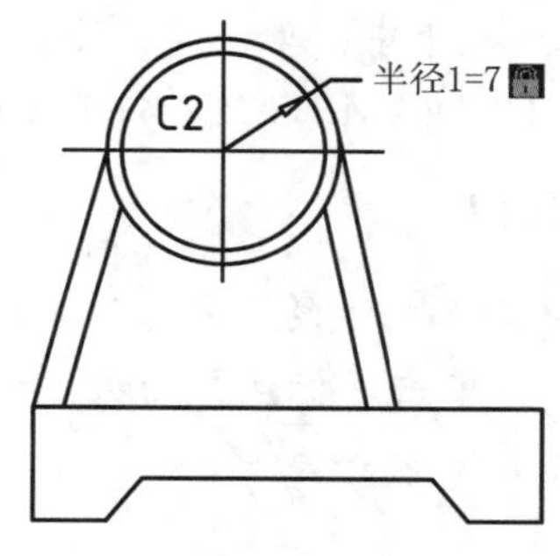

图 5-86　半径约束

5. 直径约束

直径约束用于约束圆或圆弧的直径。

调用【直径】约束命令的常用方法有以下几种。

- 菜单栏：选择【参数】|【标注约束】|【直径】命令。
- 工具栏：单击【参数化】工具栏中的【直径】按钮。
- 功能区：在【参数化】选项卡中，单击【标注】面板上的【直径】按钮。
- 命令行：在命令行输入 DCDIAMETER 并按 Enter 键。

【案例 5-20】：添加直径约束

01 打开“第 5 章/案例 5-20 添加尺寸约束.dwg”素材文件。

02 在【参数化】选项卡中，单击【标注】面板上的【直径】按钮，约束圆 C1 的尺寸。命令行操作如下：

```
命令: _DcDiameter↙                           //调用【直径】约束命令
选择圆弧或圆:                                 //选择圆 C1
标注文字 =16
指定尺寸线位置:                               //指定尺寸线位置
```

03 在文本框中输入数值 15，最终效果如图 5-87 所示。

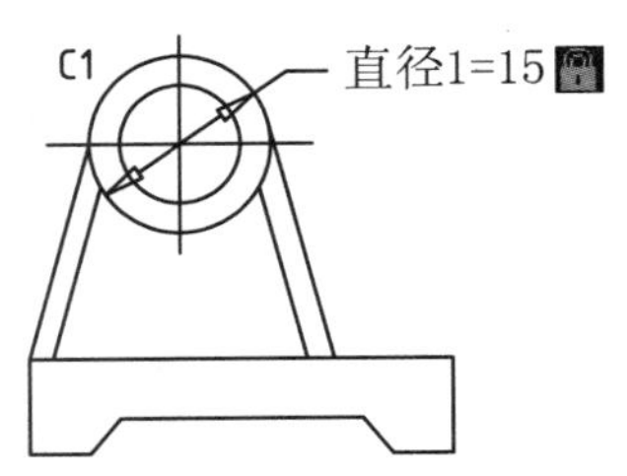

图 5-87 直径约束

6. 角度约束

角度约束用于约束直线之间的角度或圆弧的包含角。

调用【角度】约束命令的常用方法有以下几种。

- 菜单栏：选择【参数】|【标注约束】|【角度】命令。
- 工具栏：单击【参数化】工具栏上的【角度】按钮。
- 功能区：在【参数化】选项卡中，单击【标注】面板上的【角度】按钮。
- 命令行：在命令行输入 DCDIAMETER 并按 Enter 键。

【案例 5-21】：添加角度约束

01 打开“第 5 章/案例 5-21 添加尺寸约束.dwg”素材文件。

02 在【参数化】选项卡中，单击【标注】面板上的【角度】按钮，约束倾斜直线 L4 与水平线 L1 的夹角。命令行操作如下：

```
命令: _DcAngular↙                            //调用【角度】约束命令
选择第一条直线或圆弧或 [三点(3P)] <三点>:      //选择水平直线 L1
选择第二条直线:                               //选择倾斜直线 L4
指定尺寸线位置:                               //指定尺寸线位置
标注文字 = 78
```

03 在文本框中输入数值 65，最终效果如图 5-88 所示。

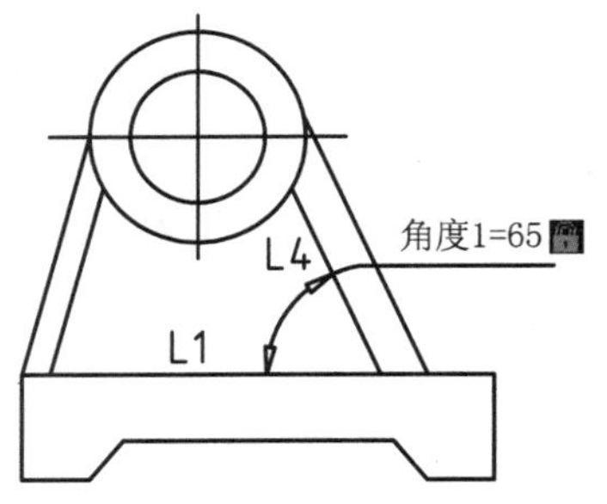

图 5-88 角度约束

5.4.4　编辑约束

编辑约束分为编辑几何约束和编辑尺寸约束。

1. 编辑几何约束

在参数化绘图中添加几何约束后，对象旁边会出现约束图标。将光标移动到图形对象或图标上，此时相关的对象及图标将亮显，然后即可对添加到图形中的几何约束进行显示、隐藏以及删除等操作。

1) 显示全部几何约束

如果需要将图形中所有的几何约束图标都显示出来，有以下两种方法。

- 菜单栏：选择【参数】|【约束栏】|【全部显示】命令。
- 功能区：在【参数化】选项卡中，单击【几何约束】面板上的【全部显示】按钮。

2) 全部隐藏几何约束

如果需要将图形中所有的几何约束图标都隐藏，有以下 3 种方法。

- 菜单栏：选择【参数】|【约束栏】|【全部隐藏】命令。
- 功能区：在【参数化】选项卡中，单击【几何约束】面板上的【全部隐藏】按钮。
- 快捷菜单：在任意一个约束图标上右击，弹出快捷菜单，如图 5-89 所示，选择【隐藏所有约束】命令。

3) 隐藏几何约束

在图 5-89 所示的快捷菜单中选择【隐藏】命令可以单独隐藏该约束。

4) 删除几何约束

在图 5-89 所示的快捷菜单中选择【删除】命令可以删除该约束。

5) 约束设置

在图 5-89 所示的快捷菜单中选择【约束栏设置】命令，系统将弹出【约束设置】对话框，如图 5-90 所示。在对话框中可以设置约束栏图标的显示类型以及约束栏图标的透明度。

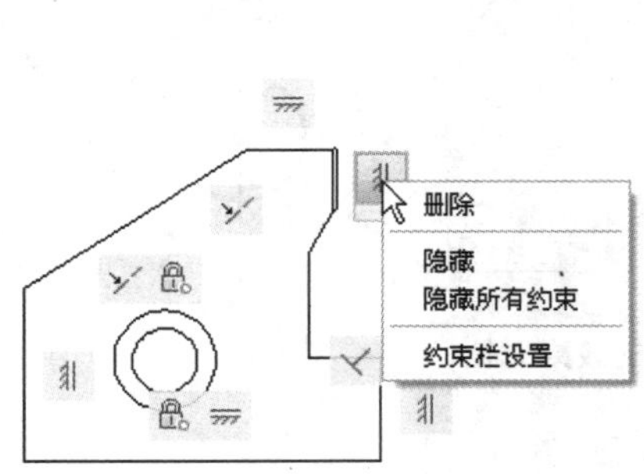

图 5-89　约束图标的右键快捷菜单

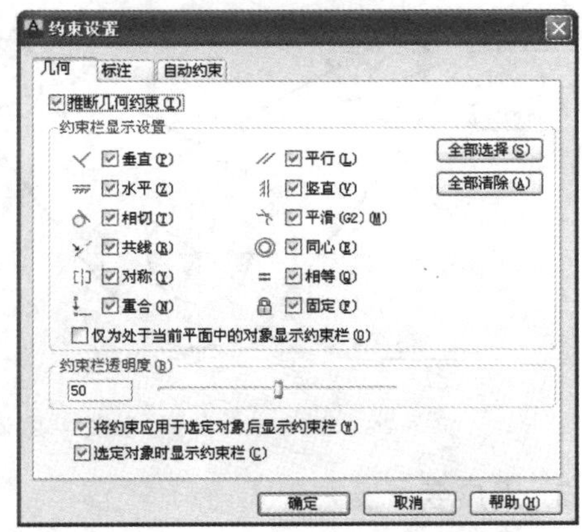

图 5-90　【约束设置】对话框

2. 编辑尺寸约束

编辑尺寸约束主要是修改尺寸的约束数值、变量名称等。

编辑尺寸约束有以下几种方法。

- 双击尺寸约束或利用 DDEDIT 命令编辑约束的值、变量名称或表达式。
- 选中约束并右击，利用快捷菜单中的选项编辑约束。
- 选中尺寸约束，拖动与其关联的三角形关键点改变约束的值，同时改变图形对象。

上述方法适用于编辑单独或少量约束，如果需要同时修改多个约束，一般使用参数管理器。选择【参数化】|【参数管理器】命令，系统弹出【参数管理器】选项板，如图 5-91 所示。在该选项板中列出了所有的尺寸约束，修改表达式的参数即可改变对应的约束尺寸。

选择【参数化】|【约束设置】命令，系统弹出【约束设置】对话框，在【标注】选项卡(见图 5-59)中可以设置尺寸约束的格式。对于注释性约束，还可以取消锁定图标，如图 5-93 所示。

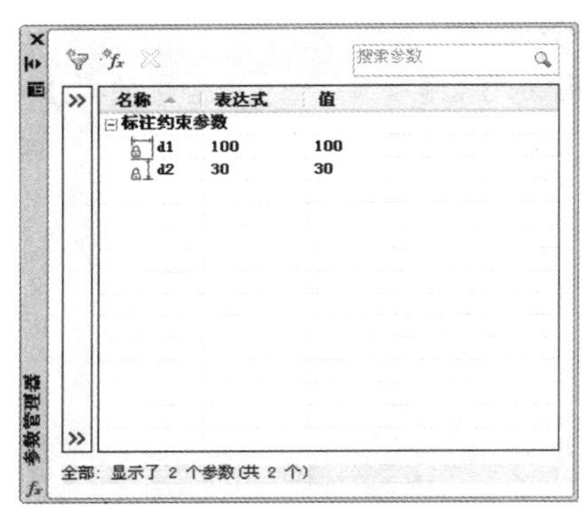

图 5-91 【参数管理器】选项板

图 5-92 【标注】选项卡

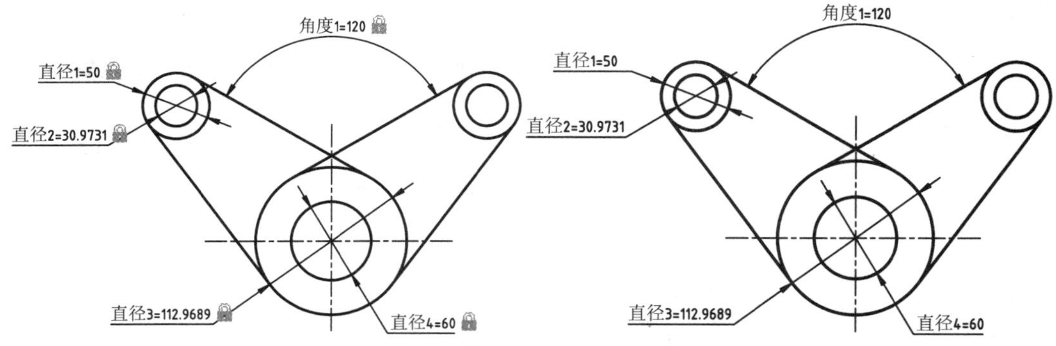

图 5-93 取消锁定图标的效果对比

3. 用户变量及方程式

尺寸约束通常是数值形式，也可以使用其他尺寸参数组合成表达式，当相关的参数变化时，该尺寸也会随之变化。

【案例 5-22】：定义变量及方程式

01 新建 AutoCAD 文件，绘制任意一个三角形，如图 5-94 所示。

02 在【参数化】选项卡中，单击【几何】面板上的【重合】按钮，为三角形各边端点添加重合几何约束。

03 在【参数化】选项卡中，单击【标注】面板上的【对齐】按钮，为三角形添加对齐尺寸约束，如图 5-95 所示。

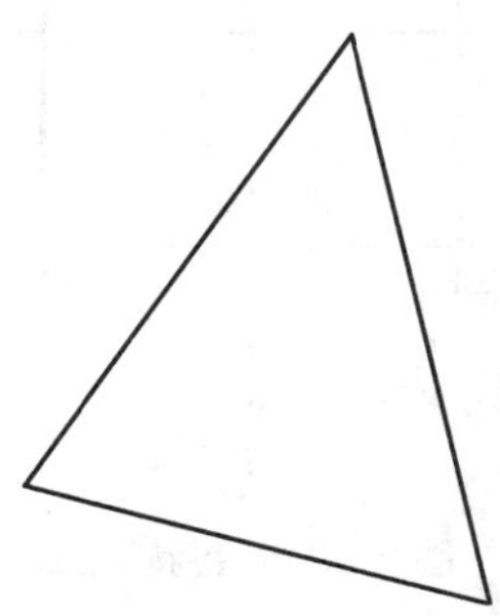

图 5-94 绘制三角形

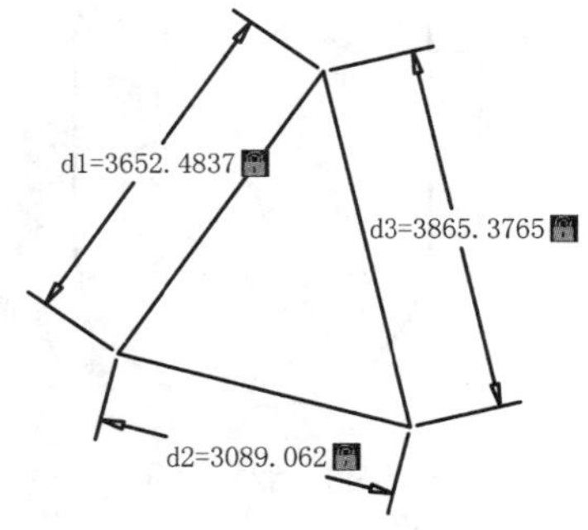

图 5-95 添加尺寸约束

04 在【参数化】选项卡中，单击【管理】面板上【参数管理器】按钮 *fx*，系统弹出【参数管理器】选项板，修改 d3 的表达式为“(d1^2+d2^2)^0.5”，修改 d2 的表达式为“3^0.5*d1/3”，如图 5-96 所示。然后关闭【参数管理器】选项板。

05 修改参数之后的图形如图 5-97 所示，该三角形为一个角为 30° 的直角三角形。

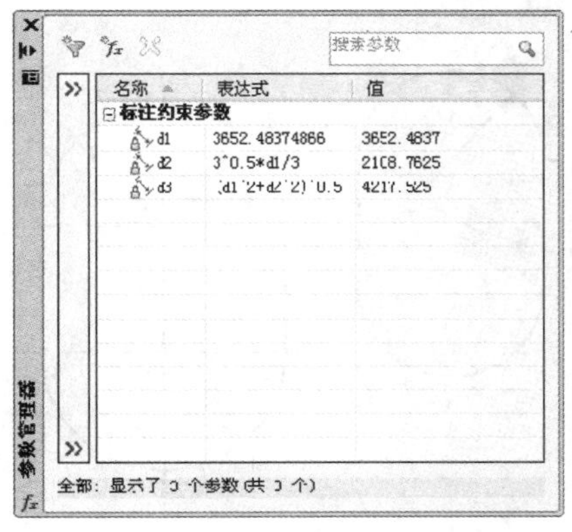

图 5-96 修改参数表达式

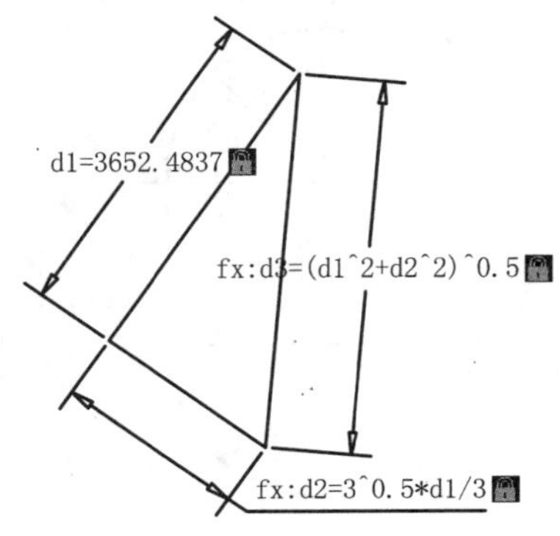

图 5-97 修改参数之后的约束

5.5 综合实例——绘制箱盖

01 单击快速访问工具栏上的【新建】按钮，新建空白文件。

02 单击状态栏上的【对象捕捉追踪】按钮，开启【对象捕捉追踪】功能。

03 单击状态栏上的【对象捕捉】按钮，开启【对象捕捉】功能。

04 单击【绘图】面板上的【多段线】按钮，以任意一点为起点绘制尺寸如图 5-98

所示的环形。

05 单击【绘图】面板上的【直线】按钮，单击状态栏上的【正交】按钮，开启【正交】功能。利用对象捕捉追踪绘制如图 5-99 所示的辅助线，绘制完成后关闭正交模式。

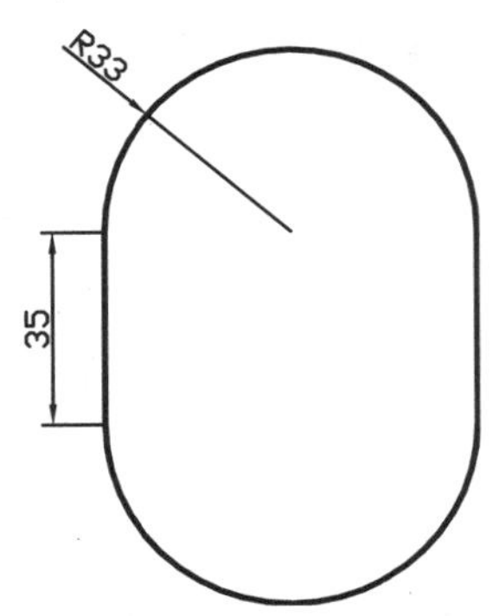

图 5-98　绘制环形

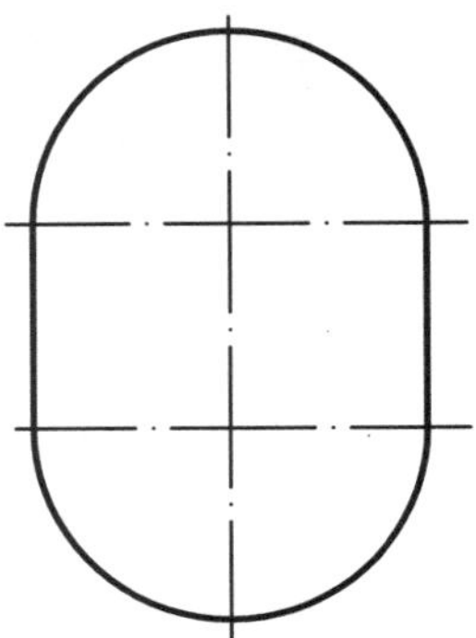

图 5-99　绘制辅助线

06 单击状态栏上的【极轴追踪】按钮，并在【极轴追踪】按钮上右击，设置极轴追踪增量角为 45°。

07 单击【绘图】面板上的【直线】按钮，以辅助线的交点为起点，捕捉到 45° 极轴方向绘制一条辅助线，如图 5-100 所示。

08 单击【绘图】面板上的【多段线】按钮，以任意起点绘制第二个环形，尺寸如图 5-101 所示。

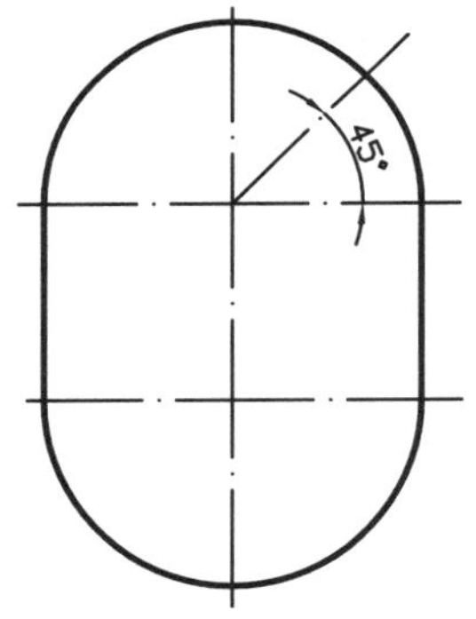

图 5-100　绘制角度

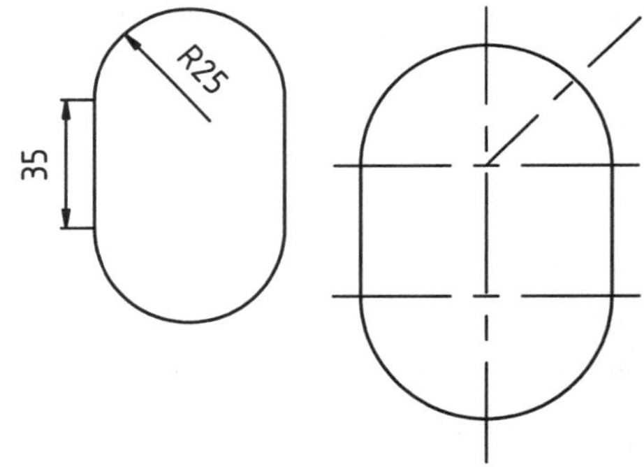

图 5-101　绘制第二个环形

09 在【参数化】选项卡中，单击【几何】面板上的【相切】按钮，对半径为 25 的圆弧和直线添加相切约束，如图 5-102 所示。

10 在【默认】选项卡中，单击【绘图】面板上的【多段线】按钮，以任意起点绘制第三个环形，如图 5-103 所示。

11 在【参数化】选项卡中，单击【几何】面板上的【相切】按钮，为半径为 14 的圆弧和直线添加相切约束，如图 5-104 所示。

12 在【参数化】选项卡中，单击【几何】面板上的【同心】按钮，先单击半径

为 33 的环形上端圆弧，再单击半径为 25 的环形上端圆弧，添加同心约束的效果如图 5-105 所示。

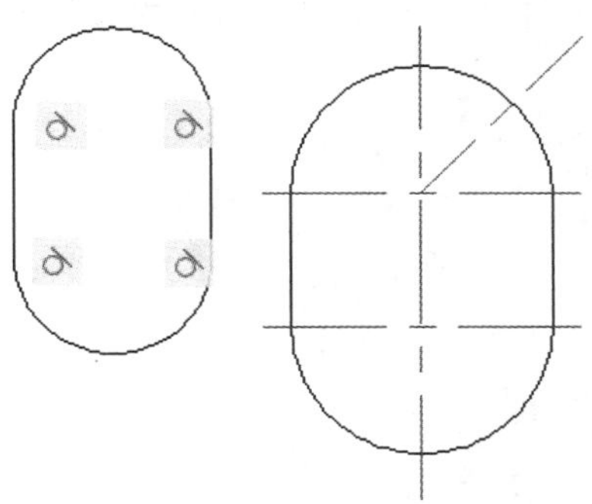

图 5-102　添加相切约束

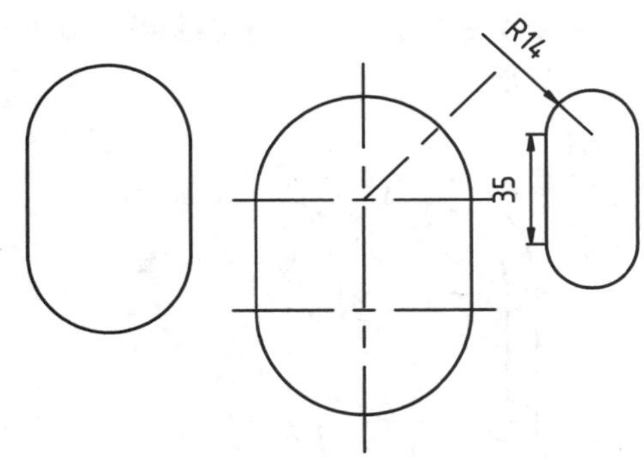

图 5-103　绘制第三个环形

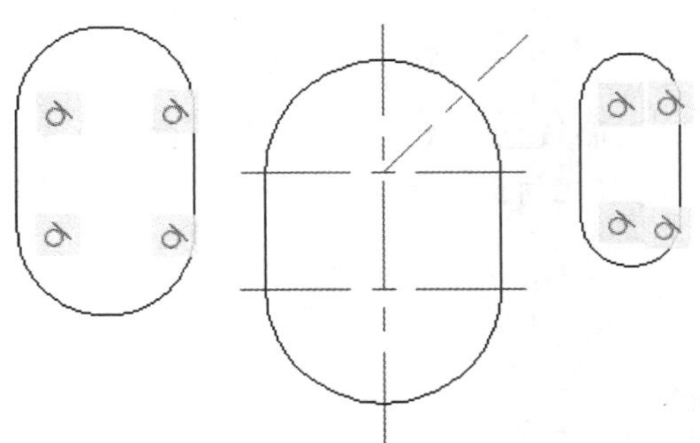

图 5-104　相切约束

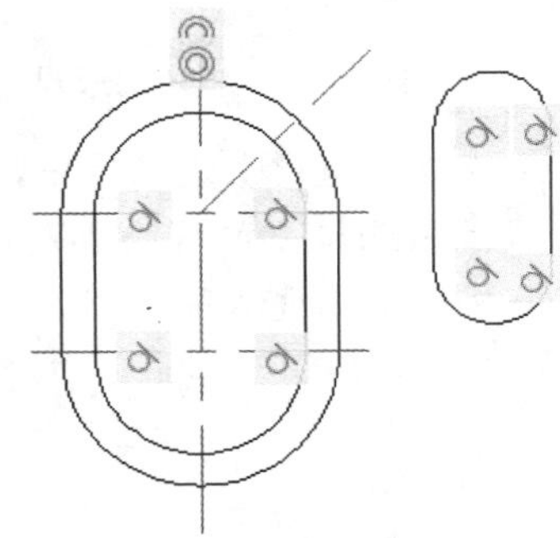

图 5-105　同心约束

13 重复【同心】约束命令，先单击半径为 33 的环形上端圆弧，再单击半径为 14 的环形上端圆弧，同心约束的效果如图 5-106 所示。

14 单击【绘图】面板上的【直线】按钮，在中间环形与辅助线的交点绘圆，圆的尺寸任意，如图 5-107 所示。

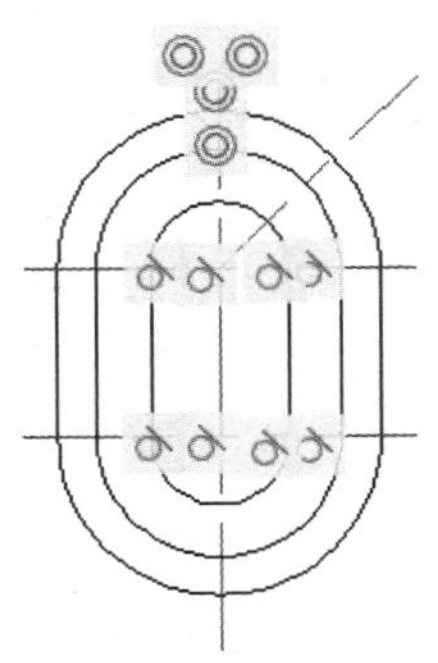

图 5-106　同心约束第二个环形

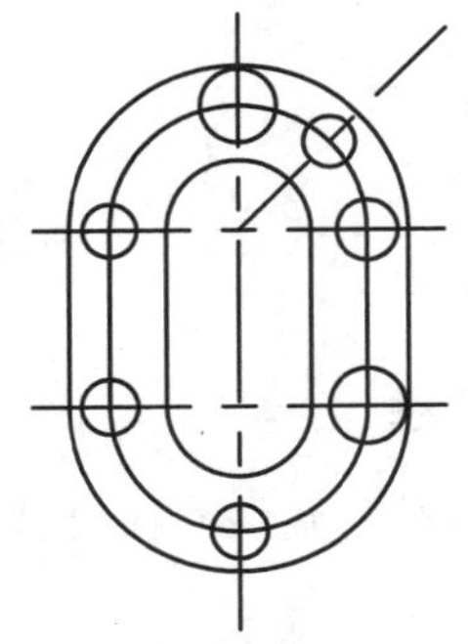

图 5-107　绘制圆

15 在【参数化】选项卡上，单击【标注】面板中的【半径】按钮，选择水平或竖直中心线上的任意一个圆，添加半径为 6 的尺寸约束。重复【半径】约束命令，为 45° 构造线上的圆添加半径为 4 的尺寸约束，如图 5-108 所示。

16 在【参数化】选项卡中，单击【几何】面板上的【相等】按钮 = ，在命令行选择【多个】选项，先单击半径为 6 的圆，再选择其他 5 个圆，约束效果如图 5-109 所示。

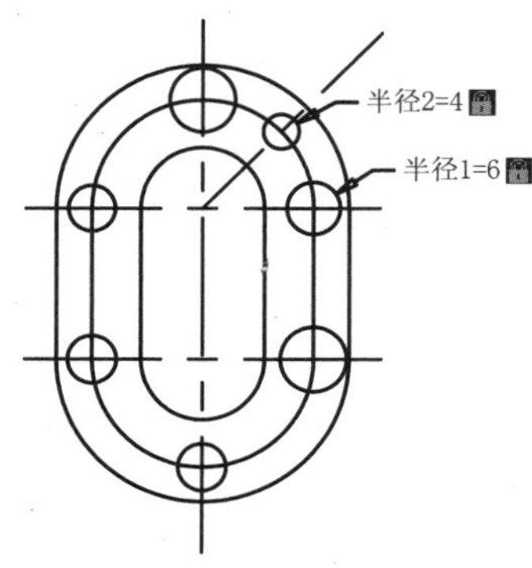

图 5-108 半径约束圆

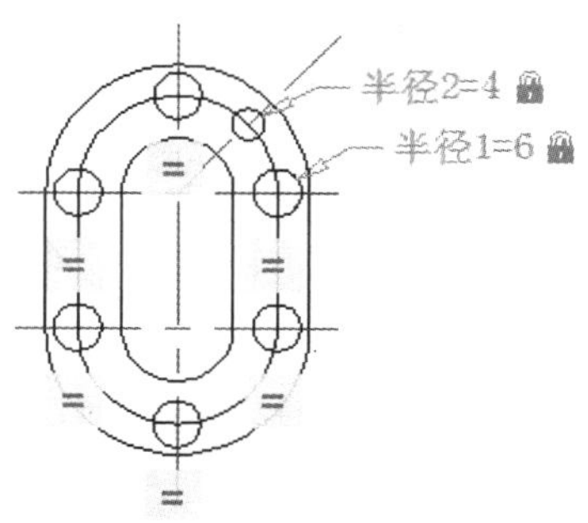

图 5-109 相对约束圆

17 在【参数化】选项卡中，单击【几何】面板上的【全部隐藏】按钮，再单击【标注】面板上的【全部隐藏】按钮，隐藏几何约束和尺寸约束，完成后的箱盖如图 5-110 所示。

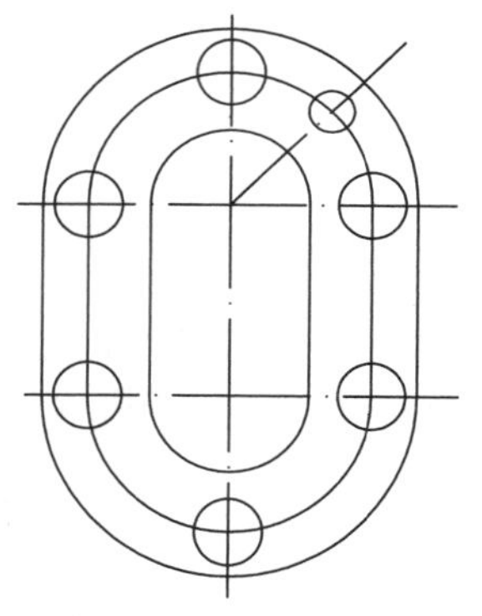

图 5-110 箱盖

5.6 思考与练习

一、选择题

1. 启用对象捕捉的快捷键是(   )。

   A. F3 B. F7 C. F9 D. F10

2. 在绘图窗口显示栅格的快捷键是(   )。

   A. F4 B. F5 C. F6 D. F7

3. 启用极轴追踪的快捷键是(   )。

   A. F8 B. F9 C. F10 D. F11

4. 绘图过程中发现光标不能连续移动，而只能跳跃移动，这说明当前打开了(　　)功能。

A. 栅格显示　　B. 对象捕捉

C. 对象捕捉追踪　　D. 捕捉模式

5. 无论极轴追踪的增量角设置为 30° 或 45° ，都能够捕捉到(　　)极轴。

A. 120°　　B. 150°　　C. 210°　　D. 270°

6. 启用对象捕捉的快捷键是(　　)。

A. F1　　B. F2　　C. F3　　D. F4

7. 用三点方式绘制圆之后，若要精确地在圆心处开始绘制直线，应使用 AutoCAD 的(　　)工具。

A. 捕捉　　B. 对象捕捉　　C. 实体　　D. 几何计算

8. 使用重合约束不能完成下列(　　)操作。

A. 将两条平行直线重合到同一直线　　B. 将两个圆的圆心重合

C. 将圆和一条直线的端点重合　　D. 以上操作均可完成

二、操作题

1. 使用栅格和捕捉功能绘制如图 5-111 所示的图形。
2. 使用对象捕捉追踪功能绘制如图 5-112 所示的图形，其中圆的圆心位于矩形的中心。

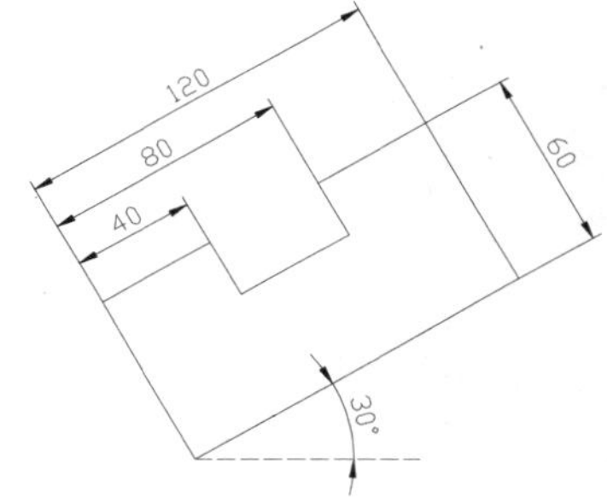

图 5-111　使用栅格和捕捉绘制图形

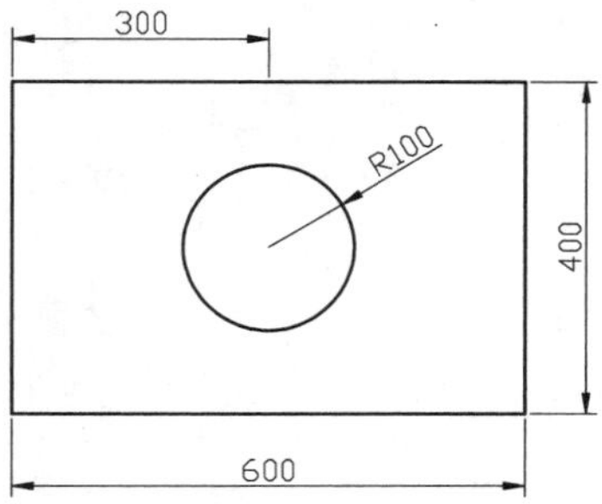

300
R100
400
600

图 5-112　使用对象捕捉追踪绘制图形

3. 利用几何约束和尺寸约束，绘制如图 5-113 所示的图形。

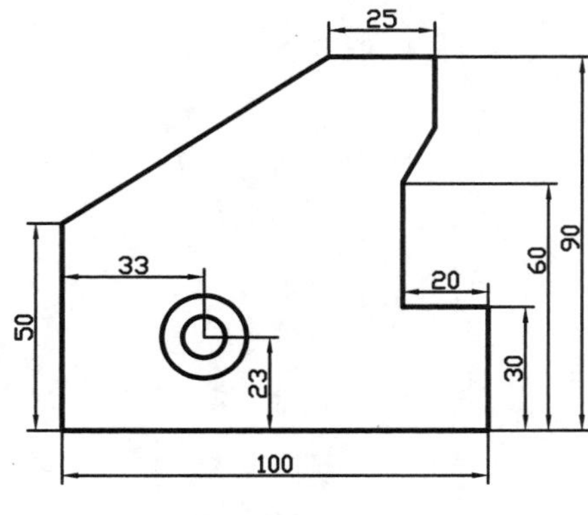

图 5-113　零件图

第6章

图层与显示

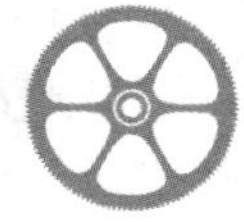

本章导读

图层是用户管理图样的有效工具。对于复杂的机械装配图、室内装潢施工图和建筑图纸而言，如果合理地划分图层，则图形信息更清晰、有序，且方便图形的修改、观察、打印。

学习目标

- 了解图层的概念和图层在图形管理中的作用。
- 掌握图层的创建和图层各种特性的设置方法。
- 掌握图层的开关、冻结、锁定、设置为当前等操作方法，掌握将对象转移到指定图层的方法。
- 掌握利用【特性】选项板设置对象特性的方法。

6.1 图层概述

6.1.1 图层的基本概念

为了根据图形的相关属性对图形进行分类，AutoCAD 引入了“图层(Layer)”的概念，也就是把线型、线宽、颜色和状态等属性相同的图形对象放进同一个图层，以方便用户管理图形。

在绘图前指定每一个图层的线型、线宽、颜色和状态等属性，可使凡具有与之相同属性的图形对象都放到该图层上。在绘图时只需要指定每个图形对象的几何数据和其所在的图层即可。这样既简化了绘图过程，又便于图形管理。

6.1.2 图层分类的原则

在绘制图形之前应该明确哪些图形对应哪些图层的概念。合理分配图层是 AutoCAD 设计人员的一个良好习惯。多人协同设计时，更应该设计好一个统一规范的图层结构，以便数据交换和共享。切忌将所有的图形对象全部放在同一个图层中。

图层可以按照以下的原则进行组织。

- 按照图形对象的使用性质分层。例如：在建筑设计中，可以将墙体、门窗、家具、绿化分属于不同的层。
- 按照外观属性分层。具有不同线型或线宽的实体应当分属于不同的图层，这是一个很重要的原则。例如：在机械设计中，粗实线(外轮廓线)、虚线(隐藏线)和点划线(中心线)就应该分属于 3 个不同的层，方便打印控制。
- 按照模型和非模型分层。AutoCAD 制图的过程实际上是建模的过程。图形对象是模型的一部分；文字标注、尺寸标注、图框、图例符号等并不属于模型本身，是设计人员为了便于设计文件的阅读而人为添加的说明性内容。所以模型和非模型应当分属于不同的层。

6.2 设置图层结构

AutoCAD 图层相当于传统图纸绘图中使用的重叠图纸，它就如同一张张透明的图纸，整个 AutoCAD 文档就是由若干透明图纸上下叠加的结果。用户可以根据不同的特征、类别或用途，将图形对象分类组织到不同的图层中。同一个图层中的图形对象具有许多相同的外观属性，如线型、颜色、线宽和透明度等。

6.2.1 新建图层

图层新建和设置在【图层特性管理器】选项板中进行，包括组织图层结构和设置图层属性和状态。

创建图层的方法如下。

- 菜单栏：选择【格式】|【图层】命令。
- 工具栏：单击【图层】工具栏上的【图层特性管理器】按钮。
- 功能区：在【默认】选项卡中，单击【图层】面板上的【图层管理器】按钮。
- 命令行：在命令行输入 LAYER/LA 并按 Enter 键。

每一个图层都有自身相对应的状态、颜色、名称、线宽、线型等属性项。正是因为这些不同的属性项，使线条在图纸上显示出不一样的效果。

注意

图层名称不能包含通配符“*”和“?”，以及空格等特殊符号，也不能与其他图层重名。

6.2.2 图层特性管理器

图层特性管理器是 AutoCAD 中对图层进行编辑的管理工具。在【默认】选项卡中，单击【图层】面板上的【图层管理器】按钮，系统弹出【图层特性管理器】选项板，如图 6-1 所示。AutoCAD 中的图层新建、修改、删除等操作均是在该管理器中进行。

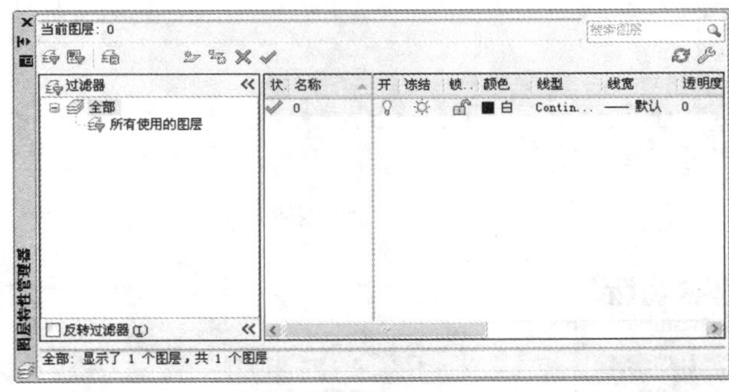

图 6-1　【图层特性管理器】选项板

【案例 6-1】：创建及编辑图层特性

01 单击快速访问工具栏上的【新建】按钮，新建空白文件。

02 在【默认】选项卡中，单击【图层】面板上的【图层管理器】按钮。系统弹出【图层特性管理器】选项板，单击【新建】按钮，新建图层。系统以默认【图层 1】名称新建图层，如图 6-2 所示。

03 右击【图层 1】，在弹出的快捷菜单中选择【重命名图层】命令，更改名称为“中心线”，如图 6-3 所示。

04 单击【颜色】属性项，弹出【选择颜色】对话框，如图 6-4 所示，选择【索引颜色：1】。

05 单击【确定】按钮，返回【图层特性管理器】选项板，如图 6-5 所示。

06 单击【线型】属性项，弹出【选择线型】对话框。单击【加载】按钮，在弹出的【加载或重载线型】对话框中选择 ACAD 线型，如图 6-6 所示。

07 单击【确定】按钮，返回【选择线型】对话框。再次选择 CENTER 线型，然后单击【确定】按钮，如图 6-7 所示。

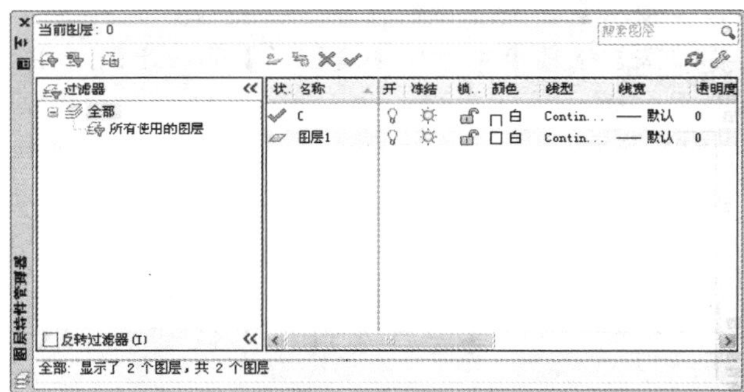

图 6-2 【图层特性管理器】选项板

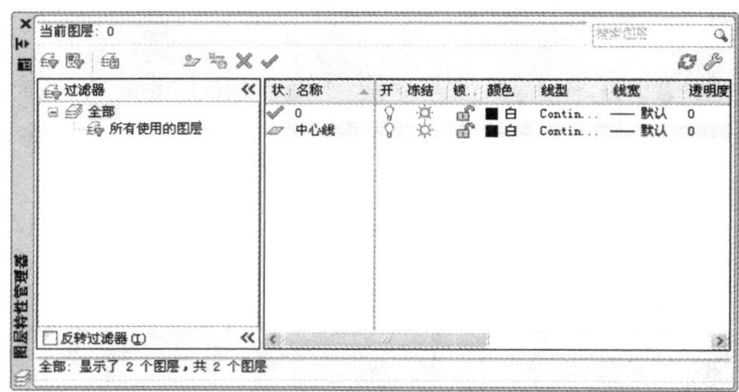

图 6-3 命名图层

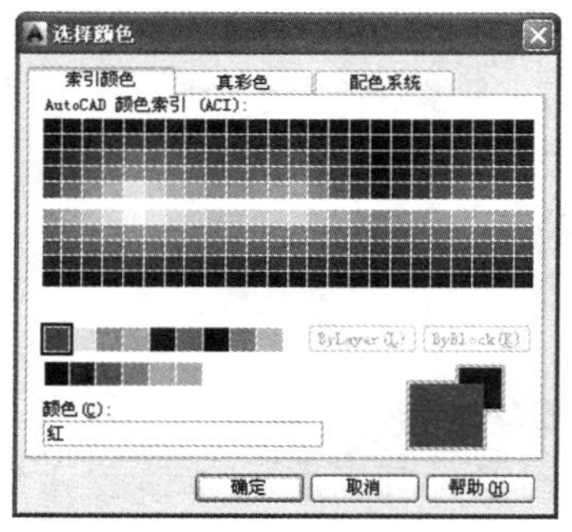

图 6-4 【选择颜色】对话框

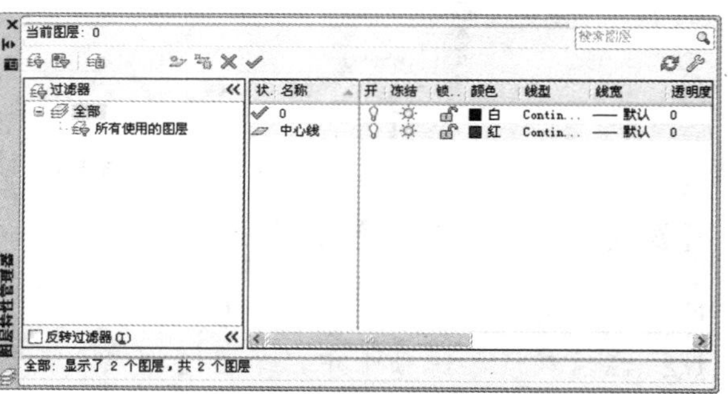

图 6-5 设置颜色

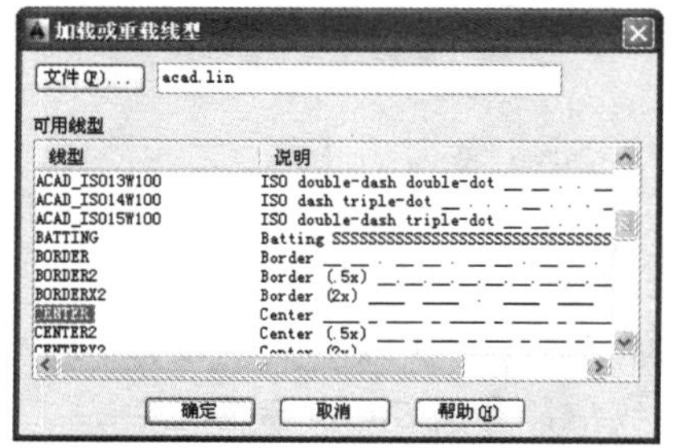

图 6-6 【加载或重载线型】对话框

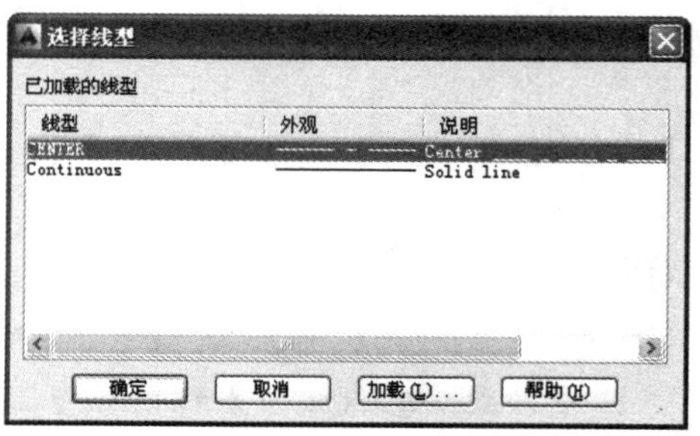

图 6-7 【选择线型】对话框

08 单击【确定】按钮，返回【图层特性管理器】选项板。设置线型效果如图 6-8 所示。

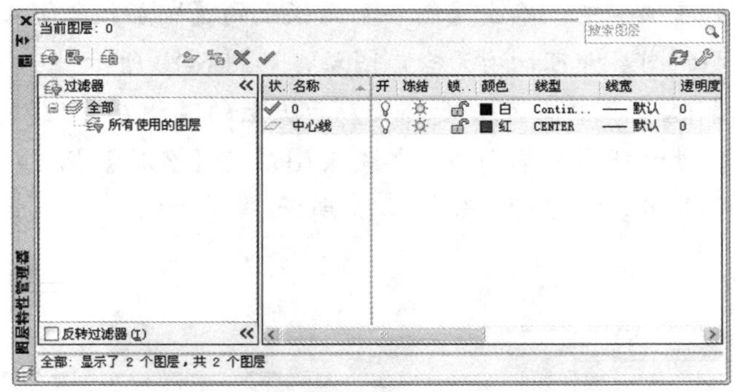

图 6-8 【图层特性管理器】选项板

09 按照同样的方法，新建【虚线】图层，设置【颜色】为【索引颜色：6】，设置【线型】为 DASHED；新建【轮廓线】图层，设置【颜色】为【索引颜色：7】，设置【线宽】为 0. 3mm，最终效果如图 6-9 所示。

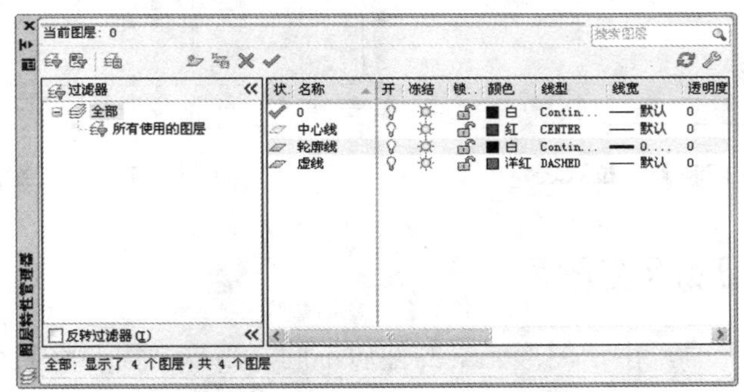

图 6-9 新建并设置其他图层

技巧

(1) 若先选择一个图层再新建另一个图层，则新图层与被选择的图层具有相同的颜色、线型、线宽等设置。

(2) 如果图层名称前有✔，则该图层为当前图层。

6.3 图层的基本操作

AutoCAD 提供了图层的切换、搜索、过滤等操作，熟练掌握这些操作可以提高绘图的效率。

6.3.1 设置当前图层

在绘制图形时，为了使图形信息更清晰、有序，并能更加方便地修改、观察及打印图形，用户常需要在各个图层之间进行切换。

快速切换当前图层的方法如下。

- 在【默认】选项卡中，单击【图层】面板上的【图层控制】按钮，并在下拉列表中选择需要的图层即可切换为当前图层，如图 6-10 所示。
- 在【默认】选项卡中，单击【图层】面板上的【图层管理器】按钮，系统弹出【图层特性管理器】选项板。单击某图层的【名称】属性项，使之显示为勾选状态，即设置为当前图层，如图 6-11 所示。

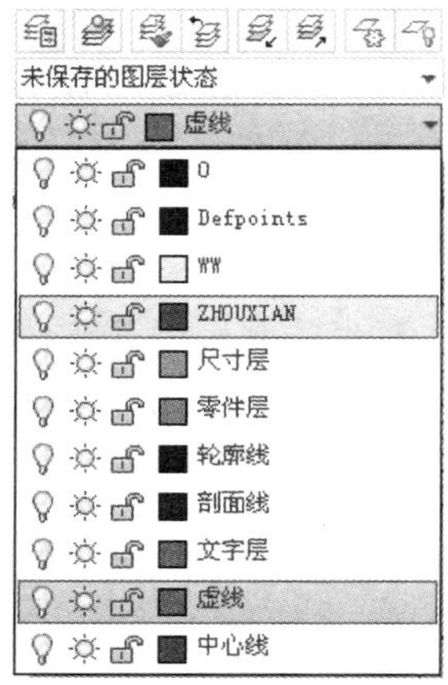

图 6-10 【图层控制】下拉列表

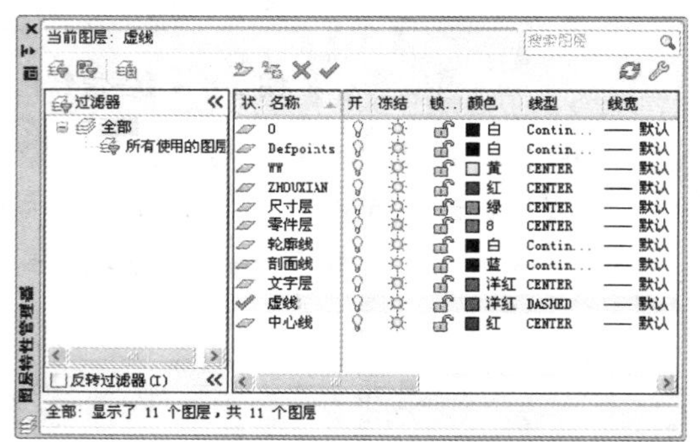

图 6-11 设置当前层

6.3.2 转换图形所在图层

绘制复杂的图形时，由于图形元素的性质不同，用户常需要将某个图层上的对象切换到其他图层上，其切换方法如下。

1. 通过【快捷特性】选项板切换图层

双击要切换图层的对象，系统弹出【快捷特性】选项板，选择【图层】下拉列表中所需的图层，即可切换对象所在图层，如图 6-12 所示。

2. 通过【图层控制】列表切换图层

如果用户想把某个图层上的对象修改到其他图层上，可选择图形对象，然后展开【图层控制】下拉列表，选择要放置的图层，选择之后列表框自动关闭，被选择的图形对象转移到所选图层上。

3. 通过【特性】选项板切换图层

选择图形之后，再在命令行中输入 PR 并按 Enter 键，系统弹出【特性】选项板。在【图层】下拉列表中选择所需图层，如图 6-13 所示，即可切换图层。

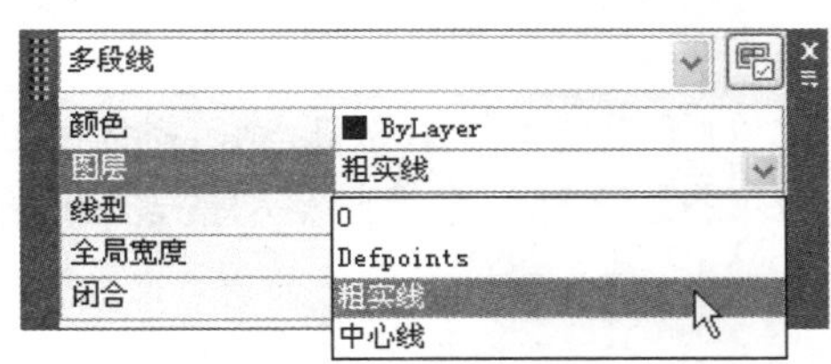

图 6-12　切换【粗实线】图层

图 6-13　【特性】选项板

【案例 6-2】：切换图形至虚线图层

01　打开“第 6 章\案例 6-2 切换图层.dwg”素材文件，如图 6-14 所示。

02　选择两个圆作为切换图层的对象，如图 6-15 所示。

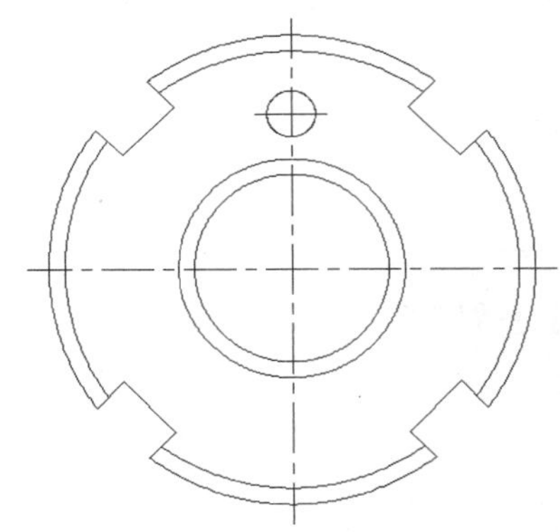
图 6-14　素材文件

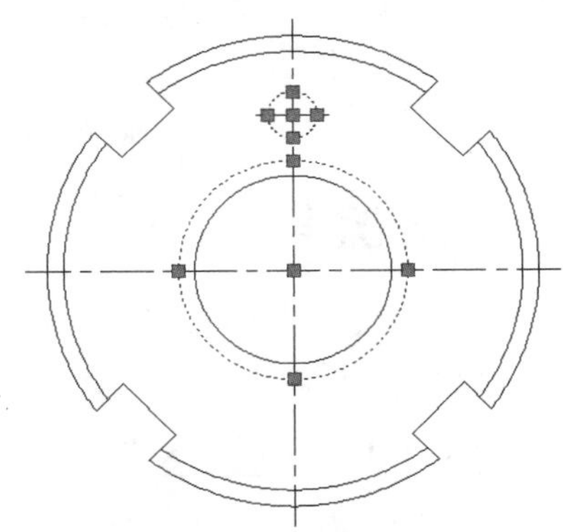
图 6-15　选择对象

03　在【默认】选项卡中，单击【图层】面板上的【图层控制】按钮，并在其下拉列表中选择【虚线】图层，如图 6-16 所示。

04　图形对象由粗实线层转换到虚线层，显示效果如图 6-17 所示。

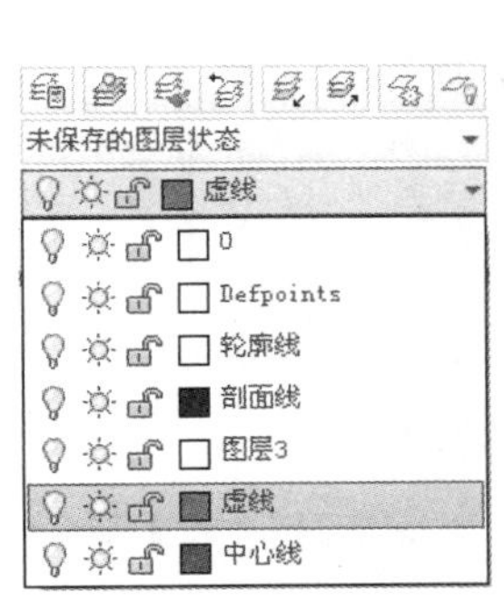

图 6-16　【图层控制】下拉列表

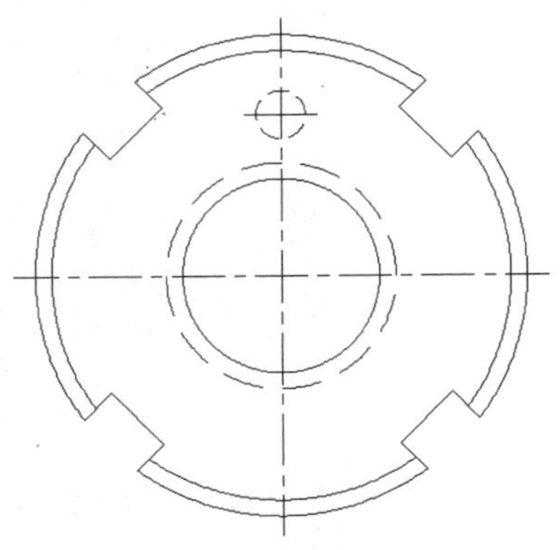
图 6-17　最终效果图

6.3.3 搜索图层

对于复杂且图层繁多的设计图纸而言，逐一查取某一图层很浪费时间。因此可以输入图层名称来快速地搜索图层，工作效率大大提高。

在【默认】选项卡中，单击【图层】面板上的【图层特性】按钮，系统弹出【图层特性管理器】选项板，在右上角搜索图层中输入图层名称，系统则自动搜索到该图层，如图 6-18 所示。

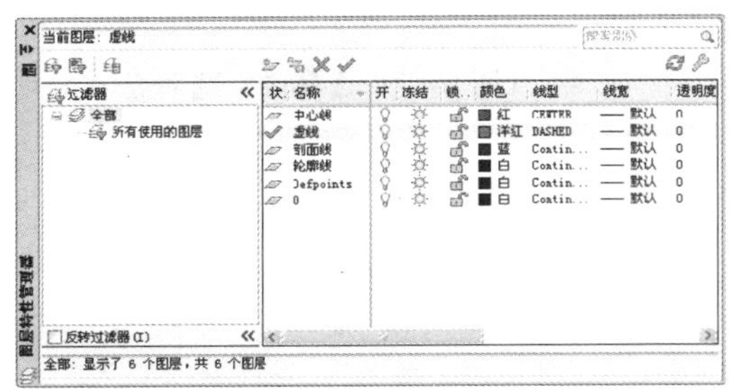

搜索前

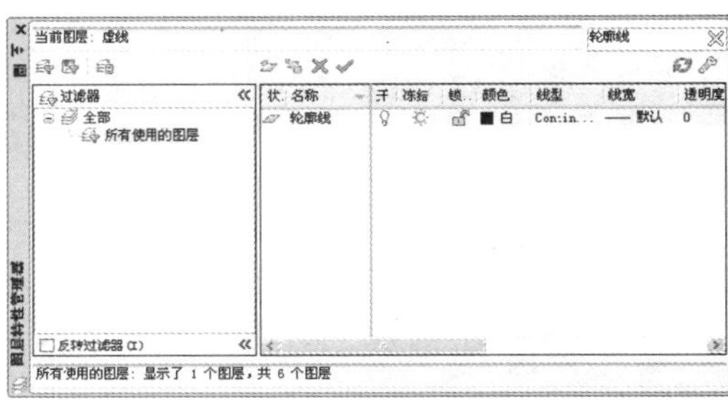

搜索后

图 6-18 按名称搜索图层效果图

6.3.4 过滤图层

图层的过滤就是指按照图层的颜色、线型、线宽等特性，过滤出一类相同特性的图层，方便查看与选择。

【案例 6-3】：图层过滤

01 打开“第 6 章\案例 6-3 图层过滤.dwg”素材文件，文件中已经创建了多种图层。

02 在【默认】选项卡中，单击【图层】面板上的【图层特性】按钮，系统弹出【图层特性管理器】选项板，如图 6-19 所示。

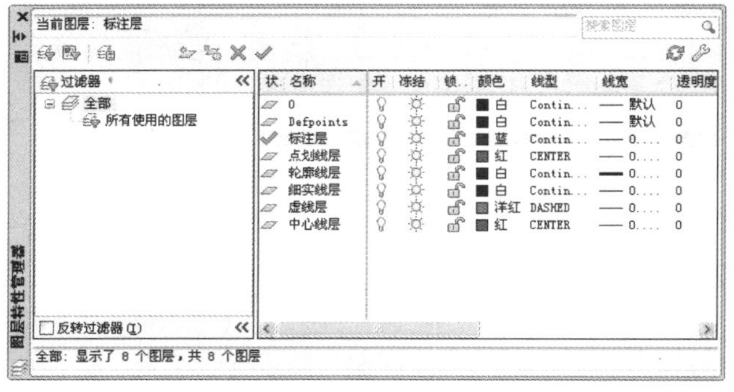

图 6-19 【图层特性管理器】选项板

03 单击【图层特性管理器】选项板左上角的【新建特性过滤器】按钮，系统弹出【图层过滤器特性】对话框，如图 6-20 所示。

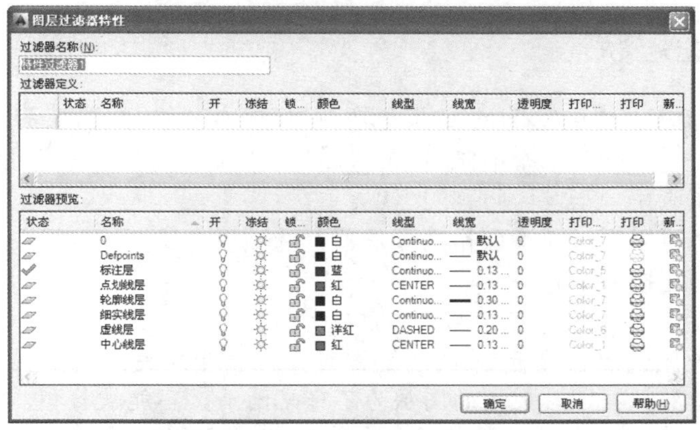

图 6-20　【图层过滤器特性】对话框

04 更改【特性过滤器 1】为【虚线型】，设置【线型】属性项为虚线，如图 6-21 所示，在【过滤器预览】中可以看到过滤出的图层。

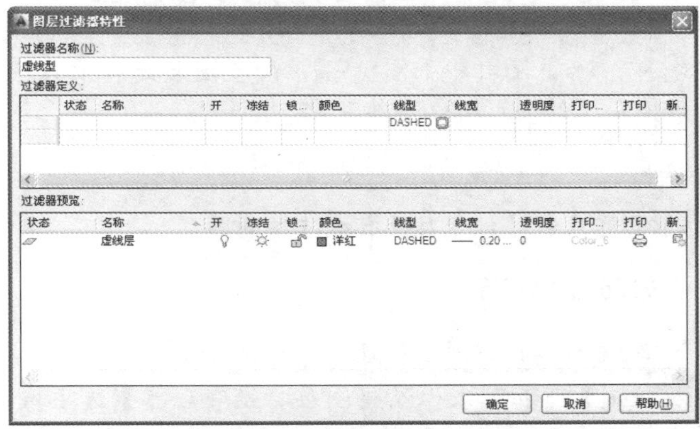

图 6-21　创建并设置过滤器

05 单击【确定】按钮，返回【图层过滤器特性】对话框，即可看到新建的过滤器与过滤后的图层，如图 6-22 所示。

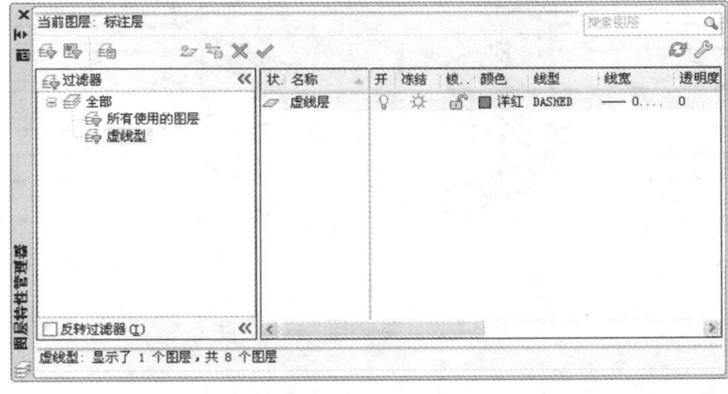

图 6-22　【虚线型】过滤器图层设置后的效果

6.3.5 设置图层状态

各个领域的设计工程图纸的内容都十分多而复杂，当用户需要对图纸进行编辑、绘制、二次修改时，线条的杂乱不清楚可能会导致设计错误，因此用户可通过控制图层状态使图纸简化，从而避免一些设计问题的出现。

控制图层状态可以通过【图层特性管理器】选项板、【图层控制】下拉列表以及【图层】面板上各种功能按钮来完成。

图层状态主要包括以下几点。

- 打开与关闭：单击【开/关图层】图标💡。打开或关闭某图层。打开的图层为可见图层，可被打印。关闭的图层为不可见图层，不能被打印。
- 冻结与解冻：单击【在所有视口中冻结/解冻】图标☼。冻结或解冻某图层。冻结长期不需要显示的图层，可以提高系统运行速度，减少图形刷新时间。与关闭图层一样，冻结图层是不能被打印的。
- 锁定与解锁：单击【锁定/解锁图层】图标🔓，锁定或解锁某图层。被锁定的图层不能被编辑、选择和删除，但该图层仍然可见，而且可以在该图层上添加新的图形对象。
- 打印与不打印：单击【打印】图标🖨，设置图层是否被打印。指定某图层不被打印时，该图层上的图形对象仍然可见。

注意

图层的不打印设置只针对打开且没有被冻结的图层。

【案例 6-4】：关闭图层状态

01 打开"第 6 章\案例 6-4 关闭图层.dwg"素材文件。

02 打开【图层控制】下拉列表以及【图层特性管理器】选项板，分别单击【冻结/解冻】图标☼、【锁定/解锁】图标🔓、【打开/关闭】图标💡等即可进行相应的操作。关闭图层效果图如图 6-23 所示。冻结与关闭状态，使图层暂时在绘图空间中消隐。

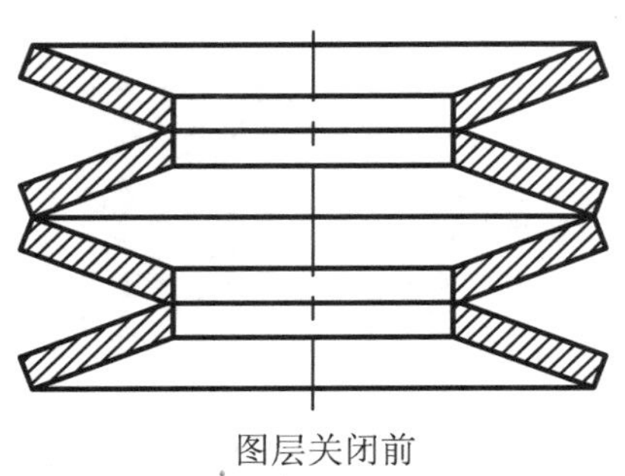
图层关闭前

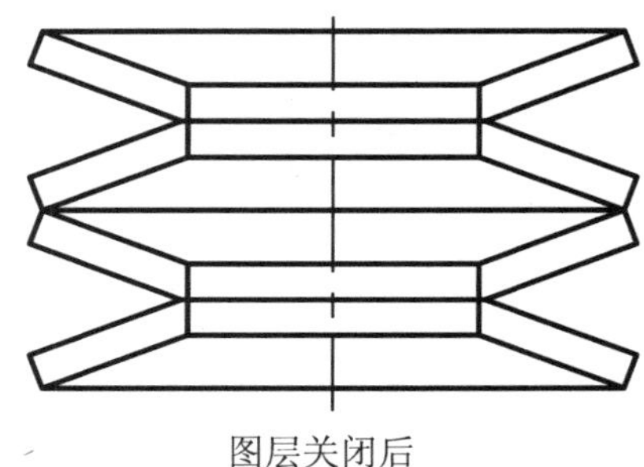
图层关闭后

图 6-23 关闭图层效果图

6.3.6 删除图层

删除图层是在【图层特性管理器】选项板中进行的，方法如下。

- 在【图层特性管理器】选项板中选择图层名称，然后单击✕按钮即可。
- 在【图层特性管理器】选项板中选择需删除的图层，然后右击，在快捷菜单中选择【删除图层】命令即可。

注意

当前层、0层、定义点层(Defpoints)及包含图形对象的层不能删除。

6.3.7 重命名图层

重命名有助于用户对图层进行管理，使操作更加方便。

重命名图层的方法如下。

- 打开【图层特性管理器】选项板，选中要修改的图层名称，右击，选择【重命名图层】命令或按F2键，然后输入新的图层名称即可。
- 打开【图层特性管理器】选项板，选中要修改的图层名称并双击，然后输入其名称即可。

6.4 设置图层特性

用户可以通过【图层特性管理器】选项板对整个图层进行修改，也可以通过【特性】选项板修改单个图形对象的颜色、线型、线宽等。本节将介绍如何修改已有对象的这些特征。

6.4.1 设置图层颜色

修改图层颜色有以下几种方法。

- 菜单栏：选择【工具】|【选项板】|【图层】命令，系统弹出【图层特性管理器】选项板，单击图层颜色，弹出【图层颜色】属性项，选择颜色即可。
- 工具栏：单击【图层】工具栏上的【图层特性管理器】按钮，系统弹出【图层特性管理器】选项板，单击图层颜色，弹出【图层颜色】属性项，选择颜色即可。
- 功能区：在【默认】选项卡中，单击【图层】面板上的【图层特性】按钮，系统弹出【图层特性管理器】选项板，单击图层颜色，弹出【图层颜色】属性项，选择颜色即可。

【案例6-5】：修改图层颜色

01 打开“第6章\案例6-5 修改图层颜色.dwg”素材文件，如图6-24所示。

02 在【默认】选项卡中，单击【图层】面板上的【图层特性】按钮，系统弹出【图层特性管理器】选项板；单击【剖面线】图层中的【颜色】属性项，弹出【选择颜色】对话框，如图6-25所示，选择【索引颜色：9】。

03 单击【确定】按钮，返回【图层特性管理器】选项板，即可看到【颜色】属性项已被更改。

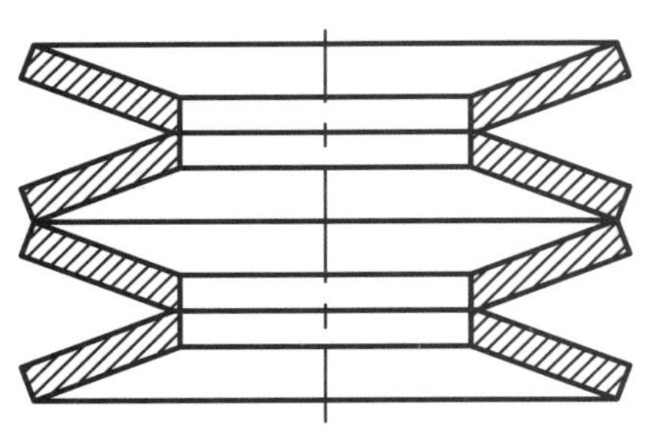

图 6-24　素材图形

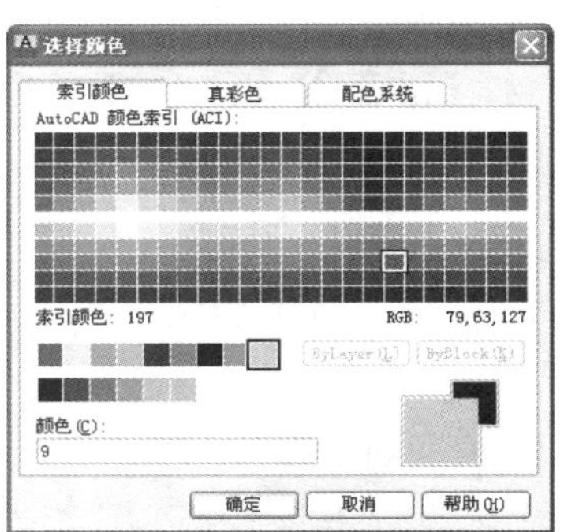

图 6-25　【选择颜色】对话框

6.4.2　设置图层线型

修改图层线型的方法如下。

- 菜单栏：选择【工具】|【选项板】|【图层】命令，弹出【图层特性管理器】选项板，单击图层线型，弹出【线型管理器】对话框，如图 6-26 所示，单击【加载】按钮，弹出【加载或重载线型】对话框，在该对话框中选择相应的线型即可。
- 工具栏：单击【图层】工具栏中的【图层特性管理器】按钮，弹出【图层特性管理器】选项板，单击图层线型，弹出【选择线型】对话框，单击【加载】按钮，弹出【加载或重载线型】对话框，在该对话框中选择相应的线型即可。
- 功能区：在【默认】选项卡中，单击【图层】面板上的【图层特性】按钮，系统弹出【图层特性管理器】选项板，单击图层线型，弹出【选择线型】对话框，单击【加载】按钮，弹出【加载或重载线型】对话框，在该对话框中选择相应的线型即可。

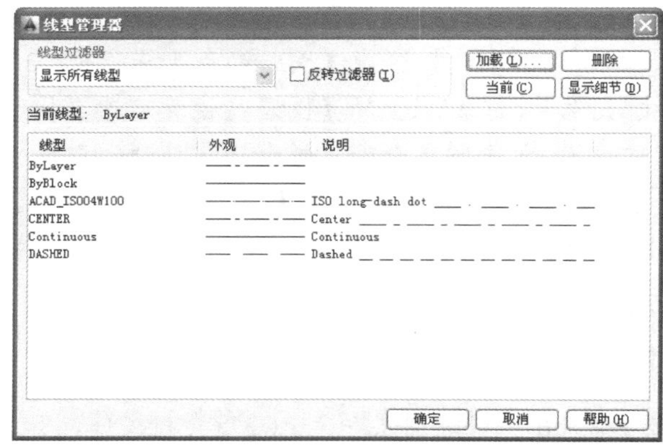

图 6-26　【线型管理器】对话框

【案例 6-6】：修改图层线型

01　打开“第 6 章\案例 6-6 修改图层线型.dwg”素材文件，如图 6-27 所示。

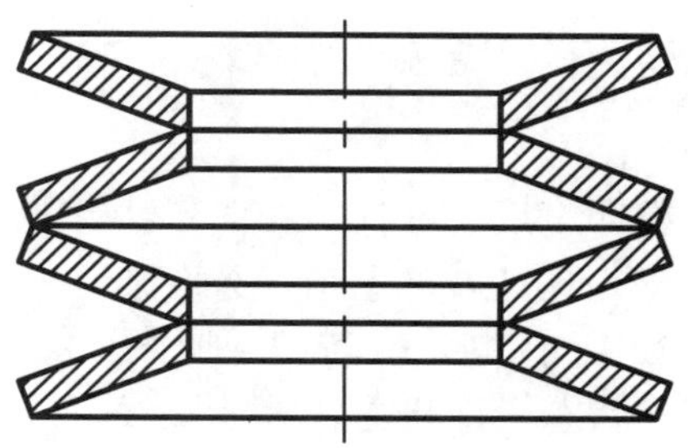

图 6-27　素材图形

02 在【默认】选项卡中，单击【图层】面板上的【图层特性】按钮。系统弹出【图层特性管理器】选项板，单击【轮廓线】图层中的【线型】属性项，弹出【选择线型】对话框。

03 单击【加载】按钮，弹出【加载或重载线型】对话框，选择 DASHDOT 线型，如图 6-28 所示。

04 单击【确定】按钮，返回【选择线型】对话框，选择 DASHDOT 线型，如图 6-29 所示。

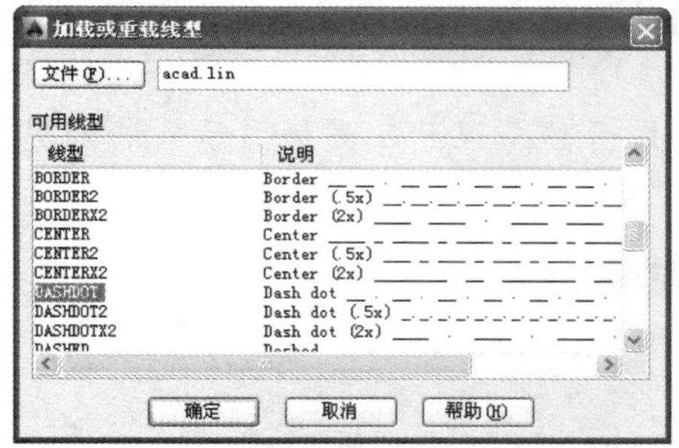

图 6-28　选择线型

选择线型
已加载的线型
线型
外观
说明
Continuous　Solid line
DASHDOT　Dash dot
确定
取消
加载(L)...
帮助(H)

图 6-29　选择 DASHDOT 线型

05 单击【确定】按钮，返回【图层特性管理器】选项板，即可看出【线型】属性项被修改，如图 6-30 所示。

06 关闭选项板，效果如图 6-31 所示。

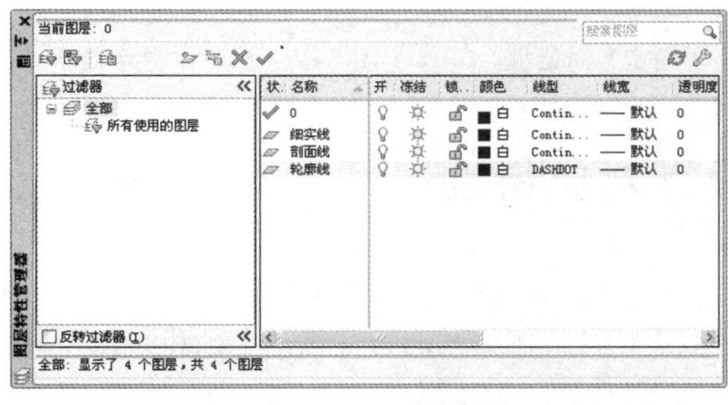

图 6-30　【图层特性管理器】选项板

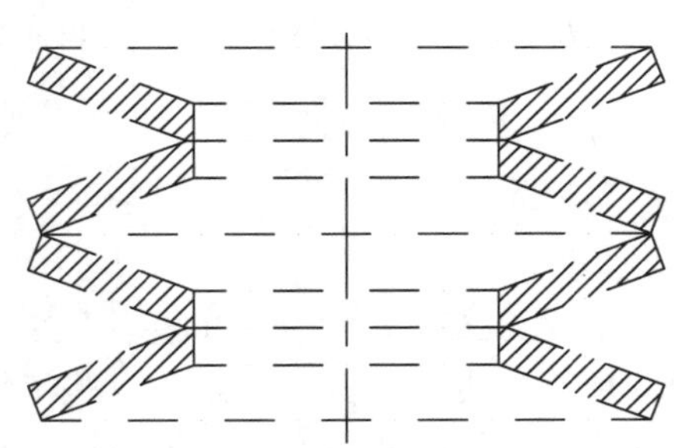

图 6-31　修改线型后的效果

6.4.3 设置图层线宽

线宽是控制线条显示和打印宽度的特性。在图层特性管理器中，单击某个图层对应的【线宽】值，系统弹出【线宽】对话框，如图 6-32 所示，在【线宽】列表框中选择一种线宽即可。只有在状态栏打开【显示/隐藏线宽】功能，才可以在屏幕上看到不同线宽的效果，其中 0.30mm 以下的线宽虽然显示效果相同，但在打印之后能显示不同的线宽效果。

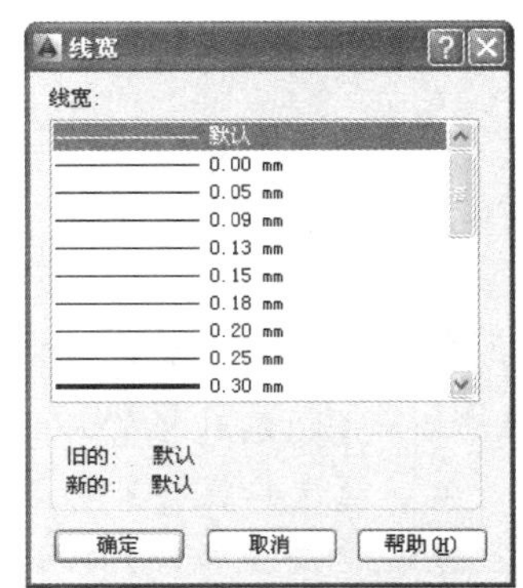

图 6-32 【线宽】对话框

【案例 6-7】：修改图层线宽

01 打开“第 6 章\案例 6-7 修改图层线宽.dwg”素材文件，如图 6-33 所示。

02 单击【图层】面板上的【图层特性管理器】按钮，打开【图层特性管理器】选项板，单击【轮廓线】层对应的线宽值，系统弹出【线宽】对话框，如图 6-34 所示。将线宽值修改为 0.30mm，然后关闭图层特性管理器。

03 单击状态栏上【显示/隐藏线宽】按钮，打开线宽显示，图形显示效果如图 6-35 所示。

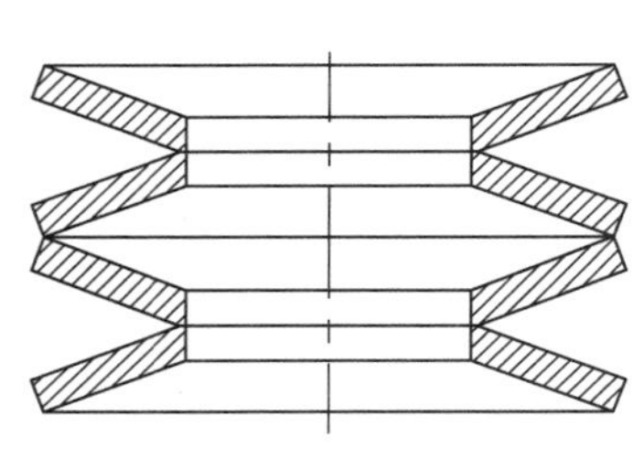

图 6-33 素材文件

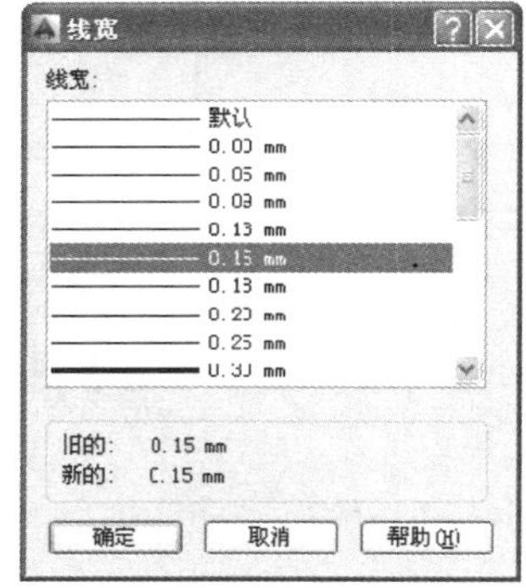

图 6-34 【线宽】对话框

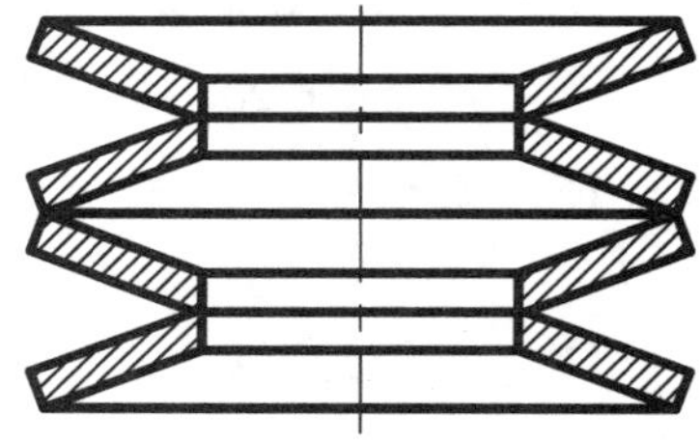

图 6-35 线宽的显示效果

6.5 设置对象特性

在 AutoCAD 中绘制的每个对象都具有自己的特性，有些特性是基本特性，例如图层、颜色、线型和打印样式。有些特性是专用特性，例如圆的特性包括半径和面积，直线的特性包括长度和角度，矩形特性包括边长和面积等。改变对象特性值，实际上就改变相应的图形对象。

6.5.1　设置【特性】选项板

通过【特性】选项板可以查询、修改对象或对象集的所有特性。打开【特性】选项板的方式如下。

- 菜单栏：选择【工具】|【对象特性管理器】命令。
- 工具栏：单击【标准】工具栏上的【特性】按钮。
- 命令行：在命令行输入 PROPERTIES/MO 并按 Enter 键。
- 快捷键：按 Ctrl+1 键。

执行以上任意一种操作，弹出【特性】选项板，如图 6-36 所示，在绘图区选择某对象，【特性】选项板中就会显示该对象的类别、特性和特性值。如果同时选中多个对象，就会显示其共有的特性和特性值。单击某个特性项，选项板下部的信息栏中就会显示该特性的说明信息。可以在选项板中直接修改对象的特性值。

在同时修改多个对象属性时，【特性】选项板的功能更加强大。例如现在需要把属于不同图层的文本、尺寸、图形等多个对象全部放到某一个指定的层中，可以先选定这些对象，然后将【图层】特性值修改为指定层的层名即可。

单击选项板右上角的各个工具按钮，可以选择多个对象或创建符合条件的选择集，以便统一修改选择集的特性。

对象特性的常用设置有以下几种。

1. 修改对象线宽

修改对象的线宽有以下几种方法。

- 选取需要修改线型的对象，在【特性】选项板中打开【其他】对话框，更改线型即可。
- 选取需要修改线型的对象，在命令行中输入 PR 并按 Enter 键或者双击选取对象，在弹出的【特性】选项板的【常规】选项组中更改【线型】即可更改对象的线型。

2. 修改对象线型

修改对象线型的方法如下。

- 选取需要修改线型的对象，在【特性】选项板中打开【其他】对话框，更改线型即可。
- 选取需要修改线型的对象，在命令行中输入 PR 并按 Enter 键或者双击选取对象，在弹出的【特性】选项板的【常规】选项区域中更改【线型】即可更改对象的线型。

3. 修改对象颜色

修改对象颜色有以下几种方法。

- 选取需要修改颜色的对象，在【特性】选项板中打开【选择颜色】对话框，更改颜色即可。
- 选取需要修改颜色的对象，在命令行中输入 PR 并按 Enter 键或者双击选取对象，在弹出的【特性】选项板的【常规】选项区域中更改【颜色】即可更改对象的颜色，如图 6-37 所示。

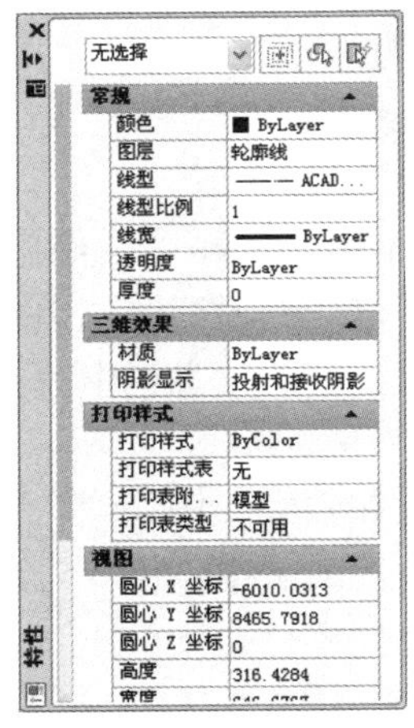

图 6-36 【特性】选项板

图 6-37 更改对象的颜色

6.5.2 特性匹配

特性匹配的功能如同 Office 软件中的格式刷一样，可以把一个图形对象(源对象)的特性完全继承给另外一个(或一组)图形对象(目标对象)，使这些图形对象的部分或全部特性和源对象相同。

调用【特性匹配】命令的方法如下。

- 菜单栏：选择【修改】|【特性匹配】命令。
- 工具栏：单击【标准】工具栏上的【特性匹配】按钮。
- 命令行：在命令行输入 MATCHPROP/MA 并按 Enter 键。

【案例 6-8】：特性匹配

01 打开“第 6 章/案例 6-8 特性匹配.dwg”素材文件，如图 6-38 所示。

02 选择轴线 E，编辑其特性，将线型比例设置为 200，如图 6-39 所示。

03 在命令行输入 MA 并按 Enter 键，将轴线 E 的特性应用到其他轴线上，如图 6-40 所示。命令行操作如下：

```
命令：MA↙                                //调用【特性匹配】命令
MATCHPROP
选择源对象：                              //单击选择轴线 E 作为源对象
当前活动设置： 颜色 图层 线型 线型比例 线宽 透明度 厚度 打印样式 标注 文字 图案填充 多段线 视口 表格 材质 阴影显示 多重引线
选择目标对象或 [设置(S)]：
选择目标对象或 [设置(S)]：
```

```
选择目标对象或 [设置(S)]:
选择目标对象或 [设置(S)]:
选择目标对象或 [设置(S)]:
选择目标对象或 [设置(S)]:
选择目标对象或 [设置(S)]:
选择目标对象或 [设置(S)]:                    //依次单击其他 8 条轴线，完成特性匹配
```

图 6-38　素材文件

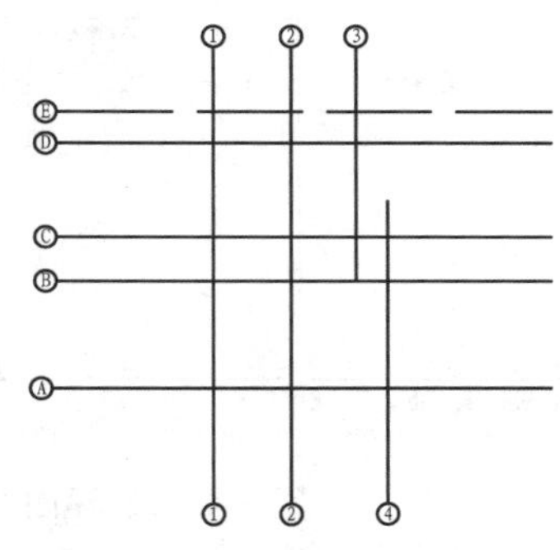

图 6-39　设置轴线 E 的线型比例

通常，源对象可供匹配的特性很多，执行【特性匹配】命令的过程中，在命令行选择【设置】选项，系统弹出图 6-41 所示的【特性设置】对话框。在该对话框中，可以设置哪些特性允许匹配，哪些特性不允许匹配。

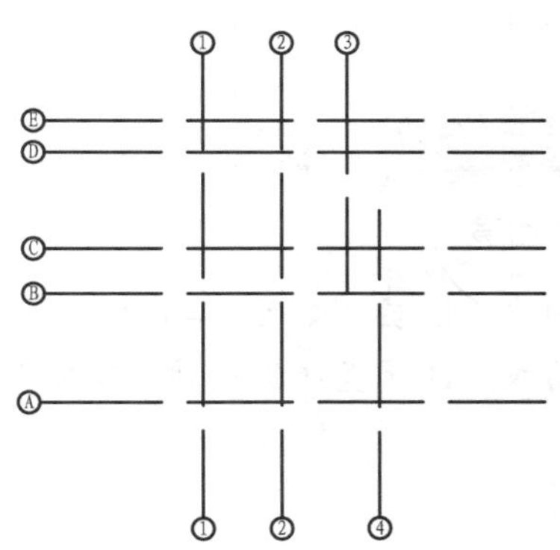

图 6-40　特性匹配的效果

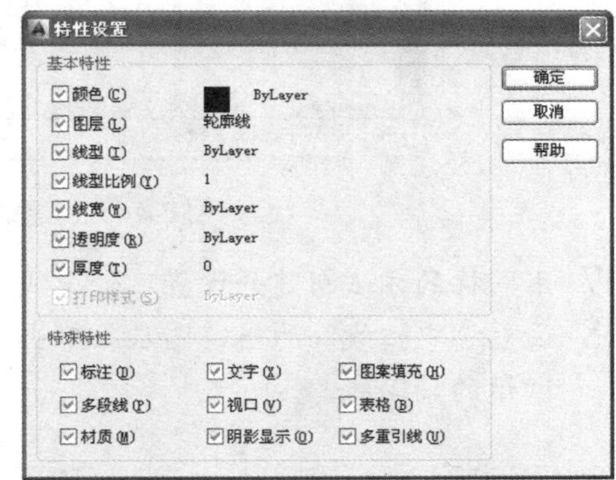

图 6-41　【特性设置】对话框

6.6　综合实例——绘制滚珠轴承剖面图

01 单击快速访问工具栏上的【新建】按钮，新建空白文档。

02 在【默认】选项卡中，单击【图层】面板上的【图层特性】按钮，系统弹出【图层特性管理器】选项板，新建“中心线”图层，如图 6-42 所示。

03 单击该图层的【线宽】属性项，系统弹出【线宽】对话框，选择线宽为 0.15mm，如图 6-43 所示。

04 单击该图层的【颜色】属性项，系统弹出【选择颜色】对话框，选择【索引颜色

1】，将图层颜色设置为红色。

05 单击该图层的【线型】属性项，系统弹出【选择线型】对话框，单击【加载】按钮，系统弹出【加载或重载线型】对话框，选择名称为 CENTER2 的线型。

06 创建的“中心线”图层，如图 6-44 所示。

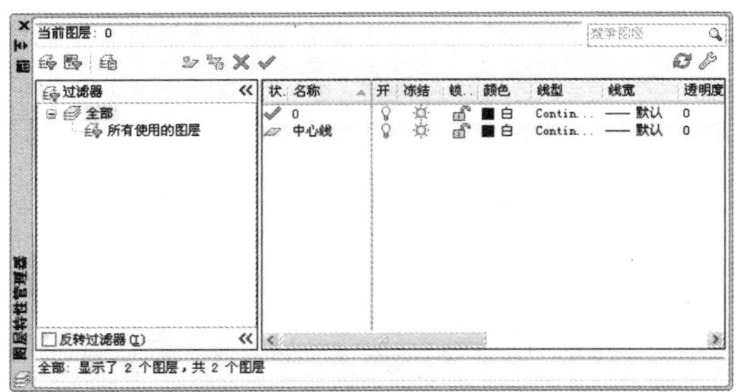

图 6-42　新建图层

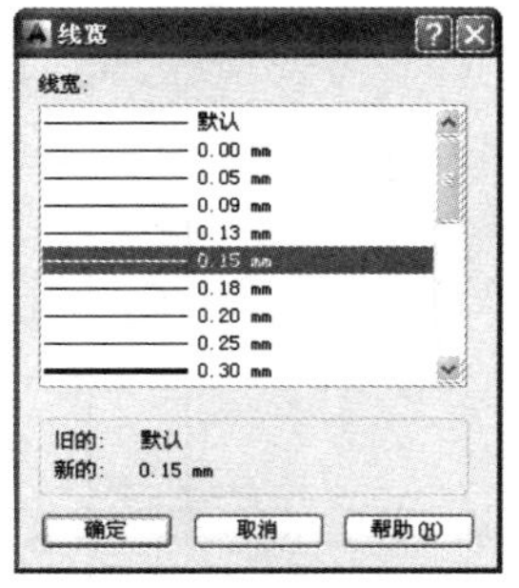

图 6-43　【线宽】对话框

图 6-44　创建的“中心线”图层

07 用同样的方法新建并设置“轮廓线”和“剖面线”图层，如图 6-45 所示。

08 设置“中心线”为当前图层，单击【绘图】面板上的【直线】按钮，绘制图 6-46 所示的辅助线。

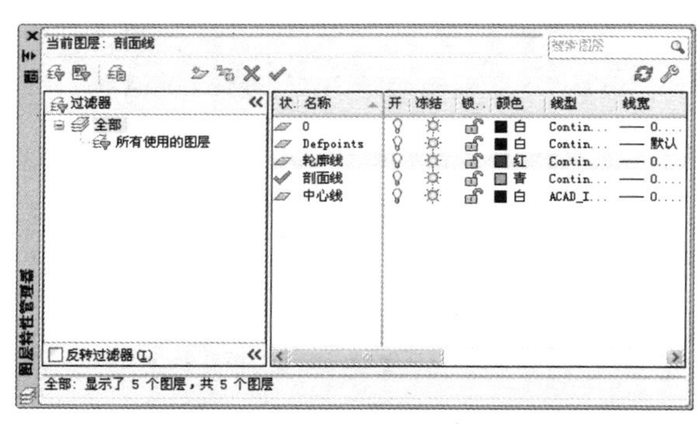

图 6-45　创建的“轮廓线”和“剖面线”图层

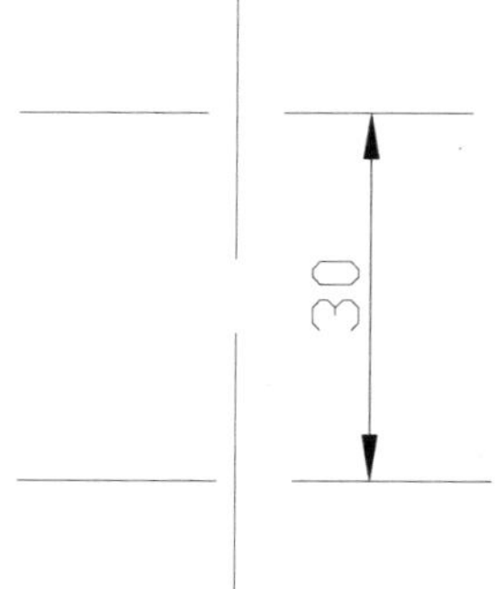

图 6-46　绘制辅助线

09 设置“轮廓线”为当前图层，单击【绘图】面板上的【矩形】按钮，在中心线交点绘制两个长度为 19、宽度为 15、倒圆角为 1 的矩形，如图 6-47 所示。

10 单击【绘图】面板上的【直线】按钮，绘制连接矩形两边的直线，如图 6-48 所示。

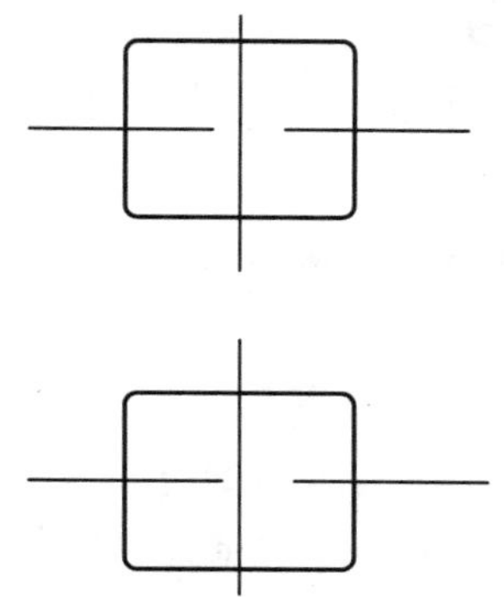

图 6-47　绘制矩形

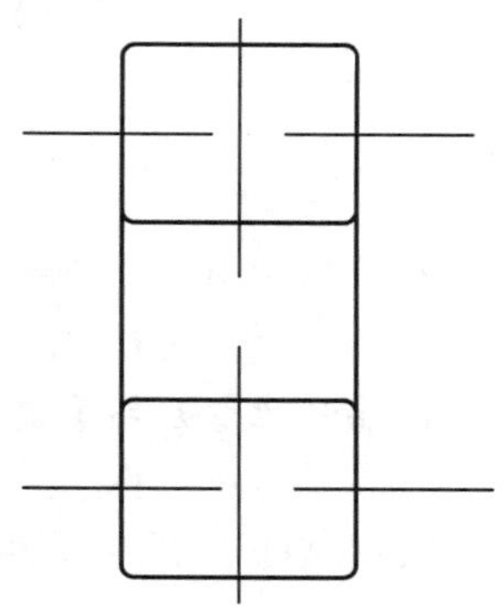

图 6-48　连接矩形

11 单击【绘图】面板上的【圆】按钮，以辅助线交点为圆心绘制两个半径为 4 的圆，如图 6-49 所示。

12 单击【绘图】面板上的【直线】按钮，绘制如图 6-50 所示的直线。

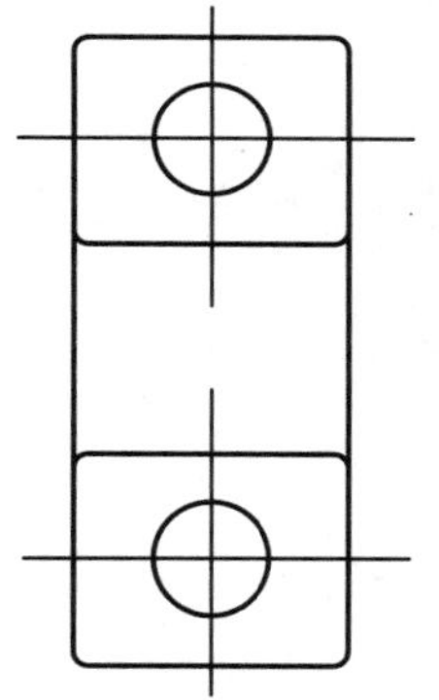

图 6-49　绘制圆

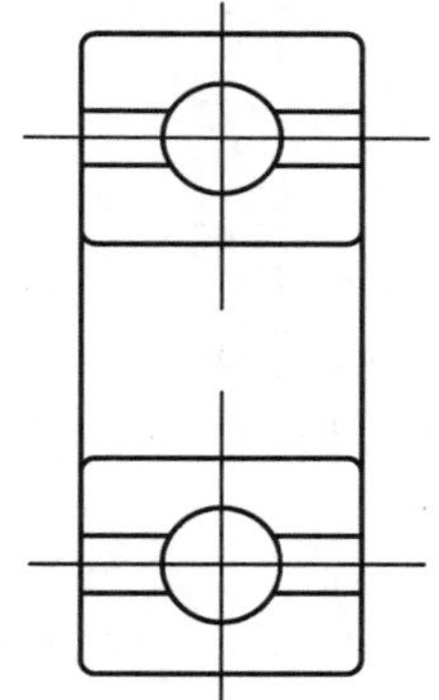

图 6-50　绘制直线

13 设置"剖面线"为当前图层，单击【绘图】面板上的【图案填充】按钮，填充效果如图 6-51 所示。

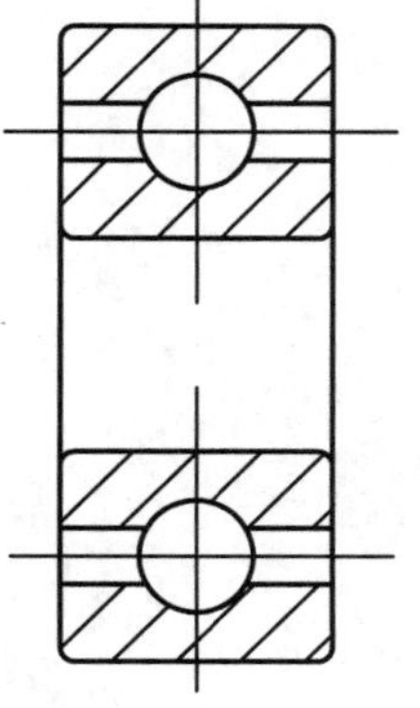

图 6-51　滚珠轴承剖面图

6.7 思考与练习

一、选择题

1. 在每个图形中都必须有一个(　　)图层，而且不能删除或重命名。

　A. 0　　B. 1　　C. 2　　D. 固定

2. 在【图层特性管理器】选项板中，按下(　　)键可以重命名选定的图层。

　A. Ctrl　　B. 1　　C. F2　　D. H

3. 在 AutoCAD 中设置图层颜色时，在【索引颜色】选项卡中可以使用(　　)种标准颜色。

　A. 6　　B. 9　　C. 4　　D. 255

4. 在图形中选择某个对象然后使用【删除】命令，发现该对象无法删除，原因可能是(　　)。

　A. 该对象处于被冻结图层　　B. 该对象处于被锁定图层

　C. 该对象处于被关闭图层　　D. 该对象处于 0 图层

二、操作题

1. 新建 5 个图层，为每个图层设置颜色、线型和线宽，如图 6-52 所示，并将轮廓线层设置为当前图层，将点画线层关闭。

2. 新建“中心线”、“轮廓线”、“剖面线”图层，然后打开线宽显示，绘制如图 6-53 所示的平垫片。

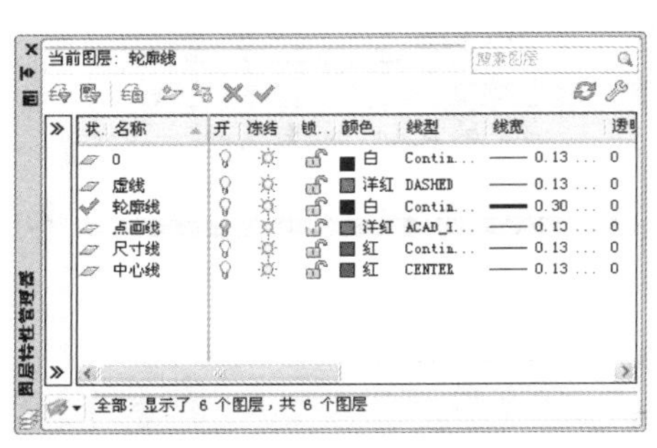

图 6-52　新建图层

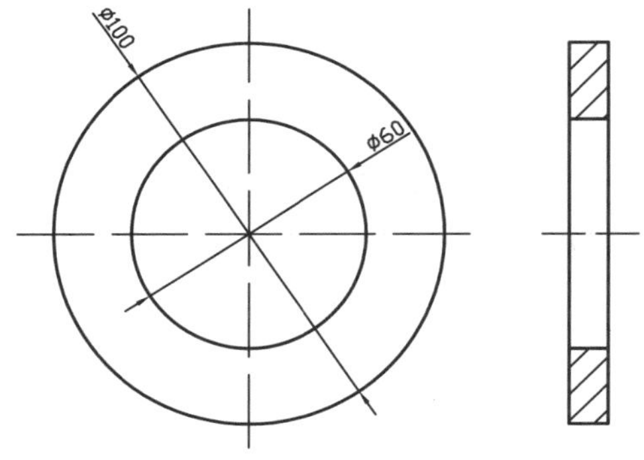

图 6-53　平垫片

第7章

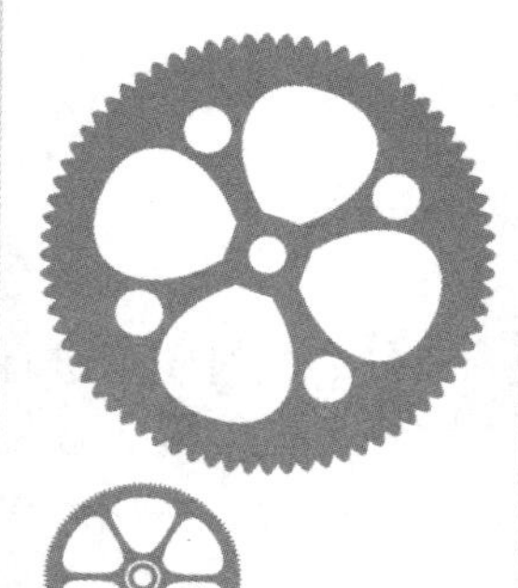

编辑命令

本章导读

前面章节学习了各种图形对象的绘制方法，为了创建图形的更多细节特征以及提高绘图的效率，AutoCAD 提供了许多编辑命令，常用的有：移动对象、复制图形、修剪图形、倒角与圆角等。本章讲解这些命令的使用方法，以进一步提高读者绘制复杂图形的能力。

学习目标

- 掌握选择单个、多个对象的方法，了解快速选择一类对象的方法。
- 掌握对象的删除、修剪、延伸、打断等修整方法。
- 掌握对象的移动、旋转、缩放、拉伸等操作方法，掌握使用旋转命令旋转并复制对象的方法。
- 掌握图形的倒角和圆角方法，了解修剪倒角和不修剪倒角的设置方法。
- 了解夹点的概念，掌握利用夹点移动、旋转、拉伸图形的方法。
- 掌握复制、镜像、偏移和整列等快速复制对象的方法。

7.1 选择对象

在对图形进行编辑之前，必须先选择要编辑的对象。针对不同的情况，采用最佳的选择方法，能大幅提高图形的编辑效率。选择对象的过程就是建立选择集的过程，通过各种选择模式将图形对象添加进选择集，或从选择集中删除。

7.1.1 选择单个对象

选择单个对象又称点选取。将光标移动到某个对象上，然后单击即可选取该对象。

提示

根据命令行的提示选择对象时，被选择的对象显示虚线状态，如图 7-1 所示。而在没有调用任何命令选取对象时，会出现夹点编辑状态，如图 7-2 所示。

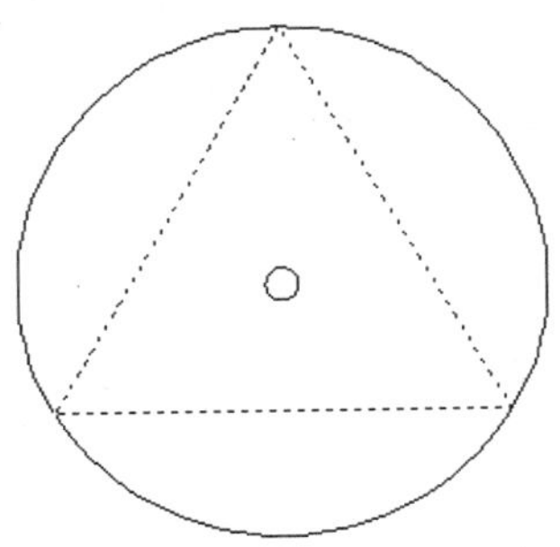

图 7-1 执行命令时选择对象

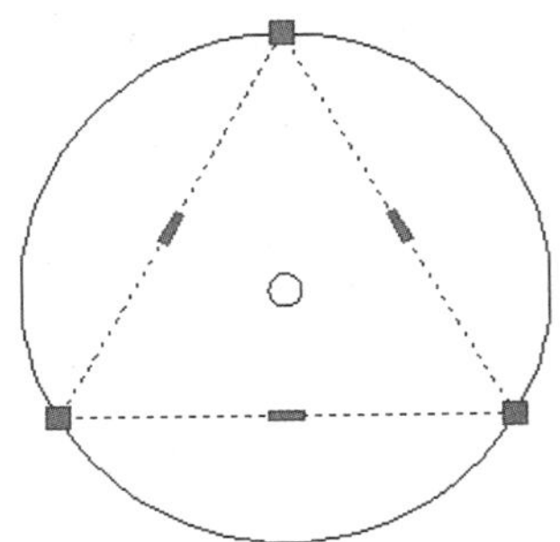

图 7-2 未执行命令时选择对象

7.1.2 选择多个对象

在 AutoCAD 绘图过程中，常常需要同时选择多个编辑的对象。连续单击需要选择的对象，可同时选择多个对象，但操作会比较烦琐。因此 AutoCAD 2014 提供了【窗口】、【窗交】等快速选择多个对象的方法。

在命令行中执行 SELECT 命令，在“选择对象：”提示下输入“?”，可以查看所有的选择模式备选项。命令行操作如下：

```
命令：SELECT↙
选择对象：?
需要点或窗口(W)/上一个(L)/窗交(C)/框(BOX)/全部(ALL)/栏选(F)/圈围(WP)/圈交(CP)/
编组(G)/添加(A)/删除(R)/多个(M)/前一个(P)/放弃(U)/自动(AU)/单个(SI)/子对象
(SU)/对象(O)
选择对象：
```

命令行中部分选择模式的说明如下。

- 窗口(W)：是指按住左键由左上向右下拖动(或由左下向右上拖动)，框住需要选择的对象。此时绘图区将出现一个实线的矩形方框，释放鼠标后，被方框完全包围的对象将被选中，如图 7-3 所示。

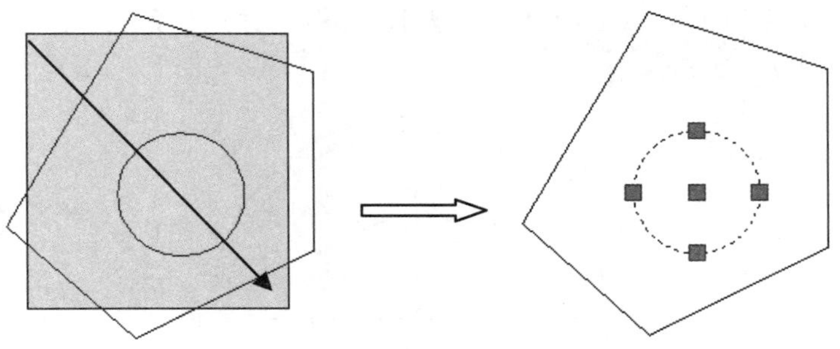

图 7-3 窗口选择

- 窗交(C)：交叉选择方式与窗口选择方式相反，从右往左拉出选择框，无论是全部还是部分位于选择框中的图形对象都将被选中，如图 7-4 所示。

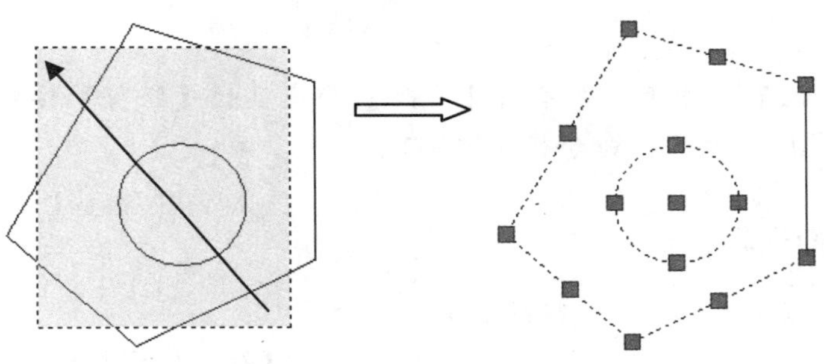

图 7-4 窗交选择

- 上一个(L)：选择最近一次创建的可见对象。
- 全部(All)：选择未冻结图层上的所有对象。
- 栏选(F)：使用多段线选择与多段线相交的对象，如图 7-5 所示。

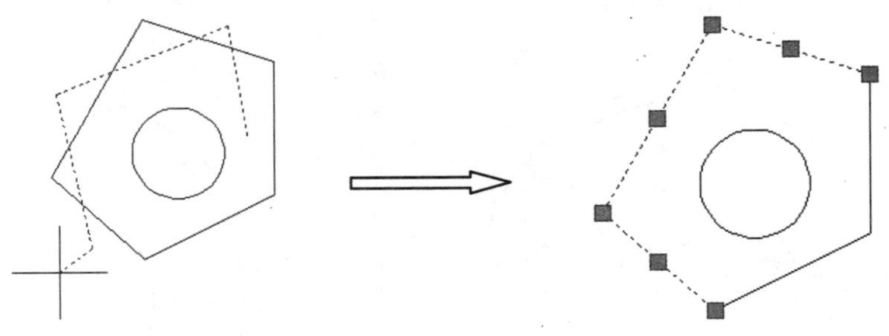

图 7-5 栏选对象

注意

【圈围】|【圈交】类似于【窗口】|【窗交】选择方式，只不过【窗口】|【窗交】选择创建的是矩形选择范围框，而【圈围】|【圈交】选择创建的是多边形选择范围框。

【案例 7-1】：栏选修剪对象

01 单击快速访问工具栏上的【打开】按钮，打开“第 7 章\7.1.2.dwg”素材文件，如图 7-6 所示。

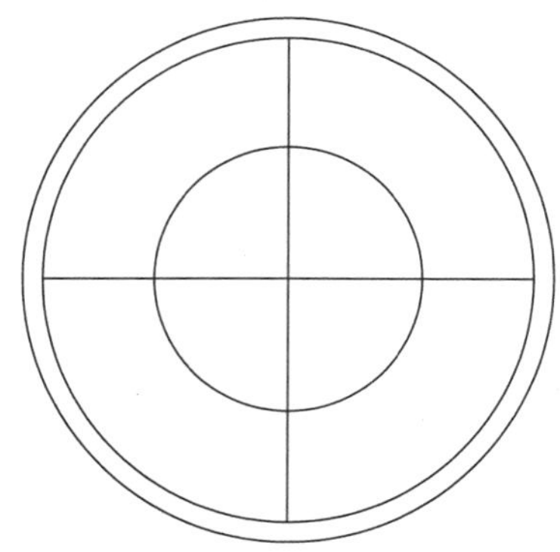

图 7-6 素材图形

02 在【默认】选项卡中，单击【修改】面板上的【修剪】按钮，修剪多余线段，如图 7-8 所示。命令行操作如下：

```
命令: _trim↙                                    //调用【修剪】命令
当前设置:投影=UCS，边=无
选择剪切边...
选择对象或 <全部选择>:  找到 1 个
选择对象: ↙                                     //选择最内侧的圆作为修剪边界
选择要修剪的对象，或按住 Shift 键选择要延伸的对象，或[栏选(F)/窗交(C)/投影(P)/
边(E)/删除(R)/放弃(U)]:  F↙                     //激活“栏选(F)”选项
指定第一个栏选点:                               //沿着图 7-7 所示的轨迹放置栏选点
指定下一个栏选点或 [放弃(U)]:
指定下一个栏选点或 [放弃(U)]: ↙                 //按 Enter 键结束栏选
选择要修剪的对象，或按住 Shift 键选择要延伸的对象，或[栏选(F)/窗交(C)/投影(P)/
边(E)/删除(R)/放弃(U)]: ↙                       //按 Enter 键结束修剪
```

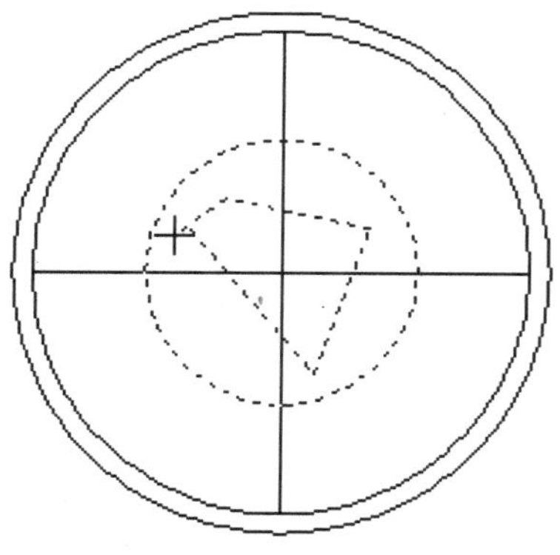

图 7-7 栏选线段

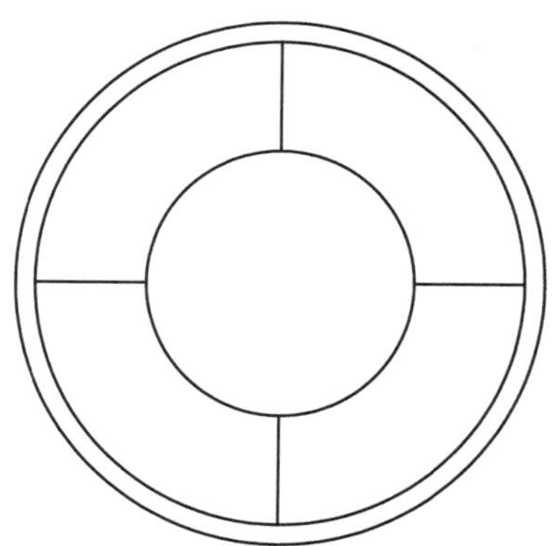

图 7-8 修剪结果

7.1.3　快速选择对象

通过调用【快速选择】对象命令可以指定符合条件(图层、线型、颜色、图案填充等特性)的一个或多个过滤对象。

调用【快速选择】对象命令有以下几种方法。

- 菜单栏：选择【工具】|【快速选择】命令。
- 命令行：在命令行输入 QSELECT 并按 Enter 键。

【案例 7-2】：快速选择对象

01 打开“第 7 章\案例 7-2 快速选择对象.dwg”素材文件，如图 7-6 所示。

02 在命令行输入 QSELECT 并按 Enter 键，系统弹出【快速选择】对话框，在【特性】列表中选择【图层】，在【值】下拉列表框中选择【叶片】，如图 7-9 所示。

03 单击【确定】按钮，系统自动筛选出需要的部分，如图 7-10 所示。

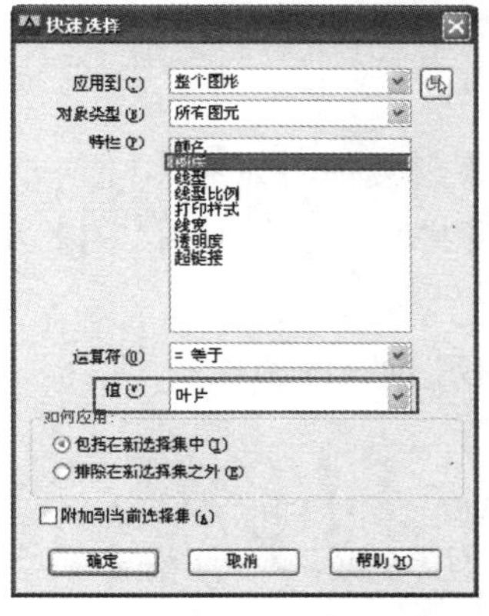

图 7-9　【快速选择】对话框

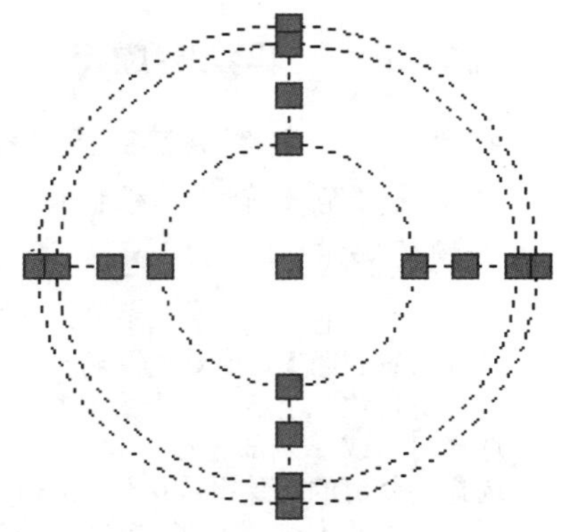

图 7-10　快速选择对象

7.2　图形修整

绘制各种图形对象之后，图形中难免存在交叉、间隙，或者错误、冗余的对象，因此需要使用进一步的修整。常用的修整操作有删除、修剪、延伸、打断、合并、分解、拉长和光顺等。

7.2.1　删除

在 AutoCAD 中，可以使用【删除】命令删除选中的对象。

调用【删除】命令的方法如下。

- 菜单栏：选择【修改】|【删除】命令。
- 工具栏：单击【修改】工具栏上的【删除】按钮。
- 功能区：在【默认】选项卡中，单击【修改】面板上的【删除】按钮。

- 命令行：在命令行输入 ERASE/E 并按 Enter 键。

技巧

选中要删除的对象后直接按 Delete 键，也可以删除对象。

7.2.2 修剪

【修剪】命令是将超出边界的多余部分剪除，可以修剪的对象有直线、圆、弧、多段线、样条曲线和射线等。

调用【修剪】命令的方法如下。

- 菜单栏：选择【修改】|【修剪】命令。
- 工具栏：单击【修改】工具栏中的【修剪】按钮。
- 命令行：在命令行输入 TRIM/TR 并按 Enter 键。

执行【修剪】命令之后，先选择对象(即修剪的边界)，可同时选择多个边界，然后单击要修剪的部分，系统将其修剪到最近的边界处。

【案例 7-3】：修剪蝶形螺母

01 打开“第 7 章\案例 7-3 修剪蝶形螺母.dwg”素材文件，如图 7-11 所示。

02 调用【修剪】命令，根据命令行提示进行修剪操作，结果如图 7-12 所示。命令行操作如下：

```
命令: _trim↙                                    //调用【修剪】命令
当前设置:投影=UCS，边=无
选择剪切边...
选择对象或 <全部选择>:↙                          //选择全部对象作为修剪边界
选择要修剪的对象，或按住 Shift 键选择要延伸的对象，或
[栏选(F)/窗交(C)/投影(P)/边(E)/删除(R)/放弃(U)]:
                                                //分别单击两段圆弧，完成修剪
```

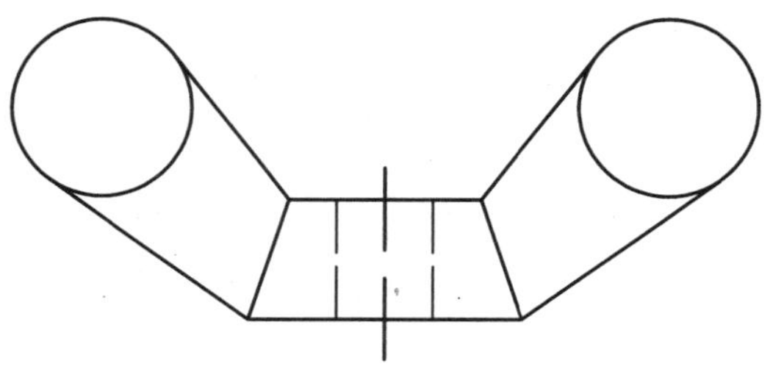

图 7-11　打开素材

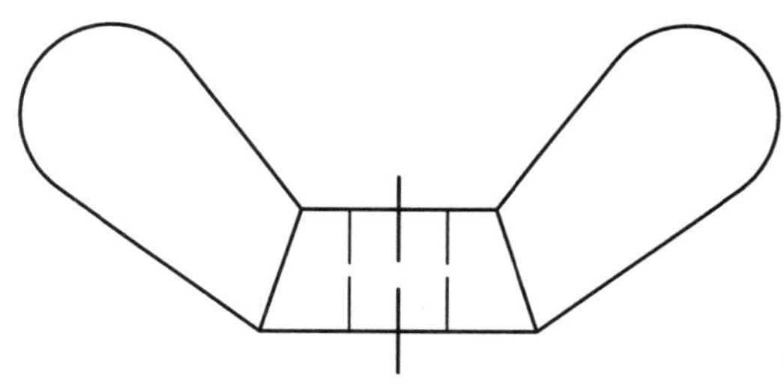

图 7-12　修剪图形

命令行中各选项的含义如下。

- 栏选(F)：用栏选方式选择要延伸的对象。
- 窗交(C)：用窗交方式选择要延伸的对象。
- 投影(P)：指定修剪对象时使用的投影方式。
- 边(E)：指定修剪对象时是否使用【延伸】模式，默认选项为【不延伸】模式，即修剪对象必须与修剪边界相交才能够修剪。如果选择【延伸】模式，则修剪对

象与修剪边界的延伸线相交即可被修剪。例如图 7-13 所示的圆弧，使用【延伸】模式才能够被修剪。

- 删除(R)：删除选定对象
- 放弃(U)：用于放弃上一次的修剪操作。

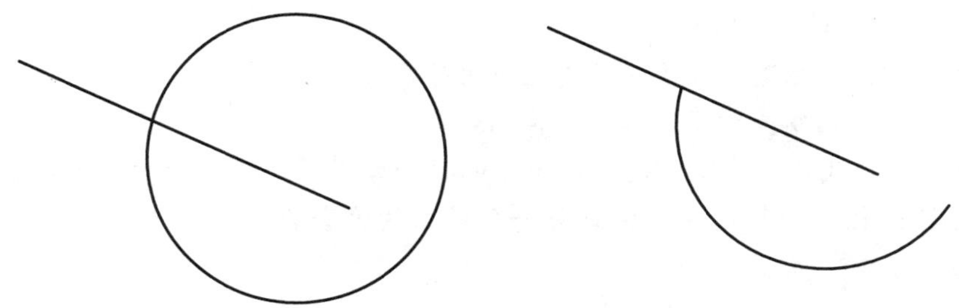

图 7-13　延伸模式修剪效果

7.2.3　延伸

【延伸】命令是将没有和边界相交的线条延伸到边界，从而消除间隙。

调用【延伸】命令的方法如下。

- 菜单栏：选择【修改】|【延伸】命令。
- 工具栏：单击【修改】工具栏上的【延伸】按钮--/。
- 功能区：在【默认】选项卡中，单击【修改】面板上的【延伸】按钮--/。
- 命令行：在命令行输入 EXTEND/ EX 并按 Enter 键。

【延伸】和【修剪】命令操作有一定的相似，即需要选择延伸边界和延伸对象。

技巧

在修剪操作中，选择修剪对象时按住 Shift 键，可以将该对象向边界延伸；在【延伸】命令中，选择延伸对象时按住 Shift 键，可以将该对象超过边界的部分修剪删除。省去切换命令的操作，提高了绘图效率。

【案例 7-4】：绘制指北针

01 打开“第 7 章/案例 7-4 绘制指北针.dwg”素材文件，如图 7-14 所示。

02 在【默认】选项卡中，单击【修改】面板上的【延伸】按钮--/，延伸圆弧，如图 7-15 所示。命令行操作如下：

```
命令：_extend↙                                          //调用【延伸】命令
当前设置:投影=UCS，边=延伸
选择边界的边...
选择对象或 <全部选择>：找到 1 个                          //单击选择直线 L1
选择对象:↙                                              //按 Enter 键结束选择
选择要延伸的对象，或按住 Shift 键选择要修剪的对象，或
[栏选(F)/窗交(C)/投影(P)/边(E)/放弃(U)]:                 //单击圆弧 C1 右侧部分

选择要延伸的对象，或按住 Shift 键选择要修剪的对象，或
[栏选(F)/窗交(C)/投影(P)/边(E)/放弃(U)]:↙                //按 Enter 键结束命令
```

提示

选择要延伸的对象时，单击点的不同可能会影响到延伸结果，因为系统默认由靠近单击点的那一侧延伸到边界。

命令行中各选项的含义如下。

- 栏选(F)：用栏选的方式选择要延伸的对象。
- 窗交(C)：用窗交方式选择要延伸的对象。
- 投影(P)：用以指定延伸对象时使用的投影方式，即选择进行延伸的空间。
- 边(E)：指定是将对象延伸到另一个对象的隐含边或是延伸到三维空间中与其相交的对象。
- 放弃(U)：放弃上一次的延伸操作。

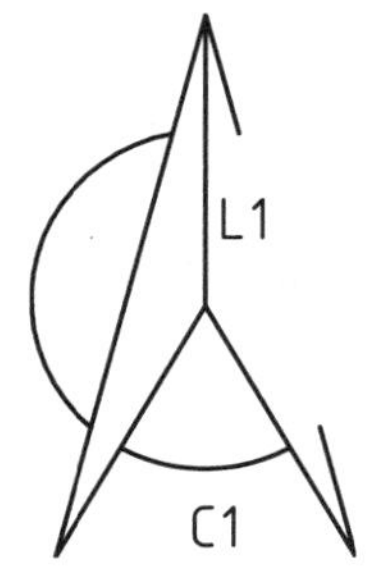

图 7-14　素材图形

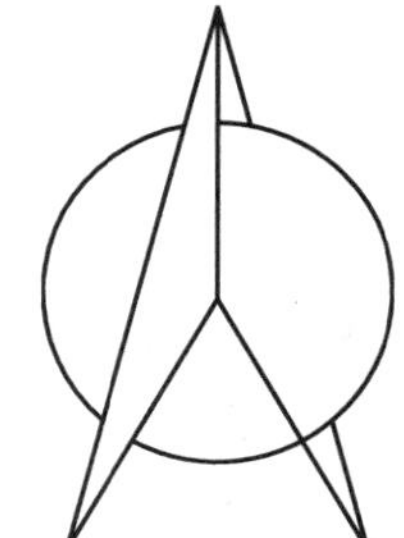

图 7-15　延伸圆弧的结果

7.2.4 打断

【打断】命令是指把原本是一个整体的线条分离成两段。该命令只能打断单独的线条而不能打断组合形体，如图块等。

调用【打断】命令的方法如下。

- 菜单栏：选择【修改】|【打断】命令。
- 工具栏：单击【修改】工具栏上的【打断】按钮或【打断于点】按钮。
- 功能区：在【默认】选项卡中，单击【修改】滑出面板上的【打断】按钮。
- 命令行：在命令行输入 BREAK/BR 并按 Enter 键。

根据打断点数量的不同，打断可以分为打断和打断于点。

1. 打断

打断即是指在线条上创建两个打断点，将两点之间的线条删除从而将线条断开。图 7-16 所示为圆在 A、B 两点打断的效果。

2. 打断于点

打断于点是指通过指定一个打断点，将对象在该点处断开，打断之后没有间隙。

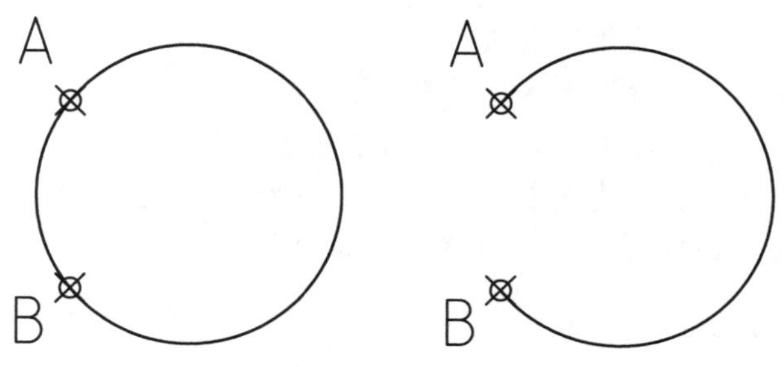

图 7-16　打断的效果

打断于点可以打断圆弧，但不能打断完整的圆。

【案例 7–5】：绘制螺纹线

01 打开“第 7 章/案例 7-5 绘制螺纹线.dwg”素材文件，如图 7-17 所示。

02 在【默认】选项卡中，单击【修改】滑出面板的【打断】按钮。将圆 C1 在两象限点打断，如图 7-18 所示。命令行操作如下：

```
命令: _break↙                              //调用【打断】命令
选择对象:                                    //单击选择圆 C1 作为打断对象
指定第二个打断点 或 [第一点(F)]: F↙            //选择【第一点】选项
指定第一个打断点:                              //捕捉到圆 C1 的左象限点
指定第二个打断点:↙                             //捕捉到圆 C1 的右象限点
```

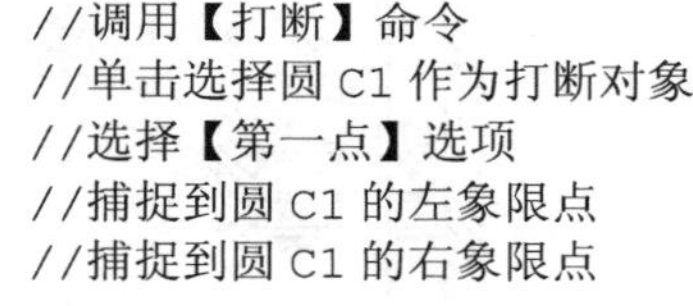

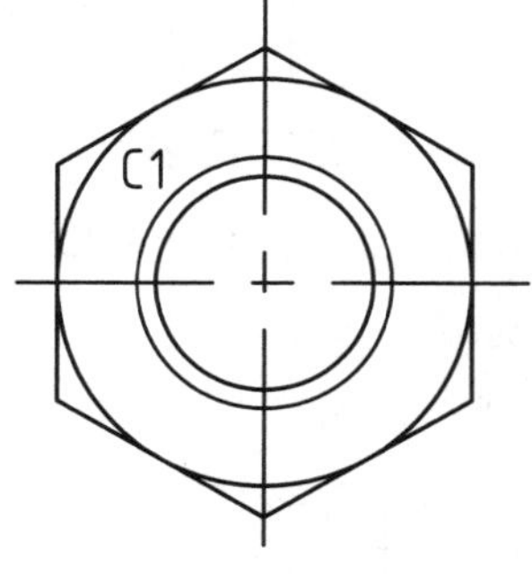

图 7-17　素材图形

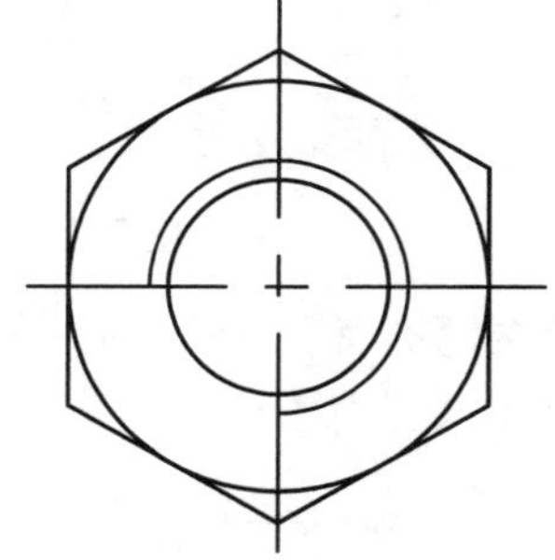

图 7-18　打断的结果

系统默认将选择对象时的单击点作为第一个打断点，由于此时不能捕捉点，第一个打断点的位置并不精确。为了精确定义第一个打断点，在命令行选择【第一点】选项，重新定义第一点。

7.2.5　合并

使用【合并】命令可将同类对象合并为一个整体，但要求各对象共线(对于圆弧则是共圆)。

调用【合并】命令有以下几种方法。

- 菜单栏：选择【修改】|【合并】命令。
- 工具栏：单击【修改】工具栏上的【合并】按钮⁺⁺。
- 功能区：在【默认】选项卡中，单击【修改】面板上的【合并】按钮⁺⁺。
- 命令行：在命令行输入 JOIN/J 并按 Enter 键。

【案例 7-6】：修改门框

01 打开"第 7 章\案例 7-6 修改门框.dwg"素材文件，如图 7-19 所示。

02 在【默认】选项卡中，单击【修改】面板上的【合并】按钮⁺⁺，合并直线 L1 和 L2，如图 7-20 所示。命令行操作如下：

```
命令: _join                                    //调用【合并】命令
选择源对象或要一次合并的多个对象: 找到 1 个     //选择直线 L1
选择要合并的对象: 找到 1 个，总计 2 个           //选择直线 L2
选择要合并的对象:↙                             //按 Enter 键结束选择，完成合并
2 条直线已合并为 1 条直线
```

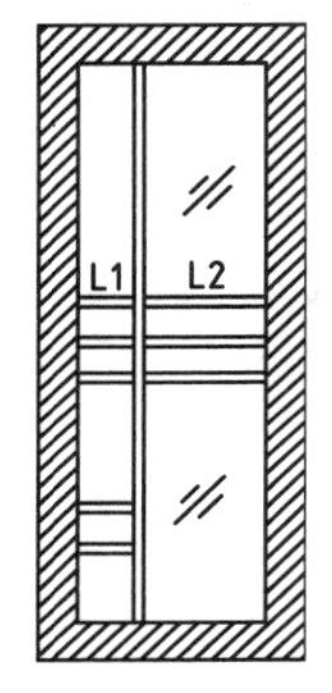

图 7-19　素材图形

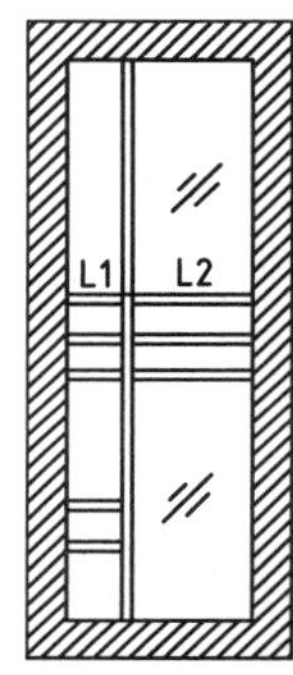

图 7-20　合并 L1 和 L2

03 重复【合并】命令，合并另外 3 条水平直线，如图 7-21 所示。

04 调用【修剪】命令，修剪竖直直线，如图 7-22 所示，完成门框的修改。

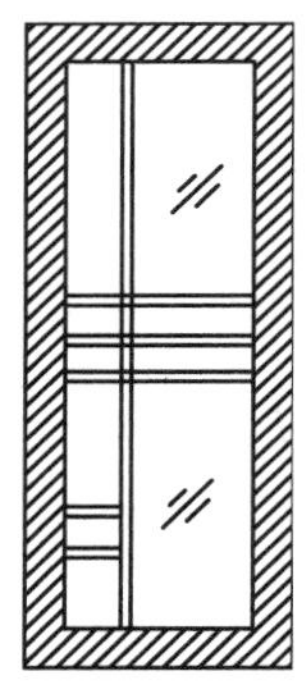

图 7-21　合并其他直线

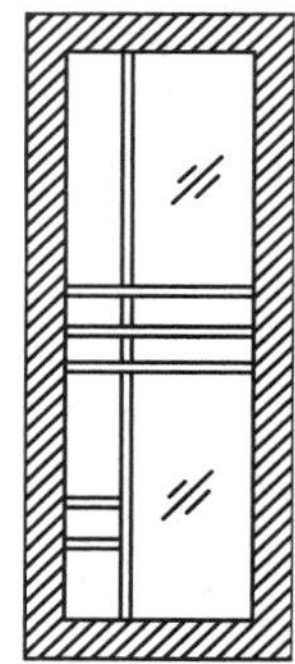

图 7-22　修剪的结果

7.2.6　分解

AutoCAD 中从外部引用的块或阵列的对象是一个整体，需要先对其进行分解，然后才能开始编辑。

调用【分解】命令有以下几种方法。

- 菜单栏：选择【修改】|【分解】命令。
- 工具栏：单击【修改】工具栏上的【分解】按钮。
- 功能区：在【默认】选项卡中，单击【修改】面板上的【分解】按钮。
- 命令行：在命令行输入 EXPLODE/X 并按 Enter 键。

【案例 7-7】：分解并删除多余图形

01 打开“第 7 章\案例 7-7 分解图形.dwg”素材文件，如图 7-23 所示。

02 在【默认】选项卡中，单击【修改】面板上的【分解】按钮，分解图形。命令行操作如下：

```
命令: _explode↙                          //调用【分解】命令
选择对象: 指定对角点: 找到 1 个            //选择整个图块作为分解对象
选择对象: ↙                               //按 Enter 键完成分解
```

03 单击【默认】面板上的【修改】|【删除】按钮，删除上下两个椅子的图形，如图 7-24 所示。

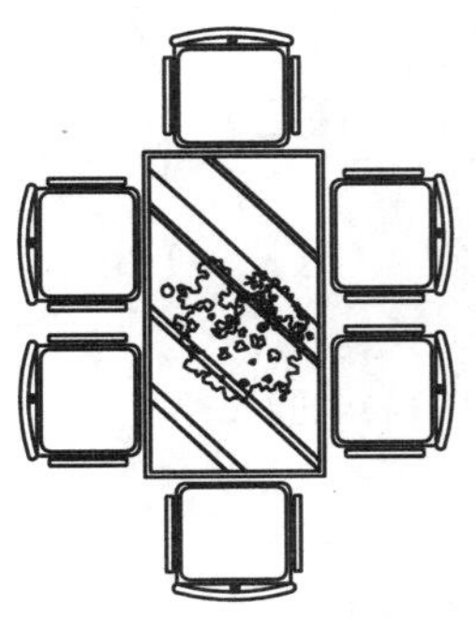

图 7-23　素材图形

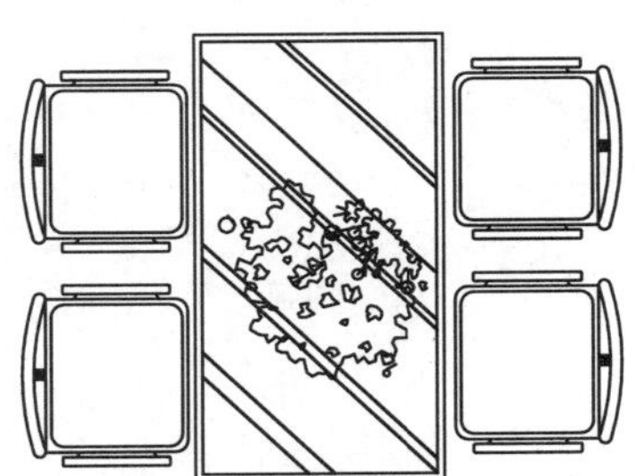

图 7-24　分解并删除对象

7.2.7　拉长

拉长图形就是改变原图形的长度，可以把原图形变长，也可以将其缩短。用户可以通过指定一个长度增量、角度增量(对于圆弧)、总长度或者相对于原长的百分比增量来改变原图形的长度，也可以通过动态拖动的方式来直接改变原图形的长度。

调用【拉长】命令的方法如下。

- 菜单栏：选择【修改】|【拉长】命令。
- 命令行：在命令行输入 LENGTHEN/ LEN 并按 Enter 键。

【案例 7-8】：拉长圆弧

01 单击【绘图】工具栏上的【圆弧】按钮，绘制一条圆弧，结果如图 7-25 所示。

02 选择【修改】|【拉长】命令，然后通过鼠标拖动的方法拉长圆弧，结果如图 7-26 所示。命令行操作如下：

```
命令: _lengthen↙
选择对象或 [增量(DE)/百分数(P)/全部(T)/动态(DY)]: dy↙   //选择【动态】选项
选择要修改的对象或 [放弃(U)]:                          //单击圆弧的右下端
指定新端点:                                            //拖动鼠标来确定圆弧的新端点
选择要修改的对象或 [放弃(U)]:↙                         //按 Enter 键结束命令
```

命令行中各选项的含义如下。

- 增量(DE)：表示以增量方式修改对象的长度。可以直接输入长度增量来拉长直线或者圆弧，长度增量为正时拉长对象，为负时缩短对象。也可以输入 A，通过指定圆弧的长度和角增量来修改圆弧的长度。
- 百分数(P)：通过输入百分比来改变对象的长度或圆心角大小。百分比的数值以原长度为参照。
- 全部(T)：通过输入对象的总长度来改变对象的长度或角度。
- 动态(DY)：用动态模式拖动对象的一个端点来改变对象的长度或角度。

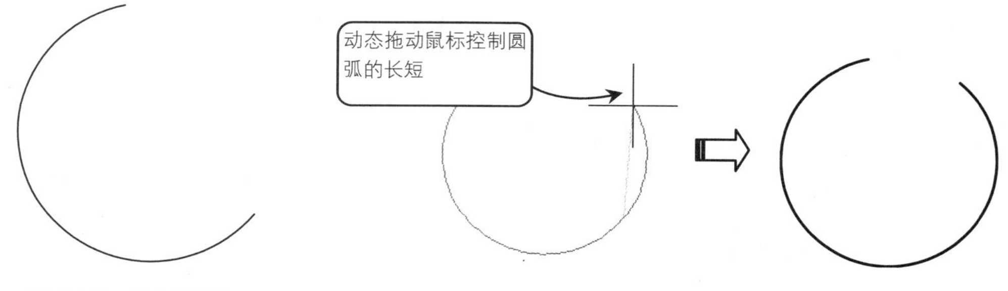

图 7-25 绘制圆弧　　图 7-26 拉长圆弧

提示

Lengthen(拉长)命令只能用于改变非封闭图形的长度，包括直线和圆弧，对于封闭图形(如矩形、圆和椭圆)无效。

7.2.8 光顺

【光顺曲线】命令可以在两条开放曲线的端点之间创建相切或平滑的连接。

调用【光顺曲线】命令的方法如下。

- 菜单栏：选择【修改】|【光顺曲线】命令。
- 工具栏：单击【修改】工具栏上的【光顺曲线】按钮。
- 命令行：在命令行输入 BLEND 并按 Enter 键。

光顺曲线的效果如图 7-27 所示。

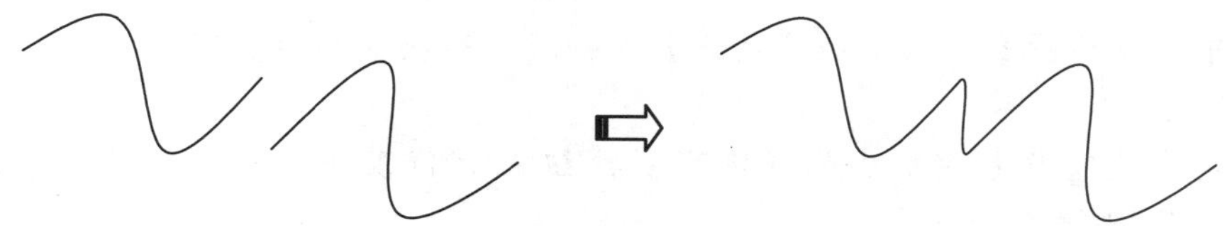

图 7-27　光顺曲线

7.2.9　实例——绘制皮带轮剖面图

01 单击快速访问工具栏上的【新建】按钮，新建空白文档。

02 依次创建“中心线”、“虚线”、“轮廓线”、“剖面线”图层，并设置“轮廓线”为当前图层。

03 单击【绘图】面板上的【矩形】按钮，绘制一个长度为 20，宽度为 88 的矩形，如图 7-28 所示。

04 单击【修改】面板上的【分解】按钮，分解上一步绘制的矩形。

05 单击【修改】面板上的【偏移】按钮，将矩形的两竖直边线向内偏移 4，将矩形两水平边线向内偏移 15，如图 7-29 所示。

图 7-28　绘制矩形　　　　图 7-29　偏移矩形边

06 单击【修改】面板上的【修剪】按钮，修剪多余的线条，如图 7-30 所示。

07 单击【修改】面板上的【偏移】按钮，将矩形的左侧竖直边线向内连续偏移，相邻偏移线间距为 2，然后将矩形的上下边线分别向内偏移 7，如图 7-31 所示。

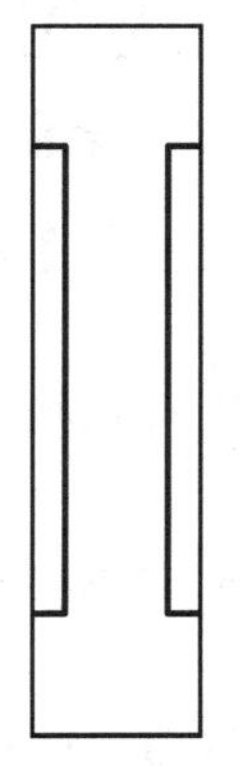

图 7-30　修剪偏移对象

图 7-31　偏移对象

08 单击【绘图】面板上的【直线】按钮，连接偏移后直线的交点，如图 7-32 所示。

09 单击【修改】面板上的【修剪】按钮，修剪并删除多余的线条，结果如图 7-33 所示。

图 7-32　连接偏移对象

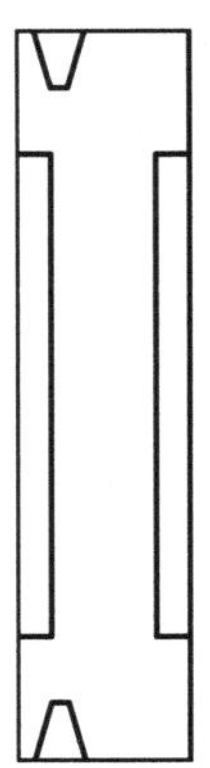

图 7-33　修剪结果

10 单击【修改】面板上的【镜像】按钮，选择两端的凹槽作为镜像对象，捕捉到矩形上下两边中点定义镜像线，并保留源对象，镜像结果如图 7-34 所示。

11 单击【修改】滑出面板上的【打断】按钮，分别选择矩形上下两边为打断对象，以矩形与凹槽的交点为打断点，打断结果如图 7-35 所示。

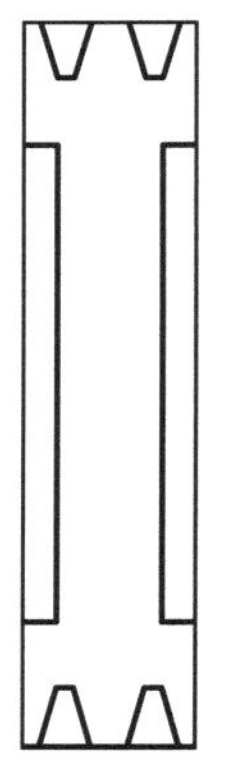

图 7-34　镜像凹槽

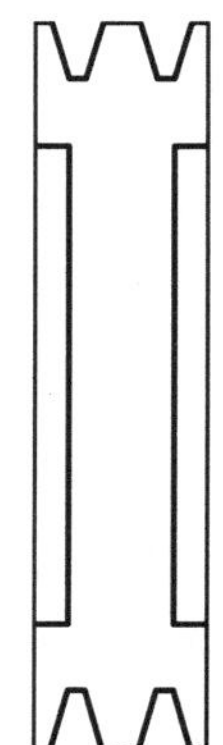

图 7-35　打断凹槽

12 设置“中心线”为当前图层，单击【绘图】面板上的【直线】按钮，捕捉矩形两边的中心点绘制两条中心线，如图 7-36 所示。

13 单击【修改】滑出面板上的【拉长】按钮，动态拖动鼠标拉长中心线到合适长度，拉长结果如图 7-37 所示。

14 单击【修改】面板上的【偏移】按钮，先将水平中心线向两侧偏移 9，然后将水平中心线向上偏移 12，偏移结果如图 7-38 所示。

15 单击【修改】面板上的【修剪】按钮，修剪偏移后的中心线，并切换图层到“轮廓线”层，如图 7-39 所示。

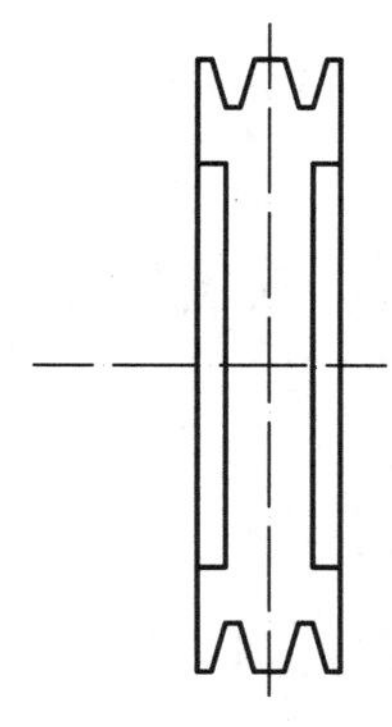

图 7-36　绘制中心线

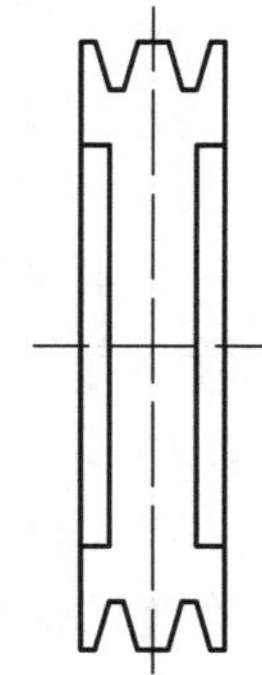

图 7-37　拉长中心线

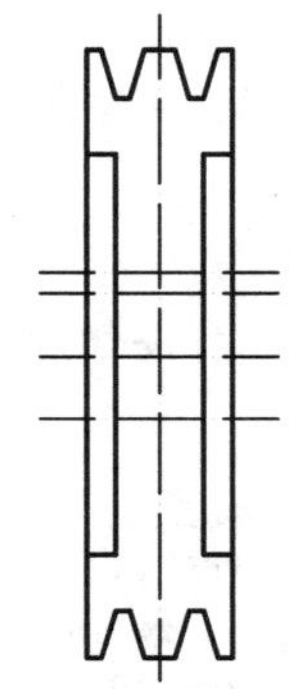

图 7-38　偏移中心线

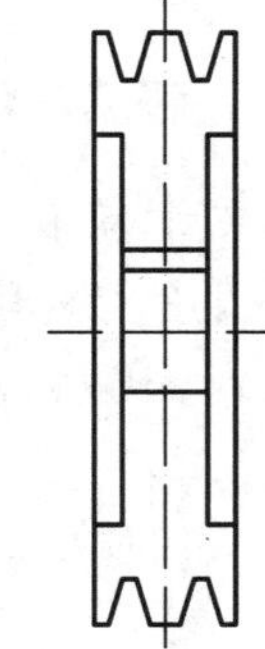

图 7-39　修剪中心线

16 设置“剖面线”为当前图层，单击【绘图】面板上的【图案填充】按钮，选择 ANSI31 图案填充剖切部分，最终结果如图 7-40 所示。

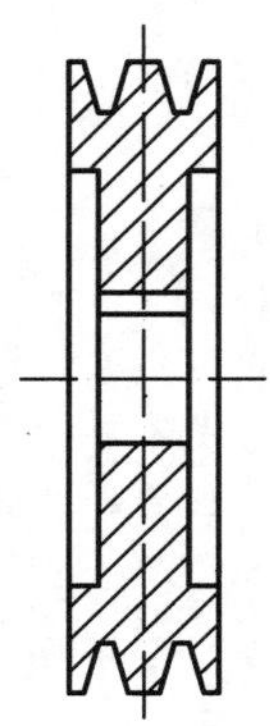

图 7-40　填充剖面

7.3　移动和拉伸图形

对于一个已经绘制完成的图形对象，有时需要修改其位置、角度、大小或某一方向上的长度。AutoCAD 提供的【移动】、【旋转】、【缩放】、【拉伸】等命令可以完成这些操作。

7.3.1 移动

【移动】命令是将图形在平面内按某个矢量移动，不改变图形的角度。

调用【移动】命令有以下几种方法。

- 菜单栏：选择【修改】|【移动】命令。
- 工具栏：单击【修改】工具栏上的【移动】按钮。
- 功能区：在【默认】选项卡中，单击【修改】面板上的【移动】按钮。
- 命令行：在命令行输入 MOVE/M 并按 Enter 键。

执行【移动】命令需要选择移动的对象，然后指定移动的基点和目标点，由基点和目标点确定的矢量定义移动的方向和距离。

【案例 7-9】：移动台灯

01 打开“第 7 章\案例 7-9 移动台灯.dwg”素材文件，如图 7-41 所示。

02 在【默认】选项卡中，单击【修改】面板上的【移动】按钮，将台灯移动到床头柜上，如图 7-42 所示。命令行操作如下：

```
命令：_move↙                                  //调用【移动】命令
选择对象：指定对角点：找到 74 个，总计 74 个   //框选台灯图形作为要移动的对象
选择对象：↙                                   //按 Enter 键结束选择
指定基点或 [位移(D)] <位移>:                   //单击台灯底边中点 A
指定第二个点或 <使用第一个点作为位移>:          //单击床头柜顶边中点 B，完成移动
```

命令行中【位移】选项表示输入坐标以表示位移矢量，输入的坐标值将指定相对距离和方向。

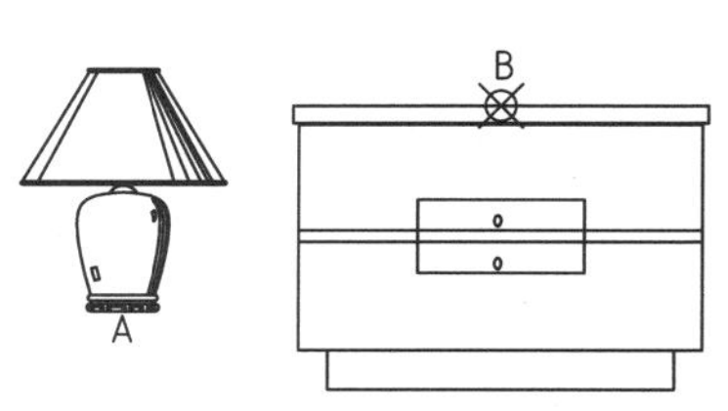

图 7-41　素材图形

图 7-42　移动台灯后的结果

7.3.2 旋转

【旋转】命令是围绕着一个固定的点将图形对象可以旋转任意的角度。

调用【旋转】命令有以下几种方法。

- 菜单栏：选择【修改】|【旋转】命令。
- 工具栏：单击【修改】工具栏上的【旋转】按钮。
- 功能区：在【默认】选项卡中，单击【修改】面板上的【旋转】按钮。

- 命令行：在命令行输入 ROTATE/RO 并按 Enter 键。

【案例 7-10】：旋转皮带机构

01 打开“第 7 章\案例 7-10 旋转皮带结构.dwg”素材文件，如图 7-43 所示。

02 在【默认】选项卡中，单击【修改】面板上的【旋转】按钮，旋转图形如图 7-44 所示。命令行操作如下：

```
命令：_rotate↙                                          //调用【旋转】命令
UCS 当前的正角方向：  ANGDIR=逆时针   ANGBASE=0
选择对象：指定对角点：找到 11 个，总计 11 个            //选择除水平中心线外的所有图形
选择对象：↙                                            //按 Enter 键结束选择
指定基点：                                              //捕捉并单击圆心 A
指定旋转角度，或 [复制(C)/参照(R)] <0>:  18↙           //输入旋转角度，完成旋转
```

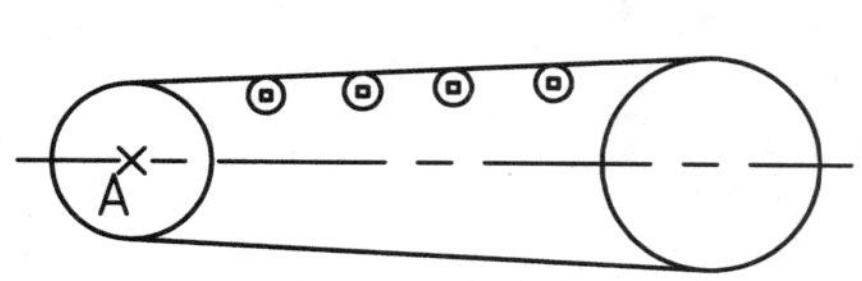

图 7-43　素材图形

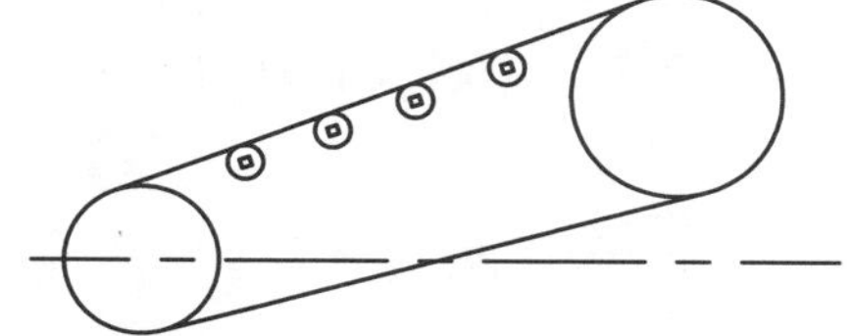

图 7-44　旋转对象

03 重复【旋转】命令，使用【复制】选项将水平中心线旋转 18°，如图 7-45 所示。命令行操作如下：

```
命令：_rotate↙                                          //调用【旋转】命令
UCS 当前的正角方向：  ANGDIR=逆时针   ANGBASE=0
选择对象：找到 1 个                                     //选择水平中心线
选择对象：↙                                            //按 Enter 键结束选择
指定基点：                                              //捕捉并单击圆心 A
指定旋转角度，或 [复制(C)/参照(R)] <18>:C↙             //选择【复制】选项
旋转一组选定对象。
指定旋转角度，或 [复制(C)/参照(R)] <18>: 18↙           //输入旋转角度，完成旋转复制
```

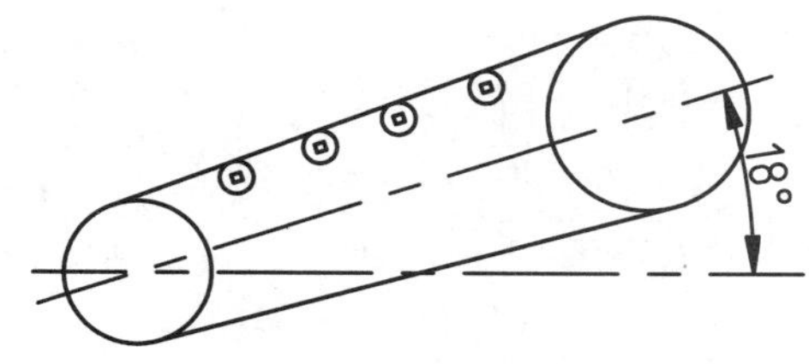

图 7-45　旋转复制中心线

提示

输入角度时，逆时针旋转的角度为正值，顺时针旋转的角度为负值。

命令行中两个选项的含义介绍如下。

- 复制(C)：由指定的旋转角度生成一个复制对象，源对象保留。

- 参照(R)：如果旋转的目的是将对象对齐到某一位置，而不关心具体的旋转角度，就可以使用参照旋转。例如将图 7-46 所示的矩形绕 A 点旋转，使 AB 与斜边 CD 重合，就可以选择【参照】选项，依次选择 A、B 两点定义参照角，然后指定 CD 边上任意一点作为新角度，即完成旋转，如图 7-47 所示。

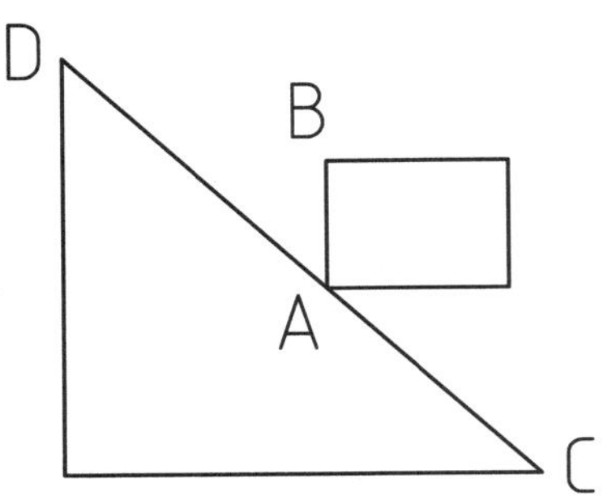

图 7-46　旋转之前的图形

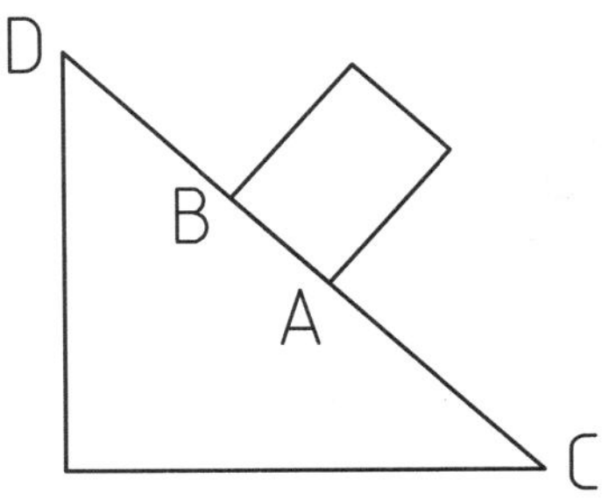

图 7-47　旋转矩形的结果

7.3.3 缩放

【缩放】命令是将图形以某一基点为中心，进行一定比例的放大或缩小。

调用【缩放】命令有以下几种方法。

- 菜单栏：选择【修改】|【缩放】命令。
- 工具栏：单击【修改】工具栏上的【缩放】按钮。
- 功能区：在【默认】选项卡中，单击【修改】面板上的【缩放】按钮。
- 命令行：在命令行输入 SCALE/SC 并按 Enter 键。

【案例 7-11】：缩放左视图

01 打开“第 7 章\案例 7-11 缩放左视图.dwg”素材文件，如图 7-48 所示。

02 在【默认】选项卡中，单击【修改】面板上的【缩放】按钮缩放左视图，比例因子为 2，如图 7-49 所示。命令行操作如下：

```
命令：_scale↙                              //调用【缩放】命令
选择对象：找到 35 个，总计 35 个            //选择左视图所有对象
选择对象：↙                                //按 Enter 键结束选择
指定基点：                                  //利用【端点捕捉】捕捉左下角端点
指定比例因子或 [复制(C)/参照(R)]：2↙        //输入比例因子
```

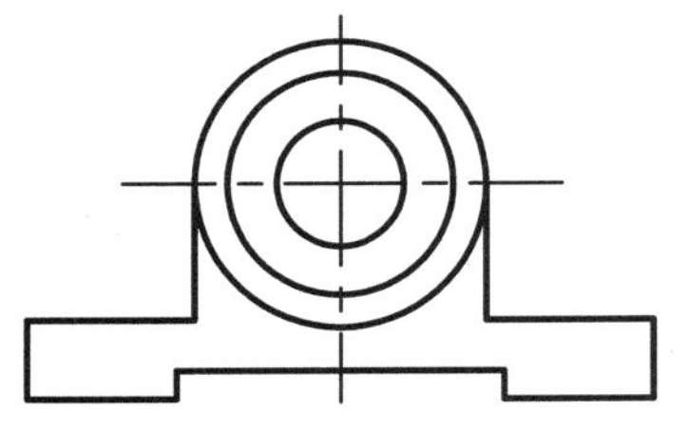
图 7-48　素材图形

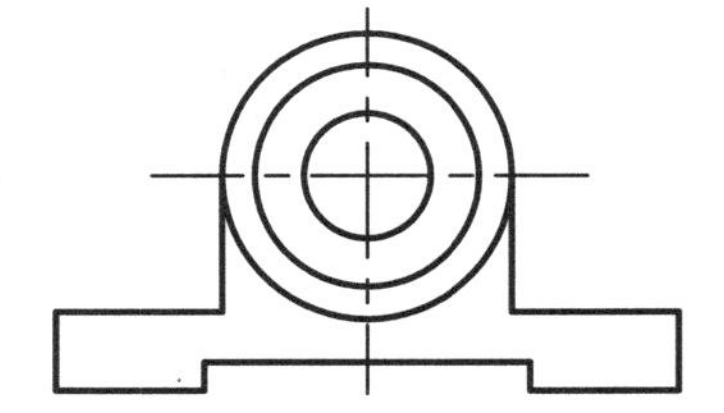
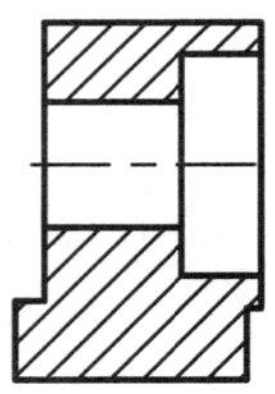
图 7-49　缩放对象

提示

比例因子大于 1 为放大图形，小于 1 为缩小图形。

7.3.4 拉伸

【拉伸】命令与【拉长】命令相似，可以将对象沿某一方向拉长或压缩。与【拉长】命令不同的是，【拉伸】可以选择多个对象进行整体变形。

调用【拉伸】命令有以下几种方法。

- 菜单栏：选择【修改】|【拉伸】命令。
- 工具栏：单击【修改】工具栏上的【拉伸】按钮。
- 功能区：在【默认】选项卡中，单击【修改】面板上的【拉伸】按钮。
- 命令行：在命令行输入 STRETCH/S 并按 Enter 键。

【案例 7-12】：拉伸罗马柱

01 打开“第 7 章\案例 7-12 拉伸罗马柱.dwg”素材文件，如图 7-50 所示。

02 在【默认】选项卡中，单击【修改】面板上的【拉伸】按钮，将柱子沿竖直方向拉伸 1000。命令行操作如下：

```
命令: _stretch↙                                    //调用【拉伸】命令
以交叉窗口或交叉多边形选择要拉伸的对象...
选择对象: 指定对角点: 找到 33 个                     //框选对象，如图 7-51 所示
选择对象:↙                                          //按 Enter 键结束选择
指定基点或 [位移(D)] <位移>:                          //选择顶边上任意一点
指定第二个点或 <使用第一个点作为位移>: <正交 开> 1000↙
                              //打开正交功能，在竖直方向拖动指针并输入拉伸距离
```

03 拉伸的结果如图 7-52 所示。

图 7-50　素材图形

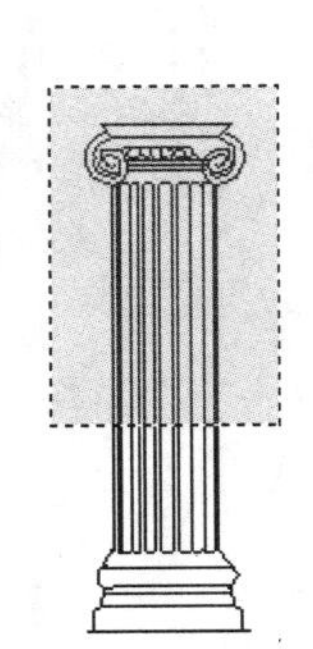

图 7-51　选择对象

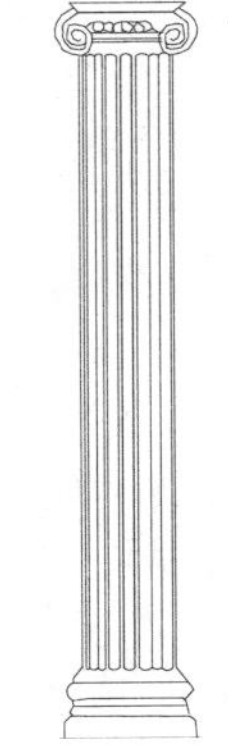

图 7-52　拉伸结果

7.3.5 实例——重新布置家具

01 打开“第 7 章\7.3.5 重新布置家具.dwg”素材文件，家具原始布置如图 7-53

所示。

02 在【默认】选项卡中，单击【修改】面板上的【旋转】按钮，将沙发 B 和 C 分别旋转-90° 和 90° ，如图 7-54 所示。

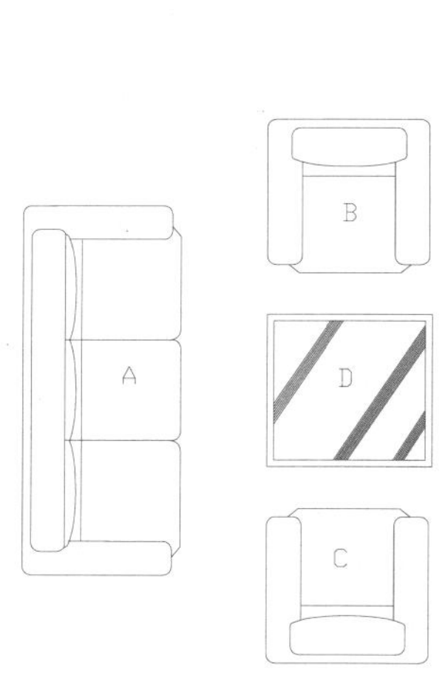

图 7-53　素材图形

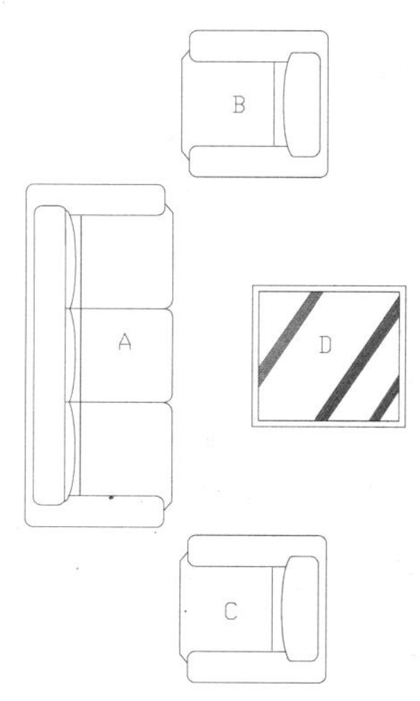

图 7-54　旋转单人沙发

03 单击【修改】面板上的【拉伸】按钮，将玻璃桌 D 沿竖直方向拉长 750，如图 7-55 所示。

04 单击【修改】面板上的【移动】按钮，选择方桌竖直边线中点为基点，对齐到沙发 A 中点，如图 7-56 所示。

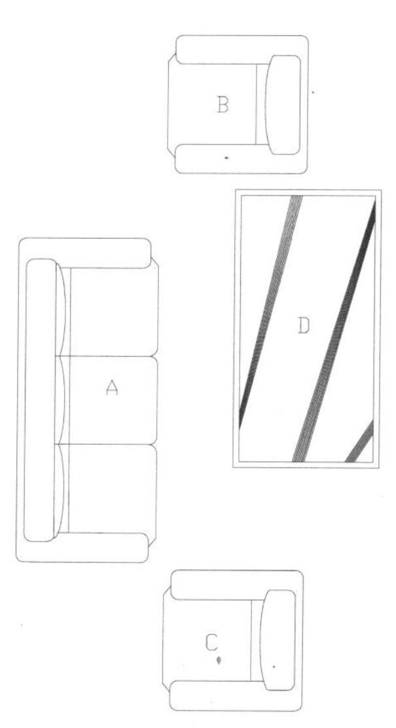

图 7-55　拉长玻璃桌

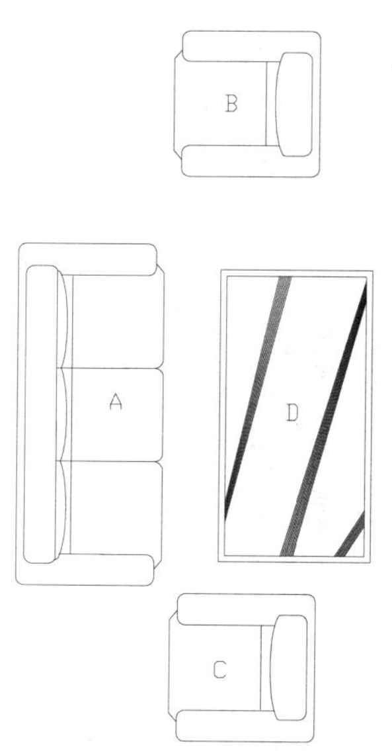

图 7-56　移动玻璃桌

05 重复【移动】命令，将沙发 B 和 C 移动到沙发 A 的对面，如图 7-57 所示。

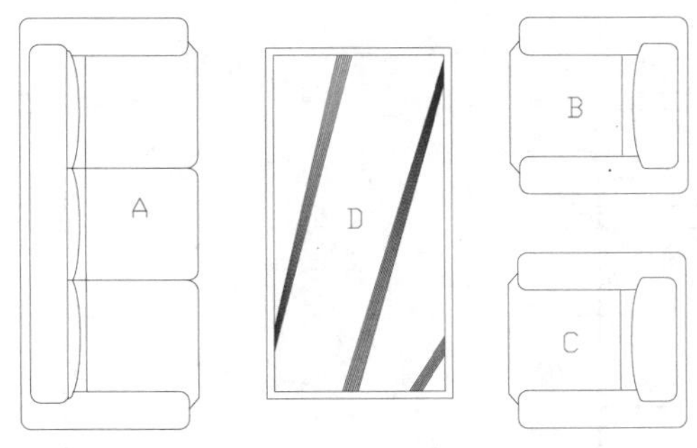

图 7-57　移动单人沙发

7.4　倒角与圆角

【圆角】与【倒角】命令在机械绘图中使用较多，它可以使工件相邻两表面在相交处以斜面或圆弧面过渡。

7.4.1　倒角

倒角是在两面交线处创建倾斜面的过渡，从而消除尖锐边角。在平面图中的倒角对象是两条相交边线，确定一个倒角需要定义两条边线上的倒角距离。

调用【倒角】命令有以下几种方法。

- 菜单栏：选择【修改】|【倒角】命令。
- 工具栏：单击【修改】工具栏上的【倒角】按钮。
- 功能区：在【默认】选项卡中，单击【修改】面板上的【倒角】按钮。
- 命令行：在命令行输入 CHAMFER/CHA 并按 Enter 键。

【案例 7-13】：倒角键槽

01　打开“第 7 章\案例 7-13 倒角键槽.dwg”素材文件，如图 7-58 所示。

02　在【默认】选项卡中，单击【修改】面板上的【倒角】按钮，在直线 L1 与 L2 的交点处创建不修剪的倒角，如图 7-59 所示。命令行操作如下：

```
命令: _chamfer↙                                //调用【倒角】命令
(“修剪”模式) 当前倒角距离 1 = 2.0000，距离 2 = 2.0000
选择第一条直线或 [放弃(U)/多段线(P)/距离(D)/角度(A)/修剪(T)/方式(E)/多个(M)]: D↙
                                               //选择修改倒角距离
指定 第一个 倒角距离 <2.0000>: 2.5↙             //输入第一个倒角距离
指定 第二个 倒角距离 <2.5000>:↙                 //按 Enter 键默认第二个倒角距离
选择第一条直线或 [放弃(U)/多段线(P)/距离(D)/角度(A)/修剪(T)/方式(E)/多个(M)]: T↙
                                               //选择【修剪】选项
输入修剪模式选项 [修剪(T)/不修剪(N)] <修剪>: N↙  //将修剪模式修改为【不修剪】
选择第一条直线或 [放弃(U)/多段线(P)/距离(D)/角度(A)/修剪(T)/方式(E)/多个(M)]:
                                               //选择直线 L1
选择第二条直线，或按住 Shift 键选择直线以应用角点或 [距离(D)/角度(A)/方法(M)]:
                                               //选择直线 L2，完成倒角
```

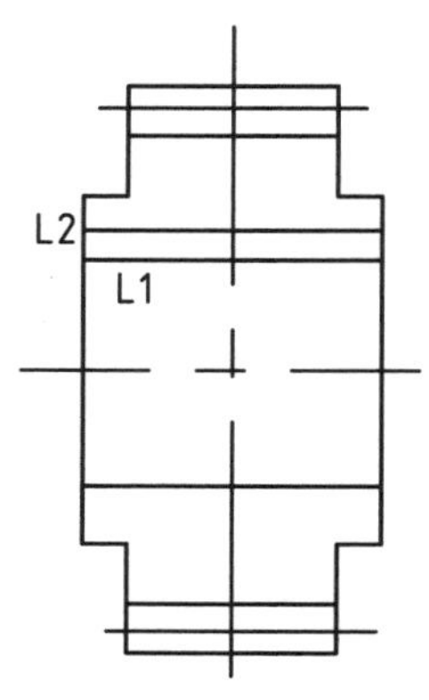

图 7-58　素材图形

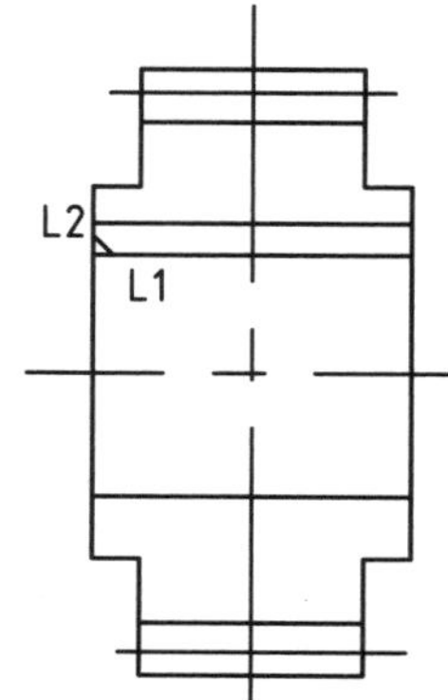

图 7-59　创建 L1 和 L2 间的倒角

03 同样的方法，创建其他位置的倒角，如图 7-60 所示。

04 单击【修改】面板上的【修剪】按钮 -/--，修剪线条如图 7-61 所示；单击【绘图】面板上的【直线】按钮，绘制倒角连接线，如图 7-62 所示。

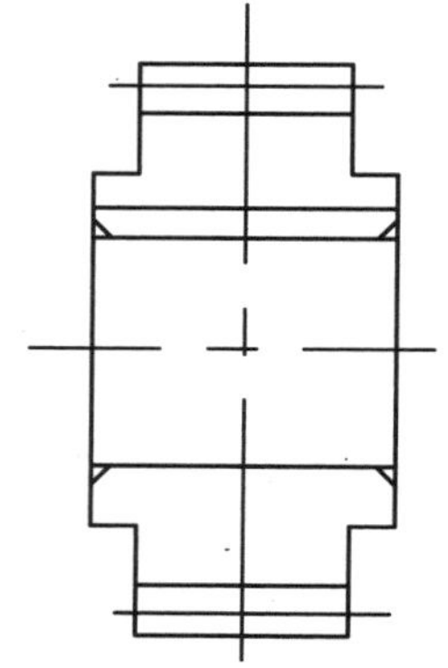

图 7-60　创建其他倒角

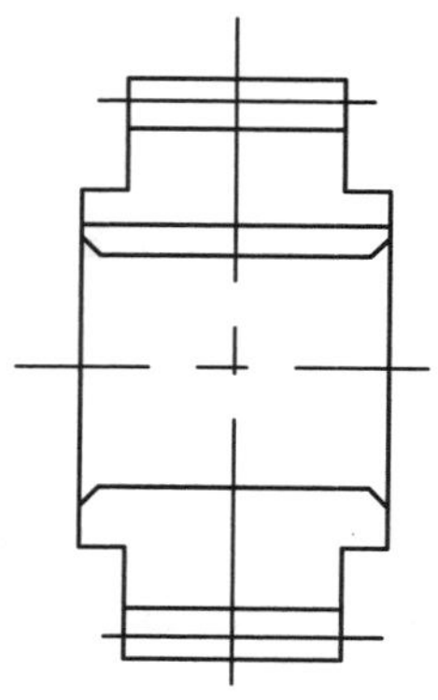

图 7-61　修剪图形

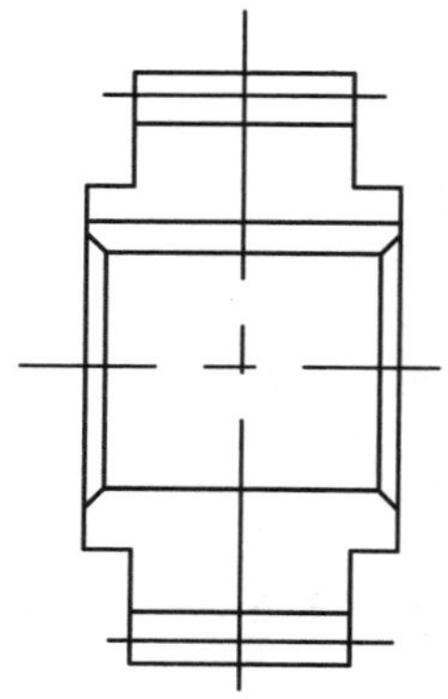

图 7-62　绘制连接线

命令行各选项的含义介绍如下。

- 放弃(U)：恢复在命令中执行的上一个操作。
- 多线段(P)：对整个二维多段线倒角。相交多段线线段在每个多段线顶点被倒角。倒角成为多段线的新线段。如果多段线包含的线段过短以至于无法容纳倒角距离，则不对这些线段倒角。
- 距离(D)：设定倒角至选定边端点的距离。如果将两个距离均设定为 0，CHAMFER 将延伸或修剪两条直线，以使它们终止于同一点。
- 角度(A)：用第一条线的倒角距离和第二条线的角度设定倒角距离。
- 修剪(T)：控制 CHAMFER 是否将选定的边修剪到倒角直线的端点。
- 方式(E)：控制 CHAMFER 是用两个距离还是一个距离和一个角度来创建倒角。
- 多个(M)：为多组对象的边倒角。

技巧

不能倒角或看不出倒角差别时，说明角度和距离过大或是角度和距离过小。

7.4.2　圆角

【圆角】命令也需要选择两条相交线作为圆角对象，可以是相交直线或相交圆弧，结果是在两线之间创建圆弧过渡。

调用【圆角】命令有以下几种方法。

- 菜单栏：选择【修改】|【圆角】命令。
- 工具栏：单击【修改】工具栏上的【圆角】按钮▢。
- 功能区：在【默认】选项卡中，单击【修改】面板上的【圆角】按钮▢。
- 命令行：在命令行输入 FILLET/F 并按 Enter 键。

【案例 7-14】：吊耳零件倒圆角

01 打开“第 7 章\案例 7-14 吊耳零件倒圆角.dwg”素材文件，如图 7-63 所示。

02 在【默认】选项卡中，单击【修改】面板上的【圆角】按钮▢，为图形外轮廓倒圆角，如图 7-64 所示。命令行操作如下：

```
命令: _fillet↙                                          //调用【圆角】命令
当前设置: 模式 = 修剪, 半径 = 20
选择第一个对象或 [放弃(U)/多段线(P)/半径(R)/修剪(T)/多个(M)]: R↙
                                                        //选择【半径】选项
指定圆角半径 <20>: 10↙                                  //输入圆角的半径
选择第一个对象或 [放弃(U)/多段线(P)/半径(R)/修剪(T)/多个(M)]:      //选择直线L1
选择第二个对象, 或按住 Shift 键选择对象以应用角点或 [半径(R)]:
                                                        //选择圆弧 C1, 完成圆角
```

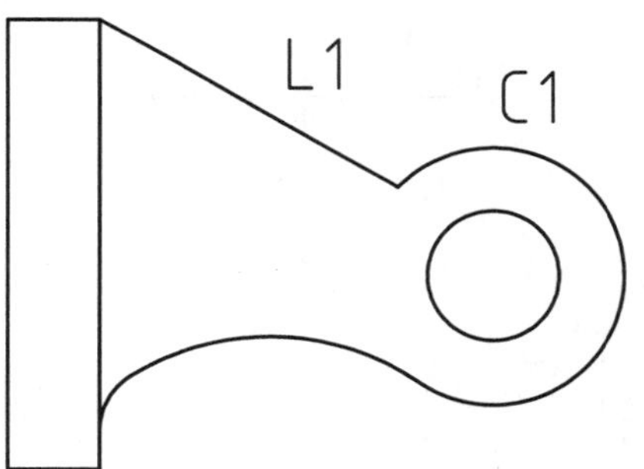

图 7-63　素材图形

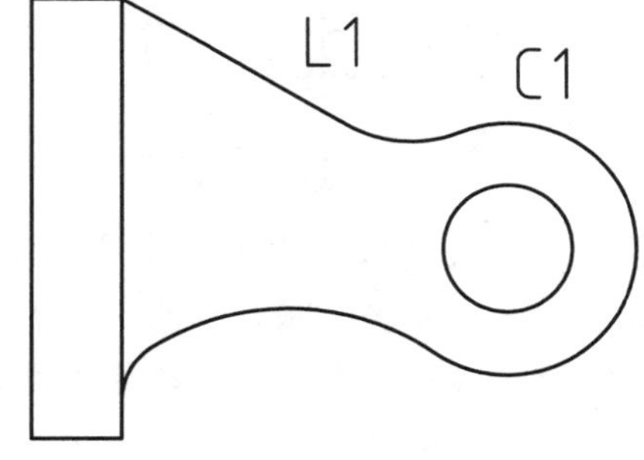

图 7-64　为图形倒圆角

7.4.3　实例——绘制方块螺钉

01 单击快速访问工具栏中的【新建】按钮▢，新建空白文档。

02 依次创建“中心线”、“虚线”、“轮廓线”图层。并设置“轮廓线”为当前图层。

03 按 F8 键开启正交模式，然后单击【绘图】面板上的【直线】按钮，绘制如图 7-65 所示的外轮廓。

04 单击【绘图】面板上的【偏移】按钮▢，将图形底边向上偏移 13，将顶边向下偏移 2，偏移结果如图 7-66 所示。

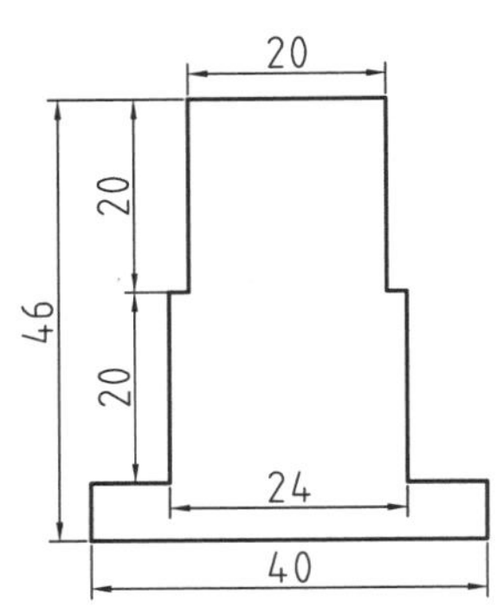

图 7-65 绘制外轮廓

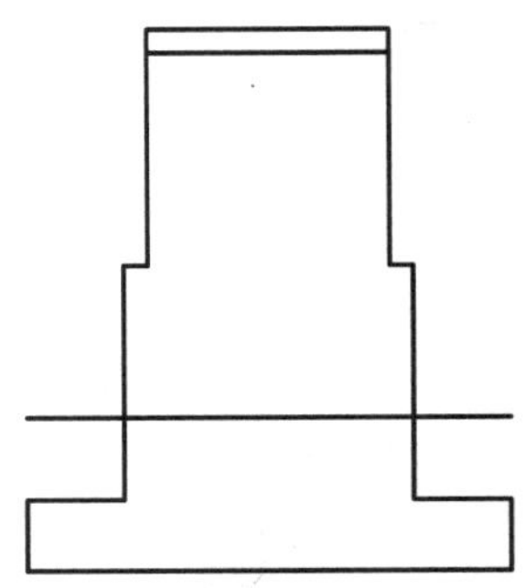
图 7-66 偏移两端

05 单击【绘图】面板上的【直线】按钮，捕捉上下两边中点绘制一条辅助线；单击【绘图】面板上的【圆】按钮，以辅助线与偏移线的交点为圆心绘制一个半径为 8 的圆，转换辅助线图层到“中心线”图层，如图 7-67 所示。

06 单击【修改】滑出面板上的【合并】按钮，将中间阶梯部分的水平直线合并，如图 7-68 所示。

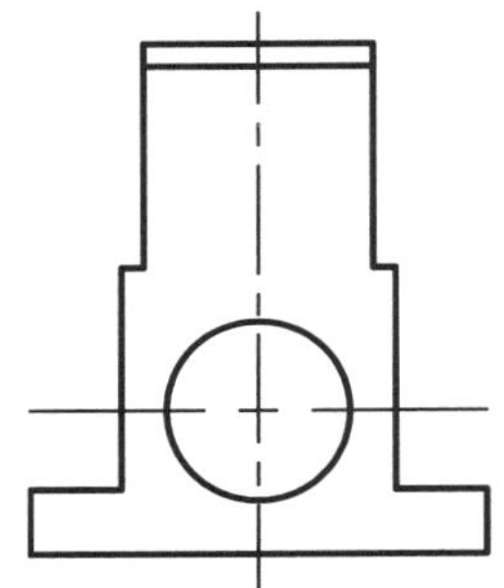
图 7-67 绘制辅助线和圆

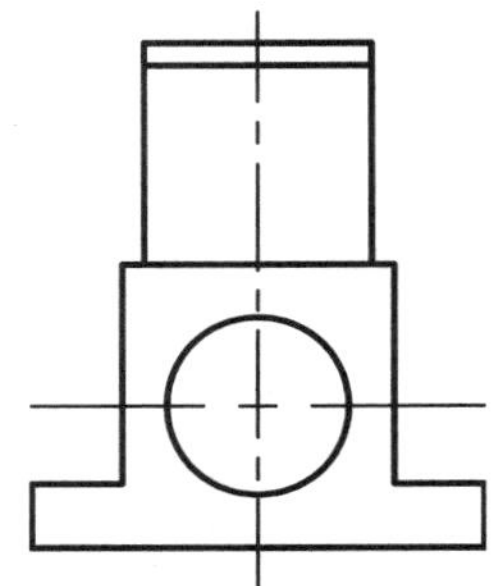
图 7-68 合并直线

07 单击【修改】面板上的【偏移】按钮，将两侧边直线向内偏移 2，并转换图层到“虚线”层，如图 7-69 所示。

08 单击【修改】面板上的【倒角】按钮，指定倒角距离为 2，对螺纹进行倒角，如图 7-70 所示。

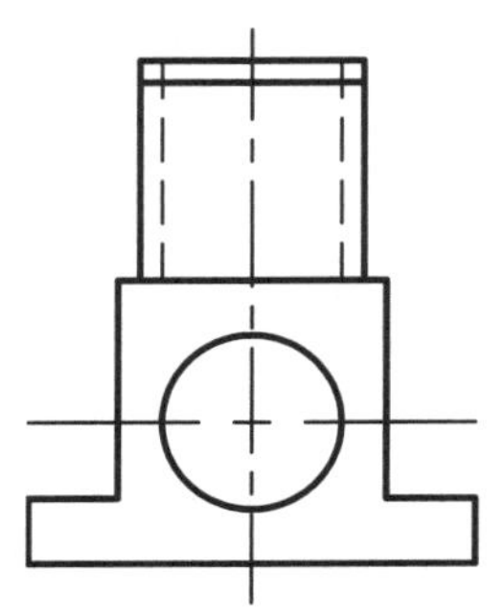
图 7-69 绘制螺纹

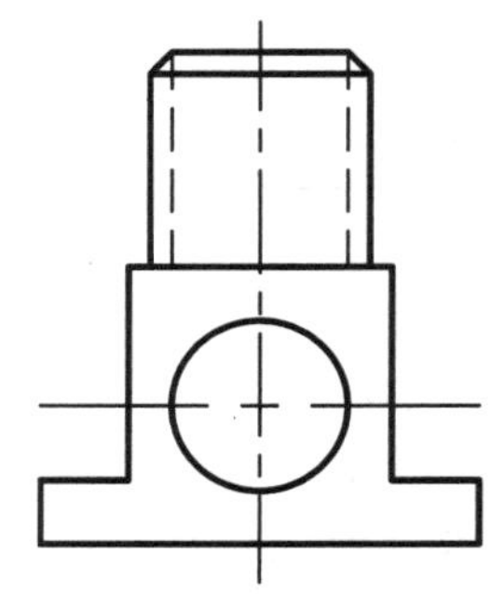
图 7-70 螺纹倒角

09 单击【修改】面板上的【圆角】按钮，指定圆角半径为 R2，在螺帽边线创建圆角，如图 7-71 所示。

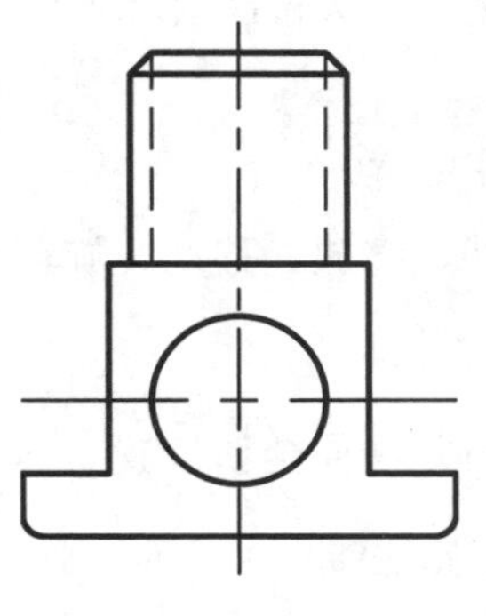

图 7-71　螺帽倒圆角

7.5　夹 点 编 辑

夹点编辑是在选中的对象上显示其控制点，AutoCAD 中称这些点为夹点，通过编辑这些夹点就可以修改对象的长度、半径、位置等参数。夹点编辑遵循“先选择，后操作”的执行方式。

7.5.1　夹点模式

在夹点模式下，图形对象以虚线显示，图形上的特征点显示为蓝色小方框，这些小方框即为夹点，如图 7-72 所示。

夹点有未激活和被激活两种状态。蓝色小方框显示的夹点处于未激活状态，单击某个未激活夹点，该夹点以红色小方框显示，处于被激活状态，被激活的夹点称为“热夹点”。

选择【工具】|【选项】命令，弹出【选项】对话框，在【选择集】选项卡中可以自定义夹点，如图 7-73 所示。

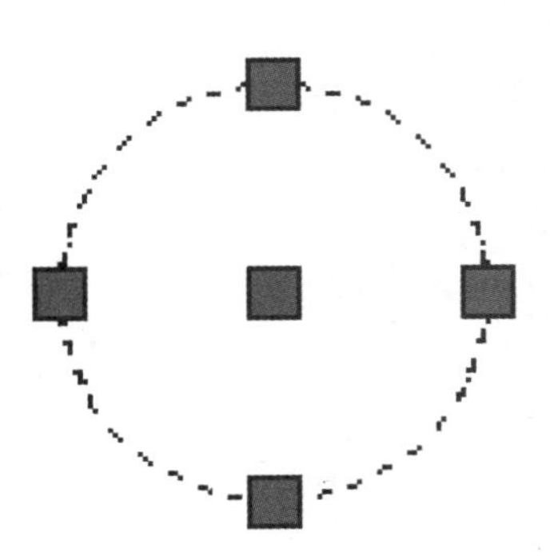

图 7-72　图形夹点

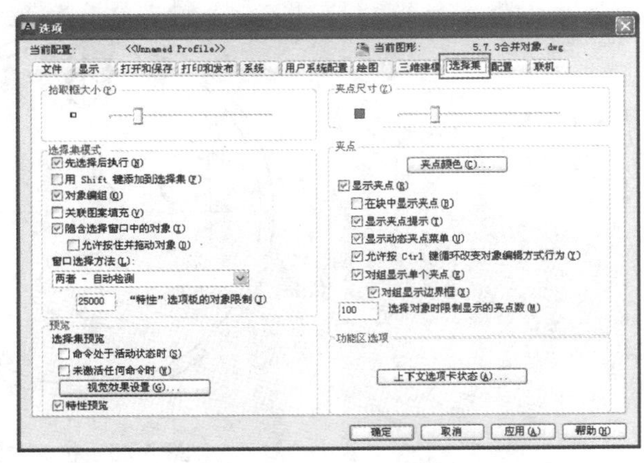

图 7-73　【选项】对话框

技巧

激活热夹点时按住 Shift 键，可以选择激活多个热夹点。

7.5.2 夹点编辑操作

通过夹点编辑，可以进行拉伸、缩放、移动、旋转和镜像等操作。

1. 利用夹点拉伸对象

通过移动夹点，可以将图形对象拉伸至新位置。

【案例 7-15】：通过夹点拉伸对象

01 打开“第 7 章\案例 7-15 通过夹点拉伸对象.dwg”素材文件，如图 7-74 所示。

02 选择键槽的底边，使之呈现夹点状态，如图 7-75 所示。

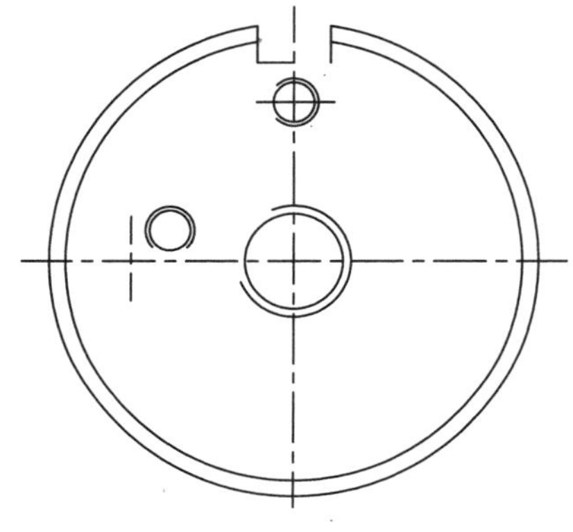

图 7-74　素材图形

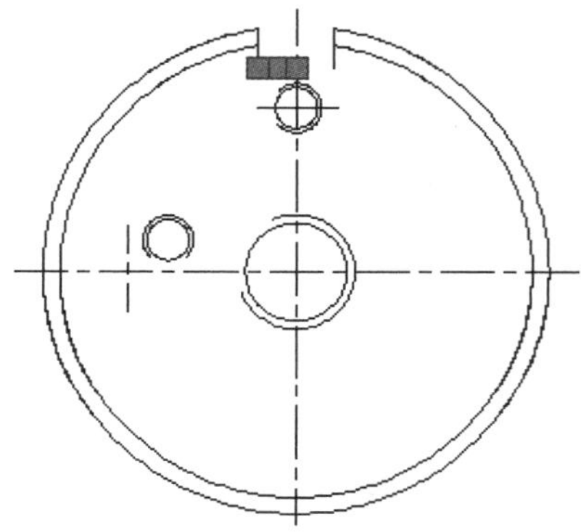

图 7-75　夹点状态

03 单击激活右侧夹点，按 Enter 键切换至【拉伸】模式，配合【端点捕捉】功能拉伸线段至右侧边线端点，如图 7-76 所示。

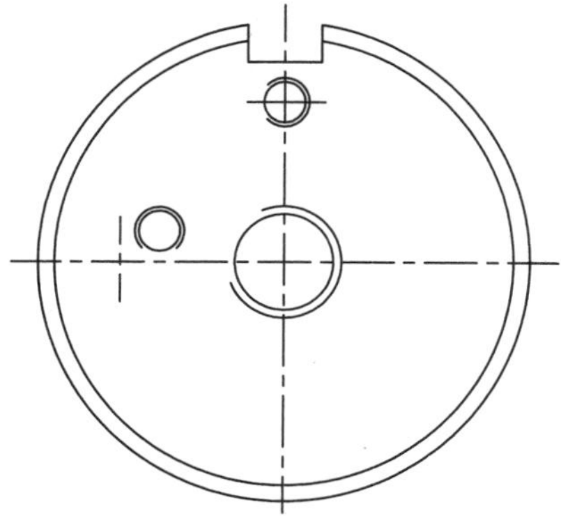

图 7-76　拉伸对象

技巧

技巧：在夹点编辑中，可按 Enter 键切换夹点编辑模式。

2. 利用夹点移动对象

使用夹点移动对象，可以将对象从当前位置移动到新位置。

【案例 7-16】：通过夹点移动对象

01 打开“第 7 章/案例 7-16 通过夹点移动对象.dwg”素材文件，如图 7-77 所示。

02 框选左侧螺纹孔，使之呈现夹点状态，如图 7-78 所示。

03 单击激活圆心夹点，按 Enter 键确认，进入【移动】模式，配合【交点捕捉】功能移动圆至辅助线交点处，如图 7-79 所示。

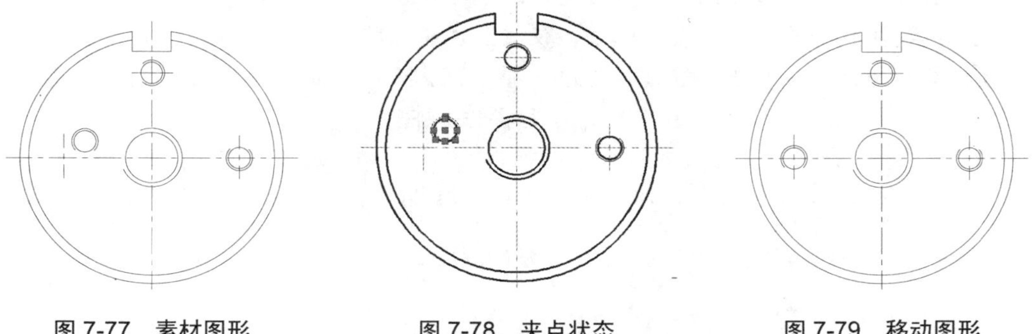

图 7-77 素材图形　　图 7-78 夹点状态　　图 7-79 移动图形

3. 利用夹点缩放对象

使用夹点缩放对象，类似于基点缩放选定对象。

【案例 7-17】：利用夹点缩放对象

01 打开“第 7 章/案例 7-17 利用夹点缩放对象.dwg”素材文件，如图 7-80 所示。

02 选择中心螺纹孔，使之呈现夹点状态，如图 7-81 所示。

03 单击激活圆心夹点，连续按 Enter 键，注意命令行提示，进入【缩放】模式，缩放螺纹孔，如图 7-82 所示。命令行操作如下：

```
** 比例缩放 **                                              //进入【比例缩放】模式
指定比例因子或 [基点(B)/复制(C)/放弃(U)/参照(R)/退出(X)]: B↙
                                                            //激活【基点(B)】选项
指定基点:                                                   //指定圆心作为缩放中心
** 比例缩放 **
指定比例因子或 [基点(B)/复制(C)/放弃(U)/参照(R)/退出(X)]: 2↙      //输入比例因子
```

4. 利用夹点镜像对象

利用夹点镜像对象，类似于沿着临时的镜像线为选择的对象创建镜像。

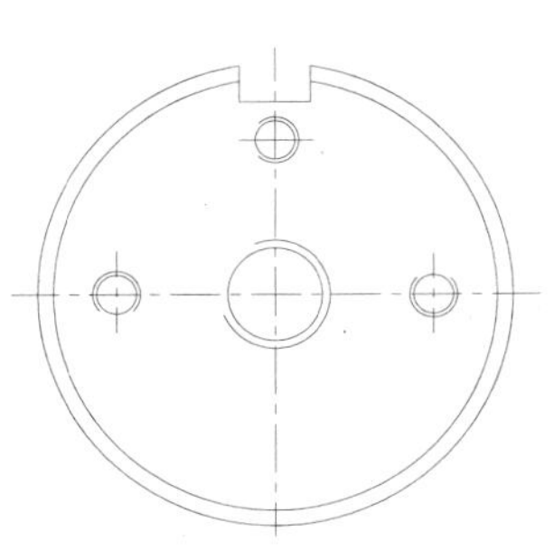
图 7-80　素材图形

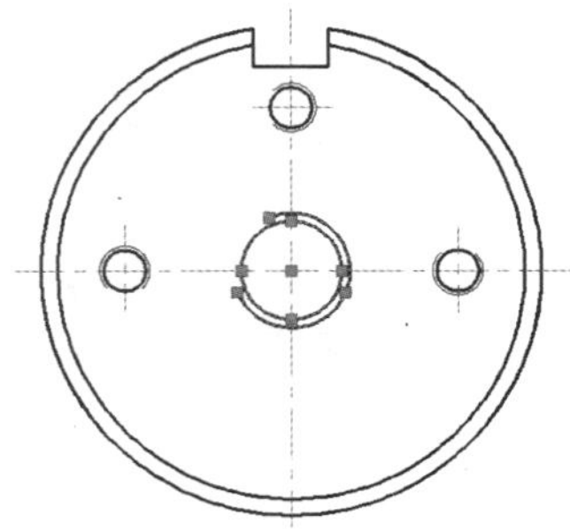
图 7-81　夹点状态

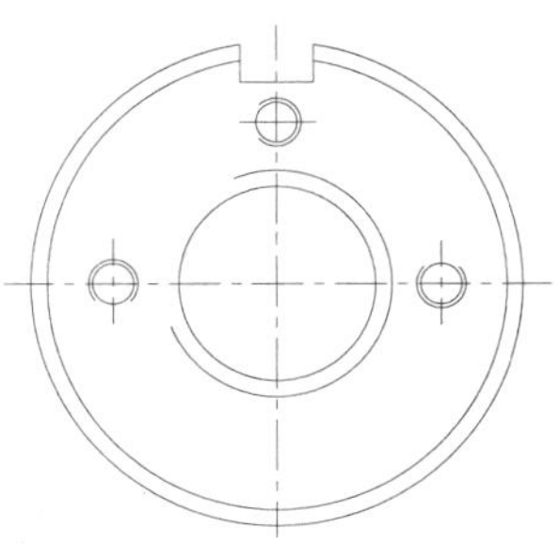
图 7-82　缩放图形

【案例 7-18】：利用夹点镜像对象

01 打开“第 7 章/案例 7-18 利用夹点镜像对象.dwg”素材文件，如图 7-83 所示。

02 选择上侧小螺纹孔及其中心线，使之呈现夹点状态，如图 7-84 所示。

03 单击激活圆心夹点，连续按 Enter 键，注意命令行提示，进入【镜像】模式，镜像外轮廓，如图 7-85 所示。命令行操作如下：

```
** 镜像 **                                                    //进入【镜像】模式
指定第二点或 [基点(B)/复制(C)/放弃(U)/退出(X)]: C↙            //选择【复制】选项
** 镜像 (多重) **
指定第二点或 [基点(B)/复制(C)/放弃(U)/退出(X)]: B↙            //激活【基点】选项
指定基点:                                                     //选择中心线交点 A
** 镜像 (多重) **
指定第二点或 [基点(B)/复制(C)/放弃(U)/退出(X)]:            //捕捉中心线端点 B，完成镜像
** 镜像 (多重) **
指定第二点或 [基点(B)/复制(C)/放弃(U)/退出(X)]:↙           //按 Enter 键退出镜像
```

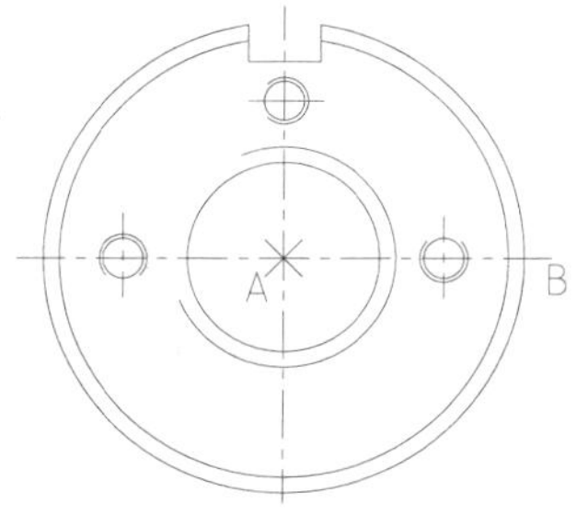

图 7-83　素材图形

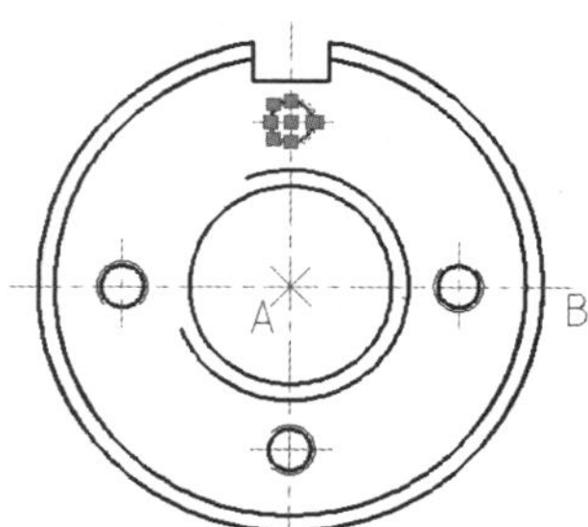

图 7-84　夹点状态

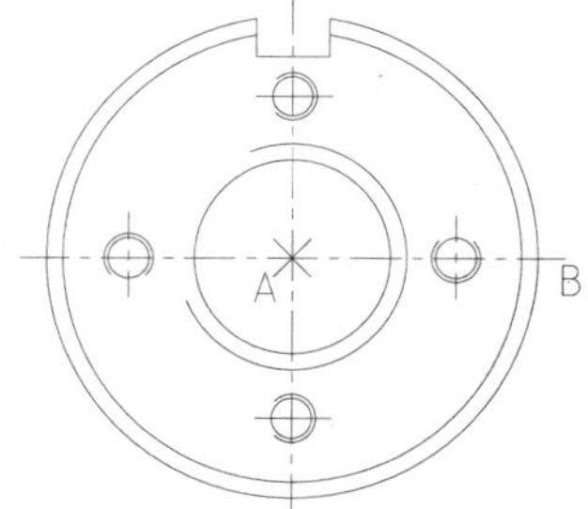

图 7-85　镜像结果

5. 利用夹点旋转对象

通过夹点旋转对象，只需输入角度值，即可围绕一个基点进行旋转或旋转复制。

【案例 7-19】：利用夹点旋转对象

01 打开“第 7 章/案例 7-19 通过夹点旋转对象.dwg”素材文件，如图 7-86 所示。

02 选择下侧螺纹孔，使之呈现夹点状态，如图 7-87 所示。

03 单击激活圆心的夹点，连续按 Enter 键，注意命令行提示，进入【旋转】模式，将下侧螺纹孔旋转复制到右侧，如图 7-88 所示。命令行操作如下：

```
** 旋转 **                                                   //进入【旋转】模式
指定旋转角度或 [基点(B)/复制(C)/放弃(U)/参照(R)/退出(X)]: C↙
                                                             //激活【复制】选项
** 旋转 (多重) **
指定旋转角度或 [基点(B)/复制(C)/放弃(U)/参照(R)/退出(X)]: B↙
                                                             //激活【基点(B)】选项
指定基点:                                                    //指定图形辅助线交点 A
** 旋转 (多重) **
指定旋转角度或 [基点(B)/复制(C)/放弃(U)/参照(R)/退出(X)]: 90↙   //输入旋转角度
** 旋转 (多重) **
指定旋转角度或 [基点(B)/复制(C)/放弃(U)/参照(R)/退出(X)]: ↙
                                                             //按 Enter 键结束旋转
```

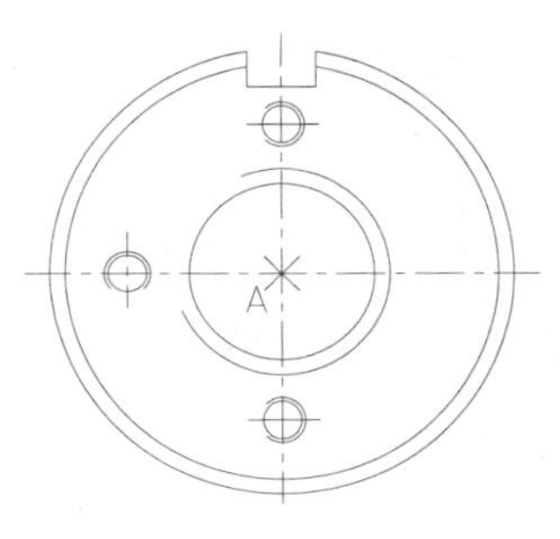

图 7-86 素材图形

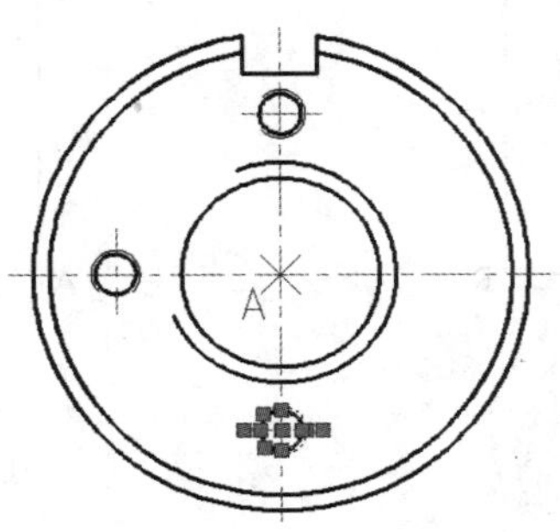

图 7-87 夹点状态

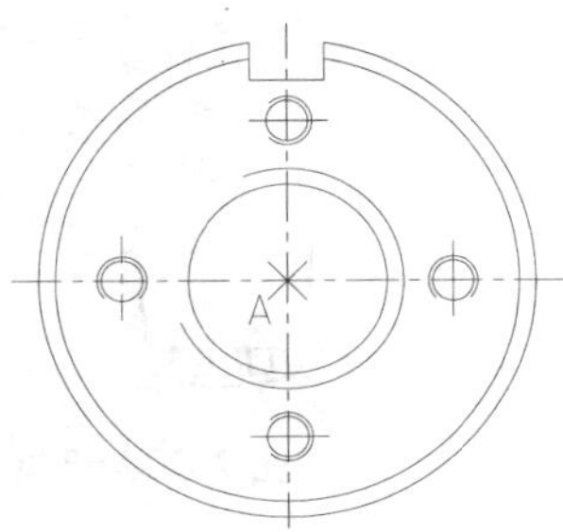

图 7-88 旋转图形

7.6 复制图形

在绘图过程中，特别是建筑制图中，通常有大量重复的对象，使用 AutoCAD 提供的复制、镜像、偏移和阵列工具，可以快速创建这些相同的对象。

7.6.1 复制

【复制】命令是复制与所选对象(源对象)完全相同的对象，通过指定复制的基点和目标点，将复制出的图形放置在绘图区其他位置，复制命令对源对象没有影响。

调用【复制】命令有以下几种方法。

- 菜单栏：选择【修改】|【复制】命令。
- 工具栏：单击【修改】工具栏上的【复制】按钮。
- 功能区：在【默认】选项卡中，单击【修改】面板上的【复制】按钮。
- 命令行：在命令行输入 COPY/CO 并按 Enter 键。

【案例 7-20】：复制椅子平面图

01 打开“第 7 章\案例 7-20 复制椅子平面图.dwg”素材文件，如图 7-89 所示。

02 在【默认】选项卡中，单击【修改】面板上的【复制】按钮，复制多个椅子如图 7-90 所示。命令行操作如下：

```
命令: _copy↙                                          //调用【复制】命令
选择对象: 指定对角点: 找到 64 个, 总计 64 个          //选择左侧两个椅子的所有轮廓线
选择对象: ↙                                           //按 Enter 键结束选择
当前设置:  复制模式 = 多个
指定基点或 [位移(D)/模式(O)/多个(M)] <位移>:          //捕捉 A 点作为复制基点
指定第二个点或 [阵列(A)] <使用第一个点作为位移>:      //捕捉 AB 边中点为目标点
指定第二个点或 [阵列(A)/退出(E)/放弃(U)] <退出>:↙
                                  //系统默认可继续复制, 按 Enter 键结束复制
```

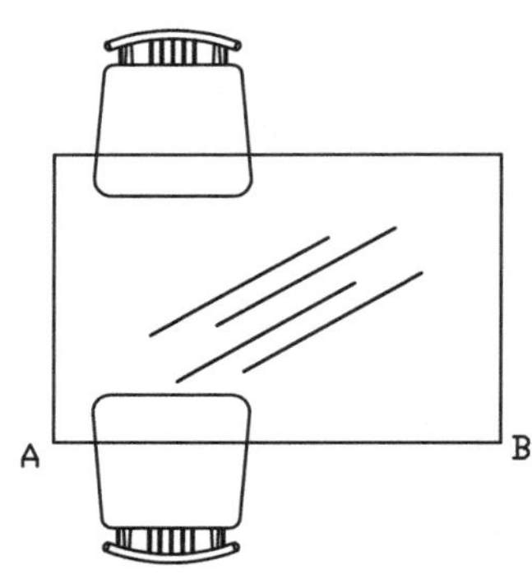

图 7-89　素材图形

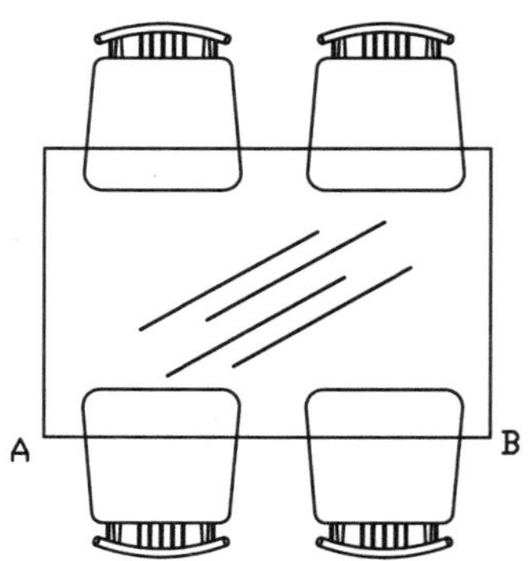

图 7-90　复制对象的结果

命令行主要选项的含义介绍如下。

- 位移(D)：使用坐标指定相对距离和方向。指定的两点定义一个矢量，指示复制对象的放置离原位置有多远以及以哪个方向放置。
- 模式(O)：控制命令是否自动重复(COPYMODE 系统变量)。
- 多个(M)：激活【多个(M)】选项，即可一次选择图形对象进行多次复制。

7.6.2 镜像

【镜像】命令是将所选对象沿着某条镜像线对称复制。

调用【镜像】命令有以下几种方法。

- 菜单栏：选择【修改】|【镜像】命令。
- 工具栏：单击【修改】工具栏中的【镜像】按钮。
- 功能区：在【默认】选项卡中，单击【修改】面板上的【镜像】按钮。
- 命令行：在命令行输入 MIRROR/MI 并按 Enter 键。

执行镜像命令之后，选择要镜像的对象，然后指定镜像线，AutoCAD 通过指定两点来定义一条镜像线，因此镜像线并不一定是真实存在的直线。镜像对象生成之后，系统还会提示是否保留源对象。

【案例 7-21】：镜像销轴

01 打开"第 7 章\案例 7-21 镜像销轴.dwg"素材文件，如图 7-91 所示。

02 在【默认】选项卡中，单击【修改】面板上的【镜像】按钮，镜像出销轴的另一半，如图 7-92 所示。命令行操作如下：

```
命令: _mirror↙                              //调用【镜像】命令
选择对象: 指定对角点: 找到 9 个              //选择销轴左半部分图形
选择对象: ↙                                 //按 Enter 键结束选择
指定镜像线的第一点:                          //利用【端点捕捉】功能捕捉中心线的端点
指定镜像线的第二点:                          //利用【端点捕捉】功能捕捉中心线的另一端点
要删除源对象吗? [是(Y)/否(N)] <N>: N↙        //选择不删除源对象
```

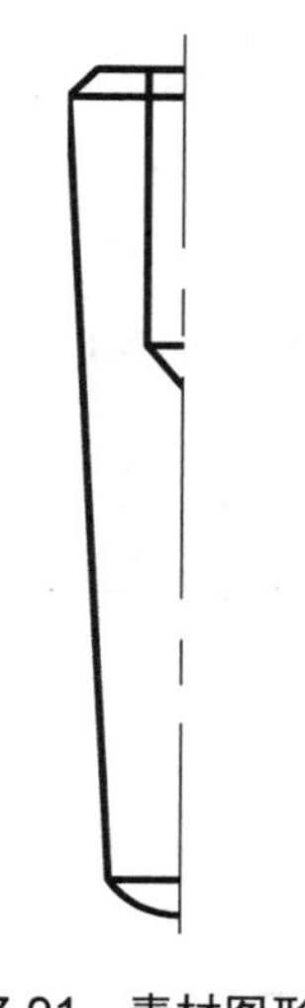

图 7-91　素材图形

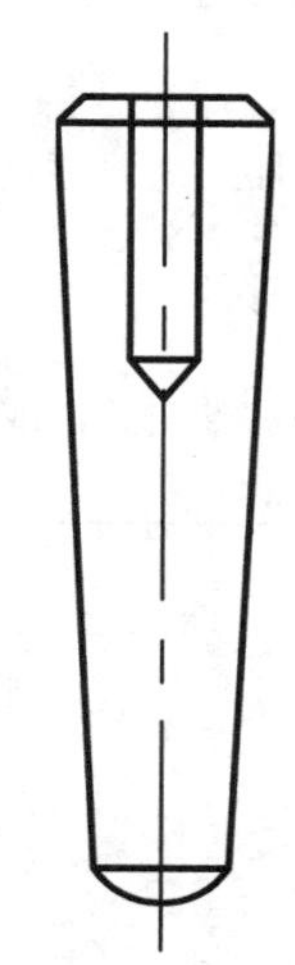

图 7-92　镜像结果

技巧

如果是水平或者竖直方向镜像图形，可以使用【正交】功能快速指定镜像轴。

7.6.3 偏移

【偏移】命令是在源对象的某一侧生成指定距离的等距离对象，例如直线偏移出平行线，圆偏移出同心圆。可偏移的对象包括直线、圆弧、圆、椭圆、椭圆弧等。

调用【偏移】命令有以下几种方法。

- 菜单栏：选择【修改】|【偏移】命令。
- 工具栏：单击【修改】工具栏上的【偏移】按钮。
- 功能区：在【默认】选项卡中，单击【修改】面板上的【偏移】按钮。
- 命令行：在命令行输入 OFFSET/O 并按 Enter 键。

一个完整的偏移需要指定源对象、偏移距离和偏移方向。在需要偏移的一侧的任意位置单击即可确定偏移方向，也可以指定偏移的通过点，这样就同时确定了偏移方向和偏移距离。

【案例 7-22】：绘制画框

01 单击【绘图】面板上的【矩形】按钮，绘制一个长 600、宽 400 的矩形，如图 7-93 所示。

02 在【默认】选项卡中，单击【修改】面板上的【偏移】按钮，向内偏移矩形，如图 7-94 所示。命令行操作如下：

```
命令：_offset                                              //调用【偏移】命令
当前设置：删除源=否  图层=源  OFFSETGAPTYPE=0
指定偏移距离或 [通过(T)/删除(E)/图层(L)] <0.0000>:50↙              //指定偏移距离
选择要偏移的对象，或 [退出(E)/放弃(U)] <退出>:                    //选择矩形
指定要偏移的那一侧上的点，或 [退出(E)/多个(M)/放弃(U)] <退出>:
                                                   //在矩形内部任意位置单击，完成偏移
选择要偏移的对象，或 [退出(E)/放弃(U)] <退出>:↙           //按 Enter 键结束偏移命令
↙                                                 //按 Enter 键重复【偏移】命令
当前设置：删除源=否  图层=源  OFFSETGAPTYPE=0
指定偏移距离或 [通过(T)/删除(E)/图层(L)] <0.0000>:70↙              //指定偏移距离
选择要偏移的对象，或 [退出(E)/放弃(U)] <退出>:                    //选择外层矩形
指定要偏移的那一侧上的点，或 [退出(E)/多个(M)/放弃(U)] <退出>:
                                                   //在矩形内部单击，完成偏移
选择要偏移的对象，或 [退出(E)/放弃(U)] <退出>:↙           //按 Enter 键结束偏移
```

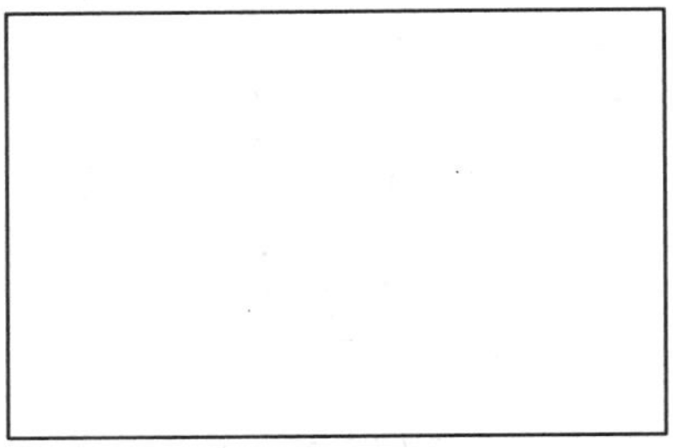

图 7-93　绘制矩形

图 7-94　偏移对象

命令行各选项的含义如下。

- 通过(T)：指定一个通过点定义偏移的距离和方向，如图 7-95 所示。
- 删除(E)：偏移源对象后将其删除。
- 图层(L)：确定将偏移对象创建在当前图层上还是源对象所在的图层上。

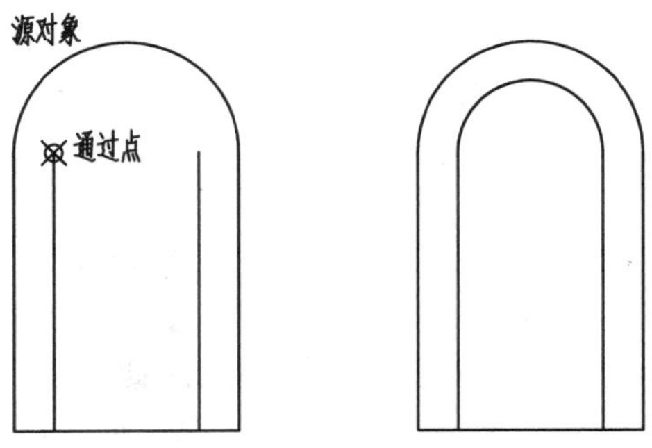

图 7-95　通过点的偏移

7.6.4 阵列

【镜像】、【复制】和【偏移】命令，一次只能复制一个图形对象，如果要大量复制

图形对象就会变得十分麻烦。AutoCAD 提供的【阵列】命令是非常强大的复制命令，能一次性创建多个按规律分布的图形对象。根据排列方式不同，可以分为矩形阵列、环形(极轴)阵列和路径阵列。

1. 矩形阵列

【矩形阵列】命令用于创建按指定行数和列数排列的对象。

调用【矩形阵列】命令有以下几种方法。

- 菜单栏：选择【修改】|【矩形阵列】命令。
- 工具栏：单击【修改】工具栏上的【矩形阵列】按钮。
- 功能区：在【默认】选项卡中，单击【修改】面板上的【矩形阵列】按钮。
- 命令行：在命令行输入 ARRAY/AR 并按 Enter 键。

【案例 7-23】：矩形阵列地面花纹

01 打开“第 7 章\案例 7-23 矩形阵列地面花纹.dwg”素材文件，如图 7-96 所示。

02 在【默认】选项卡中，单击【修改】面板上的【矩形阵列】按钮，矩形阵列图案如图 7-97 所示。命令行操作如下：

```
命令: _arrayrect↙                                          //调用【阵列】命令
选择对象: 指定对角点: 找到 8 个                              //选择菱形图案
选择对象: ↙                                                //按 Enter 键结束选择
类型 = 矩形  关联 = 是
选择夹点以编辑阵列或 [关联(AS)/基点(B)/计数(COU)/间距(S)/列数(COL)/行数(R)/
层数(L)/退出(X)] <退出>: COU↙                               //激活“计数(COU)”选项
输入列数数或 [表达式(E)] <4>: 6↙                             //输入列数
输入行数数或 [表达式(E)] <3>: 6↙                             //输入行数
选择夹点以编辑阵列或 [关联(AS)/基点(B)/计数(COU)/间距(S)/列数(COL)/行数(R)/
层数(L)/退出(X)] <退出>: S↙                                 //激活“间距(S)”选项
指定列之间的距离或 [单位单元(U)] <322.4873>: 35↙                 //输入列间距
指定行之间的距离 <539.6354>:35↙                                //输入行间距
选择夹点以编辑阵列或 [关联(AS)/基点(B)/计数(COU)/间距(S)/列数(COL)/行数(R)/
层数(L)/退出(X)] <退出>:↙                                   //按 Enter 键退出阵列
```

命令行各选项的含义介绍如下。

- 关联(AS)：指定阵列中的对象是关联的还是独立的。
- 基点(B)：定义阵列基点和基点夹点的位置。
- 计数(COU)：指定行数和列数并使用户在移动光标时可以动态观察结果(一种比【行和列】选项更快捷的方法)。
- 间距(S)：指定行间距和列间距并使用户在移动光标时可以动态观察结果。
- 列数(COL)：编辑列数和列间距。
- 行数(R)：指定阵列中的行数、它们之间的距离以及行之间的增量标高。
- 层数(L)：指定三维阵列的层数和层间距。

图 7-96　素材图形

图 7-97　矩形阵列对象

技巧

在矩形阵列的过程中，输入负值的行间距或列间距可以将预览的阵列方向反向。

2. 环形阵列

【环形阵列】命令用于沿圆周方向阵列图形对象。

调用【环形阵列】命令有以下几种方法。

- 菜单栏：选择【修改】|【阵列】|【环形阵列】命令。
- 工具栏：单击【修改】工具栏上的【环形阵列】按钮。
- 功能区：在【默认】选项卡中，单击【修改】面板上的【环形阵列】按钮。
- 命令行：在命令行输入 ARRAY/AR 并按 Enter 键。

【案例 7-24】：环形阵列大理石拼花

01 打开“第 7 章\案例 7-24 环形阵列大理石拼花.dwg”素材文件，如图 7-98 所示。

02 在【默认】选项卡中，单击【修改】面板上的【环形阵列】按钮，阵列图形如图 7-99 所示。命令行操作如下：

```
命令: _arraypolar↙                                           //调用【环形阵列】命令
选择对象: 指定对角点: 找到 4 个                                //选择圆外的花纹图形
选择对象: ↙                                                   //按 Enter 键完成选择
类型 = 极轴  关联 = 是
指定阵列的中心点或 [基点(B)/旋转轴(A)]:                        //捕捉圆心作为中心点
选择夹点以编辑阵列或 [关联(AS)/基点(B)/项目(I)/项目间角度(A)/填充角度(F)/行(ROW)/层(L)/旋转项目(ROT)/退出(X)] <退出>: I↙   //激活“项目(I)”选项
输入阵列中的项目数或 [表达式(E)] <6>: 12↙                     //输入阵列的数量
选择夹点以编辑阵列或 [关联(AS)/基点(B)/项目(I)/项目间角度(A)/填充角度(F)/行(ROW)/层(L)/旋转项目(ROT)/退出(X)] <退出>:↙   //按 Enter 键退出阵列
```

命令行各选项的含义介绍如下。

- 基点(B)：指定阵列的基点。

- 旋转轴(A)：指定由两个指定点定义的自定义旋转轴。

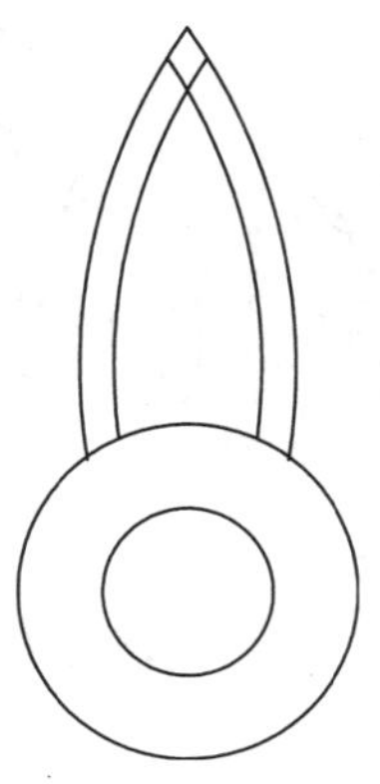

图 7-98　素材图形

图 7-99　环形阵列对象

3. 路径阵列

【路径阵列】命令多用于沿某曲线进行阵列。

调用【路径阵列】命令有以下几种方法。

- 菜单栏：选择【修改】|【阵列】|【路径阵列】命令。
- 工具栏：单击【修改】工具栏上的【路径阵列】按钮。。
- 功能区：在【默认】选项卡中，单击【修改】面板上的【路径阵列】按钮。
- 命令行：在命令行输入 ARRAY/AR 并按 Enter 键。

【案例 7-25】：阵列楼梯栏杆

01 打开“第 7 章\案例 7-25 阵列楼梯栏杆.dwg”素材文件，如图 7-100 所示。

02 在【默认】选项卡中，单击【修改】面板上的【路径阵列】按钮阵列栏杆，如图 7-101 所示。命令行操作如下：

```
命令: _arraypath↙                                          //调用【路径阵列】命令
选择对象: 指定对角点: 找到 20 个                               //选择栏杆及其底座图形
选择对象:
类型 = 路径  关联 = 是
选择路径曲线:                                               //选择直线 L1 作为阵列路径
选择夹点以编辑阵列或 [关联(AS)/方法(M)/基点(B)/切向(T)/项目(I)/行(R)/层(L)/
对齐项目(A)/Z 方向(Z)/退出(X)] <退出>: M↙                      //选择【方法】选项
输入路径方法 [定数等分(D)/定距等分(M)] <定距等分>:↙              //使用默认方法，即定距等分
选择夹点以编辑阵列或 [关联(AS)/方法(M)/基点(B)/切向(T)/项目(I)/行(R)/层(L)/
对齐项目(A)/Z 方向(Z)/退出(X)] <退出>: I↙                      //选择修改项目
指定沿路径的项目之间的距离或 [表达式(E)] <223.1137>: 308↙   //指定项目之间的距离
最大项目数 = 5
指定项目数或 [填写完整路径(F)/表达式(E)] <5>: 4↙              //输入项目数量
选择夹点以编辑阵列或 [关联(AS)/方法(M)/基点(B)/切向(T)/项目(I)/行(R)/层(L)/
对齐项目(A)/Z 方向(Z)/退出(X)] <退出>:↙                        //按 Enter 键完成阵列
```

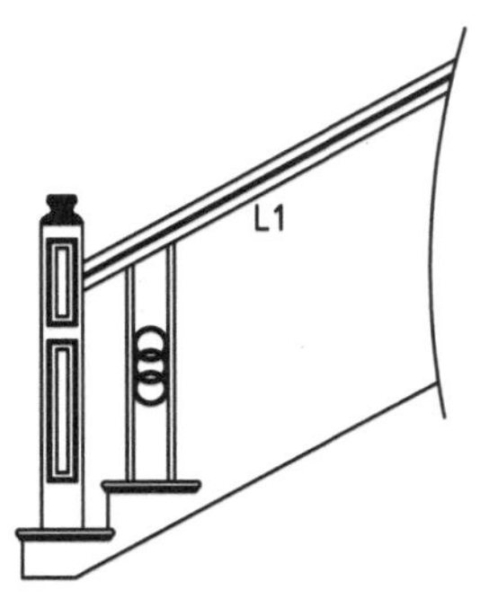

图 7-100　素材图形

图 7-101　路径阵列的结果

命令行各选项的含义介绍如下。

- 关联(AS)：指定是否创建阵列对象，或者是否创建选定对象的非关联副本。
- 方法(M)：控制如何沿路径分布项目，包括【定数等分】和【定距等分】两种。
- 基点(B)：定义阵列的基点。路径阵列中的项目相对于基点放置。
- 切向(T)：指定阵列中的项目如何相对于路径的起始方向对齐。
- 项目(I)：设置阵列的项目，根据路径方法的不同，此项设置也不同：如果选择【定数等分】，则只需设置阵列的数量，阵列将按指定数量布满整个路径；如果选择定距等分，则先设置阵列的间距，然后设置阵列的数量。
- 行(R)：指定阵列中的行数、它们之间的距离以及行之间的增量标高。
- 层(L)：指定三维阵列的层数和层间距。
- 对齐项目(A)：指定是否对齐每个项目以与路径的方向相切。对齐相对于第一个项目的方向。
- Z 方向(Z)：控制是否保持项目的原始 Z 方向或沿三维路径自然倾斜项目。

技巧

在路径阵列过程中，设置不同的方向，阵列对象将按不同的方向沿路径排列。

7.6.5 实例——绘制卡盘

01 单击快速访问工具栏上的【新建】按钮，新建空白文档。

02 依次创建“中心线”、“轮廓线”图层，并设置“中心线”为当前图层。

03 单击【绘图】面板上的【直线】按钮，绘制如图 7-102 所示的辅助线。

04 设置轮廓线为当前图层，单击【绘图】面板上的【圆】按钮，以中心线为交点分别绘制半径为 120、240 和 400 的 3 个同心圆，如图 7-103 所示。

05 单击【修改】面板上的【偏移】按钮，指定偏移距离为 20，将 30° 角的辅助线向左上侧偏移，重复【偏移】命令，指定偏移距离为 30，再次将该辅助线向左上侧偏移，结果如图 7-104 所示。

06 单击【修改】面板上的【修剪】按钮，修剪偏移的辅助线多余的部分，修剪结果如图 7-105 所示。

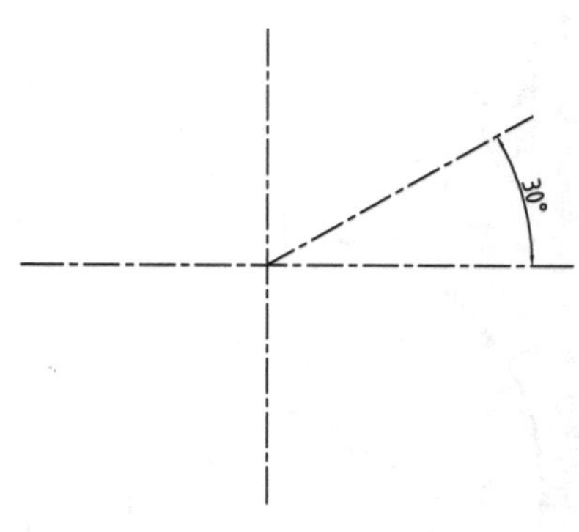

图 7-102　绘制辅助线

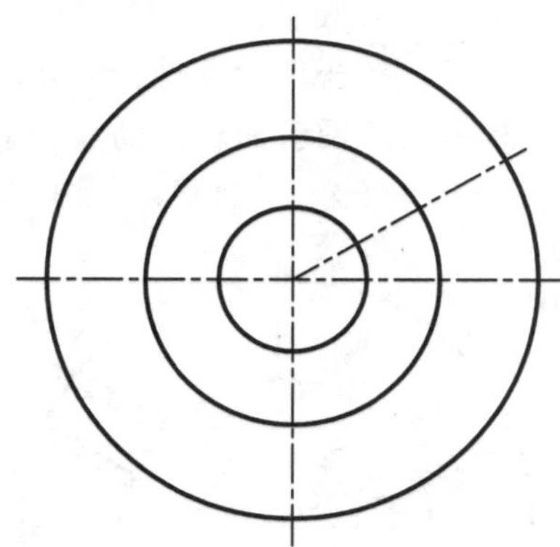

图 7-103　绘制圆

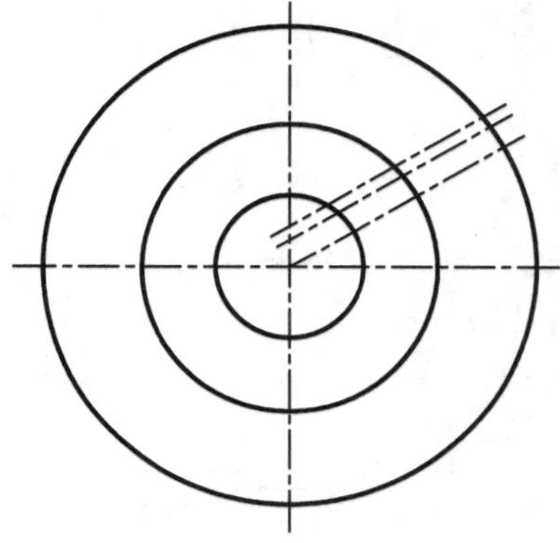

图 7-104　偏移辅助线

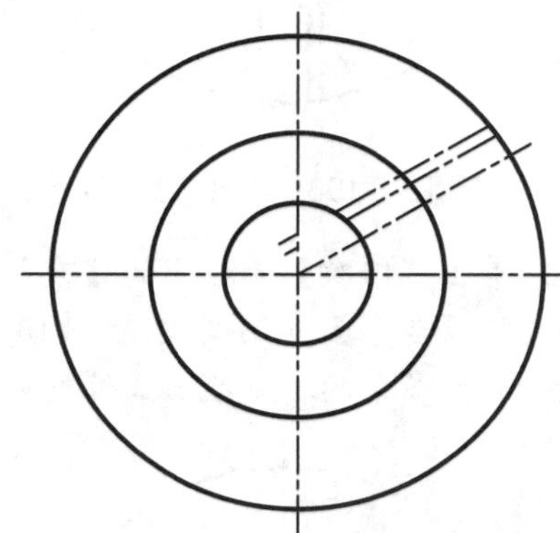

图 7-105　修剪偏移对象

07 单击【修改】面板上的【删除】按钮，删除多余的线条。

08 将偏移出的线条切换到轮廓线层，如图 7-106 所示。

09 单击【修改】面板上【镜像】按钮，选择偏移出的线条，以 30° 角辅助线两端点定义镜像线，并保留源对象，镜像结果如图 7-107 所示。

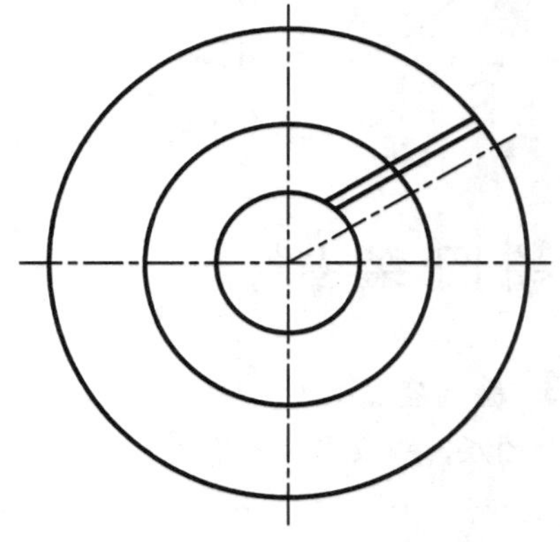

图 7-106　转换线型

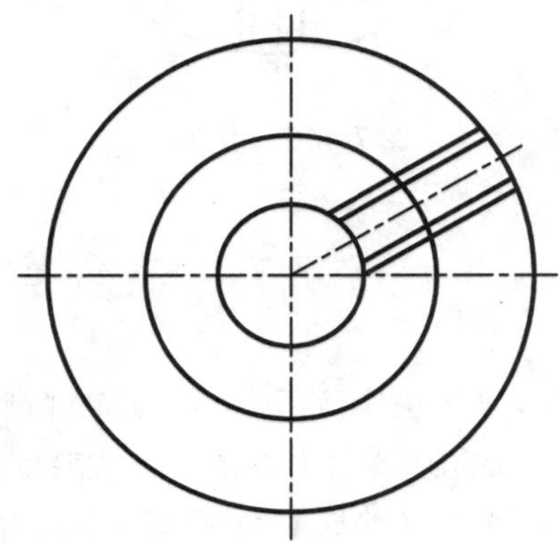

图 7-107　镜像对象

10 单击【修改】面板上的【环形阵列】按钮，选择 30° 角辅助线、偏移和镜像出的线条为源对象进行阵列，如图 7-108 所示。

11 单击【绘图】面板上的【圆】按钮，以倾斜构造线与中间圆的交点为圆心，绘制一个半径为 30 的圆，如图 7-109 所示。

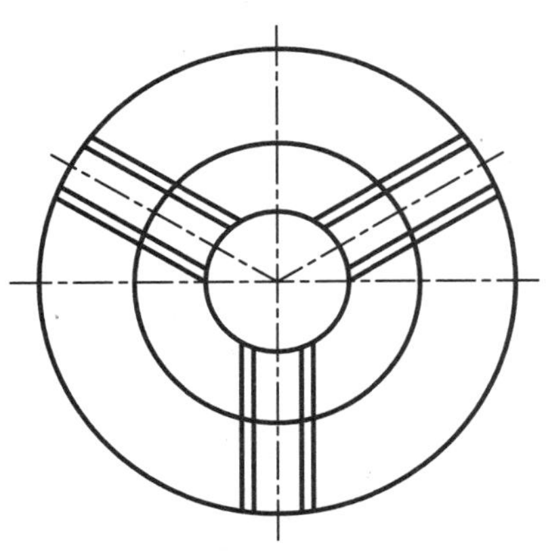
图 7-108　环形阵列

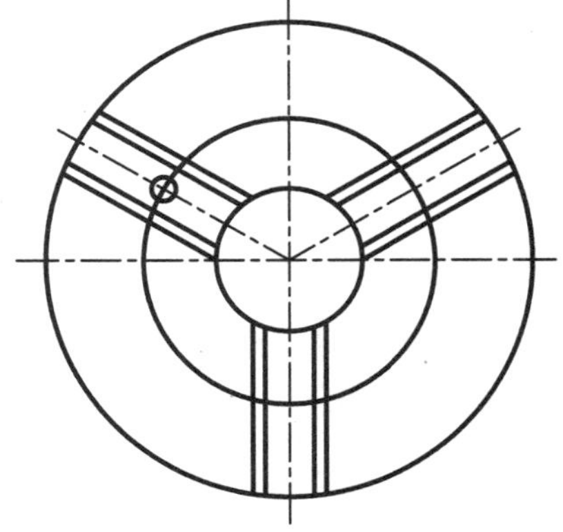
图 7-109　绘制圆

12 单击【修改】面板上的【复制】按钮，选择半径为 10 的圆为复制对象，选择【多个】复制模式，绘制两个圆，如图 7-110 所示。

13 删除多余的辅助线，最终结果如图 7-111 所示。

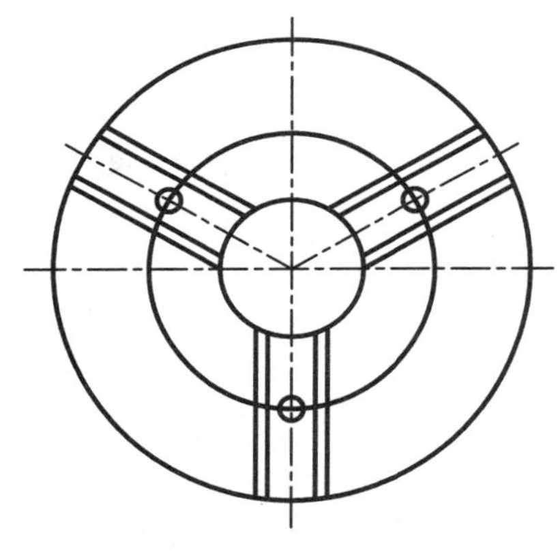
图 7-110　复制圆

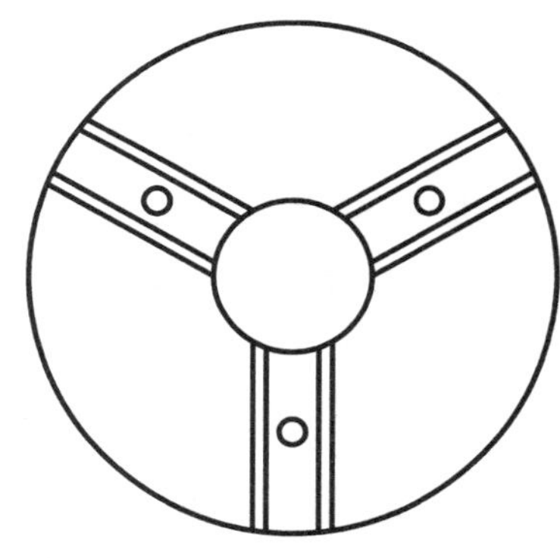
图 7-111　卡盘

7.7　综合实例——绘制工装零件

01 单击快速访问工具栏上的【新建】按钮，新建空白文档。

02 依次创建“中心线”、“虚线”、“轮廓线”图层，并设置“轮廓线”为当前图层。

03 单击【绘图】面板上的【矩形】按钮，绘制一个长度为 68、宽度为 49 的矩形，如图 7-112 所示。

04 单击【修改】面板上的【分解】按钮，分解上一步绘制的矩形。

05 单击【修改】面板上的【偏移】按钮，将矩形底边分别向上偏移 6、27、43，将矩形左边线向右分别偏移距 6、10、46，如图 7-113 所示。

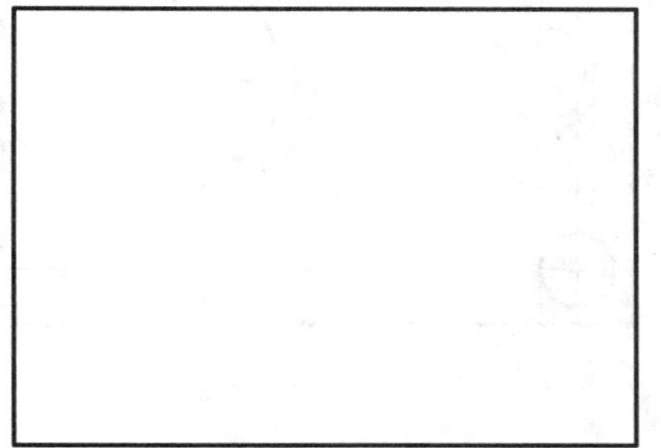

图 7-112　绘制矩形

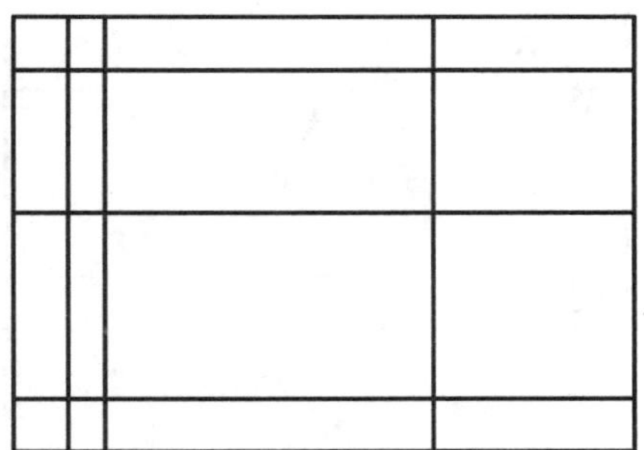

图 7-113　偏移矩形

06 将偏移出的直线切换到“中心线”图层，如图 7-114 所示。

07 单击【绘图】面板上的【圆】按钮，在中心线交点绘制图 7-115 所示的 3 个圆。

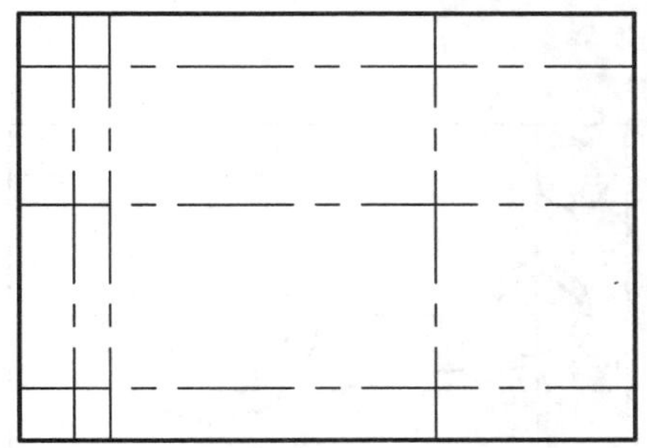

图 7-114　转换线型

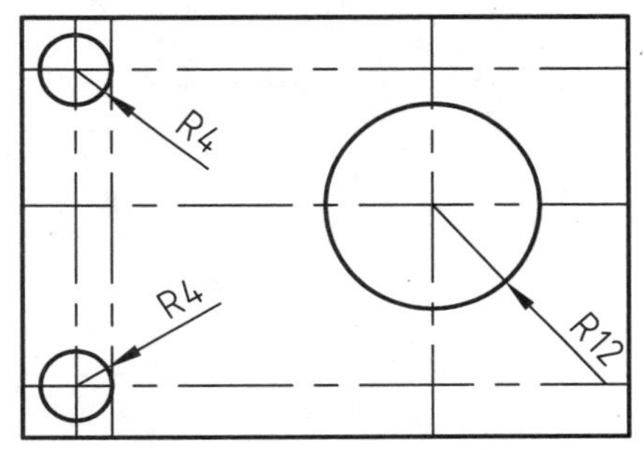

图 7-115　绘制圆

08 单击【绘图】面板上的【多边形】按钮，绘制图 7-116 所示的多边形。

09 单击【修改】面板上的【复制】按钮，将大圆和正六边形复制到左侧中心线交点处，如图 7-117 所示。

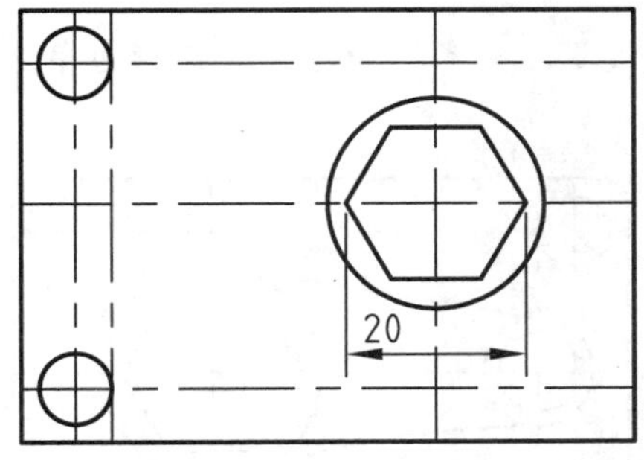

图 7-116　绘制多边形

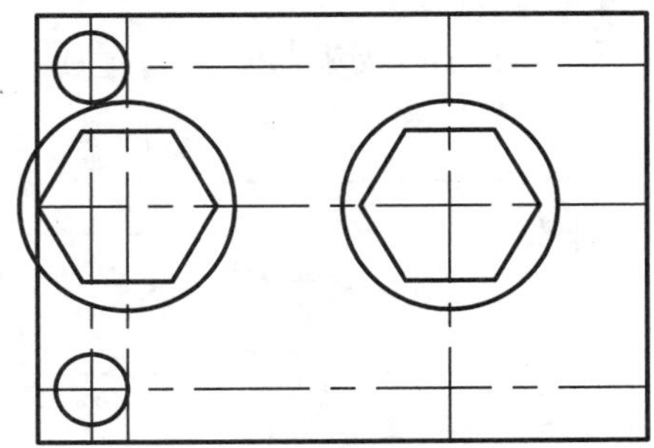

图 7-117　复制图形

10 单击【修改】面板上的【缩放】按钮，选择复制出的圆和多边形为缩放对象，输入缩放比例因子为 0.5，缩放结果如图 7-118 所示。

11 单击【修改】面板上的【旋转】按钮，将缩放后的六边形旋转 45°，如图 7-119 所示。

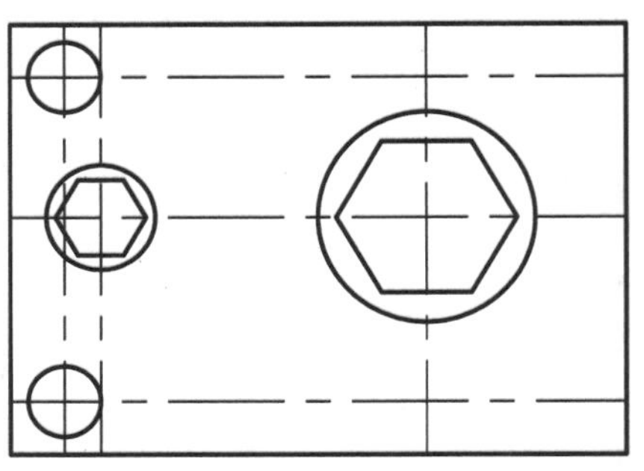

图 7-118　缩放图形

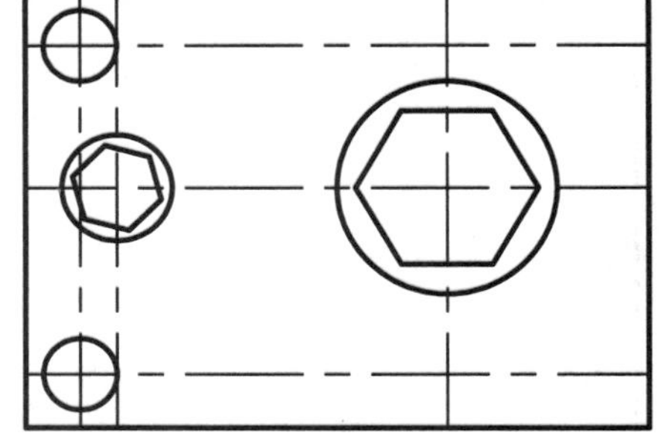

图 7-119　旋转图形

12 在命令行输出 C 并按 Enter 键，然后选择【相切、相切、半径】方式，绘制与中间两圆相切、半径为 100 的一个圆，如图 7-120 所示。

13 单击【修改】面板上的【修剪】按钮，修剪多余圆弧，结果如图 7-121 所示。

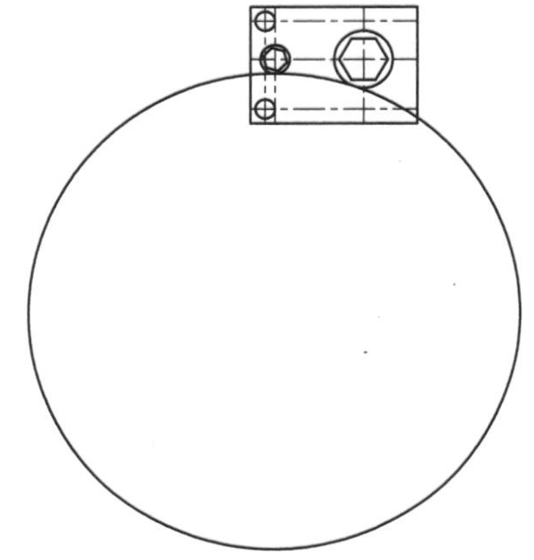

图 7-120　【相切、相切、半径】绘制圆

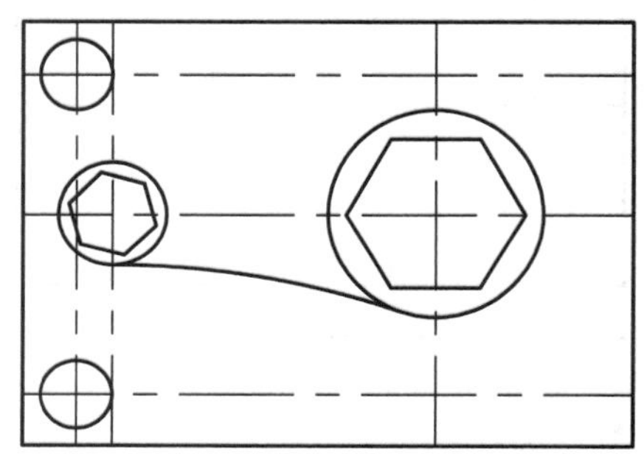

图 7-121　修剪圆

14 单击【绘图】面板上的【直线】按钮，绘制一条与中间两圆相切的直线，如图 7-122 所示。

15 单击【修改】面板上的【圆角】按钮，设置圆角半径为 3，对矩形边角进行圆角，如图 7-123 所示。

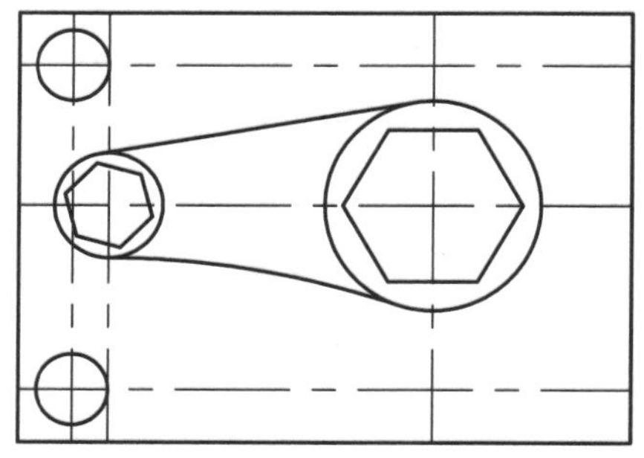

图 7-122　绘制切线

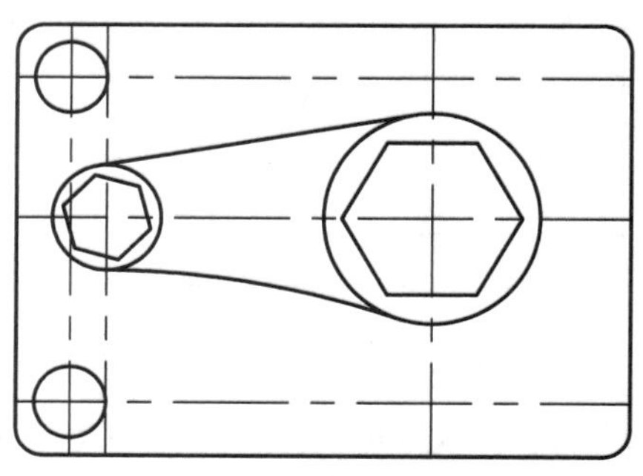

图 7-123　倒圆角

16 单击【修改】滑出面板上的【打断】按钮，打断辅助线。然后单击【修改】滑出面板上的【拉长】按钮，将辅助线适当拉长，如图 7-124 所示。

17 单击【修改】面板上的【镜像】按钮，将左侧两个圆孔及其中心线镜像到矩形右侧，如图 7-125 所示。

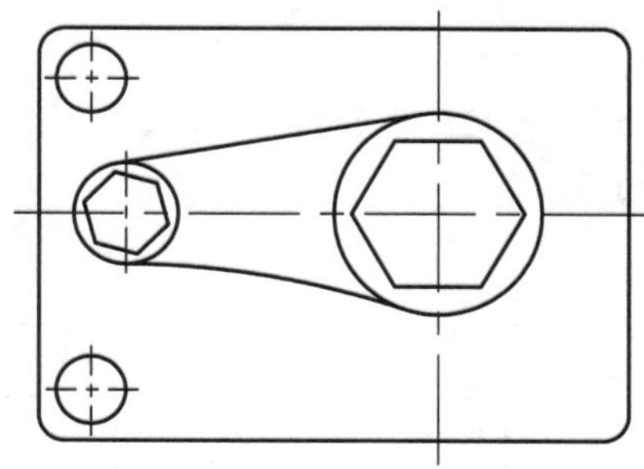

图 7-124　修整辅助线

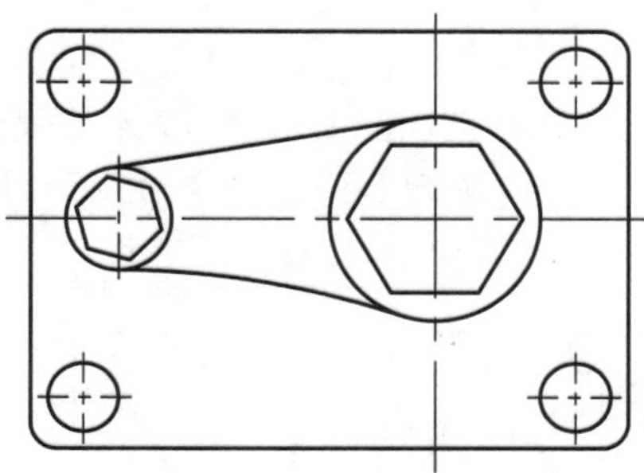

图 7-125　镜像圆孔

7.8　思考与练习

一、选择题

1. 选择后的夹点颜色为(　　)。

A. 蓝色　　B. 红色　　C. 绿色　　D. 黄色

2. 按(　　)键并选择对象时，可以从选择集中删除选中的对象。

A. Alt　　B. Ctrl　　C. Shift　　D. Shift + Ctrl

3. (　　)选择法，是指通过光标从右至左拖出矩形区域。

A. 交叉　　B. 窗口　　C. 栏选　　D. 窗口多边形

4. 以下选项中，(　　)命令不能创建对象副本。

A. 偏移　　B. 旋转　　C. 阵列　　D. 缩放

5. 按(　　)快捷键可以打开【特性】选项板。

A. Ctrl+1　　B. Ctrl+2　　C. Ctrl+3　　D. Ctrl+4

6. 在 AutoCAD 中，一组同心圆可由一个已画好的圆用(　　)命令来实现。

A. STRETCH　　B. EXTEND　　C. MOVE　　D. OFFSET

7. 给两条不平行且没有交点的直线段绘制半径为零的圆角，将(　　)。

A. 出现错误信息　　B. 没有效果

C. 创建一个尖角　　D. 将直线转变为射线

8. 要建立六边形选择区域选择其中所有的对象，应在命令行的“选择对象:”提示下输入(　　)。

A. WP　　B. CP　　C. W　　D. C

9. 在夹点编辑模式下确定基点后，在命令行提示下输入(　　)命令进入移动模式。

A. MO　　B. RO　　C. SC　　D. SO

10. 在使用夹点移动、旋转及镜像对象时，如果在命令行输入(　　)命令，可以在进行编辑操作时复制图形。

A. C　　B. TYPE　　C. COPY　　D. CIRCLE

11. 使用【延伸】命令时按下(　　)键同时选择对象，则执行【修剪】命令。

A. Shift　　B. Ctrl　　C. Alt　　D. Esc

二、操作题

1. 利用直线、圆、修剪、镜像等命令，绘制如图 7-126 所示的零件图。
2. 使用阵列和修剪命令绘制如图 7-127 所示的楼梯图形。

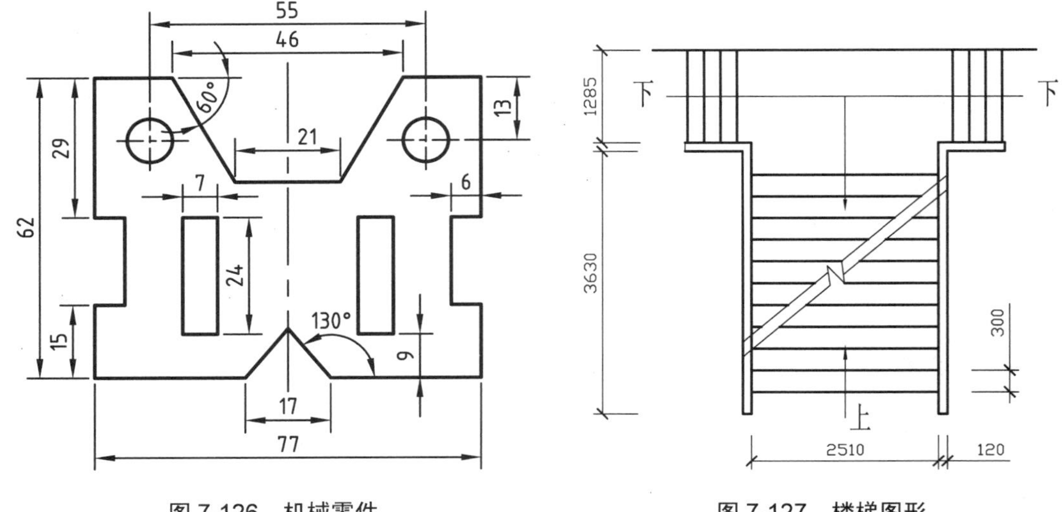

图 7-126　机械零件　　　　图 7-127　楼梯图形

3. 使用捕捉、阵列、镜像等命令绘制如图 7-128 所示的图形。(提示：先用【正多边形】命令画出正六边形，用【直线】命令绘制小平行四边形，然后用【矩形阵列】命令复制出其他平行线，最后用【镜像】、【环形阵列】命令进行复制)

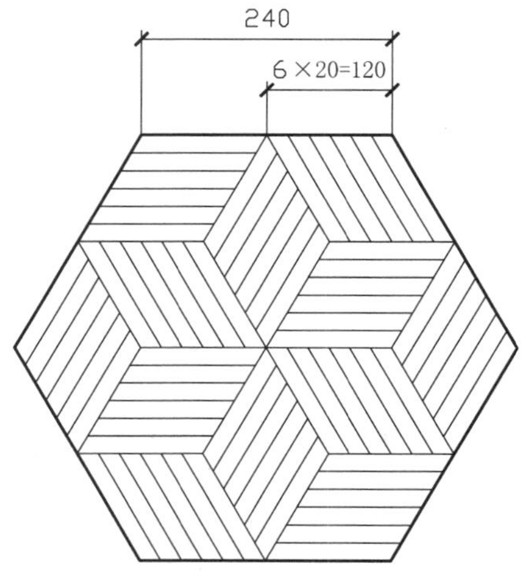

图 7-128　绘制填充图案

第8章

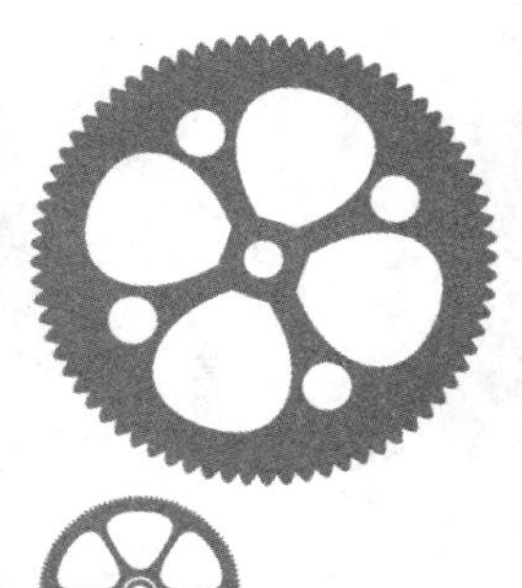

文字与表格

本章导读

文字和表格是图纸中的重要组成部分，用于注释和说明图形难以表达的特征，例如机械图纸中的技术要求、材料明细表，建筑图纸中的安装施工说明、图纸目录表等。本章介绍 AutoCAD 中文字、表格的设置和创建方法。

学习目标

- 掌握文字样式的新建、修改、设置为当前等操作方法，掌握单行文字和多行文字的创建方法。
- 掌握在单行文字和多行文字中添加特殊符号的方法。掌握单行文字和多行文字的编辑方法。
- 掌握表格样式的创建方法，掌握插入表格的方法和表格行列的两种定义方式。
- 掌握在表格中添加行、列的操作方法，掌握单元格的合并、取消合并等操作方法。
- 掌握在表格中添加文字、公式，以及调整表格内容对齐的方法。

8.1 创 建 文 字

文字样式既要根据国家制图标准要求又要根据实际情况来设置。默认情况下，Standard 文字样式是当前文字样式，用户可以根据需要创建新的文字样式。

8.1.1 文字样式

文字样式是同一类文字的格式设置的集合，包括字体、字高、显示效果等。

1. 新建文字样式

在 AutoCAD 中输入文字时，默认使用的是 Standard 文字样式。如果此样式不能满足注释的需要，可以根据需要设置新的文字样式或修改已有文字样式。

设置文字样式需要在【文字样式】对话框中进行，打开该对话框的方法如下。

- 菜单栏：选择【格式】|【文字样式】命令。
- 工具栏：单击【文字】工具栏上的【文字样式】按钮。
- 功能区：在【默认】选项卡中，单击【注释】滑出面板上的【文字样式】按钮。
- 命令行：在命令行输入 STYLE/ST 并按 Enter 键。

执行以上任意一种操作，系统弹出【文字样式】对话框，如图 8-1 所示。可以在其中新建或修改当前文字样式，以指定字体、高度等参数。

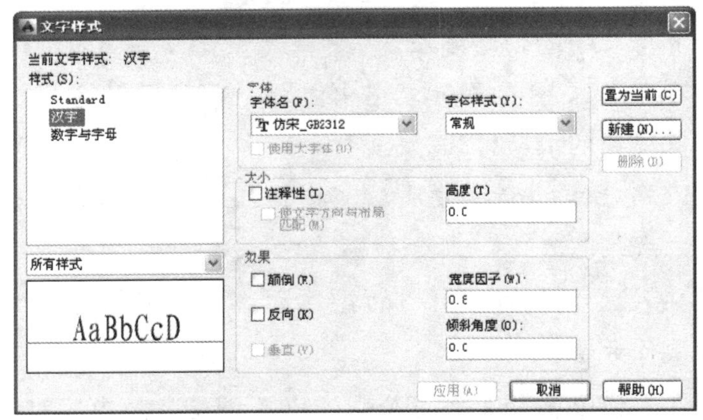

图 8-1 【文字样式】对话框

【文字样式】对话框中各参数的含义如下。

- 字体名：在该下拉列表中可以选择不同的字体，如宋体、黑体和楷体等，如图 8-2 所示。
- 高度：该参数可以控制文字的高度，即控制文字的大小。
- 使用大字体：用于指定亚洲语言的大字体文件，只有 SHX 文件才可以创建大字体。

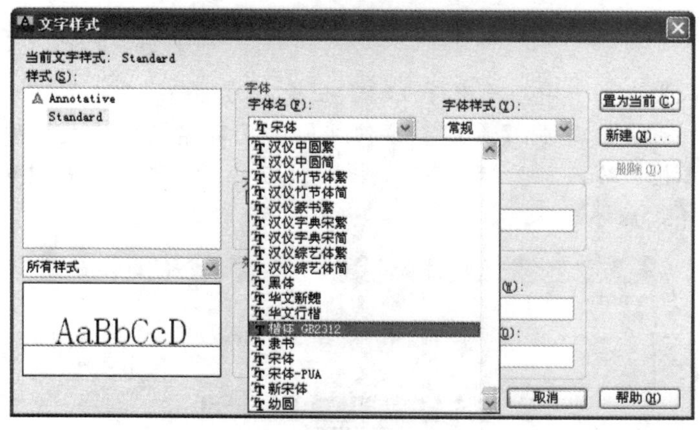

图 8-2　选择字体

- 字体样式：在该下拉列表中可以选择其他字体样式。
- 颠倒：选中【颠倒】复选框之后，文字方向将翻转，如图 8-3 所示。
- 反向：选中【反向】复选框，文字的阅读顺序将与开始时相反，如图 8-4 所示。

图 8-3　颠倒

图 8-4　反向

- 宽度因子：该参数控制文字的宽度，正常情况下宽度比例为 1。如果增大比例，那么文字将会变宽。图 8-5 所示为宽度因子变为 3 时的效果。
- 倾斜角度：调整文字的倾斜角度。图 8-6 所示为文字倾斜 45° 后的效果。

机械零件图

机械零件图

图 8-5　调整宽度因子

机械零件图

机械零件图

图 8-6　调整倾斜角度

提示

在调整文字的倾斜角度时，用户只能输入-85° ～85° 之间的角度值，超过这个区间的角度值将无效。

提示

如果将字高设置为 0，那么每次标注单行文字时都会提示用户输入字高。如果设置的字高不为 0，则在标注单行文字时命令行将不提示输入字高。因此，0 字高用于使用相同的文字样式来标注不同字高的文字对象。

【案例 8-1】：新建文字样式

01 在【默认】选项卡中，单击【注释】面板上的【文字样式】按钮，弹出【文字样式】对话框。单击【新建】按钮，弹出【新建文字样式】对话框，在【样式名】文本框中输入“国标文字”，如图 8-7 所示。然后单击【确认】按钮，返回【文字样式】对话框。

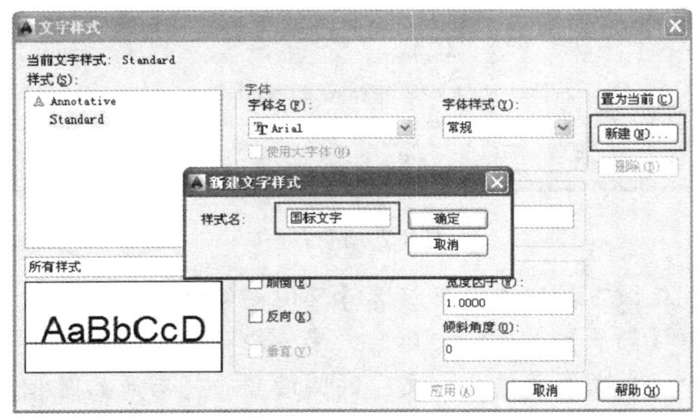

图 8-7　设置文字样式名称

02 在【字体】下拉列表中选择 gbenor.shx，然后选中【使用大字体】复选框，接着在【大字体】下拉列表中选择 gbbig.shx，如图 8-8 所示。

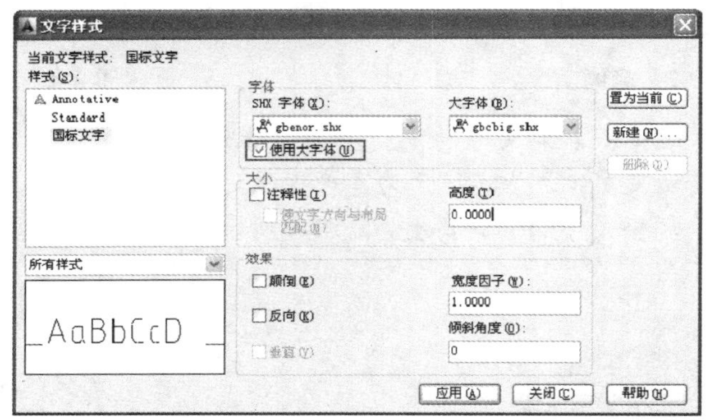

图 8-8　设置字体

03 完成文字的设置之后，单击对话框底部的【应用】按钮，将设置应用到该文字样式。

技巧

由于【字体】列表框中字体繁多，逐一浏览比较麻烦。展开该列表框之后，输入所要查找的字体的前几个字母，可以快速找到该字体。

2. 应用文字样式

在创建的多种文字样式中，只能有一种文字样式作为当前的文字样式，系统默认创建

的文字均按照当前文字样式。因此要应用文字样式，首先应将其设置为当前文字样式。

设置当前文字样式的方法有以下两种。

- 在【文字样式】对话框的【样式】列表框中选择要置为当前的文字样式，单击【置为当前】按钮，如图 8-9 所示，单击【关闭】按钮即可。
- 在【注释】面板中的下拉列表框中选择要置为当前的文字样式，如图 8-10 所示。

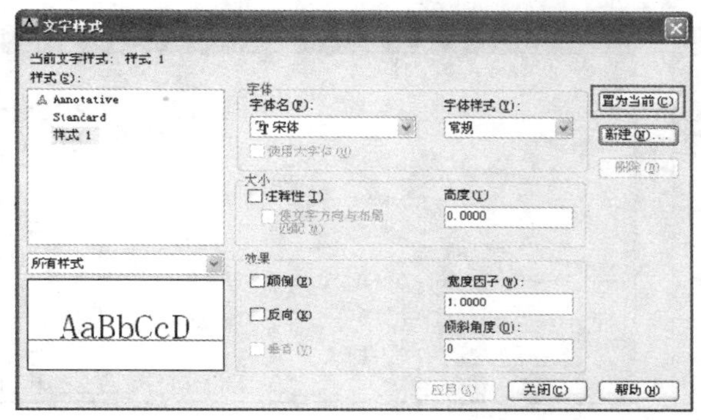

图 8-9　【文字样式】对话框

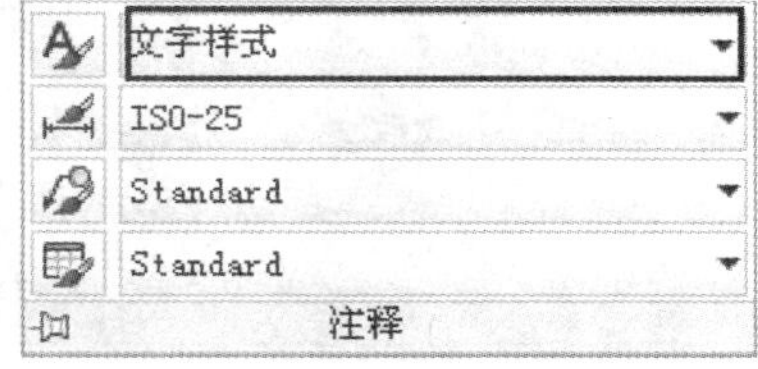

图 8-10　通过【注释】面板设置当前文字样式

3. 重命名文字样式

当需要更改文字样式名称时，可以对其进行重命名。

【案例 8-2】：重命名文字样式

01　在命令行输入 RENAME 并按 Enter 键，弹出【重命名】对话框。在【命名对象】列表框中选择【文字样式】，然后在【项数】列表框中选择要重命名的文字样式，这里选择“国标文字”，如图 8-11 所示。

02　在【重命名为】文本框中输入新的名称“机械文字标注”，如图 8-12 所示。然后单击【重命名为】按钮，【项数】列表框中的名称完成修改，最后单击【确定】按钮关闭该对话框。

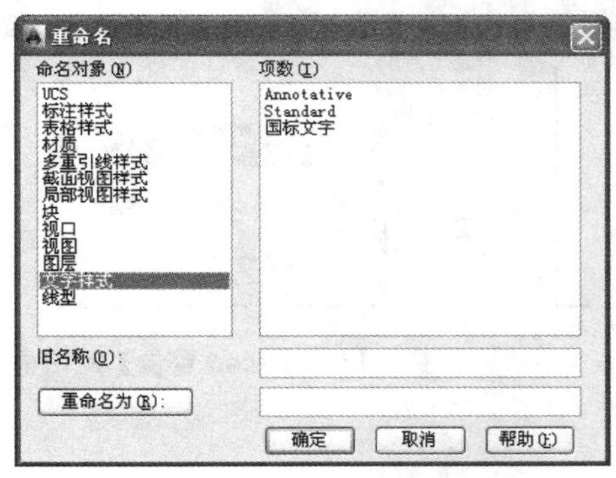

图 8-11　【重命名】对话框

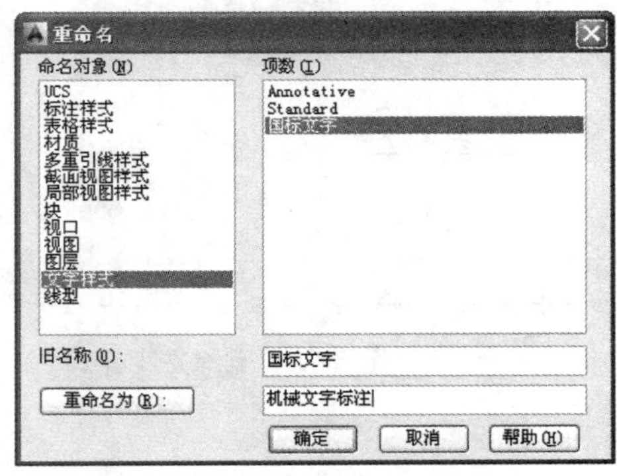

图 8-12　重命名文字样式

03　选择【格式】|【文字样式】命令，弹出【文字样式】对话框，在其中可以看到重命名之后的文字样式“机械文字标注”，如图 8-13 所示。

提示

还有另一种重命名文字样式的方法，即在【文字样式】对话框中右击需要重命名的文字样式，在弹出的快捷菜单中选择【重命名】命令，就可以给文字样式重命名，如图 8-14 所示。但采用这种方式不能重命名 Standard 文字样式。

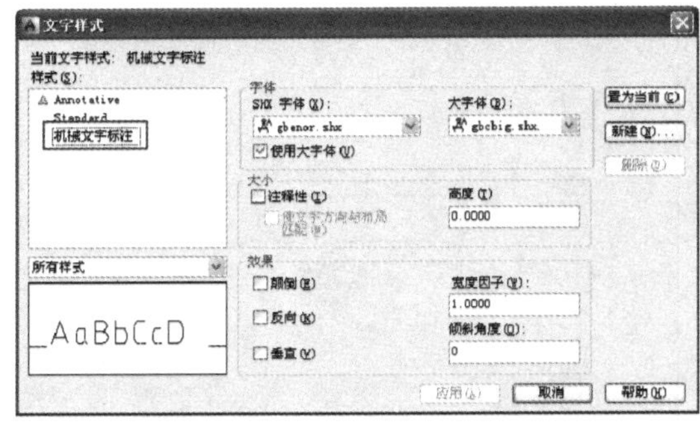

图 8-13　【文字样式】对话框

图 8-14　重命名文字样式

4. 删除文字样式

文字样式会占用一定的系统存储空间，可以删除一些不需要的文字样式，以节约存储空间。删除文字样式的步骤如下。

- 在命令行中输入 STYLE 并按 Enter 键，弹出【文字样式】对话框，选择要删除的文字样式名，单击【删除】按钮，如图 8-15 所示。
- 在弹出的【acad 警告】对话框中单击【确定】按钮，如图 8-16 所示。返回【文字样式】对话框，单击【关闭】按钮即可。

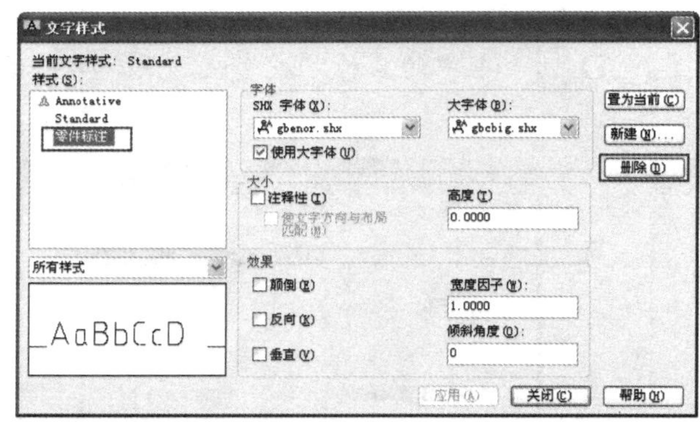

图 8-15　删除文字样式

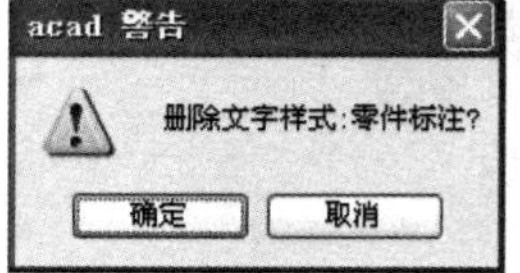

图 8-16　【acad 警告】对话框

提示

当前文字样式不能被删除。如果要删除当前文字样式，可以先将别的文字样式置为当前，然后再进行删除。

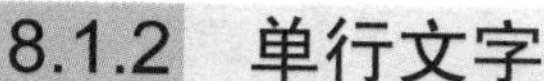

8.1.2 单行文字

单行文字是将输入的文字以行为单位作为一个对象，即使在单行文字中输入若干行文字，每一行文字仍是单独对象。单行文字的特点就是每一行均可以独立移动、复制或编辑。

调用【单行文字】有以下几种方法。

- 菜单栏：选择【绘图】|【文字】|【单行文字】命令。
- 功能区：在【默认】选项卡中，单击【注释】面板上的【单行文字】按钮。或在【注释】选项卡中，单击【文字】面板上的【单行文字】按钮A。
- 命令行：在命令行输入 DT/TEXT/DTEXT 并按 Enter 键。

在调用命令的过程中，需要输入的参数有文字起点、文字高度、文字旋转角度和文字内容。

注意

文字高度的提示只有在当前文字样式中的字高为 0 时才显示，否则不能改变其文字高度。

【案例 8-3】：创建单行文字

01 打开“第 8 章\案例 8-3　创建单行文字.dwg”素材文件，如图 8-17 所示。

02 展开【注释】滑出面板，在文字样式列表中选择【样式 1】，将其设为当前文字样式。

03 在命令行输入 DT/TEXT/DTEXT 并按 Enter 键，然后根据命令行提示输入文字。命令行提示如下：

```
命令：DT↙
当前文字样式： “样式 1”   文字高度： 2.5000  注释性： 否
指定文字的起点或 [对正(J)/样式(S)]:                //在绘图区域合适位置拾取一点
指定高度 <2.5000>: 8↙                             //指定文字高度
指定文字的旋转角度 <0>:↙                           //指定文字角度
```

04 完成以上设置之后，绘图区出现一个带光标的矩形框，在其中输入“箱盖俯视图”文字，在绘图区其他位置单击，结束上一个文字输入，然后按 Esc 键退出【单行文字】命令，如图 8-18 所示。

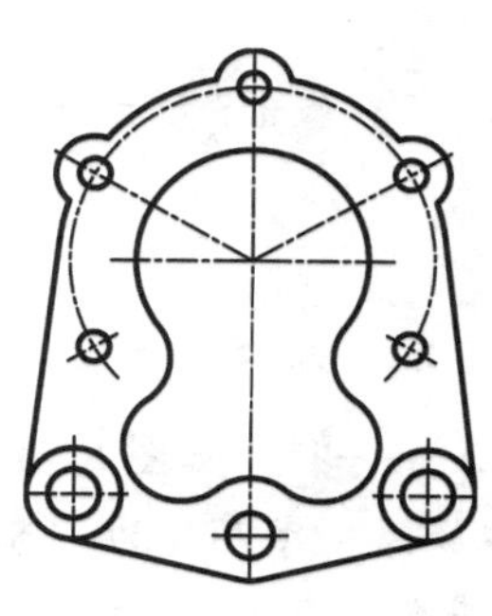

图 8-17　素材文件

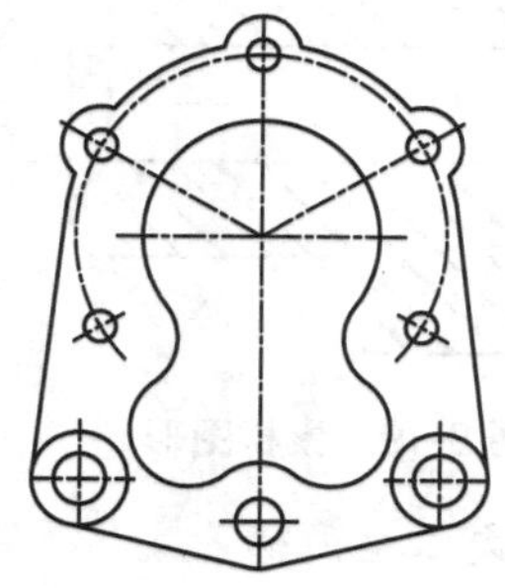

图 8-18　输入单行文字

技巧

一行单行文字输入完成之后，无须重复执行命令，在其他位置单击可以输入另一单行文字。输入一行文字后，按 Enter 键，在对齐位置输入另一行文字。看上去是输入了多行文字，但实际上行与行之间是相互独立的，可以进行独立编辑。

8.1.3 多行文字

多行文字由任意的文字和段落组成，一般用于创建复杂的文字内容。与【单行文字】相比，【多行文字】格式更工整规范，例如可设置各种对齐和编号方式。

1. 创建多行文字

可以通过如下 3 种方法创建多行文字。

- 菜单栏：选择【绘图】|【文字】|【多行文字】命令。
- 功能区：在【默认】选项卡中，单击【注释】面板上的【多行文字】按钮。或在【注释】选项卡中，单击【文字】面板上的【多行文字】按钮A。
- 命令行：在命令行输入 MTEXT/MT 并按 Enter 键。

【案例 8-4】：创建多行文字

01 打开“第 8 章\案例 8-4 创建多行文字.dwg”素材文件，如图 8-19 所示。

02 在命令行输入 MT 并按 Enter 键，系统弹出【文字编辑器】选项卡，首先设置多行文字的范围。命令行操作如下：

```
命令：MT↙                                          //调用【多行文字】命令
当前文字样式："Standard"  文字高度： 2.5  注释性： 否
指定第一角点：                                      //在绘图区域合适位置拾取一点
指定对角点或 [高度(H)/对正(J)/行距(L)/旋转(R)/样式(S)/宽度(W)/栏(C)]:
                                                    //指定对角点
```

03 执行以上操作之后，绘图区显示一个文字输入框，如图 8-20 所示。

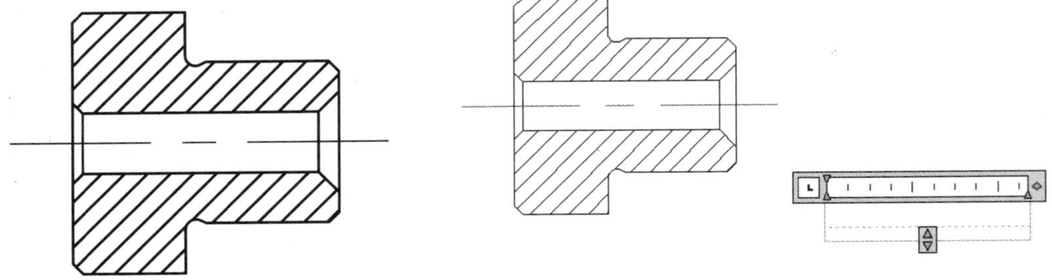

图 8-19 素材图形　　　　图 8-20 文本框显示

04 在文本框内输入文字，每输入一行按 Enter 键输入下一行，如图 8-21 所示。

05 选中“技术要求”文字，然后在【样式】面板中修改文字高度为 3.5，如图 8-22 所示，按 Enter 键执行修改。修改文字高度的效果如图 8-23 所示。

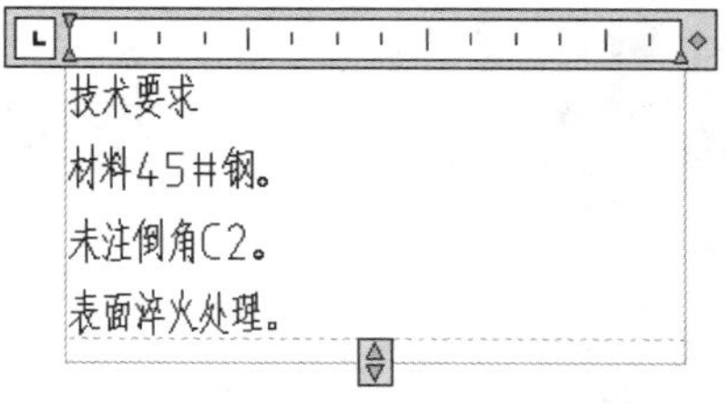

图 8-21 输入多行文字

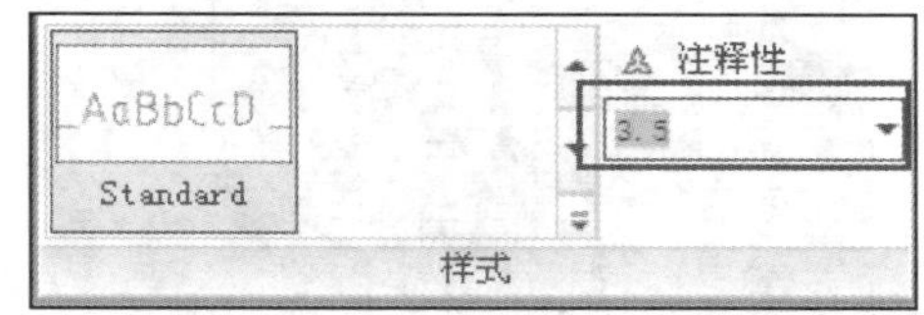

图 8-22 输入文字高度

06 选中 3 行说明文字，然后单击【段落】面板上的【项目符号和编号】下拉列表框，如图 8-24 所示。选择编号方式为【以数字标记】，编号效果如图 8-25 所示。

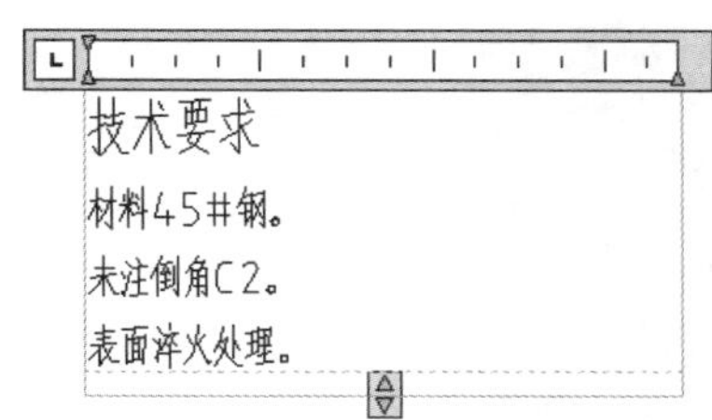

图 8-23 修改文字高度后的效果

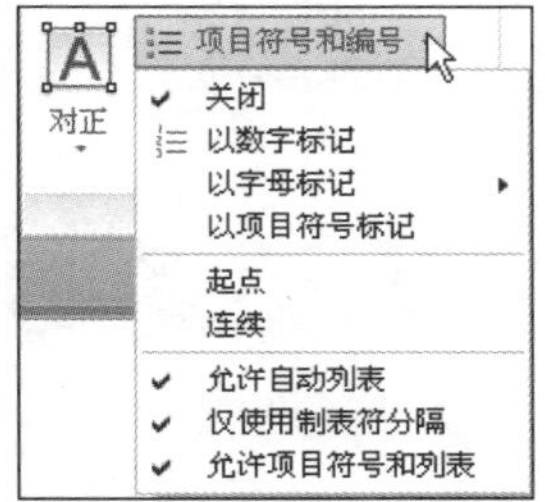

图 8-24 展开编号选项

07 调整文字的对齐标尺，减少文字的缩进量，如图 8-26 所示。

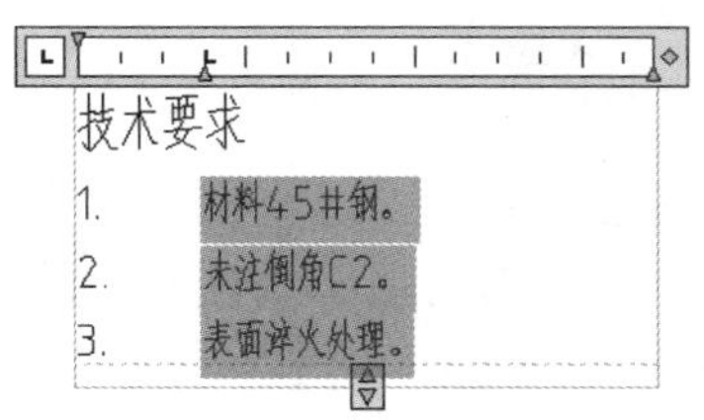

图 8-25 项目编号结果

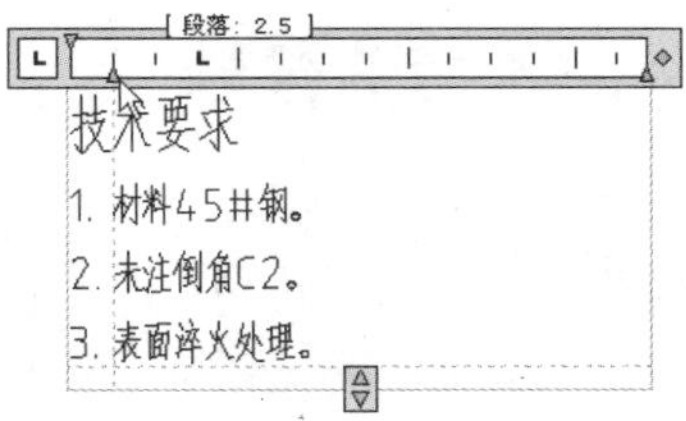

图 8-26 调整段落对齐

08 单击【关闭】面板上的【关闭文字编辑器】按钮，或按 Ctrl+Enter 组合键完成多行文字的创建。

注意

在创建多行文字时，按 Enter 键不能结束创建文字而是文字换行。

2. 添加多行文字背景

为了使文字清晰地显示在复杂的图形中，用户可以为文字添加不透明的背景。

【案例 8-5】：多行文字添加背景

01 打开“第 8 章\案例 8-5 多行文字添加背景.dwg”素材文件，如图 8-27 所示。

02 双击文字，系统弹出【文字格式编辑器】选项卡，单击【背景】面板上的【背景遮罩】按钮，系统弹出【背景遮罩】对话框，设置参数如图 8-28 所示。

图 8-27　素材图形

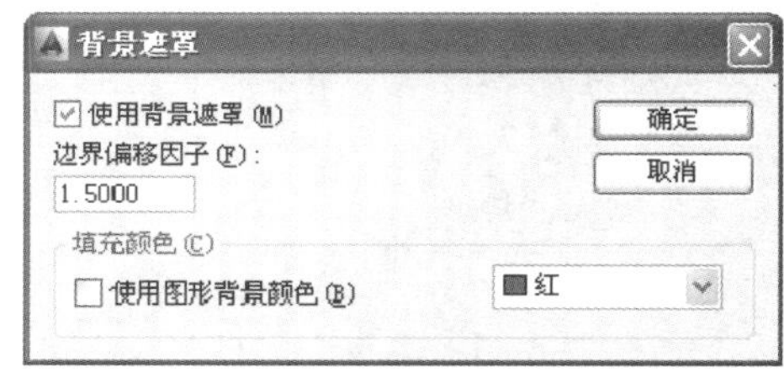

图 8-28　【背景遮罩】对话框

03 单击【确定】按钮关闭对话框，文字背景效果如图 8-29 所示。

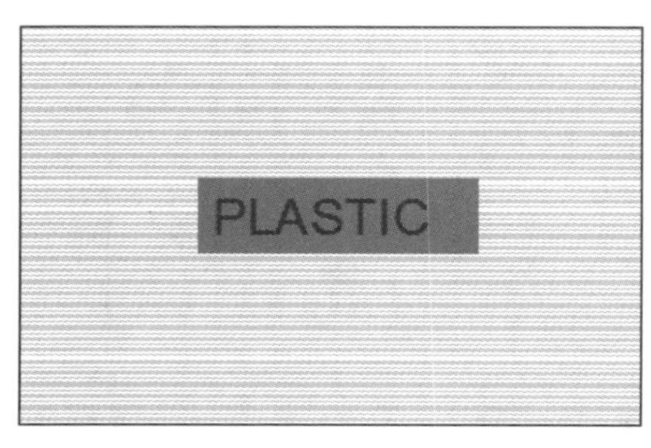

图 8-29　最终效果

8.1.4　插入特殊符号

有些特殊符号在键盘上没有对应键，如指数、在文字上方或下方添加划线、角度(°)、直径(Φ)等。这些特殊字符不能从键盘上直接输入，需要使用软件自带的特殊符号功能。在单行文字和多行文字中都可以插入特殊字符。

1. 单行文字中插入特殊符号

单行文字的可编辑性较弱，只能通过输入控制符的方式插入特殊符号。

AutoCAD 的特殊符号由两个百分号(%%)和一个字符构成，常用的特殊符号输入方法如表 8-1 所示。在文本编辑状态输入控制符时，这些控制符也临时显示在屏幕上。当结束文本编辑之后，这些控制符将从屏幕上消失，转换成相应的特殊符号。

表 8-1　AutoCAD 文字控制符

特殊符号	功　能
%%O	打开或关闭文字上划线
%%U	打开或关闭文字下划线
%%D	标注(°)符号
%%P	标注正负公差(±)符号
%%C	标注直径(Φ)符号

在 AutoCAD 的控制符中，%%O 和%%U 分别是上划线与下划线的开关。第一次出现此符号时，可打开上划线或下划线；第二次出现此符号时，则会关掉上划线或下划线。

2. 多行文字中插入特殊符号

与单行文字相比，在多行文字中插入特殊字符的方式更灵活。除了使用控制符的方法外，还有以下两种途径。

- 在【文字编辑器】选项卡中，单击【插入】面板上的【符号】按钮，在弹出列表中选择所需的符号即可，如图 8-30 所示。
- 在文字编辑状态下右击，在弹出的快捷菜单中选择【符号】命令，如图 8-31 所示，其子菜单中包括了常用的各种特殊符号。

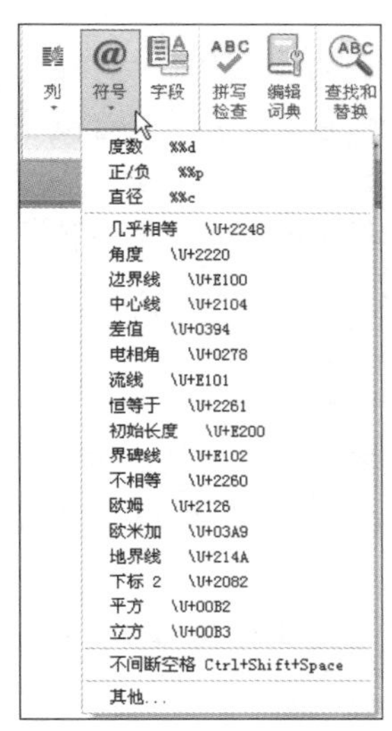
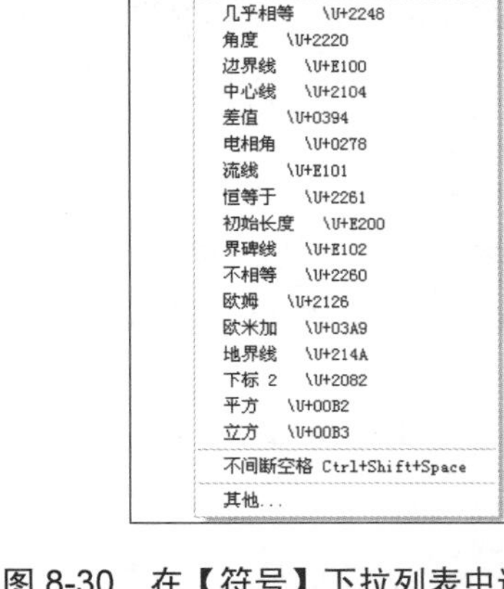

图 8-30 在【符号】下拉列表中选择符号

图 8-31 使用快捷菜单输入特殊符号

8.1.5 编辑文字

对于已经生成的单行文字和多行文字，可随时选择对其进行编辑。

1. 编辑单行文字

1) 修改单行文字内容

可以通过以下几种方式进行文字内容的修改。

- 菜单栏：选择【修改】|【对象】|【文字】|【编辑】命令。
- 工具栏：单击【文字】工具栏上的【编辑】按钮。
- 命令行：在命令行输入 DDEDIT/ED 并按 Enter 键。
- 鼠标动作：直接双击要修改的文字。

执行以上任意一种操作后，文字将进入编辑状态。此时可以输入、删除文字内容，然后按 Ctrl+Enter 组合键退出编辑。

2) 修改文字特性

除了修改文字内容，还可以修改文字的高度、大小、旋转角度、对正样式等特性。

修改单行文字特性的方式有以下几种方法。

- 菜单栏：选择【修改】|【对象】|【文字】|【对正】命令。
- 功能区：在【注释】选项卡中，单击【文字】面板上的【缩放】按钮和【对正】按钮。
- 在【文字样式】对话框中修改文字的颠倒、反向和垂直效果。
- 选择要修改的文字，在命令行输入 PR 并按 Enter 键，系统弹出【特性】选项板，可以在【文字】选项卡上修改文字特性。

2. 编辑多行文字

与单行文字相比，多行文字有更丰富的编辑命令。

编辑多行文字有以下几种方法。

- 选中要编辑的多行文字，在命令行输入 ED 并按 Enter 键，或者双击要编辑的文字，系统弹出【文字编辑器】选项卡，在该选项卡中修改文字。
- 选中要编辑的多行文字，在命令行输入 PR 并按 Enter 键，系统弹出【特性】选项板，在【文字】选项区域可以修改文本的内容、倾斜度、高度、文字样式等。

【案例 8-6】：编辑多行文字

01 打开"第 8 章\案例 8-6 编辑多行文字.dwg"素材文件，如图 8-32 所示。

02 选中多行文字，然后在命令行输入 ED 并按 Enter 键，系统弹出【文字编辑器】选项卡，进入文字编辑模式。

03 选中各行文字，如图 8-33 所示，然后单击【段落】面板上的【右对齐】按钮，文字调整为右对齐，如图 8-34 所示。

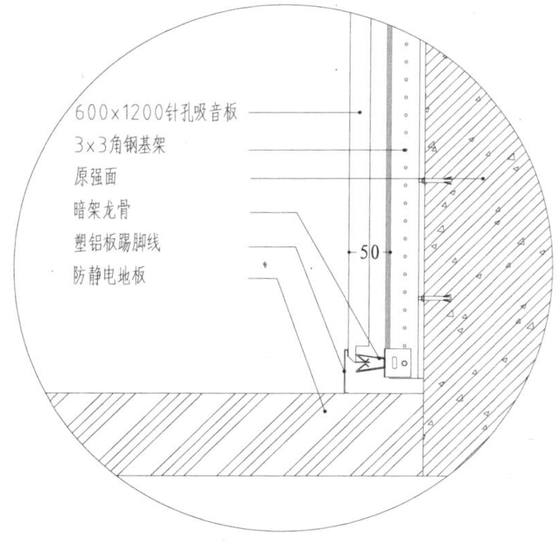

图 8-32 素材文件

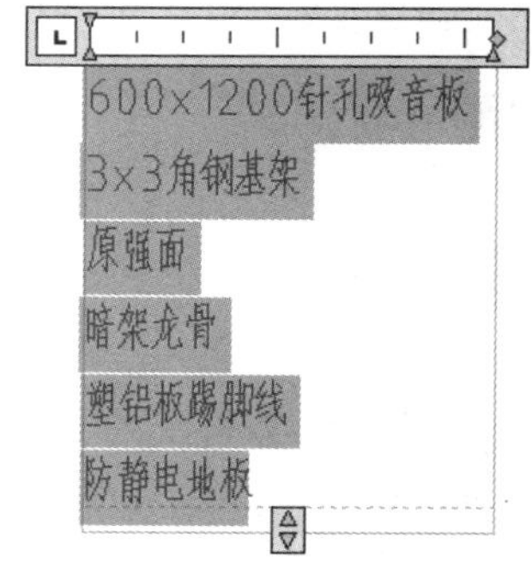

图 8-33 选中各行文字

04 在第二行文字前单击，将光标移动到此位置，然后单击【插入】面板上的【符

号】按钮，在选项列表中选择【角度】符号，添加角钢符号。

05 单击【文字编辑器】选项卡上的【关闭文字编辑器】按钮，完成文字的编辑。最终效果如图 8-35 所示。

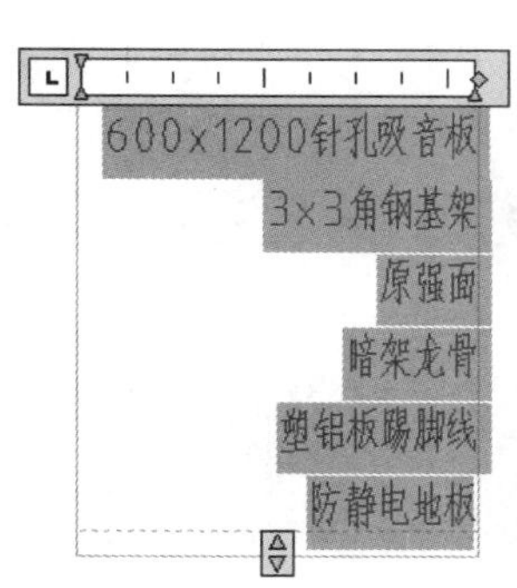

图 8-34　右对齐的效果

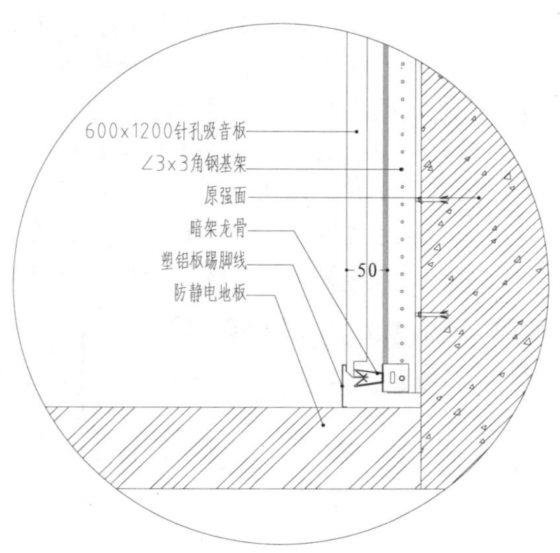

图 8-35　最终文字效果

3. 查找与替换

当文字标注完成后，如果发现某个字或词输入有误，而它在注释中的多个位置，依靠人工逐个查找并修改十分困难。这时可以使用【查找】命令，查找该文字并进行替换。

调用【查找】命令有以下几种方法。

- 菜单栏：选择【编辑】|【查找】命令。
- 命令行：在命令行输入 FIND 并按 Enter 键。

执行以上命令之后，系统弹出【查找和替换】对话框，如图 8-36 所示。在【查找内容】文本框中输入要查找的字符，然后单击【查找】按钮，系统将光标定位到第一个结果处。在【替换为】文本框中输入要替换的文字，单击【替换】按钮即可替换该位置的文字，单击【全部替换】按钮将会替换文档中所有位置的对应字符。

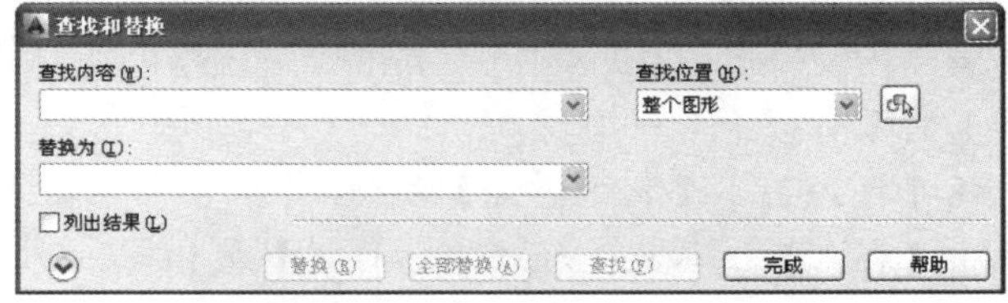

图 8-36　【查找和替换】对话框

4. 拼写检查

利用【拼写检查】功能可以检查当前图形文件中的文字是否存在语法错误，从而提高输入文本的正确性。

调用【拼写检查】命令有以下几种方法。

- 菜单栏：选择【工具】|【拼写检查】命令。
- 命令行：在命令行输入 SPELL 并按 Enter 键。

调用该命令后，将弹出图 8-37 所示的【拼写检查】对话框，单击【开始】按钮即开始自动进行检查。检查完毕后，可能会出现以下两种情况。

- 所选的文字对象拼写都正确。系统将弹出【AutoCAD 信息】提示对话框，提示拼写检查已完成，单击【确定】按钮即可。
- 所选文字有拼写错误的地方。此时系统将弹出图 8-38 所示的【拼写检查】对话框，该对话框显示了当前错误以及系统建议修改成的内容和该词语的上下文。可单击【修改】、【忽略】等按钮进行相应的修改。

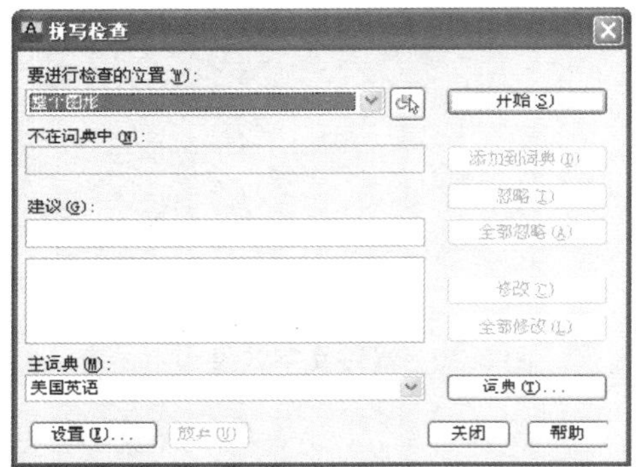

图 8-37 【拼写检查】对话框

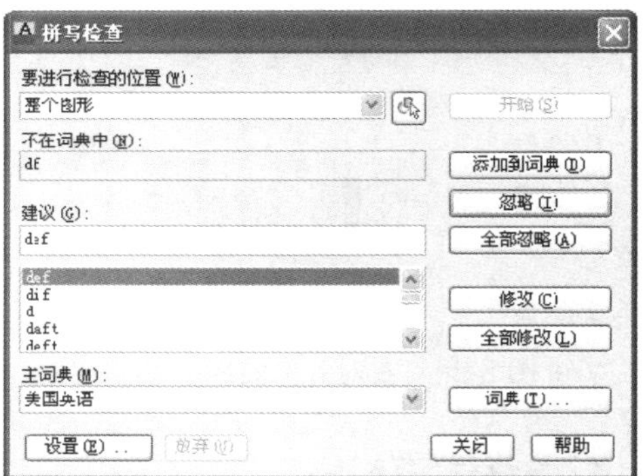

图 8-38 【拼写检查】对话框

8.2 创建表格

使用 AutoCAD 的表格功能能创建指定行、列的表格，其操作方法与 Word、Excel 相似。

8.2.1 创建表格样式

在 AutoCAD 2014 中，可以使用【表格样式】命令创建表格，在创建表格前，先要设置表格的样式，包括表格内文字的字体、颜色、高度以及表格的行高、行距等。

调用【表格样式】命令有以下几种方法。

- 菜单栏：选择【格式】|【表格样式】命令。
- 工具栏：单击【样式】工具栏上的【表格样式】按钮。
- 功能区：在【默认】选项卡中，单击【注释】滑出面板上的【表格样式】按钮。
- 命令行：在命令行输入 TABLESTYLE/TS 并按 Enter 键。

调用该命令后，系统弹出【表格样式】对话框，如图 8-39 所示。左侧的样式列表中列出已有的表格样式，单击右侧的按钮可以新建、修改、删除和设置表格样式。

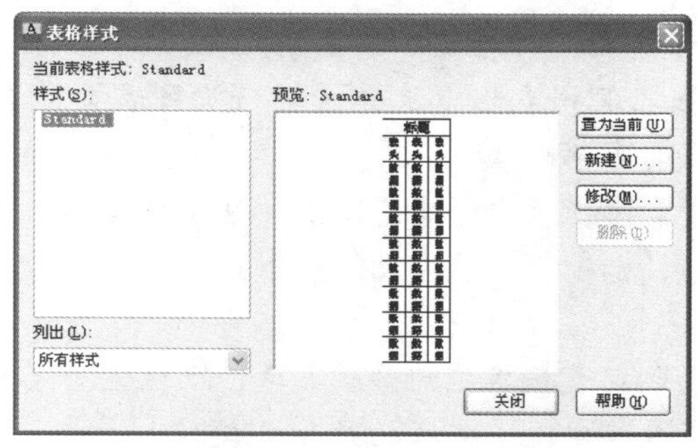

图 8-39　【表格样式】对话框

【案例 8-7】：创建表格样式

01 在【默认】选项卡中，单击【注释】滑出面板上的【表格样式】按钮，系统弹出【表格样式】对话框。单击【新建】按钮，弹出【创建新的表格样式】对话框，输入新样式名称为“材料明细表”，如图 8-40 所示。

02 单击【继续】按钮，弹出【新建表格样式：材料明细表】对话框，如图 8-41 所示。

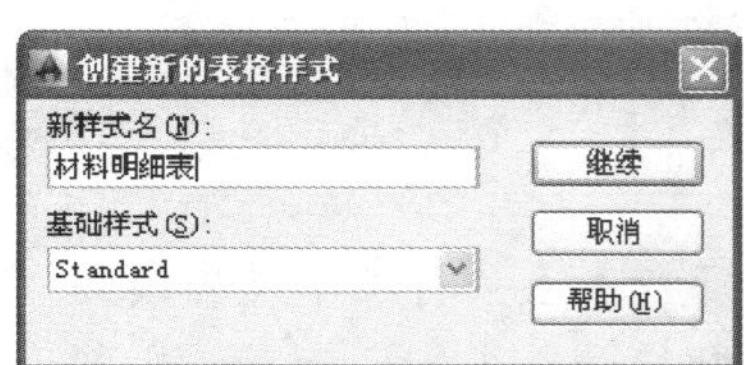

图 8-40　输入新样式名称

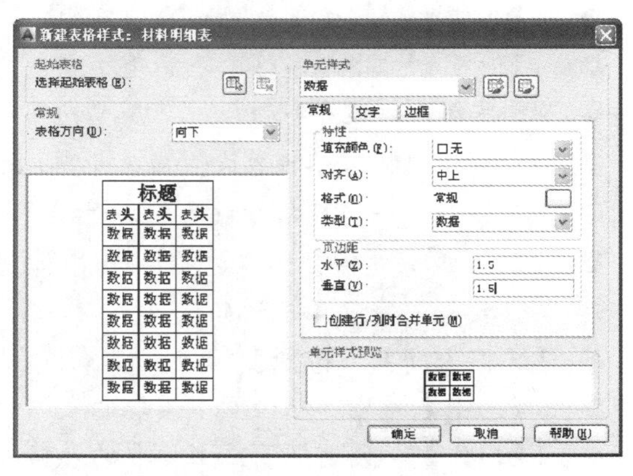

图 8-41　【新建表格样式：材料详细表】对话框

03 在【常规】选项卡中设置对齐方式为【正中】，如图 8-42 所示。

04 在【文字】选项卡中设置【文字高度】为 5，如图 8-43 所示。然后单击【文字样式】右侧的按钮，系统弹出【文字样式】对话框，选择字体为 gbenor.shx。

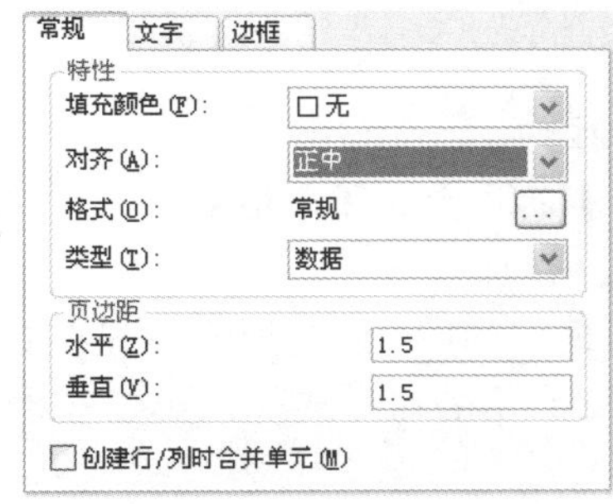

图 8-42　【常规】选项卡

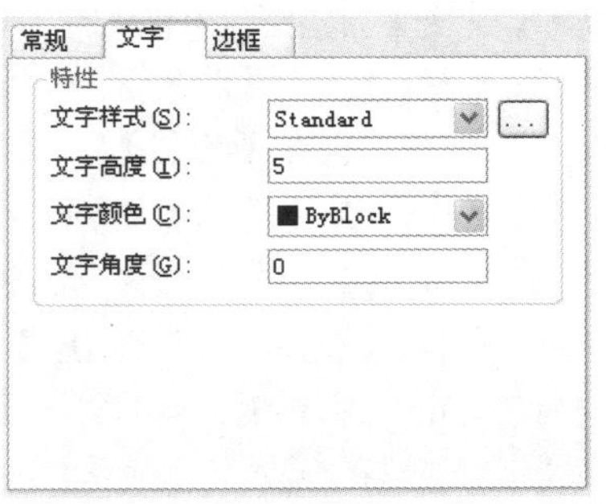

图 8-43　【文字】选项卡

05 单击【新建表格样式：材料明细表】对话框中的【确定】按钮，返回【表格样式】对话框。在左侧列表框中选择【材料明细表】样式，单击【置为当前】按钮，将此样式设为当前样式。

06 单击【表格样式】对话框中的【关闭】按钮完成操作。

【新建表格样式】对话框中常用选项功能如下。

1) 【常规】选项卡

- 【填充颜色】：制定表格单元的背景颜色，默认值为【无】。
- 【对齐】：设置表格单元中文字的对齐方式。
- 【水平】:设置单元文字与左右单元边界之间的距离。
- 【垂直】：设置单元文字与上下单元边界之间的距离。

2) 【文字】选项卡

- 【文字样式】：选择文字样式，单击按钮，弹出【文字样式】对话框，利用它可以创建新的文字样式。
- 【文字角度】：设置文字倾斜角度。逆时针为正，顺时针为负。

3) 【边框】选项卡

- 【线宽】：指定表格单元的边界线宽。
- 【颜色】：指定表格单元的边界颜色。
- 按钮：将边界特性设置应用于所有单元格。
- 按钮：将边界特性设置应用于单元的外部边界。
- 按钮：将边界特性设置应用于单元的内部边界。
- 按钮：将边界特性设置应用于单元的底、左、上及下边界。
- 按钮：隐藏单元格的边界。

4) 【表格方向】下拉列表

- 【向下】：创建从上至下读取的表格对象，标题行和表头行位于表的顶部。
- 【向上】：创建从下至上读取的表格对象，标题行和表头行位于表的底部。

8.2.2 插入表格

选择所需的表格样式作为当前样式，然后选择合适的图层作为当前图层，然后就可以插入表格到绘图区。

调用【表格】命令有以下几种方法。

- 菜单栏：选择【绘图】|【表格】命令。
- 工具栏：单击【绘图】工具栏上的【表格】按钮。
- 功能区：在【默认】选项卡中，单击【注释】面板上的【表格】按钮。
- 命令行：在命令行输入 TABLE/TB 并按 Enter 键。

执行以上命令之后，系统弹出【插入表格】对话框，如图 8-44 所示。先在对话框中设置表格的规格，包括行、列数，行、列宽度，以及单元格的样式等。单击【确定】按钮，然后指定表格的插入位置，即完成表格创建。

需要注意的是，对话框中提供了另一种表格插入方式，即【指定窗口】方式，如果选

择此方式，则是通过在绘图区拖动窗口来定义表格的大小，列和行设置中始终只能设置某一项参数，另一项根据拖动范围自动设置。例如选择定义【列宽】，如图 8-45 所示，那么列数将由拖动窗口的总宽度除以列宽得到，因此【列数】是不可设置的。【指定窗口】方式适用于创建限定在某一范围内的表格，例如创建机械零件图的材料明细表时，表格的宽度应该与标题栏对齐，可以通过指定窗口实现。

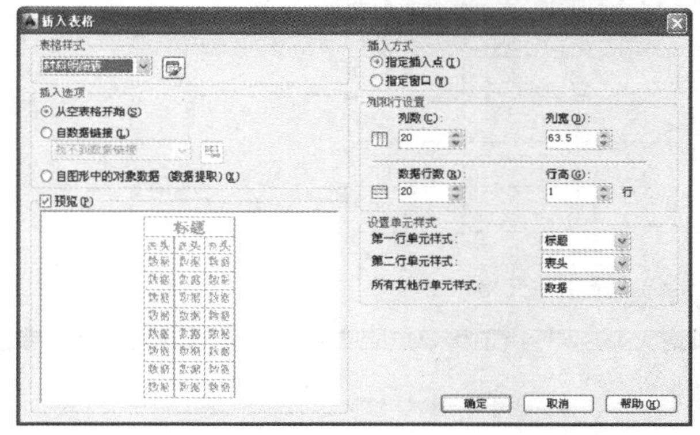

图 8-44　【插入表格】对话框

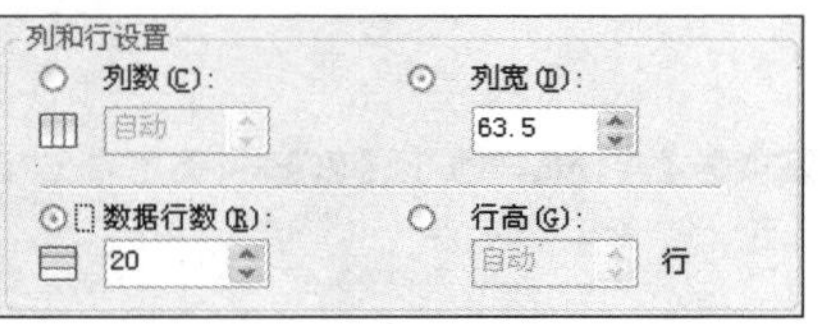

图 8-45　选择设置列宽

8.2.3 编辑表格

插入的表格具有整齐的单元格分布，还需要进一步编辑来创建结构复杂的表格。

1. 表格整体编辑

在表格的边线上单击以选中该表格，选中的表格呈夹点显示状态，如图 8-46 所示。通过编辑夹点可以修改表格的位置、某一列的宽度等。

另外选中表格之后右击，系统弹出快捷菜单，如图 8-47 所示。可以在其中对表格进行剪切、复制、删除、移动、缩放和旋转等简单操作，也可以均匀调整表格的行、列大小，删除所有特性替代等。当选择【输出】命令时，还可以打开【输出数据】对话框以 csv 格式输出表格中的数据。

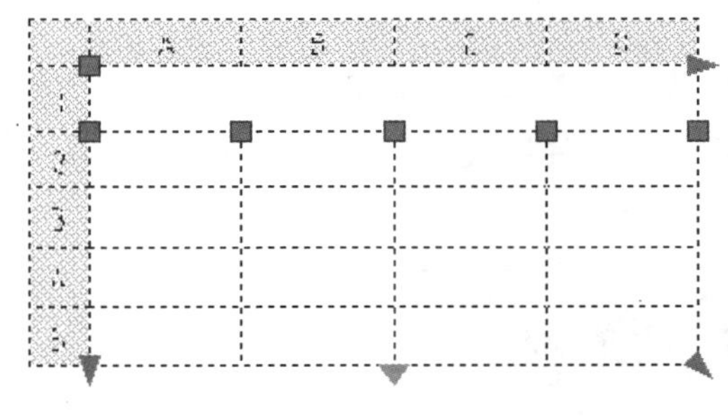

图 8-46　表格的选中状态

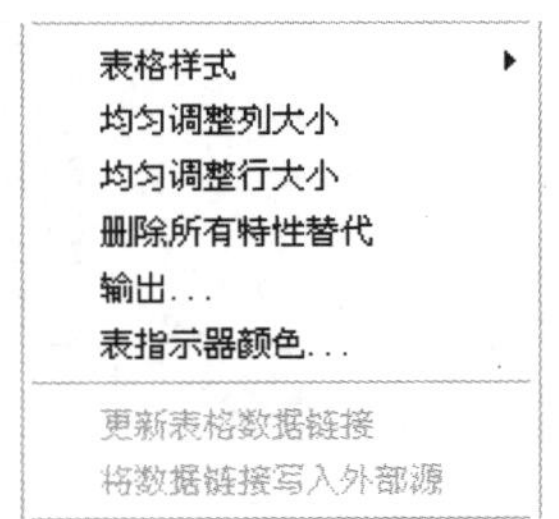

图 8-47　右键快捷菜单

2. 单元格编辑

在单元格内部单击以选中某个单元格，如图 8-48 所示，表格上出现行列标记，同时

系统弹出【表格单元】选项卡，如图 8-49 所示。可以通过选项卡中的相关按钮，完成插入行列、编辑单元格边框、编辑数据格式等操作。

如果框选表格的多个单元格，则【表格单元】选项卡中的【合并】选项组变为可用，可以合并或取消合并相关单元格。

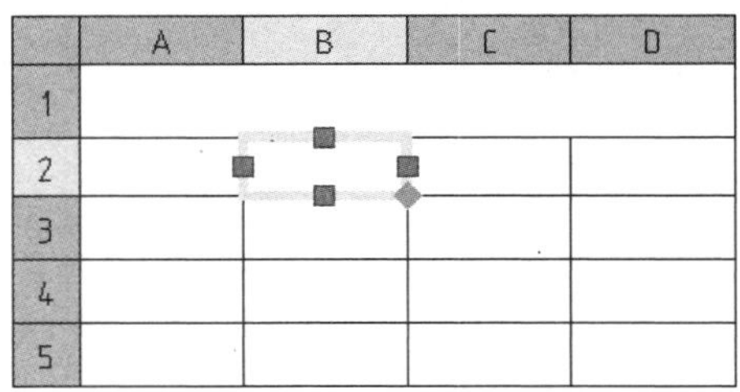

图 8-48　选中单元格

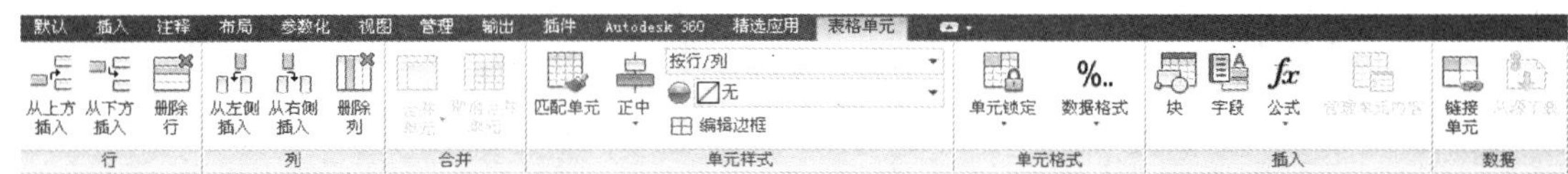

图 8-49　【表格单元】选项卡

8.2.4　添加表格内容

确定表格的结构之后，最后在表格中添加文字、块、公式等内容。添加表格内容之前，必须了解单元格的选中状态和激活状态。

- 选中状态：单元格的选中状态在上一节已经介绍，如图 8-48 所示。单击单元格内部即可选中单元格，选中单元格之后系统弹出【表格单元】选项卡。
- 激活状态：在单元格的激活状态，单元格呈灰底显示，并出现闪动光标，如图 8-50 所示。双击单元格可以激活单元格，激活单元格之后系统弹出【文字编辑器】选项卡。

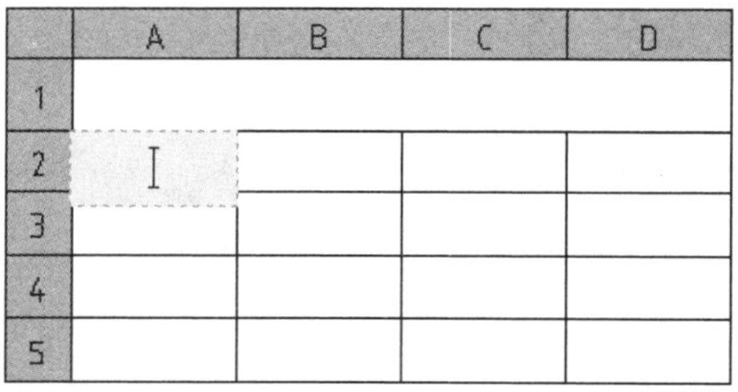

图 8-50　激活单元格

1. 在表格中添加块和方程式

在表格中添加块和方程式需要选中单元格。选中单元格之后，系统将弹出【表格单元】选项卡，单击【插入】面板上的【块】按钮，系统弹出【在表格单元中插入块】对话框，如图 8-51 所示，浏览到块文件然后插入块。

在表格中添加方程式可以将某单元格的值定义为其他单元格的组合运算值。选中单元格之后，在【表格单元】选项卡中，单击【插入】面板上的【公式】按钮，弹出图 8-52 所示的选项，选择【方程式】选项，将激活单元格，进入文字编辑模式。输入与单元格标号相关的运算公式，如图 8-53 所示。该方程式的运算结果如图 8-54 所示。如果修改方程所引用的单元格，运算结果也随之更新。

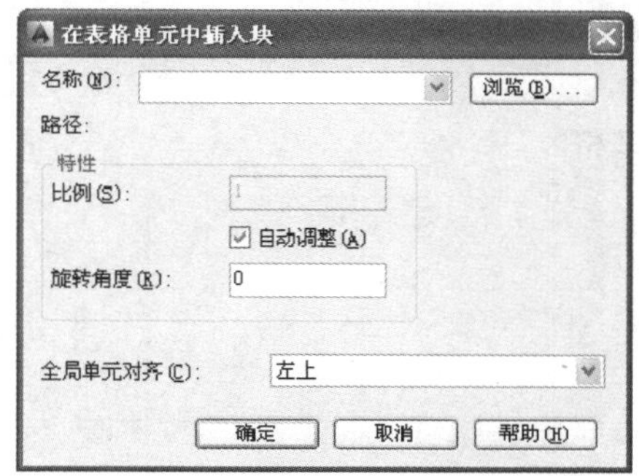

图 8-51　【在表格单元中插入块】对话框

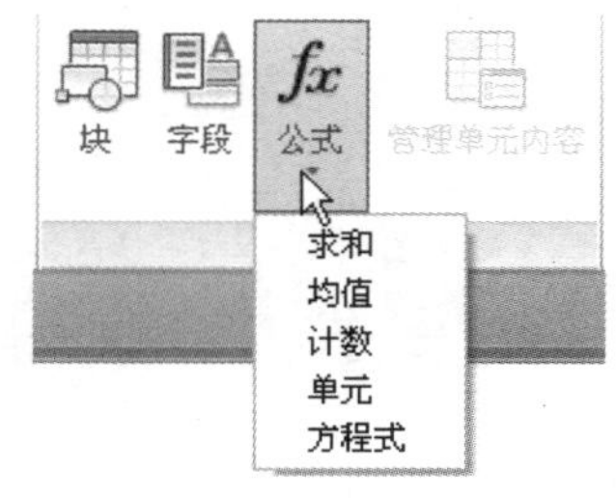

图 8-52　【公式】按钮下的展开选项

	A	B	C	D
1				
2	1	2	3	=A2+B2+C2
3				
4				
5				

图 8-53　输入方程表达式

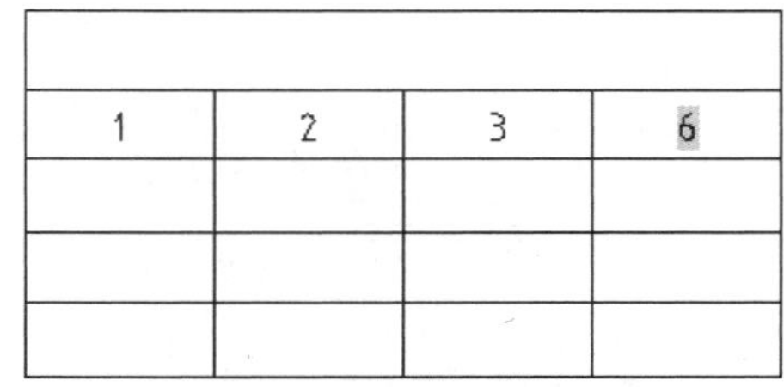

1	2	3	6

图 8-54　方程运算结果

2. 在表格中添加文字

在表格中添加文字需要激活单元格，而不是选中单元格。具体操作有以下几种方法。

- 在初始表格插入时，系统自动选择第一个单元格，并弹出【文字编辑器】选项卡，此时可以输入文字内容，按键盘上的方向键可以切换到其他单元格。
- 双击单元格，激活的单元格灰底色显示，同时弹出【文字编辑器】选项卡，然后可以输入文字。或选中单元格输入文字，但这种方式只能输入英文字母和数字。

【案例 8-8】：完成材料明细表

01　打开“第 8 章/案例 8-8 完成材料明细表.dwg”素材文件，如图 8-55 所示。

02　双击激活 A6 单元格，然后输入序号“1”，按 Ctrl+Enter 组合键完成文字输入，如图 8-56 所示。

03　同样的方法输入其他文字，如图 8-57 所示。

04　选中 D 列上任意一个单元格，系统弹出【表格单元】选项卡，单击【列】面板上的【从左侧插入】按钮，插入的新列如图 8-58 所示。

序号	名称	规格	单重	总重

图 8-55　素材表格

1				
序号	名称	规格	单重	总重

图 8-56　输入文字的结果

4	加强筋	120x60x6	1.7500	
3	圆管	Φ168x6-1200	35	
2	底板	200x270x20	3.6000	
1	六角头螺栓C级	M10x30	0.0200	
序号	名称	规格	单重	总重

图 8-57　输入其他文字

	A	B	C	D	E	F
1						
2						
3	4	加强筋	120x60x6		1.7500	
4	3	圆管	Φ168x6-1200		35	
5	2	底板	200x270x20		3.6000	
6	1	六角头螺栓C级	M10x30		0.0200	
7	序号	名称	规格		单重	总重

图 8-58　插入列的结果

05 在 D7 单元格输入表头名称“数量”，然后在 D 列的其他单元格输入对应的数量，如图 8-59 所示。

06 选中 F6 单元格，系统弹出【表格单元】选项卡，单击【插入】面板上的【公式】按钮，在选项中选择【方程式】，系统激活该单元格，进入文字编辑模式，输入公式，如图 8-60 所示，注意乘号使用数字键盘上的“*”号。

4	加强筋	120x60x6	16.0000	1.7500	
3	圆管	Φ168x6-1200	4	35	
2	底板	200x270x20	4	3.6000	
1	六角头螺栓C级	M10x30	24.0000	0.0200	
序号	名称	规格	数量	单重	总重

图 8-59　输入表头

	A	B	C	D	E	F
1						
2						
3	4	加强筋	120x60x6	16.0000	1.7500	
4	3	圆管	Ø168x6-1200	4	35	
5	2	底板	200x270x20	4	3.6000	
6	1	六角头螺栓C级	M10x30	24.0000	0.0200	=D6×E6
7	序号	名称	规格	数量	单重	总重

图 8-60　输入方程式

07 按 Ctrl+Enter 组合键完成公式输入，系统自动计算出方程结果，如图 8-61 所示。

4	加强筋	120x60x6	16.0000	1.7500	
3	圆管	Φ168x6-1200	4	35	
2	底板	200x270x20	4	3.6000	
1	六角头螺栓C级	M10x30	24.0000	0.0200	0.480000
序号	名称	规格	数量	单重	总重

图 8-61　方程式计算结果

08 同样的方法为 F 列的其他单元格输入公式，运算结果如图 8-62 所示。

4	加强筋	120x60x6	16.0000	1.7500	14.4000
3	圆管	Φ168x6-1200	4	35	140
2	底板	200x270x20	4	3.6000	14.4000
1	六角头螺栓C级	M10x30	24.0000	0.0200	0.480000
序号	名称	规格	数量	单重	总重

图 8-62　总重的计算结果

09 选中第一行和第二行的任意两个单元格，如图 8-63 所示。然后单击【行】面板上的【删除行】按钮，将选中的两行删除。

	A	B	C	D	E	F
1						
2						
3	4	加强筋	120x60x6	16.0000	1.7500	14.4000
4	3	圆管	φ168x6-1200	4	35	140
5	2	底板	200x270x20	4	3.6000	14.4000
6	1	六角头螺栓C级	M10x30	24.0000	0.0200	0.480000
7	序号	名称	规格	数量	单重	总重

图 8-63 选中两个单元格

10 框选“数量栏”所有单元格，如图 8-64 所示。单击【单元格式】面板上的【数据格式】按钮，在弹出选项中选择【整数】，将数据转换为整数显示。

	A	B	C	D	E	F
1	4	加强筋	120x60x6	16.0000	1.7500	14.4000
2	3	圆管	φ168x6-1200	4	35	140
3	2	底板	200x270x20	4	3.6000	14.4000
4	1	六角头螺栓C级	M10x30	24.0000	0.0200	0.480000
5	序号	名称	规格	数量	单重	总重

图 8-64 选中多个单元格

11 框选第一行到第四行的所有单元格，然后单击【单元样式】面板上的【对齐】按钮，在展开选项中选择【正中】，对齐效果如图 8-65 所示。

4	加强筋	120x60x6	16	1.7500	14.4000
3	圆管	φ168x6-1200	4	35	140
2	底板	200x270x20	4	3.6000	14.4000
1	六角头螺栓C级	M10x30	24	0.0200	0.480000
序号	名称	规格	数量	单重	总重

图 8-65 文字内容的对齐效果

8.3 综合实例——注释机械零件图

01 打开“第 8 章\8.3 注释机械零件图.dwg”素材文件，如图 8-66 所示。

02 选择【格式】|【文字样式】命令，系统弹出【文字样式】对话框，如图 8-67 所示。

03 单击【新建】按钮，系统弹出【新建文字样式】对话框，输入样式名称为“技术要求”，如图 8-68 所示。

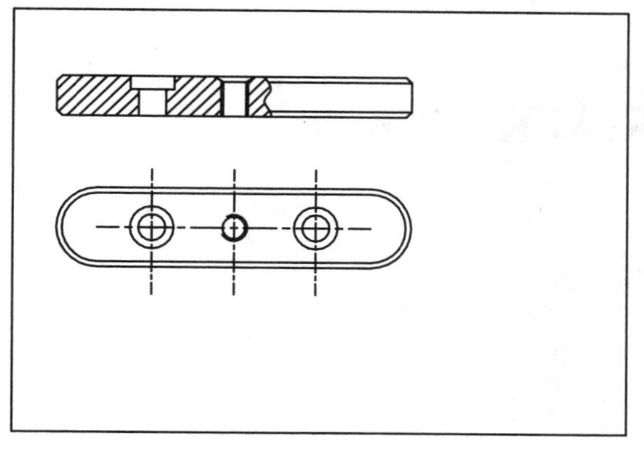

图 8-66　素材图形

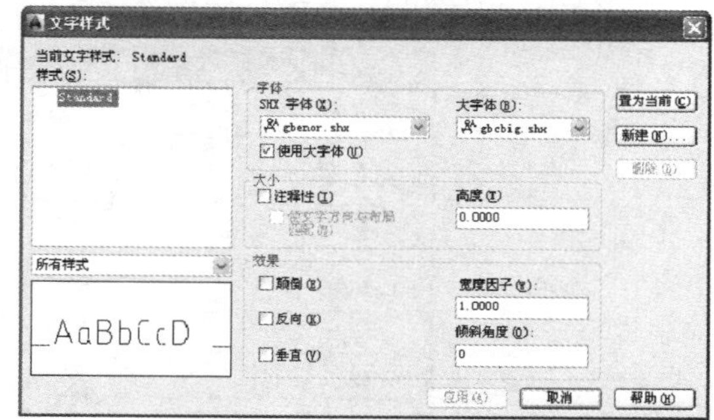

图 8-67　【文字样式】对话框

图 8-68　【新建文字样式】对话框

04 单击【确定】按钮返回【文字样式】对话框，选择字体为 gbenor.shx，选中【使用大字体】复选框并选择大字体为 gbcbig.shx。单击【应用】按钮，然后单击【置为当前】按钮，如图 8-69 所示。

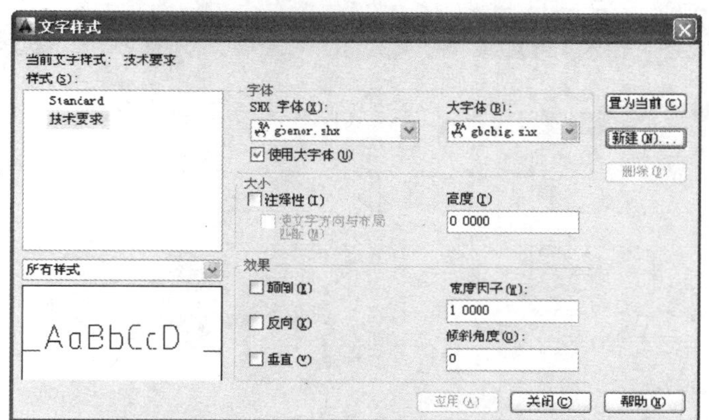

图 8-69　新建“技术要求”文字样式

05 按同样的方法再次新建文字样式，文字样式名称为“表格文字”，先取消选中【使用大字体】复选框，然后选择字体为仿宋_GB2312，如图 8-70 所示。

06 关闭【文字样式】对话框。调用【多行文字】命令，在绘图区合适位置输入多行文字，如图 8-71 所示。

07 选中“技术要求”文字，在【文字编辑器】的【样式】面板中，修改高度为 8。选中其余文字，修改高度为 6，效果如图 8-72 所示。

08 选择后 3 行文字内容，单击【段落】面板上的【项目符号和编号】按钮，选择

【以数字标记】选项，编号效果如图 8-73 所示。

09 按 Ctrl+Enter 组合键完成多行文字，如图 8-74 所示。

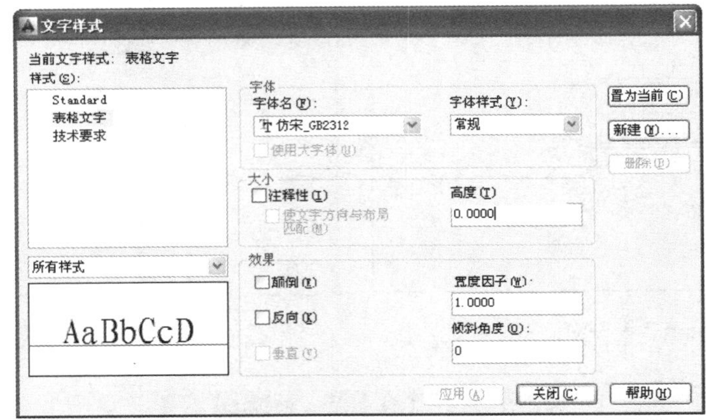

图 8-70　新建“表格文字”文字样式

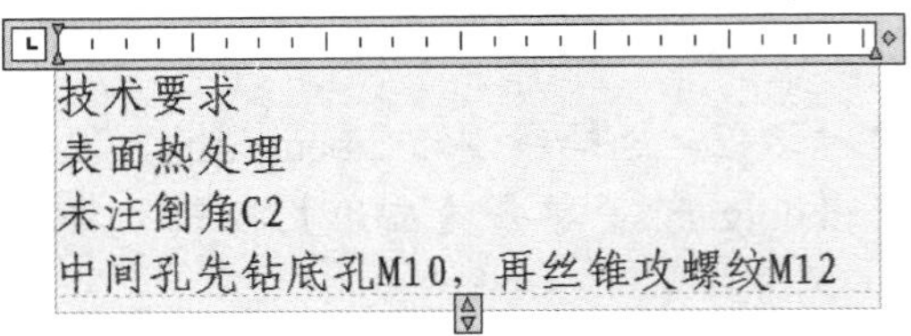

图 8-71　输入多行文字

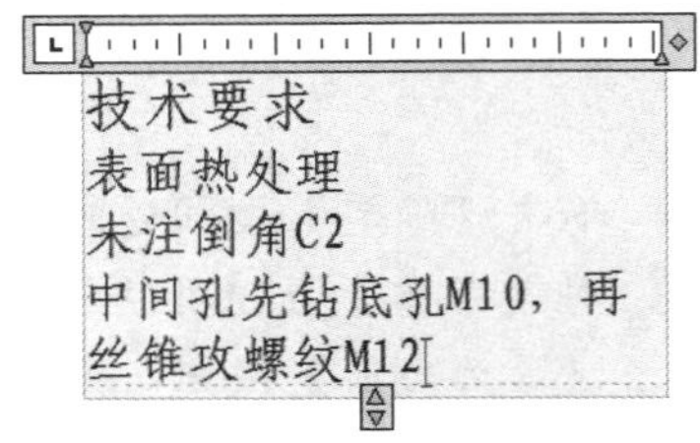

图 8-72　修改字体高度

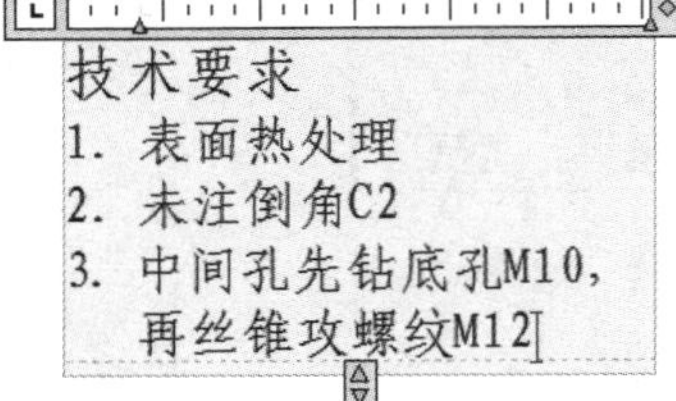

图 8-73　项目编号效果

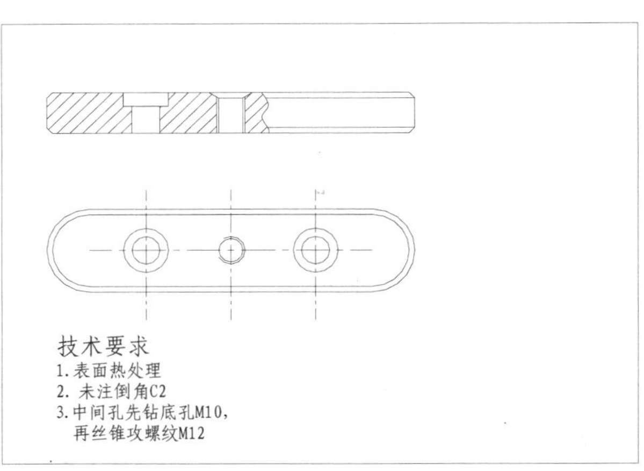

图 8-74　完成的多行文字

10 选择【格式】|【表格样式】命令，系统弹出【表格样式】对话框，如图 8-75 所示。

11 单击【新建】按钮，系统弹出【创建新的表格样式】对话框，命名【新样式名】为“标题栏”，如图 8-76 所示。

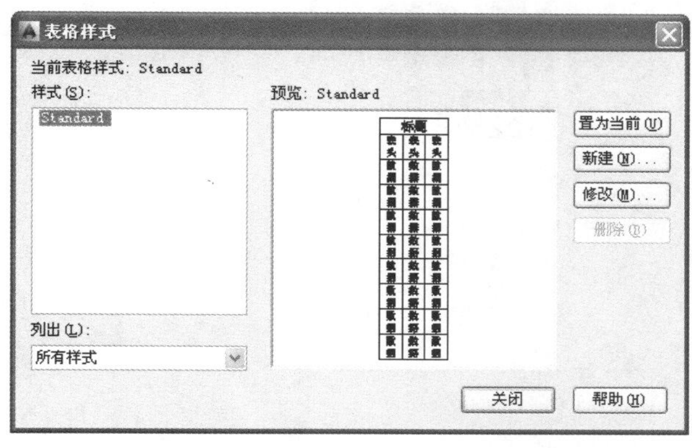

图 8-75　【表格样式】对话框

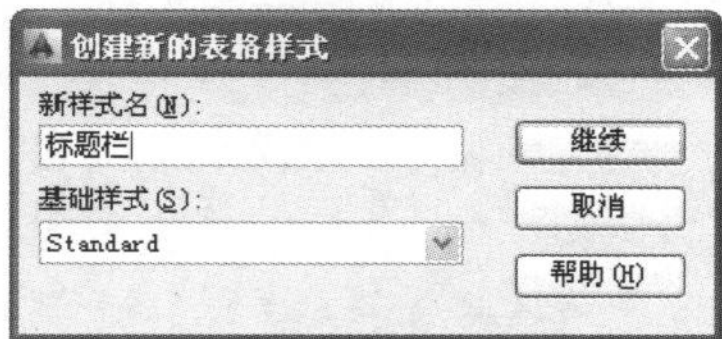

图 8-76　输入表格样式名

12 单击【继续】按钮，系统弹出【新建新的样式：标题栏】对话框，单击【表格方向】下拉列表，选择【向上】。

13 选择【文字】选项卡，单击【文字样式】下拉列表，选择【表格文字】选项，并设置【文字高度】为 6，如图 8-77 所示。

14 单击【确定】按钮，返回【表格样式】对话框，单击【置为当前】按钮，如图 8-78 所示。单击【关闭】按钮，完成表格样式的创建。

图 8-77　设置文字样式

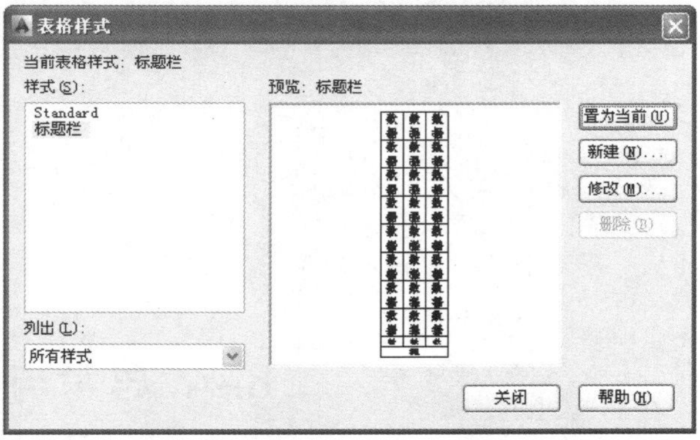

图 8-78　【表格样式】对话框

15 在命令行输入 TB 并按 Enter 键，系统弹出【插入表格】对话框。选择插入方式为【指定窗口】，然后设置【列数】为 5，【行数】为 1，设置所有行的单元样式均为【数据】，如图 8-79 所示。

16 单击【插入表格】对话框上的【确定】按钮，然后在绘图区单击确定表格左下角点，向上拖动指针，在合适的位置单击确定表格右上角点。生成的表格如图 8-80 所示。

17 双击单元格，系统弹出【文字编辑器】选项卡，输入如图 8-81 所示的文字。

18 在命令行输入 M 并按 Enter 键，移动该表格至右下角，效果如图 8-82 所示。

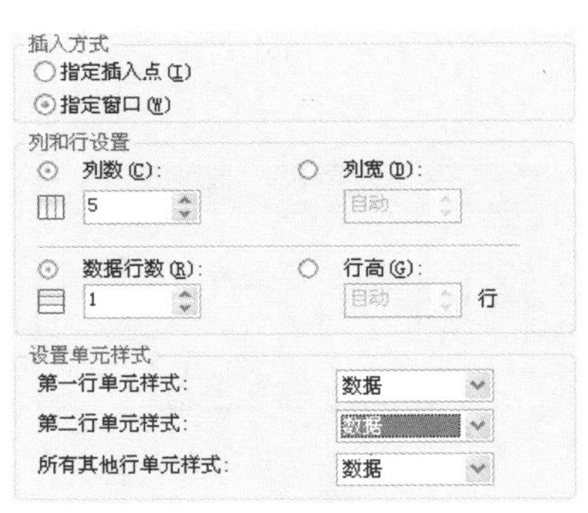

图 8-79　设置表格参数

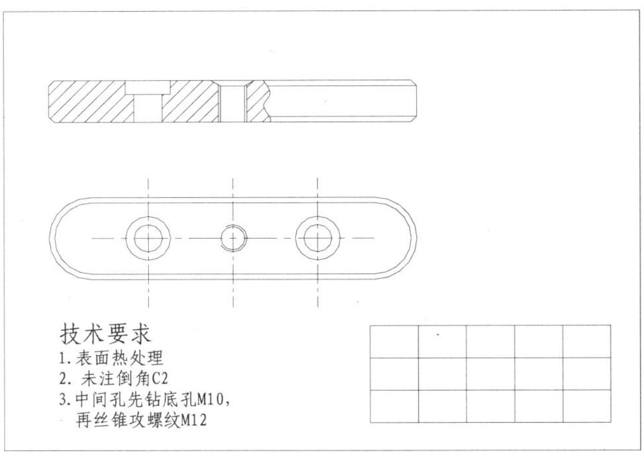

图 8-80　插入表格

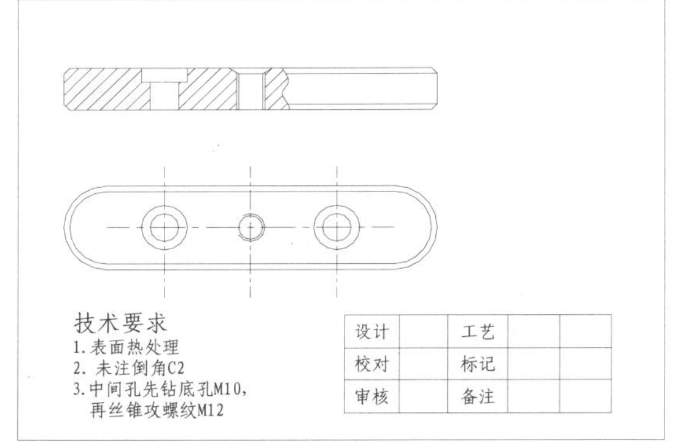

图 8-81　输入文字

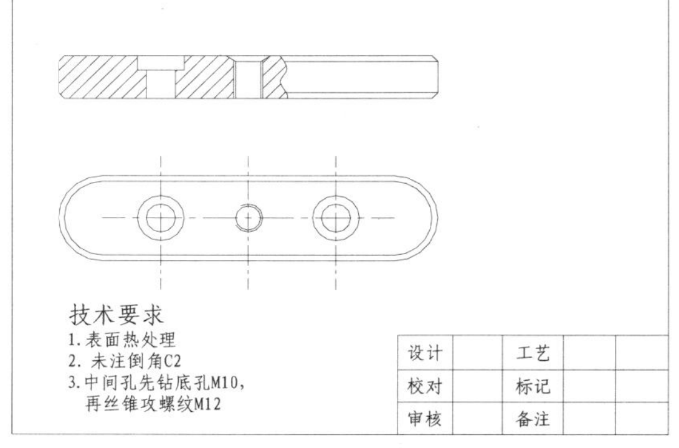

图 8-82　移动表格

8.4　思考与练习

一、填空题

1. 执行【单行文字】命令后，在命令行中不能进行(　　)的设置。
   A. 字高　　B. 旋转角度　　C. 样式　　D. 颜色
2. 完成多行文字的输入后，按(　　)组合键可以保存修改并退出编辑器。
   A. Ctrl+Enter　　B. Alt+Enter
   C. Shift+Enter　　D. Ctrl+Alt+Enter
3. 用 TEXT 命令画圆直径符号Φ应用(　　)控制代码。
   A. %%u　　B. %%p　　C. %%o　　D. %%c
4. 在【文字编辑器】选项卡中，在(　　)面板上可以修改文字高度。
   A. 样式　　B. 格式　　C. 段落　　D. 工具

二、操作题

打开“第 8 章/ 操作题 1.dwg”素材文件，添加文字和表格，如图 8-83 所示。

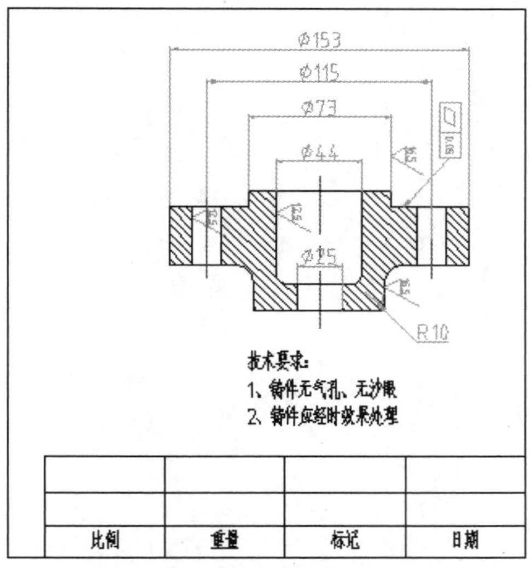

图 8-83　添加文字和表格后的

第 9 章

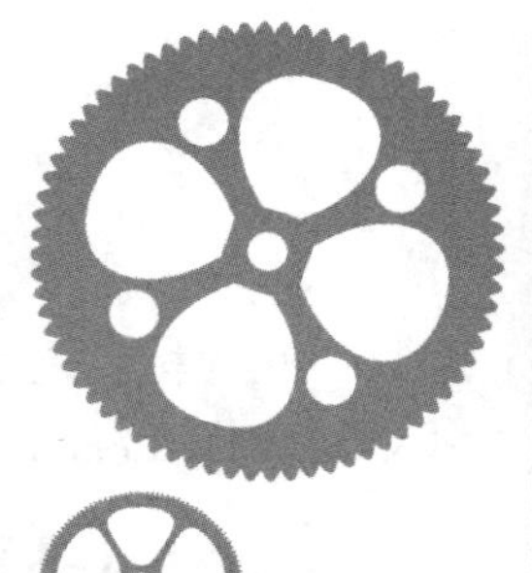

尺 寸 标 注

本章导读

图形中线条的长度不代表物体的实际尺寸，零件加工、建筑施工的依据是标注的尺寸值，因而尺寸标注是绘图中重要的部分。对于不同的对象，其定位所需的尺寸类型也不同。AutoCAD 2014 包含了一套完整的尺寸标注的命令，可以标注直径、半径、角度、直线及圆心位置等对象，还可以标注引线、形位公差等辅助说明。

学习目标

- 了解尺寸标注的各组成部分。
- 掌握尺寸标注样式的新建、修改、替代、设置为当前等操作。
- 掌握线性、直径、半径、角度、弧长等标注方法，掌握连续标注和基线标注的方法。
- 掌握多重引线样式的设置方法，掌握快速引线和多重引线的标注方法。
- 掌握形位公差的标注方法。
- 掌握尺寸标注的替代、更新、关联的操作方法，掌握尺寸文字的编辑方法，能够为尺寸添加符号、公差。

9.1 尺寸标注的组成与规定

尺寸标注是一个复合体，以块的形式存储在图形中。标注尺寸需要遵循一定的规则，以避免标准混乱或歧义。

9.1.1 尺寸标注的组成

如图 9-1 所示，一个完整的尺寸标注由尺寸界线、尺寸线、尺寸箭头和尺寸文字 4 个要素构成。AutoCAD 的尺寸标注命令和样式设置，都是围绕着这 4 个要素进行的。

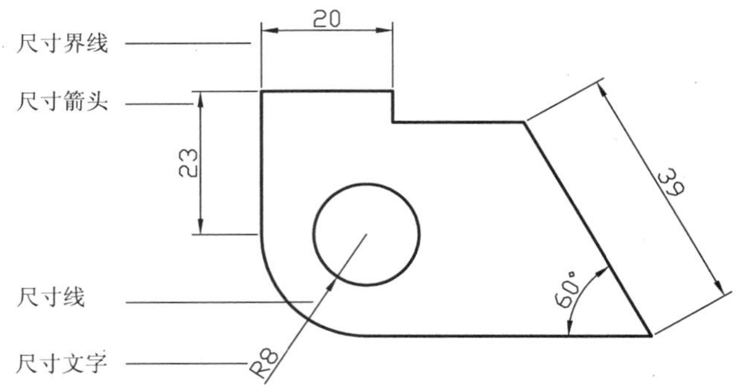

图 9-1　尺寸标注的组成要素

9.1.2 尺寸标注的规定

尺寸标注要求对标注对象进行完整、准确、清晰的标注，标注的尺寸数值真实地反应标注对象的大小。国家标准对尺寸标注做了详细的规定，要求尺寸标注必须遵守以下基本原则。

- 物体的真实大小应以图形上所标注的尺寸数值为依据，与图形的显示大小和绘图的精确度无关。
- 图形中的尺寸为图形所表示的物体的最终尺寸，如果是绘制过程中的尺寸(如在涂镀前的尺寸等)，则必须另加说明。
- 物体的每一尺寸，一般只标注一次，并应标注在最能清晰反映该结构的视图上。

9.2 标 注 样 式

标注样式用来控制标注的外观，如箭头样式、文字的大小和尺寸公差等。在同一个 AutoCAD 文档中，可以同时定义多个不同的标注样式。

9.2.1 新建标注样式

创建标注样式可以通过【标注样式管理器】对话框来完成。

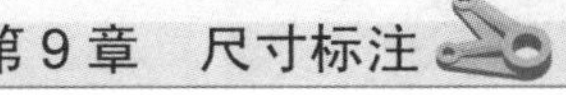

打开【标注样式和管理器】对话框有以下几种方式。

- 菜单栏：选择【格式】|【标注样式】命令。
- 工具栏：单击【标注】工具栏上的【标注样式】按钮。
- 功能区：在【注释】选项卡中，单击【标注】面板右下角的按钮。
- 命令行：在命令行输入 DIMSTYLE/D 并按 Enter 键。

【案例 9-1】：创建建筑标注样式

01 在【注释】选项卡中，单击【标注】面板右下角的按钮，系统弹出【标注样式管理器】对话框，如图 9-2 所示。

02 单击【新建】按钮，系统弹出【创建新标注样式】对话框，在【新样式名】文本框中输入“建筑标注”，如图 9-3 所示。

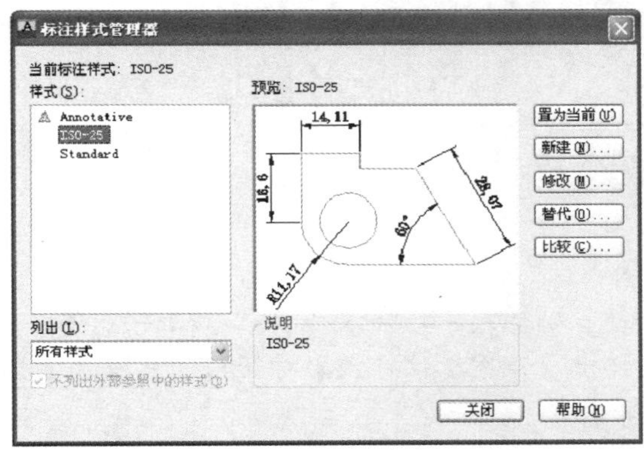

图 9-2　【标注样式管理器】对话框

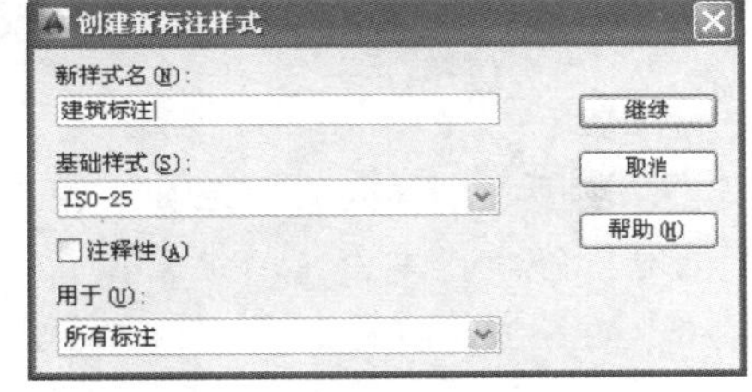

图 9-3　【创建新标注样式】对话框

03 单击【继续】按钮，系统弹出【新建标注样式：建筑标注】对话框，如图 9-4 所示。

04 切换到【符号和箭头】选项卡，展开第一个箭头选项列表，如图 9-5 所示，选择箭头样式为【建筑标记】。同样的方法，为第二个箭头选择【建筑标记】样式。

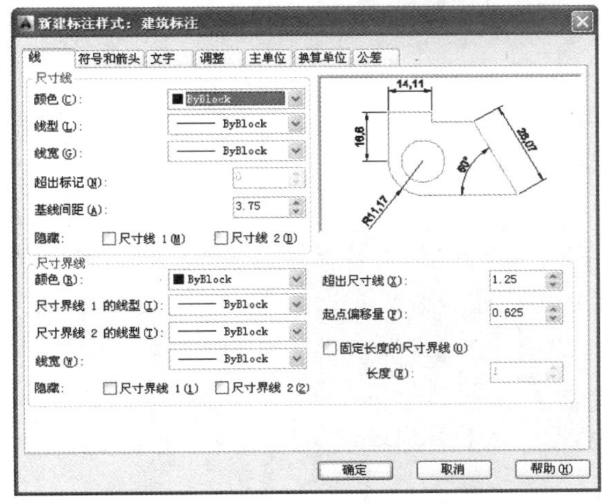

图 9-4　【新建标注样式：建筑标注】对话框

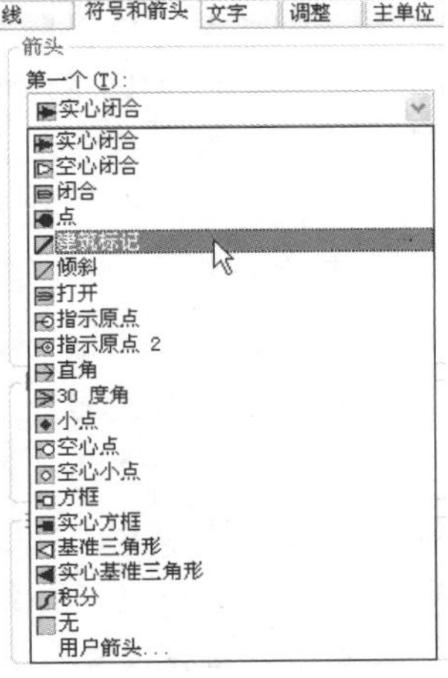

图 9-5　选择箭头样式

05 单击【确定】按钮，完成标注样式的创建。创建的标注样式在【标注样式管理器】中列出，如图 9-6 所示。系统默认将新建的标注样式设置为当前样式。

06 单击【关闭】按钮，关闭【标注样式管理器】对话框。

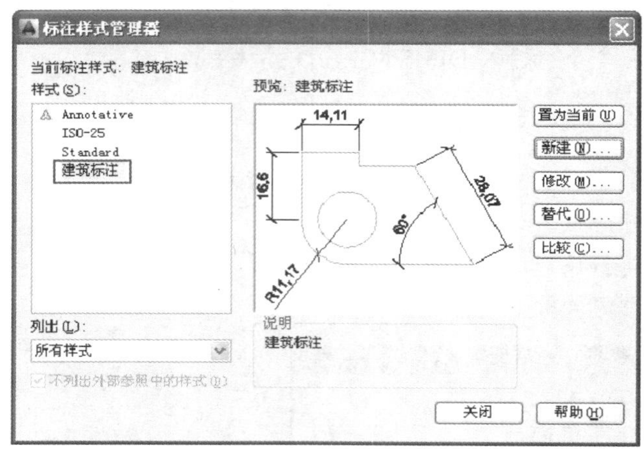

图 9-6 创建的标注样式

技巧

在【基础样式】下拉列表中选择一种基础样式，新样式将在该基础样式的基础上进行修改。单击【继续】按钮，系统弹出【新建标注样式】对话框，可以设置标注中的直线、符号和箭头、文字、单位等内容。

【新建标注样式】对话框中各选项卡介绍如下。

1. 【线】选项卡

【线】选项卡中包括【尺寸线】和【尺寸界线】两个选项组。

1) 【尺寸线】选项组

- 【颜色】：用于设置尺寸线的颜色，默认情况下，尺寸线的颜色随块，也可以使用变量 DIMCLRD 设置。
- 【线型】：用于设置尺寸线的线型。
- 【线宽】：用于设置尺寸线的宽度，默认情况下，尺寸的线宽随块，也可以使用变量 DIMLWD 设置。
- 【超出标记】：该选项决定了尺寸线超出尺寸界线的长度，若尺寸线两端是箭头，则此框无效。若在对话框的【符号和箭头】选项卡中设置了箭头的形式是“倾斜”和“建筑标记”时，该选项是有效的，如图 9-7 所示。
- 【基线间距】：该选项决定了尺寸线之间的距离。
- 【隐藏】：【尺寸线 1】和【尺寸线 2】分别控制了第一条和第二条尺寸线的可见性，如图 9-8 所示。

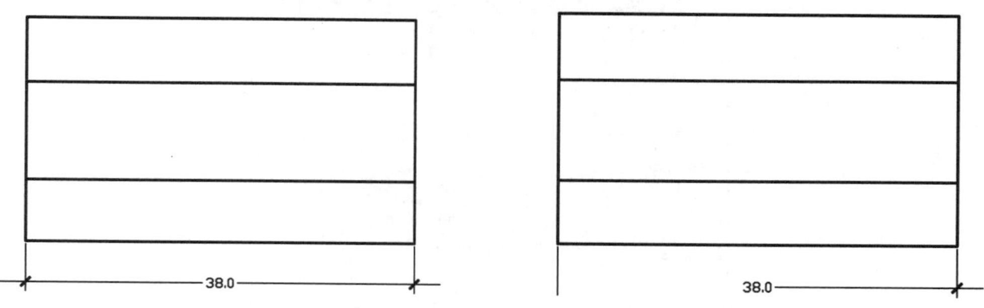

图 9-7　【超出标记】效果图　　图 9-8　【隐藏尺寸线 2】效果图

2) 【尺寸界线】选项组

- 【颜色】：用于设置延伸线的颜色，也可以使用变量 DIMCLRD 设置。
- 【线型】：分别用于设置【尺寸界线 1】和【尺寸界线 2】的线型。
- 【线宽】：用于设置延伸线的宽度，也可以使用变量 DIMLWD 设置。
- 【隐藏】：【尺寸界线 1】和【尺寸界线 2】分别控制了第一条和第二条尺寸界线的可见性。
- 【超出尺寸线】：控制尺寸界线超出尺寸线的距离，如图 9-9 所示。
- 【起点偏移量】：控制尺寸界线起点与标注对象端点的距离，如图 9-10 所示。

国标中规定，尺寸界线一般超出尺寸线 2～3mm。为了区分尺寸标注和被标注对象，用户应使尺寸界线与标注对象不接触。

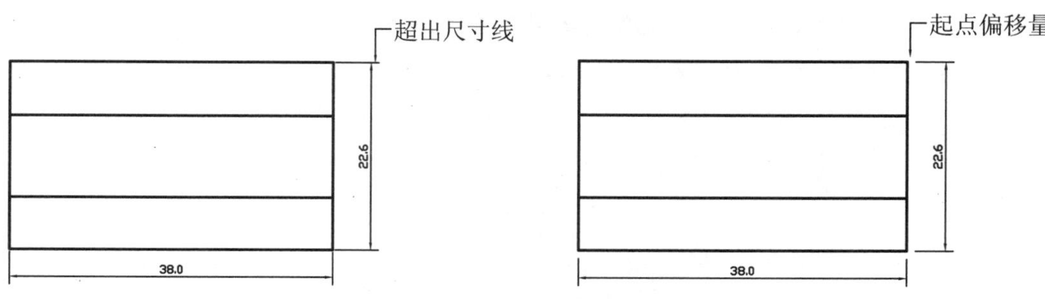

图 9-9　【超出尺寸线】效果图　　图 9-10　【起点偏移量】效果图

2. 【符号和箭头】选项卡

【符号和箭头】选项卡中包括【箭头】、【圆心标记】、【折断标注】、【弧长符号】、【半径折弯标注】和【线性折弯标注】6 个选项组，如图 9-11 所示。

1) 【箭头】选项组

- 【第一个】以及【第二个】：用于选择尺寸线两端的箭头样式。
- 【引线】：用于设置引线的箭头样式。
- 【箭头大小】：用于设置箭头的大小。

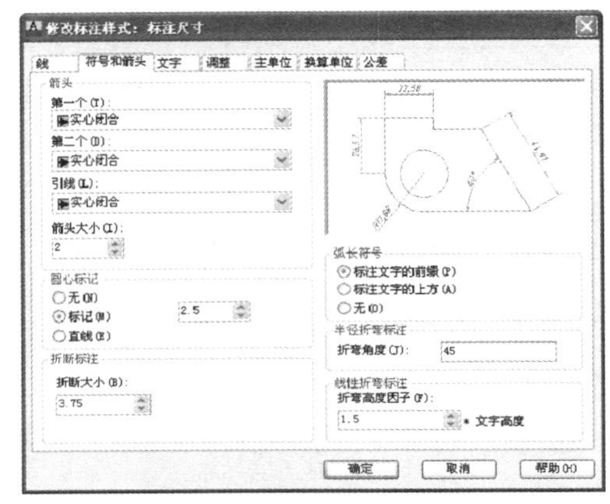

图 9-11 【符号和箭头】选项卡

注意

Auto CAD 中提供了 19 种箭头，如果选择了第一个箭头的样式，第二个箭头会自动选择和第一个箭头一样的样式。也可以在第二个箭头下拉列表中选择不同的样式。

2) 【圆心标记】选项组

- 【无】：标注半径或直径时，无圆心标记，如图 9-12 所示。
- 【标记】：创建圆心标记。在圆心位置将会出现小十字架，如图 9-13 所示。
- 【直线】：创建中心线。在标注圆或圆弧时，十字架线将会延伸到圆或圆弧外边，如图 9-14 所示。

提示

如果在标注时，【圆心标记】需要显示在图形上，则需要取消选中【调整】选项卡中的【在尺寸界线之间绘制尺寸线】复选框。

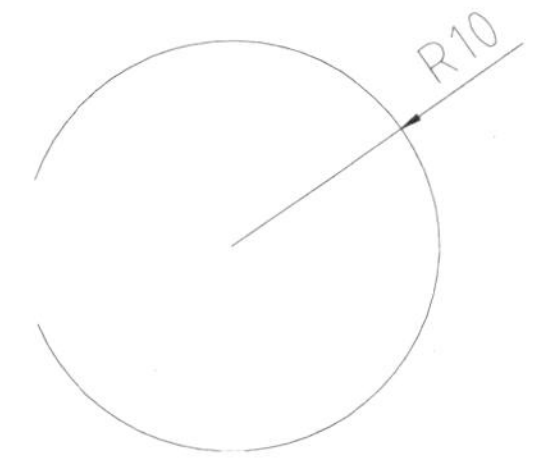

图 9-12 选中【无】单选按钮时的标注

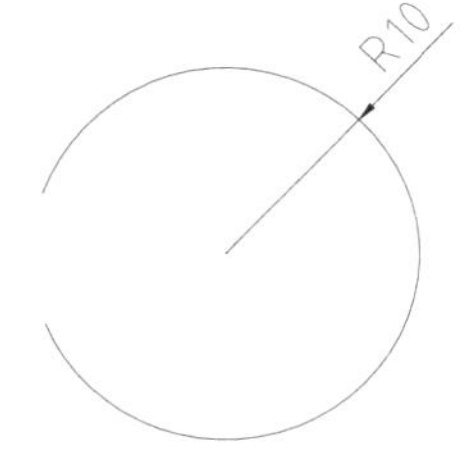

图 9-13 选中【标记】单选按钮时的标注

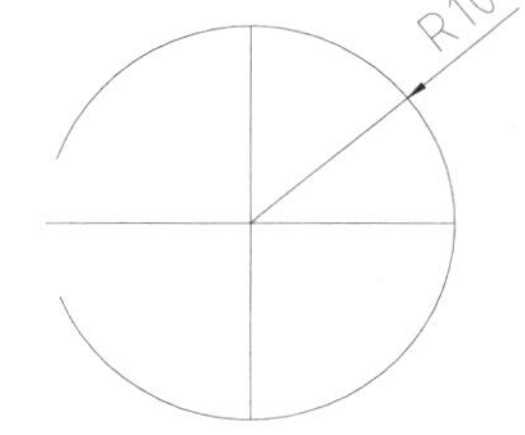

图 9-14 选中【直线】单选按钮时的标注

3) 【折断标注】选项组

【折断大小】：可以设置标注折断时标注线的长度。

4) 【弧长符号】选项组

- 【标注文字的前缀】：弧长符号设置在标注文字前方，如图 9-15 所示。
- 【标注文字的上方】：弧长符号设置在标注文字上方，如图 9-16 所示。
- 【无】：不显示弧长符号，如图 9-17 所示。

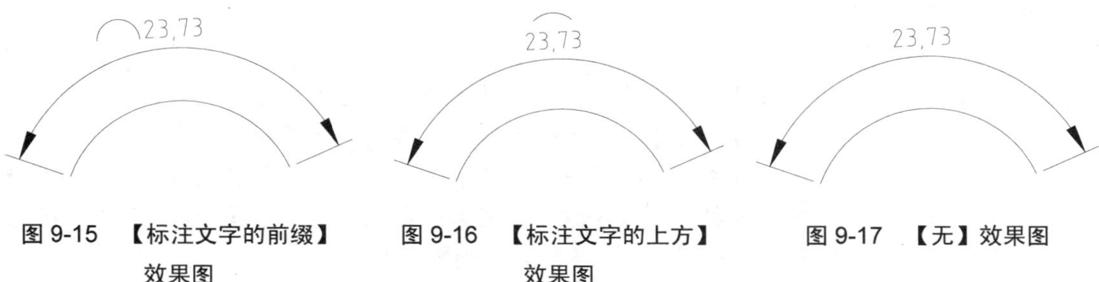

图 9-15　【标注文字的前缀】效果图　　图 9-16　【标注文字的上方】效果图　　图 9-17　【无】效果图

5) 【半径折弯标注】选项组

【折弯角度】：确定折弯半径标注中，尺寸线的横向角度。

注意

【折弯角度】设置不能大于 90°。

6) 【线性折弯标注】选项组

【折弯高度因子】：可以设置折弯标注打断时折弯线的高度。

3. 【文字】选项卡

【文字】选项卡包括【文字外观】、【文字位置】和【文字对齐】3 个选项组，如图 9-18 所示。

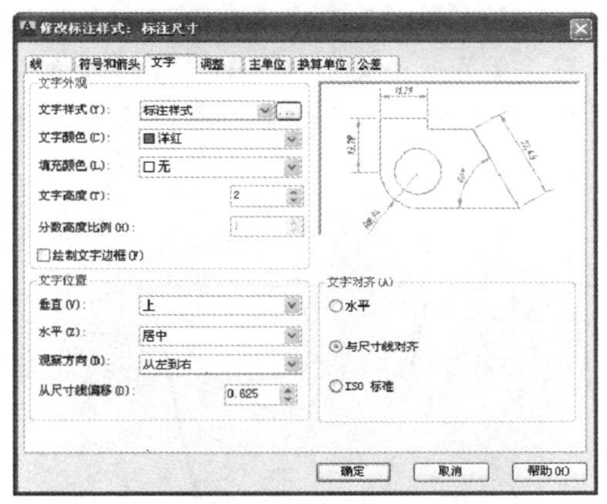

图 9-18　【文字】选项卡

1) 【文字外观】选项组

- 【文字样式】：用于选择标注的文字样式。也可以单击其后的…按钮，系统弹出【文字样式】对话框，选择文字样式或新建文字样式。
- 【文字颜色】：用于设置文字的颜色，也可以使用变量 DIMCLRT 设置。
- 【填充颜色】：用于设置标注文字的背景色。
- 【文字高度】：设置文字的高度，也可以使用变量 DIMCTXT 设置。
- 【分数高度比例】：设置标注文字的分数相对于其他标注文字的比例，AutoCAD 将该比例值与标注文字高度的乘积作为分数的高度。

- 【绘制文字边框】：设置是否给标注文字加边框。

2) 【文字位置】选项组

- 【垂直】：用于设置标注文字相对于尺寸线在垂直方向的位置。【垂直】下拉列表中有【置中】、【上方】、【外部】和 JIS 等选项。选择【置中】选项可以把标注文字放在尺寸线中间；选择【上】选项将把标注文字放在尺寸线的上方；选择【外部】选项可以把标注文字放在远离第一定义点的尺寸线一侧；选择 JIS 选项则按 JIS 规则放置标注文字。各种效果如图 9-19 所示。

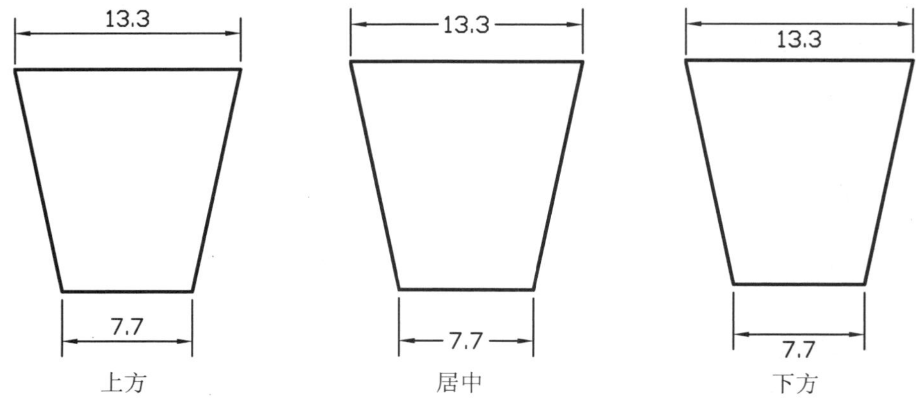

图 9-19　文字设置垂直方向的位置效果图

- 水平：用于设置标注文字相对于尺寸线和延伸线在水平方向的位置。其中水平放置位置有【置中】、【第一条尺寸界限】、【第二条尺寸界限】、【第一条尺寸界限上方】、【第二条尺寸界限上方】，各种效果如图 9-20 所示。

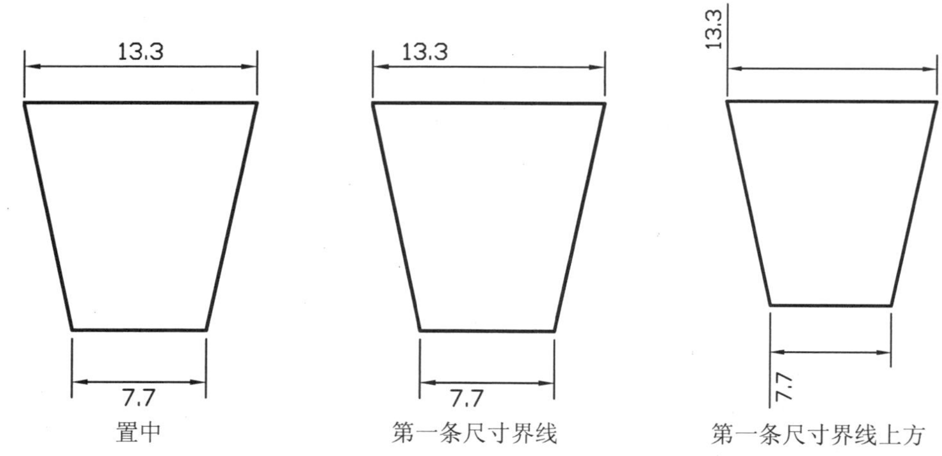

图 9-20　文字设置水平方向的位置效果图

- 【从尺寸线偏移】：设置标注文字与尺寸之间的距离。

3) 【文字对齐】选项组

【文字对齐】选项组中可以设置标注文字保持水平也可以与尺寸线平行，如图 9-21 所示。

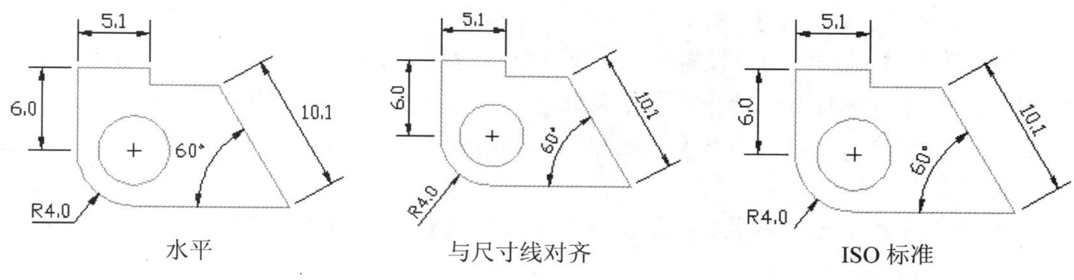

图 9-21　文字对齐方式效果图

- 【水平】：是标注文字水平放置。
- 【与尺寸线对齐】：使标注文字方向与尺寸线方向一致。
- 【ISO 标准】：使标注文字按 ISO 标准放置，当标注文字在延伸线之内时，它的方向与尺寸线方向一致，而在延伸线之外时将水平放置。

4. 【调整】选项卡

【调整】选项卡包括【调整选项】、【文字位置】、【标注特征比例】和【优化】4 个选项组，如图 9-22 所示。

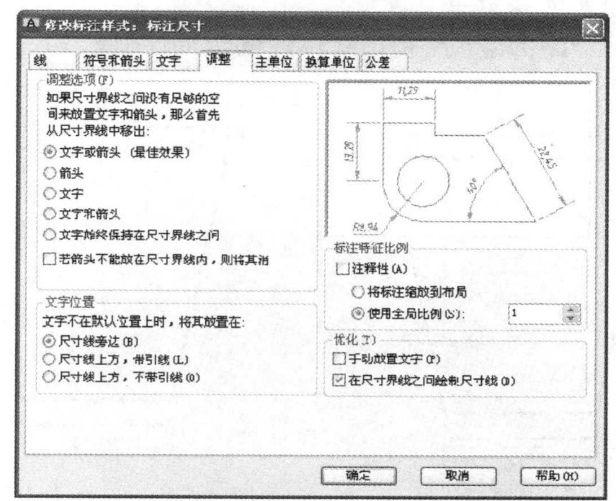

图 9-22　【调整】选项卡

1) 【调整选项】选项组

【调整选项】选项组中，当尺寸界线没有足够的空间时，系统可以根据用户所选定的单选按钮来确定放置文字和箭头的位置。

- 【文字或箭头(最佳效果)】：按最佳效果自动移出文字或箭头。
- 【箭头】：首先将箭头移出。
- 【文字】：首先将文字移出。
- 【文字和箭头】：将文字和箭头都移出。
- 【文字始终保持在延伸线之间】：将文本始终保持在延伸线之内。
- 【若箭头不能放在尺寸界线内，则将其消】：选中该复选框可以抑制箭头显示。

2) 【文字位置】选项组

【文字位置】选项组可以设置当文字不在默认位置时的位置。效果如图 9-23 所示。

- 【尺寸线旁边】：选中该单选按钮可以将文本放在尺寸线旁边。
- 【尺寸线上方，带引线】：选中该单选按钮可以将文本放在尺寸线上方，并带上引线。
- 【尺寸线上方，不带引线】：选中该单选按钮可以将文本放在尺寸线上方，并不带上引线。

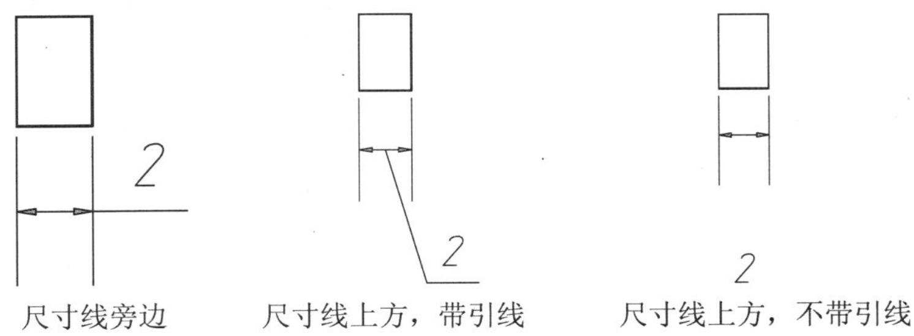

图 9-23　文字位置设置效果图

3) 【标注特征比例】选项组

【标注特征比例】选项组用于控制尺寸标注的全局比例，如图 9-24 所示。

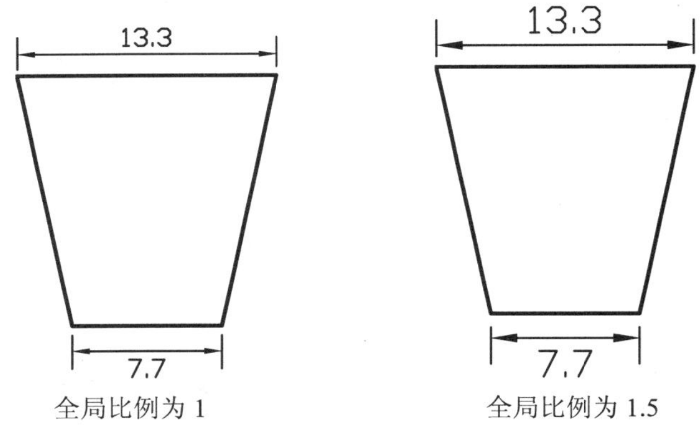

图 9-24　设置全局比例效果图

- 【注释性】：选中该复选框，可以将标注定义成可注释性对象。
- 【将标注缩放到布局】：选中该单选按钮，可以根据当前模型空间视口与图纸之间的缩放关系设置比例。
- 【使用全局比例】：选中该单选按钮，可以对全部尺寸标注设置缩放比例，该比例不改变尺寸的测量值。

4) 【优化】选项组

【优化】选项组可以对标注文字和尺寸线进行细微调整。

- 【手动放置文字】：选中该复选框，则忽略标注文字的水平设置，在标注时可将标注文字放置在指定的位置。

- 【在尺寸界线之间绘制尺寸线】：选择该复选框，当尺寸箭头放置在延伸线之外时，也可在延伸线之内绘出尺寸线。

5. 【主单位】选项卡

【主单位】选项卡包括【线性标注】、【测量单位比例】、【消零】、【角度标注】和【消零】5 个选项组，如图 9-25 所示。

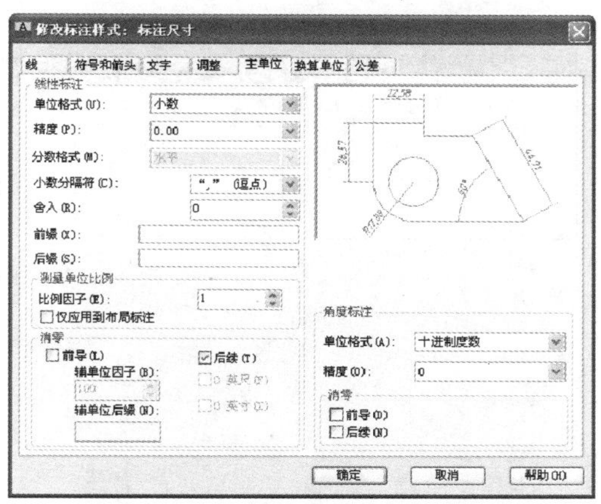

图 9-25　【主单位】选项卡

【主单位】选项卡可以对标注尺寸的精度进行设置，并能给标注文本加入前缀或者后缀等。

1) 【线性标注】选项组

- 【单位格式】：设置除角度标注之外的其余各标注类型的尺寸单位，包括【科学】、【小数】、【工程】、【建筑】、【分数】等选项。
- 【精度】：设置除角度标注之外的其他标注的尺寸精度。
- 【分数格式】：当单位格式是分数时，可以设置分数的格式，包括【水平】、【对角】和【非堆叠】3 种方式。
- 【小数分隔符】：设置小数的分隔符，包括【逗点】、【句点】和【空格】3 种方式。
- 【舍入】：用于设置除角度标注外的尺寸测量值的舍入值。
- 【前缀】和【后缀】：设置标注文字的前缀和后缀，在相应的文本框中输入字符即可。

2) 【测量单位比例】选项组

使用【比例因子】文本框可以设置测量尺寸的缩放比例，AutoCAD 的实际标注值为测量值与该比例的积。选中【仅应用到布局标注】复选框，可以设置该比例关系仅适用于布局。

3) 【消零】选项组

可以设置是否显示尺寸标注中的“前导”和“后续”零。

4) 【角度标注】选项组

- 【单位格式】：在此下拉列表框中设置标注角度时的单位。
- 【精度】：在此下拉列表框的设置标注角度的尺寸精度。

5) 【消零】选项组

该选项组中包括【前导】和【后续】两个复选框。设置是否消除角度尺寸的前导和后续零。

6. 【换算单位】选项卡

【换算单位】选项卡包括【换算单位】、【消零】和【位置】3 个选项组，如图 9-26 所示。

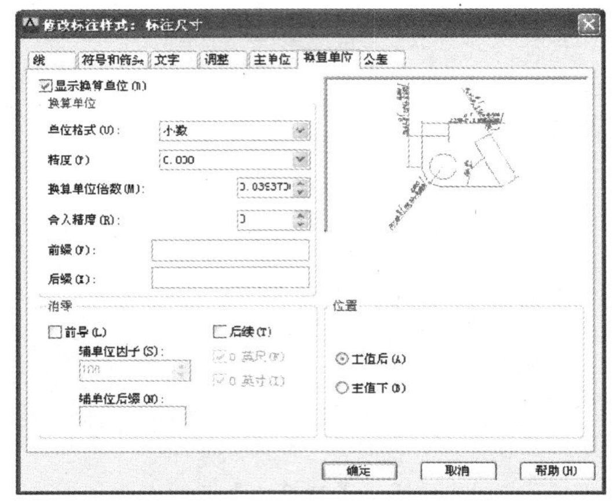

图 9-26 【换算单位】选项卡

【换算单位】可以方便地改变标注的单位，通常我们用的就是公制单位与英制单位的互换。

选中【显示换算单位】复选框后，对话框的其他选项才可用，可以在【换算单位】选项组中设置换算单位的【单位格式】、【精度】、【换算单位倍数】、【舍入精度】、【前缀】及【后缀】等，方法与设置主单位的方法相同，在此不一一讲解。

7. 【公差】选项卡

【公差】选项卡包括【公差格式】、【公差对齐】、【消零】、【换算单位公差】和【消零】5 个选项组，如图 9-27 所示。

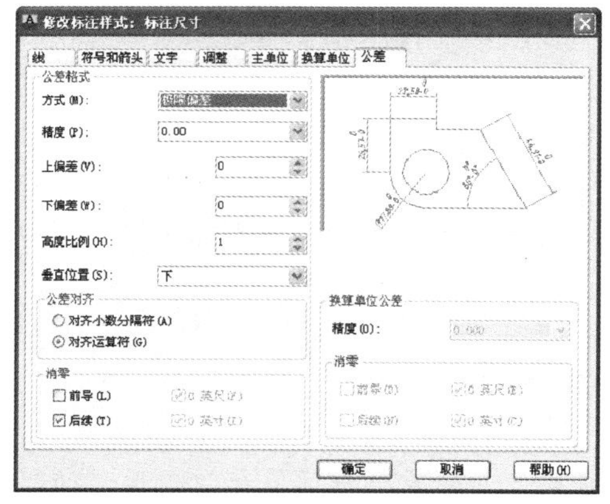

图 9-27 【公差】选项卡

【公差】选项卡可以设置公差的标注格式，其中常用功能含义如下。

- 【方式】：在此下拉列表框中有表示标注公差的几种方式，如图 9-28 所示。
- 【上偏差和下偏差】：设置尺寸上偏差、下偏差值。
- 【高度比例】：确定公差文字的高度比例因子。确定后，AutoCAD 将该比例因子与尺寸文字高度之积作为公差文字的高度。
- 【垂直位置】：控制公差文字相对于尺寸文字的位置，包括【上】、【中】和【下】3 种方式。
- 【换算单位公差】：当标注换算单位时，可以设置换算单位精度和是否消零。

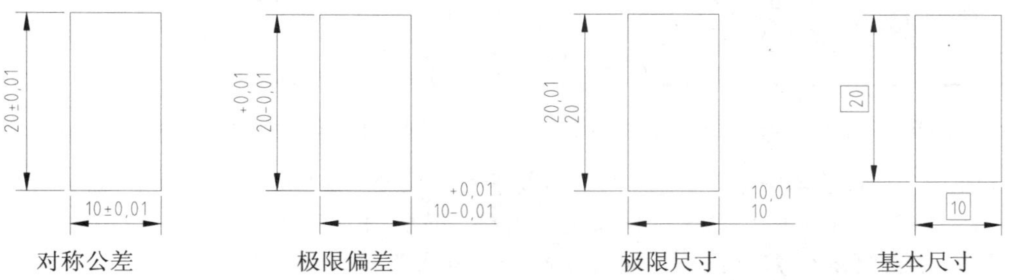

图 9-28　公差的各种表示方式效果图

9.2.2　修改标注样式

对于已经创建的标注样式，无论其是否是当前应用，都可以修改其各项设置。修改样式后，图纸中使用该标注样式的尺寸将随即更新。

修改标注样式的各选项设置方法与新建标注样式相同，这里不再介绍。

【案例 9-2】：修改标注样式

01　打开"第 9 章\案例 9-2 修改标注样式.dwg"素材图形文件，如图 9-29 所示。

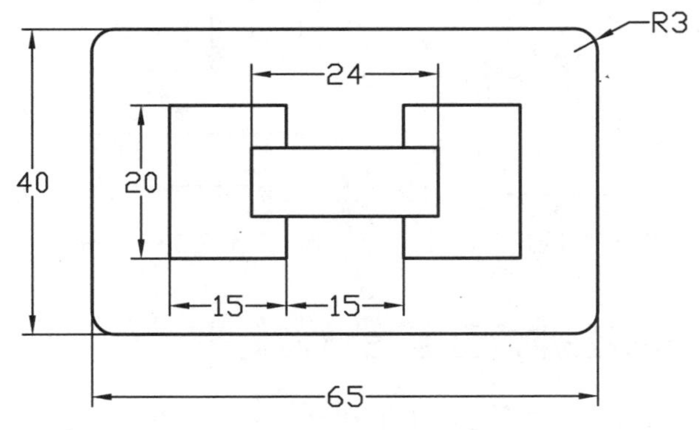

图 9-29　素材图形

02　单击【注释】滑出面板上的【标注样式】按钮，系统弹出【标注样式管理器】对话框，在左侧列表中选择 ISO-25 尺寸样式，如图 9-30 所示。

03　单击【修改】按钮，系统弹出【修改标注样式：ISO-25】对话框，如图 9-31 所示。

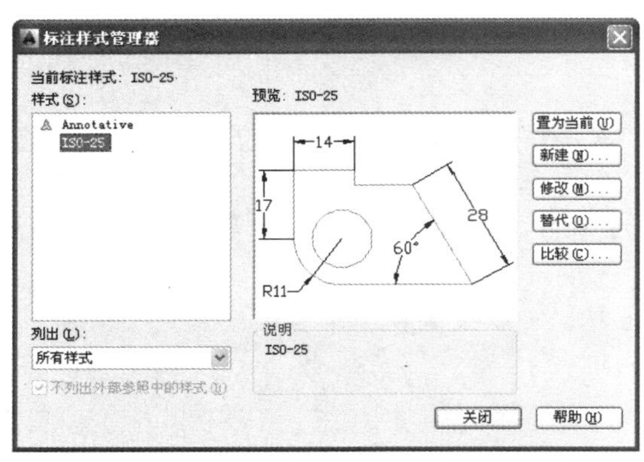

图 9-30 【标注样式管理器】对话框

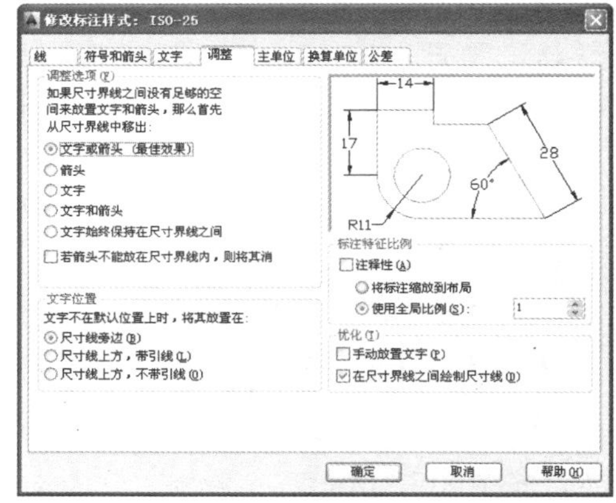

图 9-31 【修改标注样式=ISO-25】对话框

04 切换至【文字】选项卡，在【文字对齐】选项组中选择对齐方式为【ISO 标准】，如图 9-32 所示，修改选项之后，预览图显示更新效果。

05 单击【确定】按钮，关闭【修改标注样式】对话框，接着关闭【标注样式管理器】对话框。

06 回到绘图区，与标注样式 ISO-25 相关的尺寸更新为修改后的样式，如图 9-33 所示。

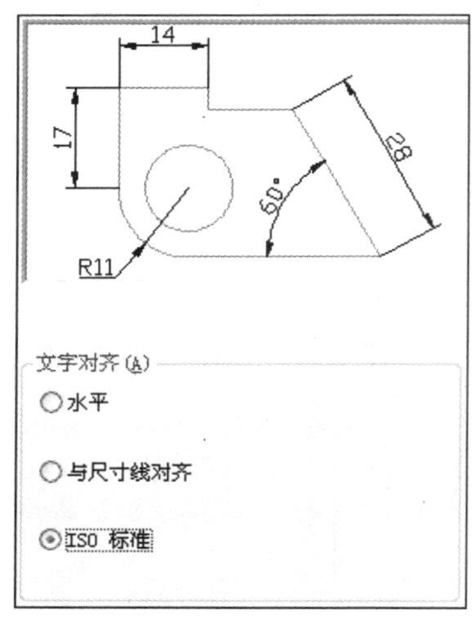

图 9-32 修改文字对齐设置

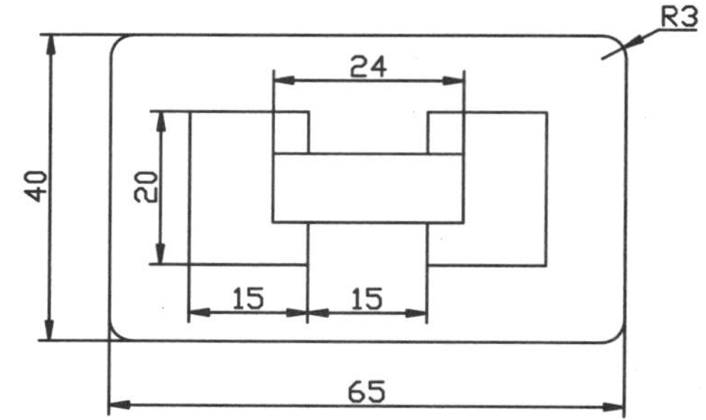

图 9-33 修改标注样式后的效果

9.2.3 实例——创建机械图标注样式

01 单击快速访问工具栏上的【新建】按钮，新建空白文档。

02 选择【格式】|【标注样式】命令，弹出【标注样式管理器】对话框，如图 9-34 所示。

03 单击【新建】按钮，系统弹出【创建新标注样式】对话框，在【新样式名】文本框中输入“机械图标注样式”，如图 9-35 所示。

04 单击【继续】按钮，弹出【修改标注样式：机械标注】对话框，切换到【线】选项卡，设置【基线间距】为 8，设置【超出尺寸线】为 2.5，设置【起点偏移量】为 2，如图 9-36 所示。

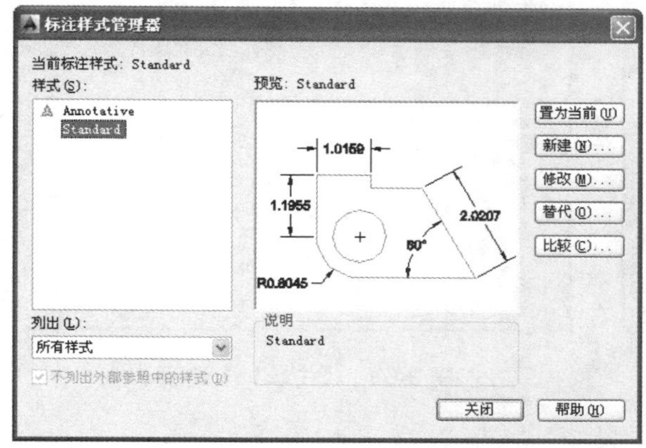

图 9-34　【标注样式管理器】对话框

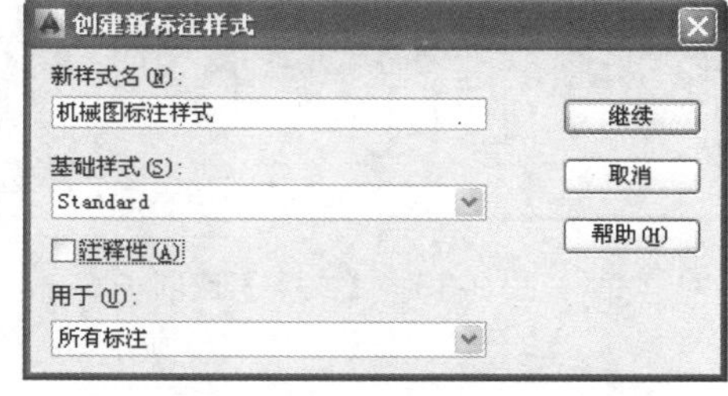

图 9-35　【创建新标注样式】对话框

05 切换到【符号和箭头】选项卡，设置【引线】为【无】，设置【箭头大小】为 2.5，设置【圆心标记】为 2.5，设置【弧长符号】为【标注文字的上方】，设置【半径折弯角度】为 90，如图 9-37 所示。

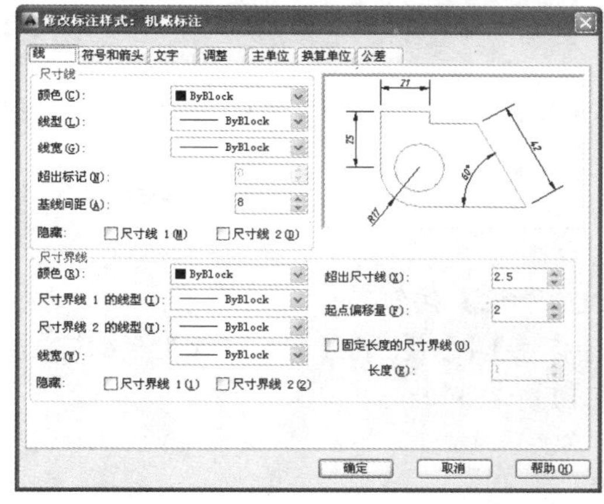

图 9-36　【线】选项卡

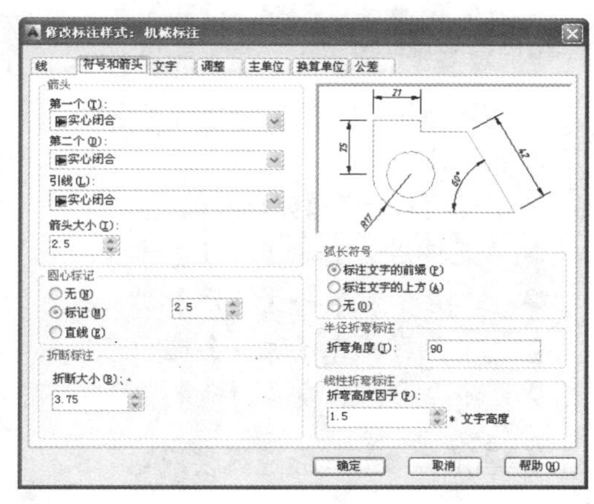

图 9-37　【符号和箭头】选项卡

06 切换到【文字】选项卡，单击【文字样式】中的⬚按钮，设置文字为 gbenor.shx，设置【文字高度】为 2.5，设置【文字对齐】为【ISO 标准】，如图 9-38 所示

07 切换到【主单位】选项卡，设置【线性标注】中的【精度】为 0.00，设置【角度标注】中的精度为 0.0，【消零】都设为【后继】，如图 9-39 所示。然后单击【确定】按钮，选择【置为当前】后，单击【关闭】按钮，创建完成。

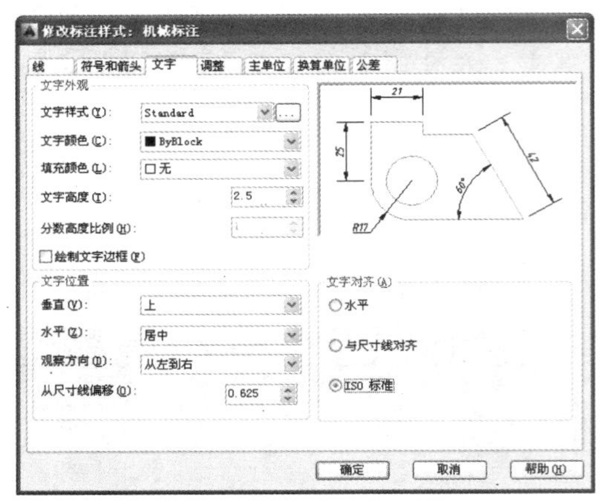

图 9-38 【文字】选项卡

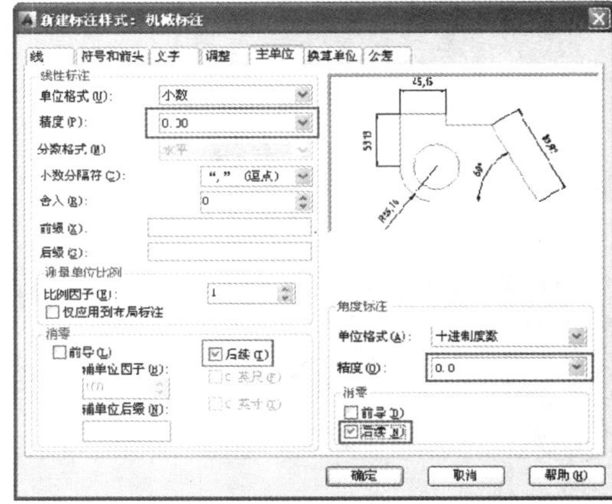

图 9-39 【主单位】选项卡

9.3 线性尺寸标注

线性尺寸标注是指标注直线距离的尺寸，包括线性标注、对齐标注、连续标注、基线标注。

9.3.1 线性标注

线性标注用于标注对象的水平或垂直尺寸。即使所需对象是倾斜的，仍生成水平或竖直方向的标注。

调用【线性标注】命令有如下几种方法。

- 菜单栏：选择【标注】|【线性】命令。
- 工具栏：单击【标注】工具栏上的【线性标注】按钮⊢⊣。
- 功能区：在【注释】选项卡中，单击【标注】面板上的【线性标注】按钮⊢⊣。
- 命令行：在命令行输入 DIMLINEAR/DLI 并按 Enter 键。

【案例 9-3】：标注线性尺寸

01 打开"第 9 章\案例 9-3 标注线性尺寸.dwg"素材文件，如图 9-40 所示。

02 选择【格式】|【标注样式】命令，系统弹出【标注样式管理器】对话框。单击【新建】按钮，系统弹出【新建标注样式】对话框，新建一个名称为"线性标注"的标注样式。

03 单击【继续】按钮，在【新建标注样式】对话框中设置【箭头大小】为 2.5，【文字高度】为 2.5，【文字对齐】为【ISO 标准】，完成设置之后，将该标注样式设置为当前样式，如图 9-41 所示。单击【关闭】按钮，关闭【标注样式管理器】对话框。

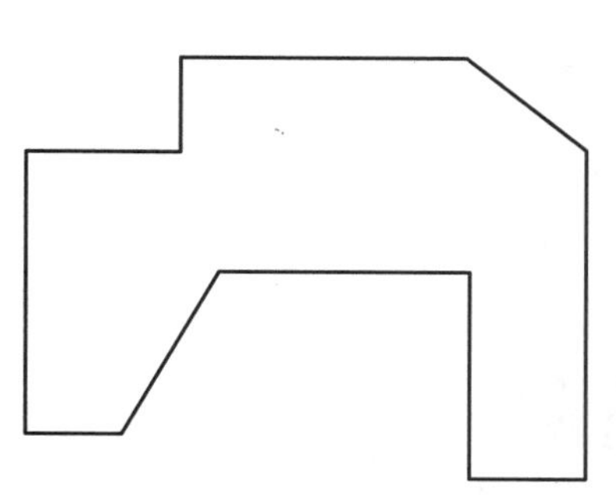

图 9-40　素材图样

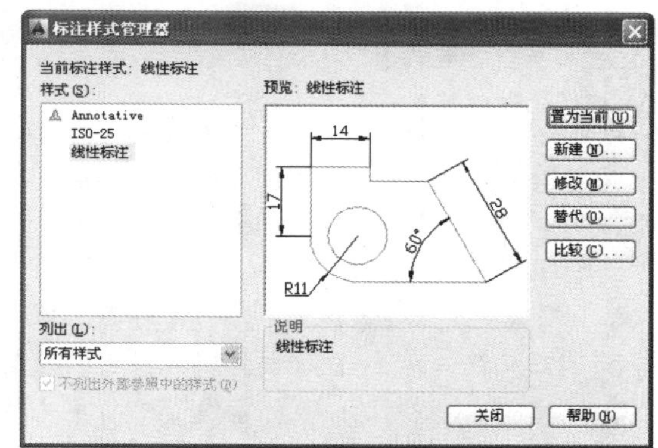

图 9-41　【标注样式管理器】对话框

04　单击【注释】面板上的【线性标注】按钮⊢⊣，标注直线 L1 的竖直高度，如图 9-42 所示。命令行操作如下：

```
命令：DLI↙                                    //调用【线性标注】命令
DIMLINEAR
指定第一个尺寸界线原点或 <选择对象>：          //捕捉并单击 L1 上端点
指定第二条尺寸界线原点：                       //捕捉并单击 L1 下端点
指定尺寸线位置或
[多行文字(M)/文字(T)/角度(A)/水平(H)/垂直(V)/旋转(R)]：
                              //向右拖动指针移动尺寸线，在合适位置单击放置尺寸线
```

05　用同样的方法标注其尺寸，标注结果如图 9-43 所示。

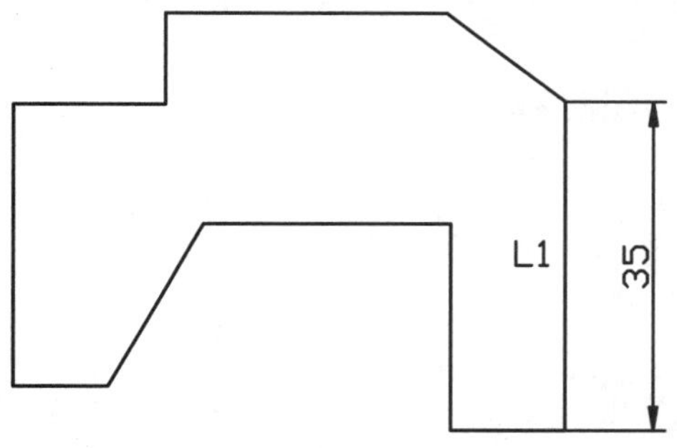

图 9-42　标注直线 L1 的长度

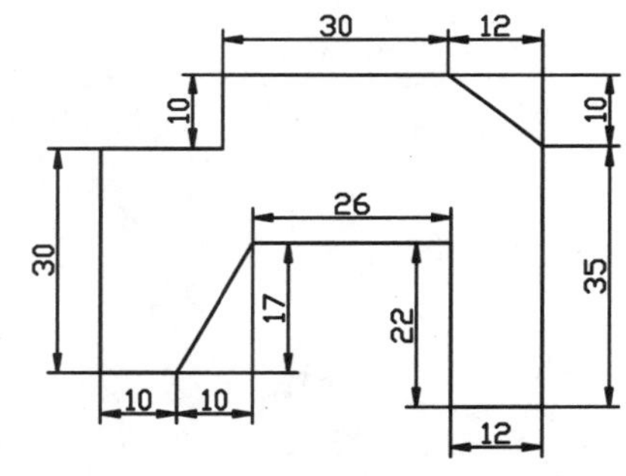

图 9-43　线性标注的结果

命令行各选项的含义介绍如下。

- 【多行文字(M)】：选择该选项将进入多行文字编辑模式，可以使用【多行文字编辑器】对话框输入并设置标注文字。其中，文字输入窗口中的尖括号(<>)表示系统测量值。
- 【文字(T)】：以单行文字形式输入尺寸文字。
- 【角度(A)】：设置标注文字的旋转角度。
- 【水平(H)和垂直(V)】：标注水平尺寸和垂直尺寸。可以直接确定尺寸线的位置，也可以选择其他选项来指定标注的标注文字内容或标注文字的旋转角度。
- 【旋转(R)】：旋转标注对象的尺寸线。

9.3.2 对齐标注

对齐标注在标注时，系统自动默认为尺寸线与两点的连线平行，常常用于标注倾斜对象的真实长度。除了依次指定尺寸线的起点和终点，对齐标注还可以通过直接选择标注对象的方法生成尺寸标注。

调用【对齐标注】命令有以下几种方法。

- 菜单栏：选择【标注】|【对齐】命令。
- 工具栏：单击【标注】工具栏上的【对齐标注】按钮。
- 功能区：在【注释】选项卡中，单击【标注】面板上的【对齐标注】按钮。
- 命令行：在命令行输入 DIMALIGNED/DAL 并按 Enter 键。

【案例 9-4】：对齐标注

01 打开“第 9 章\案例 9-4 对齐标注.dwg”素材文件，如图 9-44 所示。

02 展开【注释】滑出面板，在标注样式列表中选择【线性标注】标注样式。

03 单击【注释】面板上的【对齐标注】按钮，标注尺寸如图 9-45 所示。命令行操作如下：

```
命令: DAL↙                                      //调用【对齐标注】命令
DIMALIGNED
指定第一个尺寸界线原点或 <选择对象>:              //捕捉并单击直线 L1 上任意一点
指定第二条尺寸界线原点:                           //捕捉并单击中心线 L2 上的垂足
指定尺寸线位置或
[多行文字(M)/文字(T)/角度(A)]:                  //拖动指针，在合适的位置单击放置尺寸线
标注文字 = 50
```

04 按同样的方法标注其他对齐尺寸，如图 9-46 所示。

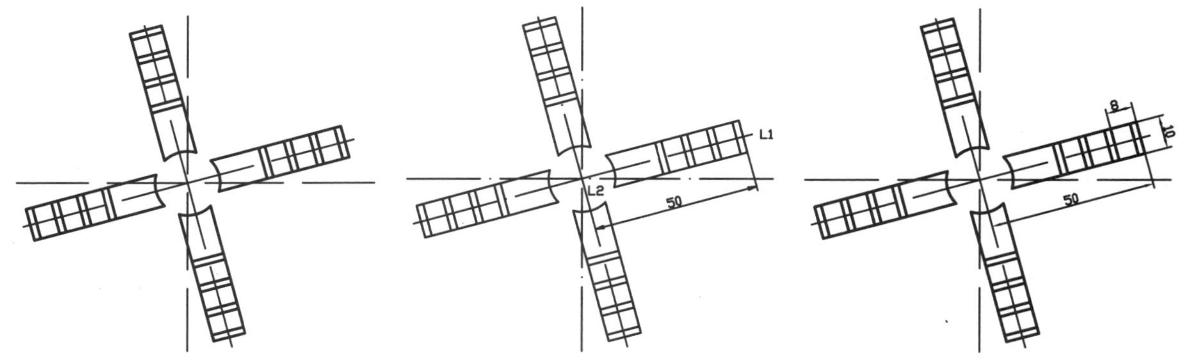

图 9-44 素材图样　　图 9-45 对齐尺寸标注　　图 9-46 其他尺寸的标注结果

9.3.3 连续标注

连续标注是一系列的首尾相连的标注形式。在创建连续标注时，首先要建立一个尺寸标注，然后再发出标注命令。

调用【连续标注】命令有以下几种方法。

- 菜单栏：选择【标注】|【连续】命令。
- 工具栏：单击【标注】工具栏上的【连续标注】按钮。
- 功能区：在【常用】选项卡中，单击【标注】面板上的【连续】按钮。
- 命令行：在命令行输入 DIMCONTINUE/DCO 并按 Enter 键。

【案例 9-5】：标注连续尺寸

01 打开“第 9 章\案例 9-5 标注连续尺寸.dwg”素材文件，如图 9-47 所示。

02 展开【注释】滑出面板，在标注样式列表中选择【建筑标注】标注样式，该标注样式即应用到当前。

03 在【注释】选项卡中，单击【标注】面板上的【线性标注】按钮，建立一个基准标注，如图 9-48 所示，

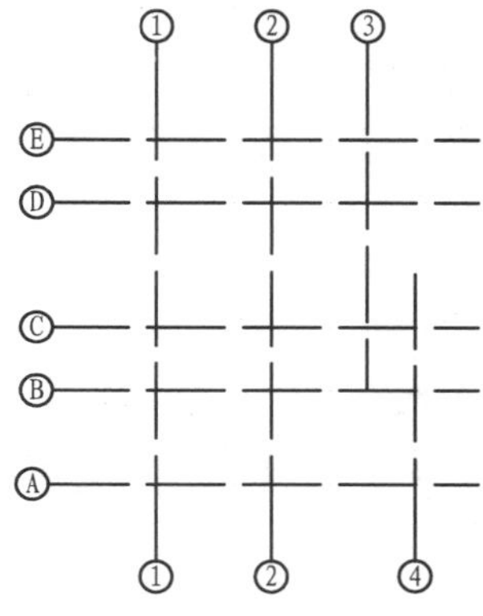

图 9-47　素材图样

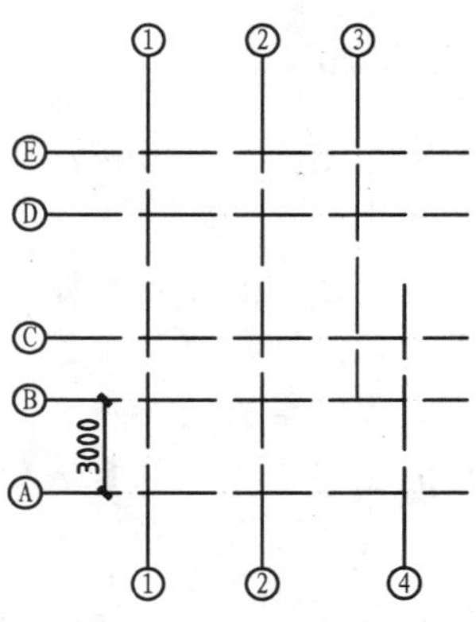

图 9-48　线性尺寸标注

04 在【注释】选项卡中，单击【标注】面板上的【连续】按钮，创建连续标注尺寸，如图 9-49 所示。命令行操作如下：

```
命令：DCO↙                                            //调用【连续标注】命令
DIMCONTINUE
指定第二条尺寸界线原点或 [放弃(U)/选择(S)] <选择>:     //选择轴线 C 的端点
标注文字 = 2100
指定第二条尺寸界线原点或 [放弃(U)/选择(S)] <选择>:     //选择轴线 D 的端点
标注文字 = 4000
指定第二条尺寸界线原点或 [放弃(U)/选择(S)] <选择>:     //选择轴线 E 的端点
标注文字 = 2000
指定第二条尺寸界线原点或 [放弃(U)/选择(S)] <选择>:     //按 Esc 键结束连续标注
```

命令行各选项的含义介绍如下。

- 放弃(U)：输入此命令，用户可以重新选择某一点作为此尺寸的尺寸界线。
- 选择(S)：指连续标注时，用户可以选择某一标注尺寸作为标注基准建立连续尺寸。

注意

连续标注总是以上一次标注的第二条尺寸线为起点，标注下一段尺寸。在连续标注前，必须有其他标注尺寸存在。

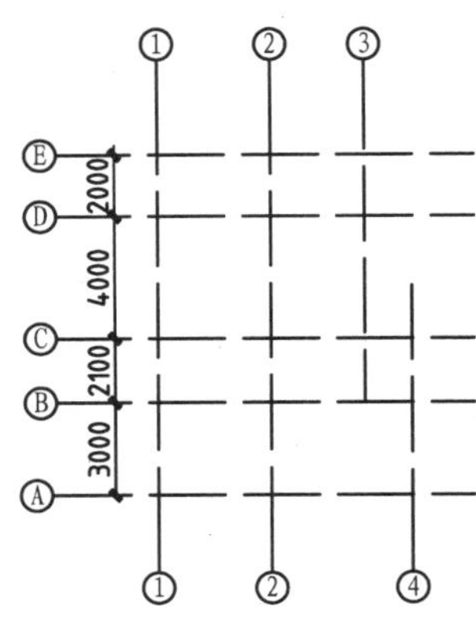

图 9-49　连续标注

9.3.4 基线标注

和连续标注相同，基线标注也需要一个尺寸标注作为基准。不同的是，基线标注的尺寸值均从基准位置开始测量。

调用【基线标注】命令有如下几种方法。

- 菜单栏：选择【标注】|【基线】命令。
- 工具栏：单击【标注】工具栏上的【基线标注】按钮。
- 功能区：在【默认】选项卡中，单击【标注】面板上的【基线】按钮。
- 命令行：在命令行输入 DIMBASELINE/DBA 并按 Enter 键。

【案例 9-6】：基线标注孔位置

01 打开“第 9 章\案例 9-6 基线标注孔位置.dwg”素材文件，如图 9-50 所示。

02 展开【注释】滑出面板，在标注样式列表中选择【线性标注】标注样式，该标注样式即应用到当前。

03 在【注释】选项卡中，单击【标注】面板上的【线性标注】按钮，创建一个线性标注，如图 9-51 所示。

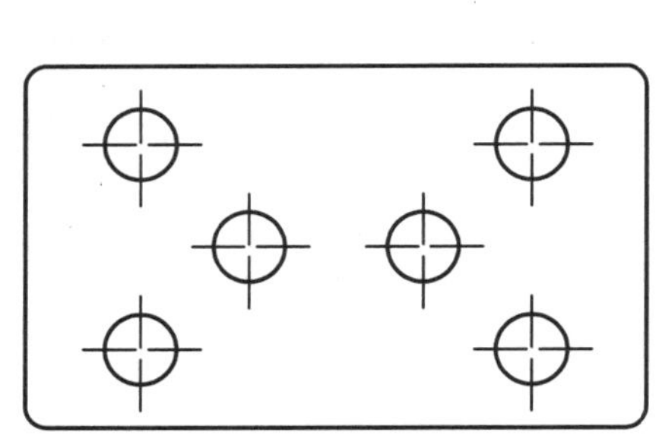
图 9-50　素材图样

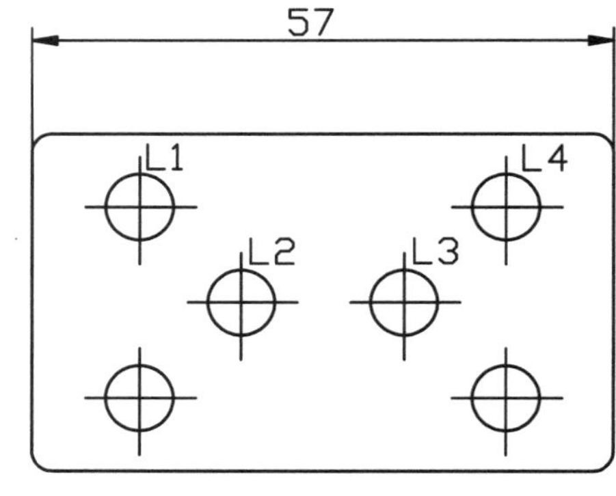

图 9-51　线性尺寸标注

04 在【注释】选项卡中，单击【标注】面板上的【基线】按钮，标注孔的定位尺寸，如图 9-52 所示。命令行操作如下：

```
命令：DBA↙                                              //调用【基线标注】命令
DIMBASELINE
指定第二条尺寸界线原点或 [放弃(U)/选择(S)] <选择>:      //选择竖直中心线 L1 的端点
标注文字 = 11
指定第二条尺寸界线原点或 [放弃(U)/选择(S)] <选择>:      //选择竖直中心线 L2 的端点
标注文字 = 47
.....                    //相同操作，依次选择 L3 和 L4 的端点，按 Esc 键退出连续标注
```

命令行各选项的含义介绍如下。

- 放弃：输入此命令，用户可以重新选择某一点作为此尺寸的尺寸界线。
- 选择：指连续标注时，用户可以选择某一标注尺寸作为标注基准建立基线标注。

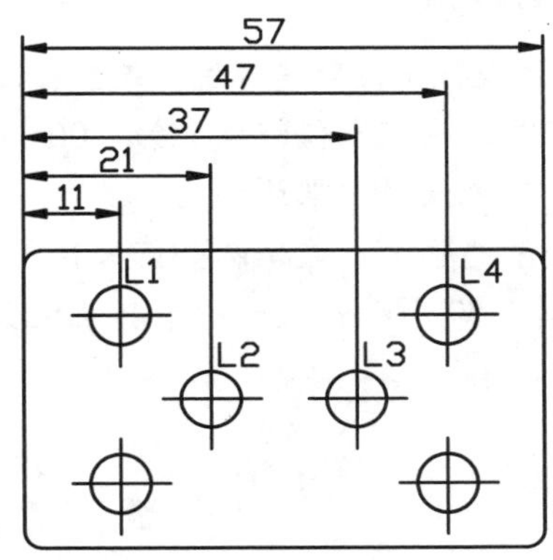

图 9-52　基线尺寸标注

9.3.5　实例——标注建筑立面图

01　打开“第 9 章\9.3.5 标注建筑立面图.dwg”素材文件，如图 9-53 所示。

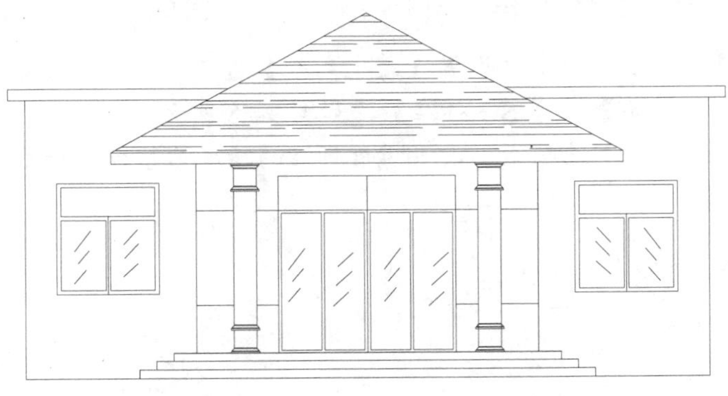

图 9-53　素材文件

02　在【默认】选项卡中，单击【注释】滑出面板上的【标注样式】按钮，系统弹出【标注样式管理器】对话框，如图 9-54 所示。

03　单击【新建】按钮，系统弹出【创建新标注样式】对话框，输入新标注样式名称“建筑标注”，如图 9-55 所示。

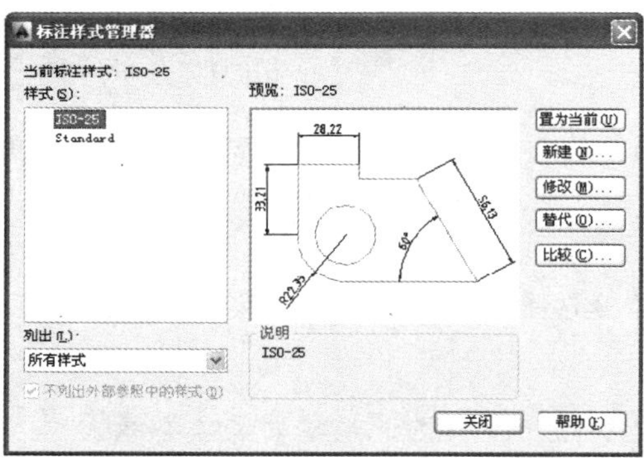

图 9-54 【标注样式管理器】对话框

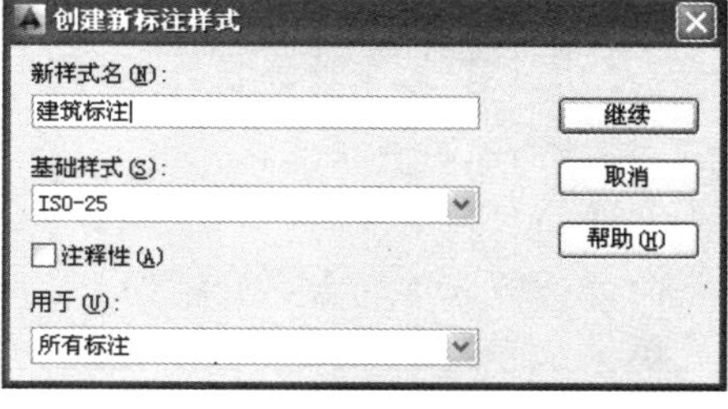

图 9-55 【创建新标注样式】对话框

04 单击【继续】按钮，系统弹出【新建标注样式】对话框，切换到【线】选项卡，设置【基线间距】为 300，【起点偏移量】为 100，【超出尺寸线】为 100，如图 9-56 所示。该选项卡其他设置按默认设置。

05 切换到【符号和箭头】选项卡，选择两个箭头样式均为【建筑标记】，设置【箭头大小】为 50，如图 9-57 所示。该选项卡其他设置按默认设置。

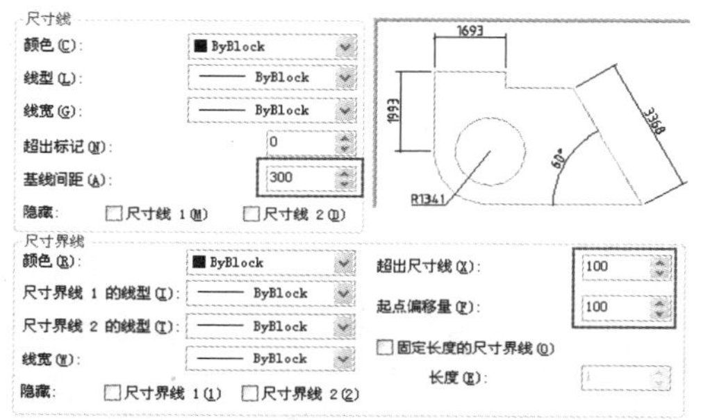

图 9-56 【线】选项卡

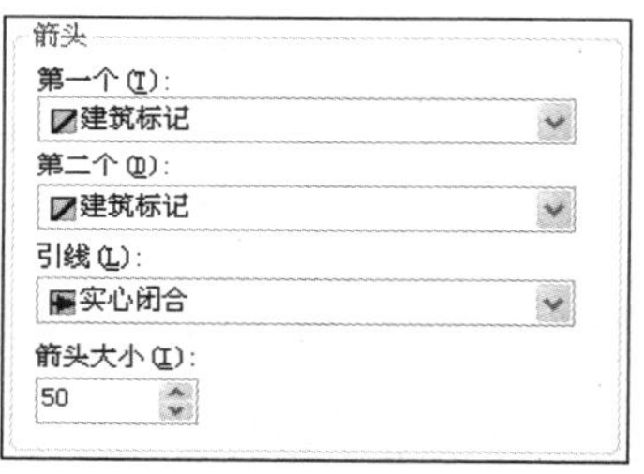

图 9-57 【符号和箭头】选项卡

06 切换到【文字】选项卡，设置【文字高度】为 300，【从尺寸线的偏移】设置为 50，【文字对齐】为【ISO 标准】，如图 9-58 所示。

07 切换到【主单位】选项卡，设置线性标注的精度为整数，如图 9-59 所示。

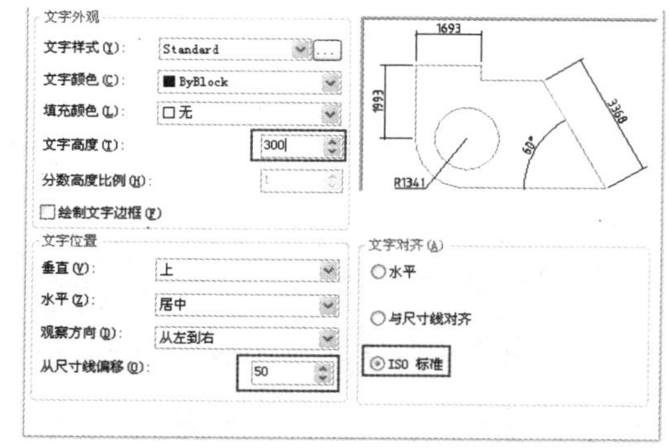

图 9-58 【文字】选项卡

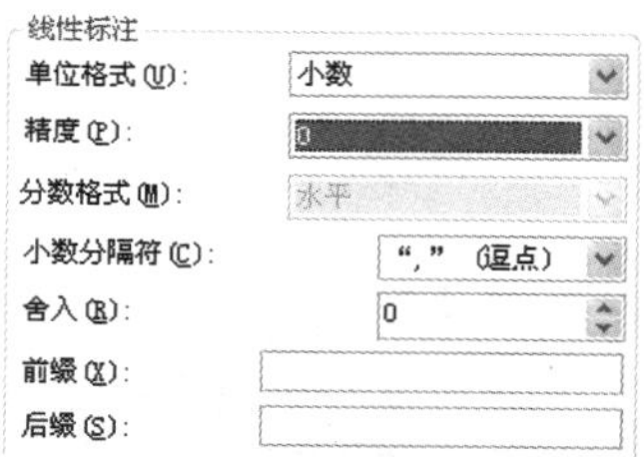

图 9-59 【主单位】选项卡

08 单击【确定】按钮，关闭【新建标注样式】对话框，新建标注样式完成。

09 在【注释】选项卡中，单击【标注】面板上的【线性标注】按钮，标注线性尺寸，如图 9-60 所示。

10 在【注释】选项卡中，单击【标注】面板上的【对齐标注】按钮，标注斜坡长度，如图 9-61 所示。

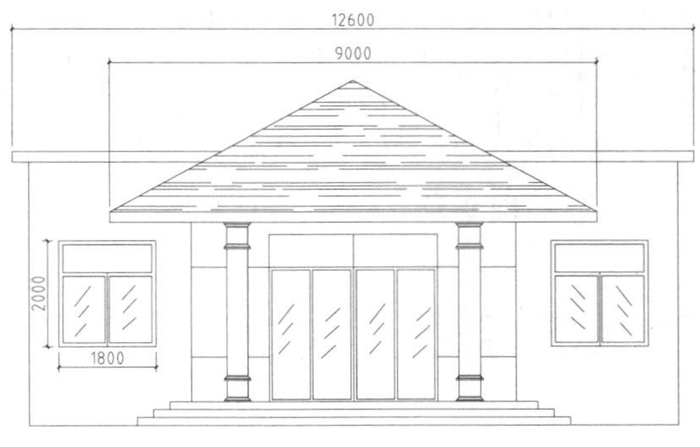

图 9-60　线性标注

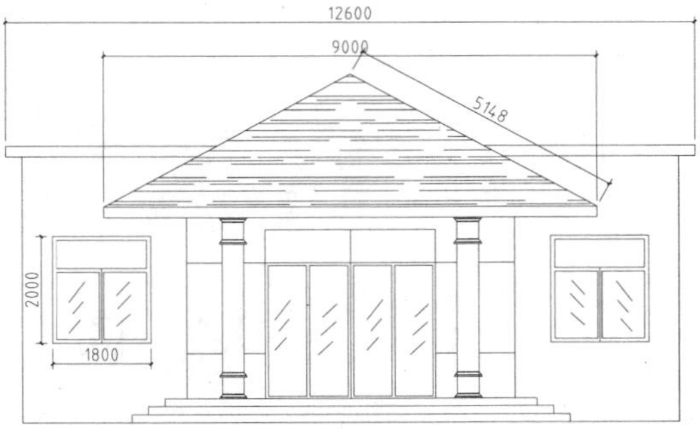

图 9-61　对齐标注

11 在【注释】选项卡中，单击【标注】面板上的【线性标注】按钮，标注屋檐到墙面的水平距离，如图 9-62 所示。

12 在【注释】选项卡中，单击【标注】面板上的【连续】按钮，在上一个线性标注的基础上，连续标注水平方向尺寸，如图 9-63 所示。

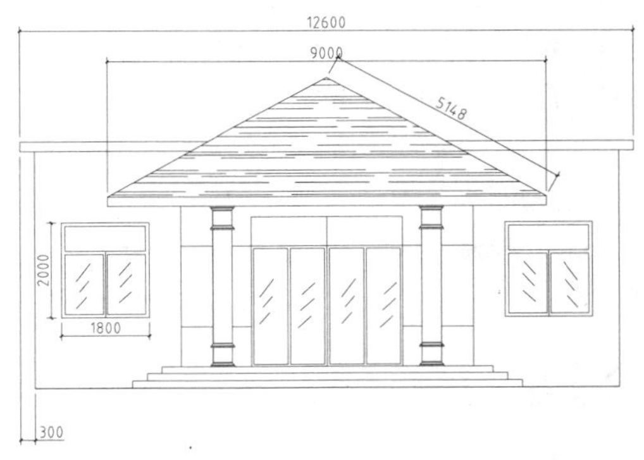

图 9-62　标注水平尺寸

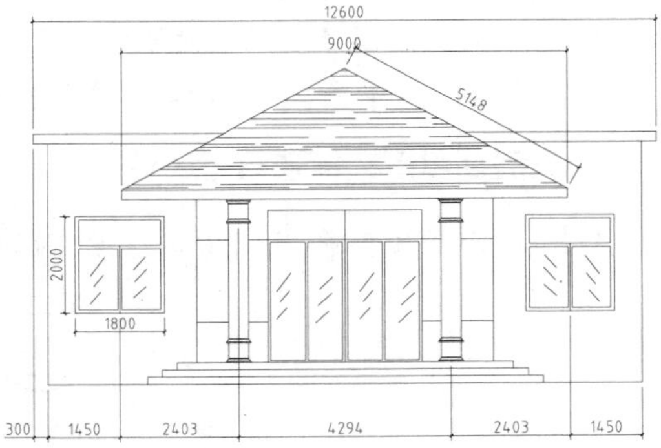

图 9-63　连续标注

13 再次调用【线性标注】命令，标注建筑物的高度，如图 9-64 所示。此尺寸作为下一步基线标注的基准。

14 在【注释】选项卡中，单击【标注】面板上的【基线】按钮，标注各结构到地面的距离，结果如图 9-65 所示。

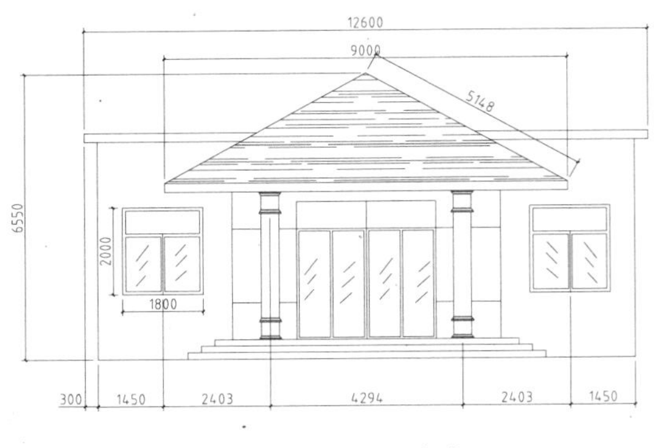

图 9-64　标注总高度

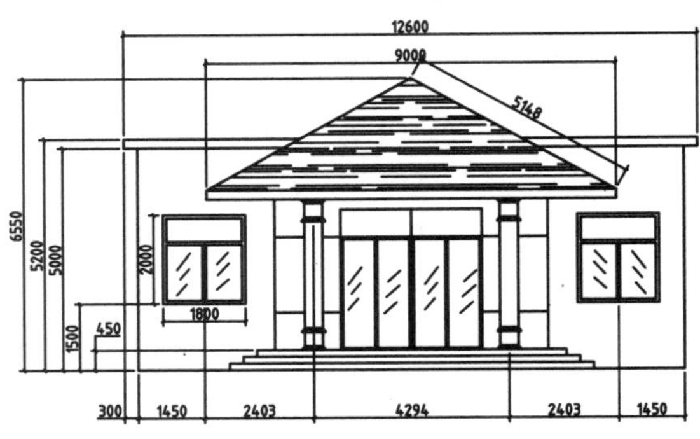

图 9-65　基线标注的结果

9.4　圆、弧和角度标注

9.4.1　直径标注

直径标注用于标注圆或圆弧的直径尺寸，直径标注除了显示直径的数值，在数值前还会显示直径符号“Φ”。

调用【直径标注】命令有以下几种方法。

- 菜单栏：选择【标注】|【直径】命令。
- 工具栏：单击【标注】工具栏上的【直径标注】按钮⊘。
- 功能区：在【常用】选项卡中，单击【标注】面板上的【直径】按钮⊘。
- 命令行：在命令行输入 DIMDIAMETER/DDI 并按 Enter 键。

【案例 9-7】：标注直径尺寸

01 打开“第 9 章\案例 9-7 标注直径尺寸.dwg”素材文件，如图 9-66 所示。

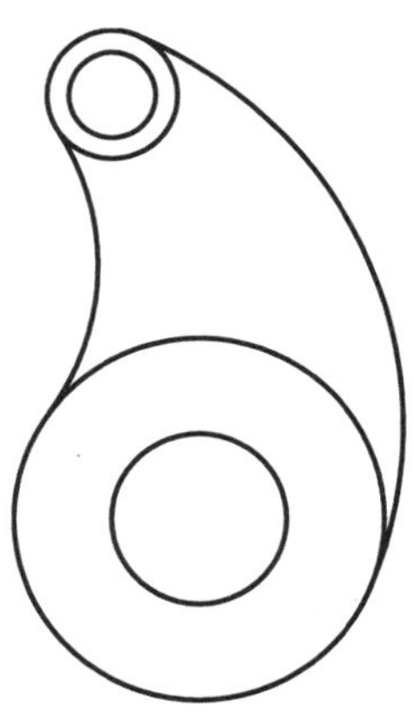

图 9-66　素材图样

02 选择【格式】|【标注样式】命令，系统弹出【标注样式管理器】对话框。

03 选择【线性标注】标注样式，单击【新建】按钮，弹出【创建新标注样式】对话

框。在【用于】下拉列表中选择【直径标注】选项，如图 9-67 所示。

04 单击【继续】按钮，弹出【新建标注样式】对话框，切换到【文字】选项卡，在【文字对齐】选项组中选中【水平】单选按钮，如图 9-68 所示。

05 切换到【调整】选项卡，取消选中【在尺寸界线之间绘制尺寸线】复选框。

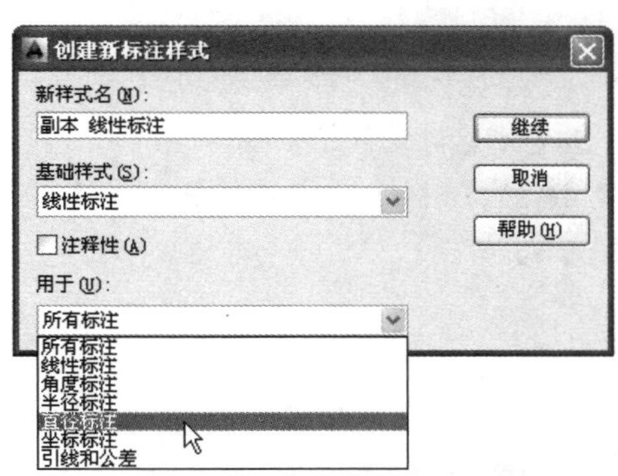
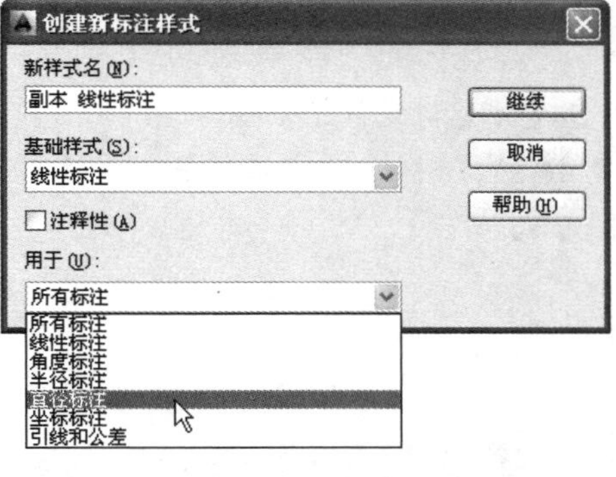

图 9-67　选择样式应用范围

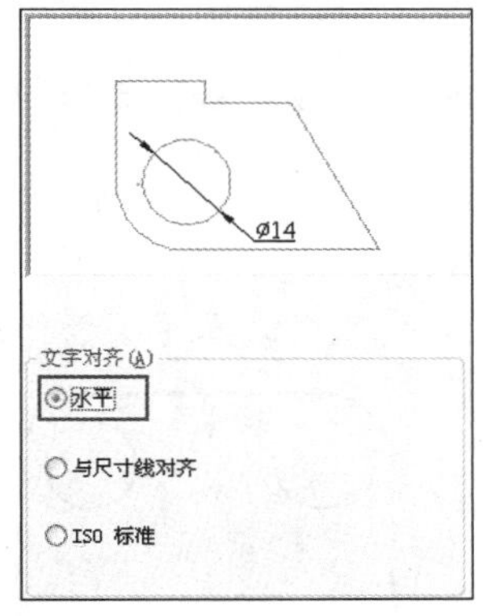

图 9-68　设置文字对齐方式

06 单击【确定】按钮完成标注样式的创建，返回 AutoCAD 主窗口。

07 在【注释】选项卡中，单击【标注】面板上的【直径】按钮，标注圆和圆弧的直径，如图 9-69 所示。命令行操作如下：

```
命令: DDI↙                                        //调用【直径】标注命令
DIMDIAMETER
选择圆弧或圆:                                      //选择圆的边线
指定尺寸线位置或 [多行文字(M)/文字(T)/角度(A)]:      //指定标注放置的位置
…                                                 //重复【直径标注】命令，标注其他圆
```

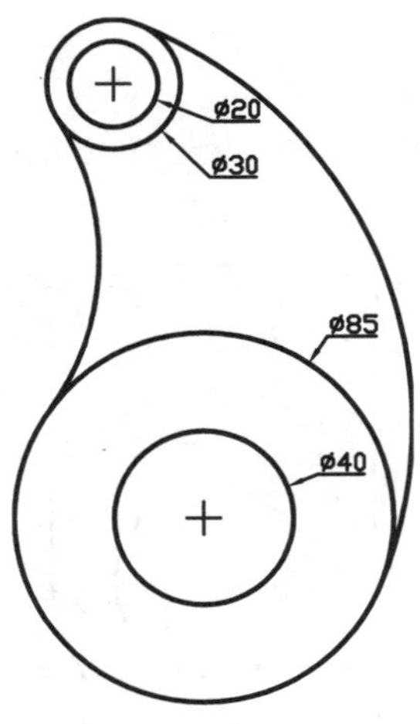

图 9-69　标注直径尺寸

9.4.2　半径尺寸标注

半径标注一般用于对圆弧的标注，但也可用于标注圆，其操作方法与直径标注相同。

调用【半径标注】命令有以下几种方法。

- 菜单栏：选择【标注】|【半径】命令。
- 工具栏：单击【标注】工具栏上的【半径】按钮。
- 功能区：在【常用】选项卡中，单击【标注】面板上的【半径】按钮。
- 命令行：在命令行输入 DIMRADIUS/DRA 并按 Enter 键。

【案例 9-8】：标注半径尺寸

01 打开“第 9 章\案例 9-8 标注半径尺寸.dwg”素材文件，如图 9-70 所示。

02 按照创建“直径”子样式的步骤创建“半径”子样式，不同的是，在【用于】下拉列表中选择【半径标注】选项，如图 9-71 所示。

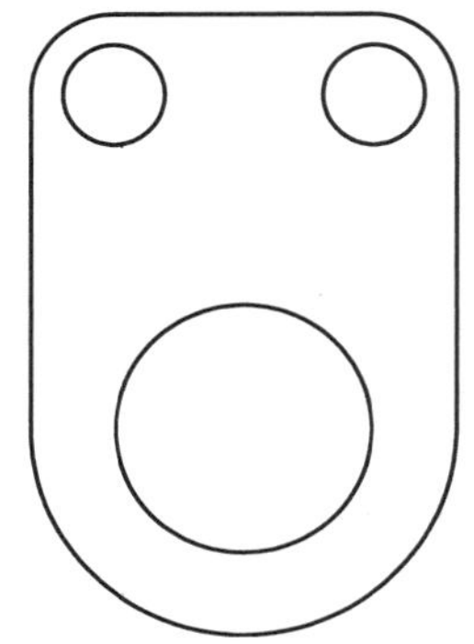

图 9-70 素材文件

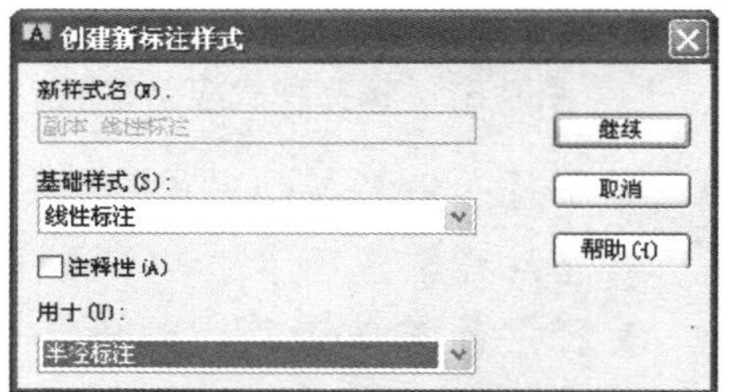

图 9-71 选择子样式的应用范围

03 在【注释】选项卡中，单击【标注】面板上的【半径】按钮，标注圆弧半径，如图 9-72 所示。命令行操作如下：

```
命令：DRA↙                                          //调用【半径标注】命令
DIMRADIUS
选择圆弧或圆：                                       //选择标注对象
指定尺寸线位置或 [多行文字(M)/文字(T)/角度(A)]：      //指定标注放置的位置
```

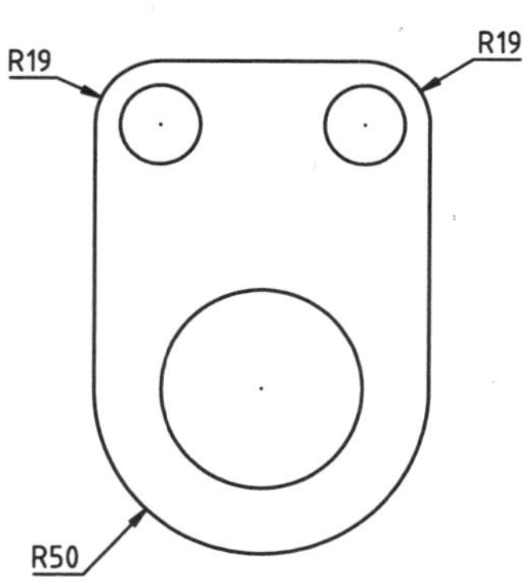

图 9-72 半径标注结果

9.4.3 角度标注

使用【角度标注】命令，可以标注两条直线或三点之间的角度。

调用【角度标注】命令有以下几种方法。

- 菜单栏：选择【标注】|【角度】命令。
- 工具栏：单击【标注】工具栏上的【角度标注】按钮。
- 功能区：在【常用】选项卡中，单击【标注】面板上的【角度】按钮。
- 命令行：在命令行输入 DIMANGULAR/DAN 并按 Enter 键。

【案例 9-9】：角度标注

01 打开“第 9 章/案例 9-9 角度标注.dwg”素材文件，如图 9-73 所示。

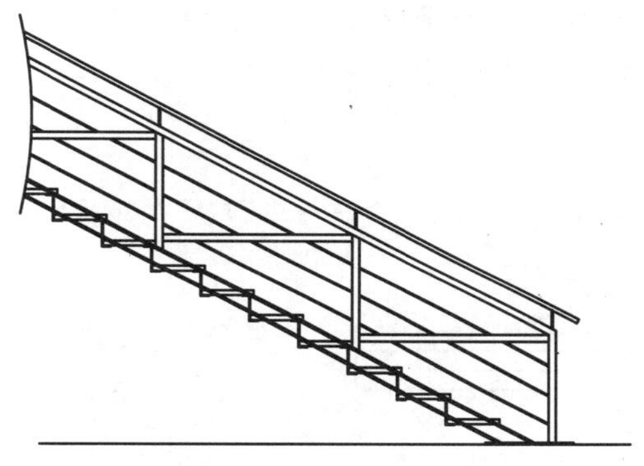

图 9-73　素材图形

02 在【注释】选项卡中，单击【标注】面板上的【角度】按钮，标注楼梯倾角，如图 9-74 所示。命令行操作如下：

```
命令：DAN↙                                                    //调用【角度标注】命令
DIMANGULAR
选择圆弧、圆、直线或 <指定顶点>：                              //选择直线 L1
选择第二条直线：                                              //选择直线 L2
指定标注弧线位置或 [多行文字(M)/文字(T)/角度(A)/象限点(Q)]：  //指定尺寸线位置
```

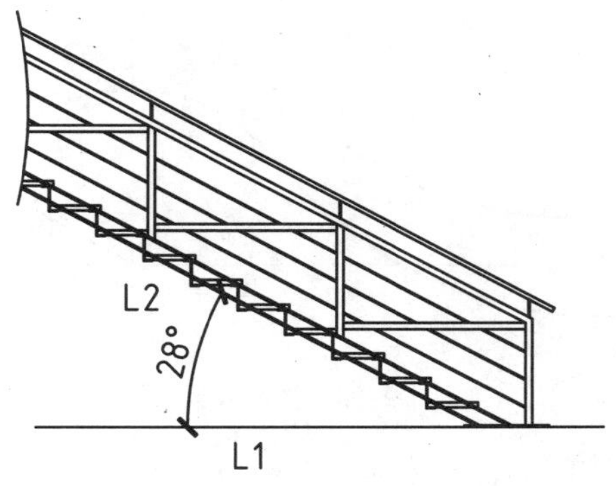

图 9-74　角度标注结果

9.4.4 弧长标注

弧长标注是标注圆弧沿其曲线方向的长度，即展开长度。

调用【弧长标注】命令有以下几种方法。

- 菜单栏：选择【标注】|【弧长】命令。
- 工具栏：单击【标注】工具栏上的【弧长标注】按钮。
- 功能区：在【注释】选项卡中，单击【标注】面板上的【弧长标注】按钮。
- 命令行：在命令行输入 DIMARC 并按 Enter 键。

【案例 9-10】：弧长标注

01 打开"第 9 章\案例 9-10 弧长标注. dwg"素材文件，如图 9-75 所示。

02 在【注释】选项卡中，单击【标注】面板上的【弧长】按钮，标注连接处的弧长，如图 9-76 所示。命令行操作如下：

```
命令： _dimarc↙                                          //调用【弧长标注】命令
选择弧线段或多段线圆弧段：                                //单击选择圆弧 S1
指定弧长标注位置或 [多行文字(M)/文字(T)/角度(A)/部分(P)/引线(L)]：
                                                          //指定尺寸线的位置
```

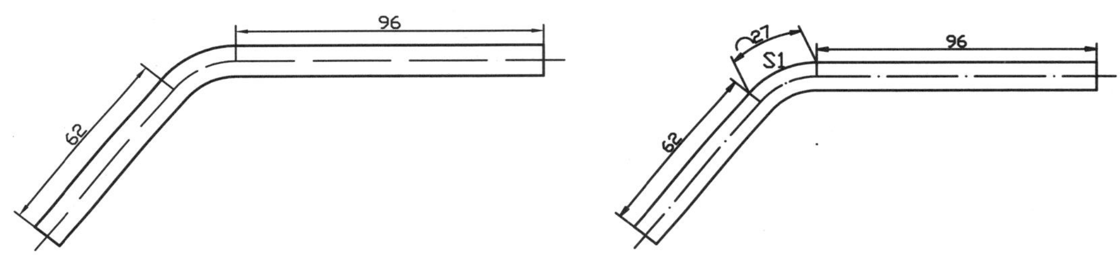

图 9-75 素材文件　　　　图 9-76 弧长标注结果

9.4.5 实例——标注机械零件图

01 打开"第 9 章\9.4.5 标注机械零件图.dwg"素材文件，如图 9-77 所示。

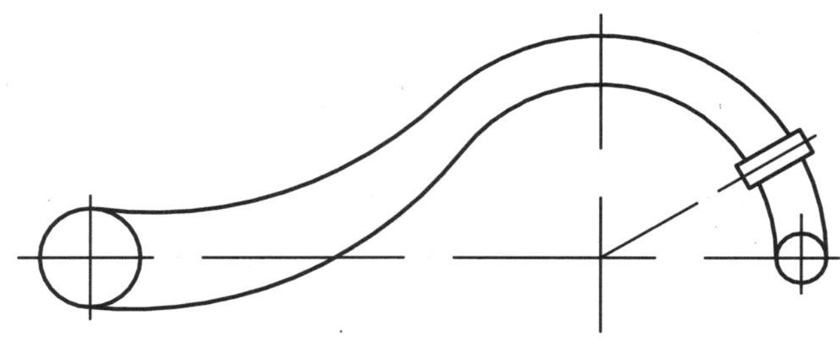

图 9-77 素材文件

02 在【注释】选项卡中，单击【标注】面板上的【线性】按钮，标注如图 9-78 所示的对象。

03 在【注释】选项卡中，单击【标注】面板上的【直径】按钮，对圆管直径进行标注，如图 9-79 所示。

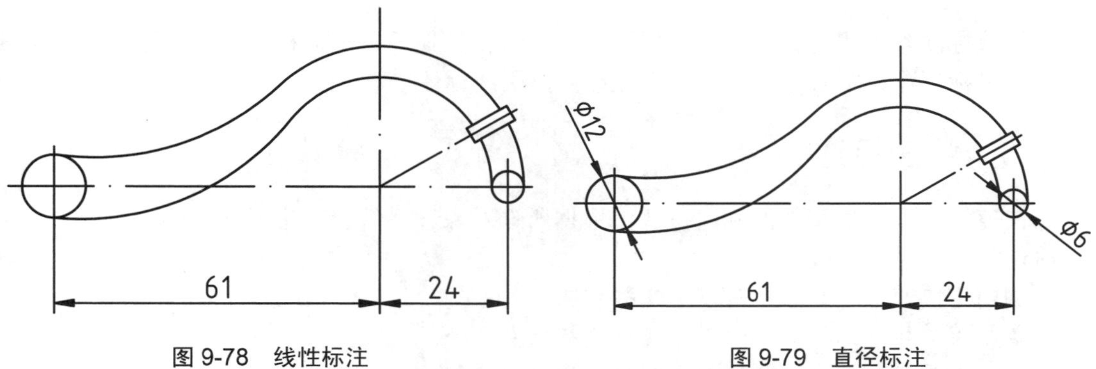

图 9-78　线性标注　　　　图 9-79　直径标注

04 在【注释】选项卡中，单击【标注】面板上的【角度】按钮，对接头进行标注，如图 9-80 所示。

05 在【注释】选项卡中，单击【标注】面板上的【弧长】按钮，对圆弧对象进行标注，如图 9-81 所示。

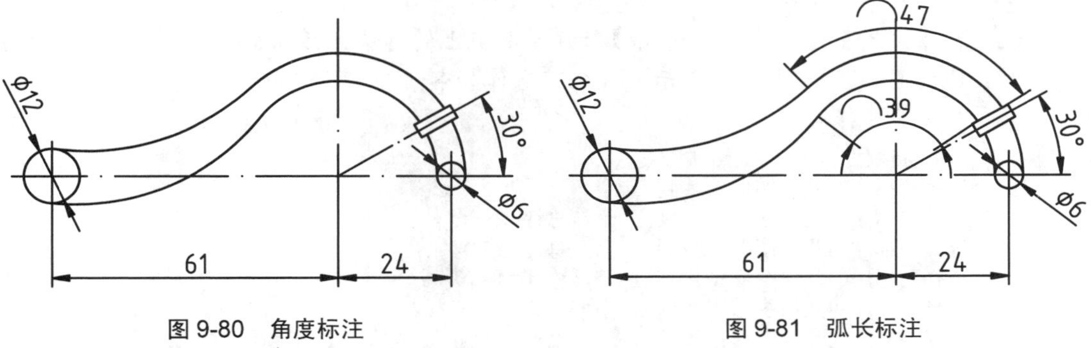

图 9-80　角度标注　　　　图 9-81　弧长标注

06 在【注释】选项卡中，单击【标注】面板上的【半径】按钮，标注圆弧的半径。最终效果如图 9-82 所示。

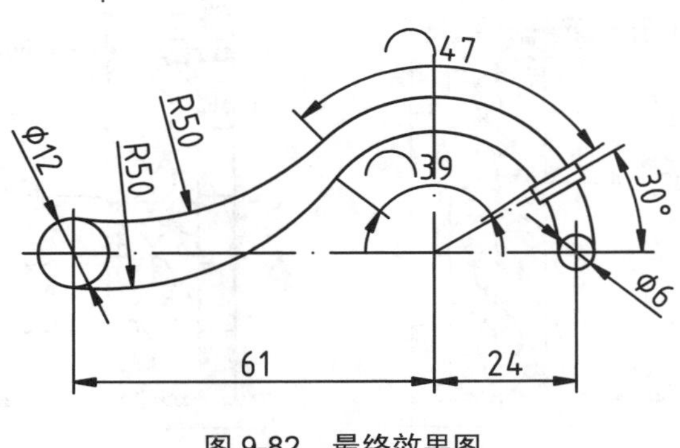

图 9-82　最终效果图

9.5 其他标注

尺寸标注除了线性标注和圆弧标注外，还包括其他一些辅助标注，如快速标注、折断标注、坐标标注、圆心标记、快速引注和多重引线标注等。

9.5.1 快速标注

快速标注是一种智能的标注方式，根据所选对象，系统自动生成所需的定位尺寸，可同时选择多个对象生成标注。

调用【快速标注】命令有以下几种方法。

- 菜单栏：选择【标注】|【快速标注】命令。
- 工具栏：单击【标注】工具栏上的【快速标注】按钮。
- 功能区：在【注释】选项卡中，单击【标注】面板上的【快速标注】按钮。
- 命令行：在命令行输入 QDIM 并按 Enter 键。

【案例 9-11】：快速标注

01 打开“第 9 章\案例 9-11. dwg”素材文件，如图 9-83 所示。

02 在【注释】选项卡中，单击【标注】面板上的【快速标注】按钮，标注竖直直线的间距，如图 9-84 所示。命令行操作如下：

```
命令： _qdim↙                                          //调用【快速标注】命令
关联标注优先级 = 端点
选择要标注的几何图形： 找到 1 个
选择要标注的几何图形： 找到 1 个，总计 2 个
选择要标注的几何图形： 找到 1 个，总计 3 个
选择要标注的几何图形： 找到 1 个，总计 4 个
选择要标注的几何图形： 找到 1 个，总计 5 个
选择要标注的几何图形： 找到 1 个，总计 6 个            //依次选择 L1、L2、L3、L4、L5 和 L6
选择要标注的几何图形：↙                                //按 Enter 键结束选择
指定尺寸线位置或 [连续(C)/并列(S)/基线(B)/坐标(O)/半径(R)/直径(D)/基准点(P)/
编辑(E)/设置(T)] <连续>：                              //向上拖动指针生成水平尺寸标注，
                                                        在合适的位置放置尺寸线
```

图 9-83 素材文件

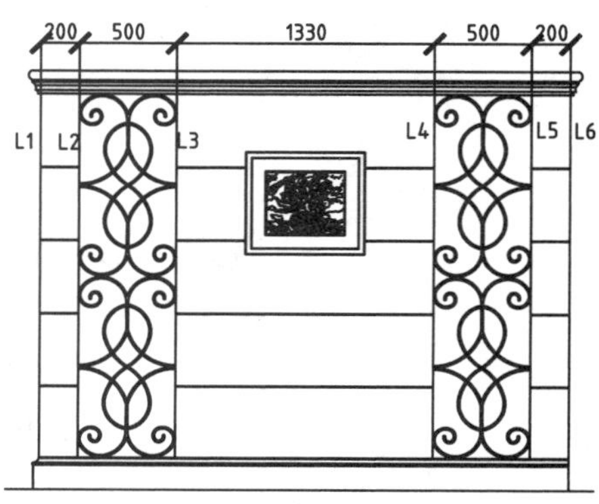

图 9-84 快速标注水平尺寸

03 重复【快速标注】命令，选择直线 L7、多段线 L8、直线 L9 作为标注对象，向右拖动指针生成竖直尺寸标注，如图 9-85 所示。

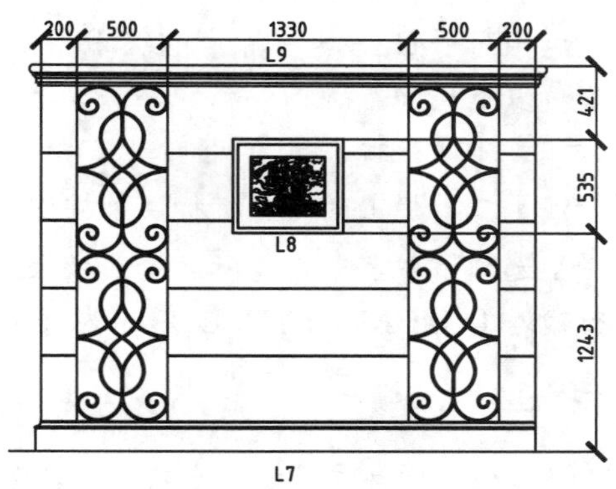

图 9-85　快速标注竖直尺寸

9.5.2 折弯标注

如果相对于整个图形圆弧的半径比较大，则标注的半径尺寸线会很长。这种情况下一般不使用半径标注，而是使用折弯标注。

调用【折弯标注】命令有以下几种方法。

- 菜单栏：选择【标注】|【折弯】命令。
- 工具栏：单击【标注】工具栏上的【折弯标注】按钮。
- 功能区：在【注释】选项卡中，单击【标注】面板上的【折弯】按钮。
- 命令行：在命令行输入 DIMJOGGED 并按 Enter 键。

【案例 9-12】：折弯标注

01 打开“第 9 章\案例 9-12 折弯标注.dwg”素材文件，如图 9-86 所示。

02 在【注释】选项卡中，单击【标注】面板上的【折弯】按钮，标注圆弧的半径，如图 9-87 所示。命令行操作如下：

```
命令:DIMJOGGED↙                                  //调用【折弯标注】命令
选择圆弧或圆:                                     //选择圆弧 S1
指定图示中心位置:                                 //指定图示圆心位置，即标注的端点
标注文字 = 150
指定尺寸线位置或 [多行文字(M)/文字(T)/角度(A)]:    //指定尺寸线位置
指定折弯位置:                                     //指定折弯位置，完成标注
```

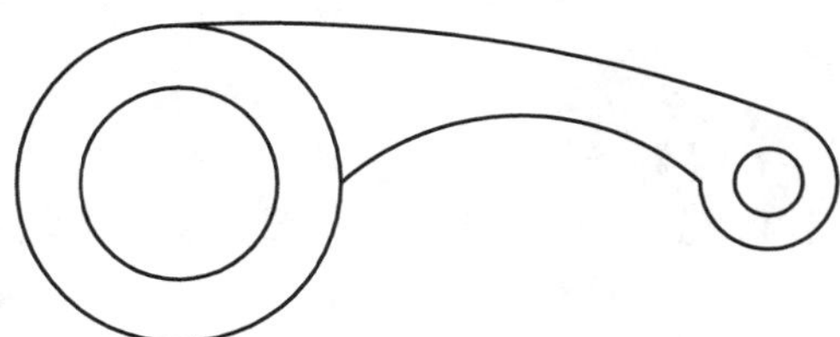

图 9-86　素材文件

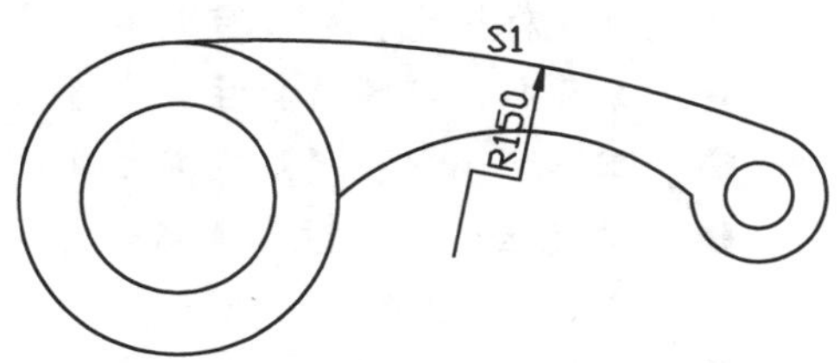

图 9-87　折弯标注结果

9.5.3 坐标标注

坐标标注用于标注某些点相对于 UCS 坐标原点的 X 和 Y 坐标。

调用【坐标标注】命令有以下几种方法。

- 菜单栏：选择【标注】|【坐标】命令。
- 工具栏：单击【标注】工具栏上的【坐标标注】按钮。
- 功能区：在【注释】选项卡中，单击【标注】面板上的【坐标】按钮。
- 命令行：在命令行输入 DIMORDINATE/DOR 并按 Enter 键。

【案例 9-13】：坐标标注

01 打开“第 9 章/案例 9-13 坐标标注.dwg”素材文件，如图 9-88 所示。

02 在【默认】选项卡中，单击【注释】面板上的【坐标】按钮，标注顶点 A 的 X 坐标，如图 9-89 所示。命令行操作如下：

```
命令：_dimordinate↙                                        //调用【坐标标注】命令
指定点坐标:                                                 //单击选择 A 点
指定引线端点或 [X 基准(X)/Y 基准(Y)/多行文字(M)/文字(T)/角度(A)]: X↙
                                                            //选择标注 X 坐标
指定引线端点或 [X 基准(X)/Y 基准(Y)/多行文字(M)/文字(T)/角度(A)]:
                                                      //拖动指针，在合适位置放置标注
标注文字 = 120
```

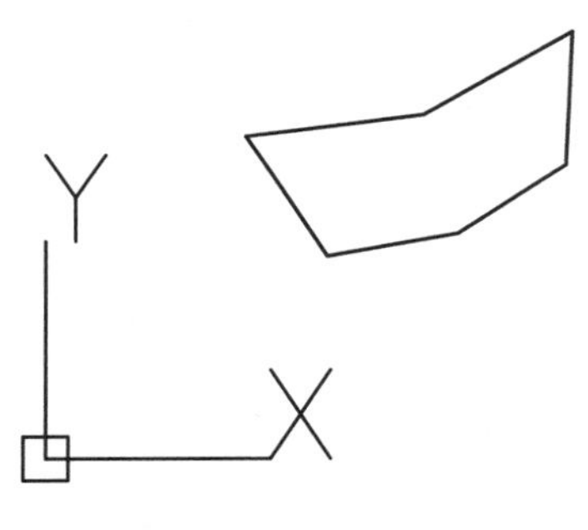

图 9-88　素材文件

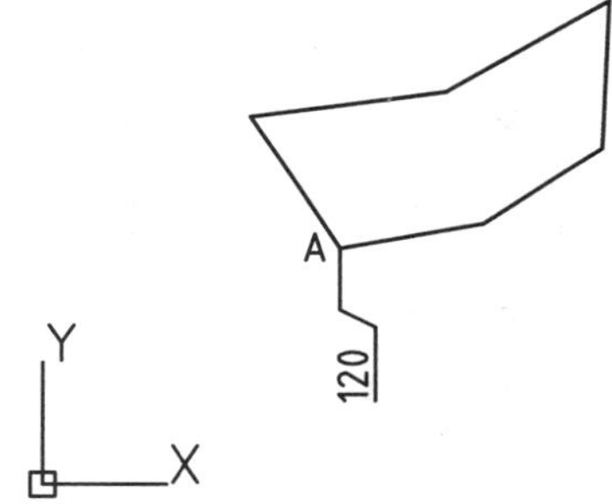

图 9-89　坐标标注结果

9.5.4 圆心标记

圆心标记用来标注圆和圆弧的圆心位置。

调用【坐标标记】命令有以下几种方法。

- 菜单栏：选择【标注】|【圆心标记】命令。
- 工具栏：单击【标注】工具栏上的【圆心标记】按钮。
- 功能区：在【注释】选项卡中，单击【标注】滑出面板上的【圆心标记】按钮。
- 命令行：在命令行输入 DIMCENTER/DCE 并按 Enter 键。

【案例 9-14】：标记圆心位置

01 打开“第 9 章/案例 9-14 标记圆心位置.dwg”素材文件。

02 单击【绘图】面板上的【圆】按钮，绘制任意一个圆，如图 9-90 所示。

03 在【注释】选项卡中，单击【标注】滑出面板上的【圆心标记】按钮⊕，标记圆心，如图 9-91 所示。命令行操作如下：

```
命令： _dimcenter↙                    //调用【圆心标记】命令
选择圆弧或圆：                         //选择圆
```

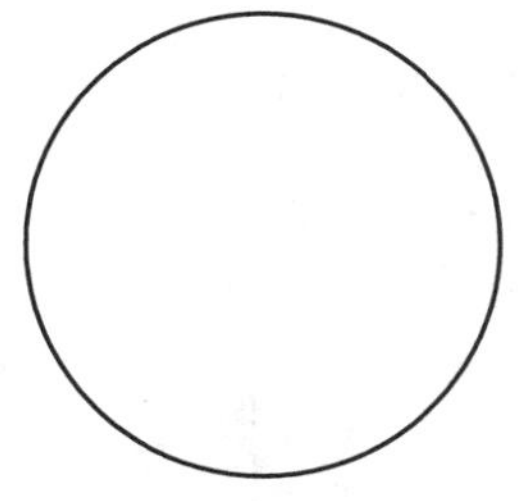

图 9-90　任意画一个圆

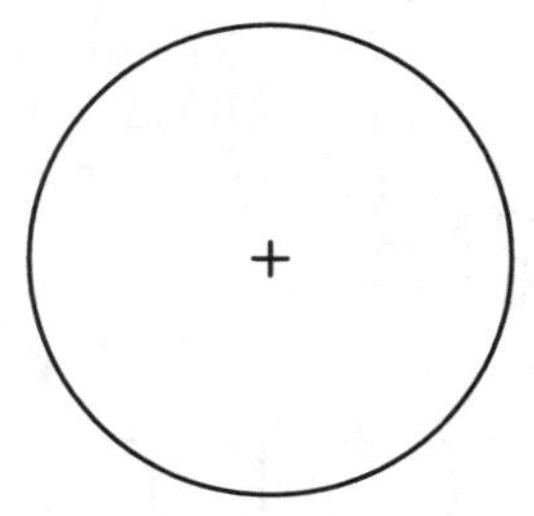

图 9-91　圆心标记

圆心标记符号由两条正交直线组成，可以在【修改标注样式】对话框的【符号和箭头】选项卡中设置圆心标记符号的大小。对符号大小的修改只对修改之后的标注起作用。

9.6　快速引线标注和多重引线标注

引线标注由箭头、引线、基线、多行文字和图块组成，用于在图纸上引出说明文字。AutoCAD 中的引线标注包括快速引线和多重引线。

9.6.1　快速引线标注

快速引线是一种形式较为自由的引线标注，其结构组成如图 9-92 所示，其中转折次数可以设置，注释内容也可设置为其他类型。

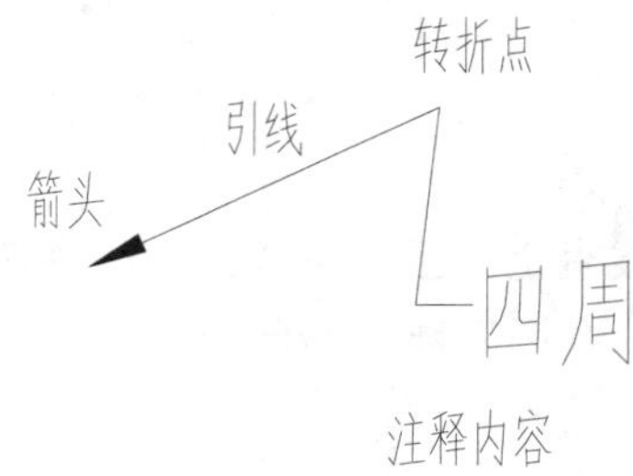

图 9-92　快速引线的结构

调用【快速引线】命令没有对应的菜单命令和工具按钮，唯一的方法是在命令行中输入 QLEADER 或 LE。

【案例 9-15】：绘制剖切箭头符号

01 打开“第 9 章/案例 9-15 绘制剖切箭头符号.dwg”素材文件，如图 9-93 所示。

02 在命令行输入 LE 并按 Enter 键，调用快速引线命令，绘制剖切箭头，如图 9-94 所示。命令行操作如下：

```
命令: _LE↙                                  //调用【快速引线】命令
QLEADER
指定第一个引线点或 [设置(S)] <设置>: S↙
    //选择【设置】选项，系统弹出【引线设置】对话框，设置引线格式如图 9-95 和图 9-96 所示
指定第一个引线点或 [设置(S)] <设置>:          //在图形上方合适位置单击确定箭头位置
指定下一点:                                 //对齐到竖直中心线确定转折点
指定下一点:                                 //向下拖动指针，在合适位置单击完成标注
```

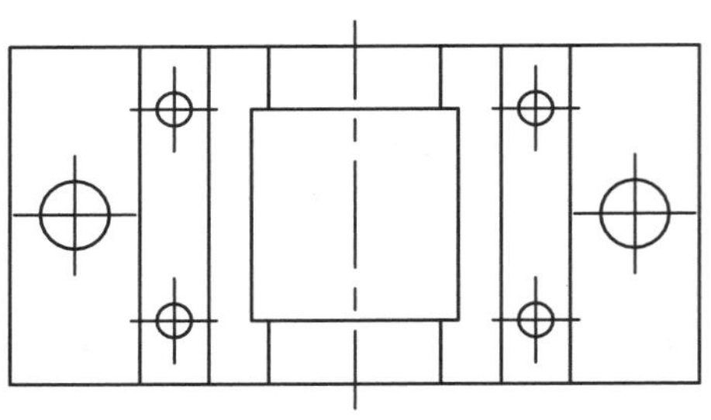

图 9-93　素材图形

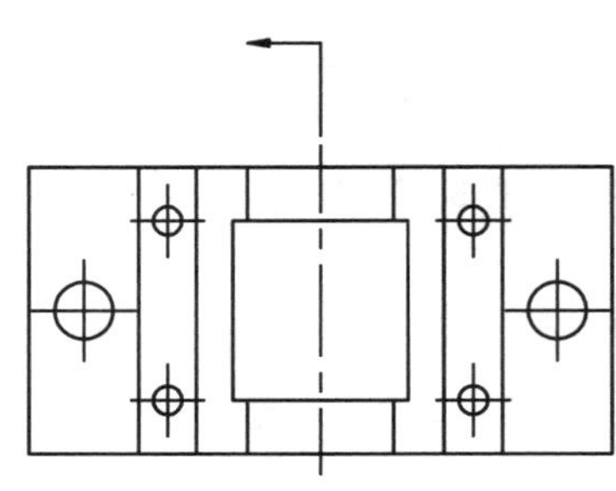

图 9-94　绘制的剖切箭头

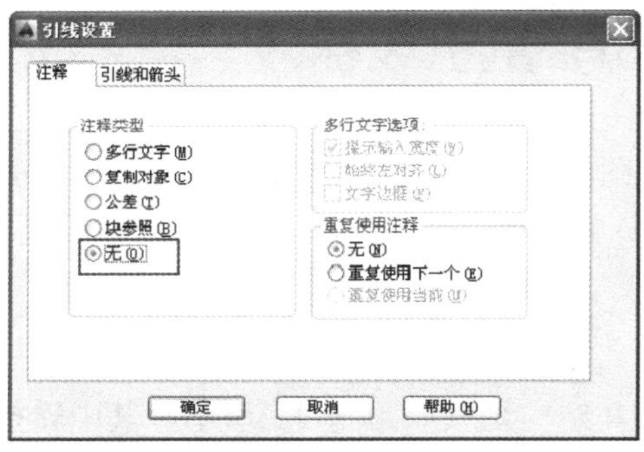

图 9-95　设置注释类型

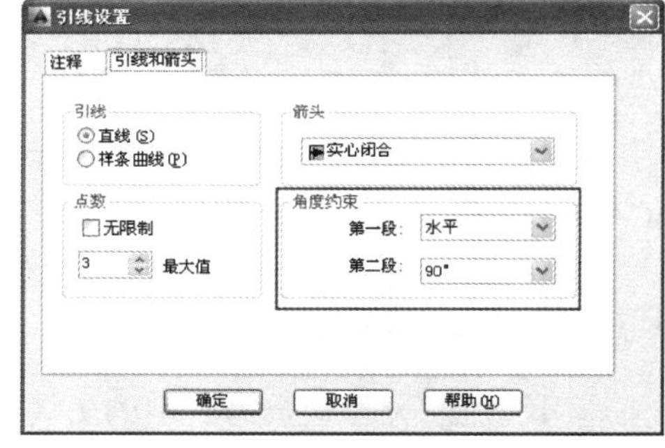

图 9-96　设置引线角度

9.6.2　多重引线标注

与快速引线相比，多重引线有更丰富的格式，且命令调用更为方便快捷，因此多重引线适合作为大量引线的标注方式，例如标注零件序号。

1. 创建多重引线样式

与尺寸、文字样式类似，用户可以在文档中创建多种不同的多重引线标注样式，在进

行引线标注时，可以方便地修改或切换标注样式。

多重引线的创建和修改在【多重引线样式管理器】对话框中操作。

打开【多重引线样式管理器】对话框有以下几种方法。

- 菜单栏：选择【格式】|【多重引线样式】命令。
- 工具栏：单击【样式】工具栏上的【多重引线样式】按钮。
- 功能区：在【默认】选项卡中，单击【注释】滑出面板上的【多重引线样式】按钮。或在【注释】选项卡中，单击【引线】面板右下角的展开箭头。
- 命令行：在命令行输入 MLEADERSTYLE/MLS 并按 Enter 键。

【案例 9-16】：创建多重引线样式

01 在【默认】选项卡中，单击【注释】滑出面板上的【多重引线样式】按钮，弹出【多重引线样式管理器】对话框，如图 9-97 所示。

02 单击【新建】按钮，弹出【创建新多重引线样式】对话框，输入新样式的名称为“引线标注”，如图 9-98 所示。

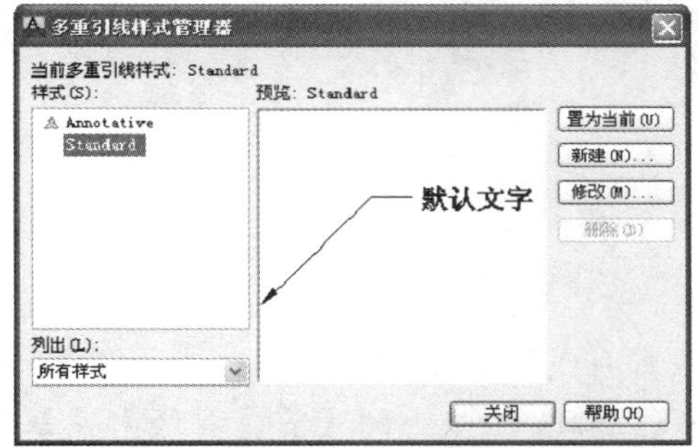

图 9-97　【多重引线样式管理器】对话框

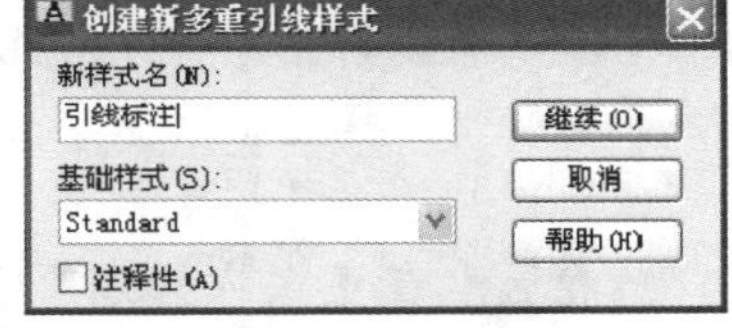

图 9-98　【创建新多重引线样式】对话框

03 单击【继续】按钮，系统弹出【修改多重引线样式：引线标注】对话框，如图 9-99 所示。

04 在【引线格式】选项卡中，选择箭头样式为【直角】，设置箭头大小为 0.5，如图 9-100 所示。

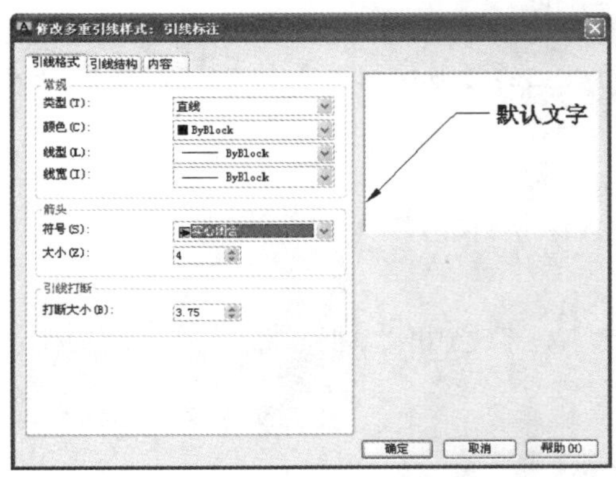

图 9-99　【修改多重引线样式】对话框

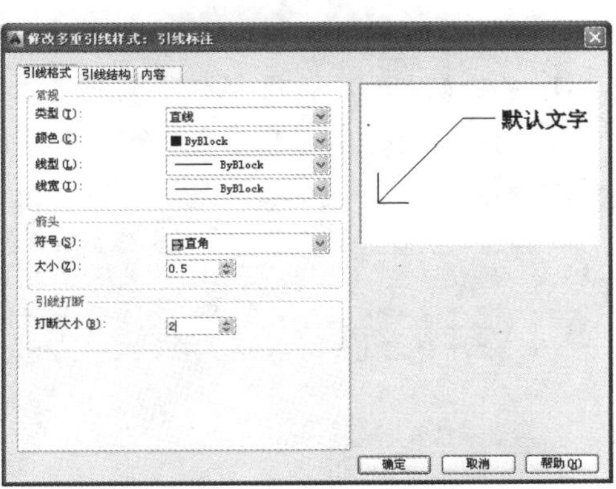

图 9-100　【引线格式】选项卡

05 在【引线结构】选项卡中，设置【最大引线点数】为 3，【设置基线距离】为 1，如图 9-101 所示。

06 在【内容】选项卡中，设置【文字高度】为 2.5，如图 9-102 所示。

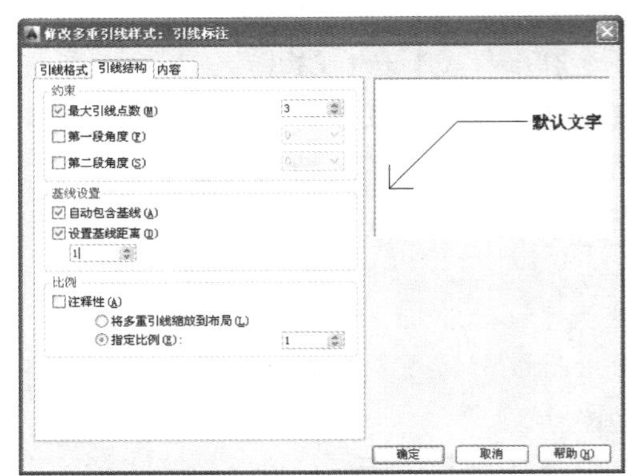

图 9-101 【引线结构】选项卡

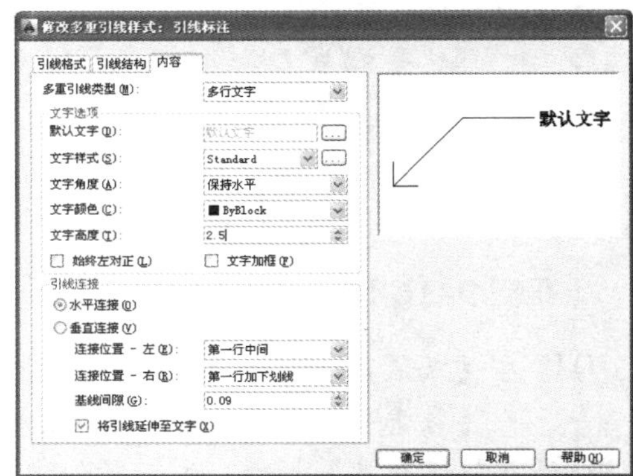

图 9-102 【内容】选项卡

07 单击【确定】按钮，关闭【修改多重引线样式】对话框。然后关闭【多重引线样式管理器】对话框，完成创建。

2. 标注多重引线

调用【多重引线】命令有以下几种方法。

- 菜单栏：选择【标注】|【多重引线】命令。
- 工具栏：单击【样式】工具栏上的【多重引线】按钮。
- 功能区：在【默认】选项卡中，单击【注释】面板上的【多重引线】按钮。或在【注释】选项卡中，单击【引线】面板上的【多重引线】按钮。
- 命令行：在命令行输入 MLEADER 并按 Enter 键。

【案例 9–17】：多重引线标注

01 打开“第 9 章\案例 9-17 多重引线标注.dwg”素材文件，如图 9-103 所示。

02 在【默认】选项卡中，展开【注释】滑出面板，在【多重引线样式】列表中选择【引线标注】样式，即可将该样式置为当前。

03 在【默认】选项卡中，单击【注释】面板上的【多重引线】按钮，创建引线标注，如图 9-104 所示。命令行操作如下：

```
命令：_mleader↙                    //调用【多重引线命令】
指定引线箭头的位置或 [引线基线优先(L)/内容优先(C)/选项(O)] <选项>:
                                    //指定引线箭头的位置
指定下一点：                         //指定引线的下一点
指定引线基线的位置：                 //指定基线位置，系统弹出文本框，输入文字“底孔 M10”
```

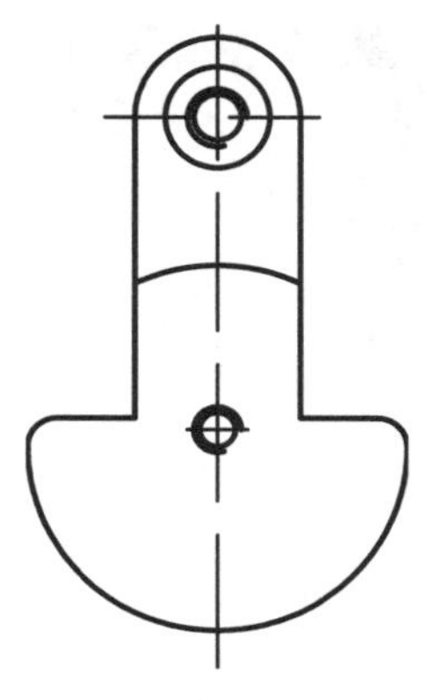

图 9-103　素材图样

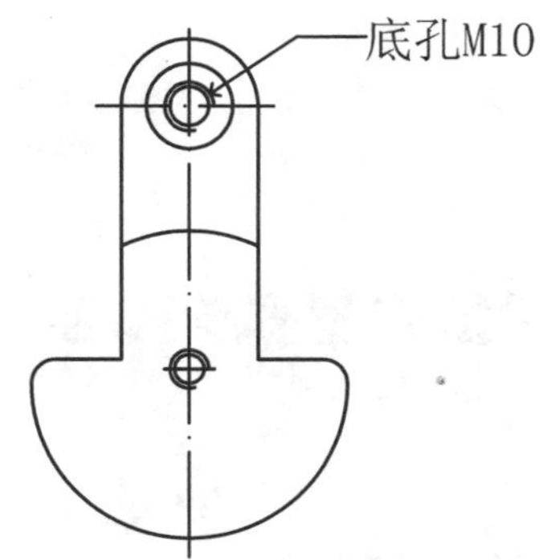

图 9-104　多重引线标注的结果

9.6.3　实例——标注园林景观剖面图

01 打开“第 9 章\9.6.3 标注园林景观剖面图.dwg”素材文件，如图 9-105 所示。

02 选择【格式】|【多重引线样式】命令，系统弹出【多重引线样式管理器】对话框，如图 9-106 所示。

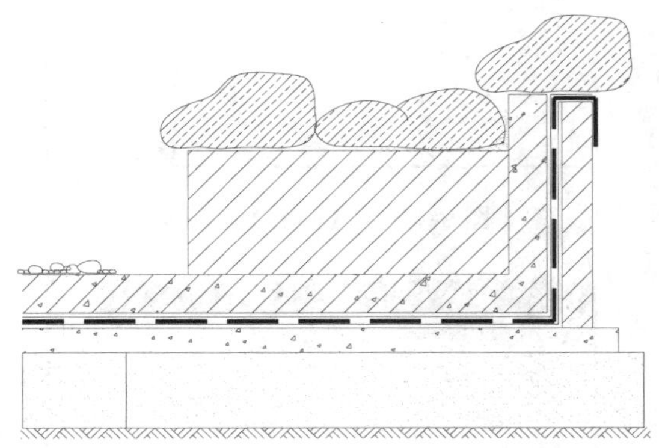

图 9-105　素材文件

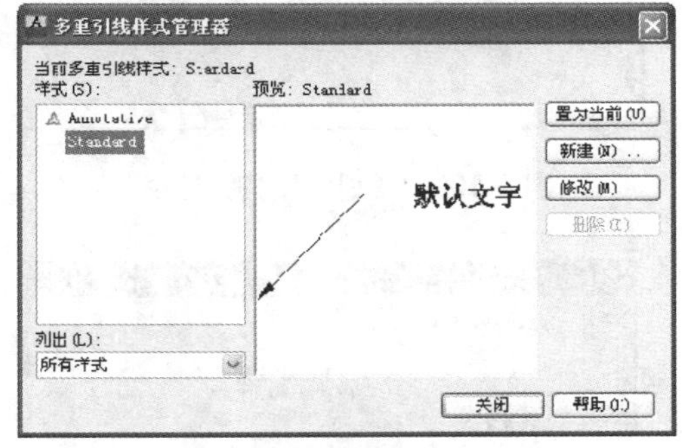

图 9-106　【多重引线样式管理器】对话框

03 单击【新建】按钮，系统弹出【创建新多重引线样式】对话框，输入新样式名称为“园林景观引线标注样式”，如图 9-107 所示。

04 单击【继续】按钮，系统弹出【修改多重引线样式】对话框，在【引线格式】选项卡中，设置箭头的【符号】为【无】，如图 9-108 所示。

05 在【引线结构】选项卡中，设置【设置基线距离】为 100，如图 9-109 所示。

06 在【内容】选项卡中，设置【文字高度】为 100，如图 9-110 所示。

07 单击【确定】按钮，关闭【修改多重引线样式】对话框。然后关闭【多重引线样式管理器】对话框，完成创建。

08 在命令行输入 LE 并按 Enter 键，调用【快速引线】命令，在命令行选择【设置】选项，系统弹出【引线设置】对话框，设置【注释类型】为【多行文字】，如图 9-111 所示。设置箭头样式为【无】，如图 9-112 所示。

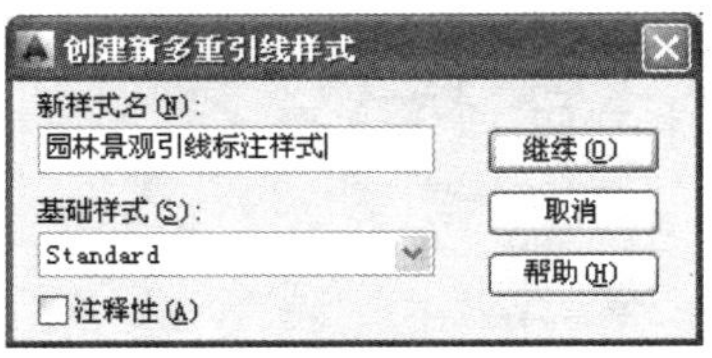

图 9-107　创建多重引线样式

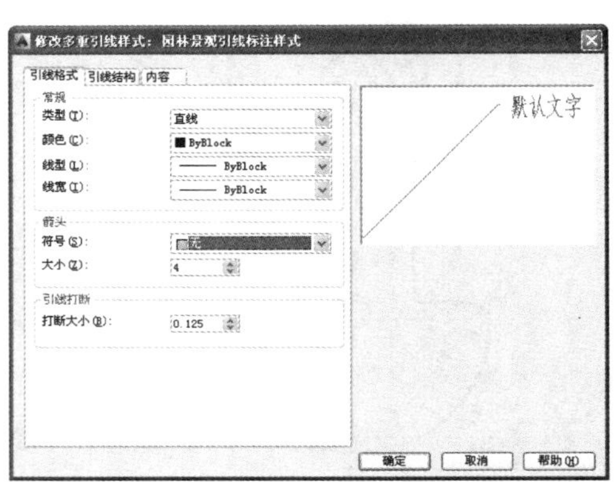

图 9-108　【引线格式】选项卡

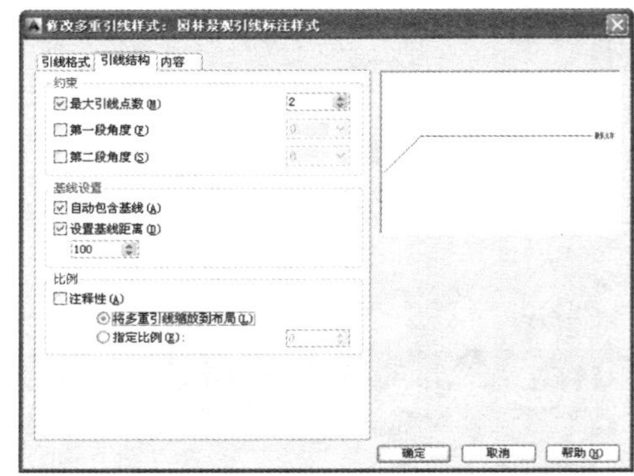

图 9-109　【引线结构】选项卡

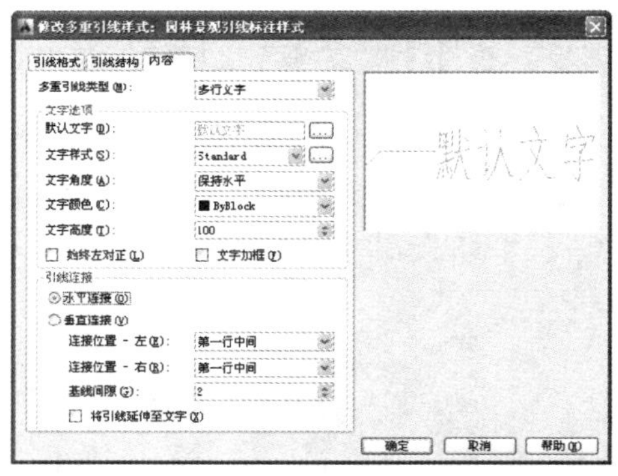

图 9-110　【内容】选项卡

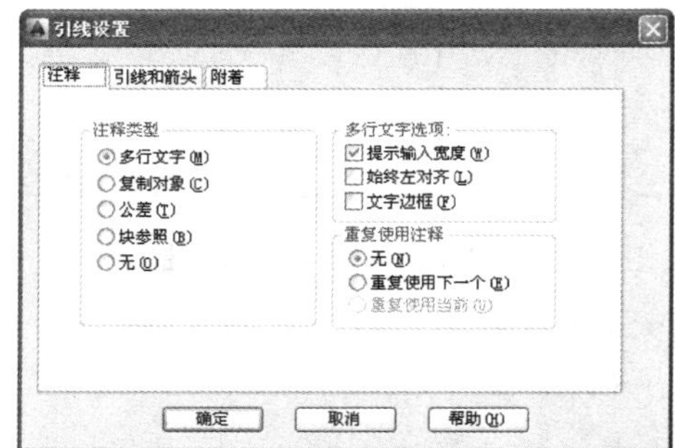

图 9-111　【注释】选项卡

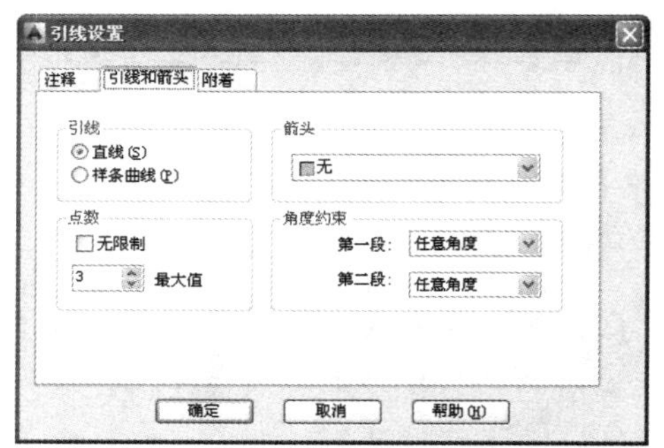

图 9-112　【引线和箭头】选项卡

09 设置完成后，关闭【引线设置】对话框。继续执行命令行操作，标注引线注释，如图 9-113 所示。命令行操作如下：

```
指定第一个引线点或 [设置(S)] <设置>:                //指定引线起点
指定下一点: ↙                                      //指定引线的折弯点
指定下一点: ↙                                      //指定引线的终点
指定文字宽度 <0>: 600↙                             //设置文本框的宽度范围
输入注释文字的第一行 <多行文字(M)>: 自然山石↙        //输入文字内容
输入注释文字的下一行: ↙                             //按 Enter 键结束文字输入
```

提示

命令行中的文字宽度是设置文本范围，并非设置文字大小。快速引线标注的文字大小取决于当前文字样式中的文字高度。

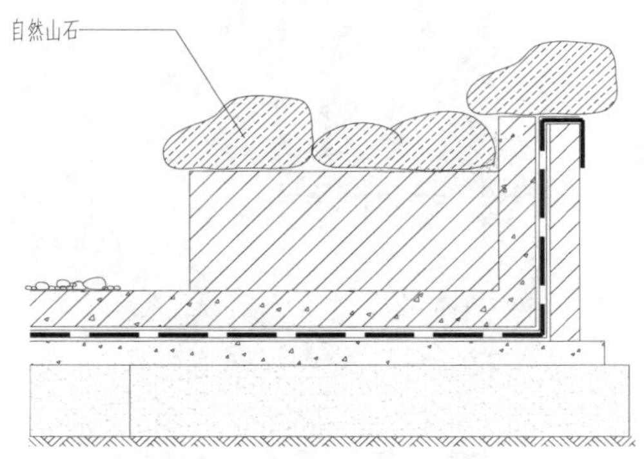

图 9-113　快速引线标注

10 在【注释】选项卡中，单击【引线】面板上的【多重引线】按钮，标注水平引线注释，如图 9-114 所示。

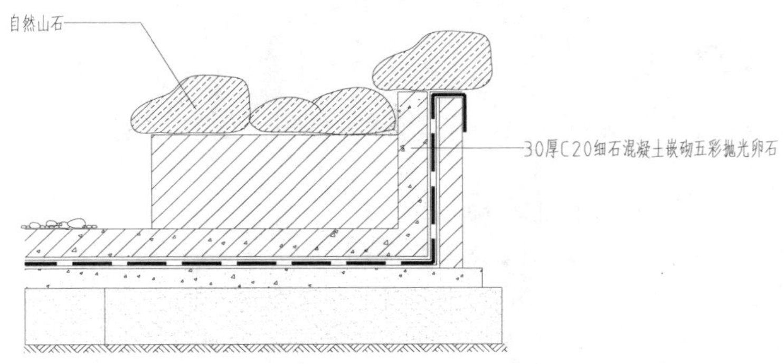

图 9-114　标注第一条多重引线

11 重复【多重引线】命令，由第一条多重引线上一点为起点，向下引出多重引线，并添加文字，如图 9-115 所示。

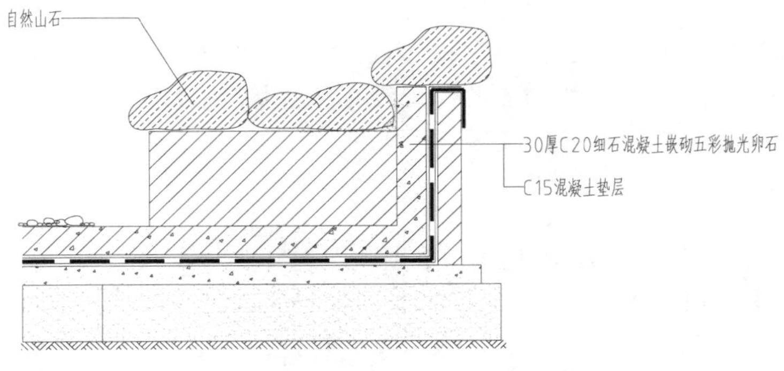

图 9-115　标注第二条多重引线

12 同样的方法标注其他引线注释，如图 9-116 所示。

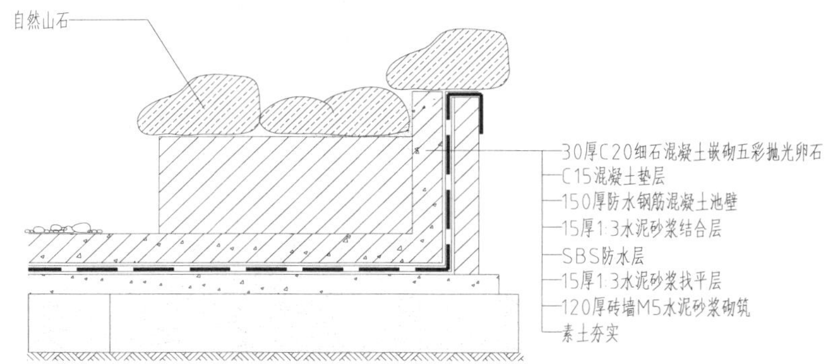

图 9-116 标注其他引线注释

9.7 形位公差

实际生产或施工中，零件或建筑的实际形状总是与图纸有一定误差，这种误差就是形位公差。

9.7.1 形位公差标注

AutoCAD 中的形位公差标注只能标注公差值，因此还需要配合引线标注，指明公差的位置。

调用【形位公差】标注有以下几种方法。

- 菜单栏：选择【标注】|【公差】命令。
- 工具栏：单击【标注】工具栏上的【公差】按钮。
- 功能区：在【注释】选项卡中，单击【标注】滑出面板上的【公差】按钮。
- 命令行：在命令行输入 TOLERANCE/TOL 并按 Enter 键。

在【特征符号】对话框中提供了国家规定的 14 种形位公差符号，这些公差可以分为以下两类。

1. 形状公差

形状公差主要有直线度(—)、平面度(▱)、圆度(○)、圆柱度(⌭)、线轮廓度(⌒)、面轮廓度(⌓)。前四种公差的测量没有参考基准。线轮廓度⌒、面轮廓度⌓两种公差可以有参考基准，也可以没有参考基准。

2. 位置公差

位置公差又分为定向公差、定位公差和跳动公差 3 类。

- 定向公差：有平行度//、垂直度⊥和倾斜度∠3 种，都要求有基准。
- 定位公差：有位置度⌖、同轴度◎、对称度⌯ 3 种，其中位置度可以有或没有基准，同轴度和对称度要求有基准。

- 跳动公差：有圆跳动↗、全跳动⌰两种，它们都要求有基准。

【案例 9-18】：形位公差标注

01 打开"第 9 章\案例 9-18 形位公差标注.dwg"素材文件，如图 9-117 所示。

02 在命令行输入 LE 并按 Enter 键，调用【快速引线】命令，在命令行选择【设置】选项，系统弹出【引线设置】对话框，选择【注释类型】为【公差】，如图 9-118 所示。

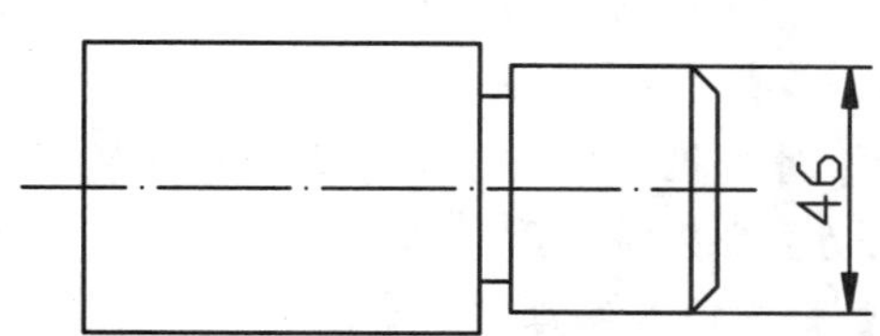

图 9-117　素材图形

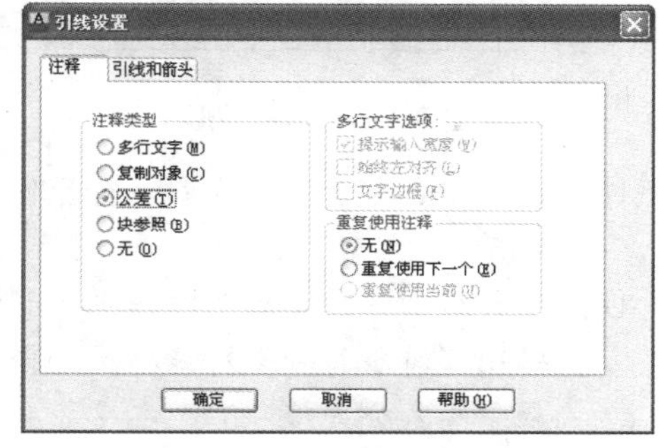

图 9-118　【引线设置】对话框

03 关闭【引线设置】对话框，继续执行命令行操作：

```
指定第一个引线点或 [设置(S)] <设置>:        //选择尺寸线的上端点
指定下一点:                                 //在竖直方向上合适位置确定转折点
指定下一点:                                 //水平向左拖动指针，在合适位置单击
```

04 引线确定之后，系统弹出【形位公差】对话框，选择公差类型并输入公差值，如图 9-119 所示。

05 单击【确定】按钮，标注结果如图 9-120 所示。

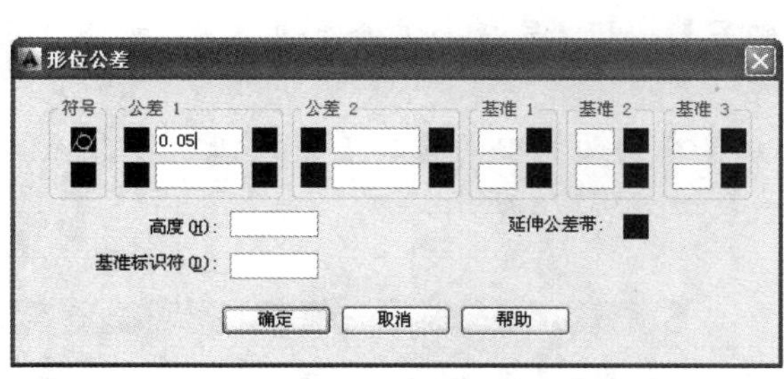

图 9-119　【形位公差】对话框

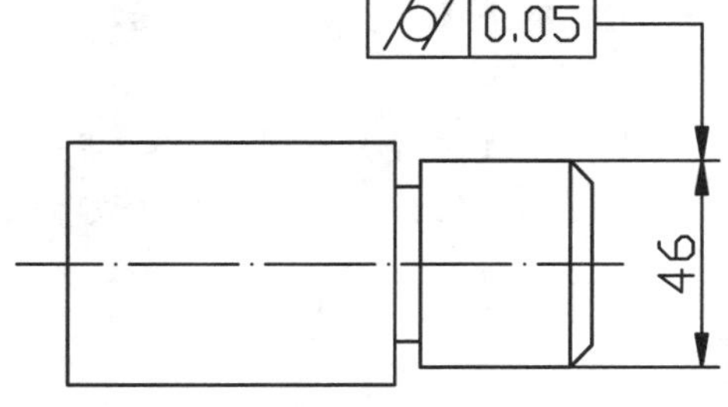

图 9-120　形位公差标注结果

9.7.2　实例——标注螺钉形位公差

01 打开"第 9 章\9.7.2 标注螺钉形位公差.dwg"素材文件，如图 9-121 所示。

02 在命令行输入 LE 并按 Enter 键，调用【快速引线】命令，在命令行选择【设置】选项，系统弹出【引线设置】对话框，选择【注释类型】为【公差】，如图 9-122 所示。

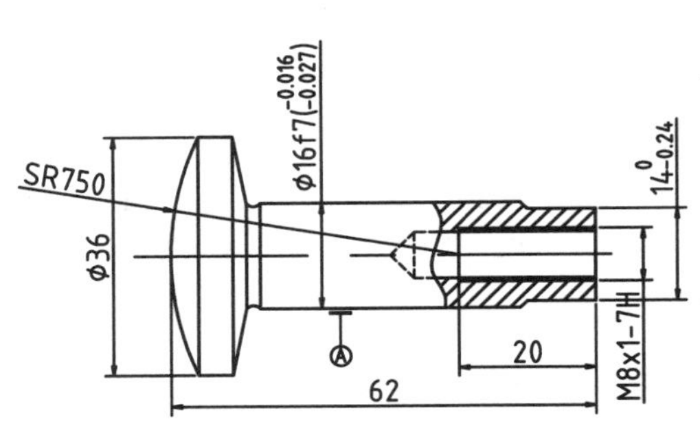

图 9-121 素材图形

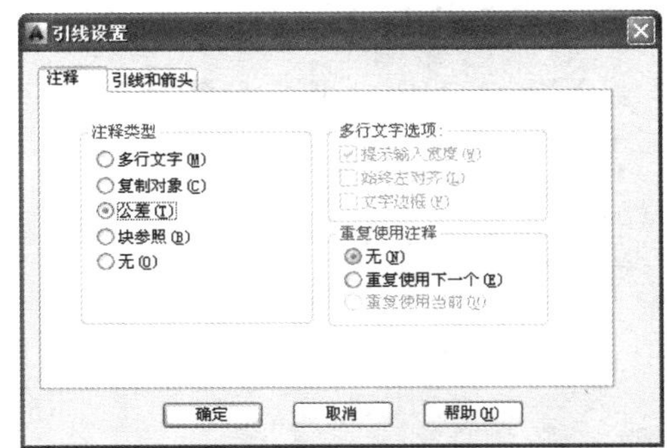

图 9-122 【引线设置】对话框

03 设置完成之后继续在命令行操作，根据命令行提示绘制引线，如图 9-123 中 L1 所示。

04 引线绘制完成之后系统弹出【形位公差】对话框，单击【符号】项目下的黑框，弹出【特征符号】对话框，选择【圆跳动】公差符号↗。然后在【公差 1】参数栏中输入公差值 0.03，在【基准 1】参数栏中输入字母 A，如图 9-124 所示。

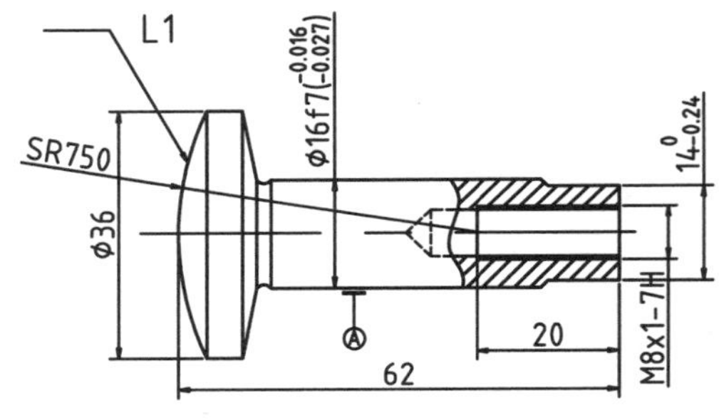

图 9-123 绘制快速引线

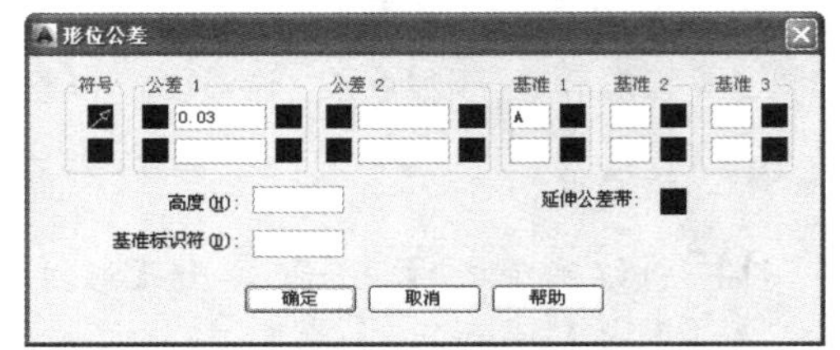

图 9-124 设置公差

05 单击【形位公差】对话框上的【确定】按钮，完成形位公差的标注，如图 9-125 所示。

06 在【注释】选项卡中，单击【标注】滑出面板中的【公差】按钮，系统弹出【形位公差】对话框。设置公差参数如图 9-126 所示。

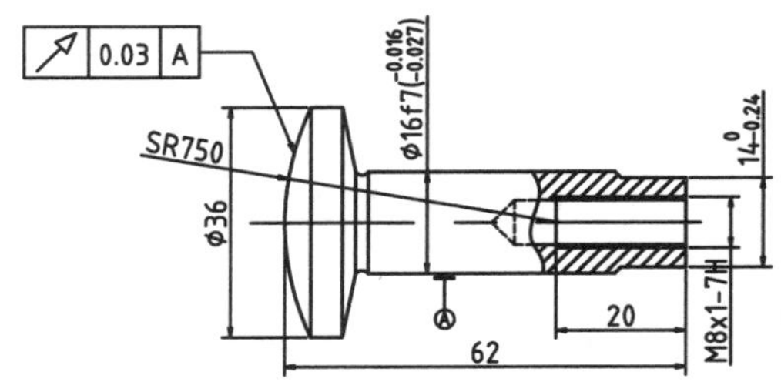

图 9-125 标注圆跳动公差

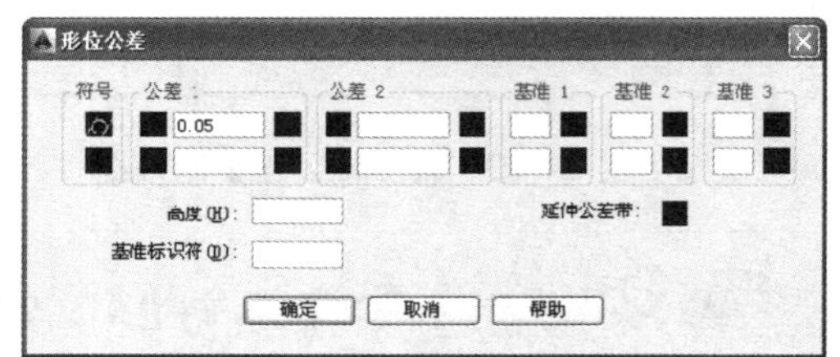

图 9-126 设置公差参数

07 单击【形位公差】对话框上的【确定】按钮，生成形位公差预览，在合适的位置单击放置该形位公差标注，如图 9-127 所示。

08 创建的形位公差没有引线，单击【注释】面板上的【多重引线】按钮，绘制多重引线，如图 9-128 所示，完成形位公差标注。

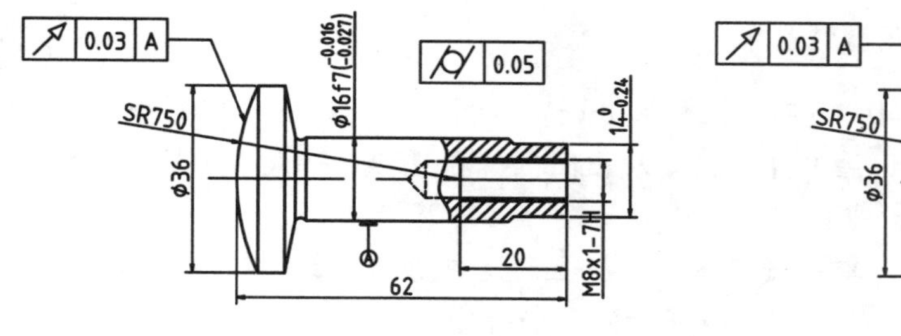

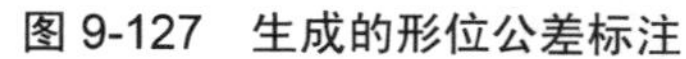
图 9-127　生成的形位公差标注

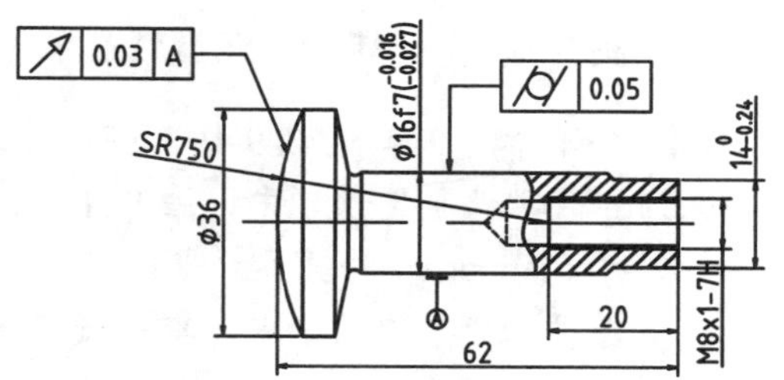

图 9-128　添加引线的结果

9.8　编辑尺寸标注

如果对标注的样式不满意，或者要修改某些标注的文字内容，就需要使用一些尺寸的编辑命令。

9.8.1　替代标注样式

用户在标注尺寸的过程中，可以在原标注样式内临时改变标注样式的某些变量，以便对当前标注进行编辑，但是这种替代只能对当前进行的标注起作用，而不会影响原系统标注的变量。

替代标注样式的方法如下。

- 菜单栏：选择【标注】|【替代】命令。
- 功能区：在【注释】选项卡中，单击【标注】面板上的【替代】按钮。
- 命令行：在命令行输入 DIMOVERRIDEDIMSTYLE 并按 Enter 键。

调用以上任意命令后，命令行显示如下：

```
输入要替代的标注变量名或 [清除替代(C)]:
```

命令行各选项的含义如下。

- 输入要替代的标注变量名：输入后，系统将会提示输入新的变量值，此时按照要求输入新的值即可。
- 清除替代：选择对象后，系统会自动取消对该对象所做的替代操作，并恢复为原来的标注变量。

9.8.2　更新标注样式

更新标注可以用当前标注样式更新标注对象，也可以将标注系统变量保存或恢复到选定的标注样式。

调用【更新标注】命令有以下几种方法。

- 菜单栏：调用【标注】|【更新】命令。

- 工具栏：单击【标注】工具栏上的【标注更新】按钮。
- 命令行：在命令行输入 DIMSTYLE 并按 Enter 键。

【案例 9-19】：更新标注样式

01 打开“第 9 章/案例 9-19 更新标注样式.dwg”素材文件，如图 9-129 所示。

02 在【默认】选项卡中，展开【注释】滑出面板，在【标注样式】下拉列表框中选择 Standard，将其置为当前。

03 在【注释】选项卡中，单击【标注】面板上的【更新标注】按钮，将标注的尺寸样式更新为当前样式，如图 9-130 所示。命令行操作如下：

```
命令： _dimstyle↙                              //调用【更新标注】命令
当前标注样式：Standard   注释性：否
输入标注样式选项
[注释性(AN)/保存(S)/恢复(R)/状态(ST)/变量(V)/应用(A)/?] <恢复>： _apply
选择对象：找到 1 个
选择对象：找到 1 个，总计 2 个
选择对象：找到 1 个，总计 3 个
选择对象：找到 1 个，总计 4 个
选择对象：找到 1 个，总计 5 个
选择对象：找到 1 个，总计 6 个
选择对象：找到 1 个，总计 7 个               //选择所有的尺寸标注
选择对象：                                    //按 Enter 键结束选择，完成标注更新
```

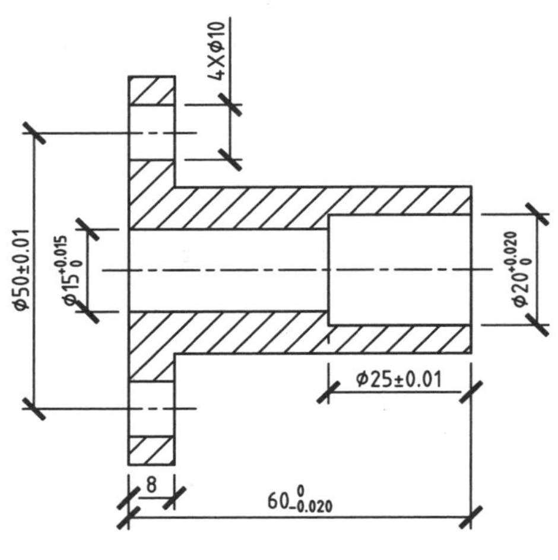

图 9-129 素材图形

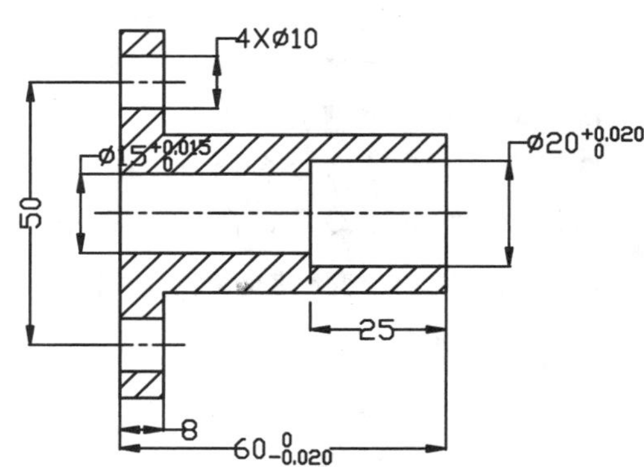

图 9-130 更新标注的结果

9.8.3 关联标注

关联标注是指尺寸对象及其标注的图形对象之间建立了某种动态联系，当图形对象的位置、形状、大小等发生改变时，其尺寸对象也会随之更新。

如图 9-131 所示，任意绘制一个矩形，并对其矩形尺寸标注。然后使用【缩放】命令将该矩形放大一倍后，其相应的尺寸也会跟着放大一倍。

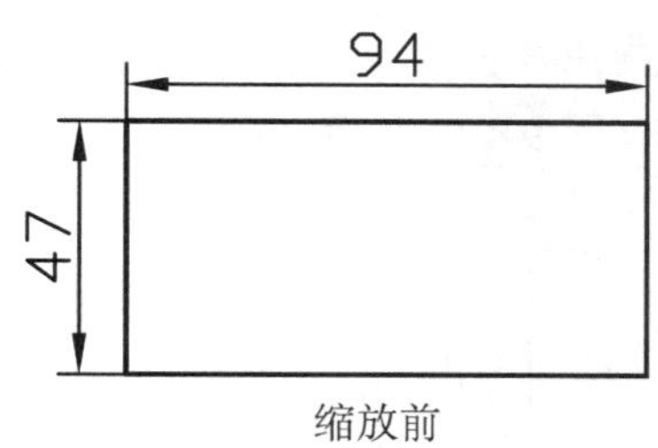

缩放前

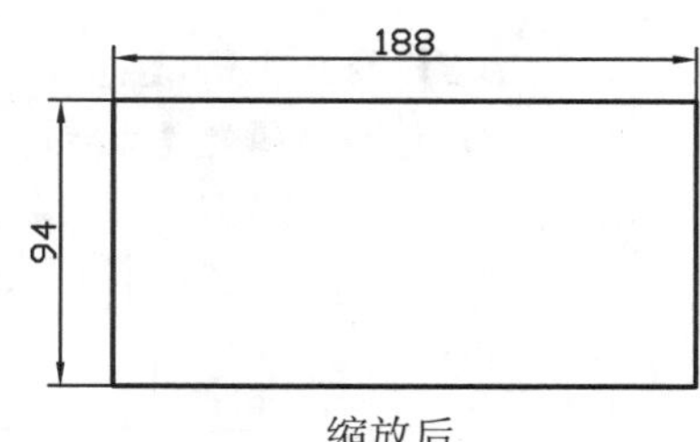

缩放后

图 9-131　缩放前后关联标注效果对比

对于已经建立了关联的尺寸对象及其图形对象，可以在命令行输入 DIMDISASSOCIATE 或 DDA 命令解除他们之间的关联性。解除之后，对图形对象进行修改，尺寸对象不会发生任何改变。

对于没有关联或已经解除了关联的尺寸对象和图形对象，可以用 DIMREASSOCIATE 或 DRE 命令重建关联。

9.8.4　编辑尺寸标注文字

尺寸标注的文字一般是数字，有时为了修改尺寸值、添加尺寸公差，或是添加附加说明，都需要编辑尺寸文字。

调用【编辑标注】命令有以下几种方法。

- 工具栏：单击【标注】工具栏上的【编辑标注文字】按钮A。
- 命令行：在命令行输入 DDEDIT 并按 Enter 键。

【案例 9-20】：编辑标注文字

01　打开“第 9 章\案例 9-20 编辑标注文字.dwg”素材文件，如图 9-132 所示。

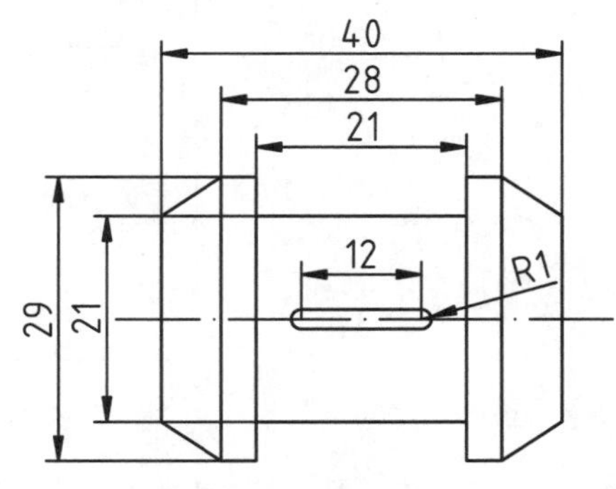

图 9-132　素材图形

02　双击标注值为 29 的尺寸，系统弹出【文字编辑器】选项卡，如图 9-133 所示。

图 9-133　【文字编辑器】选项卡

03 单击【插入】面板上的【符号】按钮，在弹出的列表中选择【直径】选项，然后单击【关闭文字编辑器】按钮，标注效果如图 9-134 所示。

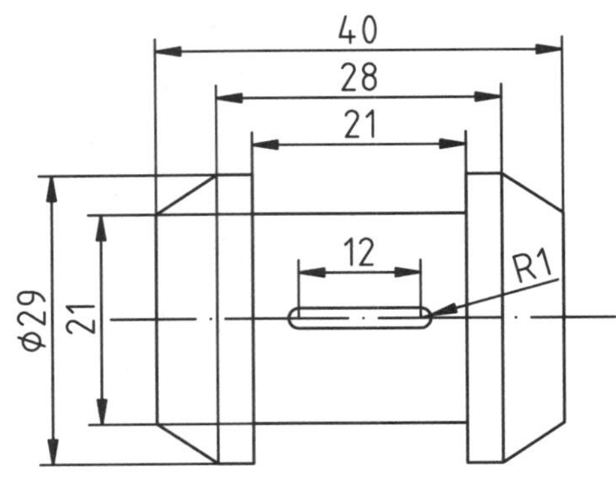

图 9-134 编辑标注文字

9.8.5 实例——调整标注效果

01 打开“第 9 章\9.8.5 调整标注效果. dwg”素材文件，如图 9-135 所示。

02 在命令行输入 D 并按 Enter 键，弹出【标注样式管理器】对话框，单击【替代】按钮，系统弹出【替代当前标注样式：ISO-25】对话框，在【调整】选项卡中设置【使用全局比例】为 1，如图 9-136 所示。

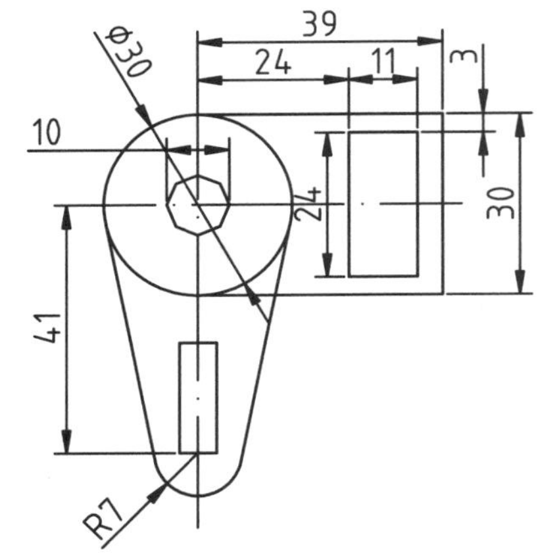

图 9-135 素材文件

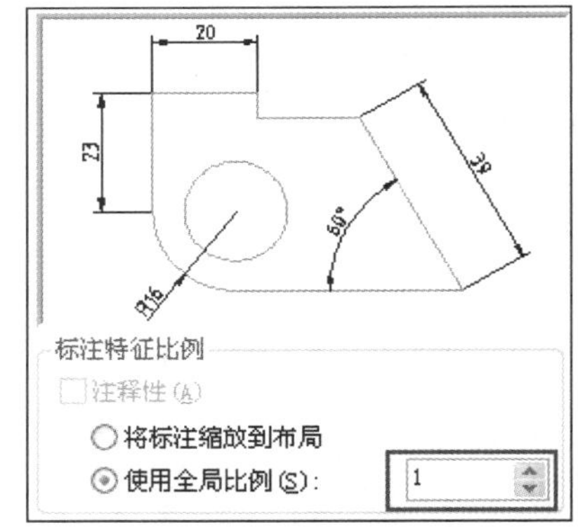

图 9-136 设置替代样式

03 单击【确定】按钮，返回【标注样式管理器】对话框，将新建的替代样式置为当前。

04 在【注释】选项卡中，单击【标注】面板上的【线性标注】按钮，对该图形中的小矩形进行标注，如图 9-137 所示。

05 在【注释】选项卡中，单击【标注】面板上的【更新标注】按钮，选择大矩形的长度和宽度尺寸作为更新对象，将其更新到当前标注样式，如图 9-138 所示。

06 在【默认】选项卡中，单击【修改】面板上的【缩放】按钮，选择中间八边形，指定中心点为缩放基点，将其放大两倍，其尺寸随之放大，如图 9-139 所示。

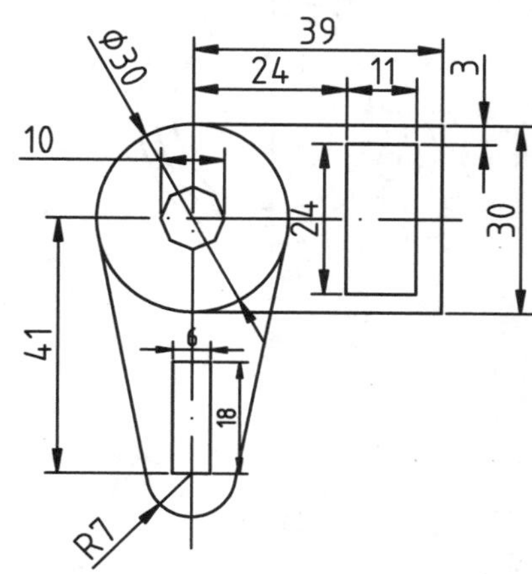

图 9-137　替代标注

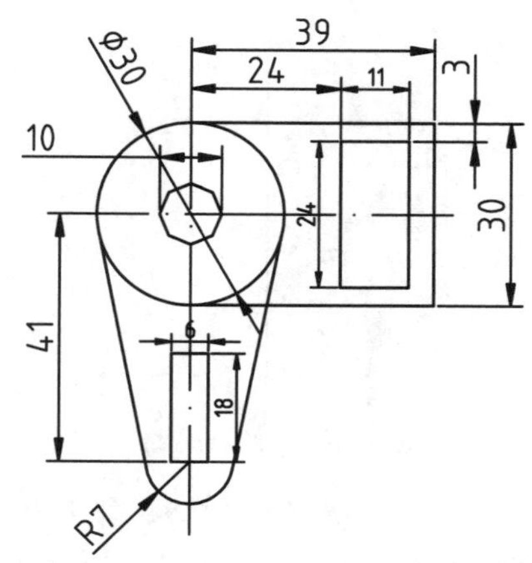

图 9-138　更新标注

07 双击数值为 41 的尺寸标注，进入标注文字编辑模式，输入文字内容，如图 9-140 所示。然后选中文字内容“+0.05^0”，单击【格式】滑出面板上的【堆叠】按钮，生成尺寸公差，如图 9-141 所示。

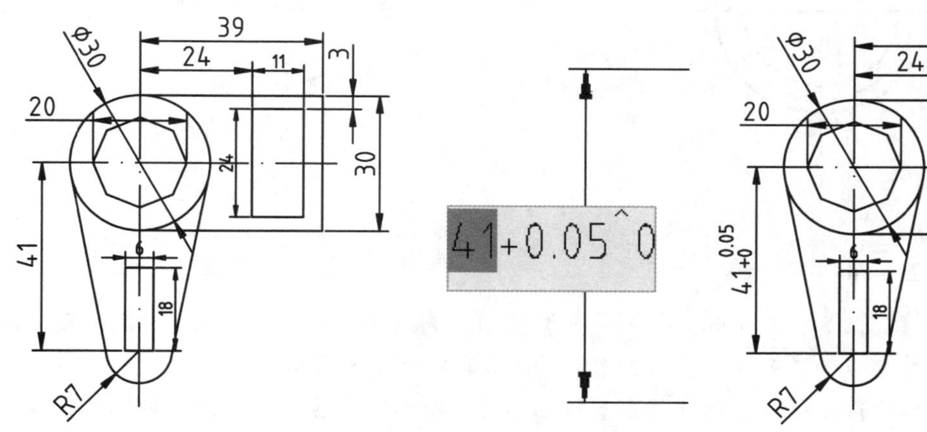

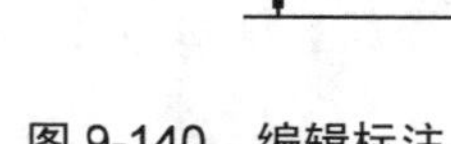

图 9-139　缩放图形　　图 9-140　编辑标注　　图 9-141　添加公差的结果

9.9　综合实例——绘制底座类零件

01 单击快速访问工具栏上的【新建】按钮，新建空白文档。

02 依次创建“中心线”、“轮廓线”、“尺寸线”、“剖面线”图层，并设置“中心线”为当前图层。

03 在【默认】选项卡中，单击【绘图】面板上的【直线】按钮，绘制辅助线，如图 9-142 所示。

04 设置“轮廓线”为当前图层，单击【绘图】面板上的【圆】按钮，以中心线交点为圆心，绘制半径为 30、26 和 22 的 3 个同心圆，如图 9-143 所示。

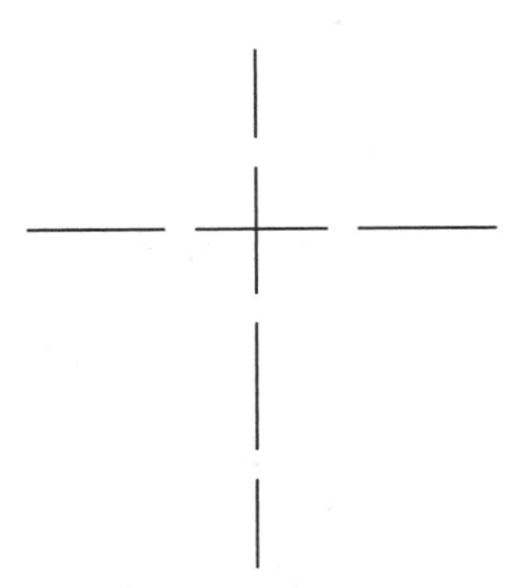

图 9-142　绘制辅助线

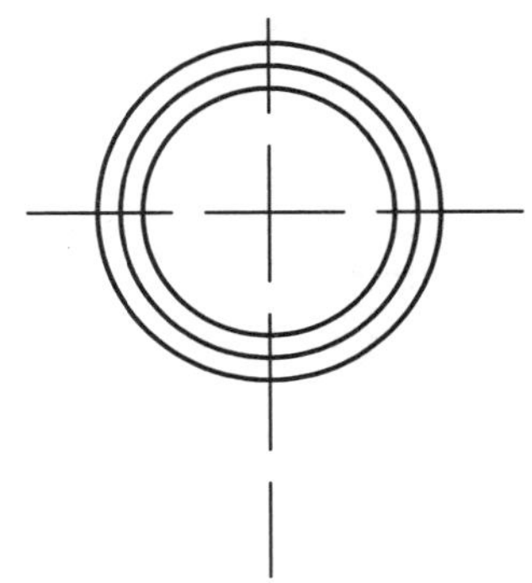

图 9-143　绘制同心圆

05 将半径为 26 的圆切换到中心线层，作为构造圆，如图 9-144 所示。

06 单击【绘图】面板上的【圆】按钮，以水平中心线与构造圆的交点为圆心，绘制一个半径为 1.5 的圆，如图 9-145 所示。

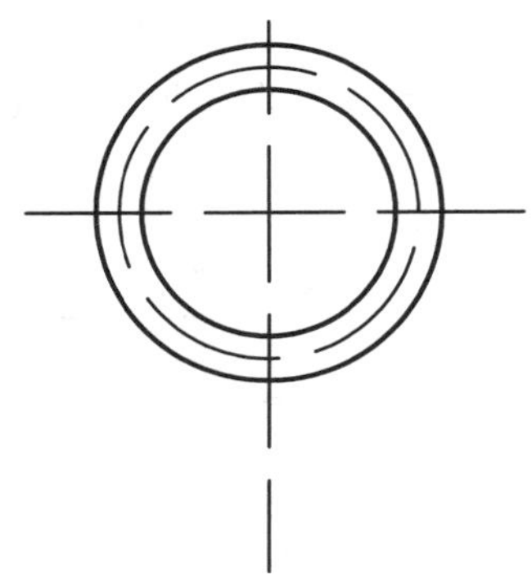

图 9-144　转换图层

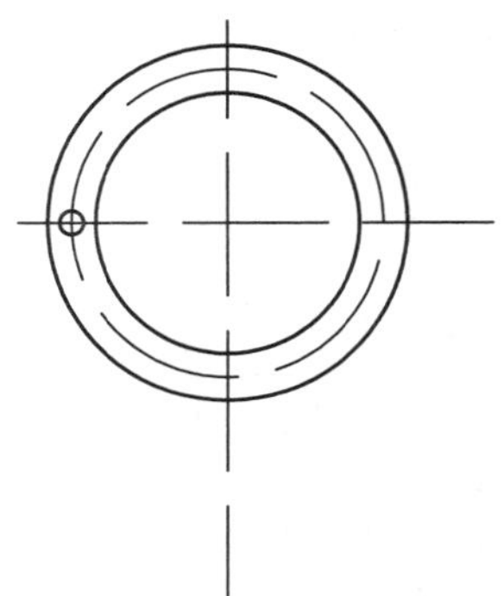

图 9-145　绘制圆

07 单击【修改】面板上的【环形阵列】按钮，选择半径为 1.5 的圆为阵列对象，以中心线交点为阵列中心，阵列数目为 8，阵列结果如图 9-146 所示。

08 单击【修改】面板上的【修剪】按钮，修剪图形，然后使用 Delete 键删除多余线条，结果如图 9-147 所示。

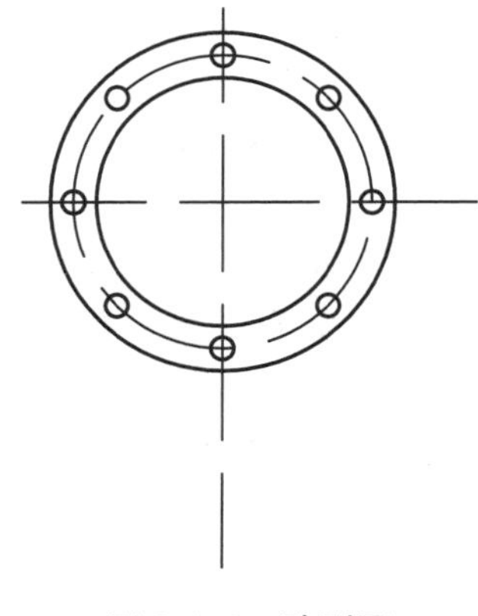

图 9-146　阵列圆

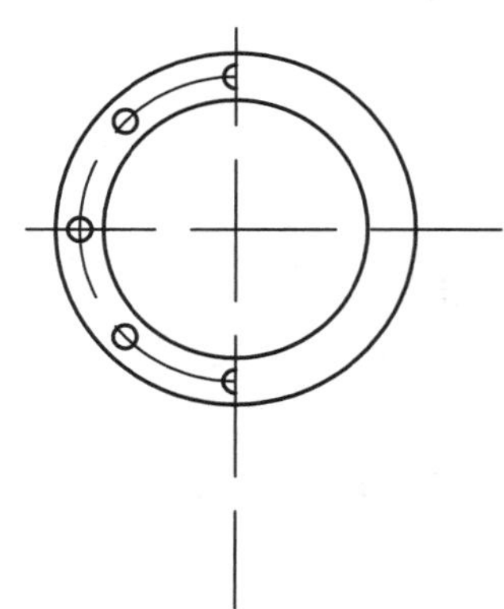

图 9-147　修剪后的图形

09 单击【修改】面板上的【偏移】按钮，将水平中心线向两侧偏移 5 和 9，将竖直中心线向右偏移 32，结果如图 9-148 所示。

10 单击【修改】面板上的【修剪】按钮，修剪图形并删除多余线条，然后将修剪出的线条转换到“轮廓线”图层，结果如图 9-149 所示。

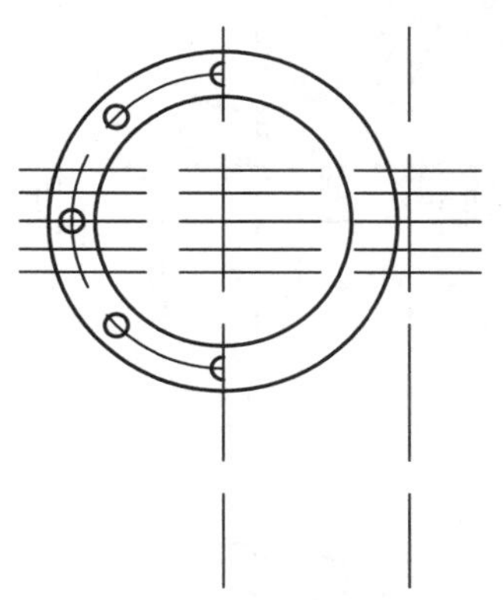

图 9-148　偏移中心线

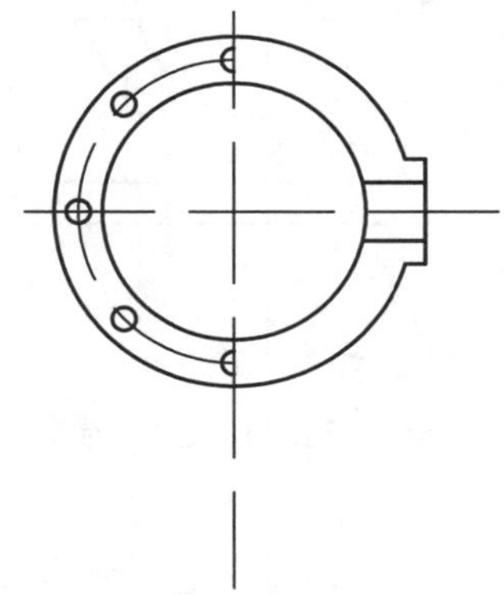

图 9-149　修剪圆孔

11 单击【修改】面板上的【偏移】按钮，将水平中心线向下分别偏移 33 和 40，将竖直中心线向两侧偏移 29.5 和 30，结果如图 9-150 所示。

12 单击【修改】面板上的【修剪】按钮，修剪并删除多余线条，然后将四周边线转换为轮廓线，结果如图 9-151 所示。

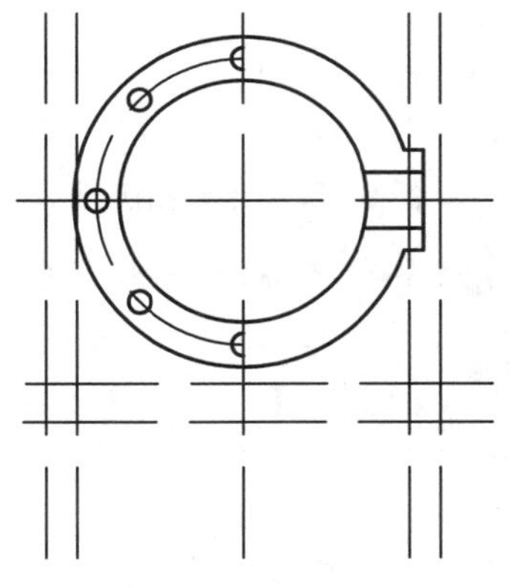

图 9-150　偏移中心线

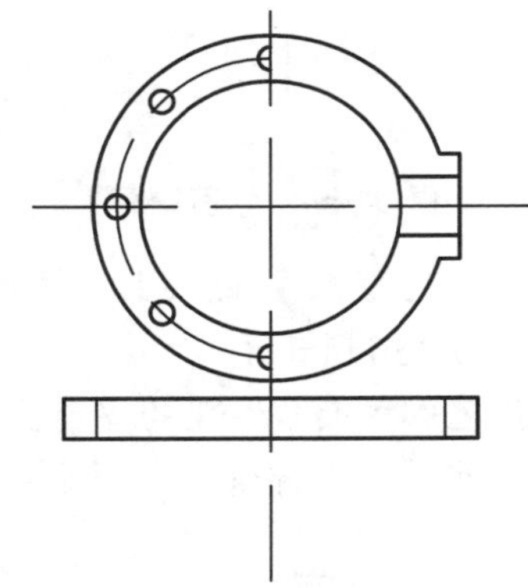

图 9-151　修剪轮廓

13 单击【修改】滑出面板上的【拉长】按钮，将中间两条竖直直线拉长，如图 9-152 所示。

14 单击【修改】面板上的【偏移】按钮，将左边的中心线向两侧偏移 4，将右边的中心线向两侧偏移 4 和 2，结果如图 9-153 所示。

15 单击【修改】面板上的【修剪】按钮，修剪并删除多余线条，然后将修剪出的直线转换为轮廓线，结果如图 9-154 所示。

16 展开【绘图】面板上的【圆】按钮，选择【相切、相切、半径】的方式绘制两个半径为 4 的圆，如图 9-155 所示。

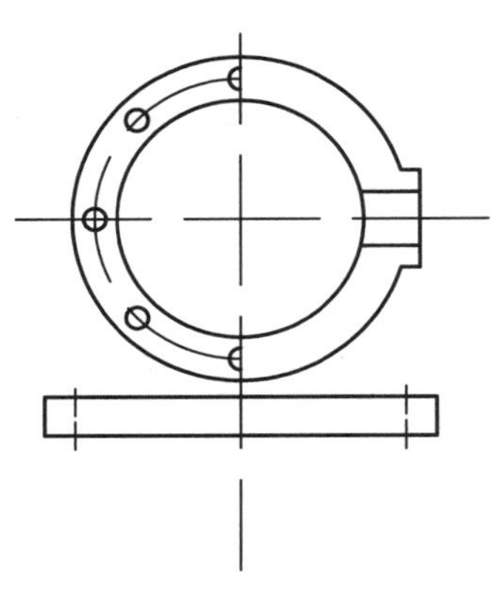
图 9-152　拉长中心线

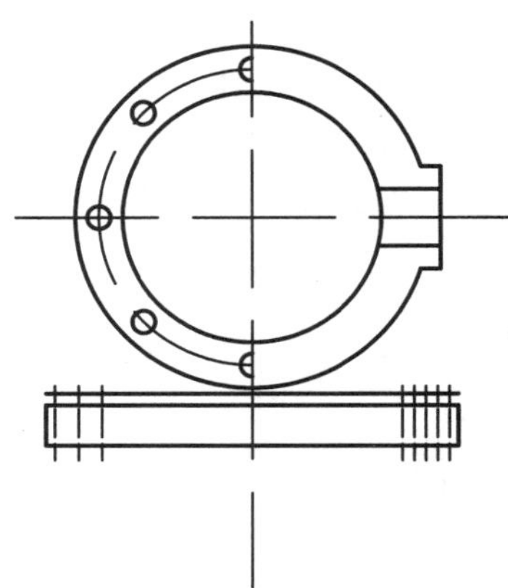
图 9-153　偏移中心线

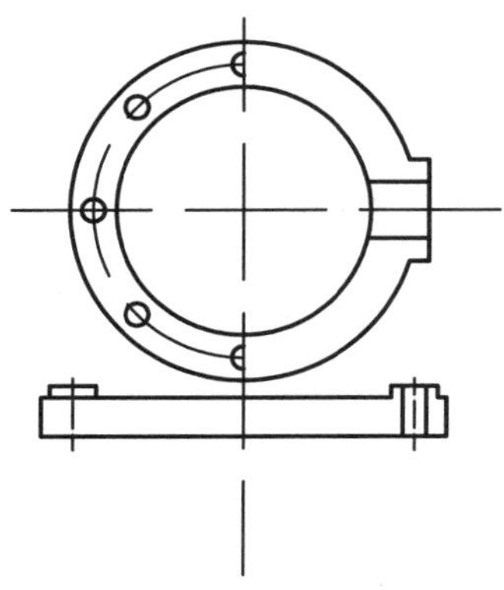
图 9-154　修剪轮廓

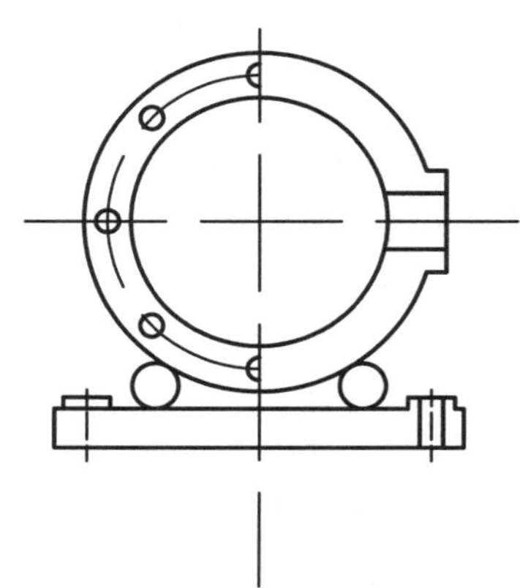
图 9-155　绘制相切圆

17 单击【修改】面板上的【修剪】按钮，修剪两个半径为 4 的相切圆，结果如图 9-156 所示。

18 设置“剖面线”层为当前图层，单击【绘图】面板上的【图案填充】按钮，对中心线右侧进行填充，如图 9-157 所示。

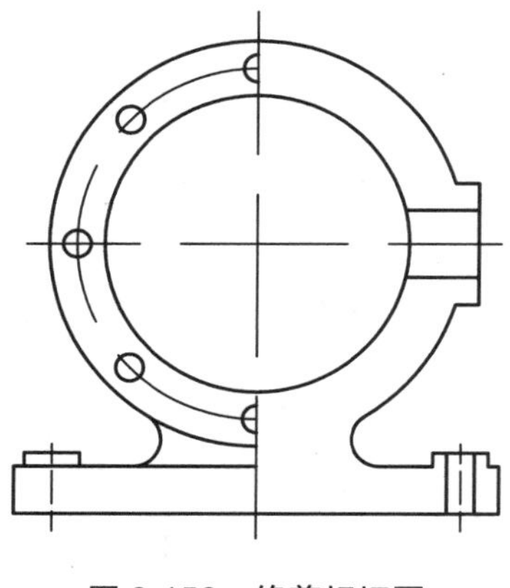
图 9-156　修剪相切圆

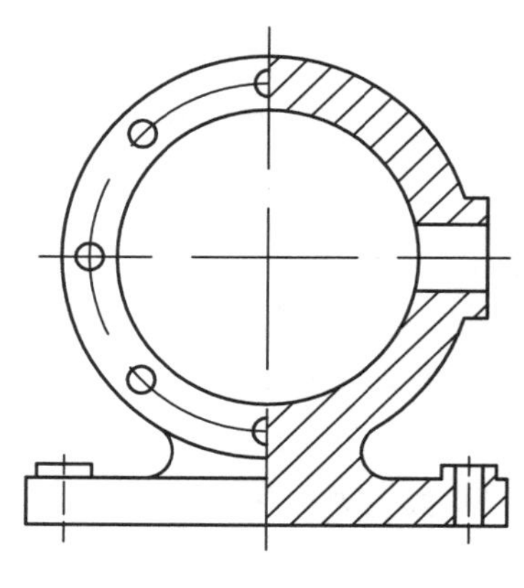
图 9-157　图案填充

19 接下来进行尺寸标注。在命令行输入 D 并按 Enter 键，弹出【标注样式管理器】对话框，新建符合标准的标注样式，并将其设置为当前样式。

20 在【注释】选项卡中，单击【标注】面板上的【线性】按钮，对图形中的线性尺寸进行标注，如图 9-158 所示。

21 分别单击【标注】面板上的【直径】和【半径】按钮，标注圆和圆弧的尺寸，如图 9-159 所示。

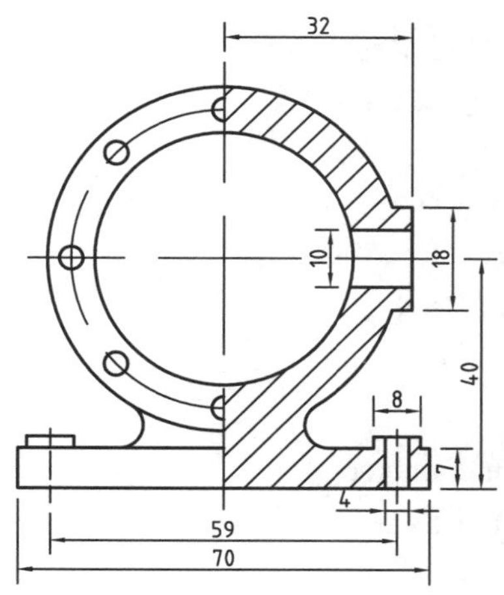

图 9-158　线性标注

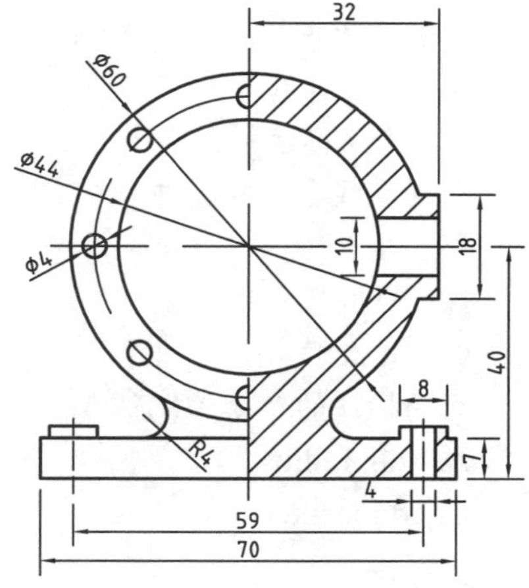

图 9-159　直径和半径标注

22 在命令行输入 LE 并按 Enter 键，调用【快速引线】命令，在命令行选择【设置】选项，弹出【引线设置】对话框，设置【注释类型】为【公差】，然后在要标注公差的位置绘制引线，引线完成之后系统弹出【形位公差】对话框，设置相应参数，标注形位公差，如图 9-160 所示。

23 在命令行输入 DDEDIT 并按 Enter 键，调用【编辑标注】命令，编辑数值为 59 的尺寸，为其添加尺寸公差，如图 9-161 所示。

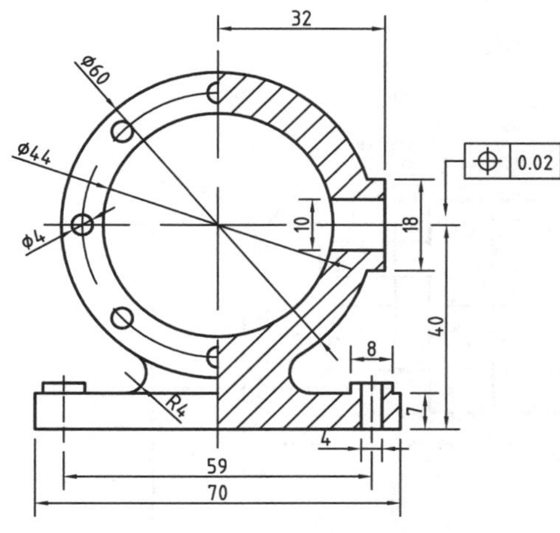

图 9-160　标注形位公差

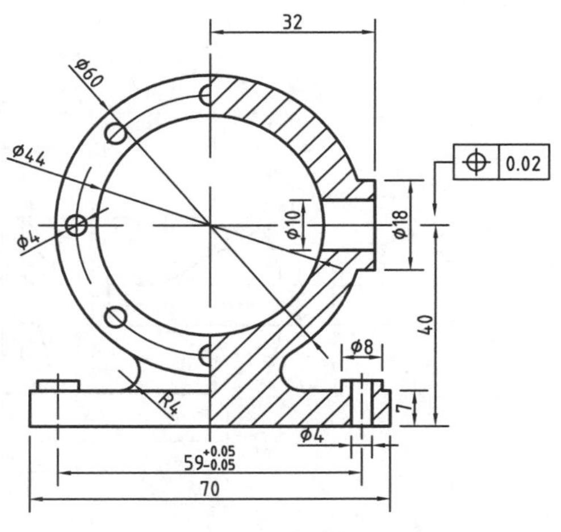

图 9-161　添加尺寸公差

9.10 思考与练习

一、填空题

1. 用于指示尺寸方向和范围的线条的尺寸标注部件，是(　　)部件。

   A. 尺寸文字　　B. 尺寸线　　C. 尺寸界线　　D. 尺寸箭头

2. 以下选项中，除(　　)对话框外，其余3个对话框的设置皆相同。

   A. 标注样式管理器　　B. 新建标注样式

   C. 修改标注样式　　D. 替代当前样式

3. 在【直线】选项卡中，(　　)可以设置自图形中定义标注的点到尺寸界线的偏移距离。

   A. 超出尺寸线　　B. 起点偏移量

   C. 超出标记　　D. 基线间距

4. 直径标注的命令为(　　)。

   A. dimradius　　B. dimdiameter

   C. dimcenter　　D. dimarc

二、操作题

1. 打开素材文件“第 9 章/操作题 1.dwg”，如图 9-162 所示，为其添加标注，如图 9-163 所示。

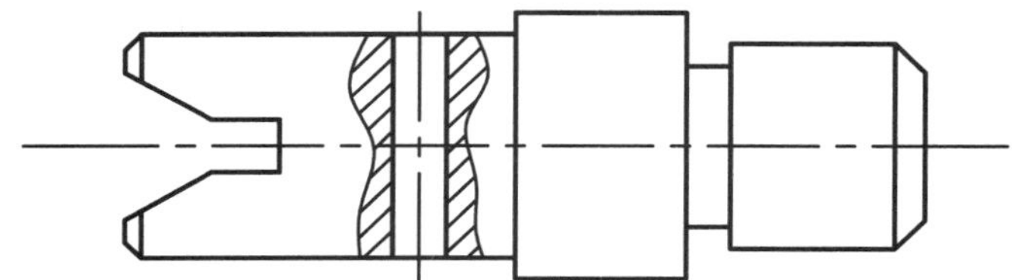

图 9-162　素材图形

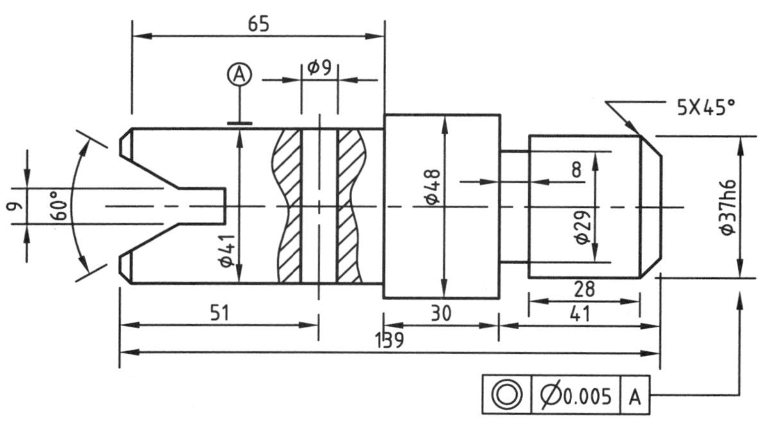

图 9-163　标注效果

2. 绘制并标注如图 9-164 所示的图形。

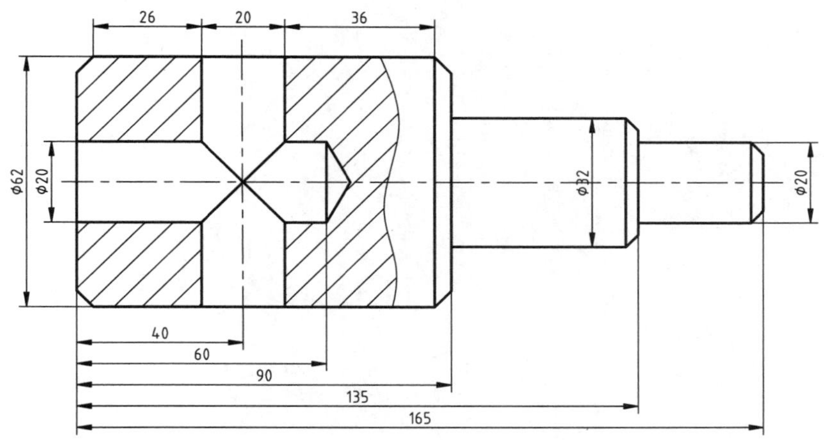

图 9-164　绘制并标注图形

第 10 章

使用图块与设计中心

本章导读

绘图过程中，经常需要重复使用一些标准图形，例如机械制图中的标准件、螺栓、螺钉以及各种结构的型材等，以及建筑施工图中常用的门、窗图块等。为了避免重复绘制相同的对象，在 AutoCAD 中可以将一些经常使用的图形对象定义为图块。当需要重新使用这些图形时，只需要按合适的比例插入该图块即可。灵活使用图块可以避免大量的重复性的绘图工作，提高 AutoCAD 绘图的效率。

学习目标

- 了解内部块和外部块的区别，掌握这两种块的创建和插入方法。掌握块编辑的多种方法，能够利用块编辑器创建动态块。
- 了解图块属性的作用，掌握含有属性的图块创建方法。
- 了解设计中心的作用和打开方法，掌握利用设计中心插入图块的方法。
- 掌握工具选项板的打开、新建和添加工具按钮的方法。
- 掌握图形的距离、半径、角度、面积等参数的查询方法。

10.1 创建及插入图块

创建图块是将已有的图形创建为内部块或外部块。

10.1.1 创建内部块

内部块是不作为单独文件的块，只能在当前文件中使用。AutoCAD 中的【创建块】命令用于创建内部块。

调用【创建块】命令有以下几种方法。

- 菜单栏：选择【绘图】|【块】|【创建】命令。
- 工具栏：单击【绘图】工具栏上的【创建块】按钮。
- 功能区：在【默认】选项卡中，单击【块】面板中的【创建】按钮。
- 命令行：在命令行输入 BLOCK/B 并按 Enter 键。

一个完整的内部块包含基点、对象和块名称 3 个要素。

【案例 10-1】：创建推拉窗图块

01 打开“第 10 章/案例 10-1 推拉窗.dwg”素材文件，如图 10-1 所示。

02 在【默认】选项卡中，单击【块】面板上的【创建】按钮，系统弹出【块定义】对话框，如图 10-2 所示。

图 10-1 素材图形

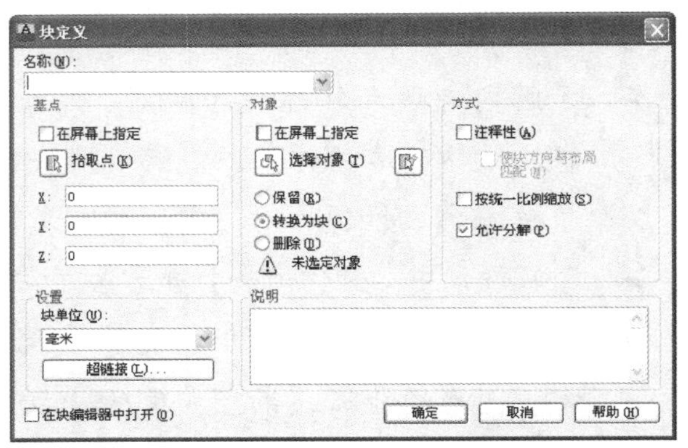

图 10-2 【块定义】对话框

03 在【名称】下拉列表框中，输入块名称为 Window。然后单击【基点】选项组中的【拾取点】按钮，系统暂时隐藏对话框，回到绘图界面，单击端点 A 作为块的基点。系统再次显示【块定义】对话框，单击【对象】选项组中的【选择对象】按钮，回到绘图界面，框选整个窗户图形作为块对象。按 Enter 键，系统再次返回【块定义】对话框。

04 单击【块定义】对话框上的【确定】按钮，完成内部块 Window 的创建。

【块定义】对话框中常用选项的功能介绍如下。

- 【名称】下拉列表框：用于输入或选择块的名称。

- 【拾取点】按钮：单击该按钮，系统切换到绘图窗口中拾取基点。
- 【选择对象】按钮：单击该按钮，系统切换到绘图窗口中拾取创建块的对象。
- 【保留】单选按钮：创建块后保留源对象不变。
- 【转换为块】单选按钮：创建块后将源对象转换为块。
- 【删除】单选按钮：创建块后删除源对象。
- 【允许分解】复选框：选中该复选框，允许块被分解。

10.1.2　创建外部块

内部块仅限于在当前图形文件中使用，而外部块是作为一个 DWG 图形文件储存的块，可以在其他文件中调用该块。AutoCAD 中创建外部块的命令是【写块】命令。

调用【写块】命令有以下几种方法。

- 功能区：在【插入】选项卡中，单击【块定义】面板上的【写块】按钮。
- 命令行：在命令行输入 WBLOCKW/W 并按 Enter 键。

【案例 10-2】：创建槽钢外部块

01 打开“第 10 章/案例 10-2 创建槽钢外部块.dwg”素材文件，如图 10-3 所示。

02 在命令行输入 W 并按 Enter 键，系统弹出【写块】对话框，如图 10-4 所示。

03 在【写块】对话框中，选择源对象为【对象】，然后单击【拾取点】按钮，系统返回绘图区，选择右侧槽钢的左下角端点作为块的基点。系统返回【写块】对话框，单击【选择对象】按钮，系统返回绘图区，选择右侧槽钢的轮廓线及其填充图案。

04 按 Enter 键，系统再次返回对话框，输入路径和文件名。最后单击【写块】对话框上的【确定】按钮，完成外部块的创建。

05 浏览到外部块的保存路径，打开创建的块文件，如图 10-5 所示。

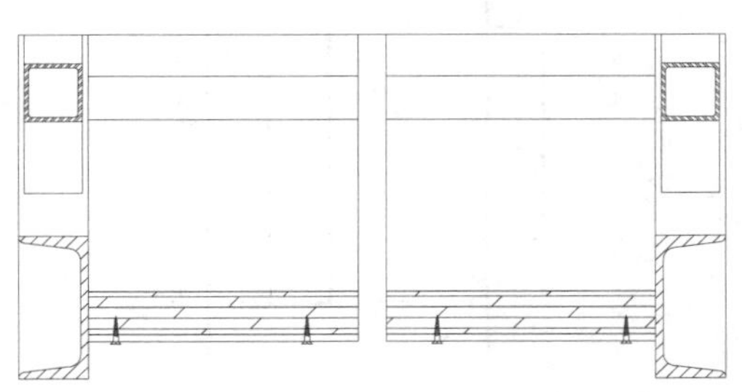

图 10-3　素材图形

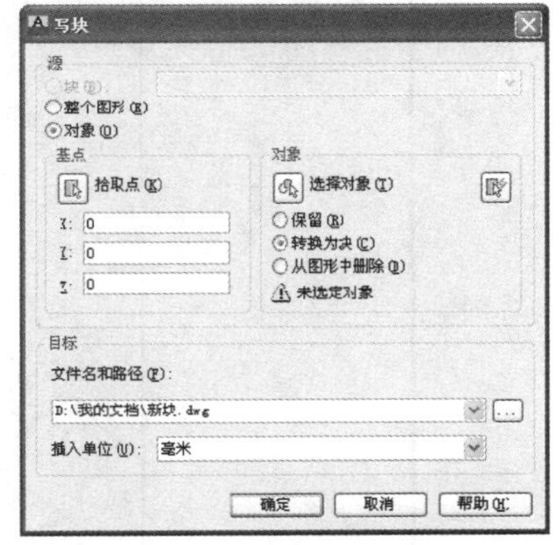

图 10-4　【写块】对话框

【写块】对话框中的主要选项介绍如下。

1) 【源】选项组

- 【块】：将已定义好的块保存，可以在下拉列表中选择已有的内部块，如果当前文件中没有定义的块，该单选按钮不可用。

- 【整个图形】：将当前工作区中的全部图形保存为外部块。
- 【对象】：选择图形对象定义为外部块。该项为默认选项，一般情况下选择此项即可。

2) 【目标】选项组

用于设置块的保存路径和块名。单击该选项组中【文件名和路径】下拉列表框右边的按钮，可以在弹出的对话框中选择保存路径。

其他选项与【块定义】对话框中的选项功能相同。

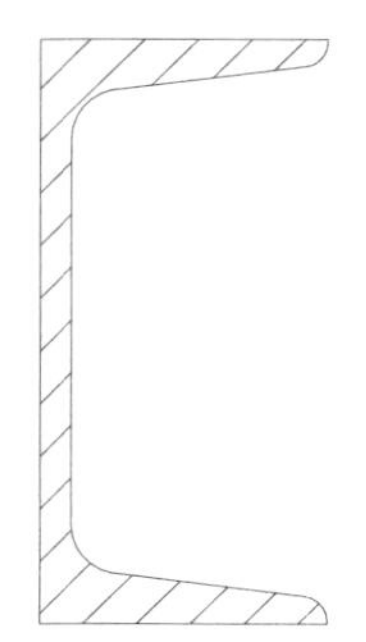

图 10-5 创建的槽钢块

10.1.3 实例——创建立面门图块

01 单击快速访问工具栏上的【新建】按钮，新建空白文档。

02 在【默认】选项卡中，单击【绘图】面板上的【矩形】按钮，绘制一个 477×1040 的矩形，如图 10-6 所示。

03 重复调用【矩形】命令，绘制图 10-7 所示的矩形。

图 10-6 绘制矩形

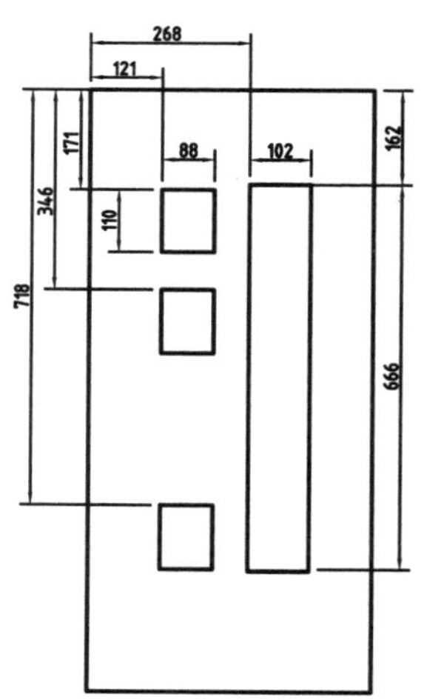

图 10-7 绘制多个矩形

04 在【默认】选项卡中，单击【修改】面板上的【偏移】按钮，指定偏移距离为 10，将各矩形边框向内偏移，如图 10-8 所示。

05 在【默认】选项卡中，单击【绘图】面板上的【圆】按钮，按照如图 10-9 所示的定位尺寸，绘制半径为 22、39、45 的 3 个同心圆。

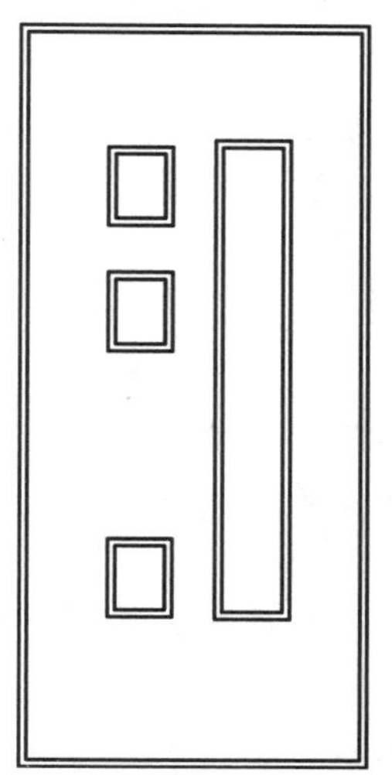

图 10-8 偏移矩形

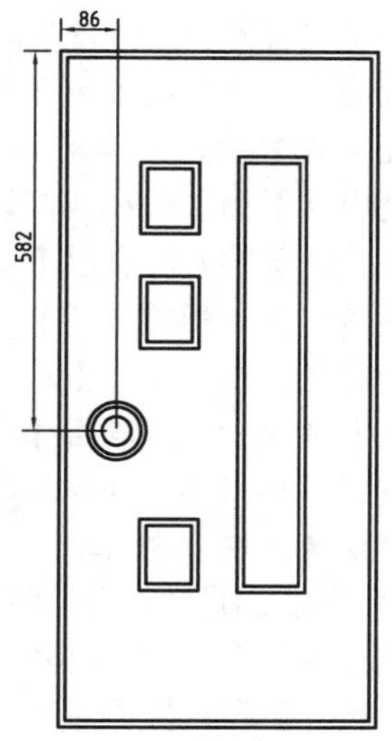

图 10-9 绘制同心圆

06 在【默认】选项卡中，单击【块】面板上的【创建】按钮，系统弹出【块定义】对话框。输入块名称为“立面门”，单击【拾取点】按钮，配合【对象捕捉】功能拾取门框左下角端点为基点。单击【选择对象】按钮，框选整个图形，按 Enter 键完成选择，返回对话框，如图 10-10 所示。单击【确定】完成块创建。

技巧

对于文件中已创建但并未使用的内部块，可在命令行中输入 PU 并按 Enter 键，系统弹出【清理】对话框，如图 10-11 所示，右击要清理的块，在右键菜单中可对其进行清理。

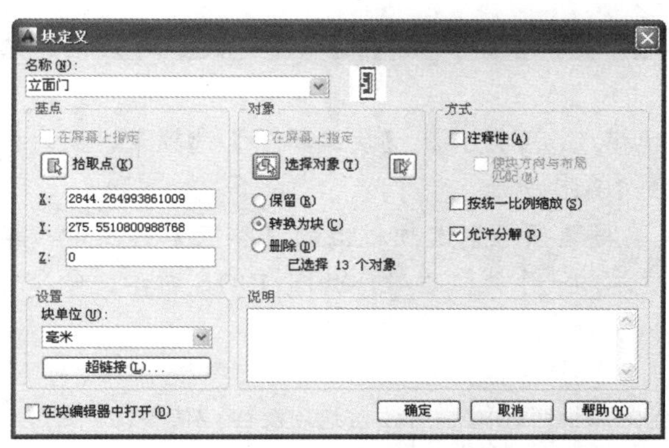

图 10-10 【块定义】对话框

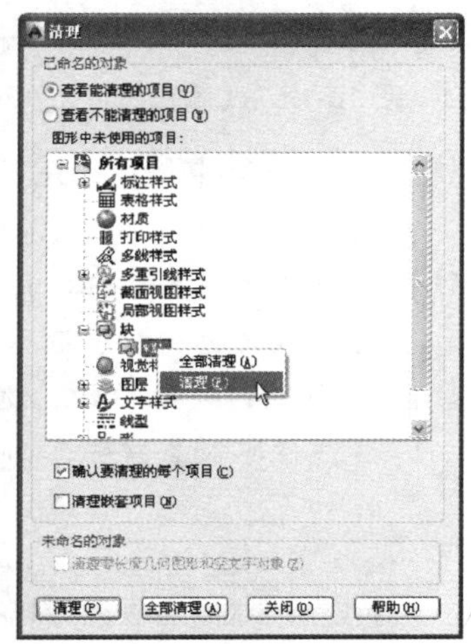

图 10-11 【清理】对话框

10.1.4 创建动态块

动态块是包含参数选项的块，通过选择不同的参数，图块能够显示出不同的尺寸、形状，这样就能在一个图块中包含一类图形。

在 AutoCAD 中，创建动态块之前需要创建一个普通块，然后在块编辑器中编辑该块，主要是为其添加参数和动作效果。退出块编辑器之后，该块即成为一个动态块。

打开块编辑器的方法有以下几种。

- 菜单栏：选择【工具】|【块编辑器】命令。
- 功能区：在【默认】选项卡中，单击【块】面板上的【编辑】按钮。或在【插入】选项卡中，单击【块定义】面板上的【块编辑器】按钮。
- 右键菜单：选中要编辑的块，然后右击，在快捷菜单中选择【块编辑器】命令。
- 命令行：在命令行输入 BE 并按 Enter 键。

执行以上前三项任意一种操作，系统弹出【编辑块定义】对话框，如图 10-12 所示。在列表中选择要编辑的块，然后单击【确定】按钮即可打开【块编辑器】选项卡，进入块编辑界面。执行第四种操作可直接打开【块编辑器】选项卡。

【案例 10-3】：创建门符号动态块

01 打开“第 10 章\案例 10-3 创建门符号动态块.dwg”素材文件，图形中已经创建了一个门的普通块，如图 10-13 所示。

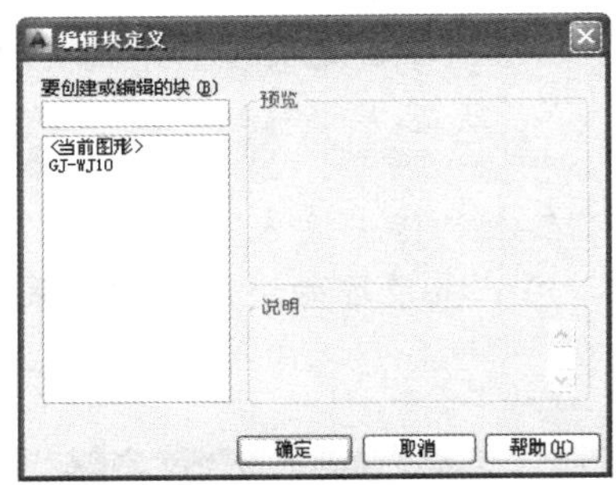

图 10-12 【编辑块定义】对话框

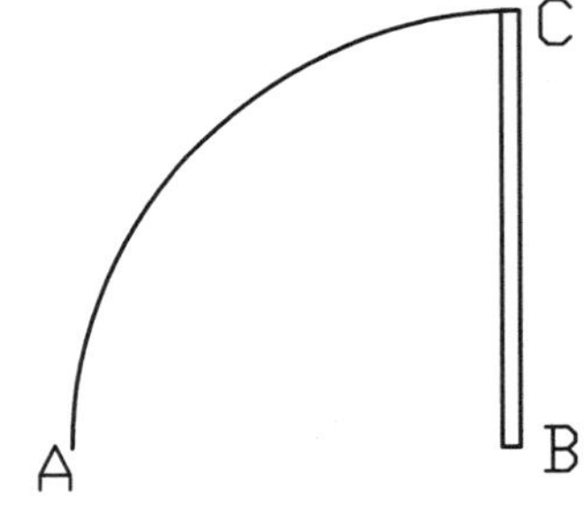

图 10-13 素材图形

02 在命令行中输入 BE 并按 Enter 键，系统弹出【编辑块定义】对话框，选择【门】图块，如图 10-14 所示。

03 单击【确定】按钮，进入块编辑模式，系统弹出【块编辑器】选项卡，同时弹出【块编写选项板】选项板，如图 10-15 所示。

04 为块添加线性参数。选择【块编写选项板】选项板上的【参数】选项卡，单击【线性参数】按钮，为门的宽度添加一个线性参数，如图 10-16 所示。命令行操作如下：

```
命令： _BParameter 线性↙
指定起点或 [名称(N)/标签(L)/链(C)/说明(D)/基点(B)/选项板(P)/值集(V)]:
                                        //选择圆弧端点 A
```

```
指定端点:                               //选择矩形端点 B
指定标签位置:                           //向下拖动指针，在合适位置放置线性参数标签
```

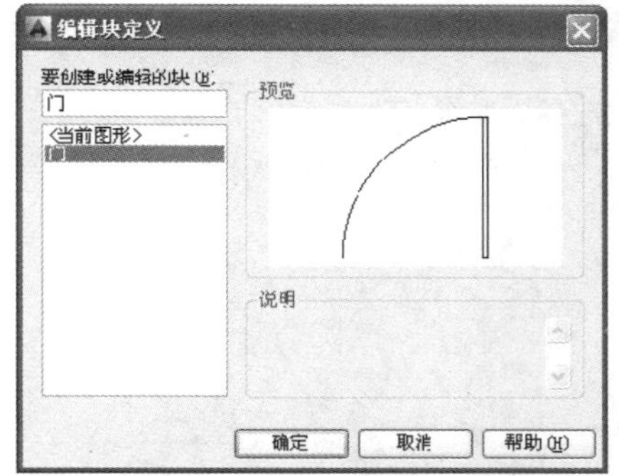

图 10-14 【编辑块定义】对话框

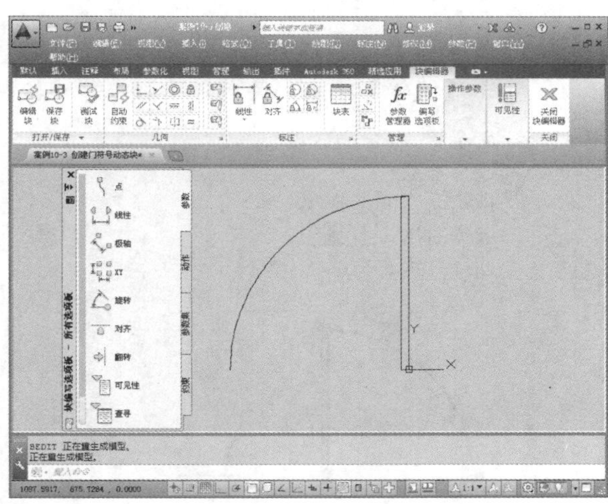

图 10-15　块编辑界面

05 为线性参数添加动作。切换到【块编写选项板】选项板上的【动作】选项卡，单击【缩放】按钮，为线性参数添加缩放动作，如图 10-17 所示。命令行操作如下：

```
命令: _BActionTool 缩放↙
选择参数:                               //选择上一步添加的线性参数
指定动作的选择集
选择对象: 找到 1 个
选择对象: 找到 1 个，总计 2 个
                         //依次选择门图形包含的全部轮廓线，包括一条圆弧和一个矩形
选择对象:                               //按 Enter 键结束选择，完成动作的创建
```

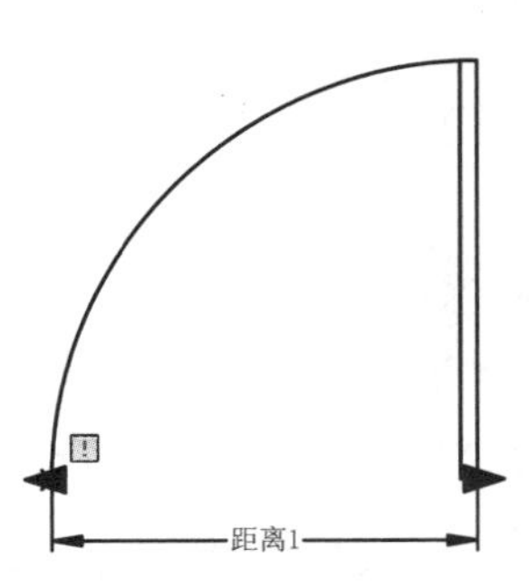

图 10-16　添加线性参数

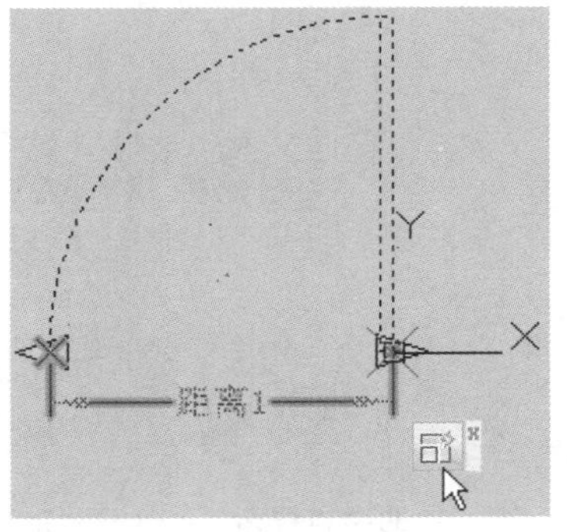

图 10-17　添加缩放动作

06 为块添加旋转参数。切换到【块编写选项板】选项板上的【参数】选项卡，单击【旋转】按钮，添加一个旋转参数，如图 10-18 所示。命令行操作如下：

```
命令: _BParameter 旋转↙
指定基点或 [名称(N)/标签(L)/链(C)/说明(D)/选项板(P)/值集(V)]:
                                                //选择矩形角点 B 作为旋转基点
```

```
指定参数半径:                                  //选择矩形角点 C 定义参数半径
指定默认旋转角度或 [基准角度(B)] <0>: 90        //设置默认旋转角度为 90°
指定标签位置:                    //拖动参数标签位置，在合适位置单击放置标签
```

07 为旋转参数添加动作。切换到【块编写选项板】选项板中的【动作】选项卡，单击【旋转】按钮，为旋转参数添加旋转动作，如图 10-19 所示。命令行操作如下:

```
命令: _BActionTool 旋转↙
选择参数:                        //选择创建的角度参数
指定动作的选择集
选择对象: 找到 1 个              //选择矩形作为动作对象
选择对象:                        //按 Enter 键结束选择，完成动作的创建
```

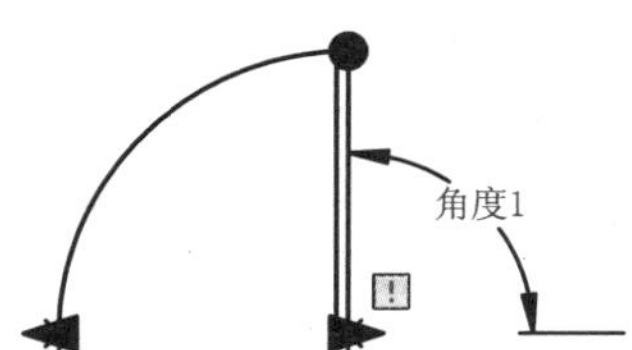

图 10-18　添加旋转参数

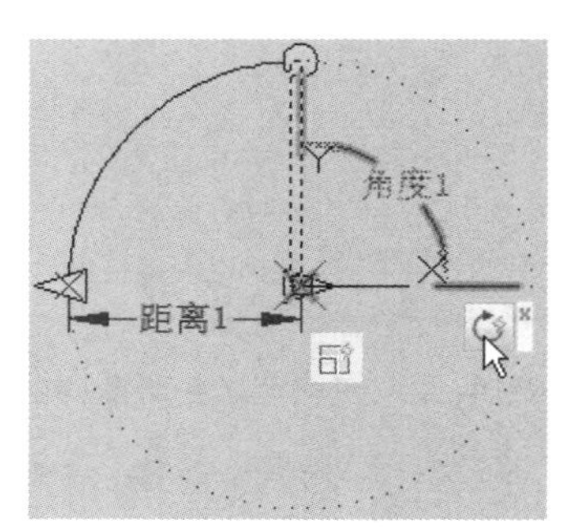

图 10-19　添加旋转动作

08 在【块编辑器】选项卡中，单击【打开/保存】面板上的【保存块】按钮，保存对块的编辑。单击【关闭块编辑器】按钮关闭块编辑器，返回绘图窗口。

09 单击创建的动态块，该块上出现 3 个夹点显示，如图 10-20 所示。拖动三角形夹点可以修改门的大小，如图 10-21 所示。拖动圆形夹点可以修改门的打开角度，如图 10-22 所示。

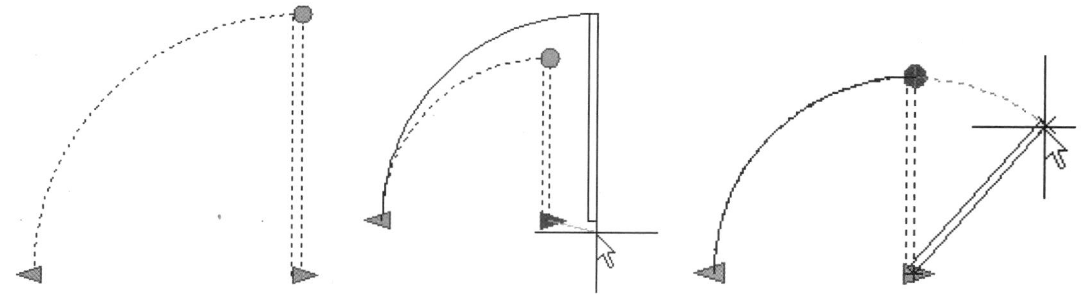

图 10-20　块的夹点显示　　图 10-21　拖动三角形夹点　　图 10-22　拖动圆形夹点

【块编写选项板】选项板中各选项的含义如下。

1) 【参数】选项卡

提供用于向块编辑器中的动态块定义中添加参数工具。参数用于指定几何在块参照中位置、距离和角度等。将参数添加到动态块定义中时，该参数将定义块的一个或多个自定义特性。此选项卡也可以通过命令 BPARAMETER 来打开。

- 点参数：此操作将向动态块块定义中添加一个点参数，并定义块参照的自定义 X

和 Y 特性。点参数定义图形中的 X 和 Y 位置。在块编辑中，点参数类似于一个坐标标注。

- 可见性参数：此参数将向动态块定义中添加一个可见性参数，并定义块参照的自定义可见性特性。可见性参数允许用户创建可见性状态并控制对象在块中的可见性。可见性参数总是应用于整个块，并且无须与任何动作相关联。在图形中单击夹点可以显示块参照中所可见性状态列表。在块编辑中，可见性参数显示为带有关联夹点的文字。
- 查寻参数：此操作向动态块定义中添加一个查寻参数，并定义块参照的自定义查寻特性。查寻参数用于定义自定义特性，用户可以指定或设置该特性，以便从定义的列表或表格中计算出某个值。该参数可以与单个查寻夹点相关联。在块参照中单击该夹点可以显示可用值列表，在块编辑器中，查寻参数显示为文字。
- 基点参数：此操作向动态块定义中添加一个基点参数。基点参数用于定义动态块参照相对于块中的几何图形的基点。基点参数无法与任何动作相关联，但可以属于某个动作的选择集。在块编辑器中，基点参数显示为带有十字光标显示的圆。

其他参数与上面各项类似，这里不再阐述。

2) 【动作】选项卡

提供用于向块编辑器中的动态块定义中添加动作的工具。动作定义了在图形中操作块参照的自定义特性时，动态块参照的几何图形将如何移动或变化。应将动作与参数相关联。此选项卡可以通过命令 BACTIONTOOL 来打开。

- 移动动作：此操作在用户将移动动作与点参数、线性参数、极轴参数或 XY 参数关联时，将该动作添加到动态块定义中。移动动作类似于 MOVE 命令。在动态块参照中，移动动作将使对象移动指定的距离和角度。
- 查寻动作：此操作将向动态块定义中添加一个查寻动作。将查寻动作添加到动态块定义中并将其与查寻参数相关联时，它将创建一个查寻表。可以使用查寻表指定动态块的自定义特性和值。

其他参数与上面各项类似，这里不再阐述。

3) 【参数集】选项卡

提供用于在块编辑器中向动态块定义中添加一个参数和至少一个动作的工具。将参数集添加到动态块中时，动作将自动与参数相关联。将参数集添加到动作块中后，双击黄色警示图标(或使用 BACTIONSET 命令)，然后按照命令行提示将动作与几何图形选择集相关联。此选项卡也可以通过命令 BPARAMETER 来打开。

- 点移动：此操作将向动态块定义中添加一个点参数。系统会自动添加与该点参数相关联的移动动作。
- 线性移动：此操作将向动态块定义中添加一个线性参数。系统会自动添加与该线性参数的端点相关联的移动动作。
- 可见性集：此操作将向动态块定义中添加一个可见性参数并允许定义可见性状态。无须添加与可见性参数相关联的动作。
- 查寻集：此操作将向动态块定义中添加一个查寻参数。系统会自动添加与该查寻参数相关联的查寻动作。

其他参数与上面各项类似，这里不再阐述。

10.1.5 插入图块

AutoCAD 中插入内部块和外部块都是使用【插入块】命令，在插入图块的同时还可以改变图块的缩放比例和旋转角度。

调用【插入块】命令有以下几种方法。

- 菜单栏：选择【插入】|【块】命令。
- 工具栏：单击【绘图】工具栏上的【插入】按钮。
- 功能区：在【默认】选项卡中，单击【块】面板上的【插入】按钮。
- 命令行：在命令行输入 INSERT/I 并按 Enter 键。

执行命令后系统弹出【插入】对话框，如图 10-23 所示。

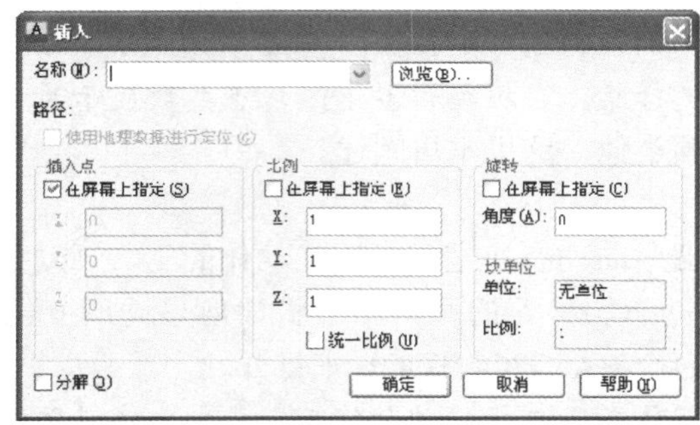

图 10-23 【插入】对话框

【插入】对话框中常用选项介绍如下。

- 【名称】下拉列表框：选择需要插入的块的名称。当插入的块是外部块时，则需要单击其右侧的【浏览】按钮，在弹出的对话框中选择外部块。
- 【插入点】选项区域：插入基点坐标，可以直接在 X、Y、Z 三个文本框中输入插入点的绝对坐标；更简单的方式是通过选择【在屏幕上指定】复选框，用对象捕捉的方法在绘图区内直接捕捉确定。
- 【比例】选项区域：设置块实例相对于块定义的缩放比例。可以直接在 X、Y、Z 三个文本框中输入 3 个方向上的缩放比例。也可以通过选中【在屏幕上指定】复选框在绘图区内动态确定缩放比例。选中【统一比例】复选框，则在 X、Y、Z 三个方向上的缩放比例相同。
- 【旋转】选项区域：设置块实例相对于块定义的旋转角度。可以直接在【角度】文本框中输入旋转角度值；也可以通过选中【在屏幕上指定】复选框，在绘图区内动态确定旋转角度。
- 【分解】复选框：设置是否在插入块的同时分解插入的块。

10.1.6 实例——插入家具图块

01 打开“第 10 章\10.1.6 插入家具图块.dwg”素材图形文件，如图 10-24 所示。

02 在【默认】选项卡中，单击【块】面板上的【插入】按钮，系统弹出【插入】对话框。单击【名称】下拉列表框右边的【浏览】按钮，浏览到素材文件“第 10 章\10.1.6 门.dwg”，单击【打开】按钮，返回【插入】对话框，选中【统一比例】复选框，如图 10-25 所示。

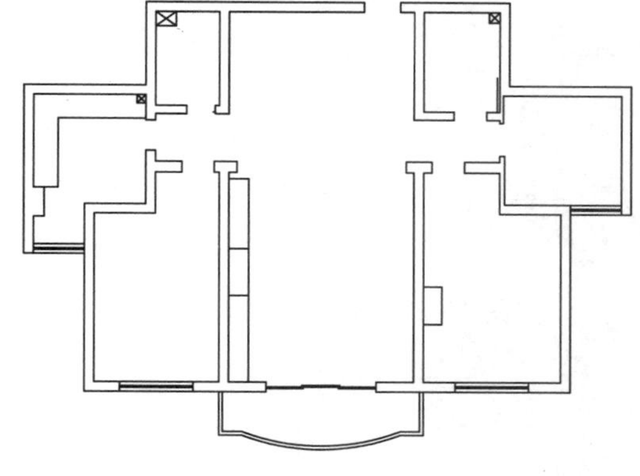

图 10-24　素材图形

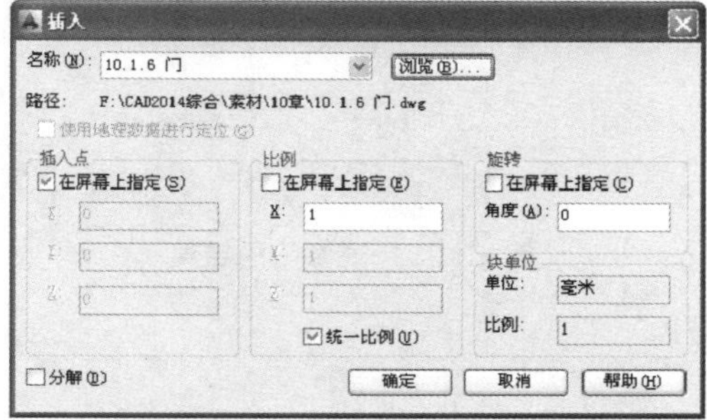

图 10-25　【插入】对话框

03 单击【确定】按钮，返回绘图区域，插入门，如图 10-26 所示。

04 单击【修改】面板上的【分解】按钮，将门图块分解一次，然后选中图块，通过夹点编辑修改其宽度，如图 10-27 所示。

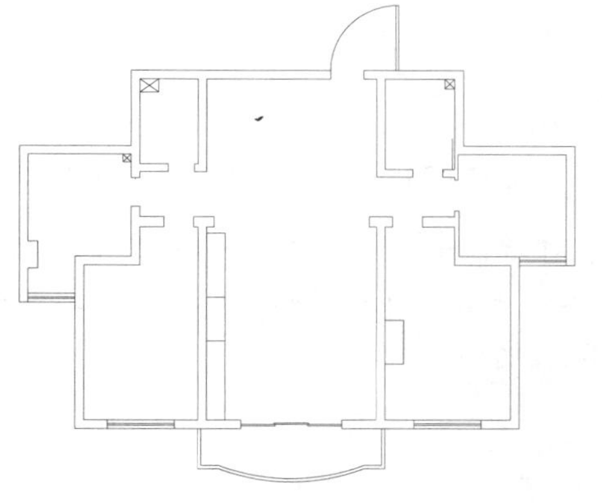

图 10-26　插入门动态块

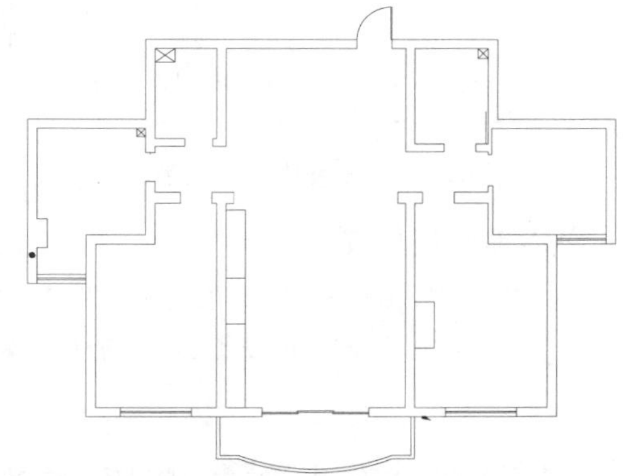

图 10-27　修改动态块的大小

05 在【默认】选项卡中，单击【修改】面板上的【镜像】按钮，将门水平镜像，并删除源对象，如图 10-28 所示。

06 同样的方法插入其他位置的门，如图 10-29 所示。

07 再次调用【插入块】命令，在【插入】对话框中，浏览到素材文件“第 10 章\10.1.6 电视机.dwg”，打开此文件，返回【插入】对话框，取消选中【统一比例】复选框，设置 X 方向的缩放比例为 2，指定旋转角度为 90°，如图 10-30 所示。

08 单击【确定】按钮，返回绘图区域，在合适的位置插入块，如图 10-31 所示。

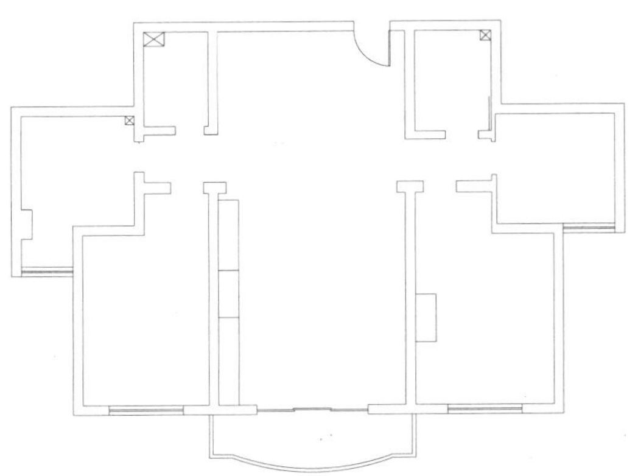

图 10-28　镜像门的结果

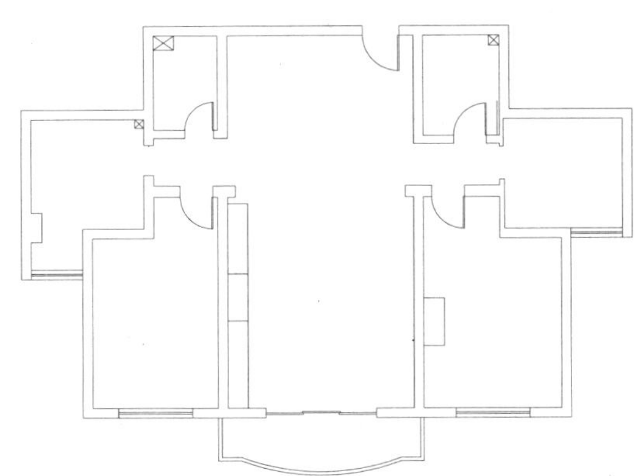

图 10-29　插入其他门的结果

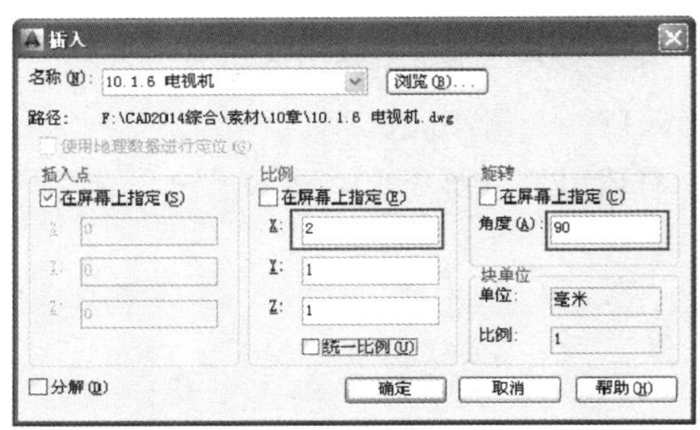

图 10-30　设置块的插入参数

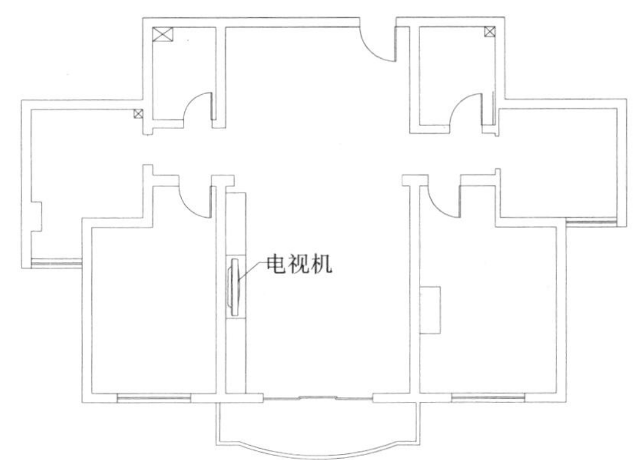

图 10-31　在客厅插入电视机图块

09 再次调用【插入块】命令，在【插入】对话框中，上一次使用的图块仍保持选择，设置图块旋转角度为 90°，如图 10-32 所示。单击【确定】按钮，返回绘图区域，在合适的位置插入图块，如图 10-33 所示。

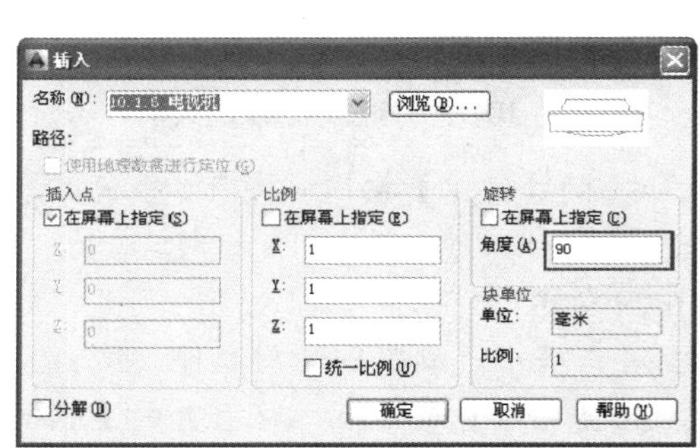

图 10-32　设置块的插入参数

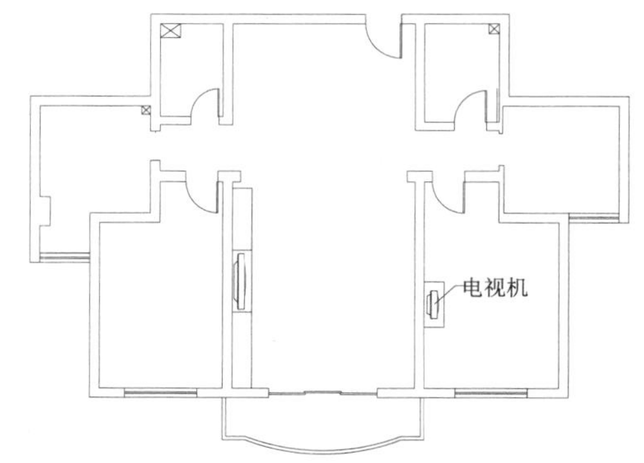

图 10-33　在卧室插入电视机图块

拓展：在命令行中输入 MIN 并按 Enter 键，根据提示进行操作，可以插入多个块。

10.1.7 编辑块

AutoCAD 中插入的图块都可以进行编辑，修改一个块之后，图形中所有与之相同的块也会随之更新。编辑块有【块编辑器】和在位编辑两种方式。

1. 块编辑器编辑块

打开【块编辑器】的方法在之前创建动态块时已经介绍，这里不再重复。【块编辑器】选项卡如图 10-34 所示，进入块编辑器之后，可以与编辑普通图形对象相同的方法修改图形，还可以添加属性定义、约束、动态参数等。

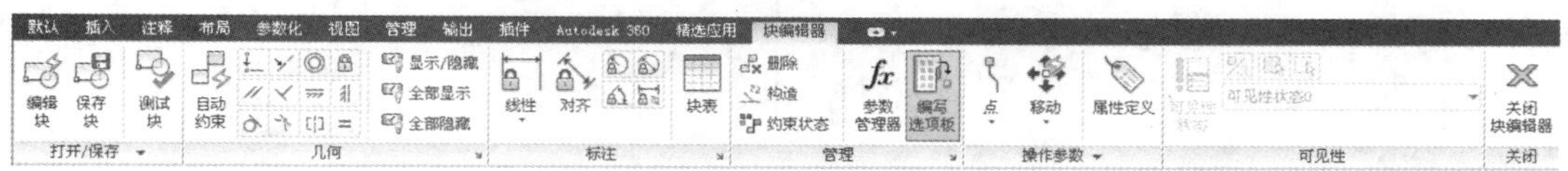

图 10-34　【块编辑器】选项卡

【案例 10-4】：利用【块编辑器】编辑块

01 打开“第 10 章/案例 10-4 利用块编辑器编辑块.dwg”素材文件，如图 10-35 所示。

02 在命令行输入 I 并按 Enter 键，调用【插入】块命令，插入素材“第 10 章/案例 10-4 双头螺柱.dwg”外部块，单击【修改】面板上的【移动】按钮，将其移动到中心线安装位置，如图 10-36 所示。

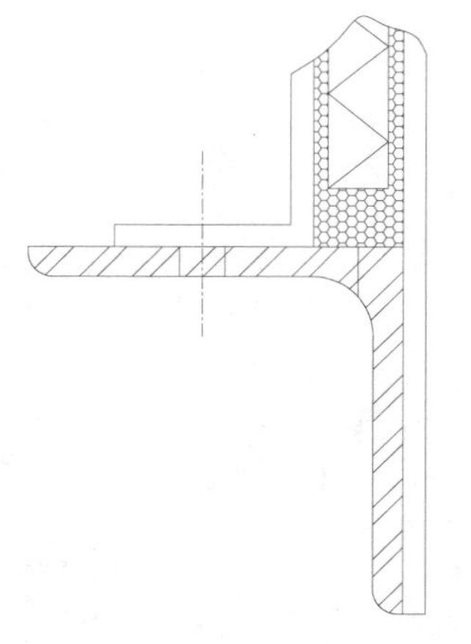

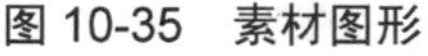

图 10-35　素材图形

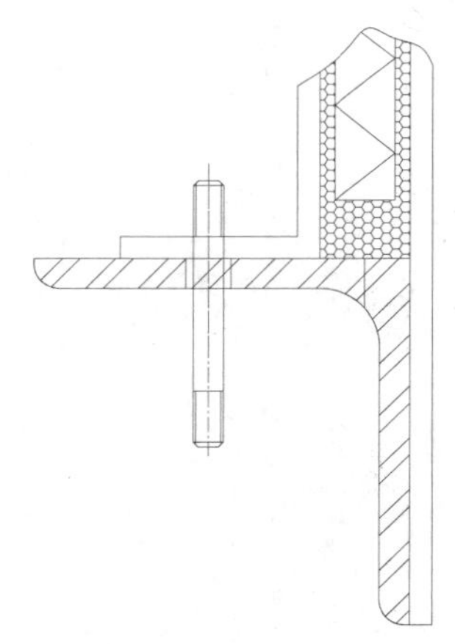

图 10-36　插入的双头螺柱块

03 选中插入的双头螺柱图块，然后在【默认】选项卡中，单击【块】面板上的【编辑】按钮，系统弹出【编辑块定义】对话框，如图 10-37 所示。单击【确定】按钮，进入块编辑器。

04 如果【块编写选项板】选项板没有打开，单击【管理】面板上的【块编写选项板】按钮，将其打开。

05 在【块编写选项板】选项板中，切换到【参数】选项卡，单击【线性】按钮，为螺柱的无螺纹段添加一个线性参数，如图 10-38 所示。

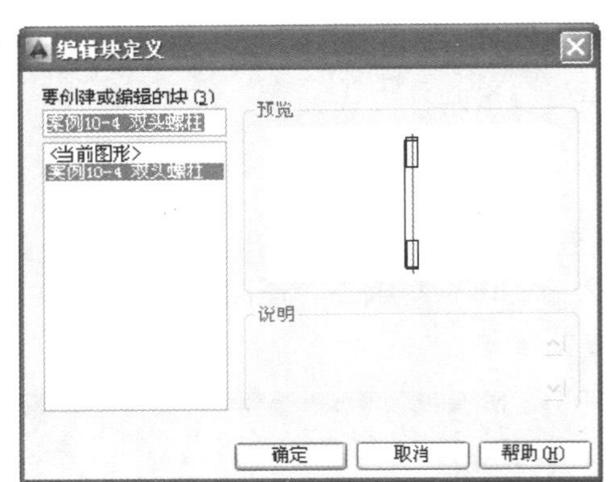
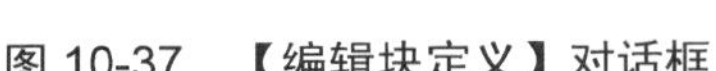

图 10-37 【编辑块定义】对话框

图 10-38 添加的线性参数

06 在【块编写选项板】选项板中，切换到【动作】选项卡，单击【拉伸】按钮，为螺柱添加一个长度方向的拉伸动作，如图 10-39 所示。命令行操作如下：

```
命令： _BActionTool 拉伸↙
选择参数：                         //选择创建的线性参数
指定要与动作关联的参数点或输入 [起点(T)/第二点(S)] <起点>:
                                   //选择线性参数的一个节点，如图 10-40 所示
指定拉伸框架的第一个角点或 [圈交(CP)]:
                                   //对齐到如图 10-41 所示的水平位置，作为拉伸第一角点
指定对角点：                       //拖动窗口，指定对角点，如图 10-42 所示
指定要拉伸的对象
选择对象：指定对角点：找到 13 个，总计 13 个       //选择拉伸框架内的所有图形对象
```

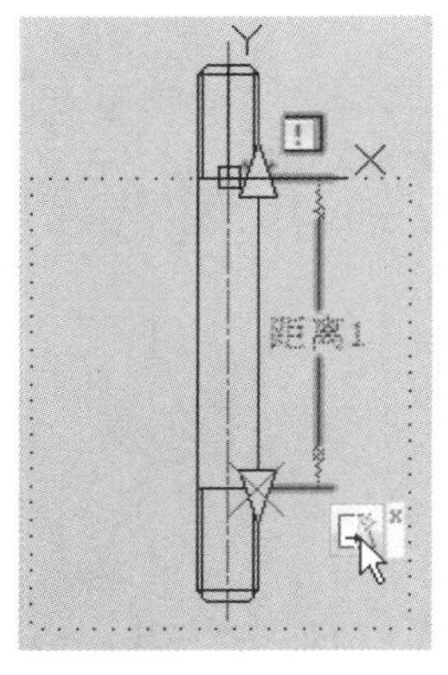

图 10-39 添加的拉伸动作

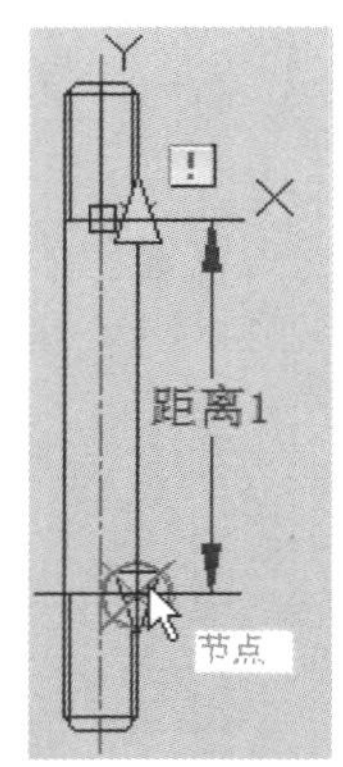

图 10-40 选择节点

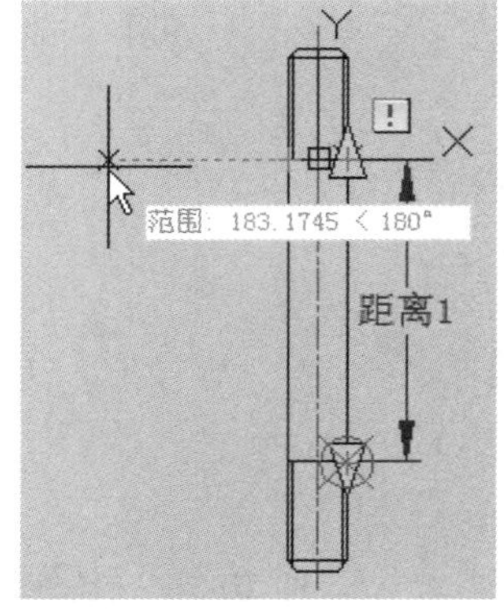

图 10-41 指定拉伸框架第一个角点

07 单击【块编辑器】选项卡上的【关闭块编辑器】按钮，系统弹出提示对话框，如图 10-43 所示。单击【保存更改】按钮，回到绘图界面。

08 单击双头螺柱图块，图块上出现夹点显示，如图 10-44 所示。拖动三角形夹点可以修改螺柱的长度，修改的结果如图 10-45 所示。

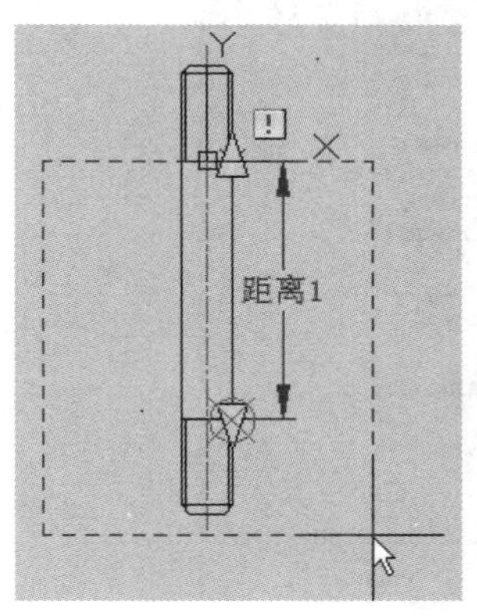

图 10-42　指定拉伸框架第二个角点

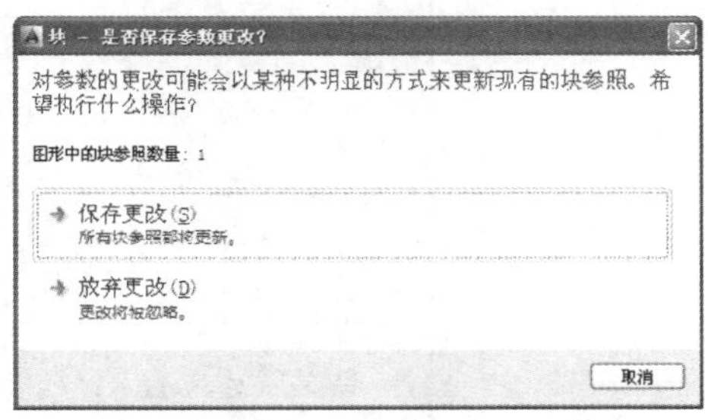

图 10-43　保存更改的提示对话框

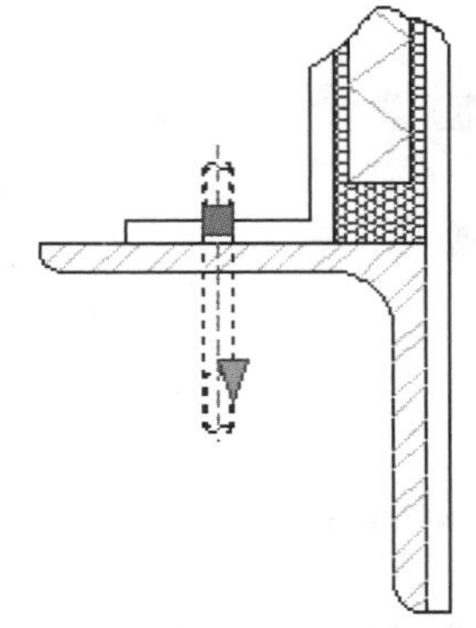

图 10-44　动态块的夹点显示

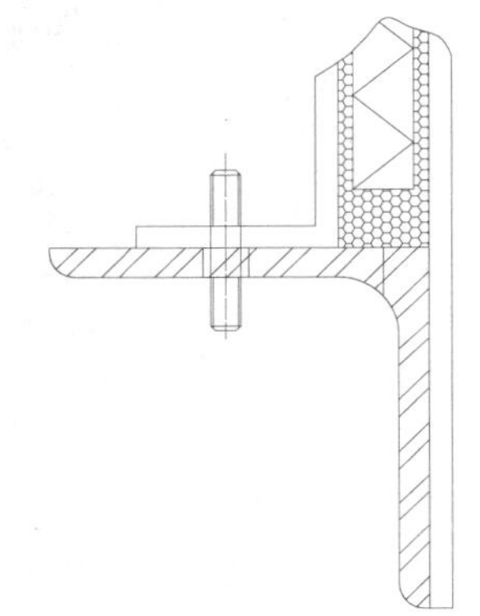

图 10-45　调整螺柱长度的效果

注意

通过【块编辑器】编辑的块，只对当前文件中的块起作用，也就是说没有修改外部块文件。

2. 在位编辑块

在位编辑块不进入块编辑器，在原图形中直接编辑块。对于需要以图形中其他对象作为参考的块，在位编辑十分有用。例如插入一个门图块之后，该门的宽度需要以门框的宽度作为参考，如果进入块编辑器编辑该块，将会隐藏其他图形对象，无法做到实时参考。

在位编辑块在原图形中编辑块对象，为了突出块对象，块外的图形会以一定的淡入度减弱显示。在【选项】对话框中，切换到【显示】选项卡，在【淡入度控制】选项组中调整其他对象的淡入度，如图 10-46 所示，淡入度越大，块外的对象显示越弱。

【案例 10-5】：在位编辑廊柱

01　打开“第 10 章/案例 10-5 在位编辑廊柱.dwg”素材文件，如图 10-47 所示。

02　选中任意一个柱子图块，然后右击，在快捷菜单中选择【在位编辑块】命令，系统弹出【参照编辑】对话框，如图 10-48 所示。

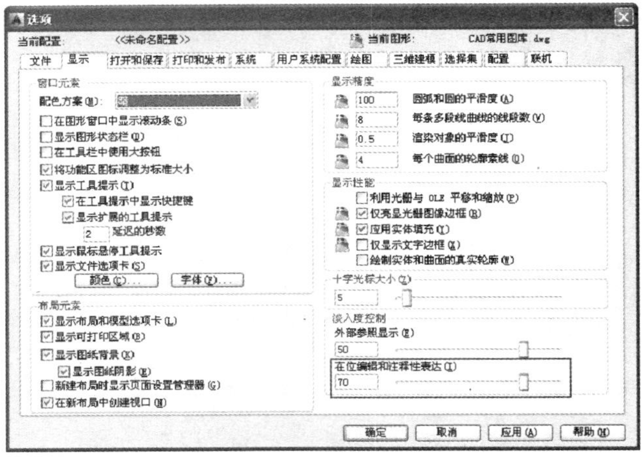

图 10-46 调整在位编辑的淡入度

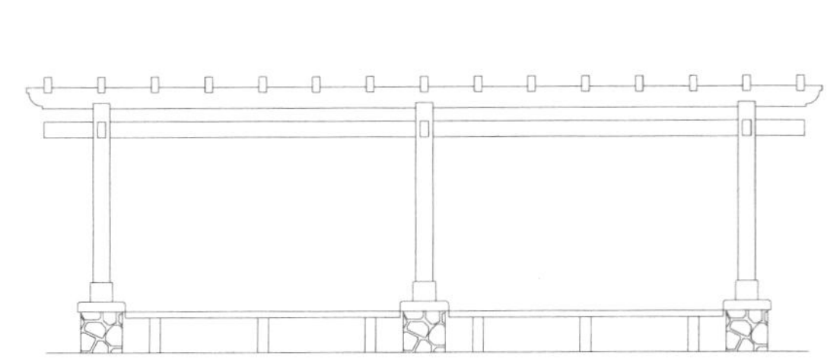

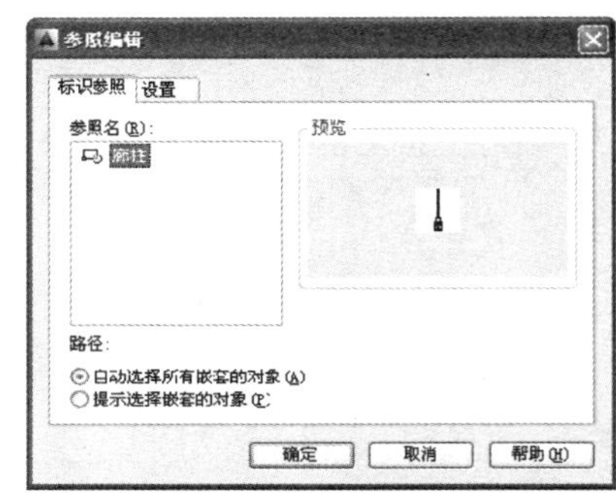

图 10-47 素材图形　　图 10-48 【参照编辑】对话框

03 单击【参照编辑】对话框上的【确定】按钮，进入在位编辑模式，系统弹出【编辑参照】面板，如图 10-49 所示。调用【直线】、【偏移】和【镜像】等命令，绘制柱子到横梁的斜撑，如图 10-50 所示。然后单击【编辑参照】面板上的【保存更改】按钮，系统弹出提示对话框，如图 10-51 所示，单击【确定】按钮完成块的编辑。

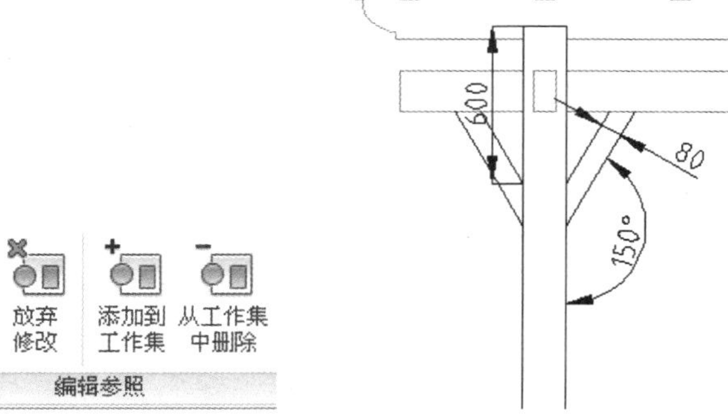

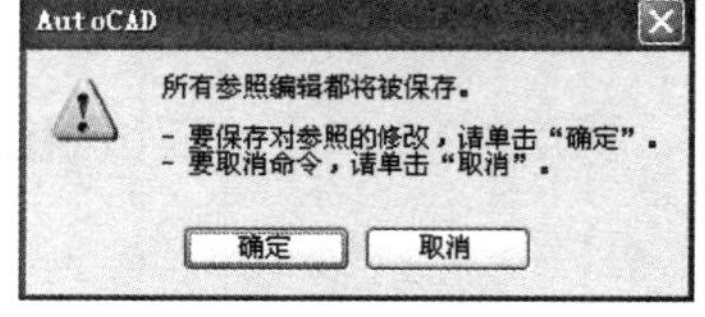

图 10-49 【编辑参照】面板　　图 10-50 修改块图形　　图 10-51 系统提示信息

04 廊柱的在位编辑效果如图 10-52 所示。

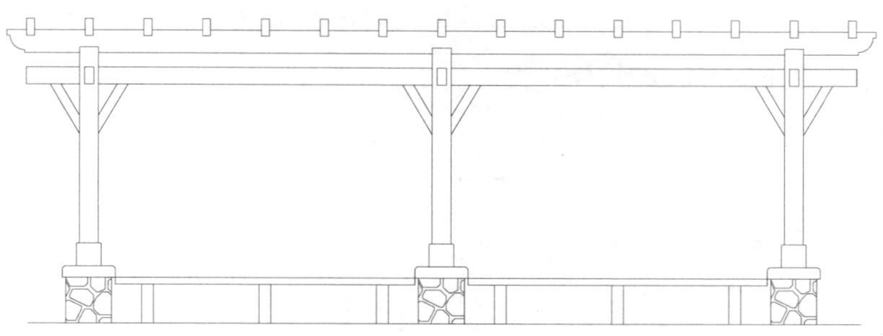

图 10-52　在位编辑效果

10.2 图 块 属 性

图块包含的信息可以分为两类：图形信息和非图形信息。块属性指的是图块的非图形信息，例如创建一个粗糙度符号块，除了包含符号图形，还需要有数值输入的功能，块属性能够实现数值或文本输入的功能。块属性一般在创建块之前进行定义，创建块时，将属性定义和图形一并添加到块对象中。

10.2.1 定义图块属性

图块的属性定义一般为文字或数字，但其不同于普通的文本，必须在【属性定义】对话框中创建。

调用【属性定义】命令有以下几种方法。

- 菜单栏：选择【绘图】|【块】|【定义属性】命令。
- 功能区：在【插入】选项卡中，单击【块定义】面板上的【定义属性】按钮。
- 命令行：在命令行输入 ATT 并按 Enter 键。

【案例 10-6】：创建指北针属性块

01 打开“第 10 章/案例 10-6 创建指北针属性块.dwg”素材文件。

02 在【默认】选项卡中，单击【块】滑出面板上的【定义属性】按钮，系统弹出【属性定义】对话框。

03 在【标记】文本框中输入 DR，在【提示】文本框中输入“方向”，在【默认】文本框中输入 N，在【文字设置】选项区域中设置【文字高度】为 100，如图 10-53 所示。单击【确定】按钮，系统返回绘图区，在合适的位置单击放置该属性定义，如图 10-54 所示。

04 在【默认】选项卡中，单击【块】面板上的【创建】按钮，系统弹出【块定义】对话框，输入块名称为“指北针”，然后选择合适的基点，框选指北针图形和创建的属性定义作为块对象。

05 单击【块定义】对话框上的【确定】按钮创建此块，系统同时弹出【编辑属性】

对话框，如图 10-55 所示。编辑属性的知识在下一节介绍，这里单击【确定】按钮，不修改属性值。返回绘图区，创建的属性块如图 10-56 所示。

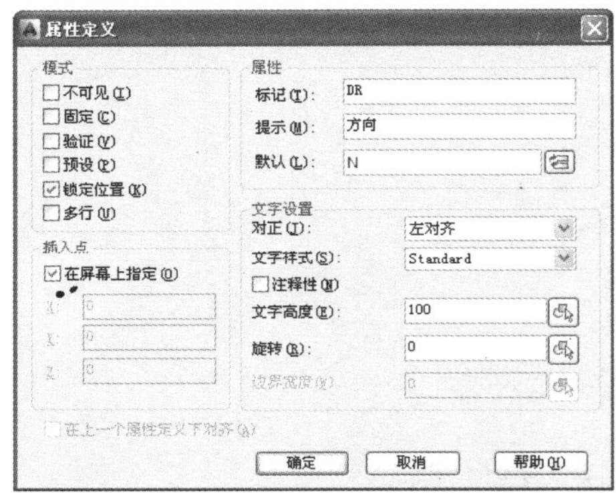

图 10-53 【属性定义】对话框

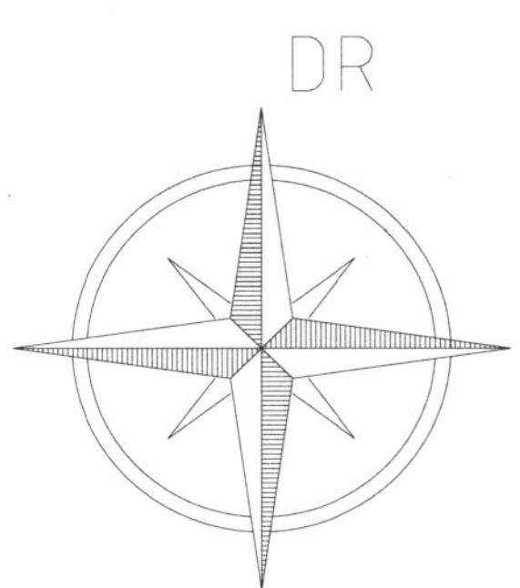

图 10-54 创建的属性定义

图 10-55 【编辑属性】对话框

图 10-56 创建的属性块

【属性定义】对话框中常用选项的含义如下。

- 【模式】选项组：用于设置属性的模式。【不可见】表示插入块后是否显示属性值；【固定】表示属性是否是固定值，为固定值时则插入后块属性值不再发生变化；【验证】用于验证所输入的属性值是否正确；【预设】表示是否将属性值直接设置成它的默认值；【锁定位置】用于固定插入块的坐标位置，一般选中此复选框；【多行】表示使用多段文字来标注块的属性值。
- 【属性】选项组：用于定义块的属性。【标记】文本框中可以输入属性的标记，标识图形中每次出现的属性；【提示】文本框用于在插入包含该属性定义的块时显示的提示；【默认】文本框用于输入属性的默认值。
- 【插入点】选项组：用于设置属性值的插入点。
- 【文字设置】选项组：用于设置属性文字的格式。

10.2.2 修改属性

修改块属性主要包括修改属性值和修改属性定义。

1. 修改属性值

属性值是指属性定义显示出的文本内容。如案例 10-4 中，在创建块之后随即可以修改其属性值。实际上，一个块中的属性定义随时可以方便地修改，这就要用到【增强属性编辑器】对话框。

打开【增强属性编辑器】对话框有以下几种方法。

- 菜单栏：调用【修改】|【对象】|【属性】|【单个】命令。
- 命令行：在命令行输入 EATTEDIT 并按 Enter 键。
- 鼠标动作：直接双击属性块。

【案例 10-7】：修改粗糙度数值

01 打开“第 10 章/案例 10-7 修改粗糙度数值.dwg”素材文件，如图 10-57 所示。

02 双击内孔上的粗糙度标注，系统弹出【增强属性编辑器】对话框，如图 10-58 所示。

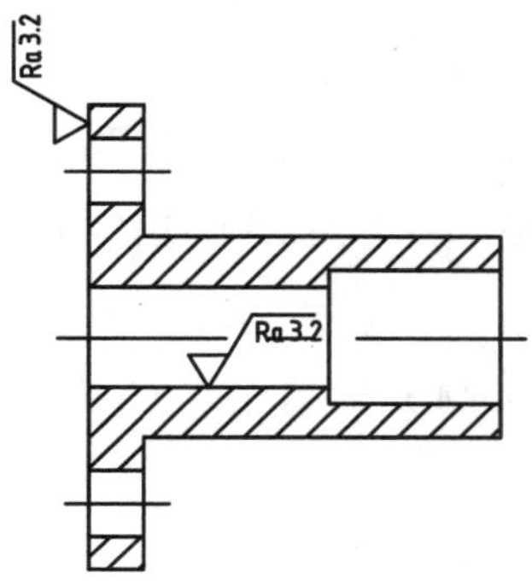

图 10-57　素材图形

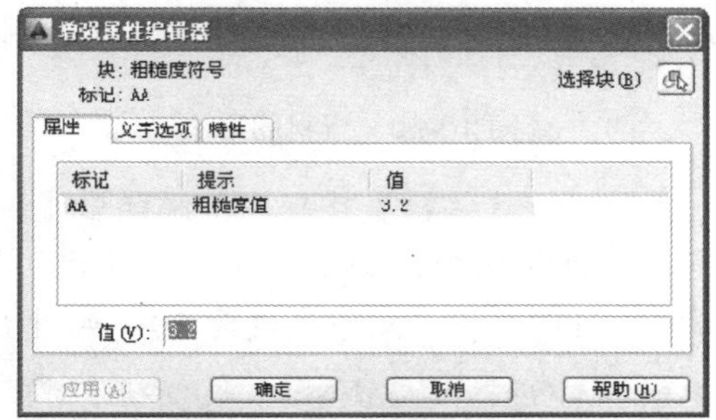

图 10-58　【增强属性编辑器】对话框

03 在【值】文本框中，修改属性值为 1.6，单击【确定】按钮，修改属性值的结果如图 10-59 所示。

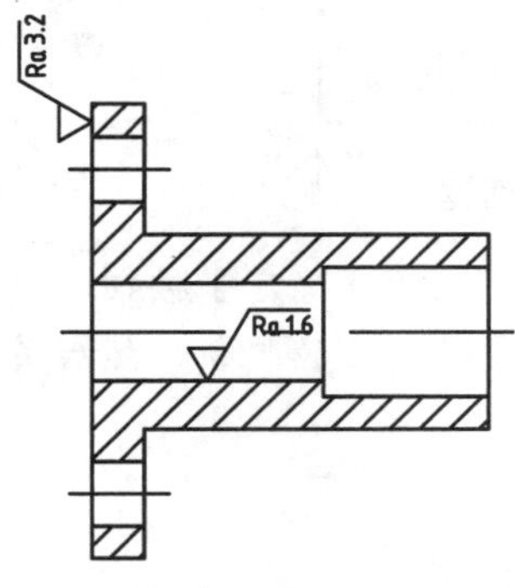

图 10-59　修改属性值的结果

2. 修改块属性定义

使用【块属性管理器】对话框可以集中管理文档中所有图块的块属性定义。

打开【块属性管理器】对话框的方法如下。

- 菜单栏：调用【修改】|【对象】|【属性】|【块属性管理器】命令。
- 命令行：在命令行输入 BATTMAN 并按 Enter 键。

【案例 10-8】：修改属性定义

01 打开“第 10 章/案例 10-8 修改属性定义.dwg”素材文件，如图 10-60 所示。

02 在命令行输入 BATTMAN 并按 Enter 键，系统弹出【块属性管理器】对话框，如图 10-61 所示。

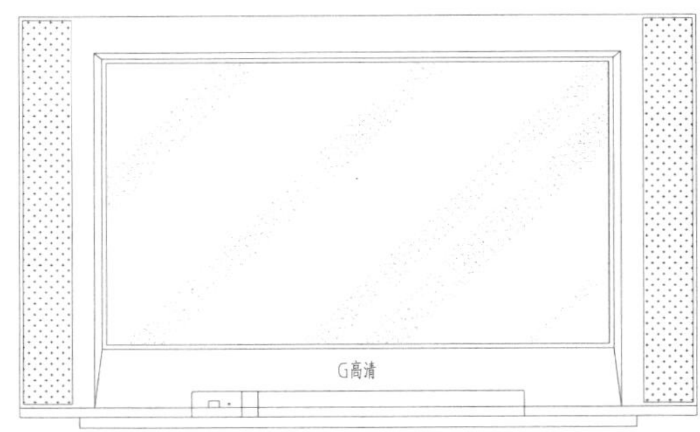

图 10-60　素材图形

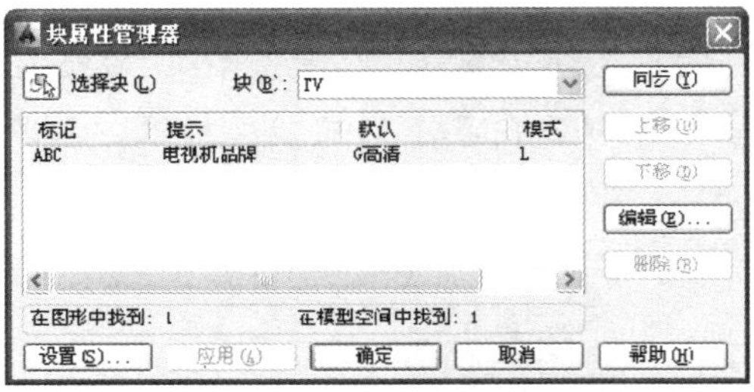

图 10-61　【块属性管理器】对话框

03 单击【编辑】按钮，系统弹出【编辑属性】对话框，如图 10-62 所示。将块属性的默认值修改为 LED，然后切换到【文字选项】选项卡，选择文字样式为 HT2，设置文字高度为 30，如图 10-63 所示。

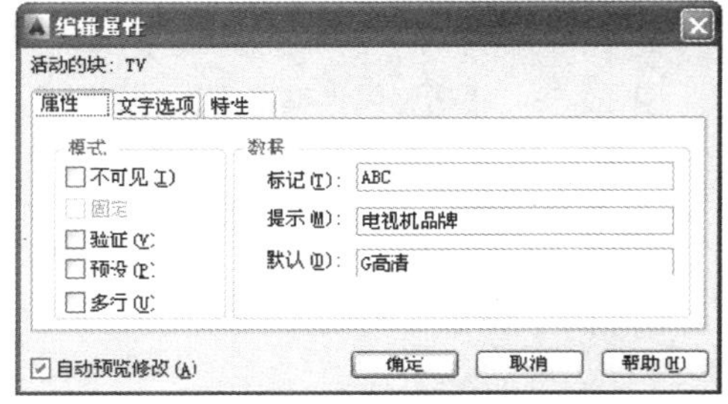

图 10-62　【编辑属性】对话框

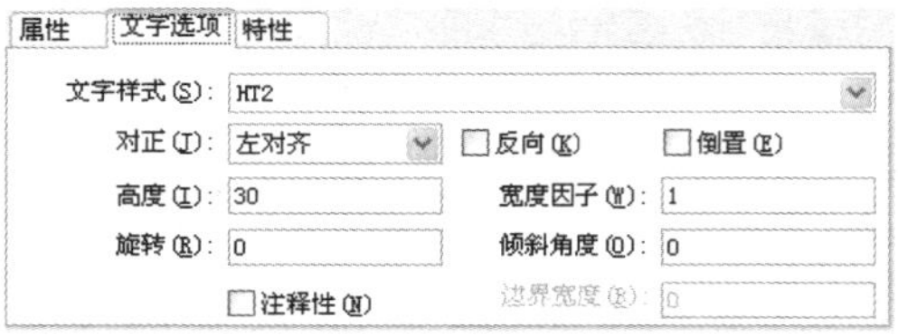

图 10-63　设置文字选项

04 单击【编辑属性】对话框上的【确定】按钮，返回【块属性管理器】对话框，单击【同步】按钮，完成属性定义的更新，然后关闭对话框。修改属性定义的效果如图 10-64 所示。

提示

在【编辑属性】对话框中修改属性的默认值，不会对已经创建的块产生影响。但对之后插入的块，将默认为新属性值，如图 10-65 所示。

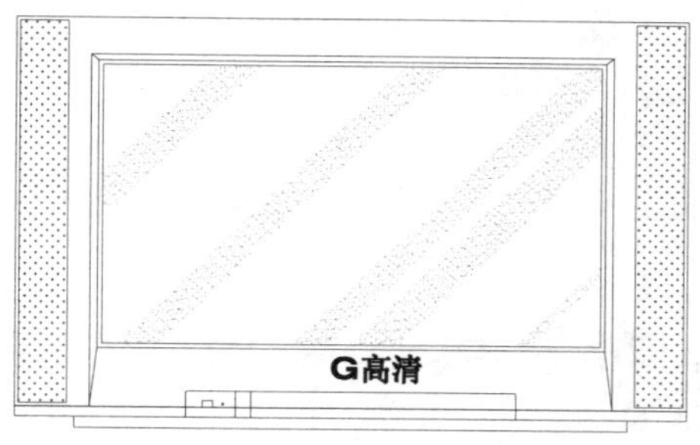

图 10-64　修改后的属性定义

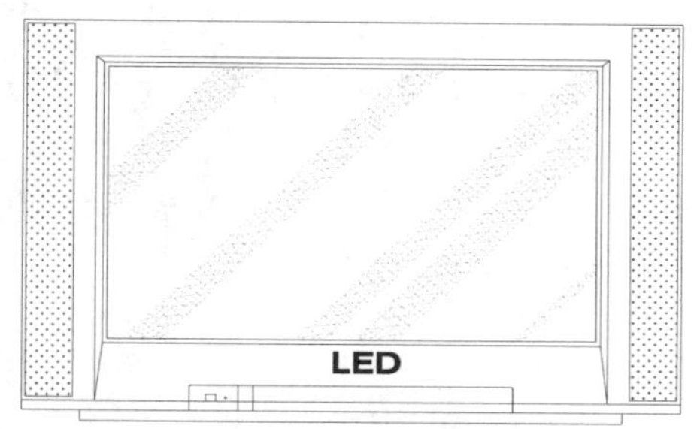

图 10-65　插入新的电视图块

10.2.3　实例——创建标高符号图块

01　单击快速访问工具栏上的【新建】按钮，新建空白文件。

02　在【默认】选项卡中，单击【绘图】面板上的【矩形】按钮，在空白位置绘制一个 600×300 的矩形，如图 10-66 所示。

03　单击【修改】面板上的【分解】按钮，将上一步绘制的矩形分解。

04　单击【绘图】面板上的【直线】按钮，绘制两角点与底边中点的连线，如图 10-67 所示。

图 10-66　绘制矩形

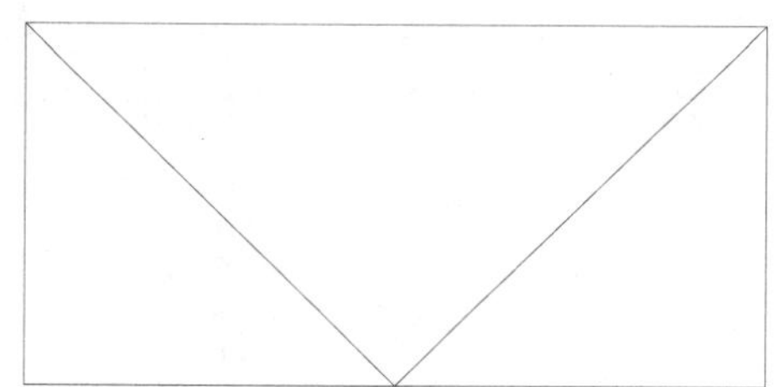

图 10-67　绘制线段

05　删除多余的线段，只留下一个倒三角形，单击【绘图】面板上的【直线】按钮，捕捉三角形的右角点，向右绘制一条 900 的水平直线，效果如图 10-68 所示。

06　在【默认】选项卡中，单击【块】面板上的【定义属性】按钮，系统弹出【属性定义】对话框，定义属性参数，如图 10-69 所示。

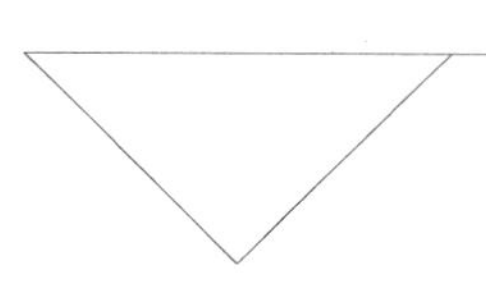

图 10-68　绘制直线

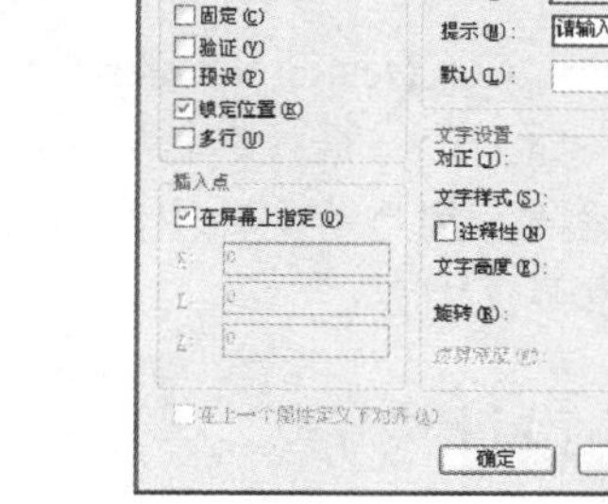

图 10-69　【属性定义】对话框

07 单击【确定】按钮，在水平线上合适位置放置属性定义，如图 10-70 所示。

08 在【默认】选项卡中，单击【块】面板上的【创建】按钮，系统弹出【块定义】对话框。在【名称】下拉列表框中输入“标高”；单击【拾取点】按钮，拾取三角形的下角点作为基点；单击【选择对象】按钮，选择符号图形和属性定义，如图 10-71 所示。

图 10-70　插入属性定义

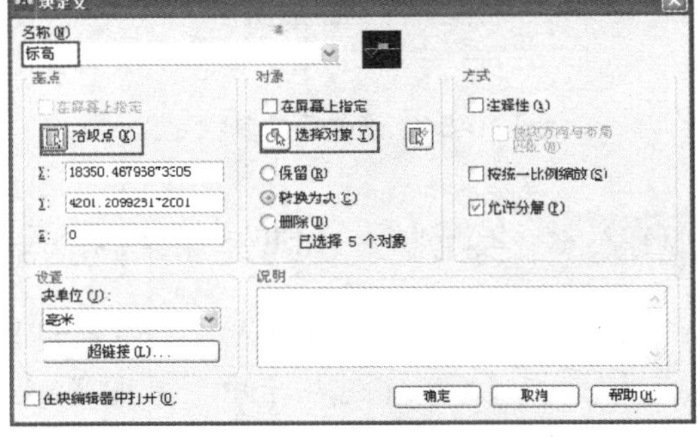

图 10-71　【块定义】对话框

09 单击【确定】按钮，系统弹出【编辑属性】对话框，更改属性值为 0.000，如图 10-72 所示。

10 单击【确定】按钮，标高符创建完成，如图 10-73 所示。

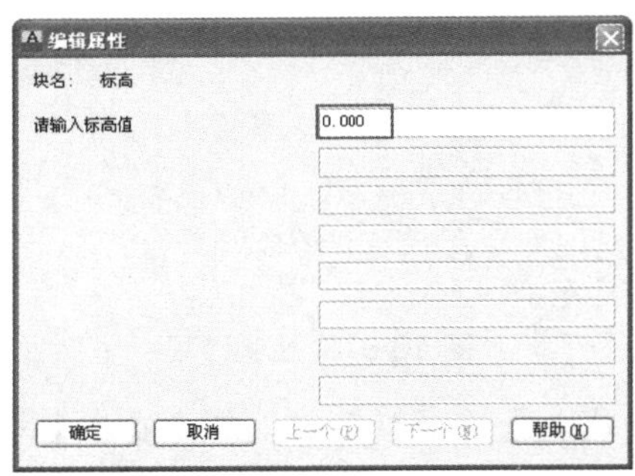

图 10-72　【编辑属性】对话框

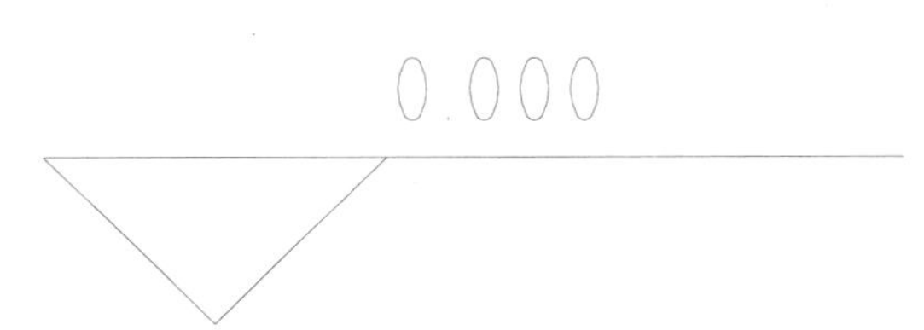

图 10-73　标高属性块

10.3 设计中心

设计中心(AutoCAD Design Center，ADC)是 AutoCAD 的设计管理工具，用于管理众多的图形资源。例如浏览、查找和打开指定的图形资源，或者将图形文件、图块、外部参照、命名样式迅速插入到当前文件中，以及为经常访问的本机或网络上的设计资源创建快捷方式，添加到收藏夹中。

10.3.1 启动设计中心

启动设计中心的方法如下。

- 菜单栏：选择【工具】|【选项板】|【设计中心】命令。
- 工具栏：在【标准】工具栏中，单击【设计中心】按钮。
- 命令行：在命令行输入 ADC 并按 Enter 键。
- 快捷键：按 Ctrl+2 组合键。

执行上述操作后，系统弹出【设计中心】选项板，如图 10-74 所示。该选项板分为两部分：左边树状图和右边内容区。在树状图中选中的项目，会在内容区显示其子项目。

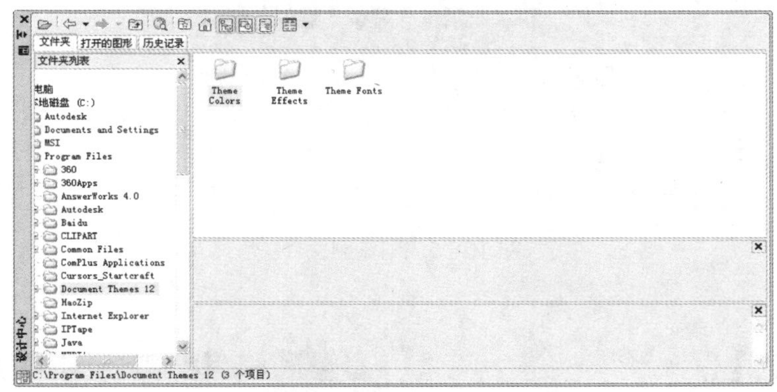

图 10-74　【设计中心】选项板

10.3.2　利用设计中心插入图块

前面介绍了利用【插入块】命令插入图块的方法，利用设计中心插入图块功能更强大，可以直接使用拖拽的方式，将某个 AutoCAD 图形文件作为外部块插入到当前文件中，也可以将外部图形文件中包含的图层、线型、样式、图块等对象插入到当前文件，因而省去了创建图层、样式的操作。

【案例 10-9】：插入沙发图块

01 单击快速访问工具栏上的【新建】按钮，新建空白文件。

02 按 Ctrl+2 组合键，打开【设计中心】选项板。

03 展开【文件夹】标签，在树状图目录中定位“第 10 章”素材文件夹，文件夹中包含的所有图形文件显示在内容区，如图 10-75 所示。

04 在内容区选择“长条沙发”文件并右击，弹出快捷菜单，如图 10-76 所示，选择【插入为块】命令，系统弹出【插入】对话框，如图 10-77 所示。单击【确定】按钮，将该图形作为一个块插入到当前文件，如图 10-78 所示。

05 在内容区选择“单人沙发”图形文件，将其拖动到绘图区，根据命令行提示插入单人沙发，如图 10-79 所示。命令行操作如下：

```
命令: _INSERT 输入块名或 [?] <长条沙发>: "F:\CAD2014 综合\素材\10 章\单人沙发.dwg"
单位: 毫米    转换:   1
指定插入点或 [基点(B)/比例(S)/X/Y/Z/旋转(R)]:                    //选择块的插入点
输入 X 比例因子，指定对角点，或 [角点(C)/XYZ(XYZ)] <1>:↙          //使用默认 X 比例因子
输入 Y 比例因子或 <使用 X 比例因子>:↙                             //使用默认 Y 比例因子
指定旋转角度 <0>: ↙                                               //使用默认旋转角度
```

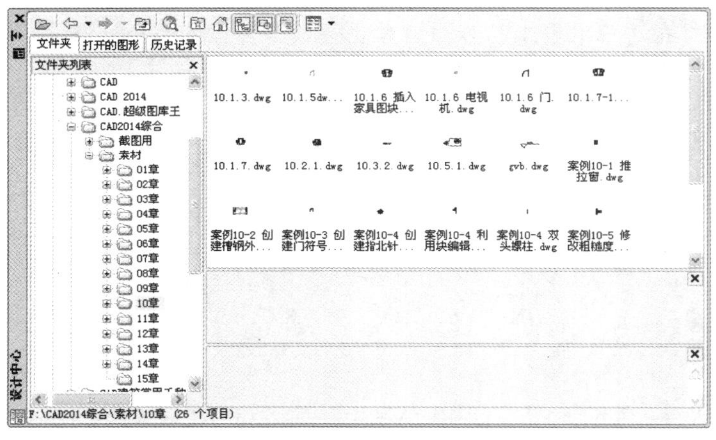

图 10-75　浏览到文件夹

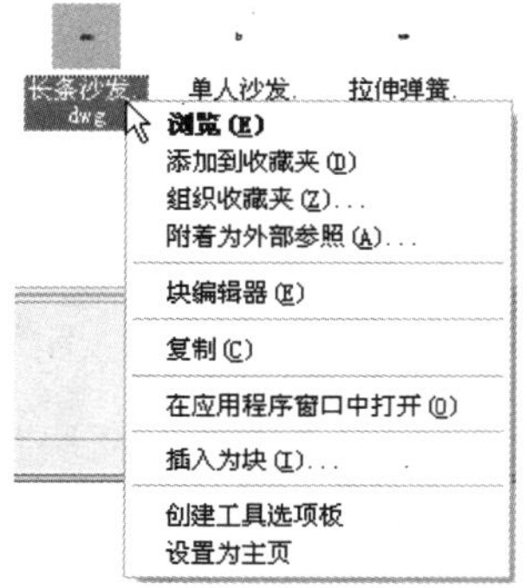

图 10-76　快捷菜单

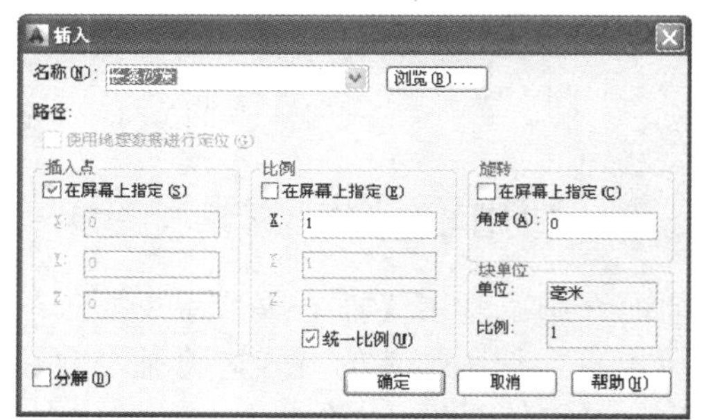

图 10-77　【插入】对话框

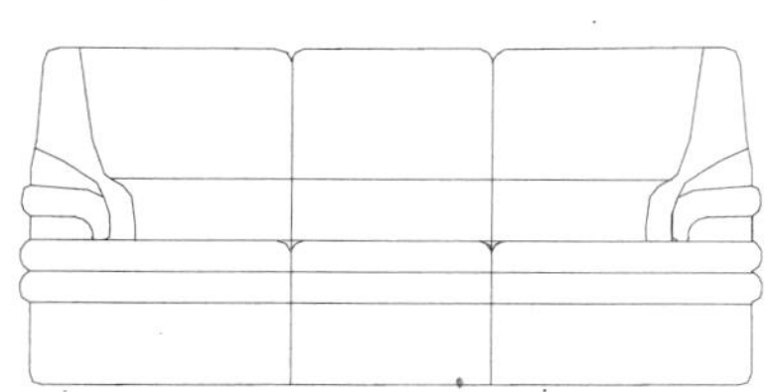

图 10-78　插入的长条沙发

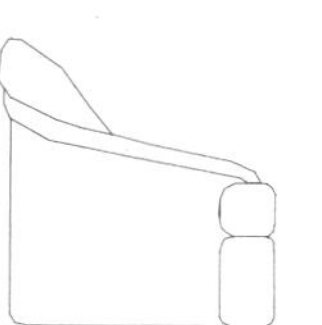

图 10-79　插入单人沙发

06 在命令行输入 M 并按 Enter 键，将刚插入的“单人沙发”图块移动到合适位置，然后使用【镜像】命令镜像一个与之对称的单人沙发，结果如图 10-80 所示。

07 在【设计中心】选项板左侧切换到【打开的图形】窗口，树状图中显示当前打开的图形文件，选择【块】项目，在内容区显示当前文件中的两个图块，如图 10-81 所示。

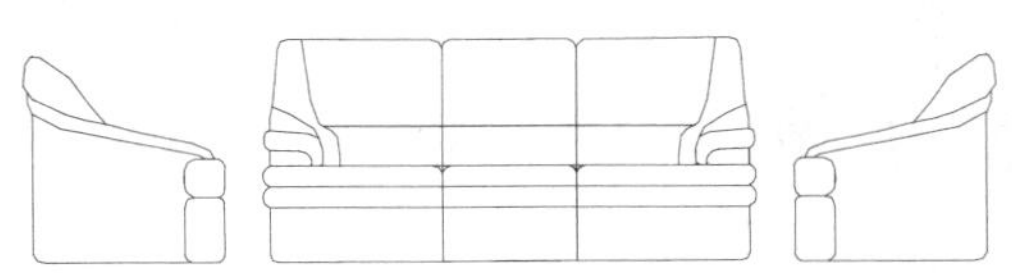

图 10-80　移动和镜像沙发的结果

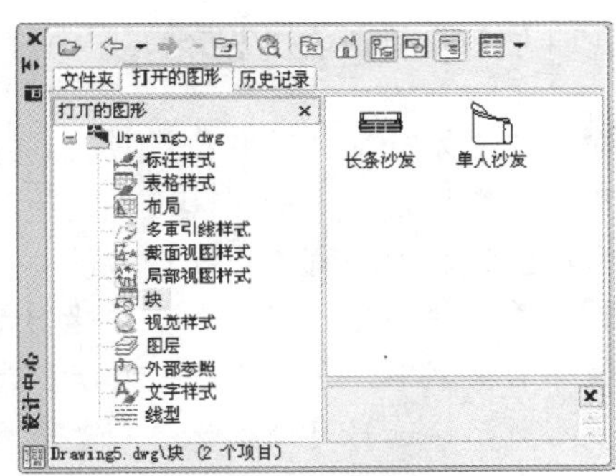

图 10-81　当前图形中的块

10.4　工具选项板

工具选项板是 AutoCAD 的一个自定义工具，能够将各种 AutoCAD 图形资源和常用的操作命令整合到工具选项板中，以方便随时调用。

10.4.1　打开工具选项板

工具选项板上包括【约束】【注释】、【建筑】、【机械】、【电力】、【图案填充】和【土木工程】等选项板，各选项板上包含了不同的工具按钮，当需要向图形中添加块或图案填充等图形资源时，可将其直接拖到当前图形中。

打开【工具选项板】选项板的方法如下。

- 菜单栏：【工具】|【选项板】|【工具选项板】命令。
- 功能区：在【视图】选项卡，单击【选项板】面板上的【工具选项板】按钮。
- 命令行：在命令行输入 TOOLPALETTES/TP 并按 Enter 键。
- 快捷键：按 Ctrl+3 组合键。

执行上述操作后，系统弹出【工具选项板】选项板，如图 10-82 所示。

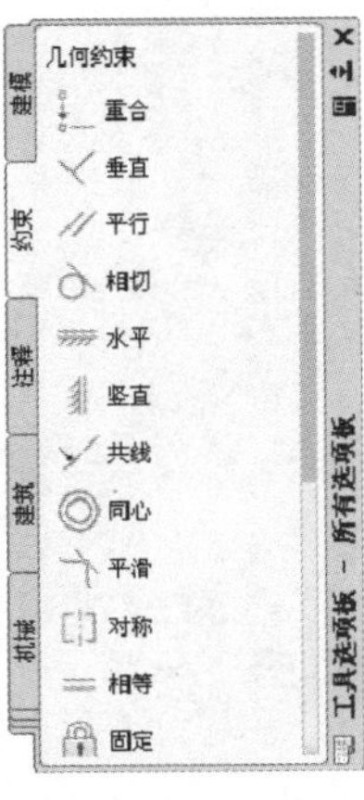

图 10-82　【工具选项板】选项板

10.4.2 新建工具选项板

除了使用系统默认的几个选项板，用户还可以创建自定义的选项板，然后在选项板上添加图块，作为设计中的快捷工具。

新建工具选项板有以下几种方法。

- 菜单栏：选择【工具】|【自定义】|【工具选项板】命令。
- 右键菜单：在【工具选项板】选项板上空白区域右击，弹出快捷菜单，如图 10-83 所示，选择【新建选项板】命令。
- 命令行：在命令行输入 CUSTOMIZE 并按 Enter 键。

执行前两种命令，系统弹出【自定义】对话框，如图 10-84 所示，在左侧选项板列表中右击，快捷菜单如图 10-85 所示，选择【新建选项板】命令，即可创建新选项板，如图 10-86 所示，用户可为其命名。

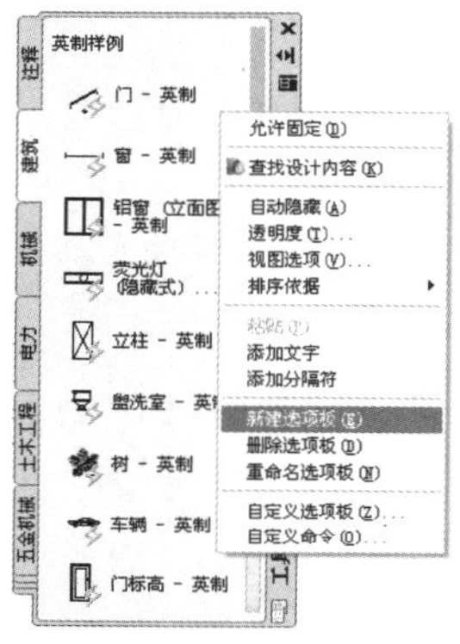

图 10-83 右键菜单

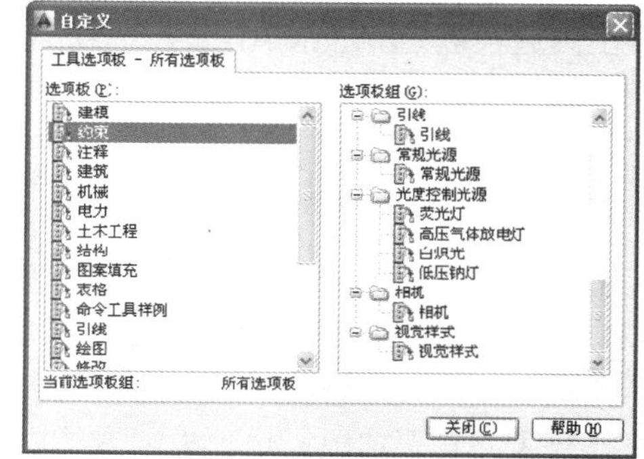

图 10-84 【自定义】对话框

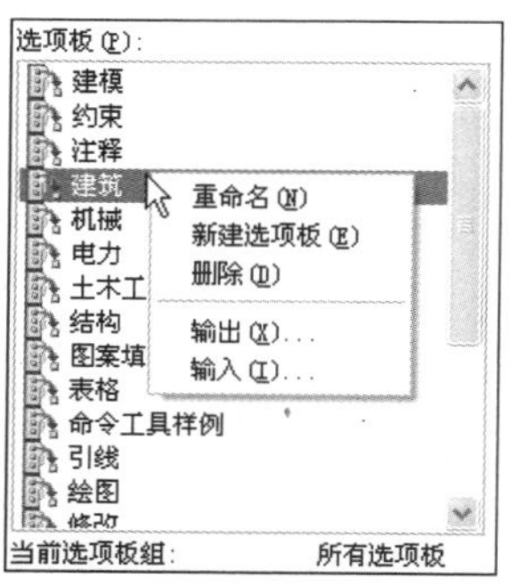

图 10-85 快捷菜单

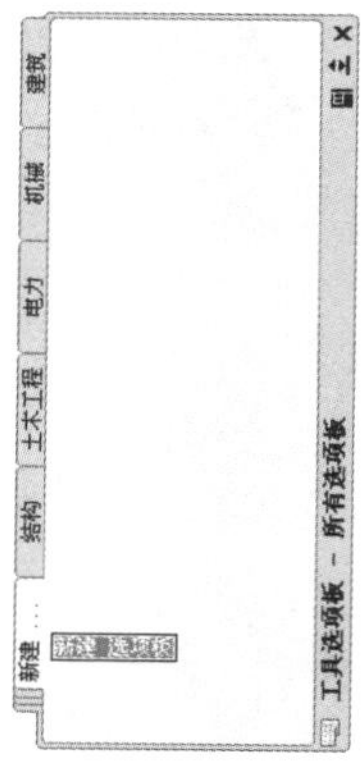

图 10-86 新建的选项板

10.4.3 向工具选项板添加内容

向工具选项板中添加内容有两种方法。

- 可以使用【剪切】、【复制】和【粘贴】命令将一个工具选项板中的工具移动或

复制到另一个工具选项板中。

- 使用【设计中心】选项板将图形、块和图案填充拖到【工具选项板】选项板中。

【案例 10-10】：创建“建筑符号”工具选项板

01 单击快速访问工具栏上的【新建】按钮，新建空白文件。

02 按 Ctrl+3 组合键，弹出【工具选项板】选项板，在选项板上的空白区域右击，在快捷菜单中选择【新建选项板】命令，然后为选项板命名为“建筑符号”，如图 10-87 所示。

03 按 Ctrl+2 组合键，弹出【设计中心】选项板。在左侧树状图目录中定位到“第 10 章”素材文件，在内容区找到“标高符.dwg”文件，如图 10-88 所示。

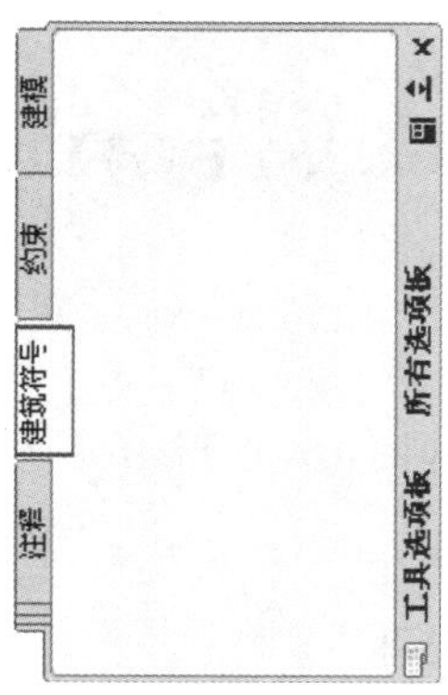

图 10-87　新建“建筑符号”选项板

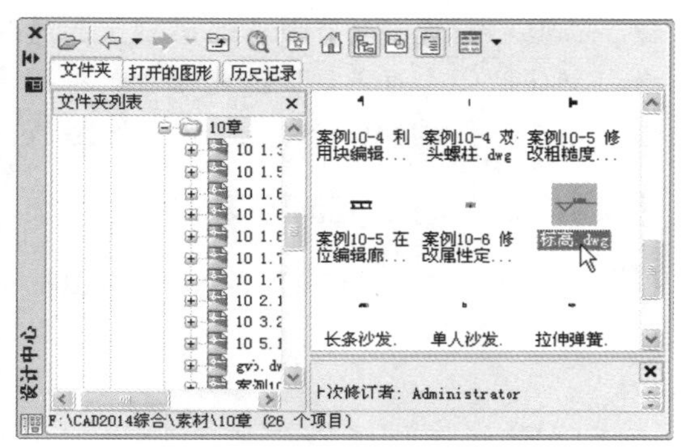

图 10-88　选择图形文件

04 选择“标高”符号后，将其拖到新建的【工具选项板】选项板中，如图 10-89 所示。选中创建的工具项目，展开右键菜单，如图 10-90 所示，选择【指定图像】命令，浏览到素材文件“第 10 章/标高符.jpg”，将其作为此工具项目，如图 10-91 所示。

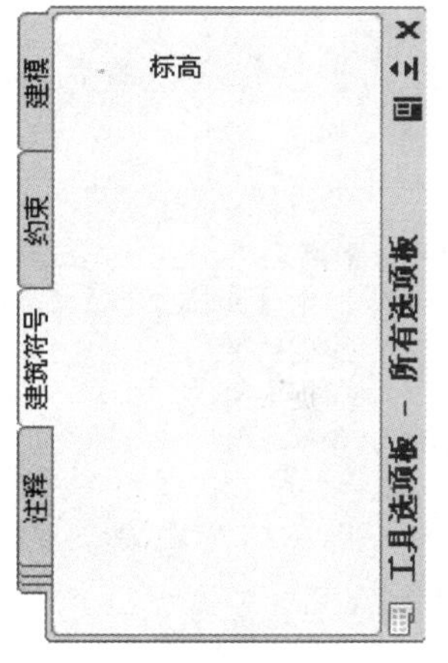

图 10-89　创建的工具项目

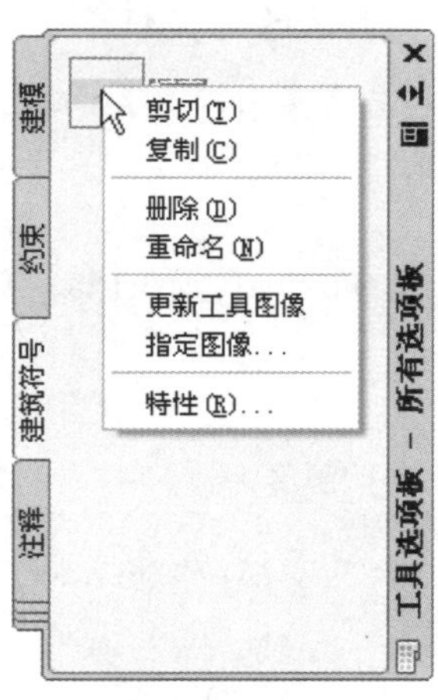

图 10-90　右键菜单

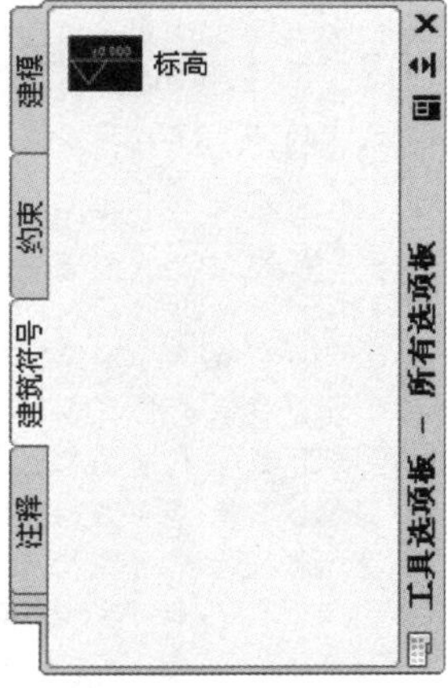

图 10-91　更换图片的效果

10.5 信息查询

AutoCAD 提供的查询功能可以查询图形的几何信息，供绘图时参考，包括查询距离、半径、角度、面积、质量特性、状态和时间等。

10.5.1 查询距离

【距离查询】命令可以计算空间中任意两点间的距离及连线的倾斜角度。

该命令的调用方法如下。

- 菜单栏：选择【工具】|【查询】|【距离】命令。
- 工具栏：单击【查询】工具栏上的【距离】按钮。
- 功能区：在【默认】选项卡中，单击【实用工具】面板上的【距离】按钮。
- 命令行：在命令行输入 DIST 并按 Enter 键。

【案例 10-11】：查询距离

01 打开"第 10 章\案例 10-11 查询.dwg"素材文件，如图 10-92 所示。

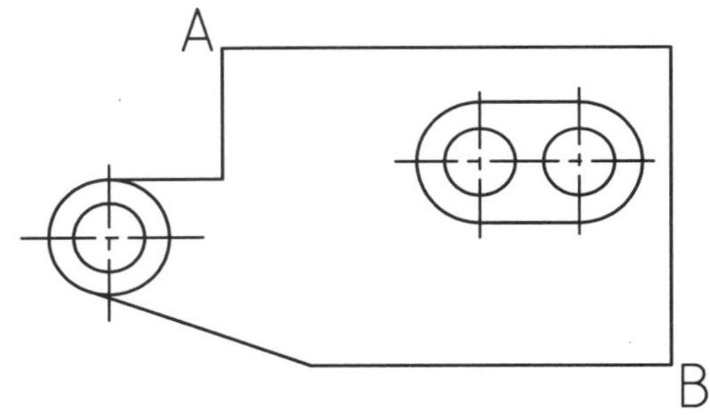

图 10-92 素材文件

02 在【默认】选项卡中，单击【实用工具】面板上的【距离】按钮，查询 A、B 两点间的距离。命令行操作如下：

```
命令: _MEASUREGEOM↙
输入选项 [距离(D)/半径(R)/角度(A)/面积(AR)/体积(V)] <距离>: _distance
                                                //调用【距离查询】命令
指定第一点:                                      //捕捉 A 点
指定第二个点或 [多个点(M)]:                       //捕捉 B 点
距离 = 79.0016, XY 平面中的倾角 = 143,   与 XY 平面的夹角 = 0
X 增量 = -63.5000,   Y 增量 = 47.0000,   Z 增量 = 0.0000
输入选项 [距离(D)/半径(R)/角度(A)/面积(AR)/体积(V)/退出(X)] <距离>: *取消*
    //按 Esc 键退出
```

10.5.2 查询半径

【查询半径】命令用于查询圆、圆弧的半径和直径，调用方法如下。

- 菜单栏：选择【工具】|【查询】|【半径】命令。
- 工具栏：单击【查询】工具栏上的【半径】按钮。
- 功能区：在【默认】选项卡中，单击【实用工具】面板上的【半径】按钮。
- 命令行：在命令行输入 MEASUREGEOM 并按 Enter 键。

【案例 10-12】：查询半径

01 打开“第 10 章\案例 10-11 查询.dwg”素材文件。

02 在【默认】选项板中，单击【默认工具】上的【半径】按钮，查询圆弧 A，如图 10-93 所示。命令行操作如下：

```
命令: _MEASUREGEOM↙
输入选项 [距离(D)/半径(R)/角度(A)/面积(AR)/体积(V)] <距离>: _radius
//调用【查询半径】命令
选择圆弧或圆:                                          //选择圆 A
半径 = 9.0
直径 = 18.0
输入选项 [距离(D)/半径(R)/角度(A)/面积(AR)/体积(V)/退出(X)] <半径>: *取消*
    //按 Esc 键退出
```

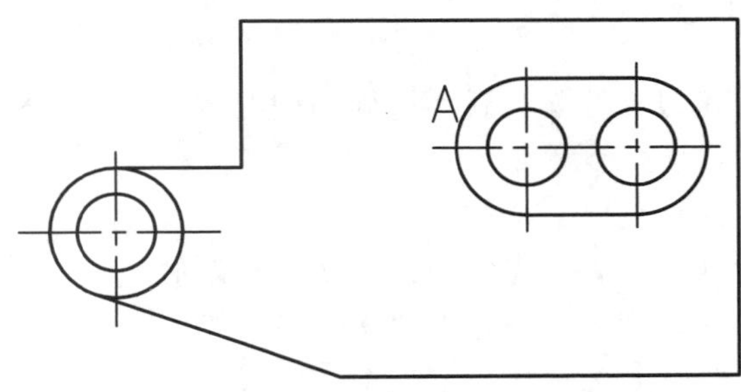

图 10-93　查询半径

10.5.3　查询角度

【查询角度】命令用于查询两相交直线的角度值，调用该命令的方法如下。

- 菜单栏：选择【工具】|【查询】|【角度】命令。
- 工具栏：单击【查询】工具栏上的【角度】按钮。
- 功能区：在【默认】选项卡中，单击【实用工具】面板上的【角度】按钮。
- 命令行：在命令行输入 MEASUREGEOM 并按 Enter 键。

【案例 10-13】：查询角度

01 打开“第 10 章\案例 10-11 查询.dwg”素材文件。

02 在【默认】选项卡中，单击【实用工具】面板上的【角度】按钮，查询直线 L1、L2 之间角度，如图 10-94 所示。命令行操作如下：

```
命令: _MEASUREGEOM↙
输入选项 [距离(D)/半径(R)/角度(A)/面积(AR)/体积(V)] <距离>: _angle
```

```
                                                   //调用【查询角度】命令
选择圆弧、圆、直线或 <指定顶点>:                   //选择直线 L1
选择第二条直线:                                    //选择直线 L2
角度 = 161°
输入选项 [距离(D)/半径(R)/角度(A)/面积(AR)/体积(V)/退出(X)] <角度>: *取消*
                                                   //按 Esc 键退出
```

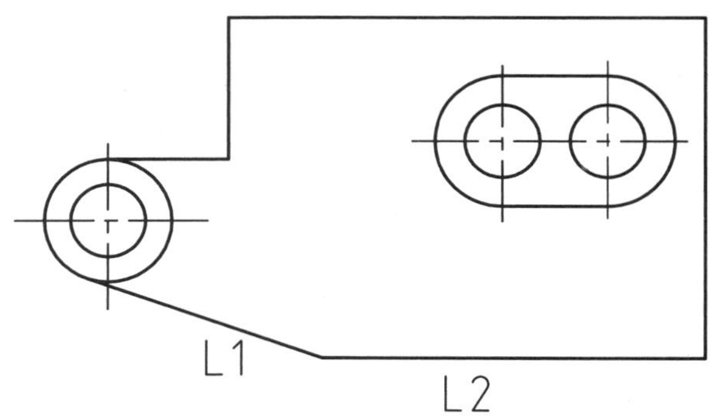

图 10-94　查询角度

10.5.4 查询面积

【查询面积】命令可以计算具有封闭边界的图形对象的面积和周长，并可进行相关的代数运算。

调用【查询面积】命令有以下几种方法。

- 菜单栏：选择【工具】|【查询】|【面积】命令。
- 工具栏：单击【查询】工具栏上的【面积】按钮。
- 功能区：在【默认】选项卡中，单击【实用工具】面板上的【面积】按钮。
- 命令行：在命令行输入 AREA 并按 Enter 键。

【案例 10-14】：查询面积

01 打开"第 10 章\案例 10-11 查询.dwg"素材文件。

02 在【默认】选项卡中，单击【实用工具】面板上的【面积】按钮，查询内侧矩形，沿着 C、D、E、F 确定边界，如图 10-95 所示。命令行操作如下：

```
命令: _MEASUREGEOM↙
输入选项 [距离(D)/半径(R)/角度(A)/面积(AR)/体积(V)] <距离>: _area
                                                   //调用【查询面积】命令
指定第一个角点或 [对象(O)/增加面积(A)/减少面积(S)/退出(X)] <对象(O)>:
                                                   //指定点 A
指定下一个点或 [圆弧(A)/长度(L)/放弃(U)]:          //指定点 B
指定下一个点或 [圆弧(A)/长度(L)/放弃(U)]: A ↙      //使用圆弧方式
指定圆弧的端点或
[角度(A)/圆心(CE)/闭合(CL)/方向(D)/直线(L)/半径(R)/第二个点(S)/放弃(U)]:
                                                   //指定点 C
指定圆弧的端点或
[角度(A)/圆心(CE)/闭合(CL)/方向(D)/直线(L)/半径(R)/第二个点(S)/放弃(U)]: L↙
```

```
                                            //使用直线方式
指定下一个点或 [圆弧(A)/长度(L)/放弃(U)/总计(T)] <总计>:
                                            //指定 D 点
指定下一个点或 [圆弧(A)/长度(L)/放弃(U)/总计(T)] <总计>: A↙
                                            //使用圆弧方式
指定圆弧的端点或
[角度(A)/圆心(CE)/闭合(CL)/方向(D)/直线(L)/半径(R)/第二个点(S)/放弃(U)]:
                                            //回到点 A
指定圆弧的端点或
[角度(A)/圆心(CE)/闭合(CL)/方向(D)/直线(L)/半径(R)/第二个点(S)/放弃(U)]: ↙
                                            //按 Enter 键查看结果
区域 = 506.4690，周长 = 84.5487
输入选项 [距离(D)/半径(R)/角度(A)/面积(AR)/体积(V)/退出(X)] <面积>:*取消*
                                            //按 Esc 键退出
```

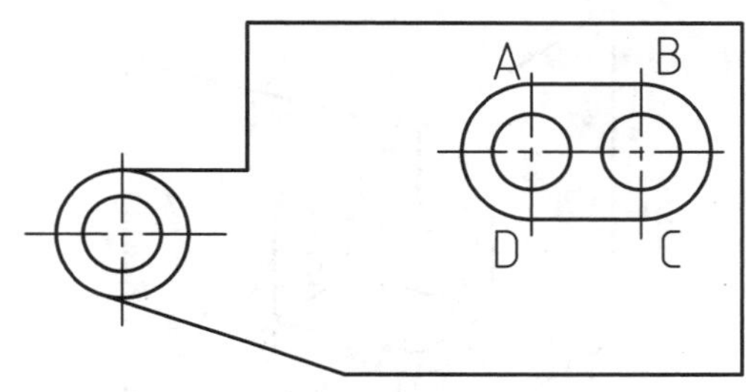

图 10-95　查询面积

提示

可以看出本实例中确定查询区域的方式类似于绘制多段线的步骤，这种方法较为烦琐。如果在命令行选择"对象 O"的方式查询面积，只需选择对象边界即可，但选择的对象必须是一个完整的对象，如圆、矩形、多边形或多段线。如果不是完整对象时，需要先创建面域，使其变成一个整体。

10.5.5　查询体积

【查询体积】命令用于在三维模型中测量模型的体积。调用该命令的方法如下。

- 菜单栏：选择【工具】|【查询】|【体积】命令。
- 工具栏：单击【查询】工具栏上的【体积】按钮。
- 功能区：在【默认】选项卡中，单击【实用工具】面板上的【体积】按钮。
- 命令行：在命令行输入 MEASUREGEOM 并按 Enter 键。

【案例 10-15】：查询体积

01 打开"第 10 章\案例 10-15 查询体积.dwg"素材文件，如图 10-96 所示。

02 在【默认】选项板中，单击【实用工具】面板上的【体积】按钮，查询正方体的缺口部分体积。命令行操作如下：

```
命令: _MEASUREGEOM↙
输入选项 [距离(D)/半径(R)/角度(A)/面积(AR)/体积(V)] <距离>: _volume
```

```
                                                    //调用【查询体积】命令
指定第一个角点或 [对象(O)/增加体积(A)/减去体积(S)/退出(X)] <对象(O)>:
                                                    //选择 A 点
指定下一个点或 [圆弧(A)/长度(L)/放弃(U)]:            //选择 B 点
指定下一个点或 [圆弧(A)/长度(L)/放弃(U)]:            //选择 C 点
指定下一个点或 [圆弧(A)/长度(L)/放弃(U)/总计(T)] <总计>:        //选择 D 点
指定下一个点或 [圆弧(A)/长度(L)/放弃(U)/总计(T)] <总计>:↙
                                                    //按 Enter 键确定边界
指定高度:                                           //捕捉 E 点定义高度
体积 = 40661474.9603                                //查询结果
输入选项 [距离(D)/半径(R)/角度(A)/面积(AR)/体积(V)/退出(X)] <体积>:*取消*
                                                    //按 Esc 键退出
```

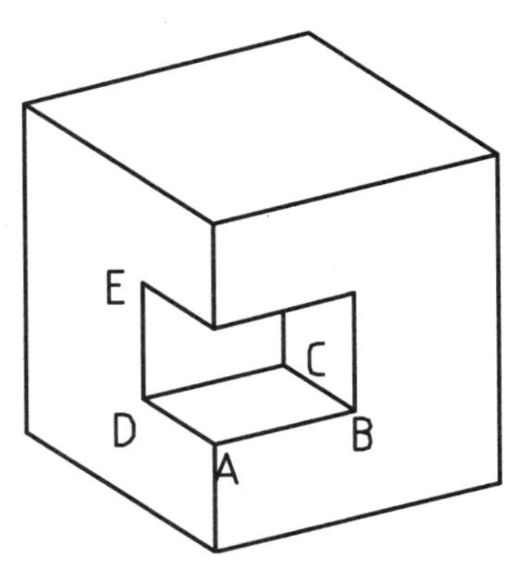

图 10-96　查询体积

10.5.6　列表查询

列表查询可以将所选对象的图层、长度、边界坐标等信息在 AutoCAD 文本窗口中列出。

调用【列表】查询命令有以下几种方法。

- 菜单栏：选择【工具】|【查询】|【列表】命令。
- 工具栏：单击【查询】工具栏上的【列表】按钮。
- 命令行：在命令行输入 LIST 并按 Enter 键。

【案例 10-16】：列表查询

01 打开“第 10 章/案例 10-16 列表查询.dwg”素材文件，如图 10-97 所示。

02 在命令行输入 LIST 并按 Enter 键，查询圆 A 的特性。命令行操作如下：

```
命令: LIST↙                  //调用【列表】命令
选择对象: 找到 1 个           //选择圆 A
选择对象:↙                   //按 Enter 键结束选择，系统打开 AutoCAD 文本窗口，
                             //如图 10-98 所示
```

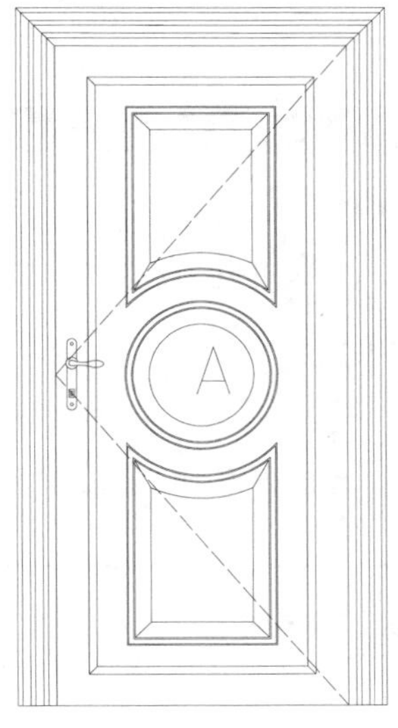

图 10-97　素材图形

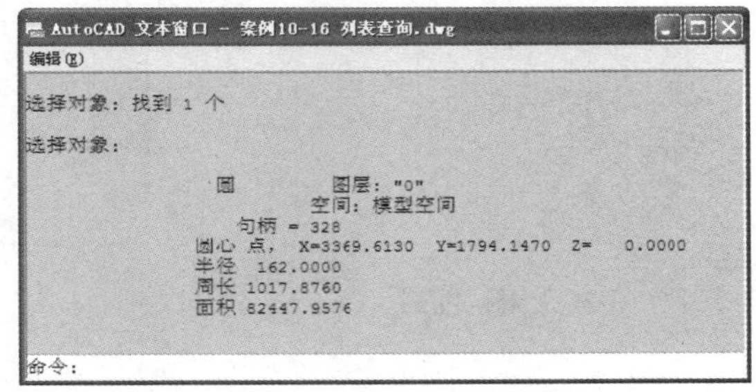

图 10-98　AutoCAD 文本窗口

10.5.7　面域\质量特性查询

面域\质量特性也可称为截面特性，包括面积、质心位置、惯性矩等，这些特性关系到物体的力学性能，在建筑或机械设计中，经常需要查询这些特性。

调用【面域\质量特性】命令有以下几种方法。

- 菜单栏：选择【工具】|【查询】|【面域\质量特征】命令。
- 工具栏：单击【查询】工具栏上的【面域\质量特征】按钮。
- 命令行：在命令行输入 MASSPROP 并按 Enter 键。

【案例 10-17】：查询混凝土梁的截面属性

01 打开素材文件“第 10 章/案例 10-17 查询混凝土梁的截面属性.dwg”，如图 10-99 所示。

02 在【默认】选项卡中，单击【绘图】滑出面板上的【面域】按钮，由混凝土梁的截面轮廓创建一个面域。

03 选择【工具】|【查询】|【面域\质量特征】命令，查询混凝土梁截面特性。命令行操作如下：

```
命令: _massprop              //调用【面域\质量特性】查询命令
选择对象: 找到 1 个           //选择创建的截面面域，按 Enter 键，系统弹出 AutoCAD
                              //文本窗口，如图 10-100 所示
```

注意

调用该命令时，选择的对象必须是已经创建的面域。

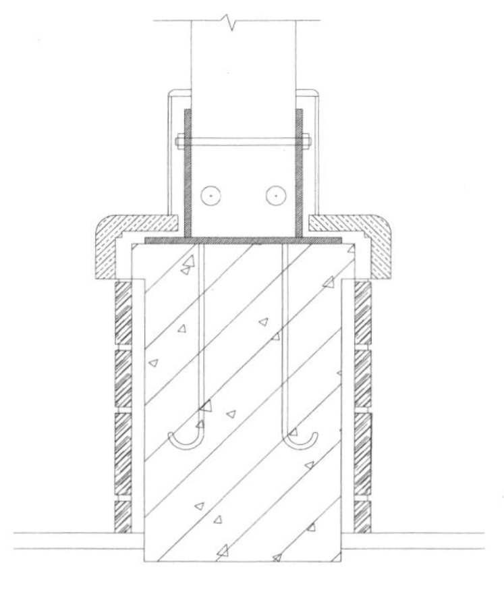

图 10-99　素材图形

AutoCAD 文本窗口 - 案例10-17 查询混凝土梁的...

编辑(E)

```
选择对象:

----------------        面域        ----------------

面积:                     3804999.9999
周长:                     8400.0000
边界框:                X: 3556.3966   --   5256.3966
                       Y: 780.6771    --   3280.6771
质心:                  X: 4406.3966
                       Y: 2046.7580
惯性矩:                X: 1.7961E+13
                       Y: 7.4618E+13
按 ENTER 键继续:
```

图 10-100　查询结果

10.5.8　状态查询

【状态查询】命令可以查询当前绘图状态的相关信息，包括图形对象、非图形对象和块定义等。除全局图形统计信息和设置外，还将列出系统中安装的可用内存量、可用磁盘空间量以及交换文件中的可用空间量等。

调用【状态查询】命令有以下几种方法。

- 菜单栏：选择【工具】|【查询】|【状态】命令。
- 命令行：在命令行输入 STATUS 并按 Enter 键。

执行以上命令之后，系统在 AutoCAD 文本窗口中列出绘图状态的相关信息，如图 10-101 所示。

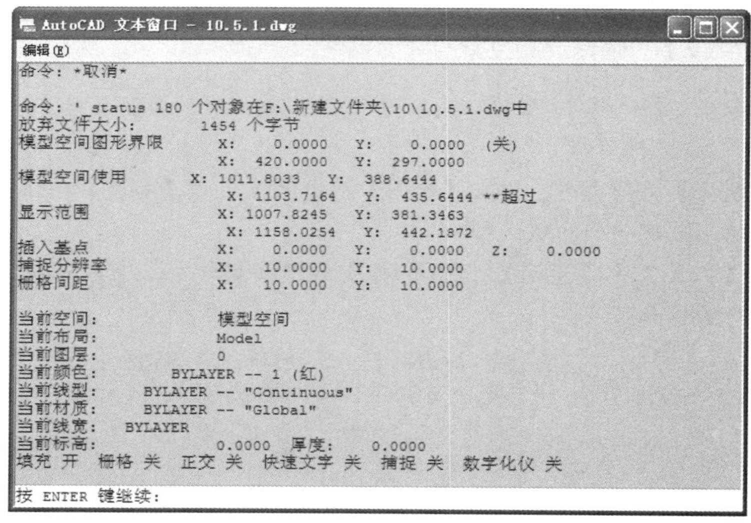

AutoCAD 文本窗口 - 10.5.1.dwg

编辑(E)

```
命令: *取消*

命令: '_status 180 个对象在F:\新建文件夹\10\10.5.1.dwg中
放弃文件大小:          1454 个字节
模型空间图形界限        X:     0.0000    Y:     0.0000   (关)
                        X:   420.0000    Y:   297.0000
模型空间使用          X: 1011.8033    Y:  388.6444
                        X: 1103.7164    Y:  435.6444 **超过
显示范围                X: 1007.8245    Y:  381.3463
                        X: 1158.0254    Y:  442.1872
插入基点                X:     0.0000    Y:     0.0000   Z:     0.0000
捕捉分辨率              X:    10.0000    Y:    10.0000
栅格间距                X:    10.0000    Y:    10.0000

当前空间:               模型空间
当前布局:               Model
当前图层:               0
当前颜色:          BYLAYER -- 1 (红)
当前线型:       BYLAYER -- "Continuous"
当前材质:       BYLAYER -- "Global"
当前线宽:     BYLAYER
当前标高:               0.0000   厚度:    0.0000
填充 开  栅格 关  正交 关  快速文字 关  捕捉 关  数字化仪 关
按 ENTER 键继续:
```

图 10-101　状态查询结果

10.5.9 时间查询

【时间查询】命令用于查询图形文件的日期和时间的统计信息，如当前时间、图形的创建时间等。

调用【时间查询】命令有以下几种方法。

- 菜单栏：选择【工具】|【查询】|【时间】命令。
- 命令行：在命令行输入 TIME 并按 Enter 键。

执行以上操作之后，系统弹出 AutoCAD 文本窗口，显示出时间查询结果，如图 10-102 所示。

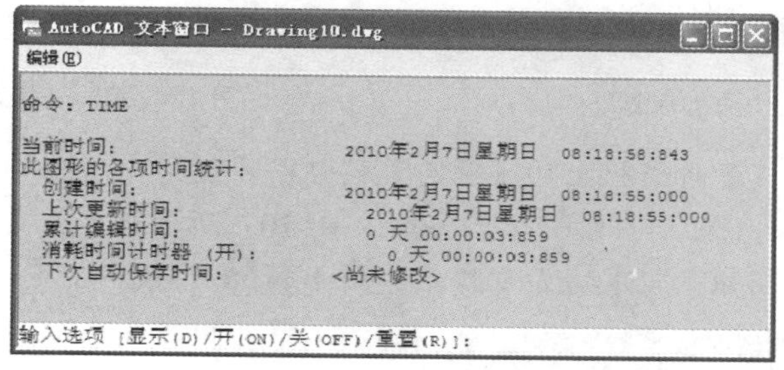

图 10-102　时间查询结果

10.6　综合实例——创建拉伸弹簧图块

01 打开“第 10 章\10.6 拉伸弹簧.dwg”素材文件，如图 10-103 所示。

02 在【默认】选项卡中，单击【块】滑出面板上的【定义属性】按钮，系统弹出【属性定义】对话框，在【标记】文本框中输入“规格型号”，在【提示】文本框中输入“输入规格型号值”，设置【文字高度】为 2，如图 10-104 所示。

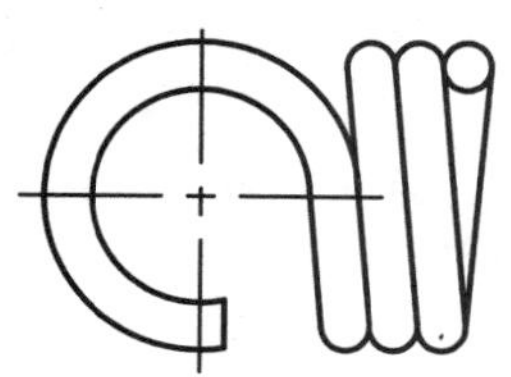
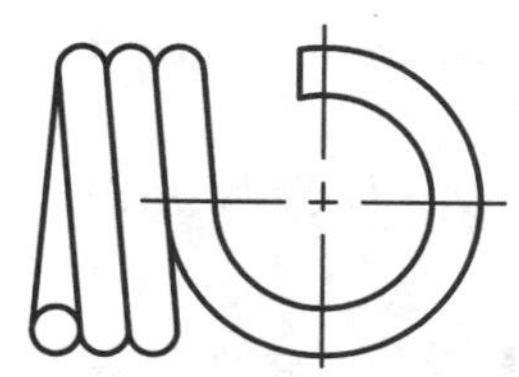

图 10-103　素材文件

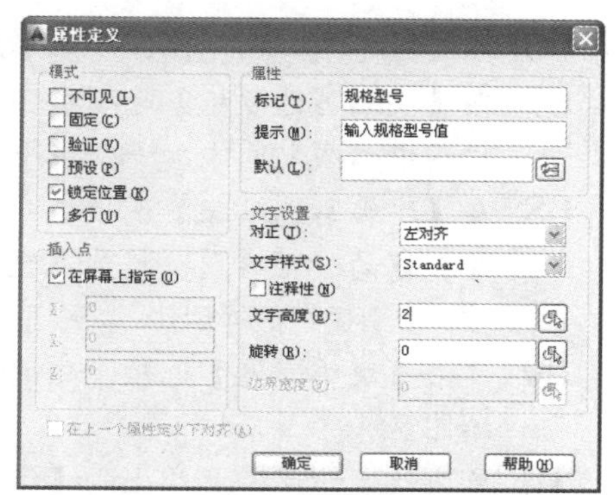

图 10-104　【属性定义】对话框

03 单击【确定】按钮，在弹簧下方放置该属性定义，如图 10-105 所示。

04 在【默认】选项卡中，单击【块】面板上的【创建】按钮，系统弹出【块定义】对话框。输入块名称为“拉伸弹簧”，如图 10-106 所示。然后单击【拾取点】按钮，选择左侧挂钩中心线交点作为插入基点。单击【选择对象】按钮，框选弹簧图形和创建的属性定义。

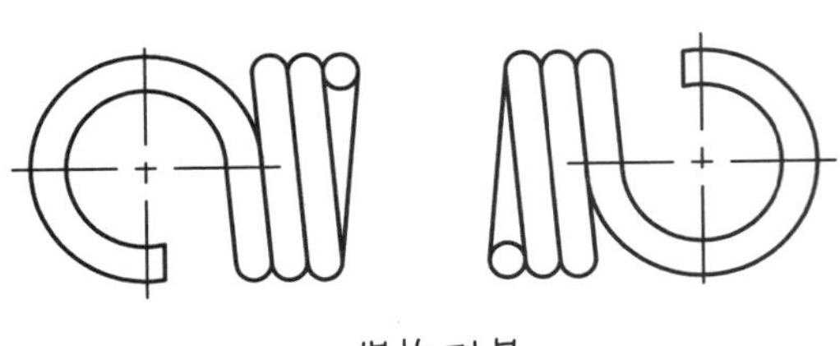

图 10-105 添加属性

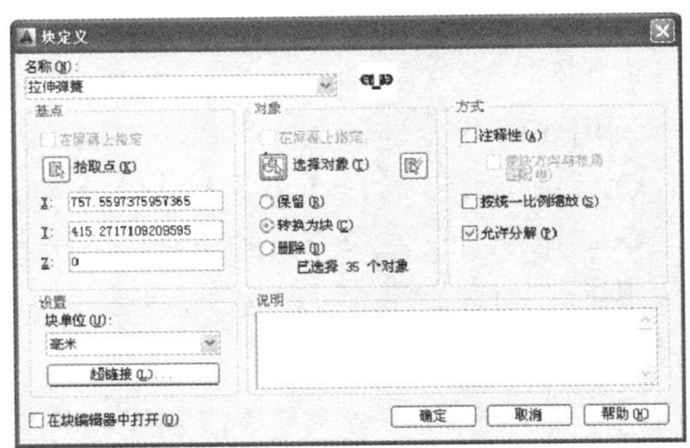

图 10-106 【块定义】对话框

05 单击【块定义】对话框上的【确定】按钮，系统弹出【编辑属性】对话框，输入规格型号值“LⅢA1×6×15”，如图 10-107 所示。单击【编辑属性】对话框上的【确定】按钮，完成块的创建，如图 10-108 所示。

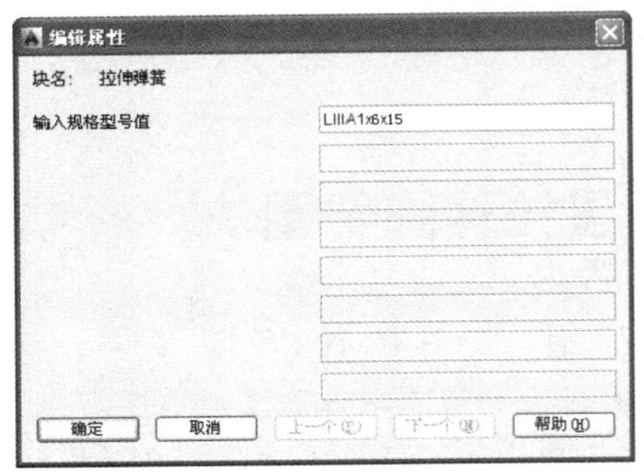

图 10-107 【编辑属性】对话框

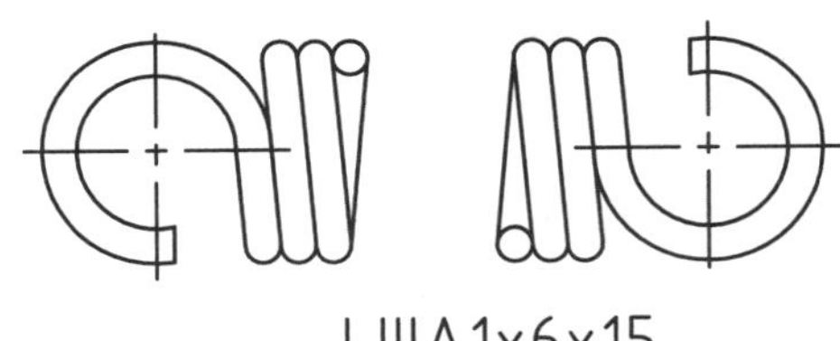

图 10-108 创建的拉伸弹簧块

06 右击创建的拉伸弹簧块，弹出快捷菜单，选择【块编辑器】命令，进入块编辑模式。

07 在【块编写选项板】选项板中，展开【参数】选项卡，单击【线性】按钮，为两挂钩中心线之间添加一个水平参数，如图 10-109 所示。

08 在【块编写选项板】选项板中，切换到【动作】选项卡，单击【缩放】按钮，选择创建的“距离 1”作为参数对象，选择整个图形作为缩放对象，创建的缩放动作如图 10-110 所示。

09 单击【块编辑器】选项卡中的【关闭编辑器】按钮，选择保存对块的更改，回到绘图区。

10 单击快速访问工具栏上的【保存】按钮，将当前文件保存。

11 按 Ctrl+3 组合键打开【工具选项板】选项板，右击工具选项板中的空白区域，在弹出的快捷菜单中选择【新建选项板】命令，并为新建的选项板命名为“弹簧”，如图 10-111 所示。

12 按 Ctrl+2 组合键打开【设计中心】选项板，在【设计中心】左侧展开【打开的图形】窗格，当前打开的图形文件显示在列表中，如图 10-112 所示。

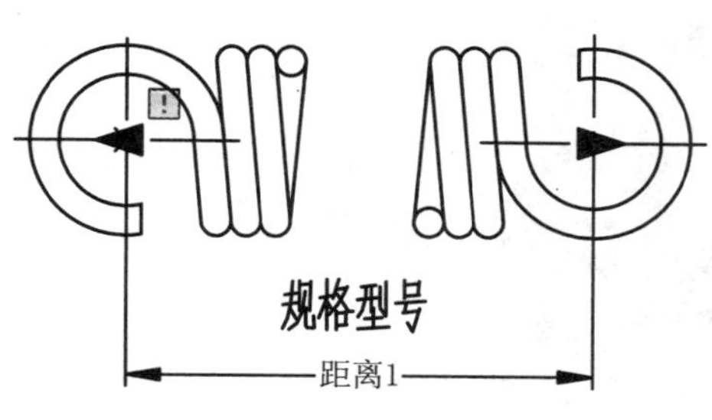

图 10-109　添加线性参数

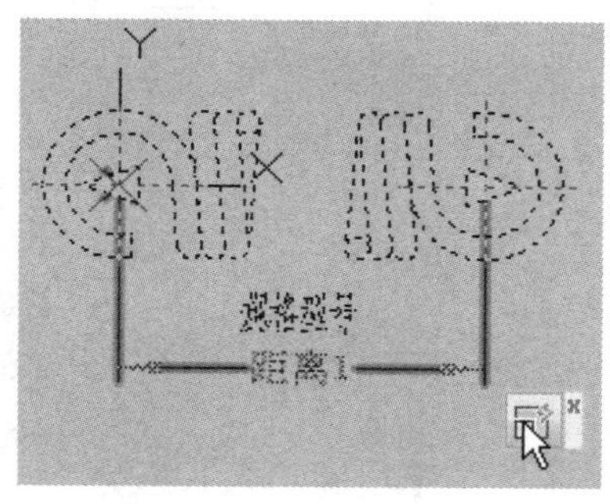
图 10-110　添加缩放

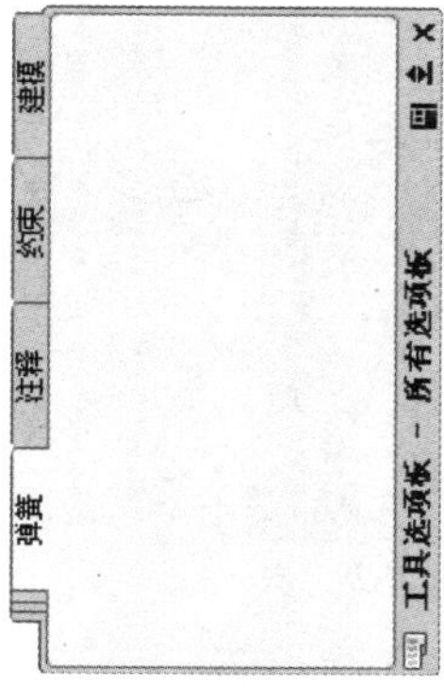

图 10-111　新建"弹簧"选项板

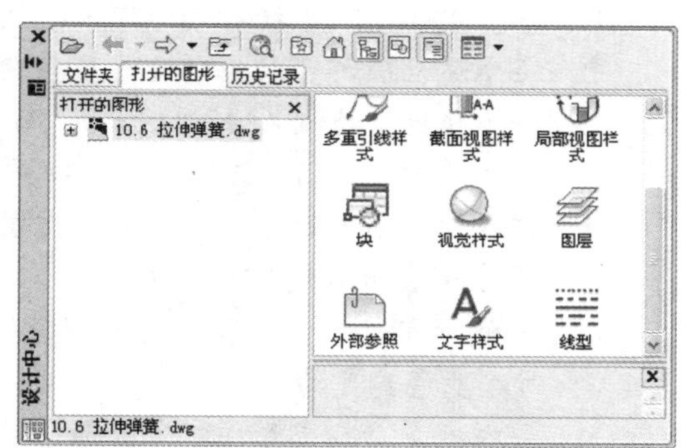

图 10-112　查看打开的图形

13　双击右侧内容区的【块】项目，创建的"拉伸弹簧"块在内容区列出，如图 10-113 所示。

14　按住左键将该块图标拖到创建的【弹簧】工具选项板中，如图 10-114 所示。

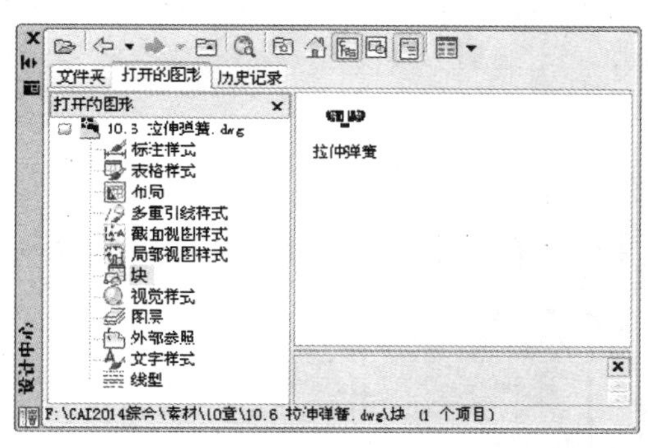

图 10-113　展开图块文件夹

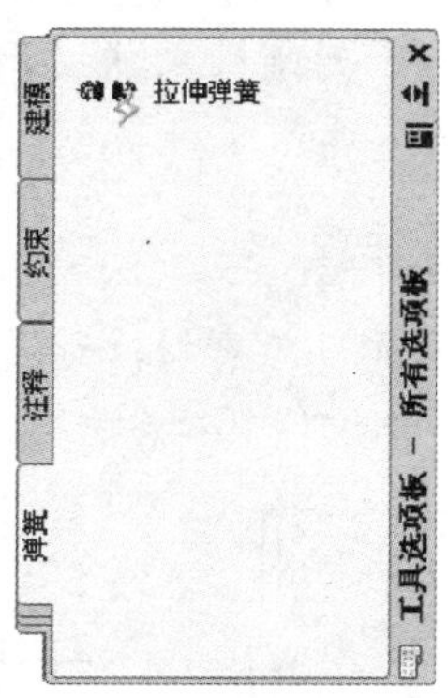

图 10-114　创建的"拉伸弹簧"工具项目

提示

本实例第 10 步保存文件的操作必不可少，因为设计中心中只能引用已保存文件中的图块。

10.7　思考与练习

一、选择题

1.　下列(　　)项不是定义一个块必须要完成的步骤。
　　A. 设置块的名称　　　　B. 设置块的缩放比例
　　C. 设置块的插入基点　　D. 选择要定义成块的所有对象
2.　在定义块的属性时，以下(　　)说法是错误的。
　　A. 块的每一项属性，都可以通过设置让它是否显示出来
　　B. 一个块的属性包括标记、提示、值 3 个方面。
　　C. 每个属性项都可以为它设置一个默认值。
　　D. 一个属性值的值必须是唯一的，而且一个块所包括的属性数量也是有限制的。
3.　关于图层与块的关系，下列(　　)项是正确。
　　A. 组成块的所有对象必须在同一图层中
　　B. 图层的信息不会保留在块中
　　C. 一个所有对象均处于 0 层、颜色为白色的块，将它插入一个红色的图层中其对象颜色均变为红色
　　D. 块被插入后，其组成对象的颜色将不会发生变化
4.　用 BLOCK 命令定义的内部图块，下面说法正确的是(　　)。
　　A. 只能在定义它的图形文件内自由调用
　　B. 只能在另一个图形文件内自由调用
　　C. 既能在定义它的图形文件内自由调用，又能在另一个图形文件内自由调用
　　D. 两者都不能用
5.　在下列【对象捕捉】选项中，使用(　　)可以选取块对象所处的位置。
　　A. 端点　　B. 中点　　C. 圆心　　D. 插入点

二、操作题

打开本章习题素材，如图 10-115 所示。完成以下练习内容。

1.　利用设计中心，插入“第 10 章/标高符号”素材图块，为图形标高，如图 10-116 所示。

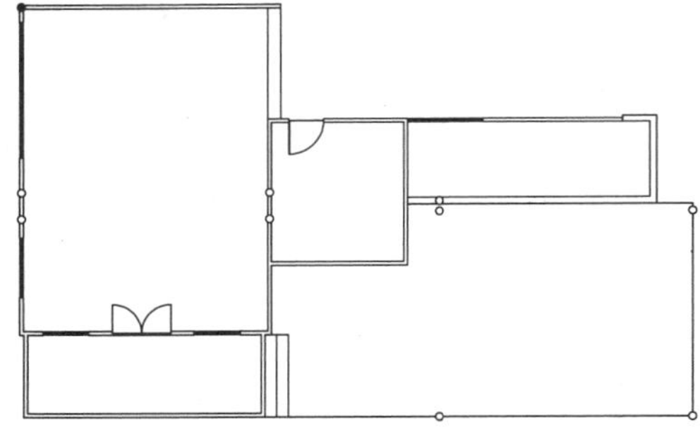

图 10-115　练习素材

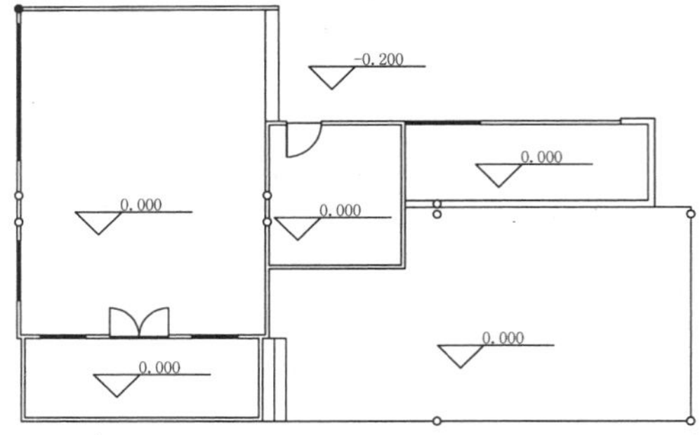

图 10-116　标高的结果

2.　将图中的双开门创建为图块，然后新建一个名称为“门”的工具选项板，将该双开门图块添加到工具选项板中。

3.　使用 AutoCAD 查询功能，粗略查询各房间的面积。

第 11 章 图形的输出与打印

本章导读

AutoCAD 中绘制的图形最终都是通过纸质图纸应用到生产和施工中去，这就需要应用 AutoCAD 的图形输出和打印功能，AutoCAD 的绘图和打印一般在不同的空间进行，因此本章先介绍模型空间和布局空间，再介绍打印样式、页面设置等操作。

学习目标

- 了解模型空间与布局空间的切换方式，掌握新建布局的方法。
- 了解颜色相关打印样式和命名打印样式的区别，掌握这两种打印样式的创建方法。
- 掌握打印的页面设置方法，了解各参数对打印效果的影响，掌握打印的操作步骤。
- 了解图纸集管理器的作用，了解图纸管理器的创建方法。

11.1 模型空间与布局空间

模型空间与布局空间是 AutoCAD 中两个功能不同的工作空间，单击绘图区下面的标签页，可以在模型空间和布局空间切换，如图 11-1 所示。一个打开的文件中只有一个模型空间和两个默认的布局空间，用户也可创建更多的布局空间。

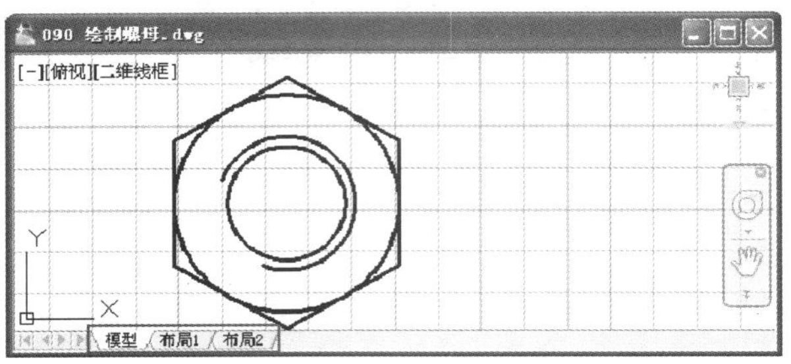

图 11-1 通过标签切换空间

11.1.1 模型空间

当打开或新建一个图形文件时，系统将默认进入模型空间，如图 11-2 所示。模型空间是一个无限大的绘图区域，可以在其中创建二维或三维图形，以及进行必要的尺寸标注和文字说明。

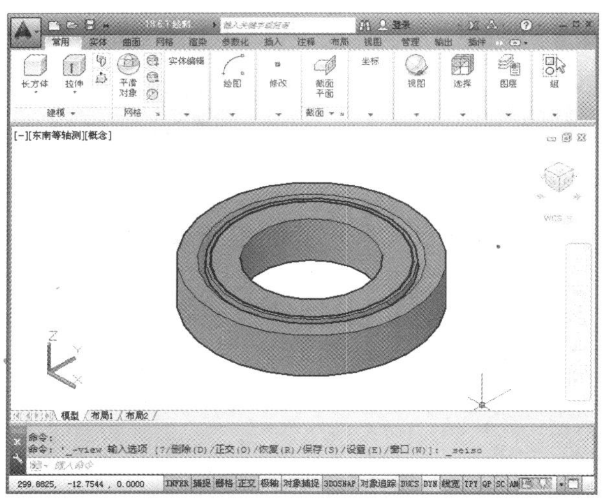

图 11-2 模型空间

模型空间对应的窗口称为模型窗口。在模型窗口中，十字光标在整个绘图区域都处于激活状态，并且可以创建多个不重叠的平铺视口，以展示图形的不同视图，如绘制机械三维图形时，可以创建多个视口，以从不同的角度观测图形。修改一个视口中的图形后，其他视口中的图形也会随之更新，如图 11-3 所示。如果只需要打印一个方向的视图，在模型空间中就可以完成。

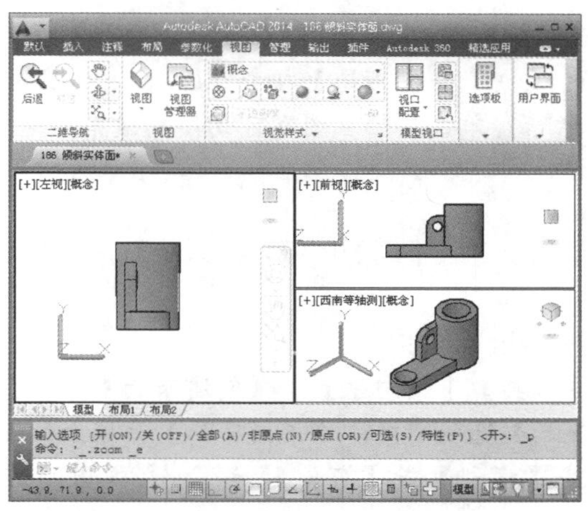

图 11-3　模型空间的视口

11.1.2　布局空间

布局空间又称图样空间，主要用于出图。模型建立后，需要将模型打印到纸面上形成图样。使用布局空间可以方便地设置打印设备、纸张、比例尺、图样布局，并预览实际出图效果，如图 11-4 所示。

布局空间对应的窗口称为布局窗口，可以在同一个文件中创建多个不同的布局。当需要在一张图纸中输出多个视图时，在布局空间可以方便地控制视图的位置、输出比例等参数。

11.1.3　空间管理

右击绘图区下的【模型】或【布局】标签，弹出快捷菜单，如图 11-5 所示，选择相应的命令，可以对布局进行删除、新建、重命令、移动、复制、页面设置等操作。

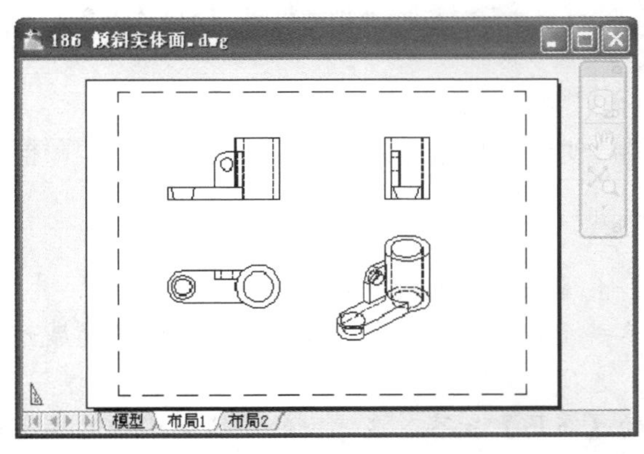

图 11-4　布局空间

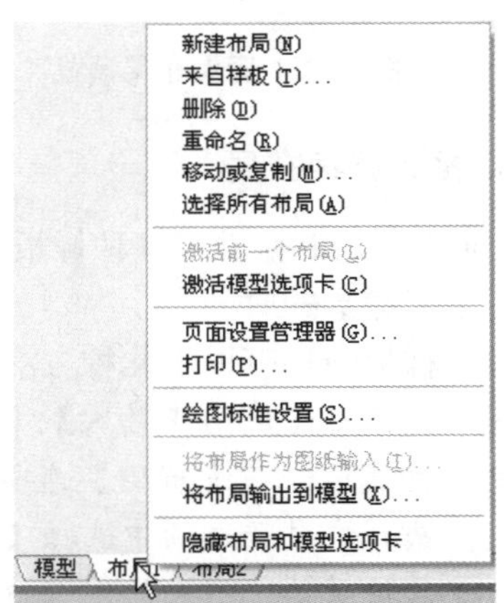

图 11-5　通过【布局】标签新建布局

1. 空间的切换

切换布局空间有以下几种方法。

- 单击绘图区左下角的布局标签，可以在各布局空间切换。
- 单击状态栏上的【快速查看布局】按钮，在窗口底部弹出各布局空间的预览图，如图 11-6 所示。单击某预览图即可切换到该布局空间。

2. 创建新布局

如果需要由一个模型创建多张不同的图纸，当系统默认的两个布局空间不够用时，可创建更多的布局。

创建布局有以下几种方法。

- 菜单栏：调用【工具】|【向导】|【创建布局】命令。
- 功能区：在【布局】选项卡中，单击【布局】面板上的【新建】按钮。
- 快捷菜单：右击【模型】或【布局】标签，在弹出的快捷菜单中选择【新建布局】命令。

如果使用菜单栏操作方式，系统弹出【创建布局-开始】对话框，如图 11-7 所示，通过向导逐步创建布局，这种方法创建布局的同时完成了布局的多种设置，例如布局使用的打印机、图纸尺寸等。如果使用后两种方式创建布局，则创建的布局使用的都是默认设置。

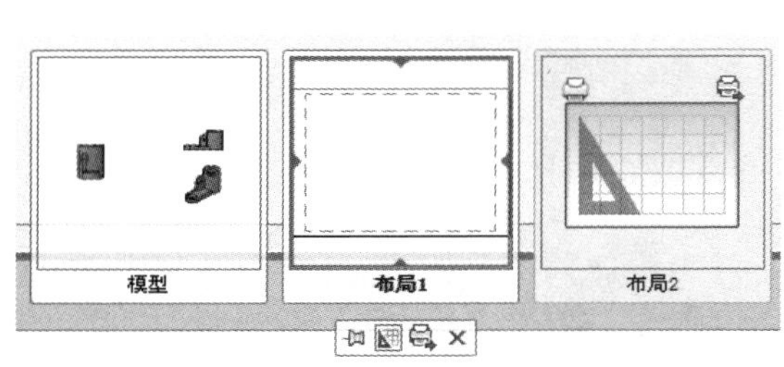

图 11-6　查看布局预览

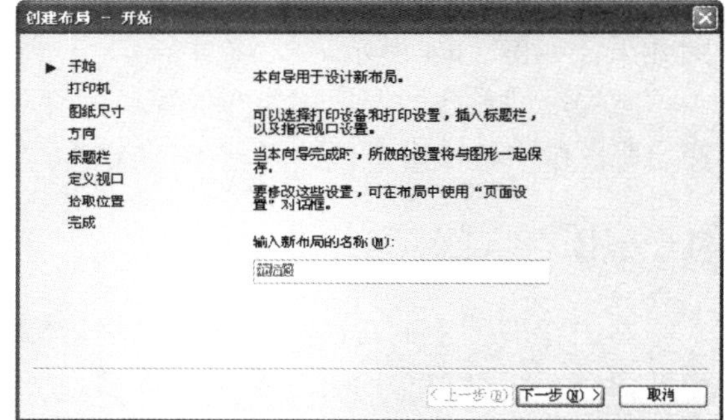

图 11-7　【创建布局-开始】对话框

3. 插入样板布局

AutoCAD 中提供了多种样板布局供用户使用，有些样板布局有固定的大小和图框，节省了创建布局的时间。

插入样板布局有以下几种方法。

- 菜单栏：调用【插入】|【布局】|【来自样板的布局】命令。
- 功能区：在【布局】选项卡中，单击【布局】面板上的【新建】按钮下的展开箭头，在展开选项中选择【从样板】选项。
- 快捷菜单：右击绘图窗口左下方的【布局】标签，在弹出的快捷菜单中选择【来自样板】命令。

执行上述操作后，系将弹出【从文件选择样板】对话框，如图 11-8 所示。可以在其中选择需要的样板创建布局，如图 11-9 所示为选择 Tutorial-iMfg.dwt 样板创建的布局。

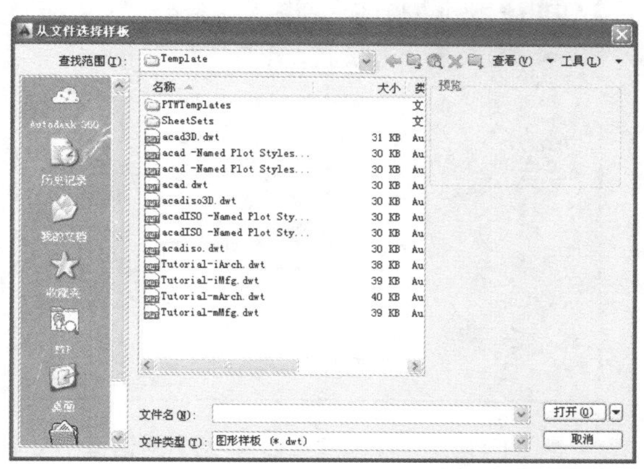

图 11-8　【从文件选择样板】对话框

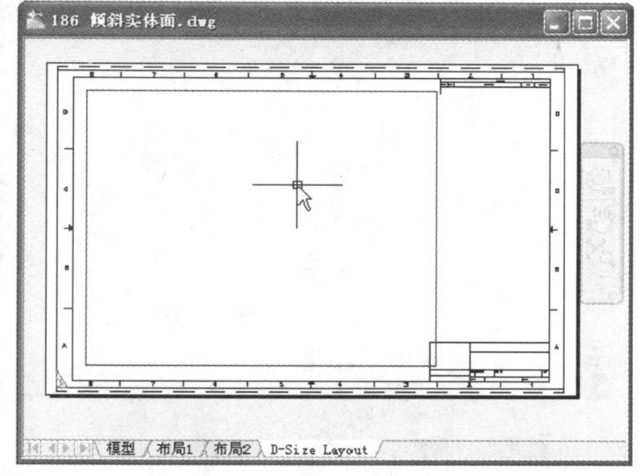

图 11-9　插入样板布局效果

4. 布局的组成

布局空间有三层矩形边界，如图 11-10 所示。最外层的是纸张边界，它是由“纸张设置”中的纸张类型和打印方向确定的。靠内的一个虚线框是打印边界，其作用如 Word 文档中的页边距，只有位于打印边界内部的图形才会被打印出来。位于图形对象四周的实线线框为视口边界，边界内部的图形就是模型空间中的模型，视口边界的大小和位置是可调的。

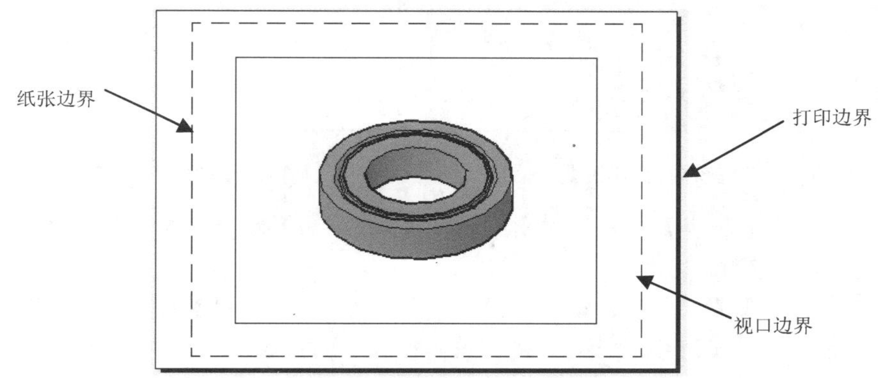

图 11-10　布局图的组成

【案例 11-1】：利用向导工具创建零件布局

01　打开“第 11 章\案例 11-1 利用向导工具创建零件布局.dwg”素材文件，图形在模型窗口显示，如图 11-11 所示。

02　选择【工具】|【向导】|【创建布局】命令，系统弹出【创建布局-开始】对话框，输入新布局的名称“零件图布局”，如图 11-12 所示。

03　单击【下一步】按钮，弹出【创建布局-打印机】对话框，如果没有安装打印机，可以随意选择一种打印机，如图 11-13 所示。

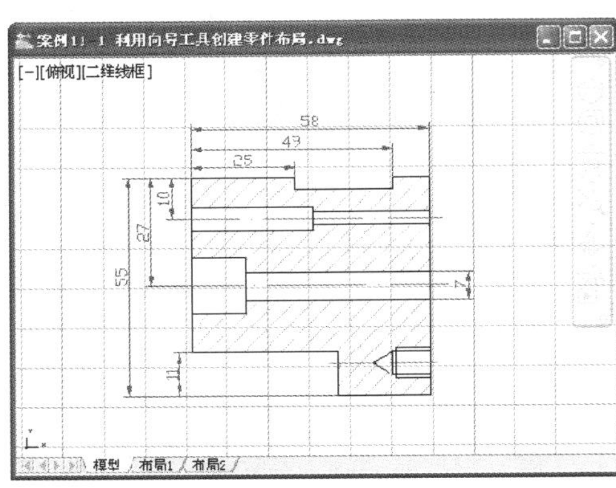

图 11-11　素材文件

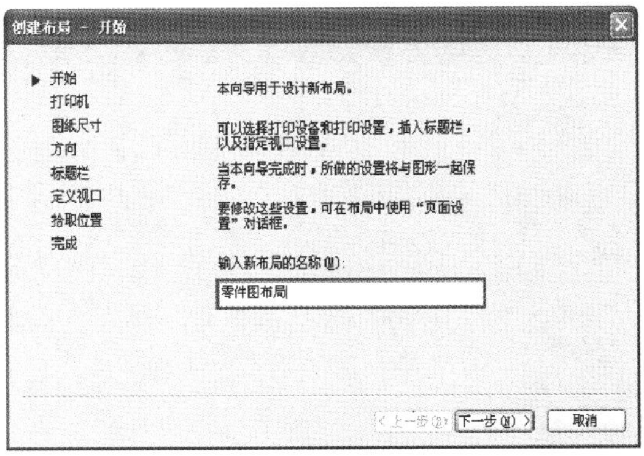

图 11-12　【创建布局-开始】对话框

04 单击【下一步】按钮，弹出【创建布局-图纸尺寸】对话框，设置布局打印图纸的大小、图形单位，如图 11-14 所示。

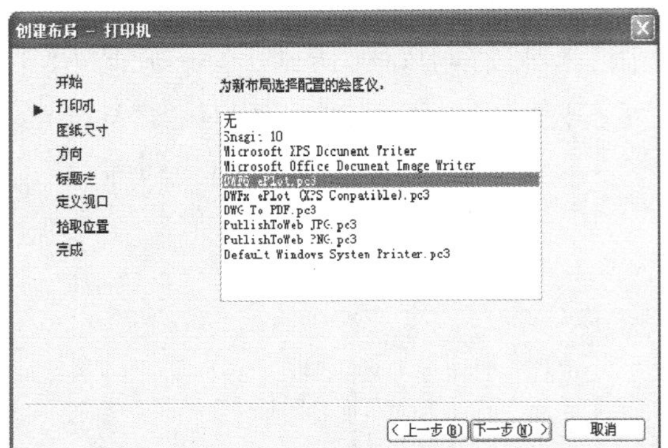

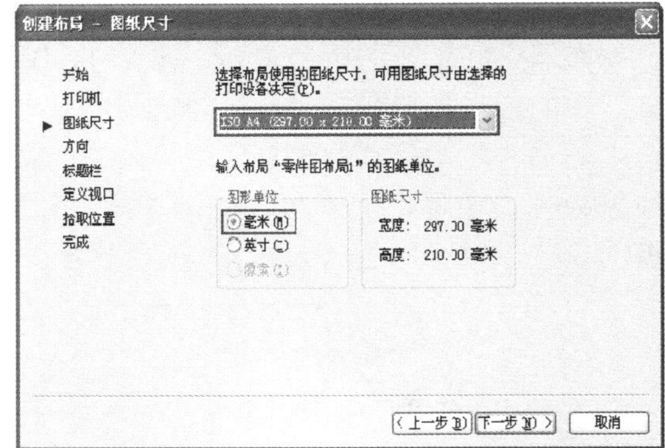

图 11-13　【创建布局-打印机】对话框

图 11-14　【创建布局-图纸尺寸】对话框

05 单击【下一步】按钮，弹出【创建布局-方向】对话框中，选中【横向】单选按钮，如图 11-15 所示。

06 单击单击【下一步】按钮，弹出【创建布局-标题栏】对话框，这里选择【无】选项，如图 11-16 所示。

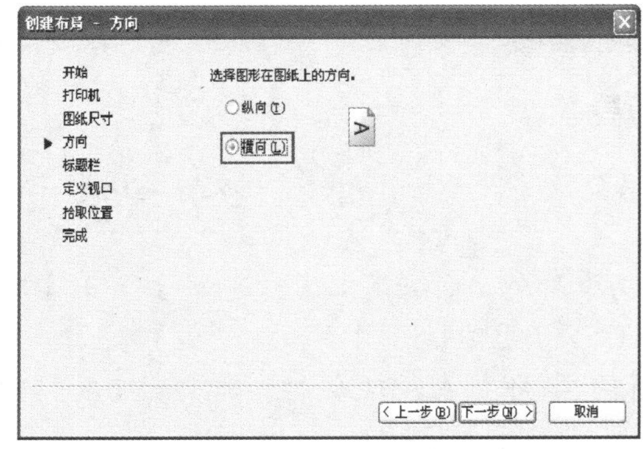

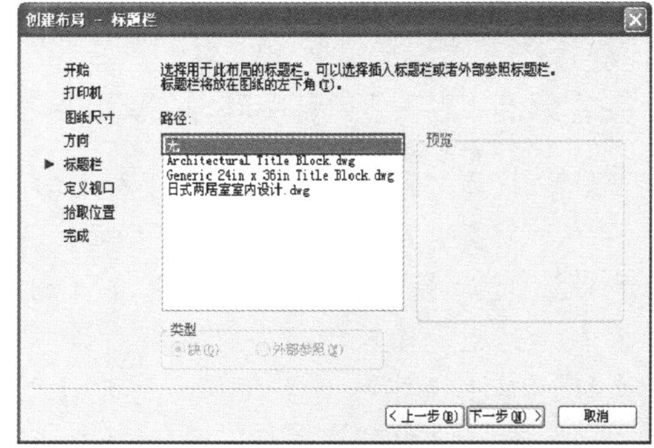

图 11-15　【创建布局-方向】对话框

图 11-16　【创建布局-标题栏】对话框

07 单击【下一步】按钮，弹出【创建布局-定义视口】对话框，设置视口数量和视口比例，如图 11-17 所示。

08 单击单击【下一步】按钮，弹出【创建布局-拾取位置】对话框，如图 11-18 所示。单击【选择位置】按钮，然后在图形窗口中指定两个对角点，定义视口的大小和位置，如图 11-19 所示。

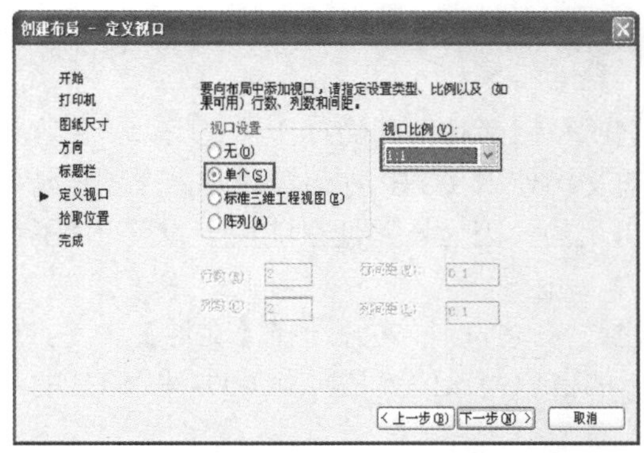

图 11-17　【创建布局-定义视口】对话框

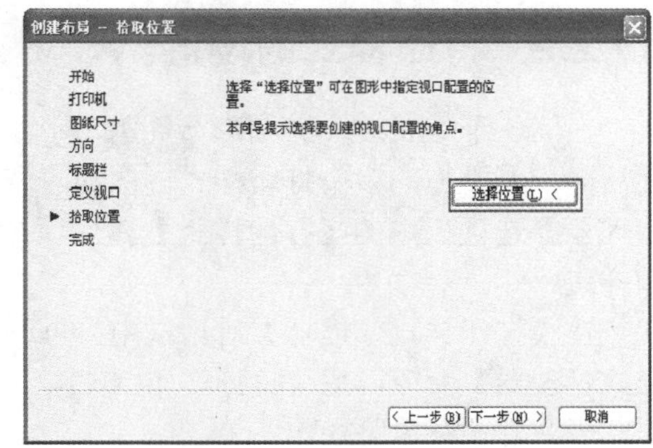

图 11-18　【创建布局-拾取位置】对话框

09 选择视口位置之后，系统弹出【创建布局-完成】对话框，单击【完成】按钮，新建的布局图如图 11-20 所示。

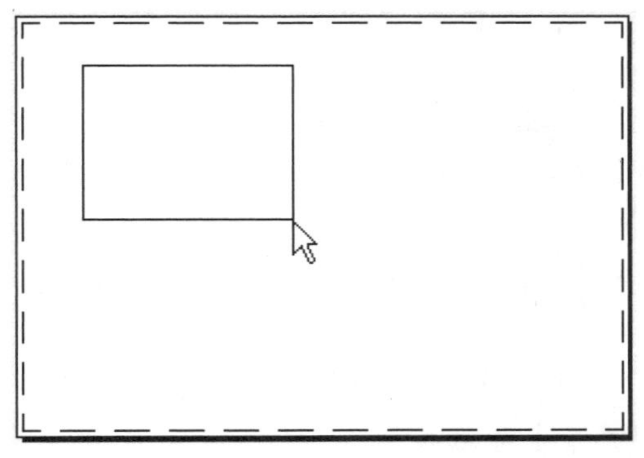

图 11-19　指定视口范围

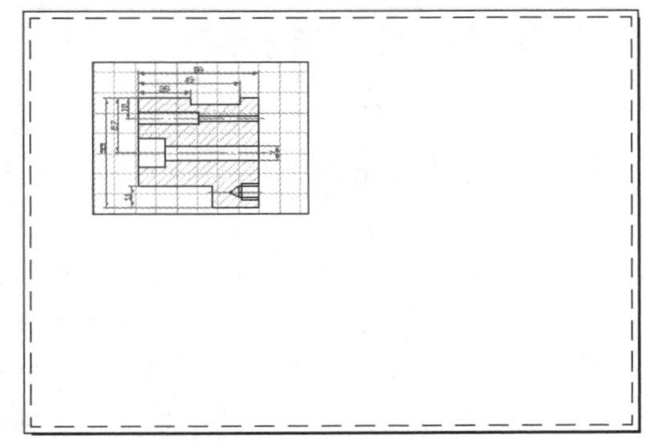

图 11-20　布局效果

11.2　设置打印样式

在图形的绘制过程中，每种图形对象都有其颜色、线型、线宽等属性，且这些样式是图形在屏幕上的显示效果。图纸打印出的显示效果是由打印样式来控制的。

11.2.1　打印样式的类型

打印样式(Plotstyle)是一种对象特性，用于修改打印图形的外观，包括对象的颜色、线型和线宽等，也可指定端点、连接和填充样式，以及抖动、灰度、笔指定和淡显等输出效果。打印样式可分为 ColorDependent(颜色相关)和 Named(命名)两种模式。

颜色相关打印样式以对象的颜色为基础，共有 255 种颜色相关打印样式。在颜色相关打印样式模式下，通过调整与对象颜色对应的打印样式可以控制所有具有同种颜色的对象的打印方式。颜色相关打印样式表文件的后缀名为“.ctb”。

命名打印样式可以独立于对象的颜色使用。可以给对象指定任意一种打印样式，不管对象的颜色是什么。命名打印样式表文件的后缀名为“.stb”。

11.2.2 打印样式的设置

在同一个 AutoCAD 图形文件中，不允许同时使用两种不同的打印样式类型，但允许使用同一个类型的多个打印样式。例如，若当前文档使用 CTB 打印样式时，【图层特性管理器】选项板中的【打印样式】属性项是不可用的，因为该属性只能用于设置 STB 打印样式。

在【打印样式管理器】对话框中，可以创建或修改打印样式。选择【文件】|【打印样式管理器】命令，系统将打开如图 11-21 所示的窗口，该位置是所有 CTB 和 STB 打印样式表文件的存放路径。

1. 设置颜色打印样式

使用颜色打印样式可以通过图形的颜色设置不同的打印宽度、颜色、线型等打印外观。

【案例 11-2】：新建颜色打印样式表

01 调用【文件】|【打印样式管理器】命令，系统打开打印样式表文件路径。

02 在文件夹中双击【添加打印样式表向导】图标，弹出【添加打印样式表】对话框，如图 11-22 所示。

03 单击【下一步】按钮，弹出【添加打印样式表-开始】对话框，如图 11-23 所示，选中【创建新打印样式表】单选按钮。

04 单击【下一步】按钮，弹出【添加打印样式表-选择打印样式表】对话框，如图 11-24 所示，选中【颜色相关打印样式表】单选按钮。

图 11-21 打印样式表文件的存放路径

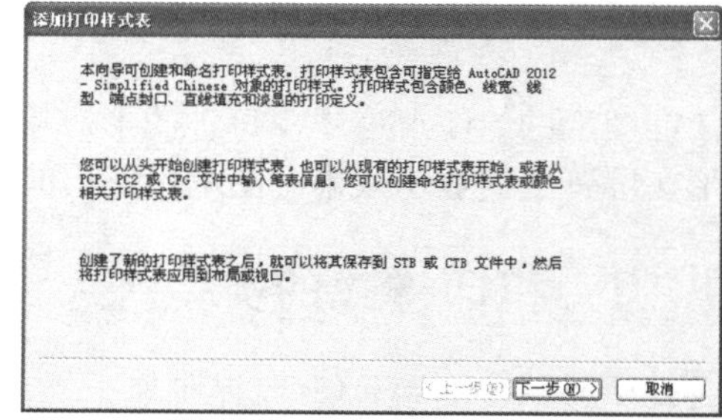

图 11-22 【添加打印样式表】对话框

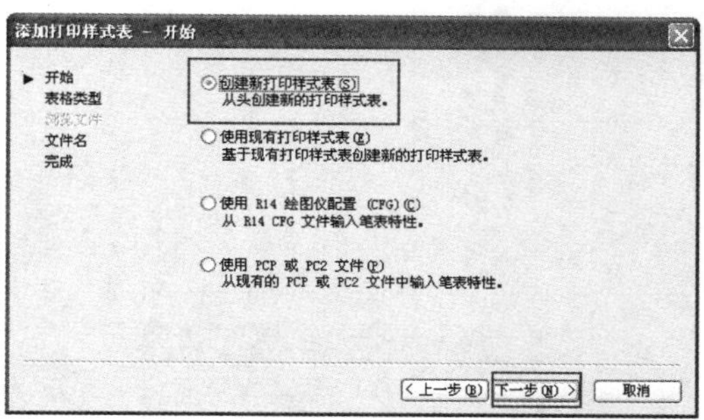

图 11-23　【添加打印样式表-开始】对话框

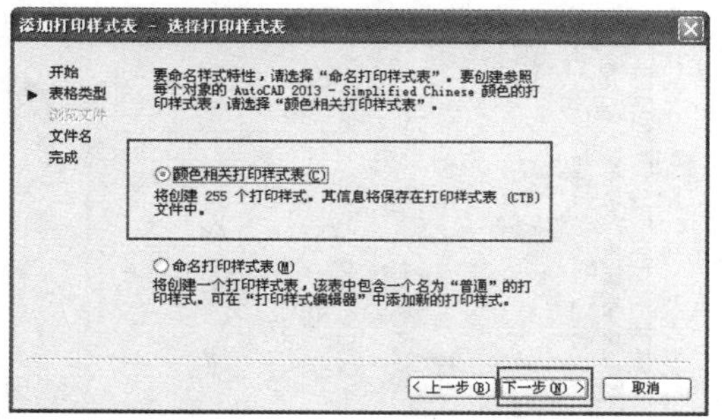

图 11-24　【添加打印样式表-选择打印样式表】对话框

05 单击【下一步】按钮，弹出【添加打印样式表-文件名】对话框，输入样式文件的名称为“打印线宽”，如图 11-25 所示。

06 单击【下一步】按钮，弹出【添加打印样式表-完成】对话框，如图 11-26 所示。单击【完成】按钮，完成打印样式的创建。

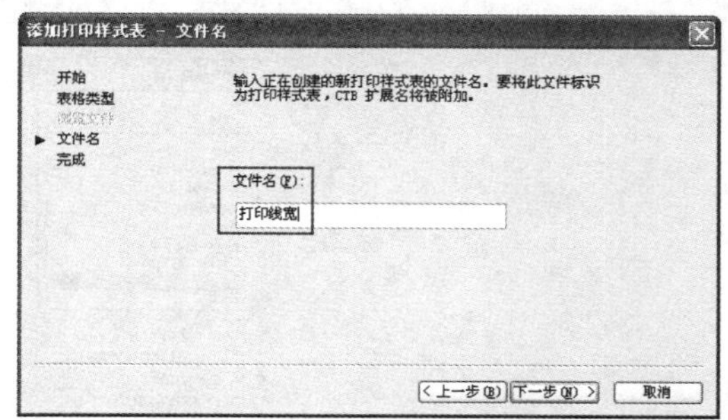

图 11-25　【添加打印样式表-文件名】对话框

图 11-26　【添加打印样式表-完成】对话框

07 完成上述操作之后，在打印样式表文件路径中创建了“打印线宽.ctb”文件，双击该文件图标，弹出【打印样式表编辑器】对话框，如图 11-27 所示。

08 在【打印样式】列表框中选择一种颜色，然后在右侧的【特性】选项区域中设置该颜色的输出外观，单击【编辑线宽】按钮，在弹出的对话框中可以修改所选颜色对应的打印线宽，如图 11-28 所示。设置完毕后，在弹出的对话框中单击【保存并关闭】按钮退出对话框。

09 单击快速访问工具栏上的【打印】按钮，系统弹出【打印】对话框，单击对话框右下角的【更多选项】按钮，如图 11-29 所示。然后在【打印样式表(画笔指定)】下拉列表中选择“打印线宽.ctb”文件，如图 11-30 所示，即可将创建的打印样式表应用到当前打印中。

技巧

黑白打印机常用灰度区分不同的颜色，使得图样比较模糊。可以在【打印样式表编辑器】对话框的【颜色】下拉列表框中将所有颜色的打印样式设置为“黑色”，以得到清晰的出图效果。

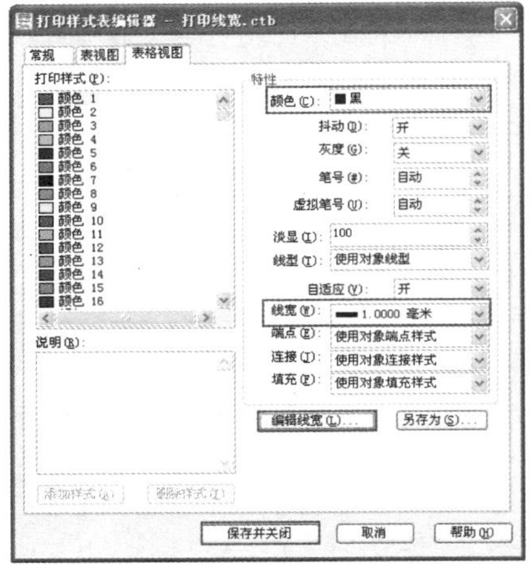

图 11-27　【打印样式表编辑器】对话框

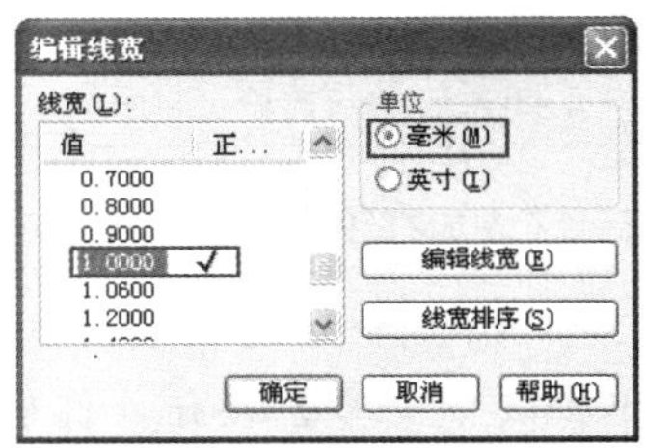

图 11-28　【编辑线宽】对话框

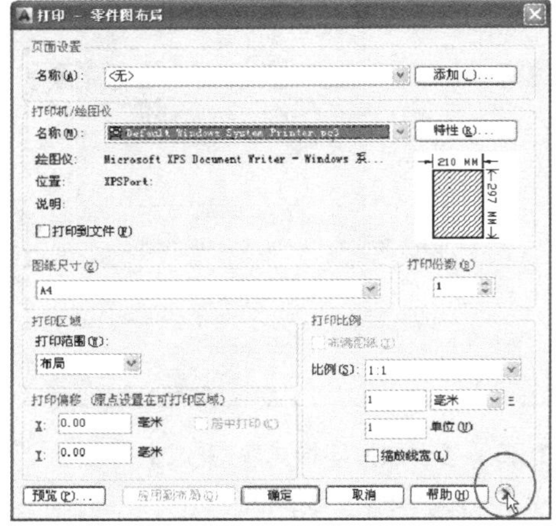

图 11-29　展开更多选项

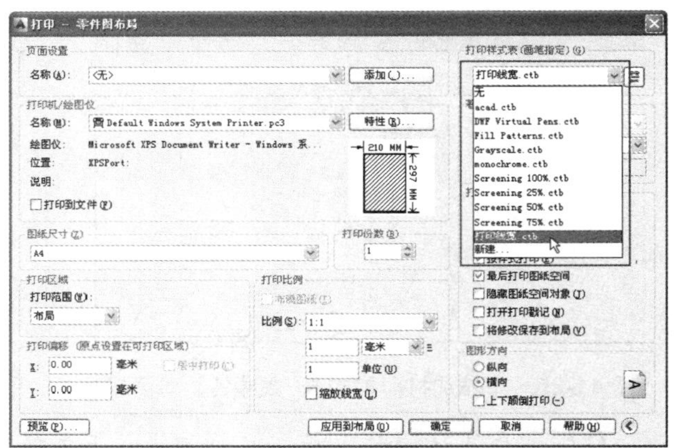

图 11-30　选择打印样式表

2. 设置命名打印样式

采用 STB 打印样式类型，为不同的图层设置不同的命名打印样式。

1) 创建命名打印样式

命名打印样式的创建方式和储存位置与颜色打印样式相同，只是在【添加打印样式表】向导中选择表的类型不同。

选择【文件】|【打印样式管理器】命令，系统弹出打印样式表文件夹，双击【添加打印样式表向导】图标，根据【添加打印样式表】对话框的引导，逐步操作。

2) 使用命名打印样式

AutoCAD 的图形分为颜色打印模式(使用 CTB 样式文件)和命名打印模式(使用 STB 样式文件)，在命令行输入“PSTYLEMODE”可以查看当前图形的打印模式，系统变量“=1”代表颜色打印模式，变量“=0”代表命名打印模式。每一个图形在创建之后，打印模式是不可更改的。如果需要使用命名打印样式，新建图形时，需要选择命名打印模式的

样板文件，这些样板文件名称中包含“Named Plot Styles”，如图 11-31 所示。

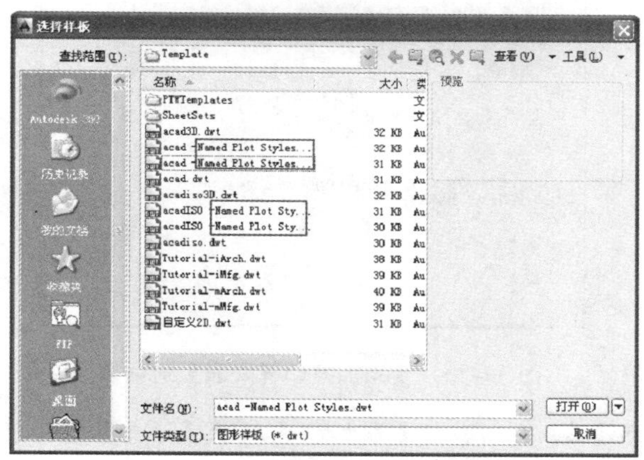

图 11-31　【选择样板】对话框

【案例 11-3】：创建新命名打印样式

01 选择 acadISO- Named Plot Styles 样板文件，新建 AutoCAD 图形文件。

02 在【默认】选项卡中，单击【图层】面板中的【图层特性】按钮，弹出【图层特性管理器】选项板，新建名称为“粗实线”和“细实线”的两个图层，如图 11-32 所示。

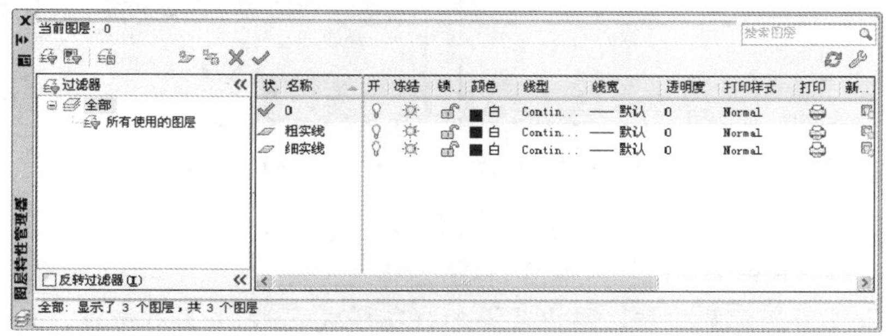

图 11-32　新建图层

提示

可以看出，在命名打印样式的文档中，图层的打印样式不是以颜色区分的，而是以样式名称区分。由于这里还没有创建命名打印样式，只有一个默认的 Normal 样式可选。

03 选择【文件】|【打印样式管理器】命令，系统弹出打印样式表文件夹，双击【添加打印样式表向导】图标，系统弹出【添加打印样式表】对话框，如图 11-33 所示。

04 单击【下一步】按钮，弹出【添加打印样式表-开始】对话框，选中【创建新打印样式表】单选按钮，如图 11-34 所示。

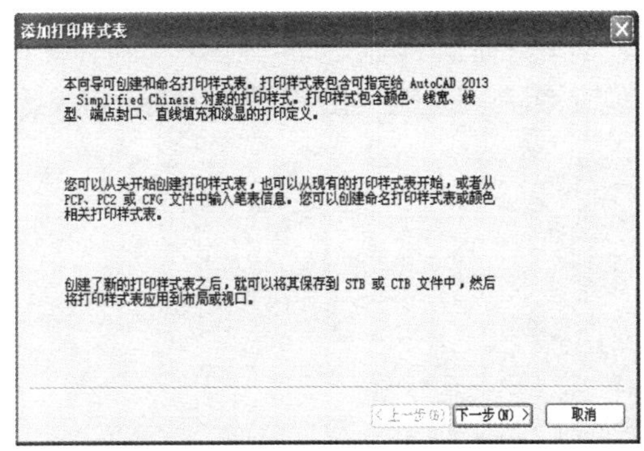

图 11-33 【添加打印样式表】对话框

05 单击【下一步】按钮，弹出【添加打印样式表-选择打印样式表】对话框，选中【命名打印样式表】单选按钮，如图 11-35 所示。

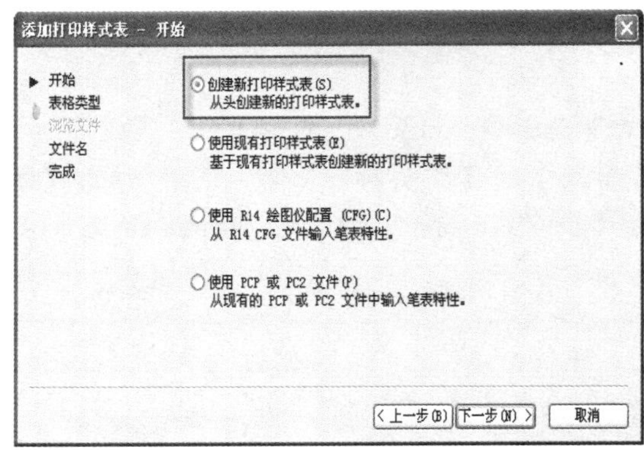

图 11-34 选中【创建新打印样式表】单选按钮

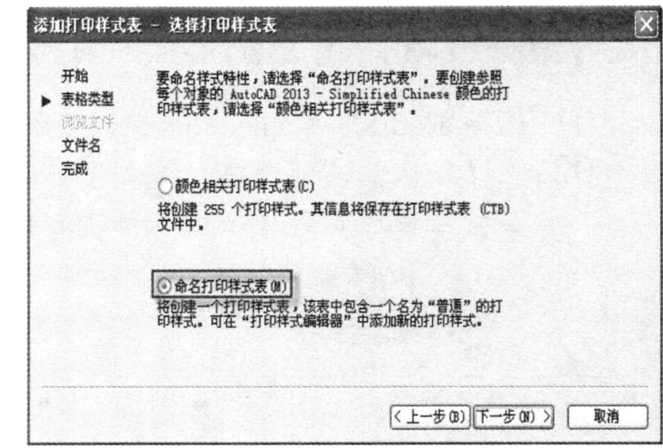

图 11-35 选中打印样式表类型

06 单击【下一步】按钮，弹出【添加打印样式表-文件名】对话框，输入样式表的名称为"机械零件图"，如图 11-36 所示。

07 单击【下一步】按钮，弹出【添加打印样式表-完成】对话框，如图 11-37 所示。单击【打印样式编辑器】按钮，弹出【打印样式表编辑器-机械零件图】对话框。

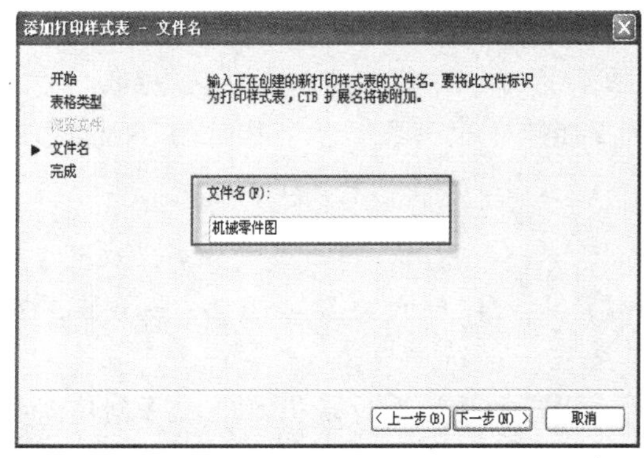

图 11-36 输入打印样式表文件名

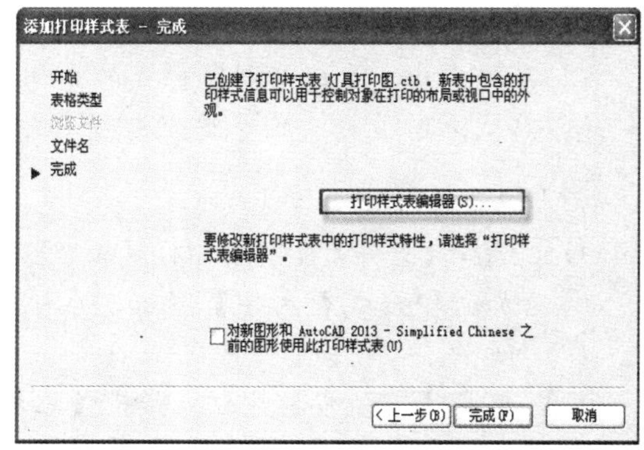

图 11-37 【添加打印样式表-完成】对话框

08 在【表视图】选项卡中，单击【添加样式】按钮，添加一个名为“粗实线”的打印样式，设置颜色为黑色，线宽为 0.3 毫米，如图 11-38 所示。然后添加一个名为“细实线”的打印样式，设置颜色为黑色，线宽为 0.1 毫米，淡显为 30，如图 11-39 所示。

提示

打印样式表编辑器中的【表视图】和【表格视图】两个选项卡作用是相同的，都可以创建打印样式，仅仅参数选项的显示方式不同而已。

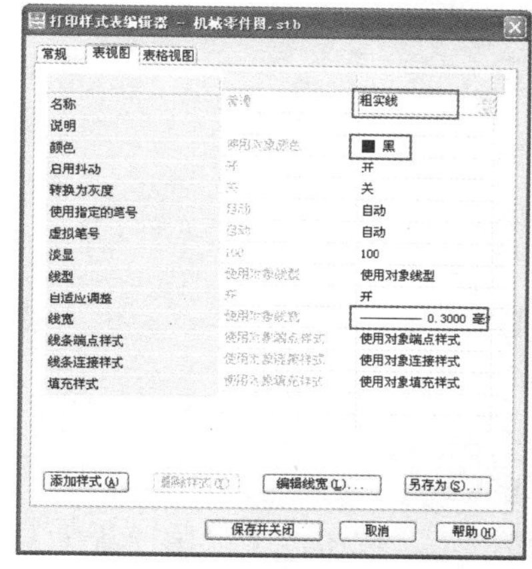

图 11-38 粗实线打印样式的设置

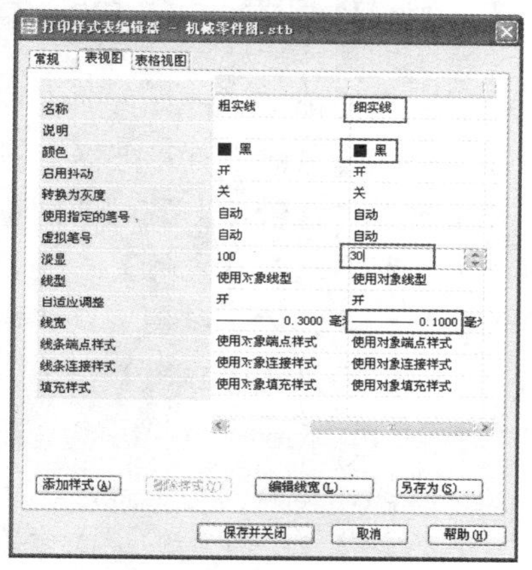

图 11-39 细实线打印样式的设置

09 设置完成后，单击【保存并关闭】按钮退出对话框。然后单击【添加打印样式表】对话框上的【完成】按钮，创建的命名打印样式表在样式管理器文件夹中列出，如图 11-40 所示。

10 打开【图层特性管理器】选项板，单击“粗实线”图层对应的【打印样式】属性项，系统弹出【选择打印样式】对话框。在【活动打印样式表】下拉列表框中选择“机械零件图.stb”打印样式表文件，并设置【打印样式】为“粗实线”，如图 11-41 所示。单击【确定】按钮退出对话框，此时“粗实线”图层的打印样式被设置为“粗实线”。

图 11-40 新建的 STB 打印样式表

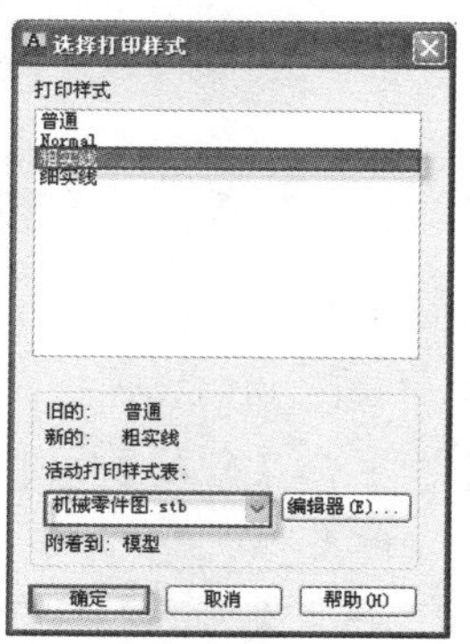

图 11-41 【选择打印样式】对话框

11 用同样的方法设置“细实线”图层的打印样式为“细实线”，这里不再演示。

11.3 布局的页面设置

在布局打印的图形之前，先要设置布局的页面，以确定出图的纸张大小等参数。页面设置包括设置打印设备、纸张、打印区域、打印反向等参数。页面设置可以命名保存，可以将同一个命名页面设置应用到多个布局图中。

11.3.1 创建和管理页面设置

如果每次打印都重复进行页面设置，将会十分烦琐。在 AutoCAD 中可以将页面设置进行保存，并在【页面设置管理器】对话框集中管理。

打开【页面设置管理器】对话框有以下几种方法。

- 菜单栏：选择【文件】|【页面设置管理器】命令。
- 快捷菜单：右击绘图窗口下的【模型】或【布局】标签，在弹出的快捷菜单中选择【页面设置管理器】命令。
- 命令行：在命令行输入 PAGESETUP 并按 Enter 键。

执行以上操作之后，系统将弹出【页面设置管理器】对话框，如图 11-42 所示。对话框左侧列表中列出了已保存的页面设置表。单击右边的工具按钮，可以执行新建、修改、删除、重命名和置为当前等操作。

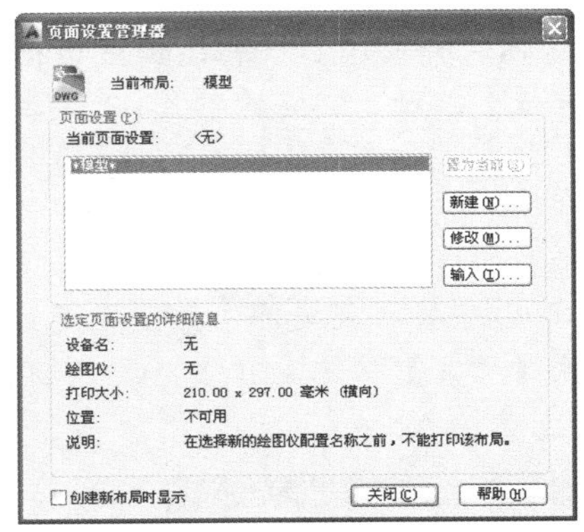

图 11-42 【页面设置管理器】对话框

【案例 11-4】：新建页面设置

01 在命令行中输入 PAGESETUP 并按 Enter 键，弹出【页面设置管理器】对话框，如图 11-43 所示。

02 单击【新建】按钮，系统弹出【新建页面设置】对话框，新建一个页面设置，并命名为“A4 竖向”，选择基础样式为【无】，如图 11-44 所示。

03 单击【确定】按钮，系统弹出【页面设置】对话框，如图 11-45 所示。

04 在【打印机\绘图仪】下拉列表框中选择 DWG To PDF.PC3 打印设备。在【图

纸尺寸】下拉列表框中选择“ISO full bleed A4 (210.00 × 297.00 毫米)”纸张。在【图形方向】选项区域中选择【纵向】单选按钮。在【打印偏移】选项组中选中【居中打印】复选框，在【打印范围】下拉列表框中选择【图形界限】选项，如图 11-46 所示。

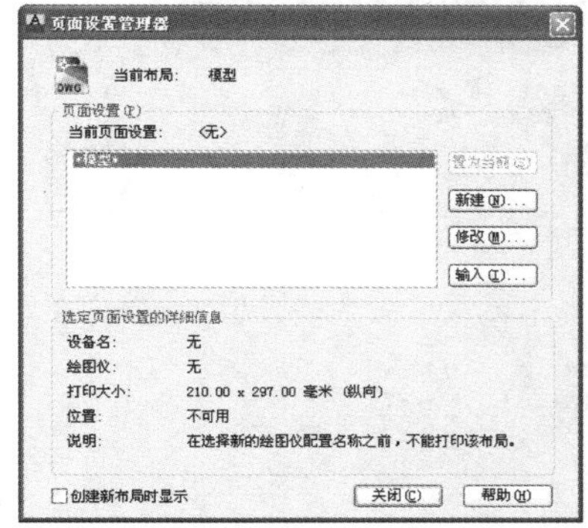

图 11-43 【页面设置管理器】对话框

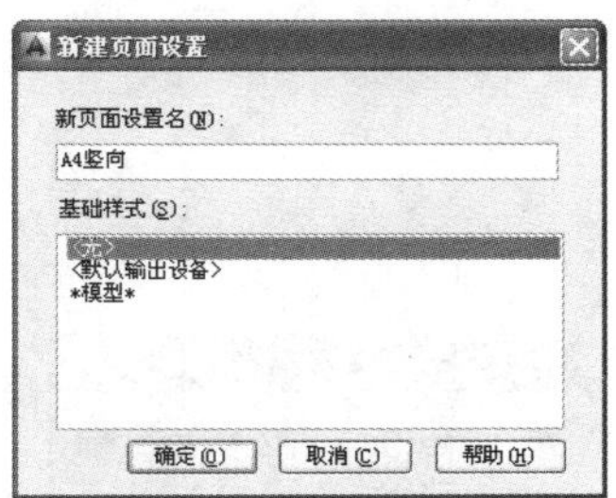

图 11-44 【新建页面设置】对话框

图 11-45 【页面设置】对话框

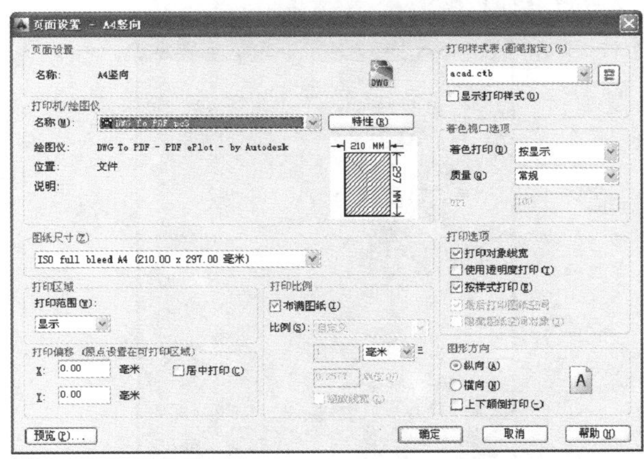

图 11-46 设置页面参数

05 在【打印样式表】下拉列表框中选择 acad.ctb，系统弹出提示对话框，如图 11-47 所示，单击【是】按钮。最后单击【页面设置】对话框上的【确定】按钮，创建的“A4 竖向”页面设置如图 11-48 所示。

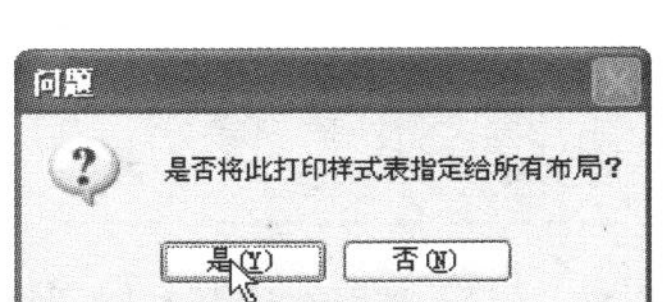

图 11-47 提示对话框

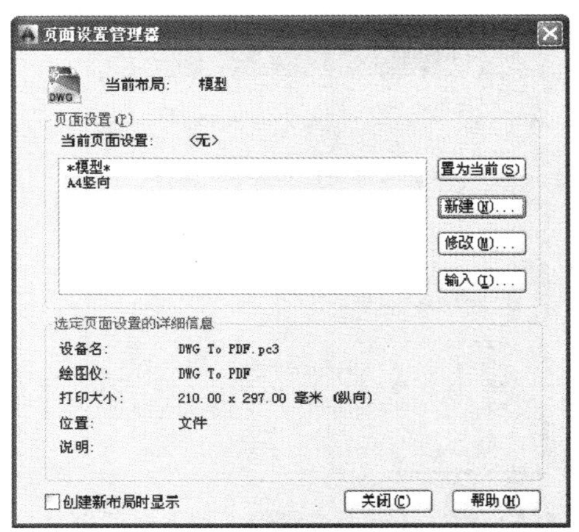

图 11-48 新建的页面设置

11.3.2 打印机/绘图仪

【打印机/绘图仪】选项区域用于设置出图的绘图仪或打印机。如果打印设备已经与计算机或网络系统正确连接，并且驱动程序也已经正常安装，那么在【名称】下拉列表框中就会显示其名称。此外，也可以另外选择需要的打印设备。

AutoCAD 将打印介质和打印设备的相关信息存储在后缀名为“*.pc3”的打印配置文件中，这些信息包括绘图仪配置设置指定端口信息、光栅图形和矢量图形的质量、图样尺寸以及取决于绘图仪类型的自定义特性。这样，就使得打印配置可以应用于其他 AutoCAD 文档，实现共享，避免了反复设置。选中某打印设备，单击右边的【特性】按钮，弹出如图 11-49 所示的【绘图仪配置编辑器】对话框。在该对话框中，可以对*.pc3 文件进行修改、输入和输出等操作。

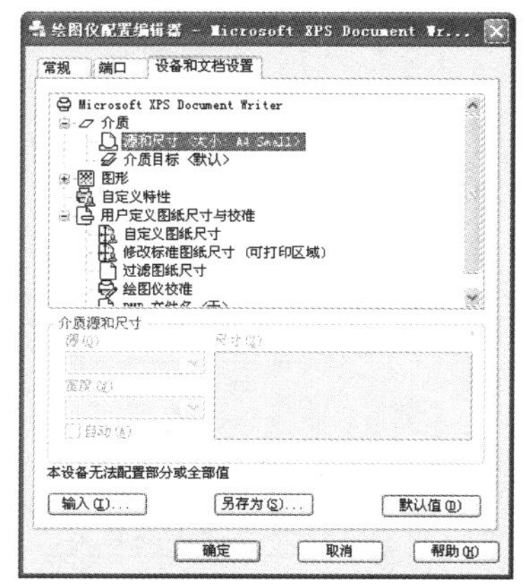

图 11-49 【绘图仪配置编辑器】对话框

11.3.3　图纸尺寸

打印机在打印图纸时，会默认保留一定的页边距，即在图纸边框和纸张边界之间有一定距离，如图 11-50 所示。如果图纸边框是按照标准图纸尺寸绘制的，那么在打印之前要将页边距设置为 0，这样打印出的图纸才没有图纸边框，如图 11-51 所示。

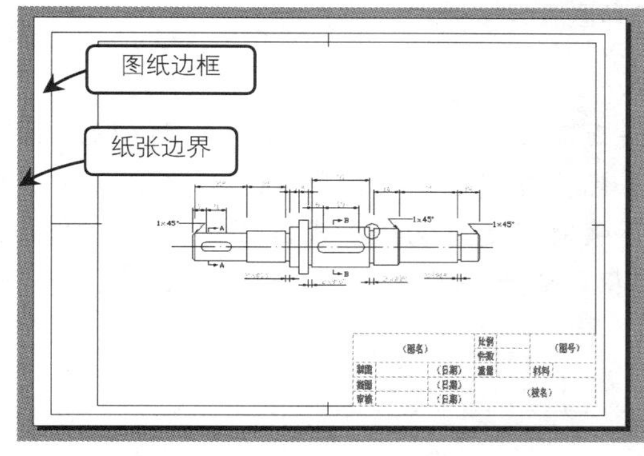

图 11-50　有页边距打印

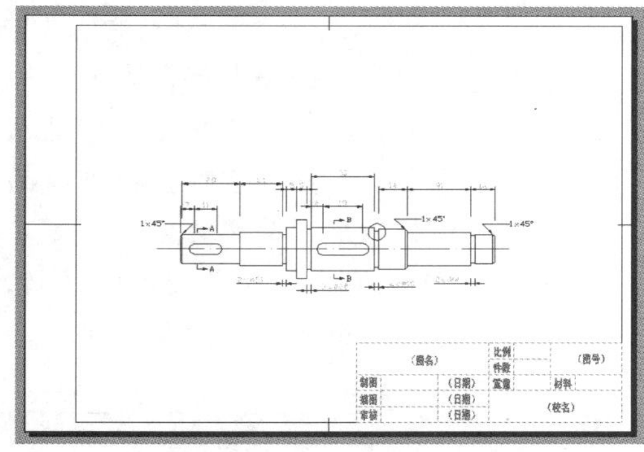

图 11-51　无页边距打印

工程制图的图纸有一定的规范尺寸，一般采用英制 A 系列图纸尺寸，包括 A0、A1、A2 等标准型号，以及 A0+、A1+等加长图纸型号。图纸加长的规定是：可以将边延长 1/4 或 1/4 的整数倍，最多可以延长至原尺寸的两倍，短边不可延长。各型号图纸的尺寸如表 11-1 所示。

表 11-1　标准图纸尺寸

图纸型号	长宽尺寸
A0	1189mm×841mm
A1	841mm×594mm
A2	594mm×420mm
A3	420mm×297mm
A4	297mm×210mm

新建图纸尺寸的步骤为首先在打印机配置文件中新建一个或若干个自定义尺寸，然后保存为新的打印机配置 pc3 文件。这样，以后需要使用自定义尺寸时，只需要在【打印机/绘图仪】对话框中选择该配置文件即可。

11.3.4　打印区域

AutoCAD 的绘图空间是可以无限缩放的空间，为避免在一个很大的范围内打印很小的图形，就需要设置打印区域。在【页面设置】对话框中，单击【打印范围】下拉列表按钮，如图 11-52 所示。

图 11-52 打印区域

【打印范围】下拉列表中包含以下 4 种方式。

- 窗口：用窗选的方法确定打印区域。单击该选项后，系统回到图纸中，按住鼠标左键拉出一个矩形窗口，该窗口的范围就是打印范围，如图 11-53 所示。这种方式定义打印范围简单方便，但是不能精确地确定比例尺和出图尺寸，打印效果如图 11-54 所示。如果使用的是标准图框，则可以图框的两个对角点定义窗口范围，这样图纸的打印比例为 1∶1。

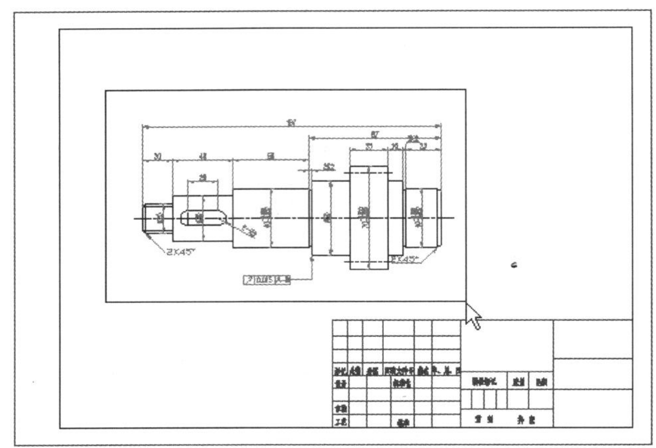

图 11-53 窗口选择打印区域

- 范围：打印模型空间中包含所有图形对象的范围。这里的“范围”与 ZOOM 命令中“范围显示”的含义相同，范围打印如图 11-55 所示。

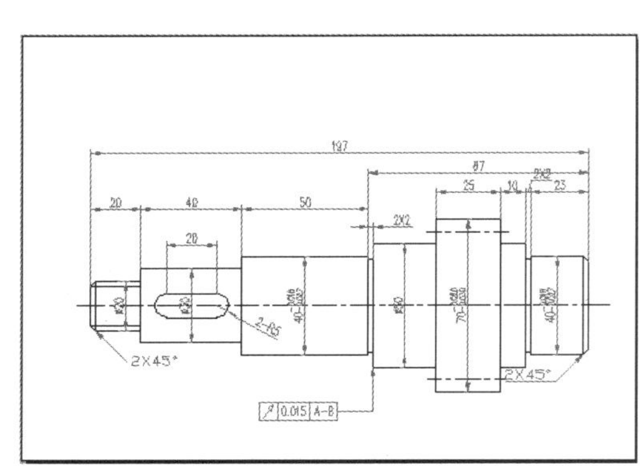

图 11-54 打印预览

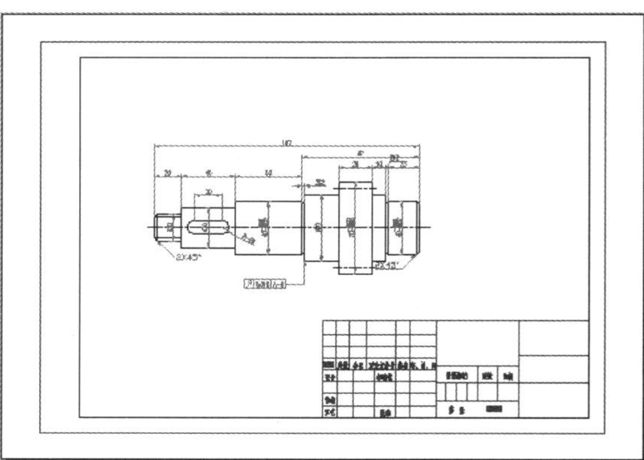

图 11-55 范围打印预览

- 图形界限：以绘图设置的图形界限作为打印范围。例如图 11-56 所示的图形，栅格部分为图形界限，打印效果如图 11-57 所示。
- 显示：打印模型窗口在当前视图状态下显示的所有图形对象，可以通过 ZOOM 命令调整视图状态，从而调整打印范围。

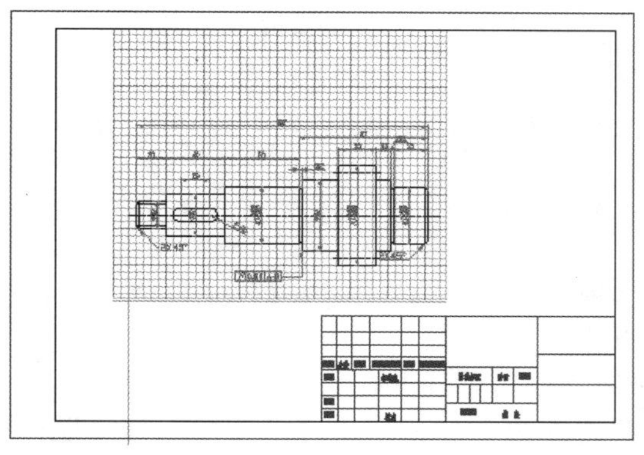
图 11-56　设置的图形界限

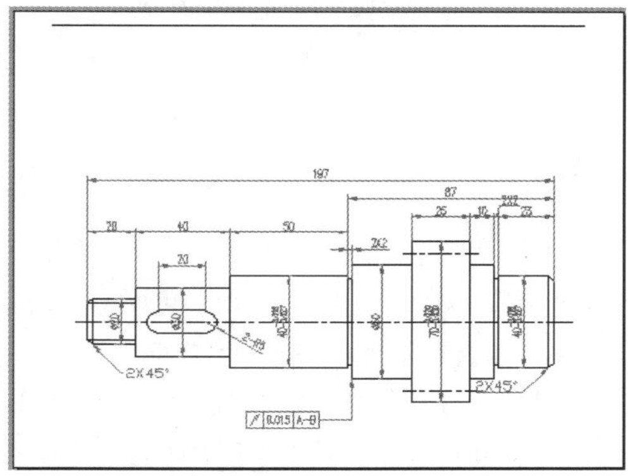

图 11-57　图形界限打印效果

11.3.5　打印偏移

打印位置是指选择打印区域打印在纸张上的位置。在 AutoCAD 中，【打印】对话框和【页面设置】对话框的【打印偏移】选项组，如图 11-58 所示，其作用主要是指定打印区域偏移图样左下角的 X 方向和 Y 方向的偏移值，默认情况下，都要求出图填充整个图样。所以 X 和 Y 的偏移值均为 0，通过设置偏移量可以精确地确定打印位置。

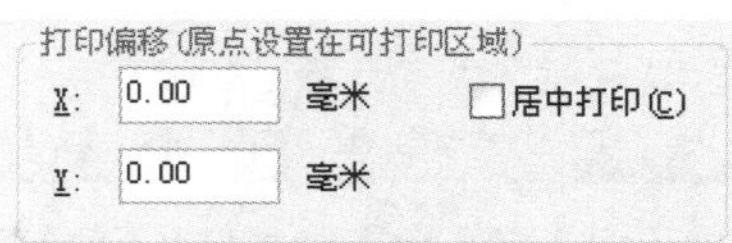

图 11-58　【打印偏移】设置选项

通常情况下打印的图形和纸张的大小一致，不需要修改设置。选中【居中打印】复选框，则图形居中打印。这个“居中”是指在所选纸张大小 A1、A2 等尺寸的基础上居中，也就是 4 个方向上各留空白，而不只是卷筒纸的横向居中。

11.3.6　打印比例和图形方向

1. 打印比例

【打印比例】选项组用于设置出图比例尺。在【比例】下拉列表框中可以精确设置需要出图的比例尺。如果选择【自定义】选项，则可以在下方的文本框中设置与图形单位等价的英寸数来创建自定义比例尺。

如果对出图比例尺和打印尺寸没有要求，可以直接选中【布满图样】复选框，这样 AutoCAD 会将打印区域自动缩放到充满整个图样。

【缩放线框】复选框用于设置线宽值是否按打印比例缩放。通常要求直接按照线宽值打印，而不按打印比例缩放。

在 AutoCAD 中，有两种方法控制打印出图比例。

- 在打印设置或页面设置的【打印比例】区域设置比例，如图 11-59 所示。
- 在图纸空间中使用视口控制比例，然后按照 1∶1 打印。

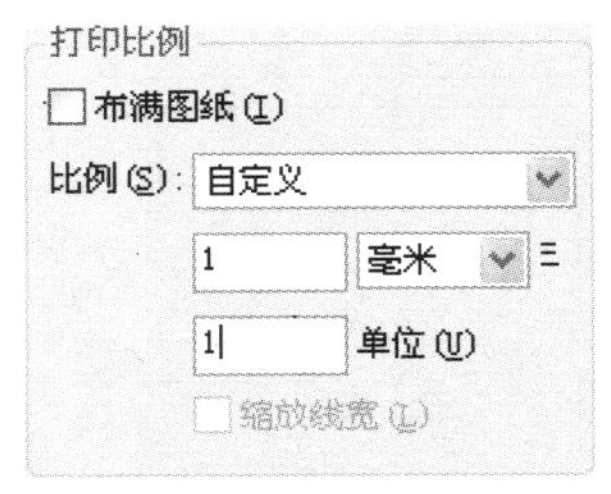

图 11-59 【打印比例】设置选项

2. 图形方向

工程制图多需要使用大幅的卷筒纸打印，在使用卷筒纸打印时，打印方向包括两个方面的问题：第一，图纸阅读时所说的图纸方向，是横宽还是竖长；第二，图形与卷筒纸的方向关系，是顺着出纸方向还是垂直于出纸方向。

在 AutoCAD 中分别使用图纸尺寸和图形方向来控制最后出图的方向。在【图形方向】区域可以看到小示意图，其中白纸表示设置图纸尺寸时选择的图纸尺寸是横宽还是竖长，字母 A 表示图形在纸张上的方向。

11.3.7 打印预览

AutoCAD 中，完成页面设置之后，发送到打印机之前，可以对要打印的图形进行预览，以便发现和更正错误。

打印设置完成之后，在【打印】对话框中，单击窗口左下角的【预览】按钮，即可进入预览窗口，如图 11-60 所示。在预览状态下不能编辑图形或修改页面设置，但可以缩放、平移和使用搜索、通信中心、收藏夹等。

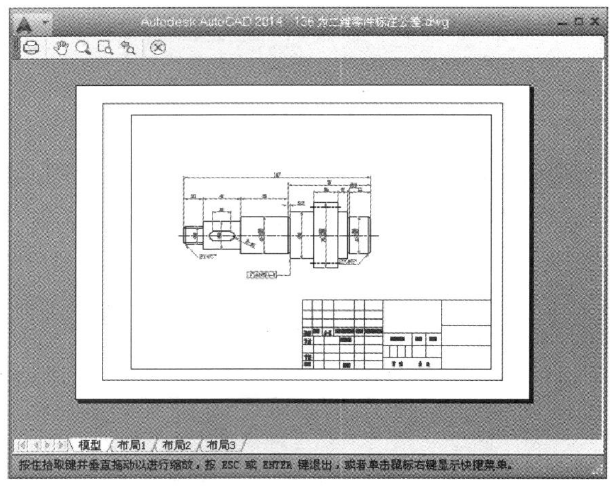

图 11-60 打印预览

单击打印预览窗口左上角的【关闭预览窗口】按钮⊗，可以退出预览模式，返回【打印】对话框。

11.4　打 印 出 图

在完成了打印的一系列设置，预览效果满意之后，就可以开始打印图纸了。

执行【打印】命令有以下几种方法。

- 菜单栏：选择【文件】|【打印】命令。
- 工具栏：单击【标准】工具栏上的【打印】按钮。
- 命令行：在命令行输入 PLOT 并按 Enter 键。
- 快捷键：按 Ctrl+P 组合键。

执行以上命令之后，系统弹出【打印】对话框，如图 11-61 所示。该对话框与【页面设置】对话框相似，在【页面设置】选项区域中的【名称】下拉列表框中选择已经定义的页面设置，并且可在此设置的基础上临时修改打印设置，单击【确定】按钮，即可开始打印图形。

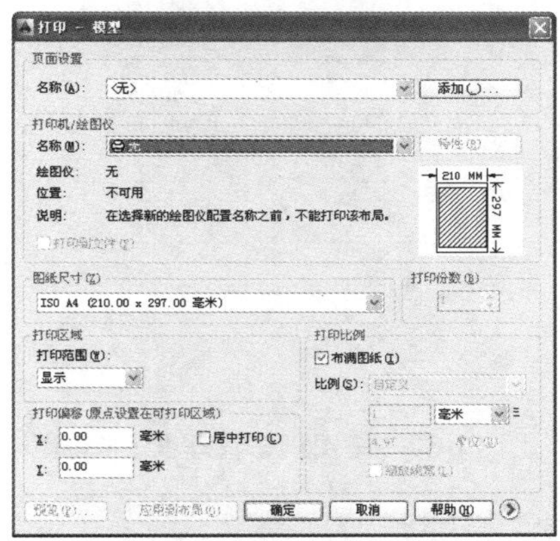

图 11-61　【打印】对话框

> 提示
>
> 用户可以将常用的页面设置置为当前，这样每一次执行打印，系统自动选择该设置，不用再在页面设置列表中选择。

11.5　图　纸　集

为了方便管理图形文件，AutoCAD 提供了“图纸集”功能，图纸集会生成一个独立于图形文件之外的数据文件，其中记录关于图纸的一系列信息，并且可以管理控制集内图纸的页面设置、打印等。

11.5.1　图纸集管理器

AutoCAD 利用【图纸集管理器】选项板来管理一系列图纸视图和布局。

打开【图纸集管理器】选项板的方法如下。

- 菜单栏：选择【工具】|【选项板】|【图纸集管理器】命令。
- 命令行：在命令行输入 SHEETSET 并按 Enter 键。
- 快捷键：按 Ctrl+4 组合键。
- 快捷方式：双击图纸集中的*.dst 文件。

执行以上操作，系统打开【图纸集管理器】选项板，如图 11-62 所示，图纸集管理器分为以下几个部分。

- 【图纸列表】选项卡：显示了图纸集中所有图形的有序列表。图纸集中的每张纸都是在图形文件中指定的布局，在列表中双击即可打开该文件。
- 【图纸视图】选项卡：显示了图纸集中所有图纸视图的有序列表。
- 【模型视图】选项卡：列出了一些图形的路径和文件夹名称，这些图形包含要在图纸集中使用的模型空间视图。

图 11-62 【图纸集管理器】选项板

11.5.2 创建图纸集

创建图纸集是指将图形文件的布局输入到图纸集中。用户可以使用“创建图纸集”向导创建图纸集。在【图纸集管理器】选项板列表框中，选择【新建图纸集】选项，系统将弹出如图 11-63 所示的【创建图纸集-开始】对话框，用户可以使用【样例图纸集】或【现有图形】来创建图纸集。

选择【现有图形】单选按钮，单击【下一步】按钮，系统将弹出如图 11-64 所示的【创建图纸集-图纸集详细信息】对话框。在该对话框中，用户可以输入新图纸集的名称、图纸集的相关说明以及选择该图纸集的保存地址。而单击【图纸集特性】按钮，将显示出新建图纸集的相关特性，用户也可以在里面修改图纸集。

单击【下一步】按钮，系统将弹出如图 11-65 所示的【创建图纸集-选择布局】对话框，选择包含图形文件的文件夹，以及需要添加到图纸集中的图形文件的布局。

继续单击【下一步】按钮，系统将弹出如图 11-66 所示的【创建图纸集-确认】对话框，里面显示了新建图纸集的基本信息。如果信息显示不正确，用户可以单击【上一步】按钮返回上层重新编辑或修改；如果信息正确，则单击【完成】按钮，即可完成新建图纸集的操作。

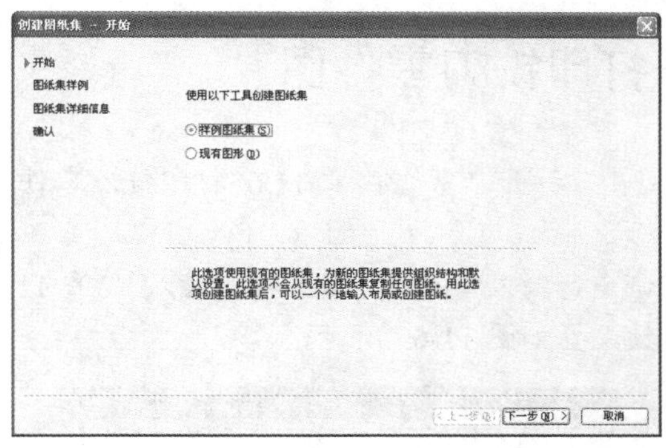

图 11-63　【创建图纸集-开始】对话框

图 11-64　【创建图纸集-图纸集详细信息】对话框

图 11-65　【创建图纸集-选择布局】对话框

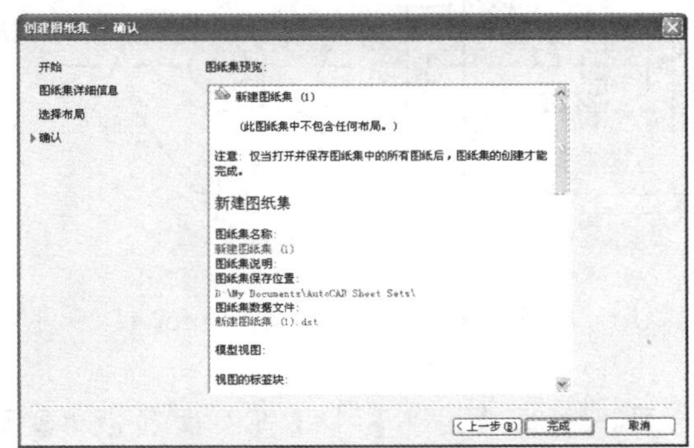

图 11-66　【创建图纸集-确认】对话框

11.5.3　管理图纸集

在绘制大型工程图时，图纸集中的图纸有很多，为了方便管理和查找，有必要将树状图中的图纸和视图进行整理和归类，这些归类的集合称为子集，如图 11-67 所示。

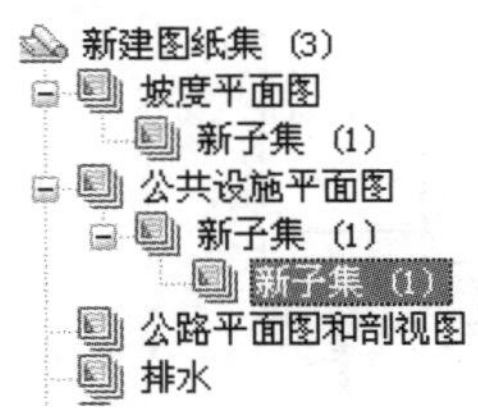

图 11-67　图纸集分类

图纸子集一般是按照图形的种类或某个主题进行归类的。归类后的图纸集更便于创建和查看相关子集，对管理和输出工程图纸有很大的帮助。在实际操作过程中，还可以根据需要在子集中创建下一步子集。创建完成子集后，用户还可以在树状图中拖动图纸或子集，对其位置进行移动或重新排序。

11.6 综合实例——打印铣刀零件图

01 单击快速访问工具栏上的【打开】按钮，打开“第 11 章\11.6 打印铣刀零件图.dwg”素材文件，如图 11-68 所示。

02 将“0 图层”设置为当前图层，然后在命令行输入 I 并按 Enter 键，插入“\第 11 章\A3 图框.dwg”素材文件，其中块参数设置如图 11-69 所示。

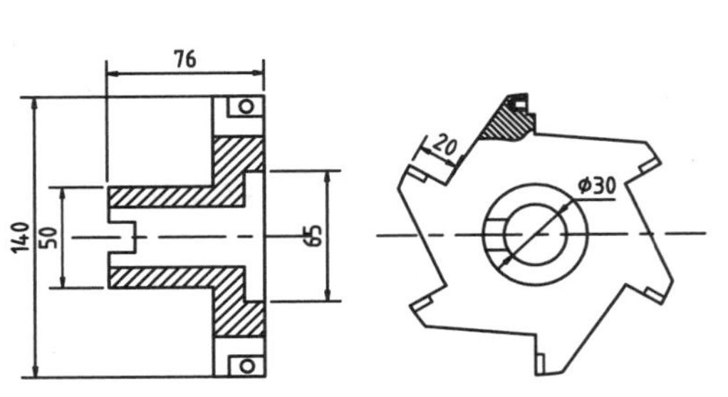

图 11-68 素材文件

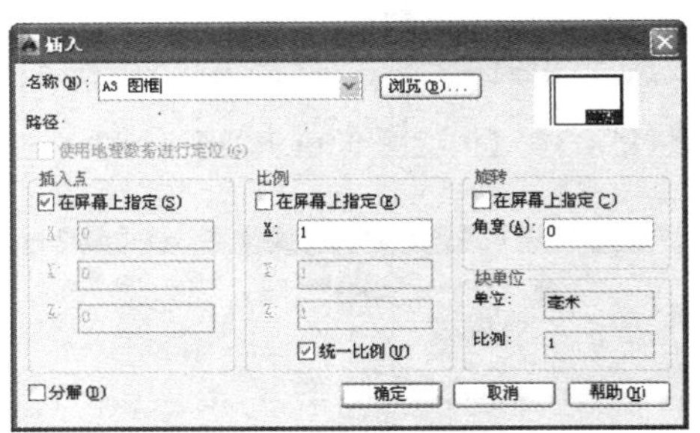

图 11-69 设置参数

03 在命令行输入 M 并按 Enter 键，调用【移动】命令，适当移动图框的位置，结果如图 11-70 所示。

04 选择【文件】|【页面设置管理器】命令，弹出【新建页面设置管理器】对话框，单击【确定】按钮，新建一个名为“A3 横向”的页面设置，如图 11-71 所示。

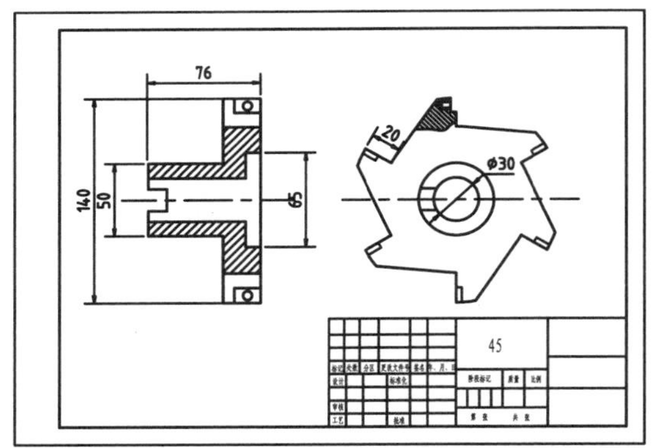

图 11-70 调整图框位置

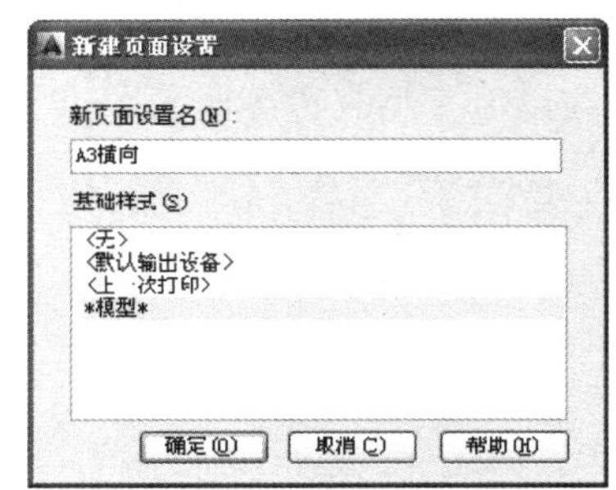

图 11-71 为新页面设置命名

05 单击【确定】按钮，弹出【页面设置-模型】对话框，设置打印机的名称、图纸尺寸、打印偏移、打印比例和图形方向等页面参数，如图 11-72 所示。

06 设置打印范围为【窗口】定义方式，然后单击【窗口】按钮，在绘图区以图框的两个对角点定义一个窗口。返回【页面设置】对话框，单击【确定】按钮完成页面设置。

07 返回【页面设置管理器】对话框，创建的“A3 横向”页面设置在列表中列出，如图 11-73 所示。单击【置为当前】按钮将其置为当前。

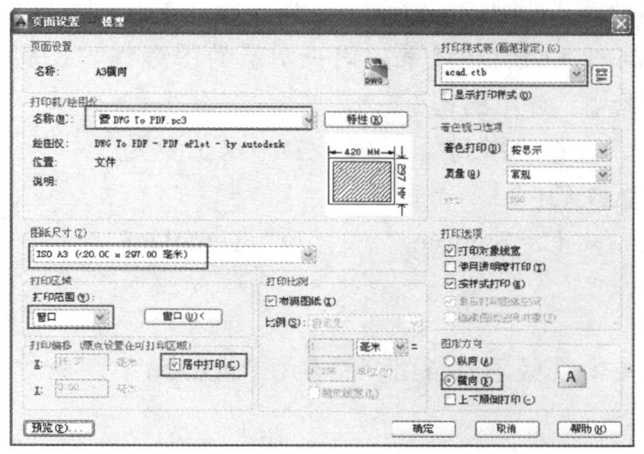

图 11-72　设置页面参数

图 11-73　创建的页面设置

08 选择【文件】|【打印预览】命令，对当前图形进行打印预览，预览效果如图 11-74 所示。

09 单击预览窗口左上角的【打印】按钮，系统弹出【浏览打印文件】对话框，如图 11-75 所示，选择文件的保存路径。

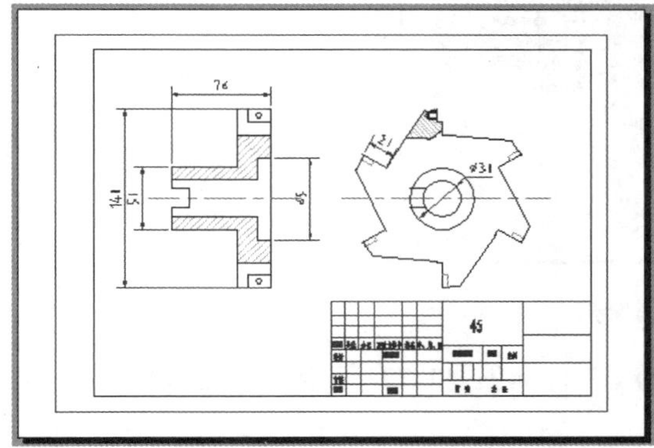

图 11-74　打印预览

图 11-75　保存文件

10 单击【浏览打印文件】对话框上【保存】按钮，系统开始打印。完成之后，在指定路径生成一个 PDF 格式的文件。

11.7　思考与练习

一、选择题

1. 在模型空间下打印图形，下面的说法(　　)是错误的。
   A. 可以设置打印区域　　　　B. 能够以不同打印比例输出图形
   C. 打印能够控制灰度　　　　D. 可以纵向、横向或反向打印图形
2. 下面关于打印样式的方法，(　　)是错误的。
   A. AutoCAD 有颜色相关样式和命名打印样式两种
   B. 颜色打印和命名打印样式可以同时使用

C. 打印样式可以控制打印图形的线条线型、线宽、灰度、颜色等

D. 命名打印样式是通过图层控制图线的打印效果，同一图层的图形打印效果相同

3. 在 AutoCAD 中，允许在(　　)模式下打印图形。

A. 模型空间　　B. 图纸空间　　C. 布局　　D. 以上都是

4. 打印样式表的文件保存在 AutoCAD 的(　　)子目录中。

A. Plot Styles　　B. Plotters　　C. Sample　　D. Template

二、操作题

1. 打开 AutoCAD 样式管理器，编辑系统自带的打印样式“acd.stb”，新建一个“墙体”样式，设置参数如图 11-76 所示。

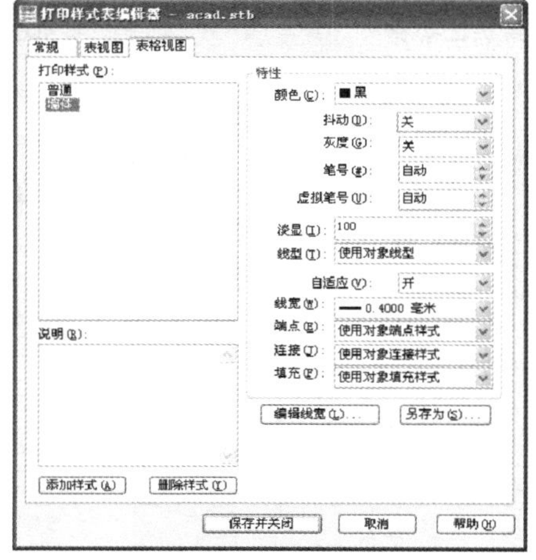

图 11-76　新建“墙体”样式

2. 打开素材文件“第 11 章/操作题 2.dwg”，如图 11-77 所示。设置合理的打印布局，将图形输出为 PDF 格式文件。

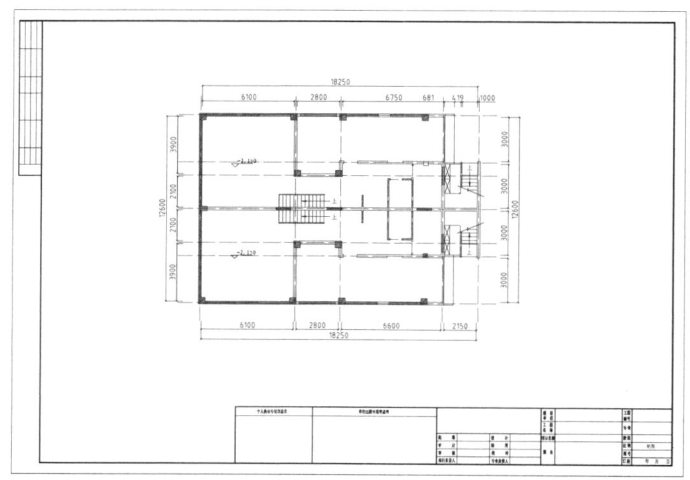

图 11-77　习题素材

第 12 章

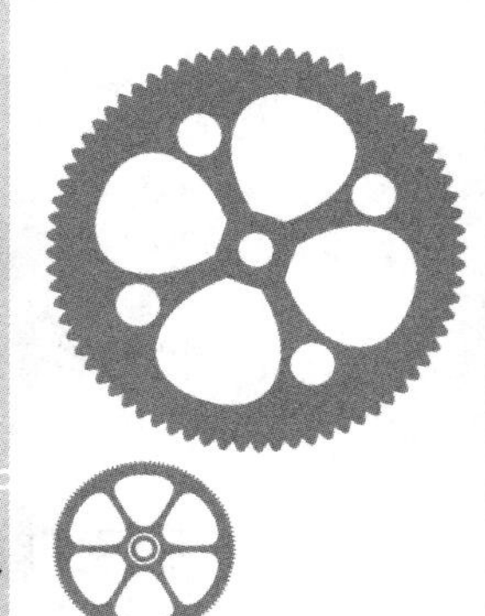

绘制三维曲面和网格

本章导读

随着 AutoCAD 技术的发展与普及，越来越多的用户已不满足于传统的二维绘图设计，因为二维绘图需要想象模型在各方向的投影，需要一定的抽象思维。相比而言，三维设计更符合人们的直观感受。本章先介绍 AutoCAD 2014 三维绘图的基础知识，包括三维绘图的基本环境、坐标系以及视图的观察，然后介绍了曲面和网格这两类三维对象的绘制方法。

学习目标

- 了解三维模型的显示样式，了解三维绘图的工作界面。
- 了解坐标系对三维绘图的影响，掌握坐标系的创建方式。
- 掌握从不同角度、不同距离观察模型的方法，掌握切换模型视觉样式的方法。
- 掌握三维曲面的绘制和编辑方法。
- 掌握三维网格的绘制和编辑方法，掌握利用系统变量控制对网格密度的方法，掌握将网格对象转换为实体和曲面的方法。

12.1　三维绘图描述

计算机上的三维绘图本质上仍是平面内的图形，不过通过计算机的处理显示为三维效果可以像实物一样转动观察角度，查看模型的立体效果。

12.1.1　三维模型分类

三维模型可分为线框模型、曲面模型和实体模型 3 种。

1. 线框模型

线框模型是三维形体的框架，是一种较直观和简单的三维表达方式，是描述三维对象的骨架，如图 12-1 所示。用 AutoCAD 可以在三维空间的任何位置放置二维(平面)对象来创建线框模型。AutoCAD 也提供一些三维线框对象，例如三维多段线(只能显示“连续”线型)和样条曲线。由于构成线框模型的每个对象都必须单独绘制和定位，因此这种建模方式最烦琐。

2. 曲面模型

曲面模型用面描述三维对象，它不仅定义了三维对象的边界，而且还定义了曲面，即其具有面的特征，如图 12-2 所示。在实际工程中，通常将那些厚度与其表面积相比可以忽略不计的实体对象简化为曲面模型。例如，在体育馆、博物馆等大型建筑的三维效果图中，屋顶、墙面、格间等就可简化为曲面模型。

3. 实体模型

实体模型具有边线、表面和厚度属性，是最接近真实物体的三维模型，实体模型显示如图 12-3 所示。在 AutoCAD 中，可以创建长方体、圆柱体、圆锥体、球体、楔体和圆环体等基本实体，然后对这些实体进行布尔运算，生成复杂的实体模型。还可以利用二维截面对象的拉伸、旋转、扫掠等操作创建实体模型。

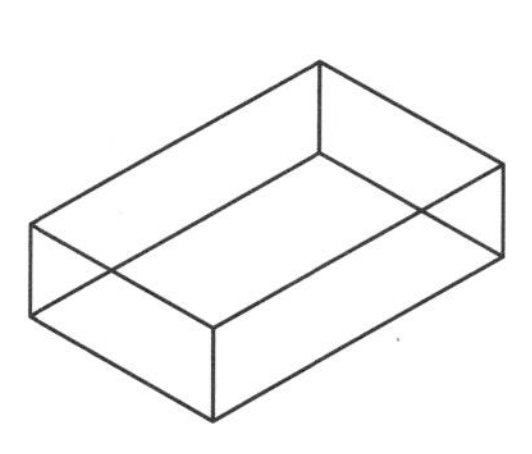

图 12-1　线框模型

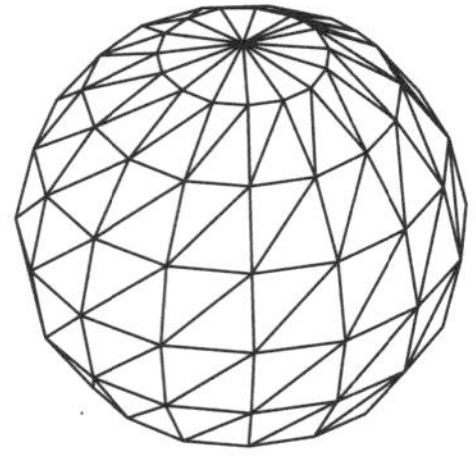

图 12-2　曲面模型

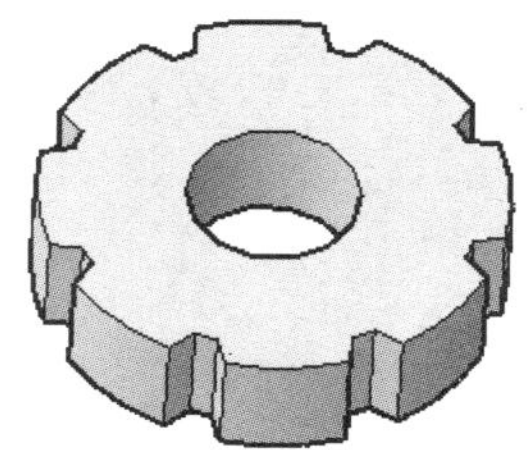

图 12-3　实体模型

12.1.2　AutoCAD 2014 三维建模空间

由于三维建模增加了 Z 方向的维度，因此工作界面不再是草图与注释界面，需切换到三维建模空间。启动 AutoCAD 2014 之后，在快速访问工具栏上的【工作空间】中选择

【三维基础】或【三维建模】空间，即可切换到三维建模的工作界面，如图 12-4 所示。

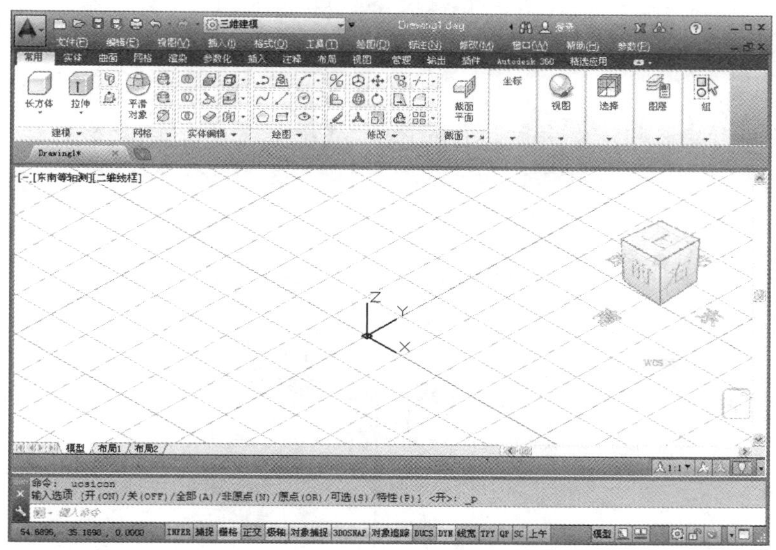

图 12-4　三维建模空间

另外，在新建文件时，如果选择三维样板(软件提供 acad3D.dwt 样板和 acadiso3D.dwt 样板)，则建模界面直接切换到三维建模空间。

12.2　三维坐标系统

AutoCAD 的三维坐标系由 3 个通过同一点且彼此垂直的坐标轴构成，这 3 个坐标轴分别称为 X 轴、Y 轴、Z 轴，交点为坐标系的原点，也就是各个坐标轴的坐标零点。从原点出发，沿坐标轴正方向上的点用坐标值度量，而沿坐标轴负方向上的点用负的坐标值度量。因此在三维空间中，任意一点的位置可以由该点的三维坐标(x,y,z)唯一确定。

AutoCAD 中的三维坐标系有世界坐标系(WCS)和用户坐标系(UCS)两种形式，世界坐标系是系统默认的二维图形坐标系，它的原点及各个坐标轴方向固定不变。对于二维图形绘制，世界坐标系足以满足要求，但在三维建模过程中，需要频繁地定位对象，使用固定不变的坐标系十分不便。三维建模一般需要使用用户坐标系，用户坐标系是用户自定义的坐标系，在建模过程中可以灵活创建。

12.2.1　世界坐标系

用户新建一个 AutoCAD 文件进入绘图界面之后，为了使用户的绘图具有定位基准，系统提供了一个默认的坐标系，这样的坐标系称为世界坐标系，简称 WCS。在 AutoCAD 中，世界坐标系是固定不变的，不能更改其位置和方向。

在绘图过程中，创建用户坐标系之后如果需要恢复到世界坐标系，有以下几种方法。

- 菜单栏：选择【工具】|【新建 UCS】|【世界】命令。
- 功能区：在【常用】选项卡中，单击【坐标】面板上的【UCS，世界】按钮。

- 命令行：在命令行输入UCS并按Enter键，在命令行选项中选择【世界】选项。

【案例12-1】：切换至WCS

01 打开"第12章\案例12-1 切换至WCS.dwg"素材文件，如图12-5所示。

02 在命令行输入UCS并按Enter键，将坐标系恢复到世界坐标系的位置，如图12-6所示。命令行操作如下：

```
命令: UCS↙                                          //调用【新建UCS】命令
当前 UCS 名称: *没有名称*
指定 UCS 的原点或 [面(F)/命名(NA)/对象(OB)/上一个(P)/视图(V)/世界
(W)/X/Y/Z/Z 轴(ZA)] <世界>: W↙                       //选择【世界】选项
```

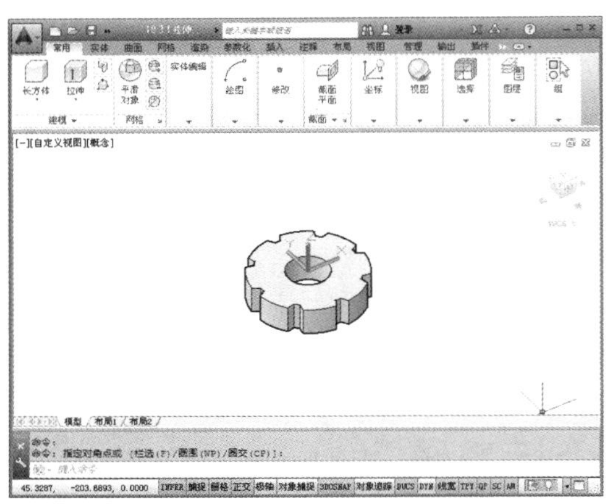

图12-5 素材图形

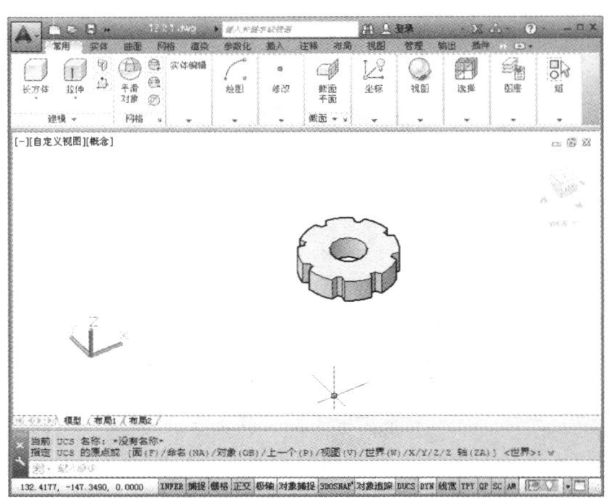

图12-6 切换至WCS

12.2.2 用户坐标系

用户坐标系(User Coordinate System)是用户创建的，用于临时绘图定位的坐标系。通过重新定义坐标原点的位置以及XY平面和Z轴的方向，即可创建一个UCS坐标系，UCS使三维建模中的绘图、定位、视图观察更为灵活。

在默认情况下，用户坐标系统和世界坐标系统重合，用户可以在绘图过程创建UCS。

调用【新建UCS】命令有以下几种方法。

- 菜单栏：选择【工具】|【新建UCS】命令，在子菜单中选择坐标系定义方式。
- 功能区：在【常用】选项卡中，单击【坐标】面板上的相关按钮，不同的按钮对应一种不同的坐标定义方式。
- 命令行：在命令行输入UCS并按Enter键，然后选择一种坐标系定义方式。

1. 创建用户坐标系

在AutoCAD中，可以使用多种不同的方式来定义坐标系。用户要根据当前坐标系与新坐标系的位置关系，选择合适的定义方式。例如，如果新UCS与原坐标系方向完全相

同，只是原点位置需要修改，那么就使用【原点】定义方式。如果新坐标系与原坐标系 Z 轴方向相同，那么就可以使用 Z 方式，将原坐标系绕 Z 轴旋转一定角度。

【案例 12-2】：新建 UCS

01 打开“第 12 章\案例 12-2 新建 UCS.dwg”素材文件，如图 12-7 所示。

02 在命令行输入 UCS 并按 Enter 键，创建一个 UCS，如图 12-8 所示。命令行操作如下：

```
命令：UCS↙                                          //调用【新建 UCS】命令
当前 UCS 名称：*世界*
指定 UCS 的原点或 [面(F)/命名(NA)/对象(OB)/上一个(P)/视图(V)/世界(W)/X/Y/Z/Z
轴(ZA)] <世界>:↙                    //捕捉到零件顶面圆心，如图 12-9 所示
指定 X 轴上的点或 <接受>:↙          //捕捉到 0° 极轴方向任意位置单击，如图 12-10 所示
指定 XY 平面上的点或 <接受>:↙       //指定图 12-11 所示的边线中点作为 XY 平面的通过点
```

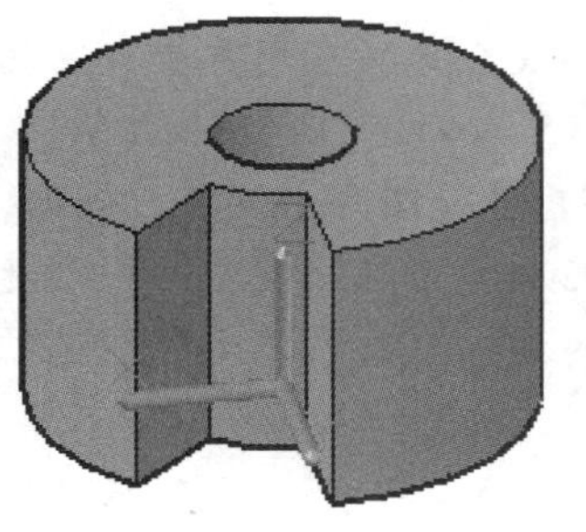

图 12-7　素材图形

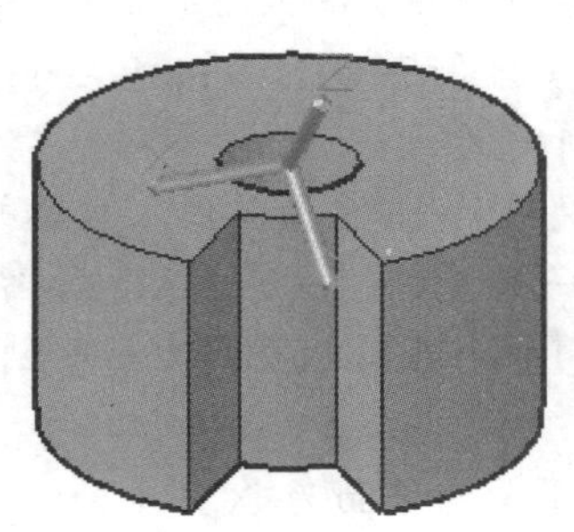

图 12-8　新建的 UCS

图 12-9　指定坐标原点

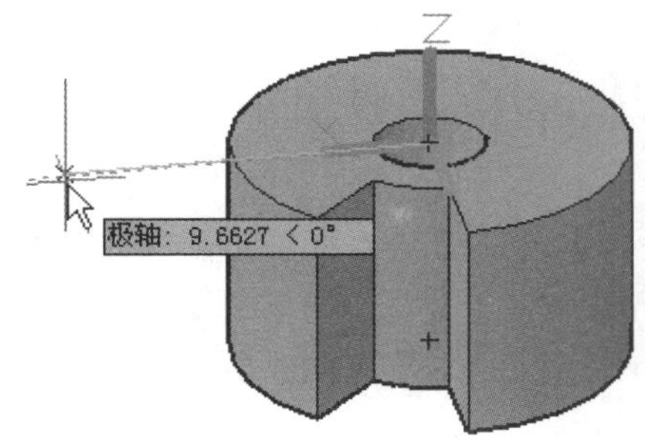

图 12-10　指定 X 轴方向

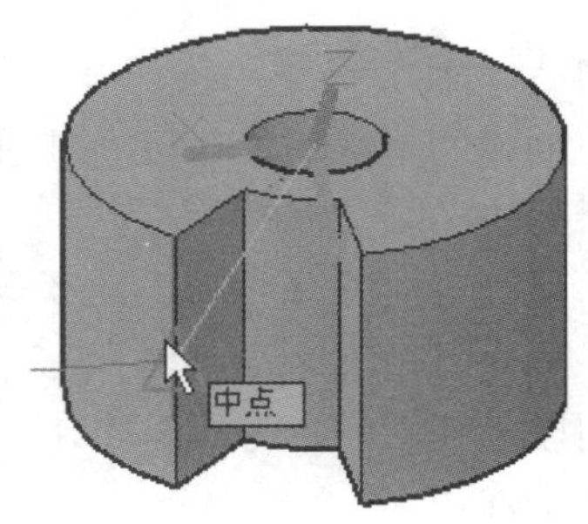

图 12-11　指定 XY 平面通过点

命令行中主要选项的含义介绍如下。

- 指定 UCS 的原点：即使用一点、两点或三点定义一个新的 UCS。如果指定单个点或输入一点的坐标后按 Enter 键，将指定单点建立一个新的坐标系，当前 UCS 的原点移动一个新的位置，但是 X、Y 和 Z 轴的方向不会改变；如果在屏幕上指定一点或输入一点的坐标后按 Enter 键，先确定原点的位置，然后在 X 轴方向上指定一点或输入一点的坐标后按 Enter 键，从而指定 X 轴上的点，最后在 Y 轴方向上指定另一点或输入一点的坐标后按 Enter 键，从而来指定 XY 平面上的点，Z 轴的方向随着 XY 轴方向的确定而确定，新的坐标生成。

- Z 轴(ZA)：即定义 UCS 新原点和新 Z 轴的方向。先输入一点作为新原点，再指定新 Z 轴的正半轴上的一点，这样，新原点和 Z 轴正方向上的一点就确定了新坐标系的原点和新 Z 轴。新坐标系的 X 轴和 Y 轴方向随新的 Z 轴的方向而定。
- 三点(3)：即定义 UCS 新原点和 X 轴及 Y 轴的新方向。先输入一点作为新的坐标原点，再在空间内指定一点为新 X 轴上的一点，然后再在 XY 平面内指定一点作为新 Y 轴，新 Z 轴方向随着新原点、新 X 轴和新 Y 轴的确定而定。
- 对象(OB)：即通过选择一个对象来定义新的坐标系。将新 UCS 与选定的对象对齐，新 UCS 的 Z 轴与所选对象的 Z 轴具有相同的正方向。对于平面对象，UCS 的 XY 平面与该对象所在的平面对齐。对于复杂对象，将重新定位原点，但是轴的当前方向保持不变。
- 面(F)：即选定一个三维实体的面来定义一个新的 UCS。通过单击面的边界内部或面的边来选择面，被选中的面将亮显，新 UCS 的原点为离拾取点最近的线的端点，X 轴将与选定第一个面上的最近的边对齐。
- 世界(W)：即将当前用户坐标系设置为世界坐标系。WCS 是所有用户坐标系的基准，不能被更改或重新定义。
- 命名(NA)：即将已定义好的 UCS 为其输入名称并将其进行保存、恢复、删除。
- 上一个(P)：即恢复上一个 UCS。AutoCAD 保留最后 10 个在模型空间中创建的用户坐标系以及最后 10 个在图纸空间布局中创建的用户坐标系。重复该选项将恢复到想要的 UCS。
- 视图(V)：即以平行于屏幕的平面为 XY 平面，建立新的坐标系。UCS 原点保持不变。
- X/Y/Z：即将 UCS 分别绕 X 轴、Y 轴和 Z 轴旋转一定的角度来得到新的 UCS。

2. 编辑 UCS

用户创建的坐标系，可以对其进行命名，设置正交和显示等。

编辑 UCS 的方法如下。

- 功能区：在【常用】选项卡中，单击【坐标】功能面板右下角的箭头符号↘。
- 命令行：在命令行输入 UCSMAN 并按 Enter 键。

使用以上任意一种方式编辑 UCS，弹出 UCS 对话框，如图 12-12 所示，对话框中包含以下 3 个选项卡。

1) 【命名 UCS】选项卡

该选项卡列出了所有已命名的 UCS 和当前的 UCS，单击【置为当前】按钮，可以将选中的 UCS 设置为当前坐标系。单击【详细信息】按钮，可以查看选中的 UCS 信息，如图 12-13 所示。双击某个 UCS 名称，可以编辑坐标系名称。

注意

只有被命名的 UCS 才能被保存。另外，世界坐标系无法重命名。

2) 【正交 UCS】选项卡

该选项卡如图 12-14 所示，用于将 UCS 设置成一个正交模式。在【相对于】下拉列

表中选择用于定义正交模式的参考基准。

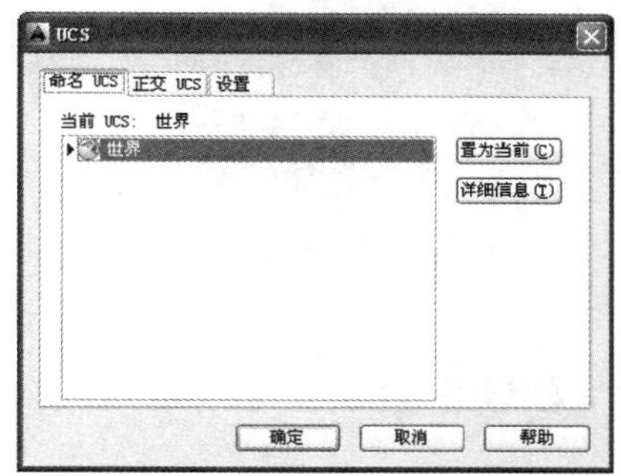

图 12-12　UCS 对话框

图 12-13　【UCS 详细信息】对话框

3) 【设置】选项卡

该选项卡如图 12-15 所示，可以设置 UCS 图标的显示和应用范围等。

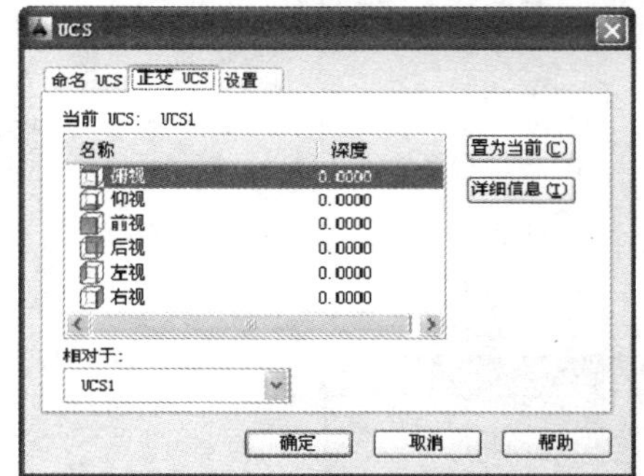

图 12-14　【正交】选项卡

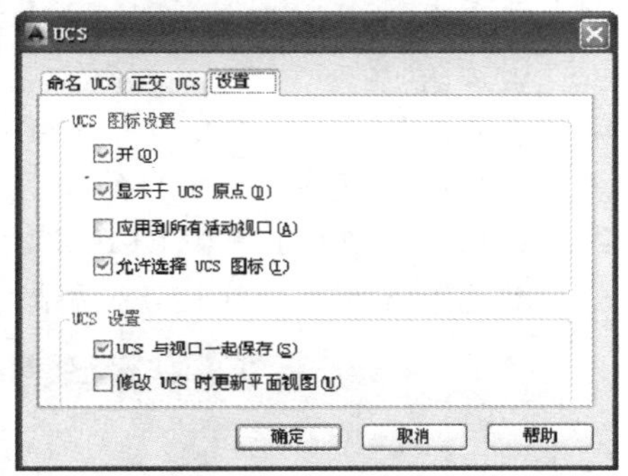

图 12-15　【设置】选项卡

3. UCS 图标的显示及设置

UCS 图标有两种显示位置：一是显示在坐标原点，即用户定义的坐标位置；二是显示在绘图区左下角，此位置的图标并不表示坐标系的位置，仅指示了当前各坐标轴的方向。AutoCAD 中 UCS 图标的大小、颜色和位置均可由用户设置。

调用【显示 UCS 图标】命令的方法如下。

- 功能区：在【常用】选项卡中，单击【坐标】面板上的【UCS，图标，特性】按钮。
- 命令行：在命令行输入 UCSICON 并按 Enter 键。

【案例 12-3】：在原点显示 UCS

01 打开素材文件“第 12 章/案例 12-3 在原点显示 UCS.dwg”，如图 12-16 所示。

02 在命令行输入 UCSICON 并按 Enter 键，设置 UCS 图标的显示位置，使其在当前 UCS 位置显示，如图 12-17 所示。命令行操作如下：

```
命令: UCSICON↙                                    //调用【显示 UCS 图标】命令
输入选项 [开(ON)/关(OFF)/全部(A)/非原点(N)/原点(OR)/可选(S)/特性(P)] <开
>:OR↙                                             //选择在原点显示 UCS
```

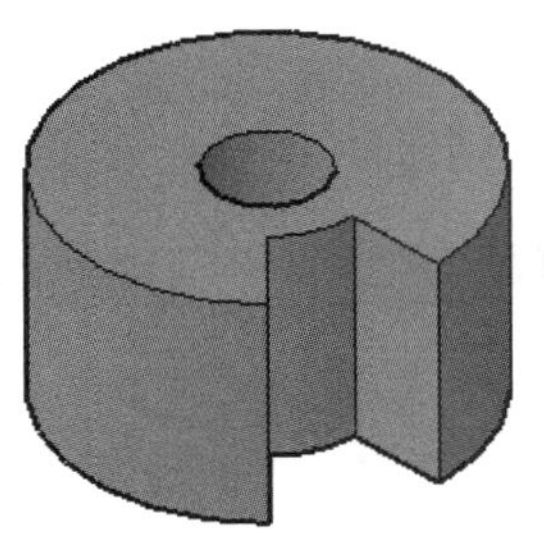

图 12-16　素材图形

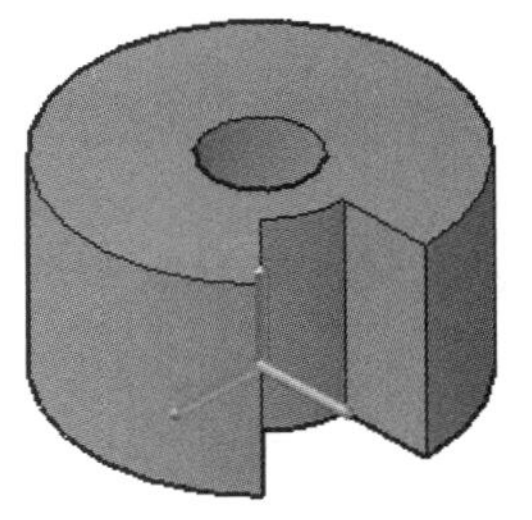

图 12-17　显示 UCS 的效果

命令行主要选项介绍如下。

- 开(ON)/关(OFF)：这两个选项可以控制 UCS 图标的显示与隐藏。
- 全部(A)：可以将对图标的修改应用到所有活动视口，否则【显示 UCS 图标】命令只影响当前视口。
- 非原点(N)：此时不管 UCS 原点位于何处，都始终在视口的左下角处显示 UCS 图标。
- 原点(OR)：UCS 图标将在当前坐标系的原点处显示，如果原点不在屏幕上，UCS 图标将显示在视口的左下角处。
- 特性(P)：在弹出的【UCS 图标】对话框中，可以设置 UCS 图标的样式、大小和颜色等特性，如图 12-18 所示。

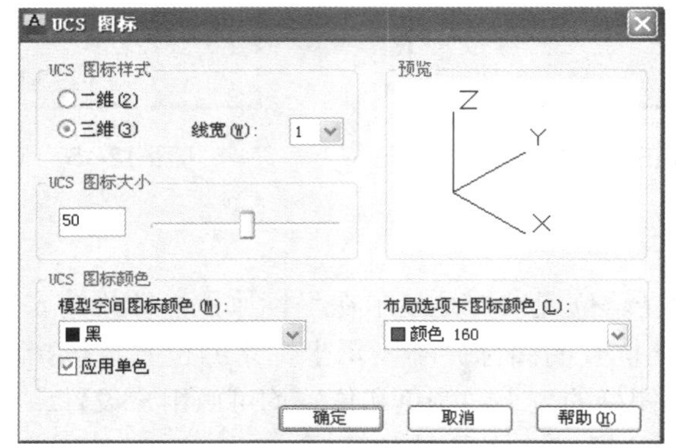

图 12-18　【UCS 图标】对话框

在除了【二维线宽】以外的其他视图效果，在更改 UCS 图标设置之后显示不会发生变化，只有切换为【二维线宽】时，UCS 图标显示效果才会更改。

12.3　观察三维图形

为了从不同角度观察、验证三维效果模型，AutoCAD 提供了视图变换工具。所谓视图变换，是指在模型所在的空间坐标系保持不变的情况下，从不同的视点来观察模型得不到的视图。

因为视图是二维的，所以能够显示在工作区间中。这里，视点如同是一架照相机的镜头，观察对象则是相机对准拍摄的目标点，视点和目标点的连线形成了视线，而拍摄出的照片就是视图。从不同角度拍摄的照片有所不同，所以从不同视点观察得到的视图也不同。视图变换操作在【视图】工具栏中，如图 12-19 所示。

图 12-19　【视图】工具栏

12.3.1　视图控制器

AutoCAD 提供了俯视、仰视、右视、左视、主视和后视 6 个基本视点，如图 12-20 所示。选择【视图】|【三维视图】命令，或者单击【视图】工具栏中相应的图标，工作区间即显示从上述视点观察三维模型的 6 个基本视图。

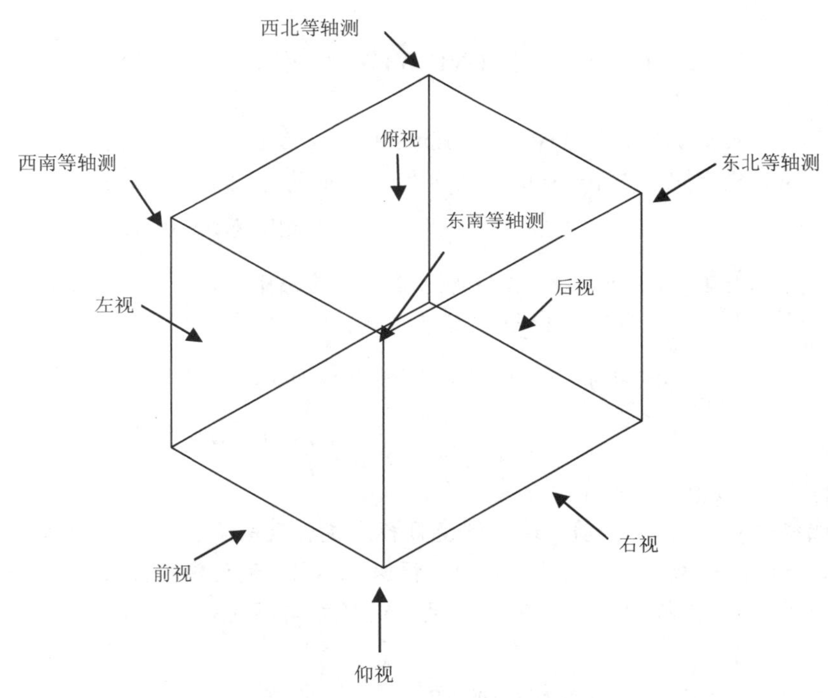

图 12-20　三维视图观察方向

从这 6 个基本视点来观察图形非常方便。因为这 6 个基本视点的视线方向都与 X、Y、Z 三坐标轴之一平行，而与 XY、XZ、YZ 三坐标轴平面之一正交。所以，相对应的 6 个基本视图实际上是三维模型投影在 XY、XZ、YZ 平面上的二维图形。这样，就将三维模型转化为了二维模型。在这 6 个基本视图上对模型进行编辑，就如同绘制二维图形一样。

另外，AutoCAD 还提供了西南等轴测、东南等轴测、东北等轴测和西北等轴测 4 个特殊视点。从这 4 个特殊视点观察，可以得到具有立体感的 4 个特殊视图。

另外，AutoCAD 还提供了西南等轴测、东南等轴测、东北等轴测和西北等轴测 4 个特殊视点。从这 4 个特殊视点观察，可以得到具有立体感的 4 个特殊视图。

提示

在等轴测视图中，为了使三维图形显示为前后覆盖和隐藏的视觉效果，可以使用【消隐】(HIDE)命令消除隐藏线。

12.3.2 动态观察

AutoCAD 提供了一个交互的三维动态观察器，该命令可以在当前视口中添加一个动态观察控标，用户可以使用鼠标实时地调整控标以得到不同的观察效果。使用三维动态观察器，既可以查看整个图形，也可以查看模型中任意的对象。

通过【视图】选项卡的【导航】面板工具，可以快速执行三维动态观察。

1. 动态视点

动态观察就是通过【动态视点】(DVIEW)命令，拖动鼠标可以从三维空间的任意视点来拍摄目标形成的视图。

在命令行输入 DVIEW 或 DV 并按 Enter 键，命令行提示选择需要进行视图变换的图形对象。选择对象完毕后按 Enter 键，命令行将显示动态观察方式的备选项。

```
命令: DV↙                                          //调用【动态视点】命令
DVIEW
选择对象或 <使用 DVIEWBLOCK>: 找到 1 个             //选择需要进行视图变换的图形对象
选择对象或 <使用 DVIEWBLOCK>:↙                     //选择结束后按 Enter 键
输入选项
[相机(CA)/目标(TA)/距离(D)/点(PO)/平移(PA)/缩放(Z)/扭曲(TW)/剪裁(CL)/隐藏(H)/
关(O)/放弃(U)]:
                                                   //提示选择动态观察方式
```

命令行中各选项的含义如下。

- 相机(A)：目标点不动，通过围绕目标点旋转镜头来指定新的视点位置。
- 目标(TA)：模拟“摇镜头”拍摄。摄像机不同，通过镜头摇动指定新的目标位置。
- 距离(D)：模拟“移动镜头”拍摄。观察方向不变，通过移近或移远镜头对目标进行观察。
- 点(PO)：分别输入镜头和目标点的 X、Y、Z 坐标，来确定观察方向。
- 平移(PA)：模拟“跟镜头”拍摄，不改变观察方向，也不改变焦距地平移目标。
- 缩放(Z)：模拟“推、拉镜头”拍摄。通过改变相机镜头的焦距，缩放目标。
- 扭曲(TW)：以视线为旋转轴，旋转目标。
- 剪裁(CL)：裁剪视图。选择此项后，可以通过调整前、后向裁剪平面的位置来显示模型局部视图。
- 隐藏(H)：对三维视图进行消隐。用这种方式比用 HIDE 命令消隐速度更快。

2. 三维动态观察器

三维动态观察器是一组用于动态观察三维模型的工具，相关命令在【三维动态观察器】工具栏中。

打开【三维动态观察器】工具栏的方法如下。

- 菜单栏：选择【视图】|【动态观察】命令。
- 命令行：在命令行输入 3DORBIT/3DO 并按 Enter 键。

调用以上任意命令后，进入图 12-21 所示的状态，UCS 图标以三维彩色显示，窗口中将出现一个浅绿色的轨迹球。进行动态观察时，视点(镜头)将模拟一颗卫星，围绕轨迹球的中心点进行公转，而公转轨道可以通过拖动鼠标的方式任意选择。沿不同方向拖动鼠标，视点将围绕着水平、垂直或任意轨道公转，观察对象也将连续、动态的转动，反映出在不同视点位置时观察到的位置视图效果。

单击“三维连续观察”按钮，然后拖动光标，观察对象将根据拖动光标的方向自动连续旋转。

3. 视点预设

动态视点和三维动态观察工具虽然直观方便，但不精确。有时需要在模型空间中精确设置视点，就需要定量设置视点的工具。在 AutoCAD 的模型空间中，视点是由视线的角度方向决定的，这里，视线是指视点和目标点的连线。

AutoCAD 提供了视点预设功能对视点进行定量设置。调用【视点预设】命令有以下几种方法。

- 菜单栏：选择【视图】|【三维视图】|【视点预设】命令。
- 命令行：在命令行输入 DDVPOINT/VP 并按 Enter 键。

执行上述任一操作后，弹出图 12-22 所示的【视点预设】对话框，可以在该对话框中精确设置视点的角度方向。

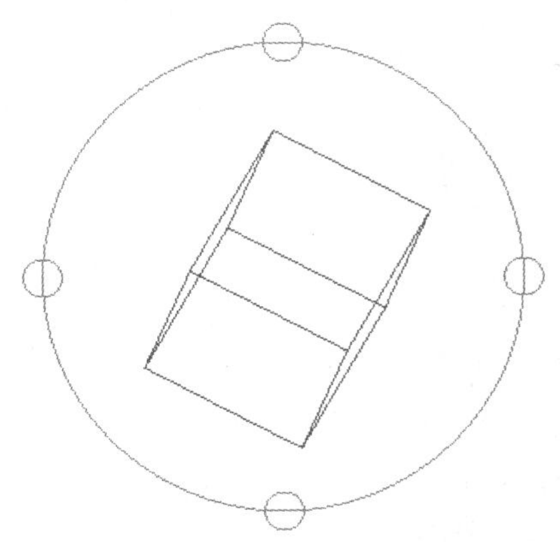

图 12-21　三维动态观察器

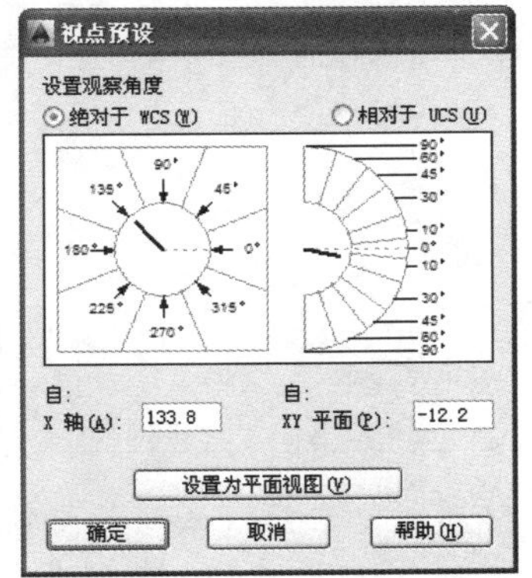

图 12-22　【视点预设】对话框

对话框中各选项卡的含义如下。

- “自(X 轴)”文本框：输入视线在 XY 平面中的投影与 X 轴正方向的夹角。也可以在左边的图中用光标单击选择角度。

- “自(XY 平面)”文本框：输入视线与 XY 平面的夹角。也可以在右边的图中用光标单击选择角度。
- “绝对于 WCS”单选按钮：设置角度值以世界坐标系 WCS 为参照。
- “相对于 UCS”单选按钮：设置角度值以用户坐标系 UCS 为参照。
- “设置为平面视图”按钮：单击该按钮，看到的是投影在 XY 平面上的平面图。

角度设置完毕后，单击【确定】按钮退出对话框，AutoCAD 将自动显示该视点方向上的视图。

12.3.3 视觉样式

视觉样式用于控制视口中的三维模型边缘和着色的显示。一旦对三维模型应用了视觉样式或更改了其他设置，就可以在视口中查看视觉效果。

使用视觉样式的方法有如下几种。

- 菜单栏：选择【视图】|【视觉样式】命令。
- 功能区：在【视图】选项卡中，单击【视觉样式】面板上的【视觉样式】下拉列表。
- 命令行：在命令行输入 SHADEMODE/SHA 并按 Enter 键。

AutoCAD 2014 中有以下几种视觉样式。

- 二维线框：通过使用直线和曲线表示边界的方式显示对象。不使用【三维平行投影】的【统一背景】，而使用【二维建模空间】的【统一背景】。如果不消隐，所有的边、线都将可见。在此种显示方式下，复杂的三维模型难以分清结构。此时，当系统变量 COMPASS 为 1 时，三维指南针也不会出现在二维线框图中，如图 12-23 所示。
- 线框：即三维线框，通过使用直线和曲线表示边界的方式显示对象，所有的边和线都可见。在此种显示方式下，复杂的三维模型难以分清结构。此时，坐标系变为一个着色的三维 UCS 图标。如果系统变量 COMPASS 为 1，三维指南针将出现，如图 12-24 所示。

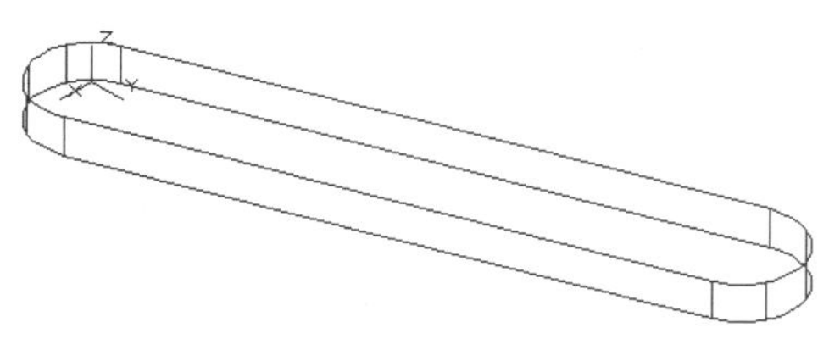

图 12-23　二维线框图

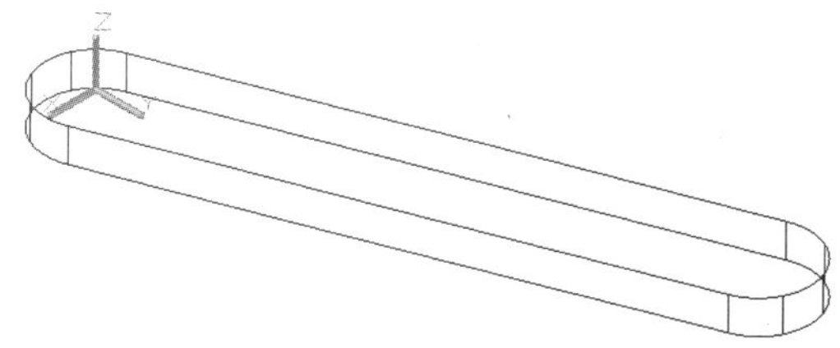

图 12-24　三维线框图

- 隐藏：即三维隐藏，用三维线框表示法显示对象，并隐藏背面的线。此种显示方式可以较为容易和清晰地观察模型，此时显示效果如图 12-25 所示。
- 概念：使用平滑着色和古氏面样式显示对象，同时对三维模型消隐。古氏面样式在冷暖颜色而不是明暗效果之间转换。效果缺乏真实感，但可以更方便地查看模型的细节，如图 12-26 所示。

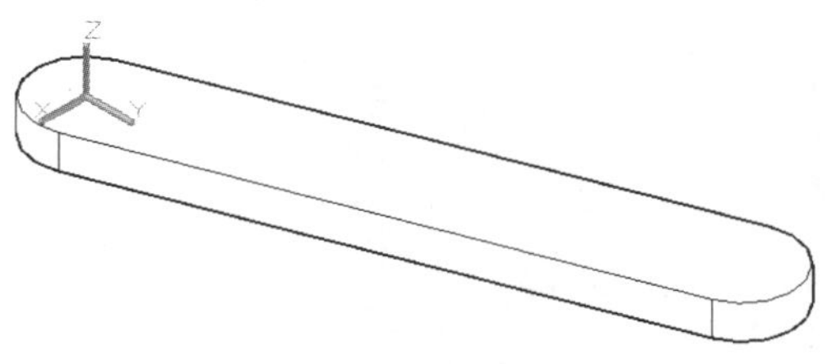

图 12-25　隐藏图

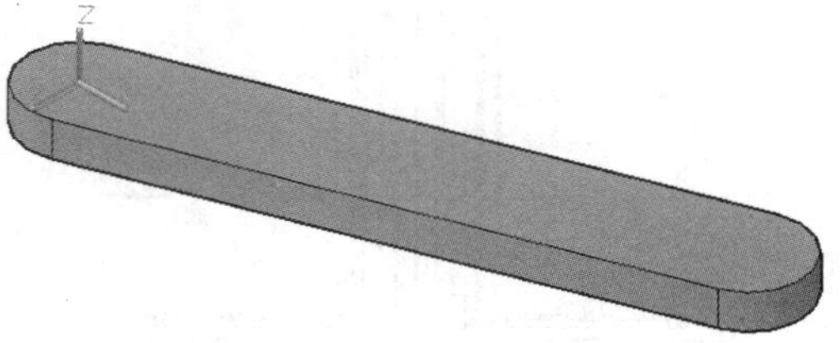

图 12-26　概念图

- 真实：使用平滑着色来显示对象，并显示已附着到对象的材质，此种显示是三维模型的真实感表达，如图 12-27 所示。
- 着色：使用平滑着色显示对象。
- 带边缘着色：使用平滑着色显示对象并显示可见边，如图 12-28 所示。

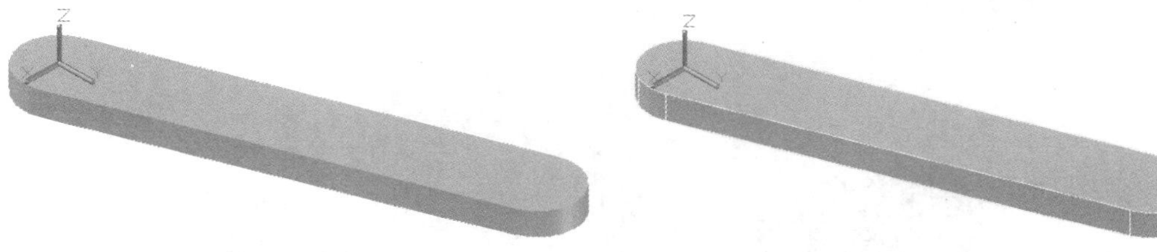

图 12-27　真实图

图 12-28　带边着色图

- 灰度：使用平滑着色和单色灰度显示对象并显示可见边。
- 勾画：使用线延伸和抖动边修改显示手绘效果的对象，仅显示可见边，如图 12-29 所示。
- X 射线：以局部透视方式显示对象，因而不可见边也会褪色显示，如图 12-30 所示。

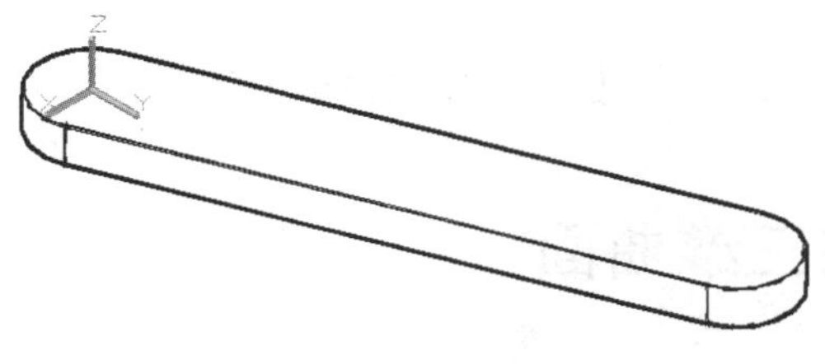

图 12-29　勾画图

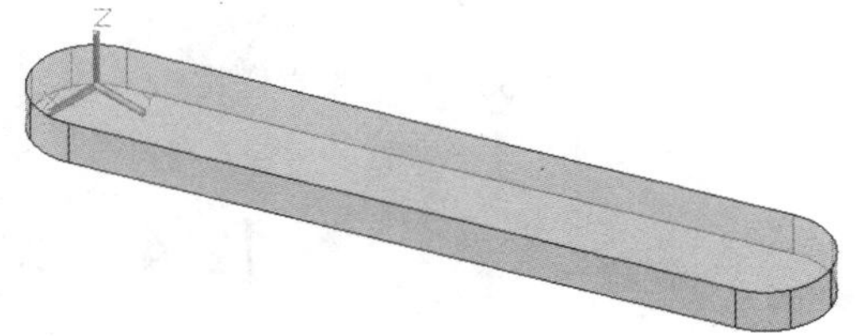

图 12-30　X 射线图

12.3.4　实例——观察三维模型

01 打开“第 12 章\ 12.3.4 观察三维模型.dwg”素材文件，如图 12-31 所示。

02 选择【视图】|【三维视图】|【西南等轴测】命令，将视图调整到西南等轴测方向，如图 12-32 所示。

03 在【视图】选项卡中，单击【视觉样式】面板上的【视觉样式】下拉列表，选择【概念】视觉样式，效果如图 12-33 所示。

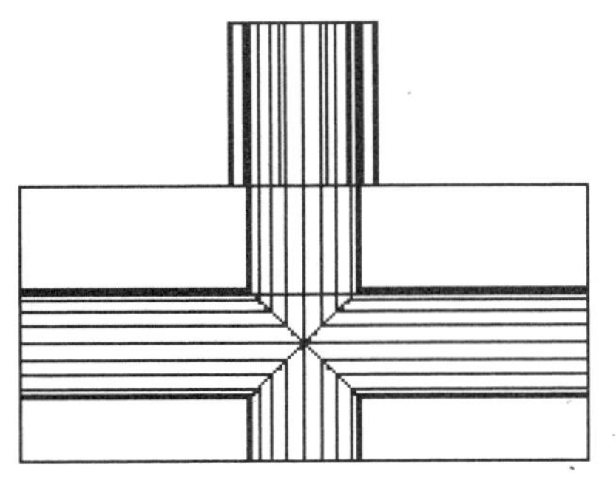

图 12-31　素材文件

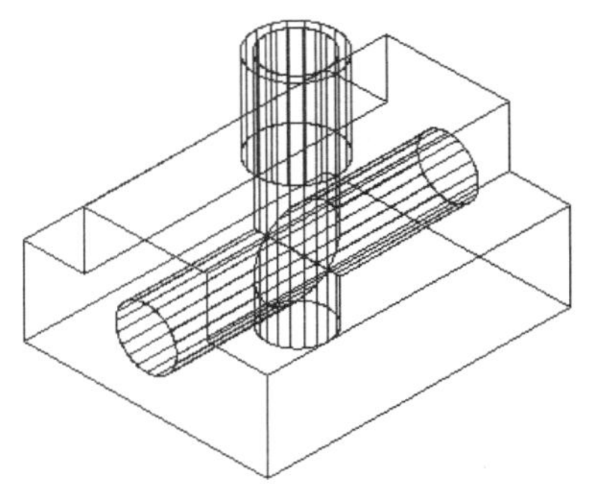

图 12-32　西南等轴测图

04 单击导航栏上的【自由动态观察】按钮，然后随意拖动鼠标全方位观察模型，效果如图 12-34 所示。

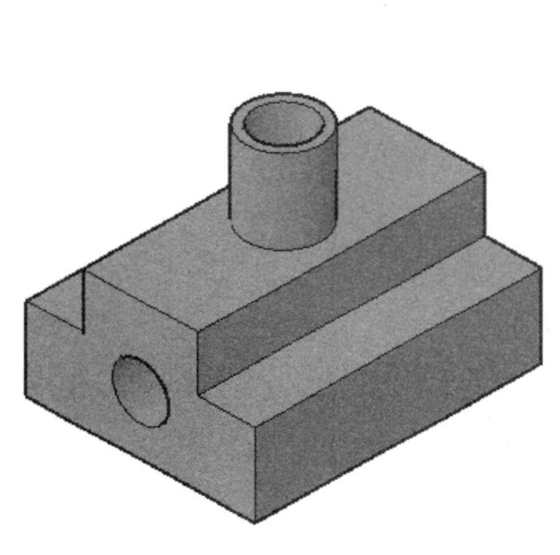

图 12-33　概念视觉样式

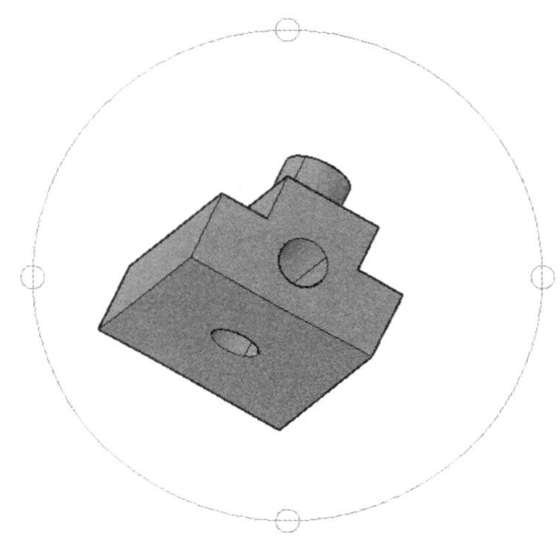

图 12-34　自由动态观察

12.4　绘制三维曲面

曲面是不具有厚度和质量特性的壳形对象。曲面模型也能够进行隐藏、着色和渲染。AutoCAD 中曲面的创建和编辑命令集中在功能区的【曲面】选项卡中，如图 12-35 所示。

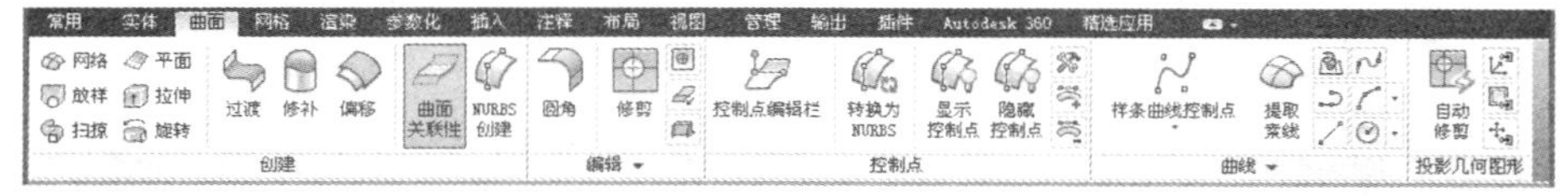

图 12-35　【曲面】选项卡

【创建】面板集中了创建曲面的各种方式，其中拉伸、放样、扫掠、旋转等生成方式与创建实体或网格的操作类似，不再介绍。下面对其他创建和编辑命令进行介绍。

12.4.1 绘制平面曲面

平面曲面是以平面内某一封闭轮廓创建一个平面内的曲面。在 AutoCAD 中，既可以用指定角点的方式创建矩形的平面曲面，也可用指定对象的方式，创建复杂边界形状的平面曲面。

调用【平面曲面】命令有以下几种方法。

- 菜单栏：选择【绘图】|【建模】|【曲面】|【平面】命令。
- 功能区：在【曲面】选项卡中，单击【创建】面板上的【平面】按钮。
- 命令行：在命令行输入 PLANESURF 并按 Enter 键。

【案例 12-4】：绘制正六边形曲面

01 在【常用】选项卡中，单击【绘图】面板上的【多边形】按钮，在绘图区绘制一个正六边形，如图 12-36 所示。

02 在【曲面】选项卡中，单击【创建】面板上的【平面】按钮，由多边形边界创建平面曲面，如图 12-37 所示。命令行操作如下：

```
命令: _Planesurf↙                                  //调用【平面曲面】命令
指定第一个角点或 [对象(O)] <对象>: o↙              //选择【对象】选项
选择对象: 找到 1 个                                 //选择多边形边界
选择对象: ↙                                         //按 Enter 键完成创建
```

03 选中创建的曲面，按 Ctrl + 1 组合键打开【特性】面板，将曲面的 U 素线设置为 4，V 素线设置为 4，效果如图 12-38 所示。

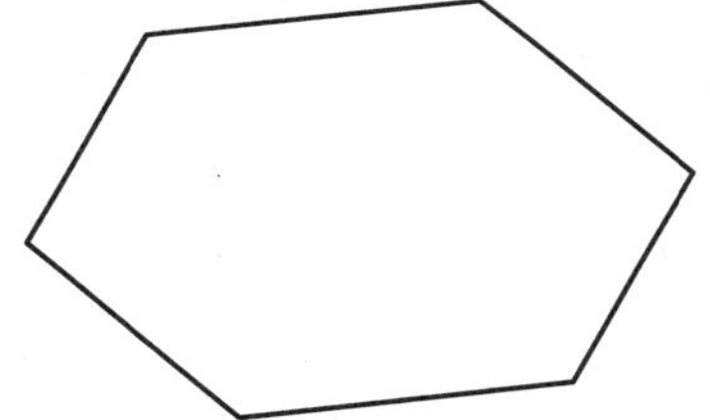
图 12-36　绘制多边形

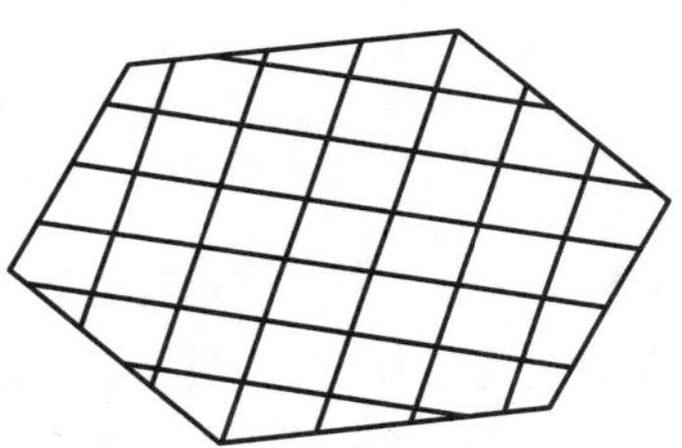
图 12-37　创建的平面曲面

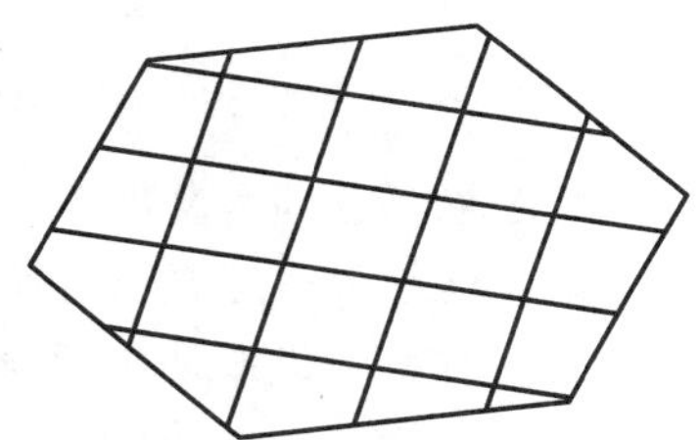
图 12-38　修改素线数量的效果

12.4.2 绘制过渡曲面

在两个现有曲面之间创建连续的曲面称为过渡曲面。将两个曲面融合在一起时，需要指定曲面连续性和凸度幅值。

调用【曲面过渡】命令有以下几种方法。

- 菜单栏：选择【绘图】|【建模】|【曲面】|【过渡】命令。
- 工具栏：单击【曲面创建】工具栏上的【曲面过渡】按钮。
- 功能区：在【曲面】选项卡中，单击【创建】面板上的【过渡】按钮。
- 命令行：在命令行输入 SURFBLEND 并按 Enter 键。

【案例 12-5】：创建过渡曲面

01 打开“第 12 章\案例 12-5 创建过渡曲面.dwg”素材文件，如图 12-39 所示。

02 在【曲面】选项卡中，单击【创建】面板上的【过渡】按钮，创建过渡曲面，如图 12-40 所示。命令行操作如下：

```
命令：_SURFBLEND↙
连续性 = G1 - 相切，凸度幅值 = 0.5
选择要过渡的第一个曲面的边或 [链(CH)]：找到 1 个        //选择上面的曲面的边线
选择要过渡的第一个曲面的边或 [链(CH)]：↙               //按 Enter 键结束选择
选择要过渡的第二个曲面的边或 [链(CH)]：找到 1 个        //选择下面的曲面边线
选择要过渡的第二个曲面的边或 [链(CH)]：↙               //按 Enter 键结束选择
按 Enter 键接受过渡曲面或 [连续性(CON)/凸度幅值(B)]：B↙ //选择【凸度幅值】选项
第一条边的凸度幅值 <0.5000>：0↙                        //输入凸度幅值
第二条边的凸度幅值 <0.5000>：0↙
按 Enter 键接受过渡曲面或 [连续性(CON)/凸度幅值(B)]：
                                            //按 Enter 键接受创建的过渡曲面
```

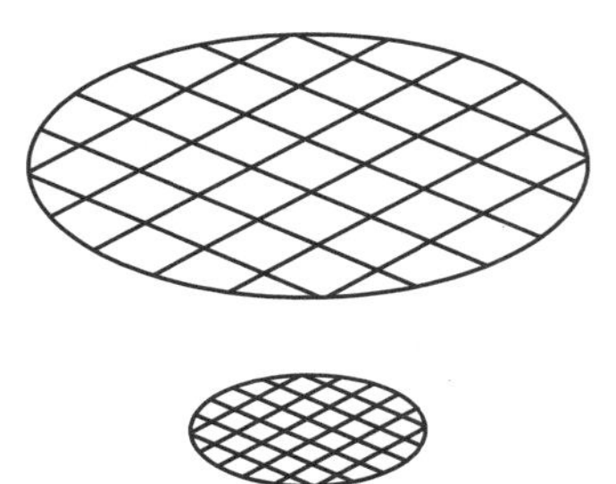

图 12-39　素材图形

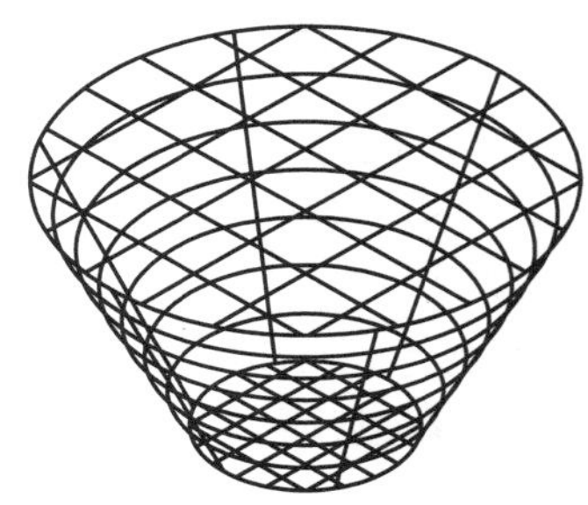

图 12-40　过渡曲面

命令行各选项含义如下。

- 连续性：选择【连续性】选项时，有 G0\G1\G2 3 种形式连接。G0 意味着两个对象相连或两个对象的位置是连续的；G1 意味着两个对象光顺连接，一阶微分连续，或者是相切连续的。G2 意味着两个对象光顺连接，二阶微分连续，或者两个对象的曲率是连续的。
- 凸度幅值：指曲率的取值范围。

12.4.3 绘制修补曲面

曲面【修补】即在创建新的曲面或封口时，闭合现有曲面的开放边，也可以通过闭环添加其他曲线，以约束和引导修补曲面。

调用【修补曲面】命令有以下几种方法。

- 菜单栏：选择【绘图】|【建模】|【曲面】|【修补】命令。
- 功能区：在【曲面】选项卡中，单击【创建】面板上的【修补】按钮。
- 命令行：在命令行输入 SURFPATCH 并按 Enter 键。

【案例 12-6】：创建修补曲面

01 打开"第 12 章\案例 12-6 创建修补曲面.dwg"素材文件，如图 12-41 所示。

02 在【曲面】选项卡中，单击【创建】面板上的【修补】按钮，创建修补曲面，如图 12-42 所示。命令行操作如下：

```
命令: _SURFPATCH↙                                       //调用【修补曲面】命令
连续性 = G0 - 位置，凸度幅值 = 0.5
选择要修补的曲面边或 [链(CH)/曲线(CU)] <曲线>: 找到 1 个  //选择上部的圆形边线
选择要修补的曲面边或 [链(CH)/曲线(CU)] <曲线>:↙         //按 Enter 键结束选择
按 Enter 键接受修补曲面或 [连续性(CON)/凸度幅值(B)/导向(G)]: CON ↙
                                                         //选择【连续性】选项
修补曲面连续性 [G0(G0)/G1(G1)/G2(G2)] <G0>: G1↙        //选择连续曲率为 G1
按 Enter 键接受修补曲面或 [连续性(CON)/凸度幅值(B)/导向(G)]: ↙
                                                         //按 Enter 键接受修补曲面
```

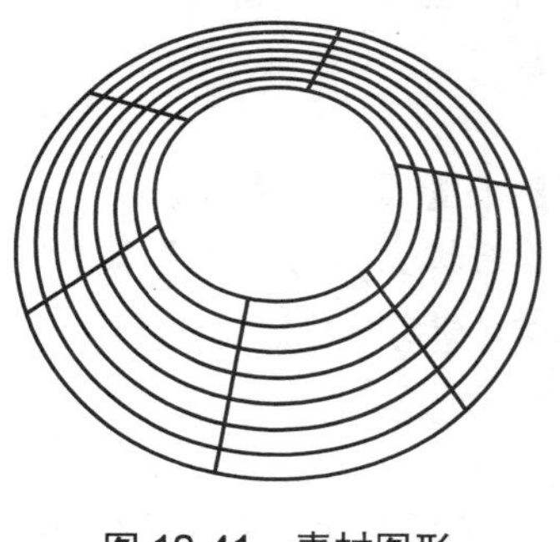

图 12-41　素材图形

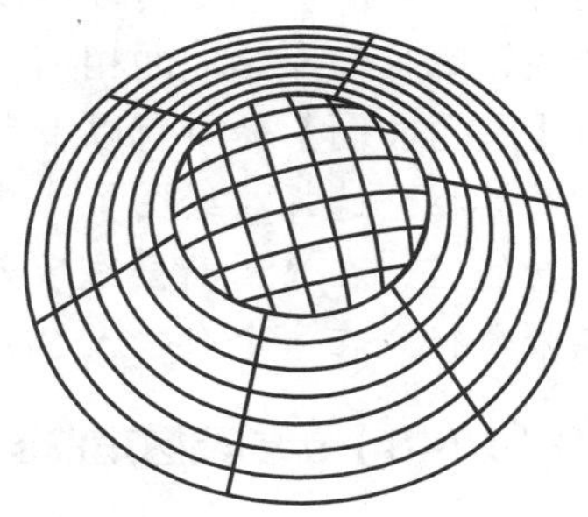

图 12-42　创建的修补曲面

12.4.4 绘制偏移曲面

偏移曲面可以创建与原始曲面平行的曲面，类似于二维对象的【偏移】操作，在创建过程中需要指定偏移距离。

调用【偏移曲面】命令有以下几种方法。

- 菜单栏：选择【绘图】|【建模】|【曲面】|【偏移】命令。
- 功能区：在【曲面】选项卡中，单击【创建】面板上的【偏移】按钮。
- 命令行：在命令行输入 SURFOFFSET 并按 Enter 键。

【案例 12-7】：创建偏移曲面

01 打开"第 12 章\案例 12-7 创建偏移曲面.dwg"素材文件，如图 12-43 所示。

02 在【曲面】选项卡中，单击【创建】面板上的【偏移】按钮，创建偏移曲面，如图 12-44 所示。命令行操作如下：

```
命令: _SURFOFFSET↙                                      //调用【偏移曲面】命令
连接相邻边 = 否
选择要偏移的曲面或面域: 找到 1 个                        //选择要偏移的曲面
选择要偏移的曲面或面域: ↙                                //按 Enter 键结束选择
指定偏移距离或 [翻转方向(F)/两侧(B)/实体(S)/连接(C)/表达式(E)] <20.0000>: 1↙
```

```
                                          //指定偏移距离
1 个对象将偏移。
1 个偏移操作成功完成。
```

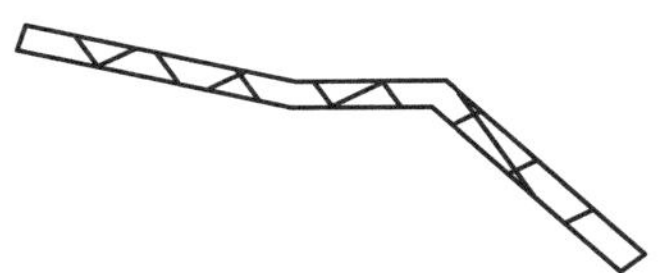

图 12-43　素材文件

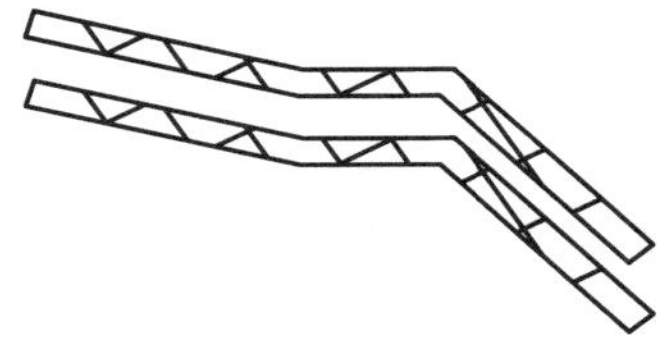

图 12-44　偏移曲面的结果

12.4.5　绘制圆角曲面

使用【圆角曲面】命令可以在现有曲面之间的空间中创建新的圆角曲面，圆角曲面具有固定半径轮廓且与原始曲面相切。

调用【圆角曲面】命令有以下几种方法。

- 菜单栏：选择【绘图】|【建模】|【曲面】|【圆角】命令。
- 功能区：在【曲面】选项卡中，单击【创建】面板上的【圆角】按钮。
- 命令行：在命令行输入 SURFFILLET 并按 Enter 键。

【案例 12-8】：创建圆角曲面

01 打开"第 12 章\案例 12-8 创建圆角曲面.dwg"素材文件，如图 12-45 所示。

02 在【曲面】选项卡中，单击【创建】面板上的【圆角】按钮，创建圆角曲面，如图 12-46 所示。命令行提示如下：

```
命令：_SURFFILLET↙
半径 = 1.0000，修剪曲面 = 是
选择要圆角化的第一个曲面或面域或者 [半径(R)/修剪曲面(T)]: R↙   //选择【半径】选项
指定半径或 [表达式(E)] <1.0000>: 2↙                        //指定圆角半径
选择要圆角化的第一个曲面或面域或者 [半径(R)/修剪曲面(T)]:
                                          //选择要圆角的第一个曲面
选择要圆角化的第二个曲面或面域或者 [半径(R)/修剪曲面(T)]:
                                          //选择要圆角的第二个曲面
按 Enter 键接受圆角曲面或 [半径(R)/修剪曲面(T)]: ↙
                                          //按 Enter 键完成圆角
```

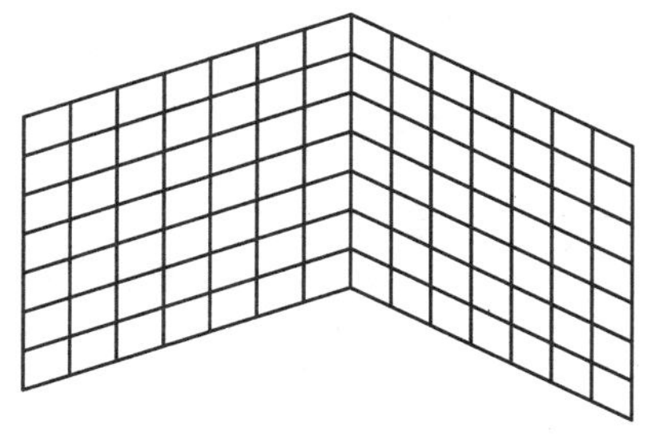

图 12-45　素材文件

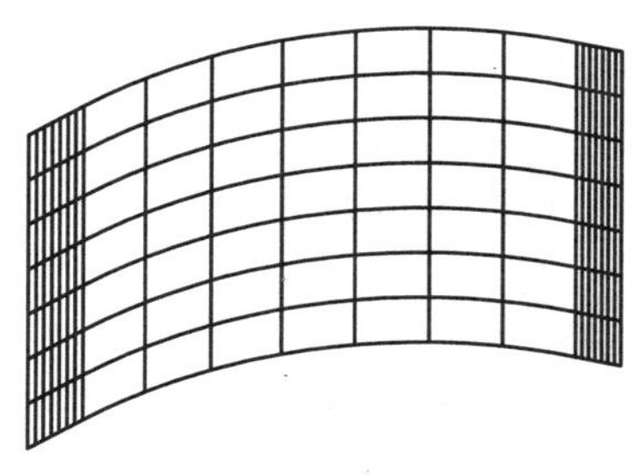

图 12-46　创建的圆角曲面

12.4.6 编辑三维曲面

在 AutoCAD 2014 中，可以对三维曲面进行编辑。

1. 修剪曲面

使用【修剪曲面】命令可以修剪相交曲面中不需要的部分，也可利用二维对象在曲面上的投影生成修剪，如图 12-47 所示。

调用【修剪曲面】命令有如下几种方法。

- 菜单栏：选择【修改】|【曲面编辑】|【修剪】命令。
- 功能区：在【曲面】选项卡中，单击【编辑】面板上的【修剪】按钮。
- 命令行：在命令行输入 SURFTRIM 并按 Enter 键。

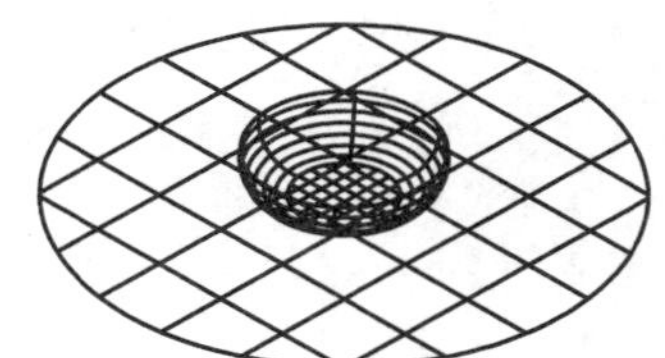
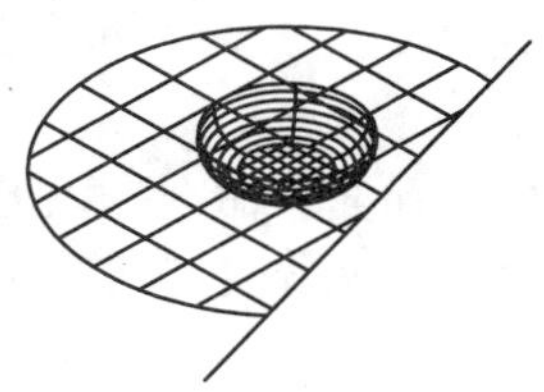

图 12-47　修剪曲面

【案例 12-9】：修剪曲面

01 打开“第 12 章/案例 12-9 修剪曲面.dwg”素材文件，如图 12-48 所示。

02 在【曲面】选项卡中，单击【编辑】面板上的【修剪】按钮，修剪扇叶曲面，如图 12-49 所示。命令行操作如下：

```
命令： _SURFTRIM↙
延伸曲面 = 是，投影 = 自动
选择要修剪的曲面或面域或者 [延伸(E)/投影方向(PRO)]: 找到 1 个
选择要修剪的曲面或面域或者 [延伸(E)/投影方向(PRO)]: 找到 1 个，总计 2 个
选择要修剪的曲面或面域或者 [延伸(E)/投影方向(PRO)]: 找到 1 个，总计 3 个
选择要修剪的曲面或面域或者 [延伸(E)/投影方向(PRO)]: 找到 1 个，总计 4 个
选择要修剪的曲面或面域或者 [延伸(E)/投影方向(PRO)]: 找到 1 个，总计 5 个
选择要修剪的曲面或面域或者 [延伸(E)/投影方向(PRO)]: 找到 1 个，总计 6 个     //
依次选择 6 个扇叶曲面
选择要修剪的曲面或面域或者 [延伸(E)/投影方向(PRO)]: ↙      //按 Enter 键结束选择
选择剪切曲线、曲面或面域: 找到 1 个              //选择圆柱面作为剪切曲面
选择剪切曲线、曲面或面域:↙                       //按 Enter 键结束选择
选择要修剪的区域 [放弃(U)]:
选择要修剪的区域 [放弃(U)]:
选择要修剪的区域 [放弃(U)]:
选择要修剪的区域 [放弃(U)]:
选择要修剪的区域 [放弃(U)]:
选择要修剪的区域 [放弃(U)]:                      //依次单击 6 个扇叶在圆柱内的部分
选择要修剪的区域 [放弃(U)]: ↙                    //按 Enter 键完成裁剪
```

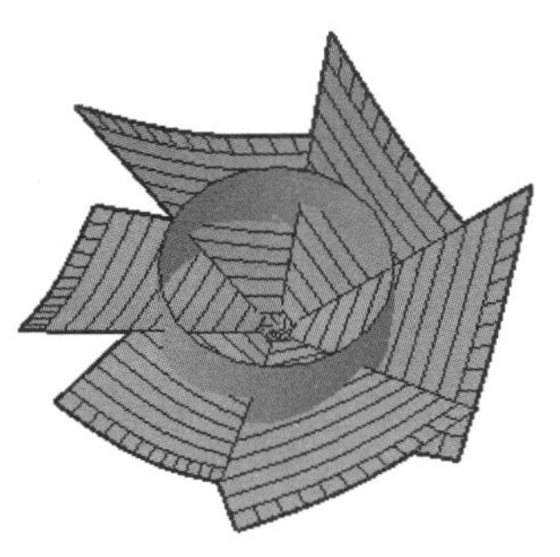

图 12-48　素材图形

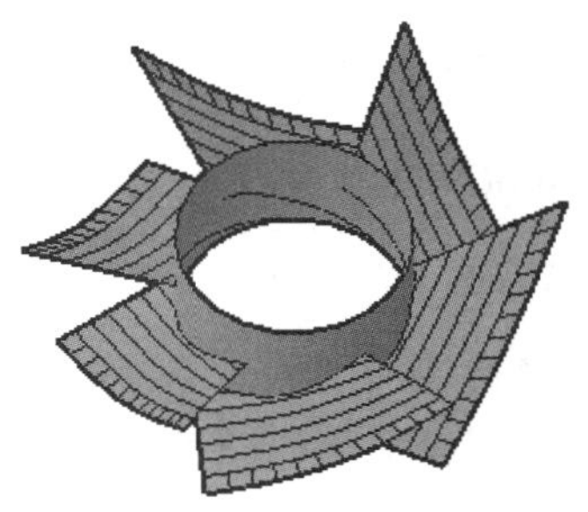

图 12-49　修剪曲面的结果

2. 延伸曲面

使用【延伸曲面】命令可以通过指定延伸距离的方式调整曲面的大小，如图 12-50 所示。

调用【延伸曲面】命令有以下几种方法。

- 菜单栏：选择【修改】|【曲面编辑】|【延伸】命令。
- 命令行：在命令行输入 SURFEXTEND 并按 Enter 键。

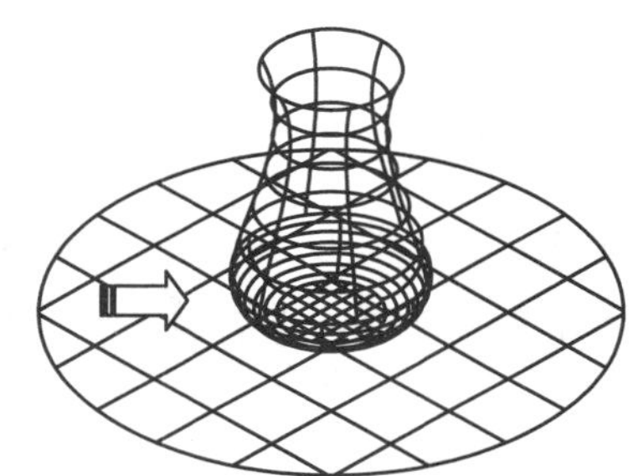

图 12-50　延伸曲面

3. 造型

使用【造型】命令可以由无间隙的曲面创建一个实体对象，如图 12-51 所示。

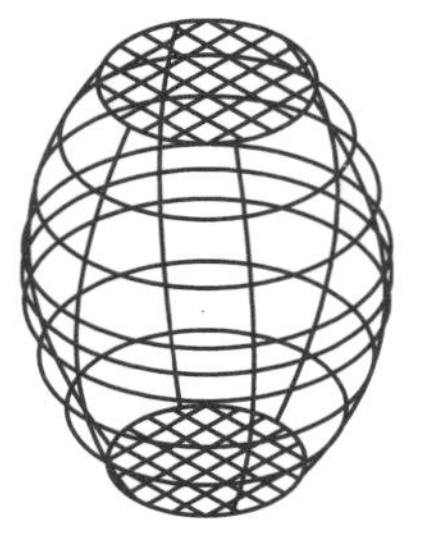

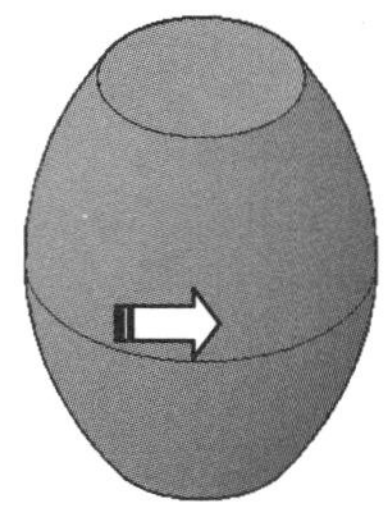

图 12-51　曲面的造型命令

调用【造型】命令有以下几种方法。

- 菜单栏：选择【修改】|【曲面编辑】|【造型】命令。
- 命令行：在命令行输入 SURFSCULPT 并按 Enter 键。

4. 加厚曲面

在三维建模环境中，可以将网格曲面、平面曲面或截面曲面等多种类型的曲面通过加厚处理形成具有一定厚度的三维实体。

调用【加厚】命令有以下几种方法。

- 菜单栏：选择【修改】|【三维操作】|【加厚】命令。
- 命令行：在命令行输入 THICKEN 并按 Enter 键。

调用该命令后，即可进入【加厚】模式，直接在绘图区选择要加厚的曲面，右击或按 Enter 键后，在命令行中输入厚度值并按 Enter 键，即可完成加厚操作，如图 12-52 所示。

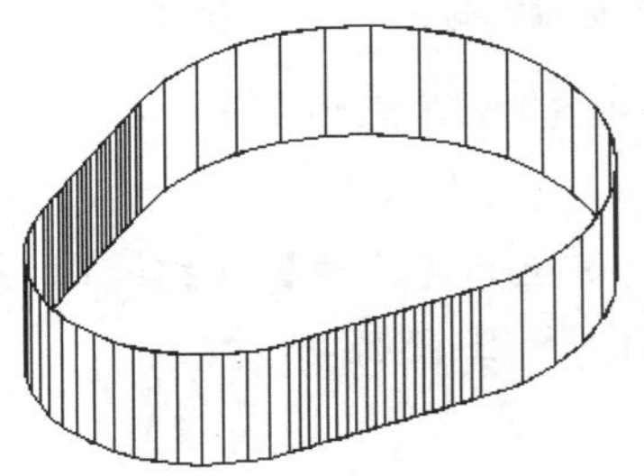

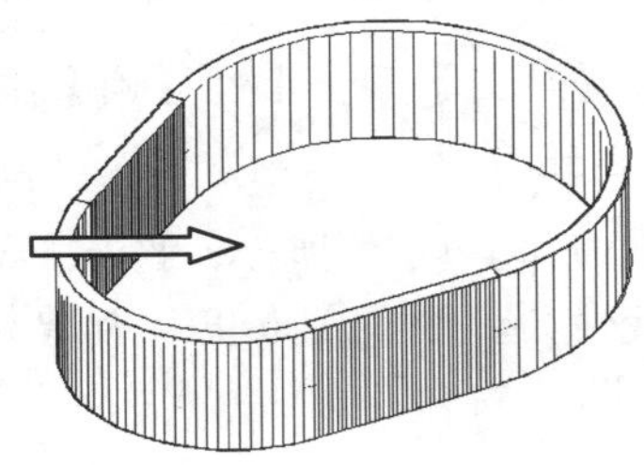

图 12-52　曲面加厚

12.4.7 实例——绘制印章模型

01 单击快速访问工具栏上的【新建】按钮，新建空白文件。

02 将视图调整到西南等轴测方向，在【常用】选项卡中，单击【绘图】面板上的【椭圆】按钮，以原点为中心，绘制一个椭圆：长轴长 200，沿 Y 轴方向；短轴长 140，沿 X 轴方向。如图 12-53 所示。

03 在【曲面】选项卡中，单击【创建】面板上的【平面】按钮，在命令行选择【对象】选项，以椭圆为对象创建平面曲面，如图 12-54 所示。

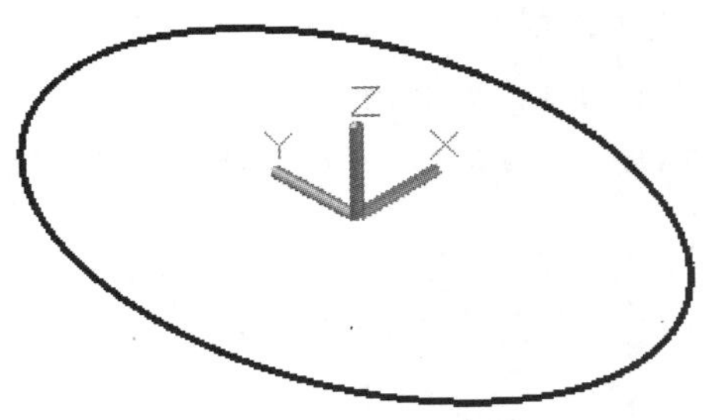

图 12-53　绘制椭圆

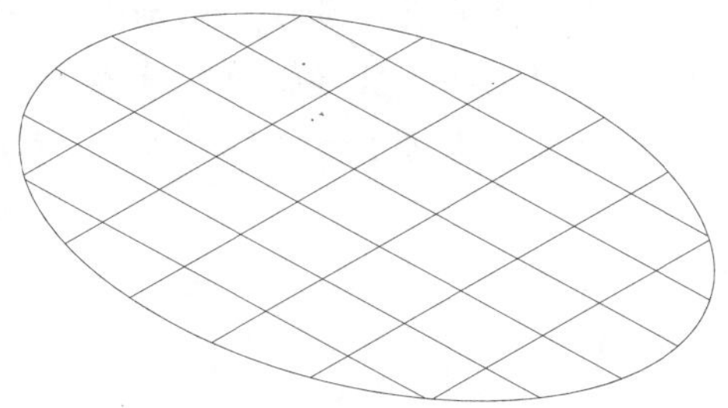

图 12-54　创建平面曲面

04 在【曲面】选项卡中，单击【创建】面板上的【拉伸】按钮，选择椭圆边线为拉伸边界，拉伸高度为 65，创建拉伸曲面，如图 12-55 所示。

05 单击【坐标】面板上的【原点】按钮，然后捕捉到 Z 轴极轴方向，如图 12-56 所示，输入偏移距离 85，创建的新 UCS 如图 12-57 所示。

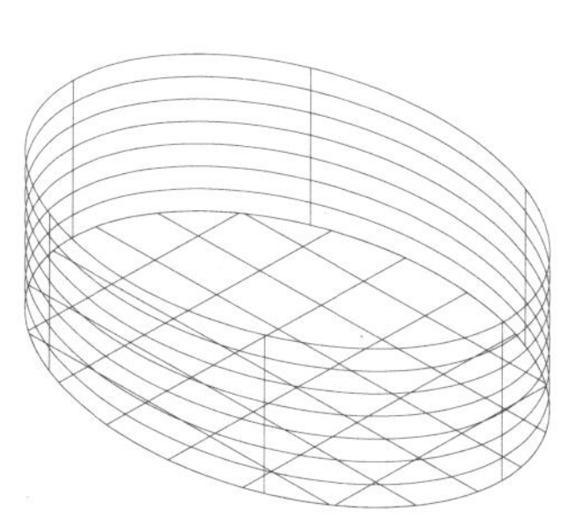
图 12-55　创建拉伸曲面

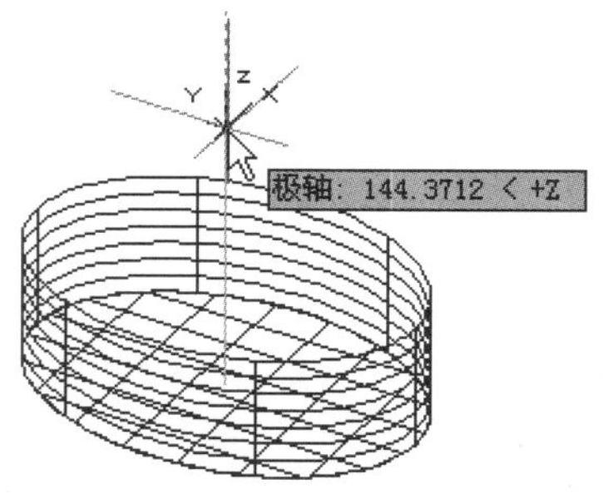

图 12-56　捕捉到 Z 轴方向

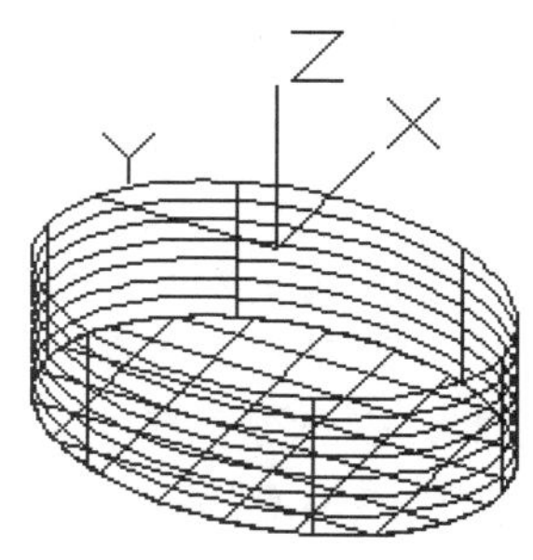

图 12-57　新建 UCS

06 单击【绘图】面板上的【圆】按钮，在新 UCS 原点绘制一个半径为 50 的圆，如图 12-58 所示。

07 在【曲面】选项卡中，单击【创建】面板上的【拉伸】按钮，由圆形边线向上拉伸，拉伸高度为 90，创建拉伸曲面，如图 12-59 所示。

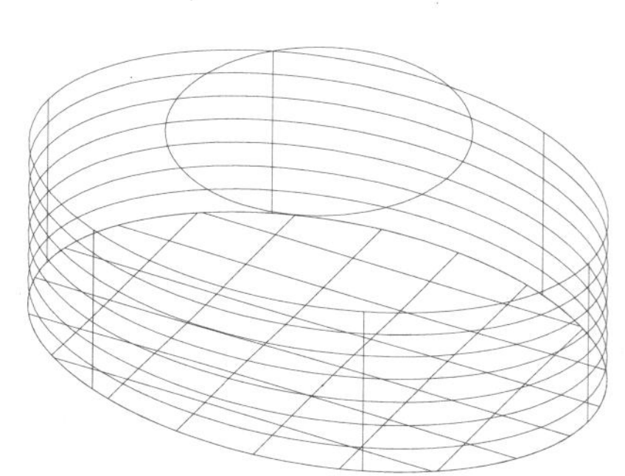
图 12-58　绘制圆

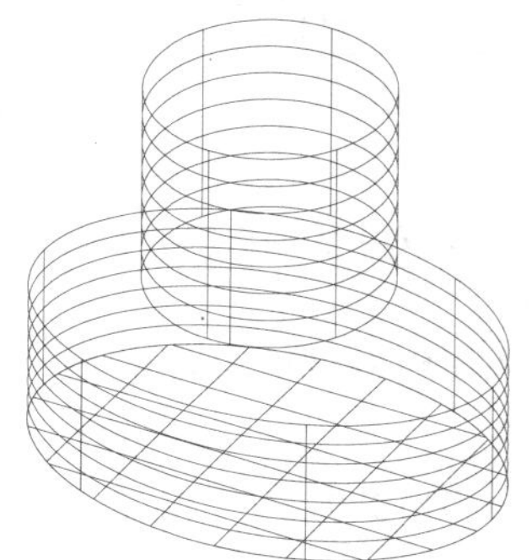
图 12-59　创建拉伸曲面

08 在【曲面】选项卡中，单击【创建】面板上的【过渡】按钮，选择椭圆形拉伸面的上边线和圆形拉伸面的下边线作为过渡边，创建过渡曲面，如图 12-60 所示。

09 在【曲面】选项卡中，单击【创建】面板上的【修补曲面】按钮，选择圆形拉伸面的上边线为修补边界，设置连续性为 G1，创建的修补曲面如图 12-61 所示。

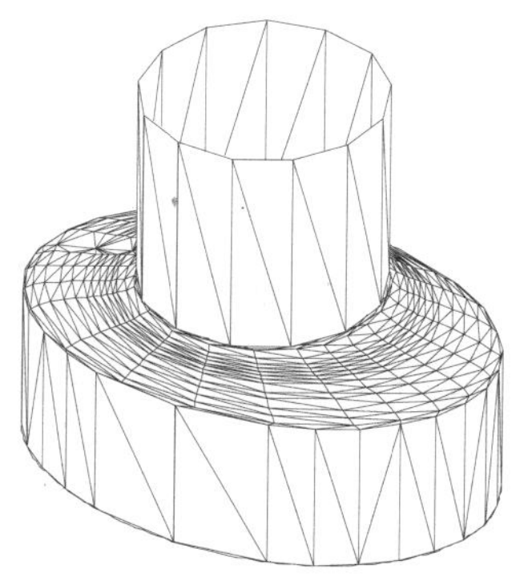
图 12-60　创建过渡曲面

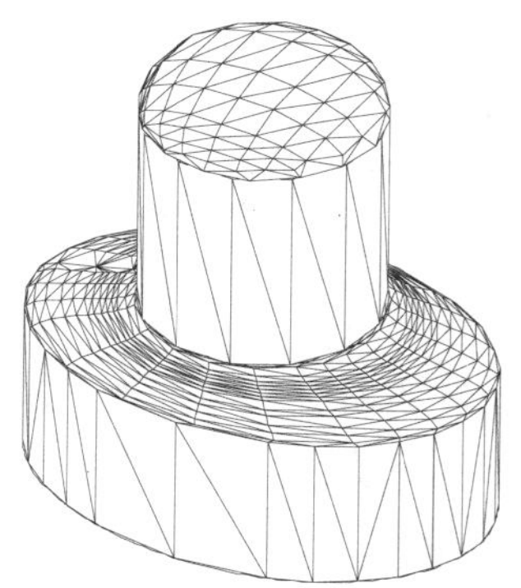
图 12-61　创建修补曲面

10 在【曲面】选项卡中，单击【编辑】面板上的【造型】按钮，选择所有创建的曲面，生成实体模型，如图 12-62 所示。

11 在【常用】选项卡中，单击【视图】面板上的【视觉样式】下拉列表框，选择【概念】视觉样式，该样式的显示效果如图 12-63 所示。

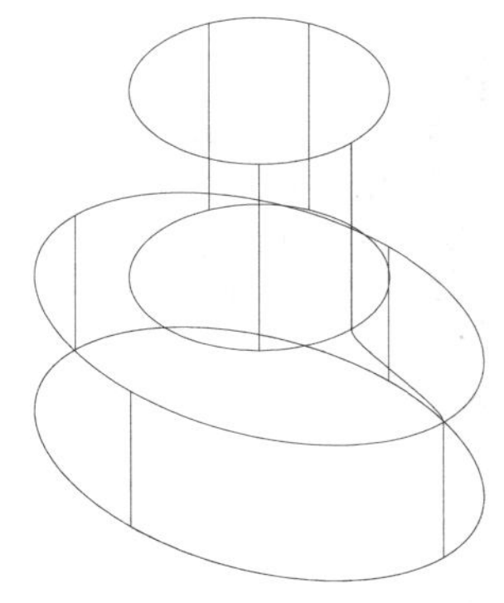

图 12-62　生成实体模型

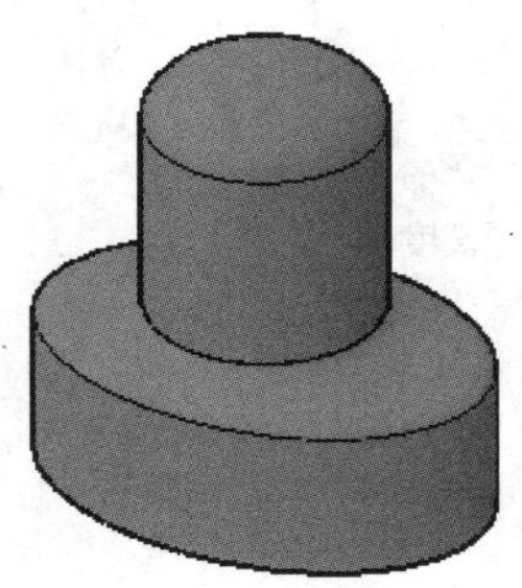

图 12-63　概念视觉样式的效果

12.5　绘制三维网格

网格是将用离散的多边形表示实体的表面，与实体模型一样，可以对网格模型进行隐藏、着色和渲染。同时网格模型还具有实体模型所没有的编辑方式，包括锐化、分割和增加平滑度等。

创建网格的方式有多种，包括使用基本网格图元创建规则网格，以及使用二维或三维轮廓线生成复杂网格。AutoCAD 2014 的网格命令集中在【网格】选项卡中。

12.5.1　绘制网格图元

AutoCAD 2014 提供了 7 种三维网格图元，例如长方体、圆锥体、球体以及圆环体等。调用【网格图元】命令有以下几种方法。

- 菜单栏：选择【绘图】|【建模】|【网格】|【图元】命令，在子菜单中选择要创建的图元类型。
- 功能区：在【网格】选项卡中，在【图元】面板上选择要创建的图元类型。
- 命令行：在命令行输入 MESH 并按 Enter 键，然后选择要创建的图元类型。

接下来对各网格图元逐一讲解。

1. 绘制网格长方体

绘制网格长方体时，其底面将与当前 UCS 的 XY 平面平行，并且其初始位置的长、宽、高分别与当前 UCS 的 X、Y、Z 轴平行。

在指定长方体的长、宽、高时，正值表示向相应的坐标值正方向延伸，负值表示向相应的坐标值的负方向延伸。最后，需要指定长方体表面绕 Z 轴的旋转角度，以确定其最终位置。

【案例 12-10】：创建网格立方体

在【网格】选项卡中，单击【网格】面板上的【网格长方体】按钮，创建一个尺寸为 100×100×100 的网格立方体，如图 12-64 所示。命令行提示如下：

```
命令: _MESH↙                                           //调用【网格】命令
当前平滑度设置为: 0
输入选项 [长方体(B)/圆锥体(C)/圆柱体(CY)/棱锥体(P)/球体(S)/楔体(W)/圆环体
(T)/设置(SE)] <长方体>: B↙                              //选择创建网格长方体
指定第一个角点或 [中心(C)]:                              //在绘图区任意位置单击确定第一角点
指定其他角点或 [立方体(C)/长度(L)]:C↙                    //选择创建立方体
指定长度 <87.0473>: 100↙                        //捕捉到 0° 极轴方向，然后输入立方体长度
```

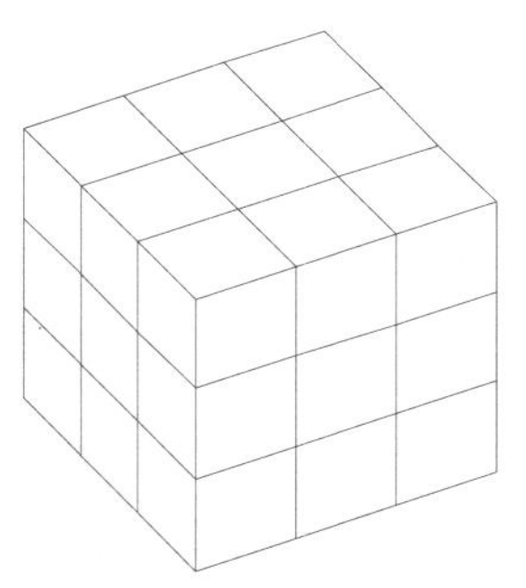

图 12-64　创建的网格立方体

2. 绘制网格圆锥体

如果选择绘制圆锥体，可以创建底面为圆形或椭圆的网格圆锥，如图 12-65 所示；如果指定顶面半径，还可以创建网格圆台，如图 12-66 所示。默认情况下，网格圆锥体的底面位于当前 UCS 的 XY 平面上，圆锥体的轴线与 Z 轴平行。使用【椭圆】选项，可以创建底面为椭圆的圆锥体；使用【顶面半径】选项，可以创建倾斜至椭圆面或平面的圆台；选择【切点、切点、半径(T)】选项可以创建底面与两个对象相切的网格圆锥或圆台，创建的新圆锥体位于尽可能接近指定的切点的位置，这取决于半径距离。

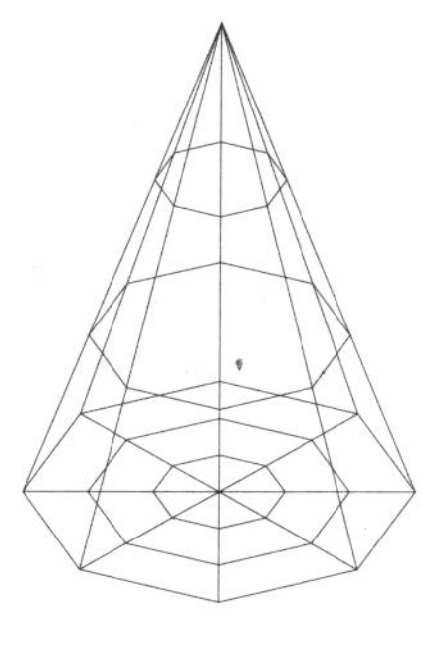

图 12-65　网格圆锥

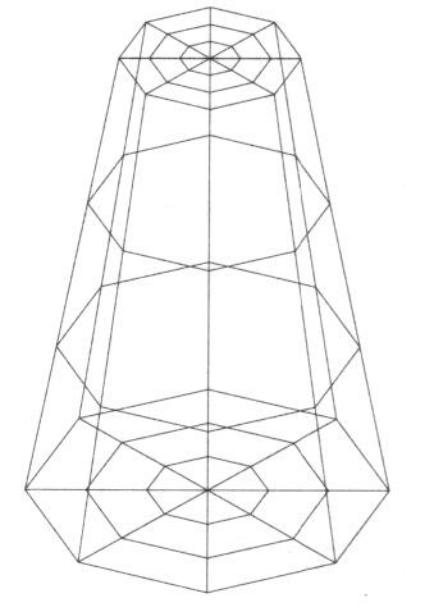

图 12-66　网格圆台

【案例 12-11】：创建网格圆锥体

在【网格】选项卡中，单击【网格】面板上的【网格圆锥体】按钮，创建一个底面

长半轴为 100、短半轴为 50、高为 100 的椭圆网格圆锥体，如图 12-67 所示。命令行操作如下：

```
命令: _MESH↙                                              //调用【网格圆锥体】命令
当前平滑度设置为: 0
输入选项 [长方体(B)/圆锥体(C)/圆柱体(CY)/棱锥体(P)/球体(S)/楔体(W)/圆环体
(T)/设置(SE)] <圆锥体>: CONE↙                             //选择创建圆锥体
指定底面的中心点或 [三点(3P)/两点(2P)/切点、切点、半径(T)/椭圆(E)]: E↙
                                                          //选择椭圆底面
指定第一个轴的端点或 [中心(C)]: C↙                         //选择中心方式定义椭圆
指定中心点: 0,0,0↙                                         //输入椭圆中心坐标
指定到第一个轴的距离 <200 >:100↙                           //指定椭圆一个轴长度
指定第二个轴的端点: 0,50,0↙                                //指定椭圆另一个轴端点
指定高度或 [两点(2P)/轴端点(A)/顶面半径(T)] <50>:100↙     //指定锥体高度，完成锥体
```

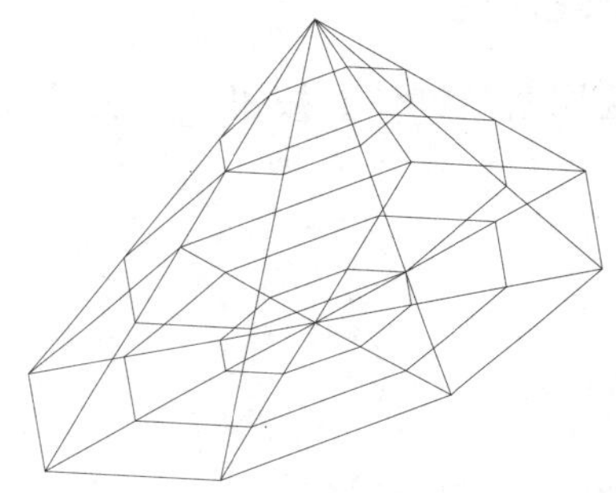

图 12-67　椭圆网格圆锥体

3. 绘制网格圆柱体

如果选择绘制圆柱体，可以创建底面为圆形或椭圆的网格圆锥或网格圆台，如图 12-68 所示。绘制网格圆柱体的过程与绘制网格圆锥体相似，即先指定底面形状，再指定高度，不再介绍。

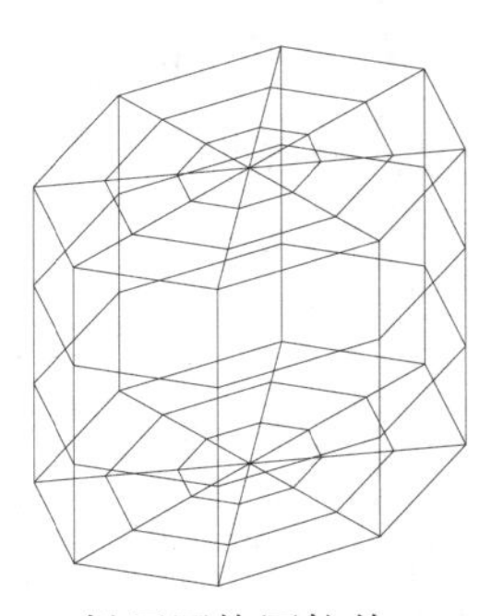

椭圆网格圆柱体

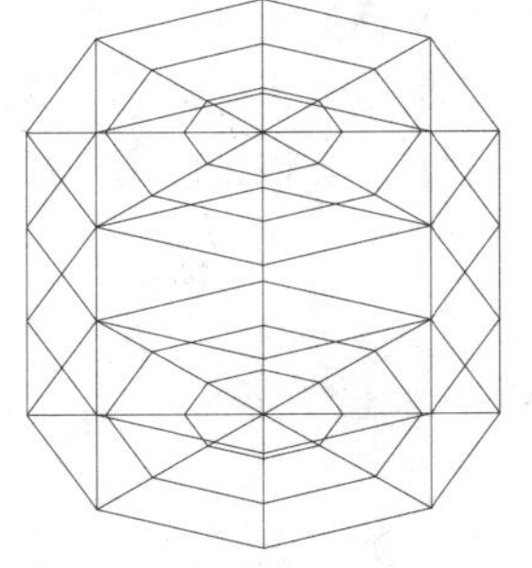

网格圆柱体

图 12-68　网格圆柱体

4. 绘制网格棱锥体

默认情况下，可以创建最多具有 32 个侧面的网格棱锥体，如图 12-69 所示。

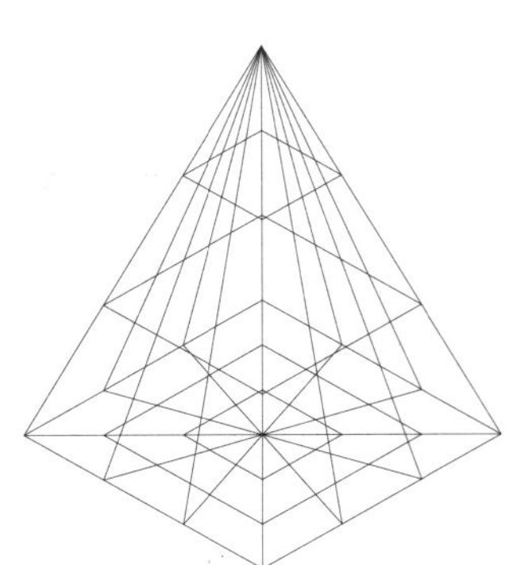
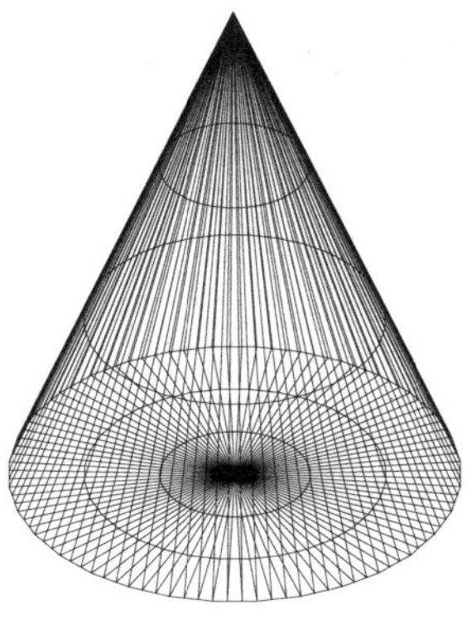

图 12-69　网格棱锥体

【案例 12-12】：创建网格棱台

单击【网格】面板上的【网格棱锥体】按钮，创建一个网格棱台，如图 12-70 所示。命令行操作如下：

```
命令： _MESH↙                                          //调用【网格棱锥体】命令
当前平滑度设置为： 0
输入选项 [长方体(B)/圆锥体(C)/圆柱体(CY)/棱锥体(P)/球体(S)/楔体(W)/圆环体
(T)/设置(SE)] <棱锥体>: _PYRAMID                       //选择创建棱锥体
 4 个侧面  外切
指定底面的中心点或 [边(E)/侧面(S)]:                     //在任意位置单击确定底面中心
指定底面半径或 [内接(I)] <100.0000>:100↙               //指定底面半径
指定高度或 [两点(2P)/轴端点(A)/顶面半径(T)] <150.0000>: T↙
                                                       //选择设置顶面半径
指定顶面半径 <0.0000>: 30↙                             //输入顶面半径
指定高度或 [两点(2P)/轴端点(A)] <150.0000>:150↙   //输入棱锥的高度，完成创建
```

5. 绘制网格楔体

网格楔体可以看作是一个网格长方体沿着对角面剖切出一半的结果，如图 12-71 所示。因此其绘制方式与网格长发体基本相同，默认情况下楔体的底面绘制为与当前 UCS 的 XY 平面平行，楔体的高度方向与 Z 轴平行。

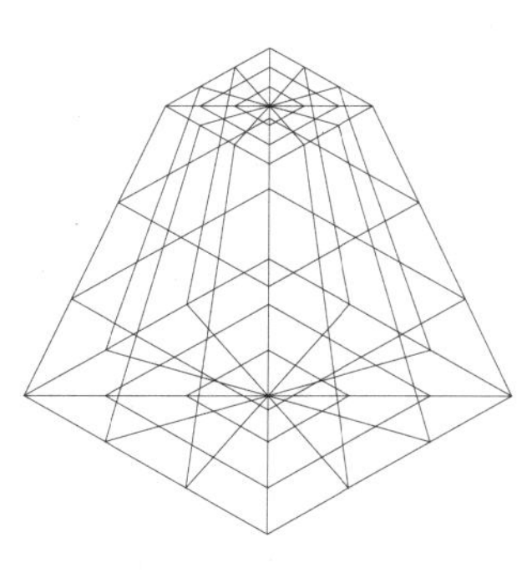

图 12-70　网格棱台

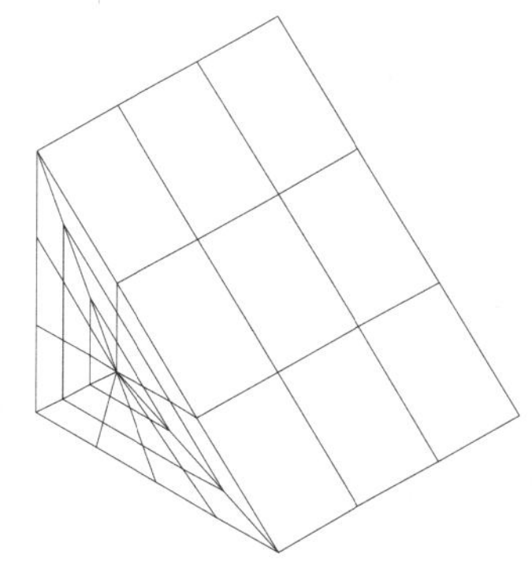

图 12-71　网格楔体

6. 绘制网格球体

网格球体是使用梯形网格面和三角形网格面拼接成的网格对象，如图 12-72 所示。如果从球心开始创建，网格球体的中心轴将与当前 UCS 的 Z 轴平行。网格球体有多种创建方式，可以过指定中心点、三点、两点或相切、相切、半径来创建网格球体。

7. 绘制网格圆环体

网格圆环体如图 12-73 所示，其具有两个半径值：一个是圆管半径，另一个是圆环半径，圆环半径是圆环体的圆心到圆管圆心之间的距离。默认情况下，圆环体将与当前 UCS 的 XY 平面平行，且被该平面平分。

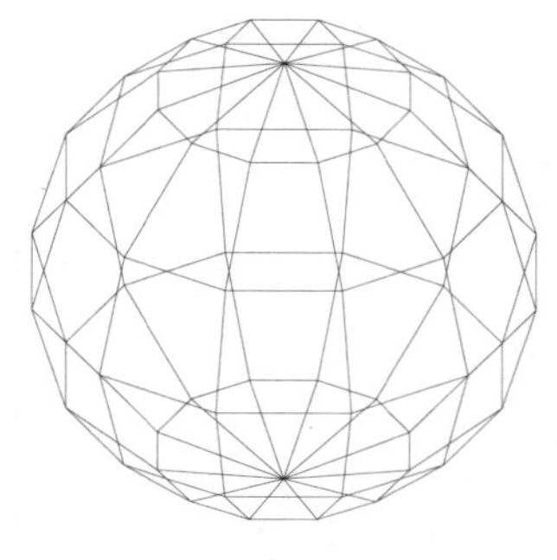

图 12-72　网格球体

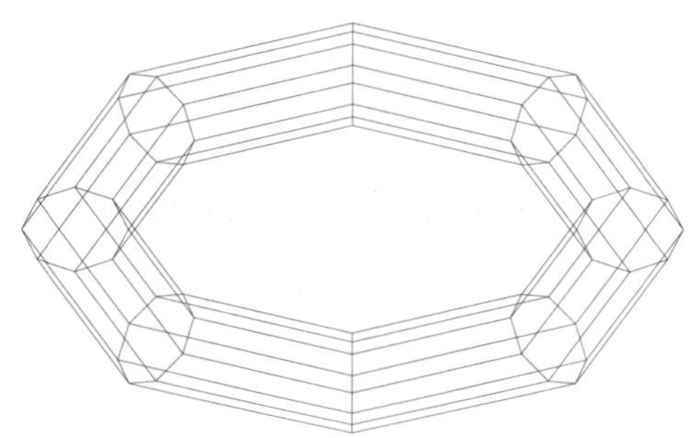

图 12-73　网格圆环体

8. 设置网格特性

用户可以在创建网格对象之前和之后设定用于控制各种网格特性的默认设置。

在【常用】选项卡中，单击【网格】面板右下角的↘按钮，弹出图 12-74 所示的【网格镶嵌选项】对话框，在此可以为创建的每种类型的网格对象设定每个网格图元的镶嵌密度(细分数)。

在【网格镶嵌选项】对话框中，单击【为图元生成网格】按钮，弹出图 12-75 所示的【网格图元选项】对话框，在此可以为转换为网格的三维实体或曲面对象设定默认特性。

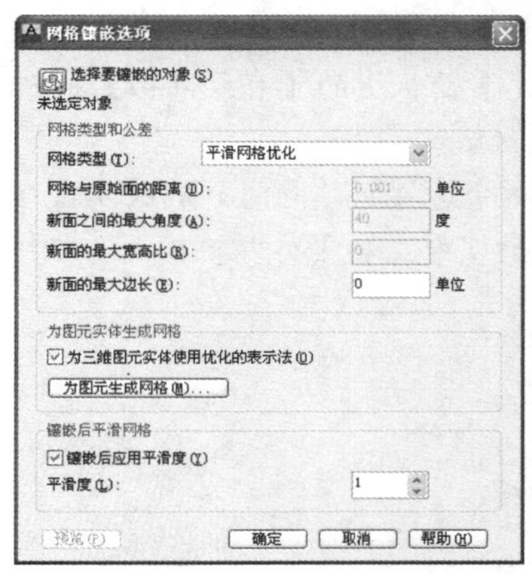

图 12-74　【网格镶嵌选项】对话框

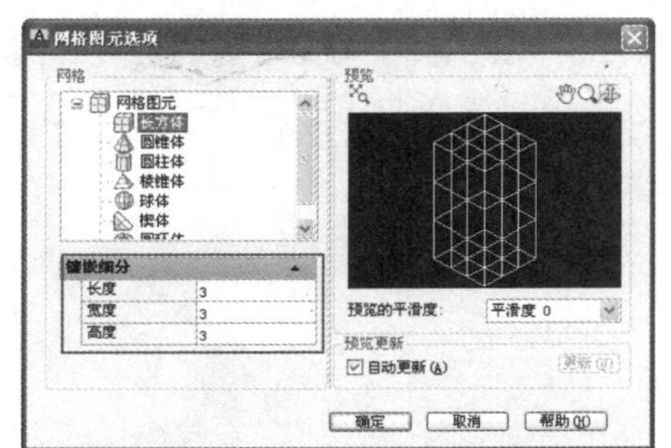

图 12-75　【网格图元选项】对话框

在创建网格对象及其子对象之后，如果要修改其特性。可以在要修改的对象上双击，打开【特性】选项板，如图 12-76 所示。对于选定的网格对象，可以修改其平滑度；对于面和边，可以应用或删除锐化，也可以修改锐化保留级别。

图 12-76 【特性】选项板

默认情况下，创建的网格图元对象平滑度为 0，可以使用【网格】命令的【设置】选项更改此设置。命令行操作如下：

```
命令: MESH ↙
当前平滑度设置为: 0
输入选项 [长方体(B)/圆锥体(C)/圆柱体(CY)/棱锥体(P)/球体(S)/楔体(W)/圆环体(T)/设置(SE)]:  SE ↙
    指定平滑度或[镶嵌(T)] <0>:                    //输入 0~4 之间的平滑度
    输入选项 [长方体(B)/圆锥体(C)/圆柱体(CY)/棱锥体(P)/球体(S)/楔体(W)/圆环体(T)/设置(SE)]:
    …
```

12.5.2 绘制直纹网格

直纹网格是以空间两条曲线为边界，创建直线连接的网格。直纹网格的边界可以是直线、圆、圆弧、椭圆、椭圆弧、二维多段线、三维多段线和样条曲线。

调用【直纹网格】命令有以下几种方法。

- 菜单栏：选择【绘图】|【建模】|【网格】|【直纹网格】命令。
- 功能区：在【网格】选项卡中，单击【图元】面板上的【直纹网格】按钮。
- 命令行：在命令行输入 RULESURF 并按 Enter 键。

除了使用点作为直纹网格的边界，直纹网格的两个边界必须同时开放或闭合。且在调用命令时，因选择曲线的点不一样，绘制的直线会出现交叉和平行两种情况，如图 12-77 所示。

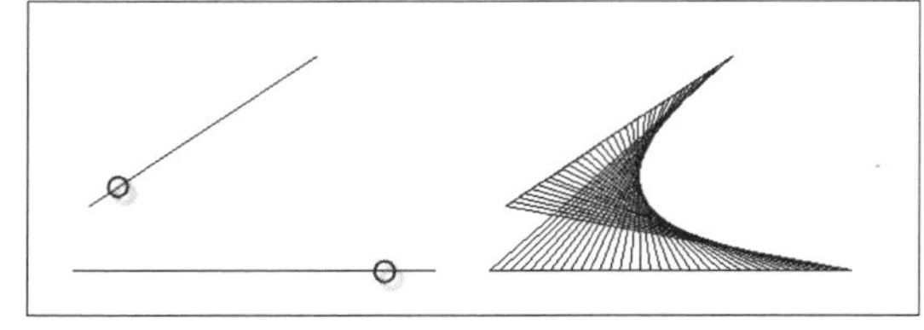

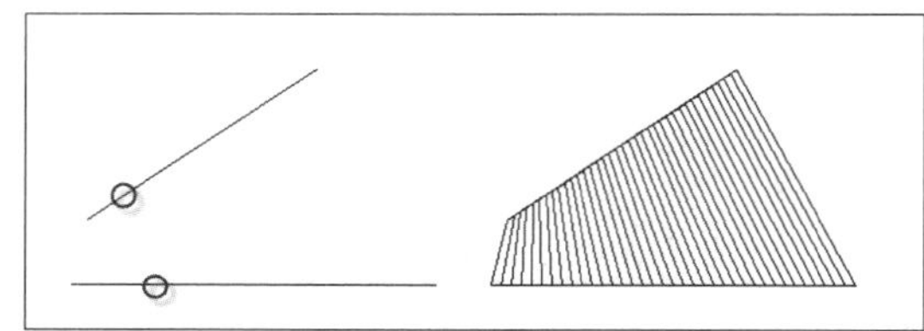

图 12-77 拾取点位置对网格的影响

12.5.3 绘制平移网格

使用【平移网格】命令可以将平面轮廓沿指定方向进行平移，从而绘制出平移网格。平移的轮廓可以是直线、圆、圆弧、椭圆、椭圆弧、二维多段线、三维多段线和样条曲线等。

调用【平移网格】命令有以下几种方法。

- 菜单栏：选择【绘图】|【建模】|【网格】|【平移网格】命令。
- 功能区：在【网格】选项卡中，单击【图元】面板上的【平移网格】按钮。
- 命令行：在命令行输入 TABSURF 并按 Enter 键。

【案例 12-13】：创建平移网格模型

01 打开“第 12 章\ 案例 12-13 创建平移网格模型.dwg”素材文件，如图 12-78 所示。

02 通过调整 surftab1 和 surftab2 系统变量，调整网格密度。命令行操作如下：

```
命令: surftab1↙                          //修改 surftab1 系统变量
输入 SURFTAB1 的新值 <6>: 36↙             //输入新值
命令: surftab2↙                          //修改 surftab2 系统变量
输入 SURFTAB2 的新值 <6>: 36↙             //输入新值
```

03 在【网格】选项卡中，单击【图元】面板上的【平移网格】按钮，绘制图 12-79 所示的图形。命令行操作如下：

```
命令: _tabsurf↙                          //调用【平移网格】命令
当前线框密度: SURFTAB1=36
选择用作轮廓曲线的对象:                   //选择 T 形轮廓作为平移的对象
选择用作方向矢量的对象:                   //选择竖直直线作为方向矢量
```

注意

被平移对象只能是单一轮廓，不能平移创建的面域。

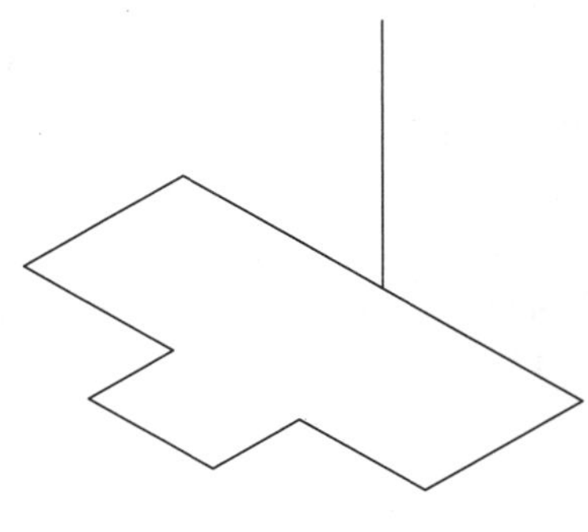

图 12-78　素材文件

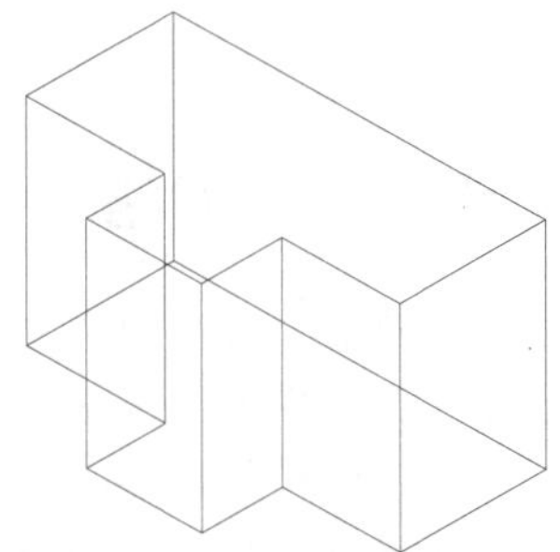

图 12-79　创建的平移网格

12.5.4 绘制旋转网格

使用【旋转网格】命令可以将曲线或轮廓绕指定的旋转轴旋转一定的角度，从而创建旋转网格。旋转轴可以是直线，也可以是开放的二维或三维多段线。

调用【旋转网格】命令有以下几种方法。

- 菜单栏：选择【绘图】|【建模】|【网格】|【旋转网格】命令。
- 功能区：在【网格】选项卡中，单击【图元】面板上的【旋转网格】按钮。
- 命令行：在命令行输入 REVSURF 并按 Enter 键。

【案例 12-14】：创建旋转网格模型

01 打开“第 12 章\案例 12-14 创建旋转网格模型.dwg”素材文件，如图 12-80 所示。

02 在【网格】选项卡中，单击【图元】面板上的【旋转网格】按钮，绘制图 12-81 所示的图形。命令行操作如下：

```
命令: _revsurf↙                                        //调用【旋转网格】命令
当前线框密度: SURFTAB1=36  SURFTAB2=36
选择要旋转的对象:                                      //选择封闭轮廓线
选择定义旋转轴的对象:                                  //选择直线
指定起点角度 <0>:↙                                     //使用默认起点角度
指定包含角 (+=逆时针，-=顺时针) <360>:180↙             //输入旋转角度，完成网格创建
```

03 选择【视图】|【消隐】命令，隐藏不可见线条，效果如图 12-82 所示。

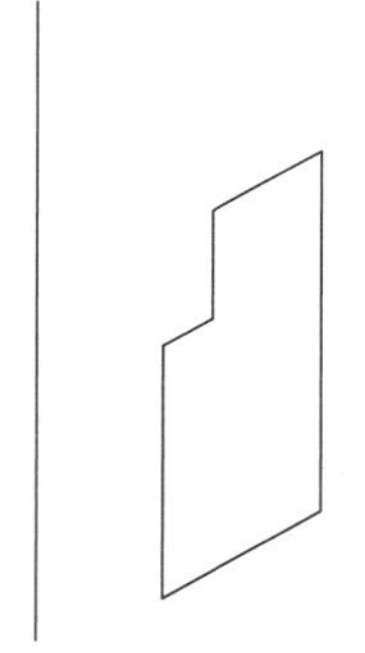

图 12-80　素材文件

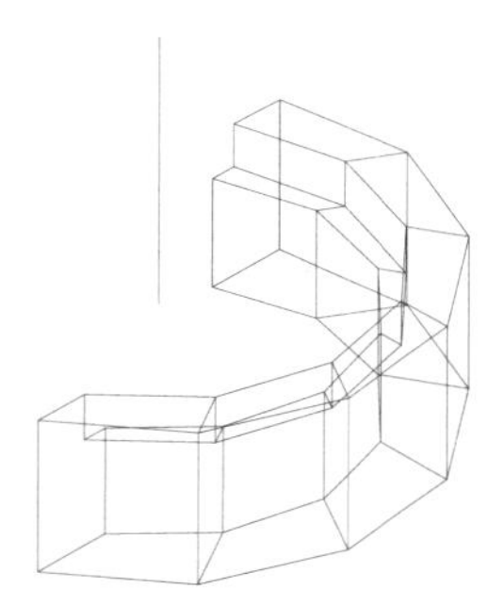

图 12-81　创建的旋转网格

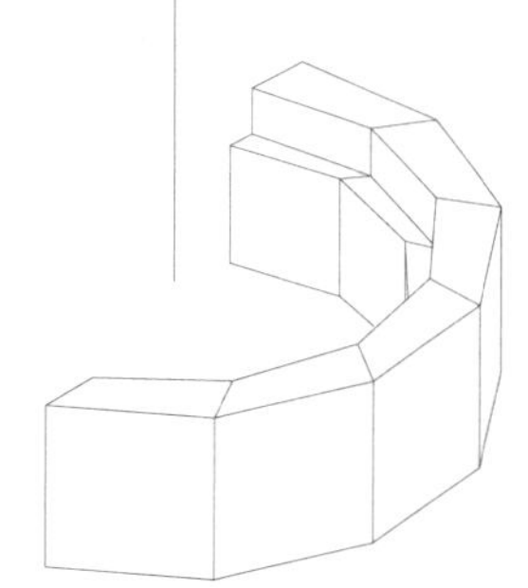

图 12-82　消隐的显示效果

12.5.5 绘制边界网格

使用【边界网格】命令可以由 4 条首尾相连的边创建一个三维多边形网格。创建边界曲面时，需要依次选择 4 条边界。边界可以是圆弧、直线、多段线、样条曲线和椭圆弧，并且必须形成闭合环和共享端点。边界网格的效果如图 12-83 所示。

调用【边界网格】命令有以下几种方法。

- 菜单栏：选择【绘图】|【建模】|【网格】|【边界网格】命令。
- 功能区：在【网格】选项卡中，单击【图元】面板上的【边界网格】按钮。
- 命令行：在命令行输入 EDGESURF 并按 Enter 键。

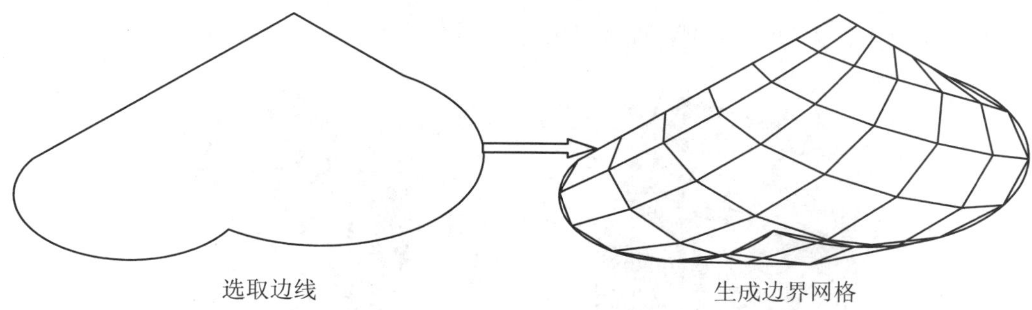

图 12-83　绘制边界网格

12.5.6　编辑网格模型

使用三维网格编辑工具可以优化三维网格，调整网格平滑度、编辑网格面和进行实体与网格之间的转换。

1. 提高/降低网格平滑度

网格对象由多个细分或镶嵌网格面组成，用于定义可编辑的面，每个面均包括底层镶嵌面，如果平滑度增加，镶嵌面数也会增加，从而生成更加平滑、圆度更大的效果。

调用【提高网格平滑度】或【降低网格平滑度】命令有以下几种方法。

- 菜单栏：选择【修改】|【网格编辑】|【提高网格平滑度】或【降低网格平滑度】命令。
- 命令行：在命令行输入 MESHSMOOTHMORE/ MESHSMOOTHLESS 并按 Enter 键。
- 功能区：在【网格】选项卡中，单击【网格】面板上的【提高网格平滑度】或【降低网格平滑度】按钮。

图 12-84 所示为调整网格平滑度的效果。

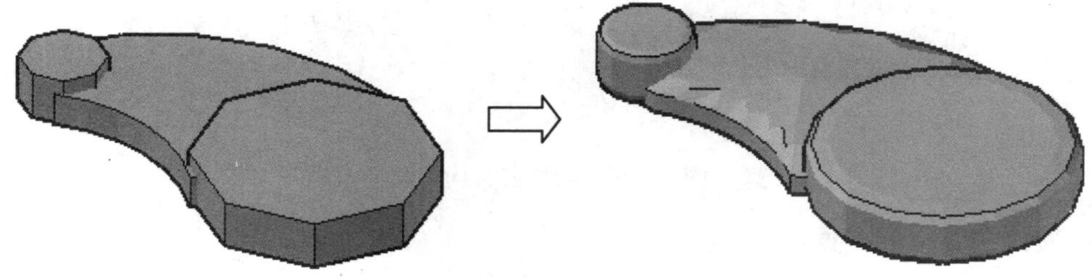

图 12-84　调整网格平滑度

2. 拉伸面

通过拉伸网格面，可以将网格对象沿面的法线(或选定的其他方向)进行拉长。

调用【拉伸网格面】命令有以下几种方法。

- 菜单栏：选择【修改】|【网格编辑】|【拉伸面】命令。
- 功能区：在【网格】选项卡中，单击【网格编辑】面板上的【拉伸面】按钮。
- 命令行：在命令行输入 MESHEXTRUDE 并按 Enter 键。

图 12-85 所示为拉伸三维网格面的效果。

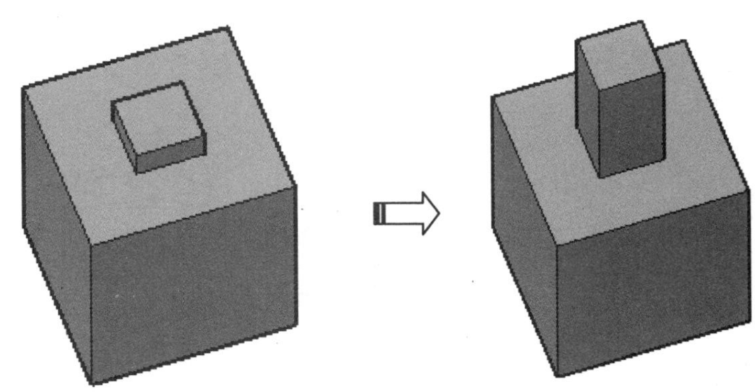

图 12-85　拉伸三维网格面

3. 合并面

使用【合并面】命令可以合并多个网格面生成单个面，被合并的面可以在同一平面上，也可以在不同平面上，但需要相连。

调用【合并面】命令有以下几种方法。

- 菜单栏：选择【修改】|【网格编辑】|【合并面】命令。
- 功能区：在【网格】选项卡中，单击【网格编辑】面板上的【合并面】按钮。
- 命令行：在命令行输入 MESHMERGE 并按 Enter 键。

图 12-86 所示为合并三维网格面的效果。

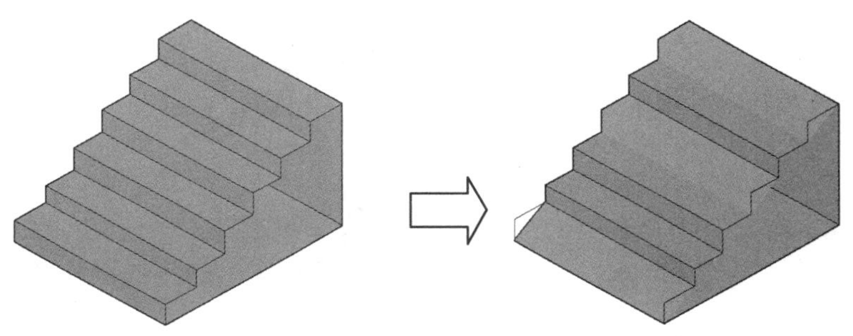

图 12-86　合并三维网格面

4. 转换为实体和曲面

网格建模与实体建模可以实现的操作并不完全相同。如果需要通过交集、差集或并集操作来编辑网格对象，则可以将网格转换为三维实体或曲面对象。同样，如果需要将锐化或平滑应用于三维实体或曲面对象，则可以将这些对象转换为网格。

将网格对象转换为实体或曲面有以下几种方法。

- 菜单栏：选择【修改】|【网格编辑】命令，其子菜单如图 12-87 所示，选择一种转换的类型。
- 功能区：在【网格】选项卡中，在【转换网格】面板上先选择一种转换类型，如图 12-88 所示。然后单击【转换为实体】或【转换为曲面】按钮。

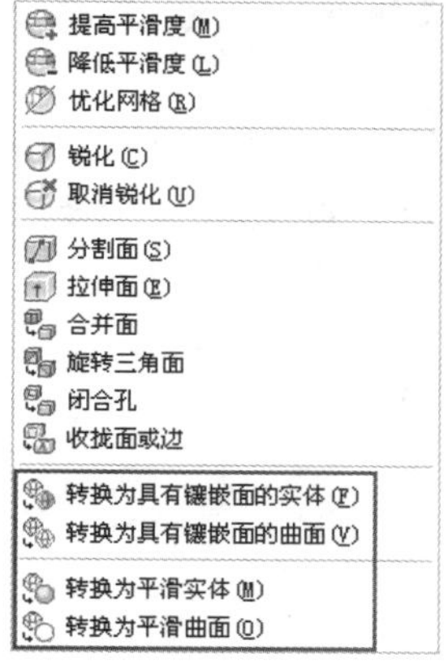

图 12-87 转换网格的菜单选项

转换为实体
转换为曲面
平滑，优化
转换网格
平滑，优化
创建合并了多个面的平滑模型。
平滑，未优化
创建与原始网格对象具有相同面数的平滑模型。
镶嵌面，优化
创建合并了多个平整面的有棱角模型。
镶嵌面，未优化
创建与原始网格对象具有相同面数的有棱角模型。

图 12-88 功能区面板上的转换网格按钮

如图 12-89 所示的三维网格，转换为各种类型实体的效果如图 12-90～图 12-93 所示。将三维网格转换为曲面的外观效果与转换为实体完全相同，将指针移动到模型上停留一段时间，可以查看对象的类型，如图 12-94 所示。

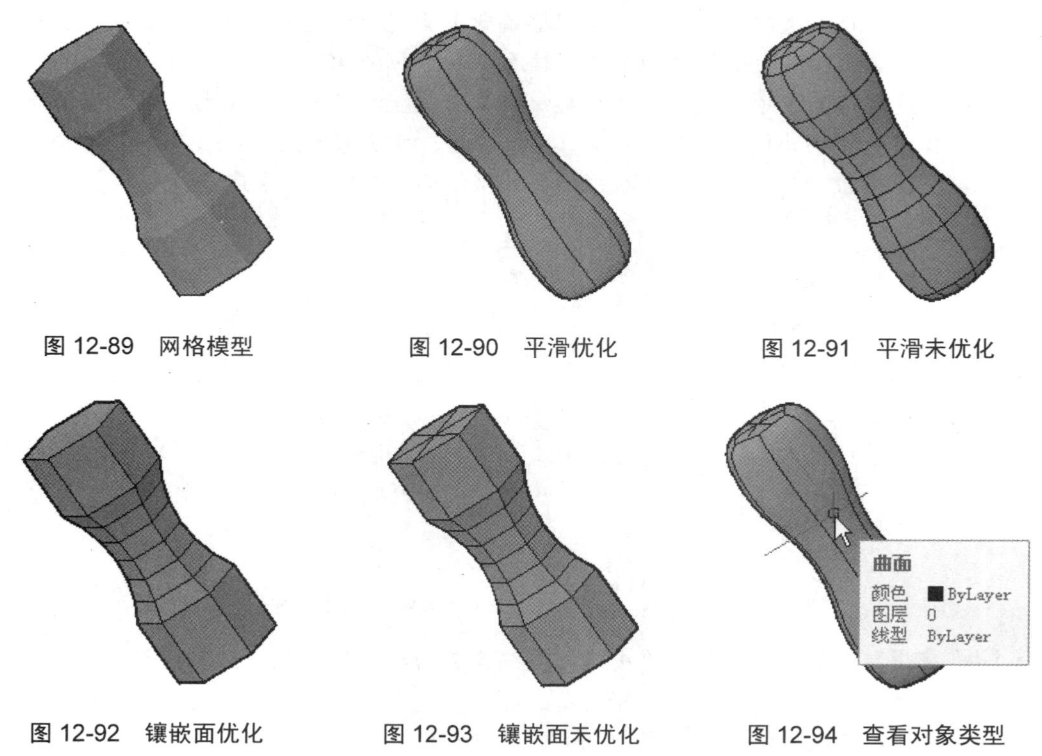

图 12-89 网格模型　图 12-90 平滑优化　图 12-91 平滑未优化

图 12-92 镶嵌面优化　图 12-93 镶嵌面未优化　图 12-94 查看对象类型

12.5.7 实例——绘制沙发网格模型

01 单击快速访问工具栏中的【新建】按钮，新建空白文件。

02 在【网格】选项卡中，单击【图元】选项卡右下角的箭头，在弹出的【网格图元选项】对话框中，选择【长方体】图元选项，设置长度细分为 5、宽度细分为 3、高度细分为 2，如图 12-95 所示。

03 将视图调整到西南等轴测方向，在【网格】选项卡中，单击【图元】面板上的【网格长方体】按钮，在绘图区绘制长宽高分别为 200、100、30 的长方体网格，如图 12-96 所示。

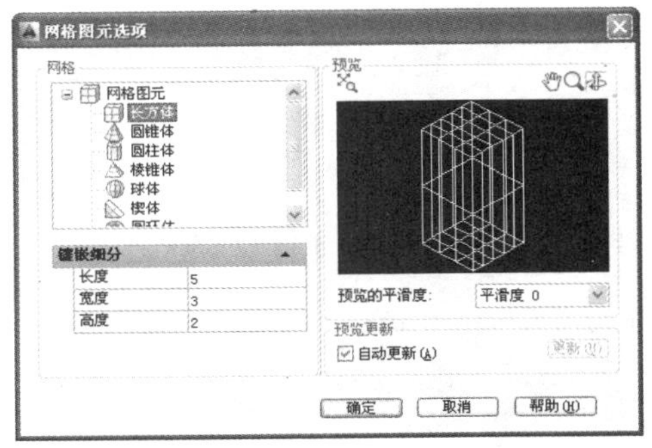

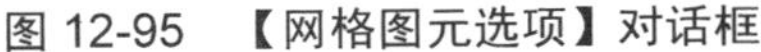
图 12-95 【网格图元选项】对话框

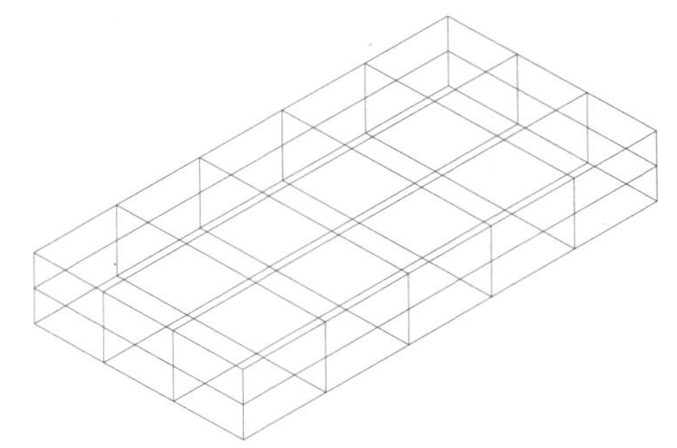
图 12-96 创建的网格长方体

04 在【网格】选项卡中，单击【网格编辑】面板上的【拉伸面】按钮，选择网格长方体上表面 3 条边界处的 9 个网格面，向上拉伸 30，如图 12-97 所示。

05 在【网格】选项卡，单击【网格编辑】面板上的【合并面】按钮，在绘图区中选择沙发扶手外侧的两个网格面，将其合并；重复使用该命令，合并扶手内侧的两个网格面，以及另外一个扶手的内外网格面，如图 12-98 所示。

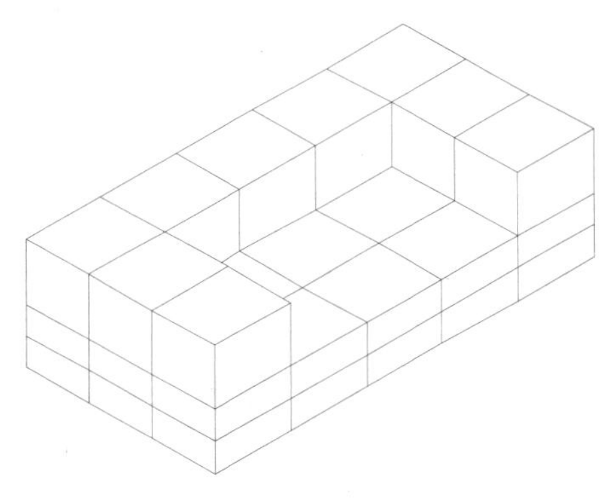
图 12-97 拉伸面

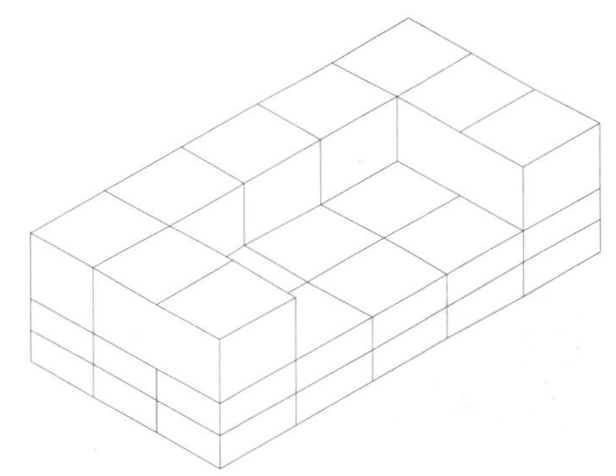
图 12-98 合并面的结果

06 在【网格】选项卡中，单击【网格编辑】面板上的【分割面】按钮，选择以上合并后的网格面，绘制连接矩形角点和竖直边中点的分割线，并使用同样的方法分割其他 3 组网格面，如图 12-99 所示。

07 再次调用【分割面】命令，在绘图区中选择扶手前端面，绘制平行底边的分割线，结果如图 12-100 所示。

08 在【网格】选项卡中，单击【网格编辑】面板上的【合并面】按钮，选择沙发扶手上面的两个网格面、侧面的两个三角网格面和前端面，将它们合并。按照同样的方法合并另一个扶手上对应的网格面，结果如图 12-101 所示。

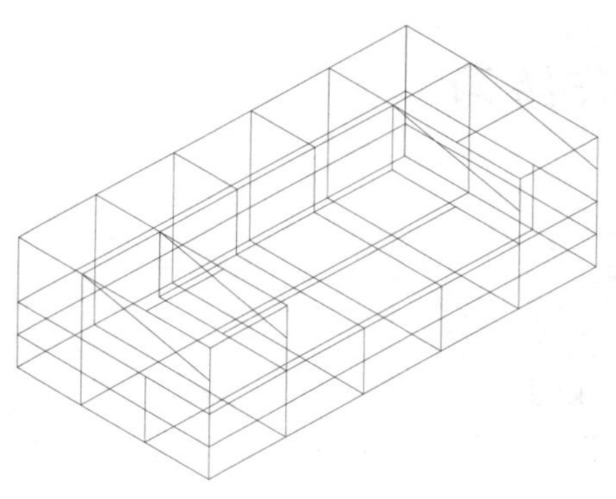

图 12-99 分割面

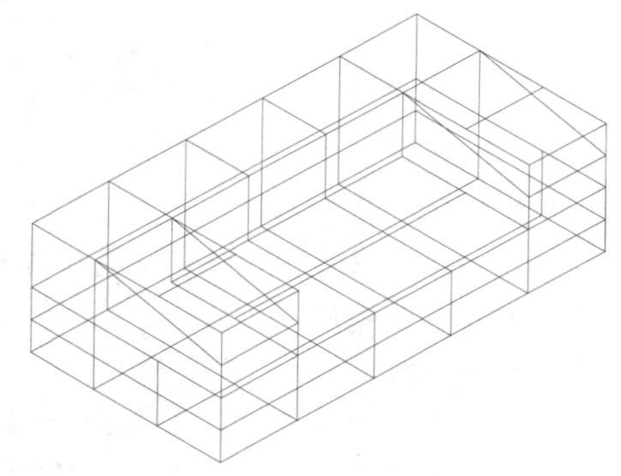

图 12-100 分割前端面

09 在【网格】选项卡中，单击【网格编辑】面板上的【拉伸面】按钮，选择沙发顶面的 5 个网格面，设置倾斜角为 30°，向上拉伸距离为 15，结果如图 12-102 所示。

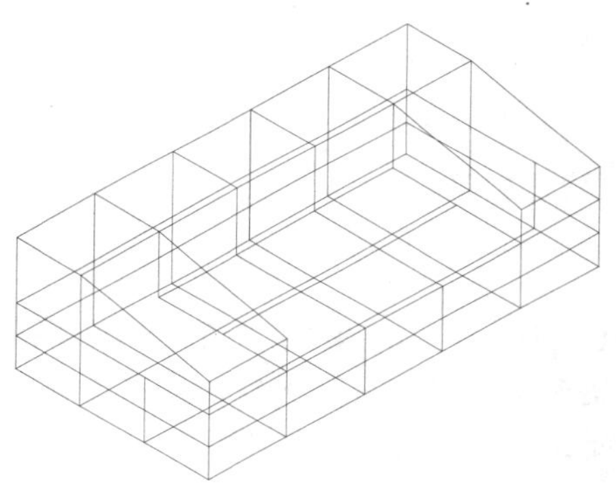

图 12-101 合并面的结果

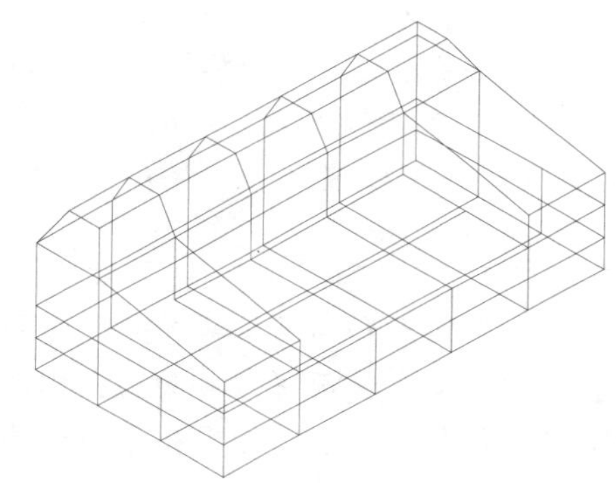

图 12-102 拉伸顶面的结果

10 在【网格】选项卡中，单击【网格】面板上的【提高平滑度】按钮，选择沙发的所有网格，提高平滑度 2 次，结果如图 12-103 所示。

11 在【视图】选项卡中，单击【视觉样式】面板上的【视觉样式】下拉列表，选择【概念】视觉样式，显示效果如图 12-104 所示。

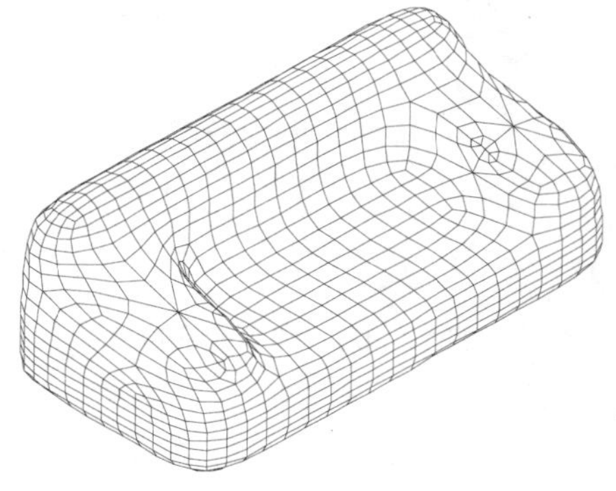

图 12-103 提高平滑度

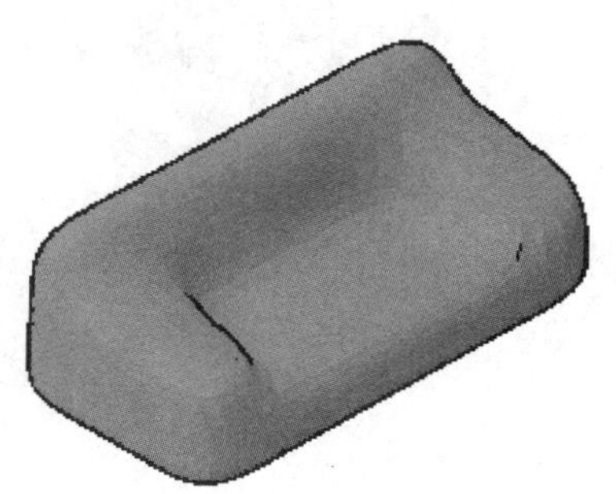

图 12-104 概念视觉样式效果

12.6 思考与练习

一、选择题

1. 以下(　　)模型类型不能选择其表面。
   A. 线框模型　　　　B. 实体模型
   C. 曲面模型　　　　D. 以上类型都可以选择表面
2. 创建用户坐标系时，如果新坐标系方向不变，那么最简单的方法是(　　)。
   A. 单击【坐标】面板上的【Z 轴矢量】按钮
   B. 单击【坐标】面板上的【三点】按钮
   C. 单击【坐标】面板上的【原点】按钮
   D. 使用命令行输入 UCS，然后选择【对象】选项
3. 如果要保存 UCS，在命令行中要选择(　　)选项。
   A. 命名　　B. 上一个　　C. 世界　　D. 对象
4. 以下能够增加网格密度的操作是(　　)。
   A. 增加锐化　　　　B. 提高平滑度
   C. 设置镶嵌细分　　D. 优化网格

二、操作题

1. 利用曲面和曲面编辑功能创建如图 12-105 所示的水杯模型。(提示：使用【旋转曲面】创建杯体，使用【修补曲面】创建杯底，使用【扫描曲面】创建把手并使用【延伸曲面】延伸到杯体，然后修剪把手与杯体的连接处，最后使用【放样曲面】创建杯口，然后进行修剪。)

2. 利用网格绘制如图 12-106 所示的斜齿轮模型。(提示：先绘制齿轮的截面轮廓，然后使用【复制】命令将轮廓沿竖直方向复制，将复制出的轮廓旋转一定角度，然后在上下轮廓之间创建直纹网格。)

图 12-105　水杯曲面

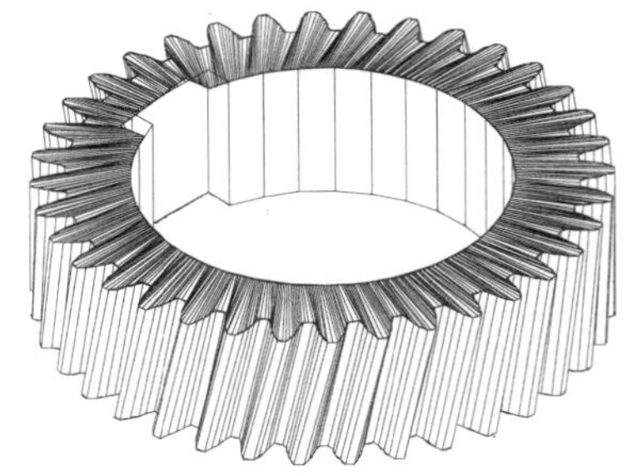

图 12-106　斜齿轮网格

第 13 章

绘制三维实体

本章导读

实体模型是具有更完整信息的模型，不再像曲面模型那样只是一个“空壳”，而是具有厚度和体积的对象。与创建网格对象类似，在AutoCAD 中可以创建基本的实体模型，还可以通过二维对象的旋转、拉伸、扫掠和放样等创建非常规的模型。如果要创建复杂的三维模型，还需要一些布尔操作创建实体的组合体，并利用对象编辑命令修改模型的细节特征。

学习目标

- 掌握基本三维实体的绘制方法，掌握拉伸、旋转、放样等由二维对象创建三维实体的操作方法。
- 掌握三维实体的旋转、移动、对齐等操作方法，掌握三维对象的镜像、阵列等快速复制方法，并理解与二维镜像阵列的操作差别。
- 掌握并集、差集、交集 3 种布尔运算的方法，能够运用布尔运算创建复杂组合模型。
- 掌握实体边线、面的编辑方法，能够运用这些编辑命令修改模型。
- 掌握为实体添加材质、贴图和光源的方法，了解渲染的设置和操作流程。

13.1 绘制基本实体

基本实体对象类似于前一章的网格图元，是一些规则的图形对象。AutoCAD 中创建各基本实体使用不同的命令，而不是像创建网格对象那样在同一个命令的选项中选择子类型。

13.1.1 绘制多段体

多段体常用于创建三维墙体。调用【多段体】命令有以下几种方法。

- 菜单栏：选择【绘图】|【建模】|【多段体】命令。
- 功能区：在【常用】选项卡中，单击【建模】面板上的【多段体】按钮。或在【实体】选项卡中，单击【图元】面板上的【多段体】按钮。
- 命令行：在命令行输入 POLYSOLID 并按 Enter 键。

【案例 13-1】：创建多段体

01 单击 ViewCube 上的西南等轴测角点，将视图切换到西南等轴测方向。

02 在命令行输入 PL 并按 Enter 键，绘制一条二维多段线，如图 13-1 所示。

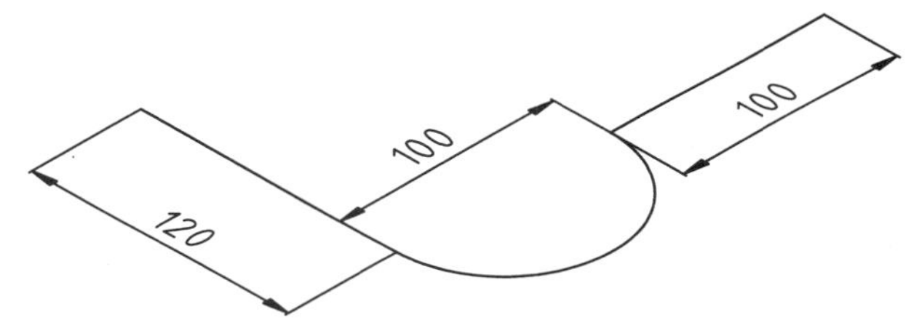

图 13-1　二维多段线

03 在【常用】选项卡中，单击【建模】面板上的【多段体】按钮，以多段线为对象创建多段体。命令行操作如下：

```
命令：_Polysolid↙
高度 = 80.0000，宽度 = 5.0000，对正 = 居中                    //调用【多段体】命令
指定起点或 [对象(O)/高度(H)/宽度(W)/对正(J)] <对象>: H↙
指定高度 <80.0000>: 30↙                                      //输入多段体高度
高度 = 30.0000，宽度 = 5.0000，对正 = 居中
指定起点或 [对象(O)/高度(H)/宽度(W)/对正(J)] <对象>: W↙
指定宽度 <5.0000>: 10                                        //输入多段体宽度
高度 = 50.0000，宽度 = 10.0000，对正 = 居中
指定起点或 [对象(O)/高度(H)/宽度(W)/对正(J)] <对象>: J↙
输入对正方式 [左对正(L)/居中(C)/右对正(R)] <居中>: C↙        //选择【居中】对正方式
高度 = 50.0000，宽度 = 10.0000，对正 = 居中
指定起点或 [对象(O)/高度(H)/宽度(W)/对正(J)] <对象>:O↙
选择对象：                                          //选择绘制的多段线，完成多段体
```

04 选择【视图】|【消隐】命令，显示结果如图 13-2 所示。

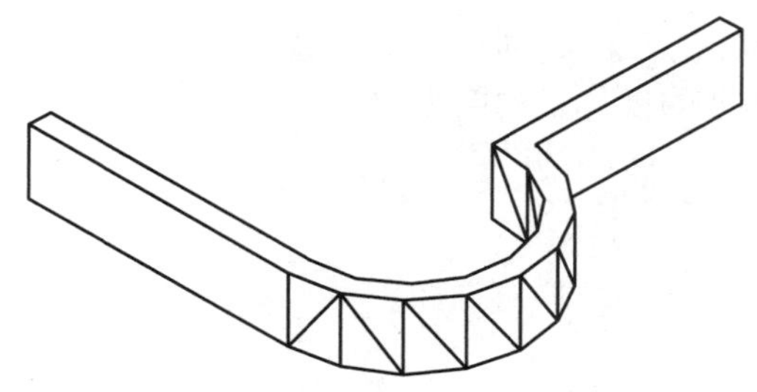

图 13-2　创建的多段体

13.1.2　绘制长方体

【长方体】命令用于创建具有规则形状的方形实体，包括长方体和正方体，实际应用如零件的底座、支撑板、家具以及建筑墙体等。

调用【长方体】命令有以下几种方法。

- 菜单栏：选择【绘图】|【建模】|【长方体】命令。
- 功能区：在【常用】选项卡中，单击【建模】面板上的【长方体】按钮。
- 命令行：在命令行输入 BOX 并按 Enter 键。

【案例 13-2】：绘制长方体

在【常用】选项卡中，单击【建模】面板上的【长方体】按钮，绘制一个尺寸为 50×40×100 的长方体，结果如图 13-3 所示。命令行操作如下：

```
命令: _box↙                                    //调用【长方体】命令
指定第一个角点或 [中心(C)]:                     //在任意位置单击定第一个角点
指定其他角点或 [立方体(C)/长度(L)]: L↙          //选择【长度】选项
指定长度: 50↙                                  //捕捉到 0° 极轴方向，然后输入长度
指定宽度: 40↙                                  //指定长方体的宽度
指定高度或 [两点(2P)] <15.0000>: 100↙          //指定长方体高度
```

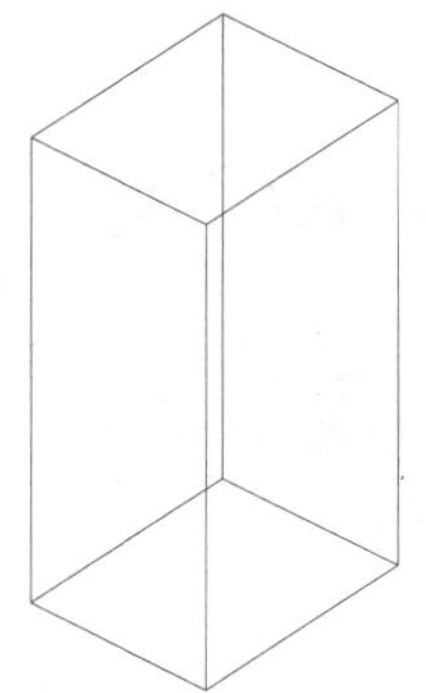

图 13-3　创建的长方体

13.1.3　绘制楔形体

楔体是长方体沿对角线剖切后保留一半的效果，其底面和高度与长方体完全相同。因

此创建楔体和创建长方体的方法是相同的，只要确定底面的长、宽和高，以及底面围绕 Z 轴的旋转角度即可创建需要的楔体，如图 13-4 所示。

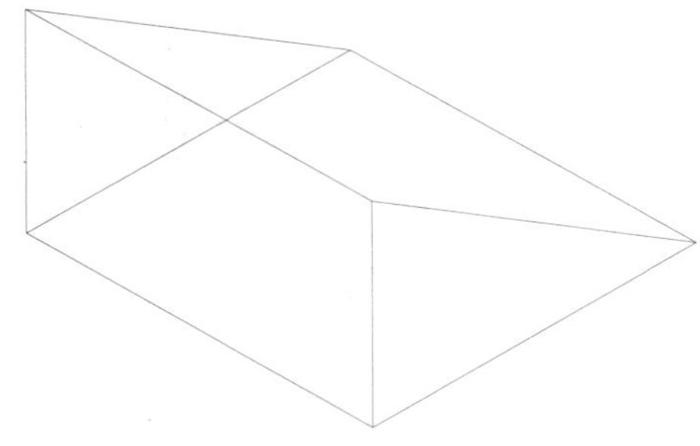

图 13-4　楔体

使用【楔体】命令可以绘制楔体，调用该命令有以下几种方法。

- 菜单栏：选择【绘图】|【建模】|【楔体】命令。
- 功能区：在【实体】选项卡中，单击【图元】面板上的【楔体】按钮。
- 命令行：在命令行输入 WEDGE 并按 Enter 键。

调用该命令后，命令行操作如下：

```
命令: _wedge↙                              //调用【楔体】命令
指定第一个角点或 [中心(C)]:                 //指定楔体底面第一个角点
指定其他角点或 [立方体(C)/长度(L)]:         //指定楔体底面另一个角点
指定高度或 [两点(2P)]:                      //指定楔体高度并完成绘制
```

13.1.4 绘制球体

球体是三维空间中，到一个点(即球心)距离小于或等于某定值的所有点集合，它广泛应用于机械、建筑等制图中，如创建档位控制杆，建筑物的球形屋顶等。其定义方式是指定的球心、半径或直径，绘制的球体的纬线与当前的 UCS 的 XY 平面平行，其轴向与 Z 轴平行。

调用【球体】命令有以下几种方法。

- 菜单栏：选择【绘图】|【建模】|【球体】命令。
- 功能区：在【实体】选项卡中，单击【图元】面板上的【球体】按钮。
- 命令行：在命令行输入 SPHERE/SPH 并按 Enter 键。

默认情况下，绘制出的实体可能因线框密度太小而使球体显示效果不明显，如图 13-5 所示。可通过调节系统变量 ISOLINES 值控制当前密度，值越大经纬线密度越大，图 13-6 所示为 ISOLINES 值为 20 时的效果。

技巧

系统默认【ISOLINES】值为 4，更改变量后绘制球体的速度会降低。可以通过选择【视图】|【消隐】命令来观察球体。图 13-7 所示为 ISOLINES 值为 4 时的消隐效果。

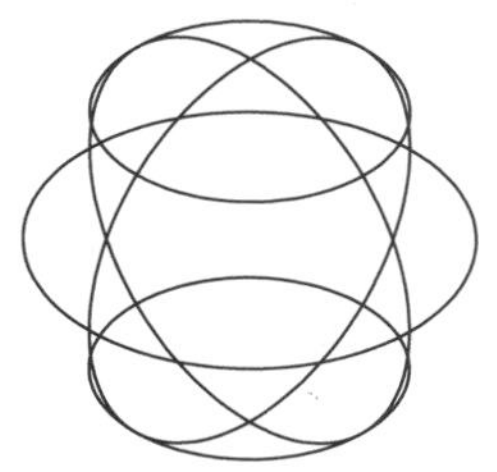
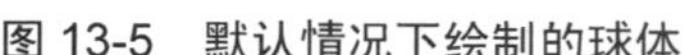

图 13-5　默认情况下绘制的球体

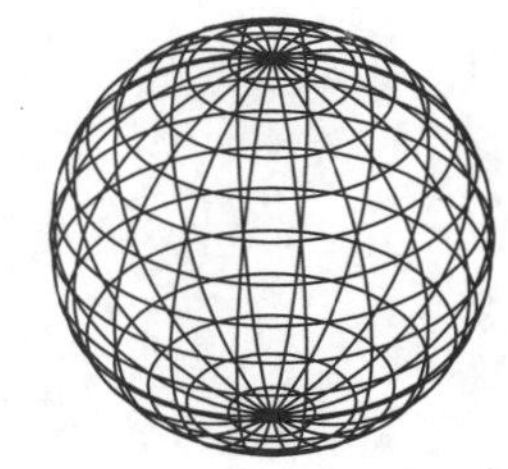

图 13-6　更改变量后绘制的球体

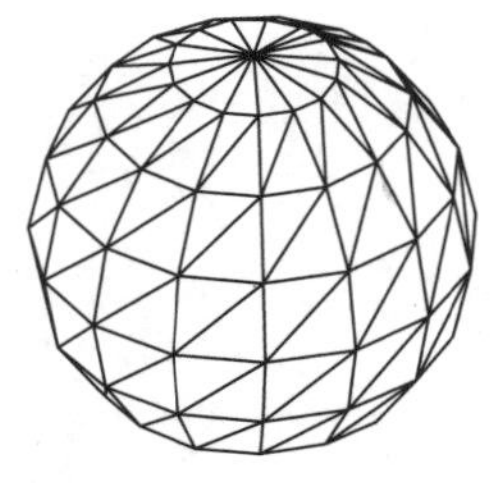

图 13-7　球体消隐效果

13.1.5　绘制圆柱体

在 AutoCAD 中创建的圆柱体是以面或椭圆为截面形状，沿该截面法线方向拉伸所形成的实体。圆柱体在绘图时经常会用到，例如各类轴类零件、建筑图形中的各类立柱等特征。绘制圆柱体需要输入的参数有底面圆的圆心和半径以及圆柱体的高度。

调用【圆柱体】命令可以绘制圆柱体、椭圆柱体，所生成的圆柱体、椭圆柱体的底面平行于 XY 平面，轴线与 Z 轴平行。

调用该命令有以下几种方法。

- 菜单栏：选择【绘图】|【建模】|【圆柱体】命令。
- 功能区：在【默认】选项卡中，单击【建模】面板上的【圆柱体】按钮。或在【实体】选项卡中，单击【图元】面板上的【圆柱体】按钮。
- 命令行：在命令行输入 CYLINDER/CYL 并按 Enter 键。

【案例 13-3】：绘制组合体

01 选择【视图】|【三维视图】|【西南等轴测】命令，将视图切换到西南等轴测方向。

02 在【常用】选项卡中，单击【建模】面板上的【长方体】按钮，绘制一个尺寸为 50×50×20 的长方体，结果如图 13-8 所示。命令行操作如下：

```
命令: _box↙                                      //调用【长方体】命令
指定第一个角点或 [中心(C)]:                       //在任意位置单击指定第一个角点
指定其他角点或 [立方体(C)/长度(L)]: L↙            //选择【长度】选项
指定长度: 50↙                                    //捕捉到 0° 极轴方向，然后输入长度
指定宽度: 50↙                                    //输入长方体宽度
指定高度或 [两点(2P)] <15.0000>: 20↙              //指定长方体高度
```

03 在【默认】选项卡中，单击【建模】面板上的【圆柱体】按钮，在长方体上表面绘制半径为 15、高度为 20 的圆柱体，如图 13-9 所示。命令行操作如下：

```
命令: _cylinder↙                                                  //调用【圆柱体】命令
指定底面的中心点或 [三点(3P)/两点(2P)/切点、切点、半径(T)/椭圆(E)]:
                                                                  //捕捉长方体顶面中心
指定底面半径或 [直径(D)]: 15↙                                      //输入半径
指定高度或 [两点(2P)/轴端点(A)] <1033.8210>: 20↙                   //输入高度值
```

04 在命令行输入 HIDE 并按 Enter 键，消隐图形，最终结果如图 13-10 所示。

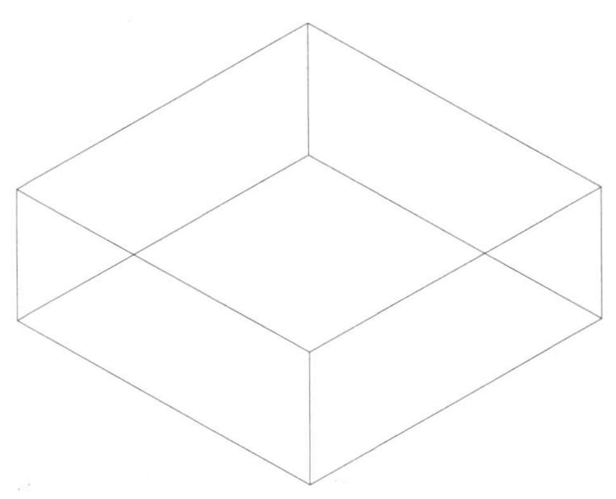

图 13-8　创建长方体

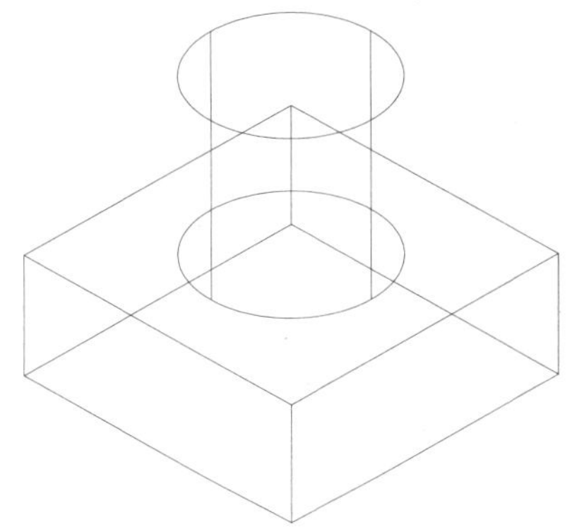

图 13-9　绘制圆柱体

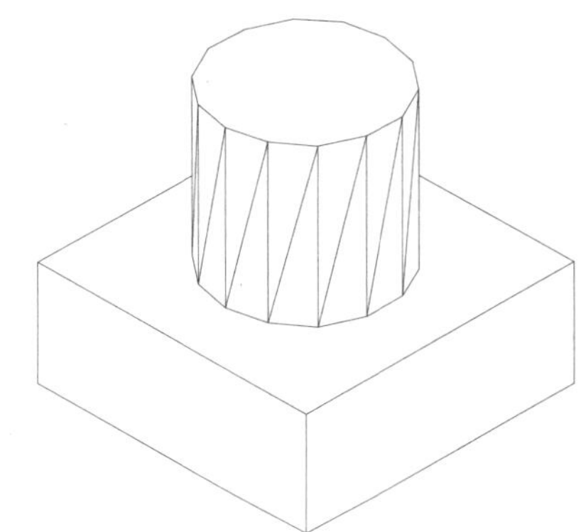

图 13-10　消隐后的效果

13.1.6 绘制棱锥体

棱锥体常用于创建建筑屋顶，其底面平行于 XY 平面，轴线平行与 Z 轴，如图 13-11 所示。绘制圆锥体需要输入的参数有底面大小和棱锥高度。

调用【棱锥体】命令有以下几种方法。

- 菜单栏：选择【绘图】|【建模】|【棱锥体】命令。
- 工具栏：单击【建模】工具栏上的【棱锥体】按钮。
- 功能区：在【默认】选项卡中，单击【建模】面板上的【棱锥体】按钮。或在【实体】选项卡中，单击【图元】面板上的【棱锥体】按钮。
- 命令行：在命令行输入 PYRAMID/PYR 并按 Enter 键。

调用该命令后，命令行提示如下：

```
命令: _pyramid↙                                              //调用【棱锥体】命令
4 个侧面   外切
指定底面的中心点或 [边(E)/侧面(S)]:                           //指定底面中心点
指定底面半径或 [内接(I)] <135.6958>:                          //指定底面半径
指定高度或 [两点(2P)/轴端点(A)/顶面半径(T)] <-254.5365>:     //指定高度
```

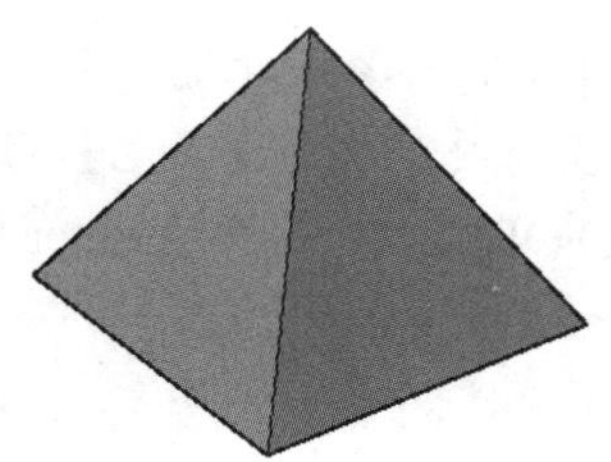

图 13-11 棱锥体

13.1.7 绘制圆锥体

圆锥体常用于创建圆锥形屋顶、锥形零件和装饰品等，如图 13-12 所示。绘制圆锥体需要输入的参数有底面圆的圆心和半径、顶面圆半径和圆锥高度。同样，当圆锥的底面为椭圆时，绘制出的锥体为椭圆锥体。当顶面圆半径为 0 时，绘制出的图形为圆锥体。反之，当顶面圆半径大于 0 时，绘制的图形则为圆台，如图 13-13 所示。

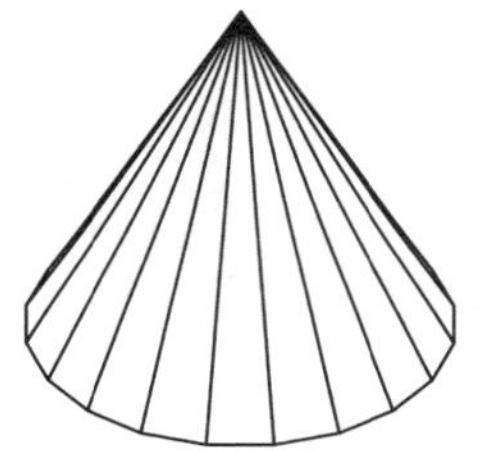

图 13-12 圆锥体

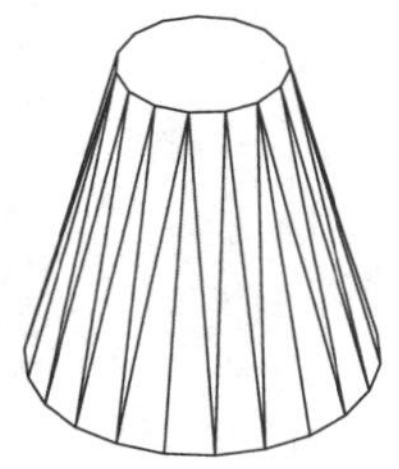

图 13-13 圆台

使用【圆锥体】命令可以绘制圆锥体、椭圆锥体，所生成的锥体底面平行于 XY 平面，轴线平行于 Z 轴。

调用【圆锥体】命令有以下几种方法。

- 菜单栏：选择【绘图】|【建模】|【圆锥体】命令。
- 功能区：在【实体】选项卡中，单击【图元】面板上的【圆锥体】按钮。
- 命令行：在命令行输入 CONE 并按 Enter 键。

调用该命令后，按命令行提示创建圆锥，操作如下：

```
命令: _cone↙                                                   //调用【圆锥体】命令
指定底面的中心点或 [三点(3P)/两点(2P)/切点、切点、半径(T)/椭圆(E)]:
                                                               //指定圆锥体底面的圆心
指定底面半径或 [直径(D)] <121.6937>:                           //指定圆锥体底面圆的半径
指定高度或 [两点(2P)/轴端点(A)/顶面半径(T)] <322.3590>:        //指定圆锥体的高度
```

13.1.8 绘制圆环体

圆环常用于创建铁环、环形饰品等实体。圆环有两个半径定义，一个是圆环体中心到管道中心的圆环体半径；另一个是管道半径。随着管道半径和圆环体半径之间相对大小的变化，圆环体的形状也不同。

调用【圆环】命令可以绘制圆环，调用该命令有以下几种方法。

- 菜单栏：选择【绘图】|【建模】|【圆环】命令。
- 功能区：在【实体】选项卡中，单击【图元】面板上的【圆环】按钮◎。
- 命令行：在命令行输入 TORUS/TOR 并按 Enter 键。

13.1.9 绘制螺旋

螺旋就是开口的二维或三维螺旋线。如果指定同一个值作为底面半径或顶面半径，将创建圆柱形螺旋；如果指定不同值作为顶面半径和底面半径，将创建圆锥形螺旋；如果指定高度为 0，将创建扁平的二维螺旋。如图 13-14 所示为圆柱形的螺旋线。

使用【螺旋】命令可以绘制螺旋线，调用该命令有以下几种方法。

- 菜单栏：选择【绘图】|【建模】|【螺旋】命令。
- 功能区：在【常用】选项卡中，单击【绘图】滑出面板上的【螺旋】按钮。
- 命令行：在命令行输入 HELIX 并按 Enter 键。

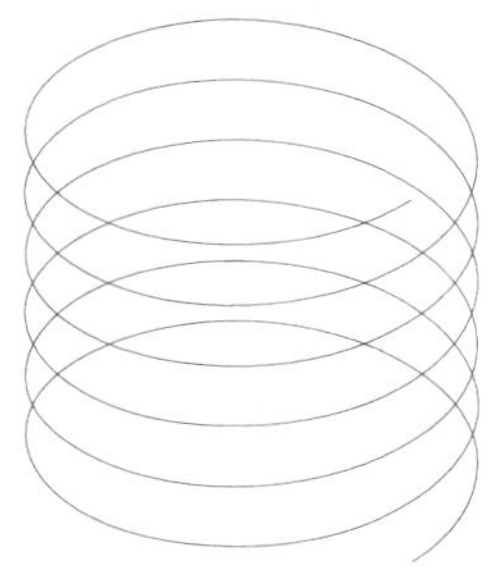

图 13-14　三维螺旋线

【案例 13-4】：绘制平面和空间螺旋线

01 在【常用】选项卡中，单击【绘图】滑出面板上的【螺旋】按钮，绘制一个底面半径为 100、顶面半径为 30、高度为 0 的涡状线，效果如图 13-15 所示。命令行操作如下：

```
命令: _HELIX↙                                              //调用【螺旋】命令
圈数 = 3.0000      扭曲=CCW
指定底面的中心点: 0,0,0↙                                   //指定中心点
指定底面半径或 [直径(D)] <1.0000>: 100↙                    //指定底面半径
指定顶面半径或 [直径(D)] <100.0000>: 30↙                   //指定顶面半径
指定螺旋高度或 [轴端点(A)/圈数(T)/圈高(H)/扭曲(W)] <1.0000>: 0↙
                                                           //指定螺旋高度
```

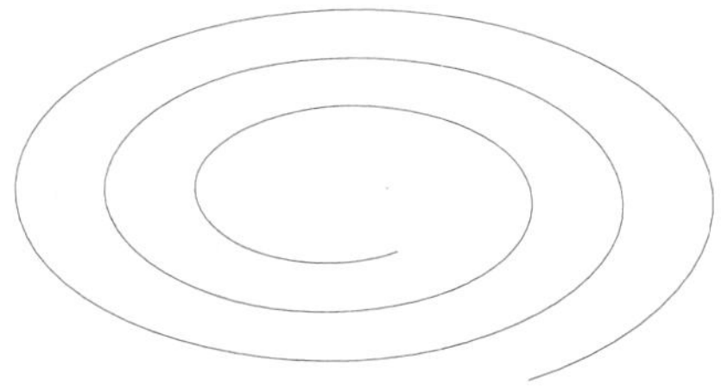

图 13-15　扁平二维螺旋

02 重复调用【螺旋】命令，绘制一条底面半径为 100、顶面半径为 50、高度为 400、圈数为 5 的螺旋线，效果如图 13-16 所示。命令行操作如下：

```
命令: _Helix↙
圈数 = 3.0000      扭曲=CCW
指定底面的中心点: 0,0,0↙
指定底面半径或 [直径(D)] <100.0000>:↙
指定顶面半径或 [直径(D)] <100.0000>: 50↙
指定螺旋高度或 [轴端点(A)/圈数(T)/圈高(H)/扭曲(W)] <0.0000>: T↙
输入圈数 <3.0000>: 5↙
指定螺旋高度或 [轴端点(A)/圈数(T)/圈高(H)/扭曲(W)] <0.0000>: 400↙
```

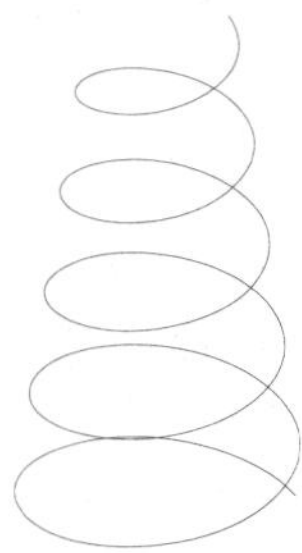

图 13-16　圆锥螺旋

13.1.10　绘制箱体端盖

01 单击快速访问工具栏上的【新建】按钮，新建空白文档。

02 利用绘图区域左上角 ViewCube 控件，将视图切换到“西南等轴测”方向。单击【建模】工具栏上的【长方体】按钮，绘制图 13-17 所示的长方体。命令行操作如下：

```
命令: _box↙                                        //调用【长方体】命令
指定第一个角点或 [中心(C)]:                        //指定第一个角点
指定其他角点或 [立方体(C)/长度(L)]: l↙             //选择【长度】选项
指定长度: 60↙                                      //指定长度
指定宽度: 50↙                                      //指定宽度
指定高度或 [两点(2P)] <104.9293>: 5↙               //指定高度
```

03 单击【绘图】工具栏上的【直线】按钮，绘制图 13-18 所示的辅助线。

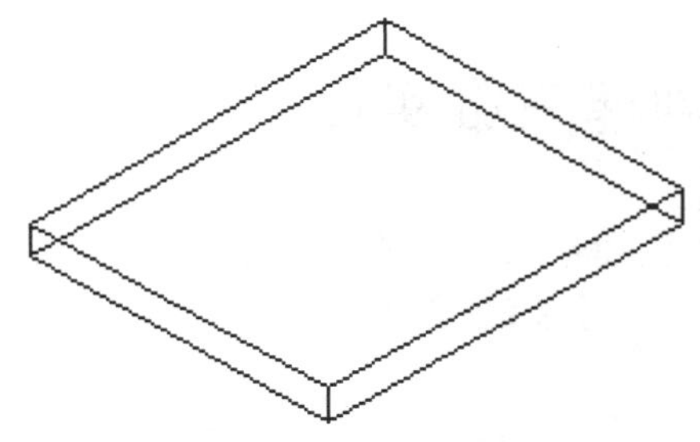

图 13-17　创建长方体

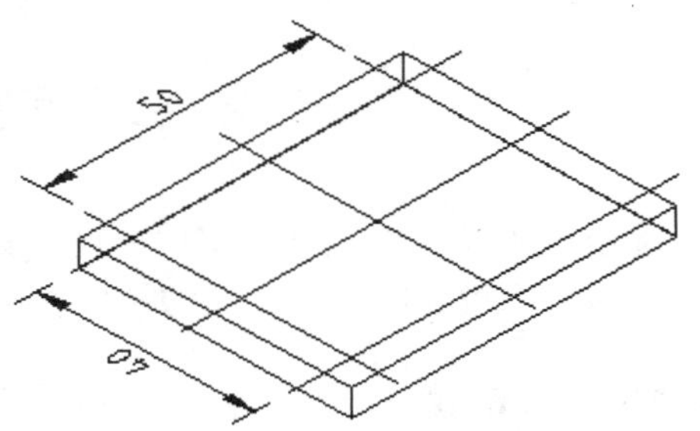

图 13-18　绘制辅助线

04 单击【建模】工具栏上的【圆柱体】按钮，根据命令行提示绘制圆柱体。命令行操作如下：

```
命令: _cylinder↙                                                    //调用【圆柱体】命令
指定底面的中心点或 [三点(3P)/两点(2P)/切点、切点、半径(T)/椭圆(E)]:
                                                                    //捕捉辅助线的交点
指定底面半径或 [直径(D)] <150.0000>: 2↙                             //指定底面半径
指定高度或 [两点(2P)/轴端点(A)] <20.0000>: 3↙                       //指定高度
```

05 重复使用【圆柱体】命令绘制其他 3 个圆柱体，结果如图 13-19 所示。

06 单击【建模】工具栏上的【圆环】按钮，捕捉辅助线中心线位置，根据命令行提示绘制一个圆环半径为 15、圆管半径为 1 的圆环，如图 13-20 所示。

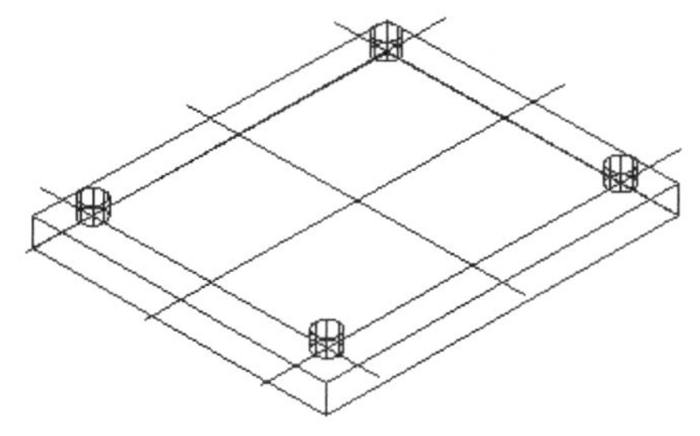

图 13-19 创建圆柱体

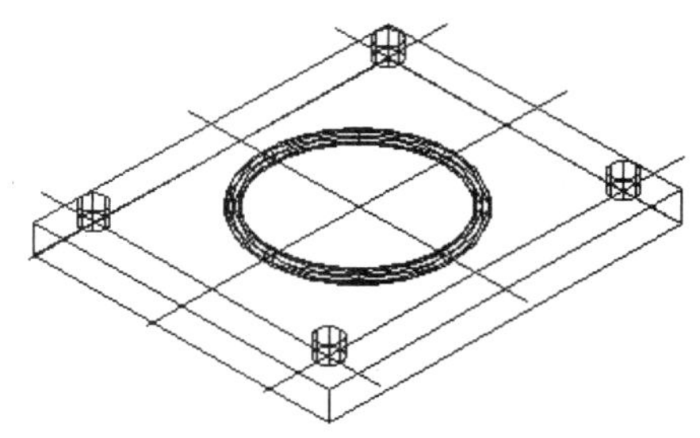

图 13-20 创建圆环

07 在命令行输入 M 并按 Enter 键，调用【移动】命令，将圆环沿 Z 轴方向向下移动 0.5。删除辅助线，然后将模型的视觉样式修改为概念视觉样式，效果如图 13-21 所示。

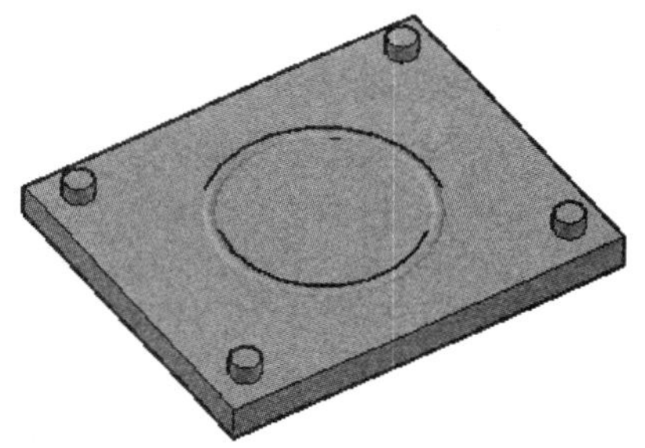

图 13-21 最终效果

13.2 二维图形创建三维实体

在 AutoCAD 中，基本实体建模工具适用于创建形状规则的几何体，对于形状有变化的几何体，一般使用二维截面的拉伸、旋转、放样和扫掠等操作。

13.2.1 拉伸

使用【拉伸】命令可以将二维图形沿指定的高度和路径拉伸为三维实体。【拉伸】命令常用于创建楼梯栏杆、管道、异形装饰等物体，图 13-22 所示为拉伸的效果。

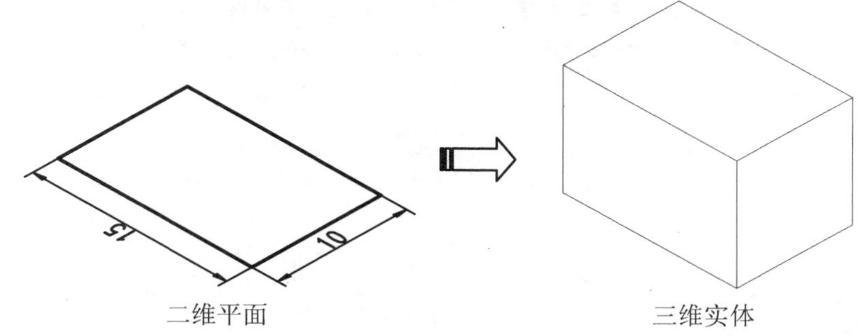

图 13-22　拉伸效果

调用【拉伸】命令有以下几种方法。

- 菜单栏：选择【绘图】|【建模】|【拉伸】命令。
- 工具栏：单击【建模】工具栏上的【拉伸】按钮。
- 功能区：在【常用】选项卡中，单击【建模】面板上的【拉伸】按钮。
- 命令行：在命令行输入 EXTRUDE\EX 并按 Enter 键。

使用【拉伸】命令拉伸截面有两种方法：一种是指定生成实体的倾斜角度和高度；另外一种是指定拉伸路径，路径可以闭合，也可以不闭合。

调用【拉伸】命令后，命令行将出现提示："指定拉伸的高度或[方向(D)/路径(P)/倾斜角(T)]<41.9>:"，其中命令行各选项含义如下。

- 方向(D)：在默认情况下，对象可以沿 Z 轴拉伸，拉伸高度可以为正值也可以为负值，它们表示了拉伸的方向。
- 路径(P)：通过指定拉伸路径将对象拉伸为三维实体。拉伸路径可以是开放的，也可以是闭合的。
- 倾斜角(T)：通过指定角度拉伸对象。拉伸的角度可以是正值也可以是负值，其绝对值不大于 90°。若倾斜角为正，将产生内锥度，创建的侧面向里靠；若倾斜角为负，将产生外锥度，创建的侧面向外靠。

提示

当沿路径进行拉伸时，拉伸实体起始于拉伸对象所在的平面，终止于路径的终点所在的平面。

13.2.2　旋转

旋转是将二维轮廓绕某一固定轴线旋转一定角度创建实体，用于旋转的二维对象可以是封闭的多段线、多边形、圆、椭圆、封闭的样条曲线、圆环及封闭区域，而且每一次只能旋转一个对象。三维对象、包含在块中的对象、有交叉或自干涉的多段线不能被旋转，图 13-23 所示为旋转的效果。

调用【旋转】命令有以下几种方法。

- 菜单栏：选择【绘图】|【建模】|【旋转】命令。

- 工具栏：单击【建模】工具栏上的【旋转】按钮。
- 功能区：在【常用】选项卡中，单击【建模】面板上的【旋转】按钮。
- 命令行：在命令行输入 REVOLVE/REV 并按 Enter 键。

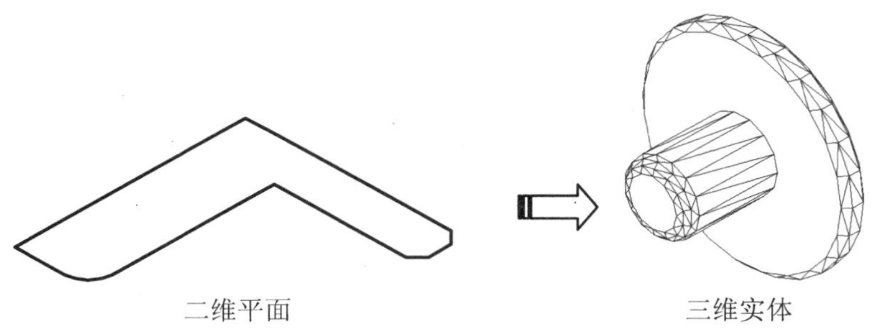

图 13-23　旋转效果

提示

AutoCAD 中，输入正值表示按逆时针方向旋转，输入负值表示按顺时针方向旋转。

【案例 13-5】：创建皮带轮

01 打开"第 13 章\案例 13-5 创建皮带轮.dwg"素材文件，如图 13-24 所示。

02 在【常用】选项卡中，单击【建模】面板上的【旋转】按钮，选取皮带轮轮廓线作为旋转对象，将其旋转 360°，结果如图 13-25 所示。命令行操作如下：

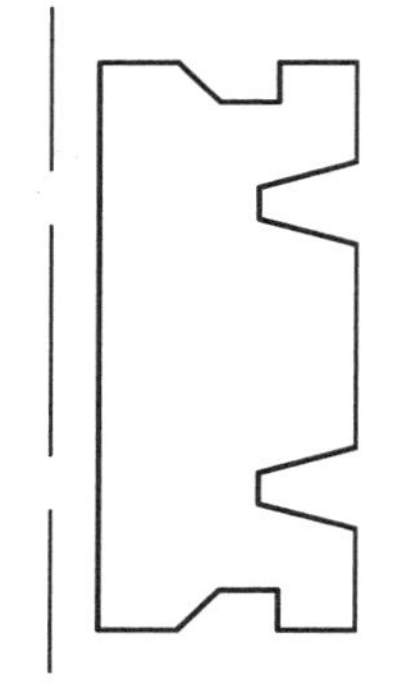

图 13-24　素材文件

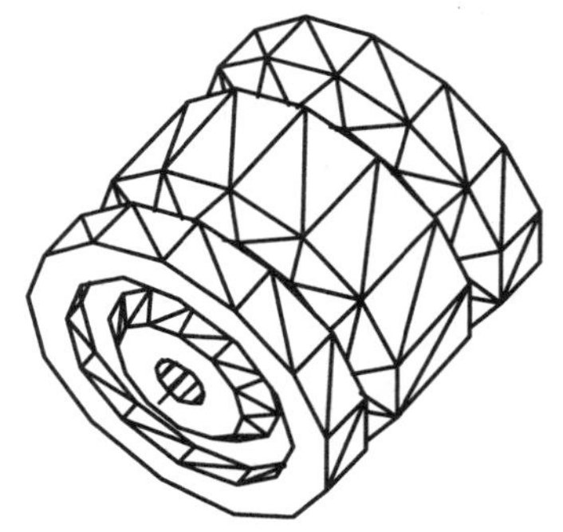

图 13-25　创建的旋转体

```
命令：REVOLVE↙                                       //调用【旋转】命令
当前线框密度： ISOLINES=4
选择要旋转的对象：找到 1 个                          //选取皮带轮轮廓线为旋转对象
选择要旋转的对象：↙                                  //按 Enter 键完成选择
指定轴起点或根据以下选项之一定义轴 [对象(O)/X/Y/Z] <对象>:
                                                     //选择直线上端点为轴起点
指定轴端点：                                         //选择直线下端点为轴端点
指定旋转角度或 [起点角度(ST)] <360>:↙                //使用默认旋转角度
```

13.2.3　扫掠

使用【扫掠】命令可以将二维截面沿着开放或闭合的二维或三维路径运动扫描，来创建实体或曲面，图 13-26 所示为扫掠的效果。调用【扫掠】命令有如下方法。

- 菜单栏：选择【绘图】|【建模】|【扫掠】命令。
- 工具栏：单击【建模】工具栏上的【扫掠】按钮。
- 功能区：在【常用】选项卡中，单击【建模】面板上的【扫掠】按钮。
- 命令行：在命令行输入 SWEEP/SW 并按 Enter 键。

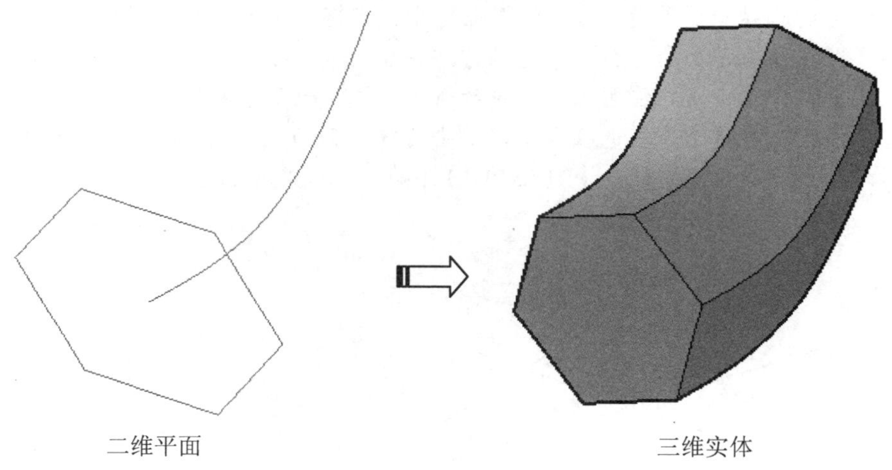

图 13-26　扫掠效果

13.2.4　放样

【放样】命令是将多个截面沿着路径或导向运动扫描从而得到三维实体。横截面指的是具有放样实体截面特征的二维对象，并且使用该命令时必须指定两个或两个以上的横截面来创建放样实体，图 13-27 所示为放样的效果。

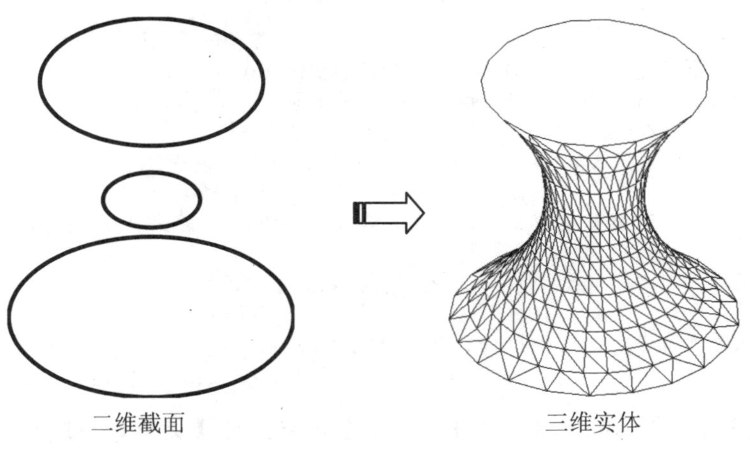

图 13-27　放样效果

调用【放样】命令有以下几种方法。

- 菜单栏：选择【绘图】|【建模】|【放样】命令。
- 工具栏：单击【建模】工具栏上的【放样】按钮。
- 功能区：在【常用】选项卡中，单击【建模】面板上的【放样】按钮。
- 命令行：在命令行输入 LOFT 并按 Enter 键。

13.2.5 按住并拖动

调用【按住并拖动】命令可以拖动边界内的一个区域，将其拉伸为实体，如图 13-28 所示。该命令对边界的要求没有【拉伸】命令那么严格，边界线不必是单一轮廓线。

调用【按住并拖动】命令有以下几种方法。

- 工具栏：单击【建模】工具栏中的【按住并拖动】按钮。
- 功能区：在【常用】选项卡中，单击【建模】面板上的【按住并拖动】按钮。
- 命令行：在命令行输入 PRESSPULL/PRESS 并按 Enter 键。

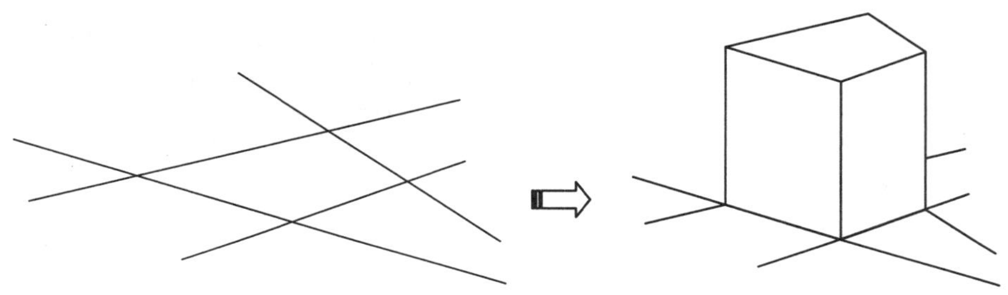

图 13-28 按住并拖动创建实体

13.2.6 实例——绘制简易台灯

01 打开“第 13 章\13.2.6 绘制台灯.dwg”素材文件，如图 13-29 所示。

02 在【常用】选项卡中，单击【建模】面板上的【放样】按钮，选择底部的两个圆进行放样，结果如图 13-30 所示。命令行操作如下：

```
命令：_loft↙                                        //调用【放样】命令
当前线框密度： ISOLINES=8，闭合轮廓创建模式 = 实体
按放样次序选择横截面或 [点(PO)/合并多条边(J)/模式(MO)]：_MO 闭合轮廓创建模式
[实体(SO)/曲面(SU)] <实体>：_SO
按放样次序选择横截面或 [点(PO)/合并多条边(J)/模式(MO)]：找到 1 个
                                                    //选择第一个圆
按放样次序选择横截面或 [点(PO)/合并多条边(J)/模式(MO)]：找到 1 个，总计 2 个
                                                    //选择第二个圆
按放样次序选择横截面或 [点(PO)/合并多条边(J)/模式(MO)]：↙
                                                    //结束选择对象选中了 2 个横截面
输入选项 [导向(G)/路径(P)/仅横截面(C)/设置(S)] <仅横截面>：↙
                                                    //按 Enter 键完成放样
```

03 在【常用】选项卡中，单击【建模】面板上的【旋转】按钮，选择轮廓曲线作为旋转对象，由竖直中心线定义旋转轴，旋转角度 360°，结果如图 13-31 所示。

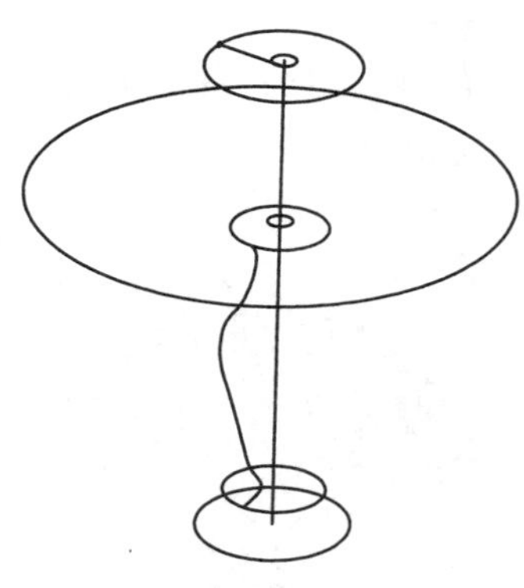

图 13-29 素材图形

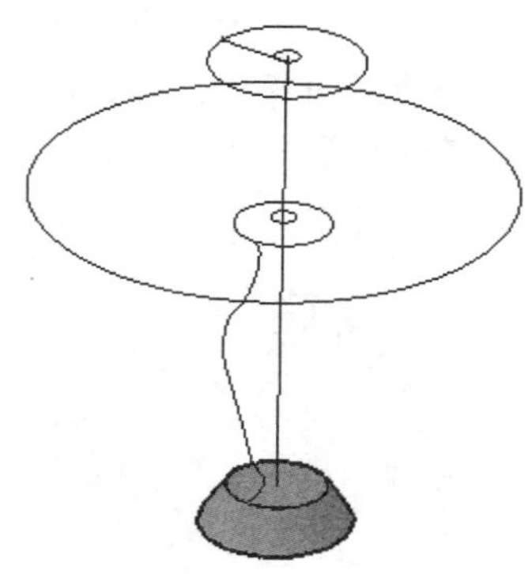

图 13-30 放样效果

04 在【常用】选项卡中，单击【建模】面板上的【拉伸】按钮，选择旋转体顶部的圆为拉伸对象，拉伸至小圆处，如图 13-32 所示。

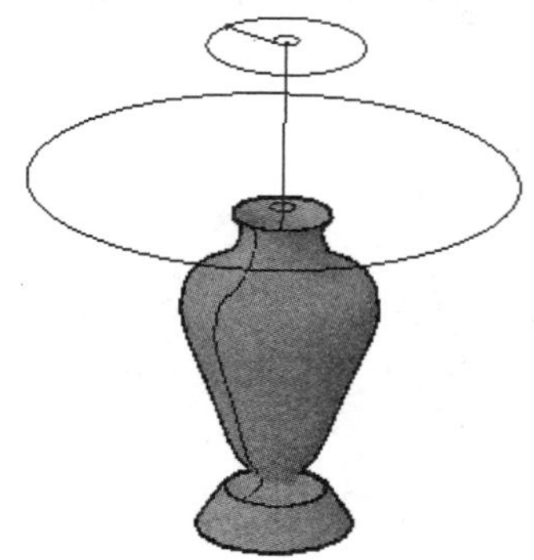

图 13-31 旋转效果

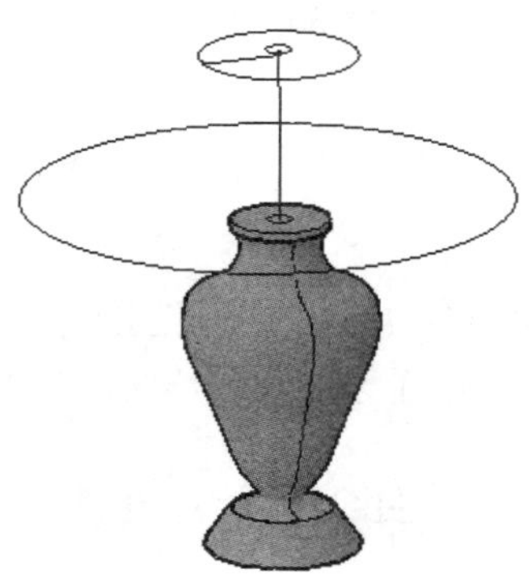

图 13-32 拉伸效果

05 在【常用】选项卡中，单击【建模】面板上的【按住并拖动】按钮，选择下端的小圆并拖到上端的小圆，结果如图 13-33 所示。

06 在【常用】选项卡中，单击【建模】面板上的【扫掠】按钮，选择竖直平面的小圆作为扫掠对象，以水平直线为路径进行扫掠，结果如图 13-34 所示。

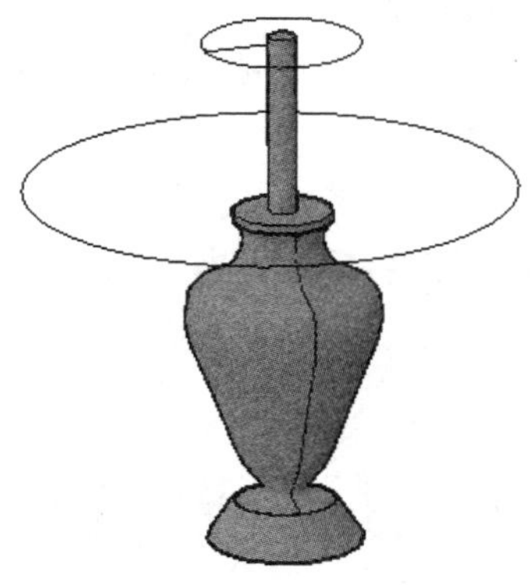

图 13-33 按住并拖动效果

图 13-34 扫掠效果

07 在【常用】选项卡中，单击【建模】面板上的【放样】按钮，在命令行选择放样模式为曲面模式，选择灯罩的两个大圆进行放样，放样结果如图 13-35 所示。

08 在【常用】选项卡中，单击【视图】面板上的【视觉样式】下拉列表，选择“X 射线”样式，显示效果如图 13-36 所示。

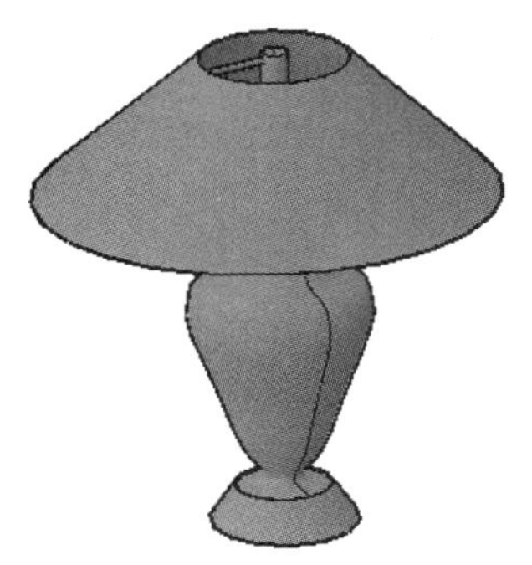

图 13-35　放样效果

图 13-36　X 射线视觉样式

13.3　三维实体基本操作

AutoCAD 2014 提供了三维对象编辑工具，如三维移动、三维旋转、三维对齐、三维镜像和三维阵列等，使用这些编辑命令，可以由基本实体创建更为复杂的模型。

13.3.1　三维旋转

使用【三维旋转】命令可将选取的三维对象和子对象沿指定旋转轴(X 轴、Y 轴、Z 轴)自由旋转。

调用【三维旋转】命令有以下几种方法。

- 菜单栏：选择【修改】|【三维操作】|【三维旋转】命令。
- 工具栏：单击【建模】工具栏上的【三维旋转】按钮。
- 功能区：在【常用】选项卡中，单击【修改】面板上的【三维旋转】按钮。
- 命令行：在命令行输入 3DROTATE/3R 并按 Enter 键。

调用该命令后，在绘图区选取需要旋转的对象，此时绘图区出现 3 个圆环(红色代表 X 轴、绿色代表 Y 轴、蓝色代表 Z 轴)，然后在绘图区指定一点为旋转基点，如图 13-37 所示。指定完旋转基点后，选择夹点工具上的圆环用以确定旋转轴，接着直接输入角度旋转实体，或选择屏幕上的任意位置用以确定旋转基点，再输入角度值即可获得实体三维旋转效果。

提示

在旋转三维模型时，当三维模型旋转到需要的角度后，按 Enter 键即可将三维模型确定在角度上且系统将重生成模型。

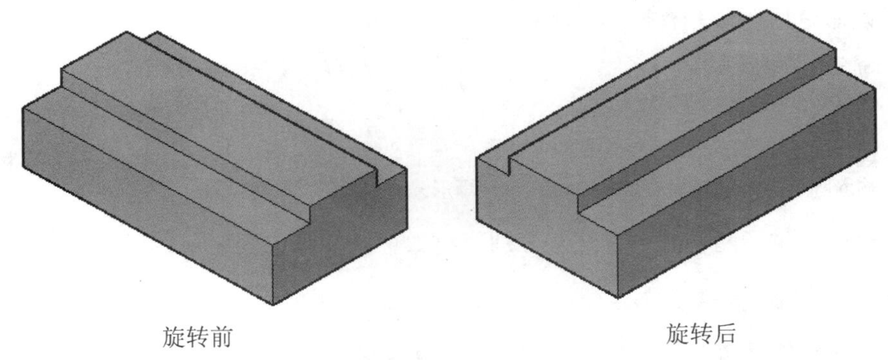

图 13-37　使用【三维旋转】命令

13.3.2　三维移动

调用【三维移动】命令可以使指定模型沿 X、Y、Z 轴或其他任意方向，以及直线、面或任意两点间移动，从而获得模型在视图中的准确位置。

调用【三维移动】命令有以下几种方法。

- 菜单栏：选择【修改】|【三维操作】|【三维移动】命令。
- 工具栏：单击【建模】工具栏上的【三维移动】按钮。
- 功能区：在【常用】选项卡中，单击【修改】面板上的【三维移动】按钮。
- 命令行：在命令行输入 3DMOVE/3M 并按 Enter 键。

调用该命令后，在绘图区选取要移动的对象，绘图区将显示移动图标，如图 13-38 所示。单击坐标轴的某一轴，拖动鼠标，所选定的实体对象将沿所约束的轴移动。若是将光标停留在两条轴柄之间的直线汇合处的平面上(用以确定一定平面)，直至其变为黄色，然后选择该平面，拖动鼠标将移动约束到该平面上。

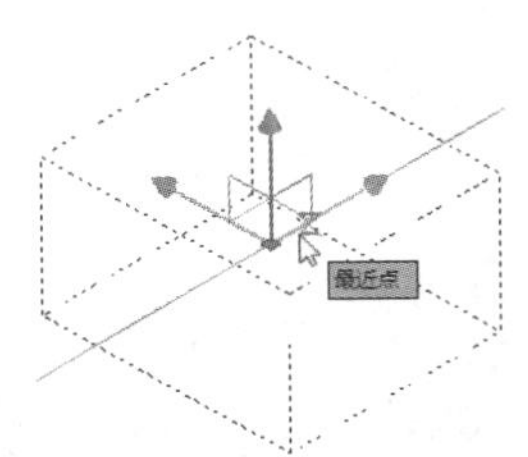

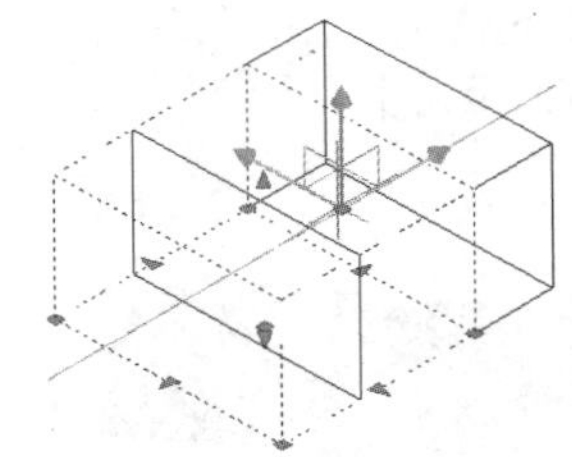

图 13-38　使用【三维移动】命令

13.3.3　三维阵列

使用【三维阵列】命令可以在三维空间中按矩形阵列或环形阵列的方式，创建指定对象的多个副本。

调用【三维阵列】命令有以下几种方法。

- 菜单栏：选择【修改】|【三维操作】|【三维阵列】命令。
- 工具栏：单击【建模】工具栏上的【三维阵列】按钮。
- 命令行：在命令行输入 3DARRAY\3A 并按 Enter 键。

调用该命令后，命令行操作如下：

```
命令: 3darray↙                                   //调用【三维阵列】命令
正在初始化...  已加载 3DARRAY。
选择对象:                                         //选择阵列对象
选择对象:                                         //继续选择对象或按 Enter 键结束选择
输入阵列类型 [矩形(R)/环形(P)] <矩形>:             //输入阵列类型
```

命令行中提供了两种阵列方式，分别介绍如下。

1. 矩形阵列

在调用三维矩形阵列时，需要指定行数、列数、层数、行间距和层间距，其中一个矩形阵列可设置多行、多列和多层。

在指定间距值时，可以分别输入间距值或在绘图区域选取两个点，AutoCAD 将自动测量两点之间的距离值，并以此作为间距值。如果间距值为正，将沿 X 轴、Y 轴、Z 轴的正方向生成阵列；间距值为负，将沿 X 轴、Y 轴、Z 轴的负方向生成阵列。

【案例 13-6】：阵列柱子

01 打开“第 13 章\案例 13-6 阵列柱子.dwg”素材图形文件，如图 13-39 所示。

02 选择【修改】|【三维操作】|【三维阵列】命令，阵列底层柱体，结果如图 13-40 所示。命令行操作如下：

```
命令: _3darray↙                                          //调用【三位阵列】命令
选择对象: 找到 1 个
选择对象: ↙                                              //选择需要阵列的对象
输入阵列类型 [矩形(R)/环形(P)] <矩形>:R↙                  //激活【矩形(R)】选项
输入行数 (---) <1>: 2↙                                   //指定行数
输入列数 (|||) <1>: 2↙                                   //指定列数
输入层数 (...) <1>: 2↙                                   //指定层数
指定行间距 (---): 1600↙                                  //指定行间距
指定列间距 (|||): 1100↙                                  //指定列间距
指定层间距 (...): 950↙                                   //指定层间距
```

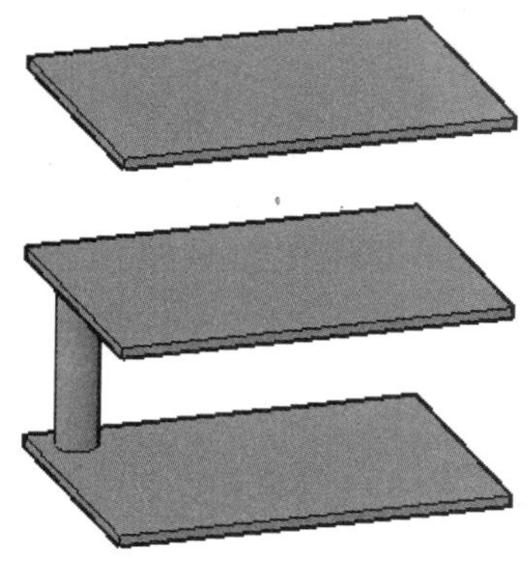

图 13-39 素材图形

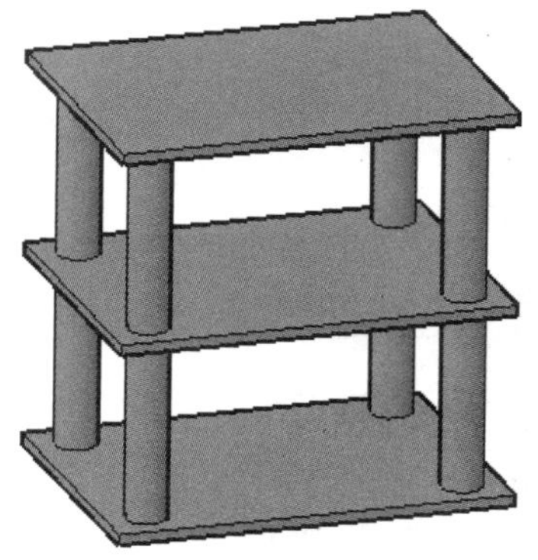

图 13-40 三维矩形阵列效果

2. 环形阵列

在调用三维环形阵列时，需要指定阵列的数目、阵列填充的角度、旋转轴的起点和终点及对象在阵列后是否绕着阵列中心旋转。

【案例 13-7】：环形阵列端盖

01 打开“第 13 章\案例 13-7 环形阵列端盖.dwg”素材图形文件，如图 13-41 所示。

02 选择【修改】|【三维操作】|【三维阵列】命令，阵列端盖上的圆柱体，如图 13-42 所示。命令行操作如下：

```
命令： _3DARRAY↙                                          //调用【三维阵列】命令
选择对象：找到 1 个                                        //选择需要阵列的圆柱体
选择对象：↙
输入阵列类型 [矩形(R)/环形(P)] <矩形>:P↙                   //选择【环形】选项
输入阵列中的项目数目： 6↙                                   //输入项目数
指定要填充的角度 (+=逆时针， -=顺时针) <360>:↙              //使用默认 360 度
旋转阵列对象？ [是(Y)/否(N)] <Y>: Y↙                        //选择【是】选项
指定阵列的中心点：                                          //选择端盖圆心
```

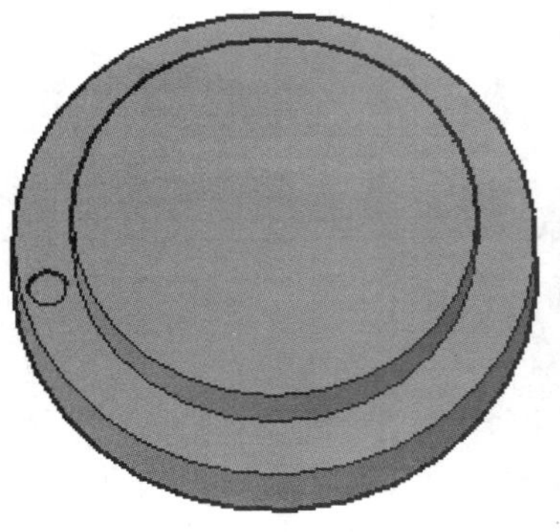

图 13-41　素材图形

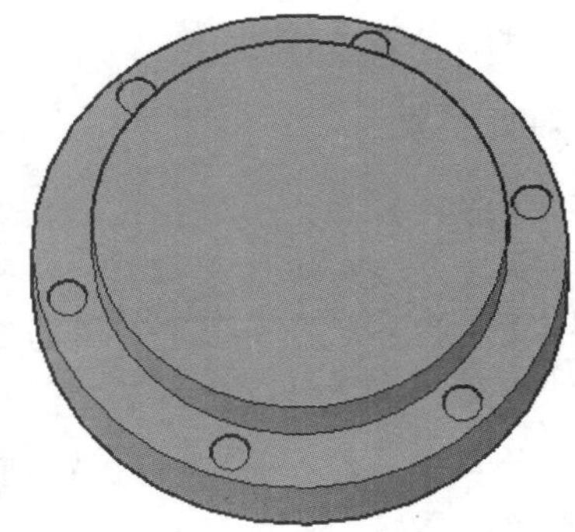

图 13-42　三维环形阵列效果

13.3.4　三维镜像

调用【三维镜像】命令可以将三维对象沿镜像平面生成对称的实体对象，其中镜像平面可以是与 UCS 坐标系平面平行的平面或由三点确定的平面。

调用【三维镜像】命令有以下几种方法。

- 菜单栏：选择【修改】|【三维操作】|【三维镜像】命令。
- 功能区：在【常用】选项卡中，单击【修改】面板上的【三维镜像】按钮%。
- 命令行：在命令行输入 MIRROR3D 并按 Enter 键。

调用该命令后，在绘图区选取要镜像的实体，按 Enter 键或右击，然后按照命令行提示选取镜像平面，可以由 3 个点定义镜像平面，也可以选择与坐标系平面等距的平面，然后选择等距平面上一点，最后确定是否删除源对象。图 13-43 所示为实体三维镜像的效果。

提示

在镜像三维模型时，可作为镜像平面的有：平面对象所在的平面，通过指定点且与当前 UCS 的 XY、YZ 或 XZ 平面平行的平面。

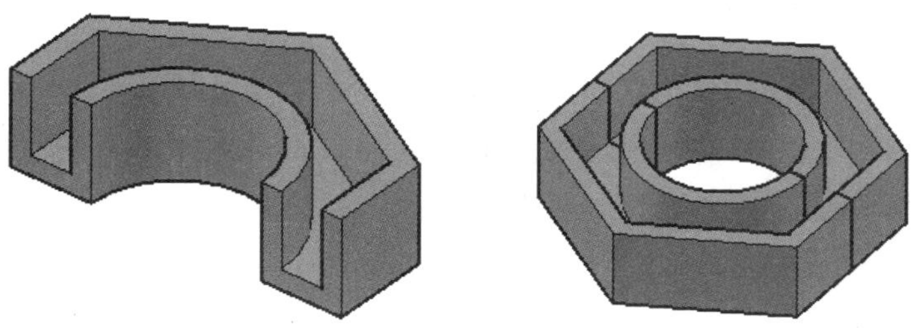

图 13-43　三维镜像

13.3.5　对齐和三维对齐

在三维建模环境中，使用【对齐】和【三维对齐】命令可对齐三维对象，从而将一个实体与另一个实体对齐。这两种对齐命令都可实现对齐两模型的目的，但选取顺序却不同，以下分别对其进行介绍。

1. 对齐对象

调用【对齐】命令可以指定一对、两对或三对原点和定义点，从而使对象通过移动、旋转、倾斜或缩放对齐选定对象。

调用【对齐】命令有以下几种方法。

- 菜单栏：选择【修改】|【三维操作】|【对齐】命令。
- 命令行：在命令行输入 ALIGN/ALI 并按 Enter 键。

调用该命令后，即可进入【对齐】模式。下面分别介绍 3 种指定点对齐对象的方法。

1) 一对点对齐对象

该对齐方式是指定一对源点和目标点进行实体对齐。当只选择一对源点和目标点时，所选取的实体对象将在二维或三维空间中从源点 a 沿直线路径移动到目标点 b，如图 13-44 所示。

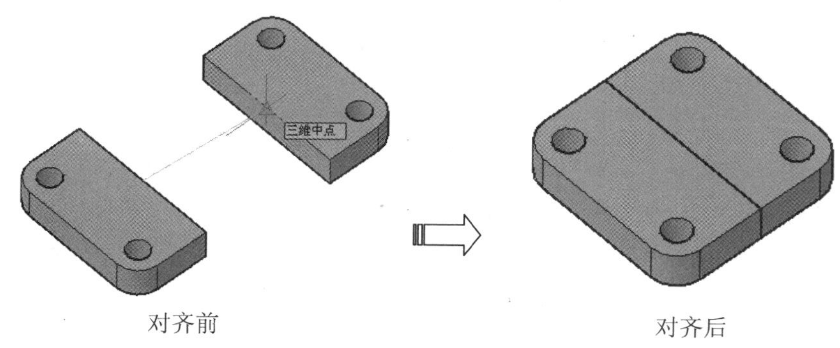

图 13-44　一对点对齐对象

2) 两对点对齐对象

该对齐方式是指定两对源点和目标点进行实体对齐。当选择两对点时，可以在二维或三维空间移动、旋转和缩放选定对象，以便与其他对象对齐，如图 13-45 所示。

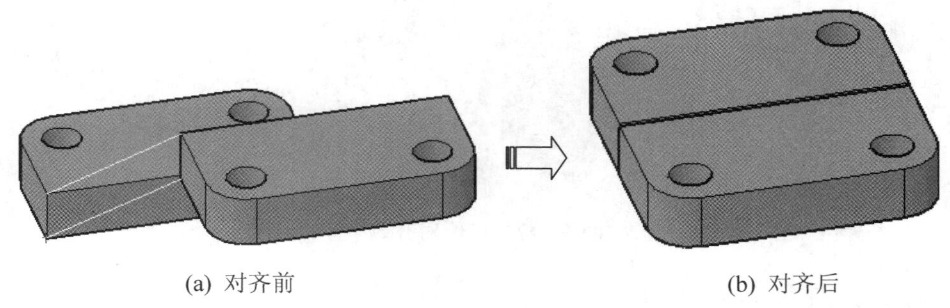

(a) 对齐前　　(b) 对齐后

图 13-45　两对点对齐对象

3) 三对点对齐对象

该对齐方式是指定三对源点和目标点进行实体对齐。当选择三对源点和目标点时，直接在绘图区连续捕捉三对对应点即可获得对齐对象操作，其效果如图 13-46 所示。

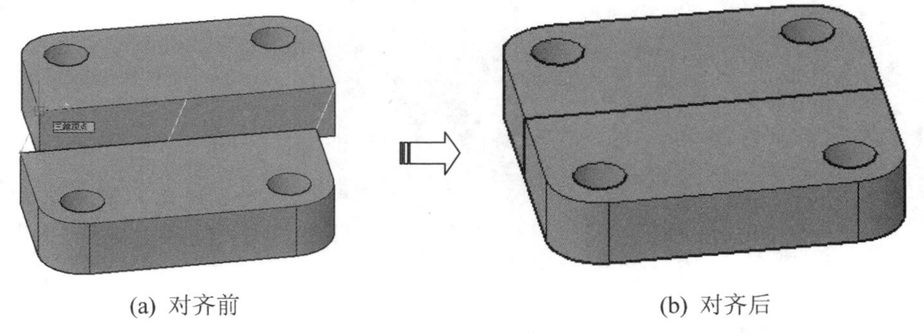

(a) 对齐前　　(b) 对齐后

图 13-46　三对点对齐对象

2. 三维对齐

在 AutoCAD 2014 中，三维对齐操作是指最多指定 3 个点用于定义源平面，以及最多指定 3 个点用于定义目标平面，从而获得三维对齐效果。

调用【三维对齐】命令有以下几种方法。

- 菜单栏：选择【修改】|【三维操作】|【三维对齐】命令。
- 工具栏：单击【建模】工具栏上的【三维对齐】按钮。
- 功能区：在【常用】选项卡中，单击【修改】面板上的【三维对齐】按钮。
- 命令行：在命令行输入 3DALIGN 并按 Enter 键。

调用三维对齐操作与对齐操作的不同之处在于：调用三维对齐操作时，首先要用移动对象上的 3 个点来确定源平面，然后在目标对象上指定 3 个点来确定目标平面，从而使实体与目标实体对齐。图 13-47 所示为三维对齐效果。

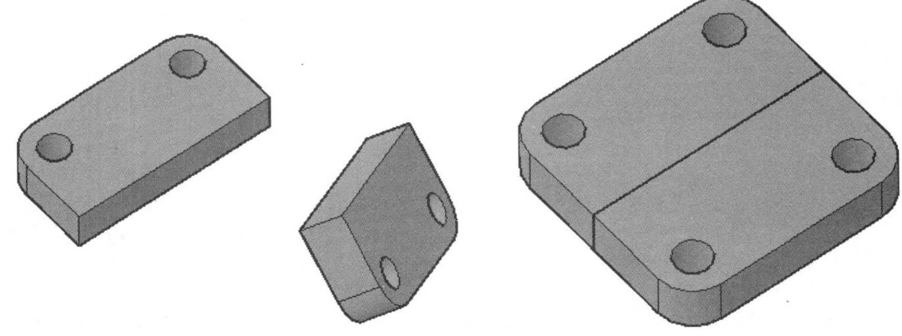

图 13-47　三维对齐效果

13.3.6 实例——绘制齿轮

01 打开“第 13 章\ 13.3.6 绘制齿轮.dwg”素材文件，如图 13-48 所示。

02 选择【修改】|【三维操作】|【三维阵列】命令，将齿沿轴进行环形阵列，如图 13-49 所示。命令行操作如下：

```
命令: _3darray↙                                    //调用【三维阵列】命令
选择对象: 找到 1 个                                  //选择齿实体
选择对象:↙                                          //按 Enter 键结束选择
输入阵列类型 [矩形(R)/环形(P)] <矩形>:P↙             //选择环形阵列
输入阵列中的项目数目: 50↙                            //输入阵列数量
指定要填充的角度 (+=逆时针, -=顺时针) <360>:↙        //使用默认角度
旋转阵列对象? [是(Y)/否(N)] <Y>:↙                    //选择旋转对象
指定阵列的中心点:                                    //捕捉到轴端面圆心
指定旋转轴上的第二点: <极轴 开>                      //打开极轴，捕捉到 Z 轴上任意一点
```

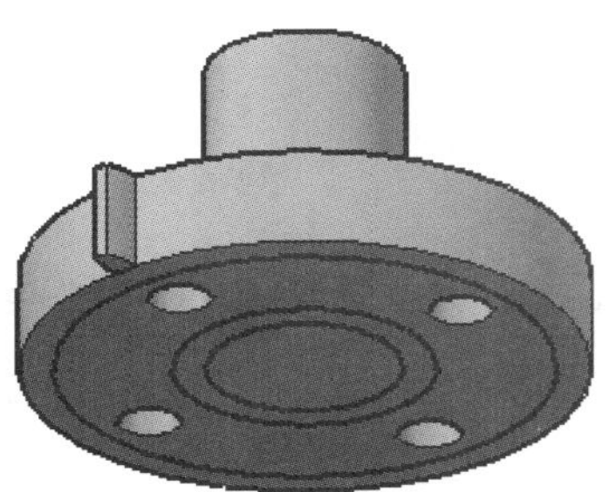

图 13-48　素材图形

图 13-49　环形阵列齿轮

03 在【常用】选项卡中，单击【修改】面板上的【三维镜像】按钮%，选择当前所有实体为镜像对象，指定 XY 平面为镜像平面。镜像结果如图 13-50 所示。

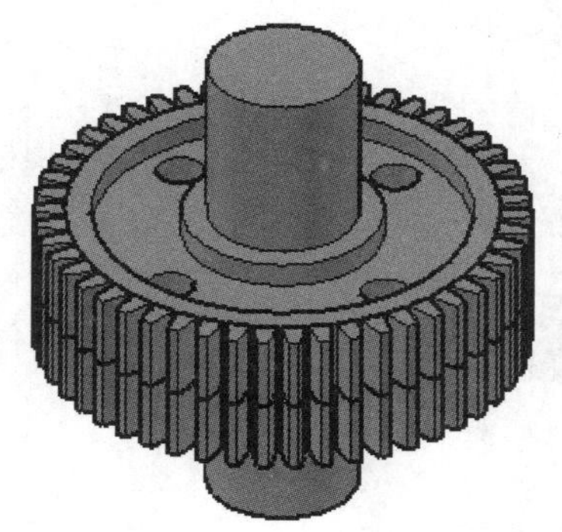

图 13-50　三维镜像齿轮

13.4 布尔运算

布尔运算可以看作实体的数学运算，用于生成多个实体或面域之间的组合关系，在创建三维模型的过程中，布尔运算是必不可少的操作。

13.4.1 并集运算

并集运算是将两个或两个以上的实体(或面域)对象组合成一个新的组合对象。调用并集操作后，原来各实体互相重合的部分变为一体，使其成为无重合的实体。

调用【并集运算】命令有以下几种方法。

- 菜单栏：选择【修改】|【实体编辑】|【并集】命令。
- 工具栏：单击【建模】工具栏上的【并集】按钮。
- 功能区：在【常用】选项卡中，单击【实体编辑】面板上的【并集】按钮。
- 命令行：在命令行输入 UNION\UNI 并按 Enter 键。

调用该命令后，在绘图区中选取所有要合并的对象，按 Enter 键或右击，即可调用合并操作，效果如图 13-51 所示。

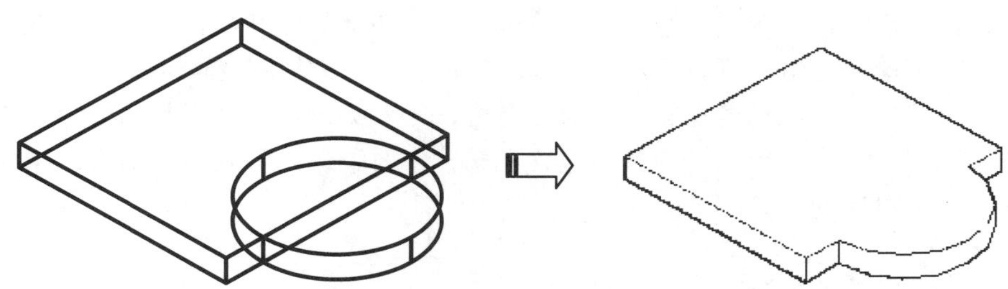

图 13-51　并集运算

【案例 13-8】：并集运算

01 打开“第 13 章\案例 13-8 并集运算.dwg”素材文件，如图 13-52 所示。

02 选择【修改】|【实体编辑】|【并集】命令，对连接体与圆柱体进行并集运算，结果如图 13-53 所示。命令行操作如下：

```
命令: _union↙                          //调用【并集】命令
选择对象: 找到 1 个                     //选择圆柱体
选择对象: 找到 1 个, 总计 2 个          //选择圆柱体
选择对象:↙                             //按 Enter 键完成并集操作
```

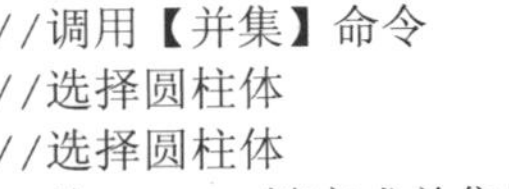

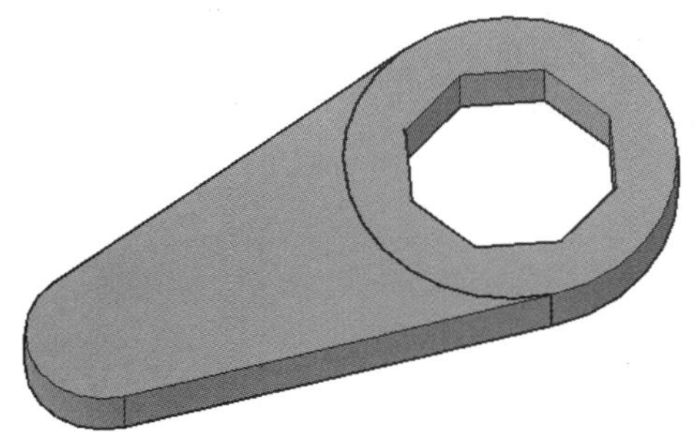

图 13-52　素材文件

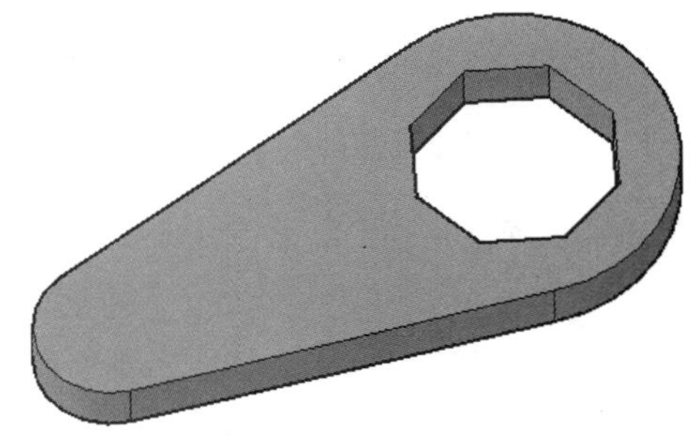

图 13-53　并集运算结果

提示

在对两个或两个以上的三维对象进行并集运算时，即使它们之间没有相交的部分，也可以对其进行并集运算。

13.4.2 差集运算

【差集】运算是从一个对象中减去另一个对象从而形成新实体。差集操作的对象选取有先后顺序，首先选取的对象为被减对象，之后选取的对象则为减去的对象。

调用【差集运算】命令有以下几种方法。

- 菜单栏：选择【修改】|【实体编辑】|【差集】命令。
- 工具栏：单击【建模】工具栏上的【差集】按钮。
- 功能区：在【常用】选项卡中，单击【实体编辑】面板上的【差集】按钮。
- 命令行：在命令行输入 SUBTRACT\SUB 并按 Enter 键。

调用该命令后，在绘图区域选取被减的对象，按 Enter 键或右击结束；选取要剪切的对象，按 Enter 键或右击即可执行差集操作，差集运算效果如图 13-54 所示。在调用差集运算时，如果第二个对象包含在第一个对象之内，则差集操作的结果是第一个对象减去第二个对象；如果第二个对象只有一部分包含在第一个对象之内，则差集操作的结果是第一个对象减去两个对象的公共部分。

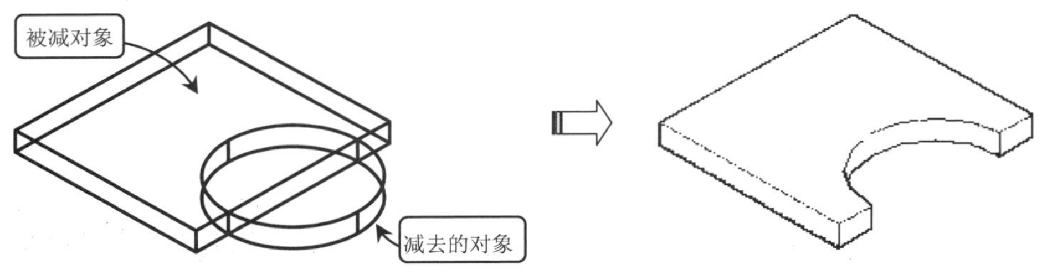

图 13-54　差集运算

【案例 13-9】：差集运算

01 打开“第 13 章\案例 13-9 差集运算.dwg”素材文件，如图 13-55 所示。

02 在【常用】选项卡中，单击【实体编辑】面板上的【差集】按钮，从圆柱体中减去六棱柱，如图 13-56 所示。命令行操作如下：

```
命令: _subtract↙                                    //调用【差集】命令
选择要从中减去的实体、曲面和面域...
选择对象: 找到 1 个                                  //选择圆柱体
选择对象:  选择要减去的实体、曲面和面域...
选择对象: 找到 1 个                                  //选择六棱柱
选择对象: ↙                                         //按 Enter 键完成差集运算
```

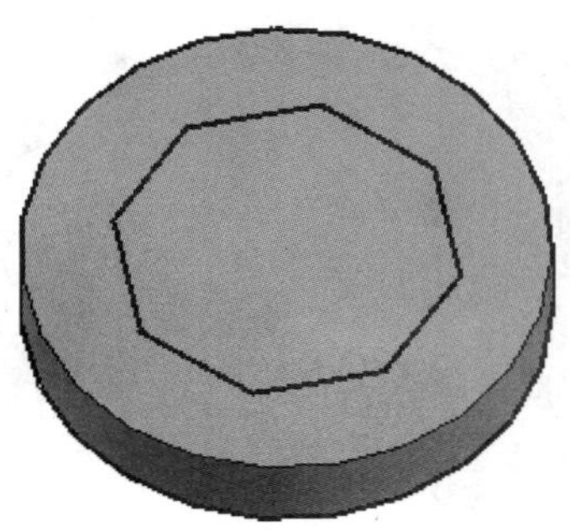

图 13-55　素材文件

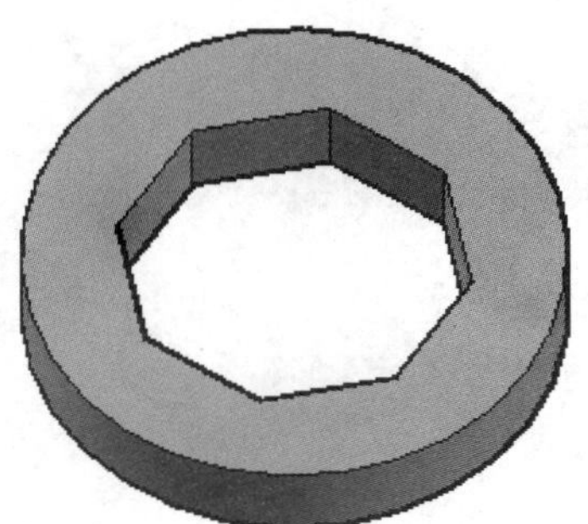

图 13-56　差集运算结果

13.4.3 交集运算

交集运算是保留两个或多个相交实体的公共部分，仅属于单个对象的部分被删除，从而获得新的实体。

调用【交集运算】命令有以下几种方法。

- 菜单栏：选择【修改】|【实体编辑】|【交集】命令。
- 工具栏：单击【建模】工具栏上的【交集】按钮。
- 功能区：在【常用】选项卡中，单击【实体编辑】面板上的【交集】按钮。
- 命令行：在命令行输入 INTERSECT\IN 并按 Enter 键。

调用该命令后，在绘图区选取具有公共部分的两个对象，按 Enter 键或右击即可调用交集操作，其运算效果如图 13-57 所示。

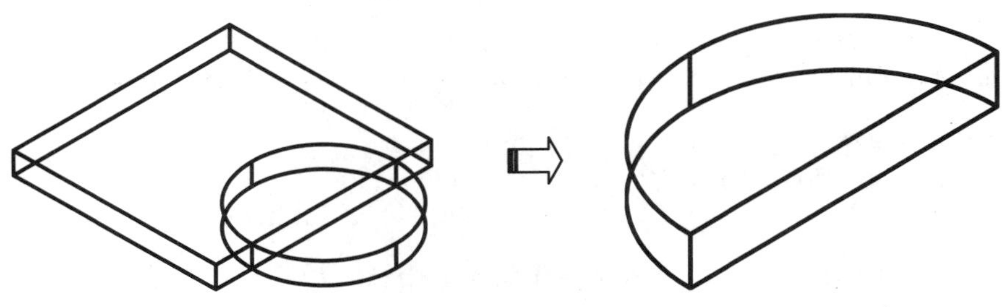

图 13-57　交集运算

【案例 13-10】：交集运算

01 打开“第 13 章\案例 13-10 交集运算.dwg”素材文件，如图 13-58 所示。

02 在【常用】选项卡中，单击【实体编辑】面板上的【交集】按钮，获取六角星和圆柱体的公共部分，如图 13-59 所示。命令行操作如下：

```
命令: _intersect↙                        //调用【交集】命令
选择对象: 找到 1 个                       //选择六角星
选择对象: 找到 1 个，总计 2 个            //选择圆柱体
选择对象:                                 //按 Enter 键完成交集
```

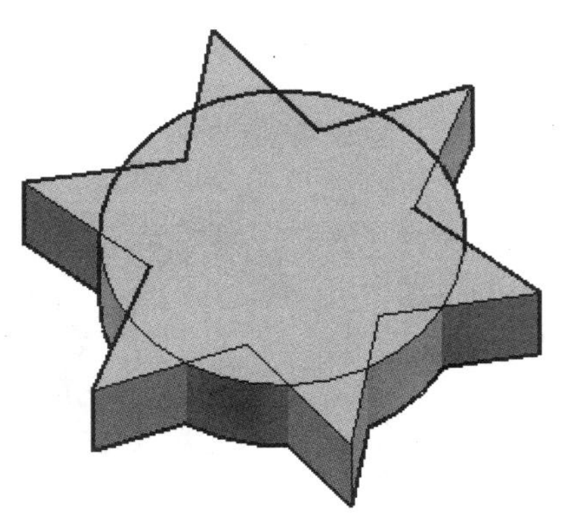

图 13-58 素材图形

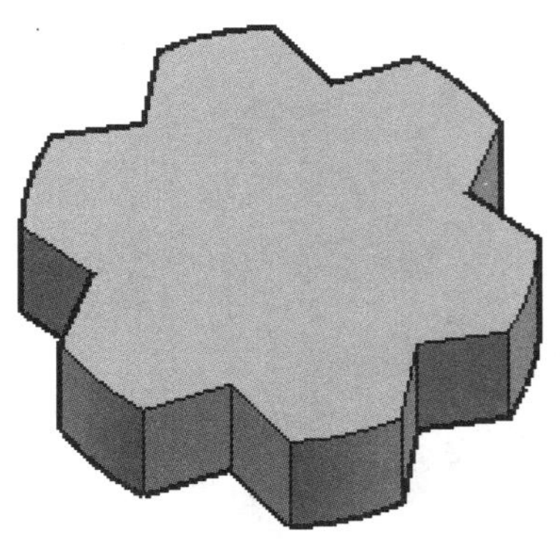

图 13-59 交集运算结果

13.4.4 实例——创建凸轮

01 新建 AutoCAD 文件，在【常用】选项卡中，单击【建模】面板上的【圆柱体】按钮，创建 3 个圆柱体。命令行操作如下：

```
命令: _cylinder↙
指定底面的中心点或 [三点(3P)/两点(2P)/切点、切点、半径(T)/椭圆(E)]: 30,0 ↙
指定底面半径或 [直径(D)] <0.2891>: 30↙
指定高度或 [两点(2P)/轴端点(A)] <-14.0000>: 15↙
        //创建第一个圆柱体，半径为 30，高度为 15
命令: _cylinder                              //再次执行【圆柱体】命令
指定底面的中心点或 [三点(3P)/两点(2P)/切点、切点、半径(T)/椭圆(E)]: 0,0,0↙
指定底面半径或 [直径(D)] <30.0000>:↙
指定高度或 [两点(2P)/轴端点(A)] <15.0000>:↙
                                             //创建第二个圆柱体
命令: _cylinder                              //再次执行【圆柱体】命令
指定底面的中心点或 [三点(3P)/两点(2P)/切点、切点、半径(T)/椭圆(E)]: 30<60↙
                                             //输入圆心的极坐标
指定底面半径或 [直径(D)] <30.0000>:↙
指定高度或 [两点(2P)/轴端点(A)] <15.0000>:↙
                                             //创建第三个圆柱体，3 个圆柱体如图 13-60 所示
```

02 在【常用】选项卡中，单击【实体编辑】面板上的【交集】按钮，选择 3 个圆柱体为对象，求交集的结果如图 13-61 所示。

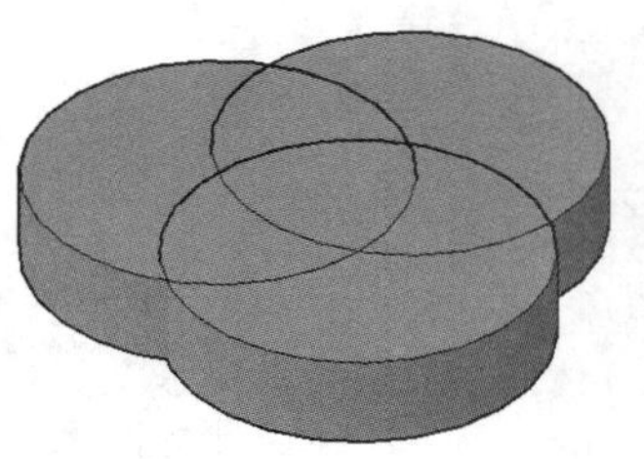

图 13-60　创建的三个圆柱体

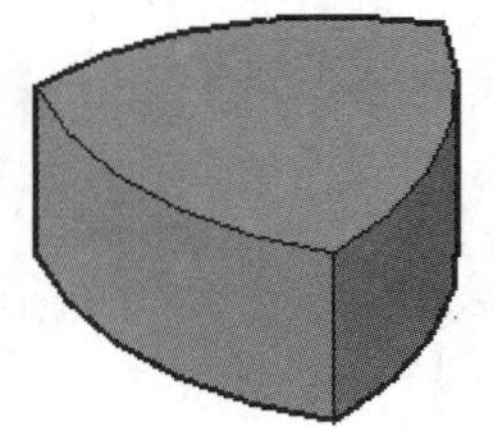

图 13-61　求交集的结果

03 在【常用】选项卡中，单击【建模】面板上的【圆柱体】按钮，再次创建圆柱体。命令行操作如下：

```
命令: _cylinder↙
指定底面的中心点或 [三点(3P)/两点(2P)/切点、切点、半径(T)/椭圆(E)]:
                                        //捕捉到图 13-62 所示的顶面三维中心点
指定底面半径或 [直径(D)] <30.0000>: 10↙
指定高度或 [两点(2P)/轴端点(A)] <15.0000>: 30↙
                                        //输入圆柱体的参数，创建的圆柱体如图 13-63 所示
```

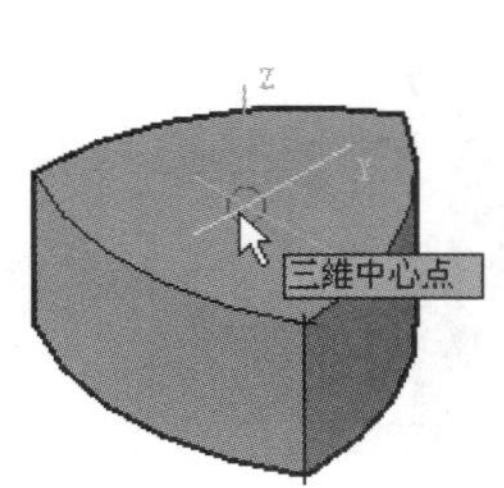

图 13-62　捕捉中心点

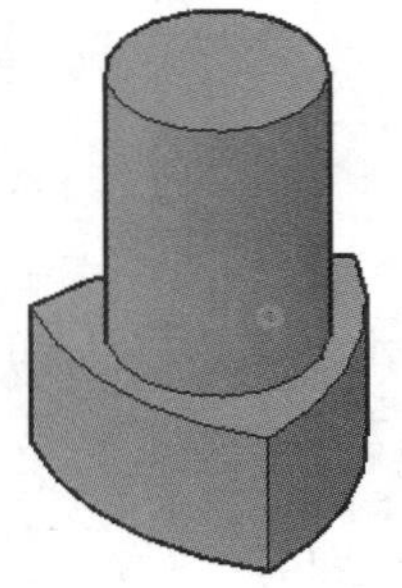

图 13-63　创建的圆柱体

04 在【常用】选项卡中，单击【实体编辑】面板上的【并集】按钮，将凸轮和圆柱体合并为单一实体。

05 在【常用】选项卡中，单击【建模】面板上的【圆柱体】按钮，再次创建圆柱体。命令行操作如下：

```
命令: _cylinder↙
指定底面的中心点或 [三点(3P)/两点(2P)/切点、切点、半径(T)/椭圆(E)]:
                                        //捕捉到图 13-64 所示的圆柱体顶面中心
指定底面半径或 [直径(D)] <30.0000>:8↙
指定高度或 [两点(2P)/轴端点(A)] <15.0000>: -70↙
                                        //输入圆柱体的参数，创建的圆柱体如图 13-65 所示
```

注意

指定圆柱体高度时，如果动态输入功能是打开的，则高度的正负是相对于用户拉伸的方向而言的，即正值的高度与拉伸方向相同，负值则相反。如果动态输入功能是关闭的，则高度的正负是相对于坐标系 Z 轴而言的，即正值的高度沿 Z 轴正向，负值则相反。

06 在【常用】选项卡中，单击【实体编辑】面板上的【差集】按钮，从组合实体中减去圆柱体。命令行操作如下：

```
命令: _subtract↙                    选择要从中减去的实体、曲面和面域...
选择对象: 找到 1 个                  //选择组合实体
选择对象: 选择要减去的实体、曲面和面域...
选择对象: 找到 1 个                  //选择中间圆柱体
选择对象:↙                          //按 Enter 键完成差集操作，结果如图 13-66 所示
```

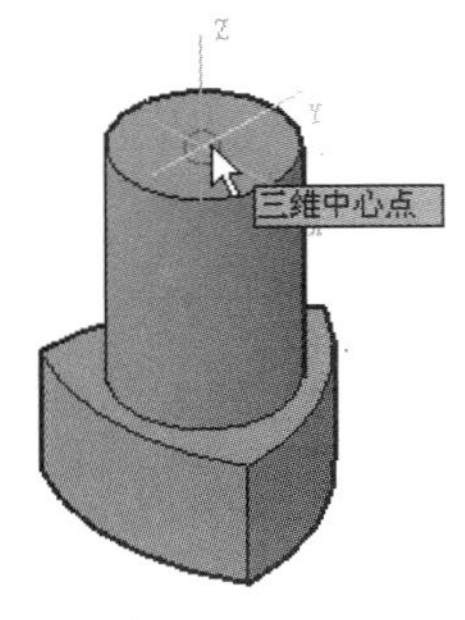

图 13-64 捕捉中心点

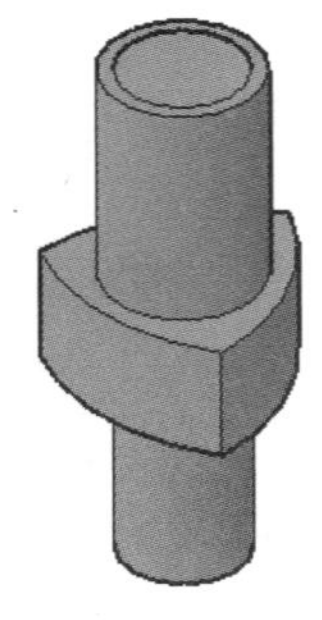

图 13-65 创建的圆柱体

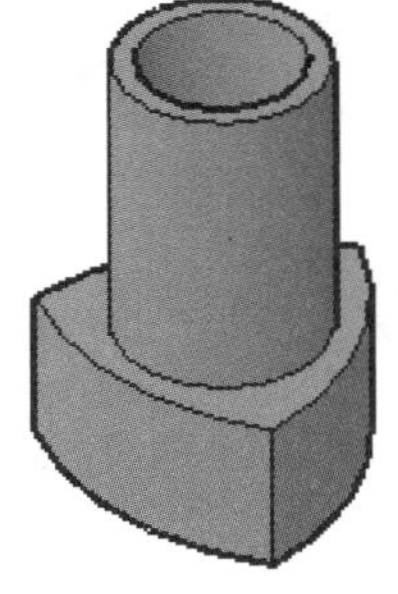

图 13-66 求差集的结果

13.5 编辑三维实体边

实体都是由最基本的面和边所组成的，AutoCAD 不仅提供了多种编辑实体的工具，还可以以实体边线为编辑对象，进行偏移、着色、压印或复制边等操作。

13.5.1 复制边

复制边是将现有实体模型的单个或多个边复制到其他位置，从而利用这些边创建出新的图形对象。

调用【复制边】命令有以下几种方法。

- 菜单栏：选择【修改】|【实体编辑】|【复制边】命令。
- 工具栏：单击【实体编辑】工具栏上的【复制边】按钮。
- 功能区：在【常用】选项卡中，单击【实体编辑】面板上的【复制边】按钮。

调用该命令后，在绘图区选择需要复制的边线，右击，系统弹出快捷菜单，如图 13-67 所示。选择【确认】命令，并指定复制边的基点或位移，移动鼠标到合适的位置单击以放置复制边，完成复制边的操作。复制边可以复制直线边线，也可以复制圆形边线，如图 13-68 所示。

图 13-67　快捷菜单

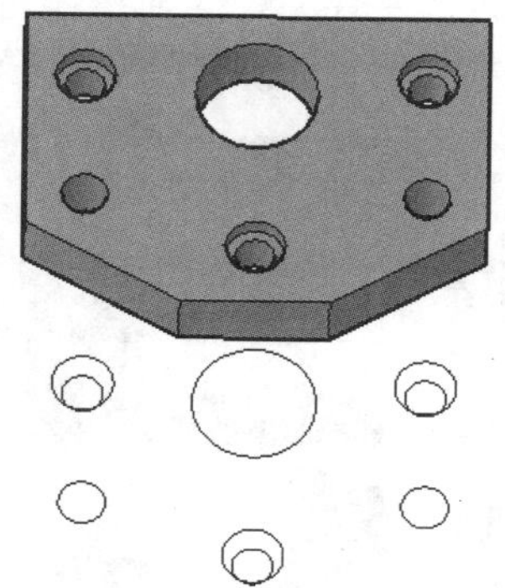
图 13-68　复制边

13.5.2　压印边

在创建三维模型后，往往会在模型的表面加入公司标记或产品标记等图形对象，这一操作可以使用【压印边】命令来完成，即通过与模型表面单个或多个表面相交部分对象压印到该表面。

调用【压印边】命令有以下几种方法。

- 菜单栏：选择【修改】|【实体编辑】|【压印边】命令。
- 工具栏：单击【实体编辑】工具栏上的【压印】按钮。
- 功能区：在【常用】选项卡中，单击【实体编辑】面板上的【压印】按钮。

调用该命令后，在绘图区选取三维实体以及压印对象，命令行将显示“是否删除源对象[是(Y)/(否)]<N>：”的提示信息，可选择是否保留压印对象。压印操作的效果如图 13-69 所示。

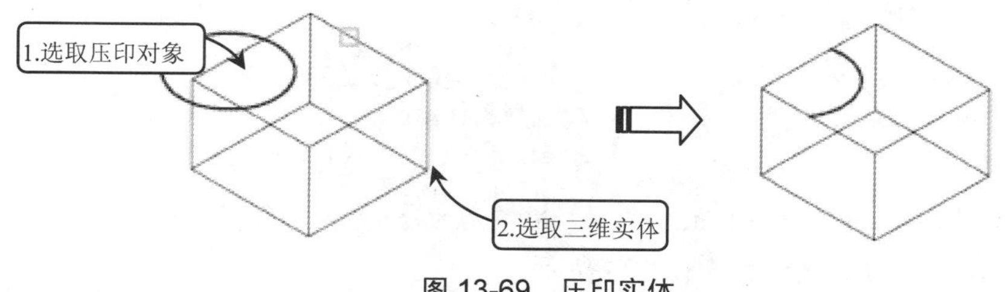

图 13-69　压印实体

13.5.3　着色边

【着色边】命令可以改变边的颜色，调用【着色边】命令有以下几种方法。

- 菜单栏：选择【修改】|【实体编辑】|【着色边】命令。
- 工具栏：单击【实体编辑】工具栏上的【着色边】按钮。
- 功能区：在【常用】选项卡中，单击【实体编辑】面板上的【着色边】按钮。
- 命令行：在命令行输入 SOLIDEDIT 并按 Enter 键，然后在命令行选择【边】选项，接着选择【着色】选项。

执行以上命令后，先选择边线对象，系统弹出【选择颜色】对话框，如图 13-70 所示，在其中选择所需的颜色即完成着色。着色边效果如图 13-71 所示。

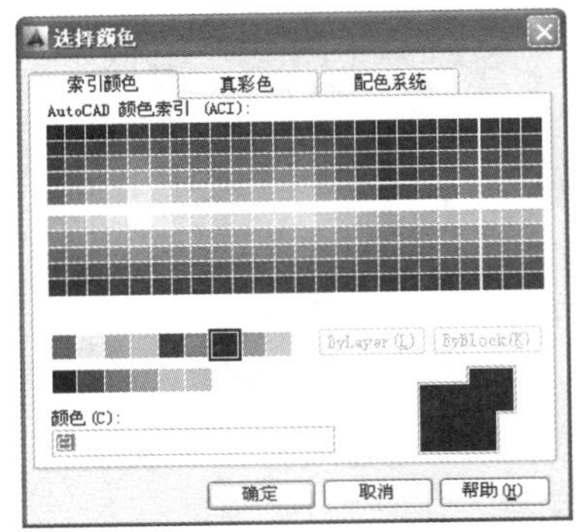

图 13-70 【选择颜色】对话框

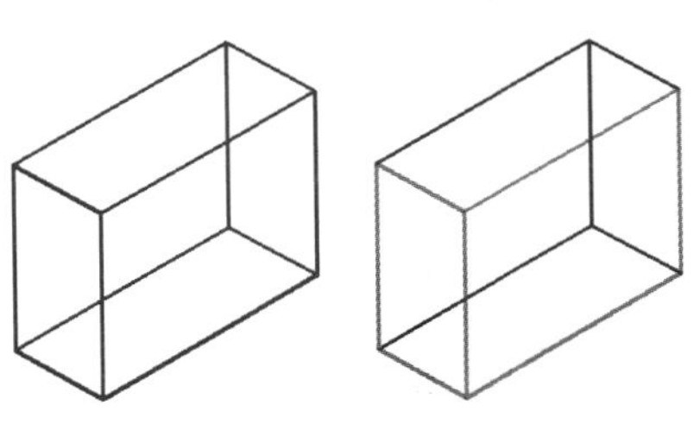

图 13-71 着色边效果

13.5.4 提取边

使用【提取边】命令可以通过从三维实体或曲面中提取边来创建线框几何体。

调用【提取边】命令有以下几种方法。

- 菜单栏：选择【修改】|【三维操作】|【提取边】命令。
- 功能区：在常用选项卡中，单击【实体编辑】面板上的【提取边】按钮。
- 命令行：在命令行输入 XEDGES 并按 Enter 键。

【案例 13-11】：提取箱体模型边线

01 打开“第 13 章/案例 13-11 提取箱体模型边线.dwg”素材文件，如图 13-72 所示。

02 在【常用】选项卡中，单击【实体编辑】面板上的【提取边】按钮，提取模型边线。命令行操作如下：

```
命令: _xedges↙                    //调用【提取边】命令
选择对象: 找到 1 个                 //选择箱体模型
选择对象:↙                         //按 Enter 键，完成边线提取
```

03 在命令行输入 M 并按 Enter 键，调用【移动】命令，将实体移动到合适位置，可以查看提取的边线，如图 13-73 所示。

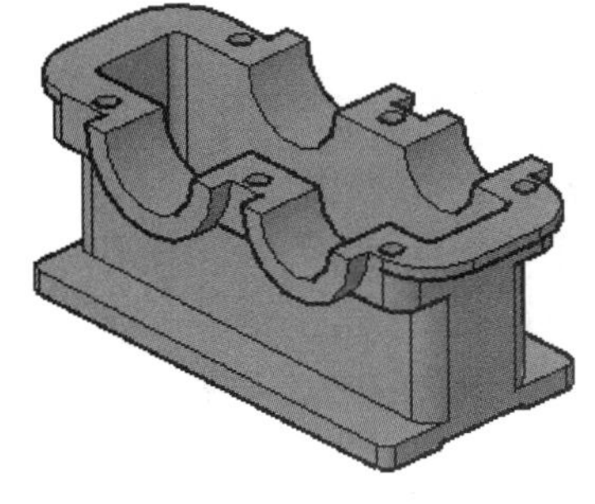

图 13-72 素材模型

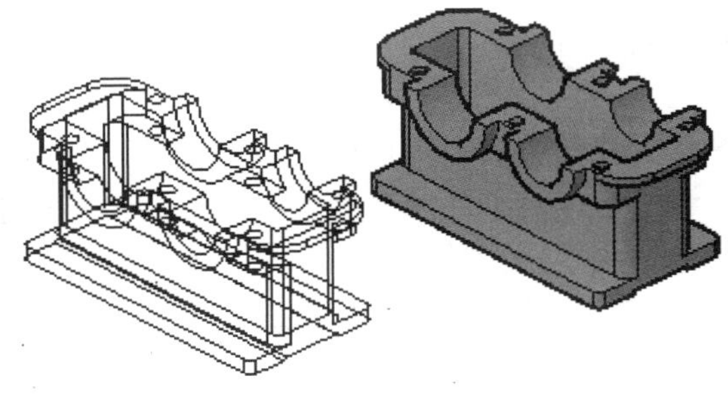

图 13-73 提取的边线

13.6　编辑实体面

在编辑三维实体时，不仅可以对实体上的单个或多个边线调用编辑操作，还可以对整个实体的任意表面调用编辑操作，即通过改变实体表面达到改变实体的目的。

13.6.1　移动实体面

移动实体面是沿指定的高度或距离移动选定的面，移动时只移动选定的实体面而不改变方向。

调用【移动面】命令有以下几种方法。

- 菜单栏：选择【修改】|【实体编辑】|【移动面】命令。
- 工具栏：单击【实体编辑】工具栏上的【移动面】按钮。
- 功能区：在【常用】选项卡中，单击【实体编辑】面板上的【移动面】按钮。

调用该命令后，在绘图区选取实体表面，按 Enter 键并右击捕捉移动实体面的基点，指定移动路径或距离值。移动面的效果如图 13-74 所示。

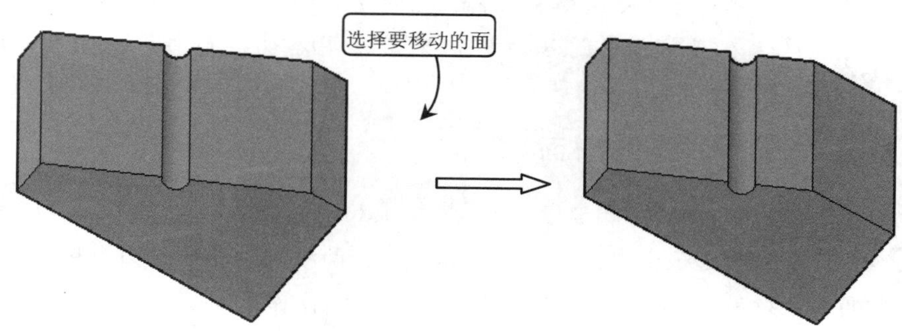

图 13-74　移动实体面

13.6.2　偏移实体面

调用偏移实体面操作是指在一个三维实体上按指定的距离均匀地偏移实体面。可根据设计需要将现有的面从原始位置向内或向外偏移指定的距离，从而获取新的实体面。

调用【偏移面】命令有以下几种方法。

- 菜单栏：选择【修改】|【实体编辑】|【偏移面】命令。
- 工具栏：单击【实体编辑】工具栏上的【偏移面】按钮。
- 功能区：在【常用】选项卡中，单击【实体编辑】面板上的【偏移面】按钮。

调用该命令后，在绘图区选取要偏移的面，输入偏移距离并按 Enter，即可获如图 13-75 所示的偏移面特征。

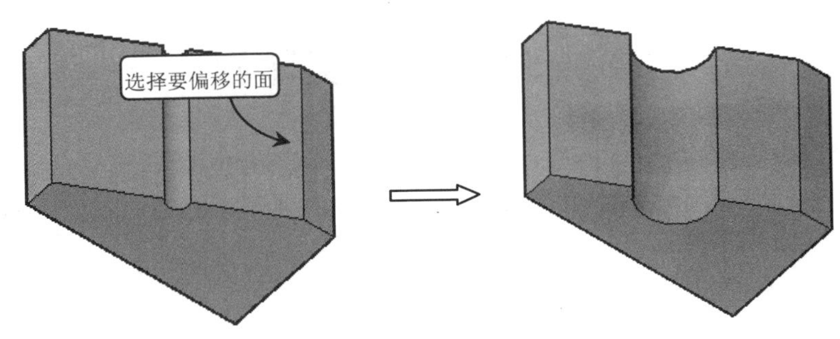

图 13-75　偏移实体面

13.6.3　删除实体面

在三维建模环境中，调用删除实体面操作是指从三维实体对象上删除实体表面、圆角等实体特征。

调用【删除面】命令有以下几种方法。

- 菜单栏：选择【修改】|【实体编辑】|【删除面】命令。
- 工具栏：单击【实体编辑】工具栏上的【删除面】按钮。
- 功能区：在【常用】选项卡中，单击【实体编辑】面板上的【删除面】按钮。

【案例 13-12】：删除实体面

01 打开"第 13 章/案例 13-12 删除实体面.dwg"素材文件，如图 13-76 所示。

02 在【常用】选项卡中，单击【实体编辑】面板上的【删除面】按钮，删除创建的倒角效果，结果如图 13-77 所示。命令行操作如下：

```
命令: _solidedit↙
实体编辑自动检查:  SOLIDCHECK=1
输入实体编辑选项 [面(F)/边(E)/体(B)/放弃(U)/退出(X)] <退出>: _face
输入面编辑选项
[拉伸(E)/移动(M)/旋转(R)/偏移(O)/倾斜(T)/删除(D)/复制(C)/颜色(L)/材质(A)/
放弃(U)/退出(X)] <退出>: _delete                //调用【删除面】命令
选择面或 [放弃(U)/删除(R)]: 找到一个面。         //选择倒角面
选择面或 [放弃(U)/删除(R)/全部(ALL)]:            //按 Enter 键完成删除面
已开始实体校验。
已完成实体校验。
输入面编辑选项
[拉伸(E)/移动(M)/旋转(R)/偏移(O)/倾斜(T)/删除(D)/复制(C)/颜色(L)/材质(A)/
放弃(U)/退出(X)] <退出>: *取消*                 //按 Esc 键退出命令
```

图 13-76　素材模型

图 13-77　删除面的效果

13.6.4　旋转实体面

调用旋转实体面操作能够使单个或多个实体表面绕指定的轴线旋转，或者使旋转实体的某些部分形成新的实体。

调用【旋转面】命令有以下几种方法。

- 菜单栏：选择【修改】|【实体编辑】|【旋转面】菜单命令。
- 工具栏：单击【实体编辑】工具栏上的【旋转面】按钮。
- 功能区：在【常用】选项卡中，单击【实体编辑】面板上的【旋转面】按钮。

【案例 13-13】：旋转实体面

01 打开“第 13 章/案例 13-13 旋转实体面.dwg”素材文件，如图 13-78 所示。

02 在【常用】选项卡中，单击【实体编辑】面板上的【旋转面】按钮，将其中一个斜面进行旋转。命令行操作如下：

```
命令: _solidedit↙
实体编辑自动检查:  SOLIDCHECK=1
输入实体编辑选项 [面(F)/边(E)/体(B)/放弃(U)/退出(X)] <退出>: _face
输入面编辑选项
[拉伸(E)/移动(M)/旋转(R)/偏移(O)/倾斜(T)/删除(D)/复制(C)/颜色(L)/材质(A)/
放弃(U)/退出(X)] <退出>: _rotate                    //调用【旋转面】命令
选择面或 [放弃(U)/删除(R)]: 找到一个面。               //选择要旋转的面
选择面或 [放弃(U)/删除(R)/全部(ALL)]:↙                 //按 Enter 键结束选择
指定轴点或 [经过对象的轴(A)/视图(V)/X 轴(X)/Y 轴(Y)/Z 轴(Z)] <两点>:
                                                      //捕捉图 13-79 所示的端点
在旋转轴上指定第二个点:                                //捕捉图 13-80 所示的垂足
指定旋转角度或 [参照(R)]: 27↙                         //输入旋转角度，完成旋转面
已开始实体校验。
已完成实体校验。
输入面编辑选项
[拉伸(E)/移动(M)/旋转(R)/偏移(O)/倾斜(T)/删除(D)/复制(C)/颜色(L)/材质(A)/
放弃(U)/退出(X)] <退出>: *取消*                      //按 Esc 键退出命令
```

03 旋转面的结果如图 13-81 所示。

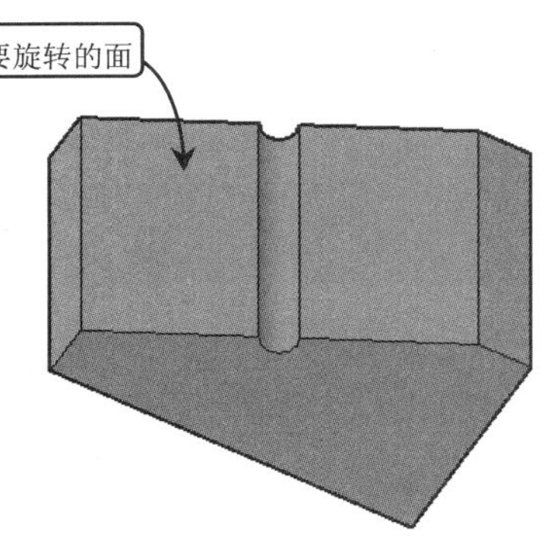

图 13-78 素材模型

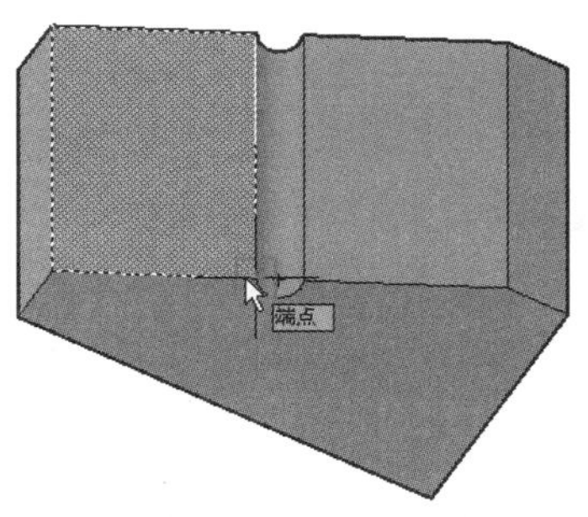

图 13-79 选择旋转轴端点

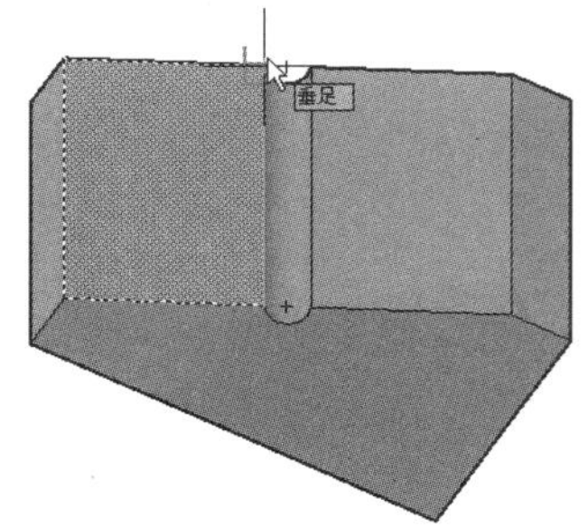

图 13-80 选择旋转轴上另一点

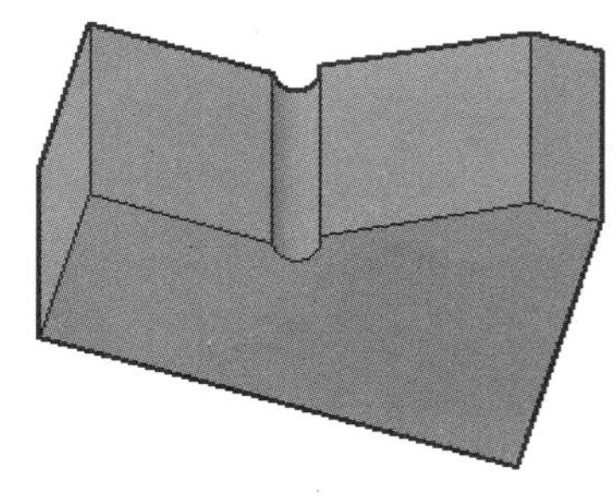

图 13-81 旋转面的结果

13.6.5 倾斜实体面

在编辑三维实体面时，可利用【倾斜实体面】工具将孔、槽等特征沿着矢量方向，并指定特定的角度进行倾斜操作，从而获取新的实体。

调用【倾斜面】命令有以下几种方法。

- 菜单栏：选择【修改】|【实体编辑】|【倾斜面】命令。
- 工具栏：单击【实体编辑】工具栏上的【倾斜面】按钮。
- 功能区：在【常用】选项卡中，单击【实体编辑】面板上的【倾斜面】按钮。

【案例 13-14】：倾斜实体面

01 打开"第 13 章/案例 13-14 倾斜实体面.dwg"素材文件，如图 13-82 所示。

02 在【常用】选项卡中，单击【实体编辑】面板上的【倾斜面】按钮，倾斜支座的上表面。命令行操作如下：

```
命令: _solidedit↙
实体编辑自动检查:  SOLIDCHECK=1
输入实体编辑选项 [面(F)/边(E)/体(B)/放弃(U)/退出(X)] <退出>: _face
输入面编辑选项
[拉伸(E)/移动(M)/旋转(R)/偏移(O)/倾斜(T)/删除(D)/复制(C)/颜色(L)/材质(A)/
放弃(U)/退出(X)] <退出>: _taper                    //调用【倾斜面】命令
选择面或 [放弃(U)/删除(R)]: 找到一个面。            //选择支座上表面
选择面或 [放弃(U)/删除(R)/全部(ALL)]:↙             //按 Enter 键完成选择
```

```
指定基点:                                   //捕捉到图 13-83 所示的端点
指定沿倾斜轴的另一个点:                     //捕捉到图 13-84 所示的垂足
指定倾斜角度: -40↙                          //输入倾斜角度
已开始实体校验。
已完成实体校验。
输入面编辑选项
[拉伸(E)/移动(M)/旋转(R)/偏移(O)/倾斜(T)/删除(D)/复制(C)/颜色(L)/材质(A)/
放弃(U)/退出(X)] <退出>: *取消*
```

03　倾斜面的结果如图 13-85 所示。

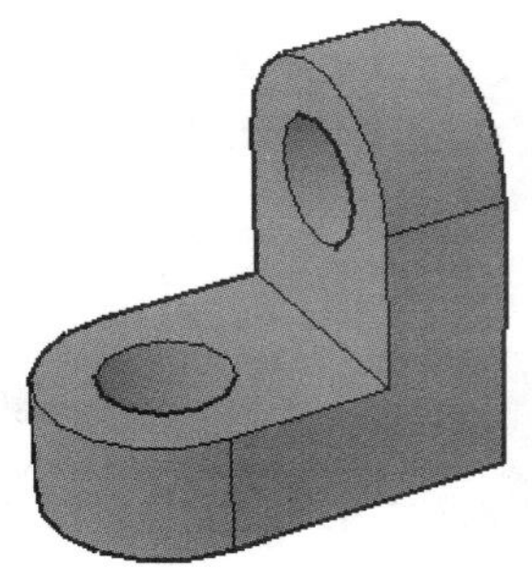

图 13-82　素材模型

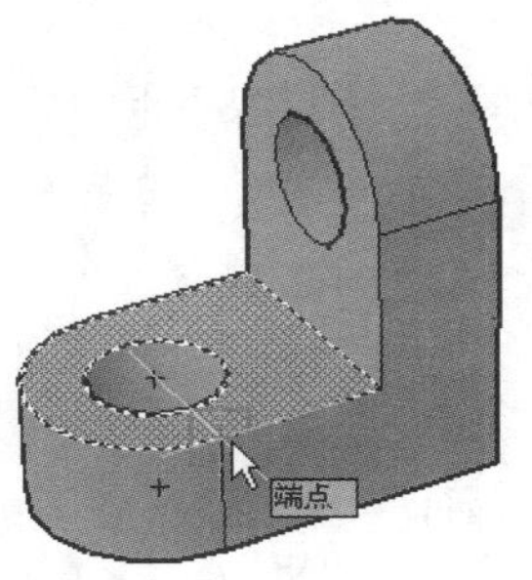

图 13-83　指定倾斜基点

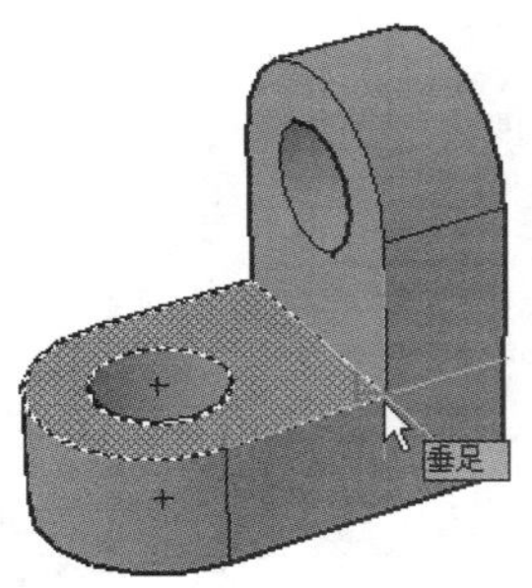

图 13-84　指定倾斜轴上另一点

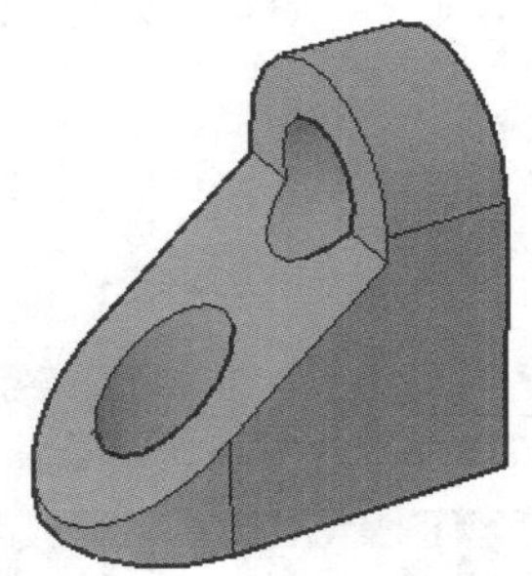

图 13-85　倾斜面的结果

13.6.6　实体面着色

调用实体面着色操作可修改单个或多个实体面的颜色，以取代该实体对象所在图层的颜色，以方便地查看这些表面。

调用【着色面】命令有如下几种方法。

- 菜单栏：选择【修改】|【实体编辑】|【着色面】命令。
- 工具栏：单击【实体编辑】工具栏上的【着色面】按钮。
- 功能区：在【常用】选项卡中，单击【实体编辑】面板上的【着色面】按钮。

【案例 13-15】：着色实体面

01　打开“第 13 章/案例 13-15 着色实体面.dwg”素材文件，如图 13-86 所示。

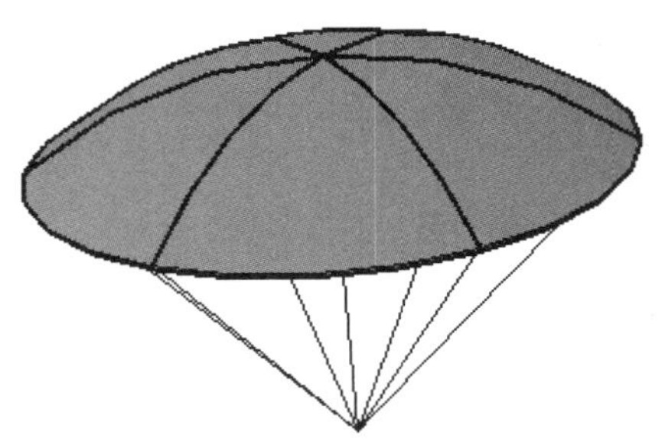

图 13-86　素材模型

02 在【常用】选项卡中，单击【实体编辑】面板上的【着色面】按钮，选择伞面上的一个面，为其着色。命令行操作如下：

```
命令: _solidedit↙
实体编辑自动检查:  SOLIDCHECK=1
输入实体编辑选项 [面(F)/边(E)/体(B)/放弃(U)/退出(X)] <退出>: _face
输入面编辑选项
[拉伸(E)/移动(M)/旋转(R)/偏移(O)/倾斜(T)/删除(D)/复制(C)/颜色(L)/材质(A)/
放弃(U)/退出(X)] <退出>: _color
选择面或 [放弃(U)/删除(R)]: 找到一个面。            //选择任意一个表面
选择面或 [放弃(U)/删除(R)/全部(ALL)]:↙
//按 Enter 键，系统弹出【选择颜色】对话框，如图 13-87 所示，在对话框中选择一种颜色
输入面编辑选项
[拉伸(E)/移动(M)/旋转(R)/偏移(O)/倾斜(T)/删除(D)/复制(C)/颜色(L)/材质(A)/
放弃(U)/退出(X)] <退出>: *取消*                    //按 Esc 键退出命令
```

03 同样的方法为另外 5 个面着色，结果如图 13-88 所示。

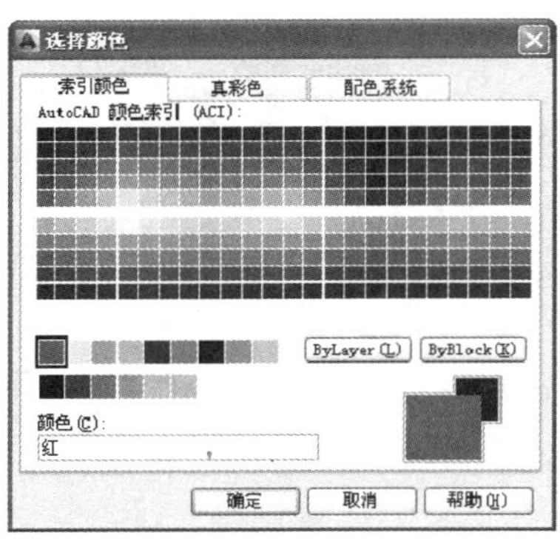

图 13-87　【选择颜色】对话框

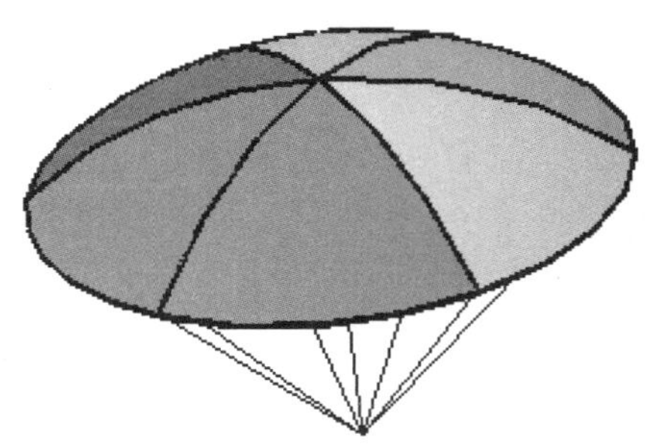

图 13-88　6 个面的着色效果

13.6.7 拉伸实体面

在编辑三维实体面时，可使用【拉伸实体面】命令直接选取实体表面调用拉伸操作，从而获取新的实体。

调用【拉伸面】命令有以下几种方法。

- 菜单栏：选择【修改】|【实体编辑】|【拉伸面】命令。

- 工具栏：单击【实体编辑】工具栏上的【拉伸面】按钮。
- 功能区：在【常用】选项卡中，单击【实体编辑】面板上的【拉伸面】按钮。

调用该命令后，在绘图区选取需要拉伸的曲面，并指定拉伸路径或输入拉伸距离，按 Enter 键即可完成拉伸实体面的操作，其效果如图 13-89 所示。

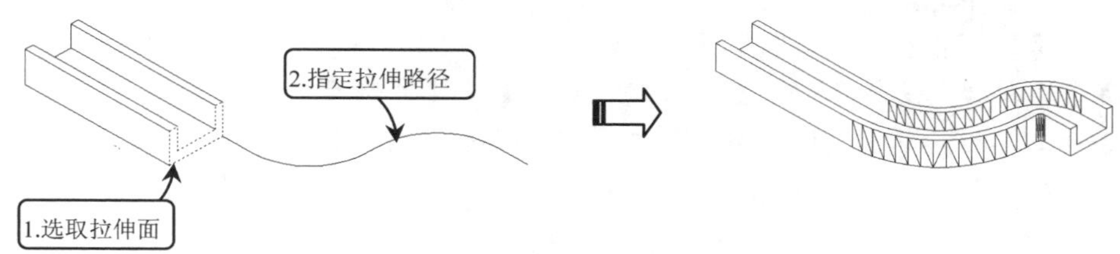

图 13-89　拉伸实体面

【案例 13-16】：拉伸实体面

01 打开“第 13 章\案例 13-16 拉伸实体面.dwg”素材文件，如图 13-90 所示。

02 在【常用】选项卡中，单击【实体编辑】面板上的【拉伸面】按钮，沿路径拉伸模型顶面，如图 13-91 所示。命令行操作如下：

```
命令：_solidedit↙                                    //调用【拉伸面】命令
实体编辑自动检查： SOLIDCHECK=1
输入实体编辑选项 [面(F)/边(E)/体(B)/放弃(U)/退出(X)] <退出>: _face
输入面编辑选项
[拉伸(E)/移动(M)/旋转(R)/偏移(O)/倾斜(T)/删除(D)/复制(C)/颜色(L)/材质(A)/
放弃(U)/退出(X)] <退出>: _extrude
选择面或 [放弃(U)/删除(R)]: 找到一个面                //选择模型顶面
选择面或 [放弃(U)/删除(R)/全部(ALL)]: ↙
指定拉伸高度或 [路径(P)]: P↙                         //选择【路径】选项
选择拉伸路径:                                         //选择圆弧线，完成拉伸操作
已开始实体校验。
已完成实体校验。
输入面编辑选项
[拉伸(E)/移动(M)/旋转(R)/偏移(O)/倾斜(T)/删除(D)/复制(C)/颜色(L)/材质(A)/
放弃(U)/退出(X)] <退出>: *取消*                       //按 Esc 键退出命令
```

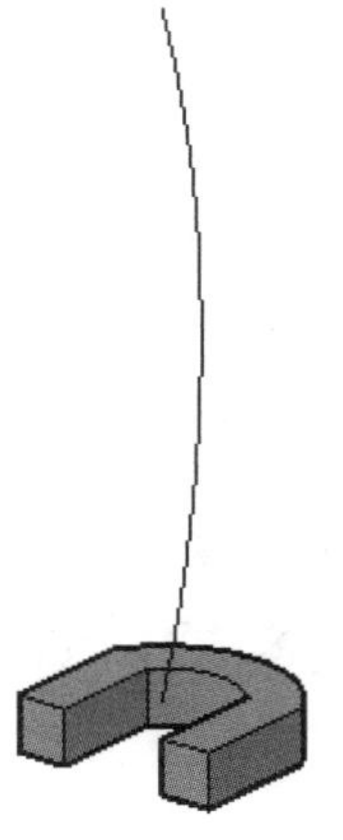

图 13-90　素材文件

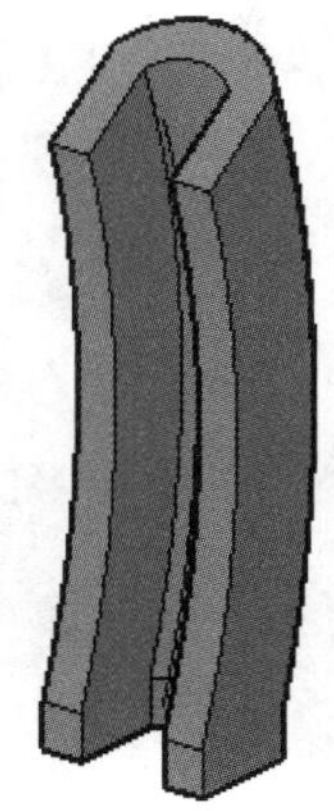

图 13-91　拉伸面的结果

13.6.8 复制实体面

在三维建模环境中，利用【复制实体面】命令能够将三维实体表面复制到其他位置，且使用这些表面可创建新的实体。

调用【复制面】命令有以下几种方法。

- 菜单栏：选择【修改】|【实体编辑】|【复制面】命令。
- 工具栏：单击【实体编辑】工具栏上的【复制面】按钮。
- 功能区：在【常用】选项卡中，单击【实体编辑】面板上的【复制面】按钮。

调用该命令后，在绘图区选取需要复制的实体表面。如果指定了两个点，AutoCAD 将第一个点作为基点，并相对于基点放置一个副本；如果只指定一个点，AutoCAD 将把原始选择点作为基点，下一点作为位移点。

13.7 三维实体的高级编辑

在编辑三维实体时，不仅可以对实体上单个表面和边线调用编辑操作，还可以对整个实体调用编辑操作。

13.7.1 创建倒角和圆角

【倒角】和倒【圆角】命令不仅能在二维环境中使用，在创建三维对象时同样可以使用。

1. 三维倒角

在三维建模过程中，为方便安装轴上其他零件，防止擦伤或者划伤其他零件和安装人员，通常需要为孔特征零件或轴类零件创建倒角。

调用【倒角边】命令有以下几种方法。

- 菜单栏：选择【修改】|【实体编辑】|【倒角边】命令。
- 功能区：在【实体】选项卡中，单击【实体编辑】面板上的【倒角边】按钮。

执行以上在一种操作之后，在绘图区选取绘制倒角所在的基面，按 Enter 键分别指定倒角距离，指定需要倒角的边线，按 Enter 键即可创建三维倒角，效果如图 13-92 所示。

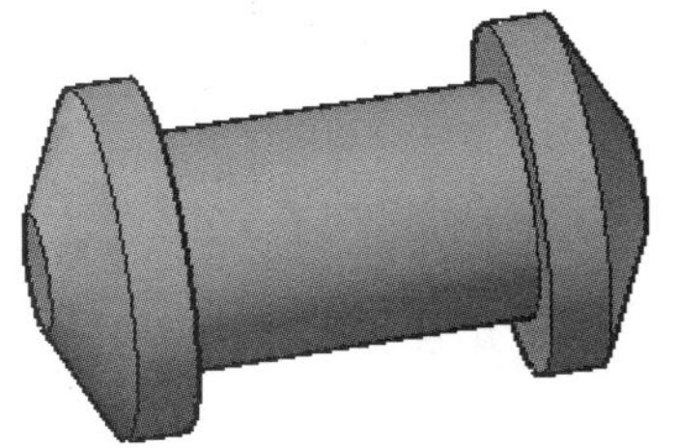

图 13-92 创建三维倒角

技巧

在调用【倒角边】命令时，当出现“选择一条边或 [环(L)/距离(D)]:”提示信息时，选择【距离】选项可以设置倒角距离。

2. 三维圆角

在三维建模过程中，主要是在回转零件的轴肩处创建圆角特征，以防止轴肩应力集中，从而在长时间的运转中断裂。

调用【圆角边】命令有以下几种方法。

- 菜单栏：选择【修改】｜【实体编辑】｜【圆角边】命令。
- 功能区：在【实体】选项卡中，单击【实体编辑】面板上的【圆角边】按钮。

执行以上任一种操作之后，在绘图区选取需要绘制圆角的边线，输入圆角半径，按 Enter 键。其命令行出现“选择边或 [链(C)/环(L)/半径(R)]:”提示，选择【链(C)】选项，则可以选择多个边线进行倒圆角；选择【半径】选项，则可以创建不同半径值的圆角，按 Enter 键即可创建三维倒圆角，如图 13-93 所示。

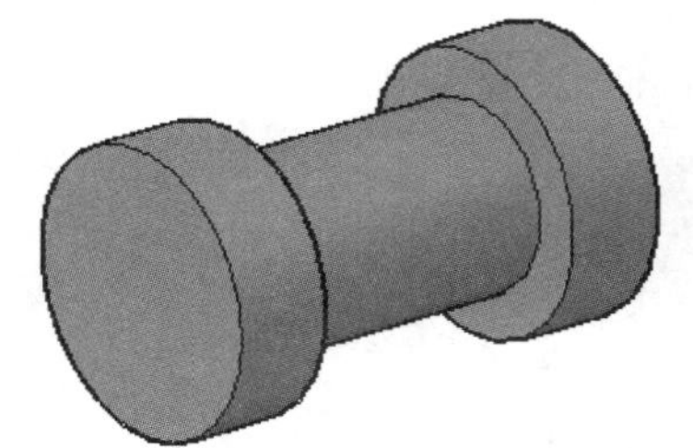
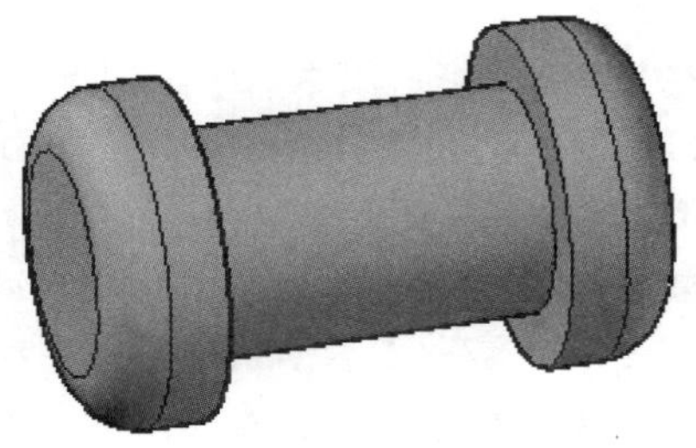

图 13-93　创建三维圆角

【案例 13-17】：创建圆角与倒角

01 打开“第 13 章\案例 13-17 创建圆角与倒角.dwg”素材文件，如图 13-94 所示。

02 在【实体】选项卡中，单击【实体编辑】面板上的【倒角边】按钮，对模型进行倒角，如图 13-95 所示。命令行操作如下：

```
命令: _CHAMFEREDGE↙                                   //调用【倒角边】命令
距离 1 = 10.0000，距离 2 = 10.0000
选择一条边或 [环(L)/距离(D)]: D↙                      //激活【距离】选项
指定距离 1 或 [表达式(E)] <10.0000>: 2↙               //输入第一个倒角距离
指定距离 2 或 [表达式(E)] <10.0000>: 2↙               //输入第二个倒角距离
选择一条边或 [环(L)/距离(D)]:                          //选择圆管的顶面外圆边线
选择同一个面上的其他边或 [环(L)/距离(D)]: ↙
按 Enter 键接受倒角或 [距离(D)]: ↙                     //按 Enter 键接受倒角
```

03 在【实体】选项卡中，单击【实体编辑】面板上的【圆角边】按钮，在底座边线上创建圆角，如图 13-96 所示。命令行操作如下：

```
命令: _FILLETEDGE↙                                    //调用【圆角边】命令
半径 = 1.0000
选择边或 [链(C)/环(L)/半径(R)]: R↙                     //激活【半径】选项
```

```
输入圆角半径或 [表达式(E)] <1.0000>: 5↙          //输入圆角半径
选择边或 [链(C)/环(L)/半径(R)]:                   //选择底座的 4 条竖直边线
选择边或 [链(C)/环(L)/半径(R)]: ↙
已选定 4 个边用于圆角。
按 Enter 键接受圆角或 [半径(R)]: ↙                //按 Enter 键接受圆角
```

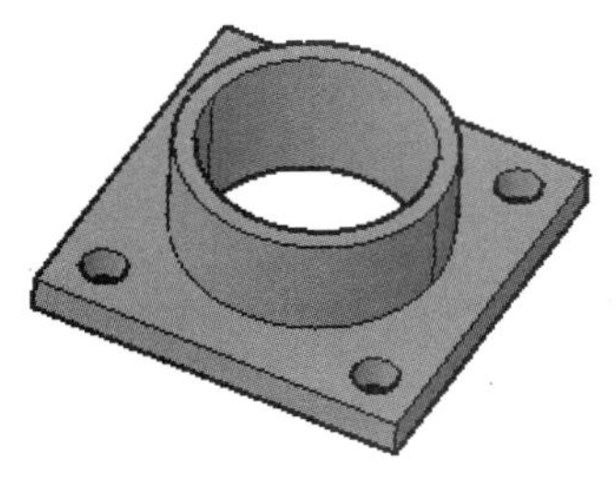

图 13-94 素材图形

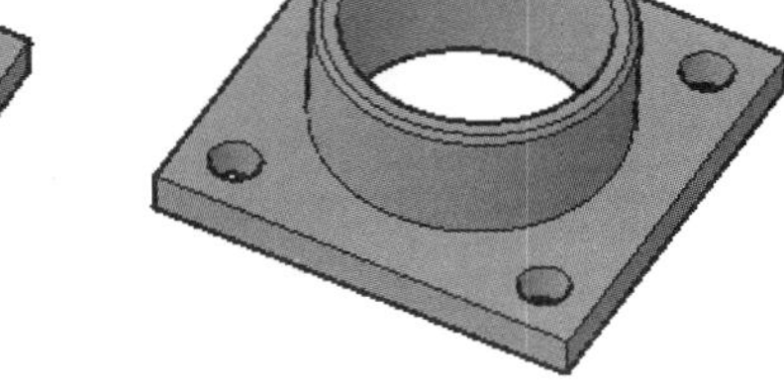

图 13-95 倒角边的结果

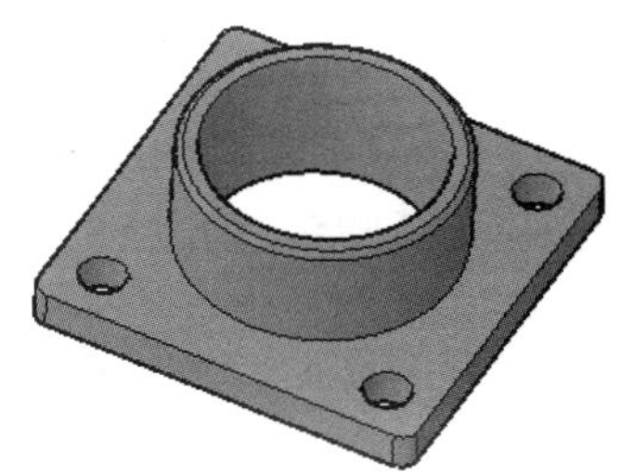

图 13-96 圆角边的结果

13.7.2 抽壳

【抽壳】命令可将实体模型内部去除材料，保留一定厚度的外壳，抽壳的同时允许删除某些面。正值的抽壳偏移距离从实体外开始抽壳，负值的偏移距离从实体内开始抽壳。

调用【抽壳】命令有以下几种方法。

- 菜单栏：选择【修改】|【实体编辑】|【抽壳】命令。
- 工具栏：单击【实体编辑】工具栏上的【抽壳】按钮。
- 功能区：在【实体】选项卡中，单击【实体编辑】面板上的【抽壳】按钮。
- 命令行：在命令行输入 SOLIDEDIT 并按 Enter 键，然后在命令行依次选择【体】、【抽壳】选项。

在调用实体抽壳操作时，可保留所有面生成中空的封闭壳体，也可以删除若干面生成开放的壳体。

【案例 13-18】：抽壳创建瓶体

01 打开“第 13 章\案例 13-18 抽壳创建瓶体.dwg”素材文件，如图 13-97 所示。

02 在【实体】选项卡中，单击【实体编辑】面板上的【抽壳】按钮，对模型进行抽壳并删除上表面，结果如图 13-98 所示。命令行操作如下：

```
命令: _solidedit↙
实体编辑自动检查: SOLIDCHECK=1
输入实体编辑选项 [面(F)/边(E)/体(B)/放弃(U)/退出(X)] <退出>: _body
输入体编辑选项
[压印(I)/分割实体(P)/抽壳(S)/清除(L)/检查(C)/放弃(U)/退出(X)] <退出>: _shell
                                                  //调用【抽壳】命令
选择三维实体:                                     //选择瓶体
删除面或 [放弃(U)/添加(A)/全部(ALL)]:             //选择瓶体顶面
找到一个面，已删除 1 个。
删除面或 [放弃(U)/添加(A)/全部(ALL)]:↙            //按 Enter 键结束选择
输入抽壳偏移距离: 0.5↙                            //输入抽壳距离，完成抽壳
```

```
输入体编辑选项
[压印(I)/分割实体(P)/抽壳(S)/清除(L)/检查(C)/放弃(U)/退出(X)] <退出>: *取消*
                                                    //按 Esc 键退出
```

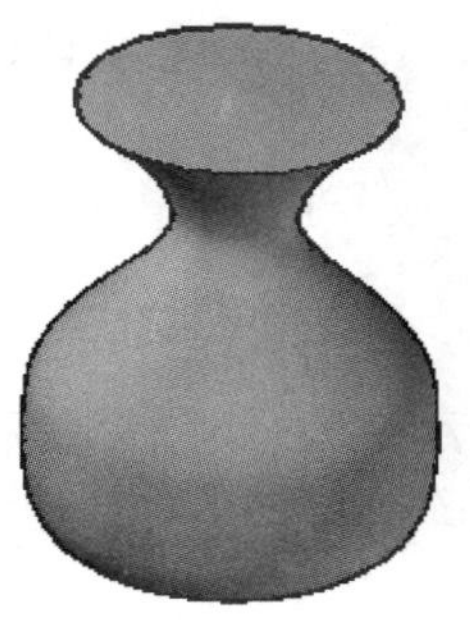

图 13-97　素材文件

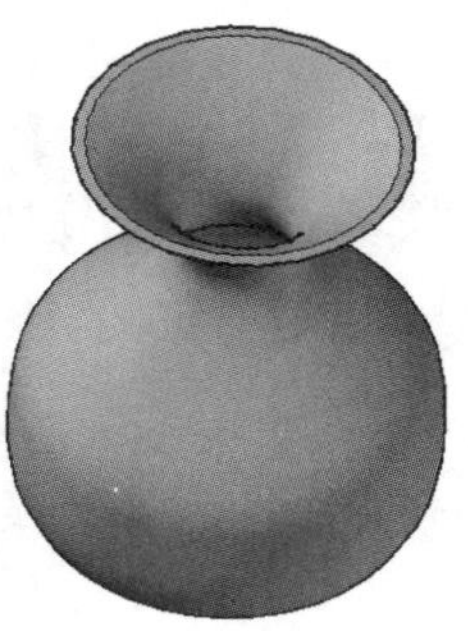

图 13-98　抽壳结果

13.7.3　剖切实体

在绘图过程中，为了表现实体内部的结构特征，可假想一个与指定对象相交的平面或曲面，剖切该实体从而创建新的对象。而剖切平面可根据设计需要通过指定点、选择曲面或平面对象来定义。

调用【剖切】命令有以下几种方法。

- 菜单栏：选择【修改】|【三维操作】|【剖切】命令。
- 功能区：在【常用】选项卡中，单击【实体编辑】面板上的【剖切】按钮。
- 命令行：在命令行输入 SLICE 并按 Enter 键。

调用该命令后，就可以通过剖切现有实体来创建新实体。作为剖切平面的对象可以是曲面、圆、椭圆、圆弧或椭圆弧、二维样条曲线和二维多段线。在剖切实体时，可以保留剖切实体的一半或全部。剖切实体不保留创建它们的原始形式的记录，只保留原实体的图层和颜色特性，如图 13-99 所示。

图 13-99　实体剖切效果

13.7.4　分割

【分割】命令用于将不相连的组合实体分割为单独的实体，如图 13-100 所示。

调用【分割】命令有以下几种方法。

- 菜单栏：选择【修改】|【实体编辑】|【分割】命令。
- 功能区：在【常用】选项卡中，单击【实体编辑】面板上的【分割】按钮。
- 命令行：在命令行输入 SOLIDEDIT 并按 Enter 键，然后在命令行依次选择【体】、【分割实体】选项。

执行该命令后，选择要分割的实体，按 Enter 键即可完成分割。

提示

使用【分割】命令不能分割通过多个单一实体执行合并运算而成的实体，将三维实体分割后，独立的实体保留其图层和原始颜色，嵌套的三维实体对象都分割成最简单的结构。

分割前

分割后

图 13-100 实体分割效果

13.7.5 截面平面

【截面平面】命令通过三维对象创建剪切平面的方式创建截面对象，选择屏幕上的任意点就可以创建独立于实体的截面对象。

调用【截面平面】命令有以下几种方法。

- 菜单栏：选择【绘图】|【建模】|【截面平面】命令。
- 功能区：在【常用】选项卡中，单击【截面】面板上的【截面平面】按钮。
- 命令行：在命令行输入 SECTIONPLANE 并按 Enter 键。

执行该命令后，命令行提示如下：

```
选择面或任意点以定位截面线或 [绘制截面(D)/正交(O)]:
```

命令行中各选项的含义如下。

- 绘制截面：定义具有多个点的截面对象以创建带有折弯的截面线。该选项将创建处于【截面边界】状态的截面对象，并且活动截面将会关闭。
- 正交：将截面对象与相对于 UCS 的正交方向对齐。

13.7.6 实例——绘制汽车方向盘剖面图

01 打开“第 13 章\ 13.7.6 汽车方向盘.dwg”素材文件，如图 13-101 所示。

02 在【常用】选项卡中，单击【建模】面板上的【扫掠】按钮，选择中心线端点处的圆为扫掠对象，选择外圆为扫掠路径，结果如图 13-102 所示。

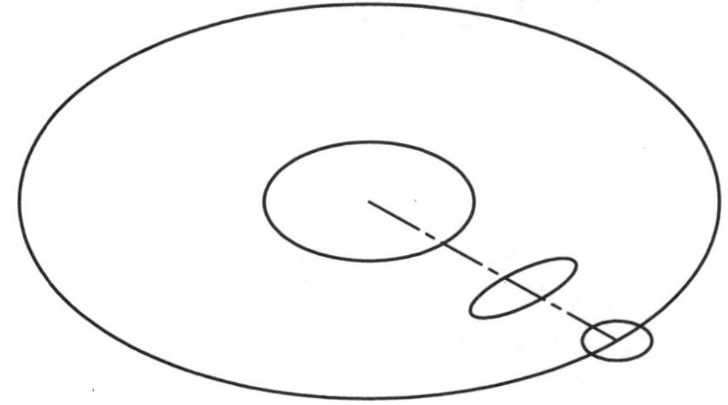

图 13-101 素材图形

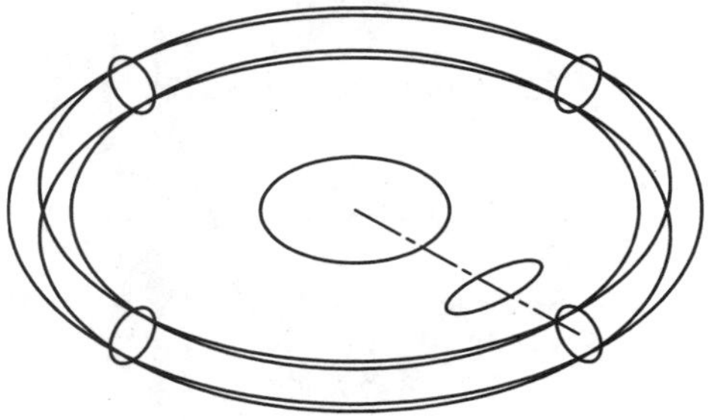

图 13-102 圆的扫掠结果

03 再次调用【扫掠】命令，选择椭圆为扫掠对象，选择径向轴线为扫掠路径，结果如图 13-103 所示。

04 在【常用】选项卡中，单击【修改】面板上的【环形阵列】按钮，选择上一步创建的椭圆扫掠体为阵列对象，沿圆周方向阵列 3 个，结果如图 13-104 所示。

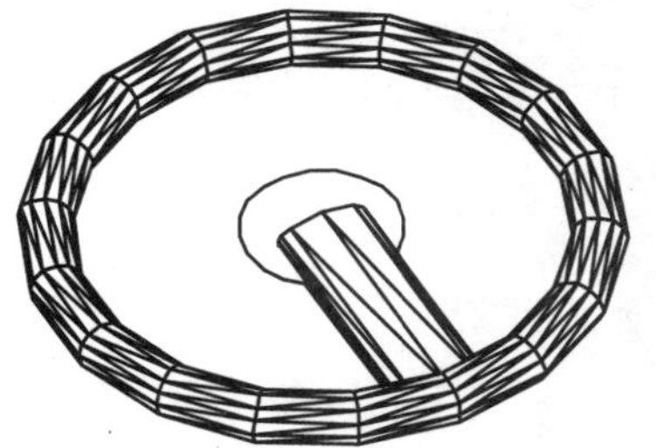

图 13-103 椭圆的扫掠结果

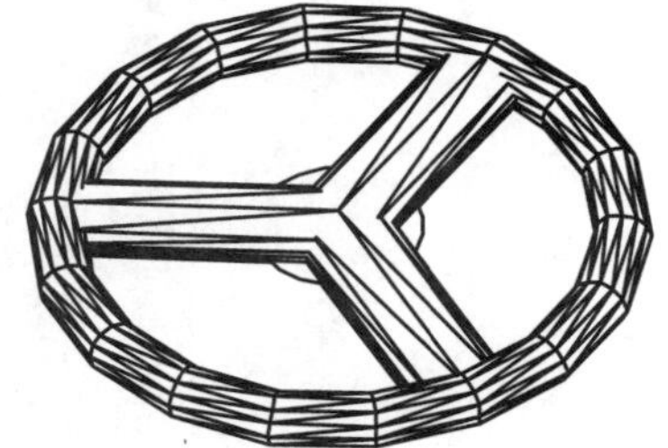

图 13-104 环形阵列的结果

05 将模型的视觉样式修改为概念视觉样式，在【常用】选项卡中，单击【建模】面板上的【拉伸】按钮，选择中心的圆形轮廓为拉伸对象，向下拉伸 15，结果如图 13-105 所示。

06 在【常用】选项卡中，单击【实体编辑】面板上的【并集】按钮，选择当前所有实体为并集对象，并集结果如图 13-106 所示。

07 在【实体】选项卡中，单击【实体编辑】面板上的【圆角边】按钮，选择轮轴与外圈连接处的轮廓线，设置圆角半径为 10，圆角结果如图 13-107 所示。

08 在【实体】选项卡中，单击【实体编辑】面板上的【抽壳】按钮，选择整个实体为抽壳对象，设置抽壳距离为 1，抽壳结果如图 13-108 所示。

09 在【实体】选项卡中，单击【实体编辑】面板上的【剖切】按钮，在命令行选择 ZX 平面为剖切面，并且仅保留一侧实体，结果如图 13-109 所示。

图 13-105　拉伸圆的结果

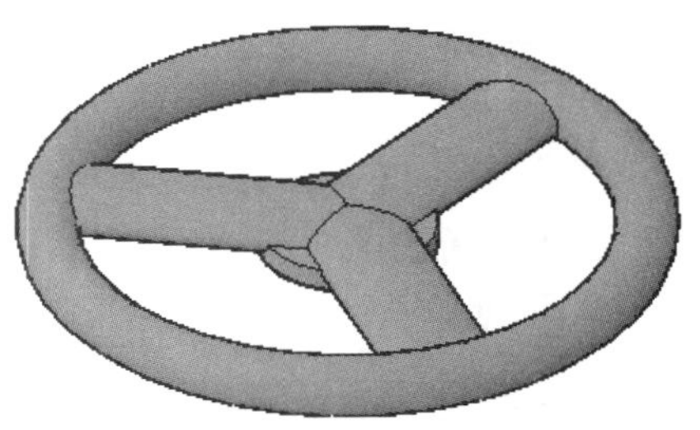

图 13-106　并集操作结果

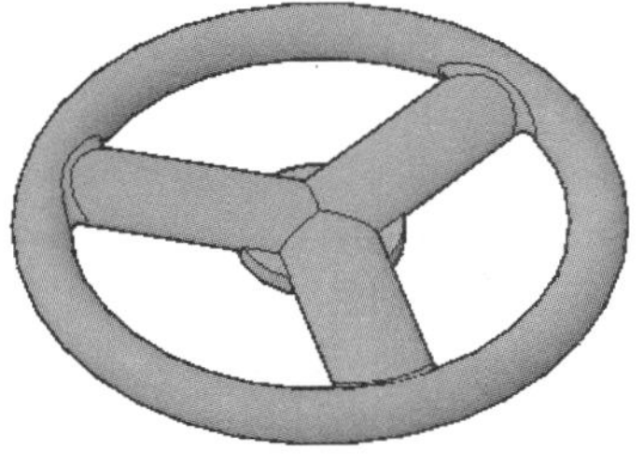

图 13-107　圆角边的结果

图 13-108　抽壳的结果

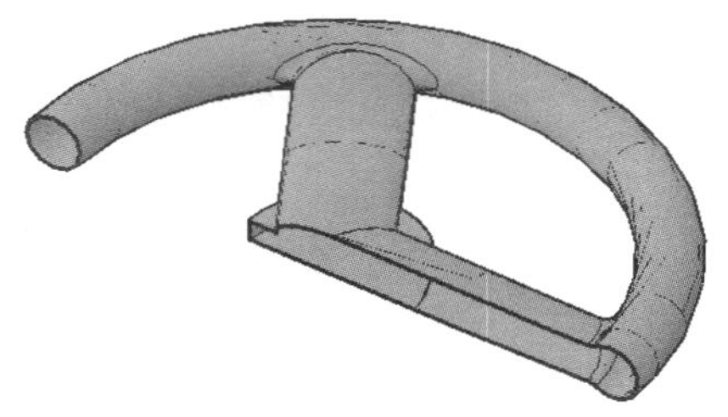

图 13-109　剖切的结果

13.8 渲染实体

为了能更加真实形象地表达三维图形的效果，还需要给三维图形添加颜色、材质、灯光、背景、场景等因素，整个过程称为渲染。

13.8.1 贴图

贴图是将图片信息投影到模型表面，使模型添加上图片的外观效果。

调用【贴图】命令有以下几种方法。

- 菜单栏：选择【视图】|【渲染】|【贴图】命令。
- 功能区：在【渲染】选项卡中，单击【材质】面板上的【材质贴图】按钮 材质贴图。
- 命令行：在命令行输入 MATERIALMAP 并按 Enter 键。

贴图可分为长方体、平面、球面、柱面贴图。如果需要对贴图进行调整，可以使用显示在对象上的贴图工具移动或旋转对象上的贴图，如图 13-110 所示。

图 13-110　贴图效果

13.8.2 材质

在 AutoCAD 中，为了使所创建的三维实体模型更加真实，用户可以给不同的模型赋予不同的材质类型和参数。通过材质赋予模型材质，然后对这些材质进行微妙的设置，从而使设置的材质达到更加逼真的效果。

1. 材质浏览器

【材质浏览器】选项板集中了 AutoCAD 的所有材质，是用来控制材质操作的设置选项板，可执行多个模型的材质指定操作，并包含相关材质操作的所有工具。

打开【材质浏览器】选项板有以下几种方法。

- 菜单栏：选择【视图】|【渲染】|【材质浏览器】命令。
- 功能区：在【视图】选项卡中，单击【选项板】面板上的【材质浏览器】按钮 材质浏览器。

执行以上任一种操作，弹出【材质浏览器】选项板，如图 13-111 所示，在【Autodesk 库】中分门别类地存储了若干种材质，并且所有材质都附带一张交错参考底图。

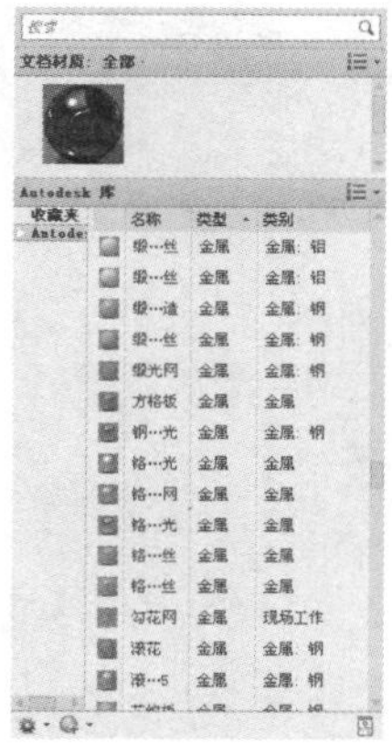

图 13-111　【材质浏览器】选项板

2. 材质编辑器

打开【材质编辑器】选项板有以下几种方法。

- 菜单栏：选择【视图】|【渲染】|【材质编辑器】命令。
- 功能区：在【视图】选项卡中，单击【选项板】面板上的【材质编辑器】按钮 材质编辑器。

执行以上任一操作将打开【材质编辑器】选项板，如图 13-112 所示。单击【材质编辑器】选项板右下角的按钮，可以打开【材质浏览器】选项板，选择其中的任意一个材质，可以发现【材质编辑器】选项板会同步更新为该材质的效果与可调参数，如图 13-113 所示。

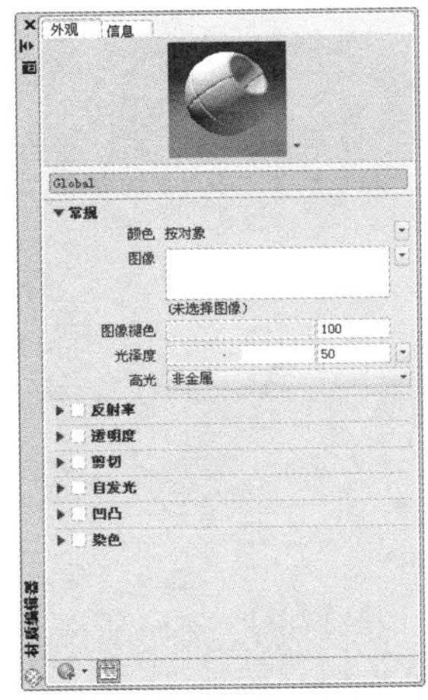

图 13-112 【材质编辑器】选项板

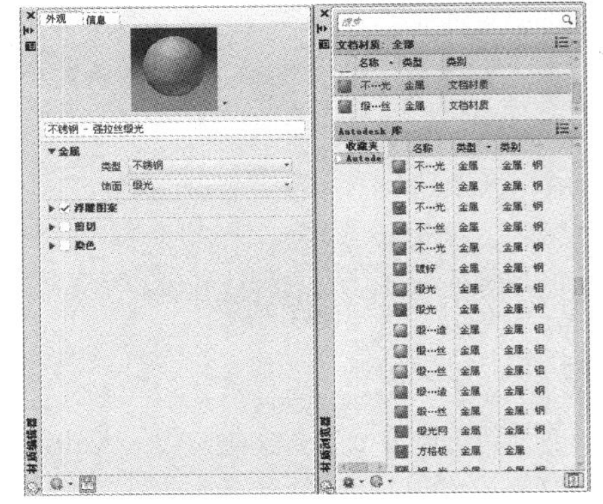

图 13-113 【材质编辑器】与【材质浏览器】选项板

通过【材质编辑器】选项板最上方的预览窗口，可以直接查看材质当前的效果，单击其右下角的下拉按钮，可以对材质样例形状与渲染质量进行调整，如图 13-114 所示。

此外单击材质名称右下角的【创建或复制材质】按钮，可以快速选择对应的材质类型进行直接应用，或在其基础上进行编辑，如图 13-115 所示。

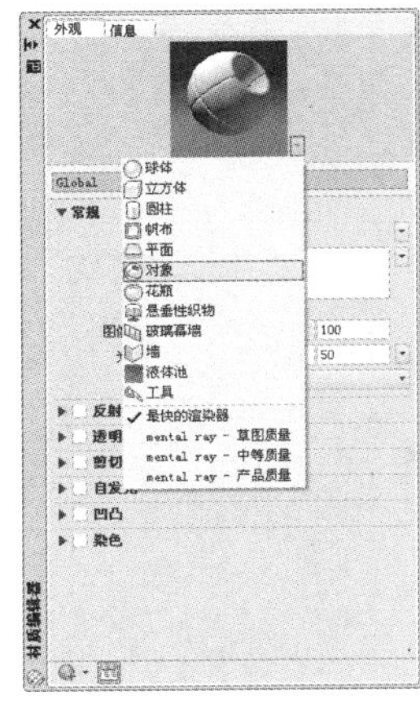

图 13-114 调整材质样例形态与渲染质量

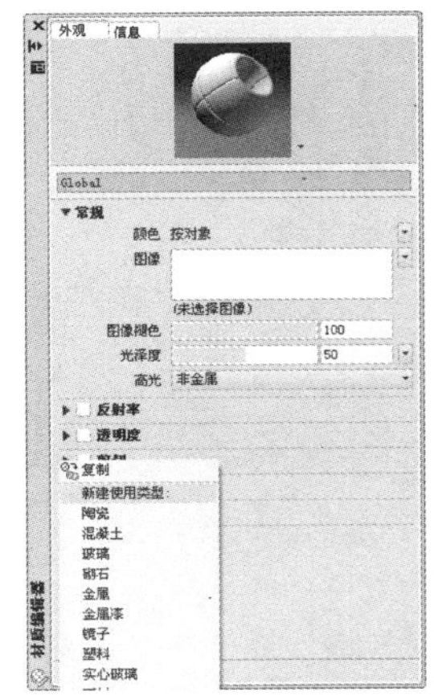

图 13-115 选择材质类型

在【材质浏览器】或【材质编辑器】选项板中可以创建新材质。在【材质浏览器】选项板中只能创建已有材质的副本，而在【材质编辑器】选项板可以对材质做进一步的修改或编辑。

【案例 13-19】：创建并应用材质

01 打开“第 13 章/案例 13-19 创建并应用材质.dwg”素材文件，素材模型如图 13-116 所示。

图 13-116　素材模型

02 在【渲染】选项卡中，单击【材质】面板右下角的展开箭头，系统弹出图 13-117 所示的【材质编辑器】选项板。

03 单击右下角的【创建或复制材质】按钮，选择【新建常规材质】选项，然后在【外观】选项卡中设置材料的外观，如图 13-118 所示。

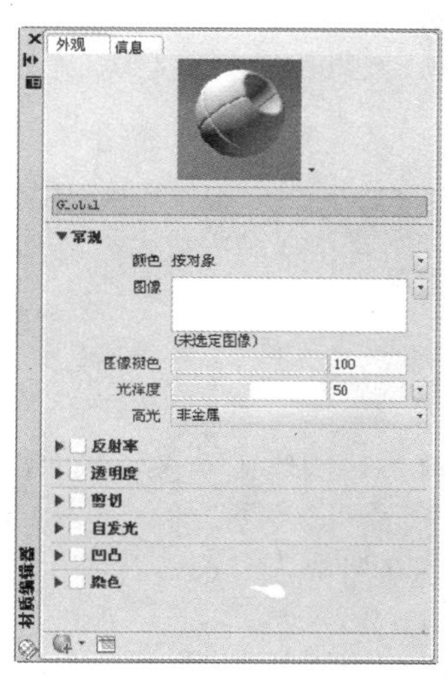

图 13-117　【材质编辑器】选项板

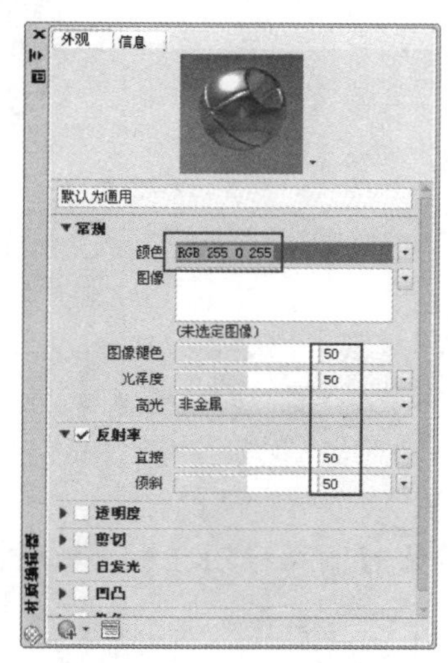

图 13-118　新建材质

04 在【信息】选项卡中，设置材质的信息说明，如图 13-119 所示。

05 单击【材质编辑器】选项板左上角的【关闭】按钮，关闭【材质编辑器】选项板。

06 将模型的视觉样式修改为【真实】视觉样式，然后在【渲染】选项卡中，单击【材质】面板上的【材质/纹理开】按钮，打开材质和纹理效果。

07 单击【材质】面板上的【材质浏览器】按钮，打开【材质浏览器】选项板，如图 13-120 所示。

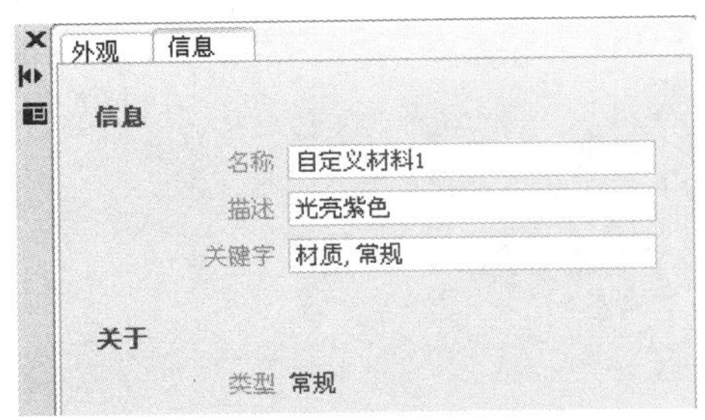

图 13-119　输入材质相关信息

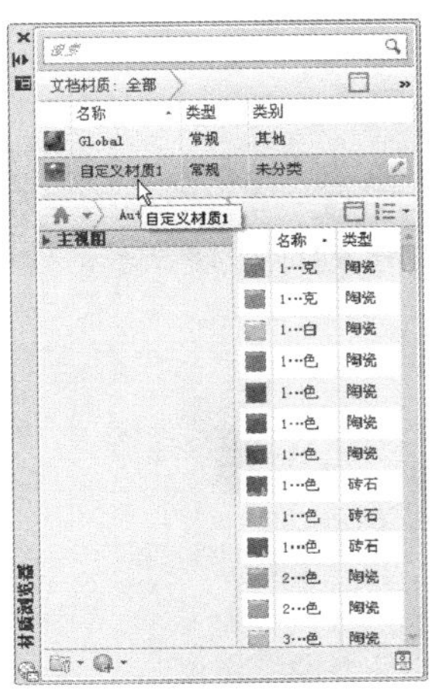

图 13-120　【材质浏览器】选项板

08 选中创建的“自定义材质 1”，按住鼠标左键将其拖动到雨伞面上，应用材质的效果如图 13-121 所示。

图 13-121　应用材质的效果

13.8.3　设置光源

为一个三维模型添加适当的光照效果，能够产生反射、阴影等效果，从而使显示效果更加生动。

在命令行输入 LIGHT 并按 Enter 键，可以选择创建各种光源。命令行操作如下：

```
命令：LIGHT↙
输入光源类型 [点光源(P)/聚光灯(S)/光域网(W)/目标点光源(T)/自由聚光灯(F)/自由光域(B)/平行光(D)] <自由聚光灯>:
```

在输入命令后，系统将弹出图 13-122 所示的【光源-视口光源模式】对话框。一般需要关闭默认光源才可以查看创建的光源效果。命令行中可选的光源类型有点光源、聚光灯、光域网、目标点光源、自由聚光灯、自由光域和平行光 7 种。

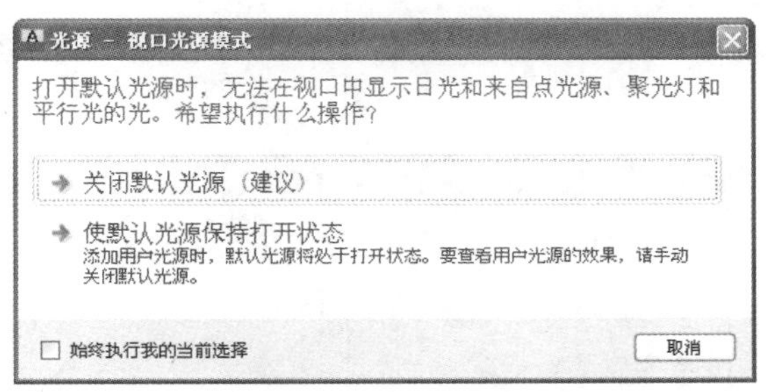
光源 - 视口光源模式
打开默认光源时，无法在视口中显示日光和来自点光源、聚光灯和平行光的光。希望执行什么操作？
关闭默认光源（建议）
使默认光源保持打开状态
添加用户光源时，默认光源将处于打开状态。要查看用户光源的效果，请手动关闭默认光源。
始终执行我的当前选择
取消

图 13-122　【光源-视口光源模式】对话框

1. 点光源

点光源是某一点向四周发射的光源。

调用【点光源】命令有以下几种方法。

- 菜单栏：选择【视图】|【渲染】|【光源】|【新建点光源】命令。
- 功能区：在【渲染】选项卡中，单击【光源】面板上的【创建光源】按钮，在展开选项中单击【点】按钮。
- 命令行：在命令行输入 POINTLIGHT 并按 Enter 键。

执行该命令后，可以对点光源的名称、强度因子、状态、阴影、衰减及颜色进行设置。

2. 聚光灯

聚光灯发射的是定向锥形光，投射的是一个聚焦的光束，可以通过调整光锥方向和大小来调整聚光灯的照射范围。

调用【聚光灯】命令有以下几种方法。

- 菜单栏：选择【视图】|【渲染】|【光源】|【新建聚光灯】命令。
- 功能区：在【渲染】选项卡中，单击【光源】面板上的【创建光源】按钮，在展开选项中单击【聚光灯】按钮。
- 命令行：在命令行输入 SPOTLIGHT 并按 Enter 键。

聚光灯的设置同点光源，但是多出两个设置选项：“聚光角”和“照射角”。“聚光角”用来指定定义最亮光锥的角度；“照射角”用来指定定义完整光锥的角度，其取值范围在 0°～160°。

3. 平行光

平行光仅向一个方向发射统一的平行光线。通过在绘图区指定光源的方向矢量的两个坐标，就可以定义平行光的方向。

调用【平行光】命令有以下几种方法。

- 菜单栏：选择【视图】|【渲染】|【光源】|【新建平行光】命令。
- 功能区：在【渲染】选项卡中，单击【光源】面板上的【创建光源】按钮，在展开选项中单击【平行光】按钮。
- 命令行：在命令行输入 DISTANTLIGHT 并按 Enter 键。

执行【平行光】命令后，系统将弹出图 13-123 所示的【光源-光度控制平行光】对话框。

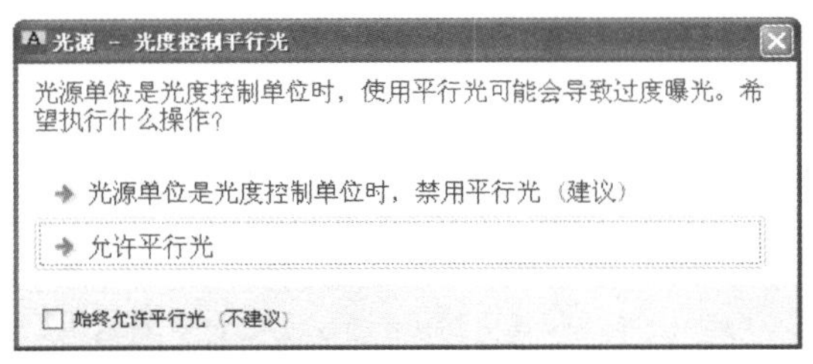

图 13-123 【光源-光度控制平行光】对话框

4. 光域网灯光

光域网是光源中强度分布的三维表示，光域网灯光可以用于表示各向异性光源分布，此分布来源于现实中的光源制造商提供的数据。

调用【光域网灯光】命令有以下几种方法。

- 功能区：在【渲染】选项卡中，单击【光源】面板中的【创建光源】按钮，在展开选项中单击【光域网灯光】按钮。
- 命令行：在命令行输入 WEBLIGHT 并按 Enter 键。

光域网的设置同点光源，但是多出一个设置选项【光域网】，用来指定灯光光域网文件。

5. 目标点光源

目标点光源与点光源的区别在于其目标特性，目标点光源可以指向一个对象；可以通过将点光源的目标特性从【否】改为【是】，由点光源创建目标点光源。

在命令行中输入 TARGETPOINT 并按 Enter 键可以创建目标点光源，先分别指定两点作为光源的源位置和目标位置，然后设置光源参数。

6. 自由聚光灯

用来创建与聚光灯相似的光，但未指定目标的自由聚光灯。在命令行中输入 FREESPOT 并按 Enter 键可以创建自由聚光灯，执行该命令后，只需指定源位置而不需指定目标位置，其他参数设置同聚光灯。

7. 自由光域

用来创建与光域网灯光相似的光，但没有指定目标的自由光域。在命令行中输入 FREEWEB 可以创建自由光域，执行该命令之后，只需指定源位置而不需指定目标位置，其他参数设置同光域网灯光。

【案例 13-20】：创建光域网灯光

01 打开“第 13 章\案例 13-20 创建光域网灯光.dwg”素材文件，如图 13-124 所示。

02 在命令行输入 WEBLIGHT 并按 Enter 键，创建光域网灯光，如图 13-125 所示。命令行操作如下：

```
命令: WEBLIGHT↙                                            //调用【光域网灯光】命令
指定源位置 <0,0,0>: 200,-200,200↙                           //指定光源位置
指定目标位置 <0,0,-10>:0,100,0↙                             //指定目标位置
输入要更改的选项 [名称(N)/强度因子(I)/状态(S)/光度(P)/光域网(B)/阴影(W)/过滤
颜色(C)/退出(X)] <退出>: I↙                                 //选择修改强度因子
输入强度 (0.00 - 最大浮点数) <1>: 0.5↙                      //指定强度因子
输入要更改的选项 [名称(N)/强度因子(I)/状态(S)/光度(P)/光域网(B)/阴影(W)/过滤
颜色(C)/退出(X)] <退出>: P↙                                 //选择修改光度
输入要更改的光度控制选项 [强度(I)/颜色(C)/退出(X)] <强度>:I↙   //选择修改强度
输入强度 (Cd) 或输入选项 [光通量(F)/照度(I)] <1500>: 700↙     //输入强度数值
输入要更改的光度控制选项 [强度(I)/颜色(C)/退出(X)] <强度>: X↙  //选择退出
输入要更改的选项 [名称(N)/强度因子(I)/状态(S)/光度(P)/光域网(B)/阴影(W)/过滤
颜色(C)/退出(X)] <退出>:↙                                   //选择退出
```

图 13-124　素材图形

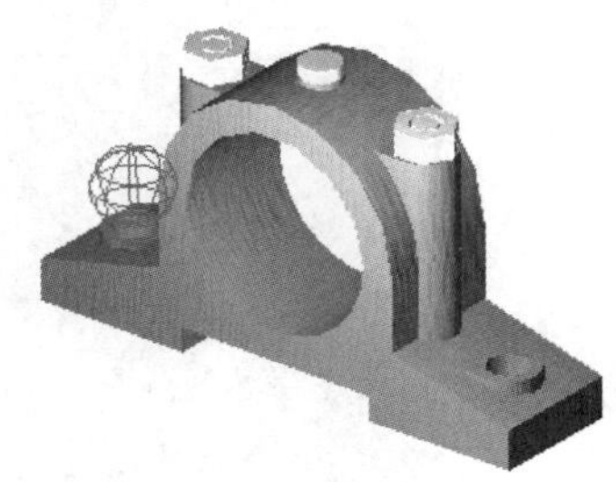

图 13-125　光域网灯光照射效果

13.8.4　渲染

1. 设置渲染环境

渲染环境主要是用于控制对象的雾化效果或者图像背景，用以增强渲染效果。

执行【渲染环境】命令有以下几种方法。

- 菜单栏：选择【视图】|【渲染】|【渲染环境】命令。
- 功能区：在【渲染】选项卡中，在【渲染】面板的下拉列表中单击【渲染环境】按钮环境。
- 命令行：在命令行输入 RENDERENVIRONMENT 并按 Enter 键。

执行该命令后，系统弹出【渲染环境】对话框，如图 13-126 所示，在对话框中可进行渲染前的设置。

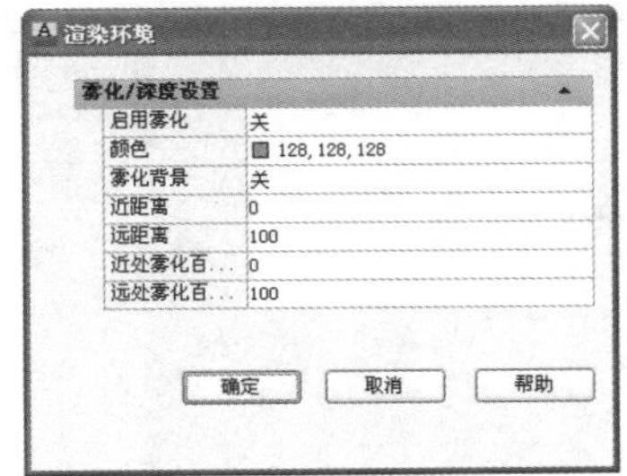

图 13-126　【渲染环境】对话框

2. 执行渲染

在模型中添加材质、灯光之后就可以执行渲染，并可在渲染窗口中查看效果。调用【渲染】命令有以下几种方法。

- 菜单栏：选择【视图】|【渲染】|【渲染】命令。
- 功能区：在【渲染】选项卡中，单击【渲染】面板上的【渲染】按钮。
- 命令行：在命令行输入 RENDER 并按 Enter 键。

执行该命令后，系统打开渲染窗口，并自动进行渲染处理，如图 13-127 所示。

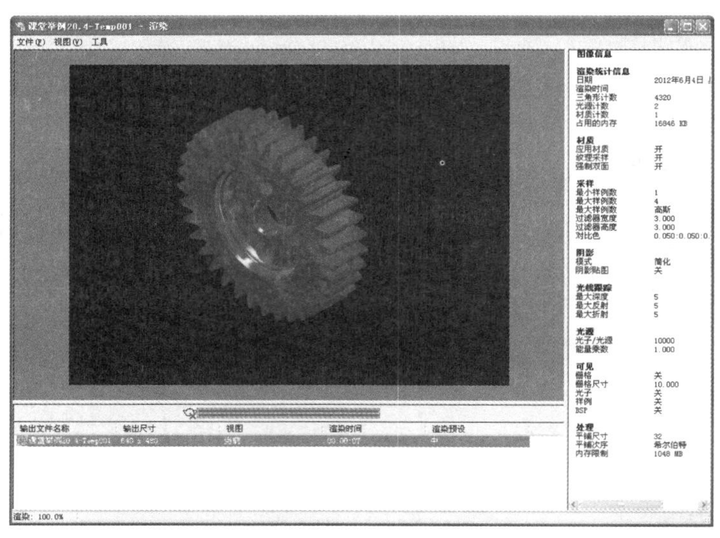

图 13-127　渲染窗口

13.8.5 实例——渲染办公桌模型

01 打开"第 13 章/13.8.5 办公桌模型.dwg"素材文件，如图 13-128 所示。

02 切换到【渲染】选项卡，单击【材质】面板上的【材质/纹理开】按钮，将材质和纹理效果打开。

03 单击【材质】面板上的【材质浏览器】按钮，系统弹出【材质浏览器】选项板，在排序依据中单击【类别】栏，如图 13-129 所示，Autodesk 库中的文件以材质类别进行排序。

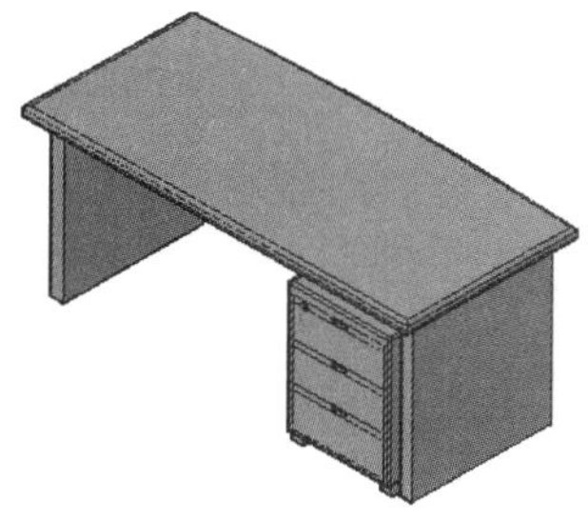

图 13-128　办公桌模型

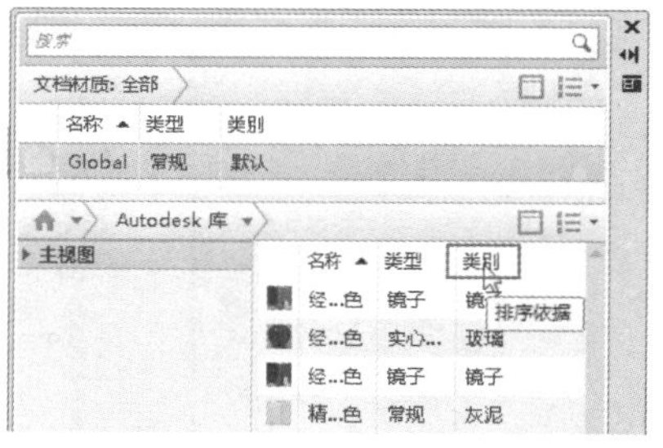

图 13-129　选择排序依据

04 找到木材中的【枫木-野莓色】材质，按住鼠标左键将其拖到办公桌面板上，如图 13-130 所示。

05 用同样的方法，将【枫木-野莓色】材质添加到其他实体上，添加材质的效果如图 13-131 所示。

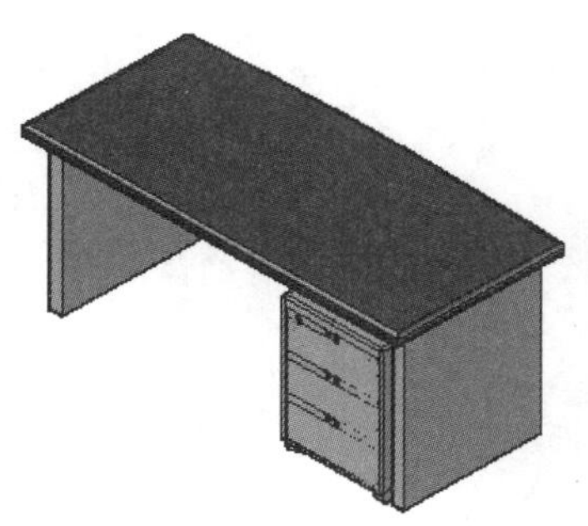

图 13-130　顶板添加材质的效果

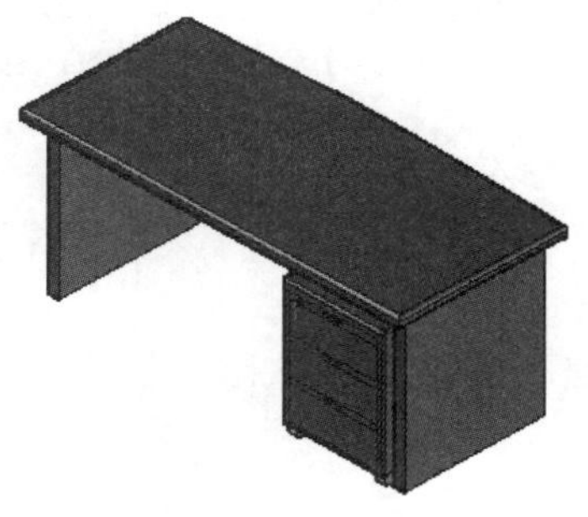

图 13-131　材质添加完成的效果

06 切换到【常用】选项卡，单击【坐标】面板上的【Z 轴矢量】按钮，新建 UCS，如图 13-132 所示。

07 单击【光源】面板上的【创建光源】按钮，选择【聚光灯】选项，系统弹出【光源-视口光源模式】对话框，如图 13-133 所示，单击【关闭默认光源】按钮。然后执行以下命令行操作，创建聚光灯，如图 13-134 所示。

```
命令: _spotlight↙
指定源位置 <0,0,0>: 0,-500,1500                //输入光锥的顶点坐标
指定目标位置 <0,0,-10>: 0,0,0                  //输入光锥底面中心的坐标
输入要更改的选项 [名称(N)/强度(I)/状态(S)/聚光角(H)/照射角(F)/阴影(W)/衰减
(A)/颜色(C)/退出(X)] <退出>: H                  //选择【聚光角】选项
输入聚光角 (0.00-160.00) <45>: 65              //输入聚光角角度
输入要更改的选项 [名称(N)/强度(I)/状态(S)/聚光角(H)/照射角(F)/阴影(W)/衰减
(A)/颜色(C)/退出(X)] <退出>: I                  //选择【强度】选项
输入强度 (0.00 - 最大浮点数) <1>: 2             //输入强度因子
输入要更改的选项 [名称(N)/强度(I)/状态(S)/聚光角(H)/照射角(F)/阴影(W)/衰减
(A)/颜色(C)/退出(X)] <退出>:↙                   //选择退出
```

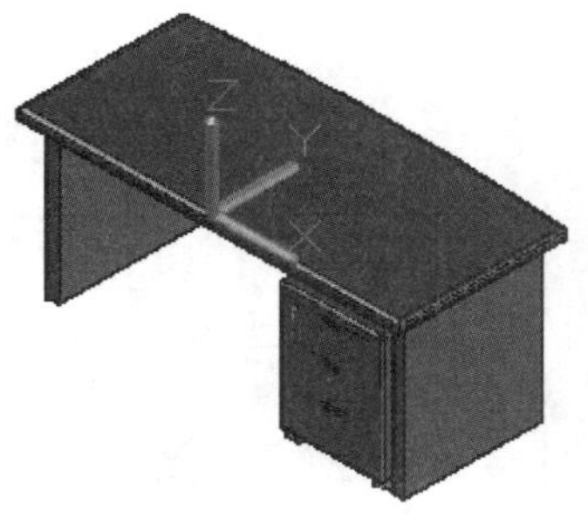

图 13-132　新建 UCS

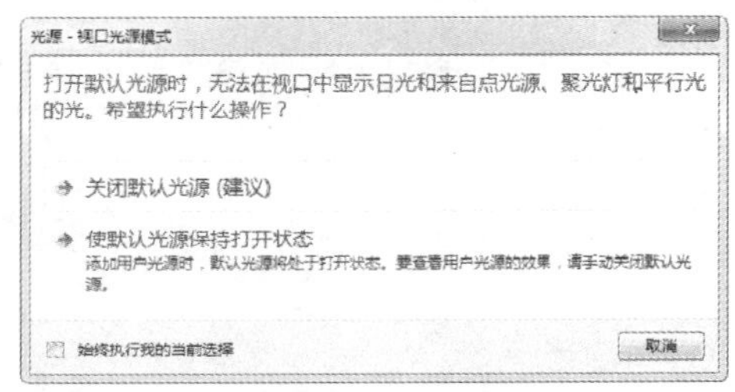

图 13-133　【光源-视口光源模式】对话框

08 单击【光源】面板上的【地面阴影】按钮，将阴影效果打开。

09 再次单击【创建光源】按钮，选择【创建平行光】，然后在命令行执行以下操作：

```
命令: _distantlight↙
指定光源来向 <0,0,0> 或 [矢量(V)]: 100,-150,100          //输入矢量的起点坐标
指定光源去向 <1,1,1>: 0,0,0                               //输入矢量的终点坐标
输入要更改的选项 [名称(N)/强度(I)/状态(S)/阴影(W)/颜色(C)/退出(X)] <退出>: I
                                                          //选择【强度】选项
输入强度 (0.00 - 最大浮点数) <1>: 2                       //输入强度因子
输入要更改的选项 [名称(N)/强度(I)/状态(S)/阴影(W)/颜色(C)/退出(X)] <退出>:
                                                          //选择退出
```

创建的平行光照效果如图 13-135 所示。

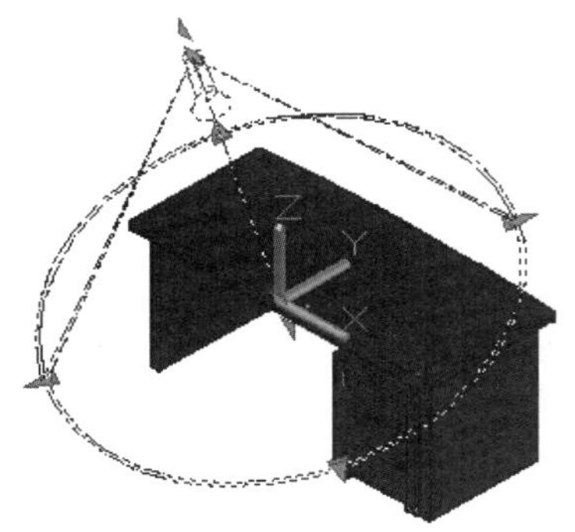

图 13-134　创建的聚光灯

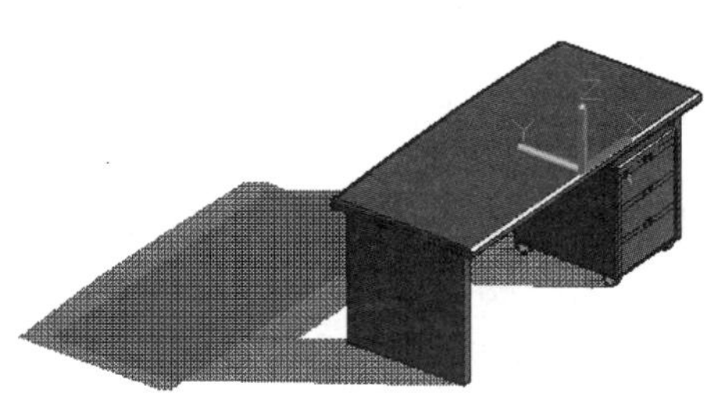

图 13-135　平行光照的效果

10 选择【视图】|【命名视图】命令，系统弹出【视图管理器】对话框，如图 13-136 所示。单击【新建】按钮，系统弹出【新建视图/快照特性】对话框，输入新视图的名称为“渲染背景”，然后在【背景】下拉列表框中选择【图像】选项，如图 13-137 所示。浏览到“第 13 章/13.9.5 地板背景.JPEG”素材文件，将其打开作为该视图的背景，然后单击【视图管理器】对话框上的【置为当前】按钮，应用此视图。

11 单击【渲染】面板上的【渲染】按钮，查看渲染效果，如图 13-138 所示。

图 13-136　【视图管理器】对话框

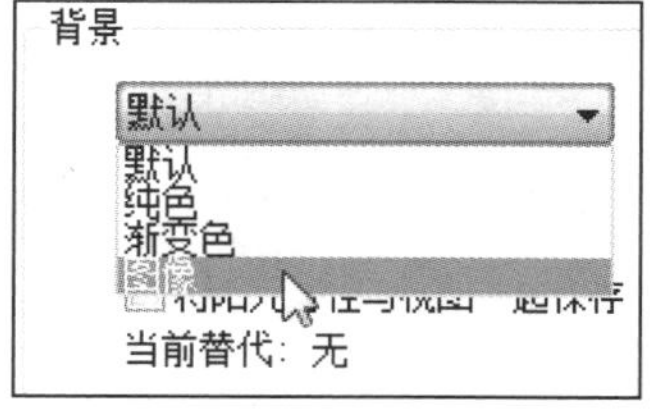

图 13-137　设置背景

图 13-138　渲染效果

13.9　综合实例——创建虎钳钳身

本实例创建图 13-139 所示的机床用虎钳的固定钳身三维模型，然后用该三维模型生成二维图纸，如图 13-140 所示。

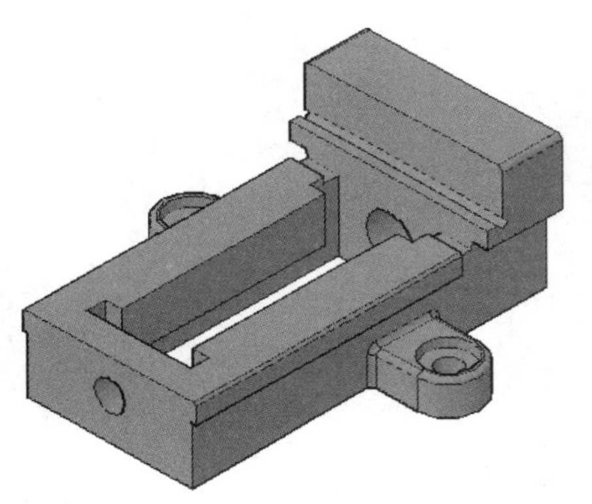

图 13-139　完成的虎钳三维模型

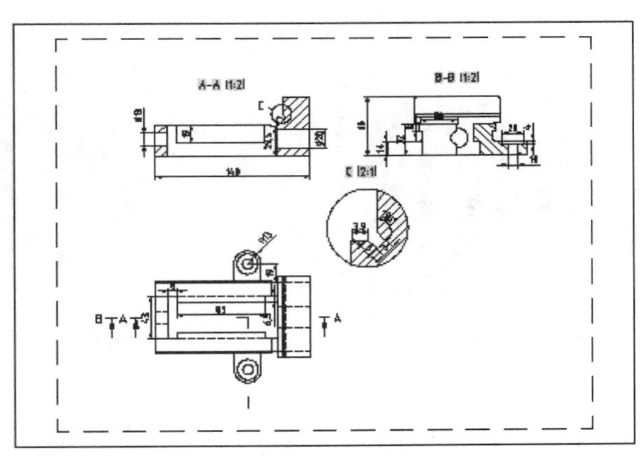

图 13-140　虎钳的工程图

1. 创建三维模型

01 新建 AutoCAD 文件，选择 3D 样板，进入三维建模空间。

02 将视图调整到东南等轴测的方向，将选项卡切换到【常用】选项卡，然后单击【坐标】面板上的 Y 按钮，将坐标系绕 Y 轴旋转-90°。

03 单击 ViewCube 工具上的上视平面，将视图调整到正对 XY 平面的方向，在 XY 平面内绘制二维轮廓，如图 13-141 所示。

04 在命令行输入 J 并按 Enter 键，调用【合并】命令，将绘制的轮廓合并为一条多段线。

05 单击【坐标】面板上的【UCS，世界】按钮，将坐标系恢复到世界坐标系的位置。

06 单击【建模】面板上的【拉伸】按钮，选择创建的多段线为拉伸的对象。拉伸方向为 X 轴正向，拉伸高度为 31，创建的拉伸体如图 13-142 所示。

07 单击【坐标】面板上的【Z 轴矢量】按钮，新建 UCS，如图 13-143 所示。

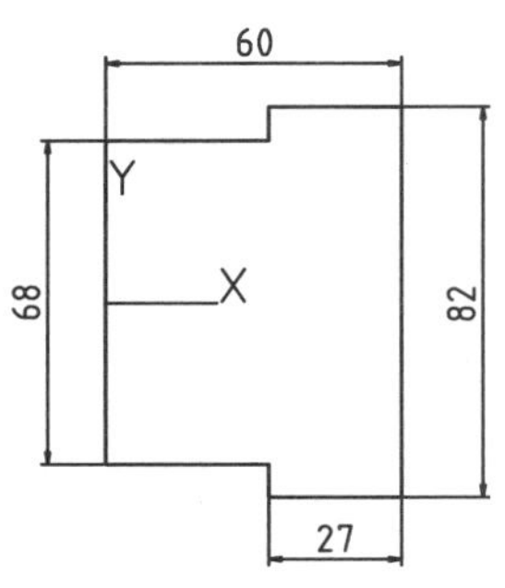

图 13-141　绘制拉伸轮廓

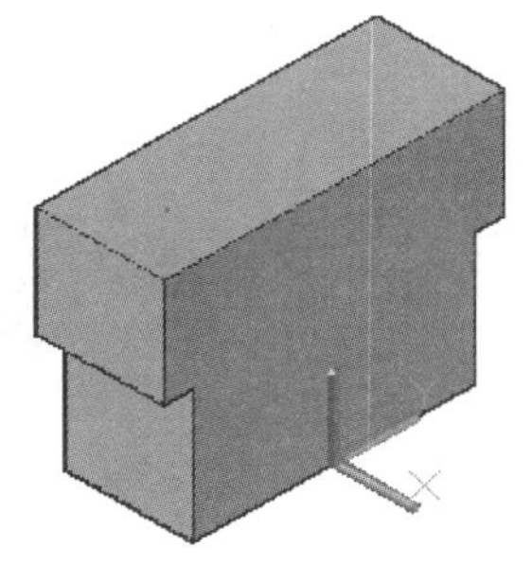

图 13-142　创建的拉伸体

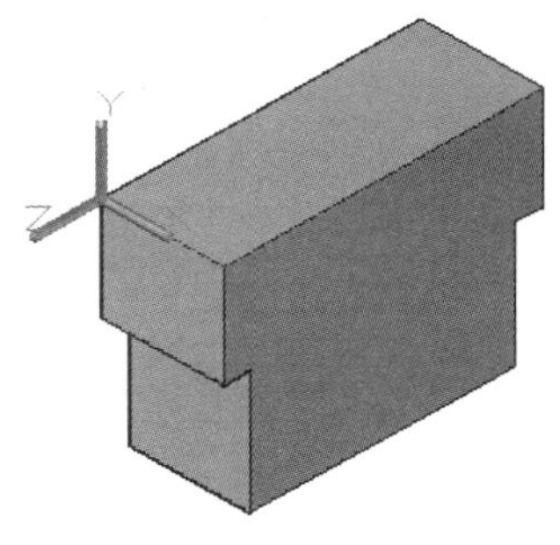

图 13-143　新建 UCS

08 在 XY 平面内绘制二维轮廓，如图 13-144 所示。然后单击【建模】面板上的【拉伸】按钮，设置拉伸的高度为 100，创建的拉伸体如图 13-145 所示。

09 单击【实体编辑】面板上的【差集】按钮，选择第一个拉伸体为被减的对象，选择第二个拉伸体为减去的对象，求差集的结果如图 13-146 所示。

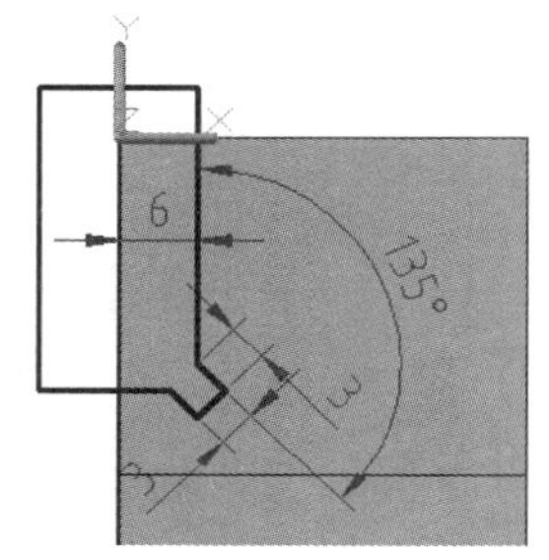

图 13-144　绘制拉伸轮廓

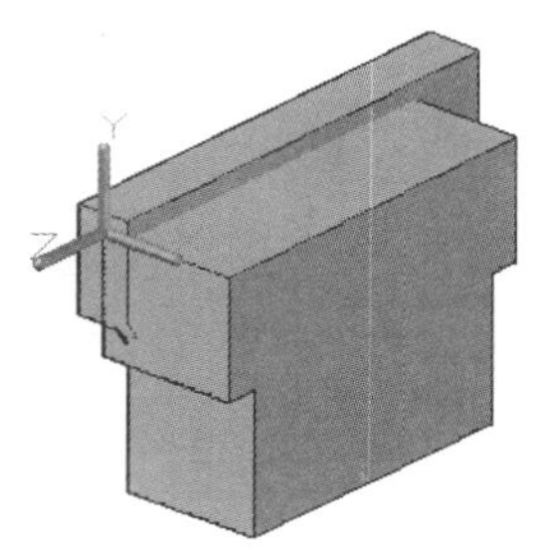

图 13-145　创建的拉伸体

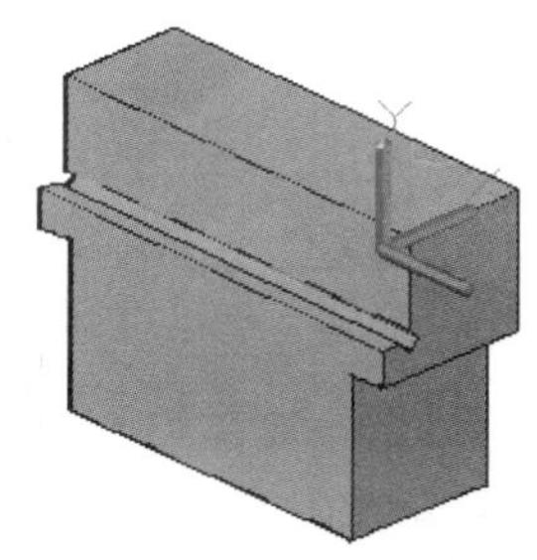

图 13-146　求差集的结果

10 将坐标系恢复到世界坐标系的位置。

11 单击【建模】面板上的【长方体】按钮，捕捉到图 13-147 所示的模型端点作为第一个角点，然后在命令行选择【长度】选项，接着捕捉到 180° 极轴方向，如图 13-148 所示。然后依次输入长度 148、宽度 68、高度 29.5，创建的长方体如图 13-149 所示。

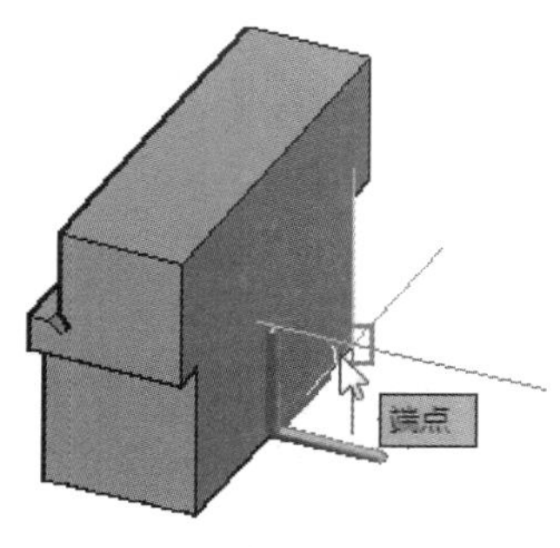

图 13-147　选择长方体的端点

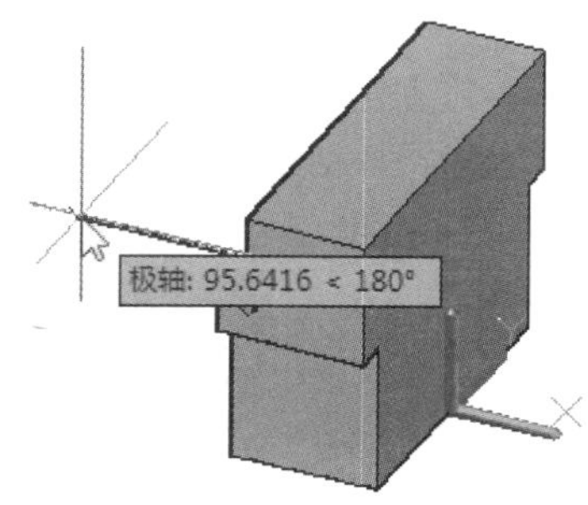

图 13-148　极轴捕捉定义长度方向

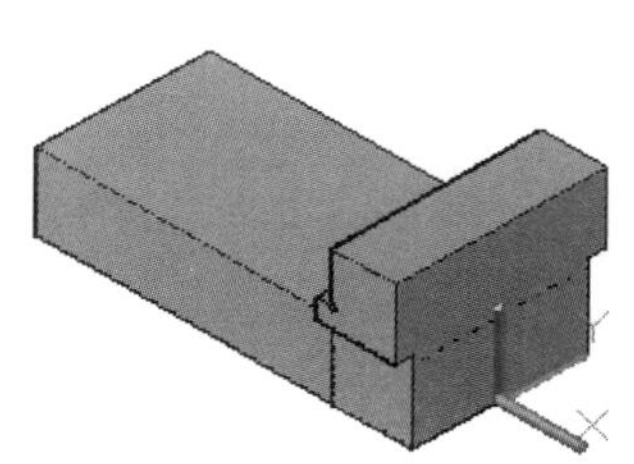

图 13-149　创建的长方体

12 单击【坐标】面板上的【Z 轴实例】按钮，新建 UCS，如图 13-150 所示。

13 将视图调整到正视 XY 平面的方向，在 XY 平面内绘制矩形轮廓，如图 13-151 所示。

14 单击【建模】面板上的【拉伸】按钮，选择矩形轮廓为拉伸的对象，拉伸高度为111，创建如图 13-152 所示的拉伸体。

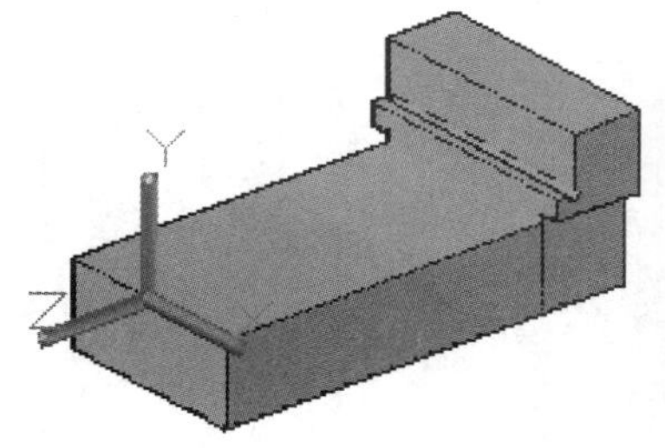

图 13-150　新建 UCS

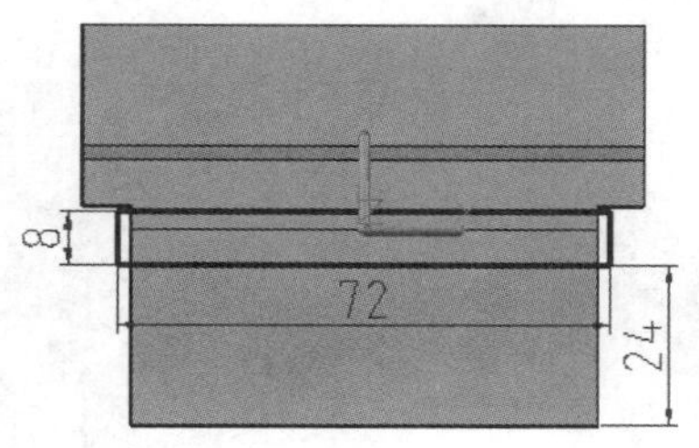

图 13-151　绘制矩形轮廓

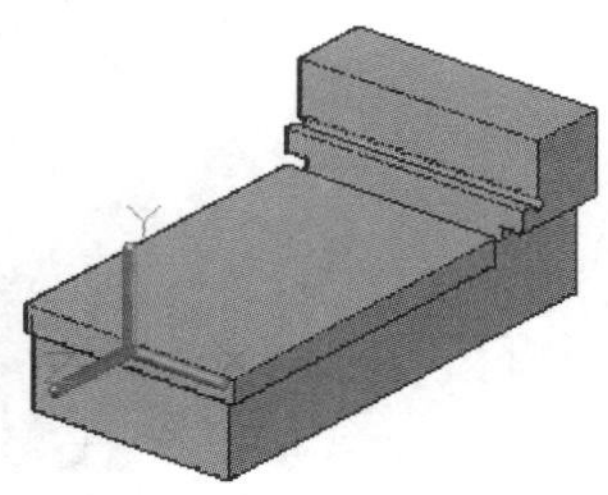

图 13-152　创建的拉伸体

15 单击【实体编辑】面板上的【并集】按钮，将当前所有实体合并为单一实体。

16 单击【坐标】面板上的【Z 轴矢量】按钮，新建 UCS，如图 13-153 所示。

17 将视图调整到正视于 XY 平面的方向，在 XY 平面内绘制二维轮廓，如图 13-154 所示。

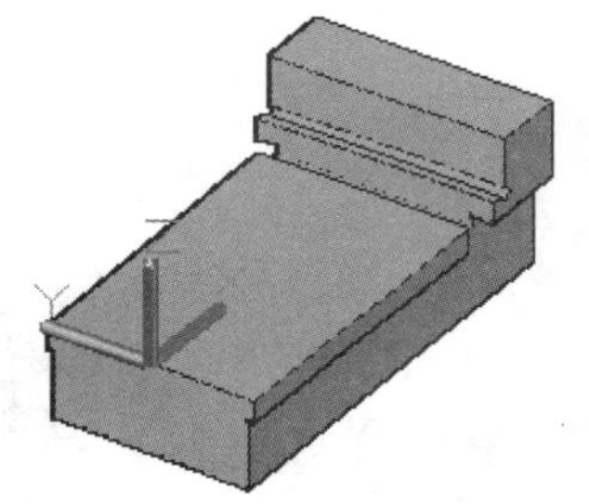

图 13-153　新建 UCS

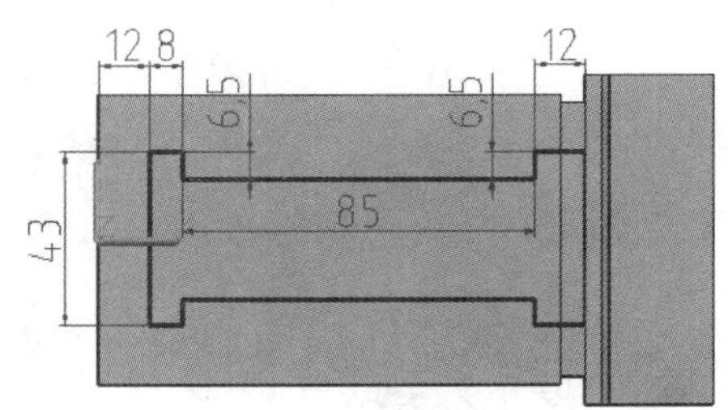

图 13-154　绘制拉伸轮廓

18 单击【建模】面板上的【拉伸】按钮，选择上一步绘制的轮廓作为拉伸对象，向 Z 轴负向拉伸，拉伸高度为 50，创建拉伸体，如图 13-155 所示。

19 单击【实体编辑】面板上的【差集】按钮，选择底座实体为被减实体，选择工字形实体为减去的实体，求差集的结果如图 13-156 所示。

20 单击【实体编辑】面板上的【剖切】按钮，选择整个实体为剖切的对象，然后选择合适的剖切平面，将实体剖切，如图 13-157 所示。

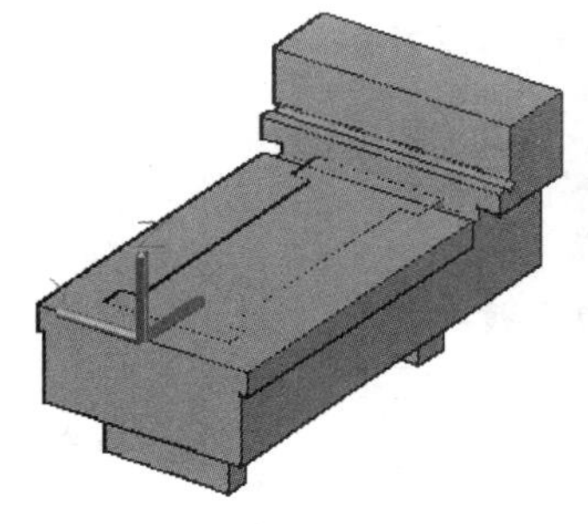

图 13-155　创建的工字形拉伸体

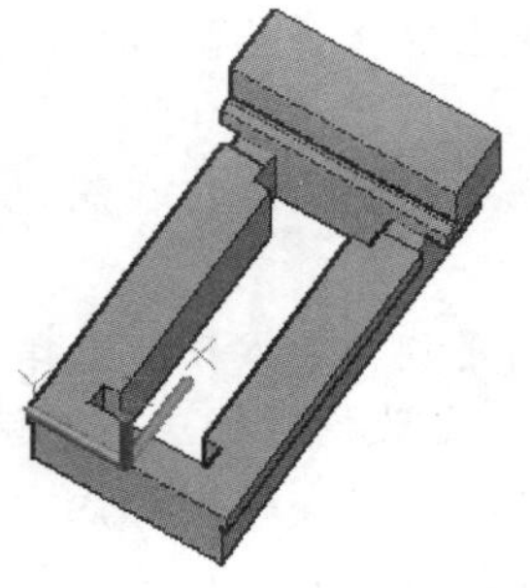

图 13-156　求差集的结果

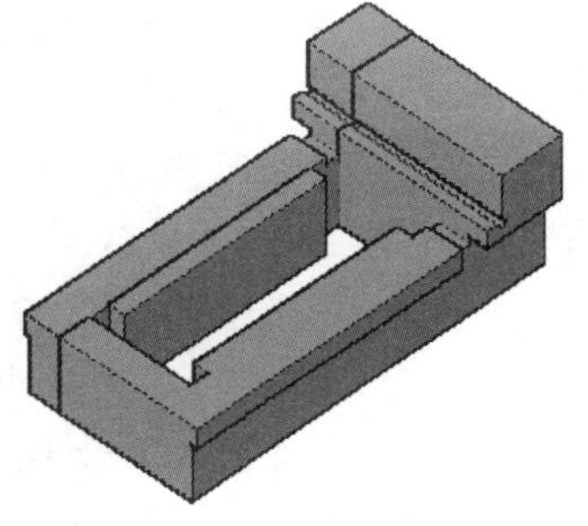

图 13-157　剖切的结果

21 单击【实体编辑】面板上的【拉伸面】按钮，选择要拉伸的面，如图 13-158 所示，设置拉伸高度为-13，拉伸面的结果如图 13-159 所示。

22 用同样的方法剖切另一侧，并拉伸剖切后的矩形平面，如图 13-160 所示。

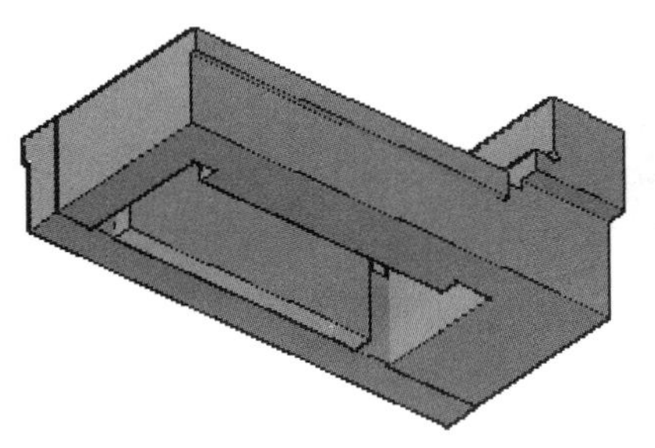
图 13-158 选择要拉伸的面

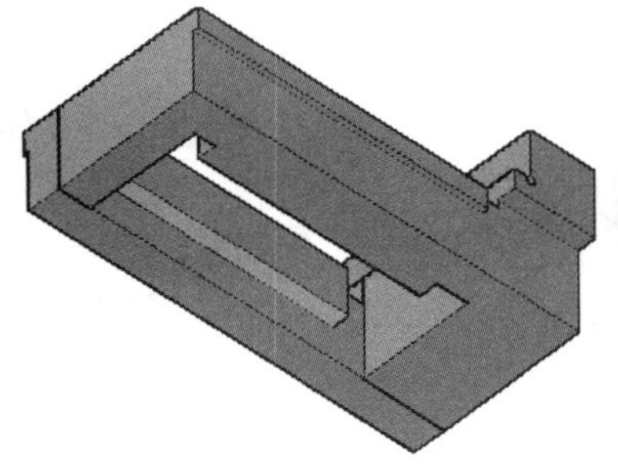
图 13-159 拉伸面的结果

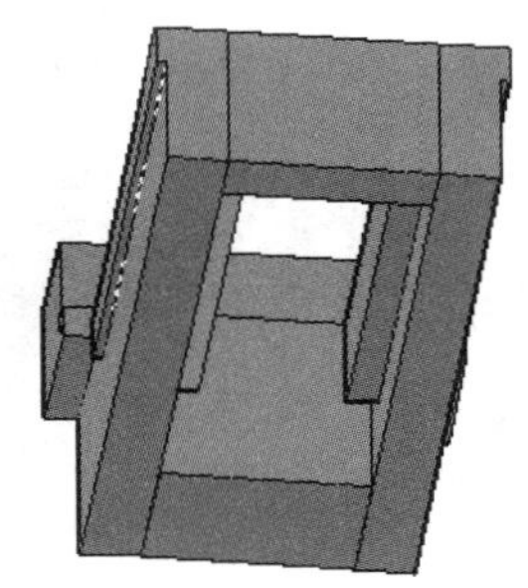
图 13-160 另一侧底面的拉伸结果

23 单击【实体编辑】面板上的【并集】按钮，将剖切后的所有实体重新合并为单一实体。

24 单击【坐标】面板上的【Z 轴矢量】按钮，新建 UCS，如图 13-161 所示。然后在 XY 平面内绘制一个矩形，如图 13-162 所示。

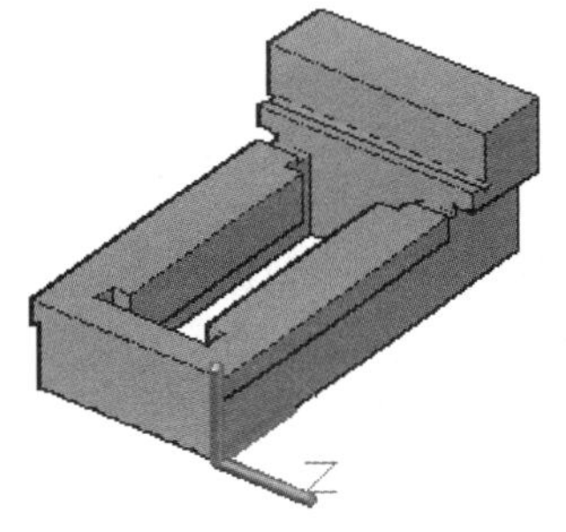

图 13-161 新建 UCS

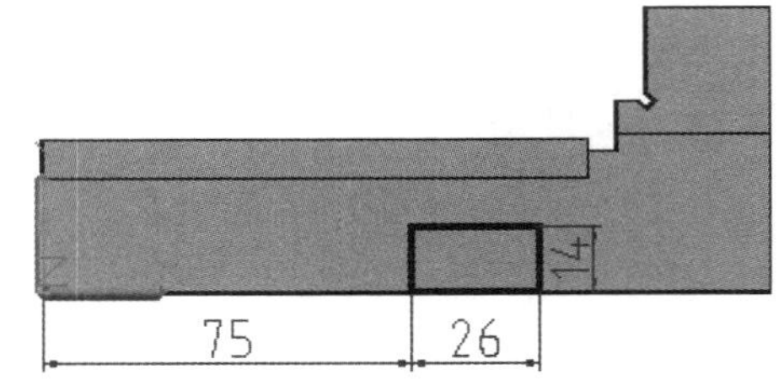

图 13-162 绘制矩形轮廓

25 单击【建模】面板上的【拉伸】按钮，选择绘制的矩形为拉伸对象，拉伸高度为 19，创建拉伸体，如图 13-163 所示。

26 新建 UCS，然后单击【建模】面板上的【圆柱体】按钮，创建圆柱体，如图 13-164 所示。

27 单击【实体编辑】面板上的【并集】按钮，将创建的长方体和圆柱体合并为单一实体。

28 将视图调整到正对 XY 平面的方向，在 XY 平面空白位置绘制一个旋转轮廓，如图 13-165 所示。

29 单击【建模】面板上的【旋转】按钮，选择绘制的旋转轮廓作为旋转对象，选择长度为 14 的直线两端点定义旋转轴，创建旋转体，如图 13-166 所示。

30 单击【修改】面板上的【三维旋转】按钮，选择创建的旋转体作为旋转对象，对象上出现旋转控件，如图 13-167 所示。单击绿色转轮(对应 Y 轴)，设置旋转角度为 90°，旋转结果如图 13-168 所示。

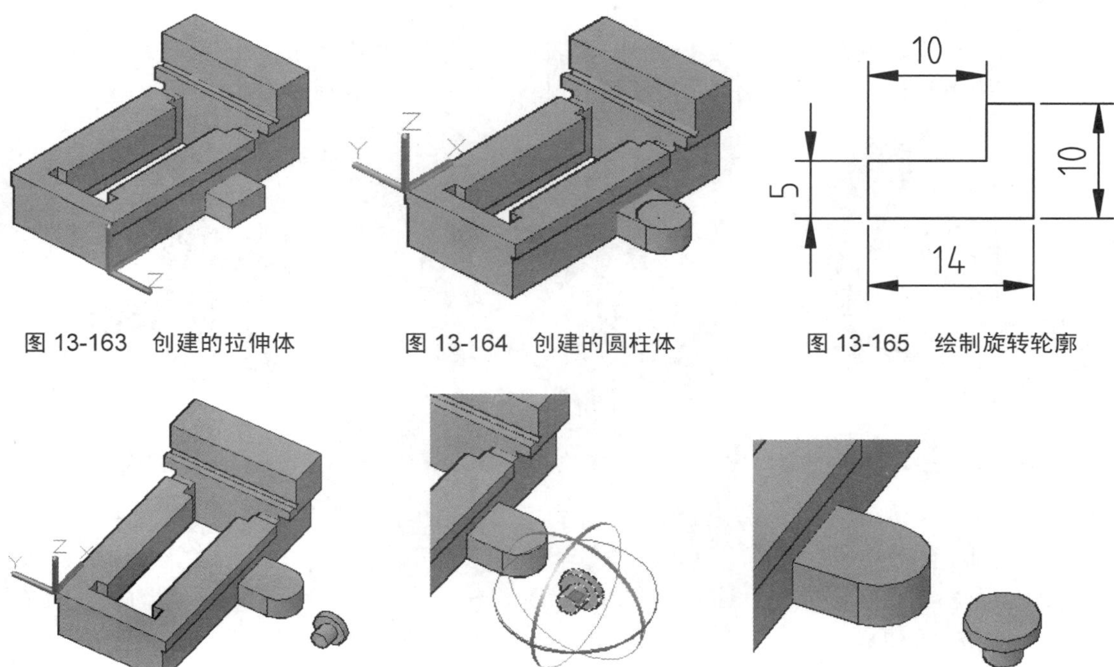

图 13-163　创建的拉伸体　　图 13-164　创建的圆柱体　　图 13-165　绘制旋转轮廓

图 13-166　创建的旋转体　　图 13-167　旋转控件显示　　图 13-168　旋转的结果

31 单击【修改】面板上的【三维移动】按钮，选择旋转体作为移动的对象，然后捕捉到顶面中心作为移动基点，捕捉到目标点如图 13-169 所示，完成移动。

32 单击【实体编辑】面板上的【差集】按钮，选择长方体与圆柱体的组合体为被减对象，选择旋转体为减去的对象，求差集的结果如图 13-170 所示。

33 单击【坐标】面板上的【Z 轴矢量】按钮，在边线中点新建 UCS，如图 13-171 所示。

图 13-169　捕捉移动的目标点　　图 13-170　求差集的结果　　图 13-171　新建 UCS

34 单击【修改】面板上的【三维镜像】按钮，选择创建的定位作为镜像的对象，在命令行选择 XY 平面作为镜像平面，输入镜像平面上点的坐标为(0,0,0)，镜像的结果如图 13-172 所示。

35 单击【实体编辑】面板上的【并集】按钮，将当前所有实体合并为单一实体。

36 新建 UCS，使坐标系的 XY 平面与模型的端面重合，如图 13-173 所示。

37 单击【建模】面板上的【圆柱体】按钮，圆柱体的底面中心坐标为(0, −15)、底面半径为 6.5、高度为 200，创建的圆柱体如图 13-174 所示。

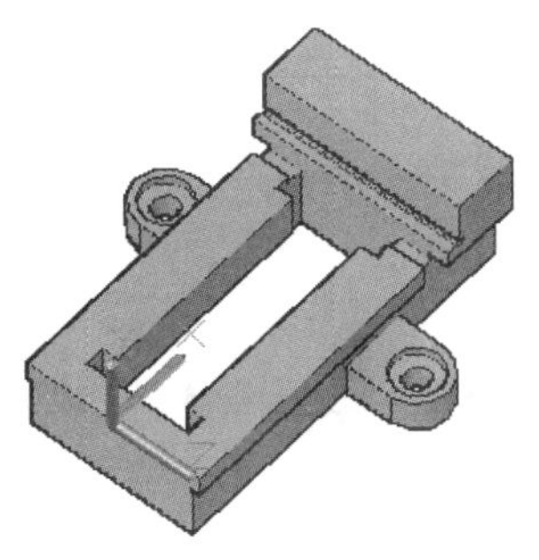
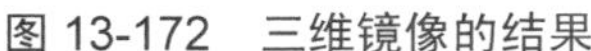

图 13-172　三维镜像的结果

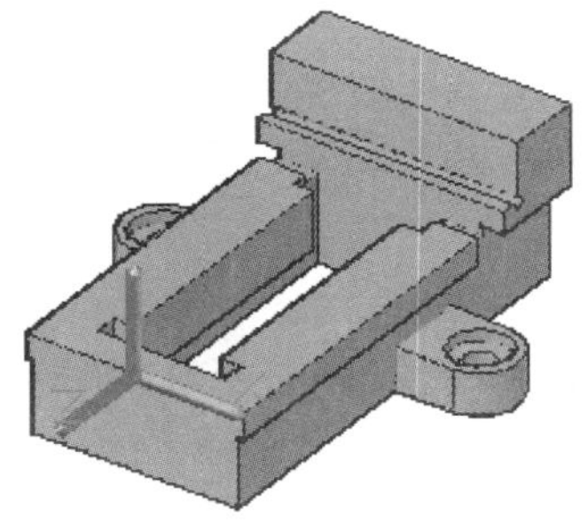

图 13-173　新建 UCS

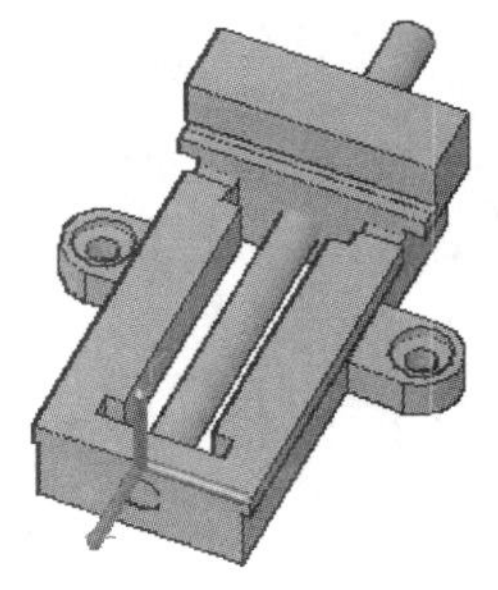

图 13-174　创建的圆柱体

38 单击【实体编辑】面板上的【差集】按钮，选择钳身为被减的对象，选择创建的圆柱体为减去的对象，求差集的结果如图 13-175 所示。

39 单击【实体编辑】面板上的【偏移面】按钮，选择如图 13-176 所示的圆柱面为偏移的对象，输入偏移距离为−3.5mm，将该孔的半径扩大到 10。

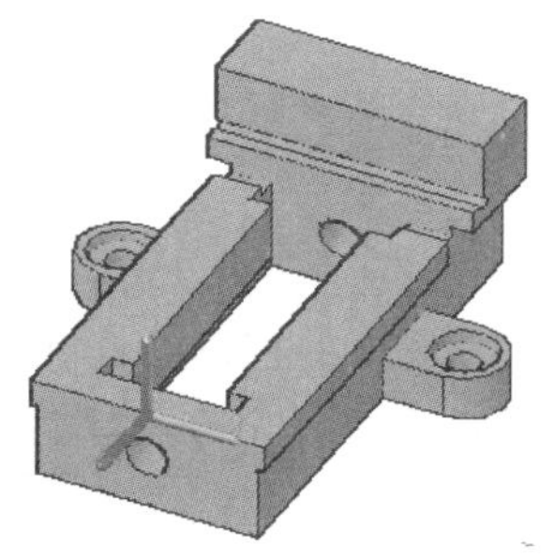

图 13-175　求差集的结果

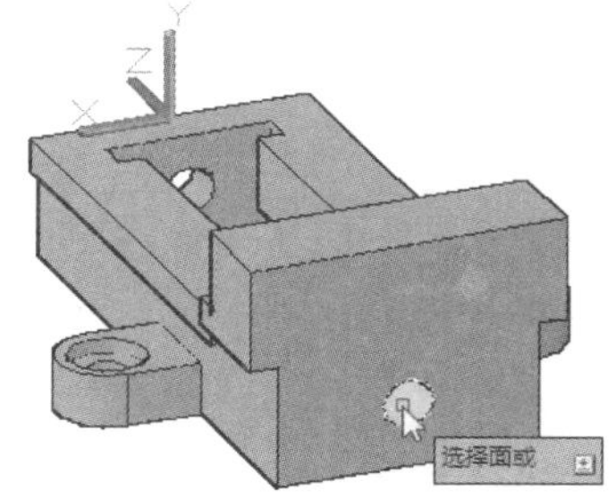

图 13-176　选择要偏移的圆柱面

40 切换到【实体】选项卡，单击【实体编辑】面板上的【圆角边】按钮，选择要圆角的边线，创建半径为 2 的圆角，如图 13-177 所示。

41 单击【实体编辑】面板上的【倒角边】按钮，设置两个倒角距离均为 1，然后选择两条要倒角的边线，如图 13-178 所示，创建倒角。

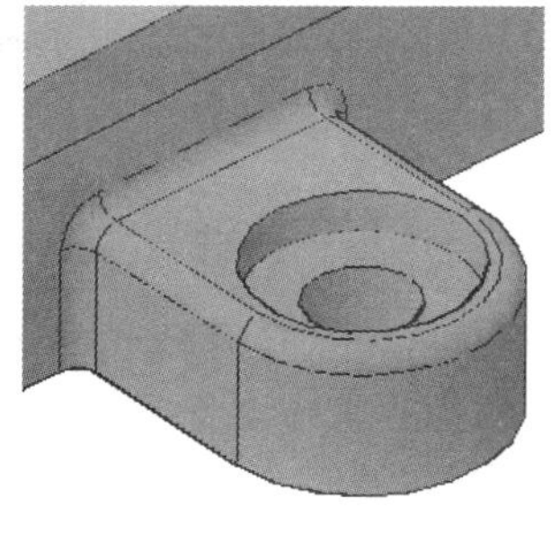

图 13-177　创建的圆角

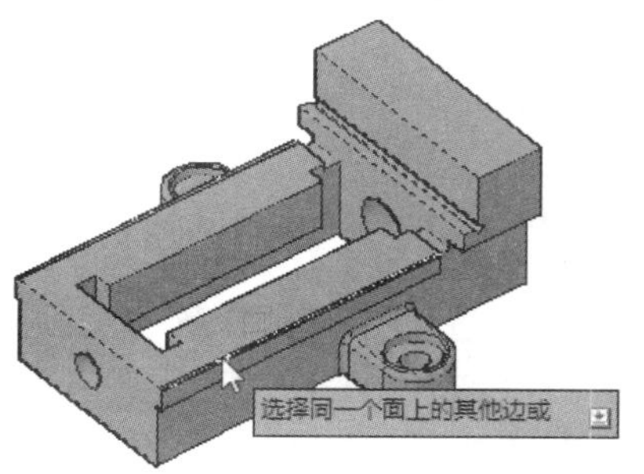

图 13-178　选择倒角边线

42 切换到【常用】选项卡，单击【坐标】面板上的【UCS，世界】按钮，将坐标系恢复到世界坐标系的位置。

2. 由三维模型生成二维图纸

01 单击绘图窗口左下角的【布局 1】标签，切换到布局空间，该布局中生成了一个默认的视图，如图 13-179 所示；单击该视图的边框，如图 13-180 所示，然后按 Delete 键删除该视图。

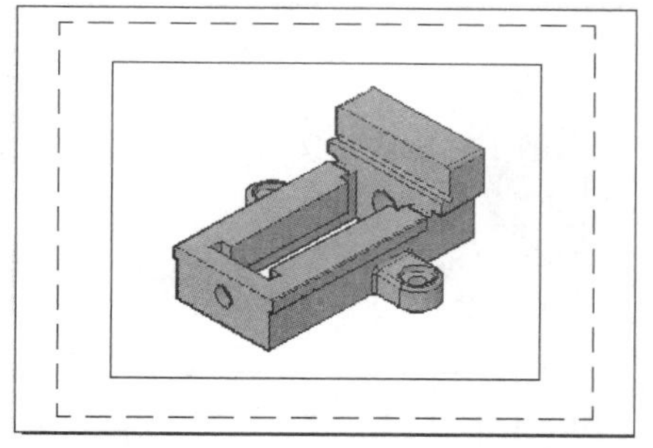

图 13-179　生成的默认视图

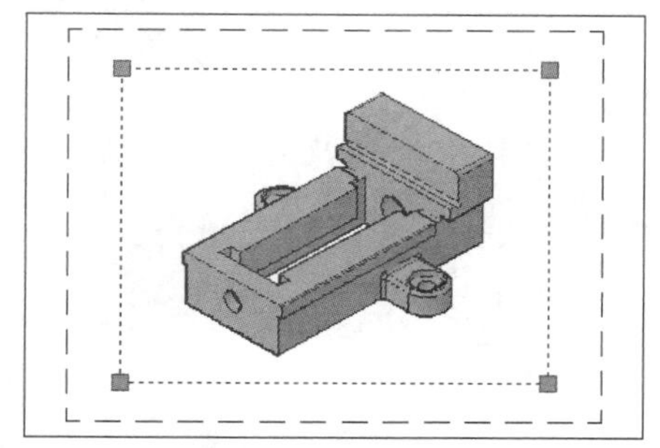

图 13-180　选中视图

02 选择【布局】选项卡，单击【创建视图】面板上的【基点】按钮，在弹出选项中选择【从模型空间】，拖动指针，生成视图的预览，如图 13-181 所示。

03 在命令行选择【方向】选项，然后选择【俯视】方向，在布局上合适的位置单击放置俯视图，如图 13-182 所示。

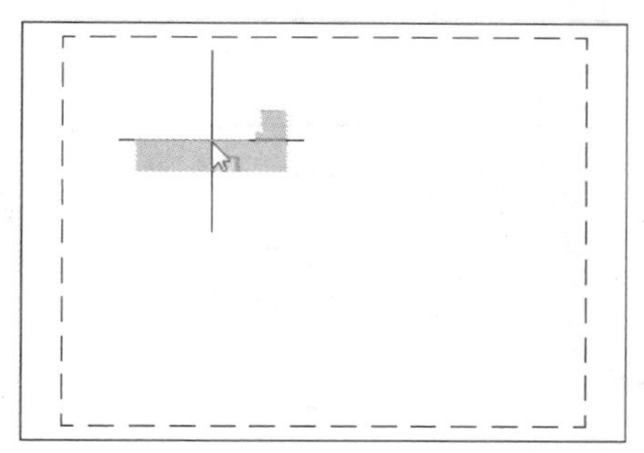

图 13-181　视图预览

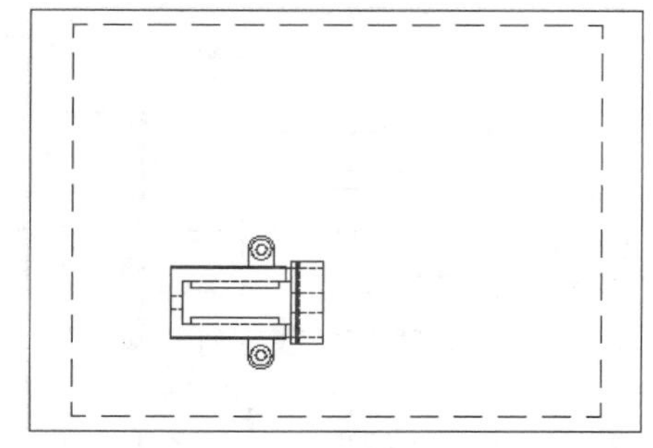

图 13-182　生成的俯视图

04 在【创建视图】面板上单击【截面】按钮的展开箭头，选择【全剖】选项。然后选择俯视图作为剖面的俯视图，对齐到俯视图中心线上某一位置单击确定剖切线点，如图 13-183 所示。对齐到该中心线上另一点单击作为剖切线第二点，如图 13-184 所示。按 Enter 键结束剖切线，向上拖动指针，生成剖面的预览，在合适的位置单击放置剖面视图，如图 13-185 所示。

05 在【创建视图】面板上单击【截面】按钮下的展开箭头，选择【半剖】选项。选择俯视图作为剖切的对象，对齐到俯视图中心线上一点单击，确定剖切线的起点，如图 13-186 所示。捕捉到水平中心线与圆孔竖直中心线的交叉点，如图 13-187 所示，在此位置单击确定剖切线的转折点。捕捉到圆孔竖直中心线上合适的位置单击，确定剖切线的终点，如图 13-188 所示。

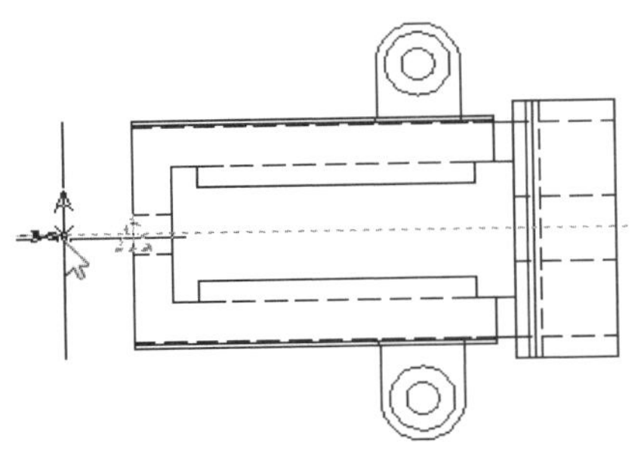

图 13-183　定义剖切线的起点

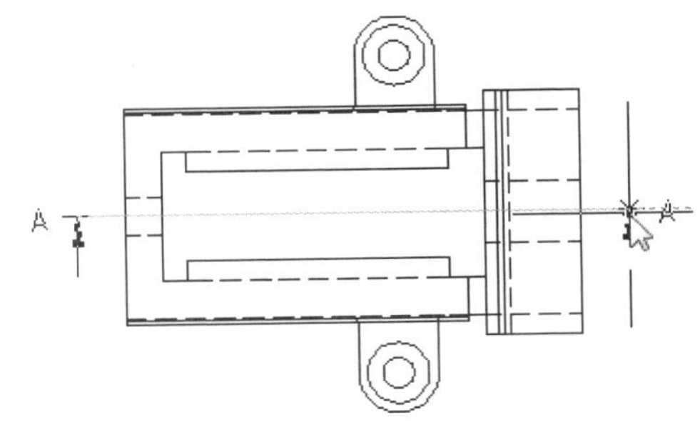

图 13-184　定义剖切线的终点

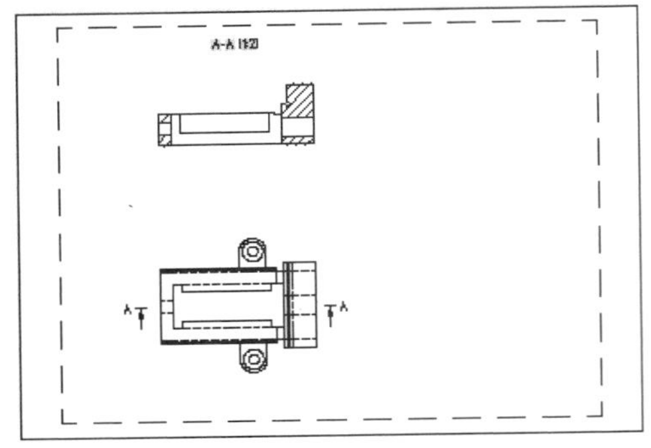

图 13-185　创建的剖面视图 A-A

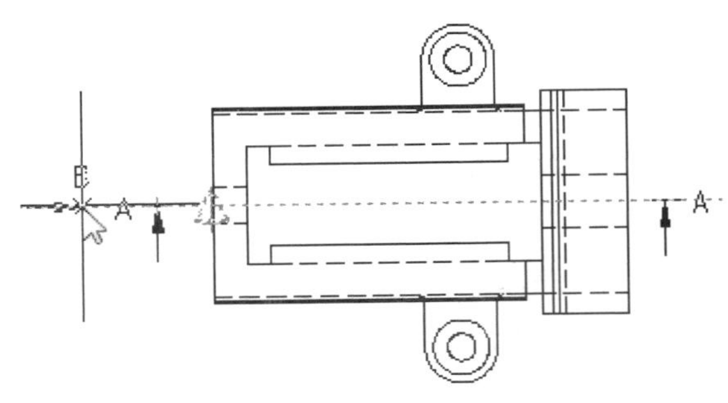

图 13-186　定义剖切线的起点

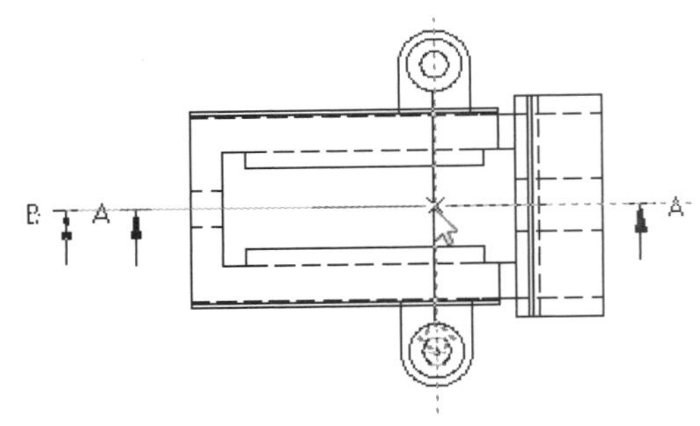

图 13-187　定义剖切线的转折点

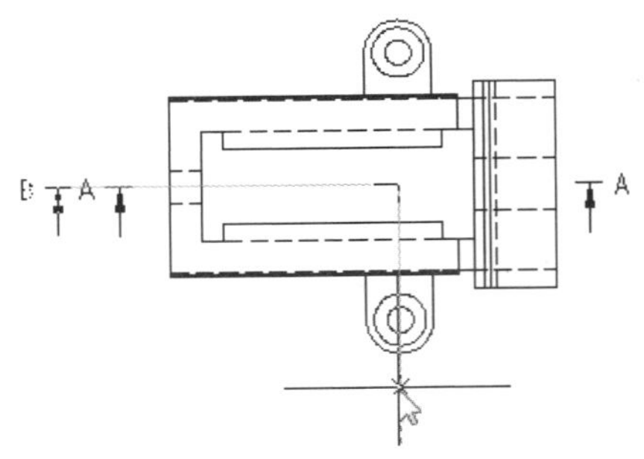

图 13-188　定义剖切线的终点

06 向右拖动指针，在合适的位置单击，生成半剖视图，如图 13-189 所示。

07 框选生成的剖视图 B-B，使用【旋转】和【移动】命令，将其对齐到剖面视图 A-A 的右侧，如图 13-190 所示。

08 单击【创建视图】面板上的【局部视图】按钮，选择剖面视图 A-A 作为俯视图，系统弹出【局部视图创建】选项卡，在【外观】面板上设置视图的比例为 2：1，并单击【模型边】面板上的【平滑带边框】按钮，然后定义要放大的区域，如图 13-191 所示。在此位置单击生成局部视图的预览，在布局上合适的位置单击放置局部视图，如图 13-192 所示。

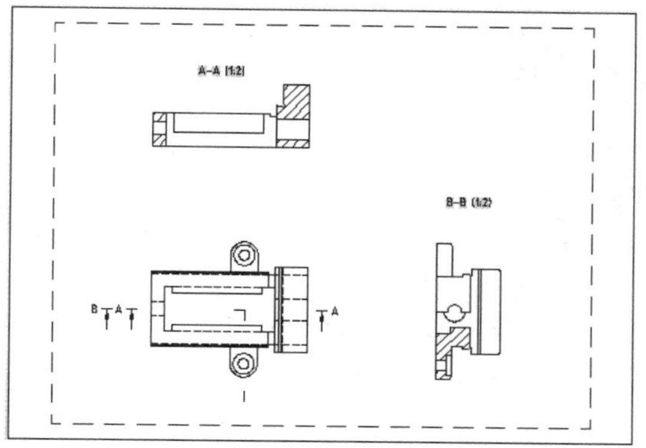

图 13-189　生成的半剖视图 B-B

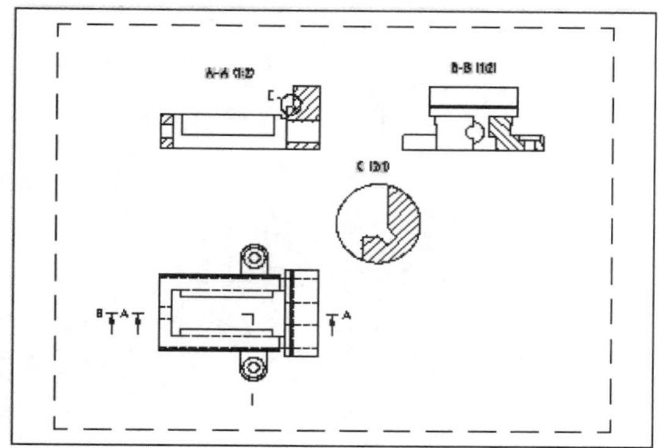

图 13-190　旋转和移动视图的结果

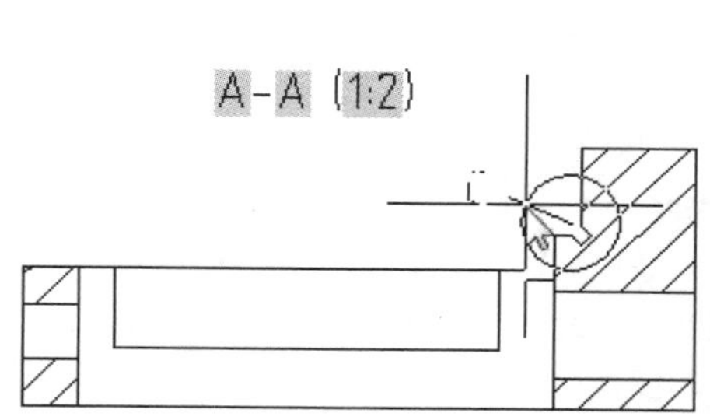

图 13-191　定义要放大的区域

图 13-192　创建的局部放大图 C

09 为图纸标注尺寸，如图 13-193 所示，完成图纸的创建。

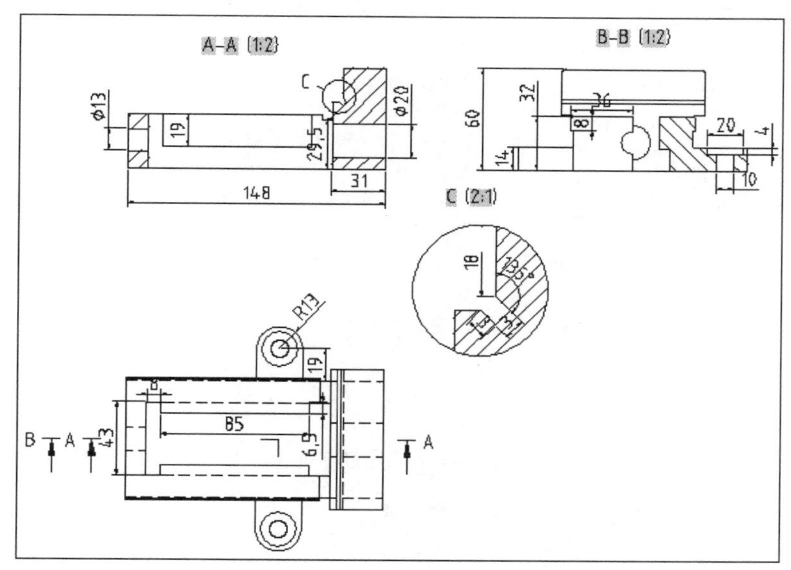

图 13-193　标注尺寸的结果

13.10 思考与练习

一、选择题

1. 在 AutoCAD 中，拉伸对象创建实体和曲面是指使用(　　)命令，沿指定的方向或将平面拉伸出指定距离。

   A. REVSURF　B. EXTRUDE　C. CYLINDER　D. LOFT

2. (　　)是指将两个或两个以上的实体求和，得到一个复合对象。

   A. 并集　B. 交集　C. 差集　D. 组集

3. 在使用【拉伸】命令拉伸对象时，拉伸角度可正可负，如果要产生内锥度效果，角度应为(　　)

   A. 0°　B. 负　B. 正　D. 以上都不对

4. 下列命令中，不是【修改】|【实体编辑】命令的子命令的是(　　)。

   A. 【并集】　B. 【干涉】　C. 【交集】　D. 【差集】

5. 三维捕捉无法捕捉到的对象是(　　)。

   A. 垂足　B. 节点　C. 顶点　D. 圆心

6. 如果需要删除创建的圆角效果，最简便的操作是(　　)。

   A. 偏移面　B. 抽壳　C. 删除面　D. 移动面

7. 为模型添加材质之后，模型上并未显示出材质效果，可能的原因是(　　)。

   A. 没有打开模型阴影　B. 没有将模型的视觉样式修改为“真实”

   C. 没有打开阳光状态　D. 没有创建光源

二、操作题

1. 创建丝杠三维模型，其二维图纸如图 13-194 所示。

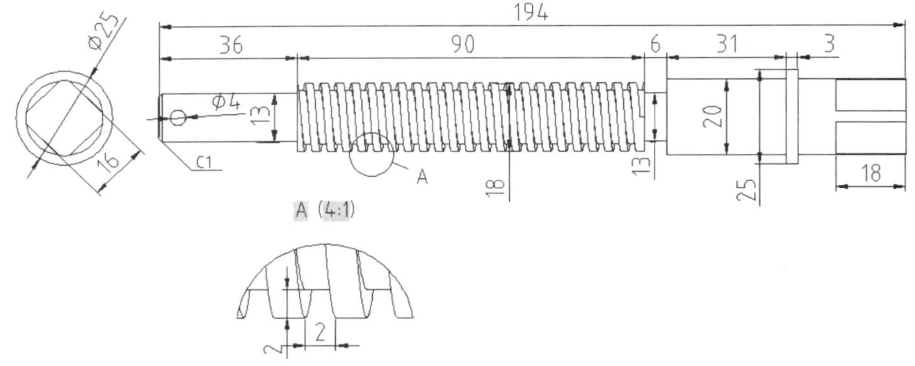

图 13-194　丝杠零件图

2. 绘制如图 13-195 所示的水管三维模型。
3. 绘制如图 13-196 所示的支腿三维模型。

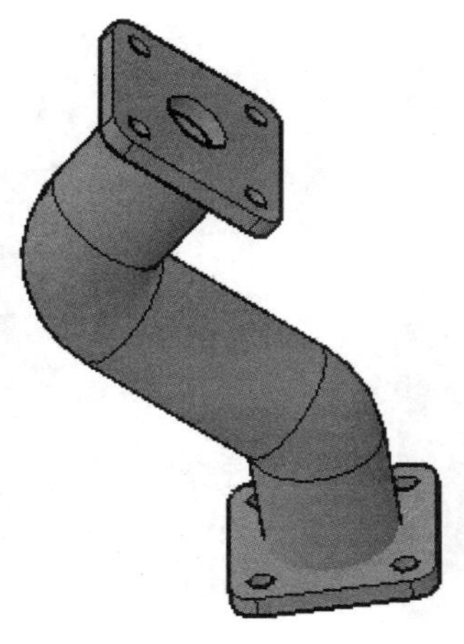

图 13-195　水管三维模型

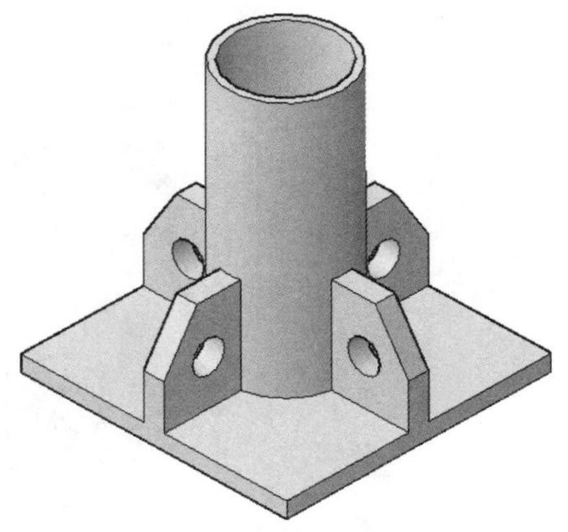

图 13-196　支腿三维模型

第 14 章

机械设计及绘图

本章导读

机械制图是用图样确切表示机械的结构形状、尺寸大小、工作原理和技术要求的学科。图样由图形、符号、文字和数字组成，是表达设计意图和制造要求及交流经验的技术文件，常被称为工程界的语言。

本章将介绍一些典型零件的绘制方法，通过本章的学习，让读者掌握实用绘图技巧的同时，对 AutoCAD 绘图有更深入的理解，进一步提高解决实际问题的能力。

14.1 绘制机械零件图

零件是组成复杂机构的最小单位。零件图纸是生产交流的直接工具，必须清晰、完整而且符合规范。

14.1.1 零件的类型

零件是部件中的组成部分。一个零件的机构与其在部件中的作用密不可分。零件按其在部件中所起的作用，以及结构是否标准化，大致可以分为以下 3 类。

1. 标准件

常用的有螺纹连接件，如螺栓、螺钉、螺母，还有滚动轴承等。这一类零件的结构已经标准化，国家制图标准已指定了标准件的规定画法和标注方法。

2. 传动件

常用的有齿轮、蜗轮、蜗杆、胶带轮、丝杆等，这类零件的主要结构已经标准化，并且有规定画法。

3. 一般零件

除了上述两类零件以外的零件都可以归纳到一般零件中。例如轴、盘盖、支架、壳体、箱体等。它们的结构形状、尺寸大小和技术要求由相关部件的设计要求和制造工艺要求而定。

一般零件的形状千变万化，根据它在部件中所起的作用、基本形状以及与相邻零件的关系，并考虑到其加工工艺，可以将一般零件分为轴套类、盘盖类、叉架和箱壳类等 4 种类型。

14.1.2 零件图的内容

任何一台机器或部件都是由多个零件装配而成的。表达单个零件结构形状、尺寸、大小加工和检验等方面技术要求的图样称为零件图。零件图是工厂制造和检验零件的依据，是设计部门和生产部门的重要技术资料之一。

为了满足生产部门制造零件的要求，一张零件图必须包括以下几方面的内容。

1. 一组视图

用一组视图完整、清晰地表达零件各个部分的结构以及形状。这组视图包括机件的各种表达方法中的视图、剖视图、断面图、局部放大图和简化画法。

2. 完整的尺寸

零件图中应正确、完整、清晰、合理地标注零件在制造和检验时所需要的全部尺寸。

3. 技术要求

用规定的符号、代号、标记和简要的文字表达出对零件制造和检验时所应达到的各项技术指标和要求。

4. 标题栏

在标题栏中一般应填写单位名称、图名(零件的名称)、材料、质量、比例、图号，以及设计、审核、批准人员的签名和日期等。

14.1.3　绘制零件图的流程

AutoCAD 中，机械零件图的绘制流程主要包括以下几个步骤。

- 了解所绘制零件的名称、材料、用途以及各部分的结构形状及加工方法。
- 根据上述分析，确定绘制物体的主视图，再根据其结构特征确定顶视图及剖视图等其他视图。
- 标注尺寸及添加文字说明，最后绘制标题栏并填写内容。
- 图形绘制完成后，可对其进行打印输出。

14.1.4　绘制链轮

链轮是链传动中的重要零件，本节绘制图 14-1 所示的链轮零件图，主要使用了【圆】、【拉长】、【阵列】、【修剪】等命令。

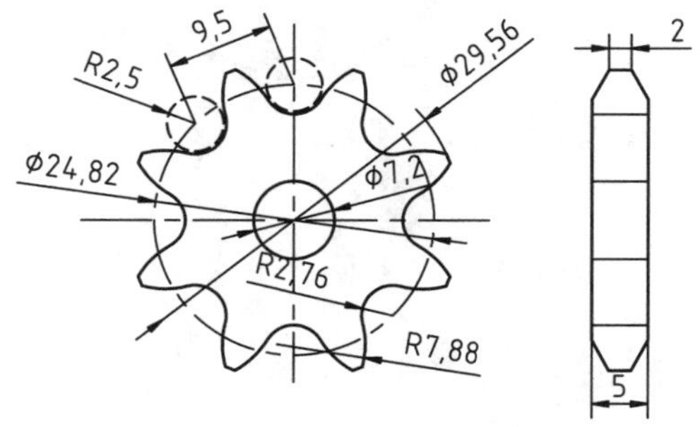

图 14-1　链轮

1. 绘制主视图

01 新建 AutoCAD 文件。将“中心线”图层设置为当前图层，绘制正交中心线和直径为 24.82 的分度圆，如图 14-2 所示。

02 将“轮廓线”图层设置为当前图层，在分度圆的上象限点绘制半径为 2.76 的齿根圆，如图 14-3 所示。

03 将“细实线”图层设置为当前图层，从齿根圆圆心绘制两条直线，两线夹角为 118.75°，此角度即为齿沟角，如图 14-4 所示。

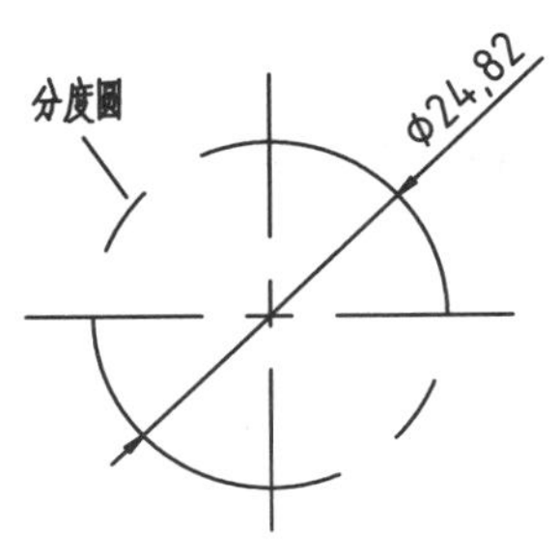

图 14-2　绘制中心线和分度圆

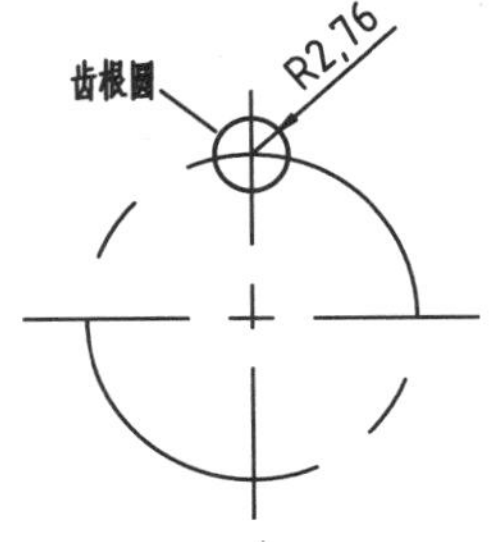

图 14-3　绘制齿根圆

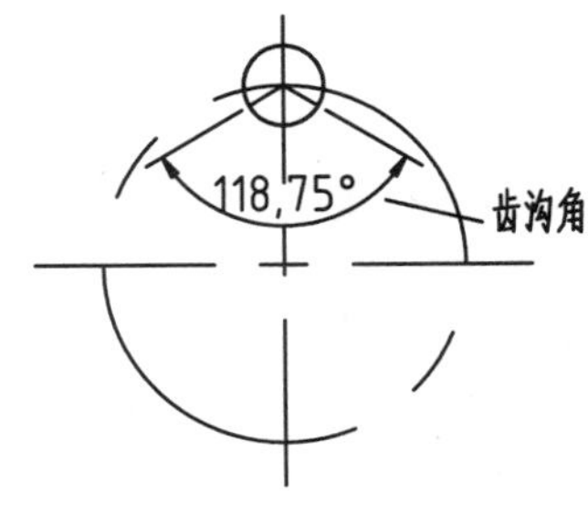

图 14-4　绘制辅助线

04 在【默认】选项卡中，单击【修改】滑出面板上的【拉长】按钮，将右侧半径直线拉长 7.88 个单位，如图 14-5 所示。

05 将“轮廓线”图层设置为当前图层，以拉长后的直线端点为圆心，绘制半径为 7.88 的齿面圆，如图 14-6 所示。

06 以中心线的交点为圆心，绘制直径为 29.56 的齿顶圆，如图 14-7 所示。

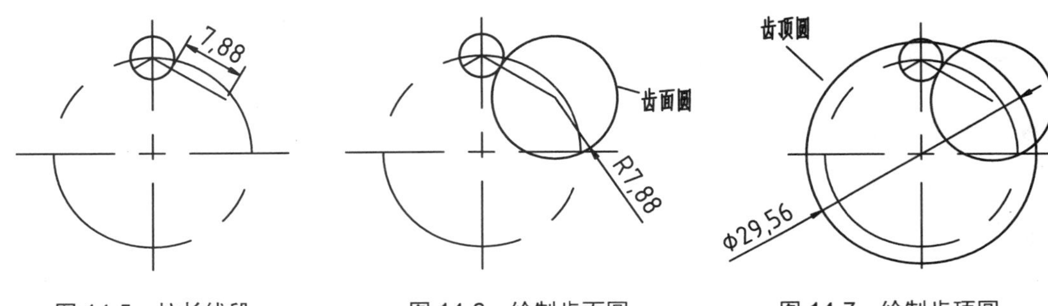

图 14-5　拉长线段　　图 14-6　绘制齿面圆　　图 14-7　绘制齿顶圆

07 单击【修改】面板上的【修剪】按钮，将多余的线条修剪，结果如图 14-8 所示。

08 单击【修改】面板上的【镜像】按钮，将齿形轮廓镜像到左侧，如图 14-9 所示。

09 单击【修改】面板上的【环形阵列】按钮，选择圆心为阵列中心，项目数量为 8，阵列结果如图 14-10 所示。

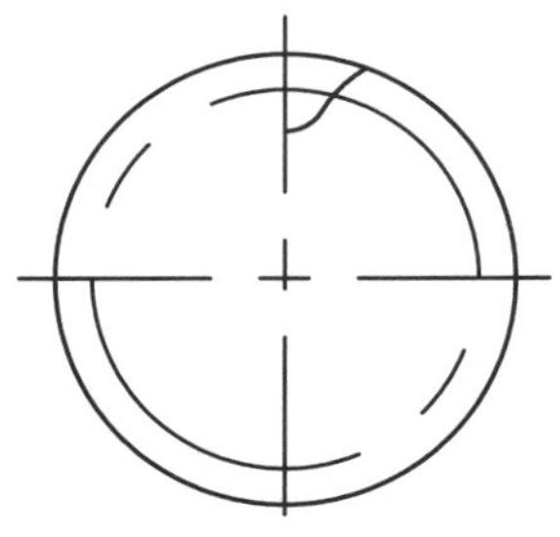

图 14-8　修剪的结果

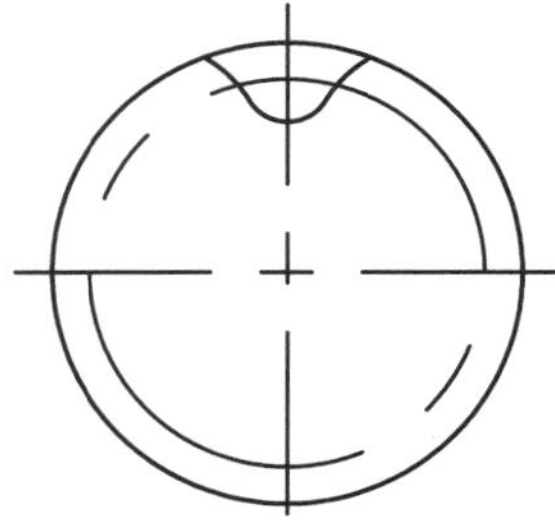

图 14-9　镜像的结果

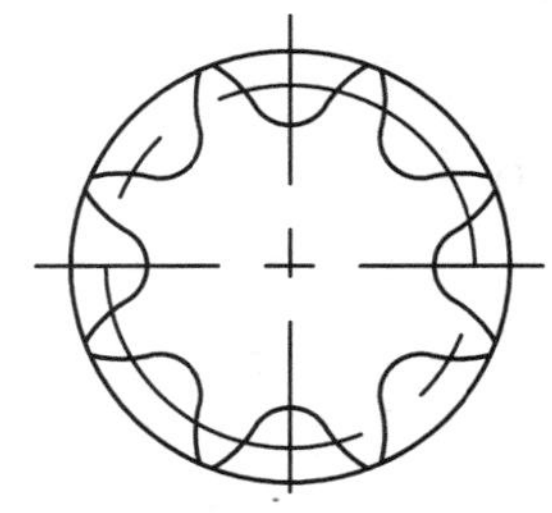

图 14-10　阵列的结果

10 单击【修改】面板上的【修剪】按钮，将齿顶圆多余的部分修剪，结果如图 14-11 所示。

11　以中心线交点为圆心绘制半径为 3.6 的圆，如图 14-12 所示，完成链轮的主视图。

2. 绘制左视图

01　将“细实线”图层设置为当前图层，单击【绘图】滑出面板上的【射线】按钮，从主视图向右引出水平射线，并绘制竖直直线 1，如图 14-13 所示。

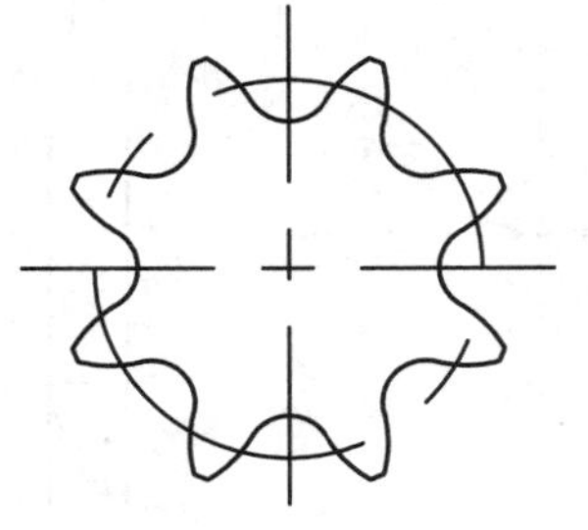

图 14-11　修剪齿顶圆

R3,6

图 14-12　绘制的圆

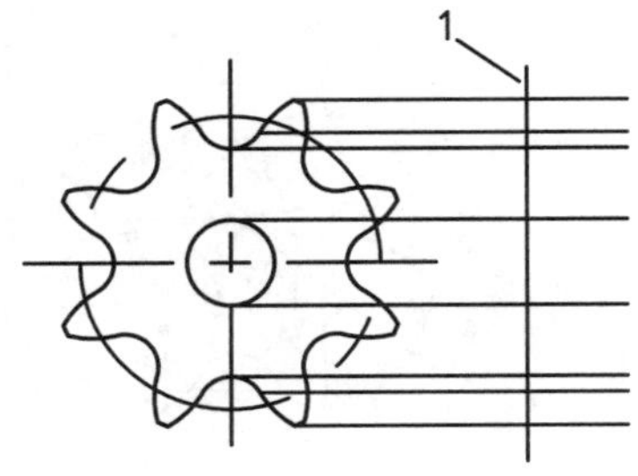

图 14-13　绘制构造线

02　将直线 1 向左偏移 2.5 和 1，向右偏移同样的距离，如图 14-14 所示。

03　由构造线交点绘制直线，如图 14-15 所示。然后裁剪直线并设置线条的图层，结果如图 14-16 所示。

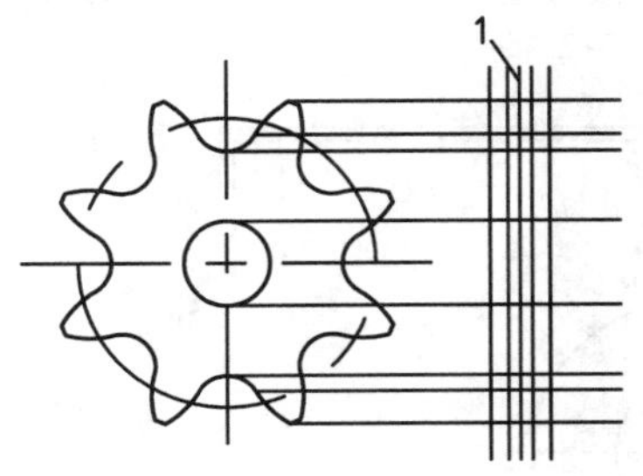

图 14-14　偏移竖直构造线

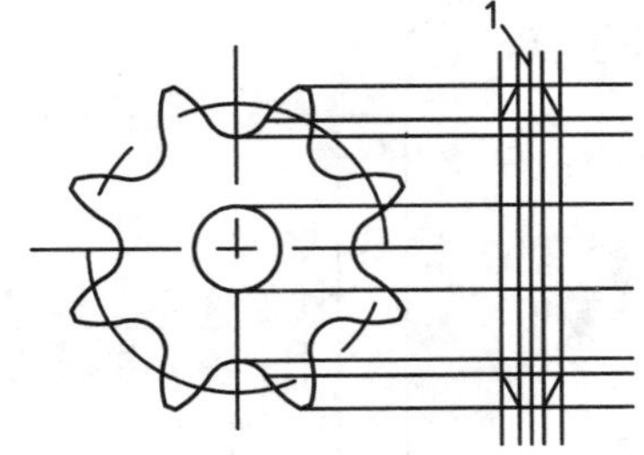

图 14-15　连接线段

3. 标注尺寸

01　选择【格式】|【标注样式】命令，将当前标注样式的精度设置为小数点后两位，如图 14-17 所示。

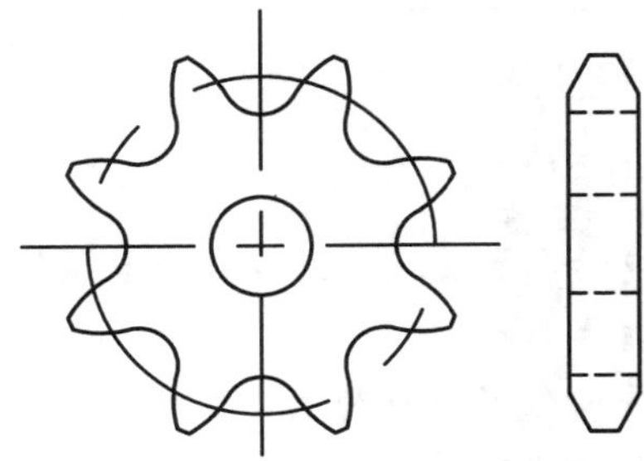

图 14-16　修剪线条的结果

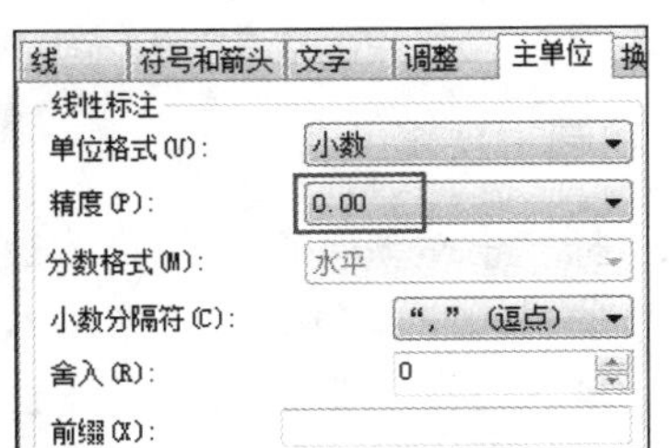

图 14-17　设置线性尺寸的精度

02　将“尺寸线”图层设置为当前图层，然后在【注释】选项卡中单击【标注】面板上的【直径】按钮，标注主视图上的圆尺寸。单击【标注】面板上的【线性】按钮，标注左视图上的线性尺寸，标注结果如图 14-18 所示。

03 将“虚线”图层设置为当前图层，在齿根圆圆心绘制半径为 2.5 的滚子圆，并标注滚子间距，此距离即为链条的节距，如图 14-19 所示。

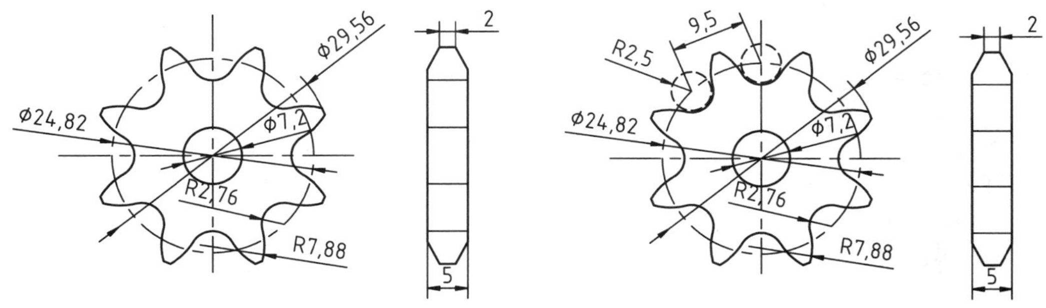

图 14-18　标注尺寸的结果　　　　图 14-19　绘制并标注滚子

14.1.5 绘制轴端盖零件图

本节绘制图 14-20 所示的端盖零件图，综合运用了剖面视图、尺寸标注、添加文字和插入表格等知识。

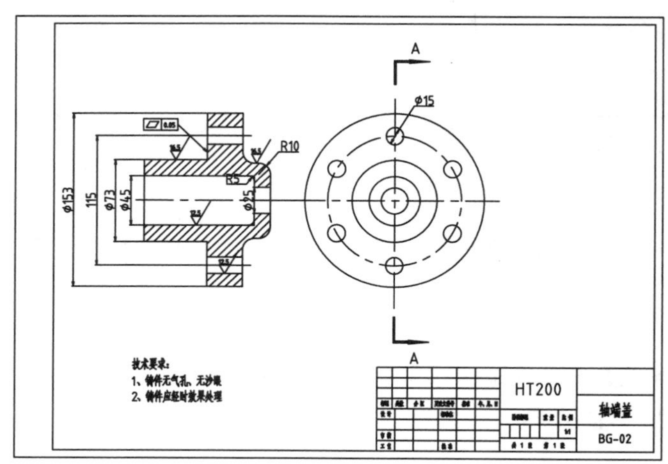

图 14-20　端盖零件图

1. 绘制主视图

01 将“中心线”图层切换为当前图层，单击【绘图】面板上的【直线】按钮，绘制竖直中心线和水平中心线，如图 14-21 所示。

02 单击【绘图】面板上的【圆】按钮，以中心线的交点为圆心，绘制直径为 115 的圆，如图 14-22 所示。将“粗实线”切换为当前图层，单击【绘图】面板上的【圆】按钮，结合【对象捕捉】功能，绘制直径为 15 的圆，如图 14-23 所示。

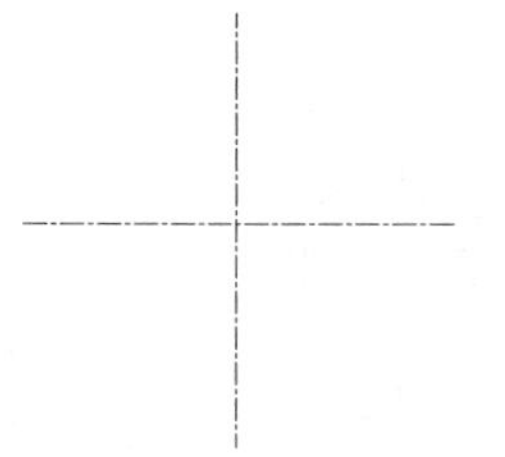

图 14-21　绘制中心线

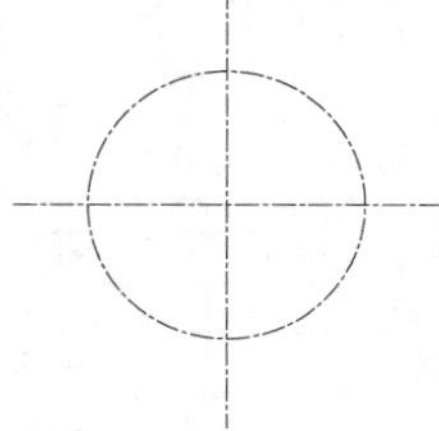

图 14-22　绘制圆

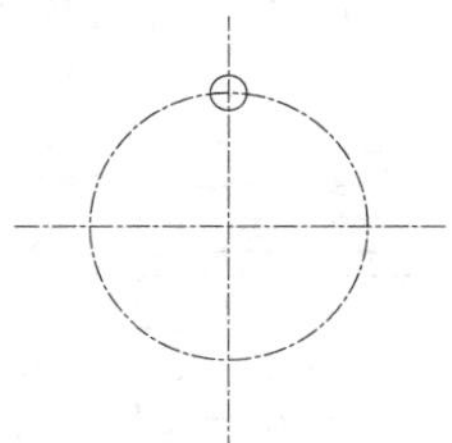

图 14-23　绘制圆

03 单击【修改】面板上的【偏移】按钮，选取水平中心线为偏移对象，将其分别向上和向下偏移 29，结果如图 14-24 所示。

04 单击【修改】面板上的【复制】按钮，选取上步操作所绘制的圆为复制对象，如图 14-25 所示，复制图形。

05 单击【绘图】面板上的【圆】按钮，绘制直径为 25、45、73、153 的圆，结果如图 14-26 所示。删除多余的直线，结果如图 14-27 所示。至此，主视图绘制完成。

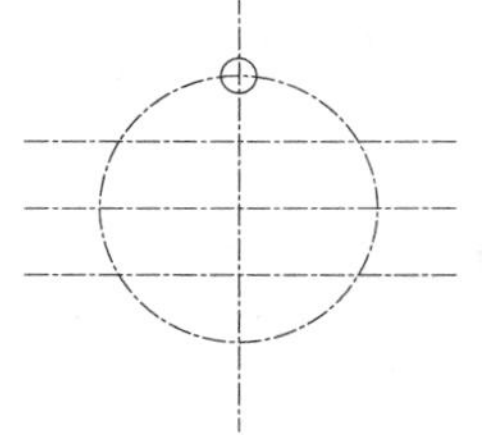

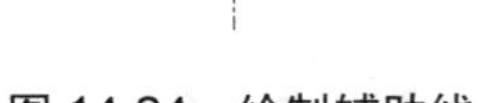

图 14-24　绘制辅助线

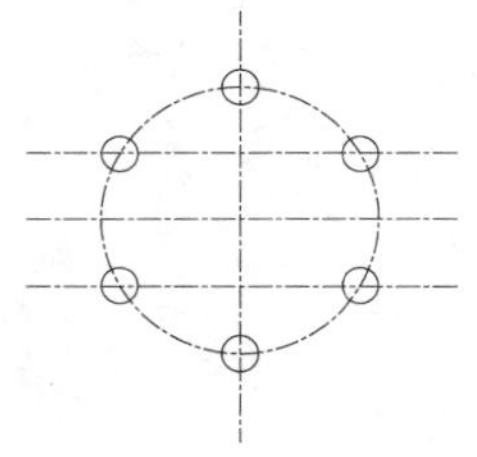

图 14-25　复制圆

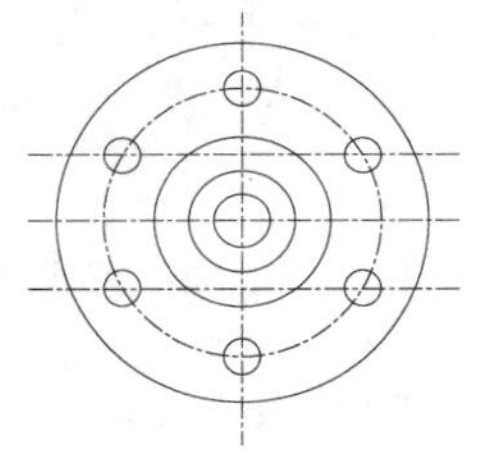

图 14-26　绘制圆

2. 绘制剖视图

01 单击【绘图】面板上的【直线】按钮，根据主视图与左视图的投影关系，配合【对象捕捉】功能，绘制定位辅助线，如图 14-28 所示。单击【修改】面板上的【修剪】按钮，修剪和删除多余的直线，结果如图 14-29 所示。

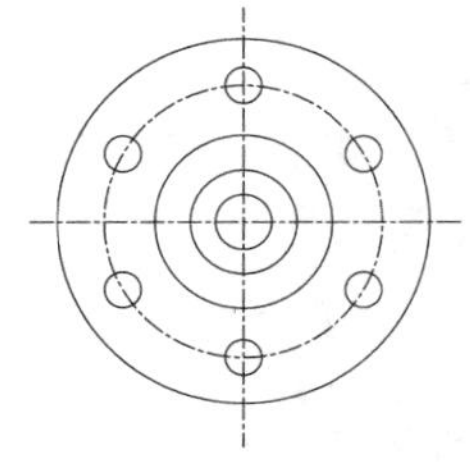

图 14-27　主视图

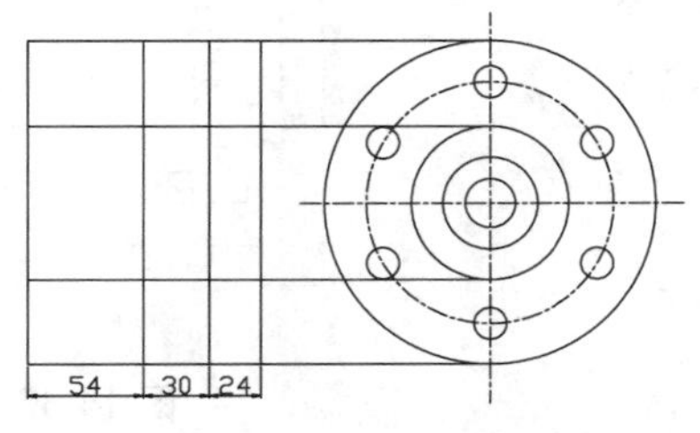

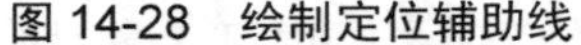

图 14-28　绘制定位辅助线

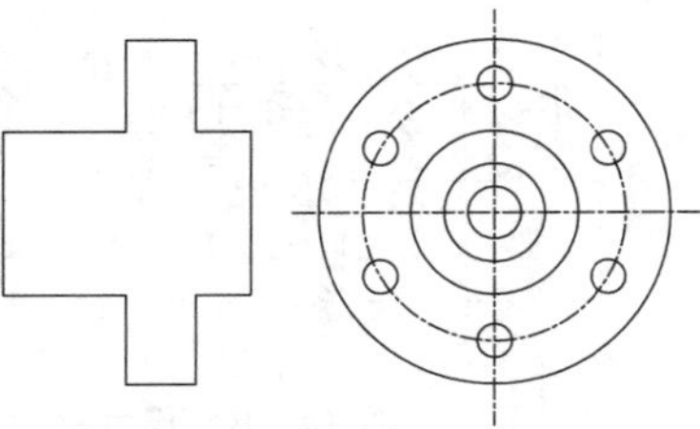

图 14-29　修剪操作

02 单击【绘图】面板上的【直线】按钮，根据主视图与左视图的投影关系，配合【对象捕捉】功能，绘制辅助线，如图 14-30 所示。然后单击【修改】面板上的【偏移】按钮，对其进行偏移处理，结果如图 14-31 所示。

03 单击【修改】面板上的【修剪】按钮，修剪和删除多余的直线，结果如图 14-32 所示。单击【修改】面板上的【圆角】按钮，设置半径为 5 和 10，对其进行圆角处理，如图 14-33 所示。

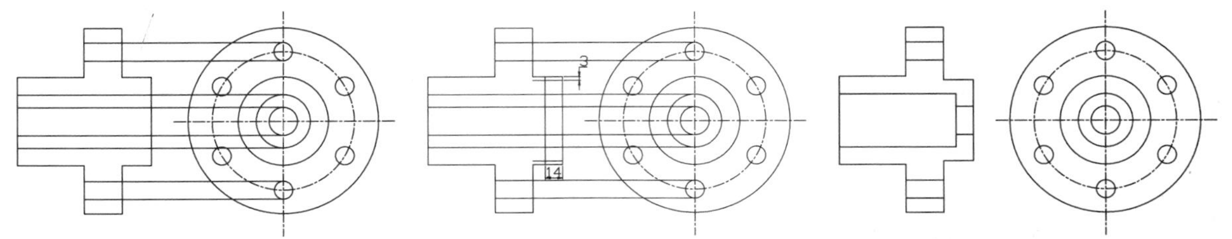

图 14-30　绘制辅助线　　图 14-31　偏移轮廓线　　图 14-32　修剪操作

04 单击【绘图】面板上的【图案填充】按钮，为剖切面填充图案，结果如图 14-34 所示。

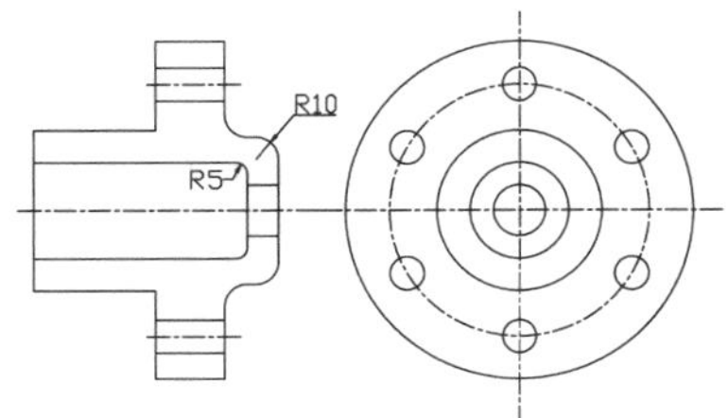

图 14-33　绘制圆角

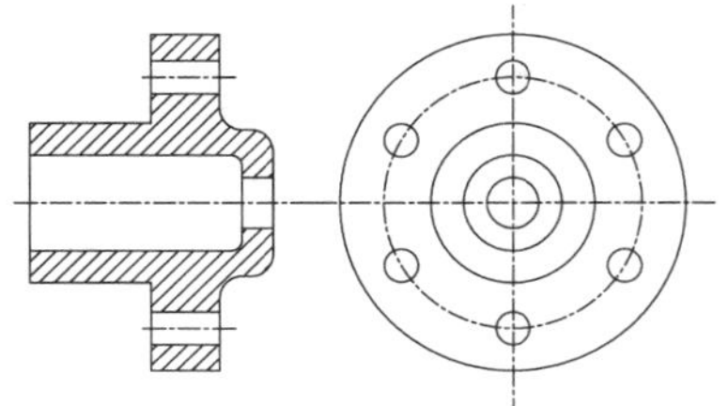

图 14-34　图案填充

3. 注尺寸和文本

01 将“标注”图层设为当前图层，然后分别调用【线性标注】、【半径标注】等命令依次标注出各圆弧半径、圆心距离和零件外形尺寸，结果如图 14-35 所示。

02 在【注释】选项卡中，单击【标注】滑出面板上的【公差】按钮，弹出【形位公差】对话框，编辑相应参数，然后在适当的位置进行公差标注，效果如图 14-36 所示。

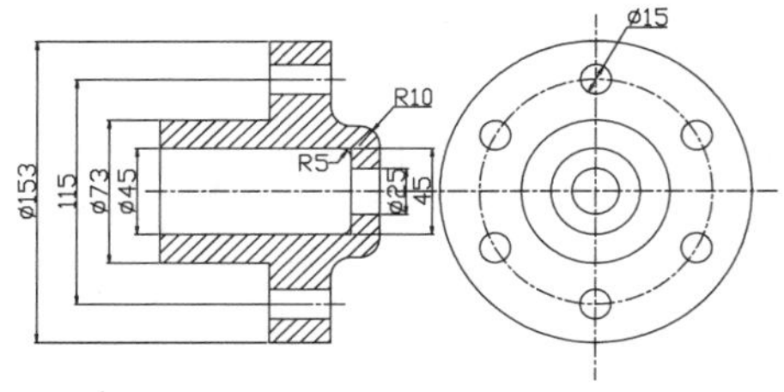

图 14-35　尺寸标注

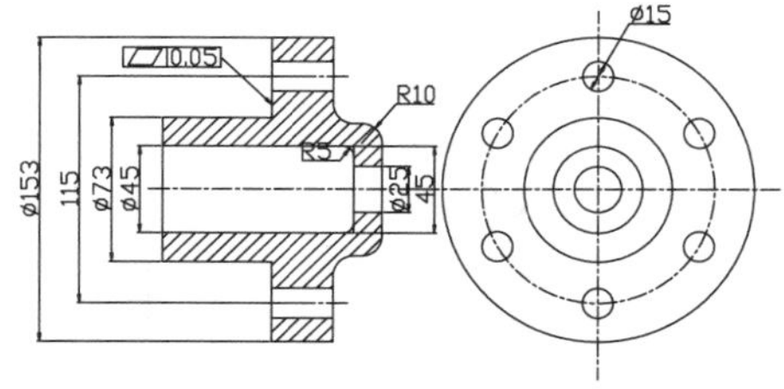

图 14-36　标注形位公差

03 调用【直线】命令绘制粗糙度符号，调用【多段线】命令绘制剖切符号，调用【单行文字】命令在符号标注处添加文本，结果如图 14-37 所示。

04 调用【矩形】命令，绘制图框。分别单击【表格】按钮，在弹出的【插入表格】对话框中设置行数为 6、行高为 2、列数为 7，以及列数为 8、宽为 10、行数为 6、高为 2 的表格。在视图的右下角插入表格，并调用【表格编辑】命令编辑表格，结果如图 14-38 所示。

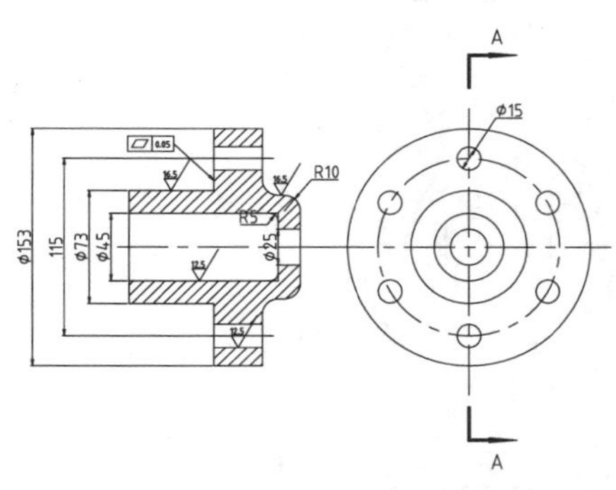

图 14-37　标注粗糙度和剖切符号

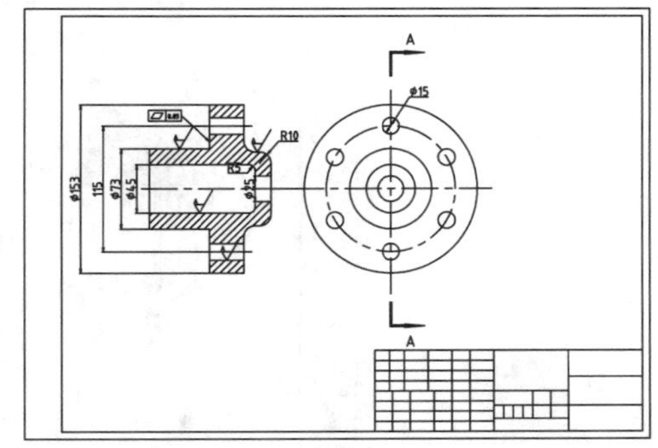
图 14-38　绘制图框及标题栏

05 双击表格内需要添加文本的单元格，调用【文字格式】命令添加文字，结果如图 14-39 所示。

06 调用【单行文本】和【多行文字】命令，在图纸适当位置添加技术要求和其他文本说明，结果如图 14-40 所示。至此，整个轴端盖零件图绘制完成。

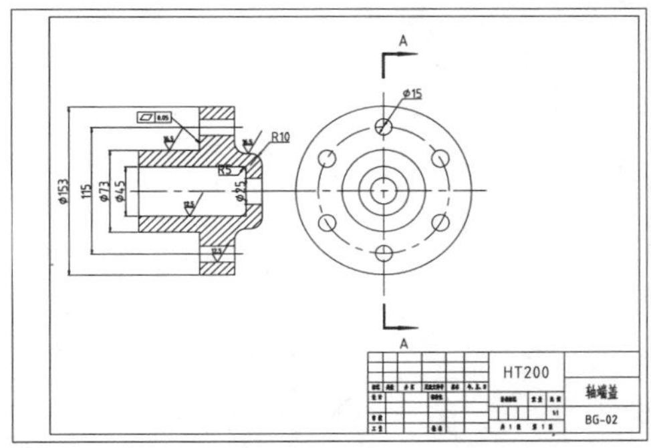

图 14-39　添加标题栏文本

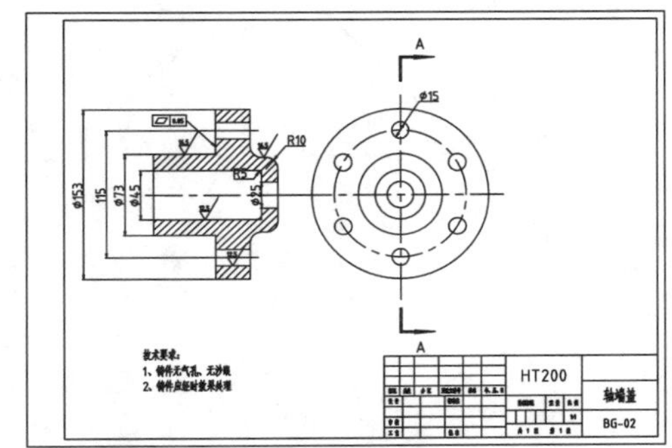

图 14-40　添加文本说明

14.1.6　绘制锥齿轮

本节绘制图 14-41 所示的锥齿轮零件图，主要知识点是斜齿的表示方法、键槽的绘制方法、尺寸公差的标注、图块的插入。

1. 绘制主视图

01 新建 AutoCAD 文件，将“中心线”，层设置为当前图层，利用【直线】和【偏移】命令，绘制 3 条辅助线，如图 14-42 所示。

02 选择【修改】|【旋转】命令，将线 3 绕 O 点旋转复制 2.70° 和−3.24° ，复制结果如图 14-43 所示。

03 以线 3 与线 2 交点为端点，配合约束功能，绘制线 3 的垂线线 4，如图 14-44 所示。

04 在【默认】选项卡中，单击【修改】滑出面板上的【拉长】按钮，将线 4 向另一侧拉长，如图 14-45 所示。

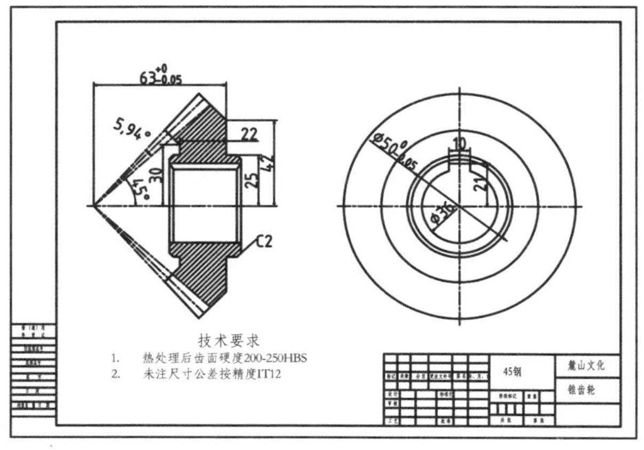

图 14-41　锥齿轮零件图

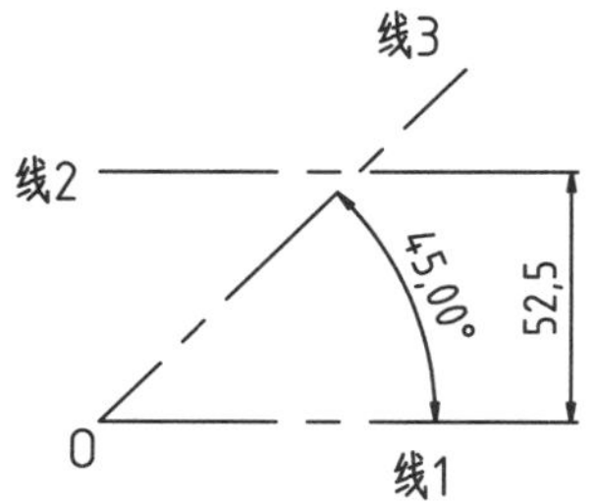

图 14-42　三条辅助线

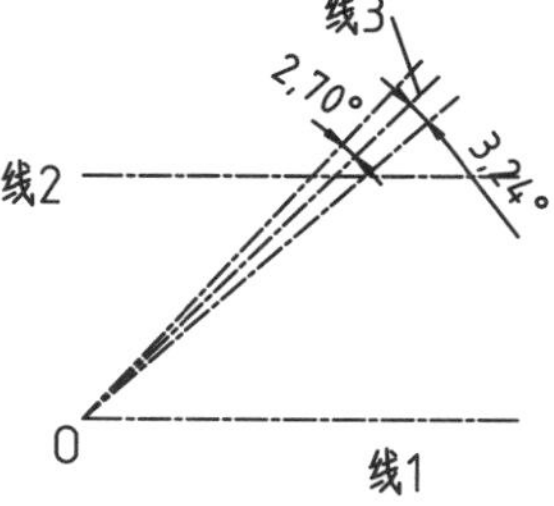

图 14-43　旋转复制线 3

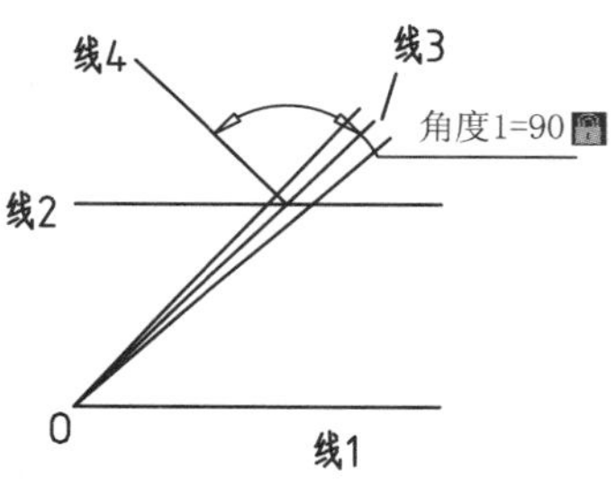

图 14-44　绘制垂线

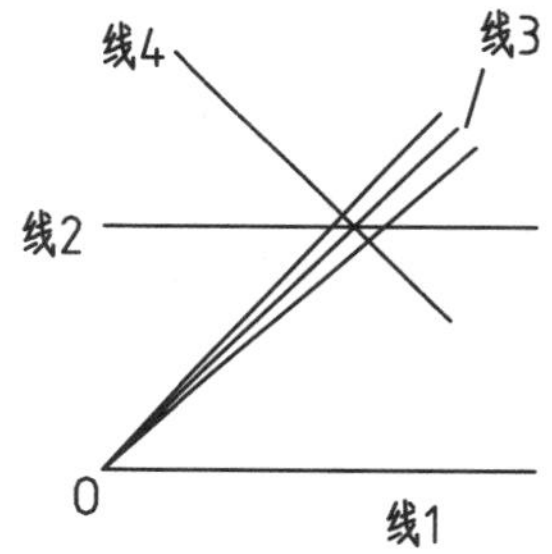

图 14-45　拉长线 4

05 将线 4 向 O 点方向偏移 24，将线 1 向上分别偏移 18、25、30 和 42，偏移结果如图 14-46 所示。

06 将“轮廓线”图层设置为当前图层，绘制齿轮轮廓线，如图 14-47 所示。

07 单击【修改】面板上的【修剪】按钮，修剪多余的线条，并根据实际转换线条图层，结果如图 14-48 所示。

08 单击【修改】面板上的【倒角】按钮，对图形倒角，如图 14-49 所示。

09 单击【修改】面板上的【镜像】按钮，将齿轮图形镜像到水平线以下，如图 14-50 所示。

10 单击【修改】面板上的【偏移】按钮，配合【延伸】和【修剪】命令绘制键槽结构，如图 14-51 所示。

11 将“细实线”图层设置为当前图层，单击【绘图】面板上的【图案填充】按钮，使用 ANSI31 图案填充区域，如图 14-52 所示。

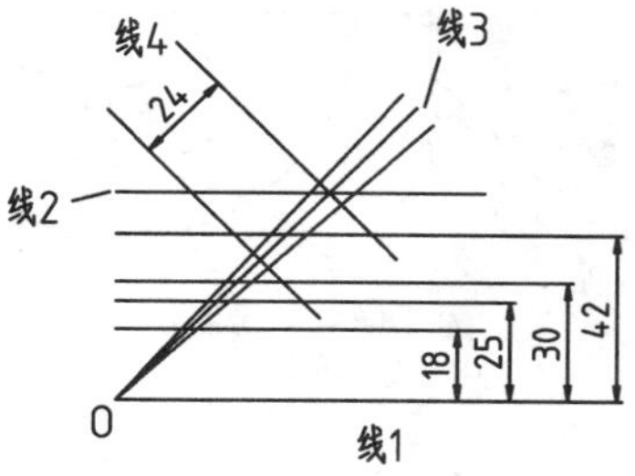

图 14-46　偏移线 4 和线 1

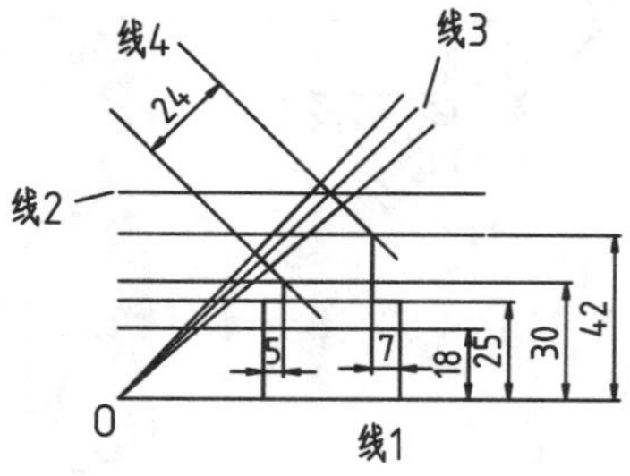

图 14-47　绘制齿轮轮廓

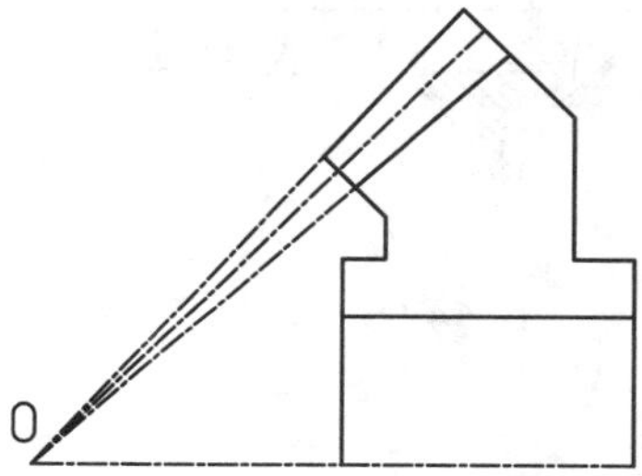

图 14-48　修剪线条

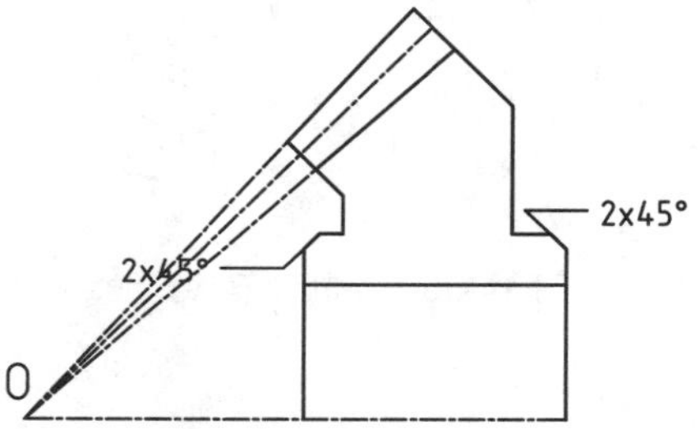

图 14-49　倒角结果

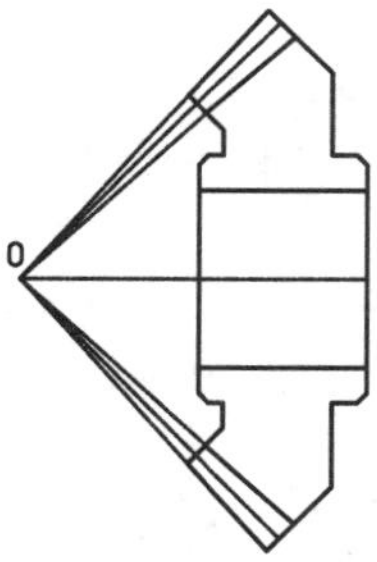

图 14-50　镜像的结果

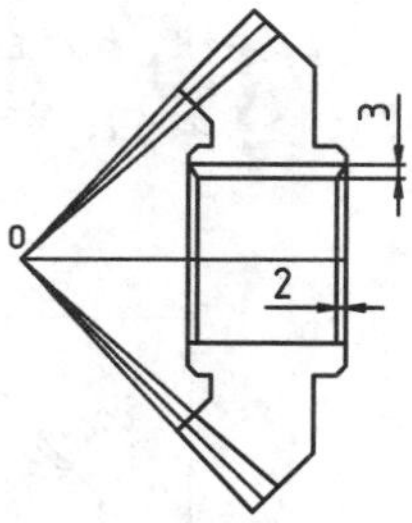

图 14-51　绘制键槽结构

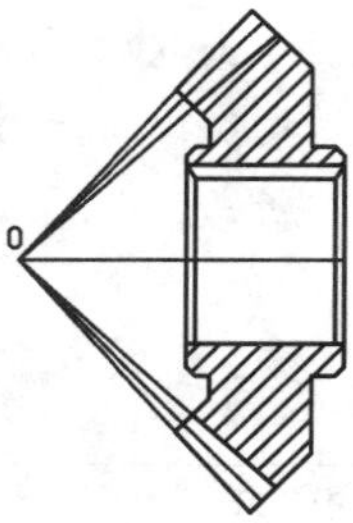

图 14-52　图案填充结果

2. 绘制左视图

01 单击【绘图】滑出面板上的【射线】按钮，从主视图向右引出水平射线，如图 14-53 所示。

02 以最下方构造线上任意一点为圆心，绘制与构造线相切的同心圆，如图 14-54 所示。键槽引出的射线位置不绘圆。

03 删除不需要的构造线，绘制过圆心的竖直直线，并向两侧偏移 5 个单位，如图 14-55 所示。

04 修剪出键槽轮廓，并将构造线转换到中心线层，结果如图 14-56 所示。

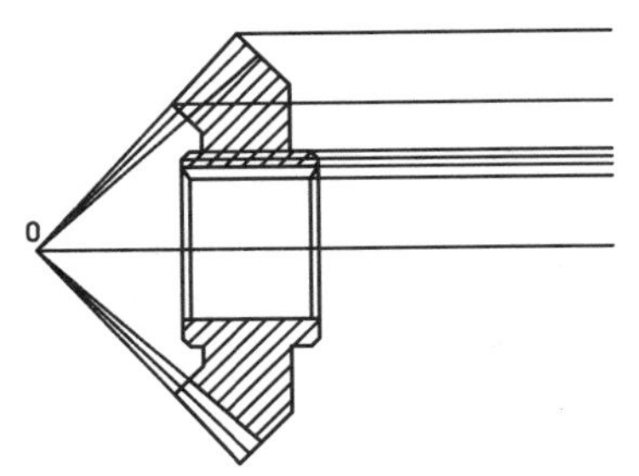

图 14-53　绘制水平射线

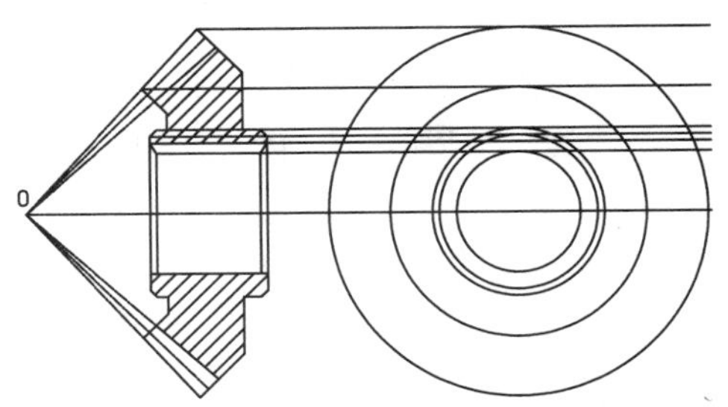

图 14-54　绘制圆

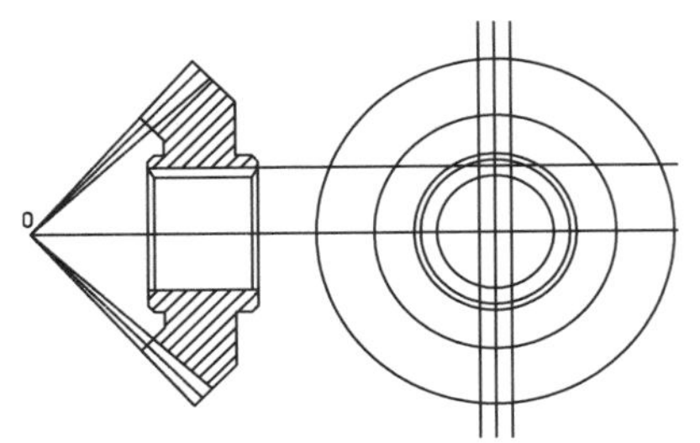

图 14-55　绘制和偏移直线

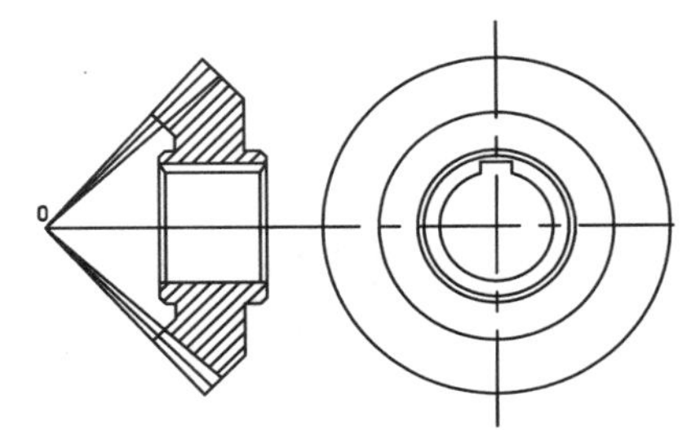

图 14-56　修剪出键槽

3. 标注尺寸

01 选择【格式】|【标注样式】命令，将当前标注样式的角度尺寸精度设为小数点后两位，如图 14-57 所示。

02 单击【注释】面板上的【角度】按钮，标注主视图上的角度尺寸。单击【线性】按钮，标注线性尺寸。单击【直径】按钮，标注左视图上的圆。标注结果如图 14-58 所示。

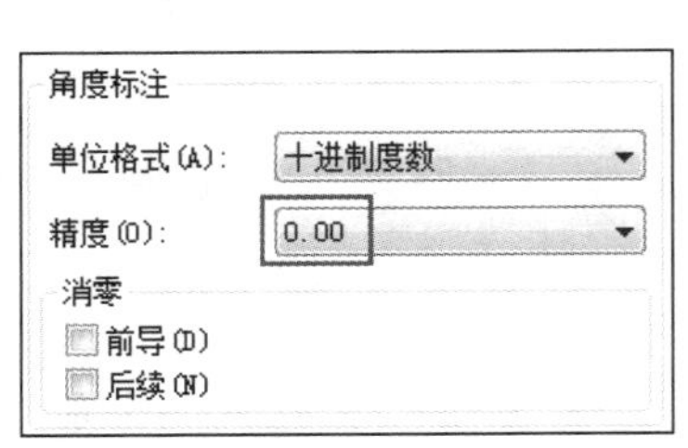

图 14-57　设置角度标注精度

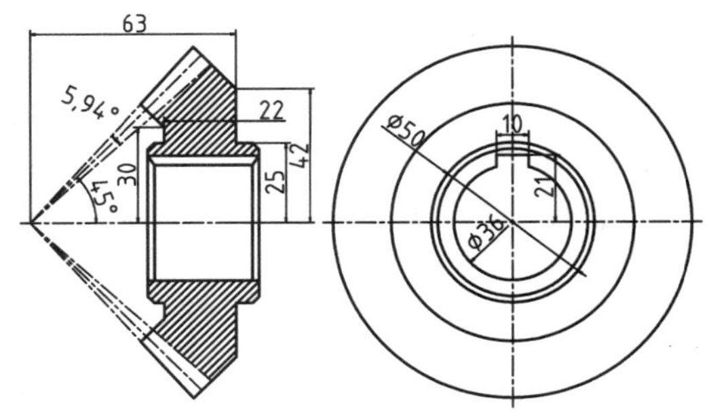

图 14-58　标注尺寸的结果

03 选择【格式】|【多重引线样式】命令，修改当前的多重引线样式，将箭头样式修改为【无】，如图 14-59 所示。

04 单击【注释】面板上的【引线】按钮，标注多重引线并添加引线文字，标注倒角尺寸，如图 14-60 所示。

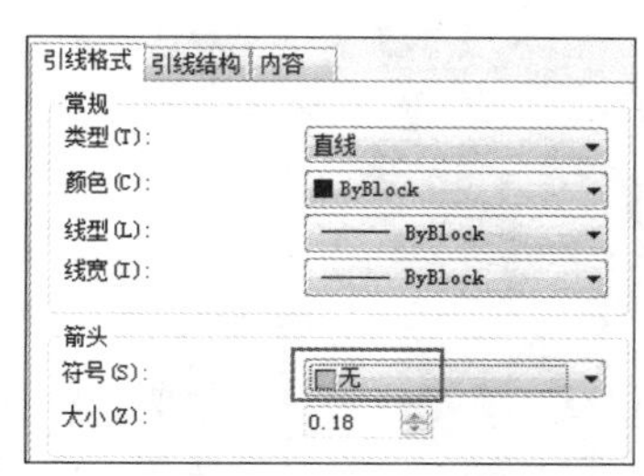

图 14-59　设置多重引线样式

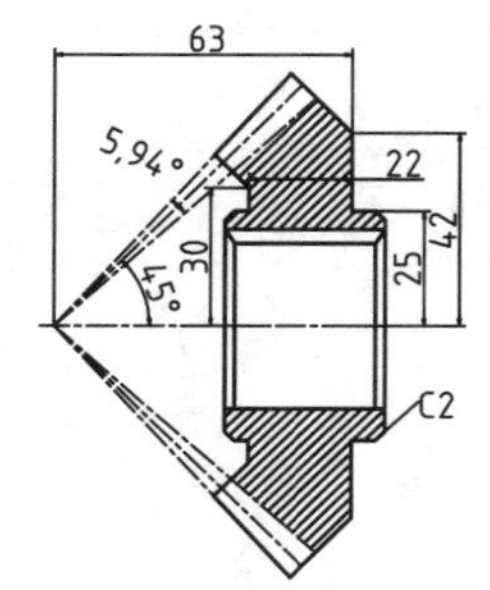

图 14-60　标注倒角的结果

4. 标注尺寸公差

双击长度为 63 的尺寸标注，系统弹出【文字编辑器】选项卡，按图 14-61 所示的格式输入公差数值。然后选中上下两个偏差文字，在【格式】面板的下拉列表框中单击【堆叠】按钮，如图 14-62 所示。标注的尺寸公差如图 14-63 所示。

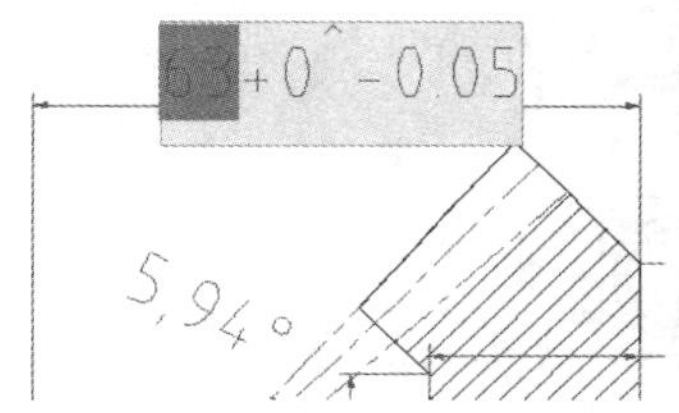

图 14-61　输入上下偏差

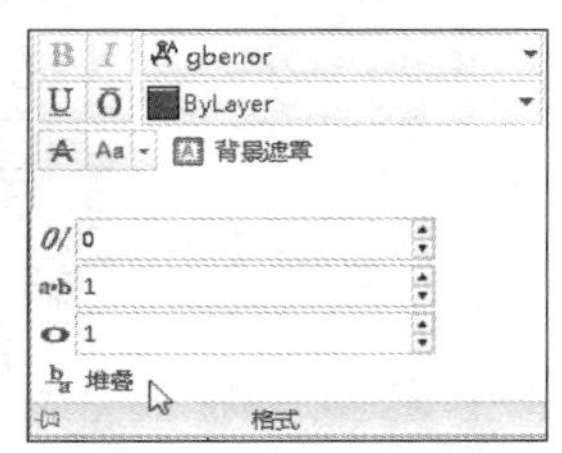

图 14-62　单击【堆叠】按钮

5. 插入图框并填写技术要求

01　在命令行输入 I 并按 Enter 键，激活【插入块】命令，系统弹出【插入】对话框，浏览到“第 14 章/A4 图框.dwg”素材文件，将其插入到绘图区合适位置，如图 14-64 所示。

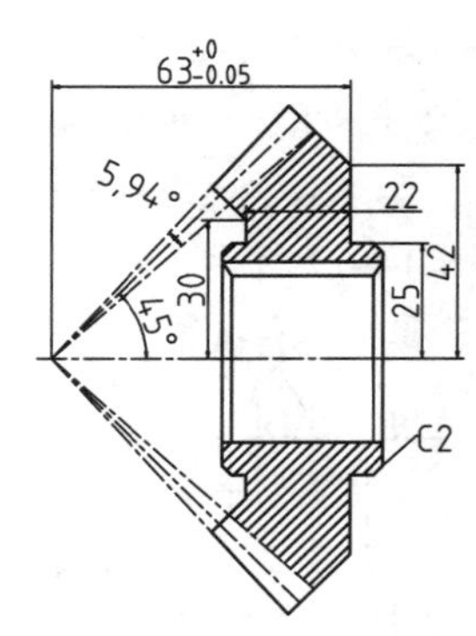

图 14-63　添加尺寸公差的效果

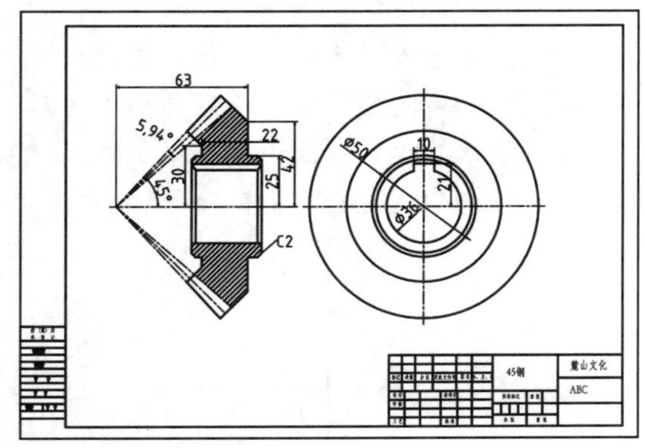

图 14-64　插入 A4 图框的结果

02　插入图框之后，系统弹出【编辑属性】对话框，修改属性值，如图 14-65 所示，完成图框的创建。

03 单击【注释】面板上的【多行文字】按钮，在图纸空白位置填写技术要求，如图 14-66 所示。

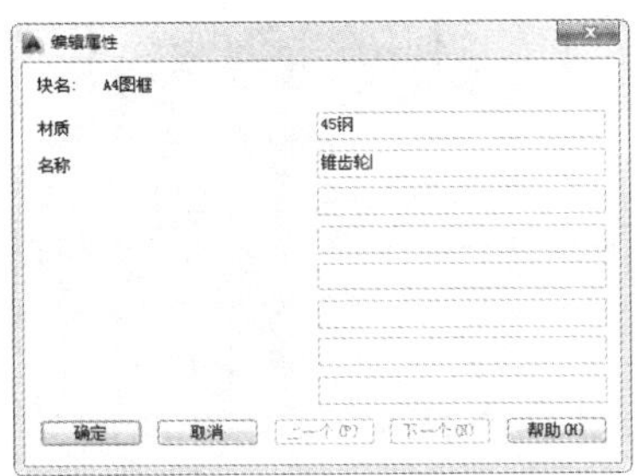

图 14-65 【编辑属性】对话框

技术要求

1. 热处理后齿面硬度200-250HBS
2. 未注尺寸公差按精度IT12

图 14-66 填写的技术要求

14.1.7 绘制丝杠螺母

本节绘制丝杠传动中的螺母零件图，并创建螺母的标准三视图，如图 14-67 所示。

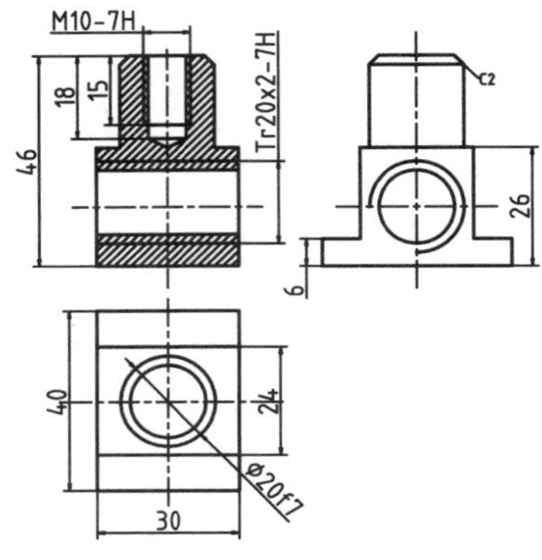

图 14-67 丝杠螺母零件图

1. 绘制主视图

01 以光盘附带文件“机械制图模板.dwt”为样板，新建 AutoCAD 文件。

02 将“中心线”图层设置为当前图层，绘制两条正交中心线，如图 14-68 所示。

03 将水平中心线向上偏移 8、13 和 33，向下偏移 8 和 13，将竖直中心线向左偏移 10 和 15，向右偏移同样的距离，偏移的结果如图 14-69 所示。

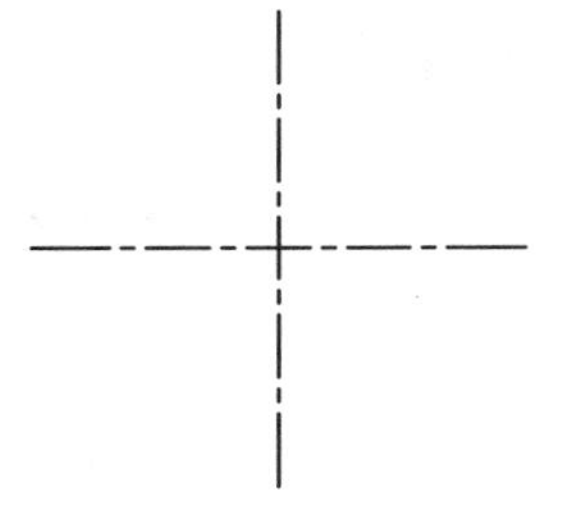

图 14-68 两条正交中心线

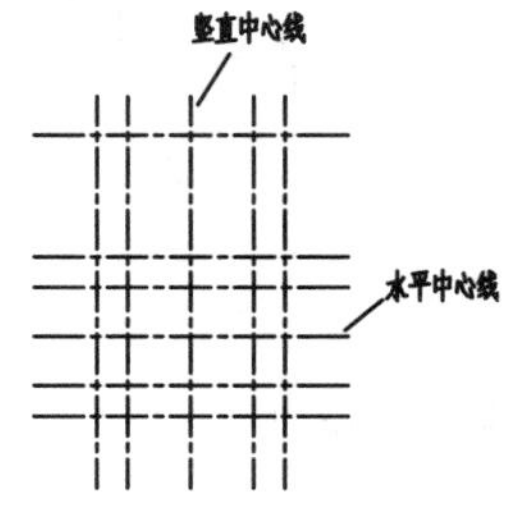

图 14-69 偏移中心线的结果

04 选择【修改】|【修剪】命令，或者在命令行输入 TR 并按 Enter 键，将偏移出的直线进行修剪，并将轮廓线转换到“轮廓线”图层，结果如图 14-70 所示。

05 将竖直中心线向左偏移 4 和 5，向右偏移同样的距离。将顶轮廓线向下偏移 15、18 和 20，偏移的结果如图 14-71 所示。

06 将“轮廓线”图层设置为当前图层，绘制两条倾斜轮廓线，如图 14-72 所示。

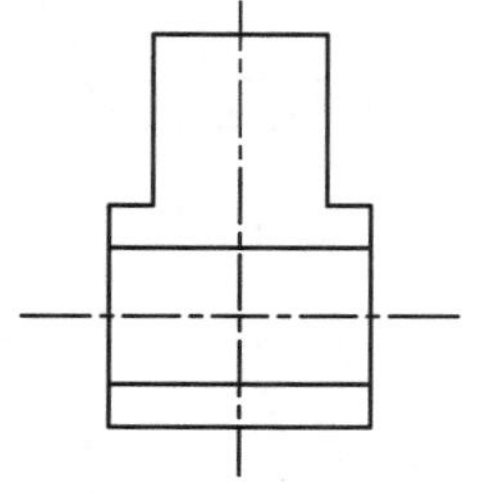

图 14-70　修剪出的轮廓

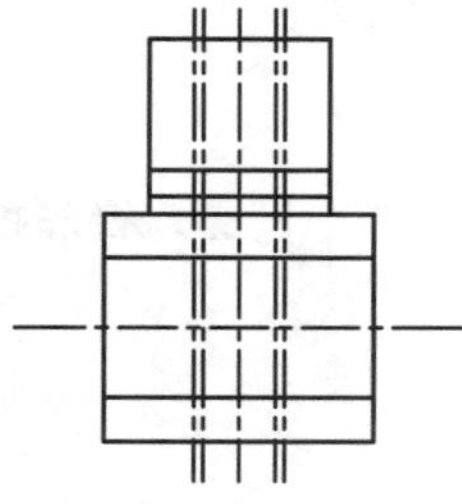

图 14-71　偏移线条的结果

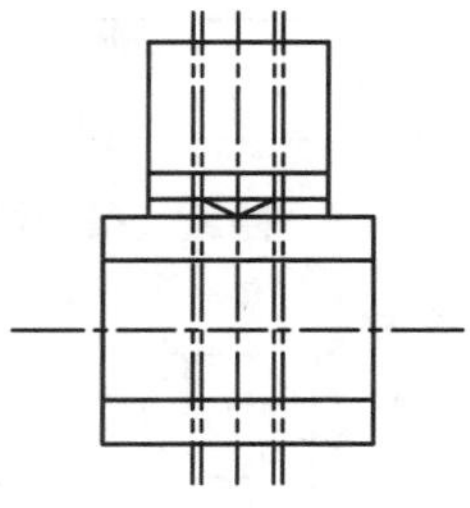

图 14-72　绘制倾斜直线

07 修剪螺纹孔的轮廓，并将螺纹小径边线转换到“轮廓线”图层，将螺纹大径边线转换到“细实线”图层，如图 14-73 所示。

08 将水平孔的两条边线向外偏移 2，并将偏移出的直线转换到“细实线”图层，如图 14-74 所示。

09 单击【修改】面板上的【倒角】按钮，或者在命令行输入 CHA 并按 Enter 键，两个倒角距离均为 2，倒角位置和结果如图 14-75 所示。

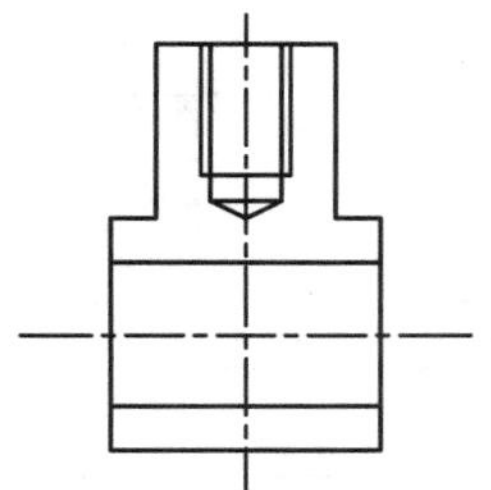

图 14-73　修剪出螺纹孔

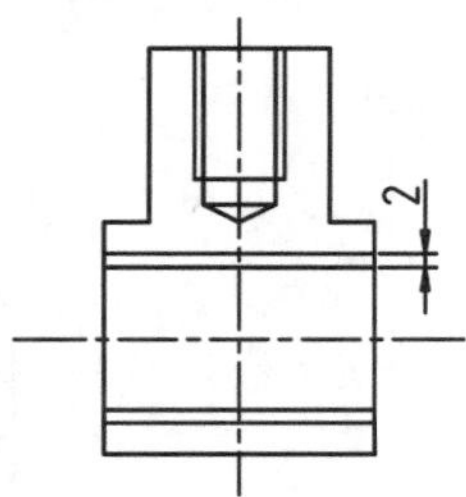

图 14-74　偏移直线

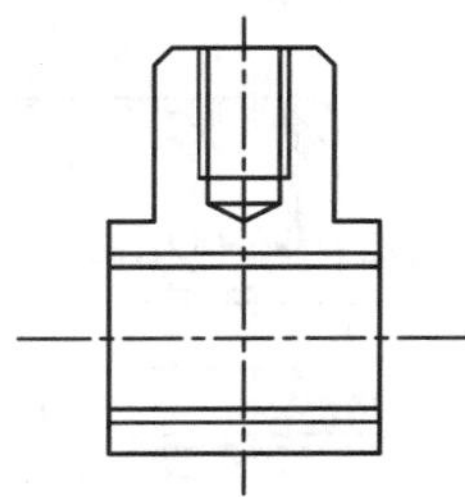

图 14-75　倒角的结果

10 在绘图区空白位置右击，在快捷菜单中选择【隔离】|【隐藏对象】命令，隐藏相关线条，如图 14-76 所示。

11 单击【绘图】面板上的【图案填充】按钮，或者在命令行输入 H 并按 Enter 键，在弹出的【图案填充和渐变色】对话框中选择 ANSI31 图案，并在【选项】选项区域中设置填充线的图层为“细实线层”，如图 14-77 所示。填充结果如图 14-78 所示。

12 在绘图区空白位置右击，在快捷菜单中选择【隔离】|【结束对象隔离】命令，将隐藏的对象重新显示。

13 在主视图的右侧，绘制两条正交中心线，其中水平中心线与主视图水平中心线对齐，如图 14-79 所示。

14 将竖直中心线向右偏移 10、12 和 20，向左偏移同样的距离，偏移的结果如图 14-80 所示。

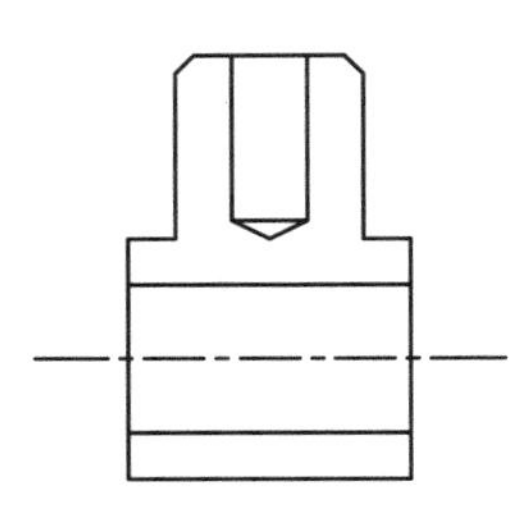
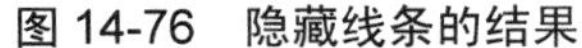

图 14-76　隐藏线条的结果

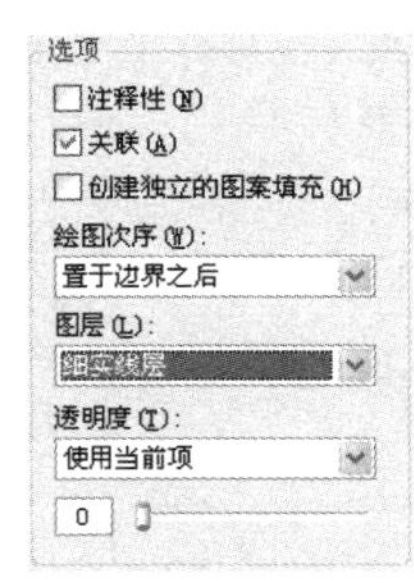

图 14-77　设置填充线的图层

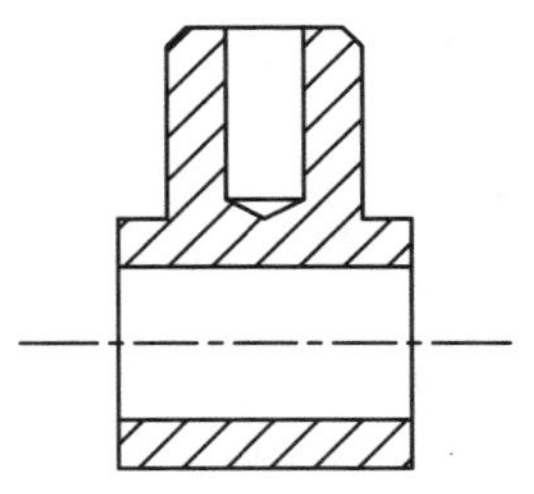

图 14-78　填充结果

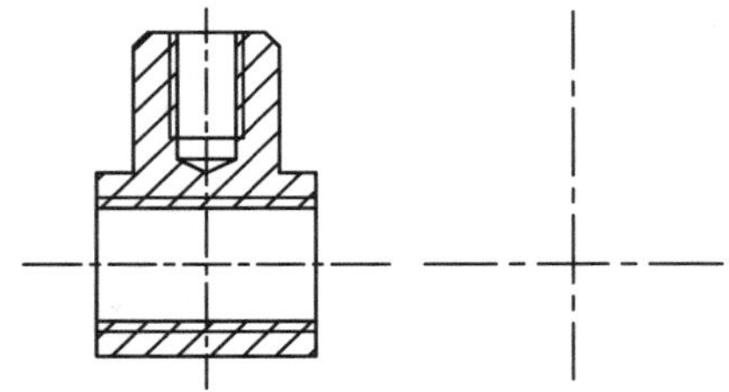

图 14-79　绘制中心线

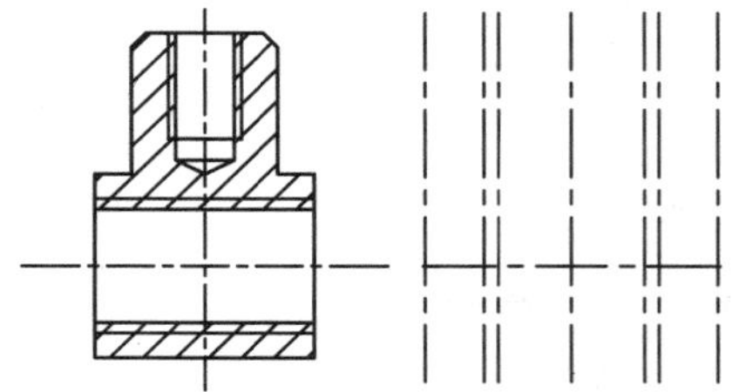

图 14-80　偏移竖直中心线

15 单击【绘图】滑出面板上的【射线】按钮，或者在命令行输入 RAY 并按 Enter 键，由主视图向右引出射线，并将底部的射线向上偏移 6，结果如图 14-81 所示。

16 修剪出左视图的轮廓，并修改线条的图层，结果如图 14-82 所示。

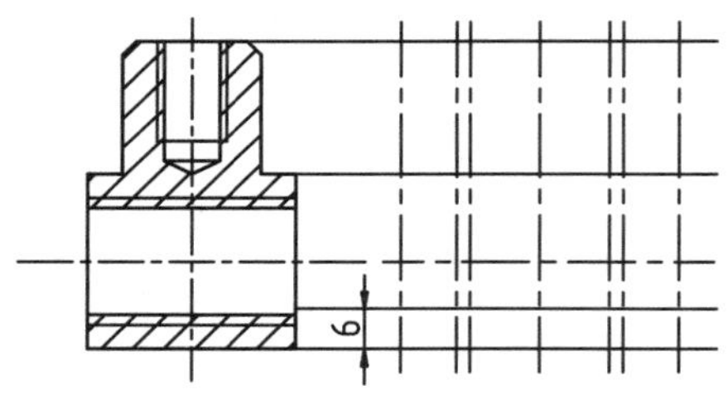

图 14-81　引出水平射线

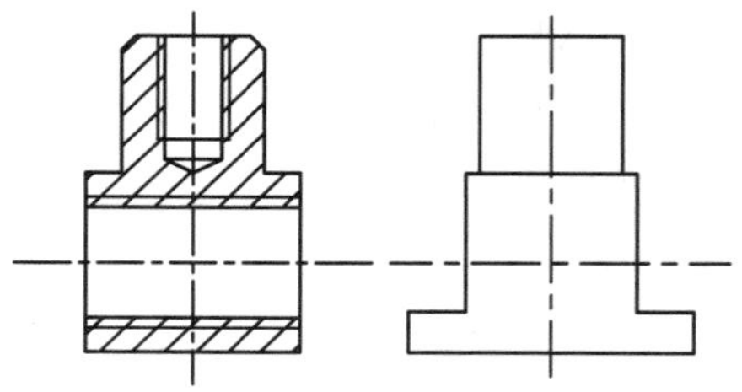

图 14-82　修剪出左视图轮廓

17 在中心线交点绘制直径为 16 和 20 的圆，如图 14-83 所示。

18 将大圆修剪 1/4，将小圆转换到“轮廓线”图层，如图 14-84 所示。

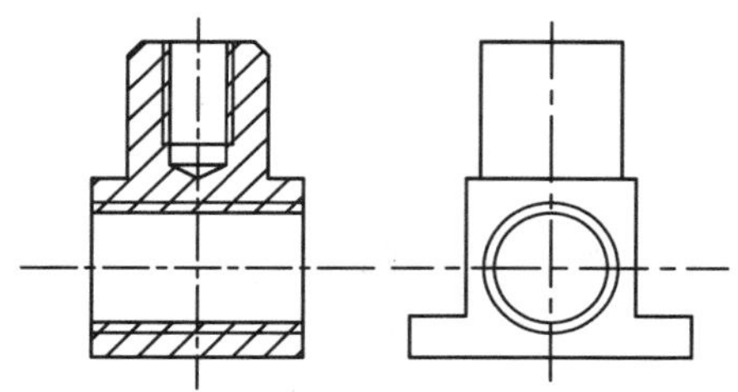

图 14-83　绘制两个圆

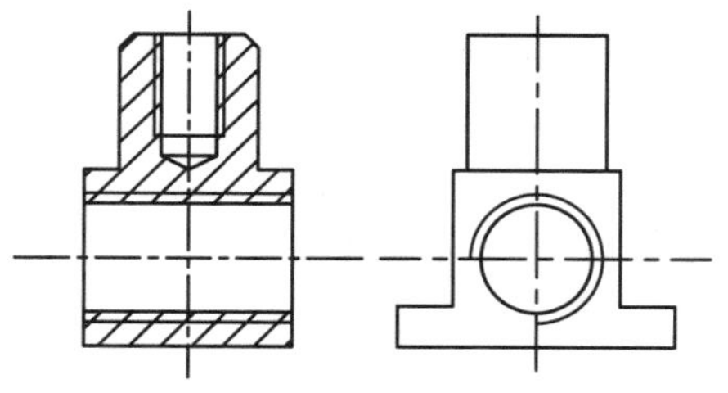

图 14-84　修剪外圆并修改图层

19 为顶边与竖直边线倒角，两个倒角距离均为 2，然后用直线连接倒角点，结果如图 14-85 所示。

2. 绘制俯视图

01 将左视图复制并旋转 90°，然后绘制中心线，如图 14-86 所示。

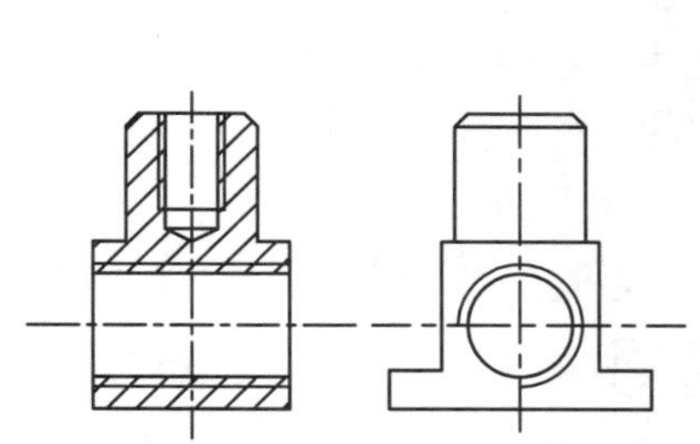

图 14-85　倒角的结果

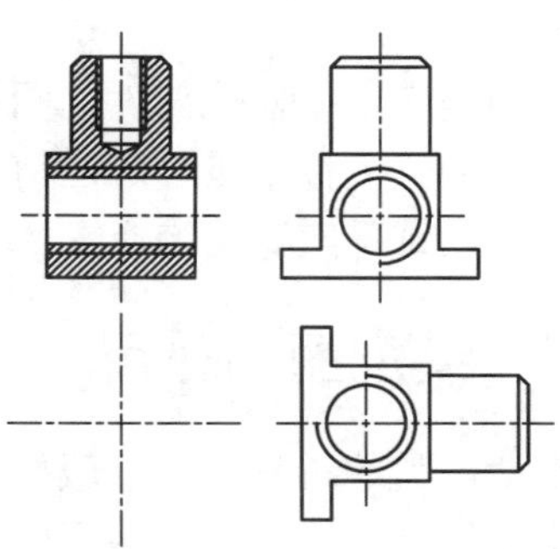

图 14-86　复制并旋转左视图

02 由主视图和复制的左视图向俯视位置绘制辅助线，如图 14-87 所示。

03 由辅助线绘制俯视图轮廓，如图 14-88 所示。然后删除辅助线和复制的左视图，完成三视图的绘制，如图 14-89 所示。

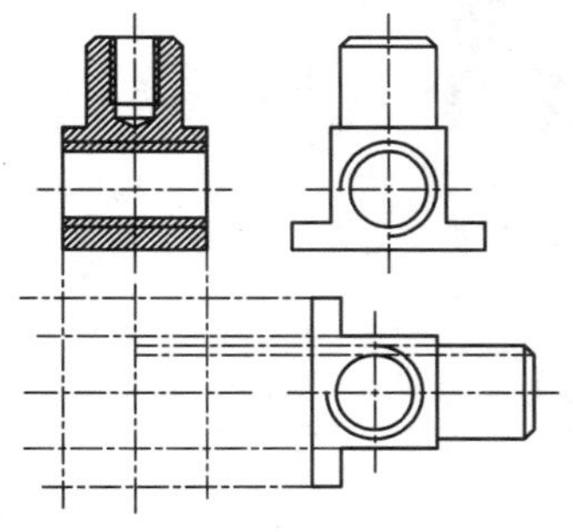

图 14-87　绘制辅助线

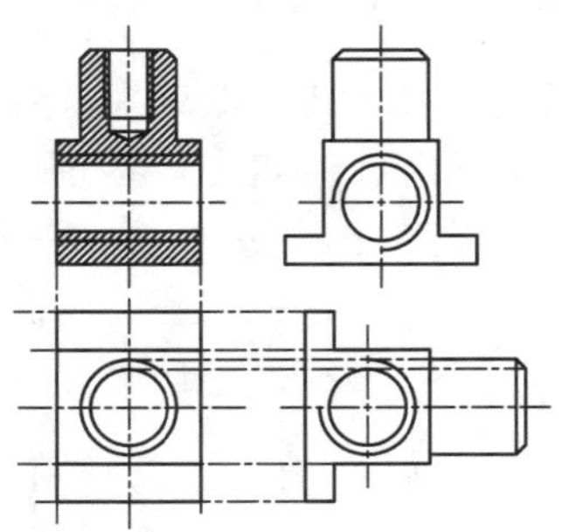

图 14-88　绘制俯视图轮廓

3. 标注尺寸

将“标注层”设置为当前图层，在【注释】选项卡中，单击【标注】面板上的【线性】按钮，为方块螺母标注尺寸，如图 14-90 所示。

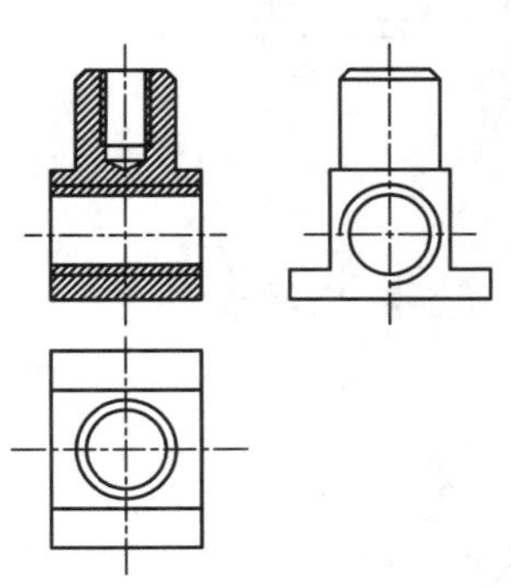

图 14-89　删除辅助视图和线条

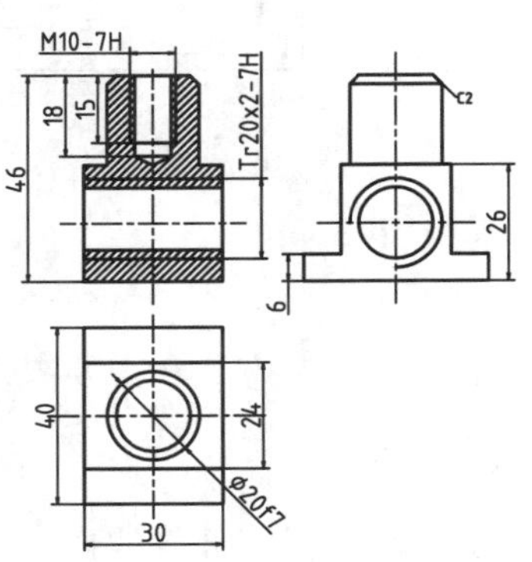

图 14-90　尺寸标注的结果

14.2　绘制机械装配图

装配图是表达机器或部件的图样，主要表达其工作原理和装配关系。在机器设计过程中，装配图的绘制位于零件图之前，并且与零件图表达的内容不同，它主要用于机器或部件的装配、调试、安装、维修等场合，也是生产中的一种重要技术文件。

14.2.1　装配图的作用

在设计产品的过程中，一般要根据设计要求绘制装配图，用以表达机器或部件的主要结构和工作原理，以及根据装配图设计零件并绘制各个零件图。在制造产品时，装配图是制订装配工艺规程、进行装配和检验的技术依据，即根据装配图把制成的零件装配成合格的部件或机器。在使用或维修机器设备时，也需要通过装配图来了解机器的性能、结构、传动路线、工作原理以及维修和使用方法。

14.2.2　装配图的内容

装配图主要表达机器或零件各部分之间的相对位置、装配关系、连接方式和主要零件的结构形状等内容，如图 14-91 所示。其具体说明如下。

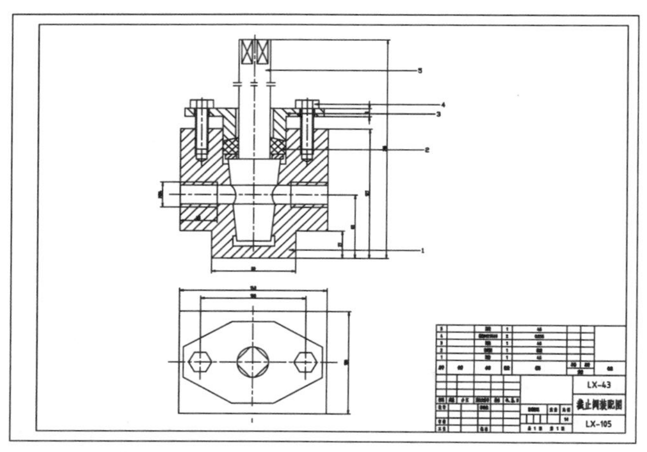

图 14-91　截止阀装配图

1. 一组图形

用一组图形表达机器或部件的传动路线、工作原理、机构特点、零件之间的相对位置、装配关系、连接方式和主要零件的结构形状等。

2. 几类尺寸

标注出表示机器或部件的性能、规格、外形以及装配、检验、安装时必须具备的几类尺寸。

3. 零件编号、明细栏和标题栏

在装配图上要对各种不同的零件编写序号，并在明细栏内依次填写零件的序号、名称、数量、材料、标准零件的国际代号等内容。标题栏内填写机器或部件的名称、比例、图号以及设计、制图、校核人员名称等。

14.2.3　绘制装配图的步骤

机械制图中绘制装配图有如下几条规则。

- 相邻接触面和配合面只画一条轮廓线。面与面之间只要有间隙，无论间隙大小，都要画成两条轮廓线。
- 装配图中相邻两个零件的剖面线，必须以不同方向或不同的间隔画出。同一零件的剖面线方向、间隔必须完全一致。
- 在装配图中，对于紧固件及轴、球、手柄、键、连杆等实心零件，若沿纵向剖切且剖切平面通过其对称平面或轴线，这些零件均按不剖绘制。如需表明零件的凹槽、键槽、销孔等结构，可用局部剖视表示。

根据绘图思路的不同，绘制装配图有如下两种流程。

1. 底向上装配

自底向上的绘制方法是首先绘制出装配图中的每一个零件图，然后根据零件图的结构绘制整体装配图。对机器或部件的测绘多采用该作图方法，首先根据测量所得的已知零件的尺寸，画出每一个零件的零件图，然后根据零件图画出装配图，而这一过程称为拼图。

拼图一般可以采用两种方法，一种是由外向内的画法，要求首先画出外部零件，然后根据装配关系依次绘制出相邻的零部件，最后完成装配图；一种是由内向外的画法，这种方法要求首先画出内部的零件或部件，然后根据零件间的连接关系，画出相邻的零件或部件，最后画出外部的零件或部件。

拼图可以在同一个文件内绘制多个零部件，然后通过复制、移动等命令将各零部件组合。也可在单独文件中创建各零部件，然后通过插入块的方式，将零部件组合。

2. 自顶向下的装配

自顶向下装配与上一种装配方法完全相反，是直接在装配图中画出重要的零件或部件，根据需要的功能设计与之相邻的零件和或部件的结构，直到最后完成装配图。一般在设计的开始阶段都采用自顶向下的设计方法画出机器或部件的装配图，然后根据装配图拆画零件图。

14.2.4　绘制截止阀装配图

本节绘制图 14-92 所示的截止阀装配图。

1. 绘制剖视图

01 调用【直线】、【矩形】和【偏移】等命令绘制出装配图中剖视图和俯视图的中心线和图框轮廓线，如图 14-93 所示。

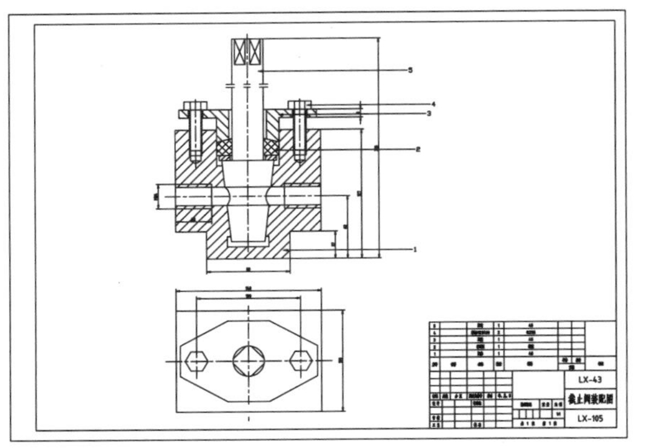

图 14-92　截止阀装配图

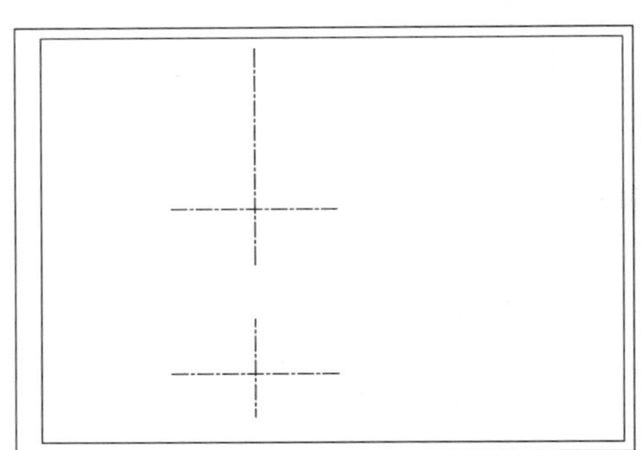

图 14-93　绘制辅助线和图框轮廓线

02 切换“粗实线”图层为当前图层，并调用【直线】命令，绘制一个长 140、宽 100 的矩形，结果如图 14-94 所示。

03 调用【分解】命令，分解矩形；调用【偏移】命令，将长向上偏移 27、36、18、21，两边宽向中间偏移 30、40，结果如图 14-95 所示。

04 调用【修剪】命令，以上一步偏移的线为交点进行剪切，结果如图 14-96 所示。

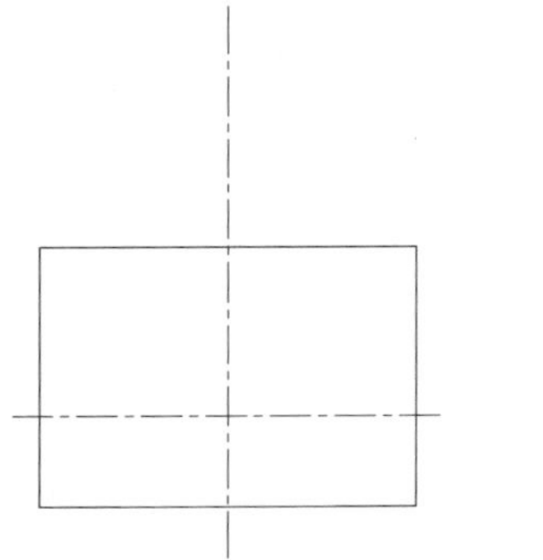

图 14-94　绘制矩形

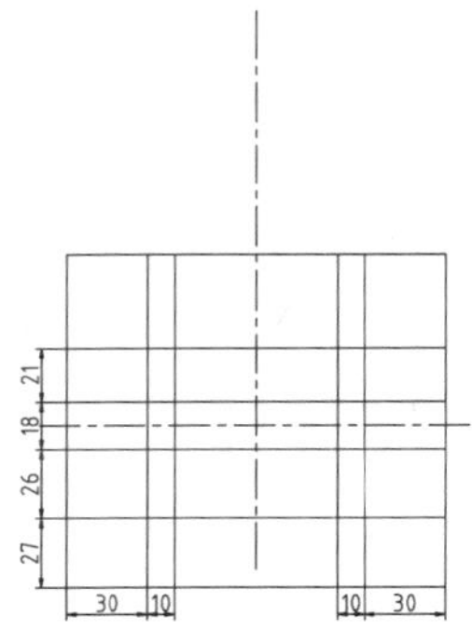

图 14-95　偏移操作

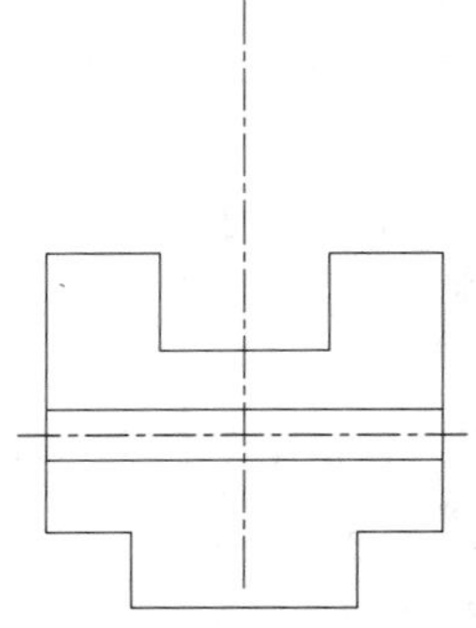

图 14-96　剪切操作

05 调用【偏移】命令，将阀体内侧及上侧的线段分别偏移 14、12 和 33，结果如图 14-97 所示。

06 调用【修剪】命令对图形进行修剪，结果如图 14-98 所示。

07 调用【直线】命令，绘制阀腔，并修剪多余线段，具体尺寸如图 14-99 所示。

08 单击【绘图】面板上的【直线】按钮，绘制阀芯，具体尺寸如图 14-100 所示。

09 单击【绘图】面板上的【直线】按钮，绘制密封圈，并将其移至阀腔中，如图 14-101 所示。

10 单击【绘图】面板上的【直线】按钮，绘制图 14-102 所示的螺钉，内螺纹部分用细实线绘制。

11 单击【绘图】面板上的【直线】按钮，绘制一个宽为 74、长为 56 的阀盖，具体尺寸如图 14-103 所示。

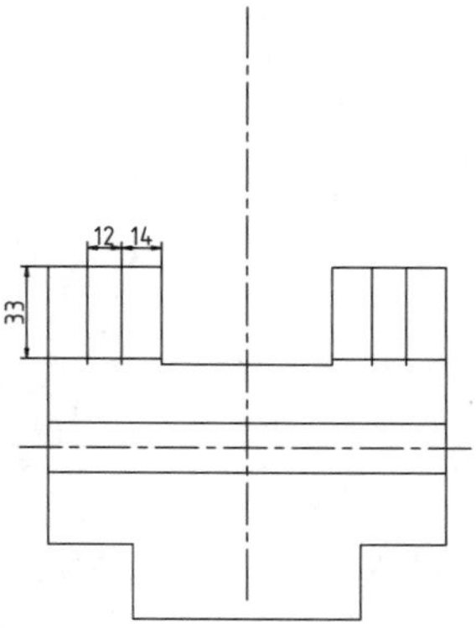

图 14-97 偏移操作 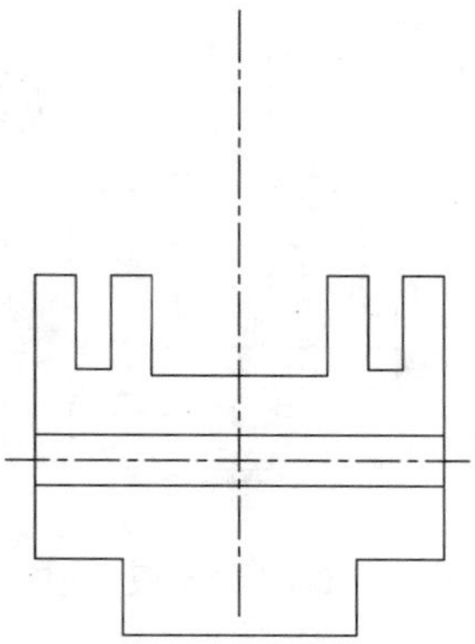　　图 14-98 修剪操作 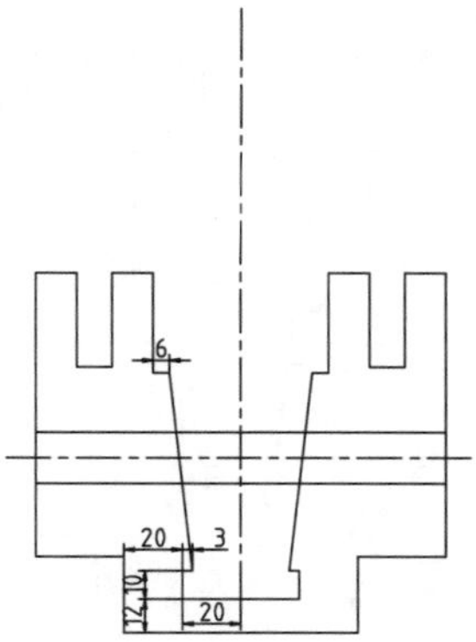　　图 14-99 绘制阀腔

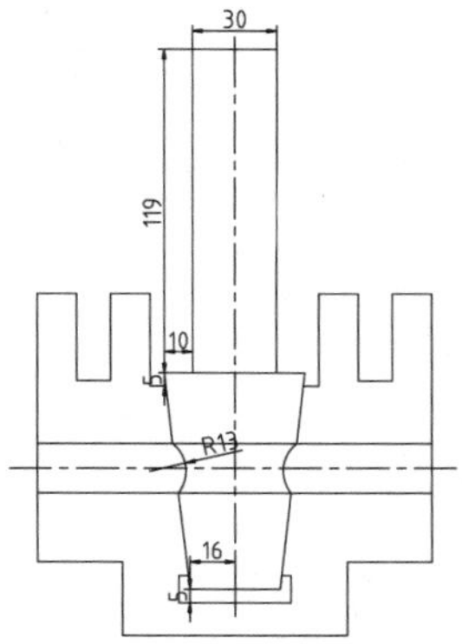

图 14-100 绘制阀芯 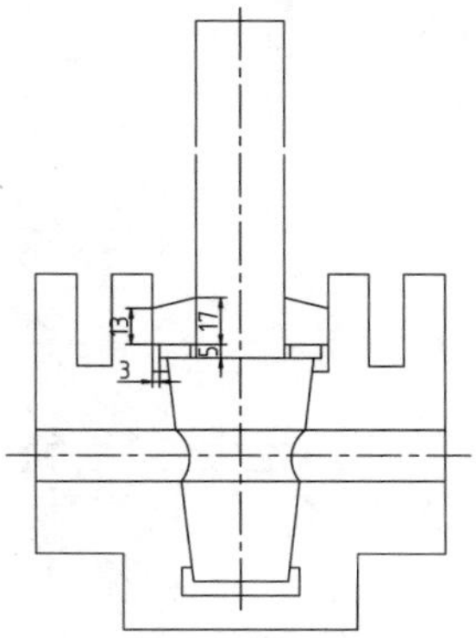　　图 14-101 绘制密封圈 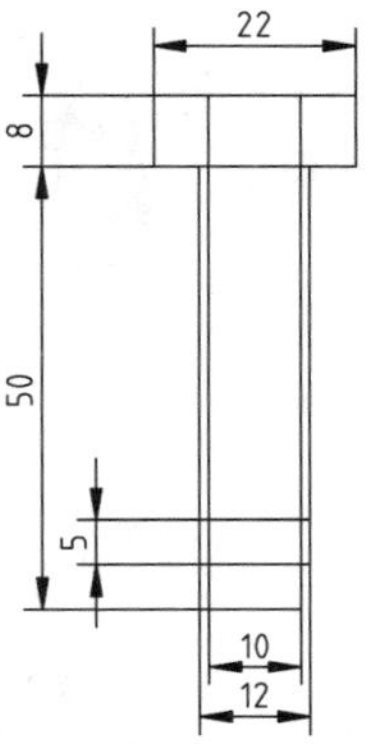　　图 14-102 绘制螺钉

12 调用【移动】、【复制】命令，装配螺钉与阀盖，如图 14-104 所示，并绘制好顶锥角。

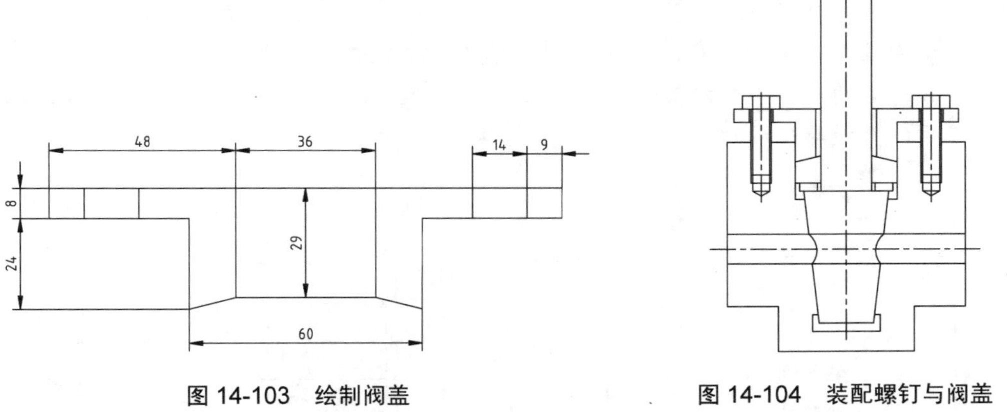

图 14-103 绘制阀盖　　图 14-104 装配螺钉与阀盖

13 调用【偏移】、【修剪】命令，绘制阀门孔，结果如图 14-105 所示。

14 调用【直线】命令，切换到“双点划线”图层。绘制图 14-106 所示的部分。

15 调用【矩形】、【直线】命令，绘制阀芯顶部，结果如图 14-107 所示。

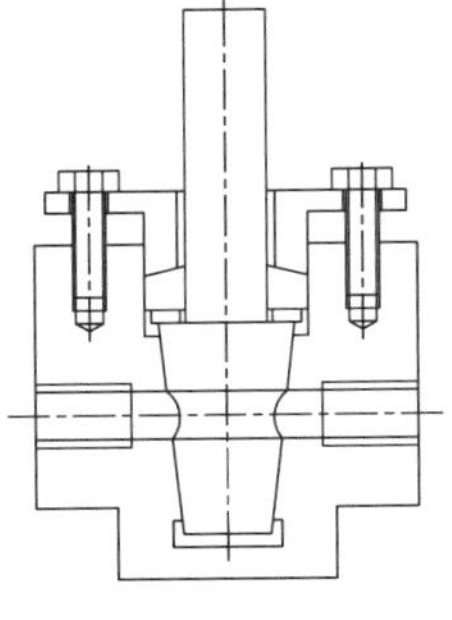

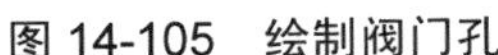

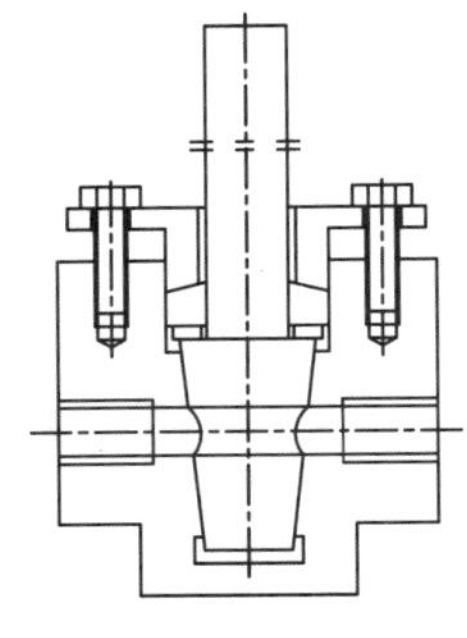

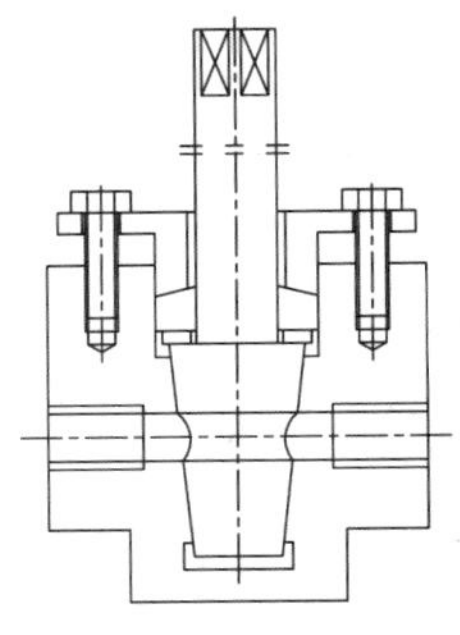

图 14-105　绘制阀门孔　　图 14-106　绘制双点划线　　图 14-107　绘制阀芯顶部

16 调用【绘图】|【图案填充】命令，为图形填充剖面线，结果如图 14-108 所示，至此剖视图完成。

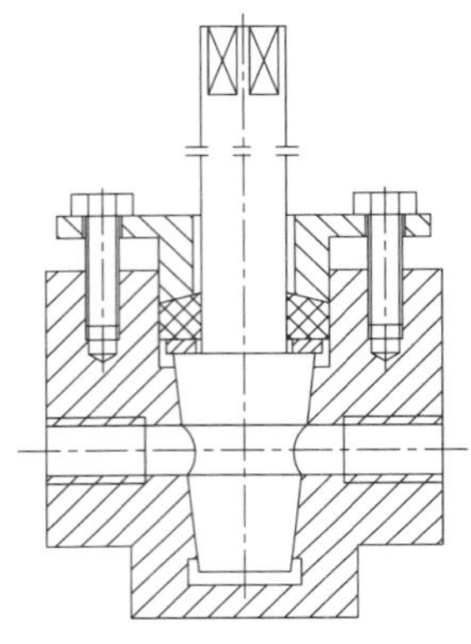

图 14-108　芯柱机剖面图

2. 绘制俯视图

01 切换到“粗实线”图层，单击【绘图】面板上的【矩形】按钮，绘制两个尺寸分别为 140×100 和 132×80 的矩形，结果如图 14-109 所示。

02 调用【分解】命令分解内侧矩形，单击【修改】面板上的【偏移】按钮，将分解后的矩形左、右偏移 40，上、下偏移 25；调用【直线】命令，连接偏移之后的直线与矩形的交点，结果如图 14-110 所示。

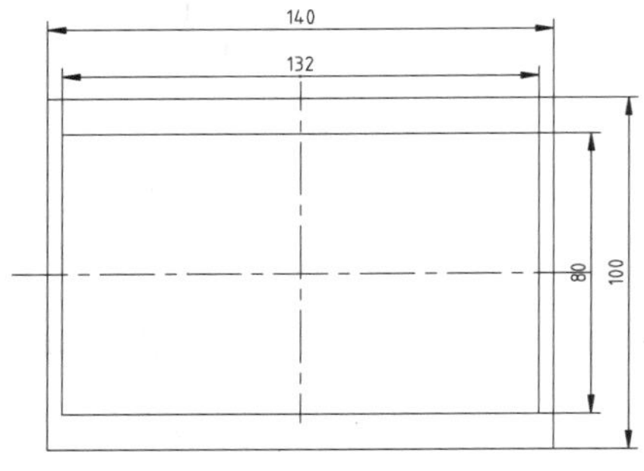

图 14-109　绘制矩形

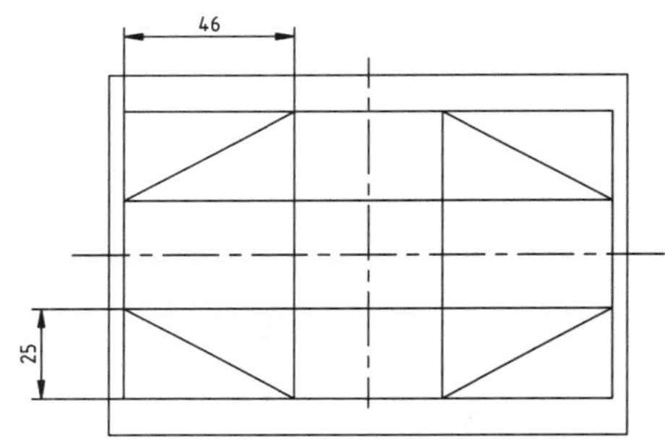

图 14-110　绘制外轮廓

03 调用【修剪】、【删除】命令，修剪、删除掉多余线段；调用【圆】命令，捕捉中心线交点为圆心，绘制一个半径为 15 的圆，结果如图 14-111 所示。

04 单击【修改】面板上的【偏移】按钮，将垂直中心线左、右偏移 50；调用【多边形】命令，设置边数为 6，内接于圆，内接圆半径为 11，以偏移中心线的交点为中心点，结果如图 14-112 所示。

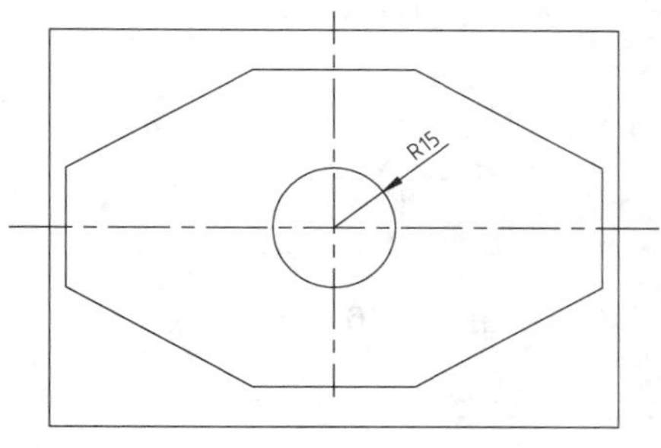

图 14-111　绘制圆

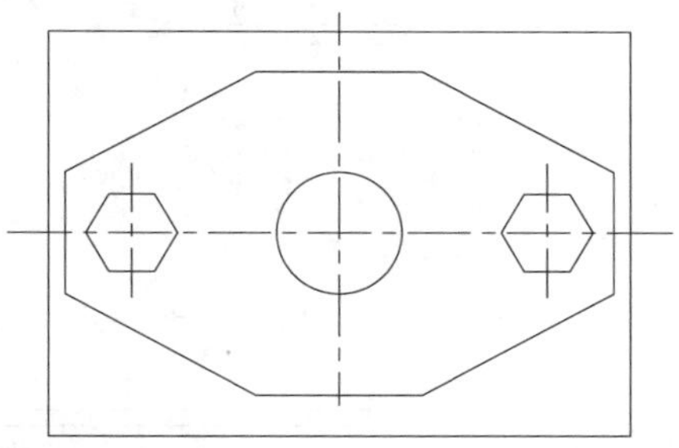

图 14-112　绘制多边形

05 调用【构造线】命令，绘制图 14-113 所示的辅助线。

06 单击【绘图】面板上的【直线】按钮，连接交点，删除辅助线，结果如图 14-114 所示，至此俯视图完成。

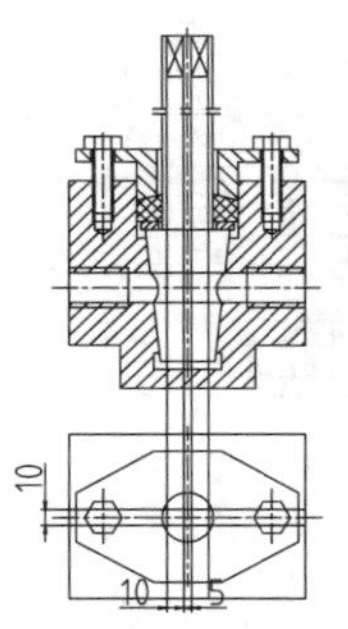

图 14-113　绘制辅助线

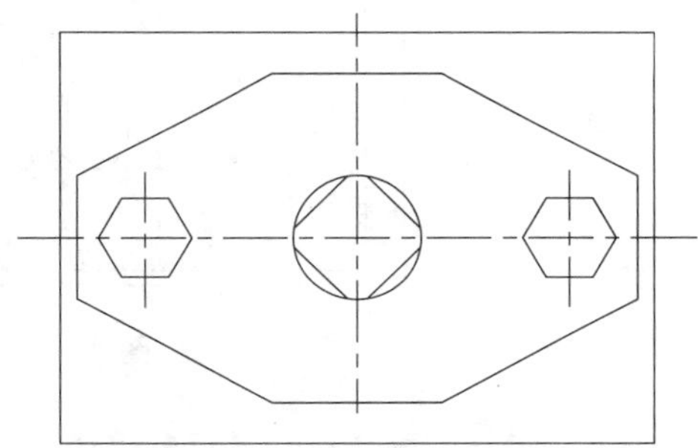

图 14-114　俯视图

3. 添加标注和标题栏

01 调用【线性标注】和【编辑】等命令，标注出图中主要尺寸和装配尺寸，结果如图 14-115 所示。

02 调用【多重引线】命令，在各零件的合适位置绘制出零件的引出指引线，调用【单行文字】命令，在引线的合适位置标注出各零件的件号，效果如图 14-116 所示。

03 调用【表格】命令，添加装配图的标题栏和零件明细表；调用【多行文字】命令，添加表格内容和相应的技术要求，结果如图 14-117 所示。至此，该截止阀装配图绘制完成。

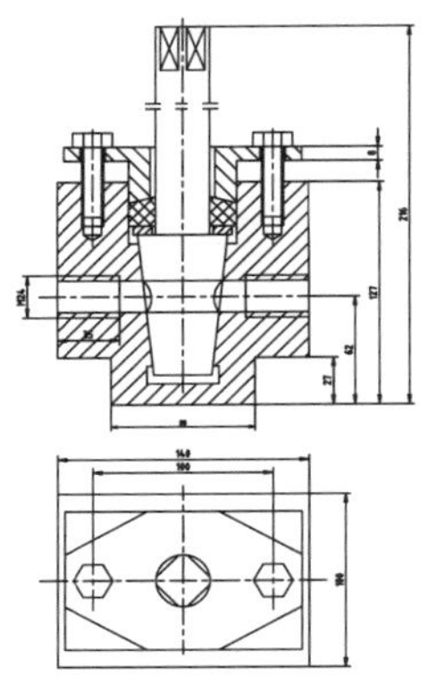

图 14-115　标注尺寸

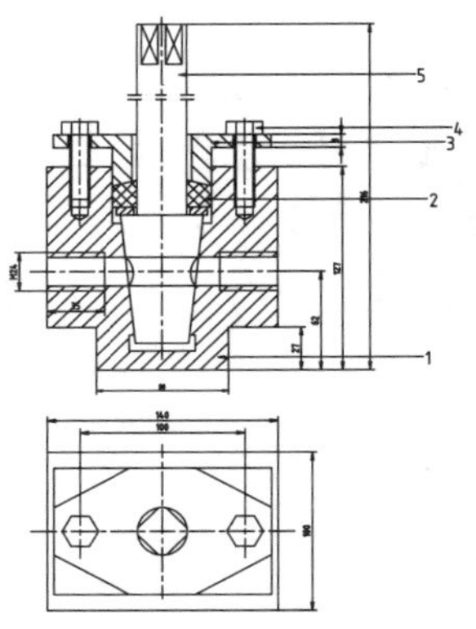

图 14-116　绘制引线

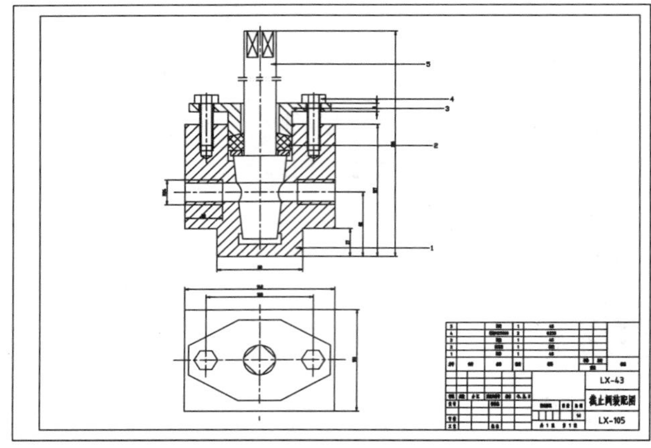

图 14-117　截止阀装配图

14.2.5 绘制滑动轴承装配图

绘制图 14-118 所示的滑动轴承装配图。

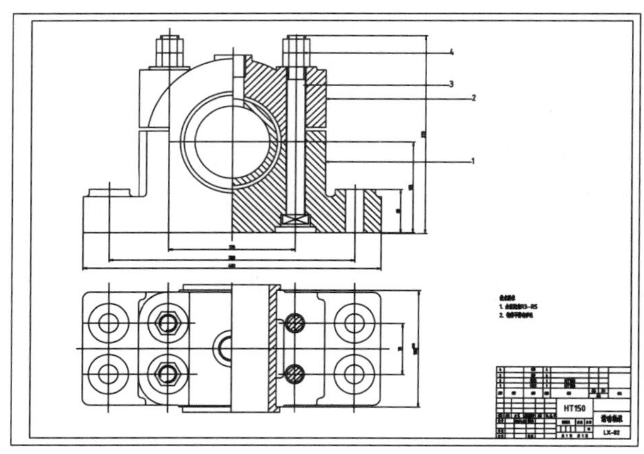

图 14-118　滑动轴承装配图

1. 绘制主视图

01 调用【直线】、【矩形】和【偏移】等命令绘制出装配图中剖视图和前视图的中心线和图框轮廓线，如图 14-119 所示。

02 将当前图层切换为“粗实线”。单击【绘图】面板上的【圆】按钮，绘制半径为 50 的圆，如图 14-120 所示。

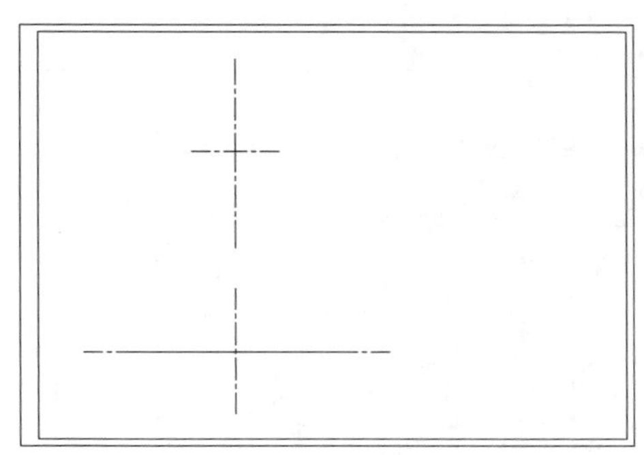

图 14-119　绘制图框和中心线

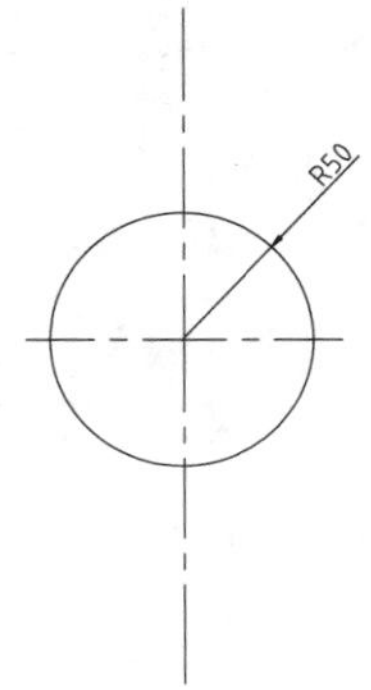

图 14-120　绘制圆

03 单击【绘图】面板上的【圆】按钮，在中心线的交点上绘制半径分别为 60、65、70、115 的圆，如图 14-121 所示。

04 单击【修改】面板上的【偏移】按钮，如图 14-122 所示，向右偏移竖直中心线，偏移距离为 85、165。

05 选择【绘图】|【直线】命令，尺寸如图 14-123 所示，绘制轴承外轮廓。

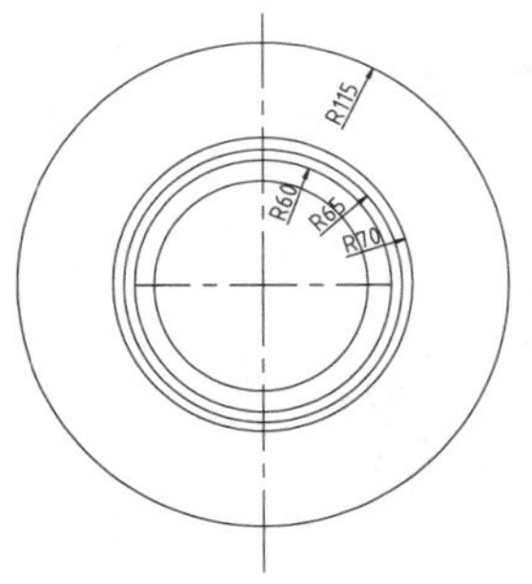

图 14-121　绘制圆

图 14-122　偏移中心线

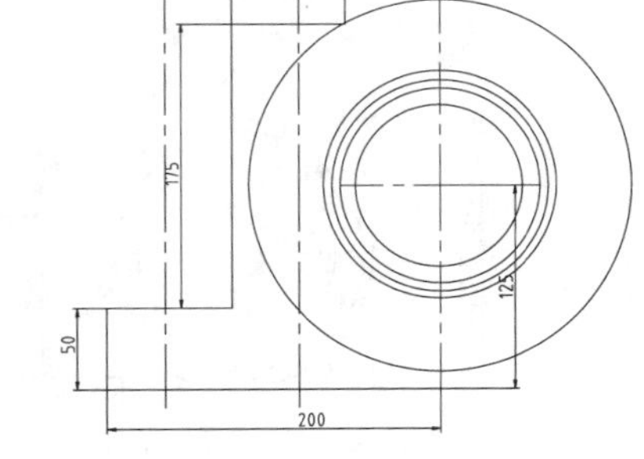

图 14-123　绘制轴承外轮廓

06 选择【修改】|【偏移】命令，将上一步绘制的轮廓线底边线向上进行偏移，尺寸为 60、140、145、228、245，效果如图 14-124 所示。

07 调用【偏移】、【拉伸】命令，偏移并拉伸左侧轮廓线，效果如图 14-125 所示。

08 单击【修改】面板上的【修剪】按钮，修剪并删除多余线段，如图 14-126 所示。

09 单击【修改】面板上的【圆角】按钮，进行圆角处理，如图 14-127 所示。

10 调用【镜像】命令镜像图形，如图 14-128 所示。

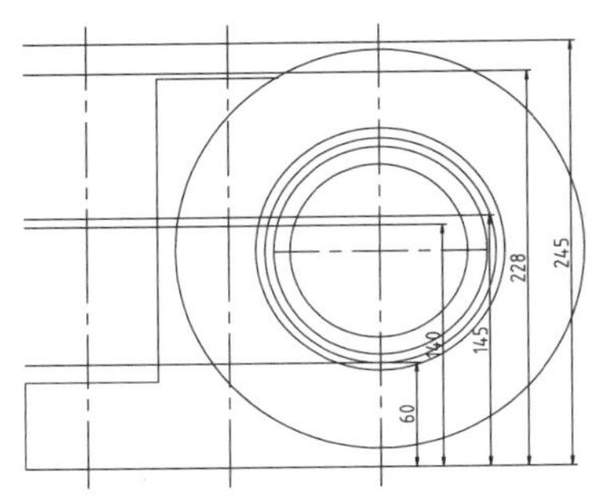

图 14-124 偏移纵向

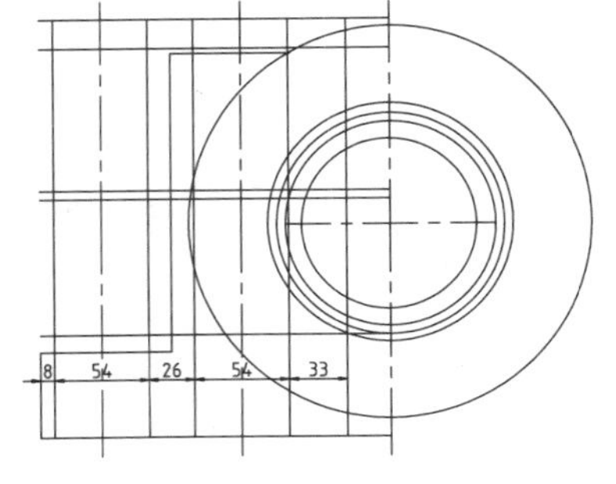

图 14-125 偏移横向

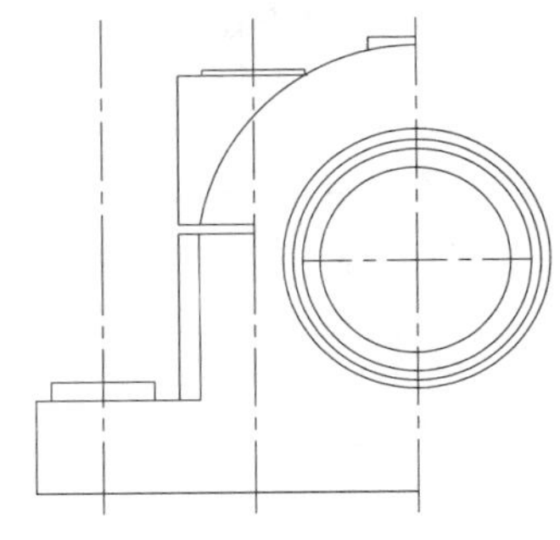

图 14-126 修剪图形

11 调用【偏移】命令，偏移右侧的中心线，偏移距离为 13，将修剪得到的线段置于“粗实线”图层；调用【修剪】命令，修剪多余线段，如图 14-129 所示。

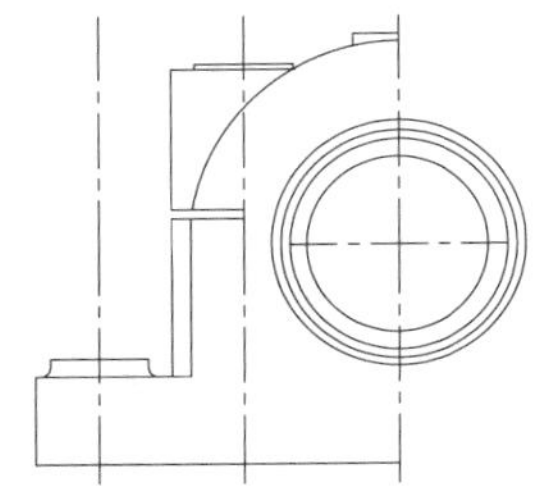

图 14-127 倒圆角

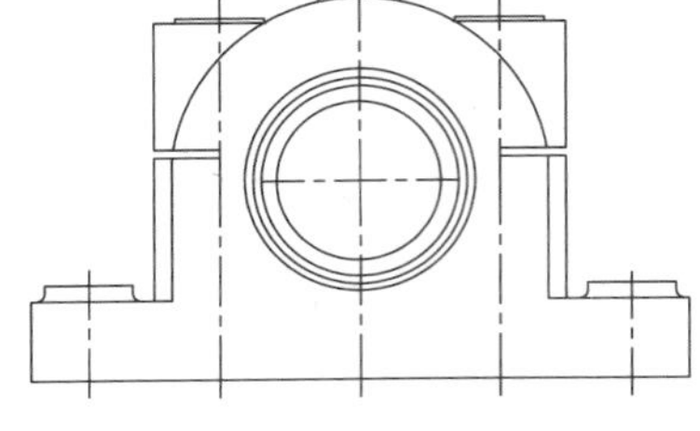

图 14-128 镜像图形

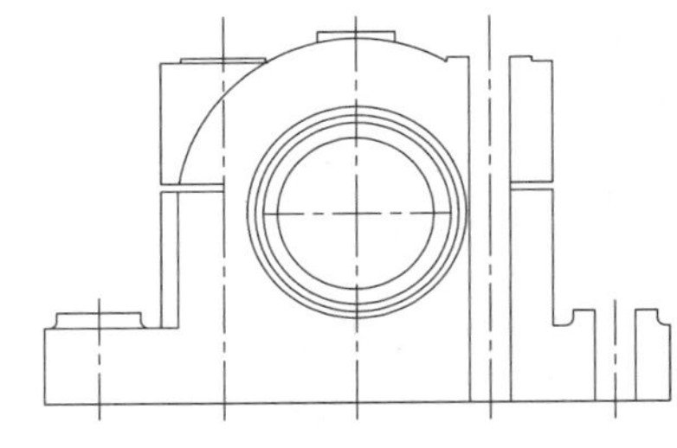

图 14-129 偏移并修剪线段

12 调用【直线】命令，根据各交点绘制图形，如图 14-130 所示。单击【修改】面板上的【修剪】按钮 及【圆角】按钮，修剪及圆角图形，如图 14-131 所示。

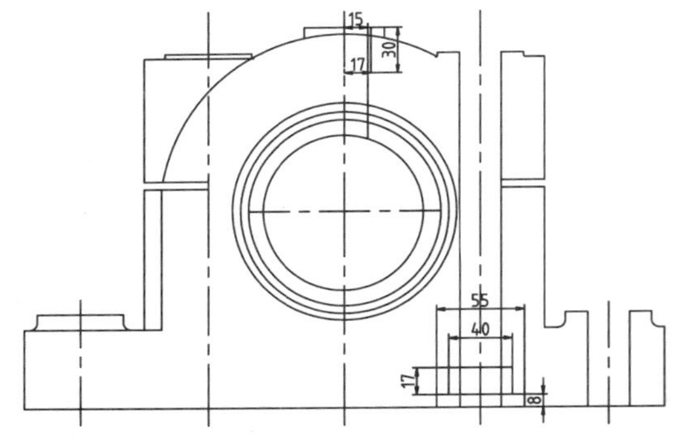

图 14-130 绘制直线

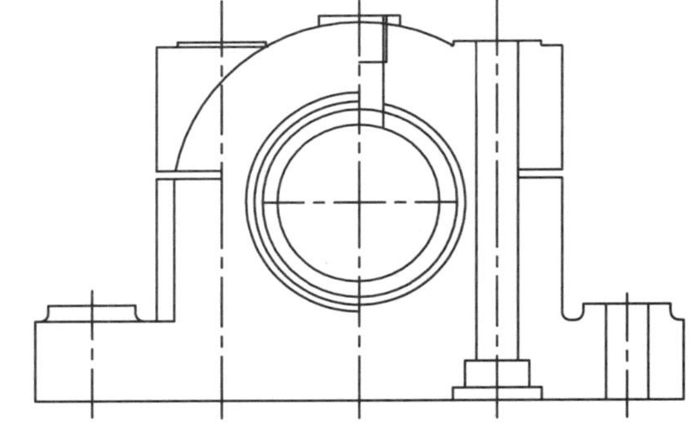

图 14-131 修剪及圆角图形

13 将“剖面线”图层置为当前，单击【绘图】面板上的【图案填充】按钮，填充图形，如图 14-132 所示。

14 切换“粗实线”图层为当前图层，调用【直线】和【偏移】命令绘制螺栓；用细实线绘制内螺纹，绘制螺母及螺栓如图 14-133 所示。

15 调用【移动】命令，移动螺栓到图 14-134 所示的位置。

16 调用【复制】命令，复制出另一个螺栓，如图 14-135 所示。至此滑动轴承主视图绘制完毕。

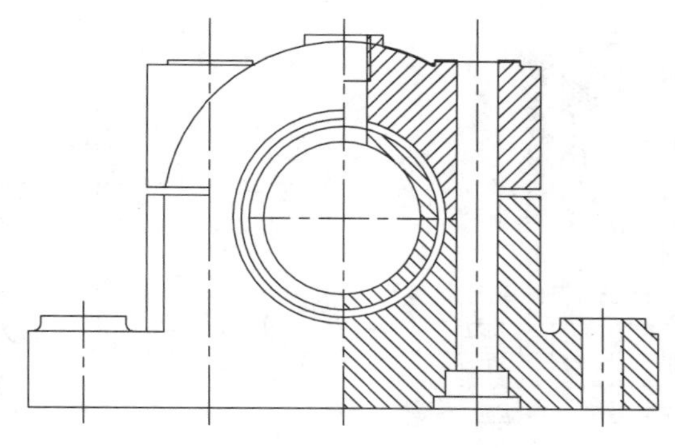
图 14-132　填充图形

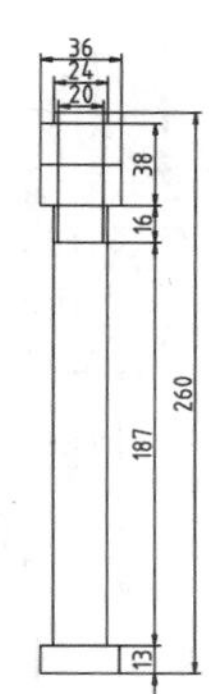

图 14-133　绘制螺栓

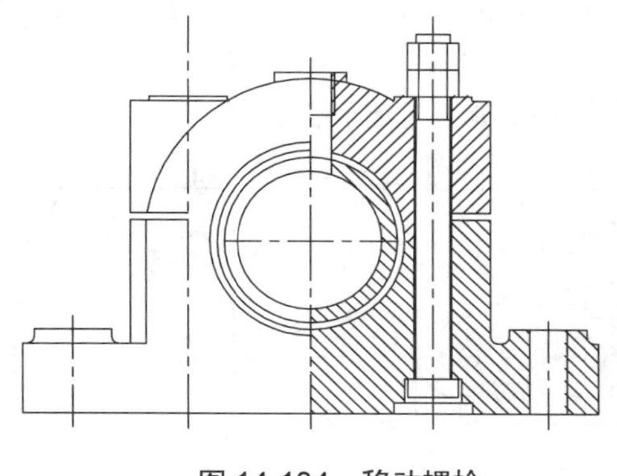
图 14-134　移动螺栓

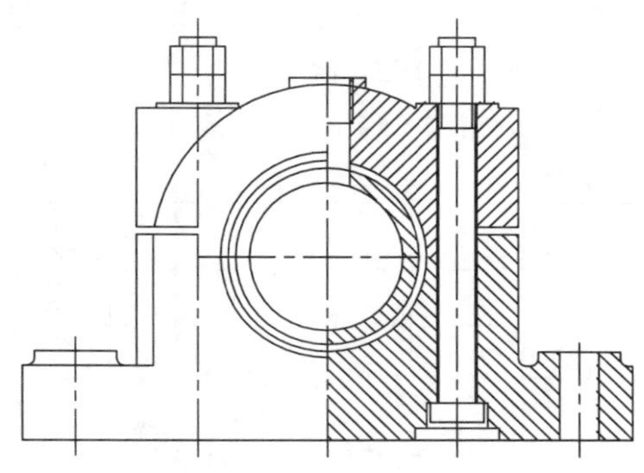
图 14-135　复制螺栓

2. 绘制俯视图

01 调用【偏移】命令，偏移俯视图中心线，偏移效果如图 14-136 所示。

02 单击【绘图】面板上的【矩形】按钮，绘制图 14-137 所示的圆角矩形，尺寸大小为 400×156，圆角半径为 10。

03 调用【圆】命令，绘制同心圆，半径分别为 13、27；调用【复制】命令，复制同心圆，效果如图 14-138 所示。

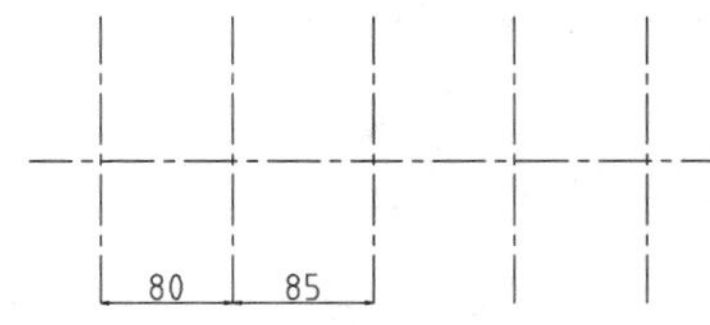

图 14-136　偏移中心线

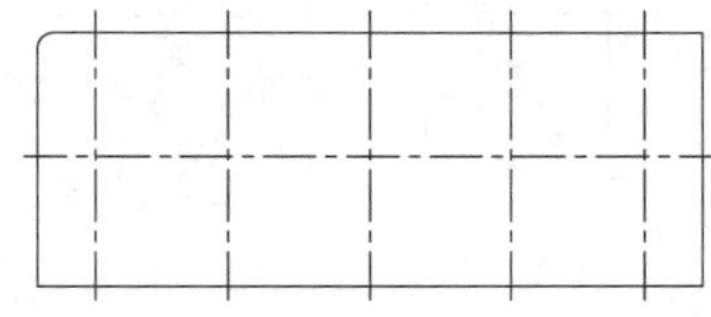
图 14-137　绘制圆角矩形

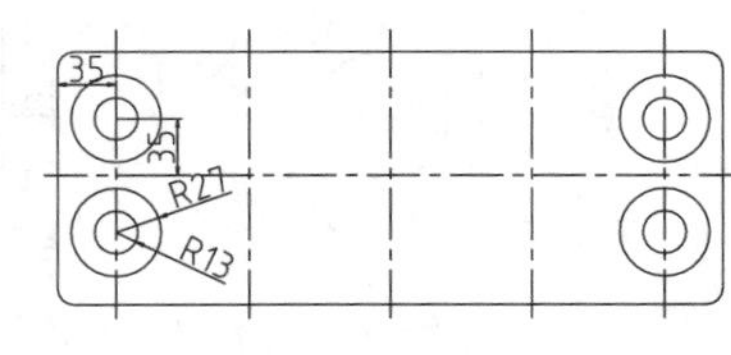

图 14-138　绘制同心圆

04 单击【绘图】滑出面板上的【构造线】按钮，绘制垂直辅助线，如图 14-139 所示。

05 调用【分解】命令，分解矩形；调用【偏移】命令，将上下轮廓偏移，向外偏移距离为 3、8，向内偏移距离为 10、38，如图 14-140 所示。

06 选择【修改】|【修剪】命令，修剪辅助线，并删除多余线段，如图 14-141 所示。

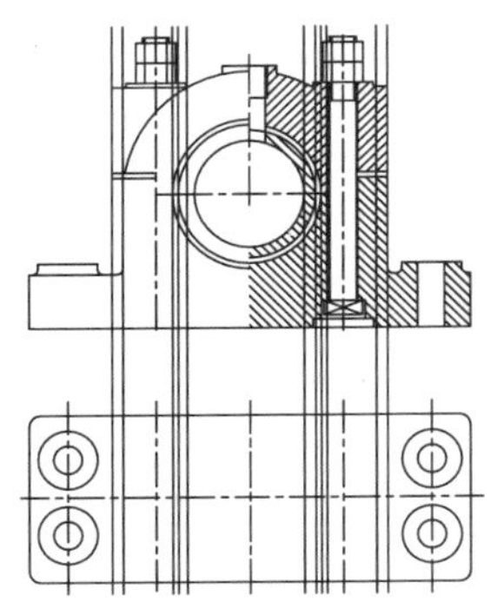
图 14-139　绘制垂直辅助线

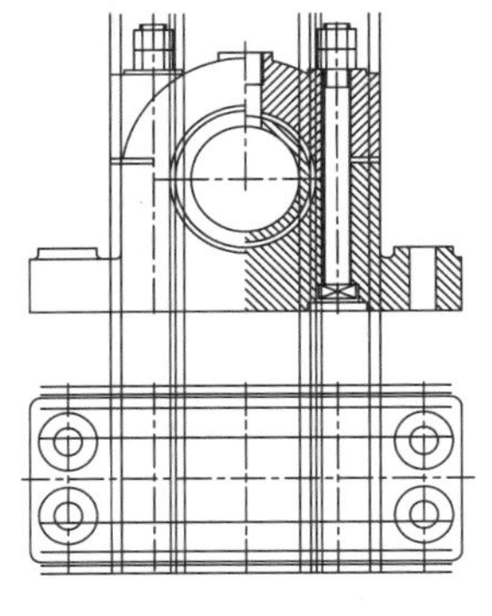
图 14-140　绘制水平辅助线

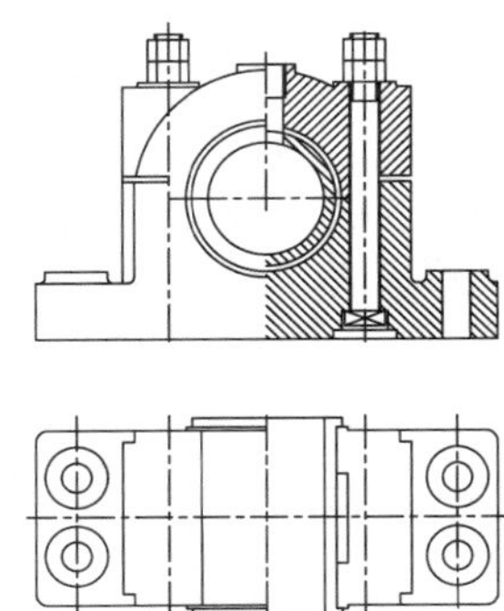
图 14-141　修剪辅助线

07 单击【修改】面板上的【偏移】按钮，偏移中心线，偏移距离为 35，如图 14-142 所示。

08 调用【圆】、【圆弧】命令，绘制如图 14-143 所示的圆和圆弧。

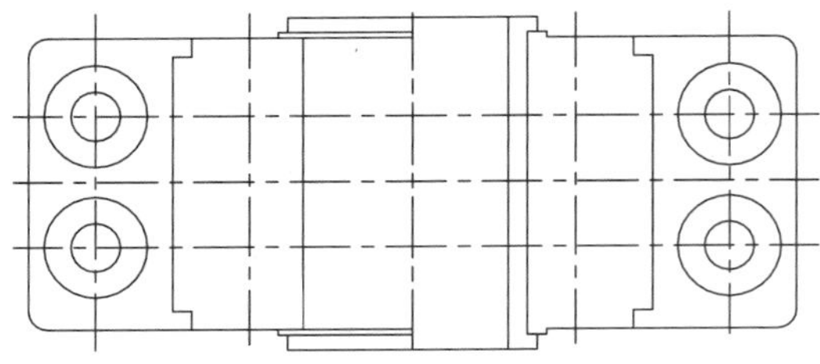
图 14-142　偏移中心线

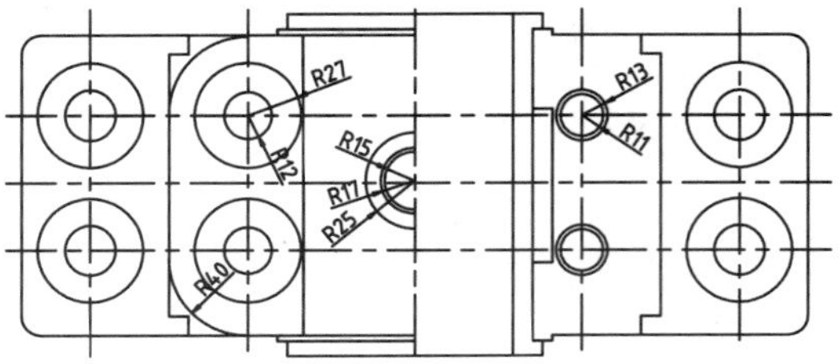

图 14-143　绘制圆和圆弧

09 调用【多边形】命令，绘制如图 14-144 所示的六边形，内接于圆，半径为 18。

10 单击【修改】面板上的【圆角】按钮，进行圆角处理，切换至“剖切线”图层，调用【图案填充】命令，对其进行图案填充，如图 14-145 所示。至此，滑动轴承俯视图绘制完毕。

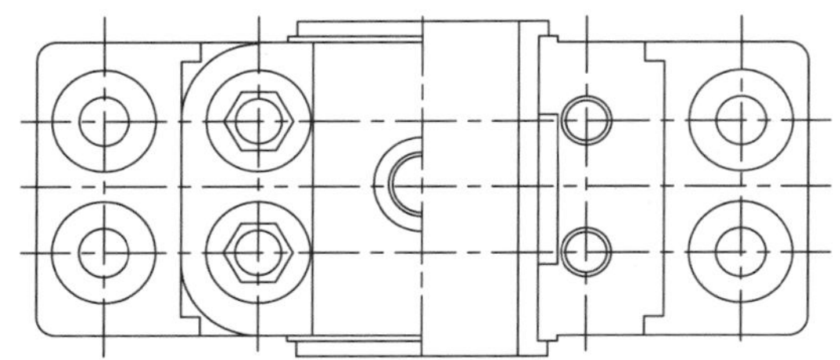
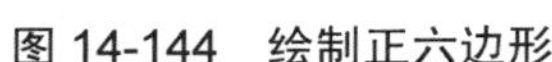
图 14-144　绘制正六边形

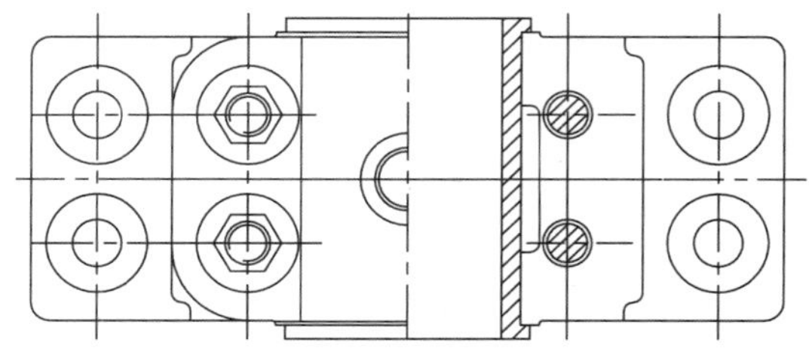
图 14-145　圆角及填充

3. 标注尺寸

01 切换至“尺寸”图层，调用【线性标注】命令，绘制装配图的总体尺寸和重要装配尺寸，以及主视图的总体尺寸和重要装配尺寸，如图 14-146 所示。

02 调用【多重引线】命令，在各零件的合适位置绘制出零件的引出指引线，如图 14-147 所示。

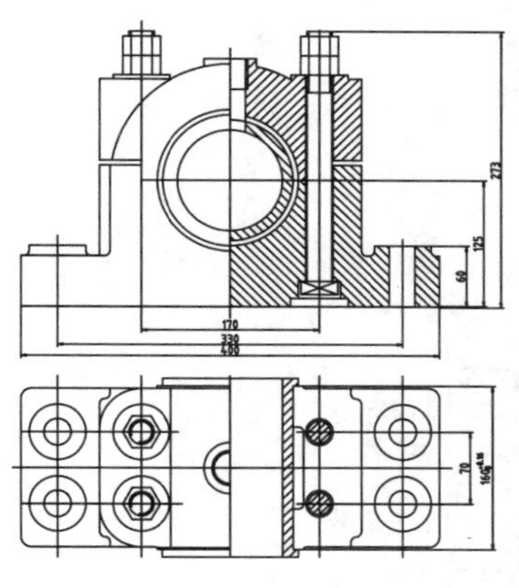

图 14-146　标注尺寸

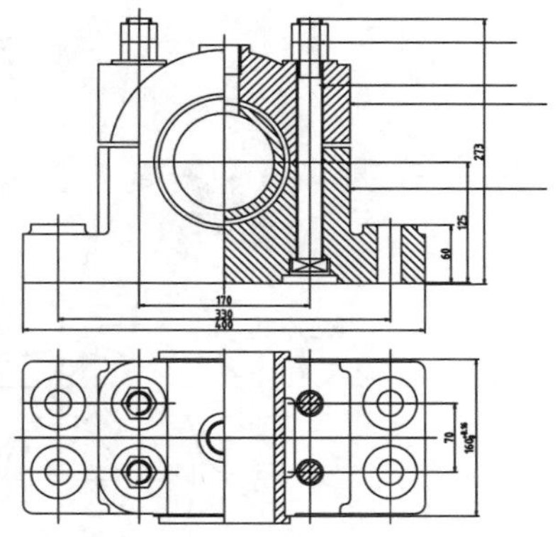

图 14-147　绘制引线

03 切换至“文字”图层，调用【多行文字】命令，绘制出各个零件对应的零件号，结果如图 14-148 所示。

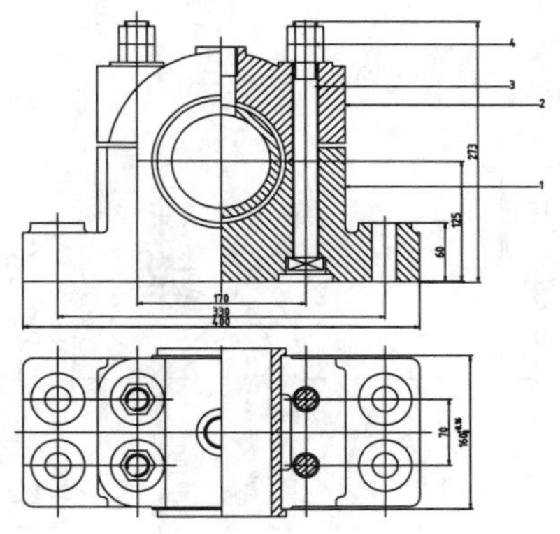

图 14-148　输入文字

04 调用【多行文字】命令，输入技术要求。调用【表格】命令添加说明栏并输入相应的文字，结果如图 14-149 所示。至此，整个滑动轴承装配图绘制完成。

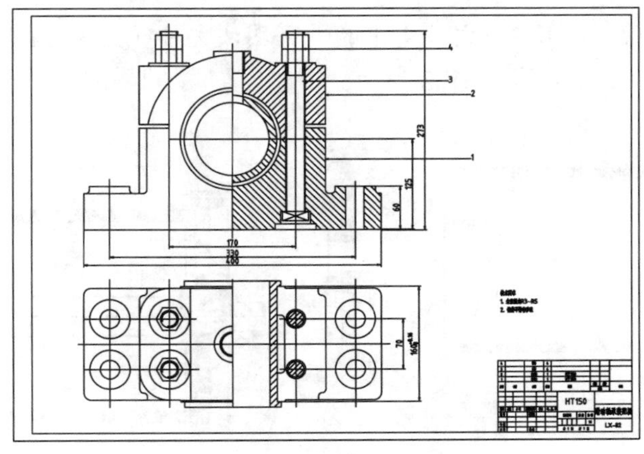

图 14-149　滑动轴承装配图

思考与练习

1. 绘制如图 14-150 所示的飞盘零件图。

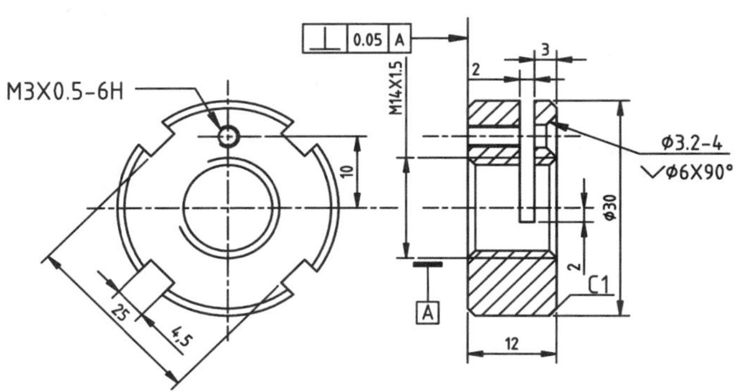

图 14-150　飞盘零件图

2. 绘制如图 14-151 所示的泵体零件图。

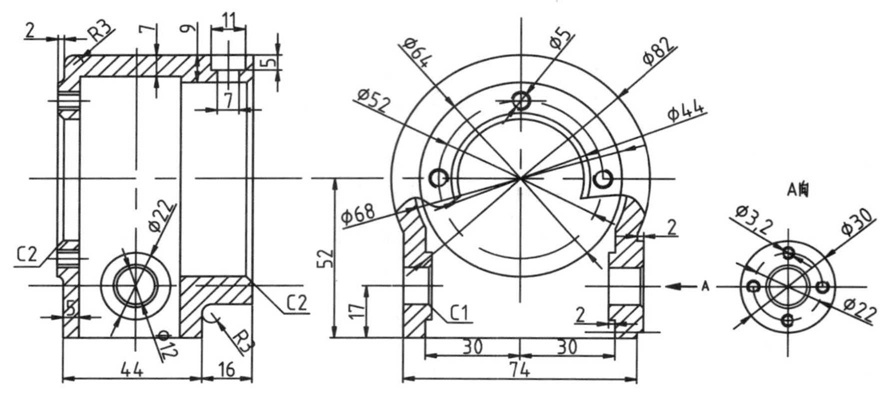

图 14-151　泵体零件图

3. 使用本章素材“练习 3”文件夹下的 4 个图块文件（见图 14-152）利用图块插入法创建装配图，装配的结果如图 14-153 所示。

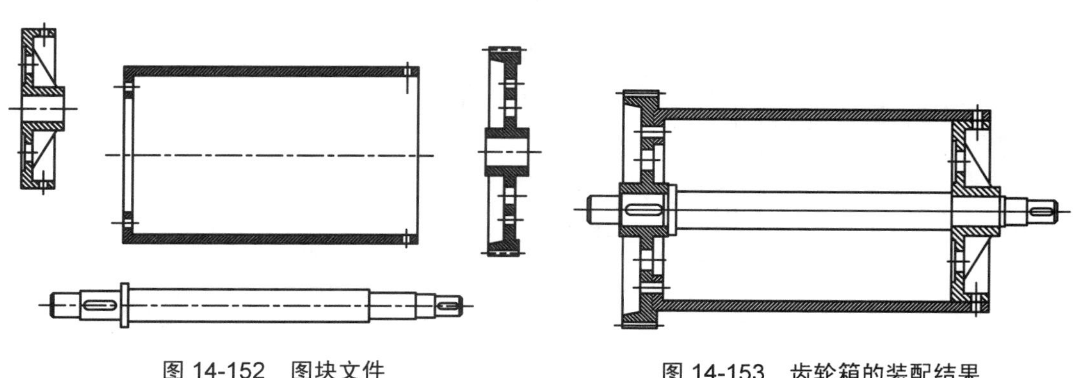

图 14-152　图块文件

图 14-153　齿轮箱的装配结果

第 15 章

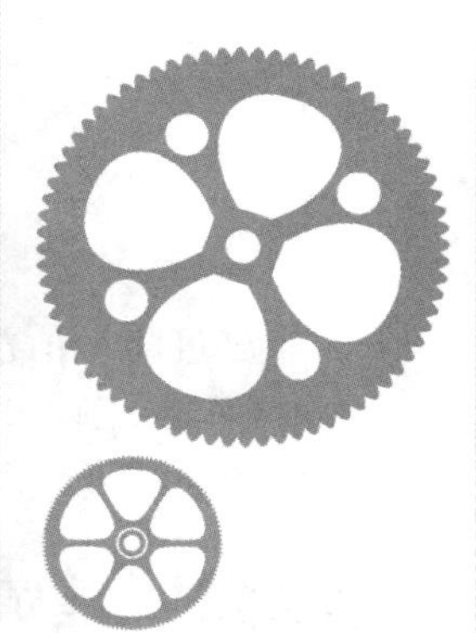

建筑设计及绘图

本章导读

建筑设计与人们的日常生活息息相关，从住宅到商业大楼，从办公楼到酒店，从教学楼到体育馆，无处不与建筑设计紧密联系。

本章主要讲解建筑设计的概念与建筑制图的内容和流程，并通过具体实例，对各种建筑图形进行实战演练。通过本章的学习，读者能够了解建筑设计的相关理论知识，并掌握 AutoCAD 建筑制图的流程和实际操作。

15.1 建筑设计与绘图

建筑图形所涉及的内容较多，对图形的精确度要求严格，绘制起来比较复杂。使用AutoCAD 进行绘制，不仅可使建筑图形更加专业，还能保证制图质量，提高制图效率，做到图面清晰、简明。

15.1.1 建筑设计的概念

建筑设计(Architectural Design)是指建筑物在建造之前，设计者按照建设任务，把施工过程和使用过程中所存在的或可能发生的问题，事先作好通盘的设想，拟定好解决这些问题的办法和方案，并用图纸和文件表达出来，作为备料、施工组织工作和各工种在制作、建造工作中互相配合协作的共同依据。便于整个工程得以在预定的投资限额范围内，按照周密考虑的预定方案，统一步调，顺利进行。并使建成的建筑物充分满足使用者和社会所期望的各种要求。

15.1.2 施工图及分类

施工图是表示工程项目总体布局，建筑物的外部形状、内部布置、结构构造、内外装修、材料作法以及设备、施工等要求的图样。施工图具有图纸齐全、表达准确、要求具体的特点，是进行工程施工、编制施工图预算和施工组织设计的依据，也是进行技术管理的重要技术文件。

一套完整的施工图一般包括以下几种类型。

1. 建筑施工图

建筑施工图(简称建施图)主要用来表示建筑物的规划位置，外部造型、内部各房间布置、内外装修、构造及施工要求等。

建施图大体上包括建施图首页、总平面图、各层平面图、各立面图、剖面图及详图。

2. 结构施工图

结构施工图(简称结施)主要表示建筑物的承重构造的结构类型、结构布置、构件种类、数量、大小及做法。

结构施工图的内容包括结构设计说明、结构平面布置图及构件详图。

3. 设备施工图

设备施工图(简称设施)主要表达建筑物的给水排水、暖气通风、供电照明、燃气等设备的布置和施工要求等。

设备施工图主要包括各种设备的平面布置图、系统图和详图等内容。

15.1.3 建筑施工图的组成

一套完整的建筑施工图，应包括以下主要图样内容。

1. 建施图首页

建施图首页内含工程名称、实际说明、图纸目录、经济技术指标、门窗统计表以及本套建施图所选用标准图集名称列表等，如图 15-1 所示。

门窗明细表

[illegible]	[illegible]	[illegible] (mm)	[illegible] (mm)	[illegible] (mm)	[illegible]	[illegible]
[illegible]	C-1	2700	1450	900	36	[illegible]
	C-2	2100	1450	900	36	[illegible]
	C-3	1800	1450	900	12	[illegible]
	C-4	1500	1450	900	24	[illegible]
	C-5	1200	1450	900	36	[illegible]
	C-6	900	1350	900	36	[illegible]
	C-7	1200	1100	600	18	[illegible]
	JC-1	1800	800	[illegible]	2	[illegible]
	JC-2	1200	800	[illegible]	6	[illegible]
门	M-1	1500	2400		3	[illegible]
	FM-1	1000	2100		36	[illegible]
	M-2	900	2100		72	[illegible] 98ZJ681 GJM301
	M-3	800	2100		84	[illegible] 98ZJ681 GJM301
	M-4	1800	2350		36	[illegible]
	MC-1	1500	2350		24	[illegible]
	JM-1	3300	1900		3	[illegible]
	JM-1A	3300	1700		3	[illegible]
	JM-2	2700	1900		6	[illegible]
	JM-2A	2700	1700		6	[illegible]
	JM-3	1200	1900		3	[illegible]
	JM-3A	1200	1700		3	[illegible]

图 15-1 建施图首页

2. 建筑总平面图

将新建工程四周一定范围内的新建、拟建、原有和拆除的建筑物、构筑物连同其周围的地形、地物状况用水平投影方法和相应的图例所画出的图样，即为总平面图。

建筑总平面图主要表示新建房屋的位置、朝向、与原有建筑物的关系，以及周围道路、绿化和给水、排水、供电条件等方面的情况，作为新建房屋施工定位、土方施工、设备管网平面布置，安排在施工时进入现场的材料。

建筑总平面图主要表示新建房屋的位置、朝向、与原有建筑物的关系，以及周围道路、绿化和给水、排水、供电条件等方面的情况，作为新建房屋施工定位、土方施工、设备管网平面布置，安排在施工时进入现场的材料和构件、配件堆放场地、构件预制的场地以及运输道路的依据。

如图 15-2 所示为某中学建筑总平面图。

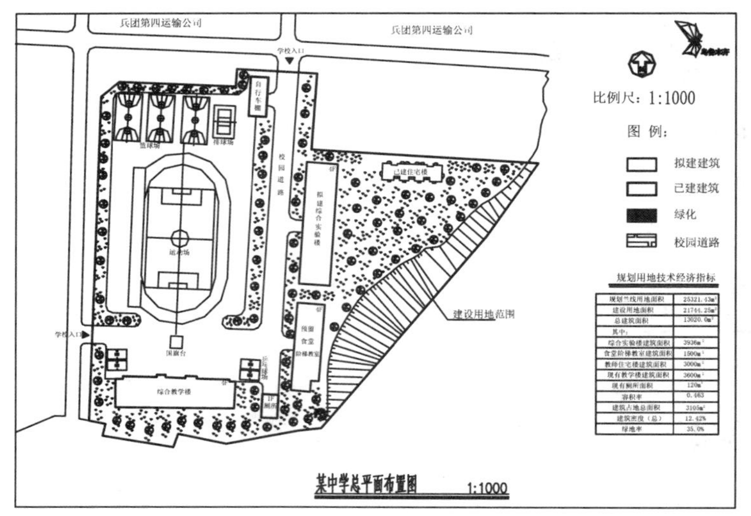

图 15-2 某中学总平面图

3. 建筑各层平面图

建筑平面图是假想用一水平剖切平面从建筑窗台上一点剖切建筑，移去上面的部分，向下所做的正投影图，称为建筑平面图，简称平面图，如图 15-3 所示。

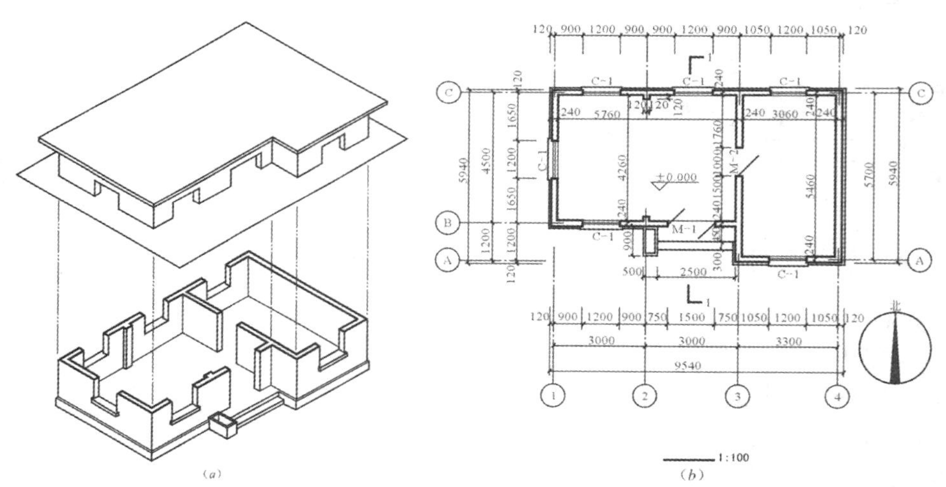

图 15-3 建筑平面图形成原理

建筑平面图反映建筑物的平面形状和大小、内部布置、墙的位置、厚度和材料、门窗的位置和类型以及交通等情况，可作为建筑施工定位、放线、砌墙、安装门窗、室内装修、编制预算的依据。

一般房屋有几层，就应有几个平面图。通常有底层平面图、标准层平面图、顶层平面图等，在平面图下方应注明相应的图名及采用的比例。

因平面图是剖面图，因此应按剖面图的图示方法绘制，即被剖切平面剖切到的墙、柱等轮廓用粗实线表示，未被剖切到的部分如室外台阶、散水、楼梯以及尺寸线等用细实线

表示，门的开启线用中粗实线表示。

如图 15-4 和图 15-5 所示为某别墅一层、二层平面图。

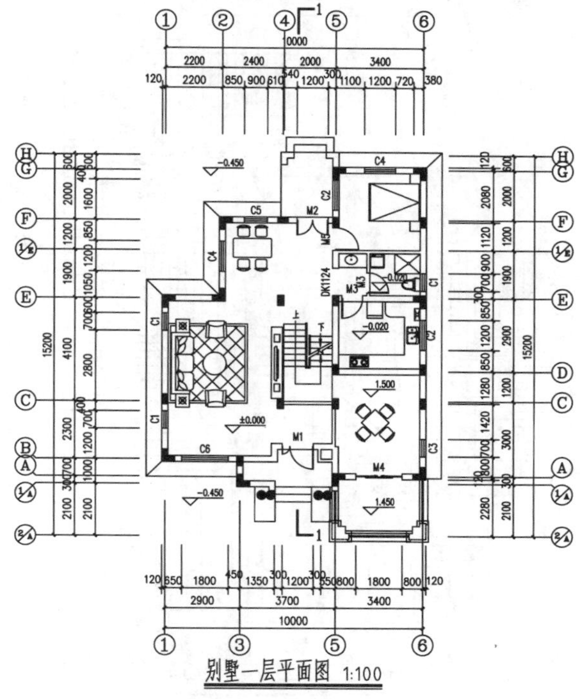

图 15-4　别墅一层平面图

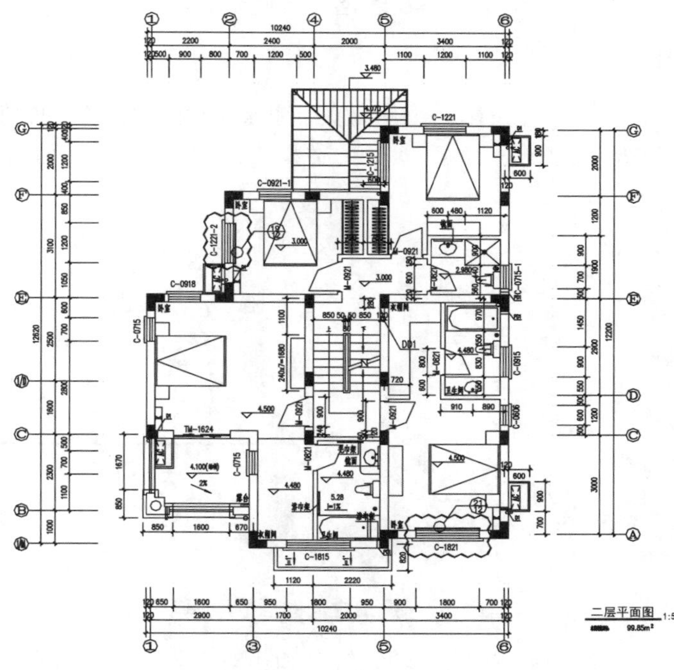

图 15-5　别墅二层平面图

如图 15-6 所示为别墅屋顶平面图。

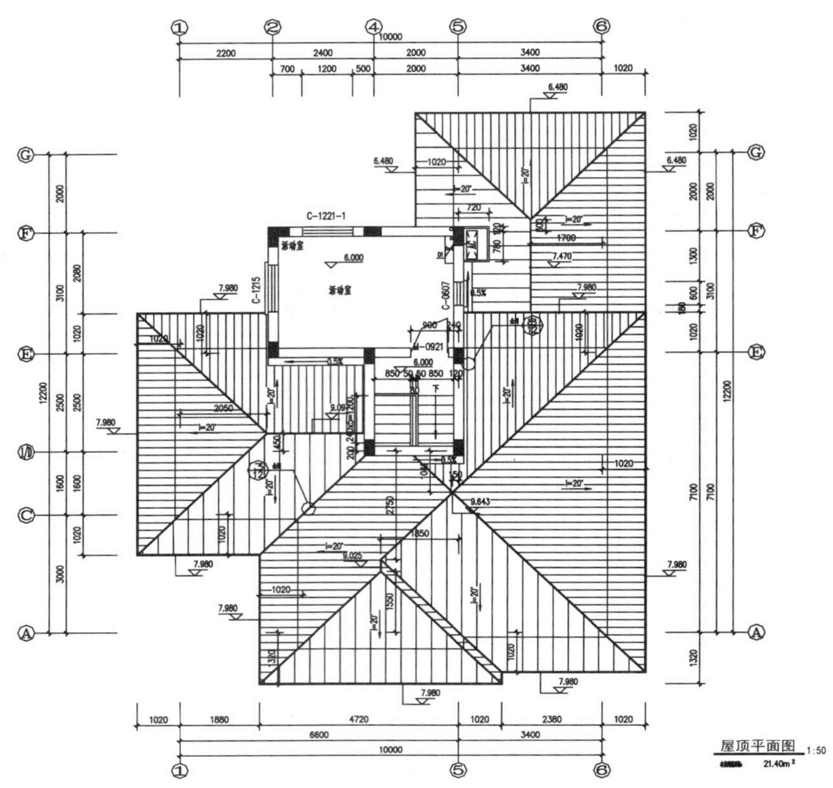

图 15-6　别墅屋顶平面图

4. 建筑立面图

在与建筑立面平行的垂直投影面上所做的正投影图称为建筑立面图，简称立面图，如图 15-7 所示。建筑立面图是反映建筑物的体型、门窗位置、墙面的装修材料和色调的图样。

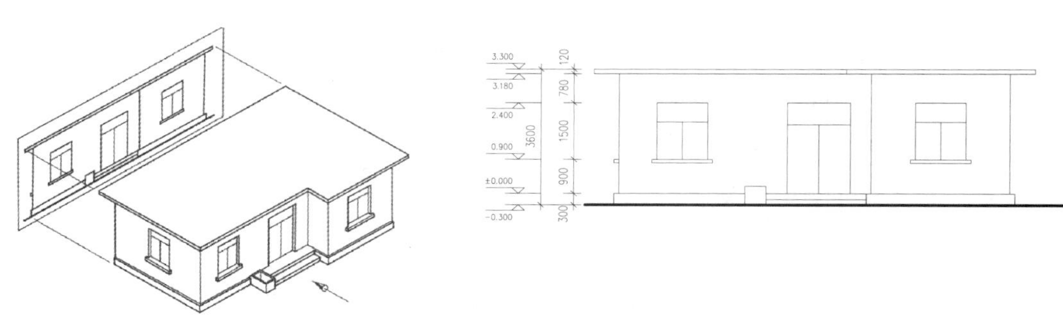

图 15-7　建筑立面图形成原理

建筑立面图通常有相对地理方位、轴线编号和相对主入口位置特征几种命名的方法，如图 15-8 所示。

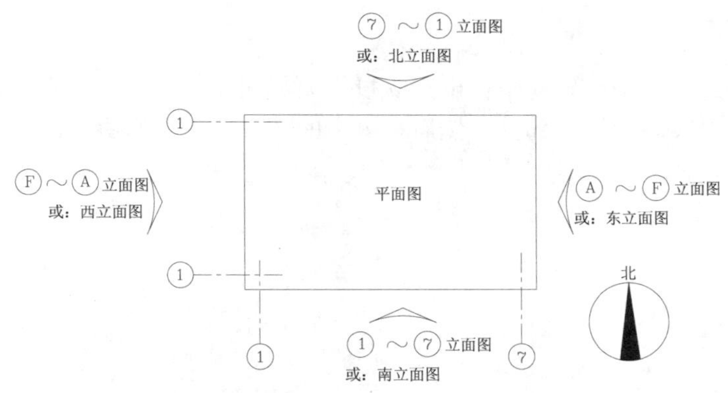

图 15-8　立面图的命名

- 以相对主入口的位置特征来命名：当以相对主入口的位置特征来命名时，则建筑立面图称为正立面图、背立面图和左右两侧立面图。这种方式一般适用于建筑平面方正、简单且入口位置明确的情况。
- 以相对地理方位的特征来命名：当以相对地理方位的特征来命名时，则建筑立面图称为南立面图、北立面图、东立面图和西立面图。这种方式一般适用于建筑平面图规整、简单且朝向相对正南、正北偏转不大的情况。
- 以轴线编号来命名：以轴线编号来命名是指用立面图的起止定位轴线来命名，例如 1～12 立面图、A～F 立面图等。这种命名方式准确，便于查对，特别适用于平面较复杂的情况。根据《建筑制图标准》(GB/T 50104—2010)规定，有定位轴线的建筑物，宜根据两端定位轴线号来编注立面图名称。无定位轴线的建筑物可按平面图各面的朝向来确定名称。

如图 15-9 所示的某别墅立面图即以轴线编号进行命名。

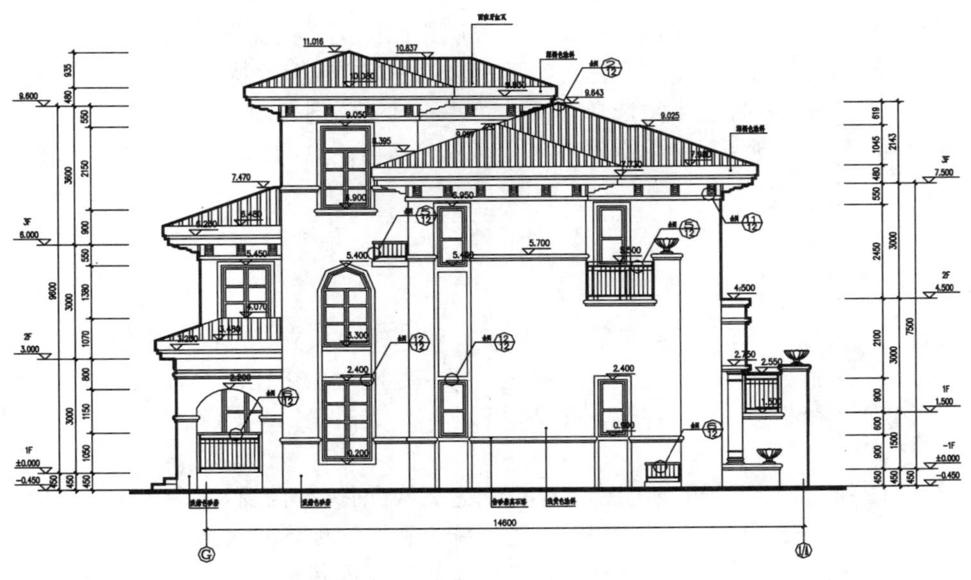

图 15-9　某别墅立面图

5. 建筑剖面图

建筑剖面图是用一个假想的平行于正立投影面或侧立投影面的竖直剖切面剖开房屋，并移动剖切面与观察者之间的部分，然后将剩余的部分作正投影所得的投影图，即为剖面图，如图 15-10 所示。

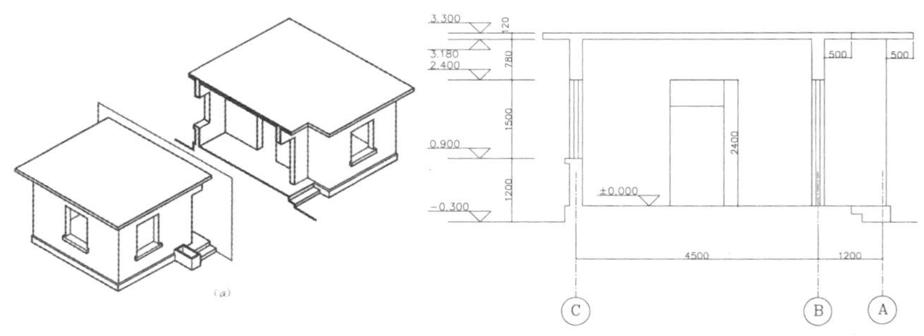

图 15-10　剖面图形成原理

建筑剖面图是建筑物的垂直剖视图。在建筑施工过程中，建筑剖面图是进行分层、砌筑内墙、铺设楼板、屋面楼、楼梯和内部装修等工程的依据。建筑剖面图与建筑平面图、建筑立面图是互相配套的，都是表达建筑物整体概况的基本图样。

建筑剖面图的剖切位置一般选择在内部构造复杂或具有代表性的位置，使之能够反映建筑物内部的构造特征。剖切平面一般应平行于建筑物的长度方向或者宽度方向，并通过门、窗洞。剖切面的数量应根据建筑物的实际复杂程度和建筑物自身的特点来确定。

对于建筑剖面图，当建筑物两边对称时，可以在剖面图中只绘制一半。当建筑物在某一轴线之间具有不同的布置，可以在同一个剖面图上绘制不同位置剖切的剖面图，只需要给出说明即可。

剖面图的剖切位置标注在同一建筑物的底层平面图上。剖面图的剖切位置应根据图纸的用途或设计深度，在平面图上选择能反映建筑物全貌、构造特征及有代表性的位置剖切，实际工程中的剖切位置常常选择在楼梯间并通过需要剖切的门、窗洞口位置。

建筑平面图上的剖切符号的剖视方向宜向左、向前，看剖面图应与平面图相结合并对照立面图一起看。

如图 15-11 所示为某别墅 1-1 剖面图。

6. 建筑详图

建筑详图(简称详图)是为了满足施工需要，将建筑平、立、剖面图中的某些复杂部位用较大比例绘制而成的图样。建筑详图按正投影法绘制，由于比例较大，要做到图例、线型分明、构造关系清楚、尺寸齐全、文字说明详尽，是对平、立、剖面等基本图样的补充和深化。

建筑详图作为建筑细部施工图，是制作建筑构配件(如门窗、阳台、楼梯和雨水管等)、构造节点(如窗台、檐口和勒角等)、进行施工和编制预算的依据。

在建筑详图设计中，需要绘制建筑详图的位置，一般包括室内外墙身节点、楼梯、电梯、厨房、卫生间、门窗和室内外装饰等。室内外墙身节点一般用平面和剖面表示，常用比例为 1∶20。平面节点详图表示出墙、柱或构造柱的材料和构造关系。

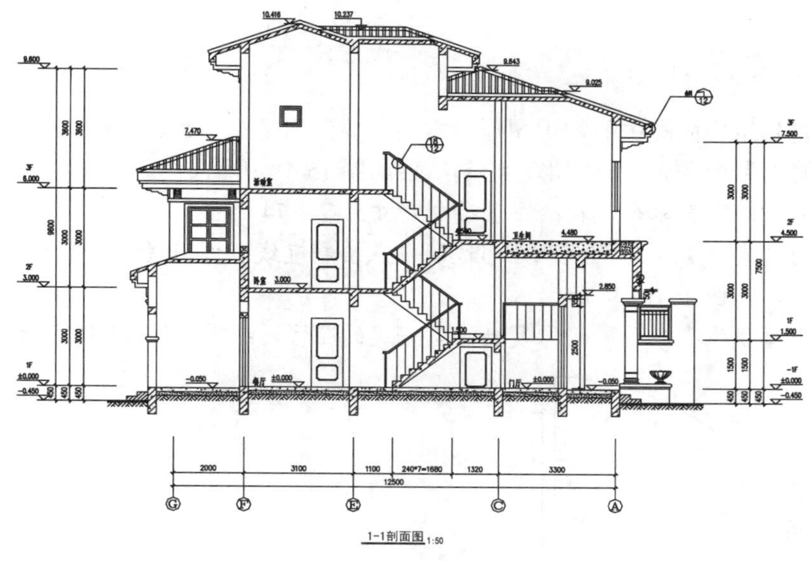

图 15-11　某别墅剖面图

如图 15-12 所示为某空调基座详图，如图 15-13 所示为某降板卫生间地面详图。

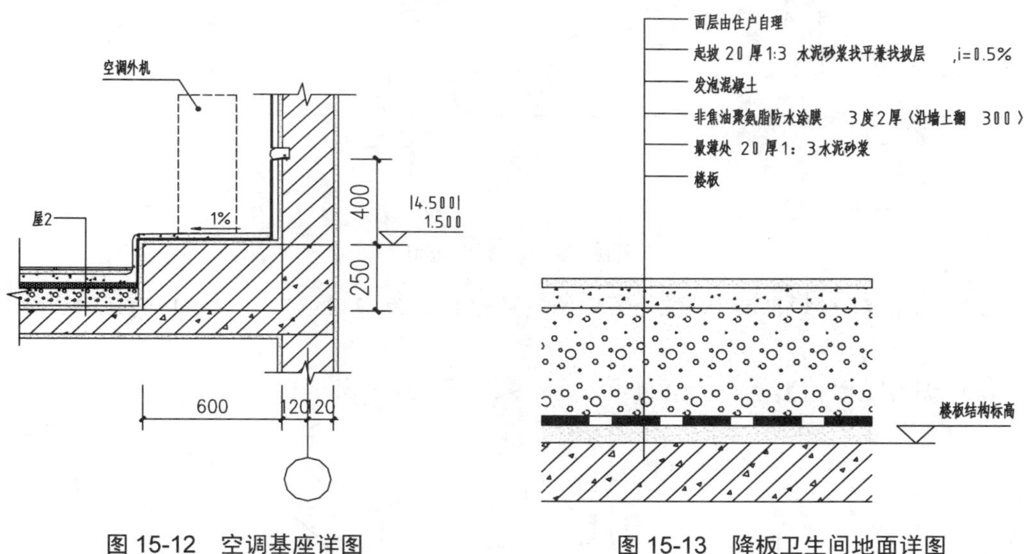

图 15-12　空调基座详图　　　　图 15-13　降板卫生间地面详图

15.2　绘制常用建筑设施图

建筑设施图在 AutoCAD 的建筑绘图中非常常见，如门窗、马桶、浴缸、楼梯、地板砖和栏杆等图形。对于一个完整的建筑图形而言，建筑设施是必不可少的，因此在绘制这些建筑设施图后，可将他们定义为块保存于图库中，在需要时插入即可，以减少绘图时间，提高绘图效率。

15.2.1 绘制单开门

单开门是建筑平面图中的常用图形，本例主要调用【矩形】、【圆弧】命令来绘制图形，调用【修剪】命令来完善图形，绘制结果如图 15-14 所示。

01 调用【矩形】命令，在绘图区绘制尺寸为 74×74 的矩形。

02 调用【直线】命令，拾取矩形边的中点绘制直线；调用【修剪】命令，修剪多余线段，如图 15-15 所示。

03 调用【镜像】命令，镜像复制修剪完成的图形，结果如图 15-16 所示。

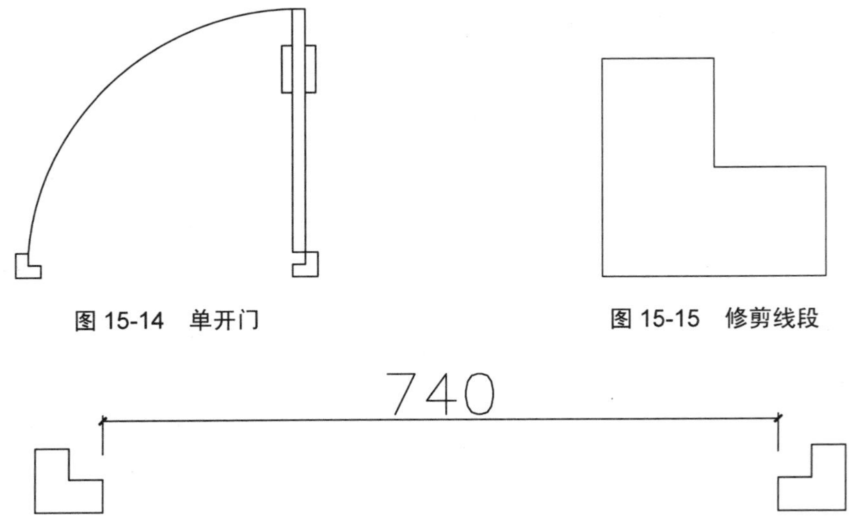

图 15-14 单开门

图 15-15 修剪线段

图 15-16 镜像复制

04 调用【矩形】命令，在绘图区绘制尺寸分别为 740×37、143×31 的矩形，绘制结果如图 15-17 所示。

05 调用【圆弧】命令，绘制圆弧，结果如图 15-18 所示。

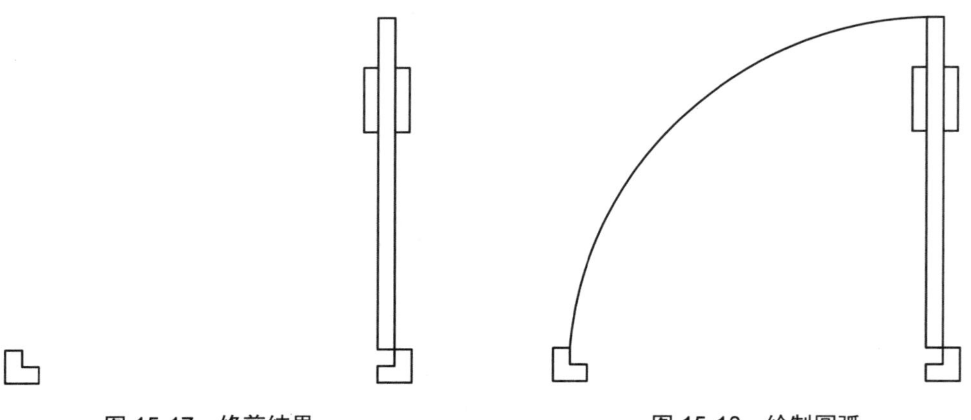

图 15-17 修剪结果

图 15-18 绘制圆弧

15.2.2　绘制双开门

双开门由于有更大的通过能力，常用于人流量较大的公共空间或办公空间。镜像复制绘制完成的单扇门图形后，即可得到双开门，本小节绘制的双开门如图 15-19 所示。

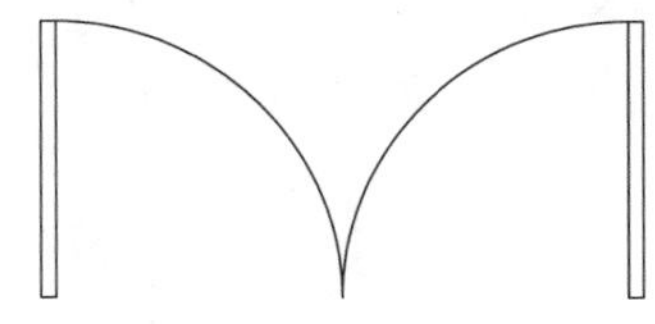

图 15-19　双开门

01 调用【矩形】命令，在绘图区绘制尺寸为 731×38 的矩形，绘制结果如图 15-20 所示。

02 调用【圆弧】命令，绘制圆弧，结果如图 15-21 所示，单开门绘制完成。

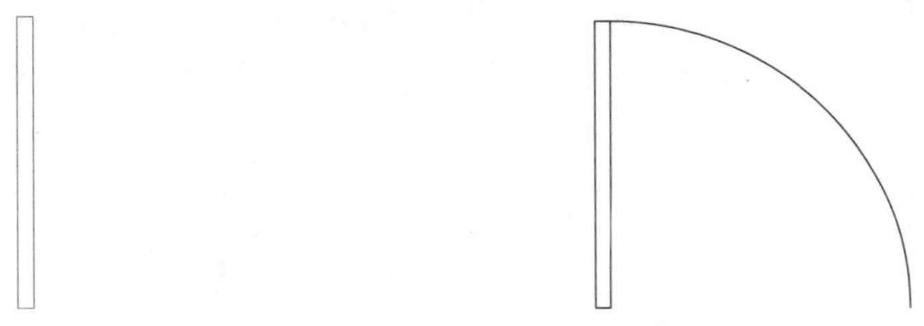

图 15-20　绘制矩形　　图 15-21　绘制圆弧

03 调用【镜像】命令，镜像复制单开门，结果如图 15-22 所示，双开门绘制完成。

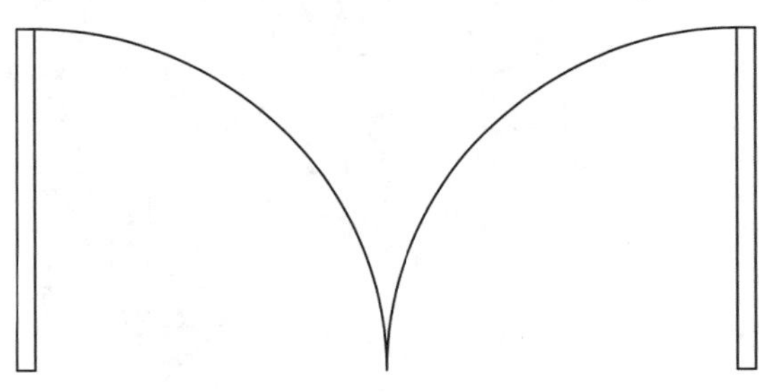

图 15-22　绘制双开门

15.2.3　绘制门立面图

门立面图主要表达门页的结构和装饰，本小节绘制一个欧式立面门造型，绘制结果如图 15-23 所示。

01 绘制门套。调用【矩形】命令绘制一个 1900×2200 大小的矩形，调用【分解】命令分解图形，并将矩形左侧边线向右侧依次偏移 22、156、22；调用【镜像】命令，对应平面图形镜像门框至另一边，结果如图 15-24 所示。

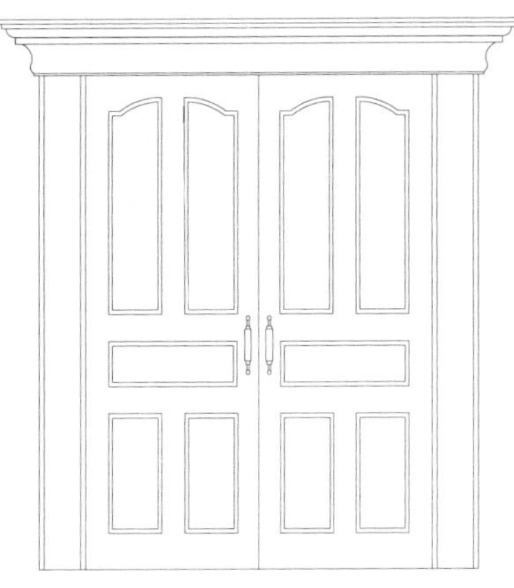

图 15-23　立面图

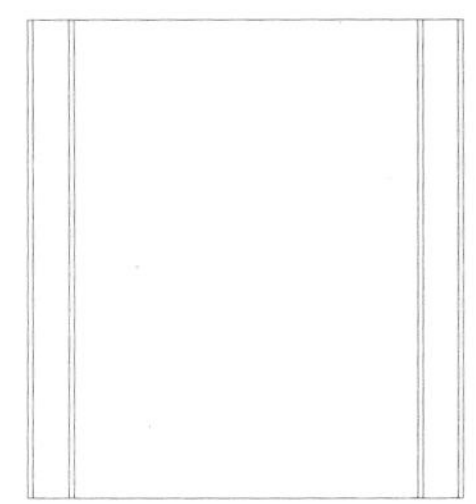

图 15-24　绘制门框

02 绘制门。调用【直线】、【矩形】和【圆弧】命令，配合【偏移】命令绘制门装饰图纹，如图 15-25 所示。调用【移动】命令，将各装饰图纹移动并定位，结果如图 15-26 所示。调用【镜像】命令将其镜像至另一扇门。

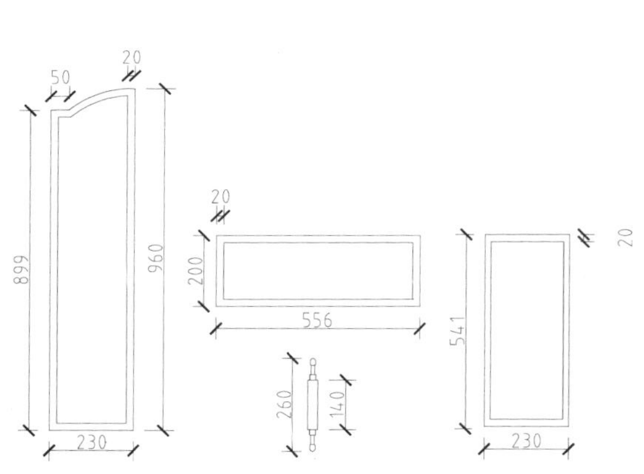

图 15-25　绘制装饰图纹

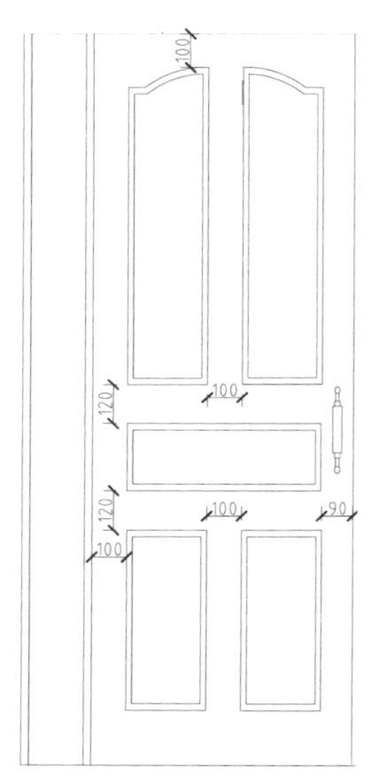

图 15-26　移动布置装饰图纹

03 绘制门头。调用【矩形】命令，依次绘制大小为 2290×20、2220×20、2180×40、2100×30、2050×130 和 1950×10 的 6 个矩形，调用【移动】命令，捕捉中点从上至下将其依次摆放，如图 15-27 所示。

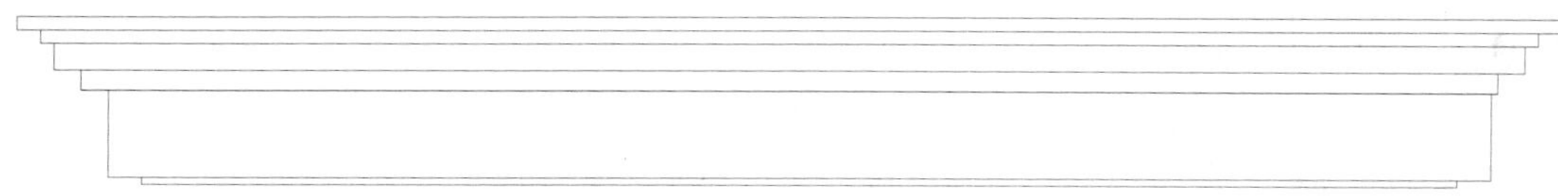

图 15-27　绘制并排列矩形

04 完善门头。调用【修剪】命令修剪门头，调用【样条曲线】命令完善门头并将其移动定位，结果如图 15-28 所示。至此，欧式门立面图绘制完成。

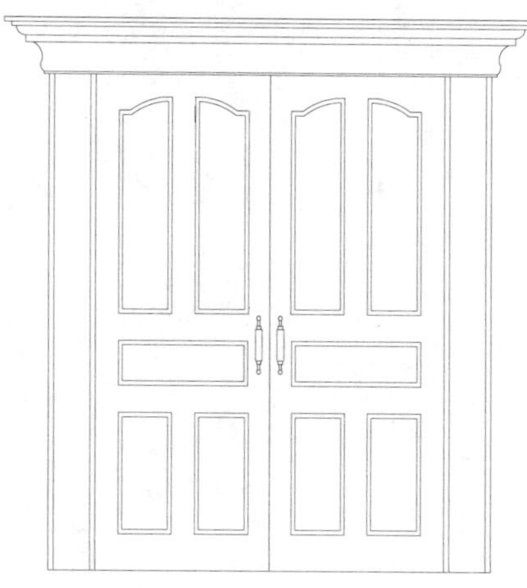

图 15-28　完善并定位门头

15.2.4　绘制平开窗

平开窗是建筑使用最为普遍的窗户类型，主要调用【矩形】命令、【直线】命令来进行绘制。本小节绘制的平开窗图形如图 15-29 所示，主要使用了【分解】、【偏移】和【矩形】等命令。

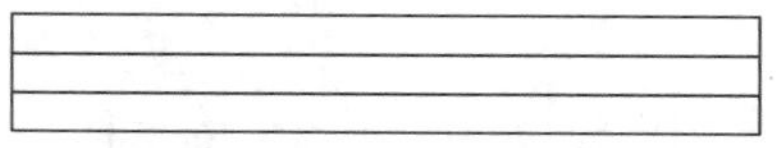

图 15-29　平开窗

01 调用【矩形】命令，在绘图区绘制尺寸为 1500×240 的矩形，如图 15-30 所示。

02 调用【分解】命令，分解矩形。

03 调用【偏移】命令，设置偏移距离为 80，偏移矩形边，结果如图 15-31 所示。

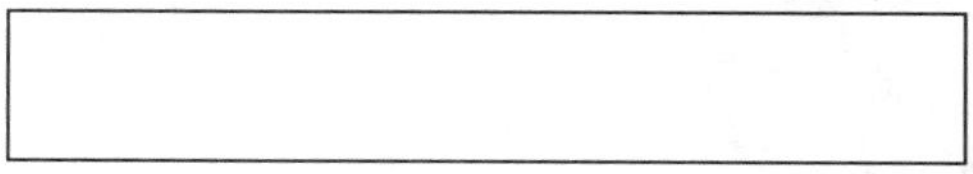

图 15-30　绘制矩形

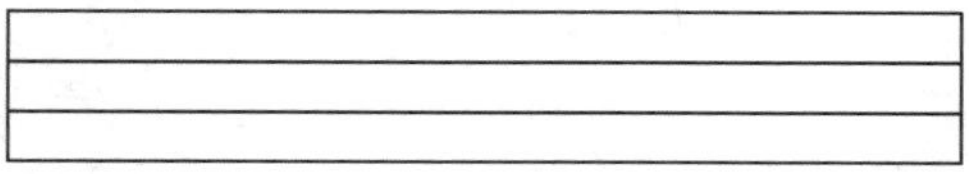

图 15-31　偏移矩形边

15.2.5　绘制转角窗

转角窗较之其他类型的窗户，视野较开阔，常用于住宅等建筑类型。本小节绘制的转角窗如图 15-32 所示，主要使用【多段线】、【偏移】等命令。

01 调用【多段线】命令，绘制多段线，结果如图 15-33 所示。

02 调用【偏移】命令，设置偏移距离为 80，向内偏移多段线。

03 调用【直线】命令，绘制直线。转角窗的绘制结果如图 15-34 所示。

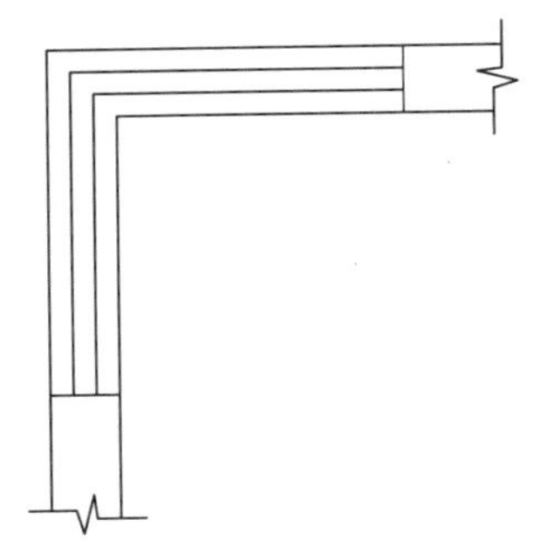

图 15-32 转角窗

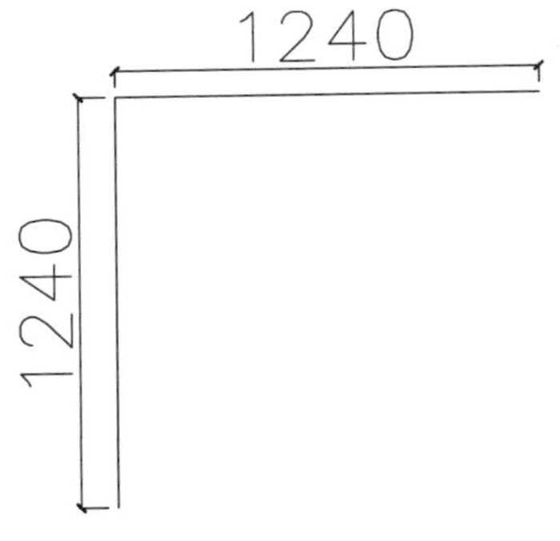

图 15-33 绘制多段线

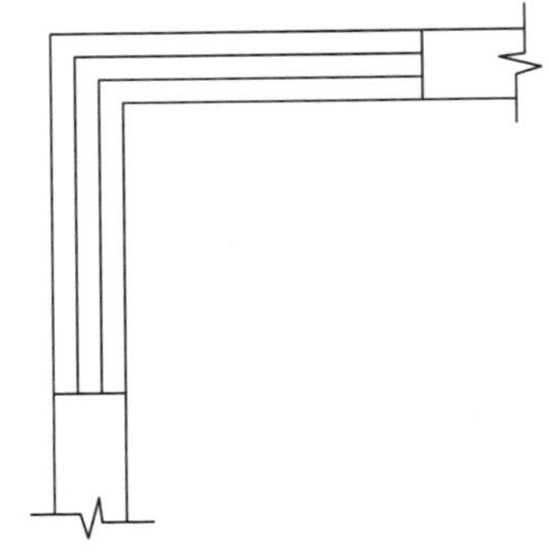

图 15-34 绘制转角窗

15.2.6 绘制飘窗

飘窗多设置在卧室、书房等空间，对其进行装饰设计，可成为一处休闲娱乐的场所。本小节绘制的飘窗如图 15-35 所示，主要使用了多段线、偏移、直线等命令。

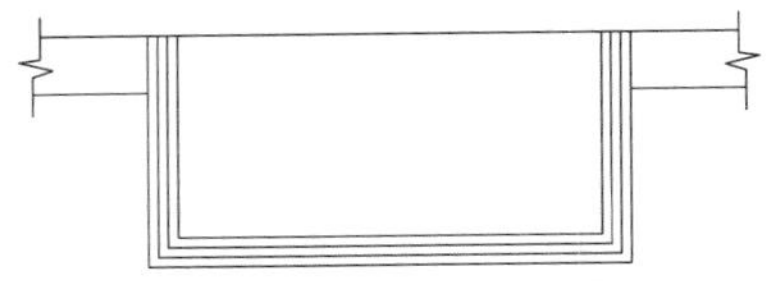

图 15-35 飘窗

01 调用【多段线】命令，绘制多段线，结果如图 15-36 所示。

02 调用【偏移】命令，设置偏移距离为 40，向内偏移多段线。

03 调用【直线】命令，绘制直线；飘窗的绘制结果如图 15-37 所示。

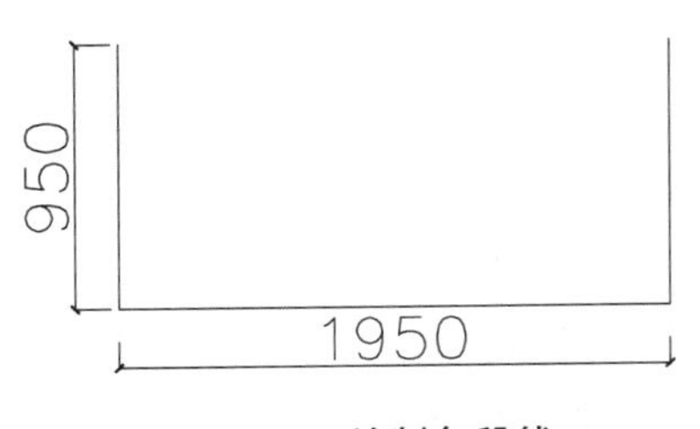

图 15-36 绘制多段线

图 15-37 绘制飘窗

15.2.7 绘制家庭餐桌

餐桌在家装中常放置在餐厅，供家庭三餐进食之用，一般分为餐具、杯具、桌与椅几部分。本例所绘餐桌如图 15-38 所示。

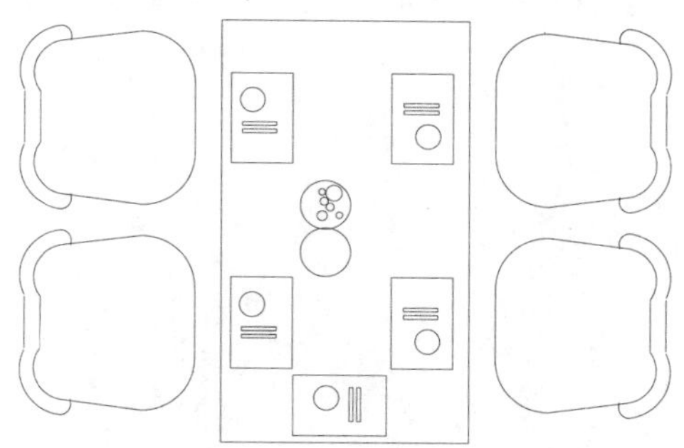

图 15-38　家庭餐桌

1. 绘制餐桌

01 绘制桌。调用【矩形】命令，绘制一个长宽为 800×1400 的矩形。

02 绘制餐具。再次调用【矩形】命令，绘制一个长宽为 200×300 与 12×120 的矩形。调用【圆】命令，绘制一个半径为 40 的圆，将矩形复制一份后和圆一起移动定位，结果如图 15-39 所示。

2. 绘制餐桌椅

01 调用【直线】命令，绘制一条长为 300 的竖直直线，调用【偏移】命令，将其向一侧依次偏移 500、50 个单位。并通过夹点编辑，保持中点不变，调整偏移直线长度为 150。

02 调用【直线】命令，捕捉左边直线上端点为临时点，输入“@430,135”指定直线第一点，极轴追踪 165° 绘制直线，并将直线关于两竖直直线中点进行镜像复制，结果如图 15-40 所示。

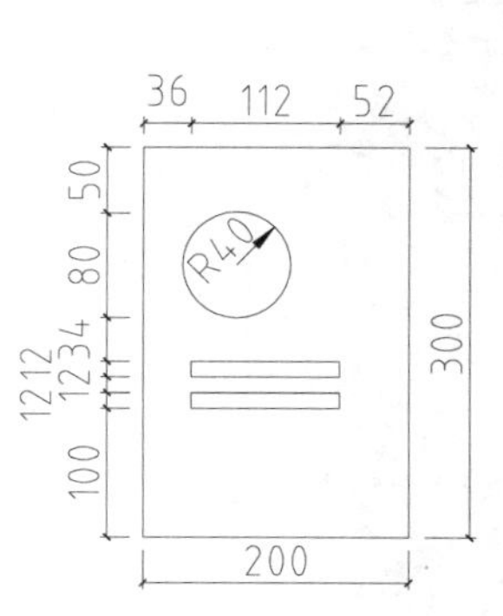

图 15-39　绘制餐桌

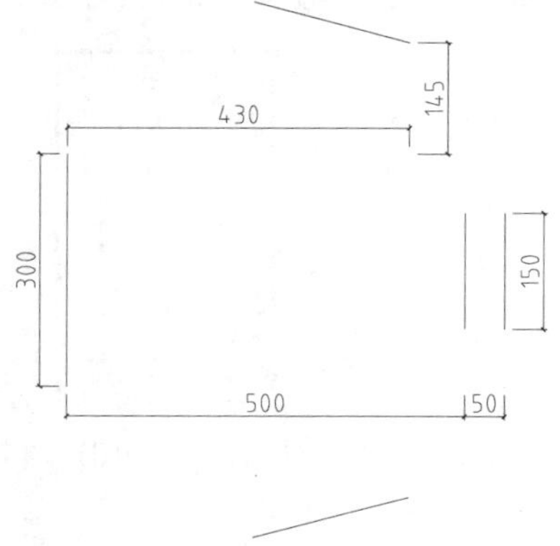

图 15-40　绘制餐桌椅

03 调用【圆角】命令，指定圆角半径为 110，圆角斜线与左边直线。

04 调用【圆】命令，选择【3P】选项，捕捉斜线右边端点与 150 长度竖直线端点绘制圆，使圆与斜线端点大致相切，结果如图 15-41 所示。

05 调用【修剪】命令，修剪圆多余的弧线。调用【偏移】命令，将圆弧向外偏移 45 个单位，并采用第 4 步相同的方法连接弧线端点与斜线端点，结果如图 15-42 所示。

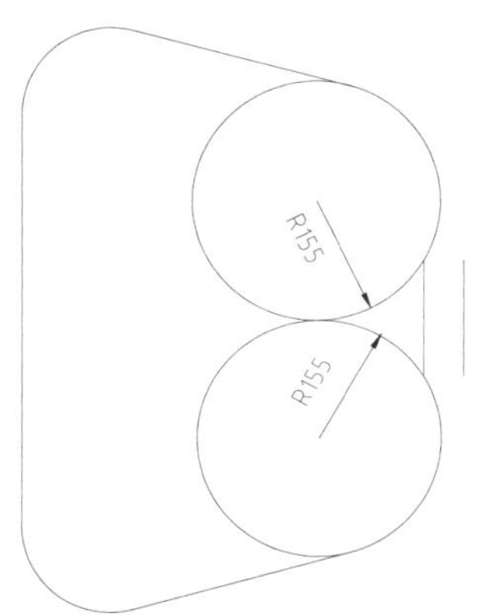

图 15-41 绘制餐桌

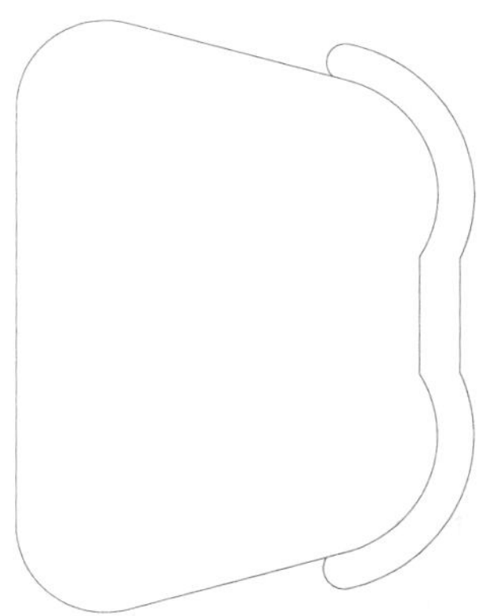

图 15-42 绘制餐桌椅

06 调用【复制】与【镜像】命令，在餐桌两侧和餐桌上布置餐桌椅，结果如图 15-38 所示。

15.2.8 绘制楼梯

楼梯是楼层间的垂直交通枢纽，是楼房的重要构件。在高层建筑中虽然以电梯和自动扶梯作垂直交通的重要手段，但楼梯仍是必不可少的。不同的建筑类型，对楼梯性能的要求不同，楼梯的形式也不一样。民用建筑的楼梯多采用钢混结构，对美观的要求高。从外形上来看，楼梯主要分为栏杆、踏步、平台等几个部分。楼梯平面图一般分为底层平面图、标准层平面图和顶层平面图，其效果如图 15-43 所示。本节绘制楼梯的标准层平面图，其他楼层平面图绘制方法完全相同。

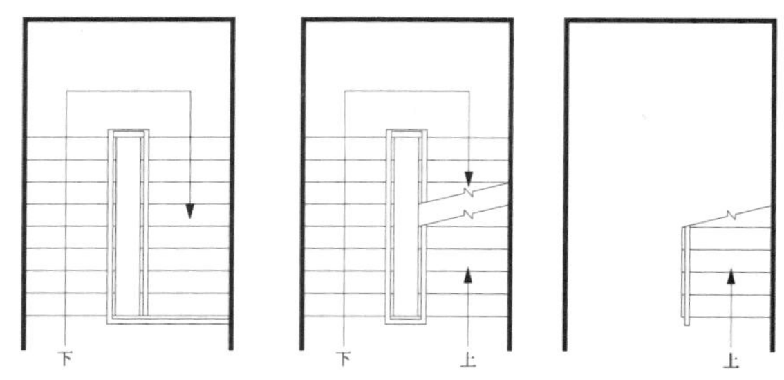

图 15-43 楼梯平面图

1. 绘制栏杆

01 调用【矩形】命令，绘制一个尺寸为 500×2440 的矩形。

02 调用【偏移】命令，将矩形向内依次偏移 60、40 个单位，结果如图 15-44 所示。

03 在夹点编辑模式下，将内部两个矩形上部短边均向上拉伸 40 个单位，如图 15-45 所示。

2. 绘制踏步和平台

01 绘制一根踏步线。调用【直线】命令，绘制一条长为 2560 的水平直线。

02 移动直线。调用【移动】命令，以直线的中点为基点，矩形内的中点为第二点，移动直线，结果如图 15-46 所示

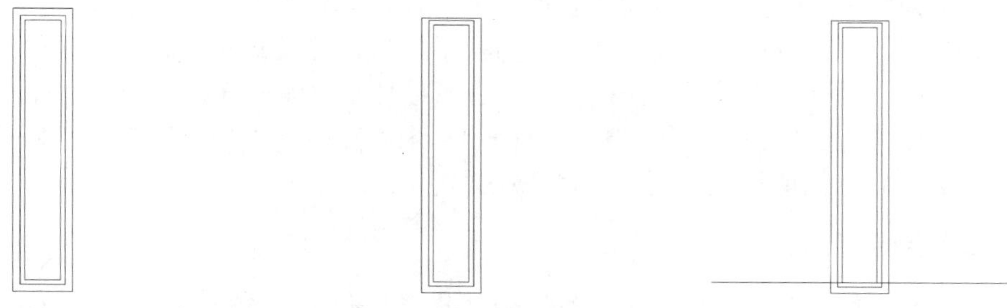

图 15-44 绘制并偏移矩形　　图 15-45 拉伸顶点　　图 15-46 移动直线

03 修剪图形。调用【修剪】命令，对图形进行修剪，结果如图 15-47 所示。

04 阵列踏步线。调用【阵列】命令，选择矩形阵列，选择绘制的直线，对其进行 1 行 9 列的矩形阵列，行偏移量设为 280，阵列结果如图 15-48 所示。

05 绘制平台。调用【多段线】命令，绘制图 15-49 所示的多段线。

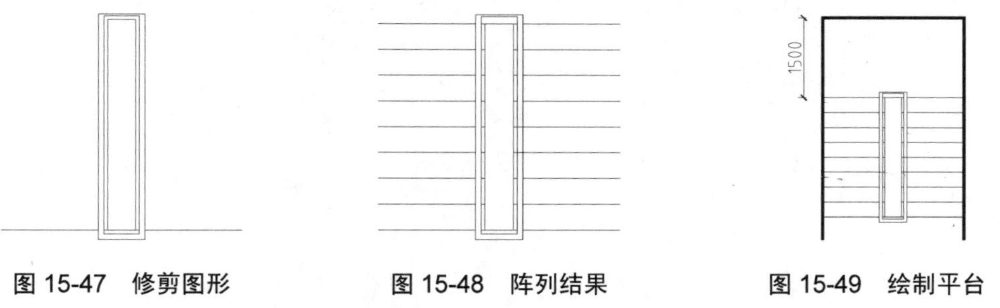

图 15-47 修剪图形　　图 15-48 阵列结果　　图 15-49 绘制平台

3. 完善图形

01 绘制折断线。调用【多段线】命令，在如图 15-50 所示的位置绘制折断线，并修剪多余的线条。

02 绘制楼梯方向。重复执行【多段线】命令，指定起点宽度为 1，端点宽度为 50，绘制箭头；配合【直线】与【单行文字】命令绘制楼梯方向，结果如图 15-51 所示。至此，标准层楼梯绘制完成。

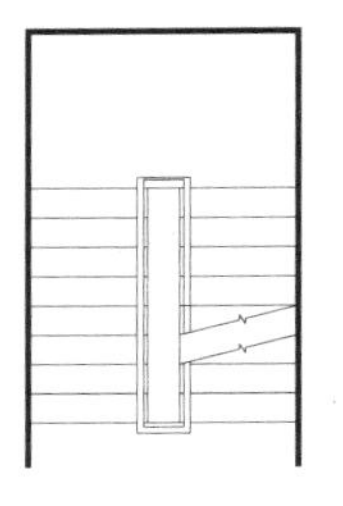

图 15-50　绘制折断线

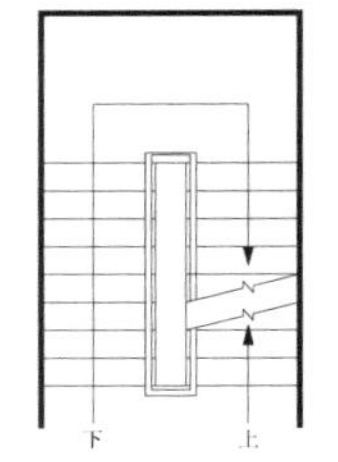

图 15-51　绘制箭头

15.2.9　绘制楼梯栏杆

栏杆从形式上可以分为节间式和连续式栏杆，前者由立柱、扶手和横档组成，扶手支撑于立柱上。后者由具有连续的扶手，由扶手、栏杆柱及底座组成。常见种类有：木制栏杆、石栏杆、不锈钢栏杆、铸铁栏杆、铸造石栏杆、水泥栏杆、组合式栏杆。

一般低栏高 0.2～0.3 米，中栏高 0.8～0.9 米，高栏高 1.1～1.3 米。栏杆柱的间距一般为 0.5～2 米。本例所绘铁艺栏杆如图 15-52 所示。

1. 绘制台阶

01 绘制单个台阶。调用【直线】和【矩形】命令，绘制单个台阶，结果如图 15-53 所示。

02 复制台阶。调用【复制】命令，捕捉竖直直线下方端点为基点对台阶进行复制，结果如图 15-54 所示。

图 15-52　绘制栏杆

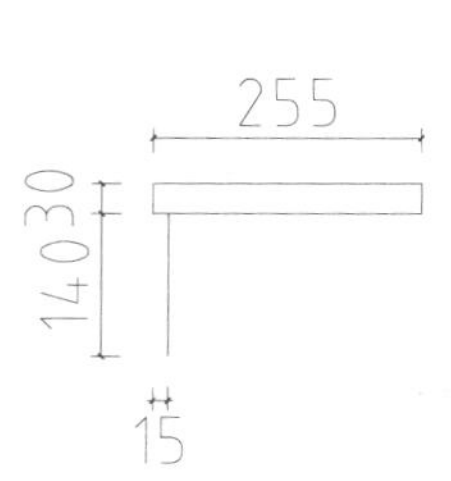

图 15-53　绘制单个台阶

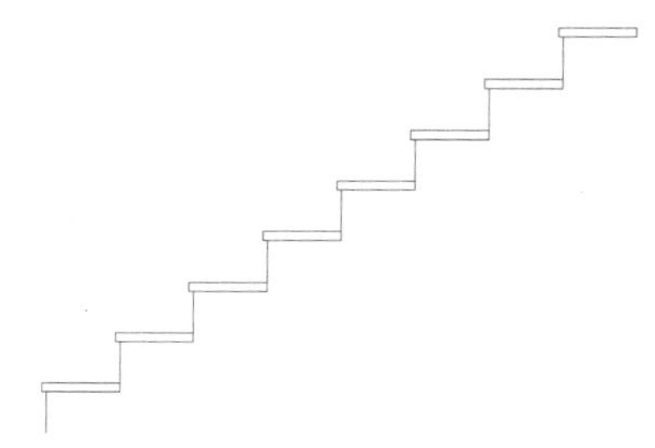

图 15-54　复制台阶

2. 绘制立柱

01 绘制单个立柱。调用【直线】命令，捕捉单个台阶中点向上绘制一条长为 900 的直线，并将其向右偏移 20 个单位，结果如图 15-55 所示。

02 复制立柱。调用【复制】命令，捕捉单个台阶中点为基点对立柱进行复制，结果如图 15-56 所示。

03 整理立柱。调用【直线】命令，绘制连接第一个台阶立柱右上端点与最后一个台阶立柱右上端点，修剪并整理图形，结果如图 15-57 所示。

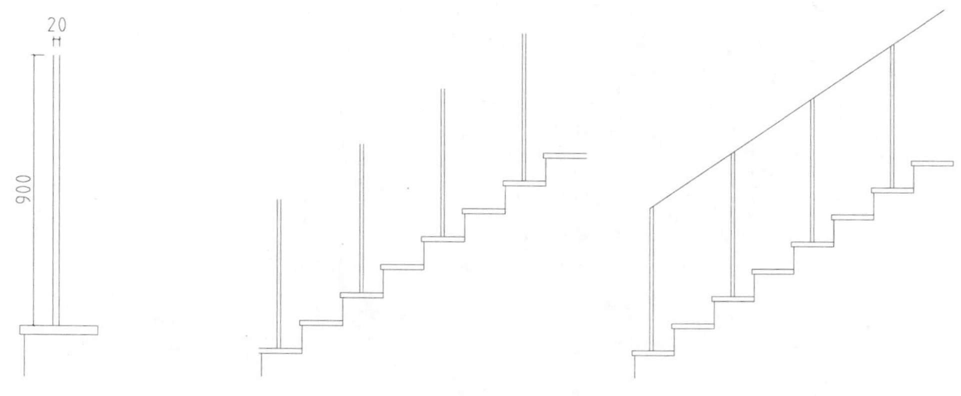

图 15-55　绘制单个立柱　　图 15-56　复制立柱　　图 15-57　整理立柱

3. 绘制扶手

01 偏移扶手线。在夹点编辑模式下，将立柱上端封口斜线向左下方拉伸 300 个单位，调用【偏移】命令，将其向上偏移 10 个单位，结果如图 15-58 所示。

02 绘制扶手尾端造型。调用【样条曲线】命令，绘制螺旋形样条曲线，并向内偏移 10 个单位；调用【直线】命令封闭尾端，结果如图 15-59 所示。

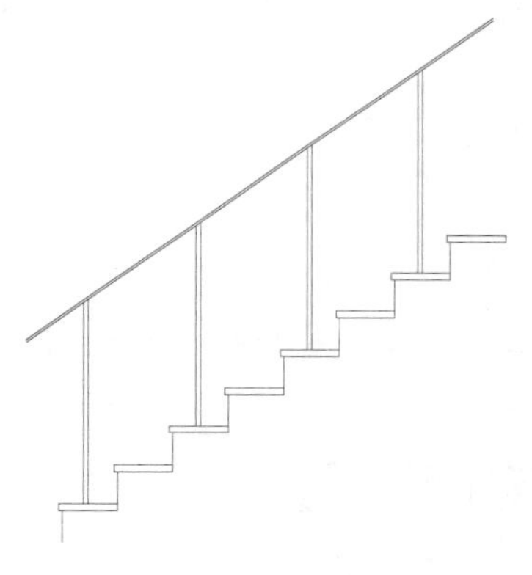

图 15-58　偏移扶手线

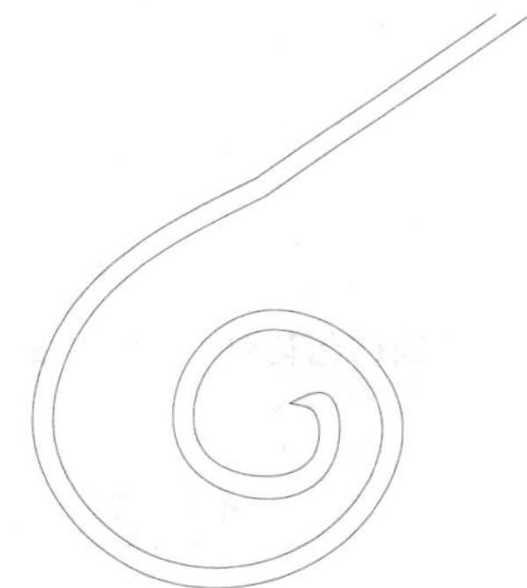

图 15-59　绘制样条曲线并偏移

4. 绘制铁艺

01 绘制边框。调用【偏移】命令，将扶手线直线向下分别偏移 200、520、600 个单位；调用【修剪】命令，修剪多余的线条，如图 15-60 所示。

02 绘制铁艺定位线。调用【偏移】命令，将立柱的右侧直线向右分别偏移 150、300 个单位，修剪并延伸线条，结果如图 15-61 所示。

03 绘制铁艺花纹。调用【样条曲线】命令，绘制图 15-62 所示的样条曲线。将其原地复制一份并以样条曲线下端端点为基点旋转 180°，结果如图 15-63 所示。

04 铁艺花纹定位。调用【复制】命令，以对称中心点为基点，复制铁艺花纹至铁艺定位线中点，并修剪掉多余的线条，结果如图 15-64 所示。至此，铁艺栏杆绘制完成。

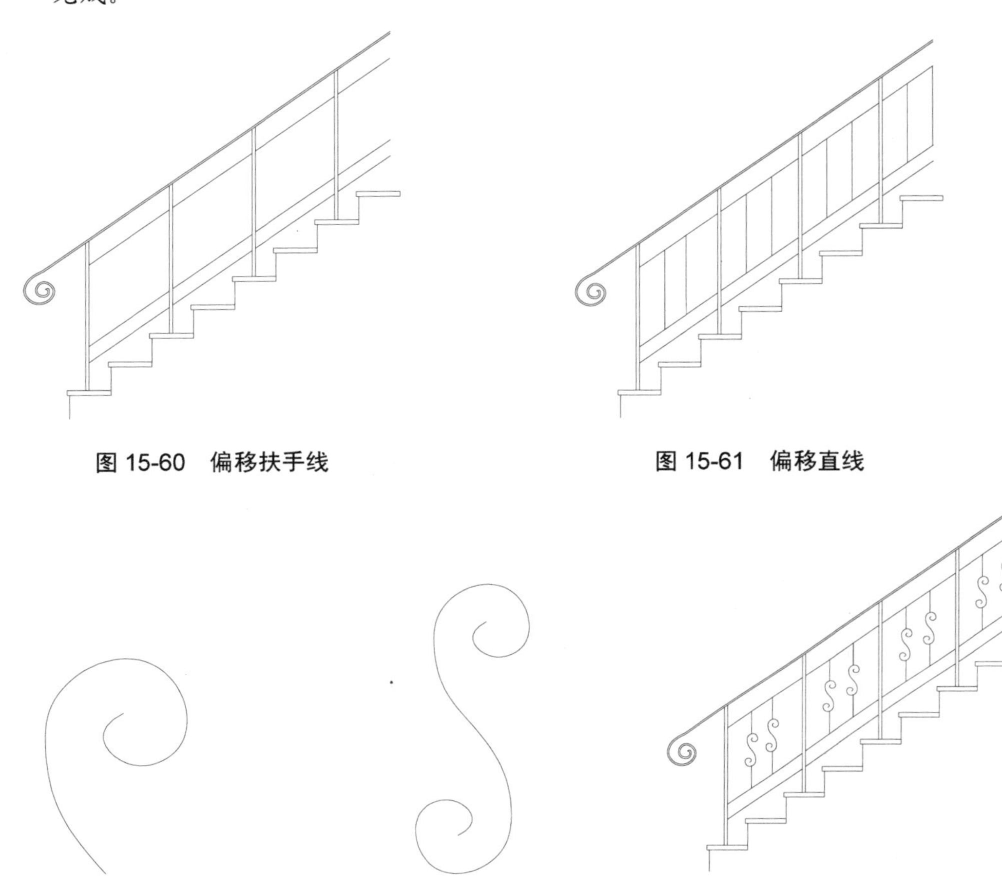

图 15-60　偏移扶手线

图 15-61　偏移直线

图 15-62　绘制铁艺花纹

图 15-63　完善铁艺花纹

图 15-64　复制铁艺花纹

15.3　绘制多层住宅施工图

在学习了门、窗、楼梯、家具等常见建筑图形的绘制方法之后，本节通过一个完整的多层住宅施工图，讲解建筑平面图、立面图和剖面图的绘制方法。

按楼层的高度进行区分，住宅楼可分为低层住宅(1～3 层)、多层住宅(4～6 层)、中高层住宅(7～9)和高层住宅(10 层以上)几种类型。

本实例为一栋小户型多层建筑，总层数为 6 层，每层有 4 户，其标准层平面图如图 15-65 所示。从总体上看，该建筑是一个结构对称的图形，因此可采用镜像复制的方法绘制对称的对象，包括门窗、立柱、楼梯等设施。

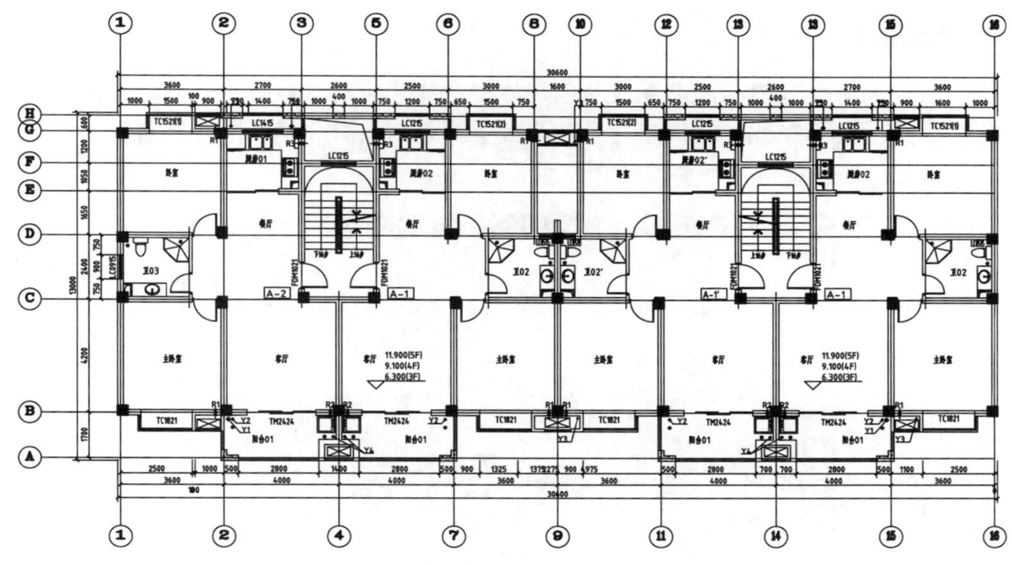

图 15-65　标准层平面图

15.3.1　绘制标准层平面图

标准层平面图绘制步骤为：先绘制轴线，然后依据轴线绘制墙体，再绘制门、窗，再插入图例设施，最后添加文字标注。

1. 绘制轴线

01 新建“轴线”图层，指定颜色为 9 号，并将其置为当前图层。

02 绘制轴线。调用【直线】命令，配合【偏移】命令绘制 8×12 条直线，其关系如图 15-66 所示。

03 修剪轴线。利用【修剪】和【删除】命令，整理轴线，结果如图 15-67 所示。

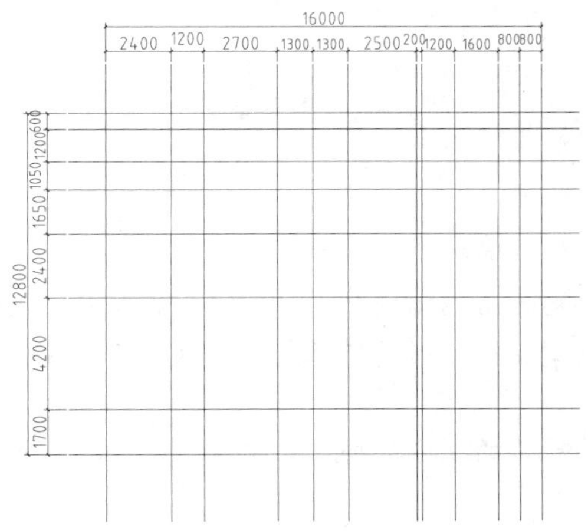

图 15-66　绘制轴线

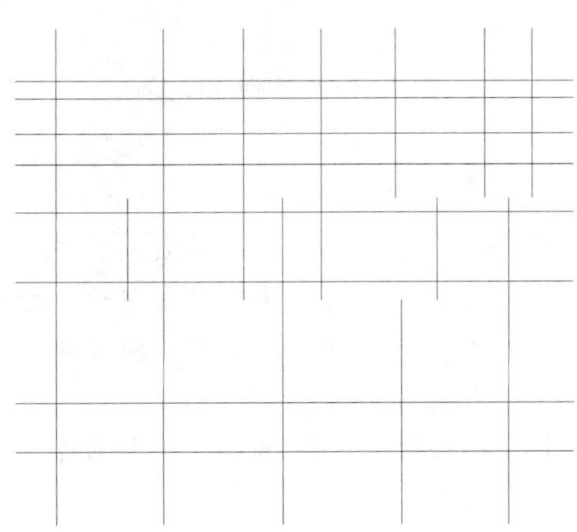

图 15-67　修剪轴线

2. 绘制墙体

01 新建“墙体”图层，设置其颜色、线型、线宽为默认，并将其置为当前层。

02 创建“墙体”样式。调用【多线样式】命令，新建“墙体”多线样式，设置参数如图 15-68 所示，并将其置于当前。

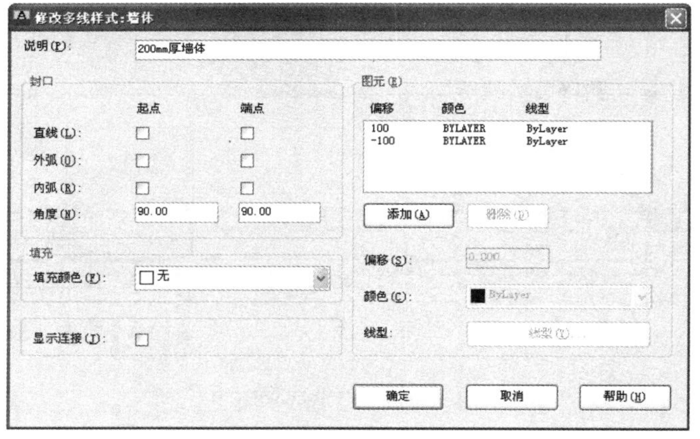

图 15-68 设置多线样式

03 绘制墙体。调用【多线】命令，指定比例为 1，对正为无，沿轴线交点绘制墙体，如图 15-69 所示。

04 整理图形。调用【分解】与【修剪】命令，整理墙体，结果如图 15-70 所示。

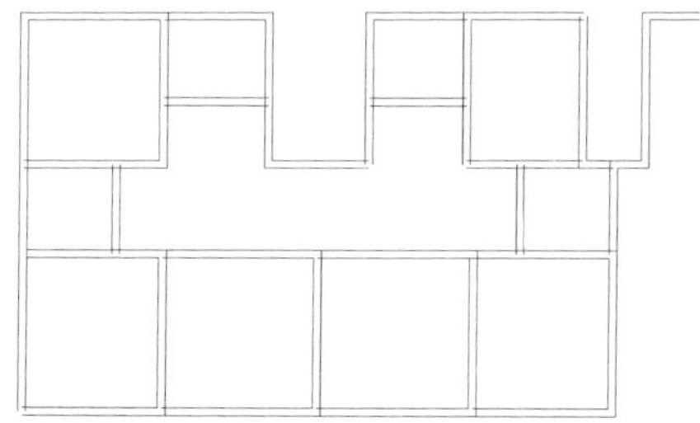

图 15-69 绘制墙体

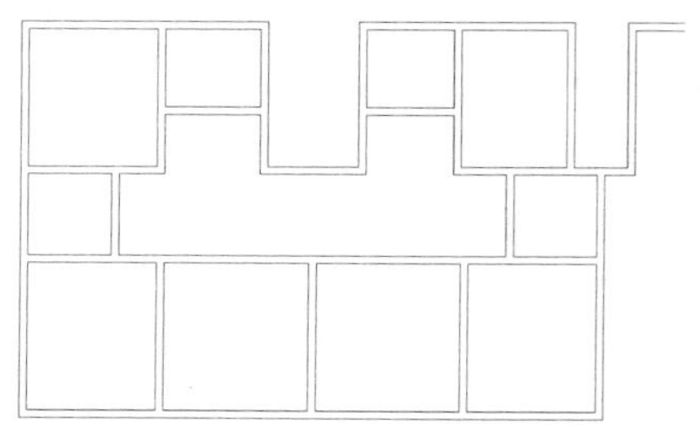

图 15-70 整理墙体

3. 绘制柱

01 新建“柱”图层，设置其颜色为“红色”，并置为当前图层。

02 绘制柱。调用【矩形】命令，绘制两个尺寸为 350×350、350×300 的矩形。调用【填充】命令，选择“SOLID”填充图案，对矩形进行填充，将填充后的柱创建为块。

03 插入柱。调用【插入块】命令，将不同规格的柱分别插入至对应的位置，结果如图 15-71 所示。

4. 绘制窗

01 新建“窗”图层，设置其颜色为“绿色”，并置为当前图层。

02 建立“窗户”样式。调用【多线样式】命令，新建“窗户”多线样式，设置参数如图 15-72 所示，并将其置为当前多线样式。

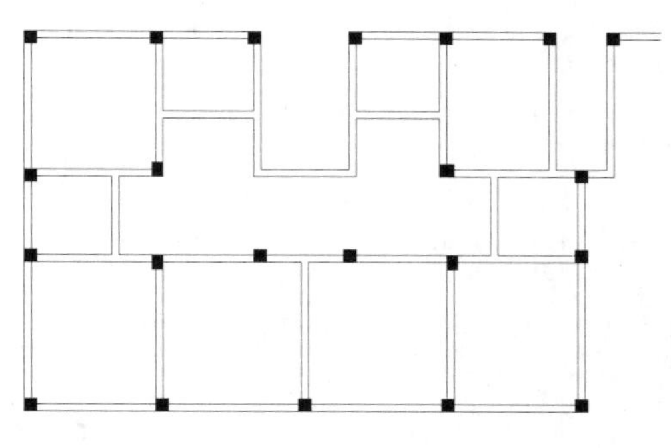

图 15-71　绘制柱

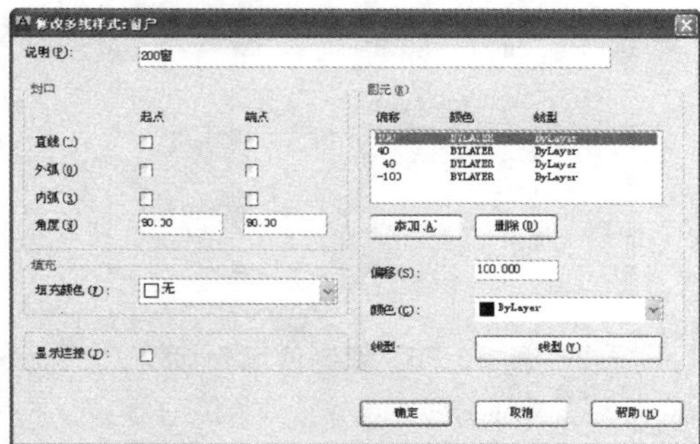

图 15-72　设置多线样式

03 开窗洞。调用【直线】命令，绘制窗墙分割线并修剪多余的线段，结果如图 15-73 所示。

04 调用【多线】命令绘制一般类型窗户，调用【直线】和【偏移】命令绘制飘窗，结果如图 15-74 所示。

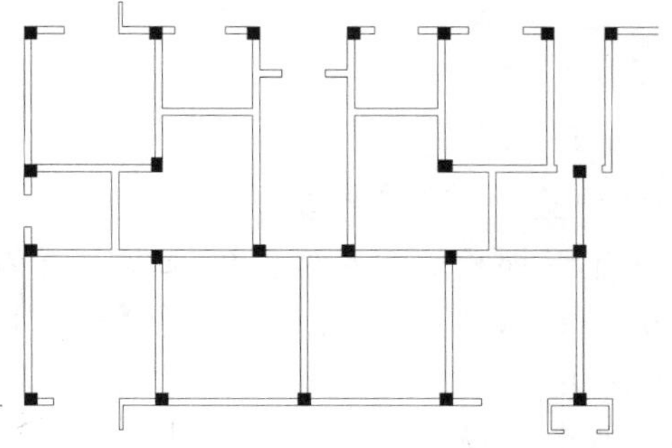

图 15-73　绘制窗墙分割线

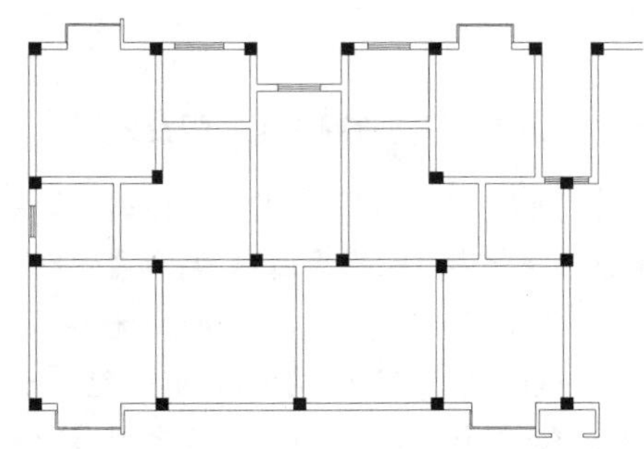

图 15-74　绘制窗户

5. 绘制门

01 新建“门”图层，设置其颜色为“200”，并置为当前层。

02 开门洞。调用【直线】命令，依据设计的尺寸绘制门与墙的分隔线并修剪掉多余的线条，结果如图 15-75 所示。

03 插入门图块。插入随书光盘中“800 门”、“900 门”、“1000 门”与“三扇推拉门”图块，如图 15-76 所示。

6. 绘制阳台、楼梯及室外造型

01 绘制阳台隔墙。调用【多段线】命令，绘制阳台隔墙轮廓线，将其置于“墙体”层，并修剪多余的线段，结果如图 15-77 所示。

02 新建“线-造型”图层，设置其颜色为“青色”，并置为当前图层。

03 调用【直线】命令，绘制室外造型及阳台平面轮廓线，结果如图 15-78 所示。

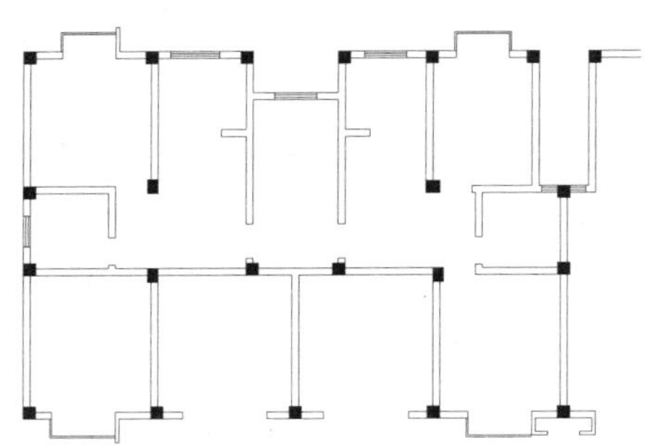

图 15-75　绘制门墙分割线

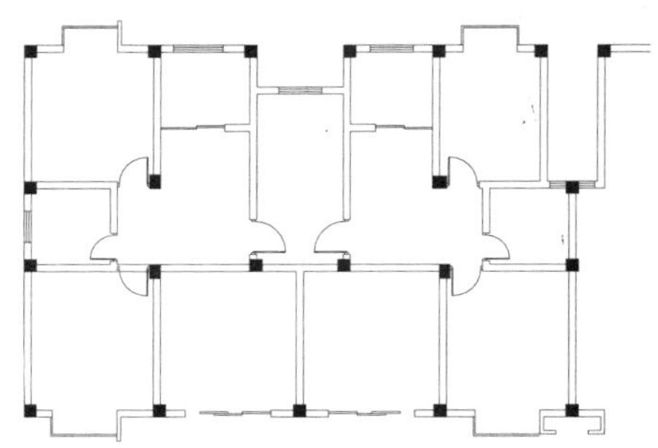

图 15-76　插入门图块

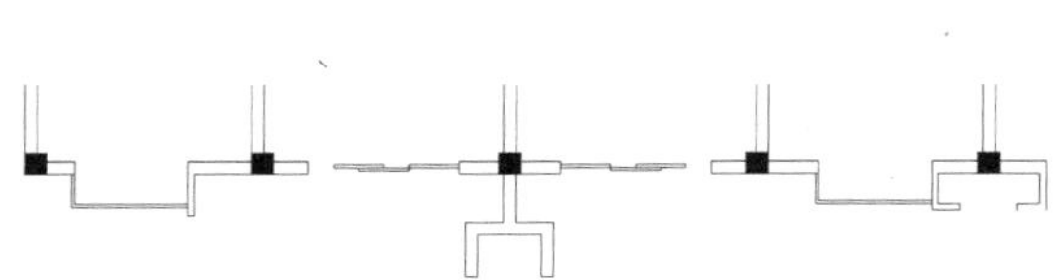

图 15-77　绘制户型间阳台分隔

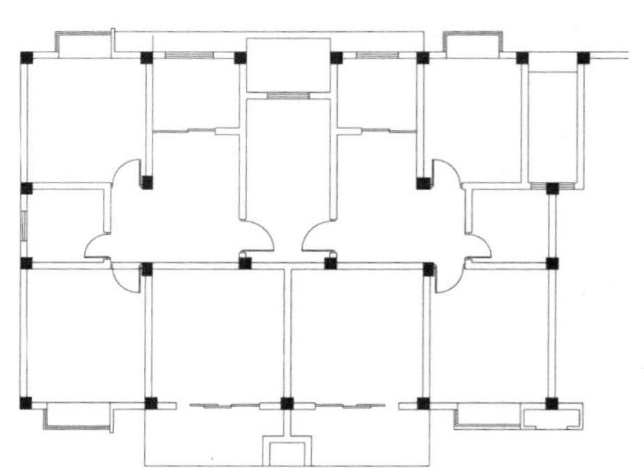

图 15-78　造型轮廓线

04　新建“楼梯、栏杆”图层，设置其颜色为“152”，并置为当前图层。

05　绘制栏杆。调用【偏移】命令，将有户外栏杆的地方的造型线依次向内偏移20、50个单位，并将偏移后的线指定为“楼梯、栏杆”图层；调用【矩形】命令，绘制栏杆间柱截面，结果如图15-79所示。

06　绘制楼梯。调用【插入块】命令，插入随书光盘中的“楼梯”图块，结果如图15-80所示。

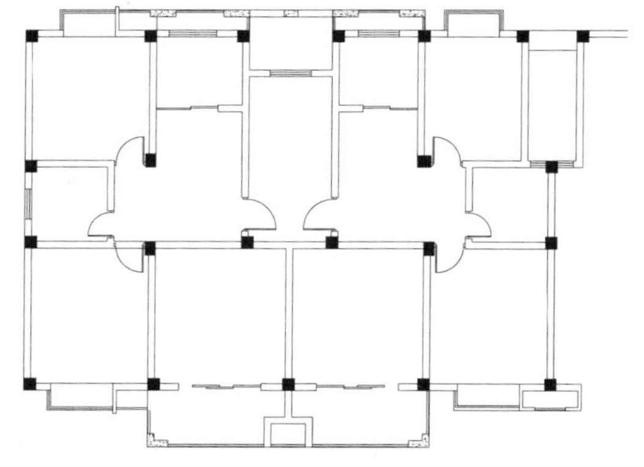

图 15-79　绘制栏杆及柱截面

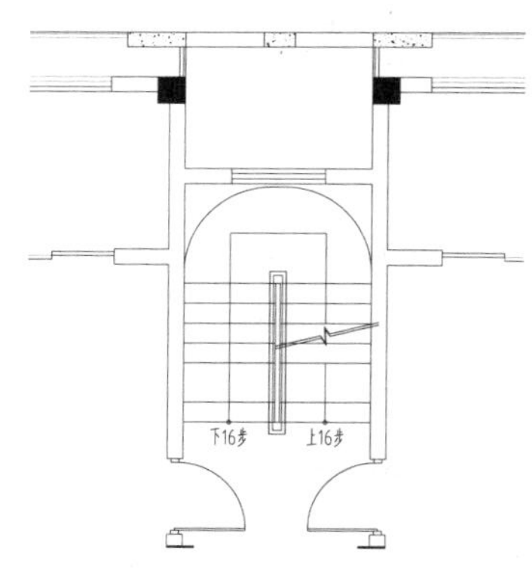

图 15-80　绘制楼梯

7. 绘制家具、电气及管道

01 新建“家具、电气、管道”图层，设置其颜色为“洋红”，并置为当前图层。

02 插入家具。调用【插入块】命令，插入素材文件“第 15 章”文件夹下的“洁具”、“淋浴”、“冰箱”、“洗衣机”、“洗脸盆”和“空调”等图块，结果如图 15-81 所示。

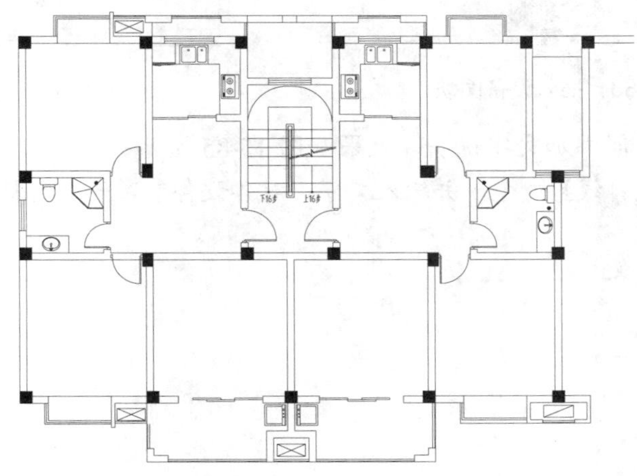

图 15-81　插入家具图块

03 绘制设备管道。调用【矩形】命令，配合【直线】命令绘制空调、煤气预留洞口。

04 绘制厨房烟道。再次调用【矩形】命令，配合【直线】命令绘制厨房烟道。

05 绘制排水管。调用【圆环】命令，依据实际管道大小绘制 110、75、50 口径大小的排水管，结果如图 15-82 所示。

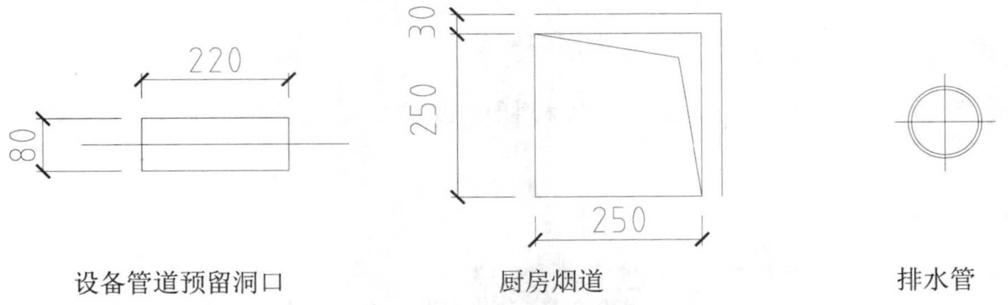

图 15-82　绘制设备附属图案

06 插入图块。调用【插入块】命令，将上述图案分别插入至相对应位置，局部图形如图 15-83 所示。

8. 添加文字说明

01 新建“文字注释”图层，设置其颜色为“红色”，并置为当前图层。

02 新建 GBCIG 字体样式，设置字体如图 15-84 所示，并将其置为当前文字样式。

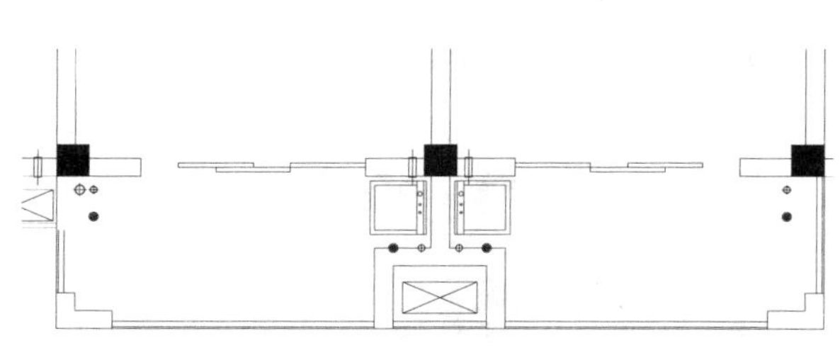

图 15-83　插入设备图块

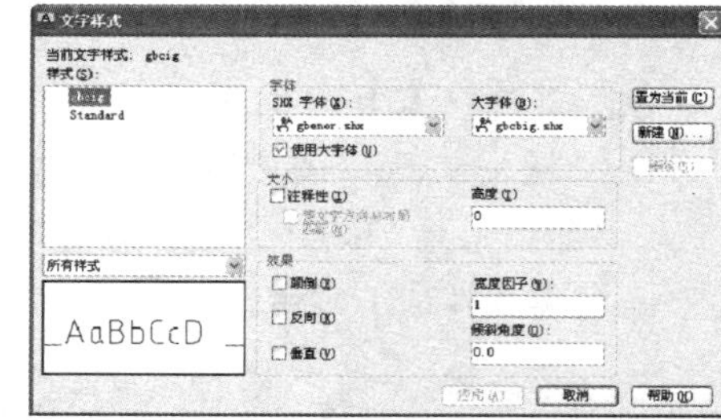

图 15-84　新建文字样式

03 对门窗及房间添加文字说明，效果如图 15-85 所示。

04 调用【快速引线】命令，并输入文字，对各设备管道等进行标注，局部如图 15-86 所示。

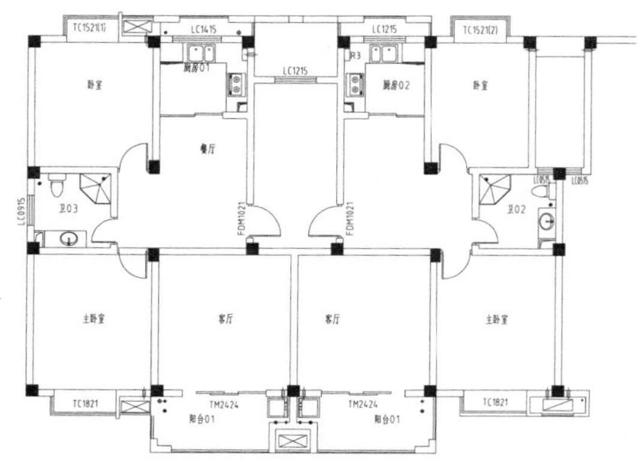

图 15-85　标注文字

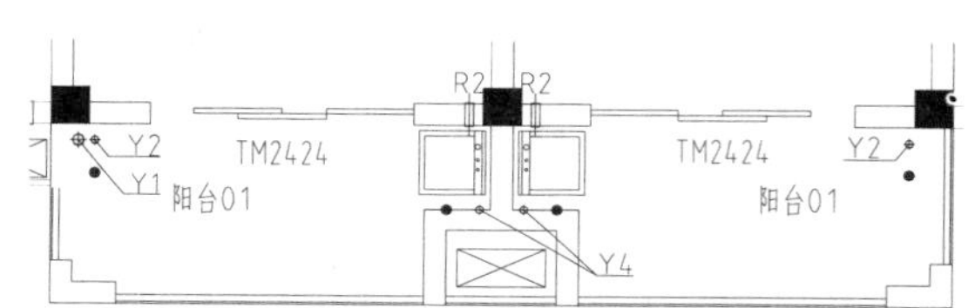

图 15-86　标注型号

9. 镜像户型

镜像图形。调用【镜像】命令，以楼梯间窗户中线为轴镜像户型，结果如图 15-87 所示。

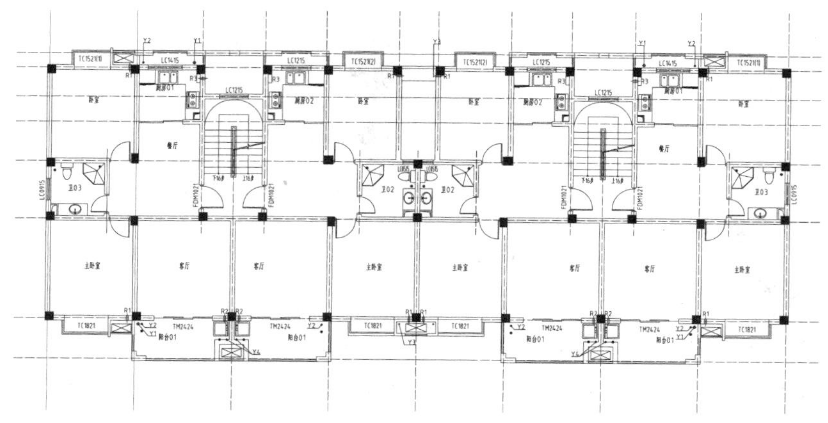

图 15-87　镜像图形

10. 添加尺寸标注

平面图中尺寸的标注有外部标注和内部标注两种。外部标注是为了便于读图和施工，一般在图形的下方和左侧注写三道尺寸，平面图较复杂时，也可以注写在图形的上方和右侧。为方便理解，按尺寸由内到外的关系说明这三道尺寸。

- 第一道尺寸是表示外墙门窗洞的尺寸。
- 第二道尺寸是表示轴线间距离的尺寸，用以说明房间的开间和进深。
- 第三道尺寸是建筑外包总尺寸，是指从一端外墙边到另一端外墙边的总长和总宽的尺寸。底层平面图中标注了外包总尺寸，在其他各层平面中，省略外包总尺寸，或者仅标注出轴线间的总尺寸。

01 新建“尺寸标注”图层，将其颜色改为蓝色，并置为当前图层。

02 新建“尺寸标注”标注样式，设置参数如图 15-88 所示，并将其置为当前标注样式。

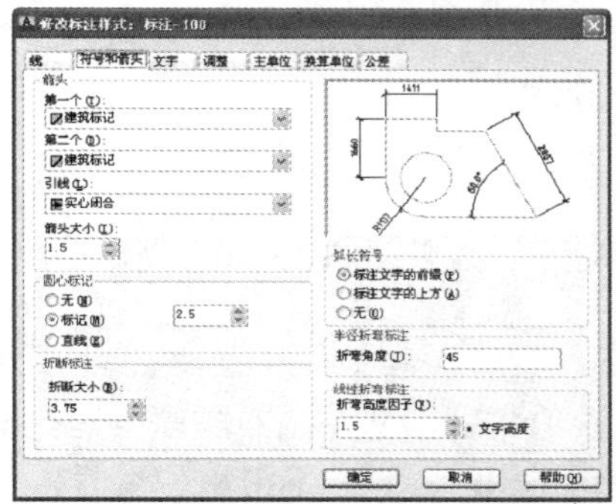

(a) 【符号和箭头】选项卡的设置

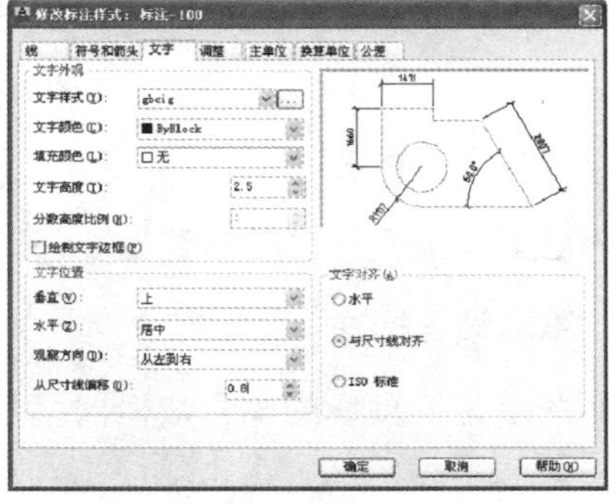

(b) 【文字】选项卡的设置

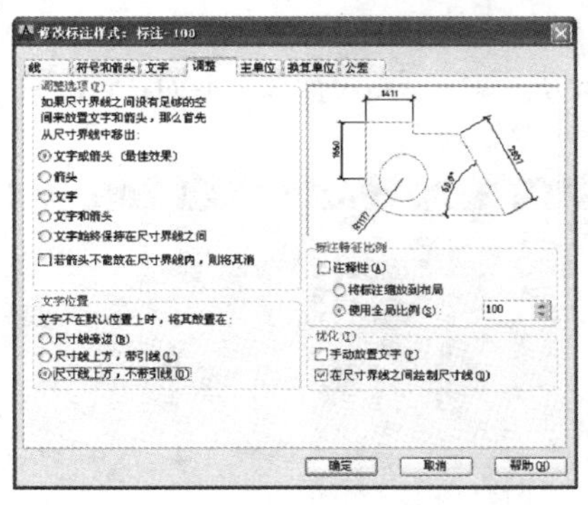

(c) 【调整】选项卡的设置

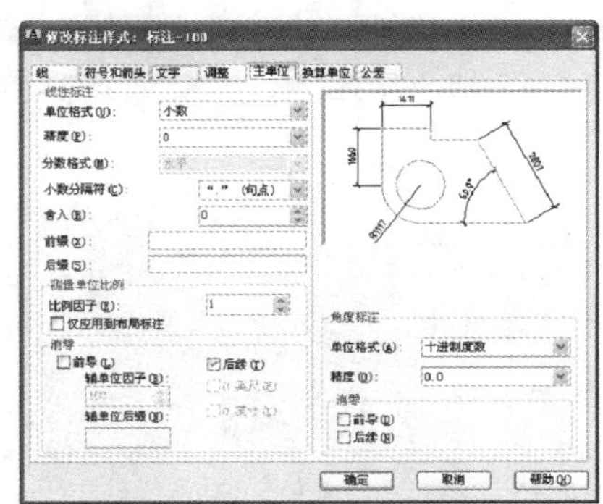

(d) 【主单位】选项卡的设置

图 15-88　设置尺寸标注参数

03 尺寸标注。调用【线性】、【连续】和【基线】标注命令，对图形进行尺寸标注，结果如图 15-89 所示。

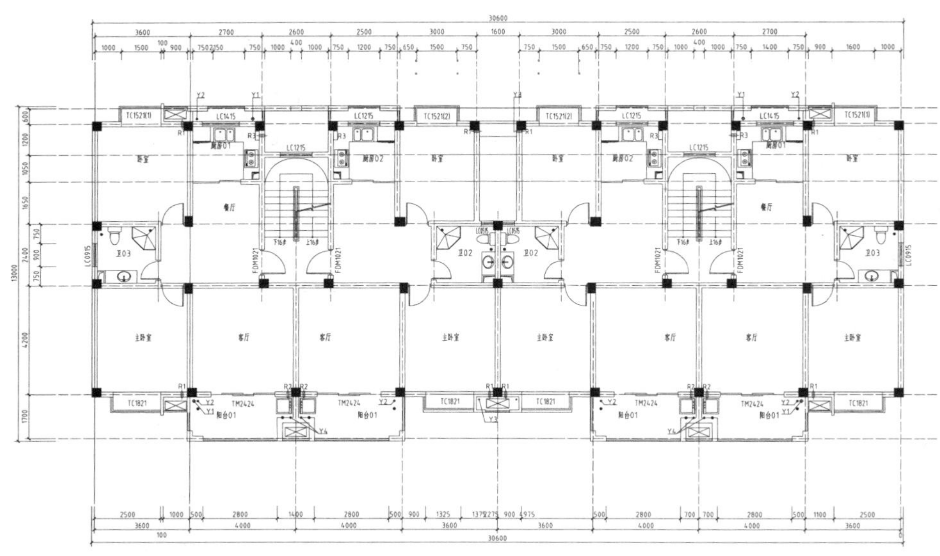

图 15-89 标注尺寸

11. 添加标高标注

插入随书光盘文件“标高符号.dwg”并修改高度，结果如图 15-90 所示。

12. 添加轴号标注

平面图上定位轴线的编号，横向编号应用阿拉伯数字，从左至右顺序编写，竖向编号应用大写英文字母，从下至上顺序编写。英文字母的 I、Z、O 不得用作编号，以免与数字 1、2、0 混淆。编号应写在定位轴线端部的圆内，该圆的直径为一般为 800～1000mm，横向、竖向的圆心各自对齐在一条线上。

01 设置轴号标注字体。新建 COMPLEX 文字样式，设置如图 15-91 所示。

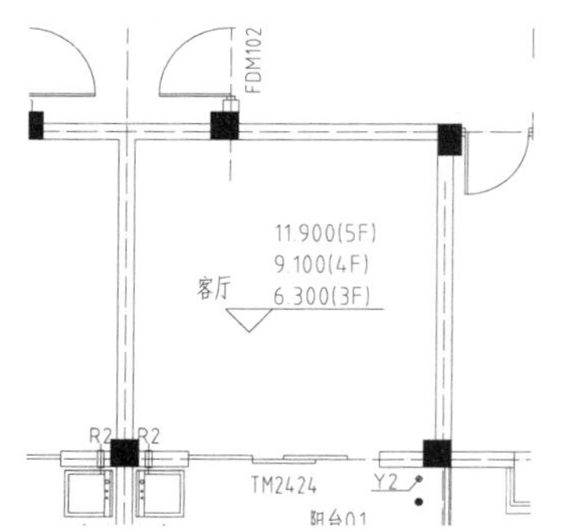

图 15-90 标注标高

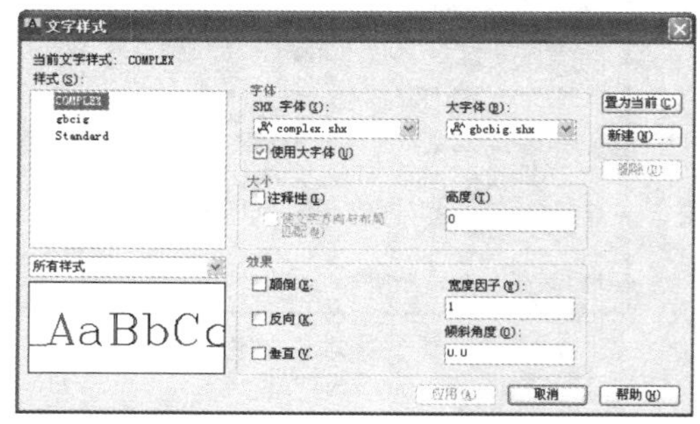

图 15-91 新建文字样式

02 设置属性块。调用【圆】命令绘制一个直径为 600 的圆，并将其定义为属性块，属性参数设置如图 15-92 所示。

03 调用【插入块】命令，插入属性块，完成轴号的标注，结果如图 15-93 所示。至此，平面图绘制完成。

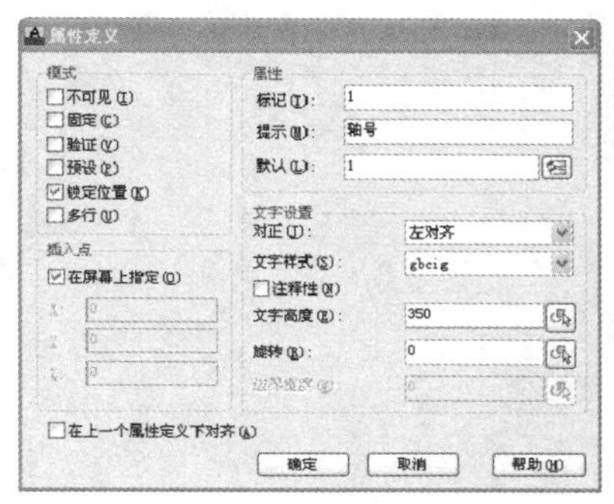

图 15-92　定义属性块

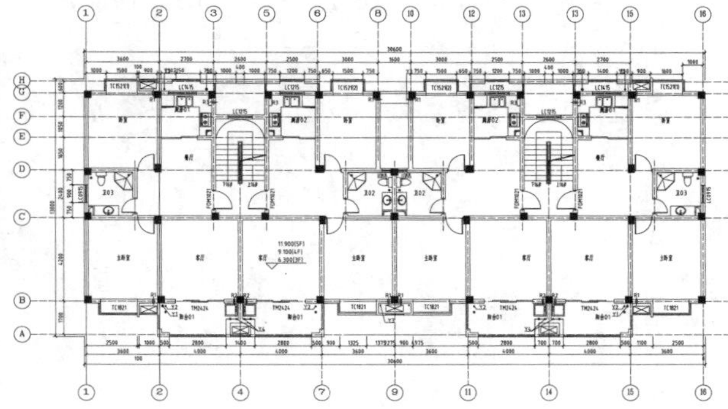

图 15-93　标注轴号

15.3.2　绘制多层住宅正立面图

建筑立面是建筑物各个方向的外墙以及可见的构配件的正投影图，简称立面图。建筑立面图主要用来表示建筑物的体型和外貌、外墙装修、门窗的位置与形式，以及遮阳板、窗台、窗套、屋顶水箱、檐口、雨篷、雨水管、水斗、勒脚、平台、台阶等构配件各部位的标高和必要尺寸。

本例绘制的正立面图如图 15-94 所示。在绘制时，可以参考平面图的尺寸与标高，先绘制出整体立面轮廓线，然后完善细部。

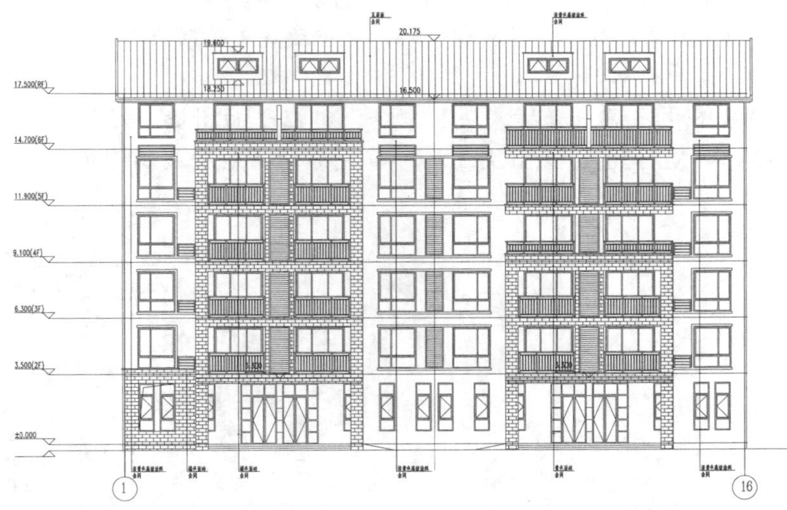

图 15-94　正立面图

1. 绘制外部轮廓

01 绘制辅助线。调用【直线】、【修剪】等命令，绘制立面图形辅助线，结果如图 15-95 所示。

02 绘制外墙。调用【偏移】命令，将左侧竖直辅助线向左偏移 100 个单位，并将其放入“线-造型”图层。在夹点编辑模式下，将下方水平辅助线向两端拉伸并将其置于“墙体”图层，如图 15-96 所示。

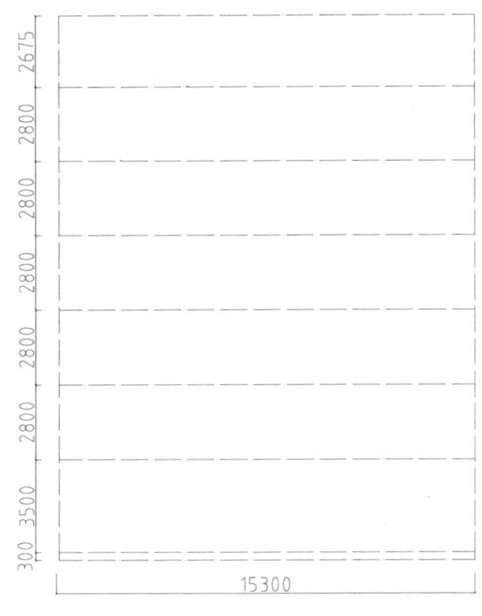

图 15-95　绘制辅助线

图 15-96　绘制外墙

2. 绘制一层门窗立面

01 新建“一层平面”图层，并将其置为当前图层。

02 复制一层平面图形，调用【分解】命令将其全部分解。通过【删除】和【修剪】命令整理出所需部分，将其镜像并移动对位放置于辅助线图下方，结果如图 15-97 所示。

03 插入门窗图块。调用【插入块】命令，对应平面图进行定位，插入 LC0824、LC0624 与 M3530 门窗图块。其中窗底部均离地平线高 950，结果如图 15-98 所示。

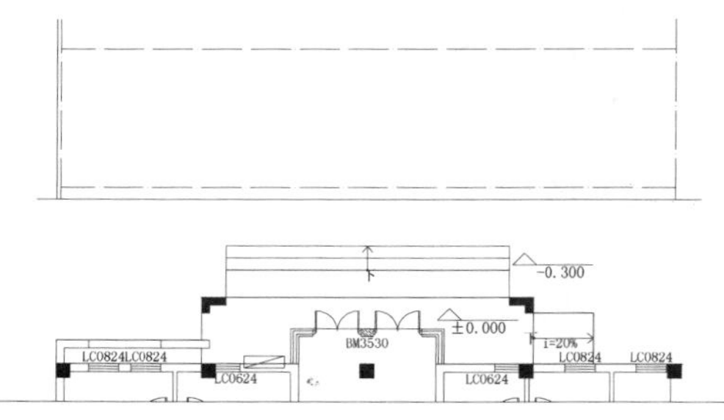

图 15-97　复制平面图

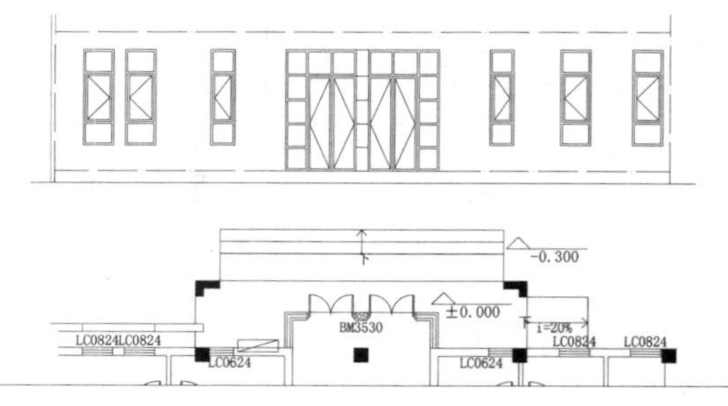

图 15-98　插入门窗

3. 绘制二门窗层立面

01 新建“二层平面”图层，将其置为当前图层并隐藏“一层平面”图层。

02 复制二层平面图。参照一层平面图的复制方法复制二层平面图，整理结果如图 15-99 所示。

03　插入二层门窗图块。调用【插入块】命令，对应平面图进行定位，插入 TC1821、TM2424 门窗图块，结果如图 15-100 所示。

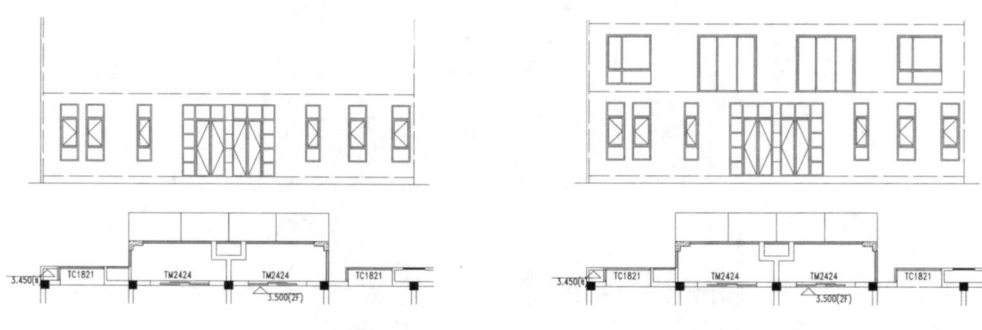

图 15-99　整理二层平面图　　图 15-100　插入二层立面门窗

4. 绘制三至五层门窗立面

观察平面图形可知二层与三至五层正立面门窗的规格是一致的。因此这里直接调用 CO【复制】命令，捕捉室内标高线进行定位，复制出三至五层立面门窗，结果如图 15-101 所示。

5. 绘制六层立面门窗

参照一层立面门窗绘制方法，插入“LC1817”和“TM2423”门窗图块，结果如图 15-102 所示。

图 15-101　复制三到五层立面门窗

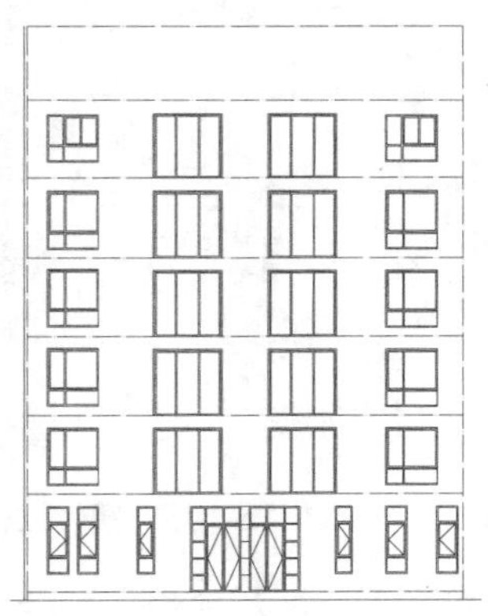

图 15-102　插入六层立面门窗

6. 绘制建筑立面造型

01　新建“看线”图层，设置其颜色为“123”，并将其置为当前图层。

02　调用【多段线】命令，绘制入户造型线及窗梁看线，结果如图 15-103 所示。

03　调用 I【插入块】命令，插入“栏杆 1.dwg”和“栏杆 2.dwg”图块至阳台位置，调用 TR【修剪】命令，修剪被栏杆遮挡的阳台门图形，如图 15-104 所示。

图 15-103 绘制入户造型及窗梁看线

图 15-104 插入栏杆并修剪窗户

7. 镜像立面

调用【镜像】命令，将左边立面以右边竖直辅助线为轴进行镜像，并删除多余图形，结果如图 15-105 所示。

8. 完善图形

01 调用【多段线】命令，配合【复制】命令，绘制单元连接处立面门窗造型，并插入“百叶”造型图块，结果如图 15-106 所示。

图 15-105 镜像立面

图 15-106 完善立面门窗

02 调用【直线】命令，配合【偏移】命令绘制入户处台阶，结果如图 15-107 所示。

9. 绘制屋顶造型

01 指定“看线”图层为当前图层。

02 调用【矩形】命令，绘制一个尺寸为 2930×30800 的矩形，捕捉矩形上侧横匾中点对齐轴线中点。

03 调用【多段线】命令，绘制屋檐造型，结果如图 15-108 所示。

04 插入老虎窗。调用【插入块】命令，插入“老虎窗”图块。

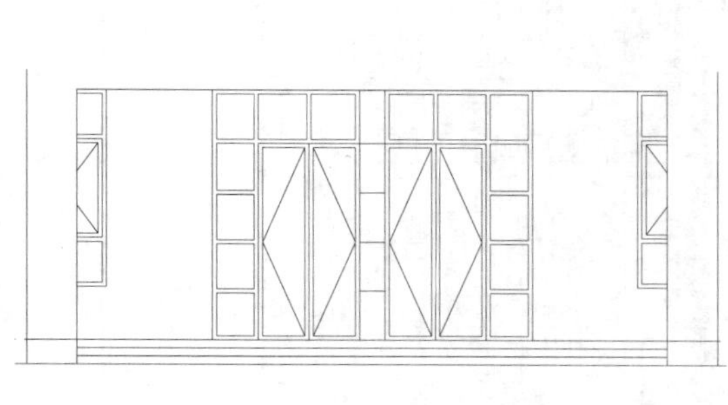

图 15-107　绘制入户台阶

图 15-108　绘制屋顶造型

10. 填充

调用【图案填充】命令，对图形中需要特别标出的进行图案填充，结果如图 15-109 所示。

图 15-109　图案填充

11. 图形标注

参照绘制标准层平面图的图形标注方法对立面图进行标高、轴号、文字标注并添加图框，结果如图 15-110 所示。至此，正立面图绘制完成。

图 15-110 标注图形并添加图框

15.3.3 绘制多层住宅 A-A 剖面图

本例绘制的位于典型造型部位的剖面图。在绘制时，可以先绘制出一层和二层的剖面结构，再复制出三至六层的剖面结构，最后绘制屋顶结构。其一般绘制步骤是：先根据平面图和立面图，绘制出剖面轮廓，再绘制细部构造，接着完善图形，然后绘制屋顶剖面结构，最后进行文字和尺寸等的标注。

1. 绘制辅助线

01 复制平面图和立面图于绘图区空白处，并对图形进行清理，保留主体轮廓，并将平面图旋转 90°，使其呈现图 15-111 所示的分布。

02 绘制辅助线。指定“轴线”图层为当前层。调用【构造线】命令，过墙体、楼层分界线及阳台、台阶绘制横竖 7×16 条辅助线，并对齐进行整理，整理结果如图 15-112 所示。

2. 绘制楼板结构

01 新建“地面”与“楼板”图层，分别指定其颜色为黑色和红色，并将“地面”图层置为当前图层。

02 调用【多段线】命令，依据平面图所标注的信息，从标高-0.25 的辅助线入手，开始绘制楼板及入口台阶示意线，台阶分三级，每级高 100、宽 300，如图 15-113 所示。

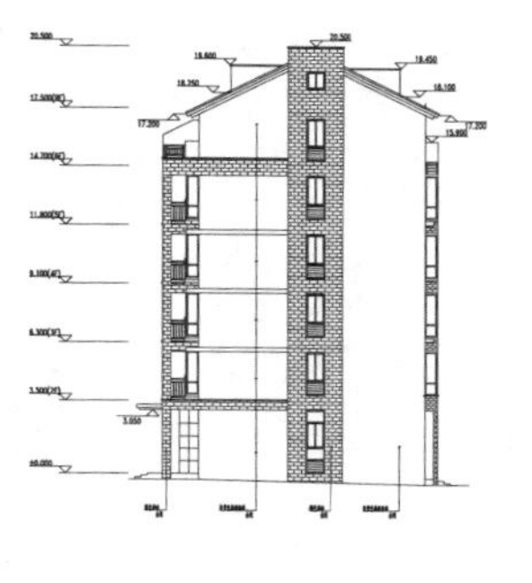
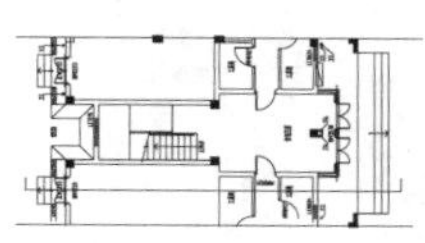

图 15-111　调用并整理平、立面图

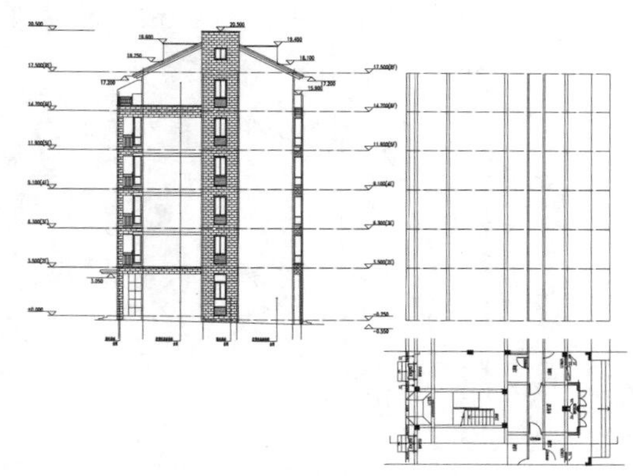

图 15-112　绘制并整理辅助线

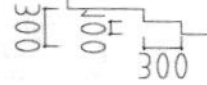

图 15-113　绘制楼板及台阶示意线

03 指定“墙体”层为当前图层，绘制楼板及入口台阶。调用【偏移】命令，将示意线向下依次偏移 50、100 个单位。调用【直线】和【修剪】命令完善图形，结果如图 15-114 所示。

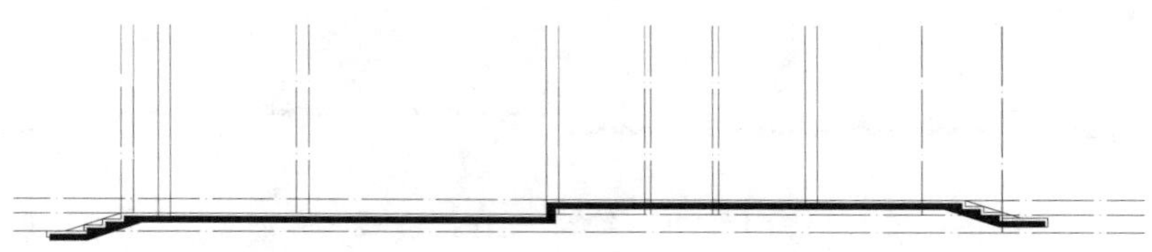

图 15-114　完善图形

3. 绘制墙体

01 调用【直线】命令，对应辅助线绘制一、二层墙体。

02 调用【多段线】命令，绘制二层楼板结构，如图 15-115 所示，楼板比标高辅助线低 50 个单位。

4. 绘制一层剖面

01 绘制室内门窗。调用【直线】命令，配合【偏移】、【修剪】命令绘制室内门窗，并连接被剖切部分墙体进行填充，结果如图 15-116 所示。

02 绘制入户门侧门及立柱轮廓。调用【直线】命令，配合偏移命令，绘制入户门侧面及立柱，结果如图 15-117 所示。

5. 绘制二层剖面

01 指定“地面”图层为当前图层。

02 绘制地面线。调用【直线】命令，绘制地面示意线。沿二层楼地面标高轴线绘制一条直线，并修剪掉该示意线下方、梁板上方的内墙墙体部分，如图 15-118 所示。

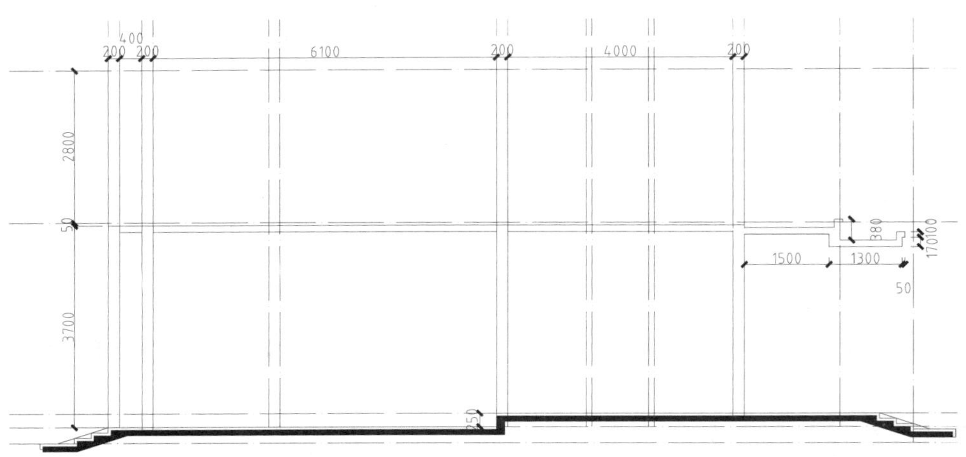

图 15-115　绘制墙体

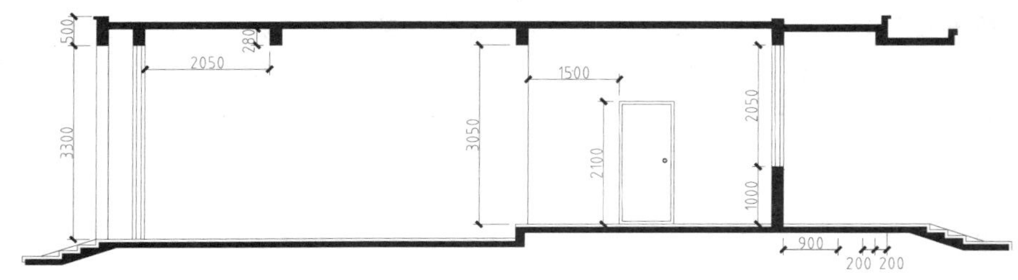

图 15-116　绘制一层内部门窗

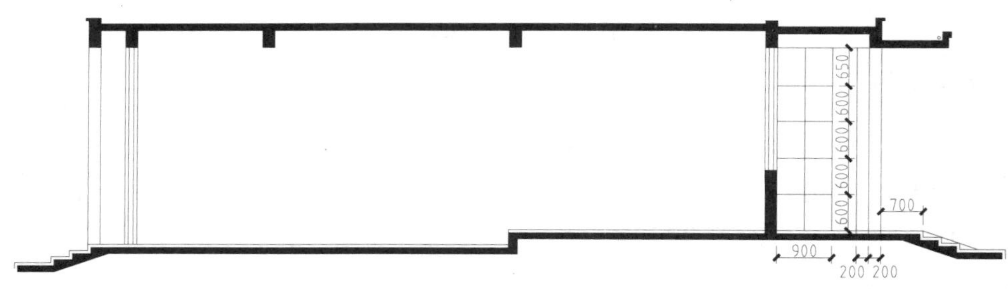

图 15-117　绘制一层入户门侧面及柱轮廓

图 15-118　绘制二层地面线

03 绘制二层门窗。调用【直线】命令，绘制二层剖面门窗，并填充被剖切到的墙体，结果如图 15-119 所示。

04 绘制二层阳台。调用【插入块】命令，插入阳台栏杆，并调用【直线】命令绘制梁，结果如图 15-120 所示。

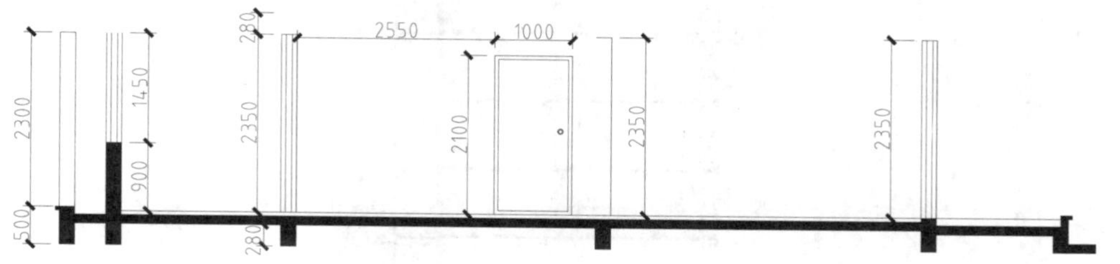

图 15-119　绘制二层门窗

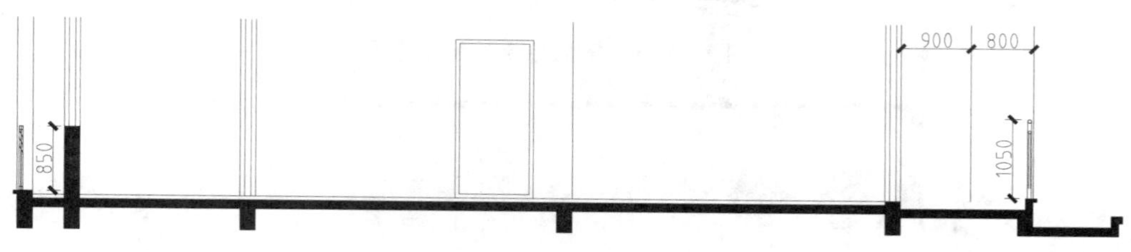

图 15-120　绘制二层阳台

6. 绘制三至六层剖面

01 调用【复制】命令，以二层门左下角点为基点，复制二层剖面至三层，结果如图 15-121 所示。

02 调用【删除】命令，擦除三层右侧阳台右边的挡雨板，结果如图 15-122 所示。

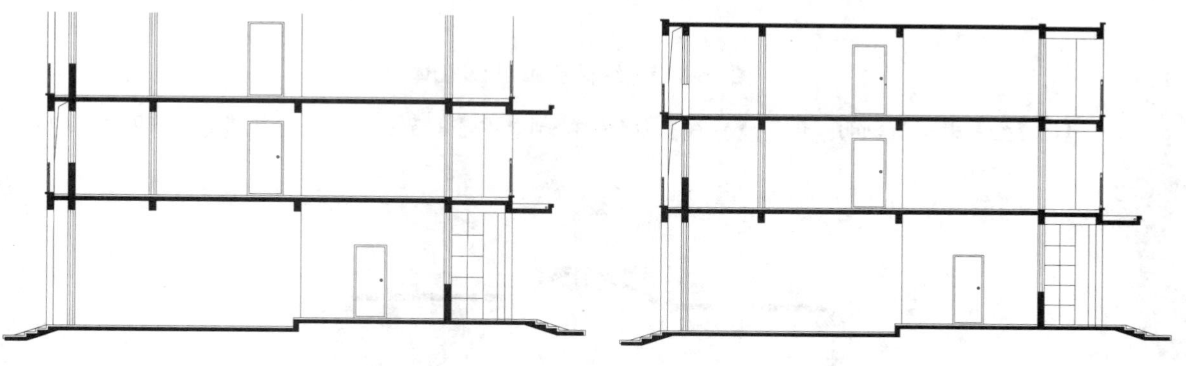

图 15-121　复制二层剖面

图 15-122　擦除挡雨板

03 调用【复制】命令，以三层左侧外墙圈梁剖面左下角为基点，复制出四至六层剖面，如图 15-123 所示。

04 调用【删除】与【直线】命令，修改并绘制六层阳台，结果如图 15-124 所示。

7. 绘制屋顶剖面结构

01 调用【偏移】命令，将屋顶楼板向上偏移 50 个单位。

02 调用【直线】命令，绘制屋顶楼板及梁，如图 15-125 所示。

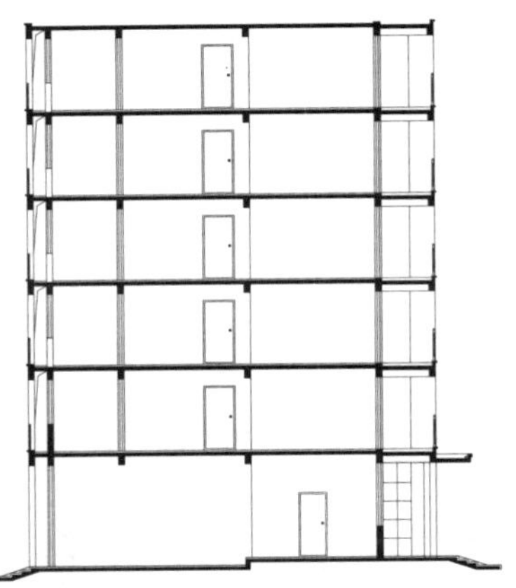

图 15-123　复制出四至六层剖面

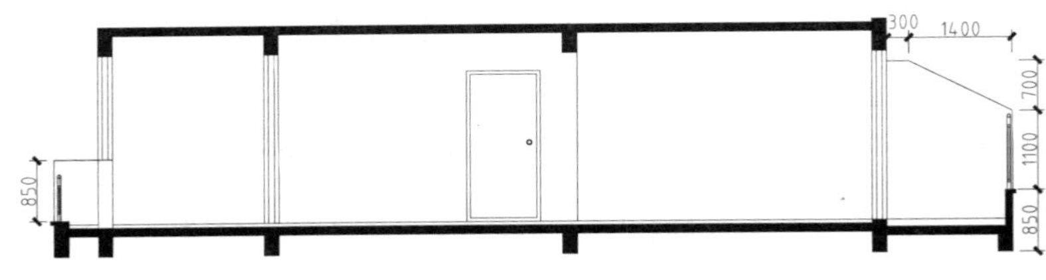

图 15-124　修改六层剖面

图 15-125　绘制屋顶楼板及墙体

03 绘制老虎窗剖面。调用【直线】命令，绘制老虎窗剖面及屋顶并进行填充，如图 15-126 所示。

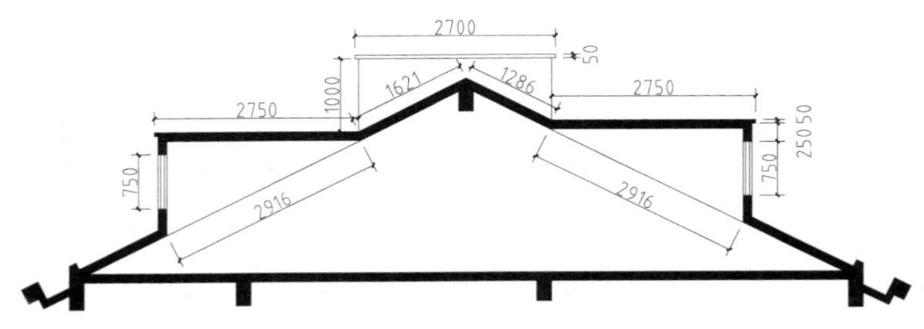

图 15-126　绘制老虎窗及屋顶

8. 图形标注

01 添加标高与文字说明。参照平面图标注方法为剖面图添加标高与文字说明，如图 15-127 所示。

02 绘制完成的 A-A 剖面图如图 15-128 所示。

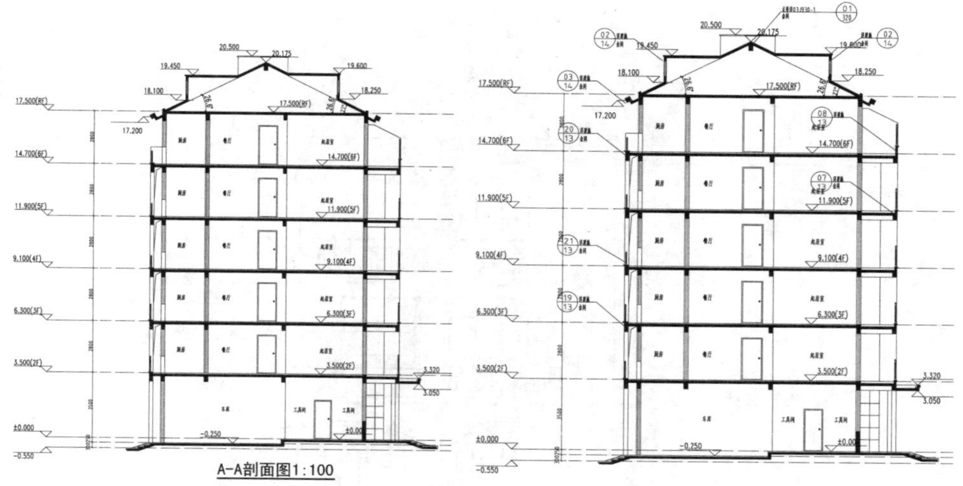

图 15-127 添加文字及标高标注

图 15-128 绘制完成的剖面图

思考与练习

1. 绘制如图 15-129 所示的别墅首层平面图。

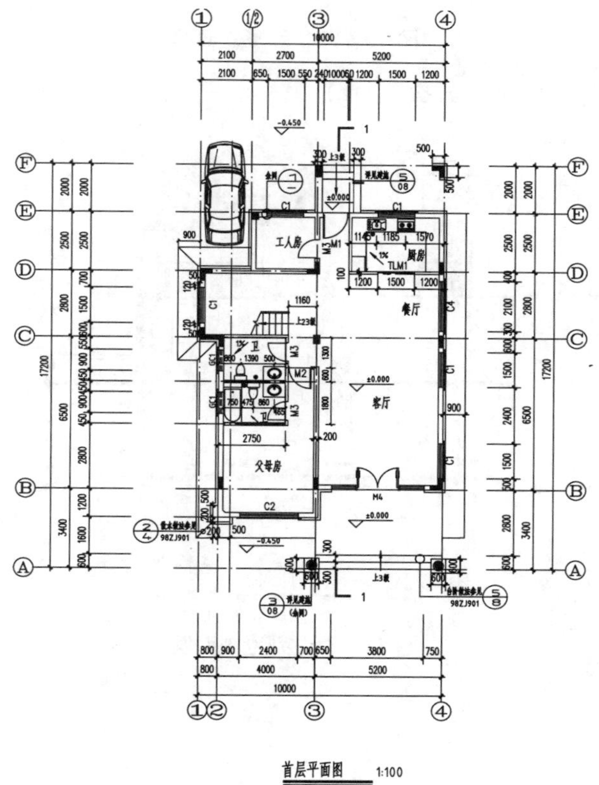

图 15-129 别墅平面图

2. 绘制如图 15-130 所示的别墅立面图。

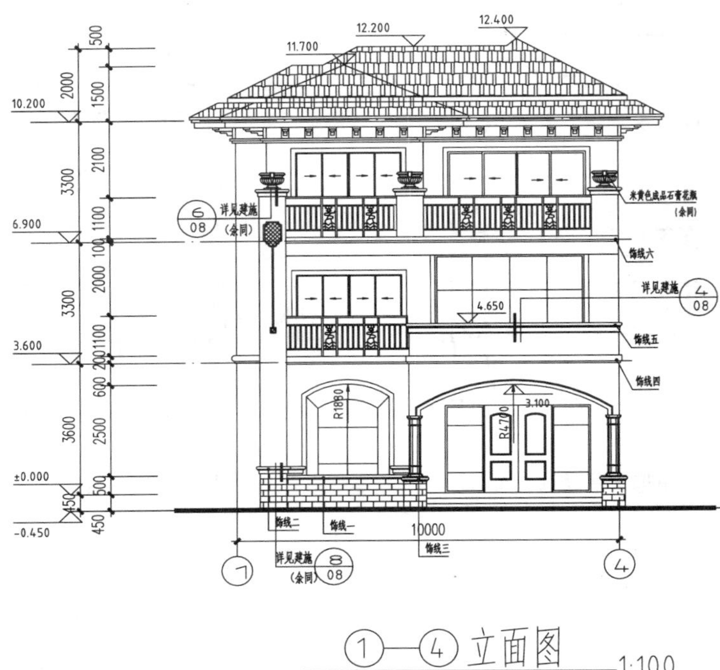

图 15-130　别墅立面图

3. 绘制如图 15-131 所示的别墅剖面图。

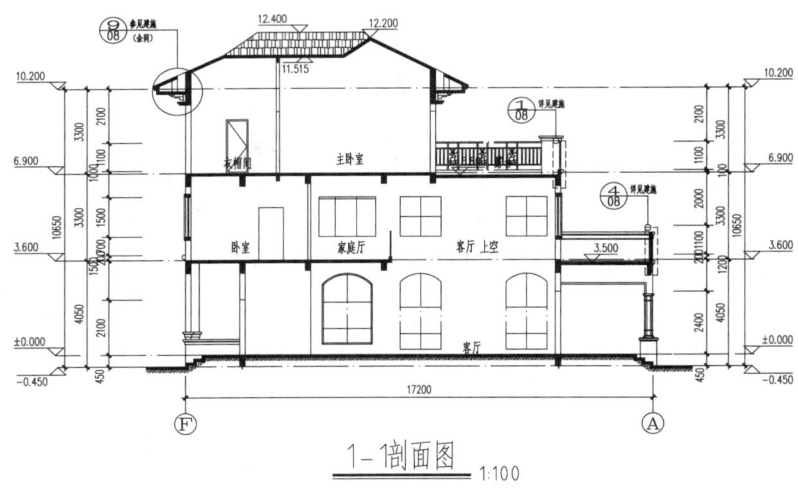

图 15-131　别墅剖面图